国外电子与通信教材系列

Verilog HDL 高级数字设计

(第二版)

Advanced Digital Design with the Verilog HDL

Second Edition

[美] Michael D. Ciletti 著

李广军 林水生 阎 波 等译

電子工業出版社
Publishing House of Electronics Industry
北京 · BEIJING

内容简介

本书依据数字集成电路系统工程开发的要求与特点，利用 Verilog HDL 对数字系统进行建模、设计与验证，对 ASIC/FPGA 系统芯片工程设计开发的关键技术与流程进行了深入讲解，内容包括：集成电路芯片系统的建模、电路结构权衡、流水线技术、多核微处理器、功能验证、时序分析、测试平台、故障模拟、可测性设计、逻辑综合、后综合验证等集成电路系统的前后端工程设计与实现中的关键技术及设计案例。书中以大量设计实例叙述了集成电路系统工程开发须遵循的原则、基本方法、实用技术、设计经验与技巧。

本书既可作为电子与通信、电子科学与技术、自动控制、计算机等专业领域的高年级本科生和研究生的教材或参考资料，也可用于电子系统设计及数字集成电路设计工程师的专业技术培训。

图书在版编目（CIP）数据

Verilog HDL 高级数字设计：第 2 版／（美）西勒提（Ciletti, M. D.）著；李广军等译.
北京：电子工业出版社，2014.2
书名原文：Advanced Digital Design with the Verilog HDL
国外电子与通信教材系列
ISBN 978-7-121-22193-4

I. ①V… II. ①西… ②李… III. ①硬件描述语言-程序设计-高等学校-教材 IV. ①TP312

中国版本图书馆 CIP 数据核字（2013）第 304091 号

策划编辑：马　岚
责任编辑：周宏敏
印　　刷：三河市鑫金马印装有限公司
装　　订：三河市鑫金马印装有限公司
出版发行：电子工业出版社
　　　　　北京市海淀区万寿路 173 信箱　邮编　100036
开　　本：787×1092　1/16　印张：41.5　字数：1286 千字
版　　次：2005 年 1 月第 1 版
　　　　　2014 年 2 月第 2 版
印　　次：2024 年 4 月第10 次印刷
定　　价：115.00 元

凡所购买电子工业出版社图书有缺损问题，请向购买书店调换。若书店售缺，请与本社发行部联系，联系及邮购电话：（010）88254888，88258888。

质量投诉请发邮件至zlts@phei.com.cn，盗版侵权举报请发邮件至dbqq@phei.com.cn。

本书咨询联系方式：classic-series-info@phei.com.cn。

前　言

精炼、明晰化与验证

用硬件描述语言(HDL)建立行为级模型是现代专用集成电路设计的关键技术。如今，大多数设计者使用基于硬件描述语言的设计方法，创建基于语言的高层、抽象的电路描述，以验证其功能和时序。在本书第一版的使用过程中，讲授设计方法学所用的语言(IEEE 1464-1995)已经历了两次修改，分别是IEEE 1364-2001及2005年的修订版，即Verilog-2001和Verilog-2005，以提高其有效性和效率。

这一版的编写动机和第一版基本是相同的。对那些准备在产品研发团队做出成绩的学生们来说，必须了解如何在设计流程的关键阶段使用硬件描述语言。因此，需要有一门在内容上超越先修课程"数字设计"中学习过的基本原则和方法的课程，本书就是为该课程而著的。

现在，市面上讨论硬件描述语言的书籍的数量已远远超过本书第一版出版时的数量。但是，这些书大部分都定位于解释语法，而不是如何运用语言进行设计，不太适合于课堂教学。本书的重点是硬件描述语言的设计方法学，因此语言本身只是一个配角。这一版中强化了如何通过实例证明，将一个数字系统描述并划分为数据通路、状态(反馈)信号和控制器(有限状态机)系统结构的重要性。我们认为，这种描述可使设计和验证复杂数字系统的方法更加清楚、直接、明了。本书给出了大量的仿真结果和注释，以帮助学生掌握时序机的操作过程，并深入理解由控制器产生的信号间的时序互动关系，数据通路的操作，以及从数据通路回馈给控制器的信号。其目的都是为了开发出可综合、无锁存且无竞争的设计。

Verilog 2001和2005的语言增强功能已用于重新描述和简化书中模型的代码。我们强调工业界通用的规范和风格，但并不鼓励不考虑模型能否被综合的学术模型风格。本书第二版已把第一版中处理同步FIFO的部分改为同步和异步FIFO，并给出了精心设计的例子，以解释使用异步FIFO来同步跨越时钟域的数据传输问题。

书中的设计实例已多次优化和改进①。从设计方法学的角度，对一个嵌入式控制器，用C语言建模和用Verilog建模，这两种设计方法学之间存在着竞争和互补的关系。基于C的方法执行陈述性语句，而Verilog HDL模拟了某个机器的多个并发的行为动作。后一种设计方法对硬件进行编译，而前一种是编译预先存储在硬件单元中的语句。对于某个特定应用，Verilog模型编译的硬件在主机接口处生成了等效的I/O信号。对于嵌入式代码而言，其区别是不会产生等效的硬件。本书的目标就是讲授硬件建模/编译的范例，并预测综合实现后的结果。C语言编程是预测程序产生的数据，而状态机/处理器的应用却显而易见。作为对比，用Verilog描述的模型预测该硬件将产生应用所需求的I/O信号，因此需要开发者根据寄存器操作时序控制进行思考和设计。Verilog的模型鼓励学习者理解一个数字电路和系统的本质。

本书要求学生已学过逻辑设计的入门课程，本书的目标是：(1) 简要复习组合时序逻辑的基本原理，(2) 介绍HDL在设计中的应用，(3) 强调的是快速设计通过ASIC和/或FPGA实现的电路设计描述风格，(4) 提供具有一定难度的设计实例。章末习题的目的是鼓励学生精炼、明晰化

① 登录华信教育资源网www.hxedu.com.cn可注册下载本书相关配套资源。

并验证他们自己的设计。从本质上讲，许多习题均为开放式的设计，要求验证以达到所要求的设计规范。

广泛使用的 Verilog 硬件描述语言(IEEE 1364 标准)，作为一个公共框架为本书的设计实例的讨论提供了支持。第一版重点关注数字电路的设计、验证和综合，而不是 Verilog 语言本身的语法，本版仍然保持这种风格。

选修数字设计中级课程的多数学生至少应该熟悉一种编程语言，并且在阅读本书时能够将其作为可以借鉴的背景知识。本书仅讨论 Verilog 的核心设计方法及其广泛使用的特性。为了强调在面向综合的设计环境中使用该语言，我们还特意将许多语法的细节、特点和解释放在附录中中，以便于读者参考。附录中也提供了 Verilog 的所有形式化语法。

大部分数字设计的入门课程都介绍过通过状态转移图表示的有限状态机及算法状态机(ASM)图。同样，本书中也大量使用了 ASM 图，演示了其在设计时序状态机的行为模型中的功用。对利用 ASMD 图(即通过标注显示出被控数据通道的寄存器操作的 ASM 图)系统地设计有限状态机来控制数字状态机中复杂数据通道的重要问题，进行了深入论述。并将精简指令集计算机中央处理器(RSIC CPU)和其他重要硬件单元的设计作为实例给出。我们的支持网站上包含了 RISC 计算机的源代码和可用于应用程序开发的汇编程序。这个汇编程序也可作为研究鲁棒性更好的指令集和其他派生架构的基础。

本书完整地引入了 Verilog 语言，但仅在支持设计实例的需要时才进行详细说明。正文中使用了大量的实例，讲解使用 Verilog 硬件描述语言进行 VLSI 电路设计时的重要和关键设计步骤。设计实例的源代码都经过了验证，并且所有实例的源代码和测试平台都可以从出版社的网站下载。

读者对象

本书适用于学习高级数字系统设计课程的学生，以及那些想通过实例学习 Verilog 的现代集成电路设计专业工程师。本书适合电子工程、计算机工程和计算机科学等专业的高年级本科生和低年级研究生，也适合学习过逻辑设计入门课程的专业工程师使用。本书假定读者具有布尔代数及其在逻辑电路设计中应用的背景知识，并熟悉同步时序有限状态机。在此基础上，本书讨论了一些应用于计算机系统、数字信号处理、图像处理、跨时钟域的数据传输、内建自测试(BIST)和一些其他应用的重要电路的设计实例。这些实例涵盖了建模、架构的设计折中、流水线技术、多处理器执行、功能验证、定时分析、测试生成、故障模拟、可测性分析、逻辑综合和综合后验证的关键设计问题。

本版的新颖之处

- 探索了 Verilog 2001 和 2005 的主要特点
- 阐述并推广基于 Verilog 2001 和 2005 且可综合的寄存器传输级(RTL)描述和算法建模的设计风格
- 深入讨论基于 Verilog 2001 和 2005 的数字处理系统(如图像处理器、数字滤波器和环形缓冲器)算法和架构
- 给出了基于 Verilog 2001 和 2005 语言的综合设计实例(如 RISC 计算机和各种数据通道控制器)
- 提供了大量有评注和解释的仿真结果的图形化描述
- 给出了 150 多个经过完全验证的基于 Verilog 2001 和 2005 的设计实例
- 含有利用 Verilog 2001 和 2005 编写的具备 JTAG 和 BIST 可测功能的实用设计案例

- 附录中给出了 Verilog 2001 和 2005 HDL 的语法形式
- 讨论了异步和同步 FIFO 设计

本书特色

- 简要回顾了组合时序逻辑设计的基本原则
- 重点讨论现代数字设计方法
- 说明了行为级建模中 ASM 和 ASMD 图的作用
- 明确指出了可综合和不可综合循环的区别
- 通过实例对时序分析、故障模拟、测试和可测性设计进行切合实际的讨论
- 每章后均设计了一些涉及面广且难度高的习题①

课程讲授次序

本书首先对组合逻辑设计进行简要介绍和回顾，接着描述了一个 ASIC 或 FPGA 的设计流程。按照书中内容的顺序，第 1 章至第 6 章利用综合的方法来研究设计了一些题目和内容。但是，阅读第 7 章至第 10 章时，则不必按照书中的顺序。课后作业具有挑战性，而且基于 FPGA 的实验练习适于同步实验或学期末的课题。第 10 章列出了一些算术运算的架构，覆盖了较多的应用范围。第 11 章介绍了后综合设计验证、时序分析、故障模拟和可测试性设计。根据课程教学的深度和重点，本章涵盖的内容和范围也可省略。

说明

我们没有坚持常规使用大写和小写字体，或使用代码清单专用字体。本书的选择一直是基于最大化的整体视觉效果及所列代码的可读性。我们认为，设计实例中的代码得到正确表达才是至关重要的。模块框图已被简化，以减少视觉混乱。所以，我们通常只显示信号的实际外部名称，而省略其形式化的内在对应名称。由于 D 触发器在现代 EDA 工具的综合中起着主导作用，因此书中几乎唯一性地使用了 D 触发器。

各章概述

第 1 章简要论述了硬件描述语言在基于库单元的 ASIC 和 FPGA 设计流程中的作用。第 2 章和第 3 章则根据传统的教学方式(例如卡诺图算法)，回顾了数字设计先修课程中涉及的主要知识。这些资料可以奠定读者的数字设计的背景知识，便于之后利用实例介绍许多基于硬件描述语言的数字设计方法。第 4 章和第 5 章介绍了组合电路与时序电路的 Verilog 语言建模方法，重点强调了行为级建模中的代码编写风格。第 6 章着重基于库单元的 ASIC 综合，介绍了组合逻辑与时序逻辑的综合。这一章追求两个主要目标：(1) 提出可综合的代码描述风格；(2) 建立能够让读者预测综合结果的基础知识和能力。尤其在对时序状态机综合时，通常会把时序状态机分成数据通道和控制通道两部分来编写。第 7 章介绍了一些例子，这些例子描述了怎样设计一个数据通道的控制器，包括带有从数据通道反馈给控制器的状态信号的状态机设计。而 RISC CPU 设计和通用异步收发器(UART，用于系统间传输数据的电路)的设计作为这个例子的应用平台。第 8 章讲述了可编程逻辑器件(PLD)、复杂 PLD、只读存储器(ROM)和静态随机存储器(SRAM)的知识，并将综合目标扩展为 FPGA 的综合。第 9 章主要涉及计算机结构、数字滤波器和其他信

---

① 相关教辅的申请(PPT，习题解答)请与电子工业出版社联系，联系电话：010-88254555，E-mail：Te_serivce@phei.com.cn。

号处理器中有关计算单元和算法的建模和综合。第10章研究并描述了数字状态机中计算单元的算法和结构。第11章使用Verilog语言，结合故障仿真器和时序分析器，重新审查了之前设计的状态机选择方案，并考虑性能、时序问题及可测性问题，来优化和完善这个主要取决于设计者的设计流程和任务。本章建模的测试访问端口（TAP）控制器由IEEE 1149.1标准定义（即俗称的JTAG标准），并提出了其应用实例。另外还给出了一个内建自测试（BIST）的详细实例。

致谢

本书作者非常感谢曾为本书做出贡献并提出宝贵意见的同事和学生们的支持。本书是我的研发经验和在科罗拉多大学教学经历的综合成果，也包括我在惠普、福特微电子公司和Prisma公司的工作经历，在荷兰的Delft技术大学的教学经验，以及在欧洲和亚洲的短期课程的教学经验。虽然其中有的公司如今已成回忆，但是我仍然深深感谢这些公司和科罗拉多大学对我进行VLSI电路设计研究工作的支持。本书手稿的第一版审稿人也提出了鼓励、关键内容的调整与许多有益的建议。我非常感谢Jim Tracey博士和Rodger Ziemer博士，他们支持并肯定了我在VLSI电路设计方面的努力和成就，我也十分感谢福特微电子公司的Deepak Goel先生，他向我介绍了后来成为最先进的VLSI设计平台的福特微电子的Daisy工作站。感谢Simucad公司的Bill Fuchs先生，他帮助我获取了工业级的Verilog仿真器。感谢惠普公司的Tom Saponas和Dave Ritchey先生，他们给我机会领导完成一个动态时序分析器的反向设计工程，两名学生David Uranek和Jerry Barnett参与并获成功。十分感谢我在Prisma公司暑期工作的主管Dave Still先生，提供了设计环境与精神鼓励，使我完成了高性能多核系统中建模的难题。感谢Sutherland HDL的Stu Sutherland帮助我理解并更深入研究了数字系统建模中的竞争条件问题，这些观点使我坚持使用非阻塞赋值来进行边缘敏感的行为级建模和使用阻塞赋值进行电平敏感的行为级建模的描述风格，让我更好地帮助学生理解同步数字系统的操作和设计。谢谢我的朋友兼同行、瑞士联邦理工学院的Hubert Kaeslin博士，与他进行的有意义的讨论让我能更深入钻研数字处理器的算法和结构。感谢Kirk Sprague和Scott Kukel帮助研发了一个可用于UART的汉明编码器。同时感谢Cris Hagan，他的论文提供了本书第9章的数字信号处理器中的抽取器和其他功能单元建模。非常感谢Rex Anderson先生帮助校正了几章的内容，并对第一版进行了修改。谢谢我的学生Terry Hansen和Lisa Horton，他们提供了咖啡自动贩卖机例子的灵感，并开发了支持RISC CPU的汇编代码。同时我还要感谢科罗拉多大学的Greg Tumbush教授和Temple大学的Chen-Huan Chiang教授为本书第二版提供了重要建议，也谢谢许多学生的课堂讨论，他们的发言为第二版提供了帮助。谢谢Scott Disanno和Irwin Zucker领导了第二版的出版，谢谢Haseen Khan精心策划本书的结构。我向所有给予本书支持的朋友表示衷心的感谢！

目　　录

第1章　数字设计方法概论 …… 1

1.1　设计方法简介 …… 1

1.1.1　设计规格 …… 3

1.1.2　设计划分 …… 3

1.1.3　设计输入 …… 3

1.1.4　仿真与功能验证 …… 4

1.1.5　设计整合与验证 …… 5

1.1.6　预综合完成 …… 5

1.1.7　门级综合与工艺映射 …… 5

1.1.8　后综合设计确认 …… 5

1.1.9　后综合时序验证 …… 6

1.1.10　测试生成与故障模拟 …… 6

1.1.11　布局与布线 …… 6

1.1.12　物理和电气设计规则检查 …… 6

1.1.13　提取寄生参量 …… 7

1.1.14　设计完成 …… 7

1.2　IC 工艺选择 …… 7

1.3　后续内容概览 …… 8

参考文献 …… 8

第2章　组合逻辑设计回顾 …… 10

2.1　组合逻辑与布尔代数 …… 10

2.1.1　ASIC 库单元 …… 10

2.1.2　布尔代数 …… 12

2.1.3　狄摩根定律 …… 13

2.2　布尔代数化简定理 …… 14

2.3　组合逻辑的表示 …… 15

2.3.1　积之和表示法 …… 16

2.3.2　和之积表示法 …… 17

2.4　布尔表达式的化简 …… 18

2.4.1　异或表达式的化简 …… 23

2.4.2　卡诺图(积之和形式) …… 23

2.4.3　卡诺图(和之积形式) …… 25

2.4.4　卡诺图与任意项 …… 25

2.4.5　扩展的卡诺图 …… 26

2.5　毛刺与冒险 …… 27

2.5.1　静态冒险的消除(积之和形式) …… 28

2.5.2　消除两级电路静态冒险的小结 …… 30

2.5.3 多级电路中的静态冒险 …… 30
2.5.4 消除多级电路静态冒险的小结 …… 32
2.5.5 动态冒险 …… 32
2.6 逻辑设计模块 …… 34
2.6.1 与非-或非结构 …… 34
2.6.2 多路复用器 …… 37
2.6.3 多路解复用器 …… 38
2.6.4 编码器 …… 38
2.6.5 优先编码器 …… 39
2.6.6 译码器 …… 40
2.6.7 优先译码器 …… 41
参考文献 …… 41
习题 …… 41
第 3 章 时序逻辑设计基础 …… 43
3.1 存储元件 …… 43
3.1.1 锁存器 …… 43
3.1.2 透明锁存器 …… 44
3.2 触发器 …… 45
3.2.1 D 触发器 …… 45
3.2.2 主从触发器 …… 46
3.2.3 J-K 触发器 …… 48
3.2.4 T 触发器 …… 48
3.3 总线与三态器件 …… 49
3.4 时序机设计 …… 50
3.5 状态转移图 …… 52
3.6 设计举例：BCD 码到余 3 码的转换器 …… 53
3.7 数据传输的串行线码转换器 …… 57
3.7.1 设计举例：用 Mealy 型 FSM 实现串行线性码转换 …… 58
3.7.2 设计举例：用 Moore 型 FSM 实现串行线码转换 …… 60
3.8 状态化简与等价状态 …… 61
参考文献 …… 63
习题 …… 64
第 4 章 Verilog 逻辑设计介绍 …… 65
4.1 组合逻辑的结构化模型 …… 65
4.1.1 Verilog 原语和设计封装 …… 66
4.1.2 Verilog 结构化模型 …… 67
4.1.3 模块端口 …… 68
4.1.4 语言规则 …… 68
4.1.5 自顶向下的设计和模块嵌套 …… 69
4.1.6 设计层次和源代码结构 …… 71
4.1.7 Verilog 矢量 …… 71
4.1.8 结构化连接 …… 72

4.2 逻辑系统设计验证及测试方法 …… 75
4.2.1 Verilog 中的四值逻辑和信号解析 …… 75
4.2.2 测试方法 …… 75
4.2.3 测试平台的信号发生器 …… 77
4.2.4 事件驱动仿真 …… 78
4.2.5 测试模板 …… 79
4.2.6 定长数 …… 79
4.3 传播延时 …… 80
4.3.1 惯性延时 …… 81
4.3.2 传输延时 …… 82
4.4 组合与时序逻辑的 Verilog 真值表模型 …… 82
参考文献 …… 87
习题 …… 87
第 5 章 用组合与时序逻辑的行为级模型进行逻辑设计 …… 89
5.1 行为建模 …… 89
5.2 行为级建模的数据类型的简要介绍 …… 90
5.3 基于布尔方程的组合逻辑行为级模型 …… 90
5.4 传播延时与连续赋值 …… 92
5.5 Verilog 中的锁存器和电平敏感电路 …… 93
5.6 触发器和锁存器的周期性行为模型 …… 94
5.7 周期性行为和边沿检测 …… 95
5.8 行为建模方式的比较 …… 96
5.8.1 连续赋值模型 …… 96
5.8.2 数据流/寄存器传输级模型 …… 97
5.8.3 基于算法的模型 …… 99
5.8.4 端口名称：风格问题 …… 100
5.8.5 用行为级模型仿真 …… 100
5.9 多路复用器、编码器和译码器的行为模型 …… 101
5.10 线性反馈移位寄存器的数据流模型 …… 106
5.11 用循环算法的数字机模型 …… 107
5.11.1 IP(知识产权)的复用和参数化模型 …… 110
5.11.2 时钟发生器 …… 111
5.12 多循环操作状态机 …… 112
5.13 设计文件中的函数和任务：是精明还是愚蠢? …… 113
5.13.1 任务 …… 113
5.13.2 函数 …… 114
5.14 行为建模的算法状态机图 …… 116
5.15 ASMD 图 …… 117
5.16 计数器、移位寄存器和寄存器组的行为级模型 …… 120
5.16.1 计数器 …… 120
5.16.2 移位寄存器 …… 124
5.16.3 寄存器组和寄存器(存储器)阵列 …… 127

5.17 用于异步信号的去抖动开关、亚稳定性和同步装置 …… 129
5.18 设计实例：键盘扫描器和编码器 …… 133
参考文献 …… 138
习题 …… 139

第6章 组合逻辑与时序逻辑的综合 …… 144
6.1 综合简介 …… 144
6.1.1 逻辑综合 …… 145
6.1.2 RTL 综合 …… 150
6.1.3 高级综合 …… 150
6.2 组合逻辑的综合 …… 151
6.2.1 优先级结构的综合 …… 153
6.2.2 利用逻辑无关紧要条件 …… 154
6.2.3 ASIC 单元与资源共享 …… 157
6.3 带锁存器的时序逻辑综合 …… 158
6.3.1 锁存器的无意综合 …… 159
6.3.2 锁存器的有意综合 …… 162
6.4 三态器件和总线接口的综合 …… 164
6.5 带有触发器的时序逻辑综合 …… 165
6.6 显式状态机的综合 …… 168
6.6.1 BCD 码/余 3 码转换器的综合 …… 168
6.6.2 设计举例：Mealy 型 NRZ 码/Manchester 线性码转换器的综合 …… 171
6.6.3 设计举例：Moore 型 NRZ 码/Manchester 线性码转换器的综合 …… 172
6.6.4 设计举例：序列检测器的综合 …… 174
6.7 寄存器逻辑 …… 181
6.8 状态编码 …… 185
6.9 隐式状态机、寄存器和计数器的综合 …… 187
6.9.1 隐式状态机 …… 187
6.9.2 计数器综合 …… 187
6.9.3 寄存器综合 …… 189
6.10 复位 …… 192
6.11 门控时钟与时钟使能的综合 …… 194
6.12 预测综合结果 …… 195
6.12.1 数据类型综合 …… 195
6.12.2 运算符分组 …… 195
6.12.3 表达式替代 …… 196
6.13 循环的综合 …… 198
6.13.1 不带内嵌定时控制的静态循环 …… 198
6.13.2 带内嵌定时控制的静态循环 …… 200
6.13.3 不带内嵌定时控制的非静态循环 …… 202
6.13.4 带内嵌定时控制的非静态循环 …… 203
6.13.5 用状态机替代不可综合的循环 …… 205
6.14 要避免的设计陷阱 …… 209

6.15 分割与合并：设计划分 …… 209
参考文献 …… 210
习题 …… 211

第 7 章 数据通路控制器的设计与综合 …… 216
7.1 时序状态机的划分 …… 216
7.2 设计实例：二进制计数器 …… 217
7.3 RISC 存储程序机的设计与综合 …… 221
7.3.1 RISC SPM：处理器 …… 221
7.3.2 RISC SPM：ALU …… 222
7.3.3 RISC SPM：控制器 …… 222
7.3.4 RISC SPM：指令集 …… 223
7.3.5 RISC SPM：控制器设计 …… 224
7.3.6 RISC SPM：程序执行 …… 234
7.4 设计实例：UART …… 236
7.4.1 UART 的操作 …… 236
7.4.2 UART 发送器 …… 237
7.4.3 UART 接收器 …… 246
参考文献 …… 255
习题 …… 255

第 8 章 可编程逻辑及存储器件 …… 267
8.1 可编程逻辑器件 …… 268
8.2 存储器件 …… 268
8.2.1 只读存储器 …… 268
8.2.2 可编程 ROM(PROM) …… 270
8.2.3 可擦除 ROM …… 271
8.2.4 基于 ROM 的组合逻辑实现 …… 272
8.2.5 用于 ROM 的 Verilog 系统任务 …… 272
8.2.6 ROM 的比较 …… 274
8.2.7 基于 ROM 的状态机 …… 274
8.2.8 闪存 …… 276
8.2.9 静态随机存储器(SRAM) …… 276
8.2.10 铁电非易失性存储器 …… 291
8.3 可编程逻辑阵列(PLA) …… 291
8.3.1 PLA 最小化 …… 293
8.3.2 PLA 建模 …… 295
8.4 可编程阵列逻辑(PAL) …… 297
8.5 PLD 的可编程性 …… 298
8.6 复杂可编程逻辑器件 …… 298
8.7 现场可编程门阵列 …… 298
8.7.1 FPGA 在 ASIC 市场中的角色 …… 299
8.7.2 FPGA 技术 …… 300
8.7.3 Xilinx 公司 Virtex 系列 FPGA …… 301

8.8 片上系统(SoC)的嵌入式可编程 IP 核 …… 302
8.9 基于 Verilog 的 FPGA 设计流程 …… 302
8.10 FPGA 综合 …… 303
参考文献 …… 305
相关网站 …… 305
习题及基于 FPGA 的设计训练 …… 305

第 9 章 数字处理器的算法和架构 …… 330
9.1 算法、循环嵌套程序和数据流图 …… 330
9.2 设计实例：半色调像素图像转换器 …… 332
9.2.1 半色调像素图像转换器的原型设计 …… 334
9.2.2 基于 NLP 的半色调像素图像转换器结构 …… 337
9.2.3 半色调像素图像转换器的最小并行处理器结构 …… 342
9.2.4 半色调像素图像转换器：设计权衡 …… 353
9.2.5 带反馈数据流图的结构 …… 353
9.3 数字滤波器和信号处理器 …… 358
9.3.1 FIR 滤波器 …… 360
9.3.2 数字滤波器设计过程 …… 362
9.3.3 IIR 滤波器 …… 364
9.4 构建信号处理器的基本运算单元模型 …… 367
9.4.1 积分器(累加器) …… 367
9.4.2 微分器 …… 369
9.4.3 抽样和插值滤波器 …… 369
9.5 流水线结构 …… 373
9.5.1 设计实例：流水线型加法器 …… 375
9.5.2 设计实例：流水线型 FIR 滤波器 …… 380
9.6 环形缓冲器 …… 380
9.7 异步 FIFO——跨越时钟域的同步问题 …… 383
9.7.1 简化异步 FIFO …… 384
9.7.2 异步 FIFO 的时钟同步 …… 391
参考文献 …… 406
习题 …… 406

第 10 章 算术处理器架构 …… 412
10.1 数的表示方法 …… 412
10.1.1 负整数的原码表示 …… 412
10.1.2 负整数的反码表示方法 …… 413
10.1.3 正数和负数的补码表示方法 …… 414
10.1.4 小数的表示 …… 415
10.2 加减法功能单元 …… 415
10.2.1 行波进位加法器 …… 415
10.2.2 超前进位加法器 …… 415
10.2.3 上溢出和下溢出 …… 419
10.3 乘法运算功能单元 …… 419

10.3.1 组合(并行)二进制乘法器 …… 419
10.3.2 时序二进制乘法器 …… 422
10.3.3 时序乘法器设计：层次化分解 …… 423
10.3.4 基于 STG 的控制器设计 …… 424
10.3.5 基于 STG 的高效二进制时序乘法器 …… 428
10.3.6 基于 ASMD 的时序二进制乘法器 …… 433
10.3.7 基于 ASMD 的高效二进制时序乘法器 …… 437
10.3.8 基于 ASMD 数据通路和控制器设计的总结 …… 441
10.3.9 精简寄存器时序乘法器 …… 441
10.3.10 隐式状态机二进制乘法器 …… 445
10.3.11 Booth 算法时序乘法器 …… 454
10.3.12 比特对编码 …… 464
10.4 有符号二进制数乘法 …… 470
10.4.1 有符号数的乘积：被乘数为负，乘数为正 …… 470
10.4.2 有符号数的乘积：被乘数为正，乘数为负 …… 470
10.4.3 有符号数的乘积：被乘数、乘数均为负 …… 472
10.5 小数乘法 …… 472
10.5.1 有符号小数：被乘数、乘数均为正 …… 473
10.5.2 有符号小数：被乘数为负，乘数为正 …… 473
10.5.3 有符号小数：被乘数为正，乘数为负 …… 474
10.5.4 有符号小数：被乘数、乘数均为负 …… 474
10.6 除法功能单元 …… 474
10.6.1 无符号二进制数的除法 …… 475
10.6.2 无符号二进制数的高效除法 …… 480
10.6.3 精简寄存器时序除法器 …… 487
10.6.4 有符号二进制数(补码)的除法 …… 491
10.6.5 带符号的计算 …… 491
参考文献 …… 493
习题 …… 494
第 11 章 后综合设计任务 …… 498
11.1 后综合设计验证 …… 498
11.2 后综合时序验证 …… 500
11.2.1 静态时序分析 …… 502
11.2.2 时序规范 …… 503
11.2.3 影响时序的因素 …… 505
11.3 ASIC 中时序违约的消除 …… 508
11.4 虚假路径 …… 509
11.5 用于时序验证的系统任务 …… 511
11.5.1 时序检查：建立时间条件 …… 511
11.5.2 时序检查：保持时间约束 …… 512
11.5.3 时序检查：建立时间和保持时间约束 …… 512
11.5.4 时钟检查：脉冲宽度约束 …… 513

11.5.5 时序检查：信号偏移约束 …… 513
11.5.6 时序检查：时钟周期 …… 513
11.5.7 时序检查：恢复时间 …… 514
11.6 故障模拟及制造测试 …… 514
11.6.1 电路缺陷和故障 …… 515
11.6.2 故障检测与测试 …… 517
11.6.3 *D* 标记法 …… 518
11.6.4 组合电路的自动测试模板生成 …… 520
11.6.5 故障覆盖和缺陷级别 …… 522
11.6.6 时序电路的测试生成 …… 522
11.7 故障模拟 …… 524
11.7.1 故障解析 …… 525
11.7.2 串行故障模拟 …… 525
11.7.3 并行故障模拟 …… 526
11.7.4 并发性故障模拟 …… 526
11.7.5 概率性故障模拟 …… 526
11.8 JTAG 端口和可测性设计 …… 526
11.8.1 边界扫描和 JTAG 端口 …… 527
11.8.2 JTAG 操作模式 …… 528
11.8.3 JTAG 寄存器 …… 528
11.8.4 JTAG 指令 …… 530
11.8.5 TAP 结构 …… 531
11.8.6 TAP 控制器状态机 …… 532
11.8.7 设计实例：JTAG 测试 …… 535
11.8.8 设计实例：内建自测试 …… 553
参考文献 …… 564
习题 …… 565
附录 A Verilog 原语 …… 569
附录 B Verilog 关键词 …… 574
附录 C Verilog 数据类型 …… 575
附录 D Verilog 运算符 …… 580
附录 E Verilog 语言形式化语法(I) …… 587
附录 F Verilog 语言形式化语法(II) …… 588
附录 G Verilog 语言的附加特性 …… 608
附录 H 触发器和锁存器类型 …… 615
附录 I Verilog 2001, 2005 …… 616
附录 J 编程语言接口 …… 631
附录 K 相关网站 …… 632
中英文术语对照表 …… 633

第1章　数字设计方法概论

电路设计的经典设计方法是依赖于电路原理图的人工设计方法，而现在的大规模复杂电路广泛采用基于计算机语言的现代设计方法。这种实践变革有几方面的原因，其中最重要的原因是没有任何一支设计工程师团队能够用人工方法有效、全面、正确地设计和管理含数百万门级的现代集成电路(IC)。但使用硬件描述语言(HDL)，工程师们能很容易地实现对大型复杂电路系统的设计和管理。即使小规模电路的设计也更多地依赖于基于语言的描述，因为工程师们必须快速设计生产出满足瞬息万变的市场需求的产品。

基于语言的设计易于移植且不依赖于工艺，设计团队也可以重用或修改以前的设计，以保持与更先进工艺的一致性。随着器件物理尺寸的缩小，电路密度的提高，基于原有 HDL 模型进行综合生成的电路同样具有更高的性能。

硬件描述语言也是将各种设计专利成果集成为知识产权核(IP)的一种方便而有效的工具和手段。通过使用这种通用设计语言的描述，电路模块可以根据需要单独或合并进行综合和测试，以缩短设计周期。有些仿真工具还支持基于多种语言的混合描述。

采用 HDL 最显著的优点在于：基于语言描述的电路及其优化可以自动地进行综合，而不用经历人工设计方法中那些费力的步骤(如用卡诺图化简逻辑函数)。

目前，基于 HDL 的综合方法是工业界普遍采用的主流设计方法。设计者可以通过构建一个软件原型或模型来验证其功能，然后利用综合工具自动对所设计的电路进行优化，并且可以生成针对某物理工艺技术的网表(netlist)。

HDL 和综合工具的应用使得工程师们更关注有关功能的设计，而不是具体的单个晶体管或逻辑门的设计；综合得到的电路可以实现预期的功能，并满足面积和/或性能的约束要求。无论是功能模型还是行为模型的 HDL 模型描述，都可综合出不同的结构，并可据此快速对设计进行评估和折中。

HDL 可作为多种设计工具的平台，包括：设计输入、设计验证、测试向量生成、故障分析和仿真、时序分析和/或验证、综合和原理图的自动生成等任务。HDL 这种宽范围的覆盖使得设计者的设计工作通过工具链路时，由于不再需要考虑设计描述在不同工具间的转换过程而大大提高了设计流程的工作效率。

Verilog[1] 和 VHDL[2] 两种语言受到工业界的广泛支持，这两种语言都成为了 IEEE(电气和电子工程师协会)标准，并都得到 ASIC(专用集成电路)和 FPGA(现场可编程门阵列)相关综合工具的支持。模拟电路设计语言，如 Spice[3]，在验证电路的关键时序路径上扮演着重要角色。但由于这些模拟电路描述语言对大型设计来说需要大得惊人的计算量，而且也不支持抽象设计，使得它们在大规模电路设计应用中变得很不实际。混合语言(如 Verilog-A 语言[4])用于设计兼有数字和模拟电路的混合信号系统。近几年还出现了 SystemC[5] 和 Superlog[6] 这样的系统级设计语言，它们能够支持比 Verilog 或 VHDL 语言更高抽象级别的设计。

1.1　设计方法简介

系统级设计 ASIC 和 FPGA 电路的目的是最大限度地确保设计正确，使设计没有致命缺陷并能够进行生产制造。设计者可以按照图 1.1 所示的设计流程进行电路设计。该流程中给出了数字电路的设计、验证、综合和测试等几个主要步骤的次序。ASIC 设计流程包括了从设计规范和设计输入开始,直到芯片级布局布线以及时序收敛等几个设计进程。在设计中,当所有的信号通路都满足由接口电路、电路时序单元和系统时钟所产生的时序约束条件时,即达到时序收敛。虽然设计流看起来呈现线性关系,但实际上则不然。当发现设计出现错误,设计需求改变,或有不符合设计性能要求及设计约束改变等情况发生时,有可能要重新进行设计流程中的多个步骤。例如,如果一个设计不能满足时序约束,就不得不重新进行布局布线设计,还有可能要对一些关键路径进行重新设计。

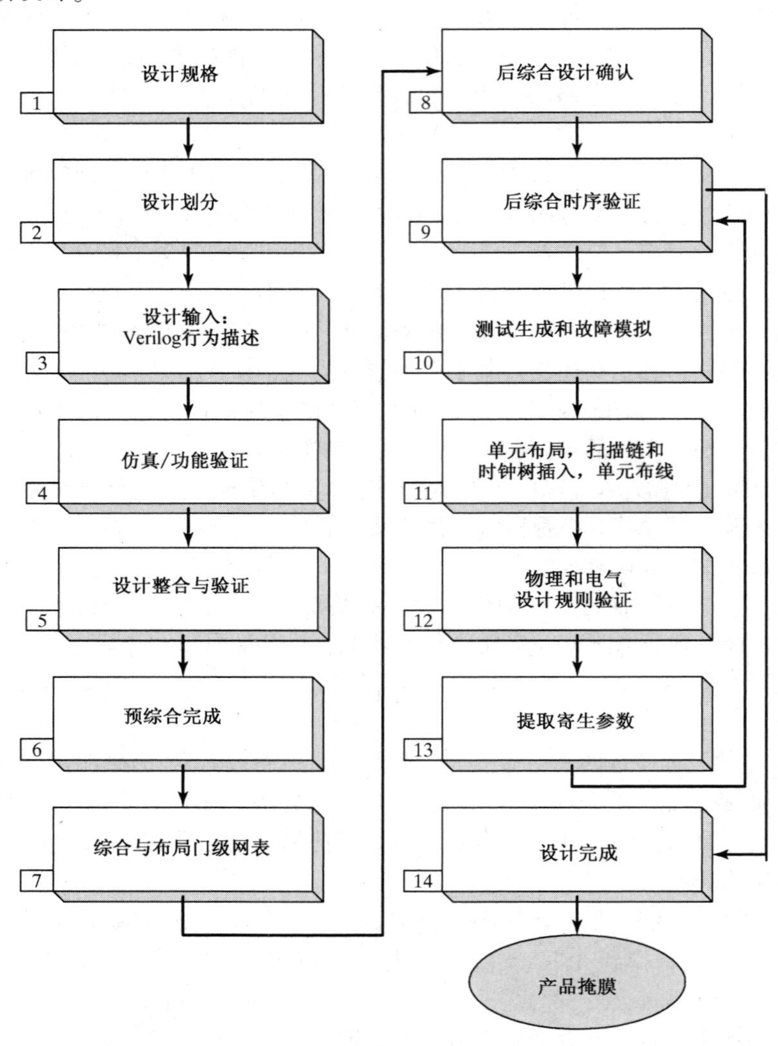

图 1.1 基于 HDL 的 ASIC 设计流程

由于 ASIC 的结构是非固定的,其设计所实现的电路性能取决于晶片上单元电路的物理布局与布线以及底层器件的特性等因素,因此基于标准单元的 ASIC 设计流程要比基于 FPGA 的设计流程更为复杂。在小于 0.18 μm 的亚微米工艺中,互连线延时对电路性能的影响起着关键的作用,其预布局布线的时序估计并不能确保满足布线路径设计的时序收敛要求。下面几节将详细阐述图 1.1 中描述的设计流程的各个步骤。

1.1.1　设计规格

设计流程从设计规格书的撰写开始。设计规格书是一个非常详尽的设计技术描述文档，包括功能、时序、硅片面积，功耗、可测试性、故障覆盖率以及其他指导设计的相关准则等。最简单的设计规格书至少要描述出设计所要实现的功能特性。一般情况下，时序电路用包括状态转移图、时序图和算法状态机（ASM）图表等描述。但规格书的解释说明仍然可能存在某些隐藏问题，这是因为基于 HDL 的模型在具体实现时有可能忽视规格书的某些解释说明。目前正在推广应用的 SystemC[5] 和 Superlog[6] 等高级语言由于其本身就具有设计规格的描述，以及将描述转换为可综合电路的功能，因而可以解决上面所提及的相应问题。

1.1.2　设计划分

现今 ASIC 和 FPGA 实现电路的设计方法论中，把大型电路划分为一个有多个相互关联的功能单元模块所组成的系统结构（architecture），其中每一个功能单元都能够具有描述其功能的行为模型。把一个复杂系统的设计逐渐划分成规模较小且功能简单的单元电路，这样的划分过程通常被称为自顶向下（top-down design）或层次化（hierarchical design）的设计方法。HDL 支持自顶向下设计的各层次抽象级别的描述，它提供了规范的系统框架来根据需要对一个大型复杂系统进行电路划分、综合和验证。大型复杂系统的各个模块可链接在一起，以进行系统整体功能和性能的验证。经过划分的各个功能模块单元比整个系统更简单，且每个模块单元都可以用基于 HDL 的模型来描述。大型系统的总体设计往往会因其电路规模太大而无法直接综合，但划分后的各个功能单元则可以在合适的时间内进行综合。

1.1.3　设计输入

设计输入是先形成一个基于语言描述的设计，并将其以电子格式的方式存储在计算机中。在现代设计方法中，通常用诸如 Verilog 这样的硬件描述语言来进行描述，与诸如自底向上的手动输入等其他方式相比，采用前者编写一个大型电路的 Verilog 行为描述文件并实现其门级电路综合所花费的时间要少得多，节省下来的时间可用于设计流程的其他部分。Verilog 描述很容易进行编写、修改和替换，因而方便探索电路采用不同的实现结构。此外，综合工具本身也会自动查找具有同样功能的其他实现形式，并能产生描述该设计属性的报告文件。

在把 HDL 描述映射到目标工艺之前，综合工具会创建一个该电路的最佳内部描述格式。在此阶段其内部数据库是通用的，可将一个 HDL 描述映射至各种不同的工艺。例如，综合工具转换引擎技术可以利用内部格式把 FPGA 的设计映射为 ASIC 标准单元库。在此移植过程中不必重新优化其通用描述。

基于 HDL 的设计要比电路原理图设计更容易调试。行为描述方法总结抽象了电路的复杂功能，并隐藏了许多门级的底层细节，因此在功能设计中对出现的问题进行隔离处理，用较少的信息量来实现并简化设计。此外，如果行为描述在功能上是正确的，它就会成为后续的门级电路实现时有价值的设计规范。

基于 HDL 的设计通常在设计中通过使用描述名、加入明晰内容的注释、明确地指明结构的相互关系等文本内容的方式，从而减少了必须保存在其他归档文件中的文档数量和内容。基于 HDL 语言模型的仿真能够清楚地反映出该设计的功能特性。由于 HDL 语言是标准化的，因此不同厂商提供的设计工具平台都支持用它描述的设计文档。

行为建模是工业界用于进行大规模芯片设计的主要描述方法，行为建模描述一个设计的功能特性，即仅指定所设计的电路将要做什么，而无需指出怎样用硬件去构建电路。行为建模只需描述逻辑电路的输入/输出模型，而不必关注其物理层和门级的实现细节。

行为建模鼓励设计者按下述步骤进行设计：

(1)快速创建一个设计的行为级原型电路(而不要受硬件实现细节的制约)；

(2)验证其功能特性；

(3)利用一种综合工具对设计进行优化，并将设计转换成某种物理工艺。

如果这个模型已经写成可综合格式，综合工具将去除其中的冗余逻辑，并且将在其他结构和/或多级等效电路之间进行权衡，最终完成一个能兼顾面积限制或时序约束的设计。行为建模是把设计者的考虑重心放到实现的电路功能上，而不是具体的逻辑门及其互连上。在将设计提交生产之前它还提供了选择其他可选方案的自由度。

除了在综合过程中的重要作用之外，行为建模还可将一个工程设计的各个单元在不同的抽象级别上进行仿真，提高了设计的灵活性。Verilog 语言可用于混合几种抽象级别的描述，使得在门级上实现的设计部分能够与用行为描述表示的其他设计部分整合在一起，并进行仿真。

1.1.4 仿真与功能验证

设计的功能特性能够通过仿真或者形式化方法[7]来进行验证(参见图 1.1 中的步骤 4)。我们主要讨论在此提到的相应规模电路的仿真问题。除非设计的功能特性验证通过，否则设计流程将返回到步骤 3。

整个验证过程分三步进行：

(1)拟定测试方案；

(2)建立测试平台 testbench；

(3)测试执行。

1.1.4.1 拟定测试方案

测试方案要认真组织、编写，以确定什么是要测试的功能特性和如何进行测试。例如，测试方案指明一个算术逻辑单元(ALU)的指令集将在输入特定数据集时，通过对 ALU 行为的详尽仿真来进行校验。对于时序电路的测试方案，因为其状态数目很多，所以必须要有更详尽的描述，以确保设计的高可信度。测试方案应指定激励发生器、响应监测器以及判断被测模型的响应所需的有价值的参考判据。

1.1.4.2 建立测试平台

testbench 是一个 Verilog 模块，在仿真时这个模块中的待测试单元(UUT)已被实例化，同时测试向量发生器也被施加到该模块的输入端。图形显示器或响应监测器都是测试平台的主要组成部分。编写测试平台文件是为了识别在仿真(比如，测试操作码)进行过程中所观测的目标和它的有序活动。若一个设计为多模块结构形式，就要对它的每一个模块分别进行验证，从设计的最低层次开始，然后再对整合设计进行测试来验证模块之间的相互作用是否正确。在这种情况下，测试方案必须描述每个模块的功能特性和将要被测试模块的测试过程，而且这个方案还必须指出怎样对总体设计进行测试。

1.1.4.3 测试执行和模型验证

testbench 可根据测试方案进行完善，而且要对设计的原始指标对应的响应进行验证，例如响应是否与所描述 ALU 相匹配？这一环节的目的主要是找出设计中的错误所在、确定描述语法的正确性、检验习惯用法、为后续的综合工作消除障碍。模型验证要求系统地、彻底地展现出该模型的行为级的验证实例，所以在模型验证完毕之前就进入下一步设计流程是没有意义的。

1.1.5　设计整合与验证

在对已划分设计的每个功能子单元进行验证，并确认其具有正确的功能特性之后，还必须把这些功能子单元重新整合成一个完整的系统，再验证其功能特性正确与否。这就需要对 testbench 重新进行开发，使其激励发生器能够实现上层模块的输入/输出功能，监测端口以及穿越模块边界时总线的活动，并且观测每个内嵌状态机的状态转换情况。这一步骤在设计流程中是至关重要的，必须要完全彻底地执行，以保证设计是在综合正确的情况下完成的。

1.1.6　预综合完成

testbench 要提供全部功能特性的验证实例，而且要保证 Verilog 行为模型的功能特性与设计规范不出现偏差且完全一致。所有已发现的功能错误和问题均被解决后，即完成了预综合。

1.1.7　门级综合与工艺映射

当设计中的所有语法错误和功能错误均已消除且已完成预综合后，通过综合工具创建一个最优布尔描述，并且利用一种有效工艺构建这个设计描述。一般来说，综合工具能够去除冗余逻辑，以寻求能实现功能特性并满足性能(速度)指标要求的最小面积的逻辑电路结构，这一步将产生一个标准单元网表或配置目标 FPGA 的数据库文件。

1.1.8　后综合设计确认

设计确认就是把已综合完的门级描述的响应与行为模型的响应相比较。这可以通过图 1.2 所示的一个有两种模型和一个公共激励发生器的测试平台来完成。其响应能够通过软件或通过虚拟/图形工具进行监测来观察是否两种模型具有同样的功能特性。对于同步设计，在机器周期的边界处必须保持同步——而中间部分则无关紧要。如果行为描述和已综合实现的功能特性不一致，往往就要通过细致的工作研究消除其中的差异。后综合设计确认能够发现行为模型在不同的时钟周期触发产生非预期事件的软竞争情况。下面我们将讨论一种能防止这种情况出现的好的建模方法。①

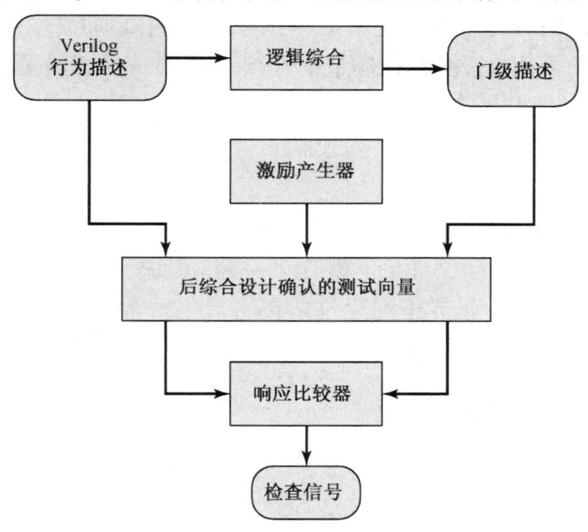

图 1.2　后综合设计确认

① ASIC 设计流程的后综合确认之后，有一个后布局时序验证的步骤。

1.1.9　后综合时序验证

尽管综合过程能产生满足时序规范要求的电路，然而检查电路的时序边界是为了验证关键信号通路上的速度是否达到要求(步骤 9)。在设计流程进行到步骤 13 之后，还需要返回来执行步骤 9，这是因为综合工具不能精确地估计版图中连接金属线导致的电容性时延效应。归根结底，还必须从金属材料的特性以及制造掩膜的几何形状等几个方面提取时延参数，并根据所提取的时延参数，利用静态时序分析器来验证最长的通路是否违反时序约束。有时候还不得不通过重新综合电路或是重新布局布线来满足设计规范的要求。对于重新综合的情况，则需要：

(1)重新设计晶体管的尺寸；

(2)改进或替换电路的结构；

(3)替换器件(速度越快面积开销越大)。

1.1.10　测试生成与故障模拟

集成电路在完成制造之后必须进行测试，目的是检验它们有无缺陷，能否正常工作。洁净间中的污染物也会导致电路出现缺陷而使其不能使用。在设计流程的这个步骤中，要用一组测试向量来测量电路的响应。这种测试是针对由制造加工引起的故障而不是设计错误，设计错误应该在预综合结束之前就被检测出来。测试是令人望而生畏的一件事情，一个 ASIC 芯片可能有数百万个晶体管。但仅有几百个封装引脚可以用来探测内部电路的工作情况。为此，设计者不得不在设计电路中预埋一些额外的特定电路，使得测试器只用几个外部引脚就能单独测试 ASIC，或者在印制电路板上测试 ASIC 的全部内部电路。

验证行为模型的平台能够用来测试由综合产生的电路故障，但对于检测足够高级别的制造缺陷还不够理想。组合电路故障全部都能被检测出来，而时序电路故障的检测则会遇到将在第 11 章中讲到的问题。故障模拟研究的是从生产线出来的芯片是否能够通过测试来检验其工作情况正常与否。故障模拟的目的是为了确定一组测试向量是否能检测出一组故障。故障模拟的结果用于指导软件工具的使用以便生成更完备的测试模板或测试向量。为了消除那些不能被直接测试到的模块出现故障的可能性，在器件制造前需要生成测试模板或测试向量(如扫描链)并将这些测试模板加入到原始设计中。①

1.1.11　布局与布线

ASIC 设计流程中的布局与布线就是将设计单元适当地放置在晶片内，并连接信号通路。在基于单元设计工艺中，需要将各个设计单元整合在一起，形成一个能把全部逻辑门电路刻制在硅晶片上的完整掩膜板图案。这一环节还可能包括在布局中插入时钟树，以便给设计中的时序元件提供一个规则分布的时钟信号。扫描链的插入也是在这一步实现的。

1.1.12　物理和电气设计规则检查

对设计的物理布图进行检查是为了检查线宽、交叠、间隔等约束是否满足要求。电气规则检查是检查扇出约束是否满足，信号的完整性是否没有被电气串扰和电源栅压降所破坏。噪声电

---

① 扫描链是将电路中的普通寄存器用特定设计的寄存器替换后而形成的，这些特定设计的寄存器在测试模式下能互连在一起并形成移位寄存器。测试模板可以加入到原始设计的电路中。电路的响应可以通过扫描链捕捉到并移位输出以供分析。

平检查以判断电平瞬变特性是否存在问题。功率耗散也要在这一步骤中进行模拟和分析，以便确认芯片产生的热量不会对电路造成损坏。

1.1.13　提取寄生参量

版图所形成的寄生电容能够通过软件工具提取，并用所提取的参数对设计的电气特性和时序性能进行更精确的校验(步骤 13)。利用该提取步骤得到的寄生参量结果来更新时序分析中所用到的负载模型。然后对设计电路的时序约束再次检查，确保在特定的时钟速度下设计方案有效。

1.1.14　设计完成

在所有设计约束都已经满足，也达到了时序约束条件的情况下，就会发出最终设计完成信号。可用于制造集成电路的掩膜集也就具备了。掩膜的格式是由几何数据(通常为 GDS-Ⅱ格式)构成的，这些数据决定了集成电路制造过程中的光刻步骤的顺序。至此，设计者已耗费了大量的人力和物力来确保要制造的芯片在功能和性能上满足设计规范的要求。

1.2　IC 工艺选择

图 1.3 给出了从可编程逻辑器件(PLD)到全定制 IC 制造工艺的、可用来构建数字电路的硅物理实现的各种可选方案。固定架构的可编程逻辑器件适用于低端市场(即低规模且低性能需求)。这些产品相对来说价格低廉，面向小规模设计。

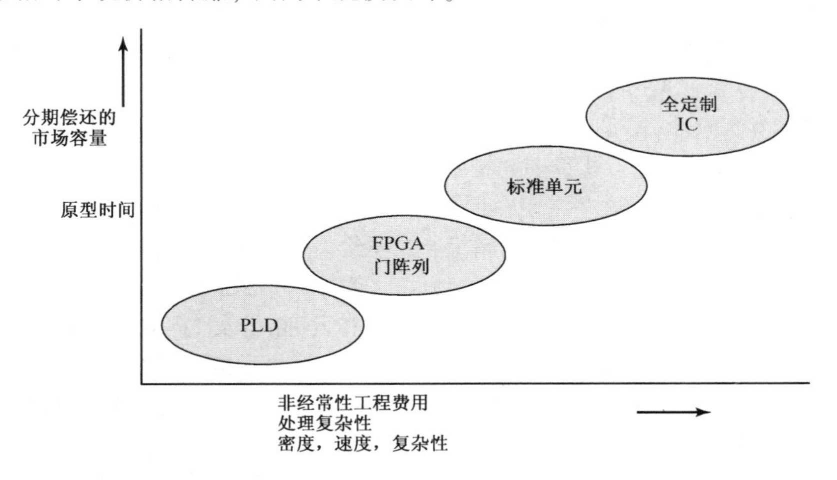

图 1.3　IC 实现的不同工艺

ASIC 设计实现的物理方式有：

(1) 高性能电路的全定制版图；

(2) 标准单元结构；

(3) 门阵列(现场可编程或掩膜可编程)。

究竟采用哪一种实现方式，取决于 ASIC 的市场预期是否能收回其设计成本并达到厂商所需要的利润。用全定制 IC 具有高的性价比，但它需要有足够大的产量或者有足够多的用户群，还要有充足的开发时间和投资以便确保生产出面积最小和速度最高的全定制设计产品。FPGA 具有固定及电可编程的结构，适合用于规模适中的设计实现。设计者可以用支持这种工艺实现方式的工具，用较短的时间编写并综合一个 Verilog 描述，并在原型机上生成可以运行的物理电路。因此，该设计修改的成本非常低。由于 FPGA 的器件封装和管脚排列都是已知的，因此电路板的版图和电路的研发可以同时进行。在少量的产品原型设计阶段，可采用掩膜可编程和基于标准单元的设计方式实现①。

掩膜可编程门阵列工艺中，晶片上集成的晶体管阵列可以根据需求互连得到逻辑门电路，并实现所期望的功能。晶片上的器件是预先制造好的，用户可以根据需求自行连接金属互连线。晶片上只有金属掩膜是开放的，因此可大大减少完成掩膜工艺所需的时间和成本。其他的 NRE 工程费用(Non-Recurring Engineering，一次性工程费用或非经常性工程成本)可以分摊给硅制造厂家的所有客户。

标准单元工艺技术预先设计并特征化了掩膜层的各个逻辑门，且封装在公用库中。利用布局布线工具把这些单元排放在晶片的相应通道位置，再进行互联，然后整合这些掩膜，这样就可以制造出有特定应用功能的集成电路。该用户的掩膜集是特定于其实现的逻辑功能的，对于大型电路来说，该项费用将超过 50 万美元。但是与该设计有关的 NRE 工程费用和单元库设计费被分摊到所有的客户群。对那些有大量应用的同等规模的集成电路，标准单元制造工艺的单位成本比 PLD 和 FPGA 的单位成本还要低。

1.3 后续内容概览

接下来的几章将涵盖图 1.1 所描述的设计流图中最主要的步骤，但不包括单元布局和布线、设计规则检查和寄生参量提取。这几个步骤是在功能正确的设计已成功综合的情况下，才能进行的设计步骤，它们将通过工作在物理掩膜数据库上的其他工具管理、实施，而不是基于 HDL 设计模型。下面将要描述的步骤是在所有 ASIC 流程中以设计者为主导的关键设计步骤。

在其余各章中，第 2 章和第 3 章将回顾组合和时序逻辑电路的人工设计方法，之后讲述用 Verilog 进行组合逻辑设计(第 4 章)和时序逻辑设计(第 5 章)的方法，并通过举例，将人工方法和基于 HDL 的方法进行对比。这里还介绍了算法状态机(ASM)图，以及算法状态机及数据通道(ASMD)图表的应用，说明了这些图表在编写时序电路的行为模型中是非常有用的。第 6 章讨论了用 Verilog 模型实现组合逻辑和时序逻辑综合，还给设计人员提供了构思最佳综合设计的背景资料，并且给出了可能导致设计失败的常见错误。第 7 章概括了 RISC CPU 和 UART 数据通道控制器的处理问题。第 8 章介绍了 PLD，CPLD，RAM 和 ROM 以及 FPGA 可编程逻辑器件，并在章末的习题中给出了在广泛应用的评估板上实现的设计。第 9 章描述了数字处理器的算法与结构。第 10 章讨论算术指令的实现问题。第 11 章讲述了时序验证、测试生成和故障模拟等后综合设计问题，还包括了 JTAG 和 BIST 等方面的讨论。

学习用 Verilog 语言进行设计有三件事最重要：例程，例程，例程。我们举了一些难度渐进的例程，并且给出了这些例程的 Verilog 描述。在每章的末尾列出了一些要求用 Verilog 进行设计的、颇具挑战性的习题，我们希望在设计中读者能够采纳下面的忠告：精炼、清晰和可验证。

参考文献

1. *IEEE Standard Hardware Description Language Based on the Verilog Hardware Description Language*, Language Reference Manual (LRM), IEEE Std. 1364 - 1995. Piscataway, NJ: Institute of Electrical and Electronic Engineers, 1996.

① 现在业界多采用现场可编程器件 FPGA/CPLD 器件进行原型机设计。——译者注

2. *IEEE Standard VHDL Language Reference Manual* (LRM), IEEE Std, 1076 - 1987. Piscataway, NJ: Institute of Electrical and Electronic Engineers, 1988.
3. Negel LW. *SPICE2: A Computer Program to Simulate Semiconductor Circuits*, Memo ERL-M520, Department of Electrical Engineering and Computer Science, University of California at Berkeley, May 9, 1975.
4. Fitzpatrick D, Miller I. *Analog Behavioral Modeling with the Verilog-A Language*, Boston: Kluwer, 1998.
5. SystemC Draft Specification, Mountain View, CA: Synopsys, 1999.
6. Rich, D., Fitzpatrick, T., "Advanced Verification Using the Superlog Language," Proc. Int. HDL Conference, San Jose, March 2002.
7. Chang H, et al. *Surviving the SOC Revolution*, Boston: Kluwer, 1999.

第 2 章　组合逻辑设计回顾

本章将对组合逻辑电路的人工设计法进行回顾，在第 6 章中将会看到这些设计步骤是如何由现代设计工具自动完成的。

2.1　组合逻辑与布尔代数

组合逻辑电路的输出可以表示为瞬时输入变量的布尔函数形式，也就是说，在图 2.1 中任意时刻 t 输出 y_1、y_2 与 y_3 仅仅取决于该时刻 t 的输入值 a、b、c 与 d，组合逻辑电路在任意时刻 t 的输出仅为该时刻输入变量的函数。当电路的输出与时刻 t 之前的历史输入有关时，则称这一类电路为时序逻辑电路。时序逻辑电路在硬件上需要采用存储单元来实现。

逻辑电路中的变量为二进制变量——其值为 0 或 1，逻辑电路的硬件实现可以采用正逻辑，即用高电平（如5 V）表示逻辑 1，用低电平（如 0 V）表示逻辑 0；也可以用负逻辑，用低电平表示逻辑 1，用高电平表示逻辑 0。

图 2.1　4 输入 3 输出的组合逻辑方框图

一些常见的逻辑门如图 2.2 所示，图中还给出了各逻辑门相应的布尔方程，可用于确定门电路在给定输入时的输出函数值。表 2.1 列出了基于硬件的布尔逻辑运算的常用符号。①。

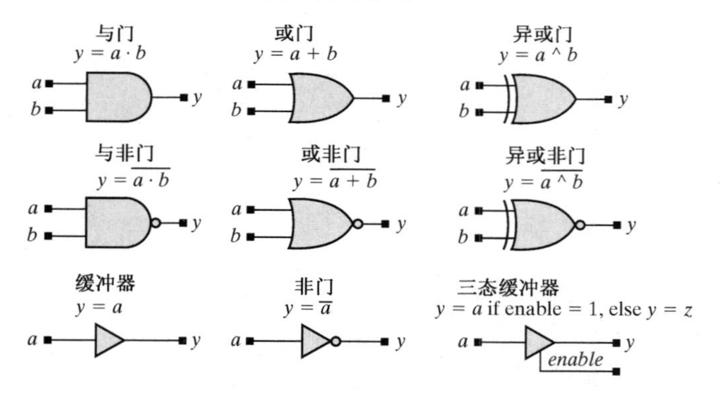

图 2.2　常用逻辑门电路的原理图符号与布尔关系式

表 2.1　常用布尔逻辑符号与运算符

符　　号	逻 辑 操 作
+	逻辑“或”
·	逻辑“与”
⊕	异或
∧	异或
′	逻辑非
—	逻辑非（上画线）

2.1.1　ASIC 库单元

逻辑门实际上是由晶体管级电路实现的。例如，采用 CMOS（互补金属氧化物半导体）工艺的逻辑非门是由 p 沟道与 n 沟道 MOS 晶体管串连而成的，其公共漏极作为输出端，公共栅极作为输入端。当输入为低电平时，p 沟道器件导通，n 沟道器件截止，此时输出端电容充电至 V_{dd}；当

① 三态缓冲器的原理图符号用 z 表示该器件的高阻状态。

输入为高电平时，n 沟道器件导通，p 沟道器件截止，此时输出端电容对地放电至 0。图 2.3 给出了非门的上拉充电电流路径和下拉放电电流路径。

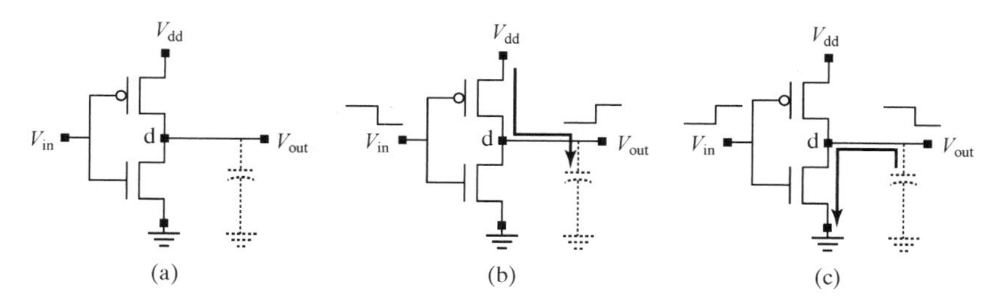

图 2.3　CMOS 晶体管级原理图：(a)具有容性输出负载的非门；(b)非门的上拉充电路径；(c)非门的下拉放电路径

其他逻辑门电路可以利用与上述上拉与下拉逻辑相同的基本原理实现，图 2.4 给出了一个三输入与非门晶体管级原理图，如果一个或多个输入端为低电平，则输出节点 Y 就被上拉至 V_{dd}；只有当所有输入均为高电平时，输出下拉至 GND。

超大规模集成电路(VLSI)的门级实现是由一系列工艺步骤制造完成的，其中光掩膜技术有选择地在硅晶片上掺入杂质，从而形成晶体管及连接线。图 2.5 是制造 CMOS 非门的基本工艺中所采用的掩膜技术的组合视图，其中包括注入半导体杂质、沉积金属和多晶硅。掩膜技术按照定义好的顺序进行，首先要注入杂质形成 n 阱，这是一个含有 n 型材料(如砷)的高掺杂区域，然后在 n 阱中注入 p 型(如硼)材料形成源区和漏区，这样就可以形成 p 沟道晶体管，同时在硅衬底上形成 n 沟道晶体管；用多晶硅沉积形成了晶体管门，同时，用金属沉积形成了器件间的连线。实际的工艺还包括更多的步骤，并且具有比上述简单结构更多的金属层。图 2.6 给出了一个简单的 ASIC 非门单元的横截面图，从图中可以清楚地看到掺杂区域。

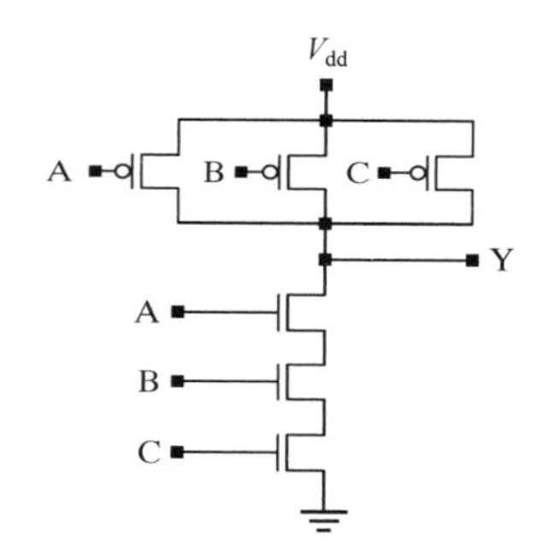

图 2.4　三输入 CMOS 与非门的晶体管级原理图

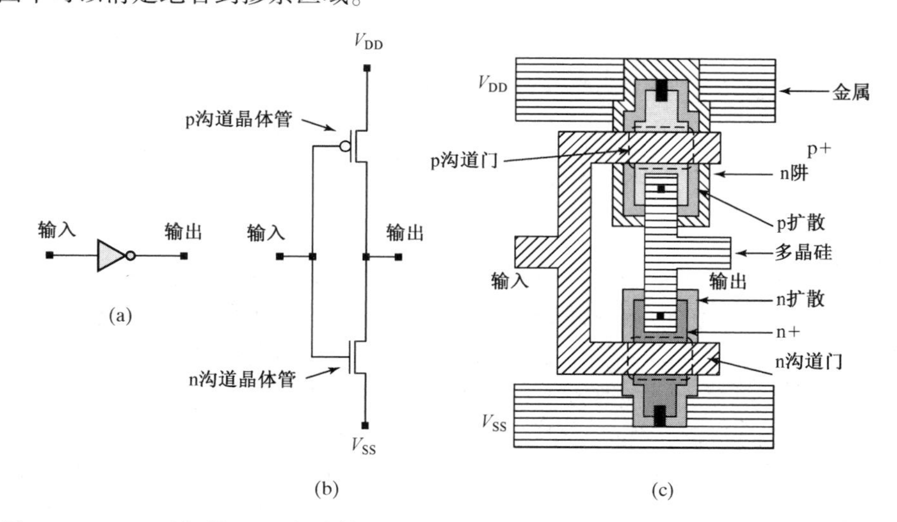

图 2.5　CMOS 反相器：(a)电路符号；(b)晶体管级原理图；(c)简化的合成制造掩膜图

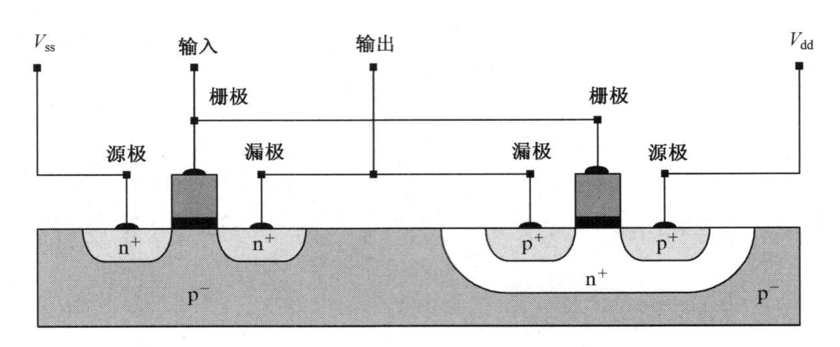

图 2.6　CMOS 非门掺杂区域的简化侧视图

实现基本的和较复杂的布尔函数表示的电路，可以用它们的功能、电气特性以及时序特性来描述，并且把这些电路封装后添加到标准单元库中，以供其他设计重复使用，这类单元库通常包括基本逻辑门、触发器、锁存器、多路复用器和加法器等。综合工具通过将逻辑综合的最终结果映射为单元库中的不同部件，来构造具有特定功能且满足性能要求的复杂集成电路。

2.1.2　布尔代数

逻辑电路的各种运算可以用布尔代数来描述，布尔代数由值集合 $\mathbf{B}=\{0,1\}$ 以及运算符“+”和“·”组成。运算符“+”称为和运算符、“或”运算符或者逻辑加运算符；运算符“·”称为积运算符、“与”运算符或者逻辑乘运算符。布尔代数中的运算符满足交换律和分配律，对于 $\mathbf{B}$ 中有两个布尔变量值 a 与 b 的情况，则满足 $a+b=b+a$，$a \cdot b=b \cdot a$。运算符“+”和“·”分别包括了加 0 和乘 1 的运算，也就是说，对于任何布尔变量 a，有 $a+0=a$，$a \cdot 1=a$。每个布尔变量 a 都有一个补变量，记为 a'，满足 $a+a'=1$ 和 $a \cdot a'=0$。表 2.2 总结了积之和(SOP)与和之积(POS)两种形式的布尔代数法则(详见后续内容)。为简化表示，省略“·”运算符，并且在后面的例子中也省略它。

表 2.2　布尔代数法则

布尔代数法则	SOP 格式	POS 格式
0、1 组合律	$a+0=a$	$a \cdot 1=a$
	$a+1=1$	$a \cdot 0=0$
交换律	$a+b=b+a$	$a \cdot b=b \cdot a$
结合律	$(a+b)+c=a+(b+c)=a+b+c$	$(ab)c=a(bc)=abc$
分配律	$a(b+c)=ab+ac$	$a+bc=(a+b)(a+c)$
同一律	$a+a=a$	$a \cdot a=a$
还原律	$(a')'=a$	
互补律	$a+a'=1$	$a \cdot a'=0$

由 n 个布尔变量扩展成的多维空间表示为 $\mathbf{B}^n$，$\mathbf{B}^n$ 中的一个点称为一个顶点，并且可以表示成元素为二进制数字的一个 n 维向量，如(100)。一个二进制变量可以与布尔空间的维数相联系，并且空间中的每个点对应于变量的唯一一组不同取值。布尔变量常用斜体字符表示，比如变量 a 表示为 a，该变量的非表示为 a'。布尔表达式由一系列变量和布尔运算符组成。变量之积，如 $ab'c$ 表示一个乘积项，而一个乘积项通常是与一组顶点联系在一起的，一个乘积项可“包含”一个或多个顶点。图 2.7 说明了 $\mathbf{B}^3$ 中的点是如何用二进制向量(即它的坐标)和变量乘积项表示的。

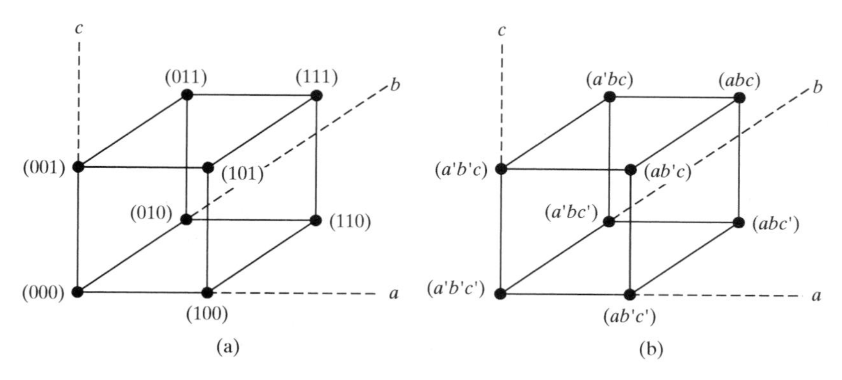

图 2.7　布尔空间的点：(a)用二进制向量表示；(b)用字母符号表示

一个完全确定的具有 n 个输入的 m 维布尔函数是一个从 $\mathbf{B}^n$ 到 $\mathbf{B}^m$ 的映射，记为 $f:\mathbf{B}^n\to\mathbf{B}^m$，一个非完全描述的函数则在 $\mathbf{B}^n$ 的子集上，而且认为它在定义域外的点具有无关项：$f:\mathbf{B}^n\to\{0, 1, *\}$，其中 * 表示无关项。

一个布尔函数的 *On-Set* 集合是由使函数成立(逻辑真)的顶点组成的，即 $On\_Set = \{x : x\in B^n$ 且 $f(x) = 1\}$；*Off_Set* 集合则是由函数不成立(逻辑假)的顶点组成的，即 $Off\_Set = \{x : x\in B^n$ 且 $f(x) = 0\}$；而无关(*Don't_Care_Set*)集合是由对函数取值没有确定的顶点组成的，因此有 $Don't\_Care\_Set = \{x : x\in B^n$ 且 $f(x) = *\}$，无关项集合包含不可能出现的输入组合或输出不可能发生的情况。

2.1.3　狄摩根定律

狄摩根定律(DeMorgan)可以将积之和形式的电路转换为和之积形式的电路，也可以反过来转换。该定律的第一种形式说明了多项式之和的补为

$$(a + b + c + \ldots)' = a'\cdot b'\cdot c'\cdot \ldots$$

在两个变量的情况下，关系式为

$$(a + b)' = a'\cdot b'$$

图 2.8 所示的维恩图说明了两个变量情况下狄摩根定律的运算。

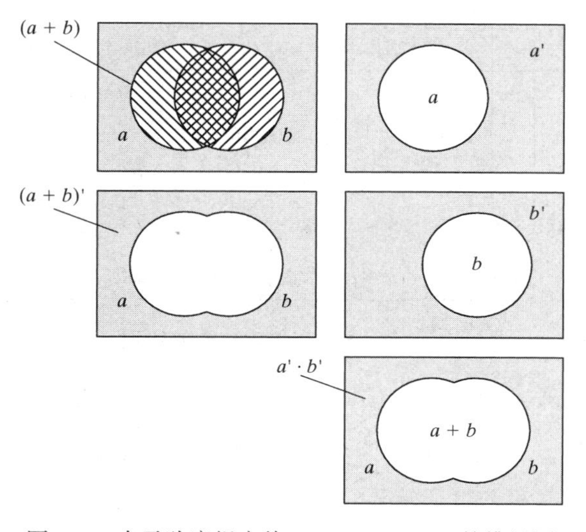

图 2.8　表示狄摩根定律 $(a+b)'=a'\cdot b'$ 的维恩图

狄摩根定律的第二种形式说明了多项之积的补为

$$(a \cdot b \cdot c \ldots)' = a' + b' + c' + \ldots$$

当只有两个变量时，可表示为

$$(a \cdot b)' = a' + b'$$

上述关系可以用图2.9所示的维恩图予以说明。

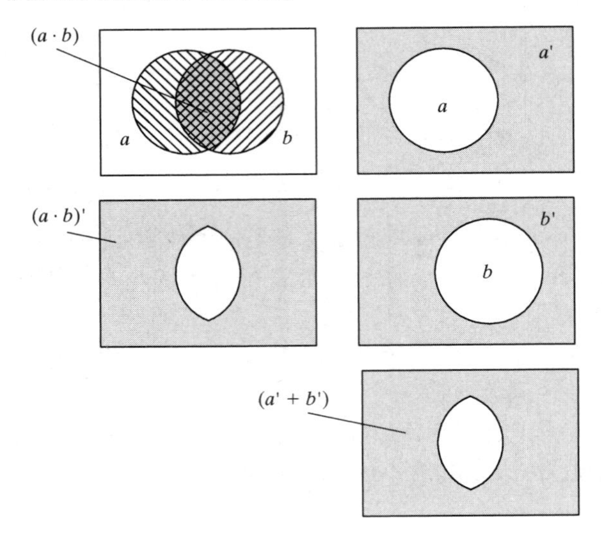

图2.9 狄摩根定律$(a \cdot b)' = a' + b'$的维恩图

2.2 布尔代数化简定理

图2.10所示的重要定理用于化简布尔代数表达式，以便得到有效的POS或SOP形式的电路实现。逻辑相邻和冗余定理如图2.11的维恩图所示。冗余项bc是多余的，这是因为它被ab和$a'c$两个区域的并所覆盖。用于异或操作的有关定理如图2.12所示。

定理	SOP形式	POS形式
逻辑相邻	$ab + ab' = a$	$(a + b)(a + b') = a$
吸收	$a + ab = a$ $ab' + b = a + b$	$a(a + b) = a$ $(a + b')b = ab$
或	$a + a'b = a + b$	$(a' + b)a = ab$
乘法与因子分解	$(a + b)(a' + c) = ac + a'b$	$ab + a'c = (a + c)(a' + b)$
一致性	$ab + bc + a'c = ab + a'c$	$(a + b)(b + c)(a' + c) = (a + b)(a' + c)$

图2.10 化简布尔表达式的定理

对于一个给定的布尔函数$f(x_1, x_2, \cdots, x_n)$，对变量x_i的余因式为

$$f_{xi} = f(x_1, x_2, \ldots, x_{i-1}, 1, x_{i+1}, \ldots, x_n)$$

而对变量$x_{i'}$的余因式为

$$f_{xi'} = f(x_1, x_2, \ldots, x_{i-1}, 0, x_{i+1}, \ldots, x_n)$$

利用上述余因式，可将二进制布尔函数表示为下面的香农(Shannon)表达式：

$$f(x_1, x_2, \ldots, x_{i-1}, x_i, x_{i+1}, \ldots, x_n) = x_i \cdot f_{xi} + x_{i'} \cdot f_{xi'} = (x_i + f_{xi'}) \cdot (x_{i'} + f_{xi})$$

其中，$i = 1, 2, \cdots, n$。布尔函数 f 的布尔微分为

$$\partial f / \partial x_i = f_{xi} \oplus f_{xi'}$$

函数 f 对 x_i 的布尔微分决定了 f 是否对输入变量 x_i 的变化敏感。利用该性质，通过布尔代数方法可以确定一次测试是否可以检测出该电路的一个故障[1]，而且应用香农展开式也可以递归地生成布尔函数的二进制树映射[2]。

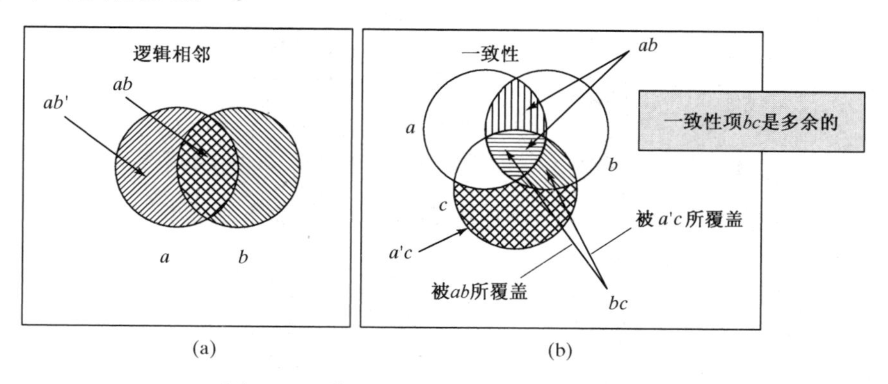

图 2.11　维恩图：(a)逻辑相邻；(b)冗余

异或规则	
0,1组合	$a \oplus 0 = a$
	$a \oplus 1 = a'$
	$a \oplus a = 0$
	$a \oplus a' = 1$
交换律	$a \oplus b = b \oplus a$
结合律	$(a \oplus b) \oplus c = a \oplus (b \oplus c) = a \oplus b \oplus c$
分配律	$a(b \oplus c) = ab \oplus ac$
互补律	$(a \oplus b)' = a \oplus b' = a' \oplus b = ab + a'b'$

图 2.12　EOR 运算的布尔关系表达式

2.3　组合逻辑的表示

现在开始讨论组合逻辑的三种常用的表示方法：

(a)结构化(即门级)原理图；

(b)真值表；

(c)布尔方程。

另一种表示方法是二进制判定图(BDD)法，这是一种布尔函数的图形表示法，它包含了实现布尔函数时所需的信息[2,3]。由于 BDD 法比真值表更有效，更易于操作，所以它主要应用于 EDA 软件中，同时它对于检测冒险也非常有帮助[4]。本章并不采用 BDD 法，而是借助真值表来分析。

例 2.1　半加器组合逻辑的真值表如图 2.13 所示，该加法器有两个输入数据位(不带输入进位)，一个和输出位与一个进位输出位。($c\_out = a + b$，其中“+”表示数据的算术加运算)。

描述半加器的布尔方程(“+”代表逻辑或)可以由真值表得到，可写成 SOP 的形式：

$$sum = a'b + ab' = a \oplus b$$

$$c\_out = a \cdot b$$

输入		输出	
a	b	c_out	sum
0	0	0	0
0	1	0	1
1	0	0	1
1	1	1	0

(a)

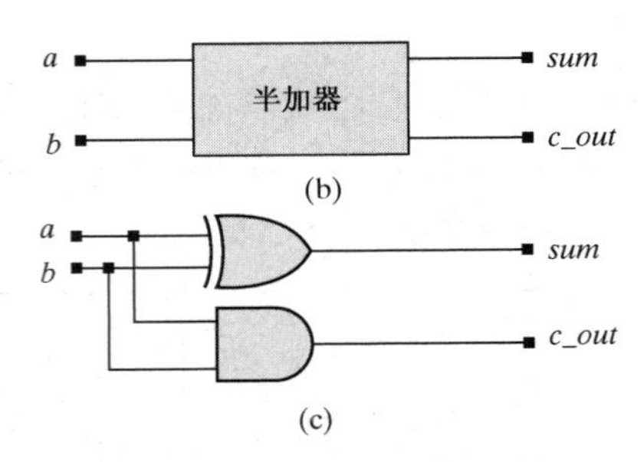

图 2.13 半加器：(a)真值表；(b)方框图符号；(c)原理图

例 2.2 全加器有两个数据输入位、一个进位输入位、一个和输出位及一个进位输出位。全加器组合逻辑的真值表如图 2.14 所示。

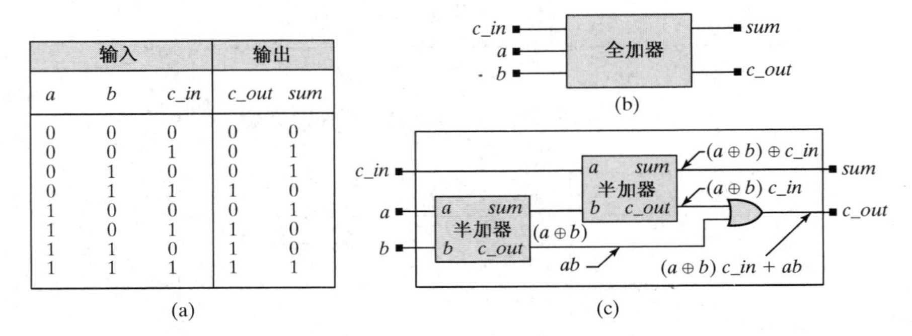

输入			输出	
a	b	c_in	c_out	sum
0	0	0	0	0
0	0	1	0	1
0	1	0	0	1
0	1	1	1	0
1	0	0	0	1
1	0	1	1	0
1	1	0	1	0
1	1	1	1	1

(a)

图 2.14 全加器：(a)真值表；(b)方框图符号；(c)由半加器和附加逻辑组成的全加器原理图

描述 sum 与 c_out 的布尔方程可由下式给出：

$$sum = a' \cdot b' \cdot c\_in + a' \cdot b \cdot c\_in' + a \cdot b' \cdot c\_in' + a \cdot b \cdot c\_in$$

$$c\_out = a' \cdot b \cdot c\_in + a \cdot b' \cdot c\_in + a \cdot b \cdot c\_in' + a \cdot b \cdot c\_in$$

上述表达式可以重写为：

$$sum = a \oplus b \oplus c\_in$$

$$c\_out = (a \oplus b) \cdot c\_in + a \cdot b$$

图 2.15 所示的维恩图表明了 sum、c_out 与 a、b 和 c_in 之间的函数关系。

因为多变量函数真值表的行数随着变量数的增加而呈指数增长，所以使用起来并不方便。读者应该已经注意到，全加器的真值表行数就是半加器真值表行数的两倍。

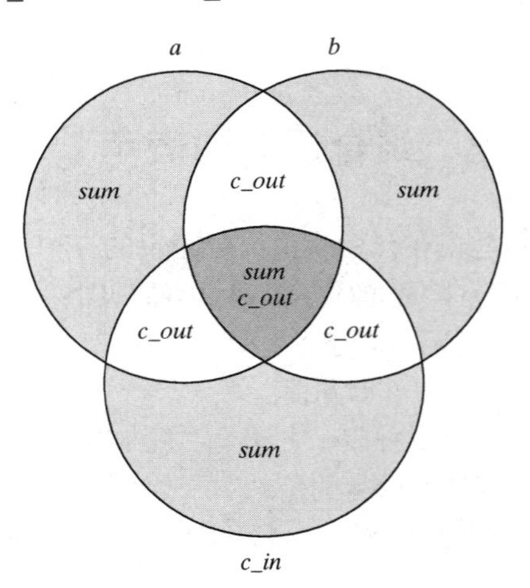

图 2.15 全加器真值表的维恩图表示

2.3.1 积之和表示法

逻辑变量的乘积构成一个与项，其中的逻辑变量可以是原变量形式也可以是反变量形式。例如，$ab'cd$ 表示一个与项，而 $ab'cbd$ 不是与项。与项无需包含每个逻辑变量，一个布尔表达式由一组与项构成，其典型表达式为积之和形式，即与项的“或”运算。

例 2.3　积之和的表达式为：$abc' + bd$。

积之和形式的布尔表达式中的各与项称为该函数的蕴涵项。最小项是指含有该函数所有变量的一个与项，所包含的变量可以是原变量形式（非补形式），也可以是反变量形式（但两种形式不能同时出现）。因此，一个最小项对应于空间 $\mathbf{B}^n$ 中的一个点（顶点），而不是最小项的与项则表示空间 $\mathbf{B}^n$ 中的两个或者多个点。布尔函数的最小项对应于真值表中函数值为 1 的行。

例 2.4　与项 $ab'cd$ 为空间 $\mathbf{B}^4$ 中的一个最小项，而与项 abc 则不是一个最小项，它表示由 $abcd + abcd'$ 定义的一对顶点。

在积之和形式的布尔表达式中，如果每一个与项都包含了各变量以原变量或反变量形式出现的所有变量，则称该积之和形式的布尔表达式是标准或规范的 SOP 形式。

例 2.5　表达式 $abcd + abcd'$ 是一个规范的积之和表达式。

一个规范的（标准的）积之和函数同样也被称为标准积之和（SSOP）。用十进制数表示最小项 m_i 时，与十进制数相等的二进制数表示形式中的 1 和 0 分别代表逻辑变量的原变量或反变量，例如 $m_7 = a'bcd$。

在 $\mathbf{B}^n$ 中，最小项与 n 维立方体的顶点间存在一一对应关系，如图 2.16 所示。最小项 $m_3 = a'bc$ 对应坐标 011 的顶点。

一个布尔函数就是一组使函数成立的最小项（顶点）集合，积之和形式的布尔函数可以表示为最小项之和的形式。

例 2.6　全加器的累加和与进位能够表示为如下最小项之和的形式，在 $\mathbf{B}^3$ 中变量的排列顺序为 $\{a, b, c\_in\}$：

$$sum = m_1 + m_2 + m_4 + m_7 = \Sigma\, m(1,2,4,7)$$
$$c\_out = m_3 + m_5 + m_6 + m_7 = \Sigma\, m(3,5,6,7)$$

例 2.7　图 2.17 中圈内的顶点集所定义的函数为

$$f = m_1 + m_2 + m_3{}^{①} = a'b'c + a'bc' + a'bc$$

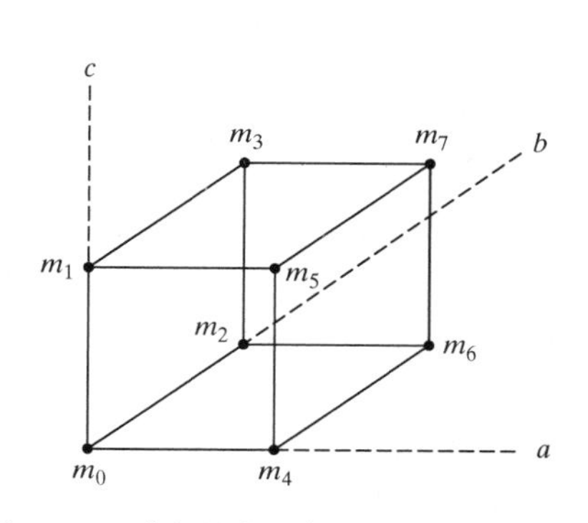

图 2.16　$\mathbf{B}^3$ 中最小项与顶点间的对应关系

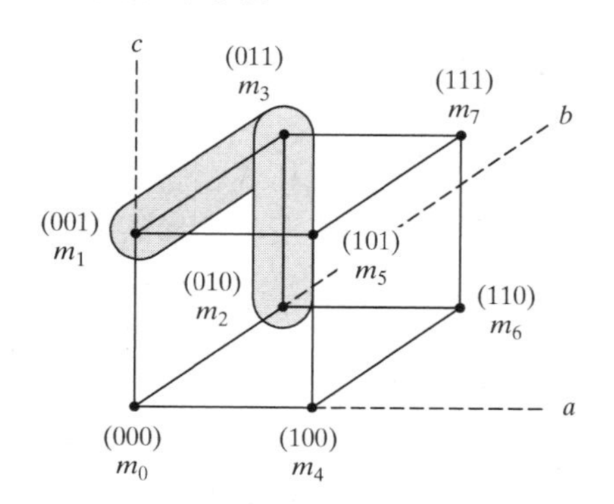

图 2.17　$f = a'b'c + a'bc' + a'bc$ 的最小项集合

2.3.2　和之积表示法

布尔函数也可以用和之积的形式来表示，即布尔因子相乘的形式，其中每个布尔因子式都是逻辑变量之和。

① 原文为 $f = m_1 + m_2 = m_3 = a'b'c + a'bc' + a'bc$。—— 译者注

例 2.8 全加器电路中，c_out 位的和之积表达式可以通过其积之和形式真值表中的 0 项求得(参见图 2.14)。

$$c\_out' = a'b'c\_in' + a'b'c\_in + a'bc\_in' + ab'c\_in'$$

对 c_out'表达式求补得到

$$c\_out = (a'b'c\_in' + a'b'c\_in + a'bc\_in' + ab'c\_in')'$$

对 c_out 表达式利用狄摩根定理就可以得到它的和之积的表达式：

$$c\_out = (a'b'c\_in')' \cdot (a'b'c\_in)' \cdot (a'bc\_in')' \cdot (ab'c\_in')'$$
$$c\_out = (a + b + c\_in) \cdot (a + b + c\_in') \cdot (a + b' + c\_in) \cdot (a' + b + c\_in)$$

在和之积形式的布尔表达式中，如果每一个因子包含了所有变量的以原变量或反变量形式(但任何一个变量的原变量、反变量的形式不能同时出现)出现的逻辑变量，则称该和之积形式的布尔表达式为规范的或标准的 POS 形式(也就是说，对给定的函数具有唯一的表达式)。

最大项是基于或运算的逻辑变量之和，其中每个变量以原变量或者反变量的形式仅仅出现一次(如 $a + b + c\_in$ 为 c_out 的和之积表达式中的一个最大项)。标准和之积展开式是由函数真值表中最大项之积构成的。最大项序号的十进制表示是根据函数真值表中函数值为 0(即 f'成立)的行得到的，且对这些行中的逻辑变量值取反以得到最大项序号。

例 2.9 全加器电路中 c_out'的积之和表达式已经在前一个例题中给出，c_out 的最大项十进制表示可以通过与 c_out'的乘积项相对应的最大项之积给出：

$$c\_out' = a'b'c\_in' + a'b'c\_in + a'bc\_in' + ab'c\_in'$$
$$c\_out = M_0 \cdot M_1 \cdot M_2 \cdot M_4 = \Pi M(0, 1, 2, 4)$$
$$c\_out = (a + b + c\_in) \cdot (a + b + c\_in') \cdot (a + b' + c\_in) \cdot (a' + b + c\_in)$$

当某个函数表达式中仅有非常少的变量组合项数使函数取值为 1 时，标准积之和表达式是该布尔函数的一种非常高效的表示方法。类似地，当只有很少的变量组合项使该函数不成立时，函数 f'的和之积表达式则是最高效的。

2.4 布尔表达式的化简

积之和形式的函数表达式在硬件上可以用两级与–或逻辑电路实现。虽然任何一个布尔表达式都可以表示为包含所有逻辑变量的乘积项的规范形式(仅以原码形式或补码形式出现)，但是，这种描述方法通常效率很低，而且浪费硬件资源。在实际应用中，化简布尔表达式是非常重要的，因为用硬件实现布尔表达式的成本与表达式中的项数有关，而且与积之和表达式中的乘积项中字符变量的数目有关。

如果积之和形式的布尔表达式包含最少的乘积项和最少的字符变量(即表达式中的任何一个给定项都不能被其他逻辑变量数更少的项所代替)，则称该积之和形式的布尔表达式是最简的。一个最简的积之和表达式对应于一个两级逻辑电路，该电路包含最少的逻辑门和最少的输入端数目。

布尔表达式的化简有 4 种常用的方法。

第一种方法是手工作图法，即借助卡诺图来表示函数的逻辑相邻性。手工方法仅适用于输入变数不超过 6 个的函数[5]。

第二种方法是奎恩–麦克罗斯基(Quine-McCluskey)化简算法。该算法基于逻辑相邻性，使用与卡诺图法同样的原理进行化简。这种方法不仅可对规模较小的函数用手工操作进行化简，而且也可利用计算机程序实现对大规模电路的有效化简。

第三种方法是布尔化简法，该方法也是一种手工方法，即巧妙应用描述布尔变量间关系的定理来寻找更简单的、等价的表达式，但这种方法并不直截了当，操作起来较难，并且需要一定的经验。

第四种是将布尔化简法中所使用的定理嵌入到如 Espresso-Ⅱ[10] 和 mis-Ⅱ[4]（multilevel interactive synthesis）等现代综合工具程序中，用这些综合工具和程序进行逻辑化简，并有效地实现两级和多级逻辑电路的综合。

逻辑化简就是为了找到布尔函数的最简表示形式。在布尔表达式中，包含在另一个与项中的与项称为冗余项，即如果一个与项的顶点集完全包含在布尔函数的另一个与项的顶点集合中，则称该与项是冗余的；如果布尔表达式中不存在与项的相互包含关系，则称该表达式为非冗余的。

例 2.10　如下布尔表达式是冗余的，因为 ab 的顶点集是 a 的顶点集的一个子集：

$$f(a, b) = a + ab$$

删除冗余乘积项就可以得到等价的更简的逻辑函数表示形式：

$$f(a, b) = a$$

例 2.11　布尔函数 $f(c,d) = c'd' + cd$ 是非冗余的。

非冗余表达式中的与项不能共享公共顶点，也就是说它们的顶点集是两两不相交的。布尔化简之所以困难是因为一个布尔表达式最简的积之和形式与最简的和之积形式都不一定是唯一的。使用逻辑相邻性，通过以下两种方法化简：

（1）反复合并那些仅有一个逻辑变量不同的乘积项；

（2）删除冗余蕴涵项。

例 2.12　本例说明函数 $f(a,b,c) = abc + a'bc + abc' + a'b'c + ab'c' + a'b'c'$ 的布尔化简，从仅有一个字符变量不同的乘积项的合并开始，如图 2.18 所示，该图画出了函数 f 的布尔表达式并表示出了相邻顶点，带有闭合线圈入的一对相邻顶点可以合并为包含这两个顶点的一个与项。

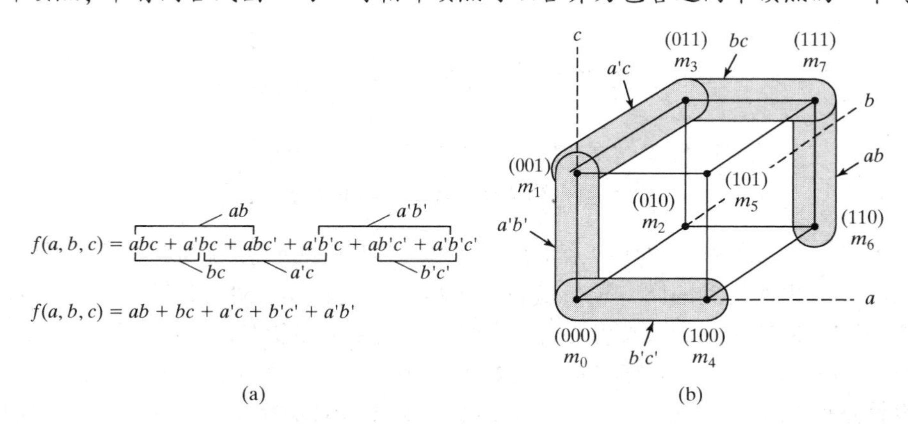

图 2.18　布尔函数：（a）相邻乘积项的表示；（b）相邻顶点的图形表示

在图 2.18（a）的表达式中通过删除乘积项 $ab + a'b'$，再添加乘积项 ac'，如图 2.19 所示，就可以得到一个等价的最简表达式：

$$f(a, b, c) = ac' + a'c + bc + b'c'$$

需要注意的是 $f(a,b,c) = ac' + a'c + a'b'c' + abc$ 也是一个等价的表达式，但不是最简的。图 2.20

给出了将逻辑相邻性应用于原积之和表达式中不同的项上，从而得到另一个等价最简表达式的过程。

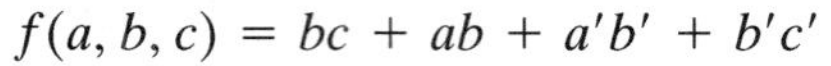

$$f(a,b,c) = bc + ab + a'b' + b'c'$$

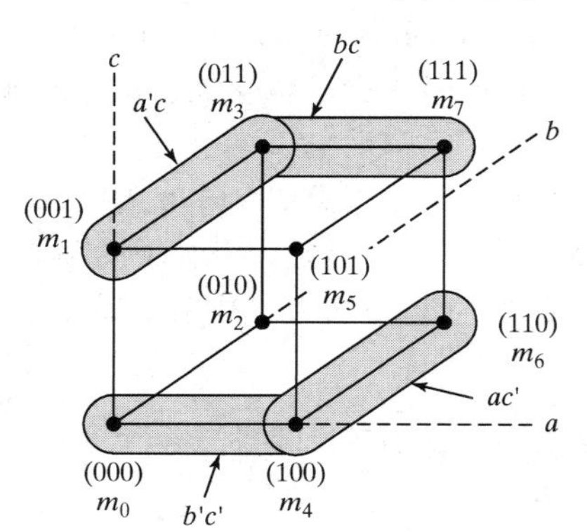

图 2.19　图 2.18 中所示函数的第二种等价最简表达式

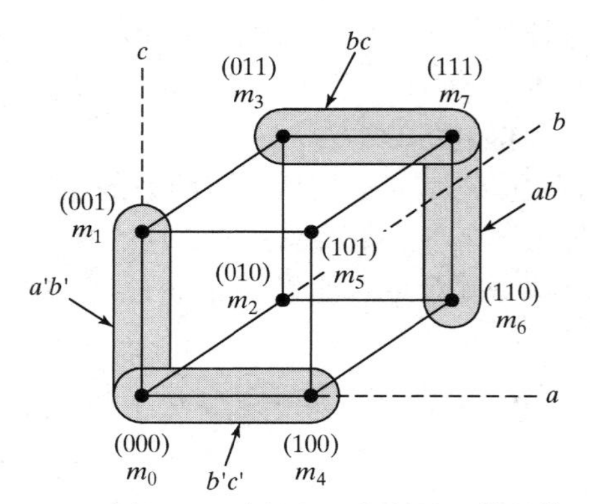

图 2.20　图 2.18 中所示函数的第三种等价最简表达式①

积之和形式的布尔表达式中的各项(与项)称为函数的一个蕴涵项。如果一个顶点包含在一个蕴涵项取值为真的顶点集中，则称该蕴涵项覆盖该顶点。一个蕴涵项可以覆盖函数的多个顶点，与项中所包含的逻辑变量数目越少，则该与项所覆盖的顶点集就越大。因此当与项含有尽可能少的逻辑变量时，就会得到最简的硬件实现。图 2.21 所示函数 $f = abc + abc'$ 有两个顶点可以根据逻辑相邻性合并成为一个蕴涵项 ab，设计者更倾向于采用仅有一个蕴涵项的表达形式，而不采用包含两个蕴涵项的表达形式，因为前者的硬件实现更简单，而且价格更便宜。

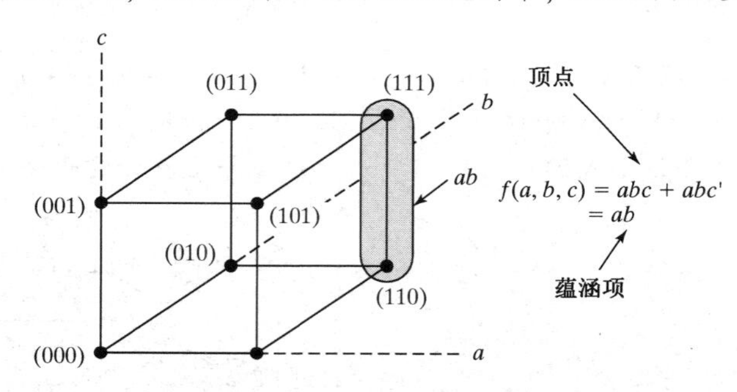

图 2.21　相邻顶点合并为一个蕴涵项

布尔函数真集合 *On_Set* 中的顶点给出了一个完整但并非最简的函数描述，这是由于每个最小项都包含了函数中所用到的所有逻辑变量。可以利用逻辑相邻性来减少函数积之和表达式中的项数(与项数)，逻辑相邻的项总可以合并成含逻辑变量数目更少的一项。但是应该明白，仅仅利用逻辑函数的相邻性，未必能够将这个函数化为最简。使每个顶点都被一个与项所覆盖是很必要的，也就是说各顶点必须属于一个与项的顶点集合。但是究竟需要多少个这样的与项才能完全覆盖一个函数呢？哪一种覆盖方式最有效呢？接下来将解决这些问题。

布尔函数 *On_Set* 的真集合中的质蕴涵项(prime implicant)毫无疑问也是一个蕴涵项，这个蕴涵项为真并不意味着函数的其他蕴涵项也都为真。一个质蕴涵项是一个没有完全包含在该函数其他与项的顶点集合中的与项。

---

① 例 2-12 函数的最简表达式为 $f(a,b,c) = b'c' + a'c + ab$ 或 $f(a, b, c) = a'b' + bc + ac'$。——译者注

例2.13　函数$f(a,b,c,d)=a'b'cd+a'bcd+ab'cd+abcd+a'b'c'd'$的积之和形式为

$$\begin{aligned}f(a,b,c,d) &= a'b'cd + a'bcd + ab'cd + abcd + a'b'c'd' \\ &= a'cd + acd + a'b'c'd' \\ &= cd + a'b'c'd'\end{aligned}$$

注意：$a'cd$和acd都蕴含了cd，因此它们不是质蕴涵项，而$a'b'c'd'$是一个质蕴涵项。

质蕴涵项不能与其他蕴涵项合并而消去一个逻辑变量，也不能利用吸收律将该项从表达式中消除。如果一个蕴涵项隐含另一个蕴涵项，则称这个蕴涵项可以被后者所覆盖。被覆盖蕴涵项的顶点集合是覆盖它的蕴涵项顶点集合的一个子集，覆盖蕴涵项的逻辑变量数越少，所包含的顶点就越多。一个布尔表达式的质蕴涵项集合是唯一的。

例2.14　$\mathbf{B}^3$中一个布尔函数的表达式、顶点以及质蕴涵项如图2.22所示。

没有被其他任何蕴涵项集合所覆盖的质蕴涵项称为主质蕴涵项，主质蕴涵项必须包含在函数的覆盖中。

例2.15　函数$f=a'bc+abc+ab'c'+abc'$的顶点与蕴涵项如图2.23所示，f的质蕴涵项集合为$\{ac',ab,bc\}$。该函数f的主质蕴涵项集合、积之和表达式以及最简积之和表达式如下：

主质蕴涵项：$\{ac',\ bc\}$

积之和表达式：$f(a,b,c)=ac'+ab+bc$

最简积之和表达式：$f(a,b,c)=ac'+bc$

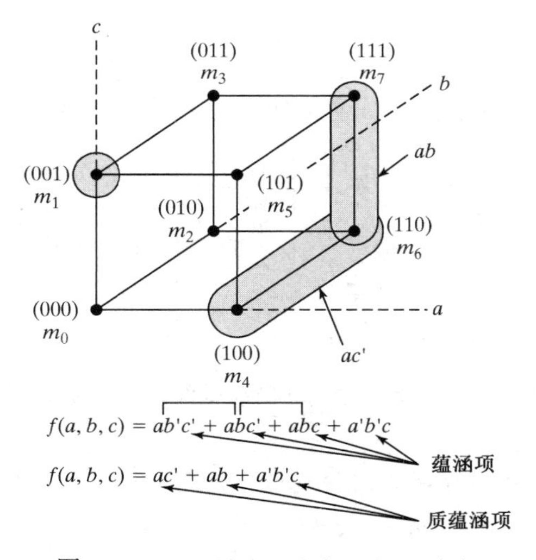

图2.22　$f=ab'c'+abc'+abc+a'b'c$的顶点和质蕴涵项

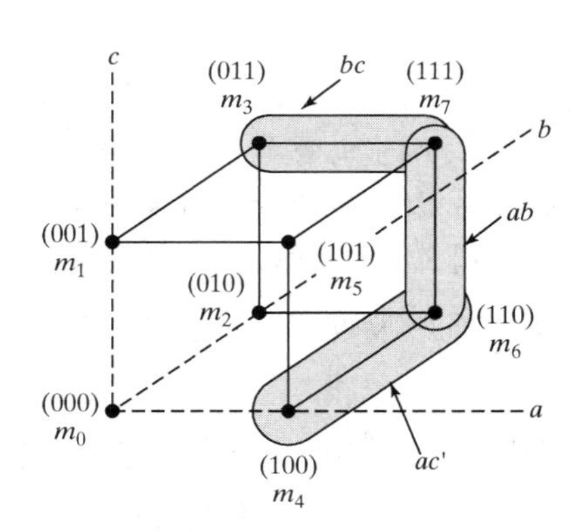

图2.23　$f=a'bc+abc+ab'c'+abc'$的顶点和蕴涵项

化简布尔表达式的步骤如下：

(1)找出由所有质蕴涵项组成的集合；

(2)找出覆盖所有质蕴涵项的最小蕴涵项子集(包括主质蕴涵项)，一个布尔表达式的最小覆盖就是覆盖其所有质蕴涵项的一个质蕴涵项的子集。

例2.16　考虑如下函数：

$$f(a,b,c,d) = a'b'cd + a'bcd + ab'cd + abcd + a'b'c'd'$$

合并相邻项后得到：

$$f(a,b,c,d) = a'cd + acd + a'b'c'd'$$
$$f(a,b,c,d) = cd + a'b'c'd'$$

质蕴涵项集合为$\{cd, a'b'c'd'\}$，且最小覆盖为$\{cd, a'b'c'd'\}$。

布尔函数化简就是将逻辑上相邻的项合并，也就是说将仅有一个不同逻辑变量的项合并。

例 2.17 图 2.24 说明了如何将全加器输出进位表达式中的逻辑相邻项进行合并，从而得到最简表达式。

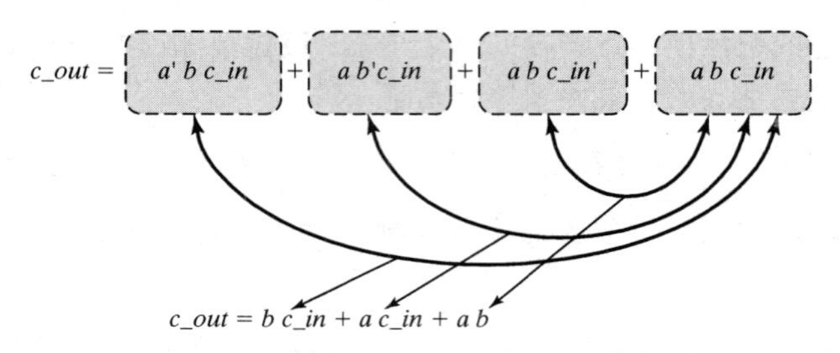

图 2.24 通过合并逻辑相邻项得到的全加器输出进位 c_out 的最简布尔表达式

布尔化简同时也利用了互补表达式的逻辑相邻性。

例 2.18 考虑表达式$(c+db)(a+e')+c'(d'+b')(a+e')$，并利用$(c+db)'=c'(d'+b')$，可以得到：

$$(c+db)(a+e') + c'(d'+b')(a+e') = (c+db)(a+e') + (c+db)'(a+e') = a+e'$$

布尔代数中的吸收律$(a+ab=a)$和冗余项特性$(ab+bc+a'c=ab+a'c)$可以用来消除表达式中的冗余项。

例 2.19 利用冗余项特性化简表达式$f=e'fg'+fgh+e'fh$，将f中的各项重新排列，从而将符合冗余项特性的项(冗余项)合并，得到$f=e'fg'+fgh$，如图 2.25 所示。

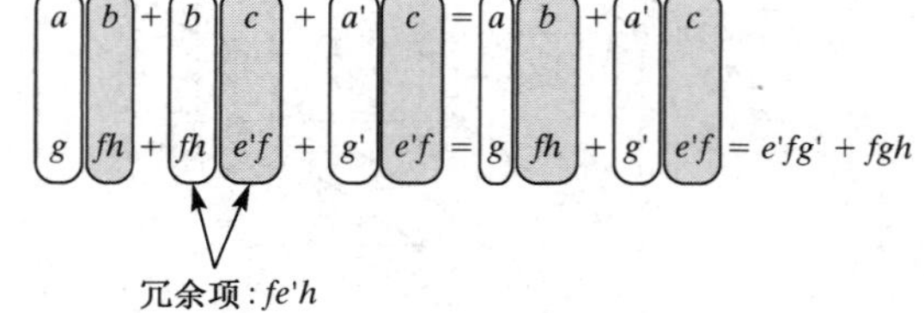

图 2.25 冗余性与布尔表达式的化简

可以重复使用吸收律来消去表达式中的逻辑变量。

例 2.20 考虑逻辑表达式$f=efgh'+e'f'g'h'+e'f$并重新排列各项后得到：

$$f = efgh' + e'f'g'h' + e'f = efgh' + e'(f + f'g'h')$$
$$= efgh' + e'(f + g'h')$$
$$= f(egh' + e') + e'g'h'$$
$$= f(gh' + e') + e'g'h'$$
$$= fgh' + e'f + e'g'h'$$

某些情况下，在一个表达式中引入冗余项对使用吸收律和逻辑相邻性是有帮助的，对于一个积之和形式的布尔表达式，采取如下步骤：

(1)增加一个逻辑变量及其反变量的乘积(例如，aa')；

(2)增加冗余项(例如，将bc加到$ab+a'c$)；

(3)为一个逻辑变量加上该逻辑变量与其他任意逻辑变量的乘积项(例如，将 ab 加到 a 上形成 $ab+a$)。

对一个和之积形式的布尔表达式采取下列步骤：

(1)一个表达式乘以一个由任意逻辑变量及其反变量之和组成的因式，例如乘以因式 $(a+a')$；

(2)引入乘积冗余性因式，例如在 $(a+b)(a'+c)$ 中再乘以因式 $(b+c)$；

(3)用一个逻辑变量乘以该变量与其他任意逻辑变量之和的因式，例如 $a(a+b)$。

通过用扩展冗余项的方法，能够吸收其他项或者消去一个逻辑变量，这样做对化简是非常有帮助的。

例 2.21　冗余项定理 $(ab+bc+a'c=ab+a'c)$ 通常用于消去一个表达式中被其他两项所覆盖的冗余项 (bc)，也可以通过增加冗余项，从而对一个更为复杂的表达式进行化简。下面用一个例子说明如何增加冗余项，考虑表达式 $f=bcd+bce+ab+a'c$，注意到 $ab+a'c$ 是对 $ab+bc+a'c$ 消去冗余项的结果，因此，将该冗余项 (bc) 加入到 f 后得到表达式 $f=bcd+bce+ab+bc+a'c$①。这样就可能将包含 bc 的项吸收，然后再去除 bc，最后得到 $f=ab+a'c$②。

2.4.1　异或表达式的化简

图 2.12 中所列的关于异或的性质可以用来化简布尔表达式。

例 2.22　全加器输出 sum 的表达式为 $sum=a'\cdot b'\cdot c\_in+a'\cdot b\cdot c\_in'+a\cdot b'\cdot c\_in'+a\cdot b\cdot c\_in$。该表达式可以化简为 $sum=(a\oplus b)\oplus c\_in=a\oplus b\oplus c\_in$，用硬件实现时需要一对二输入异或门。

2.4.2　卡诺图(积之和形式)

卡诺图提供了一种适用于最多含有 5 个变量或 6 个变量的布尔函数的图形化或形象化表达形式，逻辑函数的卡诺图表示显示了逻辑相邻性以及从两个或更多与项中消去一个字符变量的可能性，图中列与行的排列方式使得它们在函数的输入变量空间中是逻辑相邻的。逻辑函数布尔域中的各个顶点(点)可用图中的一个方格表示，图中各方格单元都有一个标识 1、0、x 来分别表明其相应的顶点属于真集 *On_Set*、假集 *Off-Set* 或无关项集 *Don't_Care_Set*。利用卡诺图可以快捷地寻找最可能覆盖所有 1 且没有冗余的与项。但应用卡诺图需进行大量的手工操作。

一个 4 变量函数的卡诺图可以表示出所有 16 个可能的顶点。同时，观察其行与列的排列顺序，可以注意到最上边一行与最下边一行是逻辑相邻的，最左边一列与最右边一列也是逻辑相邻的。含有 1 的逻辑相邻单元可以合并，逻辑上相邻的方格可以合并。函数的任意项可用来形成质蕴涵项，并为更进一步化简逻辑函数提供可能性。

例 2.23　图 2.26 中的卡诺图说明了与其对应的布尔函数是如何利用逻辑相邻性化简的。图中 4 个角上的最小项满足逻辑相邻性并可以化简为 $f=bd+b'd'$，其相应的最小项积之和表达式形式的化简过程为：

$$a'b'c'd'+a'b'cd'+ab'c'd'+ab'cd'=a'b'd'+ab'd'$$

得到的表达式结果可进一步化简为：

$$a'b'd'+ab'd'=b'd'$$

① 原文为 $f=b'c+bcd+bce+ab+bc+a'c$。——译者注

② 原文为 $f=ab+c$。——译者注

所以卡诺图角上的4项可以化简为：

$$a'b'c'd' + ab'c'd' + a'b'cd' + ab'cd' = b'c'd' + b'cd' = b'd'$$

相应地图2.26中的中间4个最小项同样可以化简为

$$a'bc'd + a'bcd + abc'd + abcd = bc'd + bcd = bd$$

因此，

$$f = b'd' + bd = (b \oplus d)'$$

注意每个角的最小项都隐含$b'd'$，但$b'd'$不隐含其他蕴涵项。所以，它是一个质蕴涵项，并且也是主质蕴涵项。同理，bd也是主质蕴涵项。

卡诺图化简逻辑函数的步骤如下：

(1)确定所有的主质蕴涵项，在需要时可以包括任意项；

(2)利用质蕴涵项对图中剩余的1(不考虑任意项)形成覆盖。

一般而言，质蕴涵项的覆盖集不是唯一的。

例2.24　求图2.27中的卡诺图所示布尔函数的最小覆盖。

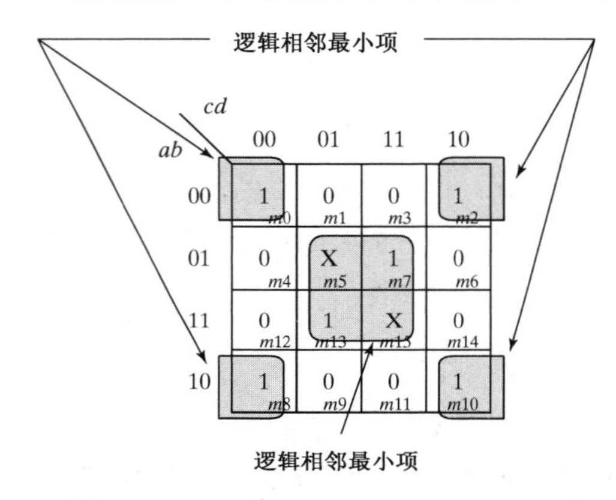

图2.26　$f = a'b'c'd' + a'b'cd' + ab'cd' + ab'c'd' + abc'd + a'bcd$的卡诺图

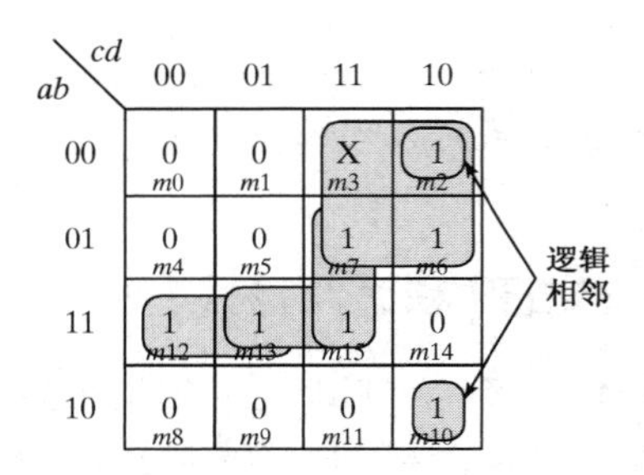

图2.27　$f = abc'd' + abc'd + abcd + a'bcd + a'b'cd + a'b'cd' + a'bcd' + ab'cd'$的卡诺图

f的质蕴涵项列出如下，并且标出了必需的蕴涵项。

质蕴涵项：　$m3, m2, m7, m6 \rightarrow a'c$　**(必需)**

$m2, m10 \rightarrow b'cd'$　**(必需)**

$m7, m15 \rightarrow bcd$

$m13, m15 \rightarrow abd$

$m12, m13 \rightarrow abc'$　**(必需)**

必需的质蕴涵项和覆盖其余顶点的蕴涵项构成了f的最小覆盖。

最小覆盖：　(1) $a'c, b'cd', bcd, abc'$

(2) $a'c, b'cd', abd, abc'$

构造最小覆盖的步骤如下：

(1)选择一个没有被覆盖的最小项；

(2)标记该最小项的所有逻辑相邻的1格或X格；

(3)覆盖该最小项以及与其相邻的所有1格或X格的单个项(不一定是最小项)，就是一个必需的质蕴涵项。将该项添加到主质蕴涵项集合中。

重复步骤(1)直到选出所有的主质蕴涵项。步骤(1)完成后，找出覆盖图中其他 1 格(不包括 X 格)的最小质蕴涵项集合。通过以上步骤可以得到多个可能的最小覆盖，选出其中逻辑变量数目最少的那个覆盖。

2.4.3　卡诺图(和之积形式)

用找出卡诺图中覆盖 0 的最小项的方法，可以得到一个布尔表达式的最简和之积表达式，然后再用狄摩根定律处理所得到的结果。

例 2.25　图 2.28 所示卡诺图中的 0 格可以通过逻辑相邻性进行合并：

$$m_0, m_1, m_4, m_5\text{: } a'b'c'd' + a'b'c'd + a'bc'd' + a'bc'd \rightarrow a'c'$$

$$m_0, m_1, m_8, m_9\text{: } a'b'c'd' + a'b'c'd + ab'c'd' + ab'c'd \rightarrow b'c'$$

$$m_9, m_{11}\quad\text{: } ab'c'd + ab'cd \rightarrow ab'd$$

$$m_{14}\quad\text{: } abcd'$$

0 格的表达式为：

$$f'(a, b, c, d) = a'c' + b'c' + ab'd + abcd'$$

将狄摩根定律用于 f'，得到 f 的最简和之积表达式为：

$$f(a, b, c, d) = (a + c)(b + c)(a' + b + d')(a' + b' + c' + d)$$

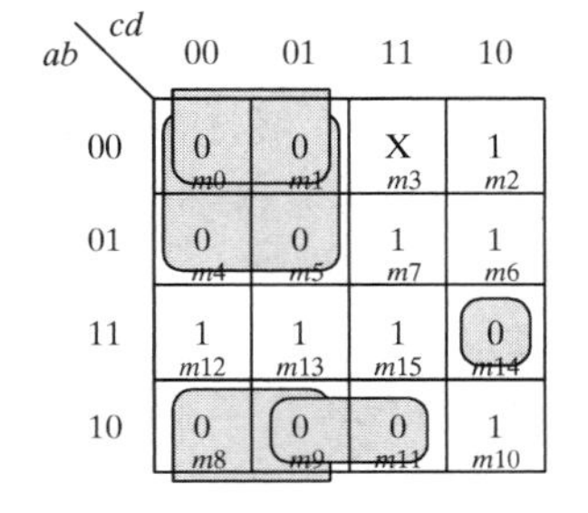

图 2.28　一个最简和之积表达式的卡诺图

2.4.4　卡诺图与任意项

任意项用于表示输入不可能出现或者输出不会发生的情况，一般的原则是：当覆盖任意项会对表达式做更进一步化简时，才会用到任意项。

例 2.26　一个 BCD 码(十进制数的二进制编码)的码字用一个 4 位二进制码字对应十进制数字 0，…，9。众所周知的 8421 BCD 码，就是使用从 0000_2 到 1001_2 的前 10 个码字。每个十进制数字 N 的编码由前一个数字 $N-1$ 的编码加 1 而得到。假设当一个 4 变量输入的 BCD 码表示 0，3，6，9 时，函数 f 为真，图 2.29(a)所示的卡诺图中没有使用任意项(用 X 表示的项)。

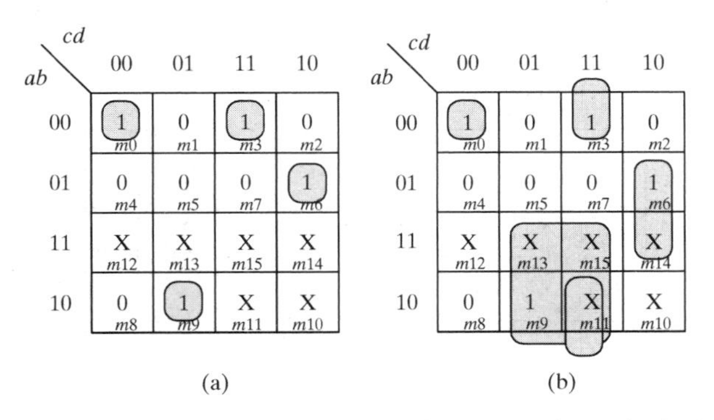

图 2.29　卡诺图：(a)没有采用任意项；(b)采用了任意项

没有使用任意项，所得到的函数具有 16 个逻辑变量的表达式：

$$f(a, b, c, d) = a'b'c'd' + a'b'cd + a'bcd' + ab'c'd$$

如果包含任意项，则 f 的积之和形式包括 32 个逻辑变量，为：

$$f(a,b,c,d) = a'b'c'd' + a'b'cd + abc'd' + abc'd + abcd + abcd' + ab'c'd + ab'cd$$

图 2.29(b)所示的卡诺图说明了逻辑函数 f 如何化简并得到包含 12 个逻辑变量的积之和形式的表达式:

$$f(a, b, c, d) = a'b'c'd' + b'cd + bcd' + ad$$

2.4.5 扩展的卡诺图

通过填入变量的方法可以扩展 4 变量卡诺图。如果填入的变量取值为真,原函数为真时表示扩展后的函数也为真;原函数不为真则扩展后的函数也不为真。利用扩展的卡诺图求一个布尔函数最简表达式的过程如下:

(1) 找出扩展变量不为真(取值为 0)时的最小覆盖;

(2) 对每个扩展变量而言,分别找出将卡诺图中所有 1 变为 x 且其他所有扩展变量置为 0 后,所得到的最小和再与该扩展变量之积。

将步骤(1)的结果与步骤(2)结果相或。如果扩展变量能够独立地确定,则所得到的结果就是最简表达式。

例 2.27 图 2.30(a)中的卡诺图表示函数 F 的成立取决于变量 f 和 e 的情况。在图 2.30(b)中考虑 f 和 e 方格都为 0 的逻辑相邻性,接下来用图 2.30(c)说明将原图中的所有 1 用 X 替换后,f 仍然保留的情况,图 2.30(d)表示变量 f 为假而变量 e 保留,并且所有 1 格被置为 X 时的情况。通过以上步骤得到的乘积项之和表示为 $F = cd' + ad' + bc'd + bc'f + bce$。注意,$fe$ 包含在 e 和 f 中,所以也已经考虑了 f 和 e 同时为真的情况。

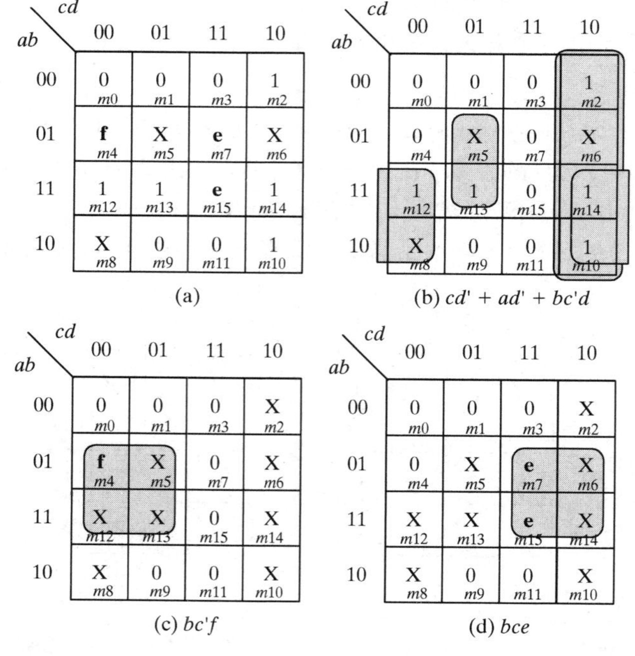

图 2.30 扩展的卡诺图:(a)F 为真取决于变量 f 和 e 的情况;(b)f 和 e 都为 0 且包含无关项的逻辑相邻性;(c)f保留,将e用0替换,且将全部1用X替换的情况;(d)e保留,将f用0替换,且将全部1用X替换的情况

2.5 毛刺与冒险

即使在输入逻辑值没有发生变化的情况下，组合逻辑电路的输出也可能发生转变。这些非预期的瞬态变化称为“毛刺”。毛刺是由于电路的结构、延迟以及可能导致毛刺产生的输入信号而引起的。在施加某些输入信号的情况下可能产生毛刺输出的电路称为“冒险”(hazard)。如果一个电路存在冒险，那么在某种情况下它就会呈现出毛刺脉冲输出。冒险现象有两种，即静态冒险和动态冒险。静态冒险是指电路的输出在某种输入作用下，不应当发生跳变时却发生了跳变的情况。

若电路输出端的初始值为 1，且在输入信号并不使输出信号发生变化的情况下，输出跳变为 0 后又返回 1，则称该电路存在静态 1 冒险；若电路输出端的初始值为 0，且在输入信号并不使输出信号发生变化的情况下，输出跳变为 1 后又返回 0，则称该电路存在静态 0 冒险。由这些冒险现象导致的波形如图 2.31 所示，静态冒险是否发生取决于所采用的输入组合方式是否合适。

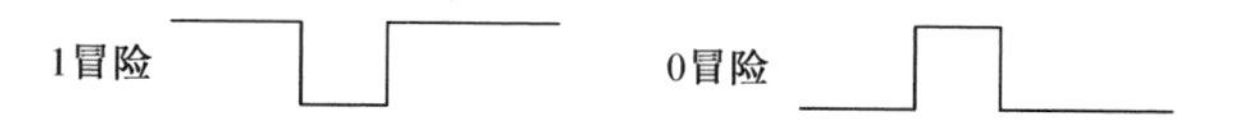

图 2.31 电路所产生的冒险波形：(a)静态 1 冒险；(b)静态 0 冒险

静态冒险是由不同扇出路径上的不同传播时延造成的。图 2.32 中显示了输入端 C 的信号沿着两条不同的路径传播到达输出端，并在输出端 F 的或门处汇聚，信号在或门输入端形成了逻辑上互补的两个输入信号。当信号沿各路径的传播时延不相同时，就会在输出端出现冒险。在同步时序逻辑电路中，如果时钟周期可以延长，电路中存在的冒险或许不会产生大的影响。但如果这个信号是异步子系统(例如，一个计数器或者一个复位电路)的输入，冒险就会成为一个很大的问题了。

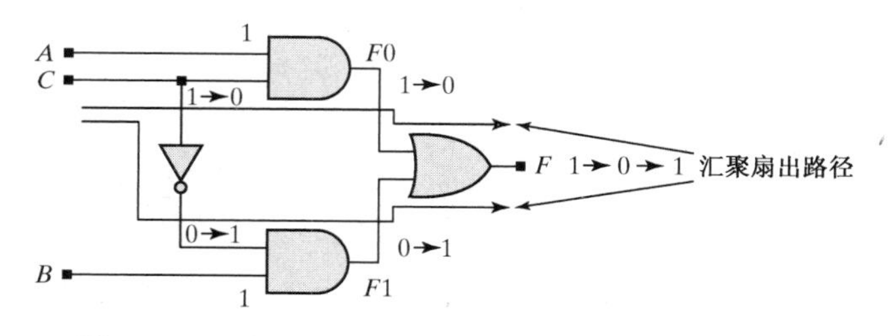

图 2.32 具有不同汇聚扇出路径和静态 1 冒险的电路

按“化简”步骤得到的实现电路并不意味着该电路不存在冒险。如果冒险会给电路带来问题，那就需要更多的工作以检测并消除这些冒险。通过在输出表达式的覆盖中引入冗余与项能够消除静态冒险(所加入的与项称为“冒险覆盖”)。需要说明的是，当输出毛刺是由单个输入信号发生变化而造成时，这种消除冒险的方法才适用。因此，消除两级或多级电路冒险的方法仅适用于这一条件满足的情况。

在如图 2.32 所示的电路中，$F = AC + BC'$。如果该电路的初始输入为 $A = 1, B = 1, C = 1$，则输出为 $F = 1$。紧接着，如果输入信号为 $A = 1, B = 1, C = 0$，则输出应该仍然为 $F = 1$。在该电路的物理实现(非零传播时延)中，信号到达 $F1$ 的时延比信号到达 $F0$ 的时延要大，这是因为信号在到达 $F1$ 的路径上还通过了另一个逻辑门，使得 C 端输入信号的变化到达 $F1$ 相比到达 $F0$ 有一定的延时(可认为路径较长者时延会更大)，也就是说在 BC' 为 1 之前，AC 就已经为 0 了。因此，当

C 从 1 变为 0 时，输出就会经历一个短暂为 0 的变化过程，之后再返回到 1。从图 2.33 的仿真波形可以明显看出冒险的存在，同时从图 2.34 所示输出信号的卡诺图中也可以看出这一点①。

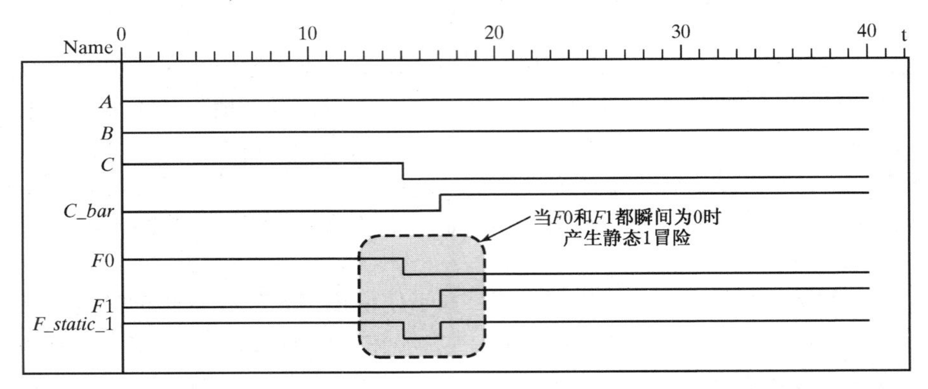

图 2.33 汇聚扇出路径和静态 1 冒险的图 2.32 所示电路的仿真结果

图 2.34 所示的卡诺图说明了图 2.32 所示电路的输入端 C 从 1 变到 0 时，导致与项 AC 为 0 而 BC' 为 1，而且 AC 为 0 在 BC' 为 1 之前就会发生。在图 2.32 所示的电路中，由于乘积项 AC 为 1 时 BC' 为 0，因此会出现冒险。通过增加冗余与项 AB 来覆盖与冒险有关的相邻质蕴涵项的方法，可以消除这一冒险。这个冗余与项称为“冒险覆盖”。它消除了输出对输入 C 的依赖性(两个与项之间的边界被覆盖掉了)。冒险覆盖会引入冗余逻辑并且需要额外的硬件来实现。

例 2.28 图 2.32 所示的电路无冒险时的函数为：$F = AC + BC' + AB$，图 2.35 中无冒险的电路级实现需要一个额外的与门。

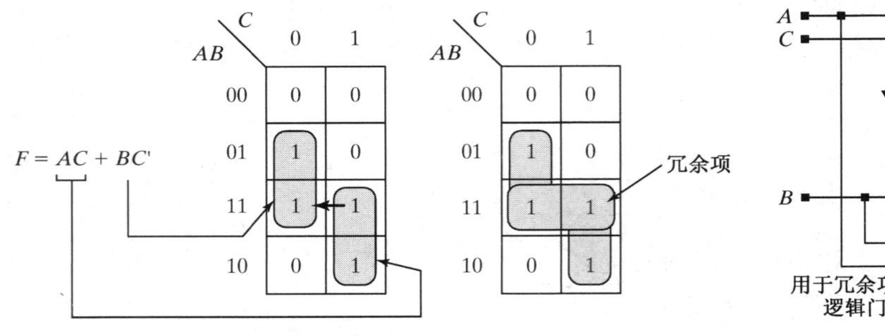

图 2.34 图 2.32 所示汇聚扇出路径和静态 1 冒险的电路的卡诺图。注意：箭头表示导致冒险发生的跳变

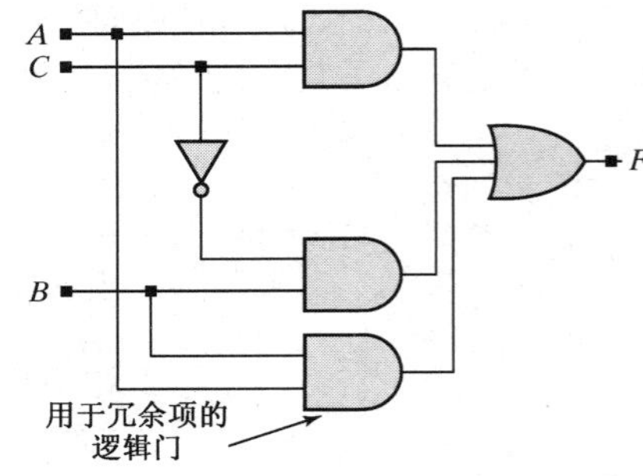

图 2.35 消除静态 1 冒险的改进电路

2.5.1 静态冒险的消除(积之和形式)

当电路输入端的信号值变化时，如果满足如下 3 个条件就会在该电路的输出端发生静态 1 冒险：

(1) 有一个输出保持为已确定值(例如在输入信号改变之前和之后，其值均为 1)；

(2) 在输出积之和表达式中，由信号的初始值确定的乘积项与由信号的最终值确定的乘积项不相同；

(3) 由信号的初始值和最终值确定的乘积项没有被相同的质蕴涵项所覆盖。

① 在第 4 章中再考虑数字逻辑的仿真。

如果由输入信号的初始值和最终值确定的输出乘积项被相同的质蕴涵项所覆盖，那么当输入信号值改变时就不会出现输出毛刺。实际上，静态1冒险是否发生取决于沿着从输入到输出的信号传播路径上所积累的时延。

如果改变一个输入信号的值就会导致静态1冒险发生，那么由输入信号的初始值所确定的方格与由输入信号的最终值所确定的方格在逻辑上一定是相邻的，这是由于只允许一个输入信号发生变化的缘故。因此用一个能覆盖这两个方格的附加冗余乘积项覆盖它们之间的边界，就可以覆盖这种冒险。由此可知，为消除由单一输入信号值的改变而造成的静态1冒险，需要形成一个积之和覆盖，使之覆盖相邻乘积项中每一对相邻的1格，这样就保证了各单个输入信号的变化被一个质蕴涵项所覆盖。这种质蕴涵项对于两级电路(And-Or)实现来说是一个无冒险覆盖。也可能存在更好的解决方案，因此应该努力寻找这些方案。

例2.29　表达式$f=\sum m(0,1,4,5,6,7,14,15)=a'c'+bc$的卡诺图如图2.36所示，由于当$a=0$，$b=1$，$d=1$时，$f$由与项以$a'c'$和$bc$共同确定为1，且当$c$从1变为0或从0变为1时会出现输出毛刺，所以存在静态1冒险。需注意：相邻与项是否为1，取决于$c=0$还是$c=1$。在表达式中增加与项$a'bd$或者$a'b$均可消除该冒险。这两个与项都为冗余质蕴涵项，若选择$a'b$会得到最简表达式：$f=a'c'+bc+a'b$。同时还看到，表达式中用于覆盖冒险的冗余与项不依赖于导致冒险发生的输入信号。

有两种方法可用来消除静态0冒险。

第一种方法是检查是否存在一个输入信号的跳变会引起相邻质蕴涵项之间跨边界的变化，并在必要时给f'增加冗余质蕴涵项。

第二种方法是：

(1) 清除f的静态1冒险；

(2) 考察无静态1冒险表达式中0格的蕴涵项是否同时覆盖原函数中所有相邻的0格；

(3) 必要时在无静态1冒险的和之积表达式的反函数式中增加冗余质蕴涵项因式。

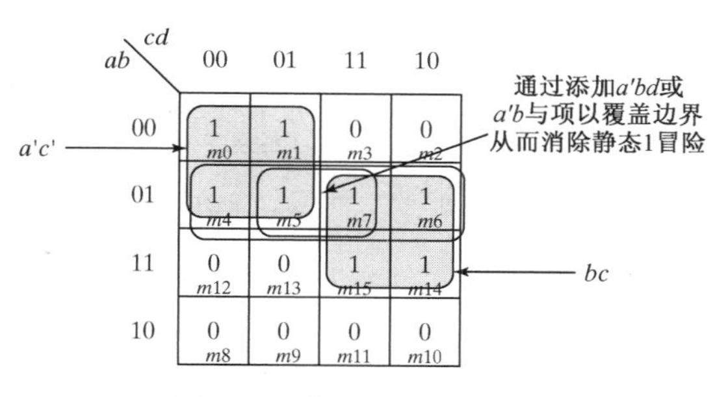

图2.36　静态1冒险的覆盖

例2.30　函数$f=a'c'+bc$(参见例2.29)的卡诺图如图2.37所示，其中存在一个静态0冒险，其原因是当$a=1$，$b=0$和$d=1$时，且当c从1变为0或从0变为1时，f由于与项ac'和bc'是为0的，而且会穿过使f为0的相邻0单元格的边界。根据第一种消除静态0冒险的方法，考虑图2.37所示卡诺图中的0单元格，并应用狄摩根定律得到$f=(a'+c)(b+c')$。通过在f'中增加$a'b$项，并在f的和之积表达式中加入一个冗余质蕴涵项因式$(a'+b)$，就可以将冒险覆盖。因子$ab'd$同样可以覆盖该冒险，但不是最简的。由此得出等价的无冒险和之积表达式为$f=(a'+c)(b+c')(a'+b)$。

在本例中注意到，消除静态0冒险的和之积表达式与消除静态1冒险的积之和表达式是等价的，因为：

$$\begin{aligned} f &= (a'+c)(b+c')(a'+b) \\ &= a'ba' + a'bb + a'c'a' + a'c'b + cba' + cbb + cc'a' + cc'b \\ &= a'b + a'c' + bc \end{aligned}$$

例2.31　从例2.29给出的表达式中消除静态0冒险的另一种方法是从无静态1冒险的函数

$f=a'c'+bc+a'b$ 开始处理，现在考虑 $f'=(a+c)(b'+c')(a+b')$ 的卡诺图并观察其对原函数卡诺图中 0 的覆盖情况。

$$f' = ab'a + ab'b' + ac'a + ac'b + cb'a + cb'b' + cc'a + cc'b'$$
$$= ab' + ac' + b'c$$

无静态 1 冒险函数的反函数以及原函数的卡诺图表示在图 2.38 中。

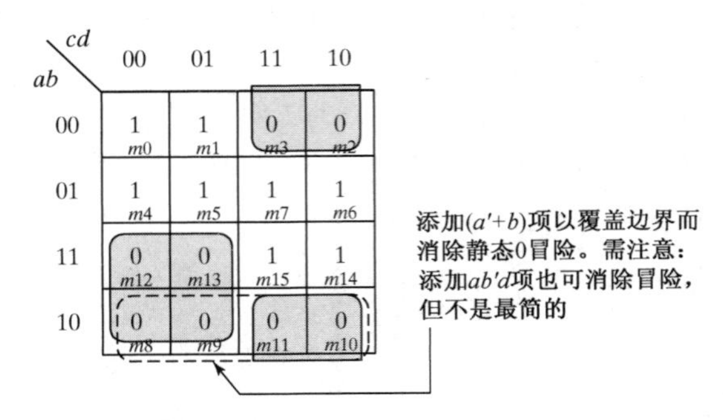

图 2.37　$f=a'c'+bc$ 中静态 0 冒险的卡诺图的 0 单元格的覆盖

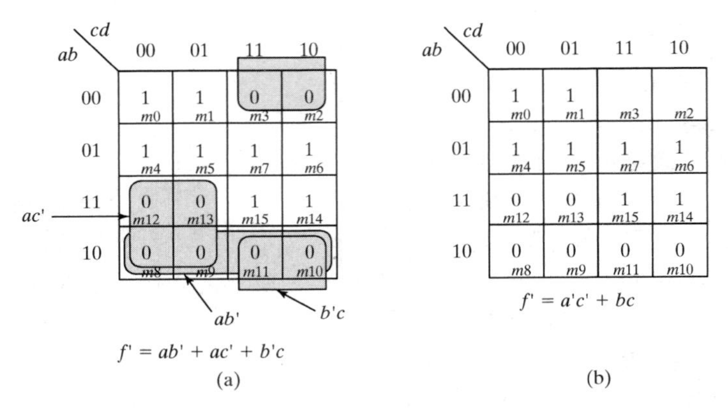

图 2.38　函数的 0 格卡诺图：(a)$f'=ab'+ac'+b'c$；(b)$f=a'c'+bc$

$f=a'c'+bc$ 的卡诺图中所有相邻 0 格被无静态 1 冒险函数的反函数 $f'=ab'+ac'+b'c$ 的 0 格所覆盖，在相邻的 0 乘积项之间可能发生变化的边界均被覆盖，因此不存在静态 0 冒险。

本例中的表达式中加入冗余与项后就不存在静态 0 冒险和静态 1 冒险了，但一般说来，消除静态 1 冒险的同时可能不会消除静态 0 冒险。

2.5.2　消除两级电路静态冒险的小结

在两级电路中消除静态 1 冒险的方法如下：

(1)用质蕴涵项覆盖函数积之和形式的卡诺图中相邻单元的所有 1 格；

(2)根据需要增加冗余质蕴涵项来完成函数的覆盖。

为了消除静态 0 冒险，覆盖无静态 1 冒险函数和之积形式中所有相邻的 0 格，必要时需通过在静态 1 冒险函数的和之积表达式中增加质蕴涵项来覆盖所有未被覆盖的相邻边界。

2.5.3　多级电路中的静态冒险

与两级电路类似，多级电路也会受到静态冒险的影响，但是不能将多级电路的输出写成具有两级逻辑的积之和或者和之积的表示形式。在多级电路中，从电路的输入端到输出端可能存在多条路径，且每条路径具有不同的传播时延。当电路存在传播时延时，布尔变量及其反变量可能不在同一时刻发生变化。例如，一个输入为 a、输出为 a' 的反相器会产生一定的传播时延，变量 a 的变化一定会先于其反变量 a' 的变化，于是布尔变量 aa' 的值就会在某个瞬间不为 0，该电路就可能存在静态 0 冒险。与此类似，因式 $(b+b')$ 的值也可能在某个瞬间为 0，而不是 1。

多级电路输出的布尔表达式总可以通过它的乘积因式展开而成为两级逻辑的形式。为消除多级电路中的静态冒险，首先将输出表达式的多级描述转换成称为"瞬态输出函数"的积之和形式 f_{tof}。注意，不要消去任何逻辑变量及其反变量的与项或者或项。在 f_{tof} 中各输入变量及其反变量均作为独立的变量对待。例如，不消去积之和形式中的 aa'，也不能消去和之积形式中的 $a+a'$。保留诸如 aa' 和 $a+a'$ 之类的因式就会暴露出由于该变量不是互反而可能发生变化。一个变量与其反变量乘积项揭示了哪个输入中有静态 0 冒险，而一个变量与其反变量之和的因式则揭示了哪个输入中有静态 1 冒险。形成瞬时输出函数后，在两级逻辑表达式中检查静态 1 冒险（在此检查中诸如 aa' 等项将被忽略），并增加冗余质蕴涵项来覆盖卡诺图中相邻的 1 格；然后再检查无静态 1 冒险的函数中所有 0 是否覆盖了原函数的 0 格，必要时可通过引入冗余项来形成无冒险覆盖（诸如 aa' 等项揭示了哪些是造成静态 0 冒险的变量）。

例 2.32　研究下面多级函数中出现静态 1 冒险的可能性：

$$f = bcd + (a+b)(b'+d') = bcd + ab' + ad' + bb' + bd'$$

其瞬态输出函数为：

$$f_{tof} = bcd + ab' + ad' + bd'$$

注意，f_{tof} 不包括乘积项 bb'，该项隐含一个静态 0 冒险，但它与可能的 1 冒险无关。没有 bb' 项的 f_{tof} 的卡诺图如图 2.39 所示。

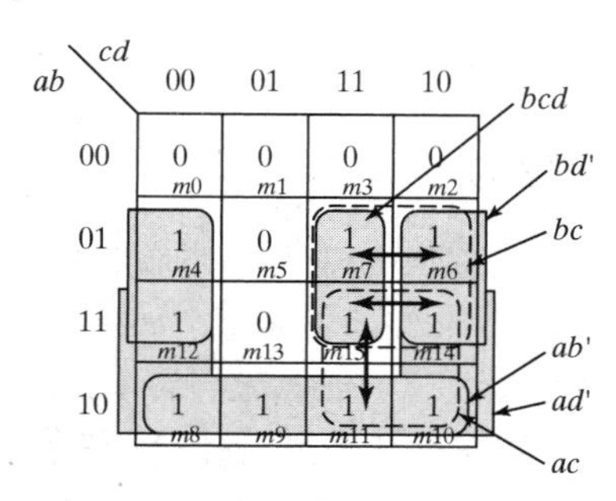

图 2.39　瞬态输出函数 $f_{tof} = bcd + ab' + ad' + bd'$ 的卡诺图

瞬态输出函数有三个静态 1 冒险，即存在三个乘积项的边界，它们穿过边界的输入的变化可能导致冒险，具体取决于电路的传播时延。冒险的三种可能性如下，其中 $(1111)\leftrightarrow(1011)$ 表示初始值与最终值之间的变化。

$$(a, b, c, d) = (1111) \leftrightarrow (1011)$$
$$(a, b, c, d) = (1111) \leftrightarrow (1110)$$
$$(a, b, c, d) = (0111) \leftrightarrow (0110)$$

通过给 f 增加另外两个乘积项 bc 和 ac 能够覆盖冒险，并形成无静态 1 冒险的表达式 f_{1HF}：

$$f_{1HF} = bcd + ab' + ad' + bd' + bc + ac$$

消去冗余乘积项 acd 就可得到最终的最简表达式：

$$f_{1HF} = ab' + ad' + bd' + bc + ac$$

下面举例说明如何消除多级电路中的静态 0 冒险。

例 2.33 多级函数 $f=bcd+(a+b)(b'+d')$ 的反函数为:

$$f' = [bcd + (a + b)(b' + d')]' = [bcd]'[(a + b)(b' + d')]'$$

对上述表达式应用狄摩根定律得到:

$$\begin{aligned} f' &= (b' + c' + d')(a'b' + bd) \\ &= a'b' + a'b'c' + bc'd + a'b'd' \\ &= a'b' + bc'd \end{aligned}$$

并且

$$f = (a'b' + bc'd)' = (a + b)(b' + c + d')$$

f' 表达式中的乘积项表明了 f 在什么情况下为 0。下面分析图 2.40 所示 f 的卡诺图中的 0 格。

卡诺图中相邻(逻辑上和物理上)的 0 格与项之间的边界表明,当输入发生变化$(a,b,c,d)=(0101)\leftrightarrow(0001)$时,存在一个静态 0 冒险。在 f' 中增加冗余与项 $a'c'd$ 来覆盖冒险,并形成无静态 0 冒险函数的反函数 f'_{0HF},引入冗余项的表达式为:

$$f'_{0HF} = a'b' + bc'd + a'c'd$$

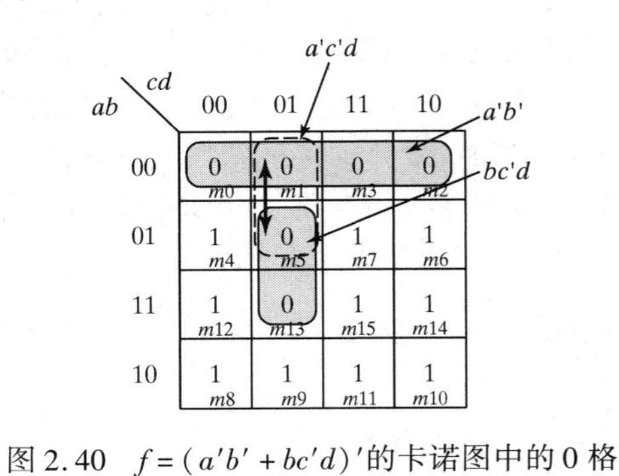

图 2.40 $f=(a'b'+bc'd)'$ 的卡诺图中的 0 格

因此 f_{0HF} 的和之积表达式为:

$$f_{0HF} = (a + b)(b' + c + d')(a + c + d')$$

f_{0HF} 的最终表达式就不存在静态 0 冒险,同时,利用例 2.32 得到的结果,可以得到:

$$f_{0HF} = ab' + ad' + bd' + bc + ac = f_{1HF}$$

因此得出结论,f_{0HF} 与 f_{1HF} 均无静态 0 冒险和静态 1 冒险。

2.5.4 消除多级电路静态冒险的小结

多级电路中的静态冒险的消除可以通过如下几个步骤完成:

(1)将多级逻辑分解为积之和形式(忽略互补关系,如 aa'),从而得到瞬时输出函数 f_{tof};

(2)覆盖 f_{tof} 卡诺图中每一组相邻的 1 格,形成无静态 1 冒险的函数 f_1;

(3)对函数 f_1 应用狄摩根定律并用布尔关系进行化简(将各个变量及其反变量作为独立变量对待);

(4)覆盖任意一组相邻 0 格,形成积之和形式的函数 f_0。如果所得到的表达式中不含有变量及其反变量的与项,则该表达式将不存在静态 1 冒险和静态 0 冒险。

2.5.5 动态冒险

在一个电路中,原本期望一个输入变化仅会造成输出的一次变化,实际上它却导致了输出在达到期望值之前发生了两次或多次变化,若有这种情况,则称该电路存在动态冒险。动态冒险的典型波形如图 2.41 所示。在多级电路中,这类冒险是由多条重新汇聚路径所导致的多个静态冒险的结果。这些冒险不容易被消除,但是如果电路中不存在静态冒险,也就不存在动态冒险。因此,消除动态冒险的方法是:

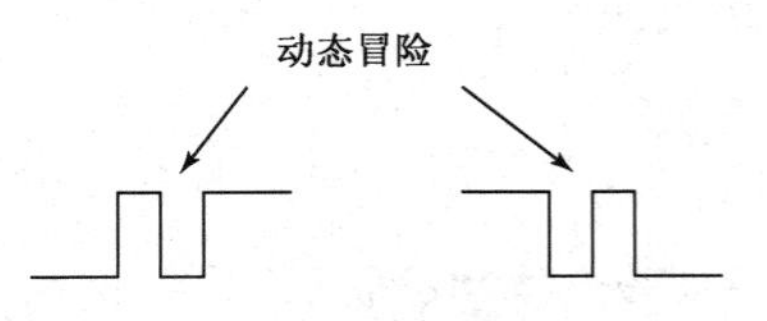

图 2.41 动态冒险的典型波形

(1)将多级电路变换成两级形式;

(2)检查并消除所有的静态冒险。

例 2.34　如图 2.42 所示的电路，输入信号 C 有两个重汇聚节点，输出 *F_static* 存在一个静态冒险，而 *F_dynamic*(即第二个重汇聚节点的位置)存在一个动态冒险，图 2.43 中的仿真结果表示出了这些冒险的影响。

F_static 的卡诺图如图 2.44 所示，图中可以清楚地看到冗余质蕴涵项 AB 覆盖了与项 BC' 与 AC 间的边界，该冗余与项消除了静态 1 冒险，并保证了 *F_dynamic* 不会由于 C 的变化而发生变化。冗余与项的附加逻辑如图 2.44 所示。无冒险电路及其仿真波形分别如图 2.45 和图 2.46 所示。

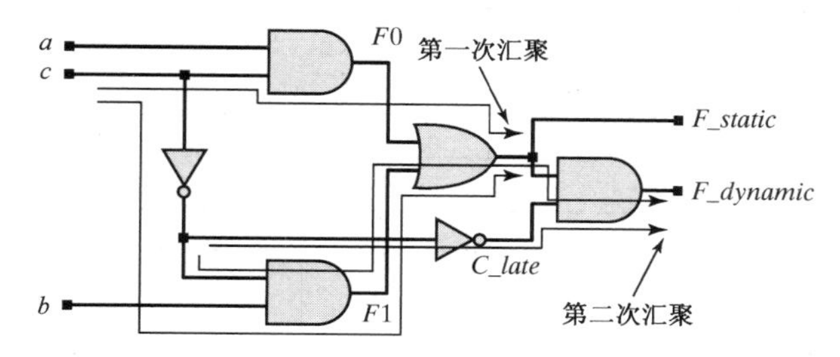

图 2.42　有一个静态冒险和一个动态冒险的两个重汇聚点的电路

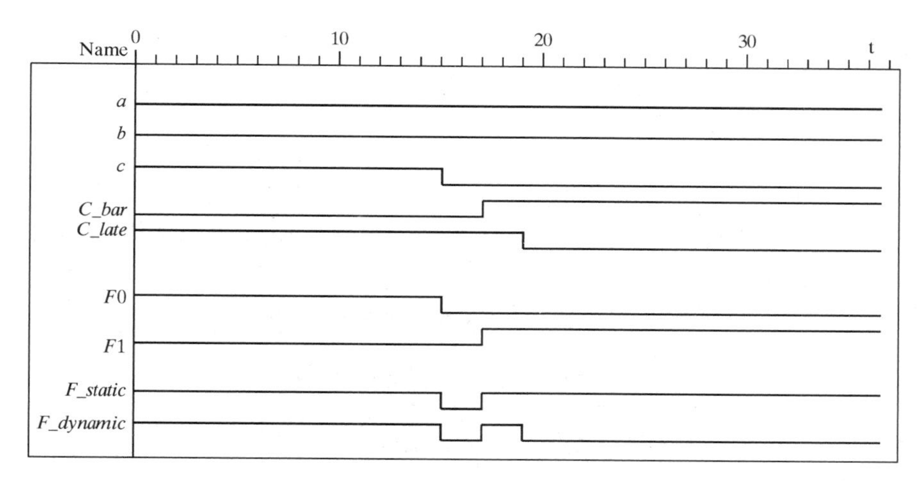

图 2.43　静态和动态冒险效应的仿真结果

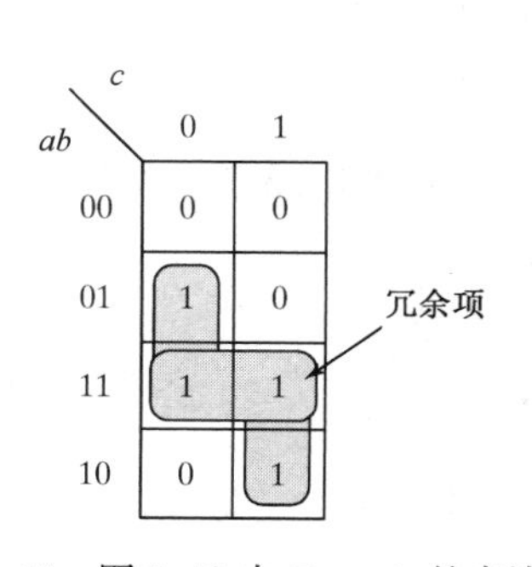

图 2.44　图 2.42 中 *F_static* 的卡诺图

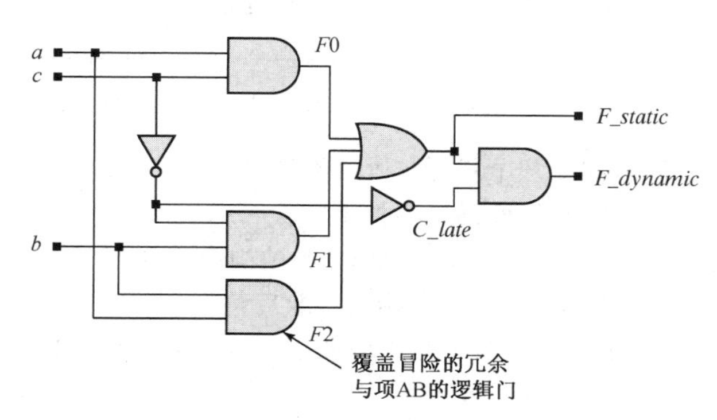

图 2.45　图 2.42 所示电路的无冒险等价电路，即在原电路中增加可形成*f*2的冗余逻辑

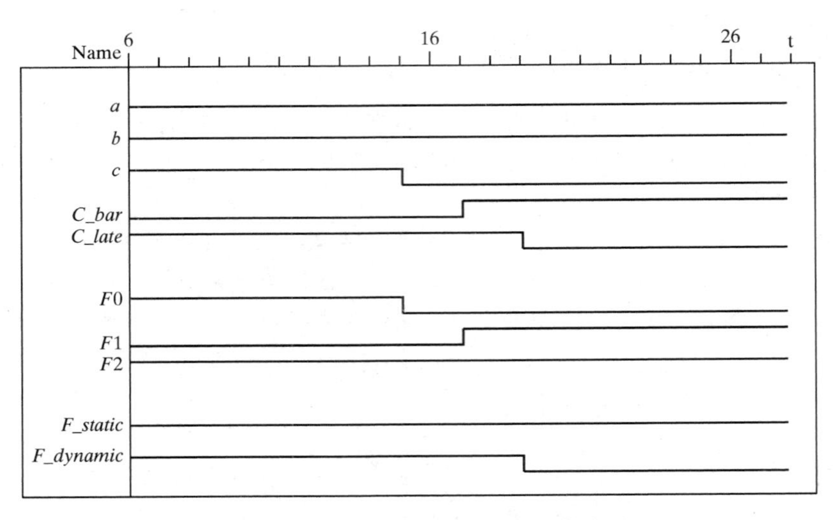

图 2.46 图 2.45 所示无冒险电路的仿真结果

2.6 逻辑设计模块

组合逻辑能够构建各种各样的电路功能和结构，而某些结构和电路广泛地出现在实际应用中，因此熟悉这些电路结构是非常必要的。

2.6.1 与非-或非结构

在 CMOS 工艺中，AND 门和 OR 门实现起来不如 NAND 门和 NOR 门的实现那么高效，而一个积之和或者和之积形式总可以转换成 NAND 逻辑结构或者 NOR 逻辑结构。NAND 门和 NOR 门是通用的逻辑门，也就是说仅采用 NAND 门或者 NOR 门就可以实现任何布尔函数。应用狄摩根定律可以得到如图 2.47 所示的 NAND 门和 NOR 门的等价结构。

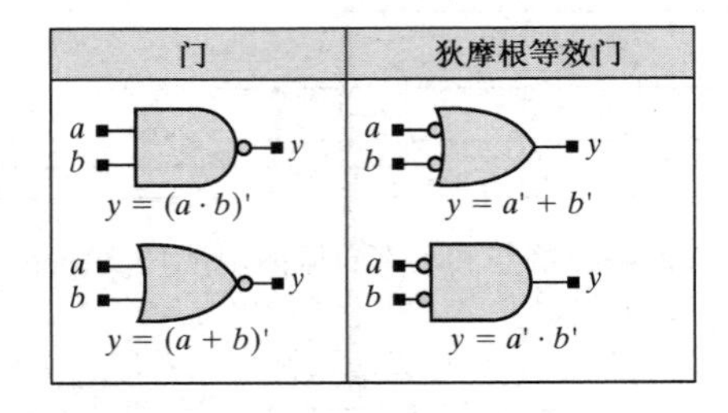

图 2.47 由狄摩根定律得到的等效电路

通过如下几个步骤，利用狄摩根定律，能够将积之和表达式描述的电路变换为仅由 NAND 门组成的电路非的处理过程如下：①

(1)用 NAND 门代替原与-或结构中的 AND 门；

(2)在 OR 门的输入端设置取反符号；

(3)在 OR 门输入端需要匹配取反符号的位置插入非门；

(4)用 NAND 门代替在输入端带有取反符号的 NOR 门。

① 该网络的输出必须是 OR 门的输出。

同样，和之积形式的电路也可以通过下面几个步骤变换为仅由 NOR 门组成的等价电路非的处理过程如下①：

(1)用 NOR 门代替 OR 门；

(2)在 AND 门的输入端设置取反符号；

(3)在 AND 门输入端需要匹配取反符号的位置插入非门；

(4)用 NOR 门代替在输入端带有取反符号的 NAND 门。

例 2.35　函数 $y=g+ef+ab'd+cd$ 的两级电路实现如图 2.48(a)所示。通过在形成 y 的 OR 门的输入端设置取反符号，并在 g 输入端增加一个反相器，与由 g 驱动的或门输入端的取反符号相匹配，就可以把图 2.48(a)变换为图 2.48(b)所示的电路，然后再利用狄摩根定律将输入端带有取反符号的 OR 门替换成 NAND 门，得到图 2.48(c)所示的电路。

为了验证电路(c)与电路(a)是等价的，进行以下变换：

$$
\begin{aligned}
y &= [(g')(ef)'(ab'd)'(cd)']' \\
&= (g')' + [(ef)']' + [(ab'd)']' + [(cd)']' \\
&= g + ef + ab'd + cd
\end{aligned}
$$

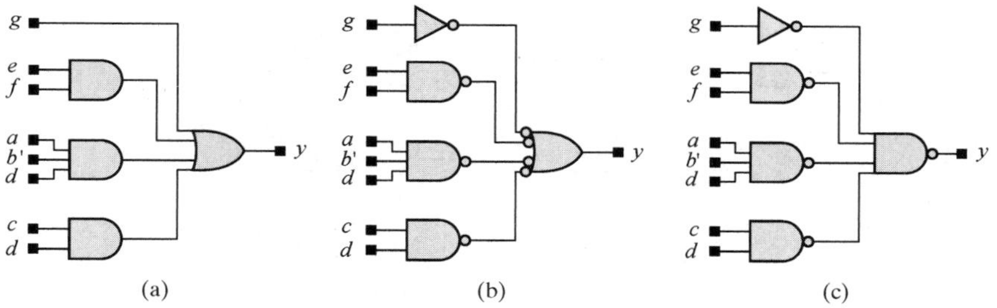

图 2.48　用 NAND 门/非门实现积之和表达式的电路变换过程

例 2.36　现在考虑和之积表达式 $y=d(b+c)(a+e+f')(a+g)$，通过用 NOR 门代替 OR 门，在 AND 门输入端增加取反符号，并在 d 输入端增加反相器，使之与所加入的输入取反符号相匹配，就得到如图 2.49(b)所示的电路。然后再用一个等价的或非门替换输入端带有取反符号的与非门就形成图 2.49(c)所示的电路。

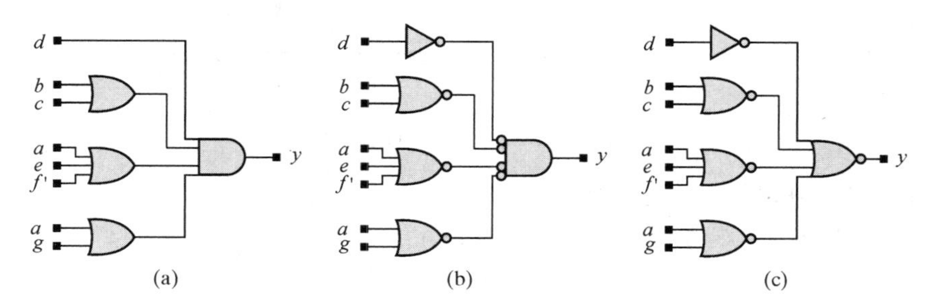

图 2.49　用 NOR 门/反相器实现和之积表达式的电路变换过程

下面的变换过程说明了变换后的电路与原电路是等价的：

① 该网络的输出必须是 AND 门的输出。

$$\begin{aligned} y &= [d' + (b+c)' + (a+e+f')' + (a+g)']' \\ &= (d')'[(b+c)']'[(a+e+f')']'[(a+g)']' \\ &= d(b+c)(a+e+f')(a+g) \end{aligned}$$

没有 AND 门和 OR 门结构的电路，仍然能够变换为仅由 NAND 门和非门构成的等价结构，或者仅由 NOR 门和非门构成的等价结构。为将这类电路变换为 NAND 门结构需要以下步骤：

(1) 用 NAND 门替换所有的 AND 门(参见图 2.50(a))；

(2) 在所有 OR 门输入端设置取反符号(参见图 2.50(b))；

(3) 利用狄摩根等价定律，用 NAND 门取代输入端带有取反符号的 NOR 门(参见图 2.50(c))。

经过这些变化后，如果一个 NAND 门的输出连接另一个 NAND 门的输入，则在被驱动的 NAND 门输入端放置一个非门(参见图 2.50(d))；如果一个输入端带有取反符号的 OR 门的输出驱动另一个输入端带有取反符号的或门，则用一个非门将它们连接起来(参见图 2.50(e))，接着再用一个等价的 NAND 门取代输入端带有取反符号的或门。以上这些步骤保证了门电路替换是匹配的，并且保证最终得到的电路与原电路是等价的。

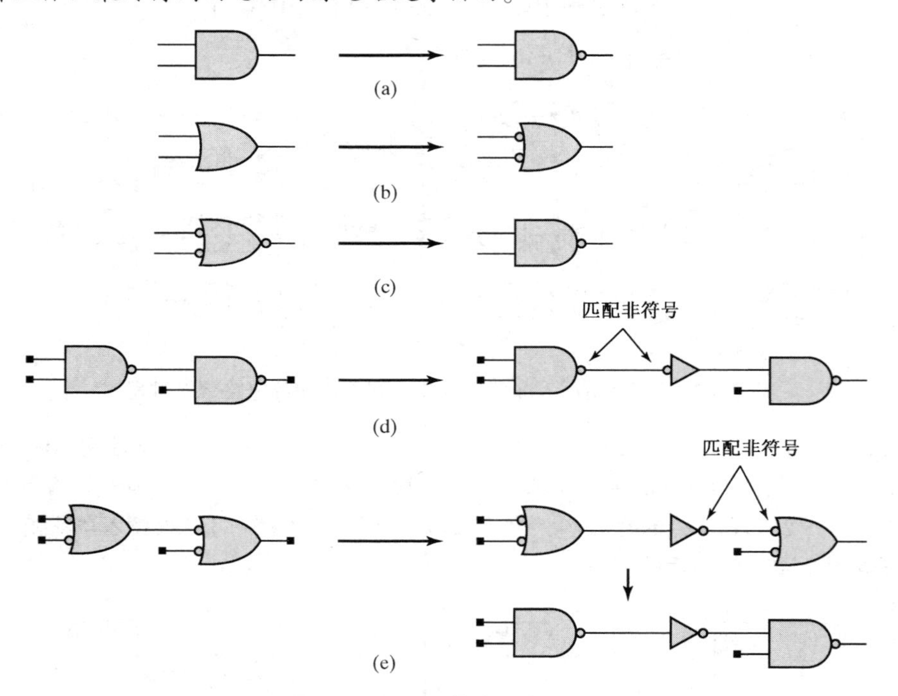

图 2.50 NAND 等价电路的变换

通过如下步骤也可以将电路变换为 NOR 结构：

(1) 用或非门替换所有的或门(参见图 2.51(a))；

(2) 在所有 AND 门输入端设置取反符号(参见图 2.51(b))；

(3) 利用狄摩根等价定律，用 NOR 门取代输入端带有取反符号的 NAND 门(参见图 2.51(c))。

经过这些变化后，如果一个 NOR 门的输出连接另一个 NOR 门的输入，则在被驱动的 NOR 门输入端放置一个非门(参见图 2.51(d))；如果一个输入端带有取反符号的 AND 门的输出驱动另一个输入端带有取反符号的 AND 门，则用一个非门将它们连接起来(参见图 2.51(e))，接着再用一个等价的 NOR 门取代输入端带有取反符号的 AND 门。

以上这些规则确保了取反符号是匹配的，并且保证了变换后的电路(NAND 结构或者 NOR 结构)与原电路是等价的。

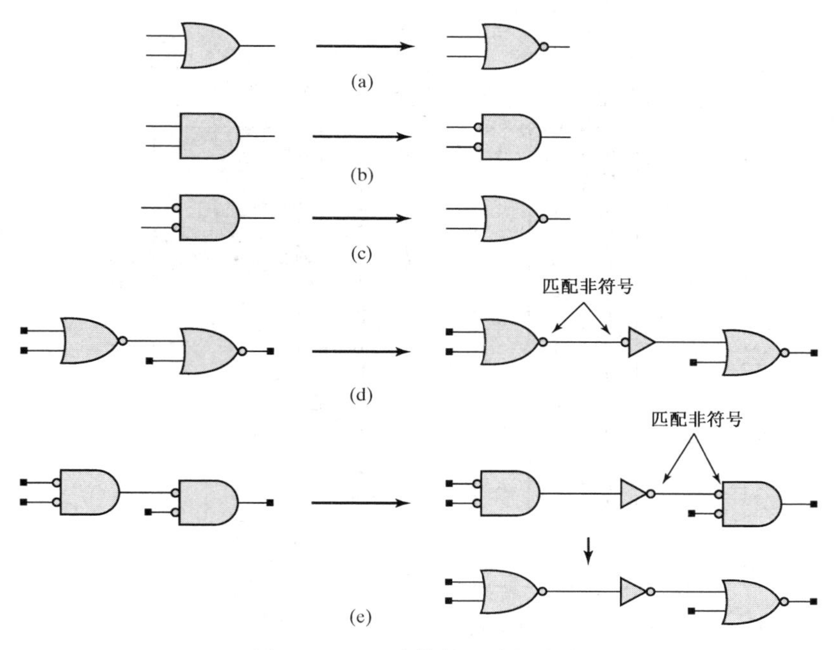

图 2.51　OR 非等价电路的变换

2.6.2　多路复用器

多路复用器(multiplexer)电路常用于控制数据通过计算机和其他数字系统的功能单元。例如，它可以控制某个特定寄存器的内容传输到算术逻辑单元(ALU)的输入端，并且把 ALU 的输出数据传输到该寄存器或另一个寄存器。双通道多路复用器的门级原理图如图 2.52 所示。当 *sel* =0 时，输入端 *a* 的数据经过该电路(有一定的传播时延)到达 *y_out*；同样，当 *sel* =1 时，输入端 *b* 的数据会达到 *y_out*，描述该电路功能的布尔表达式可表示为：$y\_out = sel' \cdot a + sel \cdot b$。

通常，多路复用器有 *n* 条数据输入通道和一条数据输出通道，*m* 位的地址线决定了哪个输入通道与输出通道相连。图 2.53 中用符号表示的多路复用器所选择的输入通道由下式确定：*Data_Out* = *Data_In*[*Address*[*k*]]，其中 *k* 为地址的标号。

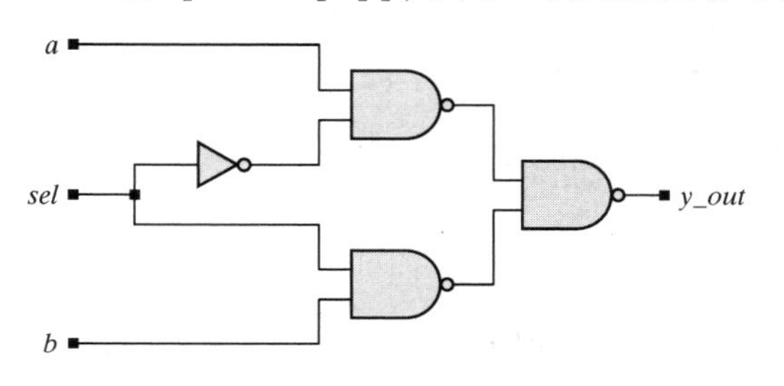

图 2.52　双通道多路复用器的门级原理图

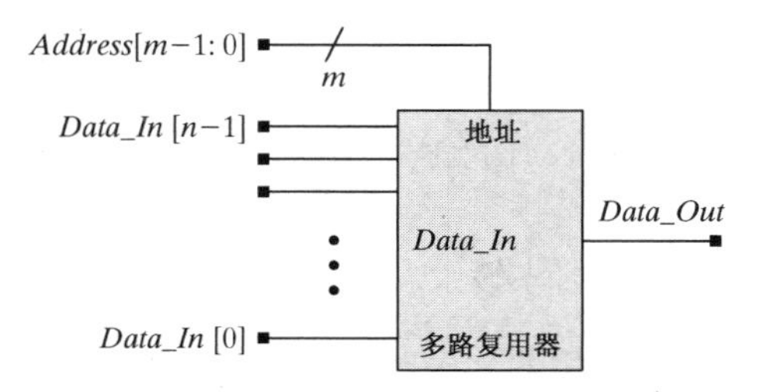

图 2.53　具有 *m* 位通道选择地址线的 *n* 个通道多路复用器原理符号

多路复用器也能够用于实现组合逻辑，可以将布尔函数的值赋给多路复用器的输入端，并用选择线进行译码。因为采用多路复用器必须将所有输入位的真值表进行完全译码，所以这种实现方式的效率不高。

例 2.37 图 2.54 中的真值表描述了一个 4 输入多数判决函数。当多数输入成立时，这个函数的输出为有效。原理图说明了如何用 16 输入多路复用器实现该函数的功能，即用 4 条选择线的译码值选择各相应的输入。

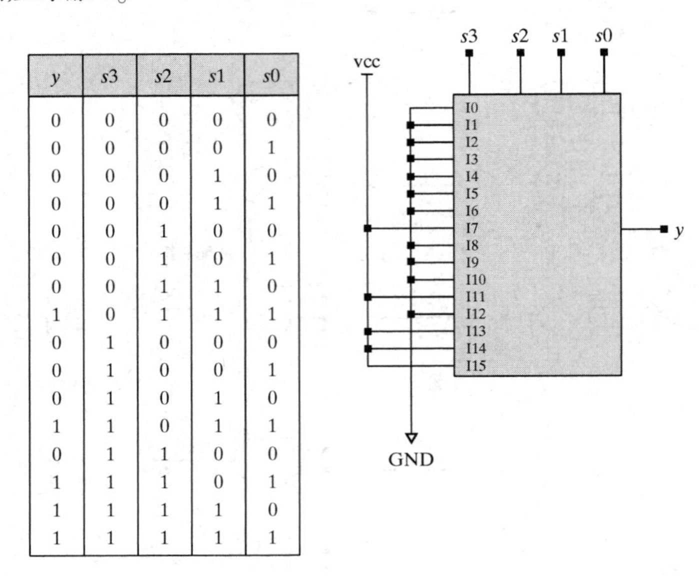

y	s3	s2	s1	s0
0	0	0	0	0
0	0	0	0	1
0	0	0	1	0
0	0	0	1	1
0	0	1	0	0
0	0	1	0	1
0	0	1	1	0
1	0	1	1	1
0	1	0	0	0
0	1	0	0	1
0	1	0	1	0
1	1	0	1	1
0	1	1	0	0
1	1	1	0	1
1	1	1	1	0
1	1	1	1	1

图 2.54 用 16 输入多路复用器实现 4 位多数判决功能电路的真值表和电路图

2.6.3 多路解复用器

多路解复用器(demultiplexer)电路的功能与多路复用器相反，它仅有一条输入数据线，有 n 条输出数据线以及 m 位用于确定输入信号与哪一条输出相连的地址选择信号。图 2.55 所示的多路解复用器所选择的输出通道由下式确定：$Data\_Out[n-1:0] = Data\_In[Address[k]]$，其中 k 为地址线的标号。

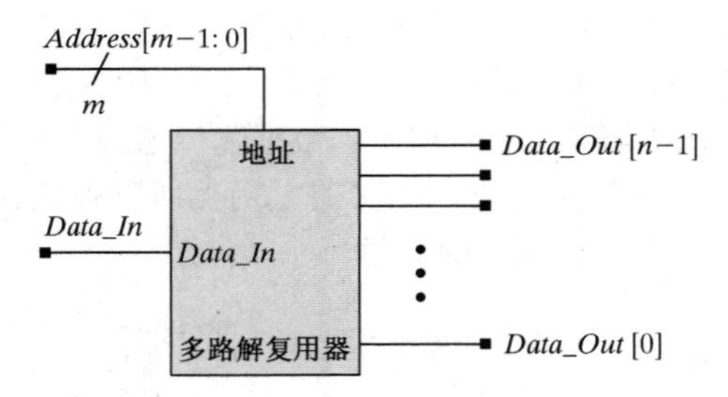

图 2.55 具有 m 位目标地址线、n 条输出线的多路解复用器的方框图符号

2.6.4 编码器

多路复用器和多路解复用器电路动态地建立了系统中数据通道间的连接，多路复用器和多路解复用器对数据不会产生任何改变。然而，编码器电路可以起到将输入数据字变换为不同的输出数据字的作用。编码器输出数据字位数要比编码前的输入字位数少，因此，编码器起到了减少系统中数据通道数目的作用。通常，将输出码字位数比输入码字位数少的器件称为编码器。如果输出码字的位数比输入码字的位数多，则称该器件为译码器。编码器的典型应用是在客户机–服务器轮询电路中，该电路的输出码字确定请求服务的 n 个客户机中哪一个客户得到服务。

编码器有 n 个输入，m 个输出，具有 $n=2^m$ 的关系。它能够将 2^m 个不同的输入码字各自转换成唯一的输出码字，而将其余的输入组合作为任意项处理，但是一个时刻仅有一个输入有效。而对于 n 个输入的每一种输入组合方式来说，输出端只能得到一个唯一的位组合(码字)，这个有效的输出取决于 n 位二进制输入码字中有效的位。编码器的方框图符号如图 2.56 所示。

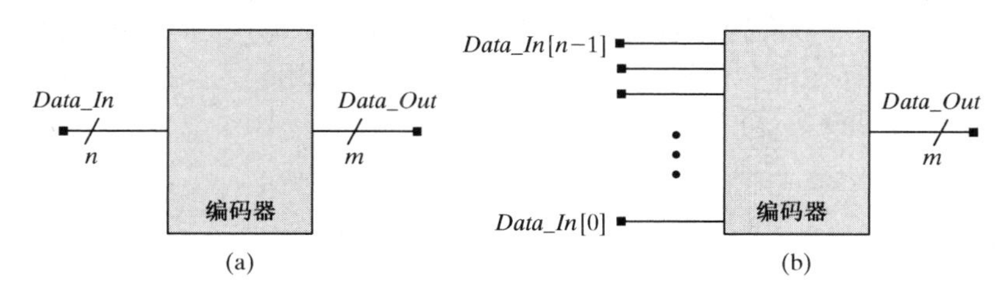

图 2.56　编码器的方框图符号：(a)具有 n 位输入的编码器；(b)n 位输入线分列的编码器

例 2.38　一个 5:3 编码器，具有 5 位的输入码字，以及满足对输入码字进行有效编码位输出的 3 位输出码字。输入码字和编码后的输出码字位组合如图 2.57 所示，并可得到输出码字中各位的布尔逻辑方程式。

输入	输出	输入	输出
00000	000	10000	001
00001	001	10001	010
00010	001	10010	010
00011	010	10011	011
00100	001	10100	010
00101	010	10101	011
00110	010	10110	011
00111	011	10111	100
01000	100	11000	010
01001	010	11001	011
01010	010	11010	011
01011	011	11011	100
01100	010	11100	011
01101	011	11101	100
01110	011	11110	100
01111	100	11111	101

图 2.57　5:3 编码器的输入-输出码字编码对应图

2.6.5　优先编码器

优先编码器允许多个输入位同时为真，并利用优先权规则形成一个输出位组合，客户机-服务器系统中的优先编码器会在多个请求服务的客户机中识别出优先权最高的一个客户机。

例 2.39　一个 8 客户机优先编码器的输入-输出组合如图 2.58 所示(注意：X 表示任意项)。与输入码字中最左边一位相对应的客户机具有最高的优先权。这是一种组合方案，时序机能够通过添加某种规则来为所有的客户机提供相应级别的服务。

输入码字	输出码字
1xxxxxxx	000
01xxxxxx	001
001xxxxx	010
0001xxxx	011
00001xxx	100
000001xx	101
0000001x	110
00000001	111

图 2.58　8:3 优先编码器的输入-输出码字

2.6.6　译码器

二进制译码器对输入位组合进行译码，形成仅有1位为真的唯一输出码字。译码器通常用于从数字计算机的指令中提取操作码。行列地址译码器可根据地址码确定存储器中的码字位置。图2.59给出了译码器的方框图符号表示，二进制译码器有 m 个输入，n 个输出，且 $n=2^m$。在输入码字和输出码字之间存在许多种不同的可能映射，因此可以用输入-输出映射的组合逻辑来构建译码器(时序编码器和译码器广泛应用于通信和视频传输电路中)。

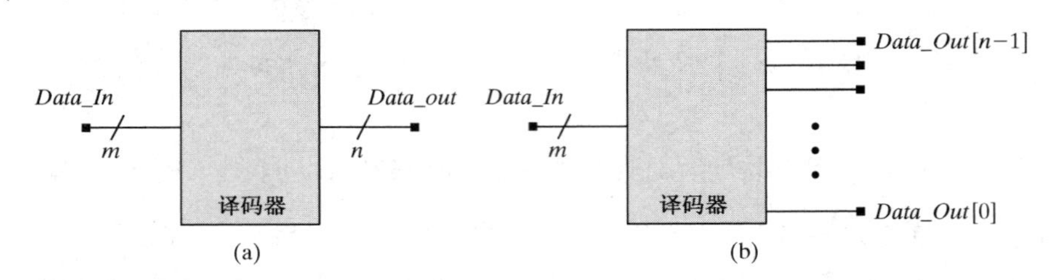

图2.59　译码器方框图符号：(a)输入/输出总线标识的译码器；(b)输出分列标识的译码器

例2.40　8客户机译码器的输入-输出组合如图2.60所示，输出码字中各个位的排列能标识出应被服务的客户机，该译码器并没有解决多个客户机之间的竞争问题，而是假定一个时刻仅有一个客户机请求服务。

二进制译码器的输出即为其输入的所有最小项。译码器的所有各输出线对应于其输入所定义的各种应用。二进制译码器可用于多输出的小规模实现，但它不适用于输入数目很大的应用。

输入码字	输出码字
000	10000000
001	01000000
010	00100000
011	00010000
100	00001000
101	00000100
110	00000010
111	00000001

图2.60　8客户机译码器的输入-输出组合

例2.41　译码器可用于同时实现具有相同输入的多个布尔函数，图2.61的真值表描述了一个主要的函数 $f1$ 以及另一个函数 $f2$，利用附加逻辑对译码器的输出进行合并，就可以得到这两个函数的输出。

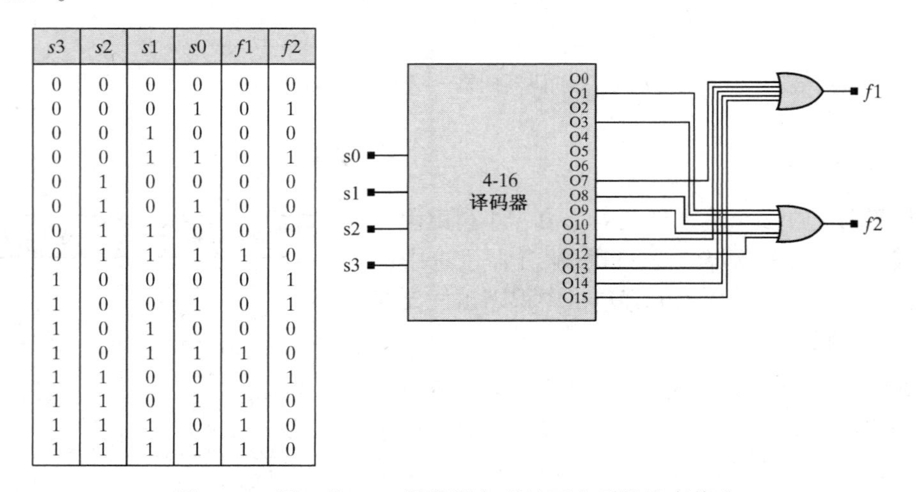

s3	s2	s1	s0	f1	f2
0	0	0	0	0	0
0	0	0	1	0	1
0	0	1	0	0	0
0	0	1	1	0	1
0	1	0	0	0	0
0	1	0	1	0	0
0	1	1	0	0	0
0	1	1	1	1	0
1	0	0	0	0	1
1	0	0	1	0	1
1	0	1	0	0	0
1	0	1	1	1	0
1	1	0	0	0	1
1	1	0	1	1	0
1	1	1	0	1	0
1	1	1	1	1	0

图2.61　用一片4-16译码器实现的两个函数的真值表

2.6.7　优先译码器

优先译码器可以用于多个输入码字可能存在竞争的应用场合。

例2.42　在为8个客户机服务的客户机-服务器系统中，输入码字的某个位为1表明对应于某个客户机的服务请求有效，服务器必须确定它将为多个客户机中具体的哪一个提供服务。一种简单的规则是为各个客户机指定一个唯一的优先权，图2.62中的输入-输出码字为输入码最左边一位所对应的客户机指定了最高的优先权，并在表中列出了所有可能的输入组合。时序译码电路也能够为一些其他方面的需求提供服务。例如，一个客户机是否被更高优先权客户机长时间的服务所阻塞。

输入码字	输出码字
1xxxxxxx	10000000
01xxxxxx	01000000
001xxxxx	00100000
0001xxxx	00010000
00001xxx	00001000
000001xx	00000100
0000001x	00000010
00000001	00000001

图2.62　8客户机优先译码器的输入-输出组合

参考文献

1. Breuer MA, Friedman AD. *Diagnosis and Design of Reliable Digital Systems*. Rockville, MD: Computer Science Press, 1976.
2. Fabricius ED. *Introduction to VLSI Design*. New York: McGraw-Hill, 1990.
3. Bryant RE. "Graph-Based Algorithms for Boolean Function Manipulation," *IEEE Transactions on Computers*, C-35, 677 - 691, 1986.
4. Tinder RF. *Engineering Digital Design*, 2nd ed. San Diego, CA: Academic Press, 2000.
5. Katz RH. *Contemporary Logic Design*, 2nd ed. Upper Saddle River, NJ: Prentice-Hall, 2004.
6. McCluskey EJ. "Minimization of Boolean Functions," *Bell Systems Technical Journal*, 35, 1417 - 1444, 1956.
7. McCluskey EJ. *Introduction to the Theory of Switching Circuits*. New York: McGraw-Hill, 1965.
8. McCluskey EJ. *Logic Design Principles*, Upper Saddle River, NJ: Prentice-Hall, 1986.
9. Wakerly JF. *Digital Design Principles and Practices*, 4th ed. Upper Saddle River, NJ: Prentice-Hall, 2006.
10. Brayton RK. et al. *Logic Minimization Algorithms for VLSI Synthesis*. Boston, MA: Kluwer, 1984.

习题

1. 求如下布尔函数的标准积之和表达式。

$$f(a,b,c) = \sum m(1,3,5,7)$$

2. 求如下布尔函数的标准和之积表达式。

$$\Pi M(0,1,2,3,4,5,12)$$

3. 将函数$f = a'b + c$表示为最小项之和的形式。

4. 将函数 $f = a'bcd' + a'bcd + a'b'c'd' + a'b'c'd$: 表示为:(a)最小项之和的形式;(b)最大项之积的形式。
5. 将函数 $g = (a'bcd' + a'bcd + a'b'c'd' + a'b'c'd)'$表示为最小项之和的形式。
6. 将函数 $f = ac' + bcd + a'd$ 用与非门电路实现。
7. 将函数 $f = (b + c + d)(a' + b + c)(a' + d)$用或非门电路实现。
8. 求下列表达式的反函数形式。
   a. $ab' + a'b$
   b. $b + (cd + e)a'$
   c. $(a' + b + c)(b' + c')(a + c)$
9. 化简如下布尔函数使其包含的逻辑变量数最少:
   a. $f = a + a'b$
   b. $f = a(a' + b)$
   c. $f = ac + bc' + ab$
10. 利用卡诺图化简如下布尔函数:
   a. $f(a,b,c) = \Sigma M(0,2,4,5,6)$
   b. $f(a,b,c) = \Sigma M(2,4,5,6)$
   c. $f(a,b,c) = bc' + ac' + a'bc + ab$
   d. $f(a,b,c,d) = \Sigma M(0,1,2,3,4,5,6,8,9,12,13,14)$
   e. $f(a,b,c,d) = a'b'c' + b'cd' + a'bcd' + ab'c'$
11. 求如下布尔函数的与非门实现:$F(a, b, c) = \sum m(0, 6)$。
12. 利用图 P2.12 所示卡诺图完成下列任务:
   a. 画出 $f = \sum m(0,4,6,8,9,11,12,14,15)$的卡诺图表示。
   b. 求 f 的质蕴涵项。
   c. 求 f 的主质蕴涵项。
   d. 求出 f 的所有最简表达式并指出其中仅用主质蕴涵项的表达式。

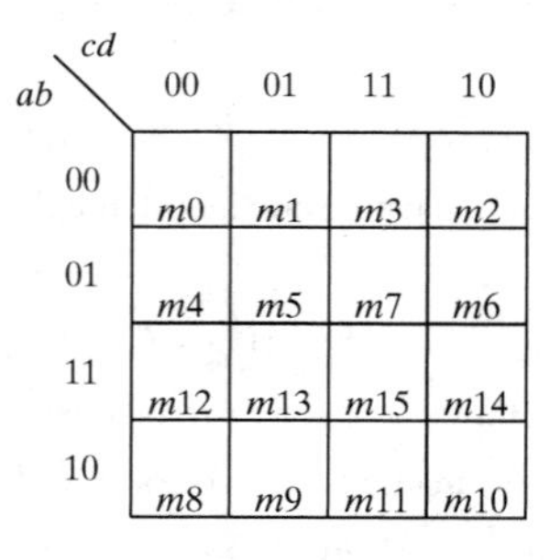

图 P2.12

13. 设计一个实现 4 位多数判决函数的两级电路, 也就是说, 当 3 个或更多个输入为真时输出为 1。
14. 例 2.37 说明了如何用 16 输入的多路复用器实现一个 4 位多数判决函数, 请说明如何用一个 8 输入的多路复用器实现这个函数。

第3章　时序逻辑设计基础

计算机以及其他具有存储器的系统或者按照存储信息顺序执行一系列操作的数字系统都可叫做“时序机”，并且其电路可通过时序逻辑进行建模。时序机和组合逻辑不同，时序机的输出不仅取决于当前输入值，还取决于之前的输入值。

时序机以往的输入要用状态机表示，且需要用硬件元件存储，即需要存储器以二进制编码的形式储存时序状态。例如，一个以串行比特流接收器来检测1的个数并输出计数值的时序机，必须要有一个存储单元来保存该计数值。现在的电子系统都是依靠晶体管电路存储信息的。晶体管具有体积小、易制造和操作可靠的特点，并且具有导通与截止两种状态，因而能够用其电压表示逻辑0和逻辑1。

时序机可以是确定的或随机的，可以是同步的也可以是异步的。这里只研究同步确定型时序机。用一个公共时钟作为同步时序机运行的同步信号，这样就可以通过电路传输信号建立可预测的时间间隔，从而通过更简单的设计方法得到更可靠的设计。现有的综合工具只能支持同步时序电路设计。

3.1　存储元件

存储元件以二进制的格式存储信息，即存储0和1的不同组合。例如，在一个简单的微处理器中，加法运算的操作码可能是0010。存储信息的电路可以是电平触发、边沿触发或两者结合的触发形式。电平触发的存储单元通常是指锁存器，边沿触发的存储单元则称为触发器。只要使能信号有效，电平触发时序电路的输出就会受到一个或多个输入值变化的直接影响。边沿触发电路的输出对输入值敏感，但只有当同步信号产生上升沿或下降沿时，其输出才会发生变化。存储单元可以受时钟控制，也可以不受时钟控制，也就是说，他们既能以同步方式运行，也能以异步方式运行。

3.1.1　锁存器

图3.1中的电路实现了基本S-R(set-reset)锁存器。根据置位端S与复位端R的输入，电路的交叉耦合连接(a) NOR门或(b) NAND门的反馈结构使得其输出存在两个稳定状态0和1。一旦由输入条件确定了一个输出值，该值将保持不变，直到有新的输入条件产生时输出才会发生变化。真值表与其表示的电路描述了当输入作用时由锁存器所处的某一给定状态(一个时刻仅允许一个输入发生变化)产生的新状态(下一个状态)。在实际应用中，要避免将11应用于NOR存器的输入端，因为此时锁存器的输出彼此不是逻辑互反的，同时当输入由11变为00时，会在实际电路中产生竞争，这就使输出变得不可预测[①]。同样，也要避免将00应用于NAND锁存器的输入端，因为此时锁存器的输出在逻辑上不是互反的，并且当输入由00变为11时，会在实际电路中引发竞争。

---

① 竞争还将导致不确定的仿真结果。

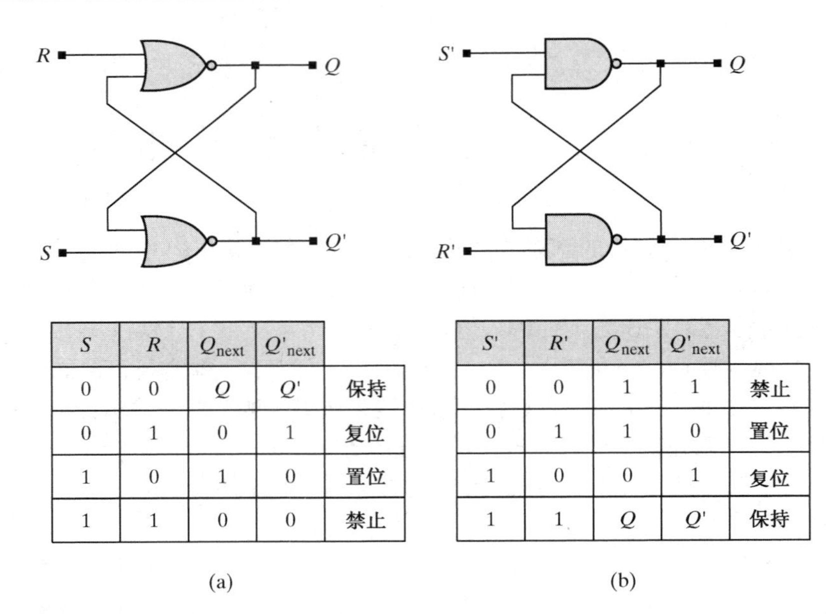

S	R	Q_{next}	Q'_{next}	
0	0	Q	Q'	保持
0	1	0	1	复位
1	0	1	0	置位
1	1	0	0	禁止

S'	R'	Q_{next}	Q'_{next}	
0	0	1	1	禁止
0	1	1	0	置位
1	0	0	1	复位
1	1	Q	Q'	保持

图 3.1 实现锁存器功能的反馈电路结构：(a)NOR 门交叉耦合；(b)NAND 门交叉耦合

3.1.2 透明锁存器

锁存器是电平触发的存储元件，数据存储的动作取决于输入时钟(或使能信号)信号的电平值，仅当锁存器处于使能状态时，透明锁存器的输出才会随数据输入变化而发生变化，也就是说，输入的变化在输出端有相应的具体体现，即可见的。透明锁存器也称为 D 锁存器或数据锁存器。

对基本的非时钟式的 S-R 锁存器稍加改动就能得到透明锁存器。图 3.2 所示的锁存器电路增加了与非门，并用一个时钟信号作为门控输入，即由 Enable 决定 S'和 R'是否对电路产生影响。Enable 无效时，该电路不会受到 S'和 R'值的影响，所以带有门控输入的 S-R 锁存器也称为"钟控锁存器"和"门控锁存器"。图 3.3(a)所示的改进电路保留了 Enable 信号，而将 Data 的非信号传送给锁存器的输入 S'和 R'，这样就确保不会出现不稳定条件(00 不会作用于 S-R 级)，并且当 Enable 有效时，*Q_out* 将随着 Data 的值变化而变化；当 Enable 无效时，由于存在反馈环路，将使 *Q_out* 的值固定在其当前值的状态，称之为被锁存，并将保持锁存状态直到 Enable 再次有效。图 3.3(b)所示的波形说明了电路的锁存特性。

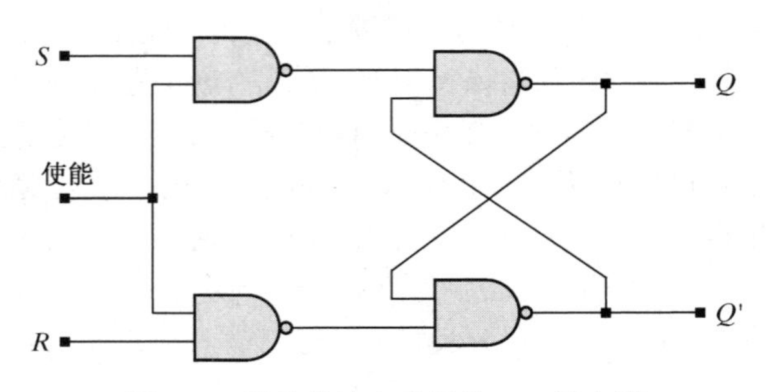

图 3.2 带使能输入信号的 S-R 锁存器

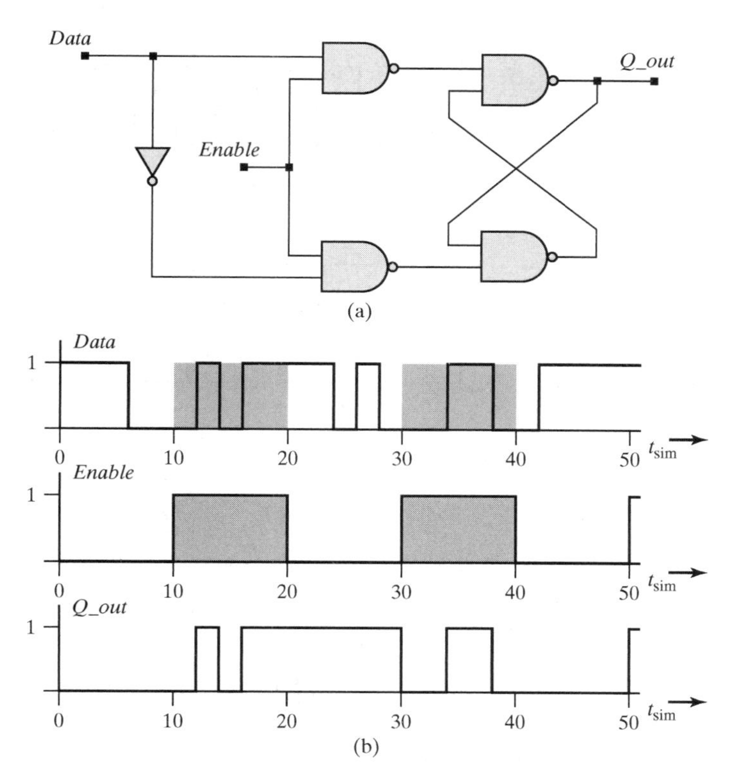

图 3.3　D 锁存器：(a)电路原理图；(b)输入-输出波形

3.2　触发器

触发器是边沿敏感的存储元件，数据存储的动作是由某一信号的上升沿或下降沿进行同步的，该信号通常称为时钟信号。所存储的数据值就是时钟在其有效沿(上升沿或下降沿)发生跳变时刻的数据输入端的数据，在所有其他时间，输入端的数据值及其变化均被忽略，即不会在输出端表现出来。根据控制数据存储的附加输入信号，如复位信号[1-4]的作用不同，触发器可分为多种①。

3.2.1　D 触发器

D 触发器是一种简单的触发器，在每个时钟的有效沿存储 *D* 输入端的当前值，这个值与之前已存储数据值无关。D 触发器的方框图及其真值表分别如图 3.4(a)和图 3.4(b)所示。真值表中包括触发器当前状态(Q)和时钟信号 *clk* 下一个有效沿处对应数据输入 *D* 的输出状态(Q_{next})。图 3.4(c)所示的波形说明了 *D* 数据的当前值在 *clk* 的上升沿(本例中上升沿有效)是如何存储的，以及在 *clk* 的两个有效沿之间 *D* 数据的变化是如何被忽略的。然而，*D* 信号必须在时钟有效沿之前的一段时间内保持稳定，否则器件将不能正常操作。描述 D 触发器的布尔逻辑表达式也称为特征方程[2]：$Q_{next}=D$。D 触发器也可以有其他(电平敏感)输入信号，如置位和复位信号，优先于同步操作并对输出进行初始化。

① 这里只考虑触发器的基本模式，即任一时刻只有一个输入发生变化。

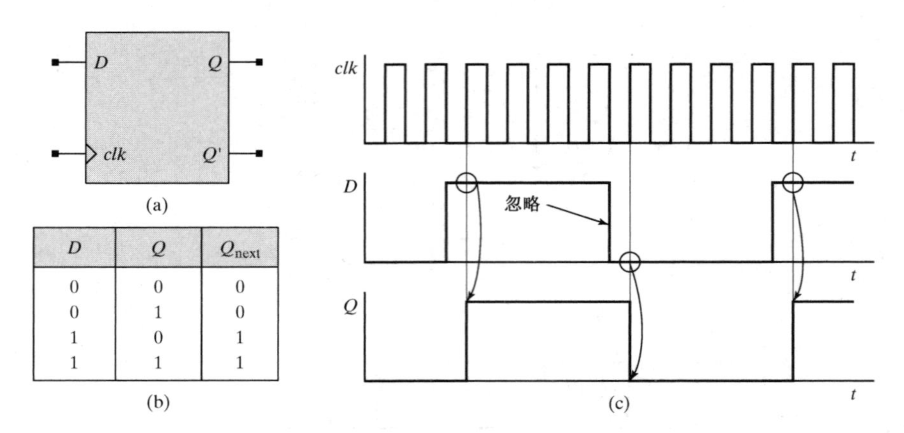

D	Q	Q_{next}
0	0	0
0	1	0
1	0	1
1	1	1

图 3.4　上升沿触发器的 D 触发器：(a)方框图符号；(b)真值表；(c)输入-输出波形

3.2.2　主从触发器

D 触发器也可以用两个透明锁存器的主从结构来实现，如图 3.5 所示。主透明锁存器在时钟无效沿开始的半个周期内对输入信号进行采样，该采样值将在所谓电路从周期的下一个有效沿处，传送到从锁存器的输出端。主锁存器的输出在从锁存器使能有效沿之前必须准备好。主锁存器在时钟的无效沿上设置使能状态，而从锁存器则在时钟的有效沿上设置使能状态。建立时间和保持时间条件在时钟的有效沿处起作用(参见第 10 章)。上述要求指出了与时钟有关的数据的稳定性条件，以保证器件的正常工作。

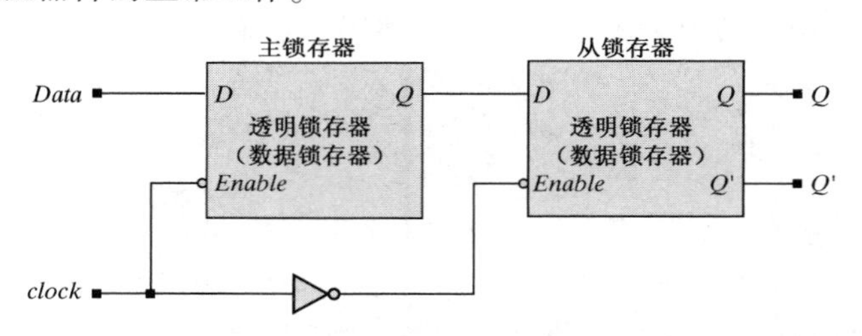

图 3.5　用下降沿触发的 D 触发器实现主从触发器

在互补金属氧化物半导体(CMOS)工艺[5,6]中，D 触发器通常由传输门实现。由于 D 触发器输入信号少，而且用它进行电路设计更简便，所以 D 触发器被广泛地使用。传输门由一个 n 沟道晶体管和一个 p 沟道晶体管并联构成，如图 3.6 所示，图中还给出了传输门的电路符号。传输门在两个传输方向上具有对称的噪声容限，并支持双向信号传输。

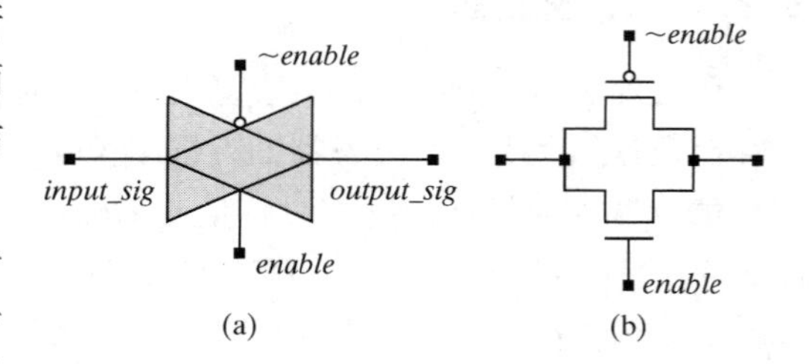

图 3.6　CMOS 传输门：(a)电路符号；(b)晶体管级原理图

图 3.7 所示的传输门和“拼接逻辑”构成了一个具有边沿 D 型触发功能的、带有附加清零信号 *Clear_bar* 的主从电路结构，清零信号 *Clear_bar* 为 0 时会使输出 *Q* 强制无效。时钟 *clock* 为低电平时主传输门处于有效状态，而时钟 *clock* 为高电平时从传输门处于有效状态。当 *clock* 为低电平时，主传输门输出由 *Data* 确定；当 *clock* 为高电平时，主传输门的输出传递给从传输门，图 3.7(b)所示的波形表明在 *clock* 的上升沿处 *Q* 获取了 *clock* 上升沿时的 *Data* 值。

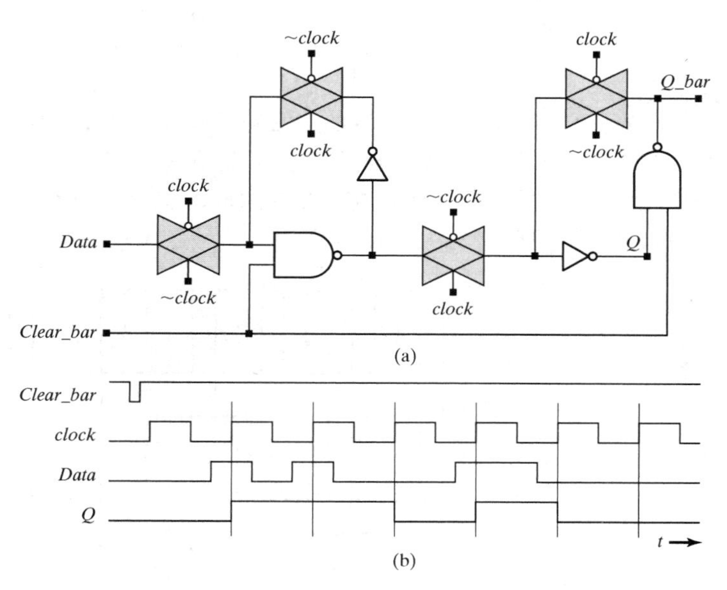

图 3.7　D 触发器的 CMOS 主从电路：(a)电路原理图；(b)输入-输出信号波形

图 3.8(a)表示主传输门有效周期期间的信号通路，图 3.8(b)则表示从传输门有效周期期间的信号通路。在主传输门有效周期期间(时钟为低电平)，主传输门输出节点 $w2$ 输出当前的输入值；并在从传输门有效周期，也就是 *clock* 为高电平期间，$w2$ 通过反馈环路实现保持。而当主传输门输出的同时，从传输门的输出靠反馈环路实现保持。在触发器的有效沿，主传输门的输出端通过其反馈环路保持，并在从传输门的有效周期(时钟为高电平)期间，从传输门输出当前的输入值。

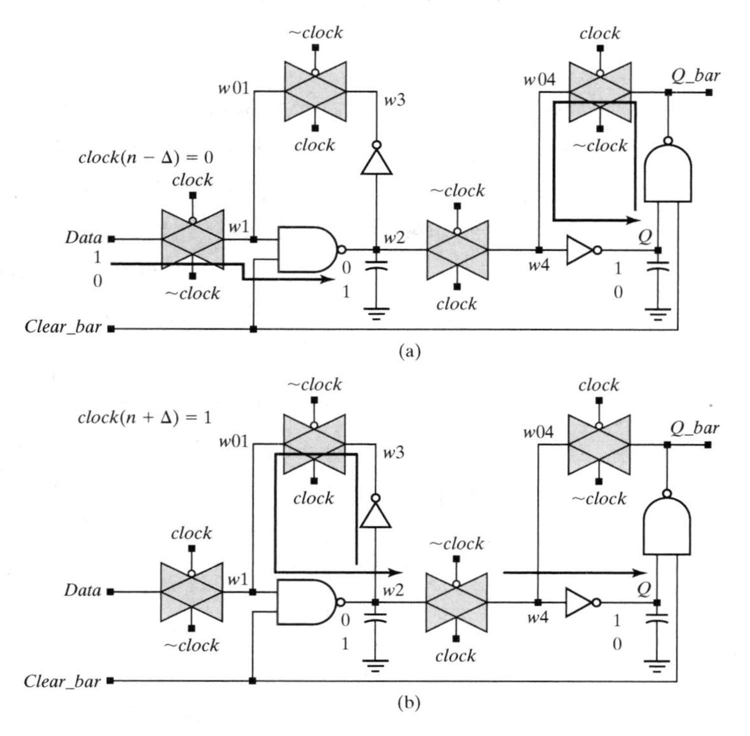

图 3.8　CMOS 主从 D 触发器的信号通路：(a)主传输门有效周期信号通路；(b)从传输门有效周期信号通路

3.2.3　J-K 触发器

J-K 触发器也是边沿敏感的存储元件，在时钟的边沿同步并存储数据。所有存储的数据值取决于时钟有效沿时刻 J 和 K 输入端的数据。描述该触发器下一个状态的特征方程为：$Q_{next} = JQ' + K'Q$。J-K 触发器可由包含数据输入为 $D = JQ' + K'Q$ 的输入逻辑的 D 触发器来实现。J-K 触发器的框图符号、真值表及波形图如图 3.9 所示。

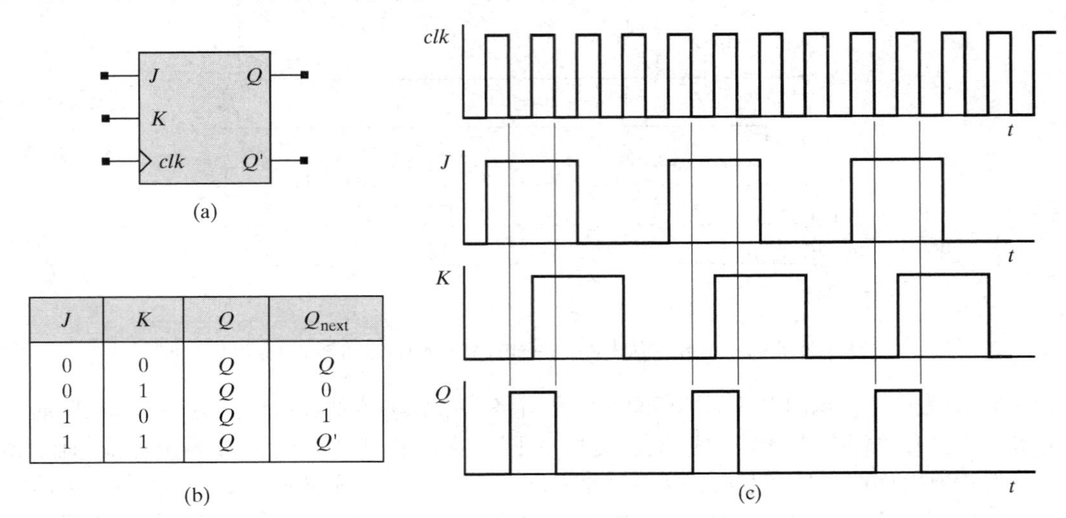

J	K	Q	Q_{next}
0	0	Q	Q
0	1	Q	0
1	0	Q	1
1	1	Q	Q'

图 3.9　J-K 触发器：(a)框图符号；(b)真值表；(c)输入-输出信号波形

3.2.4　T 触发器

T(Toggle)触发器当 T 输入端信号有效时，输出在时钟有效沿处实现自身的反转，否则输出保持不变。采用 T 触发器能够有效地实现计数器。T 触发器的特征方程为 $Q_{next} = QT' + Q'T = Q \oplus T$。这种触发器可以通过将 J-K 触发器的 J, K 输入端同时与 T 输入端连接来实现，图 3.10 为 T 触发器的框图符号、真值表和波形图。我们注意到输出端 Q 反转的频率是 *clk* 的频率的一半。

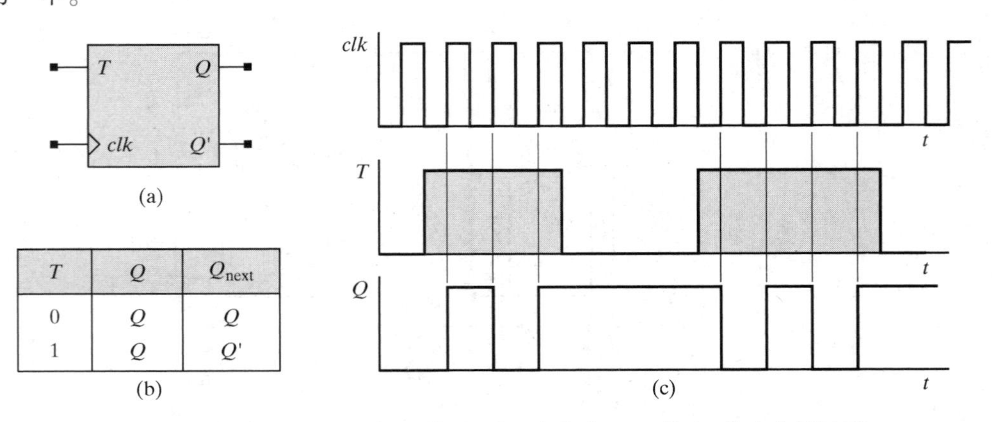

T	Q	Q_{next}
0	Q	Q
1	Q	Q'

图 3.10　T 触发器：(a)框图符号；(b)真值表；(c)输入-输出信号波形

3.3　总线与三态器件

总线是连接系统中多个功能单元的多条连线的信号通道，是用于高速传输信号流的通道。例如，个人计算机的主板上有一个包含从存储器中读取数据的源地址或将数据存入存储器中的目标地址的地址总线，以及一个在各个功能单元、寄存器以及存储器之间承担交换数据任务的数据总线。与专用信号通路的电路相比，通过共享总线会使支持系统架构的整个物理资源以及板级空间开销减少。这种折中办法可通过管理总线来避免冲突，总线管理可采用硬件也可采用软件来实现。

三态器件在硬件上提供了总线与电路间的动态接口，有效时作为信号传输通道，否则就处于开路状态。公共总线上可以连接多个驱动器件，各个器件都有其各自连接到总线的三态缓冲器或反相器，当三态器件的控制输入端有效时，其输出为其相应的有效数据，否则称其输出处于高阻态或开路状态。图 3.11 给出了能够进行输入信号缓冲或反转的各种三态电路单元的逻辑符号与真值表（“Hi-Z”表示高阻状态）。

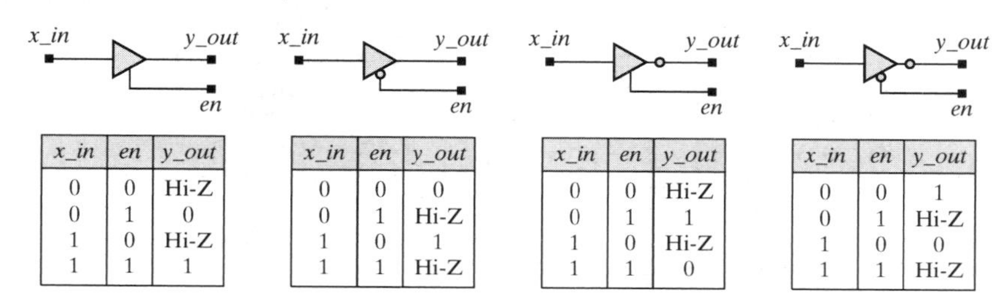

x_in	en	y_out
0	0	Hi-Z
0	1	0
1	0	Hi-Z
1	1	1

x_in	en	y_out
0	0	0
0	1	Hi-Z
1	0	1
1	1	Hi-Z

x_in	en	y_out
0	0	Hi-Z
0	1	1
1	0	Hi-Z
1	1	0

x_in	en	y_out
0	0	1
0	1	Hi-Z
1	0	0
1	1	Hi-Z

图 3.11　三态器件的电路符号与真值表

三态器件通常用于将电路与总线隔离，如图 3.12 所示。当 *send_data* 为高电平时，寄存器的内容就传送到外部总线 *data_to_or_from-bus* 上；当 *rcv_data* 为高电平时，外部总线的数据通过 *inbound_data* 传送到电路中。

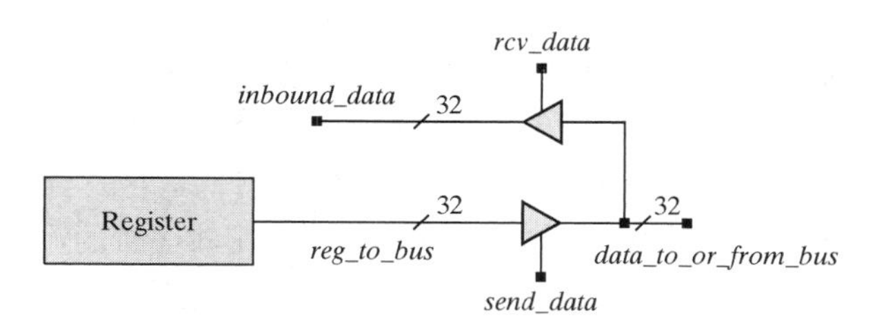

图 3.12　采用三态器件进行隔离

总线可以通过同步方式或者异步方式工作。软件管理总线时，用握手协议来建立并有序完成数据传输，同时总线利用仲裁机制来解决多个总线服务请求的竞争问题。

例 3.1　图 3.13 所示的寄存器通过一个 4 位双向数据总线互相连接，每个寄存器都可以将数据传送给其他任何一个寄存器。图 3.14 所示的信号波形将会通过寄存器电路内部的低电平有效三态缓冲器，建立一个把寄存器 *R*3 输出连接到寄存器 *R*1 输入端的数据通路。为了将 *R*3 的输出端与 *R*1 的输入端连通，OE_b_3 与 IE_b_1 必须为低电平，其他寄存器不会受到该总线操作的影响。

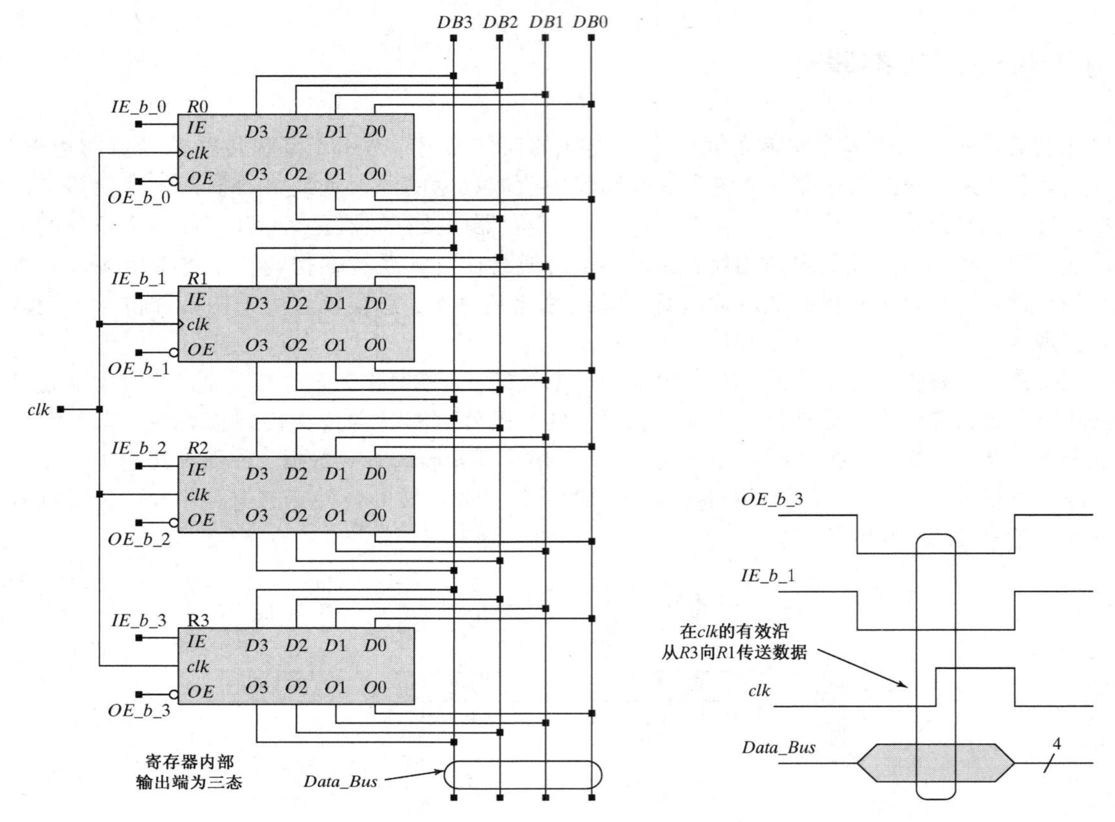

图 3.13　4 位数据总线的寄存器组　　　　图 3.14　采用三态器件的总线隔离与数据传输

3.4　时序机设计

组合逻辑的输出仅仅是当前输入的瞬时函数，而时序逻辑的输出还依赖于历史输入信号，这种依赖性可以用“状态”的概念来表述。时序机的下一行为特征完全可以用它的输入及其当前状态来描述。任意时刻系统的状态是指包括系统输入在内且足以确定系统下一行为的最少信息。例如，若仅仅知道串行比特流中计数器输入端出现的 1 的个数，并不足以确定今后任意时刻计数器的计数值，还需要知道当前的计数值，这样，计数器的状态就是它的当前计数值。

时序机被广泛应用于需要指定顺序操作的应用中。例如，用时序机的输出控制计算机的同步数据通路和寄存器操作。所有的时序机都具有如图 3.15 所示的通用反馈结构，在这种结构中时序机的下一状态是由当前状态和当前输入共同决定的。组合逻辑根据当前输入和所存储的当前状态或现态(PS, Present State)产生下一个状态或次态(NS, Next State)，状态寄存器(存储器)保存当前状态的值，下一状态的值由输入和状态寄存器的内容确定。在这种结构中，状态的转换是异步的。

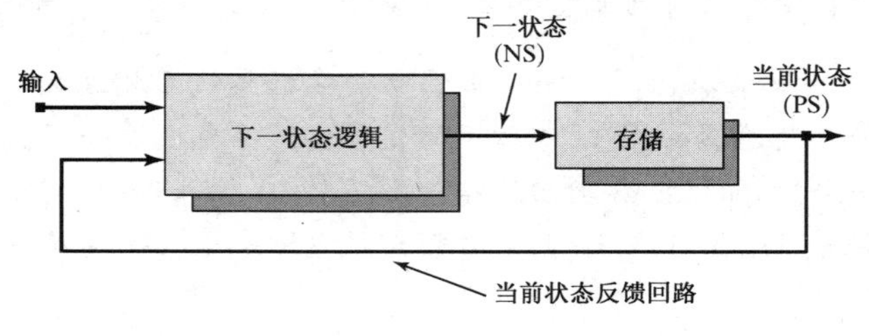

图 3.15　时序机方框图

异步时序机的状态转移是不可预测的，因为竞争条件对异步时序机而言是一个很大的问题，并且当器件的物理尺寸和信号通路缩小时，这个问题会变得更为严重，因此大多数专用集成电路(ASIC)都是基于快速同步设计的。同步时序机电路中，通过采用足够长的时钟周期使电路信号保持稳定来克服竞争问题。在边沿触发的时钟设计方案中，时钟起到了将寄存器的输入端与输出端隔离开的作用，使得反馈回路不会出现竞争。实际上，同步时序机之所以能被广泛使用，是因为它能够在时序上确保以下几点：

(1) 确保满足触发时刻的建立时间和保持时间的时序约束(对于给定的系统时钟)①；

(2) 确保由存储单元时钟信号的物理特性所造成的时钟偏移不会影响设计的同步性②；

(3) 提供了系统异步输入时的同步机制[2]。

对于基于边沿触发的触发器，其同步机的状态转移是通过一个共同时钟的有效沿(上升沿或下降沿)来实现同步的。状态的变化会引起组合逻辑的输出发生变化，以此来确定下一状态及输出。时钟波形可以是对称的，也可以是非对称的。图 3.16 说明了非对称时钟波形的特征，就是时钟为低电平的持续时间与时钟为高电平的持续时间不相等。寄存器数据的传输都是在时钟上升沿时刻或下降沿时刻完成的，并且将输入数据与有效沿之间的变化在时间上保持一致。

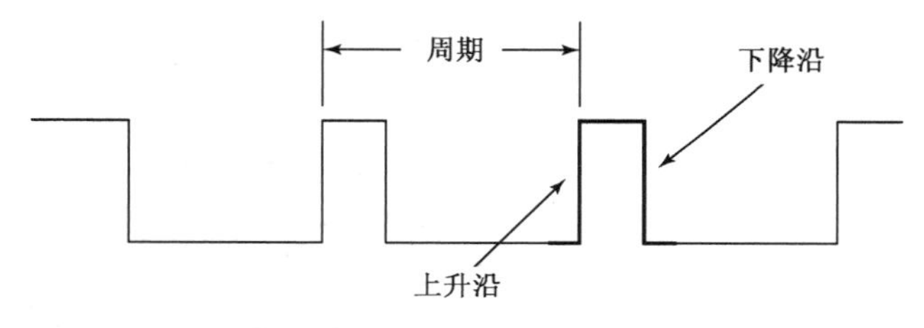

图 3.16　非对称时钟波形

时钟周期必须足够长，以便在下一时钟有效沿到来之前，时钟有效沿处的瞬时状态都能建立起稳定的输出，这就是时序机时钟周期的下限。状态寄存触发器的输入必须在时钟有效沿之前和之后的一段足够长的时间间隔内保持稳定。时钟到来之前的约束条件确定了通过电路中最长路径的时延上限，从而限制了允许数据到达的最迟时间；时钟到来之后的约束条件通过限制前一周期数据改变的最短时间，确定了通过驱动存储器件的组合逻辑中最短路径上的时间下限，这些约束条件共同确保了有效数据的存储，否则在触发器的输入端可能出现时序混乱，并造成亚稳态，从而出现无效数据被存储的现象③。

时序机的状态数目总是有限的，状态数目可以由表示状态的位数确定。采用 n 位二进制编码的时序机的状态数最多有 2^n 种状态。用有限状态机(FSM)这个术语来表示具有图 3.17 所示两种结构之一的时序机。同步 FSM 在数字系统中应用广泛。例如，可作为计算机单元与处理器中的数据通路控制器。同步 FSM 的特点是具有有限个状态，并且状态的转换是由时钟驱动的。

有限状态机(FSM)有两种基本类型：Mealy 状态机和 Moore 状态机。Mealy 状态机的下一状态和输出取决于当前状态和当前输入；Moore 状态机的下一状态取决于当前状态和当前输入，但其输出仅取决于当前状态。这两类有限状态机的下一状态和输出都是由组合逻辑电路形成的。

---

① 建立时间的时序约束是指输入信号在时钟触发沿前的适当时间内保持稳定，保持时间是指输入信号在时钟触发沿后的适当时间内保持稳定。

② 时钟偏移是指时钟有效沿不能在同一时刻准确地对各个触发器同时进行触发。

③ 将在第 5 章讨论亚稳态。

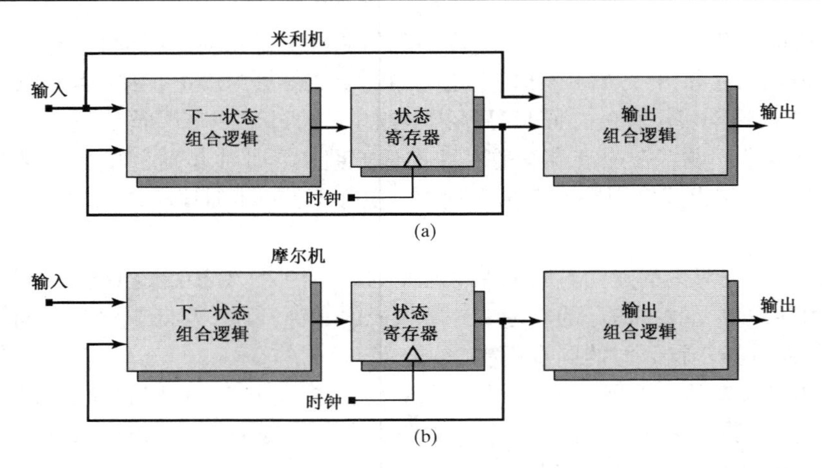

图 3.17 有限状态机的方框图结构：(a)Mealy 状态机；(b)Moore 状态机

3.5 状态转移图

有限状态机可以借助时序图[2]、状态表、状态图[3]以及算法状态机图(ASM 图)[1]进行系统的描述与设计。时序图可以用于说明系统内部、系统与周围部件接口间的信号有效与信号转移之间的关系。例如，静态随机访问存储器(SRAM)的写周期可以用一个时序图来描述，该时序图表明存储单元的地址必须保证在写使能信号有效之前已经被确定。在面向综合的设计方法中，设计工具必须识别包含了时序规范的约束。本节主要关注状态表、状态转移图和 ASM 图，在第 11 章中再讨论时序的分析问题。

状态表或状态转移表以表格的形式，表示在当前状态和输入的各种组合下状态机的下一状态和输出。FSM 的状态转移图(STG)是一种有向图，图中带有标记的节点或顶点与时序机的状态一一对应。当系统处于弧线起点的状态时，用有向边或弧线表示在输入信号的作用下可能发生的状态转移。Mealy 状态机的顶点用状态进行标记，状态转移图的有向边有下面两种标记方法：(1)用能够导致状态向指定的下一状态转移的输入信号来标记；(2)在当前状态下，用由输入信号确定的输出来进行标记。Moore 状态机的状态转移图与 Mealy 状态机相类似，但它的输出是由各个状态的顶点来表示的，而不是在弧线上表示。

对一个同步时序机给定的状态转移图 STG，设计的任务是确定下一状态和输出逻辑。如果用二进制字来表示时序机的状态，则这些状态值可存储在触发器中。在时钟的每个有效沿，状态保持触发器的输入信号变成下一时钟周期的新状态。同步时序机的设计需根据当前状态和外部的输入信号，得到作为触发器的输入逻辑信号，该逻辑电路为组合逻辑，并且尽可能化简为最简逻辑。对于有效的 STG 而言，其每个顶点必须表示一个唯一的状态；每个弧线则表示在指定输入信号的作用下，从给定状态到下一个状态的转移，并且从一个节点出发的每个弧线必须对应于一个唯一的输入。通常，从一个节点出发的各弧线上有关的布尔条件必须满足相或为 1(即状态转移图必须考虑到从一个节点出发的所有可能的状态转移)，并且在给定状态下与输入变量判定有关的每个分支条件必须对应于一条唯一的弧线，即时序机的状态仅可以从一个节点经过一条弧线转移到下一个状态[4]。根据在时钟到来之前的状态和当前的输入值，在时钟的有效沿处，实现同步时序机的 STG 所表示的状态转移①。

---

① 如果状态转移图出现了下列情况，就意味着需要化简：离开某一状态的弧线起点和终点都是指向同一状态时，该弧线可以去掉；通过复位才能返回的弧线也可以去掉。

下面给出手工方法和 STG 方法设计状态机的两个例子，这些例子在第 6 章中还会再次遇到，但第 6 章将采用 Verilog 硬件描述语言对状态机进行描述、综合，从而得到该设计的物理实现，并通过对综合前后所得的仿真结果的比较，来验证设计的正确性①。

3.6 设计举例：BCD 码到余 3 码的转换器

本例中一个串行发送的 BCD 码 B_{in} 被转换成一个余 3 码串行比特流 B_{out}，给 BCD 码对应的十进制数加上 3，并将其转化为等效的二进制数就得到了该十进制数的余 3 码，表 3.1 给出了十进制及其相应的 4 位 BCD 码和余 3 码。余 3 码是自补码[2,4,7]，即余 3 码的“9 的补数”在硬件上可以通过对码字逐位取反得到(即取 1 的补码)。② 例如，6 的余 3 码为 1001 逐位取反后为 0110，这就是 3 的余 3 码。余 3 码的这一特征使得计算以 BCD 形式编码的基数减 1 的反码变得容易③，这类似于减去带符号二进制数可以通过给减数加上被减数的二进制补码实现，二进制补码可由被减数的二进制反码加 1 得到。于是，6_{10} 的十进制补码可以由 1001_2 逐位取反后得到 3 的余 3 码再加 1 得到，$0110_2 + 0001_2 = 0111_2$，即 7_{10} 的 BCD 码。

表 3.1　BCD 码与余 3 码

十进制数	8-4-2-1 码 (BCD)	余 3 码	十进制数	8-4-2-1 码(BCD)	余 3 码
0	0000	0011	5	0101	1000
1	0001	0100	6	0110	1001
2	0010	0101	7	0111	1010
3	0011	0110	8	1000	1011
4	0100	0111	9	1001	1100

串行比特流的 BCD 码到余 3 码转换器可以用 Mealy 型有限状态来实现。图 3.18 给出了输入该转换器的串行比特流 B_{in}，以及其输出的相应余 3 码的串行比特流。应注意 B_{in} 是先从最低有效位(LSB，Least Significant Bit)开始按顺序发送的，因此要对 B_{in} 与 B_{out} 进行正确译码应该多加小心。波形中各个位的顺序是按时间 t 的增加从右向左进行的，左边的是最低有效位 LSB，右边的是最高有效位(MSB，Most Significant Bit)。在这种转换器中，波形的顺序必须反转，从而形成发送和接收码字的二进制数值，如图 3.18 所示。

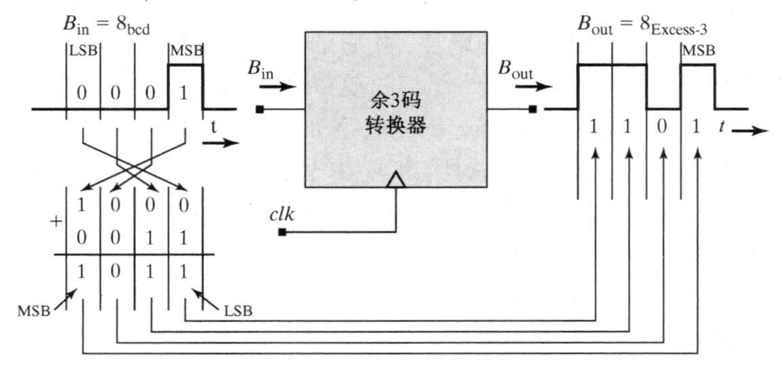

图 3.18　BCD 码到余 3 码串行转换器中的输入-输出位流

① 可参考 6.6.1 节至 6.6.3 节内容。

② 二进制数 a 的 9 补是 a'，那么 $a + a' = 9$。

③ 基 9 是基 10(十进制)系统的基数减 1。

实现表 3.1 中码字的串行转换器的 STG 如图 3.19(a)所示①，其异步复位信号与时钟无关，一旦该信号有效，状态机就会转移到 S_0 状态。复位后状态机在第一个时钟沿从 S_0 状态开始转换，并对输入位流的连续 4 位字段重复进行加 0011 的操作。码字的 LSB 为输入序列值的第一位，也是所产生输出码字的第一位。图 3.19(b)所示的状态表以表格形式给出了与状态转移图相同的信息。符号"-/-"表示某种不确定或不可能出现的条件。

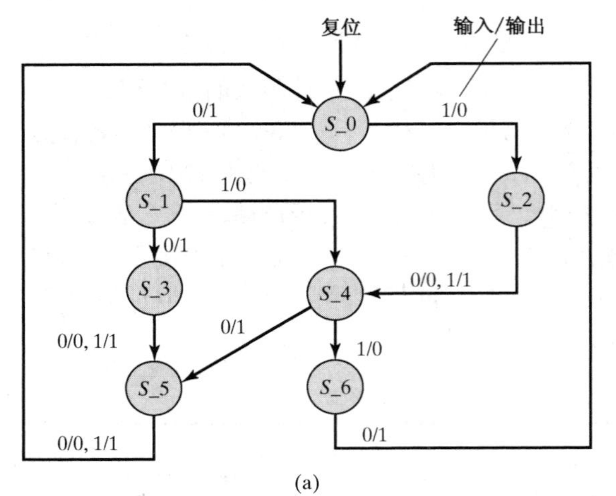

(a)

状态	下一状态/输出 0	下一状态/输出 1
S_0	$S\_1/1$	$S\_2/0$
S_1	$S\_3/1$	$S\_4/0$
S_2	$S\_4/0$	$S\_4/1$
S_3	$S\_5/0$	$S\_5/1$
S_4	$S\_5/1$	$S\_6/0$
S_5	$S\_0/0$	$S\_0/1$
S_6	$S\_0/1$	- / -

下一状态/输出表

(b)

图 3.19　用 Mealy 型 FSM 实现的 BCD 码到余 3 码串行转换器：(a)状态转移图；(b)状态表

利用 D 触发器实现 FSM 的系统设计方法包括以下步骤：

(1)构建状态机的 STG；

(2)消去等价状态；

(3)选取状态码(如二进制码)；

(4)对状态编码；

(5)求解描述 D 触发器输入的布尔方程；

(6)利用卡诺图化简布尔方程。

一般而言，用于表示状态机状态的触发器数目必须足够多，以满足状态的二进制表示——即具有 12 个状态的时序机至少需要 4 个触发器。对于一组给定的触发器，需要为各个状态分配一个唯一的二进制码字。随着触发器数目的增加，相应的码字以指数形式增加，如何分配码字也将直接影响到实现状态机所需逻辑的复杂度，所以这是一个重要而难以处理的问题。本书将在第 6 章中详细地讨论这一问题。本例中各状态分配的码字如图 3.20 所示，采用简单的 3 位二进制码为状态机的 7 个状态进行编码，该图中同时给出了编码后的下一状态和输出表。

然后将每个状态编码位和输出位的卡诺图表示出来，它们分别是当前各状态位和输入(B_{in})的函数，这些卡诺图及其相应的布尔方程如图 3.21 所示，表中的不确定输入可作为任意项处理。各个方程已分别进行了简化，尽管这样做未必会得到逻辑的最优(速度和面积之比)实现。在第 6 章中将讨论在进行逻辑综合时布尔方程组的最优化问题。

q_2^+ 与 B_{out} 的布尔方程可转化为如下与非门结构，为简化表示，采用"·"符号表示布尔与运算：

① 具有 n 个输入的完全描述 STG 的每个状态都必须有 2^n 条出发的弧线，状态数也必须为 2 的指数幂，否则有些组合在实现时将不会用到。

状态分配表	
$q_2q_1q_0$	State
000	S_0
001	S_1
010	S_6
011	S_4
100	
101	S_2
110	S_5
111	S_3

(a)

编码的下一状态/输出表					
	状态	下一状态		输出	
	$q_2q_1q_0$	$q_2^+q_1^+q_0^+$			
		输入		输入	
		0	1	0	1
S_0	000	001	101	1	0
S_1	001	111	011	1	0
S_2	101	011	011	0	1
S_3	111	110	110	0	1
S_4	011	110	010	1	0
S_5	110	000	000	0	1
S_6	010	000	–	1	–
	100	–	–	–	–

(b)

图 3.20　用 Mealy 型 FSM 实现 BCD 码到余 3 码串行转换器：(a)状态分配表；(b)下一状态的编码与输出表

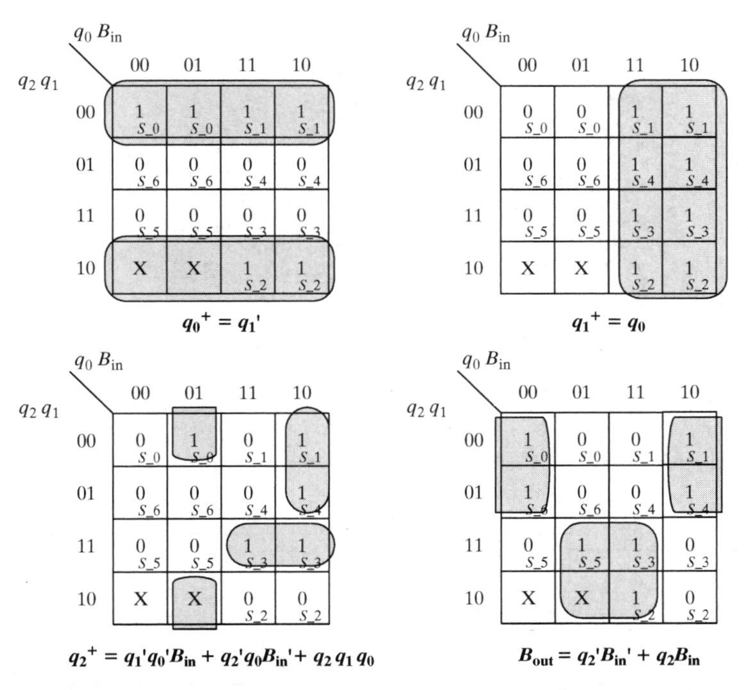

图 3.21　用 Mealy 型 FSM 实现的输入(B_{in})BCD 码到余 3 码串行转换器的状态编码与输出(B_{out})的卡诺图

$$q_2^+ = q_1'q_0'B_{in} + q_2'q_0B_{in}' + q_2q_1q_0$$

$$\overline{q_2^+} = \overline{q_1'q_0'B_{in} + q_2'q_0B_{in}' + q_2q_1q_0}$$

$$\overline{q_2^+} = \overline{q_1'q_0'B_{in}} \cdot \overline{q_2'q_0B_{in}'} \cdot \overline{q_2q_1q_0}$$

$$q_2^+ = \overline{\overline{q_1'q_0'B_{in}} \cdot \overline{q_2'q_0B_{in}'} \cdot \overline{q_2q_1q_0}}$$

和

$$B_{\text{out}} = q_2'B_{\text{in}}' + q_2B_{\text{in}}$$
$$B_{\text{out}}' = \overline{q_2'B_{\text{in}}' + q_2B_{\text{in}}}$$
$$B_{\text{out}}' = (\overline{q_2'B_{\text{in}}'})\cdot(\overline{q_2B_{\text{in}}})$$
$$B_{\text{out}} = \overline{(\overline{q_2'B_{\text{in}}'})\cdot(\overline{q_2B_{in}})}$$

BCD 码到余 3 码转换器的原理图如图 3.22 所示。它有三个上升沿触发的触发器用于存储状态位，图 3.23 是该状态机的仿真结果，它表示了该状态机的输入-输出波形及其状态转移情况。图中显示波形的标注说明了输入为 $B_{\text{in}}=0100$ 时，转化器产生编码字的比特流，该比特流的 LSB 先出现，其最高位最后确定，由于 Mealy 状态机的输出取决于输入和当前状态，因此 B_{in} 的变化会影响 B_{out} 的波形。已经对输入 B_{in} 进行了调整，使其跳变发生在时钟沿的无效沿上。建议在实际中采用这种方法，以保证在时钟有效沿到来之前数据是稳定的。由于 Mealy 状态机的输入能够使其输出值发生变化，所以 Mealy 状态机的有效输出取的是时钟有效沿到达之前瞬间的输出值，B_{out} 在时钟有效沿到达之前瞬间的值取决于时钟到达之前的 B_{in} 值，这就是该状态机的有效输出①。因此输入比特流 0100_2 就会产生输出比特流 0111_2。图 3.23 中 B_{in} 与 B_{out} 的波形上标注的圆点表示 BCD 编码和余 3 码编码的对应值。

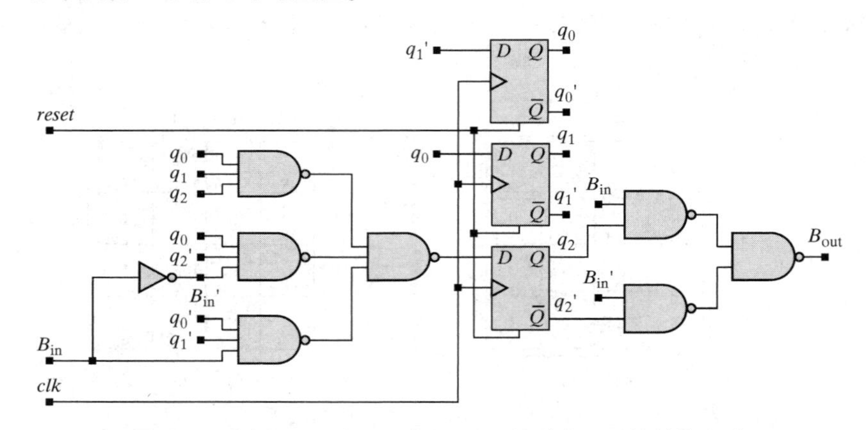

图 3.22 用 Mealy 型 FSM 实现 BCD 码到余 3 码的转换电路

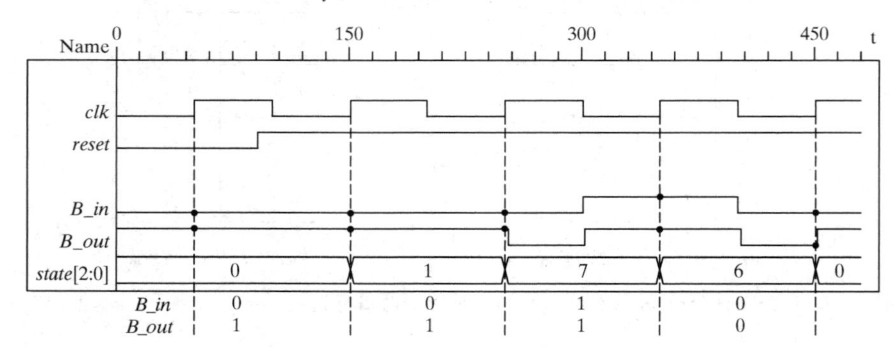

图 3.23 用 Mealy 型 FSM 实现的 BCD 码到余 3 码转换器的仿真结果，图中标记出了输入和相应的输出值②

① 状态机的物理电路实现需要执行足够快的加法运算，以便在时钟有效沿之前结果就已准备好。综合的性能分析将在第 10 章讨论。

② 仿真输出中的 *B_in* 和 *B_out* 分别表示 B_{in} 和 B_{out}。

3.7 数据传输的串行线码转换器

经常将线码(line code)用于数据传输或存储系统中，以降低串行通信信道噪声的影响，和/或减少数据通路的宽度[2]。例如，在数据通信中，要对码字的各个位进行编码并在信道中同步传输，数据接收机必须具有与发送单元实现同步的能力，识别码字(帧)之间的边界，并且区分出所发送的各个位。传输完成后，数据恢复的方法中需要三个信号：一个用于定义数据位边界的时钟信号，一个用于定义码字边界的同步信号，以及一个数据流。但也有可能存在采用更少信号通道的其他实现方法。例如，电话系统或磁盘读/写磁头就只有一个数据通道，同时采用合适的编码方法使其能够恢复时钟并进行同步。码字转换器能将数据流变换成一种已编码的格式，使接收机能够恢复数据。下面介绍四种常用的串行编码方法。如果在采用非归零(NRZ)格式的数据流中，没有 1 或 0 的长序列，那么采用锁相环电路 PLL[3] 就可以从该线数据中恢复出时钟(即，将其自身与数据时钟同步)；如果非归零反转码(NRZI)或归零码(RZ)格式的数据流中不存在 0 的长序列，时钟就可以从数据流中恢复出来。由于曼彻斯特(Manchester)编码器从数据中恢复时钟时与数据格式无关，因而很有吸引力，不过它需要更大的带宽。

- NRZ 码：由 NRZ 码生成器形成的线值(line value)信号波形显示了输入信号的位组合，如图 3.24 所示，输出波形在两个相同的连续位之间没有跳变。能实现 NRZ 码的 Moore 状态机在 clock_1 的有效沿时刻对数据采样，数据的跳变通过时钟 clock_1 的无效沿进行同步。

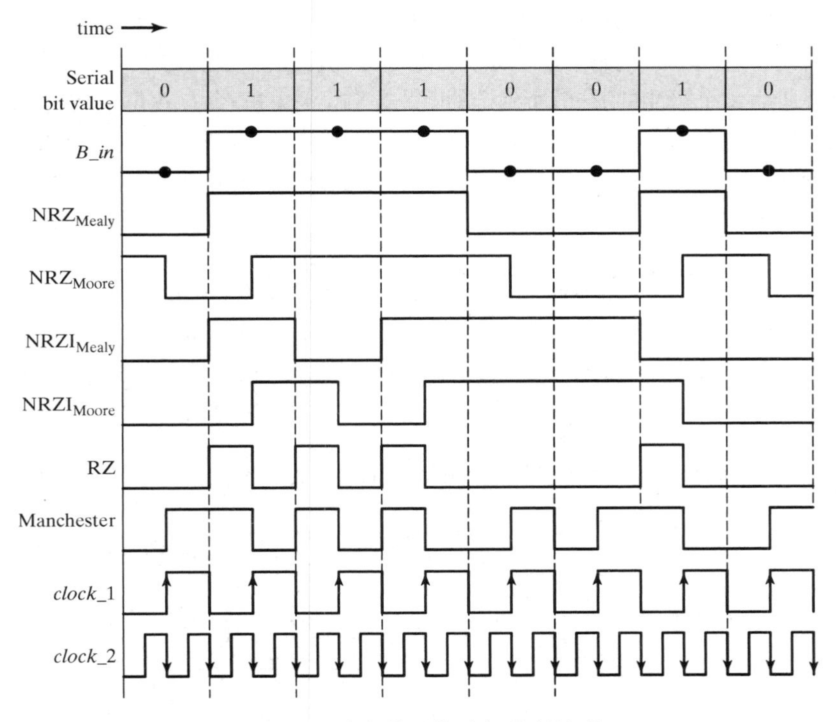

图 3.24　串行线码格式与编码波形

- NRZI 码：如果 NRZI 码生成器的输入为 0，则该转换器的序列输出应保持它的前一个值；如果输入为 1，则输出为前一输入值的反码。因此，只要输入为 1，则输出就会发生反转，如图 3.24 所示。这个确定值将在整个比特时间中保持不变。

- RZ 码：RZ 码生成器输入比特流中的一个 0 在整个比特时间内以 0 发送；比特流中的一个 1 在前半个比特时间内以 1 发送，在剩余比特时间以 0 发送(对一般情况而言)。
- 曼彻斯特码：曼彻斯特码生成器输入比特流中的一个 0 在前半个比特时间内以 0 发送，而剩余时间内则发送 1；输入比特流中的一个 1 在前半个比特时间内以 1 发送，而剩余时间内则发送 0。

图 3.24 给出了上述四种编码传输方式的数据位和编码数据位的编码波形。该编码波形只显示了数据位和编码信号位之间的关系，并没有给出实际应用中输入和输出位的延迟，真正的相位关系与这里的显示是不同的。注意，为使线值在整个比特时间内有效而没有延时，实现 RZ 及曼彻斯特编码器的 Mealy 机的时钟频率(*clock_2*)必须是比特流发生器频率(*clock_1*)的两倍。

3.7.1 设计举例：用 Mealy 型 FSM 实现串行线性码转换

串行线码转换器可以用一个 FSM 实现，在这种转换器中，通过输入比特流来控制状态机产生编码的输出比特流。作为例子，将用 Mealy 型 FSM 设计一个将 NRZ 格式的数据流 $Data_{NRZ}$ 转换为曼彻斯特格式的数据流 $Data_{Manchester}$ 的转换器，如图 3.25 的方框图所示。

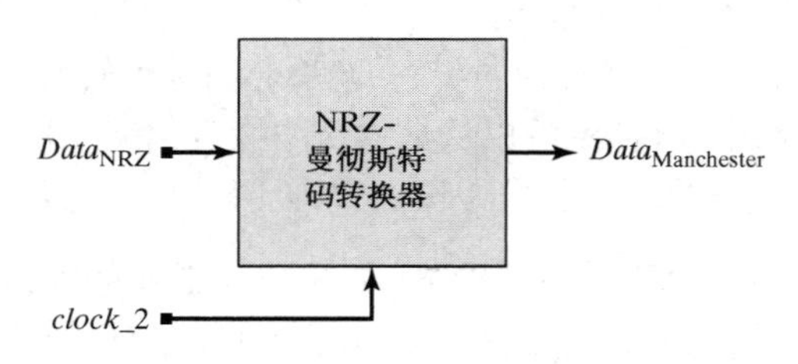

图 3.25 NRZ-曼彻斯特码转换器的输入-输出数据通路

该状态机的状态转移图与下一状态表如图 3.26 所示，状态分配表与状态编码表如图3.27 所示。表中给出了每个状态的标志与状态编码，对于每个可能的 B_{in} 值，状态编码与下一状态的各个位相对应，以及在所示状态中由每个可能的 B_{in} 值所确定的输出。输入中的一个有效位将在输出的两个时钟周期内仍然有效。输入为 1 从 *S_1* 出发的弧线和输入为 0 从 *S_2* 出发的弧线都没有表示出来，这是因为这些输入序列实际上是不可能出现的，所以在下一个状态表的对应格中标为任意项。

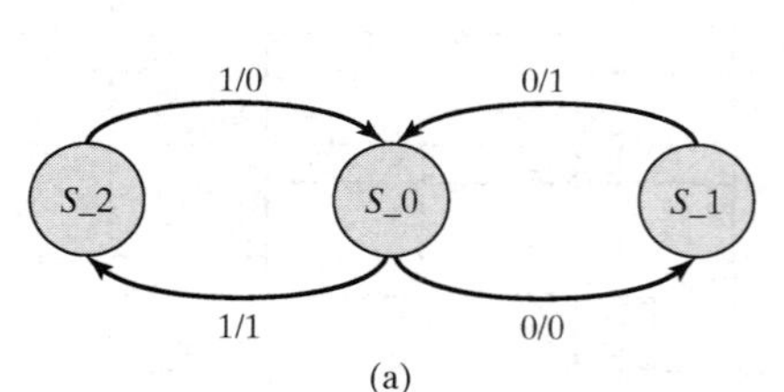

(a)

状态	下一状态/输出	
	输入	
	0	1
S_0	*S_1*/0	*S_2*/1
S_1	*S_0*/1	—
S_2	—	*S_0*/0

(b)

图 3.26 Mealy 型 NRZ-曼彻斯特编码器：(a)状态转移图；(b)下一状态转换表

	q_0	
q_1	0	1
0	*S_0*	*S_1*
1	*S_2*	

(a)

状态		下一状态		输出	
$q_1\,q_0$		$q_1^+\,q_0^+$			
		输入		输入	
		0	1	0	1
S_0	00	01	10	0	1
S_1	01	00	00	1	—
S_2	10	00	00	—	0

(b)

图 3.27 Mealy 型 NRZ-曼彻斯特编码器：(a)状态分配表；(b)下一状态编码/输出表

由状态转移图可以得到如图 3.28 所示的线码转换器的卡诺图和布尔方程。图 3.29 所示的电路原理图实现了该状态机的布尔方程，并采用下降沿触发的两个 D 触发器来存储它的状态。图 3.30 所示的仿真结果给出了部分数据输入(B_{in})及与其对应的输出(B_{out})波形，同时说明了完成码字转换功能的状态机的内部工作过程。需要注意的是由于该状态机的输出是由 Mealy 状态机产生的，因此不存在输入比特流与输出比特流波形间的延时，即输入与输出的比特时间是完全一致的。

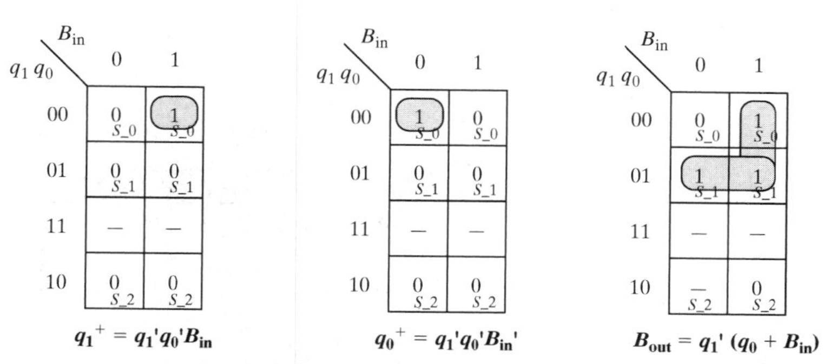

图 3.28　输入为 B_{in} 的 NRZ-曼彻斯特编码器的状态编码与输出(B_{out})的卡诺图和布尔方程

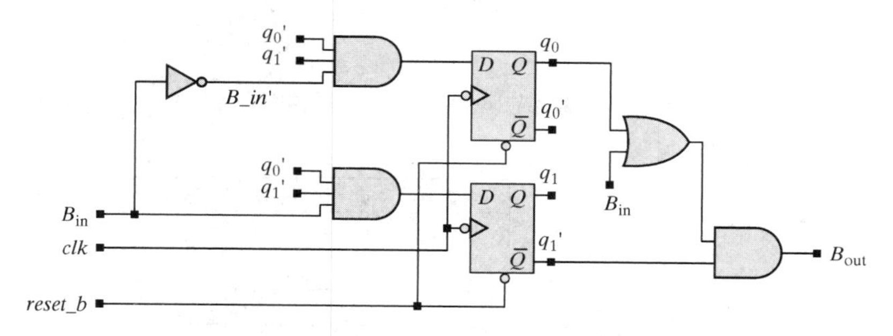

图 3.29　Mealy 型 NRZ-曼彻斯特编码器的电路原理图

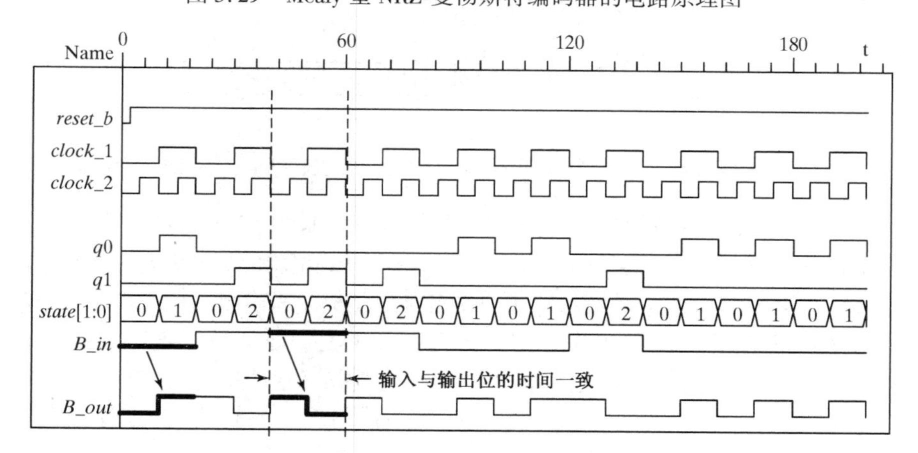

图 3.30　Mealy 型 NRZ-曼彻斯特编码器的仿真结果①

① 在时序机的状态转换时，一般不建议同时改变输入的波形，但是在该电路中，在状态 S_1 和 S_2 发生变化时，其输入采样值作为无关项目对待。因此输入对状态由 S_1 或 S_2 转换为 S_0 没有影响。波形图的 B_{in} 在其中间处采样，并忽略转换器输出的延迟周期。

3.7.2 设计举例：用 Moore 型 FSM 实现串行线码转换

通常情况下，Mealy 状态机的输出容易受到输入比特流中的毛刺影响，如果系统不能承受这种影响，就必须采用 Moore 状态机。Moore 型 NRZ-曼彻斯特编码器的化简状态转移图与状态表如图 3.31 所示，状态分配表与状态编码表如图 3.32 所示。应该注意，数据变化是通过 *clock*_1 的下降沿进行同步的，而编码器的状态转移和 *B_in* 的采样则是由 *clock*_2 的下降沿进行同步的。

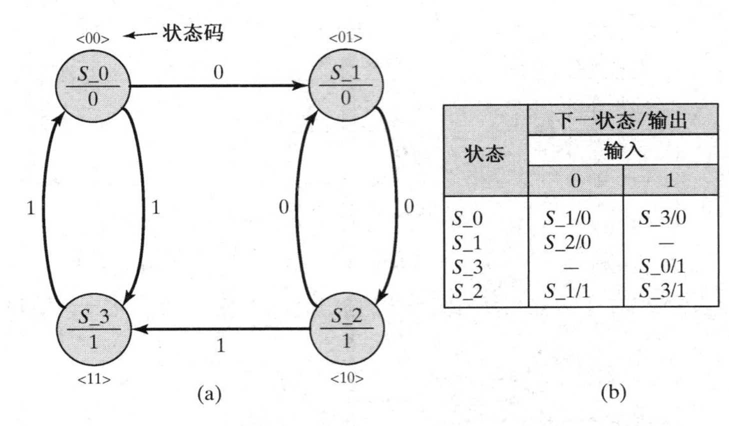

状态	下一状态/输出	
	输入	
	0	1
S_0	S_1/0	S_3/0
S_1	S_2/0	—
S_3	—	S_0/1
S_2	S_1/1	S_3/1

(b)

图 3.31 Moore 型 NRZ-曼彻斯特编码器：(a)状态转移图；(b)下一状态/输出表

	q_0	
q_1	0	1
0	S_0	S_1
1	S_2	S_3

(a)

状态		下一状态		输出
	$q_1 q_0$	$q_1^+ q_0^+$		
		输入		
		0	1	
S_0	00	01	11	0
S_1	01	10	—	0
S_3	11	—	00	1
S_2	10	01	11	1

(b)

图 3.32 Moore 型 NRZ-曼彻斯特编码器：(a)状态分配表；(b)下一状态编码/输出表

由状态转移图可以得到该转换器的卡诺图和布尔方程，如图 3.33 所示，图中用“－"表示无关项(不可能出现的情况)。图 3.34 所示的电路原理图用下降沿触发的触发器实现了该状态机的布尔方程。图 3.35 所示的仿真结果给出了部分数据输入(B_{in})和输出(B_{out})波形，同时也说明了完成码字转换功能的状态机的内部工作过程。值得注意的是，曼彻斯特编码器的工作频率必须是输入数据频率的两倍，Moore 状态机的输出比特流与其输入比特流相比滞后 1/2 输入时钟周期。输入数据流的跳变发生在 *clock*_1 的下降沿时刻，而状态机对输入值的采样则发生在 *clock*_1 的上升沿时刻——也就是说在输入比特周期的中间，与每隔一个周期的 *clock*_2 下降沿相对应，而状态机的状态转移发生在 *clock*_2 下降沿时刻。输出与输入之间的时延是由于 Moore 状态机的输出仅仅取决于 Moore 状态机的当前状态。因此，在编码器使与采样或者检测到的输入相对应的输出有效之前，输入的变化必须首先使状态发生转移。

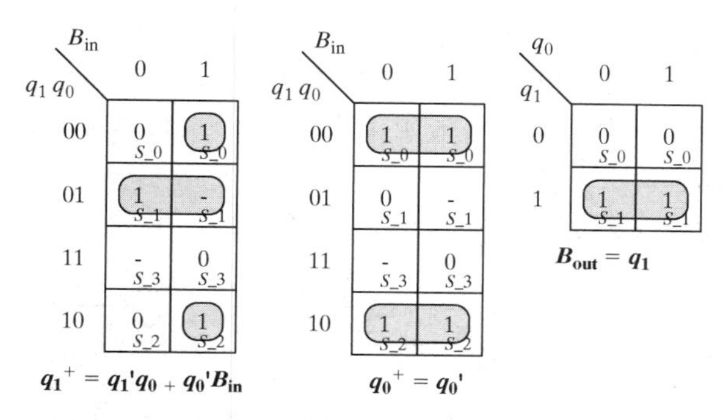

图 3.33　输入为 B_{in} 的 Moore 型 NRZ-曼彻斯特编码器状态编码和输出(B_{out})的卡诺图与布尔方程

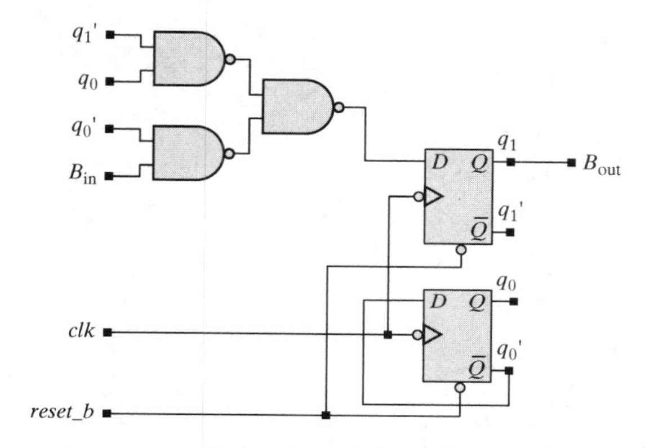

图 3.34　Moore 型 NRZ-曼彻斯特编码器的电路原理图

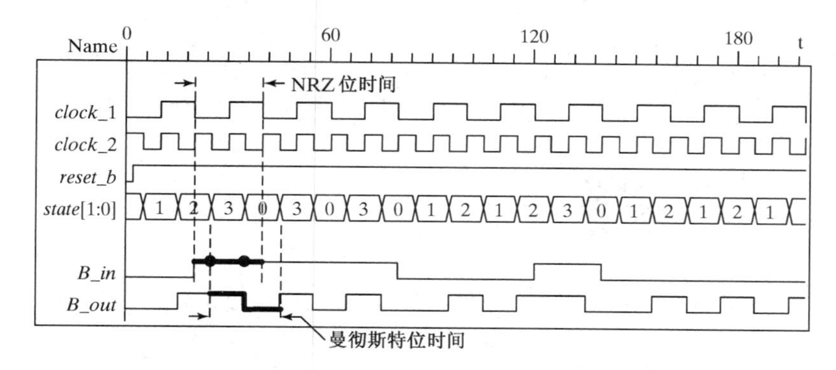

图 3.35　Moore 型 NRZ-曼彻斯特编码器的仿真结果

3.8　状态化简与等价状态

如果时序机的两个状态对所有可能的输入序列都具有相同的输出序列(和相同的下一状态)，则称这两个状态是等价的(≡)。时序机的等价状态无法通过观察输出序列的异同对其加以区分；合并等价状态也不会改变状态机的输入–输出特性。通过识别合并等价状态可以化简时序机的状态表与状态转移图，并且在无需综合考虑电路功能的情况下减少硬件开销(因为没必要对等价状态进行编码)[8]。一般而言，对每一个有限状态机来说，都会存在至少一个唯一的最简等价状态机。

例 3.2 下一状态表如图 3.36 所示的状态机有两个等价状态：S_4 = S_5。在输入信号的作用下，两个状态 S_4 与 S_5 具有相同的下一状态和输出。也就是说，当状态机处于状态 S_4 并有输入序列作用时，其输出与状态机处于 S_5 且在相同输入序列作用下时的输出是完全相同的。图 3.37(a) 给出了该状态机的状态转移图，并说明了状态 S_4 与状态 S_5 如何映射到相同的下一状态；并且对所有的有效输入，这两个等价状态都具有相同的输出。

	下一状态		输出	
	输入		输入	
State	0	1	0	1
S_0	S_6	S_3	0	0
S_1	S_1	S_6	0	1
S_2	S_2	S_4/S_5	0	1
S_3	S_7	S_3	0	1
S_4	S_7	S_2	0	0
S_5	S_7	S_2	0	0
S_6	S_0	S_1	0	0
S_7	S_4	S_3	0	0

图 3.36 等价状态 S_4 与 S_5 的下一状态表和输出表。用 S_4 代替 S_5，并将 S_5 所在行删除，以此来化简该表

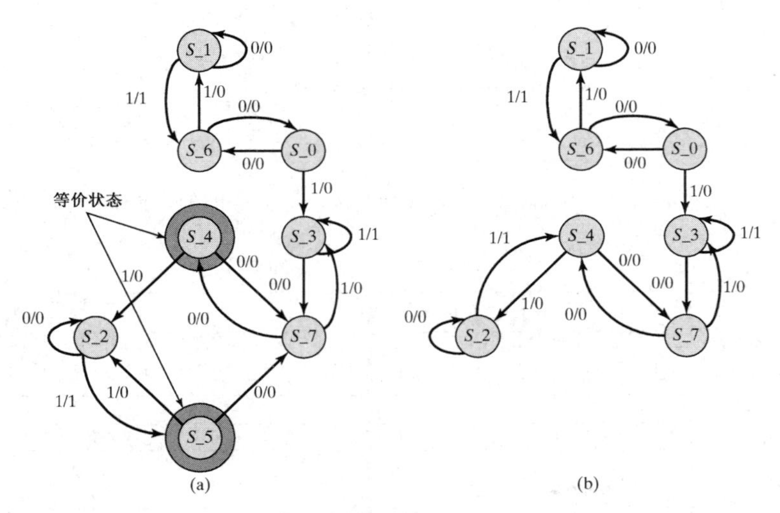

图 3.37 等价状态的状态转移图：(a) 包括 S_4 与 S_5 的状态转移图；(b) 删除S_5并更改弧线方向的状态转移图

如果时序机状态表中与两个状态有关的行是相同的，则称这两个状态是等价的。删除一个等价状态外的其余全部等价状态，并使受此影响的弧线重新指向保留的等价状态，就会使状态机的状态转移图得到化简。同样，在状态表中删除相应的行，并将被删除的状态标志用与其等价的状态标志替代，就得到化简的下一状态表。但是需要注意，当两个状态在状态表中相应的行不同时，也不要轻易得出这两个状态不是等价状态的结论，下一状态表中完全相同行的条件仅是其相应状态等价的充分条件，而不是确保它们等价的必要条件。因此，仅仅比较状态表中的行并不是判别等价状态的保险方法，还存在这种方法可能检测不到的其他等价状态。

删除等价状态更一般的方法依赖于如下的等价递归定义：如果两个状态对各输入值具有相同的输出，并且对同样的输入值它们所转移到的下一状态也是相同的，则这两个状态是等价的。删除等价状态的步骤可归纳为：(1) 画出一个三角形的表格(参见图 3.38) 来表示不同状态的可能组合对；(2) 分析组合对状态的等价条件(由原状态表已经知道 S_4 与 S_5 是等价的，所以这里

就不再考虑 S_5 了)。再来看一个例子，如果 S_0 与 S_4 转移到的下一状态是等价的，并且它们对各个可能的输入所对应的输出也是相同的，则认为 S_0 与 S_4 是等价状态。图 3.36 所示的状态表中，S_0 与 S_4 具有相同的输出，但只有当 S_6 与 S_7 等价并且 S_2 与 S_3 等价这两个条件同时满足时，S_0 与 S_4 才是等价的。但事先并不知道 S_2 与 S_3 是否等价，也不知道 S_6 与 S_7 是否等价，所以就不能得到 S_0 与 S_4 等价的结论。

	S_0	S_1	S_2	S_3	S_4	S_6
S_1						
S_2		S_6 - S_4				
S_3		S_1 - S_7 S_6 - S_3	S_2 - S_7 S_4 - S_3			
S_4	S_6 - S_7 S_3 - S_2					
S_6	S_3 - S_1				S_7 - S_0 S_2 - S_1	
S_7	S_6 - S_4				S_2 - S_3	S_0 - S_4 S_1 - S_3

图 3.38 表示可能合并状态对的三角阵列

在表格的对应行列中，列出了行列所对应状态的下一状态对情况。例如，当状态机处于状态 S_1 时，如果输入 0 或 1，其下一状态分别为 S_1 或 S_6；同样，当状态机处于 S_3 时，在上述相同输入的作用下，它所到达的状态分别为 S_7 和 S_3。因此，S_1 与 S_3 等价的充分必要条件是：S_1 和 S_7 为等价状态，且 S_6 和 S_3 为等价状态。当然，像前面所讲的一样，它们的输出也应该是相同的。图 3.38 中为使其行与列所对应的状态等价，则必须使对应方格中的状态对等价；如果一个状态对在某些输入时输出不同，就将该状态对删除，并用阴影表示相应的方格，说明这些状态是不可能等价的。例如，S_1 与 S_4 不等价，因为它们的输出不同；接下来划掉包含与阴影状态对相对应的状态对方格，如图 3.39 所示。在上例中，包含状态对(S_1，S_7 与 S_3，S_6)的方格应被划掉，因为 S_1 与 S_7 不可能等价；这一过程完成后，其余的带有标志的方格都表示等价状态，图 3.39 的结果表明：S_4 = S_5，S_0 = S_7，S_1 = S_2，S_4 = S_6。这样就得到图 3.40 所示的简化状态转移图，仅包括 4 个状态，而非 8 个状态。

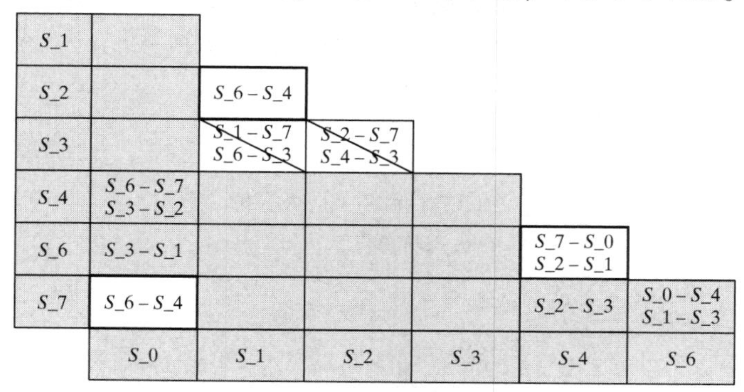

	S_0	S_1	S_2	S_3	S_4	S_6
S_1						
S_2		S_6 - S_4				
S_3		S_1 - S_7 S_6 - S_3 (划掉)	S_2 - S_7 S_4 - S_3 (划掉)			
S_4	S_6 - S_7 S_3 - S_2					
S_6	S_3 - S_1				S_7 - S_0 S_2 - S_1	
S_7	S_6 - S_4				S_2 - S_3	S_0 - S_4 S_1 - S_3

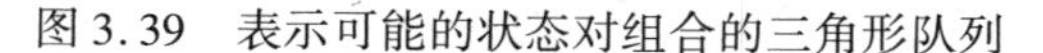

图 3.39 表示可能的状态对组合的三角形队列

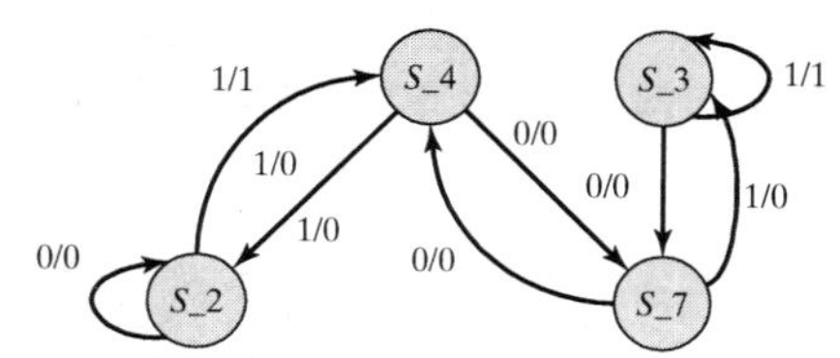

图 3.40 完全化简的状态转移图

参考文献

1. Katz RH. *Contemporary Logic Design*. Redwood City, CA: Benjamin Cummings, 1994.
2. Wakerly JF. *Digital Design Principles and Practices*, 4th ed. Upper Saddle River, NJ: Prentice-Hall, 2006.

3. Mano M, Ciletti M. Digital Design, 4th ed. Upper Saddle River, NJ: Prentice-Hall, 2007.
4. Tinder RF. *Engineering Digital Design*, 2nd ed. San Diego, CA: Academic Press, 2000.
5. Weste N, Eshraghian K., Smith, JM. *Principles of CMOS VLSI Design-A Systems Perspective with Verilog/VHDL Manual*. Reading, MA: Addison-Wesley, 2000.
6. Smith MJS. *Application-Specific Integrated Circuits*. Reading, MA: Addison-Wesley, 2008.
7. Breeding KJ. *Digital Design Fundamentals*, 2nd ed. Upper Saddle River, NJ: Prentice-Hall, 1997.
8. Hachtel GD, Somenzi F. *Logic Synthesis and Verification Algorithms*. Boston, MA: Kluwer, 1996.

习题

1. 用D触发器设计一个同步Moore有限状态机。该状态机可监测两个输入 A 和 B，并在监测到输入中1的个数为4的倍数时输出有效。
2. 用D触发器设计一个同步Moore状态机，启动后，其输出为输入串行数据流的偶校验指示。
3. 用D触发器设计一个能对偶数 0_{10}、2_{10}、4_{10}、6_{10}进行循环计数的3位计数器。
4. 用D触发器设计一个对串行数据流进行采样的Mealy状态机，假定采样是在时钟的无效沿进行的，当最后3个采样值为1时，输出有效，并画出该状态转移图。
5. 用D触发器设计一个对串行数据流进行采样的Moore状态机，假定采样是在时钟的无效沿进行的，当最后3个取样值为1时，输出有效，并画出状态转移图。
6. 验证图3.28中卡诺图描述的Mealy状态机，并确认当输入发生变化时可能出现的毛刺。
7. 设有一个接收串行比特流，并产生串行输出的Moore状态机(假设信息流的注入模式是 0111_2)：(a)数据流的最低有效位(二进制数的最右边位)首先到达状态机；或者(b)按照由左至右的时序，也就是0作为最低有效位首先到达状态机，考虑如下情形：(1)当识别出输入序列为0111时，输出在一个时钟周期内将有效；(2)在再次检测出0111之前，输出将维持无效状态；(3)在第二次检测到0111出现时，输出将再次有效，如此继续，画出该状态机的状态转移图。
8. 一个状态机的功能与习题7的状态机类似，但是当它检测到6个0111序列之后就停止检测，直到复位信号有效后重新检测，画出该状态机的状态转移图。
9. 画出将NRZ比特流转换成NRZI比特流的Moore状态机的状态图。
10. 用(a)一个Mealy状态机；(b)一个Moore状态机设计一个NRZI线码编码器，画出它的状态转移图。通过状态转移图，画出当输入 *B_in* 为如图3.24所示的波形时相应的输出波形，并比较Moore状态机和Mealy状态机的输出波形的延迟时间和有效时间。注意：避免在同步转换的边沿去尝试读取数据。
11. 用ASM代替STG重做习题7。
12. 用ASM代替STG重做习题8。
13. 画出由BCD码转换为余3码的Moore状态机的状态转移图。
14. 根据图P3.14的状态转移图确定：(a) *S_0* 和 *S_2* 是否等价；(b) *S_1* 和 *S_3* 是否等价。
15. 找出图P3.15给出的状态转移图的等价状态，并画出化简后的状态转移图。

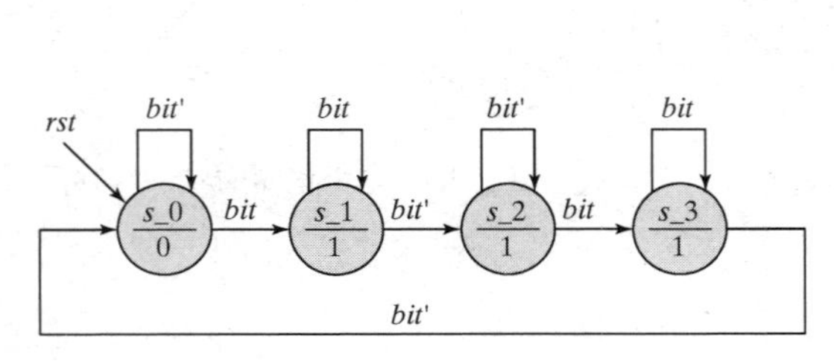

图 P3.14

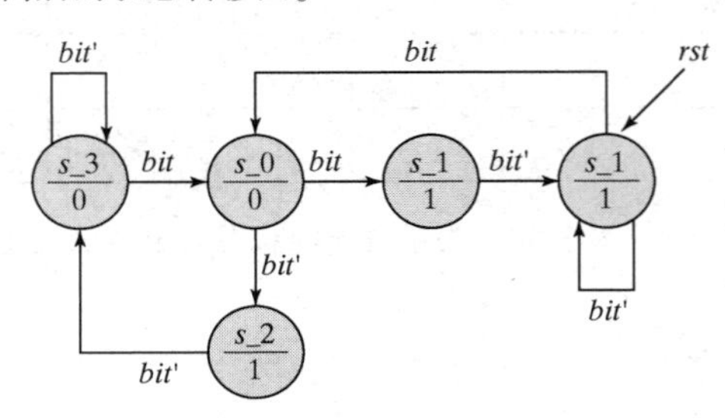

图 P3.15

第 4 章　Verilog 逻辑设计介绍

ASIC 设计者在电路设计流程的关键环节中使用 HDL，这就需要首先完成 HDL 模型的设计，并将其综合成一个物理电路，然后再进行功能、时序和故障覆盖(fault coverage)的验证。HDL 与通用语言(如 C 语言)有一些相似之处，但是 HDL 还具有系统建模以及组合与时序电路仿真的功能。广泛使用的 HDL 有两种：Verilog 和 VHDL。两者都有 IEEE 标准，并且各自都有其忠实的用户群。这里关注的不是对比这两种语言，也不是讨论它们各自的优点，而是在于如何用 Verilog HDL 来进行数字系统设计。

使用硬件描述语言的设计者需要：

(1)编写文本形式的电路(或模型)描述；

(2)编译这些描述，以验证它的语法正确性；

(3)对模型及其设计功能进行仿真验证。

通过仿真验证后，还要求设计者编写一个包含激励波形描述的测试矢量描述文件，该激励波形是用于进行电路功能测试的。待测试电路的行为特性由仿真器显示出波形，有些仿真器还能够通过分析波形来检测设计的功能性错误。

Verilog 给设计者提供了几种不同的描述电路的方法。常用工具(如原理图、真值表、布尔方程)都有与之对应的 Verilog 代码结构。有些设计很容易给出把逻辑门与其他门连接在一起的结构描述，就好像电路原理图中那样。真值表和布尔方程也经常被使用，然而有的设计风格可能更加抽象，如对低通有限冲激响应数字滤波器算法的描述等。

Verilog HDL 是进行电路设计、验证和综合的载体[1]，同时它也是设计者进行设计交流的媒介。作为 Verilog 描述封装的 IP 核可以被导出并嵌入到其他设计中。

当今的电路设计往往非常庞大，因而必须采用自顶向下的方法进行设计。这种方法可以系统地将一个复杂设计分割成许多较小的功能单元，在对这些功能单元进行再集成和再验证之前，单独对它们进行设计和验证更容易。设计者可以利用 Verilog 划分功能单元设计层次。在当今的全局设计环境中，处于同一实验室或者通过互联网能遍及到的任何地方的多个设计团队，都可以采用基于分割功能块的设计方法进行设计。

第 2 章中总结了三种常见的组合逻辑描述方法：电路原理图/门电路、真值表和布尔方程。Verilog 包含组合逻辑的结构描述，也包含它们的抽象模型描述。本章将介绍与组合逻辑的门级和真值表描述相对应的 Verilog 结构。

4.1　组合逻辑的结构化模型

电路的 Verilog 模型将它的功能描述封装成其输入-输出关系的结构或行为描述形式。结构描述形式可以是一个门级网表，或是高层次地将电路结构划分为主要功能模块的描述，例如算术逻辑单元(ALU)。行为描述形式可能是一个简单的布尔方程模型、一个寄存器传输级模型或者是一种算法。首先通过分析 Verilog 如何支持结构化设计来介绍硬件描述语言，并在讨论抽象模型之前先介绍 Verilog 的基本概念。

结构化设计类似于创建电路图。图 4.1 所示是一个半加器电路的门级电路原理图及其 Verilog 描述。电路原理图由逻辑门的图标(符号)、连接逻辑门的连接线、I/O 引脚和内部节点处对应信号名标注等部分组成。同样，HDL 结构化模型由一系列定义或说明语句构成，这些语句说明了设计单元的输入和输出，并列出了能实现所要求功能的相互连接的基本门原语(XOR，NAND)。在模块中被声明的原语称作在设计中被例化。

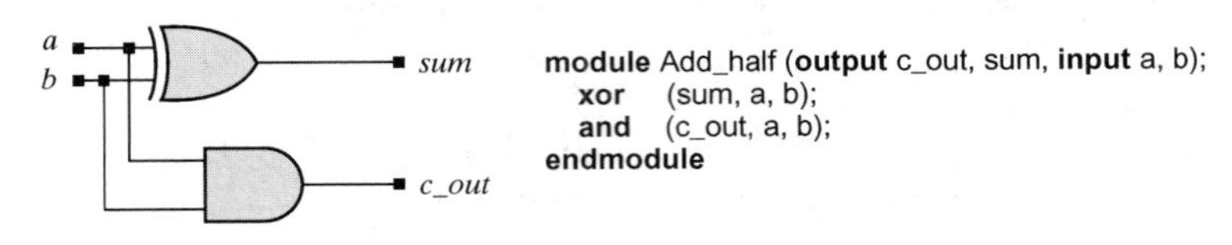
a
b
sum
c_out
module Add_half (output c_out, sum, input a, b);
xor (sum, a, b);
and (c_out, a, b);
endmodule

图 4.1　半加器的原理图及其 Verilog 描述

4.1.1　Verilog 原语和设计封装

Verilog 包括常见组合逻辑门的 26 个预定义功能模型，称为原语(primitive)。原语是构成设计的最基本功能单元。可以通过真值表把它们的功能表示成语言形式，而真值表又定义了每个原语的输出和输入之间的关系。表 4.1 给出了预定义的原语及其保留关键词简表①，其名称说明了它们的功能(如 NOT 门对应于非门)。表 4.1 中列出的原语称为 n 输入原语，这是由于同一模型的关键词(如 NAND)可自动适应任意个输入值，而不仅仅是一对输入值。输出原语(如缓冲器原语 ***buf***)具有单个输入，但它却具有多个输出(用于具有多个扇出的门的建模问题)。原语 ***bufif***0 和 ***bufif***1 是三态缓冲器；***notif***0 和 ***notif***1 是三态非门②。Verilog 没有预定义时序原语。

建模提示：

基本门原语的输出端口必须要写在端口列表的前面，基本门原语的例化名是可选的。

表 4.1　用于组合逻辑门建模的 Verilog 原语

n 输入	n 输出，3 态
and	buf
nand	not
or	bufif0
nor	bufif1
xor	notif0
xnor	notif1

每个原语都有可与周围环境相连接的端口(与硬件的管脚相对应)。图 4.2 所示是一个 3 输入 NAND 门和一条 Verilog 语句。该语句表明在电路中用到这种原语时需要将 3 个输入信号连接到 a、b 和 c 端口，并将输出信号与 y 相连。语句中包括原语名和端口列表，端口列表放在原语名的右边，并由圆括号以及由逗号隔开的信号列表组成，分号(；)表示语句结束。基本门原语的输出端信号名必须写在端口列表的最前面，后面紧接着是基本门原语的输入端信号名。在模块中原语可以通过一条定义了其关键字名称的语句来例化，该语句后面接着一个可选的实例名和一个由括号括起来的信号端口列表③。Verilog 中的所有标识符(名称)都有一个有效范围(或定义域)，对于声明这些标识符的模块、函数、任务或已命名的程序块来说，该定义域都是局部的。在此定义域内它们的声明是有意义的，但在此定义域以外就没有参考价值了④。

仿真器在仿真过程中利用内置真值表来形成基本门原语的输出。连接到基本门原语输入端的值是由原语的外部电路决定的，就像组合逻辑门的输出是由其输入值决定的一样。图 4.3 所示是一组例化原语，它们通过连线(wire)连接构成一个具有 5 输入与－或－非(AOI)功能的电路⑤。

---

① 关键词有固定的、预先定义好的含义，不能用于任何其他目的。

② 附录 A 给出了原语集的完整描述。

③ 语言语法的标准描述形式参见附录 F。

④ Verilog 对设计中的标识符的分层解除机制参见附录 G。

⑤ Verilog 中数据类型的 wire 用于建立设计中的连接，就如建立门之间连接的物理连线一样。

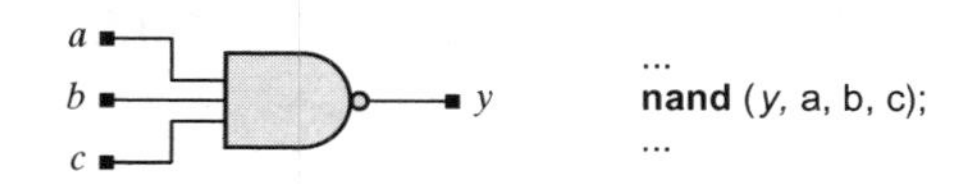

图 4.2　三输入 NAND 门及其 Verilog 原语例化举例

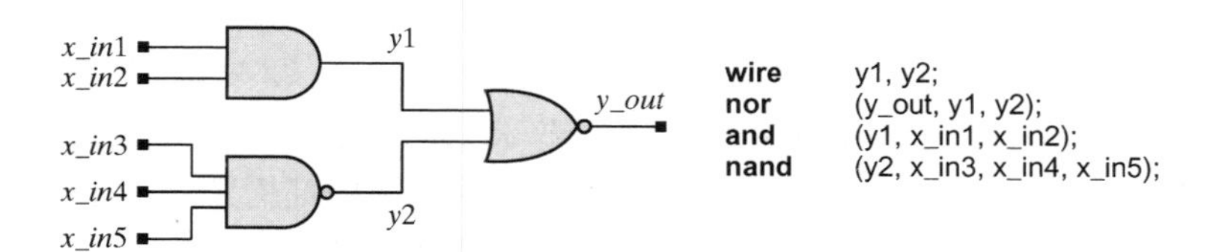

图 4.3　5 个输入端的具有与或非功能的且通过线连接门的原语声明列表

一组基本门原语可以描述一个设计的功能，它具有一组固定的信号名。实际上，基本门列表要求模型仅用于具有相同信号名的设计环境中。这个列表是没有名称的，但是如果能给它指定一个可识别其功能的描述性名称，那么将会对设计有很大帮助。为了避开这些限制，可以将设计的功能和环境接口封装在一个 Verilog 模块中。通过文本形式定义一个模块，要求描述：

(1) 模块的功能；

(2) 模块的输入/输出端口；

(3) 时序和其他属性，比如要求在芯片上实现某一设计时，就需要对硅片面积加以描述。

Verilog 是一个硬件描述语言标准(IEEE 1364 – 1995, 2001, 2005)，因此基于工业界的协会组织会定期地对 Verilog 进行修订补充。2001 版本引进了 ANSI 格式语法，减少了冗余并加强了描述，这些升级版本都继承了好的语法并兼容之前的版本。所有 Verilog 模块均具有图 4.4 所示的文本格式，关键字 ***module*** 和 ***endmodule*** 封装了描述类型名为 *my_design* 模块的文本。模块的类型名是由用户定义的，且区别于其他模块。模块的端口名列在 *my_design* 后面的括号中，并用逗号分隔。与基本门不同的是，模块对列表中 I/O 端口的相对次序没有什么限制，输入和输出可以按任意次序列写。图 4.1 所示电路就是这种语法格式的一个例子，你可以看到在申明这些端口时需要很多冗余信息。如下面所示由 IEEE 在 2001 年提出的 ANSI 格式语法消除了这些冗余文本信息。

```
module my_design (module_ports);
... // Declarations of ports go here
... // Functional details go here
endmodule
```

图 4.4　具有 ***module…endmodule*** 关键字封装的Verilog模块格式

```
module my_design ( /* Declarations of port mode and name go here*/);
// Functional details go here
endmodule
```

在大多数例子中都将使用 2001 版语法格式来编辑文本。该语法的其他演进变化后续会进行呈现和讨论。IEEE 在 2005 年制定的标准中做了一些阐述，但没有对语法进行更多的改变。模块中的定义语句决定了该模块将是结构化的、行为化的或是二者的组合形式。本章中所有的例子均为结构化模块形式。

4.1.2　Verilog 结构化模型

逻辑电路的结构化模型具有已命名的 Verilog 模块定义和封装。该模块包括：

(1) 带有端口的模块名；

(2) 端口操作方式(比如输入)声明；

(3) 一组可选的内部连线列表和(或)模块所用的其他变量；

(4)一组相互连接的基本门原语和(或)其他模块，与印制电路板或电路图上的相应器件的放置和连接相类似。

物理电路的初始输入/输出连接它周围的电路时，都需要对模块端口进行命名。在运行和仿真过程中，加到初始输入端的信号作用于内部逻辑产生了内部信号和初始输出端信号。设计者能够将信号发生器加到实际电路的输入端，并用示波器或逻辑分析仪观察电路的输入和输出。已定义的模块可以用在其他一些模块的定义中，从而创建更详细、更复杂的结构化模块。

图4.5 显示了用 1995 版和 2001/2005 版语法分别列出的 5 输入与或非(AOI)电路的完整 Verilog 结构化模型，用以说明一些 Verilog 术语(正文中的关键词都用黑斜体字表示)。此处用关键字 module 和 endmodule 封装模块描述①。这两个关键字之间的文本定义了：

(1)模块与周围电路之间的接口(通过定义端口列表及每个端口的模式)；

(2)用来连接门逻辑电路模型的连线(通过定义 *y*1 和 *y*2 为 wire 类型)；

(3)逻辑门原语和与其连在一起的端口信号的配置，构成了电路(通过列出门及其端口)。

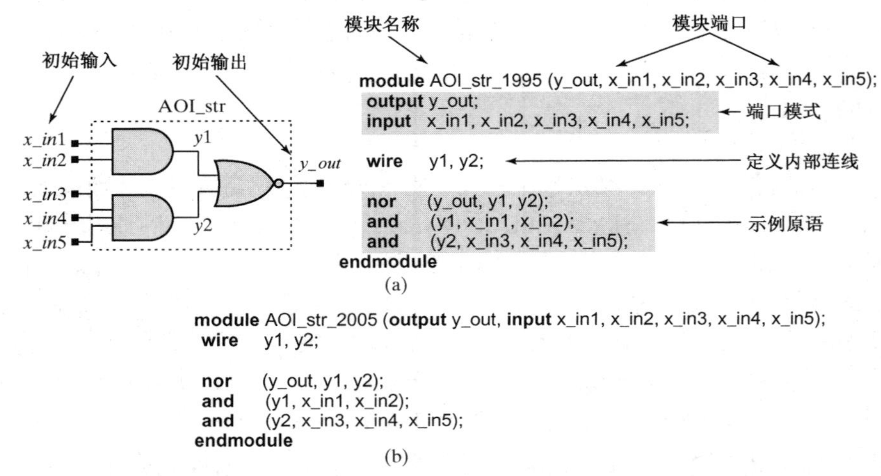

图4.5 AOI 电路及其 Verilog 模型：(a)IEEE1346-1995 语法；(b)IEEE1364-2001，2005 语法

4.1.3 模块端口

模块端口定义了它被应用的环境的接口，端口模式决定了信息(信号)流经端口的方向。它可以是单向的(input，output)，也可以是双向的(inout)。模块电路中的信号可通过输入端口获得，模块内产生的信号可通过输出端口施加给它所连接的电路。inout 端口中的信息可以按任意方向流动。模块端口的模式是明确定义的，它不取决于端口在端口列表中的次序(但要记住输出应填写在基本门原语端口列表的最左边)。

模块周围的电路环境与其端口相互联系，而不关注模块功能的内部描述。对于周围的电路来说，这些细节被隐藏起来了。Verilog 模块中的定义语句告诉仿真器如何用电路的输入值来得到它的输出值。后面还会更为细致地讨论仿真过程。

4.1.4 语言规则

Verilog 是一种大小写敏感的语言，因而把信号描述为 *C_out_bar* 和描述为 *C_OUT_BAR* 是完全不同的，Verilog 将它们视为不同的信号名称。Verilog 的标识符(名称)大小写敏感，空格无效，

① 附录 B 包括了 Verilog 关键词的列表。

由大小写字母、数字(0, 1, …, 9)、下画线(_)和 $ 符号自由组合而成。变量名的第一个字符不能用数字或 $ 符号，变量名的长度最多可达 1024 个字符①。除了标识符外的描述文本在其他任何地方都可以自由使用空格符。通常 Verilog 的描述文本的每一行必须用分号(;)结束，但也有例外，即关键字(endmodule)的结尾不需用分号。注释可以用两种方式嵌入到源文本文件中，可以用双斜线(//)和注释部分放在语句同一行的后面进行标注；也可以用符号/ * 来进行多行注释，但必须以与之相匹配的符号 * /来结束注释。多行注释不可嵌套。

4.1.5　自顶向下的设计和模块嵌套

利用系统和多次分割的方法，把一个复杂系统划分为多个简单且易于处理和实现的功能单元来进行设计。一个设计的高层次的划分和组织结构称为一个架构(architecture)。划分后的各个功能单元与复杂的整体电路相比，其设计更容易、测试更简单。自顶向下设计中的这种分而治之的策略使数百万个门的电路设计成为可能。在现代高级的设计方法中，利用自顶向下的设计方法能够把整个系统集成在一个芯片上(SoC, System on Chip)。一个模块在另一个不同的模块中的例化声明称为模块嵌套②。嵌套式模块设计同样支持自顶向下的 Verilog 设计机制。

建模建议：

用例化嵌套模块来创建自顶向下的设计层次。

例 4.1　如图 4.6(a)所示的二进制全加器电路由两个半加器和一个或门组合而成。Verilog 层次化模型的划分设计中[参见图 4.6(b)]包含两个半加器模块 Add_half。

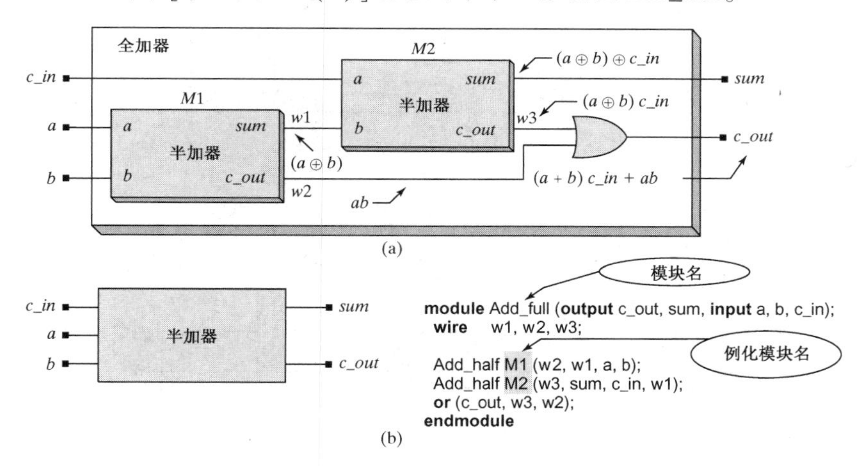

图 4.6　全加器的层次化分解：(a)门级电路原理图；(b)Verilog 模型

模块可以嵌套在其他模块内，但不能以循环方式嵌套。当一个模块被其他模块引用(如当一个模块被列入另一模块的定义中)时，结构化层次就形成了嵌套和被嵌套的设计结果，这种层次形成了一种划分，并且表示了引用模块与被引用模块之间的关系。引用模块称为父模块，被引用模块称为子模块，即包含子模块的模块是父模块。

零延时全加器 *Add_full_0_delay* 中的两个零延时半加器 *Add_half_0_delay* 是 *Add_full_0_delay* 的子模块。注意：原语是基本的设计对象。尽管模块内可能包含其他的模块和门原语，但原语中不能有任何例化或嵌套。

① 预定义的系统任务名以 $ 起始。

② 不要尝试递归声明。

模块的层次可以有任意深度,它只受限于所在计算机的主存储器容量。例化模块的每个实例必须具有各自的实例名,而且实例名在父模块中是唯一的。也可以给例化的原语赋予一个名称,但不是必须的。

建模建议:

模块端口可按任意次序列出。

被例化的模块必须有一个实例名。

例 4.2 一个 16 位行波进位(ripple-carry)加法器可由 4 个 4 位行波进位加法器级联而成,每个单元所产生的进位从最低位开始逐次传递至下一级的进位输入端。每个 4 位加法器都可视为全加器的级联。图 4.7 说明了一个零延时 16 位行波进位加法器 *Add_rca_16_0_delay* 的层次划分和端口信号连接关系。

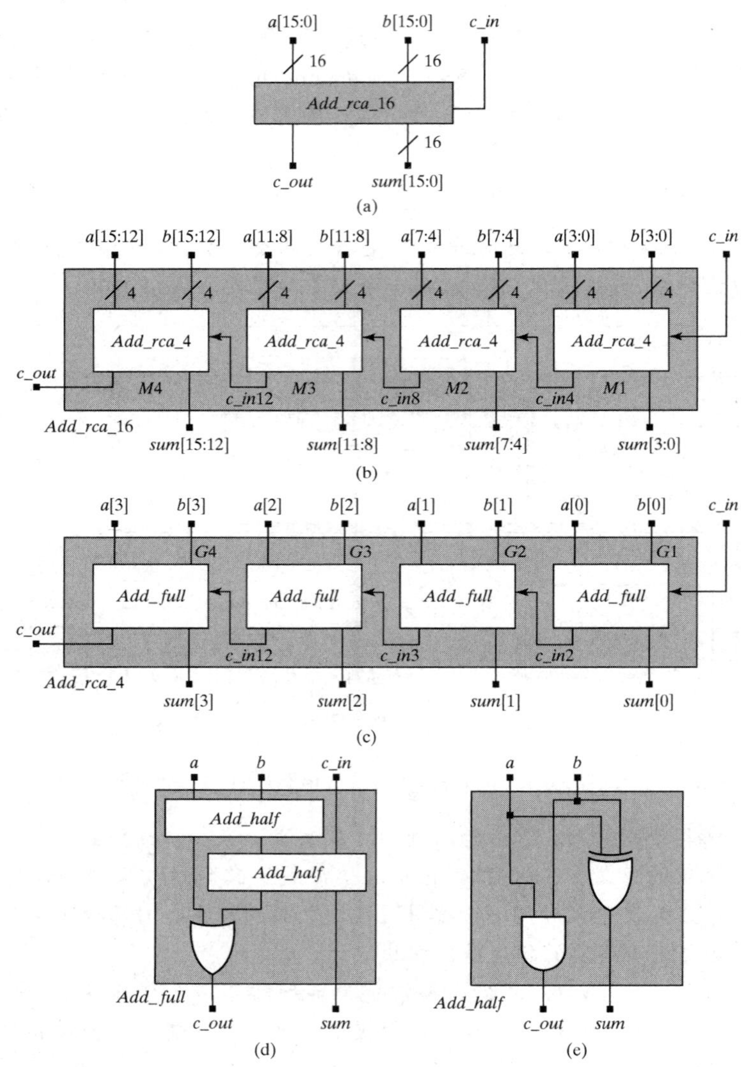

图 4.7 把一个 16 位零延时行波进位加法器层次化分解为 4 个 4 位加法器的链状结构,每个 4 位加法器又由4个全加器链接构成:(a)顶层原理图符号;(b)分解为4个4位加法器;(c)一个4位加法器的内部描述;(d)一个全加器;(e)一个半加器的门级电路

Add_rca_16 的完整描述如下：

```
module Add_rca_16 (output c_out, output [15: 0] sum, input [15: 0], a, b, input c_in);
  wire              c_in4, c_in8, c_in12, c_out;
  Add_rca_4 M1      (c_in4,       sum[3: 0],    a[3:0],     b[3:0],     c_in);
  Add_rca_4 M2      (c_in8,       sum[7:4],     a[7:4],     b[7:4],     c_in4);
  Add_rca_4 M3      (c_in12,      sum[11:8],    a[11:8],    b[11:8],    c_in8);
  Add_rca_4 M4      (c_outsum,    sum[15:12],   a[15:12],   b[15:12],   c_in12);
                    c_out, a, b,
                    c_in);
endmodule

module Add_rca_4 (output c_out, output [3: 0] sum, input [3 0] a, b, input c_in);
  wire              c_in2, c_in3, c_in4;
  Add_full          M1     (c_in2,     sum[0],     a[0], b[0], c_in);
  Add_full          M2     (c_in3,     sum[1],     a[1], b[1], c_in2);
  Add_full          M3     (c_in4,     sum[2],     a[2], b[2], c_in3);
  Add_full          M4     (c_out,     sum[3],     a[3], b[3], c_in4);
endmodule

module Add_full (output c_out, sum, input a, b, c_in)
  wire              w1, w2, w3;
  Add_half          M1 (w2, w1, a, b);
  Add_half          M2 (w3, sum, c_in, w1);
  or                M3 (c_out, w2, w3);
endmodule

module Add_half (output c_out, sum, input a, b);
  xor               M1 (sum, a, b);
  and               M2 (c_out, a, b);
endmodule
```

4.1.6 设计层次和源代码结构

Add_rca_16_0_delay 的层次化模型通过采用模块内嵌套模块的方式说明了 Verilog 是如何支持自顶向下的结构化设计的。图4.8说明了 *Add_rca_16* 的设计层次。顶层功能单元为 *Add_rca_16* 的封装模块，它包含了其他较低复杂度的功能单元的例化及其他模块。最低层是由基本门原语和/或没有再划分层次的模块构成的。构成一个设计的所有模块必须放置在一个或多个文本文件中，当这些文件被一起编译时，就能完全描述高层模块的功能。只要单个模块的描述是以独立文件的形式存在的，多个源代码文件模块如何交叉分布都没有关系。为了把端口结构和关联的嵌套/例化模块综合成一个设计层次的完整描述，仿真器将编译指定的设计源文件并且提取综合所需的模块。

4.1.7 Verilog 矢量

Verilog 的矢量是由一对方括号表示的，括号中含有一个相邻的位区间，如 *sum*[3:0]表示 *sum* 的4位位宽，而在 *Add_rca_16* 中 *sum* 定义为一个16位的信号。为了计算一个矢量的十进制等效值，Verilog 语言规定：位区间的最左端标志位是最高位，最右端标志位是最低位。表达式可选取部分区间。如果选取的部分区间在原区间之外，那么将会通过参考变量返回一个值 x①。例如：一个8位的字 *vect_word*[7:0]存有一个十进制数值4，那么 *vect_word*[2]的对应值为1，*vect_word*[3:0]的值也为4，*vect_word*[5:1]的值是2。

① 在 Verilog 逻辑系统中，符号 x 表示未知的值，而不是无关项。

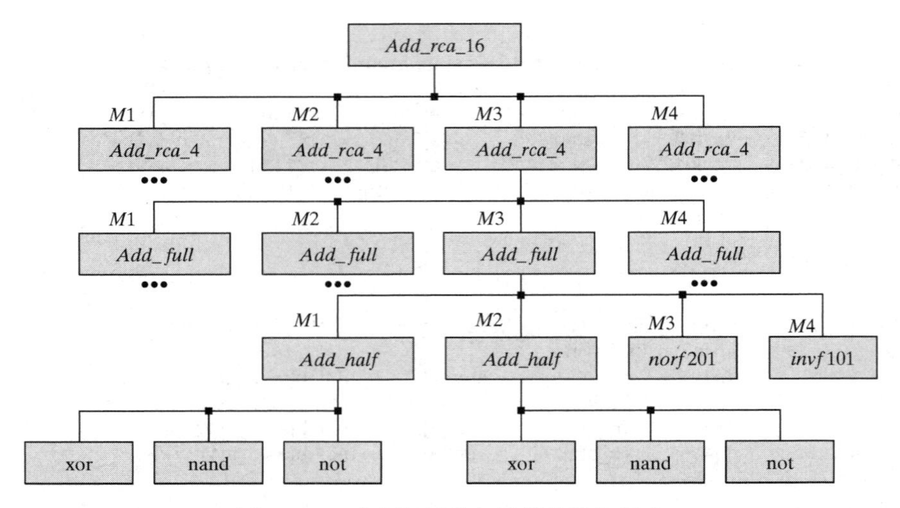

图 4.8　16 位行波进位加法器的设计层次

4.1.8　结构化连接

Verilog 中的连线(线网)建立了设计对象之间的连接，连线把门原语与其他门原语或模块连接起来，也可以将模块与其他模块或门原语进行连接。从本质上说连线是没有逻辑的。变量类型 wire 是线网(net)中的变量类型之一，所有线网在设计中都是用来建立连接的①。

建模建议：

用线网建立结构的连接。

仿真期间 wire(线网)的逻辑值是由与连线相连的模块动态决定的，如果 wire 连接着基本原语或模块的输出，那么可以说它是由原语或模块驱动的，即原语或模块就是它的驱动器。例如，图 4.5 中，*y_out* 就是由一个 ***NOR*** 门(原语)驱动的，门的逻辑和输入值决定了 *y_out*。在此例中，可以明确定义 *y*1 和 *y*2 是 ***wire*** 类型，但不是必须如此。根据 2001/2005 语法标准，没有类型定义的任何标识符都会默认为 ***wire*** 类型②③。因此，除了需要专门声明输入/输出端口为其他类型(例如将会看到变量可能是 ***reg*** 类型)的情况外，端口被默认为是 ***wire*** 类型。

建模建议：

未声明的标识符默认为 ***wire*** 类型。

连接例化模块端口的方式必须与模块定义的方式一致，而需要连接的信号名称可以不同。例 4.2 中，*Add_half* 的第二个端口的形式名称(即 *Add_half* 定义中所给的名称)是 *sum*，但在例化模块 *M*1 实际的端口名是 *w*1。实际端口通过它们在端口列表中所处的位置与形式端口相关联。这种机制适用于那些端口较少的模型；当模型端口较多时，可通过在端口列表中采用如下惯用方法建立实际名称与形式名称之间的联系，这样建立连接会更容易、更安全，如 *formal_name*(*actual_name*)，这样就把 *actual_name* 与 *formal_name* 联系起来了，而不需要考虑这个输入端口在列表中的位置。*formal_name*(形式名称)是在例化模块声明中所给定的名称，而 *actual_name*

---

① Verilog 预定义的线网描述见附录 C。

② 警告：1995 版本的语法要求更苛刻，有些情况下需要对标识符明确地声明为具有线网类型(参见[5])。

③ 线网的默认类型可以由编译器命令改变。

(实际名称)是在模块例化过程中所使用的名称。名称关联的方法比位置关联的方法更易读且出错少。

例 4.3　在 *Add_full* 的描述中，*Add_half* 的第一个例化模块(*M*1)可以用端口名称关联描述，如图 4.9 所示。

下面结构化模型的例子可以作为与其他例子的比较，以说明 Verilog 的另一种设计风格。

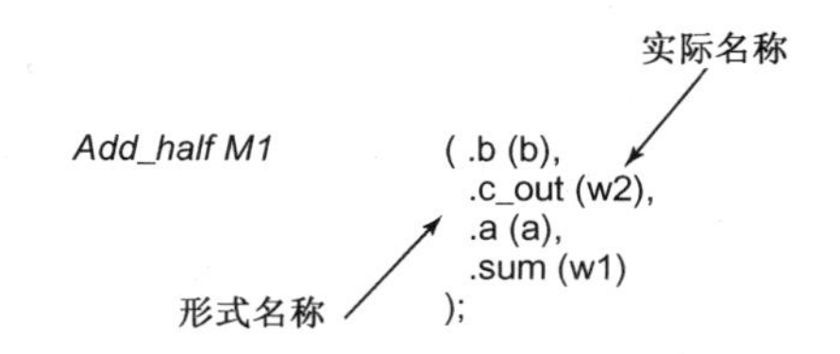

图 4.9　在全加器模块 *Add_full* 中用名称关联法将形式名称与实际名称进行端口关联

例 4.4　一个 2 位比较器对两个 2 位二进制值 *A* 和 *B* 进行十进制值比较，判断 *A* 是小于、大于还是等于 *B*。比较器的功能可通过如下的布尔方程组来表示①，其中 *A*1 和 *A*0 是 *A* 中的二进制位，*B*1 和 *B*0 是 *B* 中的二进制位。

$$A\_lt\_B = A1'\,B1 + A1'\,A0'\,B0 + A0'\,B1\,B0$$

$$A\_gt\_B = A1\,B1' + A0\,B1'\,B0' + A1\,A0\,B0'$$

$$A\_eq\_B = A1'\,A0'\,B1'\,B0' + A1'\,A0\,B1'\,B0 + A1\,A0\,B1\,B0 + A1\,A0'\,B1\,B0'$$

第 2 章中的卡诺图法可用来消除这些方程中的冗余项，并产生如图 4.10 所示比较器的通用门级描述。比较器的门级组合逻辑实现可通过 Verilog 基本门原语的结构化连接进行模拟，其总体功能就是比较器电路的行为特性。

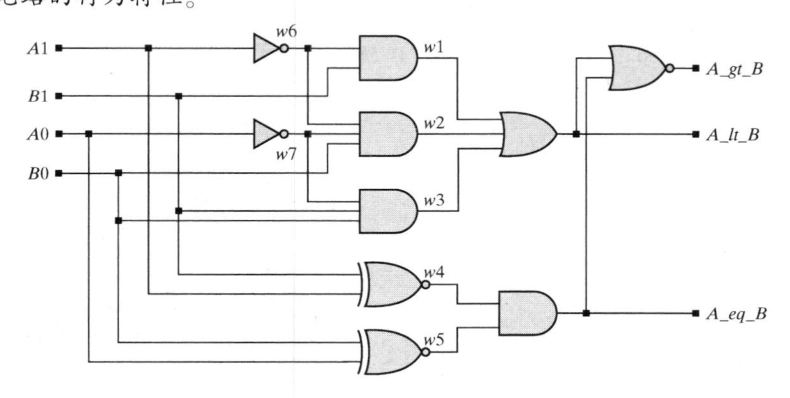

图 4.10　2 位二进制比较器电路图

与原理图直接对应的结构化 Verilog 描述如下，请注意：其中有两个与门的例化模型具有 3 个输入端，其余的均有 2 个输入端。内置基本门原语的特点是：允许设计者随意使用同样的基本门术语，需要多少个输入端则由使用它的环境来确定。

```
module Comp_2_str (output A_gt_B, A_lt_B, A_eq_B, input A0, A1, B0, B1);
  nor        (A_gt_B, A_lt_B, A_eq_B);
  or         (A_lt_B, w1, w2, w3);
  and        (A_eq_B, w4, w5);
  and        (w1, w6, B1);
  and        (w2, w6, w7, B0);
  and        (w3, w7, B0, B1);
  not        (w6, A1);
  not        (w7, A0);
```

① + 表示 OR，′表示逻辑非，*A*1*A*0 表示 *A*1 和 *A*0 逻辑 AND。

```
  xnor              (w4, A1, B1);
  xnor              (w5, A0, B0);
endmodule
```

在第6章将介绍一种综合工具，它能自动优化门级描述，去除冗余逻辑，给出最终的原理图。下一个例子中要用2位比较器作为组件来构建4位比较器的结构化模型。

例4.5 4位比较器用如图4.11所示的框图符号表示。比较器通过比较4位二进制数来判断它们的相对大小。由于输出的布尔方程不易写出，因而可通过两个2位比较器的输出和附加逻辑的连接，通过比较4位数字的大小从而产生相应的输出。连接2位比较器的逻辑依据的规则是：高位的严格不等即可决定4位数的相对大小；如果高位相等，可逐位比较低位，由低位的大小决定输出。图4.12所示的层次化结构实现了4位比较器，在图4.13中根据矢量 $A\_bus = \{A3, A2, A1, A0\}$ 和 $B\_bus = \{B3, B2, B1. B0\}$ 数据通道的某些位，仿真测试平台给出了比较器的仿真结果。

模块Comp_4_str的源代码列写如下，它包含例4.4中定义的两个例化的Comp_2_str模块。

```
module Comp_4_str (
 output A_gt_B, A_lt_B, A_eq_B,
 input A3, A2, A1, A0, B3, B2, B1, B0);

 wire               w1, w0;
 Comp_2_str M1 (A_gt_B_M1, A_lt_B_M1, A_eq_B_M1, A3, A2, B3, B2);
 Comp_2_str M0 (A_gt_B_M0, A_lt_B_M0, A_eq_B_M0, A1, A0, B1, B0);
 or                 (A_gt_B, A_gt_B_M1, w1);
 and                (w1, A_eq_B_M1, A_gt_B_M0);
 and                (A_eq_B, A_eq_B_M1, A_eq_B_M0);
 or                 (A_lt_B, A_lt_B_M1, w0);
 and                (w0, A_eq_B_M1, A_lt_B_M0);
endmodule
```

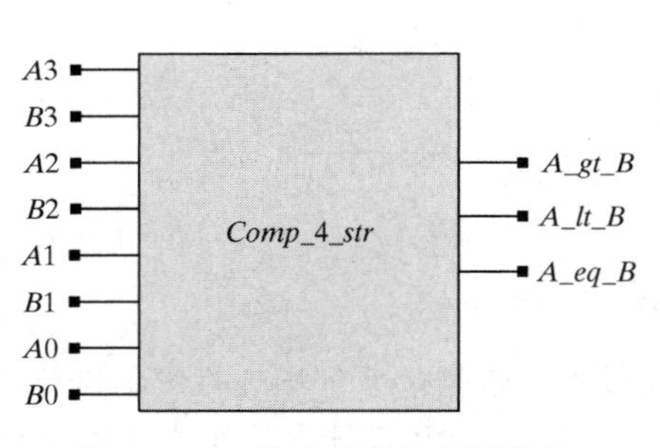

图4.11 4位比较器的框图符号

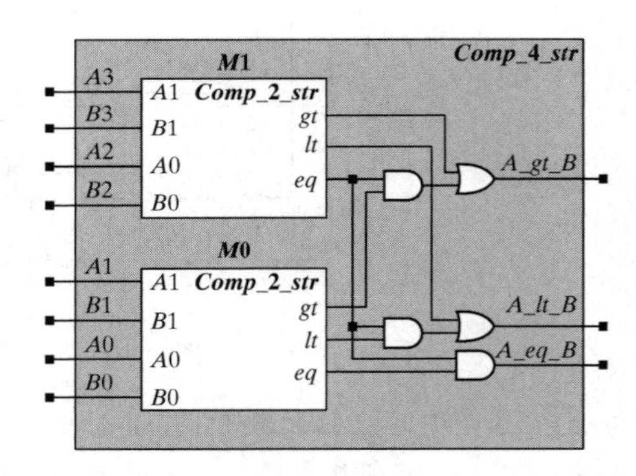

图4.12 由2位比较器和附加逻辑构成的4位二进制比较器的层次化结构

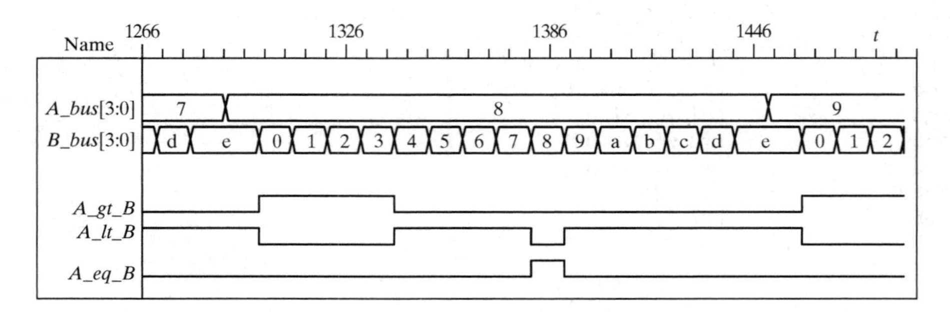

图4.13 4位二进制比较器的仿真结果

4.2　逻辑系统设计验证及测试方法

基于语言的电路模型必须经过验证以确保其功能是否符合设计规范的要求。常用的验证方法有两种：逻辑仿真和形式验证。逻辑仿真是通过把激励波形加到电路上，然后监视其仿真特性，从而确定电路逻辑是否正确。形式验证则是在不施加激励的情况下，通过复杂的数学论证来证明电路的功能，被工业界用来验证大规模复杂电路。在这里只考虑逻辑仿真。

4.2.1　Verilog 中的四值逻辑和信号解析

Verilog 中采用四值逻辑值，即 0，1，x 和 z。由于基本门输入值是四值的，Verilog 语言定义的抽象模型结构和内置基本门的真值表都是针对四值输入定义的①，因而仿真器可以创建四值逻辑式的输入波形，并产生电路的内部信号和输出信号。

在 Verilog 四值逻辑值中，0 值和 1 值分别对应于信号的有效(True)或无效(False)状态。实际电路的信号只有这两个值，但仿真器也可以识别其他的逻辑值。x 表示不定状态，仿真器无法判定信号值是 0 还是 1 的情况就是不定状态。例如，当一个线网被两个具有相反输出值的基本门驱动时，就会出现这种情况。Verilog 的内置基本门能够自动模拟这种信号之间的竞争情况。(Verilog 也有集电极开路逻辑和射极跟随逻辑模型，在这些逻辑模型中，信号竞争问题可通过工艺本身得到解决，分别形成线与或者线或结构[1]。)

建模建议：

逻辑 x 意味着未知(不确定)值；

逻辑 z 意味着高阻。

逻辑值 z 表示三态情形，表示连接线不与驱动相连接。图 4.14 给出了当所有可能输入信号值驱动一个基本与门时，仿真器所产生的波形。图 4.15 的波形说明了 Verilog 仿真器是如何解决一个线网的多驱动问题的。注意：当三态门原语的使能信号无效时会产生一个 z 值②，而当用两个相反的输入去驱动 ***wire*** 信号时，则会产生 x 值。实际中要特别注意，确保总线不会出现多个驱动源同时起作用的竞争行为。

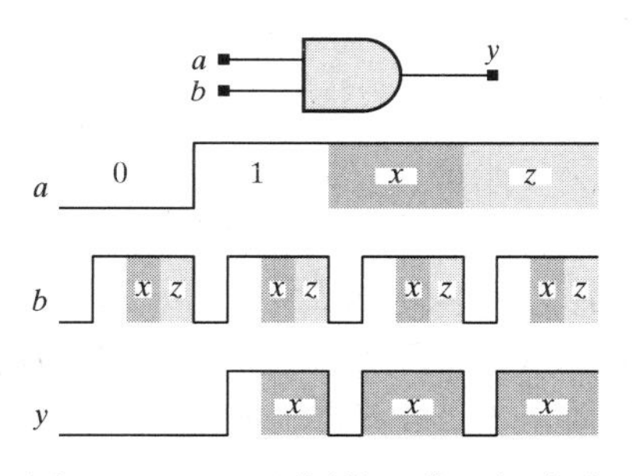

图 4.14　AND 原语的四值逻辑波形

4.2.2　测试方法

大规模电路的测试和验证必须要系统地进行，以确保它的所有逻辑已经过测试，并且功能正确，即该模块的功能正如设计所预期的那样。在第 11 章中会讲到，在设计中需要按照时序要求和功能要求进行测试验证，以排除电路设计的错误或缺陷。

未经认真筹划的测试方法调试起来会非常困难，并且会造成模块是正确的错觉，还会由于在逻辑中遗留有未测区域而导致产品失败的巨大风险。实际上，设计者需要制定一份详尽的测试方案来阐明被测对象的特征和进行测试的过程，同时也必须给出哪些被测对象的特征没被测试到。

---

①　附录 A 描述了 Verilog 内置原语及其 Verilog 四值逻辑系统的真值表。

②　参见附录 A。

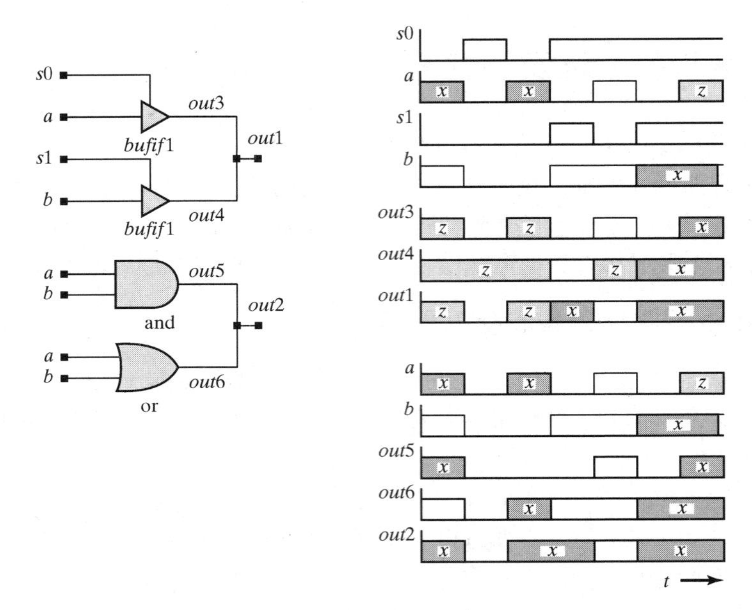

图 4.15 线网上的多驱动解决方案

例 4.6 图 4.7 表示将一个 16 位行波进位加法器分割成 4 个 4 位加法器。每个 4 位加法器单元都是由全加器链接而成的，而每个全加器又是由单一层次的半加器和附加逻辑构成的。为了通过将 16 位的激励添加到数据通路，一个附加位添加到 carry-in 位的方法来验证 16 位加法器，要求检验 2^{33} 种输入组合模式的所有结果。但是如果能找到更简单的方法，那么前面的那种做法就显得太笨拙。应用 2^{33} 种输入组合模式进行测试要耗费大量的处理时间，而且检测到的任何错误均难以与基本电路联系起来。那么，更为聪明而有效的方法是验证每个半加器和全加器是否都能正常工作。这样仅需应用 2^9 个输入组合模式，4 位的单元功能就能无一遗漏地得到验证。一旦这些较简单的设计单元得到验证，然后通过一组精心选择的、可用来检测 4 个单元之间连接性能的输入组合模式，就可以测试 16 位加法器的工作是否正确，从而大大减少了输入组合模式的数量，使得整个电路的调试工作仅仅集中到电路的很小一部分(请参见本章后的习题)。

我们已经知道，若想着手对复杂功能单元进行建模，需要采用自顶向下的主流方法将它分割成较为简单的设计单元。系统验证则以相反方向进行，先从较简单的单元开始，逐步过渡到更高设计层次、更复杂的单元。验证数字电路功能的基本方法是构造一个测试平台，该平台能将激励模板添加到被测电路并显示测试波形。用户自己(或使用软件)可以验证响应的正确性。测试平台是一个具有独立结构的 Verilog 模块，其基本组成如图 4.16 所示。它位于一个新的设计层次的顶部，而这个新的设计层次包含激励发生器、响应显示器和被测试单元(UUT)。利用 Verilog 语句能够定义应用于电路的激励模板。在仿真期间，响应监视器有选择地收集设计中有关信号的数据，并以文本或图表格式显

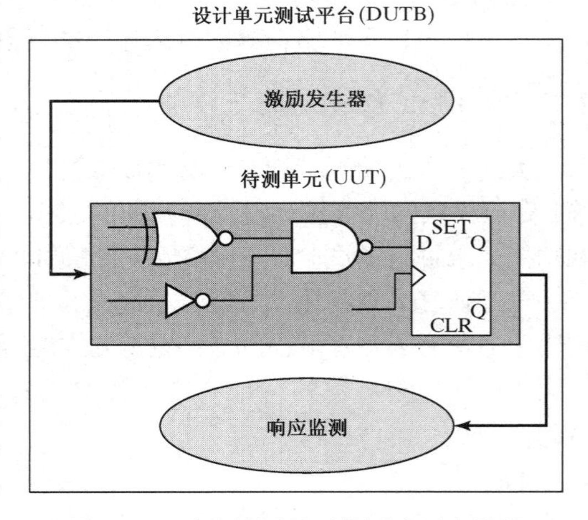

图 4.16 验证被测单元的测试平台结构

示出来。测试平台可以非常复杂，它可包含各种各样的激励发生器模板，以及能对所收集到的数据进行分析并检查和报告功能错误的附加软件。

仿真器必须要完成的任务包括：

(1) 检查源代码；

(2) 报告语法错误①；

(3) 确保模块定义的这些管脚是否真正连接到例化模块上；

(4) 应用测试平台所定义的输入信号对电路行为进行仿真。

所有的语法错误必须在进行仿真之前就被消除掉。而且还要明白，没有语法错误并不能说明模块的功能是正确的。

例 4.7 下面的 *t_Add_half* 模块具有一个测试平台的基本结构，该测试平台模块可用于在一个具有图形用户界面的仿真器中验证 *Add_half*。② 要注意：它包含了一个测试单元 *Add_half* 的例化 UUT。应用于测试单元的波形不是由硬件产生的，而是由单独的 Verilog 行为抽象生成的。由关键词 ***initial*** 定义，并通过填充关键词 ***begin***···***end*** 之间的语句来完成的。在这个简单的例子中，用户可以通过响应监视器对输出波形与期望值进行比较。测试平台中所采用的结构在下面的 *t_Add_half* 中描述，另外还将在下一节中进一步解释。

```
module t_Add_half();
  wire                    sum, c_out;
  reg                     a, b;
  Add_half M1 (c_out, sum, a, b);          // UUT
  initial begin                            // Time Out
   #100 $finish;
  end
  initial begin                            // Stimulus patterns
   #10 a = 0; b = 0;
   #10 b = 1;
   #10 a = 1;
   #10 b = 0;
  end
endmodule
```

4.2.3 测试平台的信号发生器

Verilog 的仿真行为就是在仿真过程中运行一组给变量赋值的语句，就像这些变量是被硬件驱动的一样。当仿真器在 $t_{sim}=0$ 时刻被激活时(用 t_{sim} 表示仿真器的时基)，关键词 initial 定义了开始运行的简单行为。与这种行为有关的语句要列写在关键词 ***begin***···***end*** 之间，称为过程语句。当例 4.7 中的测试平台 *t_Add_half* 的每条过程语句(如 $b=1$)执行时，它将赋给变量一个值。使用过程赋值运算符“ = ”的语句称为“过程赋值”。

建模建议：

在测试平台中用过程赋值语句来描述激励模板。

begin···***end*** 之内的程序赋值语句执行的时序，取决于它在语句列表中的顺序和执行该语句的延迟时间(如#10)。语句按照从上到下的顺序执行，而对于包含多条语句的文本行，则按照从左到右的顺序依次执行。在此例中，每行的前面有一个延迟时间。延迟时间要用一个延迟控制

① 附录 F 给出了 Verilog 的规范语法。

② 内建系统任务请参考网址(www.pearsonhighered.com/ciletti)中的“Selected System Tasks and Functions”，如 $monitor 可用于将仿真结果以文本格式显示出来。

操作符(#)和一个延迟值表示，例如#10 表示 10 个仿真器时间单位。仿真过程中，一条过程赋值语句前面的延迟控制操作符暂停了本条语句的执行，因而也就暂停了后续各条语句的执行，直至达到指定的时间间隔为止，当最后一条语句执行完毕时，单个行为也结束了，但这时(一般来讲)仿真还没有终止，因为其他行为可能仍处于激活状态。

测试平台一般由一个或多个行为构成，这些行为包括待测试单元(UUT)的输入波形生成、监视仿真数据和控制所有活动的运行次序等。注意，在 *t_Add_half* 中待测单元的输入可以通过一个单次抽象行为进行赋值，并用关键字 ***reg*** 来声明，用以表示变量(信号) *a* 和 *b* 从过程语句的执行中得到它们的值(就像一种普通的程序语言，例如 C 语言，而波形是在仿真器控制之下逐渐形成的)。由于硬件不能驱动抽象产生的输入值，所以利用类型定义 ***reg***，确保变量由过程语句赋给它值的时刻起，其变量值将一直存在，直至以后的某条过程语句的执行使它改变为止。待测试单元的输出可定义为线网型的，它将为观察待测试单元的输出端口特性提供可能性。

仿真器 *t_Add_half* 所产生的波形如图 4.17 所示。在 Verilog 中，所有线网在仿真开始时都被赋值为 ***z***①，并在之后被激励单元赋值。没有驱动的线网型变量将继续保持 *z* 值。同样，所有寄存器型 ***reg*** 变量在仿真一开始便被赋给了一个 ***x*** 值，而且它们将保持这个值，直到被赋给另一个不同的值为止。标有交叉阴影线的波形表示其值为未知 ***x***。此例中，在时间为 10 的时刻输入被赋值，即完成了第一次赋值，所表示的仿真时间步长是无量纲的。时间量程指示可以用来将物理单元和数字值联系起来。应该注意测试平台中的激励发生器所产生的波形与施加到电路的仿真波形之间的一致性。每条语句的执行都要有 10 个时间单位的延迟，所以在激励发生器中最后一条语句是在时间步进到 40 时才执行的(即本例中的延迟积累)。测试平台包括一个计时器的独立行为描述，用来在 100 个时间单位后终止仿真，计时器执行了一个内置于 Verilog 的#finish 系统任务，当时间步进到 100 时，计时器就停止对主机操作系统的控制。这里计时器是可选的，不是必需的，但一般来说，如果测试平台没能终止仿真，那么计时器可以避免出现仿真无休止地执行的情况。

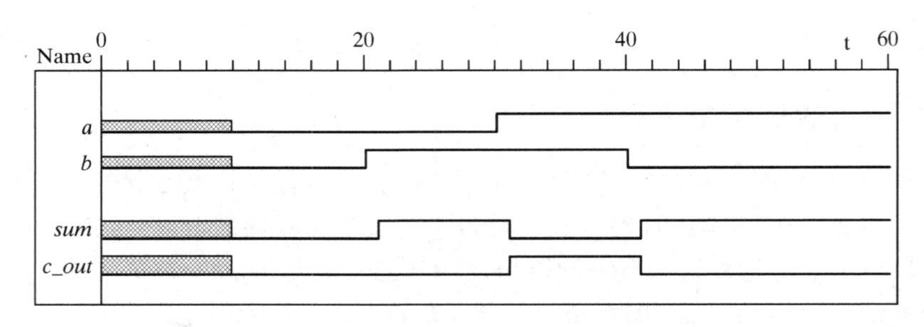

图 4.17 零延时二进制半加器 *Add_half* 仿真所产生的波形

建模建议：

Verilog 仿真器对所有线网(wire)变量赋予 *z* 值初始值，之后由它的驱动源赋予其相应的值；对 ***reg*** 型变量赋初值 ***x***。

4.2.4 事件驱动仿真

仿真期间信号(变量)值的变化被视为是一个“事件”。为了在指定的时刻独立地改变电路中的信号，测试平台 *t_Add_half* 中的单次行为描述为测试 *Add_half* 提供输入激励程序指令。然而

① **trireg** 线网类型例外，其默认初始值是 *x*，该类型的线网与开关电平模型有关，本书不予考虑。

UUT 的输出事件 *sum* 和 *c_out* 取决于器件输入端所发生的事件，就好像实际电路中的响应将随输入激励信号的改变而发生变化一样。通过了解输入事件的时序和电路的结构形式，就能得到输出事件的时间顺序[3]。

用于逻辑仿真的仿真器可视为是由事件驱动的，因为它们的计算是通过电路中事件的传播驱动的。在两个事件的间隔期间，事件驱动仿真器处在闲置状态。当一个事件在待测试单元(UUT)的输入端发生时，仿真器对待测试单元的内部信号和输出进行事件更新。之后仿真器休息但仿真时间继续步进，直到下一个触发事件在输入端再重新发生时，仿真器才继续工作。所有的逻辑门和抽象行为都是同时激活的(并发的)[4,5]，仿真器的任务是检测事件并确定由这些并发事件所引发的任何新事件的进度和时间。

4.2.5 测试模板

测试平台是 ASIC 设计流程中的重要工具。开发一个完整的测试平台需要付出很多努力，因为它是避免设计失败的一个安全屏障。在写出测试平台描述之前，应该先制定一个测试方案。这个方案至少应该阐明需要测试的电路特征是什么(如线网电路的三态输出)以及如何在测试平台上进行测试。测试方案还应该明确哪些特征不能被该测试平台所测试(如电路的输入值为 **x** 和 *z* 时的仿真)，这一点在测试方案中也是很重要的。测试平台应该是面向测试单元的，但下面给出的测试平台的一般结构是为本章的习题开发测试平台而编写的。

```
module t_DUTB_name ( );                  // substitute the name of the UUT
  reg ...;                               // Declaration of register variables for primary
                                         // inputs of the UUT
  wire ...;                              // Declaration of primary outputs of the UUT

  parameter                              time_out = // Provide a value
  UUT_name M1_instance_name (UUT ports go here);
  initial $monitor ( );                  // Specification of signals to be monitored and
                                         // displayed as text ①
  initial #time_out $finish;             // Stopwatch to assure termination of simulation
  initial                                // Develop one or more behaviors for pattern
                                         // generation and/or error detection
   begin
                                         // Behavioral statements generating waveforms
                                         // to the input ports, and comments documenting
                                         // the test. Use the full repertoire of behavioral
                                         // constructs for loops and conditionals.

   end
endmodule
```

4.2.6 定长数

在例 4.7 中测试平台所赋激励波形的值是定长数。定长数是指定了存储数值的位宽的数。例如，8′ha 表示十六进制数 a 以 8 位方式存储，存储器中的二进制值形式是 0000_1010②。不定长数则被存储成整数形式，这个整数的长度是由主仿真器(至少 32 位)所决定的。有四种形式的定长数：二进制(b)、十进制(d)、八进制(o)和十六进制(h)。格式指示符对大小写不敏感。通常定长数被默认为是十进制数。

① 一次只能有一个 $ monitor 陈述处于有效状态。

② Verilog 中常在数值中插入下画线，以增加可读性。

4.3 传播延时

从输入信号发生变化的时刻到输出响应变化的时刻之间的时间为实际逻辑门的传播延时，Verilog 中的基本门原语被默认为是零延时，也就是输出对输入的响应是同时发生的，但是基本门原语也可能有非零延迟。时序验证最终取决于电路中传输延迟的实际值，但是通常采用零延时模型进行仿真，目的是为了快速验证模块的功能特性。而单位延时也经常用于进行仿真，因为它能反映信号动作的时间顺序，而这种时间顺序有可能在零延时仿真中被忽略掉。

建模建议：

所有基本门和线网都有一个默认的零传播延时模型。

例 4.8 下面列出的 *Add_full_unit_delay* 和 *Add_half_unit_delay* 中的基本门描述中，均标记有一个时间单位延时。延时标记#1 插入到每个例化基本门的例化名之前(#表示延迟控制操作符)。从图 4.18 可以看出，*sum* 和 *c_out* 的仿真过程中延迟的影响是很明显的。而且应该注意到图 4.17 所示零延时的仿真结果无法表明 *c_out* 是在 *sum* 之前还是在 *sum* 之后形成的。实际上，只要输入变化，二者就会跟着发生变化。图 4.18 采用单位延时模型则能够显示信号动作的时间顺序。

```
module Add_full_unit_delay (output c_out, sum, input a, b, c_in);
  wire                   w1, w2, w3;
  Add_half_unit_delay    M1 (w2, w1, a, b);
  Add_half_unit_delay    M2 (w3, sum, w1, c_in);
  or                     #1 M3 (c_out, w2, w3);
endmodule
module Add_half_unit_delay    (output c_out, sum, input a, b);
  xor                    #1 M1 (sum, a, b);
  and                    #1 M2 (c_out, a, b);
endmodule
```

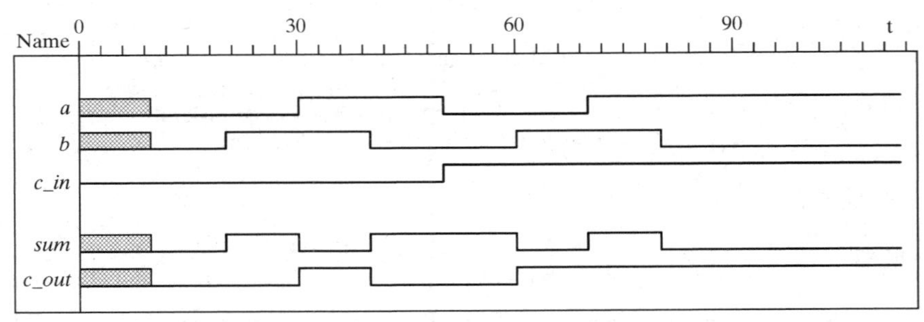

图 4.18 1 位全加器单位延时的仿真结果

ASIC 是通过将标准单元库中的逻辑单元刻蚀在通用硅片晶圆上制造而成的。库单元都是预先设计好的，并且能满足一定的功能要求；而库单元的 Verilog 模型包含精确的定时信息，使得综合工具能够利用这些信息对设计的性能(速度)进行优化。本书的中心思想是通过工艺独立的行为级电路模块①，并利用标准单元或是现场可编程门阵列(FPGA)来综合门级结构。后者的定时特性分析已被嵌入到 FPGA 综合工具中；而前者的时间特性也已嵌入到单元模型中，并且通过综

① 工艺独立行为模型仅仅描述电路的功能，而不描述传输延时。

合工具把分析电路的定时关系与选择单元库中的部件结合起来，实现某一特定逻辑。电路设计者不要试图用手工方法来创建一个电路的精确门级定时模型，而应该借助综合工具来实现能满足定时约束的设计。第 10 章还会进一步讨论这个问题①。

例 4.9　下面给出了 *Add_half_ASIC* 和 *Add_full_ASIC* 模块的模型，在这些模型中使用了标准单元库中的一些部件（*norf*201，*invf*101，*xorf*201，*nanf*201）②。互补金属氧化物半导体（CMOS）的与门通常是由一个与非门和一个非门级联实现的。同样，一个 OR 门是一个 NOR 门和一个非门级联而成的。源文件首行中的 Verilog 时标指令' timescale 1ns/1ps 指示仿真器用 ps（10^{-12}秒）的精确度去说明具有 ns 单位的数字时间变量③。

```
'timescale 1 ns / 1 ps
module Add_full_ASIC
  (output c_out, sum, input a, b, c_in);

  wire           w1, w2, w3;
  wire           c_out_bar;
  Add_half_ASIC  M1 (w2, w1, a, b);
  Add_half_ASIC  M2 (w3, sum, w1, c_in);
  norf201        M3 (c_out_bar, w2, w3);
  invf101        M4 (c_out, c_out_bar);
endmodule

module Add_half_ASIC
  (output c_out, sum, input a, b);

  wire     c_out_bar;
  xorf201  M1 (sum, a, b);
  nanf201  M2 (c_out_bar, a, b);
  invf101  M3 (c_out, c_out_bar);
endmodule
```

*norf*201、*invf*101、*xorf*201 和 *nanf*201 的模型中包括基于物理标准单元特性描述的传播延时。实际传播延时的影响在仿真 *Add_full_ASIC* 产生的波形中可明显看到，如图 4.19 所示。

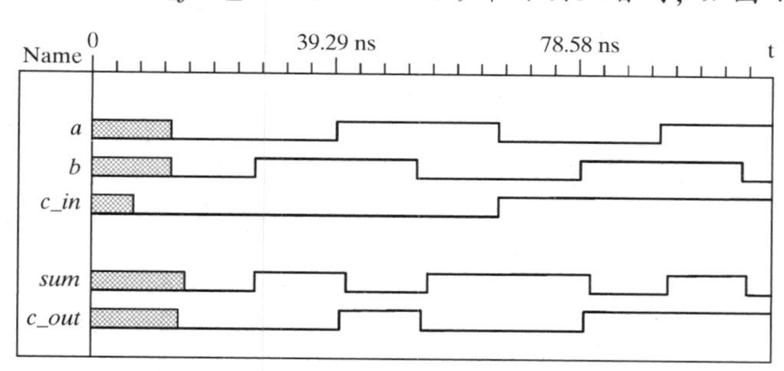

图 4.19　用具有工艺相关传播延时的 ASIC 单元实现 1 位全加器的仿真结果

4.3.1　惯性延时

数字电路的逻辑转换对应于物理节点或线网上由于电荷的积累或消散而导致的电平的变化。信号变化的物理行为是有惯性的，因为每个传导路径都具有一定的电容性和电阻性，电荷无法在一瞬间积累或消散。HDL 必须具有模拟这些效应的能力。

Verilog 中基本门的传播延时符合惯性延时模型。这个模型考虑到了在建立一个对应于 0 或 1 的电平之前，在物理电路中电荷必须聚集或消散的事实。若把一个输入信号加到一个门的输入端，在聚集足够的电荷之前把它撤销掉，那么输出信号就不会达到对应于转换的电平。例如，一个 ***NAND*** 的所有输入都长时间地保持为 1，这时突然有一个输入端变为 0，那么输出不会马上变

---

① 关于模型传输延时的其他相关信息请参考网站的“Additional Features of Verilog”。

② *norf*201 是 2 输入或非门标准单元，*invf*101 是非门，*xorf*201 是 2 输入异或门标准单元，*nanf*201 是 2 输入与非门标准单元。

③ 关于时间刻度的描述请参考网站的“Complier Directives”。

为 1，除非该输入端保持 0 输入足够长的时间。为了能够进行门的惯性延时转换，就要求输入脉冲在一个持续时间内是不变的。

Verilog 将一个门的传播延时时间作为能够影响输出的输入脉冲的最小宽度，这个传播延时值也被当作惯性(inertial)延时值。脉冲宽度必须至少和门的传播延时一样长。Verilog 仿真引擎能够检测到是否输入脉冲持续时间太短，因而撤销由脉冲前沿触发所产生的待输出状态。惯性延时具有抑制那些持续时间比门的传播延时短的输入脉冲的作用。

例 4.10 图 4.20 中反相器的输入在 $t_{sim}=3$ 时变化，因为反相器的传播延时为 2，因而这种变化所导致的输出应该在 $t_{sim}=5$ 时才能发生。然而对于脉宽 $\Delta=1$，输入在 $t_{sim}=4$ 时就又变回到初始值，所以仿真器没有监测到这一行为。由于该脉宽比反相器的传播延时要小，使得两个连续变化的结果只是在反相器的输入端产生了一个窄脉冲，因此仿真器将撤销已预置的对应于窄输入脉冲前沿的输出事件，也不预置对应于脉冲后沿的输出事件。撤销已预置事件的原因是由于仿真器不能在后沿发生时检测到。所以为了能够对输出产生影响，必须要求输入脉宽维持得足够长，例如图 4.20 中脉宽为 $\Delta=6$ 时，就会对输出产生影响。

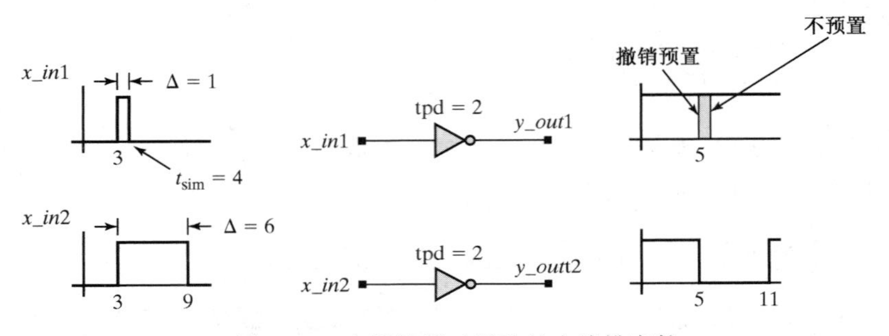

图 4.20 由惯性延时导致的未编排事件

在实际电路中，逻辑门的传播延迟时间会受到门的内部结构和它所驱动的电路的影响。内部延时也称为门的固有延时。在电路中，被驱动门及其扇入线网的金属连接在驱动门的输出处也产生了附加的电容负载，并影响了它的定时特性。输入信号的转换速率表示逻辑值之间信号变化的斜率，它会影响输出信号的转换。精确的标准单元模型会涉及所有这些效应。

4.3.2 传输延时

信号流经电路导线所耗用的时间可用来建立传输延时的模型。利用这个模型，窄脉冲不会被抑制，导线驱动端的所有变化将在一段有限的时延后显现在接收端。在大多数 ASIC 中，实际的线长很短，使得信号在线上流经的时间可以忽略。例如，信号以光速通过 1 cm 的金属线只需要 0.033 ns。然而 Verilog 能够将延时分配给电路中的各条导线来模拟电路中的传播延时的影响，这里不能忽略传输延时，就像在一个多芯片的硬件模块中或是在印制电路板上不能忽略传输延时一样。导线延时可以用线声明语句定义，例如，wire #2 A_long_wire 说明 A_long_wire 具有 2 个时间单元的传输延时。

4.4 组合与时序逻辑的 Verilog 真值表模型

Verilog 支持组合与时序逻辑的真值表模型。尽管 Verilog 的内置原语对应于简单的组合逻辑门，并且不包括时序部分，但是这种语言却有一种建立用户定义原语(UDP, User Defined Primitive)的机制，这种机制利用真值表来描述时序行为与/或更加复杂的组合逻辑。UDP 具有仿真速度快、需要的存储容量少等特点，所以被广泛用于 ASIC 单元库中。

例 4.11　下面给出了 *AOI_UDP* 的文本描述，它是一个在 4.1.2 节中介绍过的 5 输入与或非电路的真值表。

```
primitive AOI_UDP (output y, input x_in1, x_in2, x_in3, x_in4, x_in5);   // Note: Verilog
2001/2005 syntax
   table
   // x1 x2 x3 x4 x5 : y
     0 0 0 0 0 : 1;
     0 0 0 0 1 : 1;
     0 0 0 1 0 : 1;
     0 0 0 1 1 : 1;
     0 0 1 0 0 : 1;
     0 0 1 0 1 : 1;
     0 0 1 1 0 : 1;
     0 0 1 1 1 : 0;
     0 1 0 0 0 : 1;

     0 1 0 0 1 : 1;
     0 1 0 1 0 : 1;
     0 1 0 1 1 : 1;
     0 1 1 0 0 : 1;
     0 1 1 0 1 : 1;
     0 1 1 1 0 : 1;
     0 1 1 1 1 : 0;

     1 0 0 0 0 : 1;
     1 0 0 0 1 : 1;
     1 0 0 1 0 : 1;
     1 0 0 1 1 : 1;
     1 0 1 0 0 : 1;
     1 0 1 0 1 : 1;
     1 0 1 1 0 : 1;
     1 0 1 1 1 : 0;

     1 1 0 0 0 : 0;
     1 1 0 0 1 : 0;
     1 1 0 1 0 : 0;
     1 1 0 1 1 : 0;
     1 1 1 0 0 : 0;
     1 1 1 0 1 : 0;
     1 1 1 1 0 : 0;
     1 1 1 1 1 : 0;
   endtable
endprimitive
```

采用与声明模块同样的方式在源文件中声明 UDP，并用关键词 ***primitive…endprimitive*** 进行模块化封装，UDP 就像内置的基本门一样，可被例化为有传播延迟或者没有传播延迟的形式。一个 UDP 仅有一个标量(一位)输出端，且 UDP 的输入端必须是标量形式。

建模建议：

用户定义原语的输出必须是一个标量。

UDP 的真值表是由几列数据构成的。每一列数据对应一个输入，紧接着是一个冒号，最后一列为输出。输入列的顺序必须符合声明中输入端口定义中的排列顺序①。无论它的输入何时发生变化，仿真器都要在所参考的真值表中从表顶至表底搜索一个与输入变化匹配的值，并在找到第一个变化匹配值时停止搜索其他行的操作。

---

① 关于使用 UDP 的其他特征和规则请参考网站的“Rules for UDPs”。

例 4.12　Verilog UDP *mux_prim* 描述了一个二输入多路复用器，如图 4.21 所示，其中包括对于 UDP 模型所引用的一些基本规则的注释。

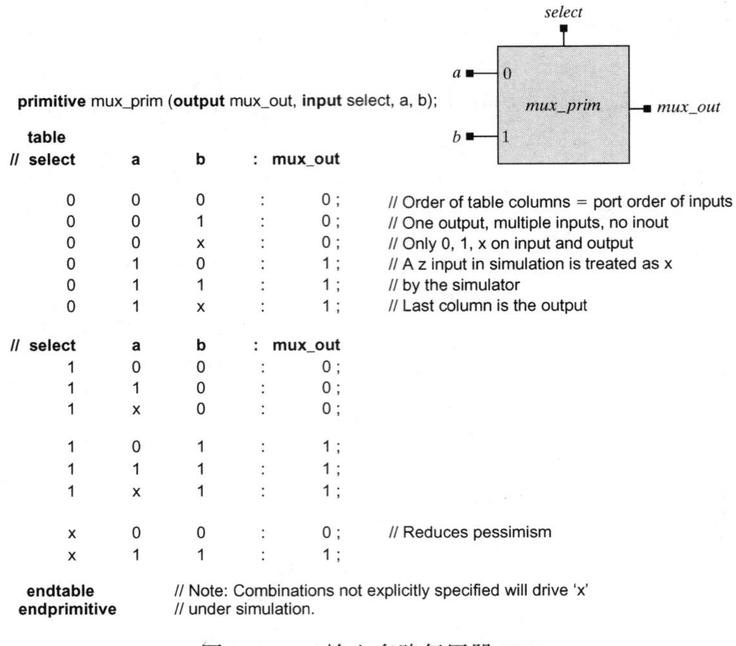

select
a
0
mux_prim
mux_out
b
1
primitive mux_prim (output mux_out, input select, a, b);
table
// select a b : mux_out
0 0 0 : 0 ; // Order of table columns = port order of inputs
0 0 1 : 0 ; // One output, multiple inputs, no inout
0 0 x : 0 ; // Only 0, 1, x on input and output
0 1 0 : 1 ; // A z input in simulation is treated as x
0 1 1 : 1 ; // by the simulator
0 1 x : 1 ; // Last column is the output
// select a b : mux_out
1 0 0 : 0 ;
1 1 0 : 0 ;
1 x 0 : 0 ;
1 0 1 : 1 ;
1 1 1 : 1 ;
1 x 1 : 1 ;
x 0 0 : 0 ; // Reduces pessimism
x 1 1 : 1 ;
endtable // Note: Combinations not explicitly specified will drive 'x'
endprimitive // under simulation.

图 4.21　二输入多路复用器 UDP

如果 UDP 输入的值与真值表的行不匹配，那么仿真器自动将值 **x**(默认)赋给 UDP 的输出。输入值 *z* 被仿真器处理为 **x**。图 4.21 中，描述多路复用器行为的真值表的最后两行归纳了仿真期间所得到的简单结果。如果两个数据输入值是相同的，那么不管 *select* 的输入值是什么，输出值都与输入值相同，即：当 *select* 的值是 **x**(不确定)时，如果两个输入全是 0，那么输出就为 0；而如果两个输入都为 1，那么输出就为 1。如果 UDP 的真值表忽略了这个细节，那么当 *select* 是 **x** 时，仿真器将值 **x** 传送到输出端。通常希望减少基本门传输 **x** 的情况，因为这些不确定性可能会减少从仿真中获得的有用信息量。

通过使用助记符能够适当减少真值表中输入数据的输入。符号“?”代表输入可以是 0，1 和 **x** 三值中的任意一个，这就允许用一个表行有效地替代三个表行。

例 4.13　下面的真值表说明如何用助记符来改写一个二输入多路复用器的 UDP。当 *select* 输入为 0 且通道 *a* 也为 0 时，不管通道 *b* 的输入值是什么，输出都为 0。而当 *select* 是 1 且通信道 *b* 是 0 时，不论通道 *a* 是 0，1 或 **x**，输出都是 0。用助记符“?”替换表行中的 0，1 和 **x** 有效地实现了在相应输入端上的无关紧要的条件。

```
table
// Shorthand notation:
// ? represents iteration of the table entry over the values 0,1,x.
// i.e., don't care on the input
  //    select   a     b      : mux_out
  //    0        0     ?      :     0 ; //? = 0,1,x shorthand notation.
  //    0        1     ?      :     1 ;
  //    1        ?     0      :     0 ;
  //    1        ?     1      :     1 ;
  //    ?        0     0      :     0 ;
  //    ?        1     1      :     1 ;
endtable
```

硬件元件呈现两种基本类型的时序行为：电平敏感行为（如透明锁存器），它是以使能输入信号为条件的；边沿敏感行为（如 D 触发器），它是由输入信号同步的。当使能输入为高时，电平敏感器件会对输入的任何变化都产生响应；边沿敏感器件则会忽略它们的输入变化，直至下一个同步触发边沿到来才进行响应。因而时序硬件元件可能是电平敏感的，或者是边沿敏感的，或者是二者的组合。

描述时序行为的真值表的格式为：一个输入数值列及其后的冒号（：），一个表示器件当前状态值的列和其后的另一个冒号（：），最后是由当前输入所产生的下一个状态值的列。此外，UDP 的输出必须定义为 ***reg*** 类型，因为输出值是由真值表抽象产生的，并且必须在仿真期间保存在存储器中。

建模建议：

时序 UDP 的输出必须声明为 ***reg*** 类型。

例 4.14 透明锁存器的真值表描述由下面的 latch_rp 给出。它描述了透明传输特性和锁存行为，也揭示了在仿真条件下输入 enable 可能获得 ***x*** 值的处理方式。

```
primitive latch_rp (output reg q_out, input enable, data);
  table
//        enable   data        state      q_out/next_state
          1        1      :    ?     :    1 ;
          1        0      :    ?     :    0 ;
          0        ?      :    ?     :    - ;
// Above entries do not deal with enable = x.
// Ignore event on enable when data = state:
          x        0      :    0     :    - ;
          x        1      :    1     :    - ;
// Note: The table entry '-' denotes no change of the output.
  endtable
endprimitive
```

由 *latch_rp* 模拟的透明锁存器呈现为电平敏感行为，也就是输出可以随着输入的变化而变化，这种变化取决于输入值，即输出值仅仅是由 *enable* 和 *data* 的输入值决定的。而边沿敏感行为的真值表将在有边沿事件时被激活，但是输出是否改变取决于同步输入是否已经完成了相应的转换。例如，对时钟上升沿敏感的触发器，真值表的相应列表表示为(01)。UDP 能够用内置的用于信号变化的上升沿和下降沿的语义来描述时钟上升沿跳变或下降沿跳变的敏感行为。下降沿跳变用如下信号对表示：(10)，(1x)和(x0)；上升沿跳变由如下信号对表示：(01)，(0x)和(x1)。

例 4.15 图 4.22 中的 UDP *d_priml* 描述了边沿敏感 D 触发器的行为特性。输入信号 *clock* 同步了 *data* 到 *q_out* 的转换。

对于时序行为描述，表格录入的标记是用圆括号把那些在发生跳变时会影响到输出的信号逻辑值括起来（如同步输入信号）。图 4.22 所示真值表中 *clock* 对应列的(01)表示信号 *clock* 由低向高转换——即值在变化。应该注意：哪一行中有两个以上的问号（?）出现时，对于 *clock* 而言，对应输入为(? 0)的行实际上表示了 27 种输入的可能性，而且可以替换 27 个输入行。例如(? 0)表示(00)，(10)和(x0)。它们中的每一个都可以与数据的 3 种可能值结合在一起，而得到的 9 个可能结果的每一个又可以与状态的 3 种可能值结合在一起，这样就出现了 27 种可能的输入情况。实际上，这一行明确指出了在任何一种输入情况下输出都不会发生变化。由于该模型表现出了上升沿敏感行为的物理特性，所以输出不应该在下降沿或者根本没有沿跳变(00)时发生变化。要是这一行被省略，那么这个模型在仿真中会传播一个 x 值。记住，希望 UDP 表应尽可能地完整而且不模糊。

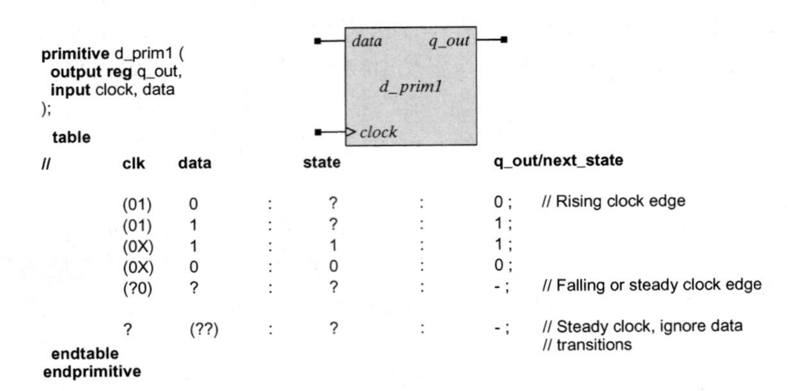

primitive d_prim1 (
output reg q_out,
input clock, data
);
table
// clk data state q_out/next_state
(01) 0 : ? : 0 ; // Rising clock edge
(01) 1 : ? : 1 ;
(0X) 1 : 1 : 1 ;
(0X) 0 : 0 : 0 ;
(?0) ? : ? : - ; // Falling or steady clock edge
? (??) : ? : - ; // Steady clock, ignore data
// transitions
endtable
endprimitive
data
q_out
d_prim1
clock

图 4.22 D 触发器真值表模型

真值表能够包括电平敏感行为和边沿敏感行为两种情况，用来模拟具有异步置位和复位条件的同步行为。因为仿真器自上往下搜索真值表，所以仿真时电平敏感行为应该优先于边沿敏感行为。

例 4.16 图 4.23 描述的是一个用边沿敏感时序行为进行异步预置位(*preset*)和清零(*clear*)的 J-K 触发器。*preset* 和 *clear* 是低电平有效的，输出对时钟的上升沿敏感。信号 *clock* 使得 *q_out* 的变化与之同步。由于当时钟沿到来时，输出取决于 *preset* 和 *clear* 的信号值：如果 $j=0$，$k=0$，*q_out* 不改变；若 $j=0$，$k=1$ 时，*q_out* 值为 0；若 $j=1$，$k=0$ 时，*q_out* 值为 1；而当 $j=1$，$k=1$ 时，则 *q_out* 被翻转①。

```
primitive jk_prim (output reg q_out, input clk, j, k, preset, clear);
 table
 //    clk    j    k    pre    clr        state    q_out/next_state
 // Preset logic
       ?      ?    ?    0      1     :    ?     :    1 ;
       ?      ?    ?    *      1     :    1     :    1 ;
 // Clear logic
       ?      ?    ?    1      0     :    ?     :    0 ;
       ?      ?    ?    1      *     :    0     :    0 ;
// Normal clocking
//     clk    j    k    pre    clr        state    q_out/next_state
       r      0    0    0      0     :    0     :    1 ;
       r      0    0    1      1     :    ?     :    - ;
       r      0    1    1      1     :    ?     :    0 ;
       r      1    0    1      1     :    ?     :    1 ;
       r      1    1    1      1     :    0     :    1 ;
       r      1    1    1      1     :    1     :    0 ;
       f      ?    ?    ?      ?     :    ?     :    - ;
 // j and k cases
 //    clk    j    k    pre    clr        state    q_out/next_state
       b      *    ?    ?      ?     :    ?     :    - ;
       b      ?    *    ?      ?     :    ?     :    - ;
 // Reduced pessimism
       p      0    0    1      1     :    ?     :    - ;
       p      0    ?    1      ?     :    0     :    - ;
       p      ?    0    ?      1     :    1     :    - ;
       (?0)   ?    ?    ?      ?     :    ?     :    - ;
       (1x)   0    0    1      1     :    ?     :    - ;
       (1x)   0    ?    1      ?     :    0     :    - ;
       (1x)   ?    0    ?      1     :    1     :    - ;
       x      *    0    ?      1     :    1     :    - ;
       x      0    *    1      ?     :    0     :    - ;
 endtable
endprimitive
```

preset j Q k clk Q' clear

图 4.23 J-K 触发器的 UDP

① UDP 表中的 * 号表示输入的所有各种变化情况。

参考文献

1. *IEEE Standard Hardware Description Language Based on the Verilog Hardware Description Language*, Language Reference Manual, IEEE Standard 1363 - 1995. Piscataway, NJ: Institute of Electrical and Electronic Engineers, 1996.
2. Chang H, et al. ,*Surviving the system on Chip Revolution*. Boston, MA: Kluwer, 1999.
3. Thomas R, Moorby P. *The Verilog Hardware Description Language*, Boston: Kluwer, 2008.
4. Ciletti MD. *Modeling, Synthesis and Rapid Prototyping with the Verilog HDL*. Upper Saddle River, NJ: Prentice-Hall, 1999.
5. Ciletti MD. *Starter's Guide to Verilog* 2001. Upper Saddle River, NJ: Prentice-Hall, 2004.

习题

本章所有的习题都要求进行设计的开发和验证、编制测试方案、设计测试平台(参考例 4.7 的测试平台示例),并提供仿真结果及其解决方案。还要提供包括状态转移图或真值表等相关的支撑材料。

1. 利用 Verilog 门级原语描述设计和验证如图 P4.1 所示电路的结构化模型,并在设计的测试平台中分别使用模块名 *t_Combo_str*( )和端口名 *Combo_str*(*Y*,*A*,*B*,*C*,*D*)。注意,该测试平台没有端口。对电路进行全面仿真,并提供能证明所设计模型正确的图形输出。注意,如果需要文本输出,则可以考虑使用 ***$ monitor*** 和 ***$ display*** 任务。

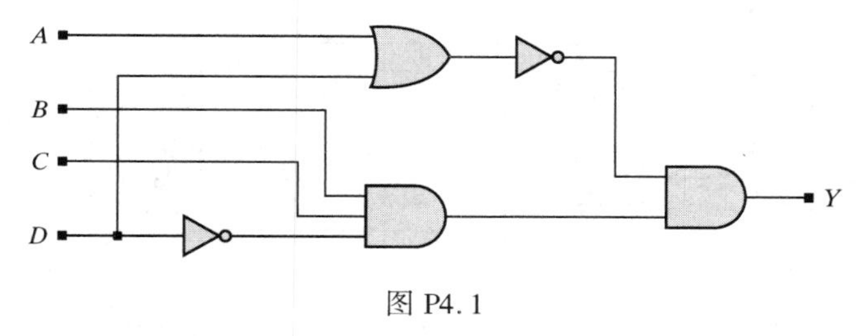

图 P4.1

2. 重复习题 1,设计一个能实现该逻辑真值表功能的用户定义原语 *Combo_prim* 模块,然后例化该 UDP 模块 *Combo_UDP*。验证该模块是正确的,并且校验其响应与习题 1 中 *Combo_str* 的响应相一致。
3. 开发能测试 *Add_rca_16*(见例 4.2)的 4 位单元互连性结构的所有测试案例的测试平台。只需验证互连性结构,而内部模块(即 *Add_rca_4*)认为是正确的,且不需要重新验证。然而,要确保互连结构正确,就必须验证 *Add_rca_4* 的输入和输出连接正确,以及模块之间的进位链连接正确。
4. 修改 UDP *d_priml*(见图 4.22)以设计一个新的带有高电平有效的复位输入的 D 触发器的 UDP,然后设计和验证这样一个电路的 Verilog 结构模型,该电路能实现将二进制表示的十进制数的串行比特流转换成余三码(参见图 3.22)。
5. 设计开发能验证 *d_priml*(见例 4.15)功能的测试平台。编写的测试计划书要求包括:(1)被测试的功能特性;(2)如何进行测试;(3)该测试平台测试不到的特性。并对测试方案中的要点进行注释与评论。
6. 设计开发能验证 *jk_priml*(见例 4.16)功能的测试平台。编写的测试计划书要求包括:(1)被测试的功能特性;(2)如何进行测试,并对测试方案中的要点进行注释与评论。
7. 用门级模型描述下面的布尔方程:$Y1(A,B,C,D) = \Sigma m(4, 5, 6, 7, 11, 12, 13)$, $Y2(A, B, C, D) = \Sigma m(1, 2, 4, 5)$
8. 设计并验证一个实现下降沿触发、复位低电平有效的 D 触发器的 UDP。
9. 设计开发一个能验证 4.1.2 节中的 *AOI_str* 功能的测试平台。

10. 设计开发一个能验证 4.1.4 节中的 *latch_rp* 功能的测试平台。
11. 设计一组测试案例，使之可以：(1)测试半加器电路；(2)测试全加器电路；(3)全面测试 4 位行波进位加法器；(4)在 4 位单元电路已经被验证的情况下，验证 4 位单元之间连接的正确性，以测试 16 位行波进位加法器。
12. 设计开发一个能验证全加器门级模型的测试平台(包括测试案例)。
13. 设计开发一个能验证 S-R(set-reset)锁存器的门级模型的测试平台(包括测试案例)。
14. 设计和验证一个能统计 8 位输入字中 1 的个数，并用 4 位输出指示的 Verilog 模块。
15. 设计和验证图 P4.15 所示电路的门级结构描述。
16. 若图 P4.15 电路输出具有三态逻辑，重新设计和验证该电路的门级结构模型。
17. 设计并验证一个双向 4 位可逆计数器的门级 Verilog 结构模型，此计数器在复位之后的第一个时钟有效沿开始工作。

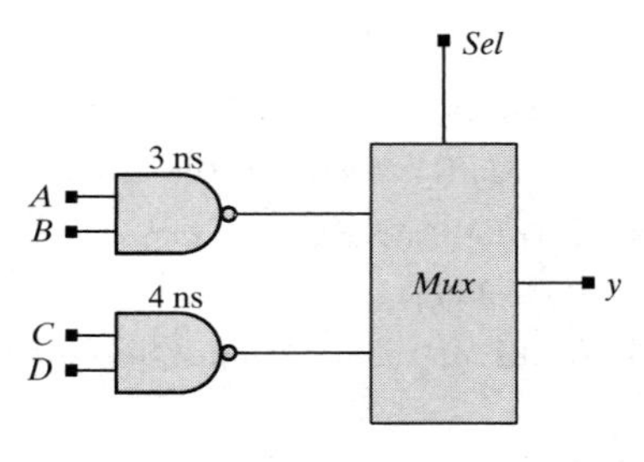

图 P4.15

18. 设计并验证一个十进制计数器的门级 Verilog 结构模块，要求该计数器的计数顺序如下：0,1,2，…，9,0,1,2…。提示：考虑用户自定义的 D 触发器原语。
19. 图 P4.19 所示电路是一个 11 分频器 *Divide_by_11*，输出有效信号宽度为一个时钟周期。该电路由一个反转触发器链和附加逻辑构成，具有每 11 个时钟(*clk*)脉冲产生一个输出脉冲并在一个周期中保持输出有效的功能。异步信号 *rst_b* 低电平有效且使 *Q* 为 1。设计并验证该 11 分频器模型 *Divide_by_11* 的 Verilog 描述。注意：所用到的 T 触发器模型也需要设计。

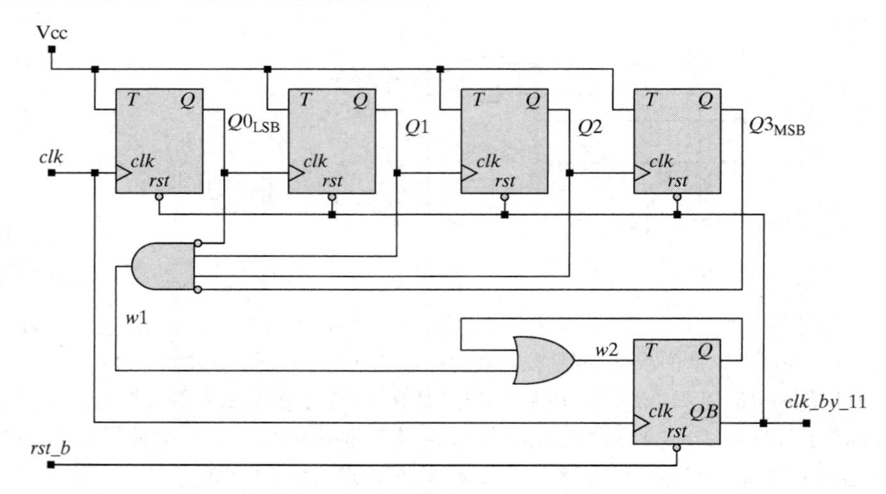

图 P4.19

第 5 章　用组合与时序逻辑的行为级模型进行逻辑设计

第 2 章讨论了组合逻辑的原理图、布尔方程和真值表描述。第 3 章回顾了设计时序逻辑电路所用的基本模型和人工方法。第 4 章介绍了用组合逻辑的门级和真值表描述相对应的 Verilog 结构。本章将提出基于布尔方程的 Verilog 模型，并且介绍一种用于组合与时序逻辑描述的更通用、更抽象的建模方式。算法状态机（ASM）图将被用于开发和设计有限状态机的行为级模型。也就是用算法状态机和数据通道（ASMD）图来设计由数据通道和控制单元构成的更通用的时序电路，这个图描述了状态机和它所控制的数据通道。此外，还将给出一些电路的综合行为级模型的设计。

5.1　行为建模

Verilog 支持结构级和行为级建模。结构级建模就是把基本与/或门的功能单元进行连接，产生某一特定的功能器件（如加法器），就像部件在芯片或电路板互连一样。但是，门级模型不一定是电路最简单或最容易理解的模型，特别是当设计包含较多逻辑门的时候。许多现代专用集成电路（ASIC）在一个芯片上就可能有几百万个逻辑门。同样，当电路有多个输入端的时候，真值表也变得不再实用，而且也限制了 Verilog 用户自定义原语的应用。在当今设计 ASIC 和现场可编程门阵列（FPGA）的方法中，大规模的电路被分割以形成一个架构——即通过端口进行通信的功能单元组成的结构，这样就可以用一个能表示其功能的行为级模型来描述每一个单元。尽管架构是由比整个设计简单的多个功能单元构成的，但是设计者仍然不能直接完成它们的门级实现。他们只是写出所谓的行为模型，而这些模型可以被自动地综合成门级电路结构。

传统情况下，设计者通过采用原理图输入工具把逻辑门连接起来形成门电路，完成门级（结构级）设计。但是现代设计方法则是将一个设计在抽象级别上进行分解和表述，然后再将其综合为对应的门级电路。综合工具将硬件描述语言（HDL）翻译并映射到物理工艺，如 ASIC 标准单元库，或者 FPGA 的可编程器件库。

行为级建模是工业上采用的一种非常重要的描述方式，可以用来进行大型芯片设计。行为级建模描述设计的功能特性，即所设计的电路是干什么的，而不用考虑怎样实现它的硬件设计。行为级模型描述的是逻辑电路的输入-输出模型，忽略了电路的低层次内部结构和物理实现的细节。传播延时不包含在电路的行为级模型中，但是，当对逻辑的物理实现施加了时序约束后，综合工具将对目标工艺库单元的传播延时予以考虑。行为建模鼓励设计者去做如下的事情：

（1）快速地创建该设计的行为模型（不要将模型与硬件细节联系起来）；

（2）验证其功能；

（3）用综合工具将设计优化并映射到所选择的物理工艺，使其满足时序和/或面积的约束条件。

如果行为级模型是以一种易综合的方式描述的①，那么综合工具将去除冗余逻辑，并在可供选择的电路结构和/或多级等效电路之间进行分析权衡，最终完成一个面积和时序约束都达到要

① 第 6 章将讨论如何用 Verilog 描述可综合的组合和时序逻辑模型。

求的设计。由于设计者将注意力集中到所实现的电路功能上，而不是具体逻辑门和它们的连接上，因而在将设计投产之前行为级建模为电路结构的选择提供了较大的自由度。

除了在综合中的重要性以外，行为级建模还允许将部分设计在不同的抽象层次和完整性级别上进行建模，这就为完成设计项目提供了灵活性。Verilog 语言适用于混合级别的抽象层次描述，使得在门级(即结构上)实现的设计部分能够与行为级描述设计部分同步，并能进行综合和仿真。

5.2 行为级建模的数据类型的简要介绍

考虑行为级建模之前，必须首先了解在 Verilog 模型中怎样表示信息和怎样使用这些信息。所有计算机程序都将信息表示为在存储器中可被获取、操作和存储的变量(如整数和实数)。变量可表示计算中所使用的数(如控制程序执行步骤重复顺序的循环标志)，或数据值(如二进制数)，或已得到的计算值(如两个数之和)。Verilog 中变量也能表示电路中的二进制编码逻辑信号。一个 Verilog 模型描述了在仿真环境中变量的波形如何演变及逐渐形成。例如，在第 4 章中半加器的 *sum* 和 *c_out* 位是以模型中基本门互连的特定方式推演得到的。变量则可以按照语言所支持的数据类型[①]管理规则来描述和使用。

Verilog 的所有变量都是具有预先定义的类型，且只有两种数据类型：线网型和寄存器型。线网变量起到物理电路中导线的作用，建立了设计对象之间的连接；寄存器变量与普通程序语言中变量的作用类似，即在程序运行过程中存储信息。不是所有的数据类型都在综合过程中被使用，主要使用线网类型的 ***wire*** 和寄存器类型的 ***reg*** 和 ***integer***。***wire*** 和 ***reg*** 默认为是 1 位变量，***integer*** 的大小自动取主机所支持的计算机字长，至少 32 位。

5.3 基于布尔方程的组合逻辑行为级模型

布尔方程可以用变量的运算表达式描述组合逻辑，在 Verilog 中其对应形式为连续赋值语句。

例 5.1 图 4.7 所示的 5 输入与或非门(AOI)电路可用单个的连续赋值语句来描述，该语句是通过对输入运算来产生的电路输出，如下面的 AOI_5_CA0 程序所示：

```
module AOI_5_CA0 (
   input              x_in1, x_in2, x_in3, x_in4, x_in5,
   output             y_out
);
  assign y_out = !((x_in1 && x_in2) || (x_in3 && x_in4 && x_in5));
endmodule
```

关键词 ***assign*** 定义了连续赋值，并将等式右边(RHS)的布尔表达式与等式左边(LRS)变量关联起来，并描述了如何依据右边(RHS)布尔表达式的值来为左边(LRS)变量赋值。Verilog 具有几个内置的运算符，它们在表达式中用于算术、逻辑和面向机器(如串行、缩位和移位操作)的运算。

例 5.1 中 *AOI_5_CA0* 的表达式使用了逻辑非操作符("!")[②][③]，逻辑与操作符("&&")，以及

---

① 参见附录 C 中关于 Verilog 变量类型的讨论。

② ||,&& 和! 分别定义了逻辑操作符 OR，AND，NOT。当操作数是标量时相应地可能会使用位操作符，但是当运算的目的是表示逻辑时应使用逻辑操作符。

③ 关于 Verilog 操作符的讨论和示例参见附录 D。

逻辑或操作符("||")。通常认为赋值是对右边表达式的变量敏感的，因为在仿真期间任何时刻右边的变量都可以发生变化(例如当一个事件发生时)，这就需要对右边的表达式重新计算，并将计算结果用于更新左边的变量。连续赋值语句是用来描述隐式组合逻辑的，因为连续赋值语句的表达式等效于用同样的布尔函数实现的逻辑门。但需要注意，连续赋值语句要比电路原理图或基本门的网表更紧凑、更易理解。

例 5.2　一个 5 输入的 *AOI* 电路可被修改成具有一个附加输入 *enable* 和一个三态输出门的结构形式，其程序如下面的 *AOI_5_CAI* 所述：

```
module AOI_5_CA1 (
  input        x_in1, x_in2, x_in3, x_in4, x_in5, enable,
  output       y_out
);
 assign y_out = enable ? !((x_in1 && x_in2) || (x_in3 && x_in4 && x_in5)) : 1'bz;
endmodule
```

条件操作符(? :)的作用就像在两个表达式之间进行选择的 if-then-else 软件开关。本例中，如果 *AOI_5_CAI* 的 *enable* 值为真，那么计算"?"右边的表达式，并赋值给 *y_out*；否则将":"①右边表达式的值赋给 *y_out*。此例也说明了如何编写包含有三态输出门的模型，当 *enable* 有效时，由组合逻辑确定 *y_out* 的值；而当 *enable* 无效时，则 *y_out* 的值为 *z*，这种功能与图 5.1 所示的等效逻辑电路相对应。注意，连续赋值语句是一个固有的、抽象的、紧凑的表示形式，描述了其等效的门级原理图或基本门的网表的结构。

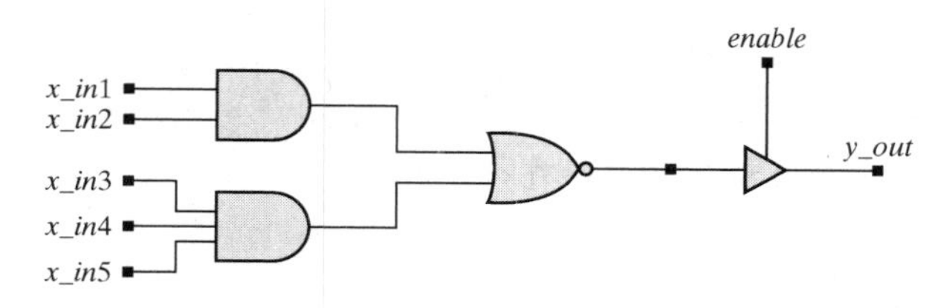

图 5.1　由 *AOI_5_CAI* 建模的等效电路

连续赋值语句会在目标线网变量和布尔表达式之间建立一个事件调度规则。一个程序模块可以包含多条连续赋值语句，并且和所有其他的连续赋值、基本门、行为描述语句和例化模块同时有效，就像加到电路中的所有电子信号同时起作用一样。作为定义 ***wire*** 型变量的一种方式，连续赋值语句也能被隐式地、高效地使用(不使用关键字 ***assign***)。

例 5.3　*AOI_5_CA2* 所描述的模型定义了 *y_out* 为 ***wire*** 型数据，并确定了 *y_out* 值的布尔表达式。对于输出端口来说，如果没有定义其为 ***reg*** 型，那么默认其为 ***wire*** 型。

```
module AOI_5_CA2 (
  input        x_in1, x_in2, x_in3, x_in4, x_in5, enable,
  output       y_out
);
 assign y_out = enable ? !((x_in1 && x_in2) || (x_in3 && x_in4 && x_in5)) : 1'bz;
endmodule
```

连续赋值语句用内置的 Verilog 运算符来表达信号值是如何抽象形成的。每一种操作都有一个门级对应电路，所以这些表达式很容易被综合成物理电路。

例 5.4　带有条件运算符的连续赋值语句为模拟图 5.2 所示的多路复用器电路提供了一种简

① 条件操作符的语法要求指定两个可替代的表达式。

捷的方法。在 *Mux_2_32_CA* 中，信号 *select* 或是已选数据通道的事件将导致 *mux_out* 在仿真期间被更新。

```
module Mux_2_ 32_CA #(parameter word_size = 32) (
   output    [word_size -1: 0]          mux_out,
   input     [word_size -1: 0]          data_1, data_0,
   input                                select
);
  assign  mux_out = select ? data_1 : data_0;
endmodule
```

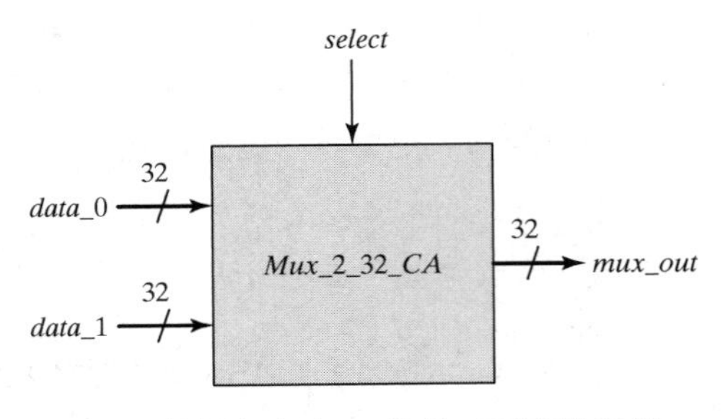

图 5.2 数据宽度为 32 位的双通道选择器

应该注意，*Mux_2_32_CA* 中的 32 位数据宽度的大小是由一个参数指定的，该参数使得模型规模可变、可移植而且有效。这些参数都是常量，且在仿真期间保持不变。

5.4 传播延时与连续赋值

传播(惯性)延时与连续赋值相关联，使得它的隐含逻辑与其他对应门级电路具有同样的功能和时序特性。

例 5.5 在隐式逻辑门上具有单位传播延时的与或非门(AOI)结构的功能可用如下 *AOI_5_CA3* 程序段描述。每个 *wire* 变量的定义都包含一个给变量赋值的逻辑表达式，还包含一个单位时间延时。在仿真过程中三个连续赋值语句同时执行，每个语句都有一个可由仿真器实现的监测机构，来监测语句右边表达式的变化，并依据传播延时，用所发生的变化来更新左边的变量，就像等效组合逻辑在输入的影响下进行工作的情况一样。

```
module AOI_5 _CA3 (output y_out, input x_in1, x_in2, x_in3, x_in4);
  wire #1 y1 = x_in1 && x_in2;
  wire #1 y2 = x_in3 && x_in_4;
  wire #1 y_out = !(y1 || y2);
endmodule
```

例 5.6 本例给出例 4.4 中描述 2 位比较器结构化模型的另一种描述，下面给出的模型 *Comp_2_CA0* 是通过三个并发连续赋值语句(隐含组合逻辑)① 进行描述的。该模型与 *compare_2_str* 是等效的，但是没有明确的硬件或基本门。

```
module Comp_2_CA0 (
  input A1, A0, B1, B0,
  output A_lt_B, A_gt_B, A_eq_B
);
  assign A_lt_B = (!A1) && B1 || (!A1) && (!A0) && B0 || (!A0) && B1 && B0;
  assign A_gt_B = A1 && (!B1) || A0 && (!B1) && (!B0) || A1 && A0 && (!B0);
  assign A_eq_B = (!A1) && (!A0) && (!B1) && (!B0) || (!A1) && A0 && (!B1) && B0
           || A1 && A0 && B1 && B0 || A1 && (!A0) && B1 && (!B0);
endmodule
```

需要注意的是，连续赋值语句忽略了有关模型内部结构的细节，只给出了描述比较器输入-输出关系的布尔方程，而综合工具将对其进行具体的硬件实现。

与组合逻辑的电路原理图、真值表和布尔方程描述相对应的三种 Verilog 语言结构形式如图 5.3 所示。所有三种形式的描述都是对电平敏感特性的描述，即当输入变化时会立即被更新。

① 源代码中所列的多条连续赋值语句的次序是任意的，即仿真结果与语句执行的顺序无关，对赋值而言没有先后次序。

没有一个例子能模拟反馈结构，但后面可以了解到带反馈的连续赋值语句就是硬件锁存器的可综合模型。

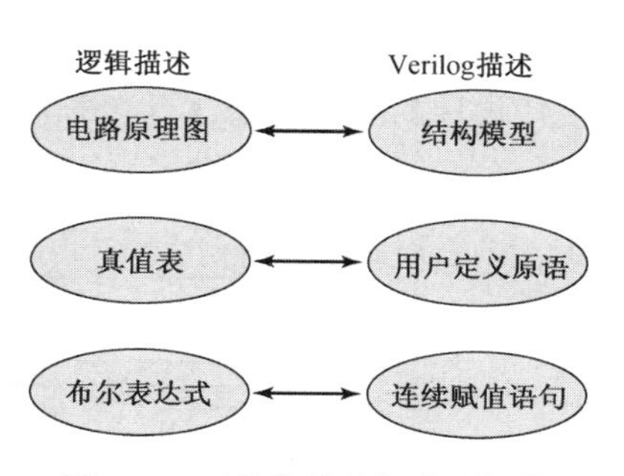

图 5.3　三种常见的组合逻辑的Verilog描述的对应形式

5.5　Verilog 中的锁存器和电平敏感电路

锁存器（见第 3 章）的电平敏感存储机制可以用多种方法进行模拟。首先要注意如果右边表达式中的一个变量也是赋值的目标变量，那么这组连续赋值语句就具有隐式反馈。例如，一对交叉耦合的 NAND 门可建模为

```
assign q = set ~& qbar;
assign qbar = rst ~& q;
```

其隐含的特性仍是电平敏感的，但是它将与硬件锁存器的反馈结构相对应。然而，综合工具无法适应这种反馈形式，但是它们支持右边使用条件操作符的隐含反馈的连续赋值语句，如例 5.7 所示。

例 5.7　当锁存器为使能状态时，D 锁存器的输出跟随着数据输入的变化而变化；相反，当使能输入无效时，输出将保持它的已有值。例 4.14 叙述了 D 锁存器的真值表模型，这里 *Latch_CA* 使用带反馈的连续赋值语句来模拟这个功能。

```
module Latch_CA (output q_out, input data_in, enable);
  assign q_out = enable ? data_in: q_out;
endmodule
```

图 5.4 所示为通过对 *Latch_CA* 仿真所产生的波形。注意，当 *enable* 有效时 *q_out* 如何跟随 *data_in* 变化，而当 *enable* 无效时又如何将 *q_out* 锁存为 *data_in* 的值。在右边的表达式中可作为左边目标变量的 *q_out* 隐含了硬件中的结构化反馈，并可综合成一个锁存器。

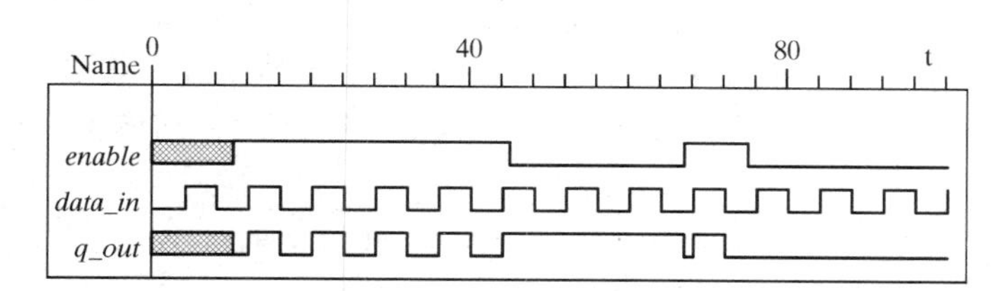

图 5.4　用带反馈的连续赋值语句建模的 D 锁存器的仿真结果

当一条带条件操作符的连续赋值语句中出现反馈时，综合工具将判断出它具有一个锁存器的功能，并给出它的硬件实现。第 6 章将讨论有关锁存器有目的综合和无目的综合的描述。

例 5.8　下面的锁存器模型 *Latch_Rbar_CA* 使用一个嵌套的条件操作符来为 D 锁存器添加低有效复位功能。对 *Latch_Rbar_CA* 的仿真产生图 5.5 所示的波形，图中 *enable* 和 *reset_bar* 的作用是显而易见的。

```
module Latch_Rbar_CA (
  output      q_out,
  input       data_in, enable, rst_b
);
 assign q_out = !(rst_b == 1'b0) ? 0 : enable ? data_in : q_out;
endmodule
```

Verilog 支持能够定义相同功能的多种描述风格。连续赋值语句对于模拟较简单的布尔表达式、三态行为特性以及 D 锁存器是很方便的。但是对于有几个变量或者较复杂的表达式，在一个

连续赋值语句中书写很长的布尔方程模型容易出现错误。即使是书写完全正确，布尔表达式也可能使设计的功能表述得不清楚。所以值得研究另一种简单而且可读性好的语句结构形式，这种语句结构能够描述边沿敏感以及电平敏感的行为特性。

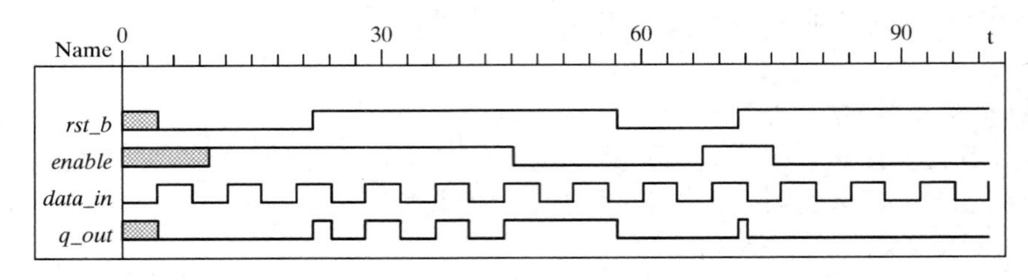

图 5.5 低有效复位、高有效使能的透明锁存器的仿真结果

5.6 触发器和锁存器的周期性行为模型

在模拟电平敏感行为(如组合逻辑和透明锁存器)时，连续赋值语句受到了限制。它们不能模拟具有边沿敏感行为的元件，例如触发器。许多数字系统都是借助同步信号(通常称为时钟)的某个边沿触发动作来进行同步的。Verilog 用周期性的行为来模拟电路的边沿敏感功能，就像可用单向行为来模拟 testbench 中(见例 4.7)的信号发生器一样，这种周期性行为是抽象的，而且不能用硬件来指定其信号值。然而，它们可以通过执行过程语句来产生变量值，就像执行一般程序语言(如 C)一样，能够在存储器中获取、赋值和存储变量。之所以称为周期行为，是因为它们在最后一条过程语句执行完之后仍然不能终止，而是继续执行。这些语句的执行可能是无条件的，或者可能是由一个可选事件控制表达式进行控制的。周期行为可用于模拟(和综合)电平敏感和边沿敏感(同步)行为(如触发器)。

例 5.9 模块 *df_behav* 中的关键词 ***always*** 定义了一个边沿触发的触发器相对应的周期性行为。在 *clk* 的每个上升沿，执行描述这种行为的过程语句，计算 *q* 值并将它存在存储器中。在 *q* 变化后，连续赋值语句立即由 *q* 形成 *q_bar*①。非阻塞(或并发)赋值操作(<=)将在以后详细介绍。

```
module df_behav (output reg q, output q_bar, input data, set_b, reset_b, clk);
  assign q_bar = !q;
  always @ (posedge clk)     // Synchronous set/reset
    if (reset_b == 1'b0) q <= 0;
      else if (set_b == 1'b0) q <= 1;
      else q <= data;
    end
endmodule
```

模块 *df_behav* 中 *rst_b* 的动作是同步的，因为过程语句在 *clk* 的有效沿到来前不会对仿真产生影响。因为 *q* 被定义为 ***reg*** 型寄存器变量，变量 *q* 将保持原有值直到 *clk* 的下一个有效沿时刻，时钟有效沿可用 ***posedge*** *clk* 指定。

在过程语句中，操作符(< =)被称为过程赋值运算符。在单向或周期性行为中由过程赋值操作符赋值的变量必须是一个已定义的寄存器型变量(不是线网型)。寄存器变量在仿真期间将暂存信息，但这不一定代表已综合电路中会包括硬件寄存器②。

---

① 一般使用位操作符 ~ 来表示一个反相器。既然 *q_bar* 是一个标量变量，那么这个操作符与操作符！有相同的效果。

② 第 6 章将讨论模型中的寄存器变量是否可综合成为硬件存储元件。

5.7 周期性行为和边沿检测

周期性行为在仿真一开始便被激活，并且在延时控制（延时控制操作符#）和事件控制表达式（事件控制操作符@）所决定的控制条件下执行与其相关的过程语句①。Verilog 关键词 ***posedge*** 检测事件控制表达式，并在自变量信号（如例 5.9 的 *clk*）的上升沿到来时执行过程语句。上升沿（***posedge***）和下降沿（***negedge***）的边沿语义已内置于 Verilog 语言中。

仿真器自动监视事件控制表达式中的变量，当表达式的值改变时，若使能状态有效，则执行相关的过程语句；当周期性行为的所有语句执行结束时，计算动作流程返回到关键词 ***always***，并再次按照事件控制表达式开始执行。如果一条正在执行的语句遇到延时控制操作符或者事件控制表达式，那么行为的动作流程处于暂时等待状态，直到指定的时间结束或者事件控制表达式检测到适合的行为动作，才能继续执行。在 *df_behav* 中，周期性行为过程语句中的条件（***if*** 和 ***else if***）测试相关表达式的计算值是否为真，若为真，则会执行相应语句（或 ***begin…end*** 块语句）。

例 5.10 触发器的复位动作也可能是异步的。下面由 *asynch_df_behav* 所模拟的功能对时钟的上升沿敏感，而且对 *reset* 和 *set* 的下降沿敏感（*reset* 优先）。只有在异步输入无效时，条件语句中的最后一个子句在 *clk* 的上升沿时刻才会执行。

```
module asynch_df_behav (
  input          data, set_b, rst_b, clk,
  output reg     q,
  output         q_bar
);
  always @ (posedge clk, negedge set_b, negedge rst_b)
    if (rst_b == 1'b0) q <= 0;

    else  if (set_b == 1'b0) q <= 1;
     else q <= data;                  // synchronized activity
endmodule
```

注意，*clk* 和 *clock* 不是关键词，所以在 ***if*** 语句中的最后一个条件子句中，把与同步行为的同步信号相关的计算放在什么地方是非常重要的。根据编码规则综合工具就可以正确地识别同步信号（它在事件控制表达式中的名字和位置均未预先确定），并且推断出在同步信号的有效沿之间触发器需要保持的 *q* 值。

asynch_df_behav 的周期性行为在仿真开始时便被激活并立刻停止，直到事件控制表达式发生变化时为止②。形成的表达式可作为 *set*，*reset* 和 *clk* 的“事件或”③。Verilog 语言允许在事件控制表达式中由电平敏感和边沿敏感的变量混合应用的情况，但是综合工具不支持这样的行为模型。因此要确定检查描述是全部边沿敏感还是全部电平敏感。

例 5.11 通过周期性行为利用 *tr_latch* 描述文件可对 D 锁存器进行模拟，该周期性行为的电平敏感事件控制表达式对 *enable* 的变化或者 *data* 的变化是敏感的④。

---

① ***wait*** 语句也将暂停执行，但它不能通过主流的综合工具来进行综合。本书不讨论它，或者不会在模型中使用它。

② 如果事件控制表达式被赋值为 1，那么在仿真一开始，*clk* 事件就会发生。

③ Verilog 2001（见附录 I）介绍了当用逗号分隔敏感列表时更方便构成事件控制表达式的选择条件。在 Verilog 2001 之前事件控制表达式将会被描述为使能（enable）或者数据（data）。

④ 这是一个 D 锁存器的首选模型（Verilog 寄存器传输级综合 1364.1IEEE 标准）。

```
module tr_latch (output reg q_out, input data, enable);
  always @ (enable, data)
    if (enable == 1'b1) q_out <= data;
endmodule
```

当 *enable* 在 *tr_latch* 中有效时，仿真行为被激活，*q_out* 会立即得到 *data* 值，然后执行返回到 ***always*** 结构，并停下来，等待事件控制表达式的下一次变化。如果数据在 *enable* 有效时发生变化，那么得到 *data* 值的 *q_out* 会出现反复循环执行的情况。由于 ***if*** 语句的控制流设有分支，所以在 *enable* 无效的期间内，*q_out* 保持它在 *enable* 刚进入无效状态时的值，而且在 *enable* 为无效状态期间，*data* 事件重新激活进程，但是不会给 *q_out* 赋值。

5.8 行为建模方式的比较

前面已经看到，2 位比较器可以用门级结构(见例 4.4)和基于布尔方程的行为级模型(见例 5.6)来描述，以下将对包括连续赋值的 3 种建模描述方式进行比较和阐述：

(1)连续赋值；

(2)寄存器传输级逻辑(RTL)；

(3)行为算法的建模方式。

5.8.1 连续赋值模型

基于连续赋值的建模方式描述电平敏感行为。连续赋值在语句之间、基本门之间以及描述中的所有行为模块之间都是并行执行的。

例 5.12 *Comp_2_CA1* 功能显示来自连续赋值语句中的各表达式。这里，Verilog 位拼接运算符{ }把数据通道的各个位拼接起来形成位宽为 2 位的向量，右边表达式的布尔值决定给左边变量赋予的值为 1 还是 0[①]。注意这一点在门级实现中并不明显。

2 位比较器的另一种简单而有效的实现使用了带有已定义的 2 位向量 *A* 和 *B* 的连续赋值语句和关系操作符，如下所示。

```
module Comp_2_CA1 (output A_lt_B, A_gt_B, A_eq_B, input A1, A0, B1, B0);
  assign          A_lt_B = ({A1, A0} < {B1, B0});
  assign          A_gt_B = ({A1, A0} > {B1, B0});
  assign          A_eq_B = ({A1, A0} == {B1, B0});
endmodule
```

例 5.13 *Comp_2_CA2* 中，连续赋值语句的右表达式对 A 和 B 敏感，计算值为 1 时表示真(true)，为 0 时表示假(false)。

```
module Comp_2_CA2 (output A_lt_B, A_gt_B, A_eq_B, input [1: 0] A, B);
    assign                    A_lt_B = (A < B);
    assign                    A_gt_B = (A > B);
    assign                    A_eq_B = (A == B);
endmodule
```

假设现在想要扩展这个模型，用来比较两个 32 位字长的数据，如图 5.6 所示。要写出能比较 32 位字长的布尔方程是不可行的。

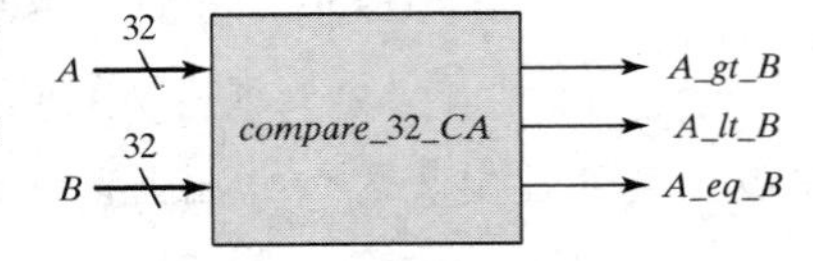

图 5.6 32 位比较器的方框图

例 5.14 32 位比较器和 2 位比较器具有同样的功能，所以可以通过增加一个用来定义数据通道字长大小的参数，在上一个例子模型的基础上加以改进。

---

① 一般来说，如果 Verilog 表达式计算出的二进制值等效于一个正数，则该表达式为真，反之则为假。

该描述也是用一条语句定义了连续赋值语句列表，并用逗号分隔开。这个模型可读性强、容易理解、紧凑并且还能扩展为任意大小的数据通道比较器的情形。

```
module compare_32_CA #(parameter word_size = 32)(
  output A_gt_B, A_lt_B, A_eq_B,
  input [word_size -1: 0] A, B
);

  assign A_gt_B = (A > B);
  assign A_lt_B = (A < B);
  assign A_eq_B = (A == B);

endmodule
```

5.8.2 数据流/寄存器传输级模型

组合逻辑的数据流模型通常用来描述同步机信号的并发运算，在同步机中计算的初始化是在时钟的有效沿时刻进行的，计算是在下一个有效沿时刻寄存器的存储前完成的。在每个有效时刻，硬件寄存器就会读取和存储前一个时钟沿所形成的数据输入，然后在下一个沿将传递寄存器中存储的新值。同步机的数据流模型也称为 RTL(寄存器传输级)模型，因为它们描述了寄存器在同步机[1,2]中的动作。RTL 模型也可以写成特定结构形式，即寄存器、数据通道、机器操作及其已知的操作规则等。

组合逻辑的行为模型能够由一组并发连续赋值语句(见例 5.6 和例 5.13)描述，也可以用等效的异步(如电平敏感)周期性行为描述。周期性行为可以用关键词 ***always*** 来定义，依次顺序执行，并且是无限地反复执行。

例 5.15 在 *Comp_2_RTL* 中，无论数据通道的哪一位在任何时间发生变化，电平敏感的周期性行为都将不断进行，不断更新它的输出。

```
module Comp_2_RTL (output reg A_lt_B, A_gt_B, A_eq_B, input A1, A0, B1, B0);

  always @ (A0, A1, B0, B1) begin
    A_lt_B =   ({A1, A0} < {B1, B0});
    A_gt_B =   ({A1, A0} > {B1, B0});
    A_eq_B =   ({A1, A0} == {B1, B0});
  end

endmodule
```

例 5.15 中的赋值操作符就是普通过程赋值操作(=)，因而语句是按照排列顺序依次执行的，并在任一语句执行后、下一语句执行前即时进行值的存储。因为在 *Comp_2_RTL* 中，三条过程语句的左边变量之间不存在数据的依赖关系，因而语句的排列次序不会对结果产生影响。这种情况不会经常出现。

例 5.16 图 5.7 所示的移位寄存器是由如下带有一组过程赋值的同步周期性行为描述的。

```
module shiftreg_PA (output reg A, input E, clk, rst);
 reg B, C, D;
 always @ (posedge clk, posedge rst) begin
  if (rst == 1'b1) begin A = 0; B = 0; C = 0; D = 0; end
  else begin
   A = B;
   B = C;
   C = D;
   D = E;
  end
 end

endmodule
```

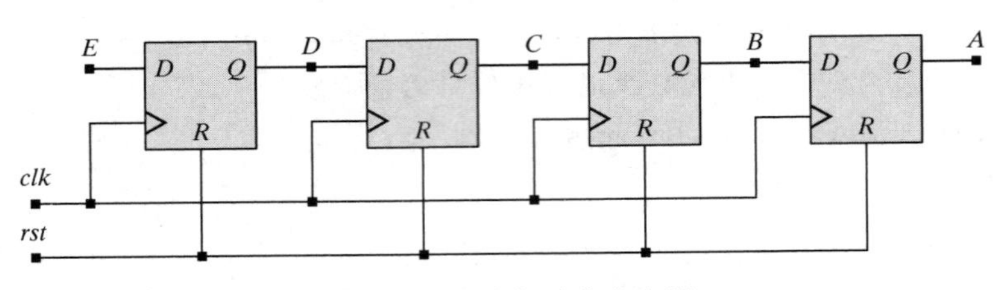

图 5.7 4 位串行移位寄存器

如果模型中的过程赋值语句顺序被颠倒，例如在下面的 *shiftreg_PA_rev* 模型中，那么会引起什么样的结果呢?

```
module shiftreg_PA_rev (output reg A, input E, clk, rst);
  reg B, C, D;

  always @ (posedge clk, posedge rst) begin
    if (rst == 1'b1) begin A = 0; B = 0; C = 0; D = 0; end
    else begin
      D = E;
      C = D;
      B = C;
      A = B;
    end
  end

endmodule
```

一组语句是按从上至下的顺序执行的，由第一条过程语句所完成的赋值的作用是瞬时的，所以 *D* 发生了变化，并将已更新的值用在第二条语句中，以此类推。语句在同一仿真步骤中是按次序执行的，这四条语句等同于将 *E* 赋给 *A* 这样一条语句。综合工具能够识别这种表达式的替代形式，所综合的电路是由一个触发器组成的，如图 5.8 所示。

阻塞赋值(或者阻塞过程赋值)使用 = 操作符来表示。过程赋值语句常被称为阻塞赋值语句，因为进行过程赋值的语句必须在行为中的下一条语句执行之前完成执行过程(把结果写入存储器中)。紧跟其后的过程赋值语句被阻塞执行，直到正在执行的过程赋值语句完成执行任务时为止。这就使表达式的替代成为可能。若没能注意到表达式替代的影响就可能产生错误的模型。

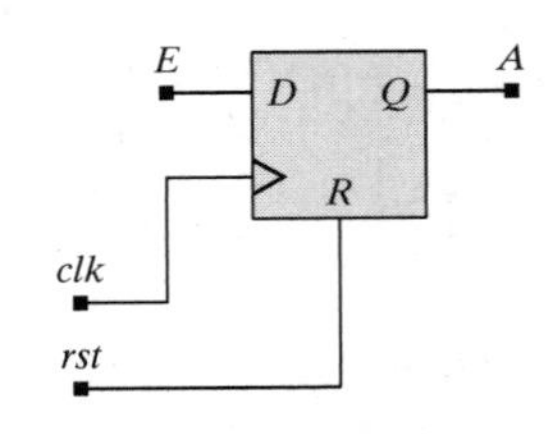

图 5.8 由错误的模型表达式替代所综合出的4位串行移位寄存器电路

另一种 Verilog 数据流模型使用了并发过程赋值语句，在周期性行为中也称为非阻塞赋值。非阻塞赋值是用非阻塞赋值操作符(< =)表达的，而不是普通的(过程、时序)赋值操作符(=)。非阻塞赋值语句能够高效地并发(并行)执行，而不是顺序执行，所以语句在列表中的排列次序没有影响。进一步说，仿真器必须完成一个抽样机制，通过该机制，非阻塞赋值的语句的右表达式所涉及的所有变量都要被抽取，并且保存到存储器中用来并行地更新左边变量①。因此，非阻塞赋值语句排列次序的改变不会影响到左边变量的赋值结果，因为赋值是基于那些在该语句执行前由右边变量即时保存的值。

例 5.17 图 5.7 所示的 4 位串行移位寄存器的等价模型可用非阻塞赋值操作符(< =)描述如下。

---

① 避免对相同的变量进行多个行为赋值是明智的，因为软件会紊乱使得输出不确定。参见附录 G。

```
module shiftreg_nb_V05 (
 output reg      A,
 input           E, clk, rst
);
 reg             B, C, D;

 always @ (posedge clk, posedge rst) begin
  if (rst == 1'b1) begin A <= 0; B <= 0; C <= 0; D <= 0; end
   else begin
     A <= B;          //          D <= E;
     B <= C;          //          C <= D;
     C <= D;          //          B <= C;
     D <= E;          //          A <= B;
   end
 end

endmodule
```

shiftreg_nb 中，已注释(//)的非阻塞赋值具有相反的次序，但在仿真中会产生相同的结果，并且将综合为同一种结构。非阻塞赋值队列中的语句是并发执行的，而不取决于它们的相对次序。这种方式描述了在实际硬件电路中遇到的并发性行为和在同步机中出现的寄存器传输行为。

当周期性行为执行非阻塞赋值语句时，仿真器在给左边的目标赋值之前要计算每个右表达式的值。一般来说，这样就阻断了赋值之间的任何关联，消除了它们对相关次序的依赖性。而过程赋值(如用“＝”的那些赋值语句)不是这种情况，因为这些语句是依次执行的。如果能不依赖于语句书写的次序，那么阻塞赋值或非阻塞赋值均可以使用(见例 5.15)。然而，如果正在模拟的是包含边沿驱动寄存器传输的逻辑，那么强烈建议边沿敏感(同步)操作由非阻塞赋值语句来描述，而组合逻辑用阻塞赋值来描述，这样做就可以防止组合逻辑和寄存器操作之间发生竞争。

5.8.3　基于算法的模型

用电路输入-输出算法关系描述的行为模型要比 RTL 描述更抽象。这种描述方法规定了周期性行为中过程语句的次序。语句的执行结果决定了存储变量的值以及其最后的输出。模型所描述的算法与硬件之间没有明显的对应关系，而且它也不具有存储器、数据通道和计算资源这样的隐含结构。这种方式对于综合工具是很大的挑战，因为它必须完成架构上的综合，这种综合提取了支持该算法的资源(如确定对处理器、数据通道和硬件存储器的实际要求)和方案要求，然后将该描述映射到可综合逻辑的 RTL 模型。

不是所有算法都能够用硬件实现。然而，这种描述方式很有用也很有吸引力，因为它是抽象的，而且消除了对先验结构的需求。这种描述的可读性非常好，而且容易理解。主要区别是数据流(RTL)模型中的赋值语句是并行执行的，而且是在指定结构描述的上下文中显式定义的寄存器上进行操作运算的，而算法模型中的语句是按次序执行的，没有明显的结构形式。

例 5.18　*Comp_2_algo* 中的算法将所有寄存器变量初始化为 0，以防止不需要的锁存结果的影响。然后算法遍历决策树来确定 3 个输出哪个是有效的，无效的输出将保持程序开始时赋给的值。

```
module Comp_2_algo (output reg A_lt_B, A_gt_B, A_eq_B, input [1: 0] A, B);
 always @ (A, B)          // 电平敏感行为
  begin
     A_lt_B = 0;
     A_gt_B = 0;
     A_eq_B = 0;
     if (A == B)             A_eq_B = 1;    // 注意：圆括号是必需的
```

```
    else if (A > B)     A_gt_B = 1;
    else                A_lt_B = 1;
  end
endmodule
```

图 5.9 所示的门级电路是对 *Comp_2_algo* 电路综合而成的①，是由通用门来实现的。应该注意是：这种描述方法尽管使用寄存器变量支持其运算方式，但因为这种描述方法直接可被综合成组合逻辑电路，所以不需要硬件存储器。

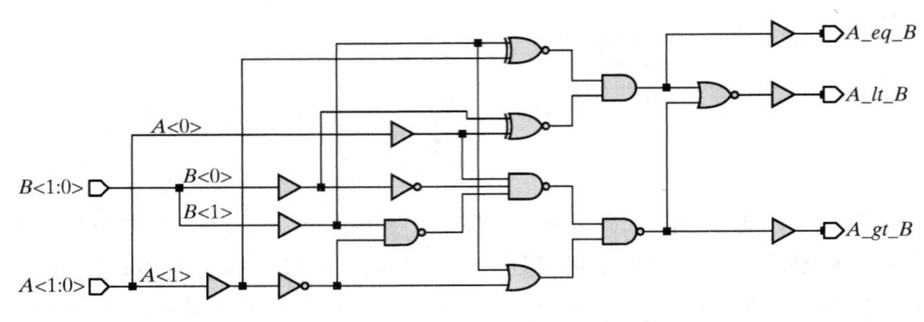

图 5.9　对 *Comp_2_algo* 电路的综合结果

5.8.4　端口名称：风格问题

设计人员要遵循 Verilog 模型描述风格的复杂规则，目的是为了保证使用那些综合工具支持的结构。其他的规则管理文本的大写和小写的使用，以及针对信号、模块、函数、任务和端口的命名规范，以增加代码的可读性和可重复性[3]。信号应该有能描述其用途(如时钟)的名称，而模块、函数和任务应该有能描述所封装功能(如比较器)的名称。本书的例子一般都遵循特定的端口命名规范，端口将按下列次序命名：数据通道的双向信号，双向控制信号，数据通道输出，控制输出，数据通道输入，控制输入，同步信号。

5.8.5　用行为级模型仿真

基本门输入端发生的事件迫使仿真器要为其输出更新事件。同样，连续赋值语句右边表达式中的事件也会迫使仿真器为赋值目标变量进行时序处理。在这两种情况中，门级原语或连续赋值相关的任何传播延时控制事件时序安排，对在仿真器中发生在下一步骤的输出或者目标事件的时序安排有影响，而不是当前这一时间步长。当周期性进程激活时，仿真器工作状况是不一样的。与其相关的语句在同一时间都是按顺序执行的，直到仿真器遇到延时控制操作符(#)、事件控制操作符(@)，***wait*** 结构，或是行为的最后一条语句。前三种情况都可能暂停行为语句的执行，直到一个条件满足时才会重新启动。最后一种可能使仿真进程重新从行为的第一条语句开始执行。原语和连续赋值的模型不能停止它们自己的执行，因为它们的执行是瞬间完成的。周期性行为可以中止(暂停)它们自己的进程。当它们暂停的时候，可能引起其他行为、基本门和连续赋值等的激活。但是当有效激活行为被暂停时，系统的其他部分都会等待它的暂停，即会出现一种周期性或单次行为无休止地执行而没有暂停机制的死循环，从而会耗费仿真器的资源。好的建模方法应防止这种情况的发生，否则就只能按 ***off*** 按钮停止仿真。

如果多个行为在同一时间激活，那么仿真器执行它们的次序是不确定的，必须注意要避免多个行为赋值给同一寄存器的情况，因为这样做会导致赋值结果的不确定。综合工具将会在建模时提醒用户注意这些特性。

① 注意，用 Synopsys 的设计编译器时，这个工具用尖括号 < > 来表示矢量范围，而不是用方括号[ ]表示。

5.9　多路复用器、编码器和译码器的行为模型

第 3 章讨论了一些组合逻辑的基本的结构模块，如多路复用器、编码器和译码器等。这里提到它们的 Verilog 模型是为了说明其他电平敏感行为的描述，以及将它们集成到 ASIC 库中①。

例 5.19　*Mux_4_32_case* 是一个数据宽度为 32 位的带三态输出的多路复用器的行为模型，如图 5.10 所示。***Default*** 选择将覆盖在仿真中可能发生的其他情况，而且如果一条 ***case*** 语句没用 0 和 1 对所有的可能情况进行充分编码，就应该特别注意避免硬件锁存器被无意识地综合的情况。也就是说，如果 ***case*** 条目没能被全部列写出来，那么在综合中默认的赋值就会被当做无关紧要的条件对待，这样可能会得到更小规模的电路。

```
module Mux_4_32_case (
  output        [31: 0]        mux_out,
  input         [31: 0]        data_3, data_2, data_1, data_0,
                [1: 0]         select,
  input                        enable
);
  reg           [31: 0]        mux_int;
  assign mux_out = enable ? mux_int : 32'bz;
  always @ (data_3, data_2, data_1, data_0, select)
    case (select)
      0:                       mux_int = data_0;
      1:                       mux_int = data_1;
      2:                       mux_int = data_2;
      3:                       mux_int = data_3;
      default:                 mux_int = 32'bx;     // 可以在仿真中执行
    endcase
endmodule
```

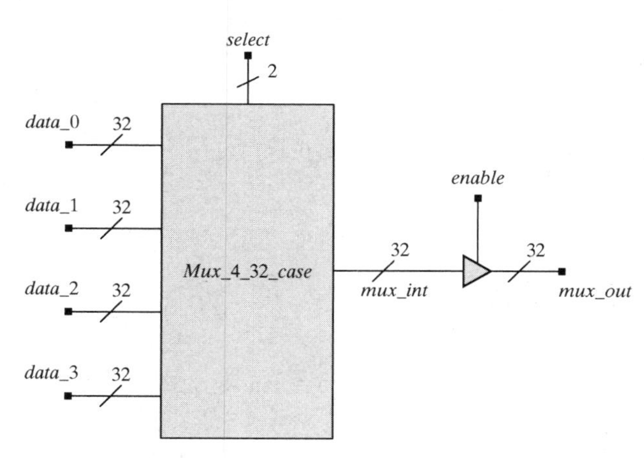

图 5.10　4 通道 32 位多路复用器

Verilog 中的 ***case*** 语句类似于其他语言中的相应语句(如 C 中的 *switch* 语句)，它从顶部到底部在选择表达式和选择条件之间寻找匹配情况，并将其表示成为 Verilog 四值逻辑制的一个值。***case*** 语句只执行所找到的第一个匹配条件对应的表达式，而不考虑其余任何的可能性。

Mux_4_32_case 中的关键词 *always* 定义一个行为或进程(计算动作流程)，它在仿真中的事件控制表达式(*data_3* 或 *data_1* 或 *data_1* 或 *select*)发生变化时开始执行。对这种行为可以简单解

① 描述组合与时序逻辑的易综合模型的方式将在第 6 章中讲述。

释为：数据通道输入或选择总线无论何时改变值，都会对内部存储变量的值 *mux_int* 进行译码和更新。*Mux_4_32_case* 中的连续赋值语句用来描述在 *enable* 为高(有效)情况下的三态输出。

Mux_4_32_case 中的@ 操作符表示事件控制，意思是在有效事件发生之前，事件控制表达式后的过程语句是不会执行的。而当有效事件发生时，这些过程语句会从顶部到底部按次序执行，并且当最后一条语句执行完毕时，计算动作流就会返回到关键词 ***always*** 所在的位置，在那里事件控制操作符@ 暂停工作，等待下一个敏感事件的发生。然后反复循环执行。当仿真开始时，周期性行为在仿真时间为 0 时进入有效状态，而在本例中，在事件控制表达式发生变化之前，仿真行为一直处于暂时等待状态。***case*** 语句执行时会给 *mux_int* 赋值，并立即将控制返回给事件控制操作符。

例 5.20　另一种模型是用嵌套条件语句(***if***)来模拟多路复用器。模拟 *Mux_4_32_if* 也包括形成三态输出的连续赋值语句。

```
module Mux_4_32_if (
   output  [31: 0]   mux_out,
   input   [31: 0]   data_3, data_2, data_1, data_0,
   input   [1: 0]    select,
   input             enable
);
   reg     [31: 0]    mux_int;
   assign mux_out = enable ? mux_int : 32'bz;
   always @ (data_3, data_2, data_1, data_0, select)
      if (select == 0) mux_int = data_0; else
       if (select == 1) mux_int = data_1; else
        if (select == 2) mux_int = data_2; else
         if (select == 3) mux_int = data_3; else mux_int = 32'bx;
endmodule
```

例 5.21　使用?：输入符的嵌套条件赋值语句的 *Mux_4_32_CA* 模型可用来模拟和 *Mux_4_32_if* 具有同样功能的多路复用器。

```
module Mux_4_32_CA (
  output       [31: 0]   mux_out,
  input        [31: 0]   data_3, data_2, data_1, data_0,
  input        [1: 0]    select,
  input                  enable
);
  wire         [31: 0]   mux_int;
  assign mux_out = enable ? mux_int : 32'bz;
  assign mux_int = (select == 0) ? data_0 :
                             (select == 1) ? data_1:
                                   (select == 2) ? data_2:
                                         select == 3) ? data_3: 32'bx;
endmodule
```

第 3 章中讨论过的组合逻辑编码器和译码器很容易用周期性行为进行仿真。

例 5.22　8:3 编码器的两种实现如下。虽然二者都不能对所有可能的数据组合进行编码，但均使用了 ***default*** 赋值语句来处理其余的情况。

图 5.11 所示的综合结果是用组合逻辑实现的。这个模型仅用于操作过程中有指定数据字使用的情形。***default*** 赋值语句在综合中是无关紧要的，但使用它可以避免在电路综合阶段引入输出锁存器的问题。

```
module encoder (output reg [2: 0] Code, input [7: 0] Data);
  always @ (Data)
  begin
```

```
    if (Data == 8'b00000001) Code = 0; else
    if (Data == 8'b00000010) Code = 1; else
    if (Data == 8'b00000100) Code = 2; else
    if (Data == 8'b00001000) Code = 3; else
    if (Data == 8'b00010000) Code = 4; else
    if (Data == 8'b00100000) Code = 5; else
    if (Data == 8'b01000000) Code = 6; else
    if (Data == 8'b10000000) Code = 7; else Code = 3'bx;
  end
/* Alternative description is given below
always @ (Data)
  case (Data)
    8'b00000001   :   Code = 0;
    8'b00000010   :   Code = 1;
    8'b00000100   :   Code = 2;
    8'b00001000   :   Code = 3;
    8'b00010000   :   Code = 4;
    8'b00100000   :   Code = 5;
    8'b01000000   :   Code = 6;
    8'b10000000   :   Code = 7;
    default       :   Code = 3'bx;
  endcase
*/
endmodule
```

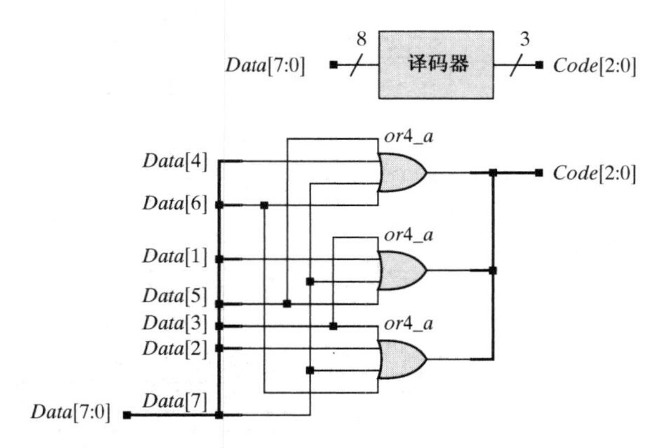

图 5.11　例 5.22 中用 ***if*** 语句或 ***case*** 语句描述的译码器的综合结果

例 5.23　下面给出了 8:3 优先级编码器的另一种行为描述①。电路的综合结果如图 5.12 所示。注意，条件(***if***)语句具有隐含执行优先级，也要注意在 ***case*** 选择条件中带 ***x*** 的 ***casex*** 语句也隐含了优先级。***casex*** 语句中忽略了 *case* 选择条件(如 *Data*[6])和 *case* 表达式(*Data*)中各个位中的 ***x*** 和 *z*，因为它们被认为是不重要的。两种描述方式中的默认赋值语句均为综合工具的逻辑优化提供了灵活性。

```
module priority (output reg [2: 0] Code, output valid_data, input [7: 0] Data);
  assign valid_data = |Data;                         // "reduction or" operator
  always @ (Data)
    begin
     if (Data[7]) Code = 7; else
     if (Data[6]) Code = 6; else
     if (Data[5]) Code = 5; else
     if (Data[4]) Code = 4; else
```

① 化简或运算符用于形成 *valid_data* 逻辑，该运算符执行一个数据字中各个位的或操作。

```
        if (Data[3]) Code = 3; else
        if (Data[2]) Code = 2; else
        if (Data[1]) Code = 1; else
                 Code = 3'bx;
      end

/*// Alternative description is given below
always @ (Data)
  casex (Data)
     8'b1xxxxxxx     :  Code = 7;
     8'b01xxxxxx     :  Code = 6;
     8'b001xxxxx     :  Code = 5;
     8'b0001xxxx     :  Code = 4;
     8'b00001xxx     :  Code = 3;
     8'b000001xx     :  Code = 2;
     8'b0000001x     :  Code = 1;
     8'b00000001     :  Code = 0;
     default         :  Code = 3'bx;
  endcase
*/
endmodule
```

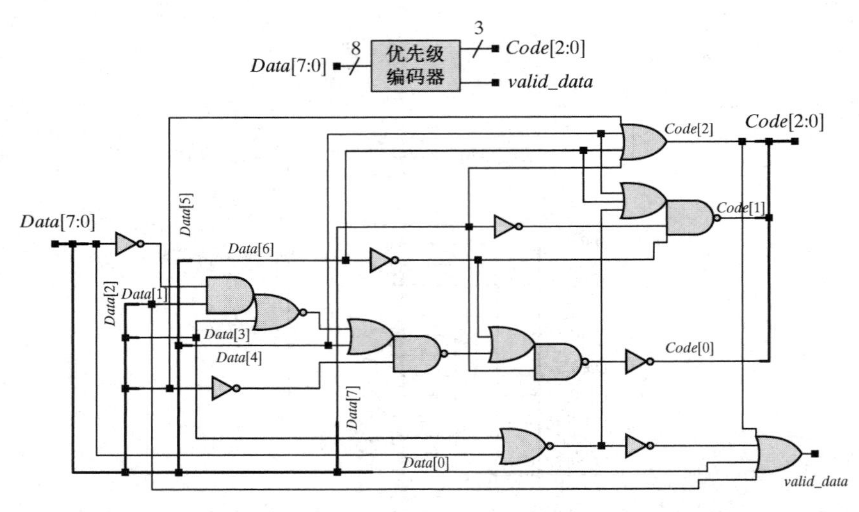

图 5.12 例 5.23 中描述的 8:3 优先级编码器综合得到的电路

例 5.24 下面是由其他行为方式描述的 3:8 译码器，其综合结果为图 5.13 所示的电路。

```
module decoder (output reg [7: 0] Data, input [2: 0] Code);
  always @ (Code)
    begin
      if (Code == 0) Data = 8'b00000001; else
      if (Code == 1) Data = 8'b00000010; else
      if (Code == 2) Data = 8'b00000100; else
      if (Code == 3) Data = 8'b00001000; else
      if (Code == 4) Data = 8'b00010000; else
      if (Code == 5) Data = 8'b00100000; else
      if (Code == 6) Data = 8'b01000000; else
      if (Code == 7) Data = 8'b10000000; else
                 Data = 8'bx;
    end
/* 下面给出另一种描述方式
always @ (Code)
```

```
case (Code)
   0       :   Data = 8'b00000001;
   1       :   Data = 8'b00000010;
   2       :   Data = 8'b00000100;
   3       :   Data = 8'b00001000;
   4       :   Data = 8'b00010000;
   5       :   Data = 8'b00100000;
   6       :   Data = 8'b01000000;
   7       :   Data = 8'b10000000;
   default :   Data = 8'bx;
 endcase
*/
endmodule
```

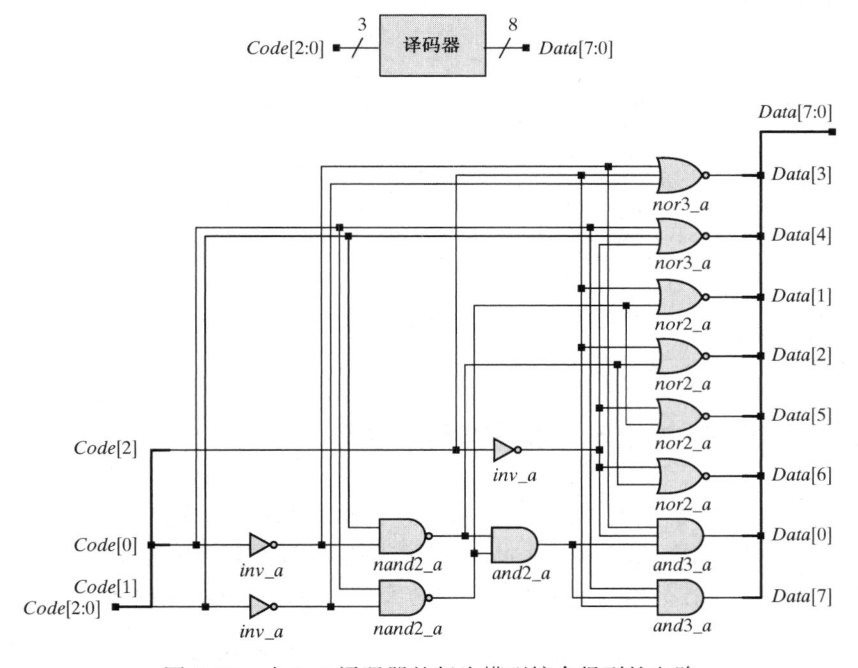

图 5.13　由 3:8 译码器的行为模型综合得到的电路

例 5.25　图 5.14 所描绘的 7 段发光二极管(LED)显示器在许多原型电路板应用中都有用。模块 *Seven_Seg_Dislay* 接收表示 4 位字段的二进制编码(BCD)数值，并显示它们的十进制值。显示器具有低有效发光输出①，并能用组合逻辑实现②这个描述。有几个输入码是不使用的，在一般操作情况下也不会出现使用这些代码的情形。一种可能是将无关紧要的值赋给这些输入码。然而如果出现了这样一个输入码，那就会显示一个输出。使用默认赋值语句，则可以省去所有无用输入码的显示，正如第 6 章将要讲到的，这样会避免虚假显示条件的产生，也使得综合工具无须综合已锁存的输出。因为如果省略了默认语句，那么未被译码的输入事件将会被周期性行为的事件控制表达式检测到，但是不会显示任何赋给的值。其含义就是输出仍然保持在输入事件发生以前它所具有的值，就如同一个锁存器的作用。因此，Display 的显示值会与 BCD 值不一致。

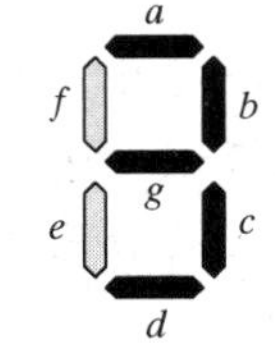

图 5.14　7 段 LED 显示器

① 如果低有效信号值是 0，则允许输出。

② 在 *Seven_Seg_Display* 的参数中，使用下画线会使一个数的表示的可读性更强。

```
module Seven_Seg_Display (output reg [6: 0] Display, input [3: 0] BCD);
  //                                  abc_defg
  parameter           BLANK       = 7'b111_1111;
  parameter           ZERO        = 7'b000_0001;        // h01
  parameter           ONE         = 7'b100_1111;        // h4f
  parameter           TWO         = 7'b001_0010;        // h12
  parameter           THREE       = 7'b000_0110;        // h06
  parameter           FOUR        = 7'b100_1100;        // h4c
  parameter           FIVE        = 7'b010_0100;        // h24
  parameter           SIX         = 7'b010_0000;        // h20
  parameter           SEVEN       = 7'b000_1111;        // h0f
  parameter           EIGHT       = 7'b000_0000;        // h00
  parameter           NINE        = 7'b000_0100;        // h04
  always @ (BCD)
    case (BCD)
      0:              Display = ZERO;
      1:              Display = ONE;
      2:              Display = TWO;
      3:              Display = THREE;
      4:              Display = FOUR;
      5:              Display = FIVE;
      6:              Display = SIX;
      7               Display = SEVEN;
      8:              Display = EIGHT;
      9:              Display = NINE;
      default:        Display = BLANK;
    endcase
endmodule
```

5.10　线性反馈移位寄存器的数据流模型

RTL 模型在工业界非常流行，因为利用电子设计自动化(EDA)现代工具比较容易对它们进行综合实现。下一个例子图示说明一个同步电路的 RTL 模型，这个电路是一个在时钟信号作为唯一输入的同步控制下，在数据通道中执行并发转换的自主线性反馈移位寄存器。

例 5.26　线性反馈移位寄存器(LSFR, Linear Feedback Shift Register)通常用于实现数据压缩电路中的基于循环冗余码校验的特征分析[4]。自动 LFSR 常用在需要用伪随机二进制数的应用中①。例如，自主 LFSR 可能是一个为电路提供激励模式的随机模式(pattern)发生器。这些模式的响应可以与电路理想响应进行比较，从而发现内部故障的存在。图 5.15 所示的自主 LFSR 具有二进制的抽头(tap)系数 $C_1,\cdots,C_N$，这些系数决定 $Y(N)$是否反馈给寄存器的特定级。图中所示 $C_N=1$，因为 $Y[n]$ 直接连接到最左边的输入。一般来说，如果 $C_{N-j+1}=1$，那么对于 $j=2,\cdots,N$，第 j 级的输入由 $Y[j-1]$ 和 $Y[N]$ 的 XOR 形成。否则第 j 级的输入就是 $j-1-Y[j]\leqslant Y[j-1]$ 的输出。抽头系数向量决定 LFSR 的特征多项式的系数，而这些系数描述了它的周期性特性[2]。特性多项式决定寄存器的周期(图形重复之前的时钟周期数)。

下面的 Verilog 代码是用 RTL 设计方式的同步(边沿敏感)周期性行为描述的一个 8 位自主 LFSR。寄存器的每一位都并发地由其他的位组合为其赋一个值，所列出的非阻塞赋值与其语句顺序无关。对于初始态和前三个时钟周期，仿真过程中寄存器的数据移动以二进制和十六进制形式表示在图 5.16 中。注意，这个模型不是完全参数化的，因为仅当 *Length* = 8 时，寄存器传输才是正确的。

① 当只需要终端计数时，LFSR 也可用做快速计算器。

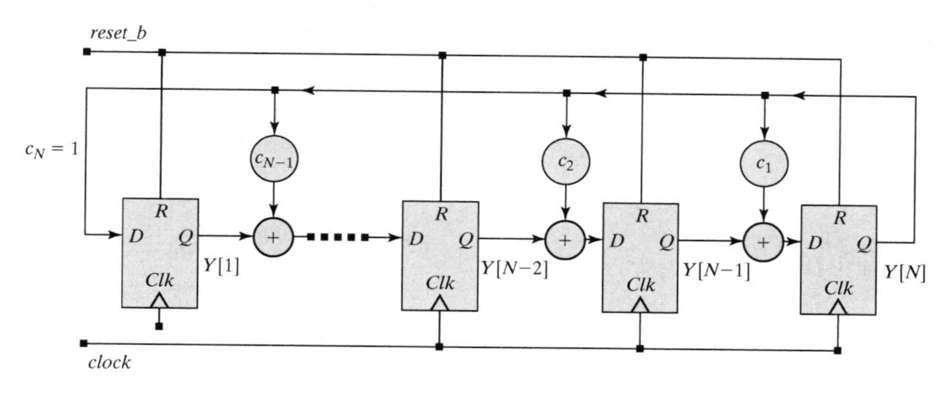

图 5.15　使用模 2(XOR)加的线性反馈移位寄存器

```
module Auto_LFSR_RTL #(
  parameter                          Length = 8,
                                     initial_state = 8'b1001_0001,    // 91h
  parameter [ Length: 1]             Tap_Coefficient = 8'b1100_1111
)( input                             clock, reset_b,
  output reg [1: Length]             Y
);

  always @ (posedge clock)
    if (reset_b == 1'b0) Y <= initial_state;          // 初始状态的低有效复位
    else begin
     Y[1] <= Y[8];
     Y[2] <= Tap_Coefficient[7] ? Y[1] ^ Y[8] : Y[1];
     Y[3] <= Tap_Coefficient[6] ? Y[2] ^ Y[8] : Y[2];
     Y[4] <= Tap_Coefficient[5] ? Y[3] ^ Y[8] : Y[3];
     Y[5] <= Tap_Coefficient[4] ? Y[4] ^ Y[8] : Y[4];
     Y[6] <= Tap_Coefficient[3] ? Y[5] ^ Y[8] : Y[5];
     Y[7] <= Tap_Coefficient[2] ? Y[6] ^ Y[8] : Y[6];
     Y[8] <= Tap_Coefficient[1] ? Y[7] ^ Y[8] : Y[7];
   end
endmodule
```

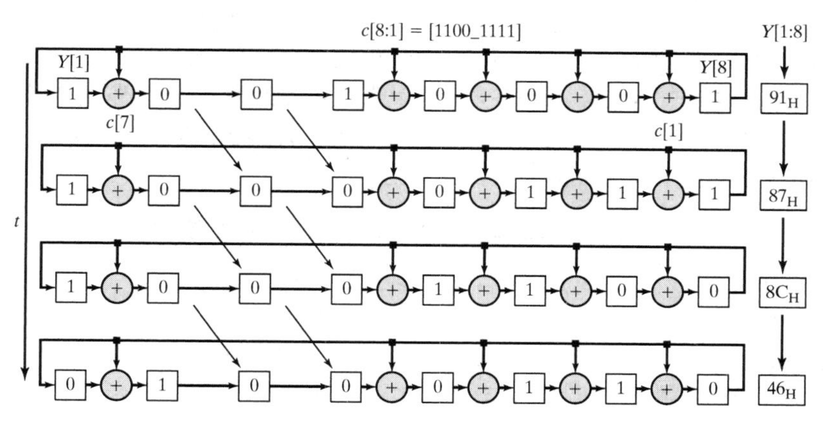

图 5.16　使用模 2(XOR)加的 LFSR 中的数据移动

5.11　用循环算法的数字机模型

用于模拟数字机行为的算法可以在特定的机器周期中反复地执行一些或所有步骤，这主要取决于这些步骤是否为条件执行。例如，一个 LFSR 的连续移位算法在 Verilog 中可以用 for 循环来描述。

例 5.27 例 5.26 中的 LFSR 再次用下面的 *Auto_LFSR_ALGO* 描述进行模拟。*Auto_LFSR_ALGO* 是一个用于 ***for*** 循环描述的基于算法的行为级模型，从最高位 MSB 右边的一位开始，按顺序逐一并发执行(非阻塞)寄存器赋值语句。一个时钟周期中，状态机的动作是由循环的 7 次迭代决定的，后面跟着一条更新 MSB 单元的最终赋值语句。机器的特性与例 5.26 的特性完全一样。

```
module Auto_LFSR_ALGO #(parameter
  Length = 8,
  initial_state = 8'b1001_0001,
  parameter [1: Length] Tap_Coefficient = 8'b1111_0011
  ) (
  input                Clock, Reset,
  output reg           [1: Length] Y
);
  integer              Cell_ptr;

  always @ (posedge Clock)
   if (Rst_b == 1'b0) Y <= initial_state;                      // 任意初始状态, 91h
   else begin  for (Cell_ptr = 2; Cell_ptr <= Length; Cell_ptr = Cell_ptr +1)
    if (Tap_Coefficient [Length - Cell_ptr + 1] == 1) Y[Cell_ptr] <= Y[Cell_ptr - 1] ^ Y [Length];
    else Y[Cell_ptr] <= Y[Cell_ptr - 1];
     Y[1] <= Y[Length];
  end
endmodule
```

for 循环具有以下形式：

```
for (initial_statement; control_expression; index_statement)
statement_for_execution;
```

在 ***for*** 循环执行的开始，*initial_statement* 执行一次，通常是对控制循环的寄存器变量(如 ***integer*** 或 ***reg***)进行初始化。如果 *control_expression* 为真，那么就会执行 *statement_for_execution*①；在 *statement_for_execution* 执行结束以后，将会执行 *index_statement*(通常增加一次计数)；而后动作流将返回到 ***for*** 语句的起始位置，再次检查 *control_expression* 的值，如果 *control_expression* 为假，循环终止，动作流转向继续执行紧跟在 *statement_for_execution* 之后的任何语句(注意：***for*** 循环中由 *control_expression* 控制的寄存器变量的值在执行期间可能会在循环体内发生变化)。

Verilog 有三种更多的循环结构可用来描述重复算法：***repeat***，***while*** 和 ***forever***。***repeat*** 循环(见例 5.28)按指定的次数执行一条相关语句或语句块。当行为中的动作流执行到关键词 ***repeat*** 时，决定语句执行次数的表达式被计算一次。如果表达式的值为 ***x*** 或 ***z***，那么结果视为 0，语句也就不会被执行，即执行将跳到行为描述中的下一条语句。否则，就会按照指定的次数反复执行，除非被动作流中的 ***disable*** 语句提前终止(见例 5.33)。

例 5.28 在如下代码结构中用 ***repeat*** 循环来对存储器阵列进行初始化。

```
...
word_address = 0;
repeat (memory_size)
 begin
   memory [ word_address] = 0;
   word_address = word_address + 1;
 end
...
```

例 5.29 本例中寄存器被初始化为 ***x*** 后，用 ***for*** 循环来给寄存器赋值。执行结果如图 5.17 所示。

① *statement_for_execution* 可能是一条简单语句或是一个块语句(如 **begin**…**end**)。

```
reg [15: 0] demo_register;
integer K;

...
for (K = 4; K; K = K - 1)
  begin
   demo_register [K + 10] = 0;
   demo_register [K + 2] = 1;
  end
...
```

在执行开始时，语句 K =4 执行并将 4 赋给 K，因而控制表达式 K 为“真”(TRUE)。对 *demo_register* 进行赋值，然后 K 减小，这个过程一直继续，直到 K 减小到 0，对于控制循环的表达式(如 K)，这样就会产生一个“假”(FALSE)值，并且控制转移到跟在 ***for*** 循环的 *statement_for_execution* 之后的语句。

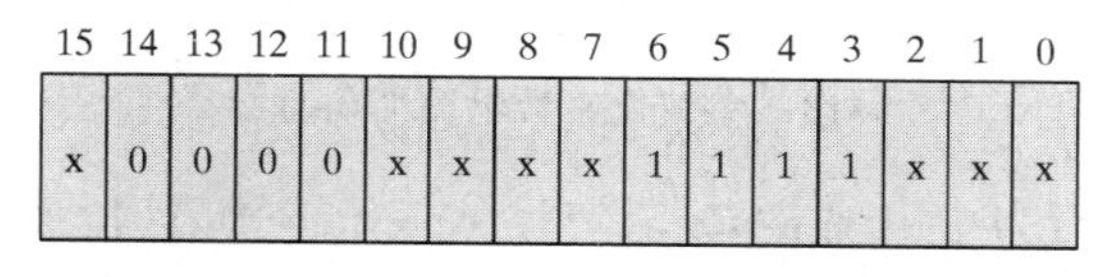

图 5.17　***for*** 循环执行后寄存器的内容

例 5.30　如果一个输入字的多数位被确定为有效，那么可用多数判决(*majority*)电路确定它的输出。*Majority_4b* 的描述适用于 4 位数据通道，并使用一条 ***case*** 语句对位组合进行译码。这个模型是可用硬件实现的。但对于长字长的情况，它显得有些烦琐。另一种参数化的描述 *Majority* 使用一个 ***for*** 循环对 *data* 中的确定位计数。在 *count* 超过了参数 *majority* 定义的值的情况下，当循环执行完毕之后最后的过程赋值确定了输出 *Y*。模块 *Majority* 中的参数为 *Data* 和 *count* 的大小和判定门限参数 *majority* 的设置提供了灵活性。图 5.18 所示为 *Majority* 的部分仿真结果。

```
module Majority_4b (output reg Y, input A, B, C, D);
  always @ (A, B, C, D) begin
    case ({A, B, C, D})
      7, 11, 13, 14, 15:        Y = 1;
      default                   Y = 0;
    endcase
  end
endmodule

module Majority #(parameter size = 8, max = 3, majority = 5)(
  input          [size-1: 0]    Data
  output reg                    Y
);
  reg            [max-1: 0]     count;
  integer                       k;
  always @ (Data) begin
    count = 0;
  for (k = 0; k < size; k = k + 1) begin
     if (Data[k] == 1) count = count + 1;
    end
    Y = (count >= majority);
  end
endmodule
```

Verilog 的 ***while*** 循环的格式：

```
while (expression) statement;
```

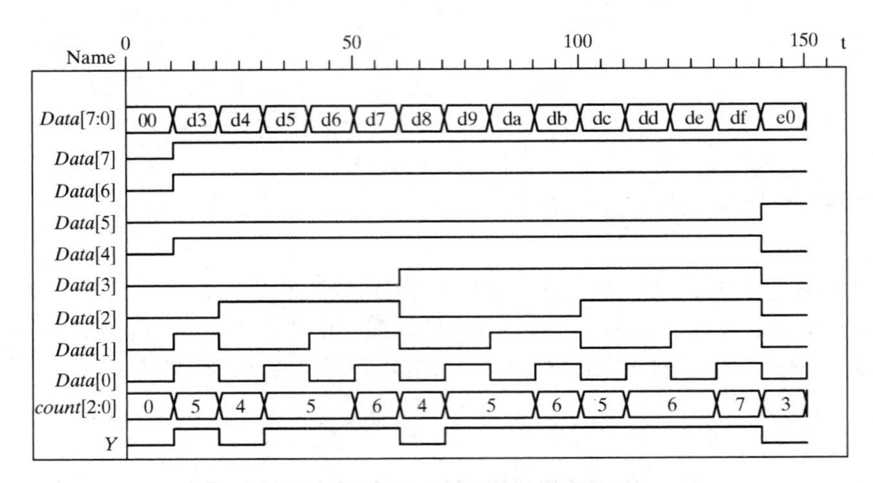

图 5.18　参数化多数电路的仿真结果

当周期性行为或单通行为中出现 ***while*** 语句且 *expression* 为真时，*statement*① 会反复执行；当 *expression* 为假时，动作流跳转到跟在 *statement* 后的任意语句。例如，当 *enable* 有效时，用下面的语句可增加同步计数。

```
while (enable) begin @ (posedge clock) count <= count + 1; end
```

5.11.1　IP(知识产权)的复用和参数化模型

为了实现多种用途，模型可编写成可扩展的多种形式，使得模型增加了应用价值。利用参数可以指定模型在实际应用中的总线宽度、字长以及其他细节。

例 5.31　模型 *Auto_LFSR_Param* 描述了和 *Auto_LFSR_RTL* 及 *Auto_LFSR_ALGO* 一样的功能(见例 5.26 和例 5.27)，但是它使用了参数化的 ***for*** 循环、条件操作符和对寄存器单元并发赋值的语句。不像 *Auto_LFSR_RTL* 是用硬件布线连接其 8 个单元，而 *Auto_LFSR_Param* 仅仅通过改变它的参数就能够很容易地将该模型扩展到任意单元数目②。

```
module Auto_LFSR #(
  parameter                Length = 8,
  parameter                initial_state = 8'b1001_0001,    // 任意初始状态
  parameter [1: Length]    Tap_Coefficient = 8'b1100_1111
)( input                   Clock, Rst_b,
  output reg [1: Length]   Y
);
  integer                  k;
  always @ (posedge Clock)
      if (Rst_b == 1'b0) Y <= initial_state;
        else begin
         for (k = 2; k <= Length; k = k + 1)
           Y[k] <= Tap_Coefficient[Length-k+1] ? Y[k-1] ^ Y[Length] : Y[k-1];
           Y[1] <= Y[Length];
  end
endmodule
```

例 5.32　*count_of_1s* 中的算法使用了 Verilog 右移操作符(≫)来对寄存器所存储数据字中 1

① statement 可以是一条简单语句或一语句块(如 ***begin***…***end***)。

② 例如，testbench 可能赋给其别的初始状态。

的个数进行计数，具体方法是将存储数据字逐位向右移动①，统计 1 在最低位 LSB 中出现的次数，并且在右移操作后 MSB 空位填充一个 0。

```
begin: count_of_1s             // count_of_1s 定义了一个已命名的语句块
  reg [7: 0] temp_reg;
  count = 0;

  temp_reg = reg_a;            //装载一个数据字
  while (temp_reg)
    begin
      if (temp_reg[0]) count = count + 1;
        temp_reg = temp_reg >> 1;
    end
end
```

不使用 ***if*** 语句将简化其逻辑，代码如下所示：

```
begin: count_of_1s
  reg [7: 0] temp_reg;
  count = 0;
  temp_reg = reg_a;            //装载一个数据字
  while (temp_reg)
    begin
      count = count + temp_reg[0];
      temp_reg = temp_reg >> 1;
  end
end
```

右移操作将一直进行下去直到 *temp_reg* 中的值完全变为 0，这将导致 ***while*** 循环结束。

5.11.2　时钟发生器

时钟发生器用在 testbench 中，为同步测试电路模型提供时钟信号。参数化的时钟发生器可用于多种应用。***forever*** 循环在 ***disable*** 语句的控制下，会使语句无条件反复执行，成为描述时钟的一种简便结构。

例 5.33　下面的代码在仿真中产生了图 5.19 所示的对称波形。***forever*** 执行循环操作直到仿真结束。这个例子也说明了 ***initial*** 动作如何在仿真期间连续进行而不会终止。在执行了 350 个时间单位之后用 ***disable*** 语句来中止已命名语句块 *clock_loop* 的执行②。

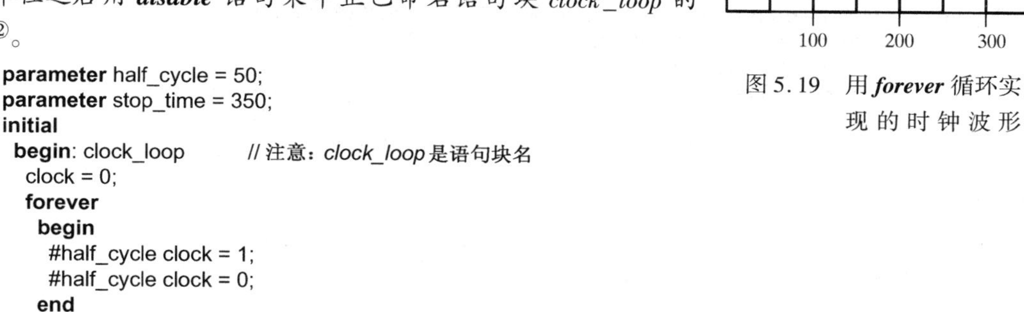

图 5.19　用 ***forever*** 循环实现的时钟波形

```
parameter half_cycle = 50;
parameter stop_time = 350;
initial
  begin: clock_loop        // 注意：clock_loop 是语句块名
    clock = 0;
    forever
      begin
        #half_cycle clock = 1;
        #half_cycle clock = 0;
      end
    end
initial
  #stop_time disable clock_loop;
```

---

① 一般来说，操作符后可跟随一个整数值，对数据按指定数据位置移位。例如，*word* <= *word* >> 3 语句表示将 ***word*** 向右移位三位，并在左边填充 0。左移操作符(≪)具有类似的结果，但是与右移操作符方向相反。

② 一般来说，一个已命名的块可能包含局部寄存器变量。

在许多情况下，循环可以用 Verilog 四种基本循环机制中的任一种来构成，但是要注意，某些 EDA 综合工具只能综合 ***for*** 循环，也要注意 ***always*** 和 ***forever*** 尽管都是循环，但不是同样的结构。首先，***always*** 结构定义了一个并发行为，而 ***forever*** 循环是仅用在一个行为内部的计算动作流，没有必要与其他的任何动作流并发执行。第二个重要的区别是 ***forever*** 循环可以是嵌套的，但周期性行为和单通行为都不可以嵌套。最后，***forever*** 循环仅在时序动作流中执行，而 ***always*** 行为在仿真一开始就被激活并执行。

disable 语句可用来提前终止一个已命名的过程语句块。执行 ***disable*** 的结果是将动作流转移到紧跟在已命名块之后的语句或者仿真中遇到 ***disable*** 的任务之后的语句。

例 5.34 下面的 *find_first_one* 模块的功能是寻找 16 位数据字中第一个值为 1 的位置。当 ***disable*** 执行时，这个位置已经找到，操作流退出 ***for*** 循环并运行到 ***end***，然后返回到 ***always*** 等待下一个触发事件。此时，输出 *index_value* 一直保持 *A_word* 为 1 的位的值。

```
module find_first_one (output reg [3: 0] index_value, input [15: 0] A_word, input trigger);
  always @ (posedge trigger) begin: search_for_1
    for (index_value = 0; index_value < 15; index_value = index_value + 1)
     if (A_word[index_value] == 1) disable search_for_1;
  end
endmodule
```

5.12 多循环操作状态机

一些数字机执行分布在多个时钟周期上的重复操作时，其动作流在 Verilog 中可用同步周期性行为来建模，而这个同步周期性行为具有完成这个操作所需要的嵌套边沿敏感事件控制表达式。

例 5.35 一状态机可以对数据通道上 4 个连续采样值进行求和。它是将样值存储在寄存器中，然后使用多个加法器来求和，或者用一个加法器连续累加求和。隐式状态机 *add_4cycle* 把 *data* 总线上的 4 个连续样值加起来。

```
module add_4cycle (output reg [5: 0] sum, input [3: 0] data, input clk, reset);
  always @ (posedge clk) begin: add_loop
    if (reset == 1'b1) disable add_loop;                    else sum <= data;
     @ (posedge clk) if (reset == 1'b1) disable add_loop;   else sum <= sum + data;
      @ (posedge clk) if (reset == 1'b1) disable add_loop;  else sum <= sum + data;
       @ (posedge clk) if (reset == 1'b1) disable add_loop; else sum <= sum + data;
  end
endmodule
```

add_4cycle 中的行为包含 4 个事件控制表达式。在第一个时钟周期，*sum* 被初始化为数据的第一个样值。在 4 个时钟周期之后，且在动作流返回到第一个事件控制表达式并等待一组新的数据样值之前，对数据的 4 个样值进行累加操作。注意，***disable*** 语句包含在每个时钟周期的 ***reset*** 语句之中，以确保状态机正常进行重新初始化，而不管复位何时发生[5]。***Add_4cycle*** 的硬件实现如图 5.20 所示，它仅用一个加法器综合了能控制 4 个周期操作的状态机①。

① 关于例子中所用的 ASIC 触发器标准单元的描述，请参考附录 G。

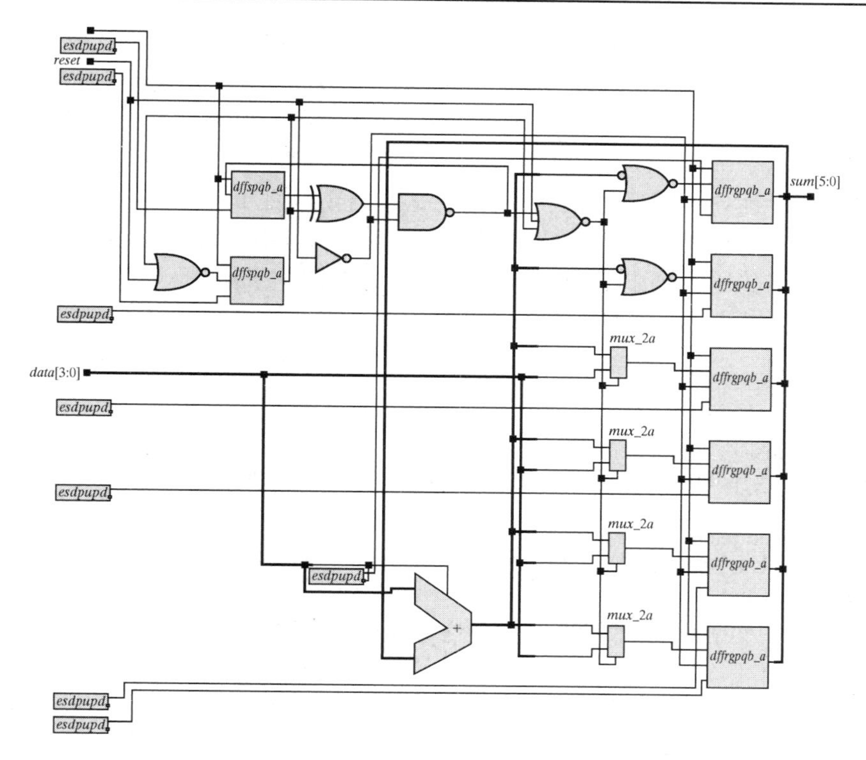

图 5.20　4 样值累加器的综合电路

5.13　设计文件中的函数和任务：是精明还是愚蠢？

Verilog 模型是其作者的经验积累。一个模型是否对其他人也有用，取决于模型描述的正确性和清晰程度。正确的模型也可能由于采用了粗劣的描述文本和描述方式而使可信度大打折扣，从而限制了它的应用范围。Verilog 具有两种类型的子程序，它们通过将代码封装和组织到任务(task)及函数(function)中以改善描述清晰程度。任务为 Verilog 行为中创建过程语句的层次化结构，而函数替代了表达式。任务和函数使得设计者只需管理一小段程序代码。这两种结构均采用一个简单的标志符来传达多行代码的含义，这有利于增加代码的可读性。将 Verilog 代码封装在任务或函数中可以隐藏对外部系统提供的细节。就整体而言，任务和函数提高了模型的可读性、简单性和可维护性。

5.13.1　任务

任务是在模块中声明的，可以只在周期性行为或单通行为的内部引用这些模块。任务可以实现参数的传递，其执行结果可被返回到调用它的环境中。当任务被调用时，要按照输入、输出和输入-输出定义的次序，将环境中的参数复制给任务中相关的输入、输出和输入-输出。环境中的变量对于任务是可见的，其余的本地局部变量也可在任务中定义。应该清楚：任务可调用它自己，而所有的调用均可共享存储任务变量的存储器。原有的标准(1995)语言不支持递推循环，所以应预先采取措施以防止由此引起的不良影响①。

① Verilog 2001 增加了 *automatic* 任务和函数，它们会给任务或函数的每次调用分配唯一的存储器，因而支持递归循环。

任务必须被命名，内部可以包括任何数字或以下的类型及其组合的变量定义：**parameter**，**input**，**output**，**inout**，**reg**，**integer**，**real**，**time**，**realtime** 和 **event**。变量类型 **real**，**time** 和 **realtime** 是寄存器类型的附加变量(见附录 D)。关键词 **event** 定义了一个抽象事件。抽象事件可以用于高级别建模中，但是在这个例子中没有用到抽象事件，因为综合工具不支持它们。所有变量定义对任务来说都是局部的，任务的自变量保持的类型就是它们在行使任务的环境中所保持的类型。例如，如果通过一个连接总线来传递任务，那么它不可能让任务中的赋值语句改变它的值。对于任务来说，所有自变量传递的都是一个值，而不是该值的指针。当执行一个任务时，其形式自变量和实际自变量在次序上与所定义任务的端口有关。

例 5.36 模块 *adder_task* 包含了一个将两个 4 位字和一个进位位相加的用户定义任务，由综合工具产生的电路如图 5.21 所示。

```
module adder_task (
 output reg c_out, output reg [3: 0] sum, input [3: 0] data_a, data_b, input c_in, clk, reset
);
  always @ (posedge clk, posedge reset)
   if (reset == 1'b1) {c_out, sum} <= 0; else add_values (c_out, sum, data_a, data_b, c_in);

  task add_values (
   output c_out, output [3: 0] sum, input [3: 0] data_a, data_b, input c_in
  );
   begin
    {c_out, sum} <= data_a + (data_b + c_in);
   end
  endtask
endmodule
```

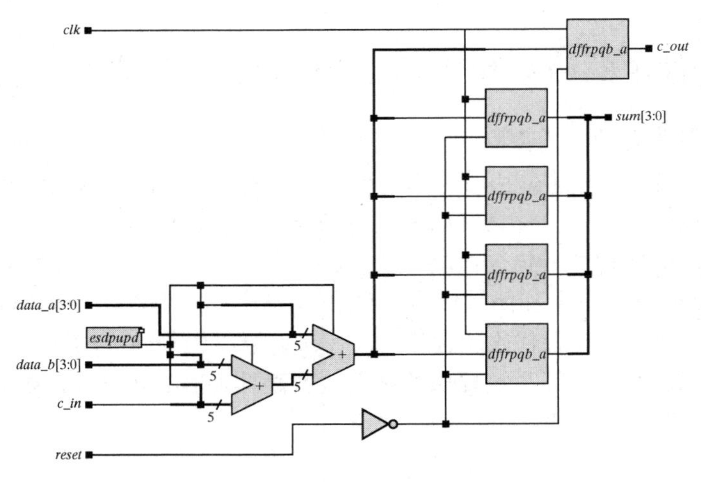

图 5.21 由 *adder_task* 综合出的电路

5.13.2 函数

Verilog 函数是在父模块中定义的，而且可以在任何有效的表达式(例如在连续赋值语句右边的表达式)中作为参考。函数也可以由表达式实现，并且在函数标识符的位置上返回一个值①。它们不可能包含时序控制操作(无延时控制[**#**]，事件控制[**@**]或 **wait** 语句)，也不可能执行一个任务。然而它们可以调用其他的函数，但不可以重复调用。

① 一个函数可能不包含非阻塞赋值。

函数可以包含输入和局部变量的声明。当执行调用函数的表达式时，函数值可以通过函数名返回。因而函数不可能声明任何的输出或者输入-输出端口(自变量)，且必须至少有一个输入自变量。函数的执行或计算不占用时间，也就是说在主仿真器计算调用表达式的同一个时间单元中进行。一个函数的定义隐含地定义一个与函数本身有同样名称、同样范围和同样类型定义的内部寄存器变量，这个变量必须在函数体内赋值。

例 5.37　*word_aligner* 中的函数 *aligned_word* 可以将一个数据字向左移动(<< 是左移操作符)，直到最高位是 1 时为止。*word_aligner* 的输入是一个 8 位的数据字，输出也是一个 8 位的数据字。

```
module word_aligner #(parameter word_size = 8)(
  output [word_size -1: 0] word_out, input [word_size -1: 0] word_in
);
  assign word_out = aligned_word(word_in);

  function [word_size -1: 0] aligned_word;
    input [word_size -1: 0] word;
    begin
      aligned_word = word;
      if (aligned_word != 0)
        while (aligned_word[word_size -1] == 0) aligned_word = aligned_word << 1;
    end
  endfunction
endmodule
```

例 5.38　为了使源代码可读性更强，Verilog 模型 *arithmetic_unit* 中使用了描述性的函数名称。由 *arithmetic_unit* 综合的组合电路如图 5.22 所示。

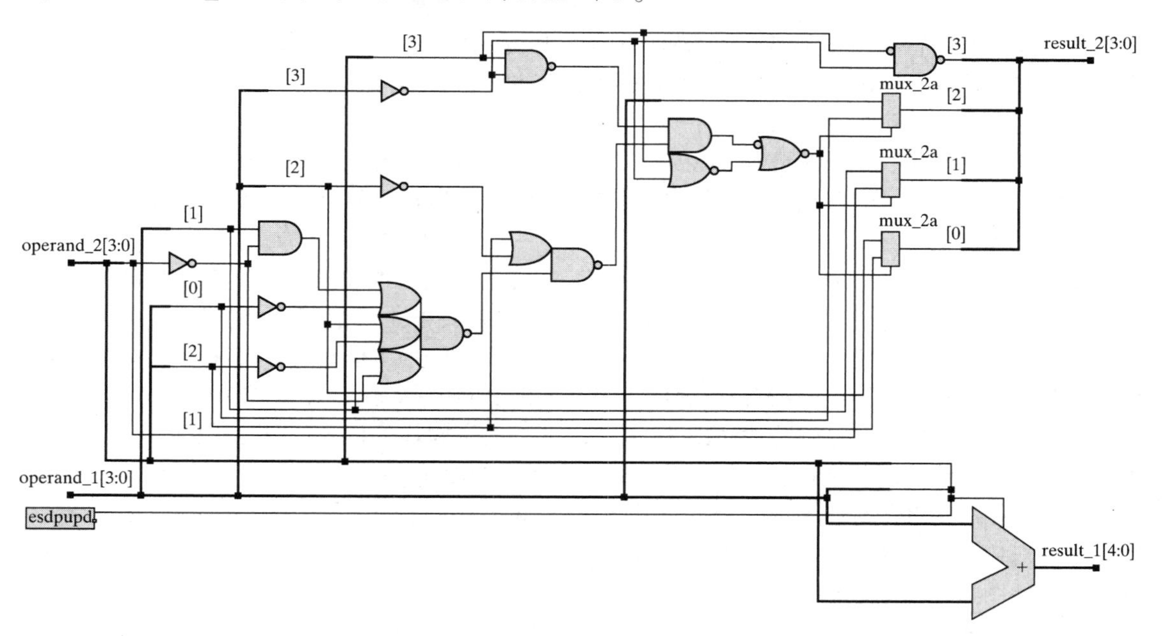

图 5.22　由 *arithmetic_unit* 综合出的电路

```
module arithmetic_unit (
  output                    [4: 0] result_1,
  output                    [3: 0] result_2,
  input                     [3: 0] operand_1, operand_2
);
```

```
  assign result_1 = sum_of_operands (operand_1, operand_2);
  assign result_2 = largest_operand (operand_1, operand_2);
  function [4: 0] sum_of_operands (input [3: 0] operand_1, operand_2);
    sum_of_operands = operand_1 + operand_2;
  endfunction
  function [3: 0] largest_operand (input [3: 0] operand_1, operand_2);
    largest_operand = (operand_1 >= operand_2) ? operand_1 : operand_2;
  endfunction
endmodule
```

函数和任务的使用都可以提高 Verilog 模型的可读性，也可以用来开发可重复利用的代码。函数等同于组合逻辑，但是不能用于替换那些包含事件控制(**@**)或延迟控制(**#**)操作符的代码。任务比函数更通用，并且可以包含时序控制操作。要被综合的任务可以包含事件控制操作符，但不能包含延迟控制操作符。

5.14 行为建模的算法状态机图

许多时序机能够在硬件上实现算法(如多步时序计算)。通常时序机的行为动作是在控制状态机的控制下，由数据通道寄存器上的同步时序操作组成的。当状态机处于某一特定状态时，状态转移图(STG)表示引入输入而产生的状态转移，但是 STG 并不直接显示输入数据变化时状态的演变过程。值得庆幸的是，还有另一种描述时序状态机的形式。

算法状态机(ASM)图是时序状态机功能的一种抽象，是模拟其行为特性的关键工具。它们类似于软件流程图，但显示的是计算动作(如寄存器操作)的时间顺序，以及在状态机输入影响下发生的时序步骤。ASM 图描述的是状态机的行为动作，而不是存储元件所存储的内容。有时候用机器工作期间的行为动作来描述状态机的状态，比起用状态机产生的数据进行描述更为方便，也更为重要。例如，替代用 16 位计算器的内容来描述计数器本身，可以将它视为一个数据通道单元，并能描述它的动作(如计算、等待等)。

在描述时序状态机的行为方面，以及设计状态机来控制数据通道方面，ASM 图是非常有帮助的。本章将介绍 ASM 图，并且将其扩展应用，来设计将在第 6 章和第 7 章中介绍的时序状态机和数据通道控制器。

ASM 图是由图 5.23(a)所示的三种基本元素：状态框、判决框和条件框[2]构成的内部结构块组成的。状态框是矩形的，条件框是带圆角的矩形框，判决框是菱形的。ASM 图的基本单元是 ASM 块，如图 5.23(b)所示，它包含一个状态框，一个可选的判决框和在分支通道上放置的条件框。ASM 图由 ASM 块组成：状态框表示同步时钟事件之间的机器状态；ASM 图块等同于时序机的状态。对一个给定的 ASM 图，用状态转移图也可以表示同样的信息，但是对机器动作的表示不是太清晰。STG 使用两种标识——点和边线，但是在 ASM 图中使用状态框、条件框、边线和判决框。由于拥有更多的标识符号，ASM 图比 STG 更抽象，因此更容易理解和使用。另外一个值得注意的对比是，ASM 图中一条通路上的多个判决框的顺序隐含了相关信号或者条件的优先级。这种结构的图形很清晰地显示出了这些细节。

两种状态机(Mealy 和 Moore)都可以用 ASM 图来表示，Moore 机的输出通常列写在状态框内。在输入作用下，判决框中的变量值决定通过 ASM 块的可能通道，一种车辆速度控制器[参见图 5.23(c)]的 ASM 图可以用 Mealy 型输出来表示，当车辆刹车时，它的尾灯点亮。

条件输出(Mealy 输出)放在 ASM 图的条件框中。在具有数据通道寄存器和状态机寄存器的时序机中，通常这些框是用寄存器运算标注的，这些运算与状态的转移是同时发生的，但还要避免下面将要讨论的采用 ASMD 图的情况。ASM 图中通道上的判决框含有判决变量的优先级译码。

例如图 5.23(c)中刹车优先于加速器。图中只画出了能导致状态变化的通道，如果离开某一状态的通道上没有判决框，则可以理解为通道独立于变量值[加速器在图 5.23(c)的状态 S_high 中没有被译码]。

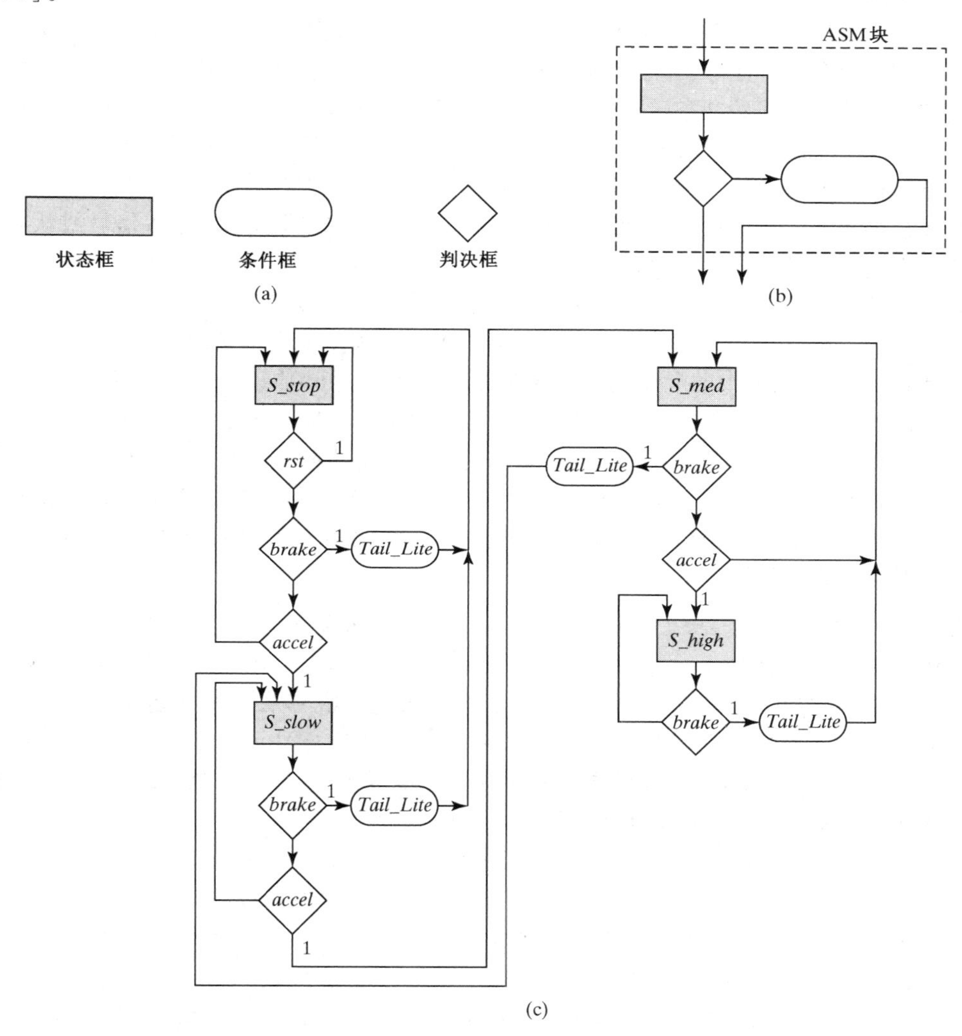

图 5.23　算法状态机图：(a)符号；(b)ASM 块；(c)车辆速度控制器的 ASM 图

注意：ASM 图有可能变得混乱而不清晰，所以有时仅把判决变量的确定值放在相应的通道上，而且不用不确定的判决变量来标记通道，以免省略而导致混乱。也可以省略对默认转移的说明，以及对如何才能得到施加复位信号时所返回的状态和通道的说明。

5.15　ASMD 图

FSM 的一个重要应用就是控制更普遍的时序机上的寄存器操作。为了方便起见，这种时序机被分为控制器和数据通路。控制器可用 ASM 图来描述，其输出控制着数据通路的执行操作以及与周围环境的交互。控制器的 ASM 图中状态框可以表示状态机的 Moore 型输出，条件框可以表示 Mealy 型输出，判断框则可以表示基本输出(来自环境的)和状态输入(来自数据通路的)。当控制器的状态沿着通道发生转移并且标志信号有效时，通过标注每个数据通道可指出那些在相关数据通道单元中所发生的并发寄存器操作。以这种方式连接到数据通道的 ASM 图称为 ASMD(算法状态机和数据通道)图。ASMD 图是从 FSM 图转变过来的，主要就是在 FSM 图中将控制器和数据通路建立起清晰的联系，使这两者不被混淆。

ASMD 图是从 FSMD(FSM 数据通路)范例中得到的，这种 FSMD 作为一个通用模型应用于所有硬件设计中。ASMD 图有助于将时序机设计中的数据通路和控制器分离开来，同时也建立两个单元之间的清晰联系。随着状态转移而发生的寄存器并行执行操作是在图形的通路上标识出来的，而不是在条件框或状态框标识出来的，因为这些寄存器并不属于控制器。控制器生成的输出来控制数据通路上的寄存器，并引起相应 ASMD 图上所标识的寄存器操作。

在时序机的 Verilog 模型中可以很明显地区分出来自数据通路的基本输入信号或状态输入信号。这些基本输入信号是来自时序机最顶层的输入(也就是来自环境)。而状态信号作为嵌入的数据通路单元的输出信号，同时又是控制单元的输入信号。根据这些可以将模型的端口按如下顺序列出：输出，输入，时钟，复位。在列出输出端口时，矢量应在标量前，基本信号应在状态信号前。这些在 Verilog 描述中的顺序同框图相匹配，是为了更好地同设计建立联系。

在下面的例子中，将结合一个实例的异步复位信号加以说明，该复位是通过已标记的通道进入复位状态，而不是从另一状态转移到复位状态的。如果异步复位信号有效，那么它将保持时序机一直处于复位状态，直到复位信号无效。同步复位信号将会用一个放置在离开复位状态通道上的判决框来表示。如果复位信号有效，那么这个判决框将有一个返回到复位状态的退出通道，退出通道在其他状态中不会被表示出来。

例 5.39 图 5.24(a)的结构和 ASMD 图描述了 *pipe_2stage* 的行为。它是一个具有并行输入和输出，作用为 2:1 抽取器(decimator)的两级流水线(pipeline)寄存器，用来区分控制器和数据通路的接口信号。抽取器在数字信号处理器中，其作用是把数据从高时钟速率数据通道移到低时钟速率数据通道。抽取器也可用于将数据从并行格式转换为串行格式。这里所示的例子中，整个数据字能以 2 倍于流水线内容填充到存储寄存器或某些处理器处理的速率传送到流水线。存储寄存器 *R0* 的内容可被串行移出以完成数据流的并串转换。

图 5.24(b)中描绘的简化 ASMD 图显示了控制器和数据通路操作的输出信号。图 5.24(c)中的完全图把控制器的输出信号放在 ASMD 图的条件输出框中①。状态机具有同步复位到状态 *S_idle* 的功能，在 *rst* 无效而 *En* 有效之前，*S_idle* 一直处于等待状态。注意，图中对 *rst* 作用下从其他状态到 *S_idle* 的转移并未标出。当 *En* 有效时，状态机从 *S_idle* 转移到 *S_1*，将数据装入管道的最高字节 MSByte，并将 *P1* 的内容转移到最低字节 LSByte(*P0*)，这两个并发的寄存器操作是同时发生的。在下一个时钟周期，状态转向 *S_full*，而且此时流水线已经装满。如果下一个时钟 *Ld* 为有效，那么当把流水线数据转存到存储寄存器 *R0* 的同时，状态机转移到 *S_1*；如果 *Ld* 位无效，状态机进入 *S_wait*，并且保持该状态直到 *Ld* 有效，此时它将流水线推回到 *S_1* 或 *S_idle*，回到哪种状态取决于 *En* 是否有效。寄存器 *R0* 的数据速率是外部数据通道向该单元提供数据速率的一半。通过命名由控制单元控制指定寄存器操作而产生的信号，并把该信号添加到图中，从而得到 5.24(c)所示的完全 ASMD 图。该图通过提供一个数据通道操作的描述和控制这些操作的有限状态机来完全描述该时序机。下面给出的控制器的 Verilog 模型可以描述成两个周期性行为。首先，一个边沿敏感行为，仅仅与状态转变同步并且对复位有效。其次，电平敏感周期性行为，描述组合逻辑下一个状态的形成和状态机的输出。注意，要在边沿敏感行为中描述复位，并且复位不是组合逻辑的一部分。在 Verilog 中有很多方法来描述 FSM，但由于这种方式简单明了、更容易综合，因此被优先考虑采用。

① 无条件的输出(如 Moore 输出)在状态框中是有注解的。

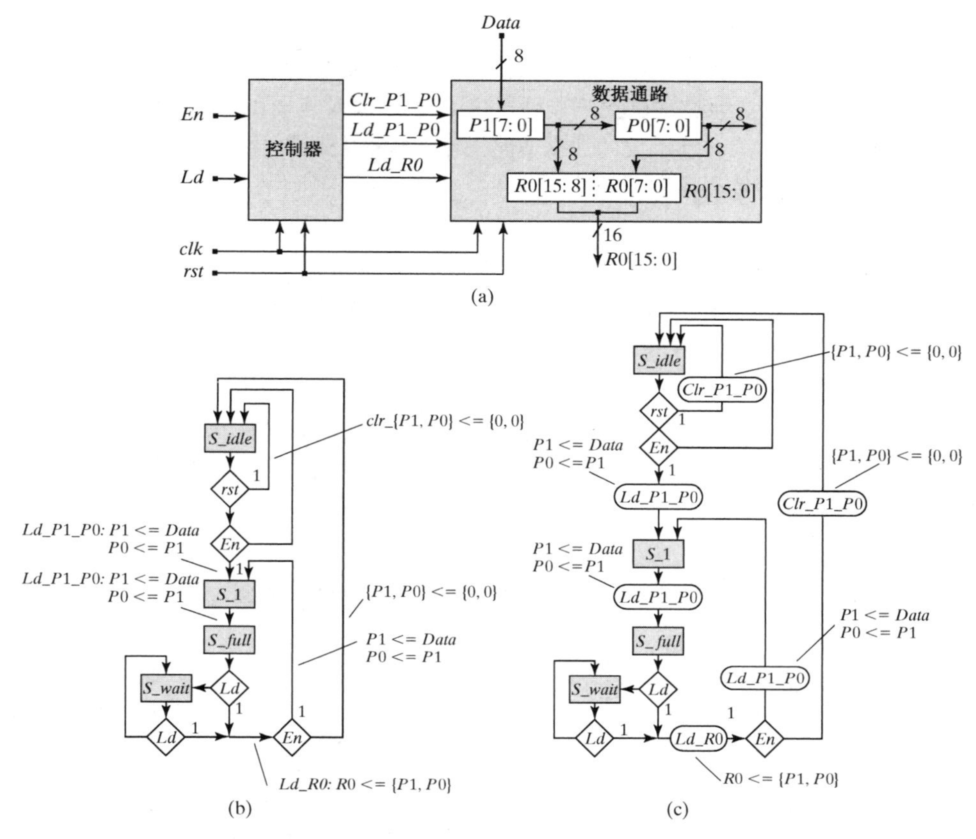

图 5.24　二级流水线寄存器：(a)流水线结构；(b)简化的 ASMD 图；(c)完整的 ASMD 图

```
module Controller (output reg Clr_P1_P0, Ld_P1_P0, Ld_R0, input En, Ld, clk, rst);
 parameter S_idle = 2'b00, S_1 = 2'b01, S_full = 2'b10, S_wait = 2'b11;
 reg [1: 0] state, next_state;

 always @ (posedge clk)
   if (rst) state <= S_idle;
   else state <= next_state;

 always @ (state, En, Ld) begin
   Clr_P1_P0 = 0;
   Ld_P1_P0 = 0;
   Ld_R0 = 0;

  case (state)
   S_idle:        if (En) begin next_state = S_1; Ld_P1_P0 = 1; end
                  else next_state = S_idle;

   S_1:           begin next_state = S_full; Ld_P1_P0 = 1; end

   S_full:        if (!Ld) begin next_state = S_wait; Ld_R0 = 1; end
                  else if (En) begin next_state = S_1; Ld_P1_P0 = 1; end
                  else begin next_state = S_idle; Clr_P1_P0 = 1; end

   S_wait:        if (!Ld) next_state = S_wait;
                  else begin
                   Ld_R0 = 1;
                   if (En) begin Ld_P1_P0 = 1; next_state = S_1; end
                   else begin next_state = S_idle; Clr_P1_P0 = 1; end
                  end
  endcase
 end
endmodule
```

数据通道控制器的设计步骤为：

(1)首先要理解在给定数据通道结构上必须执行的时序寄存器操作；

(2)定义一个 ASM 图，其状态机受控于数据通道的主要输入信号和/或状态信号；

(3)使用与控制器的状态转移相关的数据通路操作，标注 ASM 图的弧线来形成 ASMD 图；

(4)用无条件输出信号标注控制器的状态；

(5)把那些由控制器产生用以控制数据通道的信号写入条件框。如果信号把数据通道的状态报告给控制器，且这些信号被放入判决框中，则表明状态机之间具有反馈连接。这种分解使得控制器和数据通道的模型能够独立地进行验证。设计过程的最后一步就是将已验证的模型集成到父模块中以验证整个状态机的功能。第 7 章将更详细地讲述这种方法。

ASMD 图的寄存器操作通常采用寄存器传送标记(RTN)，也就是采用一套描述计算机指令集的简单符号和语义集[2,6,7]。下面将用与普通硬件操作对应的 Verilog 操作符来描述那些操作。注意图 5.24 中的串联和非阻塞赋值操作符。用非阻塞赋值操作符进行的数据通道寄存器操作是并发的，所以 $R0 <= \{P1, P0\}$ 和 $\{P1, P0\} <= 0$ 表示的寄存器传输是并发的，不会产生竞争。

5.16 计数器、移位寄存器和寄存器组的行为级模型

计数器、移位寄存器和寄存器组都是非常重要的数据通路单元，被应用于各种数字设备中。计数器和寄存器的存储单元通常具有相同的同步信号和控制信号①。计数器将产生一个相关的二进制字序列；寄存器存储那些在主处理器的控制下可被获取和/或覆盖的数据。移位寄存器的单元以有计划且同步的方式交换内容。寄存器组是共享公用的同步和控制信号的所有寄存器的集合。各种各样的计数器、移位寄存器和寄存器组的行为级描述都可由现代综合工具进行综合。由描述指明同步寄存器操作是在外部输入信号(大多是控制单元生成的输出信号)控制下完成的。在验证整体执行功能之前，数据通路和控制单元要先分开进行设计和验证。

5.16.1 计数器

例 5.40 假设 4 位计数器具有向上计数、向下计数或保持计数的功能。可以通过选择一个由存储计数值的寄存器构成的状态机对计数器进行模拟，但这里却通过选择与状态机行为动作有关的状态来模拟，而不是与状态机执行结果生成的输出数据相关，前面说的这些状态包括闲置、递增或者递减。这种方法使得计数器更像一个数据通路单元，而不是 FSM，允许对与其字长无关的计数器进行模拟。同时这种方法使得状态机减少到一个，变成了一个简单的单周期数据通路单元。也就是说，这样的状态机受控于一个外部的控制单元。比如，这里以一个由 FSM 控制的计数器为例，用一个 2 位输入字 *up_down* 来选择递增计数、递减计数或保持计数，以确定计数模式，而且这个状态机包括计数器的低有效异步复位状态。状态机 ASM 图的两个版本如图 5.25 所示，图 5.25(a)给出了计数器的部分 ASMD 图的框图。并行寄存器操作通过标注图 5.25(a) ASM 图连接到控制单元的状态转移，来构成图 5.25(b)所示的完整 ASMD 图。

计数器的行为动作有三种状态：闲置(*S_idle*)、递增(*S_incr*)和递减(*S_decr*)。异步低有效复位信号 *reset_*驱动状态 *S_idle*，而且它的作用未被限制在时钟的有效沿。信号 *reset_*仅出现在 *S_idle* 状态中，用以表示当 *reset_*有效时，可从任意状态转移到 *S_idle* 状态。在 *reset_*的作用下，状态

① 有一个特例是行波计数器，它将每级的输出与相邻一级的时钟输入相连接[5]。

机会从任意状态异步进入 *S_idle*；如果 *up_down* 是 0 或 3，那么状态机就会从 *S_decr* 和 *S_incr* 同步进入 *S_idle* 状态，否则计数状态或为递增或为递减。

注意，图 5.25 中的 ASM 图是与计数器的字长无关的，而且这些图形要体现状态机的功能，ASM 图适用于各种应用。

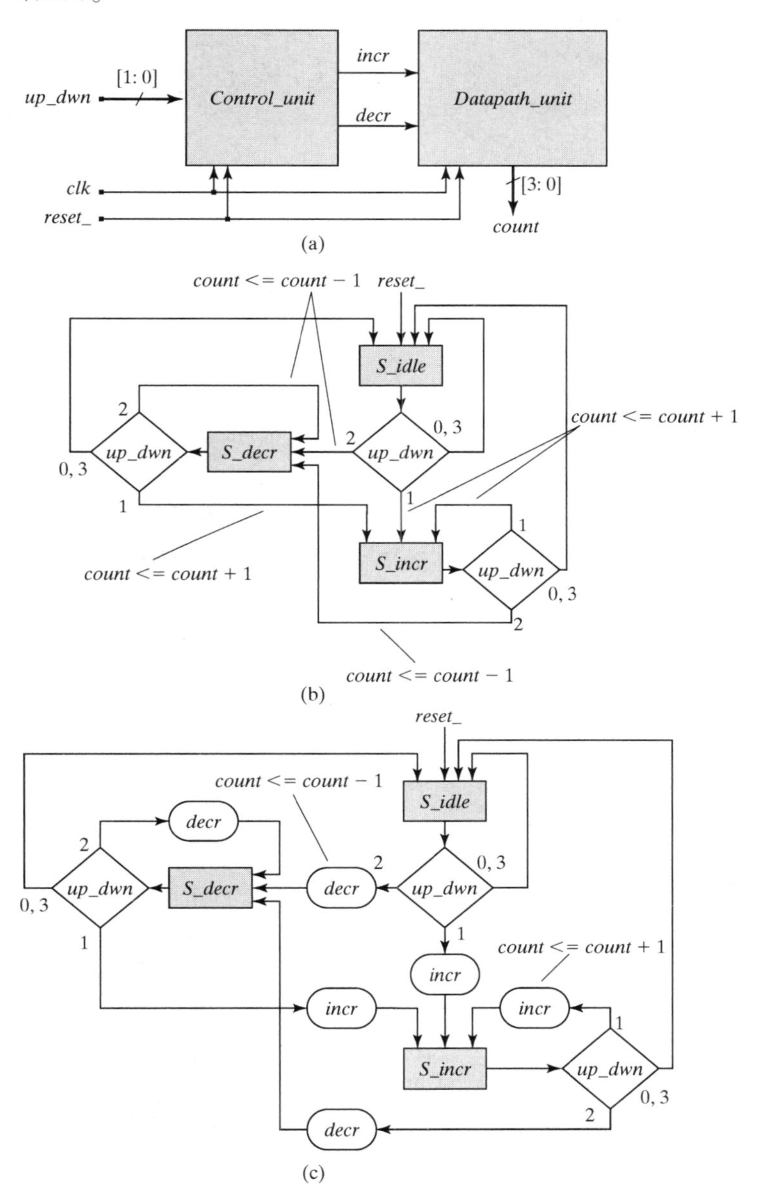

图 5.25　具有同步复位功能的加-减计数器行为模型的 ASM 图：(a)不带条件输出框；(b)带有状态机生成的寄存器操作输出的条件输出框

基于图 5.25 的时序状态机的控制器和数据通道的实现需要一个 4 位寄存器来保存 *count*，一个独立的 2 位寄存器来保存状态。仔细观察所设计的状态机就可以提出进一步的简化方案。计数器可以被认为具有一个单一(等效)的状态 *S_running*，因而只需要一个用于 *count* 的数据通道寄存器，而不需要状态寄存器。图 5.26 所示的两个 ASMD 图中，(a)是异步复位的状态机，(b)是同步复位的状态机。*reset_* 的作用是驱动状态到 *S_running*，并清空存储 *count* 的寄存器。在

图 5.26(a)中 *reset_*表示异步进入 *S_running* 状态的情况；在图 5.26(b)中 *reset_*的判决框表示在离开 *S_running* 的通道上，同时它也提醒我们，如果 *reset_*有效，那么状态机就要忽略 *up_down* 判断。

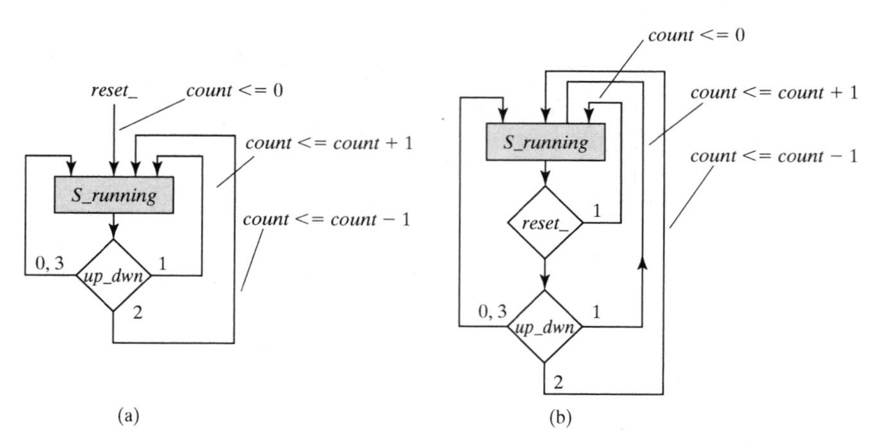

图 5.26　4 位二进制计数器的化简 ASMD 图：(a)异步低有效复位；(b)同步低有效复位

计数器的 Verilog 模型可以通过在 ASMD 图中记录每个时钟沿处理器的状态而获得，这些状态包括递增计数、递减计数和保持。*Up_Down_Implicitl* 中的周期性行为描述了状态机变化的判断树和数据通道寄存器上的操作，它省略了那些控制硬件数据通道的控制信号的细节。与例 5.39 控制器中状态机的明确计数相比，本例中的状态机是隐式的。在控制单元和数据通道单元有更多复杂交互的大型状态机中不推荐这种描述方式①。

```
module Up_Down_Implicit1 (output reg [2: 0] count, input up_dwn, clock, reset_);
 always @ (negedge clock, negedge reset_)
  if (reset_ == 1'b0) count <= 3'b0; else
   if (up_dwn == 2'b00 || up_dwn == 2'b11) count <= count; else
    if (up_dwn == 2'b01) count <= count + 1; else
     if (up_dwn == 2'b10) count <= count -1;
endmodule
```

例 5.41　环形计数器使计数值的单个位有效，并以同步循环方式通过计数器。8 位循环计数器中数据的移动在图 5.27 中加以说明，假设有一个外部同步信号 *clock*，由 *ring_counter* 描述的行为确保有效位在寄存器中的同步移动，并在循环结尾 *count*[7]有效后，自动从 *count*[0]开始重新计数。注意，状态机的行为在每个时钟周期都是一样的，*ring_counter* 是一个隐式状态机，其综合电路如图 5.28 所示，D 触发器是时钟上升沿有效的，具有选通数据(即触发器的数据通道是由多路复用器的输出驱动的，也就是说多路复用器控制了触发器的输出和外部数据通道之间的选择)，并且还具有异步低有效复位功能。

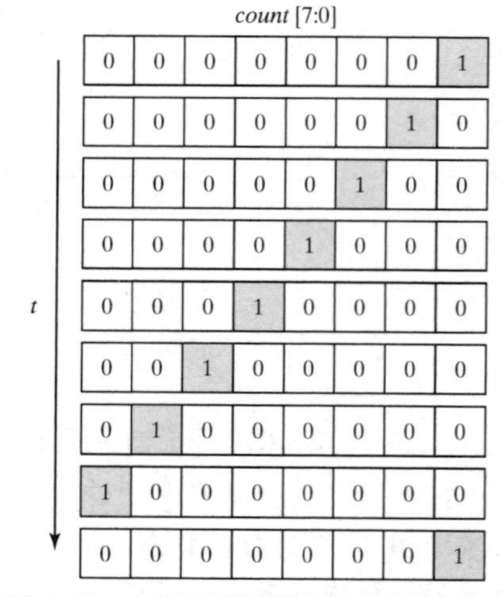

0	0	0	0	0	0	0	1
0	0	0	0	0	0	1	0
0	0	0	0	0	1	0	0
0	0	0	0	1	0	0	0
0	0	0	1	0	0	0	0
0	0	1	0	0	0	0	0
0	1	0	0	0	0	0	0
1	0	0	0	0	0	0	0
0	0	0	0	0	0	0	1

图 5.27　8 位环形计数器中的数据移动

① 第 6 章中将讨论隐式状态机的限制和效用。

```
module ring_counter #(parameter word_size = 8)(
 output reg [word_size -1: 0] count, input enable, clock, reset
);
 always @ (posedge clock, posedge reset)
   if (reset) count <= {{(word_size -1){1'b0}}, 1'b1};
   else if (enable == 1'b1) count <= {count[word_size -2: 0], count[word_size -1]};
endmodule
```

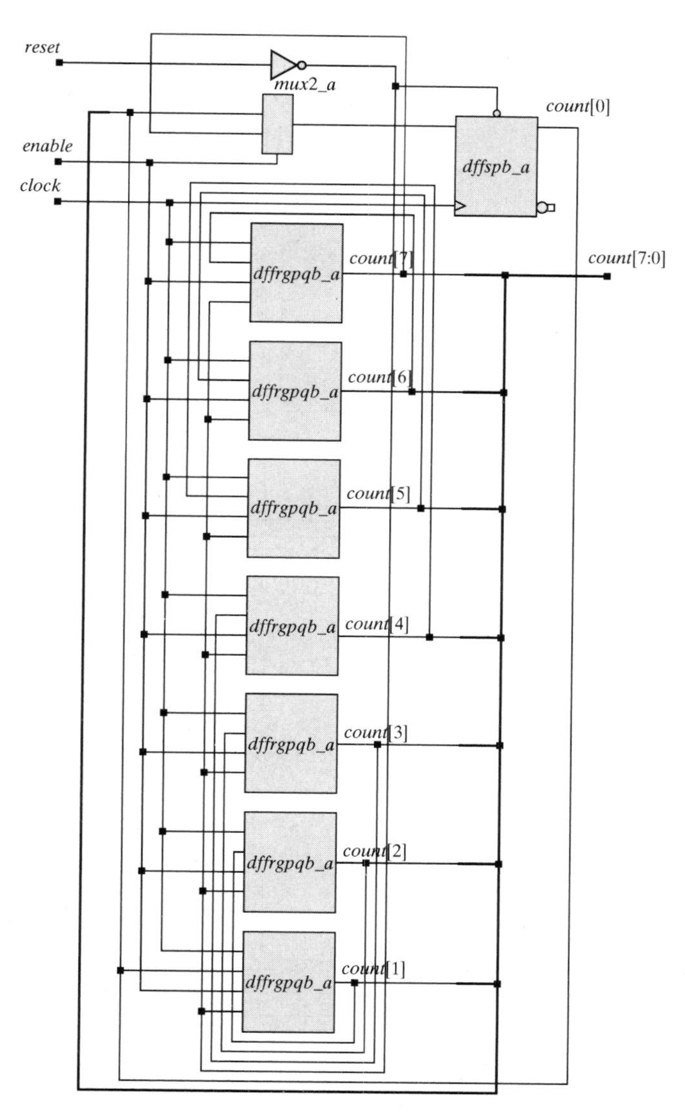

图 5.28　由 Verilog 行为描述综合的环形计数器(异步复位)

例 5.42　计数器的最后一个例子是一个 3 位加–减计数器，其包含有另外的两个附加功能：信号 *counter_on* 作为计数器使能，信号 *load* 从外部数据通道装入初始计数值。计数器的描述采用 Verilog 的内置算法，并用 ***if*** 语句实现计数器。所综合的电路和框图如图 5.29 所示。在这一实现中，库单元 *dffrgpqb_a* 是一个上升沿有效的 D 触发器，它具有内置数据选通①和异步有效复位功能。

① 单元库包含这种触发器是因为用于集成单元的掩膜的物理布局要求在采用不同单元实现同样功能时面积要小，同时集成单元也具有更好的性能(较小的输入–输出传播延时)。

```
module up_down_counter (
  output reg [2: 0]         Count,
  input                     load, count_up, counter_on, clk, reset,
  input      [2: 0]         Data_in
);

  always @ (posedge clk, posedge reset)
    if (reset == 1'b1)                  Count <= 3'b0; else
      if (load == 1'b1)                 Count <= Data_in; else
        if (counter_on == 1'b1) begin
          if (count_up == 1'b1)         Count <= Count + 1;
            else                        Count <= Count - 1;
        end
endmodule
```

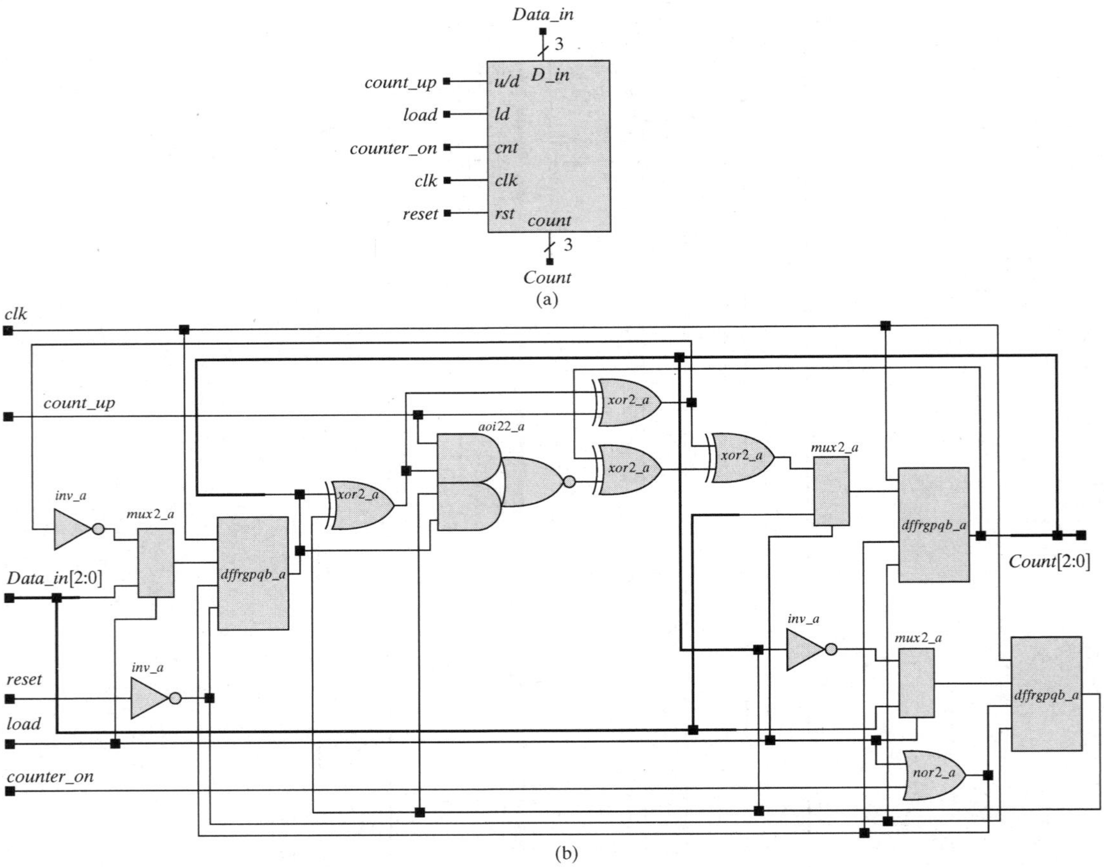

(a)

(b)

图 5.29 具有装入初始计数值和使能计数功能的 3 位加减计数器：(a)方块图符号；(b)综合的计数器电路

5.16.2 移位寄存器

例 5.43 下面的 *shift_reg4* 定义了一个内部 4 位寄存器 *Data_reg*，它可以通过给最低位寄存器连续赋值来得到 *Data_out*，并且由单输入 *Data_in* 和最左边三位串联的寄存器同步地形成寄存器中的内容。注意，在寄存器变量 *Data_reg* 以同步行为方式被赋值以前，可作为非阻塞赋值语句中级联的一部分。这就表明了存储器的需要，并可以综合成图 5.30 所示的触发器结构。还要记住，非阻塞赋值语句右边的值就是时钟有效沿之前的变量值，而左边的值是在有效沿之后形成的值。

```
module Shift_reg4 #( parameter word_size = 4)(
  output Data_out,
  input   Data_in, clock, reset
);
  reg [word_size -1: 0] Data_reg;
  assign Data_out = Data_reg[0];
  always @ (posedge clock, negedge reset)
   begin
    if (reset == 1'b0) Data_reg <= {word_size {1'b0}};
    else                Data_reg <= {Data_in, Data_reg[word_size -1: 1]};
   end
endmodule
```

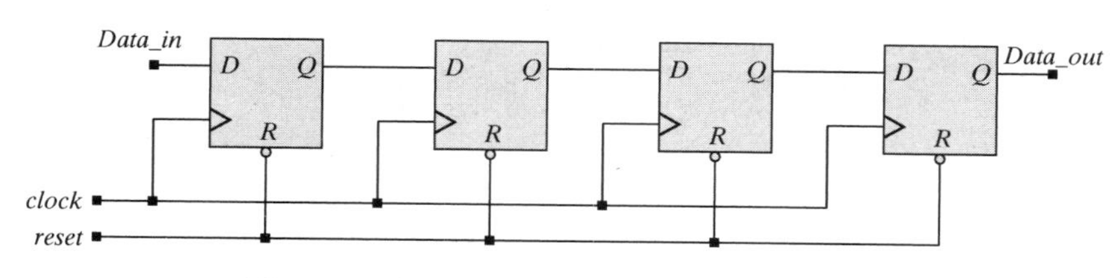

图 5.30　用 Verilog 行为综合的 4 位移位寄存器

例 5.44　本例中，由 *Par_load_reg4* 的 Verilog 综合描述了一个带复位 *reset* 和并行载入的寄存器，综合结果为如图 5.31 所示的结构，多路复用器和触发器是用库单元实现的。

```
module Par_load_reg4 #(parameter word_size = 4)(
  output reg      [word_size -1: 0]   Data_out,
  input           [word_size -1: 0]   Data_in,
  input                               load, clock, reset
);
  always @ (posedge clock, posedge reset)
   begin
    if (reset == 1'b1)        Data_out <= {word_size {1'b0}};
    else if (load == 1'b1)    Data_out <= Data_in;
   end
endmodule
```

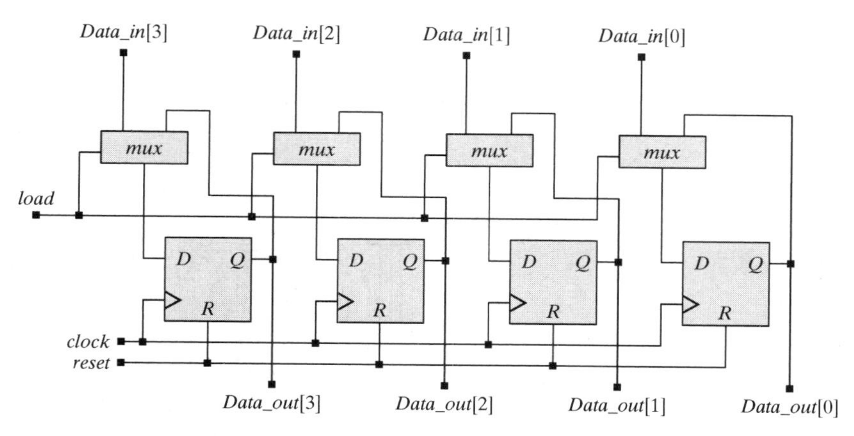

图 5.31　用 Verilog 行为综合的具有并行载入功能的 4 位寄存器

例 5.45　桶形移位器用在数字信号处理中，通过对数据通道输入和输出的缩放来避免溢出问题。缩放换算是通过将一个数据字的所有位向左移或向右移来完成的。向右移一位等于这个数据字除以 2，向左移一位等于这个数据字乘以 2。数据字向右移可防止由算法操作产生的溢出，右移后再将所得到的结果左移。桶形移位器的移位功能可以用组合逻辑实现，但是下面所示的模型使用了存储逻辑，并采用串联使数据字通过存储寄存器循环，如图 5.32(a)所示。顶部的寄存器表示移位前的数据，底部的寄存器表示移位后得到的结果，由 *barrel_shifter* 综合的电路如图 5.32(b)所示。一个更普通的桶形移位器能够通过一个指定的比特位数来移位。

```
module barrel_shifter #( parameter word_size = 8)(
  output reg              [word_size -1: 0]  Data_out,
  input                   [word_size -1: 0]  Data_in,
  input                                      load, clock, reset
);

  always @ (posedge clock, posedge reset)
    begin
      if (reset == 1'b1)          Data_out <= {word_size {1'b0}};
      else if (load == 1'b1)      Data_out <= Data_in;
      else                        Data_out <= {Data_out[word_size -2: 0],
                                                Data_out[word_size -1]};

    end
endmodule
```

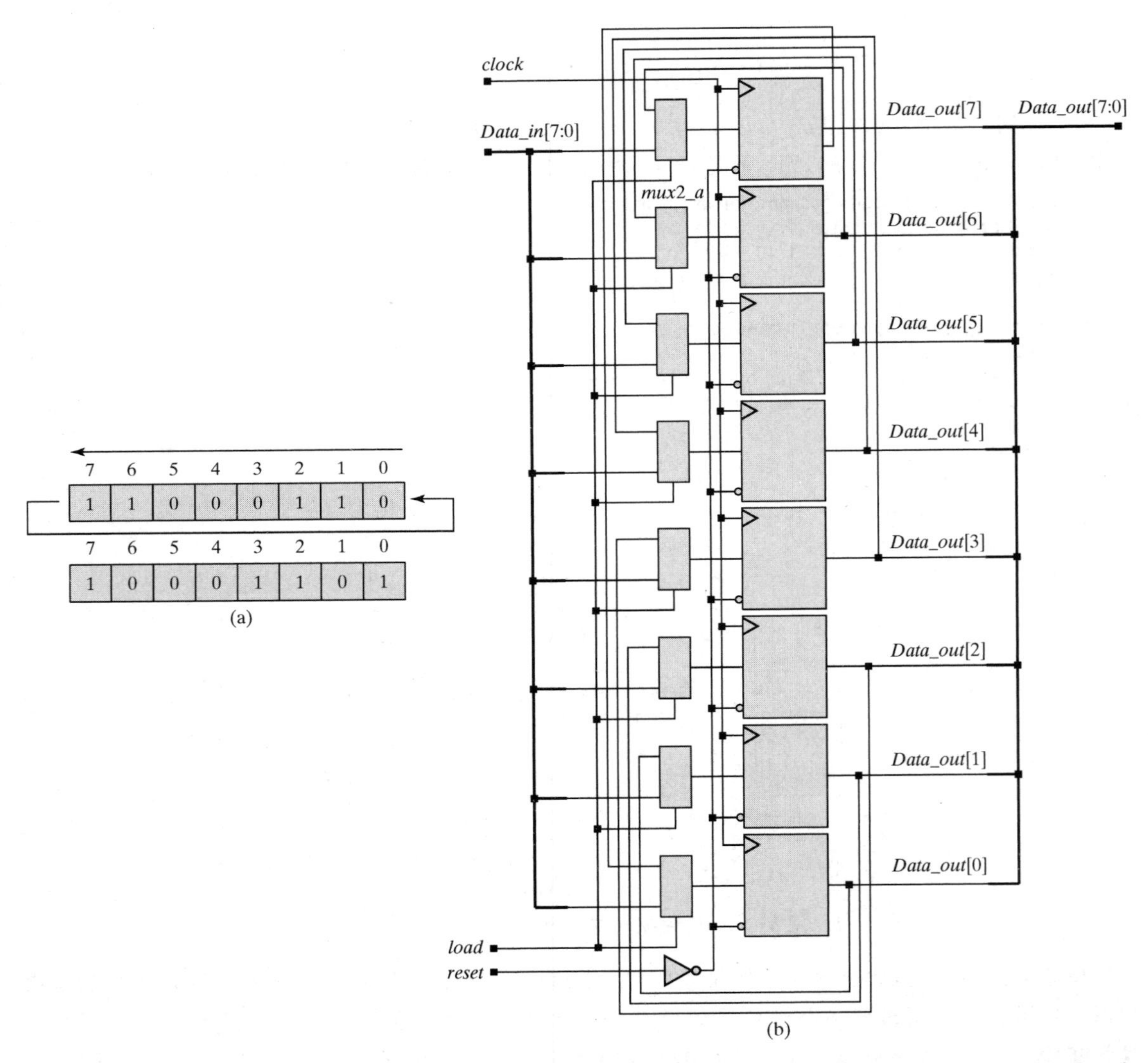

图 5.32 具有存储输出的 8 位桶形移位器：(a)数据移动示意；(b)由 Verilog 行为级模型 *barrel_shifter* 综合的电路

例 5.46　4 位通用移位寄存器是数字设备中的重要单元，该数字设备采用位片构架，由多片完全一样带有附加逻辑的 4 位移位寄存器形成更宽、更通用的数据通道[8]。它的功能包括同步复位、并行输入、并行输出、来自 LSB 或 MSB 的双向串行输入，以及到达 LSB 或 MSB 的双向串行输出。在串入（串行输入）和串出（串行输出）模式中，状态机会对一个输入信号延迟 4 个时钟周期，并可作为单向的移位寄存器；在并入（并行输入）和串出模式中，它起一个并串转换器的作用；而在串入、并出（并行输出）模式中，它起到串并转换器的作用；将其并入、并出模式与移位操作结合在一起，可执行不太通用的单向移位寄存器的任何操作。

```
module Universal_Shift_Reg #(parameter word_size = 4)(
  output reg[word_size -1: 0]     Data_Out,
  output                          MSB_Out, LSB_Out,
  input      [word_size -1: 0]    Data_In,
  input                           MSB_In, LSB_In,
  input                           s1, s0, clk, rst
);

  assign MSB_Out = Data_Out[word_size -1];
  assign LSB_Out = Data_Out[0];

  always @ (posedge clk) begin
   if (rst == 1'b1) Data_Out <= 0;
   else case ({s1, s0})
    0:   Data_Out <= Data_Out;                                  // 保持
    1:   Data_Out <= {MSB_In, Data_Out[word_size -1: 1]};    // 从 MSB 串行移位
    2:   Data_Out <= {Data_Out[word_size -2: 0], LSB_In};    // 从 LSB 串行移位
    3:   Data_Out <= Data_In;                                   // 并行载入
   endcase
  end
endmodule
```

可以估计门级电路将由 4 个具有控制逻辑的触发器组成，以管理能支持指定功能的数据通道。框图和验证模型功能的仿真结果如图 5.33 所示。*Data_out* 的波形说明右移、左移和载入操作。例如，当 $(s1, s0) = (1, 0)$ 时，状态机从 LSB 位向 MSB 位移位。

5.16.3　寄存器组和寄存器（存储器）阵列

通常寄存器组是由 D 触发器实现的，因为它们比通用存储器占用的硅片面积要大很多，所以不能用于大存储量的情形。一般的应用是将寄存器组和算术逻辑单元 ALU 串联起来，形成如图 5.34 所示的结构形式。寄存器组的双通道输出形成了连接到 ALU 的数据通道，而 ALU 的输出存储在指定位置的寄存器组上。主处理器提供操作地址，并控制读、写次序以避免在同一位置上同时进行读写操作①。

例 5.47　下面可作为隐式状态机的 *Register_File* 模型是一个单输入、双输出寄存器组，它引入了 Verilog 存储器的概念，为定义字阵列做好准备②。通过将附加阵列范围（[31:0]）添加到模块 *Register_File* 的 *Reg_File* 定义中，可定义 32 个字的存储器，每个字都有 32 位。双输出数据通道是通过使用主处理器提供的 5 位地址的连续赋值语句实现的。写操作在 *Write_Enable* 的控制下同步执行，处理器必须保证当 *Write_Enable* 有效且 *Clock* 有一个上升沿时数据不被读出。译码器通过综合工具自动综合而成，内置于寄存器组内，对地址进行译码以确定特定寄存器的位置。

① 更复杂的寄存器组具有允许读操作返回当前已写值的逻辑。

② Verilog 存储器中的字可直接寻址。在字中的一位不能被直接寻址，只有首先通过向缓冲寄存器装入字，然后对字的位寻址的方法可对字中的单元（位）进行间接寻址。

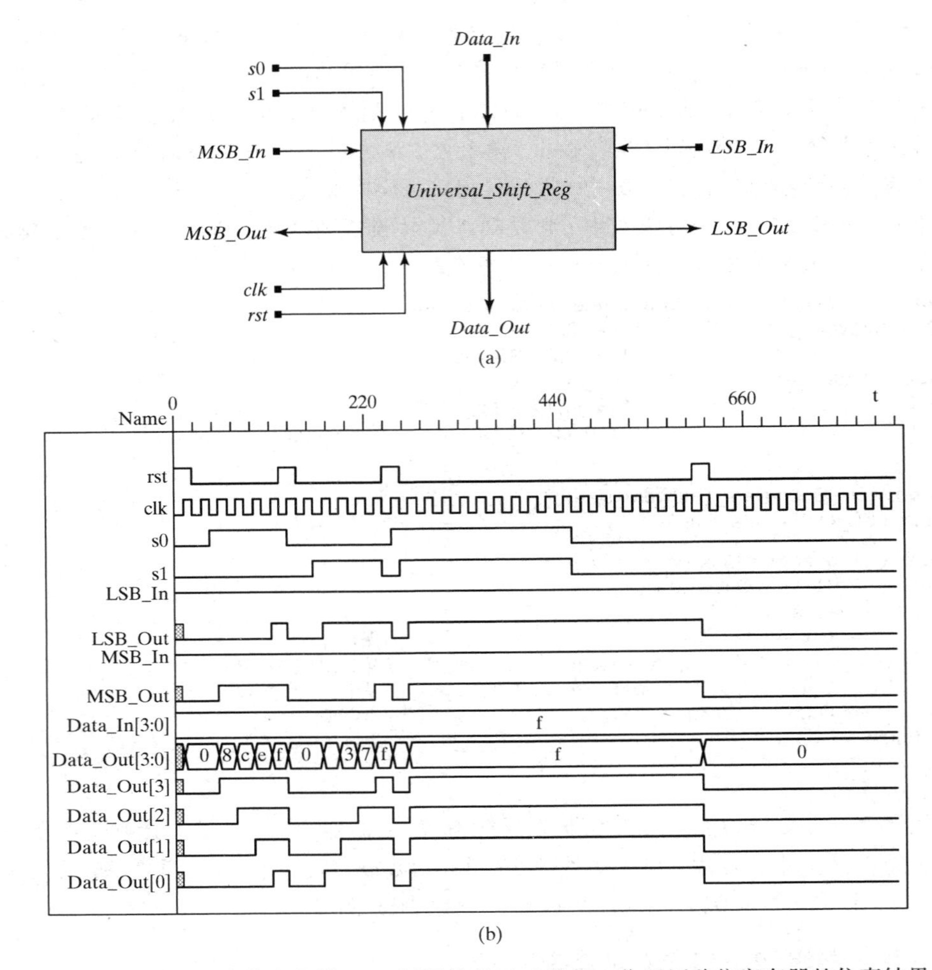

图 5.33　4 位通用移位寄存器：(a)框图符号；(b)验证 4 位通用移位寄存器的仿真结果

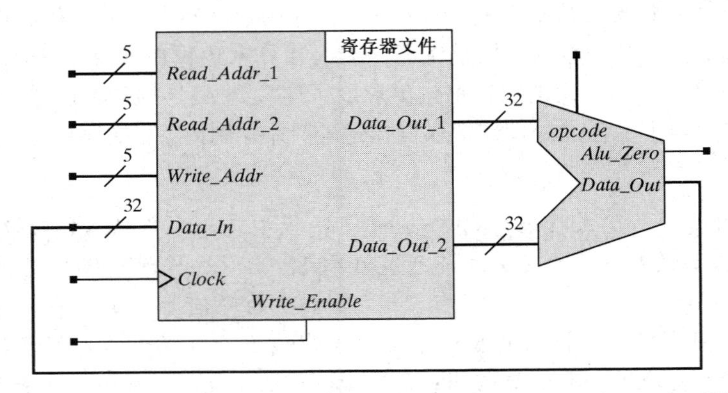

图 5.34　32 位寄存器组和具有 32 位数据通道的算术逻辑单元的串列结构

```
module Register_File #(parameter word_size = 32, addr_size = 5)(
  output    [word_size -1: 0]     Data_Out_1, Data_Out_2,
  input     [word_size -1: 0]     Data_in,
  input     [addr_size -1: 0]     Read_Addr_1, Read_Addr_2, Write_Addr,
  input                           Write_Enable, Clock
);
```

```
reg       [word_size -1: 0]     Reg_File [31: 0];   // 32bit x32 word memory declaration
assign Data_Out_1 = Reg_File[Read_Addr_1];
assign Data_Out_2 = Reg_File[Read_Addr_2];
always @ (posedge Clock) begin
  if (Write_Enable == 1'b1) Reg_File [Write_Addr] <= Data_in;
end
endmodule
```

5.17　用于异步信号的去抖动开关、亚稳定性和同步装置

时序电路将触发器和锁存器当作存储元件，但是这两种器件都受制于一个称为亚稳定性的状态。如果锁存器的一个输入脉冲太窄，或两个输入同时有效，或两个输入相互间隔足够小，那么硬件锁存器可能进入亚稳态。如果数据在使能输入沿的周围是不稳定的，那么 D 锁存器也可能进入亚稳态。边沿触发的 D 触发器是由带互补时钟的两个级联的 D 锁存器形成的。如果数据在前一个时钟沿建立期间不稳定或者时钟脉冲太窄，那么 D 触发器可能进入亚稳态。由于存储器件很容易进入亚稳态，所以系统设计应该考虑使由于亚稳定性而导致系统混乱的信号影响最小，这是非常重要的。

许多想要以同步方式执行的物理系统都具有异步输入信号。如果信号不能由时钟控制，或者如果它是由不同域中的时钟同步的，那么该信号是异步的。在这两种情况中，该信号的跳变对于正在控制时序设备的时钟有效沿来讲是随机发生的。交通灯、计算机键盘和电梯按钮都具有随机接收到的输入的特性；如果它们恰巧是在触发器的初始化期间来到的，那么它们有可能导致触发器进入亚稳态，并将此状态保持一个不定长时间，使系统操作发生混乱。

如果一个机械开关产生一个能驱动电路触发器的输入，那么在触发器的初始化期间，输入信号可能会产生振荡，并导致触发器进入亚稳态[7-10]。图 5.35 所示为一个简单的按键开关结构，结构中连到触发器的数据线通常被拉低。当弹簧开关被按下时，连接使数据线上拉到 Vdd，机械触点将立刻振动几毫秒，在数据线上产生一个不稳定的信号。有各种方法可用来处理开关的抖动，用哪种方法取决于具体的应用。例如，在学生使用的 FPGA 标准原型板上的按键开关使用了一个阻容（RC）低通滤波器和一个放置在开关和芯片之间的缓冲器[11]。

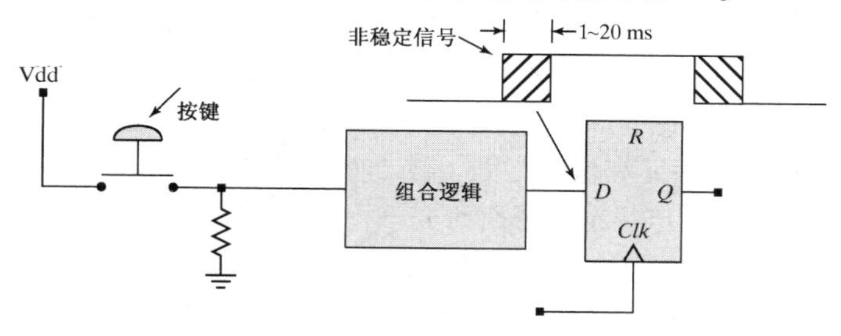

图 5.35　具有去抖动的按键输入装置

作为另一种补救方法，图 5.36 所示的电路使用了一个单刀双掷开关来减轻抖动的影响。由于开关起初是在上方位置上，所以驱动靠上的 NAND（与非）门的数据线路被下拉至地。当开关臂从顶部向底部触点移动时，开关臂和电路间的连接立即中断。当开关臂到达底部触点时，开关臂仍然会抖动，但只要它不跳回到顶部触点，那么底部输入到 NAND 锁存器的信号即使可能会抖动，也不会影响电路，因为锁存器的顶部输出已经完成了从 1 到 0 的跳变，阻止了在底部开关触点上的动作对电路的影响。当开关掷向顶部时，类似的动作也会发生。键盘通常具有内置于按键上的去抖动电路。

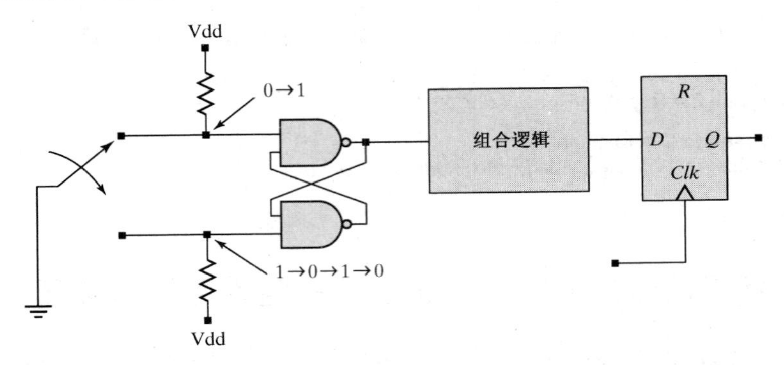

图 5.36 消除开关抖动影响的 NAND 锁存器结构

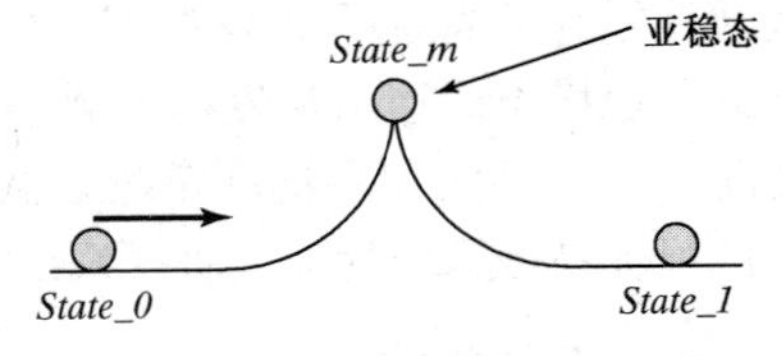

图 5.37 物理系统中亚稳态图示说明

如果数据输入在时钟跳变之前或之后的有限时间间隔中发生变化，那么触发器可能进入亚稳态。器件会输出一个 0 和 1 之间的输出，且不能确切译码。其物理解释如图 5.37 所示，图中小球必须在状态发生转移之前滚过顶点。如果能量仅够把小球推至顶点但不会越过顶点，那么它会在顶点停留一段时间，长短不可预期。在电路回到之前的状态或者转移到相反状态之前，处于亚稳态的电路将在那儿保持一段不可预期的时间。异步输入容易引发这种问题，因为它们的状态转移是不可预期的。此外，进入了亚稳态的触发器在被采样时可能仍然处于该状态，从而会传播错误的数据给接收设备。

如果输入是异步的，亚稳定性虽然不能避免，但它的影响可以减小。实验结果已表明带异步输入的电路故障修复的平均时间与退出亚稳定条件所用的时间长度成指数关系。因此，高速数字电路依靠同步装置创建一个用于从亚稳条件恢复到正常的时间缓冲器，从而减少亚稳定性造成电路故障的可能性①。

关于同步的重要规则是异步信号不能通过多个同步装置实现同步，不然会导致多个同步装置的输出产生不同的同步信号，从而使一个或多个信号被驱动到亚稳定状态。

同步装置的电路有两种基本类型，它取决于异步输入脉冲的宽度是比时钟周期更大些还是更小些。在前一种情况中，同步装置是由放置在异步输入和电路之间的多级移位寄存器组成的。使用多级是因为随着技术的进步时钟周期长度正在日益缩减，这使得单个触发器的亚稳定性不可能在单个时钟周期内解决。图 5.38(a) 中的电路描述了异步输入脉冲的宽度比时钟周期大的情况，两个触发器放在 *Asynch_in* 和电路之间，第二个触发器处于同步工作状态，由 *Asynch_in* 驱动的触发器防止电路进入亚稳定状态。下面研究该电路是如何工作的：如果异步输入信号在建立时间间隔以外达到稳定条件，那么它将要等待两个时钟周期。另一方面，如果 *Asynch_in* 在建立时间间隔内是不稳定的(由于抖动或迟到的输入)，也存在两种可能性：假设电路处于复位条件下，如果不稳定的输入采样为 0，但最终确定为 1，那么这个 1 将在 3 个周期之后才能输出。如果信号确定为 0，它在两个时钟周期之后才能输出。因此最大的等待时间是 $n+1$，这里 n 是同步装置链的级数。第二个触发器不会出现不稳定的情况，仅有输入级会受到影响，而且这种影响可能会造成一个额外的等待周期。等待时间是可以容忍的，因为异步输入本身没有一个可预测的到达时间；但是亚稳定性产生的不明确的输出跳变时间仍是个问题，因为它们可能造成系统的混乱。如果亚稳定性没有在一个时钟周期内解决，那么附加的触发器将继续被用来稳定信号。

① 有关同步装置的详细信息见参考文献[8]。

如果异步输入脉冲的宽度小于时钟周期，那么从图 5.38(b)所示电路可以看出该电路的硬件实现要付出额外的成本。注意，对于第一个触发器，要将 Vcc 连接到它的数据输入端，并将 *Asynch_in* 连接到它的时钟输入端，而另外两个触发器则由系统时钟触发。*Asynch_in* 的短脉冲会将 $q1$ 驱动到 1；这个值将在两个时钟沿之后将传输给 *Synch_out*。假设 *Asynch_in* 在 *Synch_out* 变为 1 以前返回到 0，那么当 *Synch_out* 变为 1 时，*Clr* 信号变为有效。对 $q1$ 和 $q2$ 的清空操作将同步脉冲信号限制在一个时钟周期以内；否则，如果只对 $q1$ 进行清除，那么同步脉冲信号将持续两个时钟周期。驱动 $q2$ 的触发器有可能进入亚稳态，但是最后会稳定，那么对驱动 *Synch_out* 的触发器没有影响。在图 5.38(c)中显示的 *Asynch_in* 脉冲信号不会引起图 5.38(b)所示电路的亚稳态，但是在图 5.38(d)中显示的 *Asynch_in* 脉冲信号会导致电路进入亚稳态。图 5.38(e)为图 5.38(b)所示电路的仿真波形图。注意，当 *Asynch_in* 有效时，$q1$ 有效；$q2$ 是在 *Asynch_in* 有效后的第一个边沿有效；*Synch_out* 是在 *Asynch_in* 有效后的第二个边沿有效。而且，*Synch_out* 有效正好保持一个时钟周期。

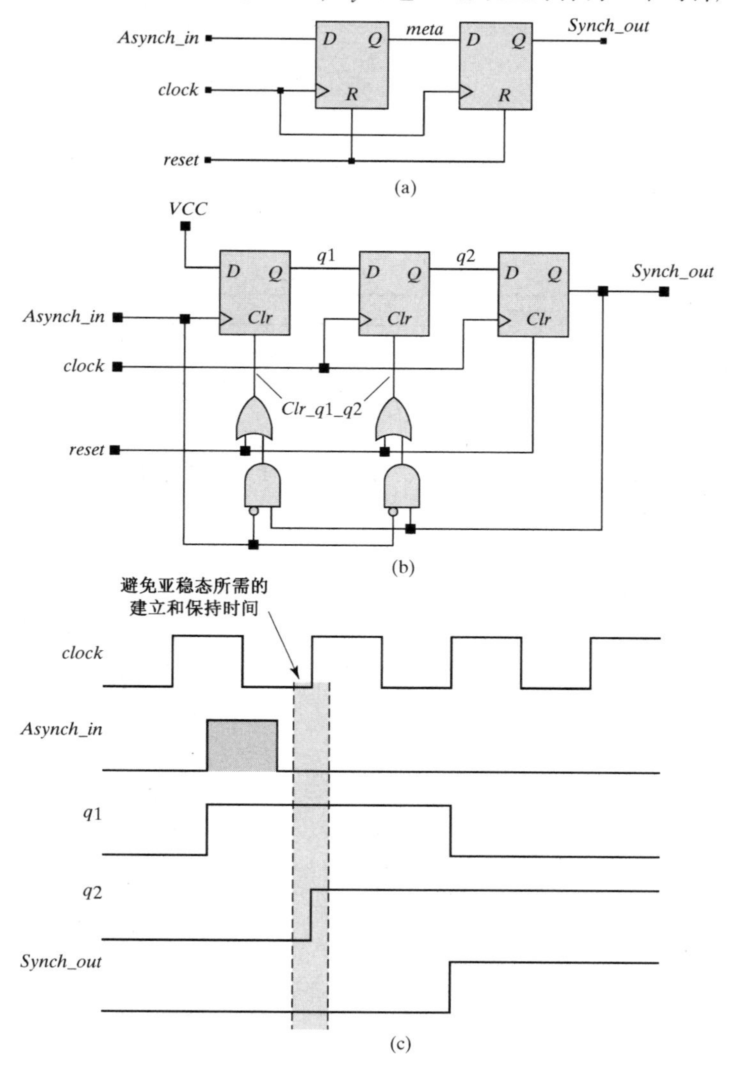

图 5.38　异步输入信号同步装置电路：(a)当异步输入脉冲的宽度比时钟周期大时所用的电路；(b)当异步输入脉冲的宽度比时钟周期小时所用的电路；(c)异步脉冲不会引起亚稳条件时(b)的电路波形；(d)异步输入信号会引起亚稳条件时(b)的电路波形；(e)(b)电路的波形仿真结果

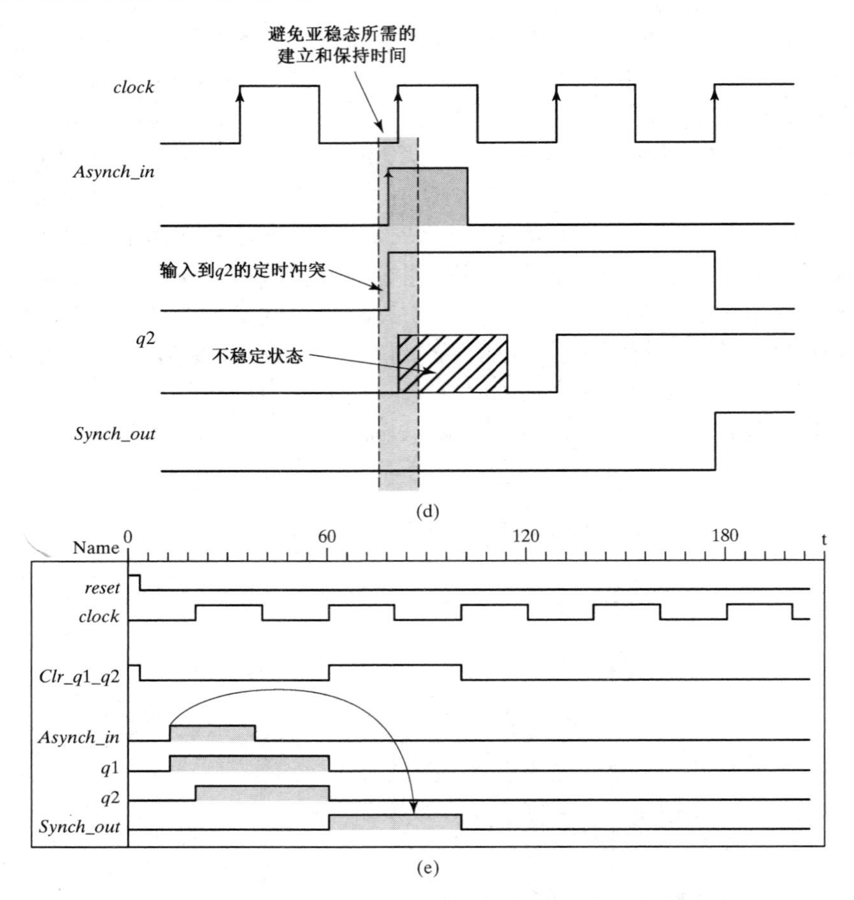

图 5.38(续)　异步输入信号同步装置电路：(a)当异步输入脉冲的宽度比时钟周期大时所用的电路；(b)当异步输入脉冲的宽度比时钟周期小时所用的电路；(c)异步脉冲不会引起亚稳条件时(b)的电路波形；(d)异步输入信号会引起亚稳条件时(b)的电路波形；(e)(b)电路的波形仿真结果

当信号必须通过两个时钟域之间的边界时也可以利用同步装置(关于跨时钟域的同步性的具体讨论请参见例 9.9)。如果图 5.39 中的 *clock_1* 比 *clock_2* 慢，那么可以用图 5.38(a)中的同步装置来同步两个域之间控制数据传输的接口信号，否则就要用图 5.38(b)中的同步装置。必须要注意，如果 *asynch_in* 被同步到 *clock_1*，即 $T_{clock\_1} > T_{clock\_2}$ 且当 *asynch_in* 有效时，将会出现多个 *clock_2* 的有效沿①。

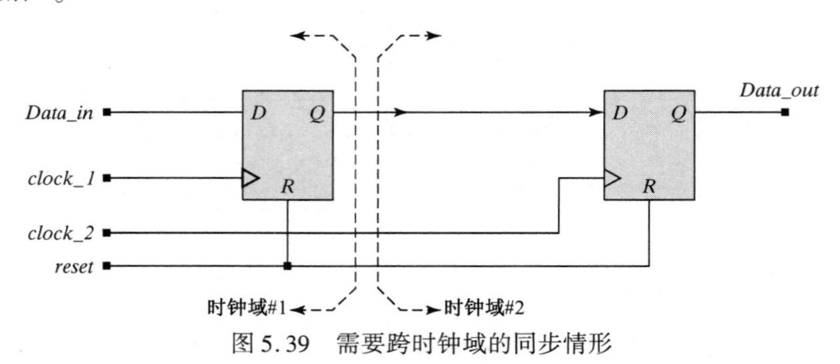

图 5.39　需要跨时钟域的同步情形

① 参见第 9 章。

5.18　设计实例：键盘扫描器和编码器

键盘扫描器用在数字电话、计算机键盘和其他数字系统的手动数据输入中。电话、计算机、自动出纳机、加油机、个人媒体设备和其他设备都有键盘，键盘扫描器对已按下的键做出响应，并形成一个唯一能标志所按下键的码字。它必须考虑输入的异步特性，并处理开关的抖动。如果一个键被按下一次并保持不放，那么肯定不能解释成为重复按这个键。

考虑图 5.40 所示为十六进制键盘电路所设计的扫描器/译码器方案。键盘的每一行通过一个下拉电阻连接到地。当按键被按下时，在按键所处的行列之间就建立起了连接；在按键位置上，连接将行线值上拉到列线的值。如果这个列线是被给予电压了的，那么由按下的键连接到那个列的行也将被拉至给定的电压值，否则行线被下拉至 0。键盘扫描码发生器单元控制列线，并且在列线上有规律地使电压值有效，来检测已按下按键的位置。

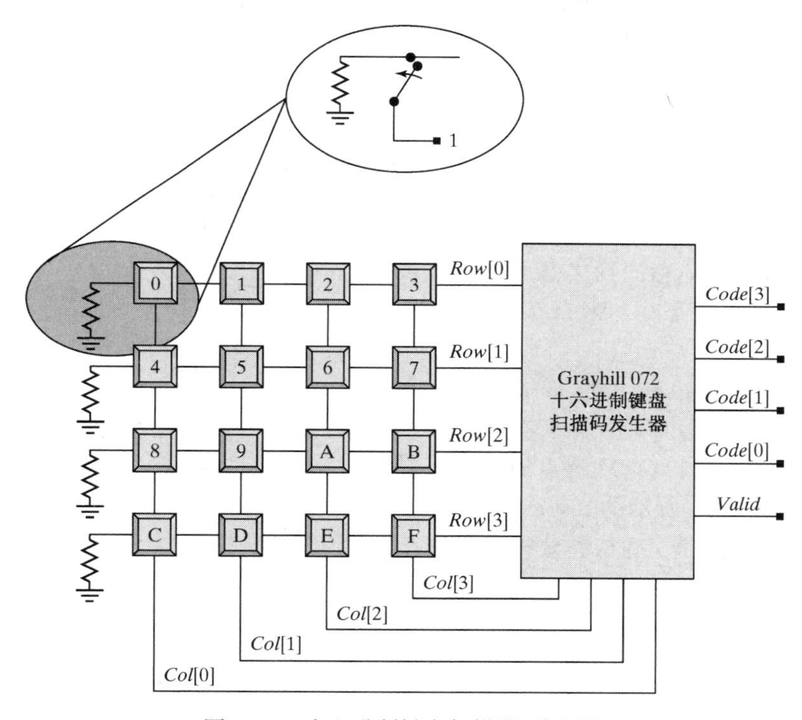

图 5.40　十六进制键盘扫描器/编码器

键盘扫描码发生器必须执行一个译码方案，它可以检测按键是否被按下，识别被按的键，并产生一个含有按键唯一码字的输出。扫描码/编码器用具有表 5.1 所示按键码字的同步时序电路来实现。电路的输出有列线、代码线以及用以表示代码的值是否正确的信号 *Valid*，可以将图 5.38(a)中的同步装置用于异步输入——按键的按下持续时间远长于系统时钟周期。

为了检测按键是否按下，电路可以使所有的列线同时为 1，直到发现一个行线已被上拉为 1（通过判断行线的 OR 是 1）。此时，有效的行线标志仍然未确定，需要通过扫描器将 1 逐次应用到每条列线，直到检测出有效行线为止。已确定的列和行的位置对应于已按下的键，而且对于每个按键，其编码信息是唯一的。上面的讨论中假设每次只有一个开关闭合。

键盘扫描器/编码器的行为可由图5.41所示的ASM图表示①。电路处于 *S_0* 状态，同时所有列也为有效状态，直到一个或多个行线有效为止，并由所有行作OR所形成的信号触发状态机工作。在 *S_1* 中仅有0列位有效，如果某一行也有效，则输出一个时钟的有效 *Valid*，并且状态机转移到 *S_5*，在 *S_5* 中行无效之前保持所有的列有效②。然后状态机在下一个时钟周期回到 *S_0*。注意，*S_5* 态中尽管只需要与按键对应的列有效，但还是让所有列有效，这样就消除了当机器状态从 *S_2*，*S_3* 和 *S_4* 移出以及等待行无效时增加的两个状态的需要。

表5.1 十六进制扫描器的键盘代码

Key	*Row*[3:0]	*Col*[3:0]	Code	Key	*Row*[3:0]	*Col*[3:0]	Code
0	0001	0001	0000	8	0100	0001	1000
1	0001	0010	0001	9	0100	0010	1001
2	0001	0100	0010	A	0100	0100	1010
3	0001	1000	0011	B	0100	1000	1011
4	0010	0001	0100	C	1000	0001	1100
5	0010	0010	0101	D	1000	0010	1101
6	0010	0100	0110	E	1000	0100	1110
7	0010	1000	0111	F	1000	1000	1111

ASM图暗示列译码是采用从 *Column_0* 开始的优先级译码方式。如果多列有效，那么第一个被译码的列决定了它的代码。离开 *S_0* 的判决框可用来测试同步的行信号，而离开其他态的判决框可以测试未同步的信号，因为在那些状态中，来自按键的信号已经确定。

键盘扫描器以及testbench的Verilog模型连同它的支持模块③表示如图5.42所示。扫描器可在Verilog环境中测试，而不是在具有物理键盘的物理模型板上进行测试。因而图5.42所示的testbench必须包括模拟按键状态的信号发生器，确认有效按键对应行的模块 *Row_Signal* 和被测试单元 *Hex_Keypad_Grayhill_072*④。在对键盘扫描器的模型进行验证之后，该testbench还可用于仿真其他系统的用户接口，而且可以肯定只要功能正确也能用于真实物理环境中，从而在很大程度上减少了模型工作中故障源的搜索范围。

用于按键确认的信号发生器是嵌入在testbench中的，在testbench中，单步行为用 ***for*** 循环给 *key* 赋值，而电平敏感行为通过产生一个能标志按键的ASCII字符串对 *key* 的变化做出反应⑤，从而可以改善仿真器所产生波形的显示结果。模块 *Row_Signal* 检测按键的有

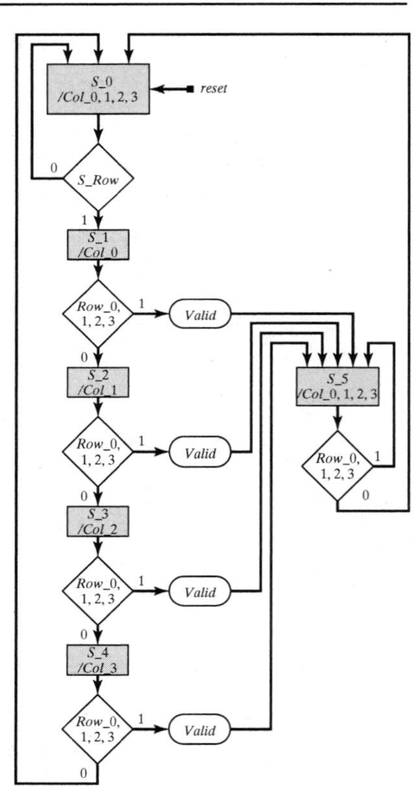

图5.41 键盘扫描器电路的ASM图

① 异步复位仅在 *S_0* 中显示，但可以理解为异步复位将图中的任意状态驱动到 *S_0* 状态。

② *Valid* 可用于控制将数据写入存储单元，例如先进先出(FIFO)存储器。请参见第8章和第9章。

③ 状态被编码成寄存器类型的规定长度数值。一个整数可能导致大型硬件寄存器不必要的综合。

④ 参见 www.grayhill.com。

⑤ Verilog没有字符串型数据类型，因而字符串必须以每8位的形式存储于已定义的寄存器中。

效性并且确定按键所处的行，其作用是代替物理键盘驱动编码单元。同步装置由两级移位寄存器构成，用于实现对异步行信号 OR 的同步输出。在有键按下时，同步装置起作用，当同步装置的输出发生变化时，由代码发生器单元确定哪个键已被按下。这个代码发生器包含使列循环有效的状态机，以及能通过分析行、列数据来确定十六进制代码的电平敏感行为。Testbench 给出了 *Hex_Keypad_Grayhill_072*，*Row_Signal* 和 *Synchronizer* 的例示。应该注意由于代码发生器是由时钟的正沿同步的，所以同步装置设计为对下降沿敏感，这样就消除了硬件中潜在的竞争条件。

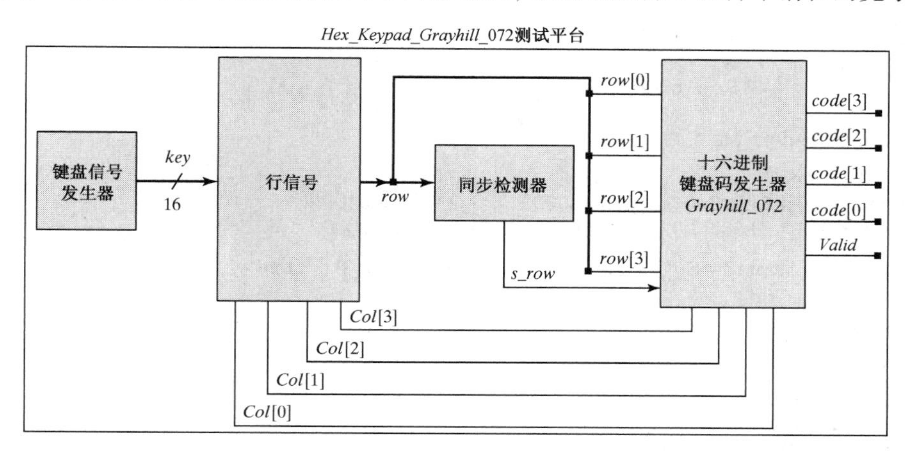

图 5.42　Grayhill 072 十六进制键盘扫描器/编码器测试平台组织结构

仿真结果如图 5.43 所示，按键值以文本格式显示；信号 *A_Row* 和 *S_Row* 分别为同步装置的输入和输出。例如，*Key_9* 对应 2 列 4 行。*S_Row* 的变化与 *A_Row* 的变化相比慢了一个周期。要注意表示操作完成的 *Valid* 信号是在按键已被扫描和编码后的下一个周期有效的。

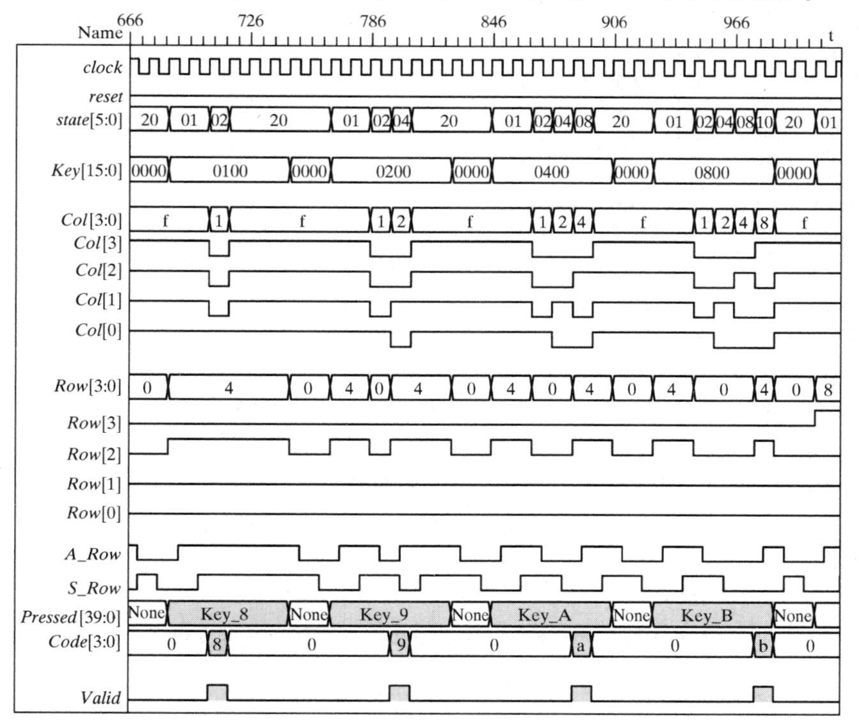

图 5.43　Grayhill 072 十六进制键盘扫描器/编码器的仿真结果

```
// 对有效的行(Row)和列(Col)译码
//                十六进制键盘Grayhill 072
//                         Col[0]    Col[1]    Col[2]    Col[3]
//                Row[0]   0         1         2         3
//                Row[1]   4         5         6         7
//                Row[2]   8         9         A         B
//                Row[3]   C         D         E         F

module Hex_Keypad_Grayhill_072 (
 output reg [3: 0]   Code, Col,
 output              Valid,
 input [3: 0]        Row,
 input               S_Row, clock, reset
);
 reg [5: 0] state, next_state;

 // 一个热键的情况
 parameter S_0 = 6'b000001, S_1 = 6'b000010, S_2 = 6'b000100;
 parameter S_3 = 6'b001000, S_4 = 6'b010000, S_5 = 6'b100000;

 assign Valid = ((state == S_1) || (state == S_2) || (state == S_3) || (state == S_4))
 && Row;

 // 行信号不是去抖动类型也没有关系
 // 假设所用的行信号在时钟沿之前是稳定的

 always @ (Row, Col)
  case ({Row, Col})
    8'b0001_0001:    Code = 0;
    8'b0001_0010:    Code = 1;
    8'b0001_0100:    Code = 2;
    8'b0001_1000:    Code = 3;
    8'b0010_0001:    Code = 4;
    8'b0010_0010:    Code = 5;
    8'b0010_0100:    Code = 6;
    8'b0010_1000:    Code = 7;
    8'b0100_0001:    Code = 8;
    8'b0100_0010:    Code = 9;
    8'b0100_0100:    Code = 10;       // A
    8'b0100_1000:    Code = 11;       // B
    8'b1000_0001:    Code = 12;       // C
    8'b1000_0010:    Code = 13;       // D
    8'b1000_0100:    Code = 14;       // E
    8'b1000_1000:    Code = 15;       // F
    default:         Code = 0;        // 任选情况
  endcase

 always @ (posedge clock, posedge reset)
  if (reset == 1'b1) state <= S_0; else state <= next_state;

 always @ (state, S_Row, Row) // Next-state logic
  begin next_state = S_0; Col = 0;     // Default values; assign by exception
   case (state)
    // 判断所有列
    S_0: begin Col = 15; if (S_Row) next_state = S_1; end
    // 判断第0列
    S_1: begin Col = 1; if (Row) next_state = S_5; else next_state = S_2; end
    // 判断第1列
    S_2: begin Col = 2; if (Row) next_state = S_5; else next_state = S_3; end
    // 判断第2列
    S_3: begin Col = 4; if (Row) next_state = S_5; else next_state = S_4; end
    // 判断第3列
    S_4: begin Col = 8; if (Row) next_state = S_5; else next_state = S_0; end
    // 判断所有行
   S_5: begin Col = 15; if (S_Row == 0) next_state = S_0; else next_state = S_5; en
```

```
      default: next_state = S_0;
    endcase
  end
endmodule

module Synchronizer (output reg S_Row, input [3: 0] Row, input clock, reset);
reg A_Row;
// 两级流水线同步装置
  always @ (negedge clock, posedge reset) begin
   if (reset == 1'b1) begin A_Row <= 0; S_Row <= 0; end
    else begin
    A_Row <= (Row[0] || Row[1] || Row[2] || Row[3]);
    S_Row <= A_Row;
   end
  end
endmodule

module Row_Signal (output reg [3:0] Row, input [15: 0] Key, input [3: 0] Col);
// 扫描有效键所在行
  always @ (Key, Col) begin
   // 按键有效组合逻辑
   Row[0] = Key[0] && Col[0] || Key[1] && Col[1] || Key[2] && Col[2] || Key[3] && Col[3];
   Row[1] = Key[4] && Col[0] || Key[5] && Col[1] || Key[6] && Col[2] || Key[7] && Col[3];
   Row[2] = Key[8] && Col[0] || Key[9] && Col[1] || Key[10] && Col[2] || Key[11] && Col[3];
   Row[3] = Key[12] && Col[0] || Key[13] && Col[1] || Key[14] && Col[2] || Key[15] &&
   Col[3];
  end
endmodule

module test_Hex_Keypad_Grayhill_072 ();
  wire [3: 0]           Code;
  wire                  Valid;
  wire [3: 0]           Col;
  wire [3: 0]           Row;
  reg                   clock, reset;
  reg [15: 0]           Key;
  integer               j, k;
  reg[39: 0]            Pressed;
  parameter             [39: 0]    Key_0 = "Key_0",
                                   Key_1 = "Key_1",
                                   Key_2 = "Key_2",
                                   Key_3 = "Key_3",
                                   Key_4 = "Key_4",
                                   Key_5 = "Key_5",
                                   Key_6 = "Key_6",
                                   Key_7 = "Key_7",
                                   Key_8 = "Key_8",
                                   Key_9 = "Key_9",
                                   Key_A = "Key_A",
                                   Key_B = "Key_B",
                                   Key_C = "Key_C",
                                   Key_D = "Key_D",
                                   Key_E = "Key_E",
                                   Key_F = "Key_F",
                                   None = "None";

    always @ (Key) begin                // 已按键的 "one-hot" 扫描码
     case (Key)
      16'h0000:   Pressed = None;
      16'h0001:   Pressed = Key_0;
      16'h0002:   Pressed = Key_1;
      16'h0004:   Pressed = Key_2;
```

```
      16'h0008:   Pressed = Key_3;
      16'h0010:   Pressed = Key_4;
      16'h0020:   Pressed = Key_5;
      16'h0040:   Pressed = Key_6;
      16'h0080:   Pressed = Key_7;
      16'h0100:   Pressed = Key_8;
      16'h0200:   Pressed = Key_9;
      16'h0400:   Pressed = Key_A;
      16'h0800:   Pressed = Key_B;
      16'h1000:   Pressed = Key_C;
      16'h2000:   Pressed = Key_D;
      16'h4000:   Pressed = Key_E;
      16'h8000:   Pressed = Key_F;
      default:    Pressed = None;
    endcase
  end

  Hex_Keypad_Grayhill_072   M1 (Code, Col, Valid, Row, S_Row, clock, reset);
  Row_Signal                M2 (Row, Key, Col);
   Synchronizer             M3 (S_Row, Row, clock, reset);
  initial #2000 $finish;
  initial begin clock = 0; forever #5 clock = ~clock; end
  initial begin reset = 1; #10 reset = 0; end
  initial begin for (k = 0; k <= 1; k = k+1)
   begin Key = 0; #20 for (j = 0; j <= 16; j = j+1)
    begin #20 Key[j] = 1; #60 Key = 0; end
   end
  end
endmodule
```

需要注意的是，在 *Hex_keypad_Grayhill_072* 中电平敏感周期性行为描述的次态逻辑和 *Col* 值被立即赋值。**case** 语句随后也对次态逻辑和 *Col* 进行译码赋值。但前者被当作默认赋值，以避免在后面描述中遗漏赋值而综合成锁存器(见 6.3 节)。在赋值中通过增加默认赋值语句是一种更为有效的编程风格。

参考文献

1. Lee S. *Design of Computers and Other Complex Digital Devices.* Upper Saddle River, NJ: Prentice-Hall, 2000.
2. Mano MM, Kime CR. *Logic and Computer Design Fundamentals*, 3rd ed. Upper Saddle River, NJ: Prentice-Hall, 2003.
3. *Verilog HDL Coding-Semiconductor Reuse Standard.* Chandler, AZ: Motorola, 1999.
4. Abramovici M, et al. *Digital Systems Testing and Testable Design.* Rockville, MD: Computer Science Press, 1990.
5. Ciletti MD. *Modeling, Synthesis and Rapid Prototyping with the Verilog HDL.* Upper Saddle River, NJ: Prentice-Hall, 1999.
6. Clare CR. *Designing Logic System Using State Machines.* New York: McGraw-Hill, 1971.
7. Heuring VP, Jordan, HF. *Computer Systems Design and Architecture.* Upper Saddle River, NJ: Prentice-Hall, 2004.
8. Wakerly JF. *Digital Design Principles and Practices*, 4th ed. Upper Saddle River, NJ: Prentice-Hall, 2006.
9. Gajski D, et al. "Essential Issues in Codesign." In: Staunstrup J, Wolf W, eds. *Hardware/software Co-design: Principles and Practices.* Boston: Kluwer, 1997.
10. Katz RH., Boriello, G. *Contemporary Logic Design*, 2nd ed. Upper Saddle River, NJ: Prentice-Hall, 2004.
11. Digilent Inc. documentation (www.digilentinc.com).

习题

注意：所有习题都要求进行设计开发和验证，解决方案要提供详细的测试方案、testbench 文本描述以及仿真结果。该测试方案至少应该描述：(1)所要测试设计的功能特性；(2)怎样进行测试。

1. 用一条连续赋值语句实现并验证如下逻辑电路所描述的布尔方程的行为级模型。testbench、模型及其端口可分别使用下面的名称命名：*t_Combo_CA*( ),*Combo_CA*(*Y*, *A*, *B*, *C*, *D*)。还要注意：testbench 没有端口。通过对该电路的全面仿真，提供可证明该模型正确的图形和文本输出。见图 P5.1。
2. 使用连续赋值语句设计一个图 4.1 所示的电路的模型。再设计一个 testbench *t_Combo_all*，在该 *testbench* 中对 *Combo_str*，*Combo_UDP* 和 *Combo_CA*(见第 4 章习题 1 和习题 2)都进行例化，并将它们的输出分别命名为 *Y_str*，*Y_UDP* 和 *Y_CA*。通过对这些模型的仿真，产生能表示波形的图形输出，并对所得结果进行简略讨论。

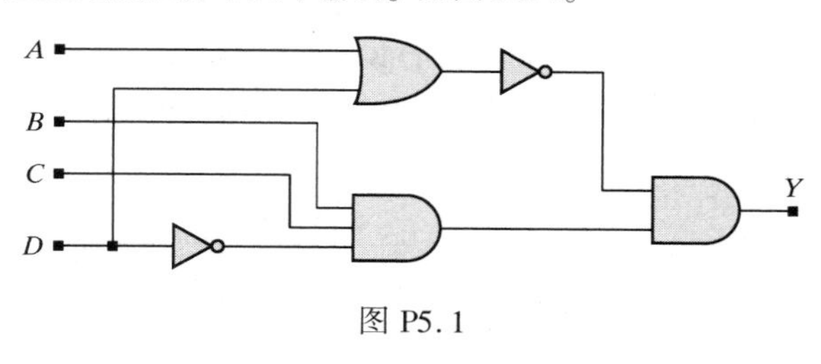

图 P5.1

3. 在给所有基本门和连续赋值语句赋以单位延时以后，重复习题 2，并对所得结果进行讨论。
4. 编写一个与 *AOI_5_CAI*(见例 5.2)具有同样功能的结构化模型，然后再设计一个 testbench 来证明两个模型具有同样的行为特性。
5. 编写一个 testbench，并验证 *tr_latch*(见例 5.11)完全可以仿真一个 D 锁存器。
6. 设计一个 testbench 来验证 SR 锁存器的门级模型。
7. 设计一个 testbench 用来验证用户定义基本门(*AOI_UDP*)的功能(见例 4.11)。testbench 能完成基本门的仿真，并可将它的输出与描述同样功能的连续赋值语句的输出相比较。比较的结果可用一个误差信号来描述。
8. 编写并验证具有低有效异步复位的 J-K 触发器的行为级模型。
9. 编写并验证一个 Verilog 模型，如果一个 4 位的输入数据字不是一个正确的 BCD 码，那么该模型将会使输出有效。
10. 解释如下所示的代码段为什么会无休止地执行，并给出替代它的描述。

```
reg [3: 0] K
for (K=0; K<=15; K = K+1) begin
...
end
```

11. 用连续赋值语句设计并验证一个称为 *compare_4_32_CA* 的模型，这个电路可用来比较 4 个 32 位无符号二进制字，并确定输出的哪些字具有最大值，哪些字具有最小值。
12. 用电平敏感周期性行为和一种合适的算法，设计并验证 *compare_4_32_ALGO* 模型，这个电路可比较 4 个 32 位的字，说明哪些字具有最大值，哪些字具有最小值。
13. 验证例 5.45 中 *Universal_Shift_Reg* 的功能。
14. 编写图 P5.14 所示电路的 Verilog 描述，证明：如果 *D_in* 的连续取样值具有奇数个 1，那么电路的输出 *P_odd* 有效。

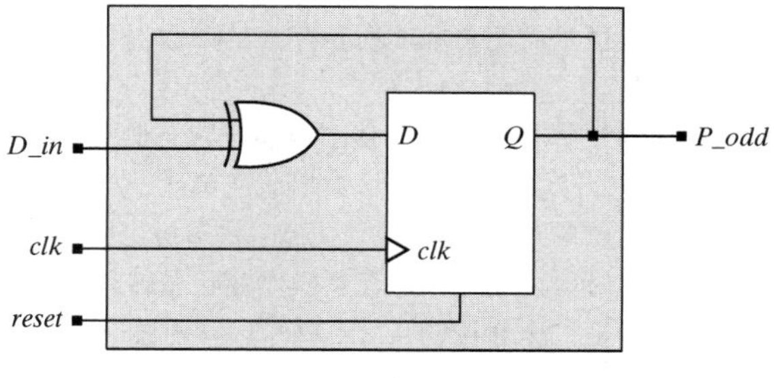

图 P5.14

15. 设计并验证符合下面规范的 4 位二进制同步计数器的 Verilog 模型：下降沿同步、同步装载与复位、数据并行装载和低有效使能计数。

16. 将前面习题中的计数器修改为具有一个附加输出(行波进位输出[RCO]),且当计数器为1111_2时,该附加输出信号有效。级联两个这样的计数器,证明该单元现在工作在一个 8 位计数器的状态。
17. 设计并验证 4 位 Johnson 计数器的 Verilog 模型。
18. 设计并验证 4 位 BCD 计数器的 Verilog 模型。
19. 设计并验证模 6 计数器的 Verilog 模型。
20. 编写并验证图 5.24 中描述的数据通道单元的 Verilog 模型。
21. 编写一个 testbench,验证例 5.41 中 *up_down_counter* 的功能特性。
22. 通过将例 5.40 的计数器修改为具有并行装载的功能的方法,编写并验证 *up_down_counter_par_load* 的 Verilog 模型。
23. 设计一个可从 MSB 移至 LSB 且参数化的简化 8 位环形计数器的 Verilog 模型。
24. 设计并验证具有图 P5.24(a)所示寄存顺序的"急拉"(jerky)式环形计数的 Verilog 模型,按照如图 P5.24(b)所示再设计一个计数器。

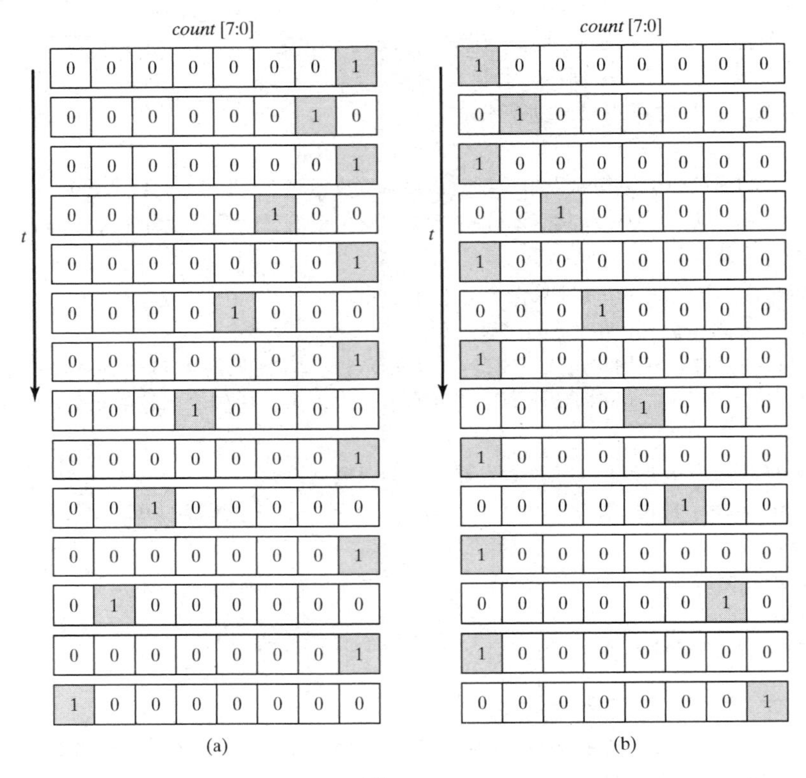

图 P5.24

25. 编写并验证具有图 P5.25 所示序列的计数器的 Verilog 模型,该计数器周期性计数直到计数器被复位信号中断为止。
26. 图 P5.26 中部分完成 ASMD 图描述了状态机的输入 *ret*, *G0* ,*F1* 和 *F2*,以及标量输出 *B*、*C* 和 8 位的数据通道 *A*。设计:(a)一个显示数据通道单元,控制单元和中断信号的模块图;(b)一个完全 ASMD 图;(c)各分块电路的 Verilog 模型。注意:状态机可同步复位,*rst* 将状态从其他任何状态转移到 *S_idle* 并且清空寄存器 *A* 和 *C*。设计中寄存器操作和状态转移均与时钟上升沿同步。验证该状态机的行为。
27. 设计并验证一个 8 位的 ALU,该单元具有输入数据通道 *a* 和 *b*、输出数据通道{*c_out*, *sum*}和一个操作数 *Oper*,并且还具有图 P5.27 所示的功能。
28. 将习题 27 中的 ALU 和一个 8 位的寄存器组组合起来形成一个如图 5.34 所示的结构。设计一个 testbench 来验证每个功能单元和整个电路结构。

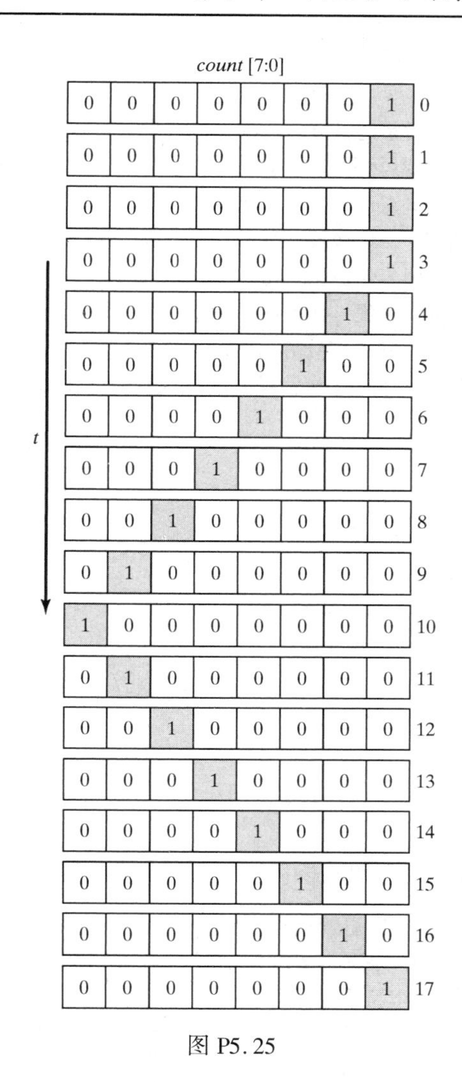

图 P5.25

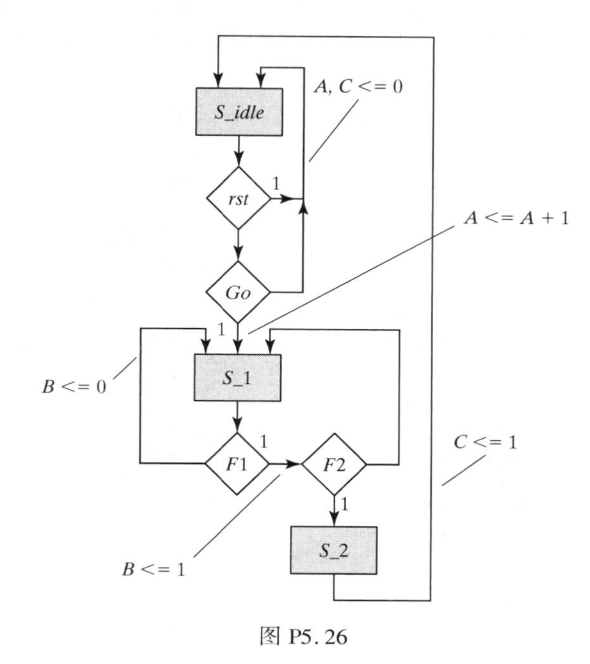

图 P5.26

操作码	功能
Add	*a* + *b* + *c_in*
Subtract	*a* + ~*b* + *c_in*
Subtract_a	*b* + ~*a* + ~*c_in*
Or_ab	{1'b0, *a* / *b*}
And_ab	{1'b0, *a* & *b*}
Not_ab	{1'b0, (~*a*) & *b*}
Exor	{1'b0, *a* ^ *b*}
Exnor	{1'b0, *a* ~^ *b*}

图 P5.27

29. 一个四级流水线电路要求如下：(a)设计这个分块电路的模块图，显示控制单元，数据通道单元，输入和输出信号以及在控制和数据通道单元之间的接口信号；(b)设计一个描述该电路操作的完全 ASMD 图；(c)设计并验证该电路的 Verilog 模型。该电路的输出就是 32 位的寄存器 *R*0 的内容。见图 P5.29。

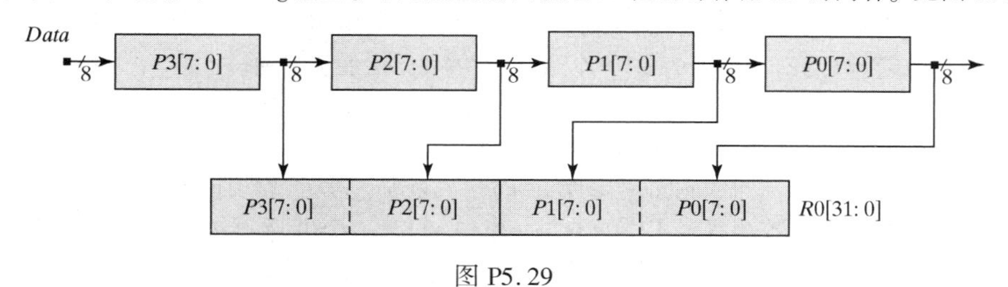

图 P5.29

30. 用一个大小合适的移位寄存器替代寄存器 *P*0 和 *P*1，该移位寄存器中的内容在 *En* 和 *Ld* 的作用下可进行移位，这样来修改图 5.24 中的 ASMD 图描述的电路。设计并验证该电路的 Verilog 模型。

31. 在 5.18 节描述的十六进制键盘电路中，若将复位信号去掉，而通过增加多余逻辑指定未使用状态转移到 *S_5*，来实现键盘电路功能。讨论这种设计思想的有效性。若该设计思想可实现，比较两种设计思想的异同。

32. 修改键盘扫描器电路(见5.18节)的 ASM 图，要求在按键被解释为一个有效按键之前，该键应该保持25个时钟周期。编写并验证已修改设计的 Verilog 模型。

33. 编写并验证 *Clock_Prog* 的 Verilog 模型，这是一个如图 P5.33 所示的具有输入端口 *En* 和 *rst*，输出端口 *clk*，以及参数 *Latency*、*offset* 和 *Pulse_Width* 的可编程时钟发生器。参数的默认(定义)值分别是 100,75,和 25。*Clock_Prog* 不可被综合；它可以用来给在 *testbench t_Some_Unit_Under_Test* 中仿真例化的其他模块生成时钟信号。在你的设计项目中，要包括下面的"annotation module"，该模块的作用是使用那些用已知应用中的参数取代时钟发生器中的默认参数。模块使用了层次化引用消除机制，其中 M1 是 *t_Some_Unit_Under_Test* 中 UUT 的例化名。testbench 必须能够验证这一设计的工作过程。在下面的例子中分别用 10,5 和 5 代替 *Latency*，*offset* 和 *Pulsewidth* 的默认值。在 testbench 中生成的输入信号 *En* 用来模仿在测试时 *clock* 没有立即输入给测试单元的情况。注意：延迟决定了在仿真开始和有效时钟后复位信号从有效到无效之间的延时。在延迟周期完了后，仿真才持续产生周期性波形结果。

```
module annotate_Clock_Prog ();
  defparam t_Some_Unit_Under_Test.M1.Latency = 40;
  defparam t_Some_Unit_Under_Test.M1.Offset = 15;
  defparam t_Some_Unit_Under_Test.M1.Pulse_Width = 5;
endmodule
```

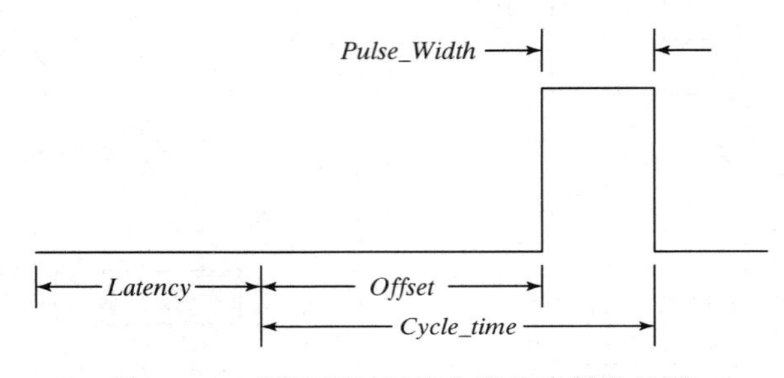

图 P5.33 可编程时钟发生器的参数化波形

34. 编写并验证可编程 8 位 testbench 图形发生器 *Pattern_Gen_8B* 的 Verilog 模块，该模块具有一个输出字 *Stim_Pattern* 和一个可激活发生器的输入 *enable*。在 *enable* 有效的条件下，一旦发生器被激活，就会为指定时钟周期产生位向量(bit pattern)。该模块应具有如下参数。

Offset：使能有效时间和 *Stim_Pattern* 首向量出现时间之间的初始偏移。

Stim_size：*Stim_Pattern* 的宽度。

Cycles：完整的图形向量重复出现的次数。

Perilod：连续图形之间的间隔。

35. 汉明码(Hamming code)用于计算机存储系统中检测和纠正数据错误[8]。为了能从带错误码字的编码中区分出正确的编码字，给每个信息字增加了附加位。最小间隔为4位的汉明码只能纠正编码字中的单位错误，检测到2位错误。图 P5.35 列出了信息字节(*D_word*)和附加到字节中形成一个编码字(*H_word*)的校验位。问题如下：(a)设计一个 Verilog 模块 *Hamming_Encoder_MD3*，要求该模型通过一个4位的 *D_word* 产生一个7位的 *H_word*；(b)设计一个可验证 *Hamming_Encoder_MD3* 的功能 testbench；(c)查阅关于校验电路的文献寻找一个可以纠正 *H_word* 中单位错误的译码器；(d)设计并验证一个 Verilog 模块 *Hamming_Encoder_MD3*，它可以检测到 *H_word* 中的2位错误，并可以纠正任1位错误；(e)设计一个可仿真编码器的 testbench，假设 *H_word* 中存在任意1位和2位错误，要求设计可纠正单位错误以及指示2位(无法纠正的)错误的信号；(f)如果 *H_word* 中有3位的(突发)错误，演示译码器的行为。

H_word	
D_word	校验位
0000	000
0001	011
0010	101
0011	110
0100	110
0101	101
0110	011
0111	000
1000	111
1001	100
1010	010
1011	001
1100	001
1101	010
1110	100
1111	111

图 P5.35

36. 用建立和保持时间参数已知的库单元，设计并验证图 5.38(b)中的同步器电路模型。在 *Asynch_in* 相对于时钟而言分别是在一个长脉冲或一个短脉冲的两种情况下，研究同步电路模型的执行过程。如果一个异步脉冲在两个或更多连续时钟周期内到达电路的输入端，它会以怎样的行为方式工作？
37. 用连续赋值语句设计和验证具有高有效使能、低有效复位和高有效置位的 D 锁存器的模型。可采用如下文本模式。

```
module Latch_RbarS_CA (q_out, data_in, enable, reset_bar, set);
  ⋮
endmodule
```

38. 用 *d_priml*(见例 4.15)设计和验证具有并行装载功能串型 LSB 输出的 4 位移位寄存器的结构化模型。
39. 例 5.45 描述的桶形移位器通过把 *Data_in* 中的一个比特移向最高位来形成 *Data_out*。设计一个更为一般的能够朝各个方向按指定比特数移位的桶形移位器。
40. 使用状态转换图来设计并验证 Mealy 和 Moore 的码字转换器的 Verilog 行为模型，并产生一个 NRZI 样式的输出波形(见第 3 章)。对于图 3.24 中 *B_in* 的波形，识别并对比电路输出波形的延迟和有效比特时间。注意：避免在时钟沿处综合它们的跳变时陷入数据比特读取卡死。
41. 设计并验证一个十进制计数器的结构化(门级)Verilog 模块。该计数器的计数序列是 0,1,2，…，9，0,1，2，重复进行。建议：考虑一个用户定义的 D 类型触发器的原语。
42. 完成图 5.41 中给定的部分描述的 ASMD 图。
43. 绘制一个 ASMD 图来描述例 5.42 中的加-减计数器。
44. 绘制一个 ASMD 图来描述例 5.45 中的桶形移位器。
45. 绘制一个 ASMD 图来描述例 5.46 中的通用移位寄存器。
46. 使用条件操作符，编写一个连续赋值语句。该语句与如下的周期性行为等效：**always@** (date，enable) **if**(enable) y < = data;
47. 设计一个 ASM 图并编写一个 Moore 状态机序列检测器的 Verilog 模型，如果使能有效，该状态机会检测到第一个出现 101 形式的情况，然后停止，直到下一个使能有效再重新开始检查。清晰地描述在设计中需要的任何假设。
48. 绘制一个 Mealy 状态机的 ASM 图，该状态机在时钟上升沿有效时对一串行比特流采样，最后的 4 个样本是 1100 时输出有效。
49. 通过如下显示的数据通路和部分完成的 ASMD 图来描述一个流水线数据通路时序电路。见图 P5.49。在外部控制下，该电路把连续 8 比特字载入一个 16 比特的寄存器中，并且产生一个串行输出，最低位最先输出。计数器 *N* 被用来控制串行比特流。当处于 *S_idle* 状态时，电路 *Ready* 信号有效；对于一个周期而言在 16 比特的寄存器满了之后给出 *Full* 信号有效；当传输串行输出时使 *Busy* 信号有效；串行输出完成一个周期后 *Done* 信号有效。(a)提供额外的细节来完成 ASMD 图；(b)命名并列举出控制数据通路的信号；(c)编写并验证数据通路的 Verilog 模型；(d)编写并验证控制单元的 Verilog 模型；(e)编写并验证与环境连接的 Verilog 模型 *Top_Unit*，其中包含数据通路和控制单元。
50. 绘制一个 Moore 状态机的 ASM 图，该状态机满足：(a)维持在复位状态直到外部信号 En 有效；(b)在时钟上升沿时对比特流进行采样；(c)对于一个周期而言，样本是 1100 时输出信号 *Found* 有效；(d)*Found* 信号有效后再回到复位状态之前暂停 2 个时钟周期。

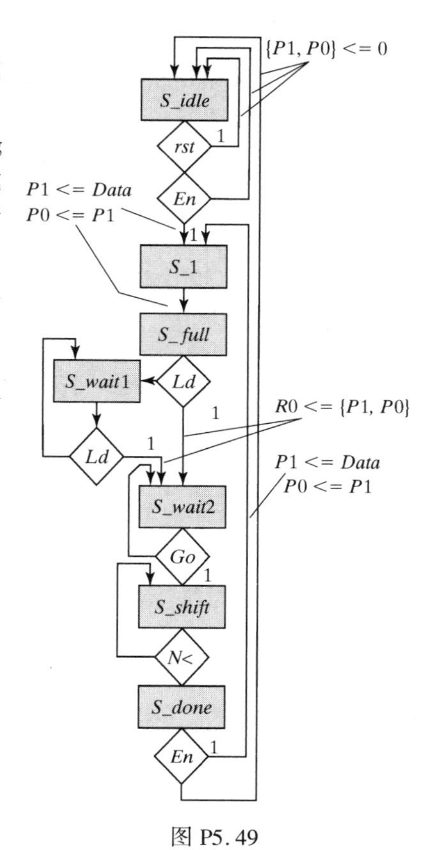

图 P5.49

第6章　组合逻辑与时序逻辑的综合

在第2章和第3章中讲述了用人工方法设计组合电路和时序电路的基本概念及卡诺图法，本章将介绍自动优化多输入-多输出逻辑电路布尔方程的方法。

专用集成电路的设计过程依赖于软件工具来管理和控制那些描述大型复杂电路的数据库。在这些工具中，综合引擎有着至关重要的作用，它能自动完成一组布尔函数的最简化，并将结果映射成能满足设计目标的硬件实现。基于卡诺图的人工设计方法并不适合大规模电路的设计，因为它既烦琐又耗时，还容易出错。而自动化的软件工具可以快速地对逻辑进行优化，还不会出错。为了高效地运用这些工具，设计人员必须懂得硬件描述语言(HDL)，并能熟练掌握符合工具约定的各种描述方法。卡诺图是人工设计方法的关键，而掌握好如何编写易于综合的 Verilog 模型则是自动化设计方法的关键。

综合工具可以完成许多工作，以下是其中的重要步骤：

(1)检测并消除冗余逻辑；

(2)查找组合反馈环路；

(3)利用无关紧要条件；

(4)检测出未使用状态；

(5)查找并消除等价的状态；

(6)进行状态分配；

(7)在满足物理工艺的面积和/或速度限制的条件下，综合出最优多级逻辑实现。最后一步既包括了最优化技术，又有工艺映射的内容。

那些在第2章和第3章中由人工完成的步骤将会由综合工具自动运行。这可以缩短设计周期，减轻设计者的负担，并提高设计正确的可靠性。

HDL 是利用面向综合的现代设计方法进行 ASIC 和 FPGA 设计的切入点。设计者必须懂得如何运用语言结构来描述组合、时序逻辑，以及如何编写易于综合的描述语句。在本章中将给出几个例子，说明如何编写组合、时序逻辑的可综合模型(也就是那些可用综合工具来生成所描述功能的门级电路实现的模型)。这些例子将帮助读者预测综合的结果——也就是说可以了解描述的语句将会生成什么样的电路。

6.1　综合简介

电路设计是从电路所要完成的功能指标开始的，并以真正实现能满足特性、成本要求以及功能的物理硬件而结束。电路模型可根据抽象程度和观测级别来分类[1]。有三种常见的抽象级别：架构级、逻辑级和物理级。架构级的描述包含了必须由电路执行的、将输入序列转换为具有特定输出序列的一些操作，但不将操作与时钟关联。使用术语“架构”这一名词，是因为这些操作基本上可以由那些不同结构的、互连的、同步的功能单元来实现。在这里设计的关键在于如何从架构描述中提取一个能实现所需功能的算法。

逻辑级的模型描述了能够由电路实现的一组变量和一组布尔函数。逻辑模型的寄存器资源、功能模块架构和时序均是其描述的一部分。这里的设计任务就是将布尔逻辑转换成可满足功能的组合门电路和存储寄存器的最优化的网表。综合工具就是用来完成这个任务的。几何模型用于描绘制造晶体管时半导体材料掺杂区域的形状，但 HDL 不能描述这些几何模型。

电路设计从高级别的抽象开始，最后结束于物理实现。在此过程中，HDL 可通过对电路进行不同层次的描述来简化设计过程。一般来说有三种描述层次：行为描述、结构描述和物理描述。一个架构模型的行为描述可以是定义一系列数据变换的算法；同一个模型的结构描述则可能由实现这种算法的数据通路单元（寄存器、存储器、加法器）和控制器组成。状态转移图（STG）、下一状态/输出表和算法状态机（ASM）图则属于电路逻辑级模型的行为描述。逻辑级模型的结构描述可以包括其行为级上由 ASM 图中的逻辑门所构成的原理图。物理描述涉及实现电路的物理器件的实际几何图形，物理描述不属于本章的讨论范围。

综合过程产生了电路描述从高级别抽象到低级别的转换，每个转换的步骤都将设计引向对物理实现更详尽的描述。图 6.1 给出了一个改进的 Y 形图[2]，它从行为、结构和物理三个角度描述了电路。这里已经标注了行为描述和结构描述的轴线，以用于理解 Verilog 结构。图中也给出了一系列转换：

① 行为综合将算法（行为描述角度）转换为寄存器堆以及在指定时钟下执行的操作序列的结构（结构描述角度）；

② 这一结构的 Verilog 模型形成了由数据流/RTL 级描述的形式（行为描述角度）；

③ 逻辑综合将数据流/RTL 级描述转换成布尔表达式，并且将其综合成网表（结构描述角度）。

图 6.1 中的 Y 形图标注了这些转换，并且指出了在行为描述的各个阶段所用的 Verilog 结构（如连续赋值）。

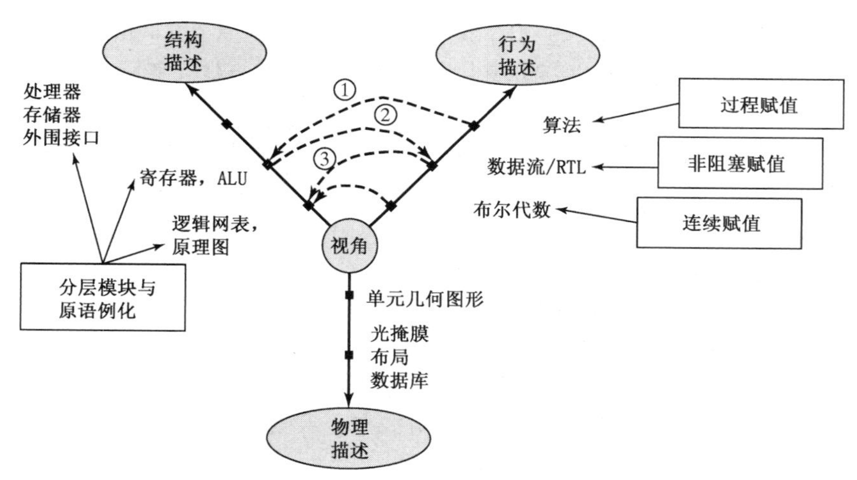

图 6.1　Y 形图：行为描述、结构描述和物理描述中支持综合行为的 Verilog 结构

6.1.1　逻辑综合

逻辑综合将电路从逻辑级描述转换为结构描述视图[1]，最终生成结构化的原语网表。逻辑级描述是一组布尔方程，这些方程由一系列 Verilog 连续赋值语句或等效的电平敏感的行为描述构成。逻辑综合包括从给定的原语网表到优化的 Verilog 原语网表的转换，以及从一般的优化网表到由目标工艺物理资源（如在 ASIC 单元库中的单元）组成的等效电路的映射。逻辑综合工具的组织结构如图 6.2 所示。逻辑综合工具能够根据 Verilog RTL 模型或原语网表完成特定工艺下的硬件实现。

综合工具中的转换引擎能够读取 Verilog 描述的电路输入-输出行为，并将其转换成一种中间形式，该中间形式由描述组合逻辑的布尔方程的内部表达式和描述存储单元及同步信号的其他表达式构成。在综合工具对逻辑方程进行优化的同时能够去除冗余逻辑，并利用无关紧要条件尽可能多地共享内部逻辑子表达式，从而产生优化的、与工艺无关的多级逻辑实现。

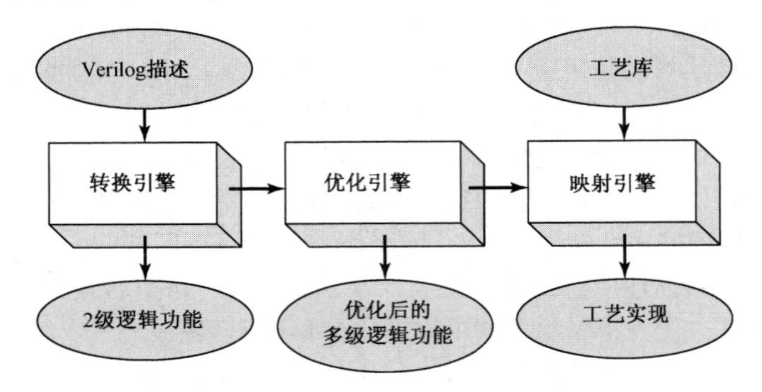

图 6.2　综合工具的组织结构

一般来说，一个多输入-多输出(MIMO)组合逻辑电路可能有多种实现方式，但是综合过程中的变换一定要保证综合前后电路输入-输出的等效性，以及生成电路的可测性[3]①。综合过程中的最优化过程是基于迭代搜索的，而不是求解析模型的解，因此所得到的结果没有必要一定是等价电路域上找到的全局最优结果。逻辑优化之后应该进行性能优化，寻找一个在物理工艺上具有最优性能的电路。

转换引擎通过把积之和(SOP)形式分解成与之等价的布尔表达式，创建一个布尔表达式的内部和之积(POS)形式。当两个或多个输出的和之积表达式中包含一个共同的子式时，综合工具可以通过只生成一次公共子式并在输出变量中共享(通过扇出)的方法，来最小化所要实现电路的内部逻辑。

对方程组进行同时优化可去除系统的冗余逻辑，利用无关紧要条件，尽可能地共享内部逻辑子表达式[3]，从而产生最优的、与工艺无关的多级逻辑实现。例如，在用户定义原语(UDP)的输入-输出表中填入的“?”即代表无关紧要状态，它可以用于布尔逻辑的最小化。但是，这可能会导致综合结果与源代码描述的行为不匹配。

组合布尔电路输入端与输出端之间的函数关系，可用积之和或和之积的形式表示为一组两级的布尔方程组，该方程组必须通过工具进行优化。一个描述多输入-多输出组合逻辑电路的布尔方程组，总是可以通过优化以得到一个等效的且包含最少符号的布尔方程组[4]。现有的软件工具可以完成优化工作，并且可使用特定工艺库资源来表示该布尔方程。因此，仅包含组合原语网表且不带反馈的 Verilog 描述总是可综合的。

Espresso[5]是加州大学伯克利分校开发的一个通用软件系统，它可用于最小化单个布尔函数的因子数。它能够对电路进行多种变换，以达到最优表示。例如，扩展变换是用包含较少符号的主蕴涵项来代替多个因子的，无冗余变换可以提取能表示该函数的最小子集(即去除冗余逻辑)；缩减变换可将无冗余表达式转换为等效的新表达式。

Espresso 可最简化包含多个布尔变量的单一布尔函数，但不能解决多输入-多输出组合逻辑电路的优化问题。通常来说，对于布尔方程组的优化并不能通过使用 Espresso 分别优化每个等式的方式来实现。实际上，必须使用像 misII[3]这样的多级最优化程序，将方程组视为一个整体来同时优化。

① 第 11 章将讨论可测试性、故障模拟和测试生成的问题。

逻辑综合能够把一组独立的输入-输出布尔方程看作是一个多级电路(见图 6.3)。逻辑综合工具可通过去除冗余逻辑、共用内部逻辑和利用输入-输出的无关紧要状态来优化多级布尔方程组，以得到比独立优化单个输入-输出方程更好的实现方案(例如，更优的面积利用)。

与 Espresso 类似，misII 多级逻辑优化程序在寻求一个最优的数字电路描述时，对逻辑电路使用了多种变换。在 misII 的逻辑综合算法中起着关键作用的变换有四种：分解(decomposition)、因式分解(factoring)、替代(substitution)和消去(elimination)。

分解操作依据新节点来表示一个单一的布尔函数(例如，布尔表达式用于表示电路中某个节点的逻辑值)。

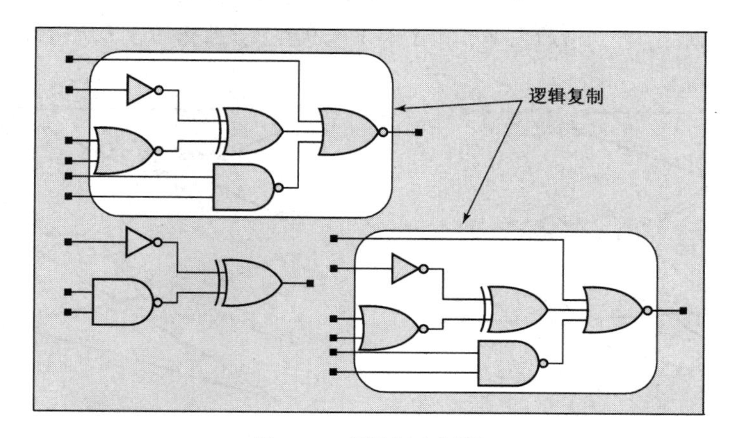

图 6.3　多级组合逻辑

例 6.1　图 6.4 是函数 F 的原理图，该函数可以分解为新节点 X 和 Y 来表达。F 的原始形式由如下布尔方程描述：

$$F = abc + abd + a'c'd' + b'c'd'$$

Espresso 的分解运算可以用两个附加的内部节点 X 和 Y 来表示函数 F，形成如图 6.5 所示的电路。这些内部节点可以通过复用来形成其他的函数，从而减小硬件电路面积。

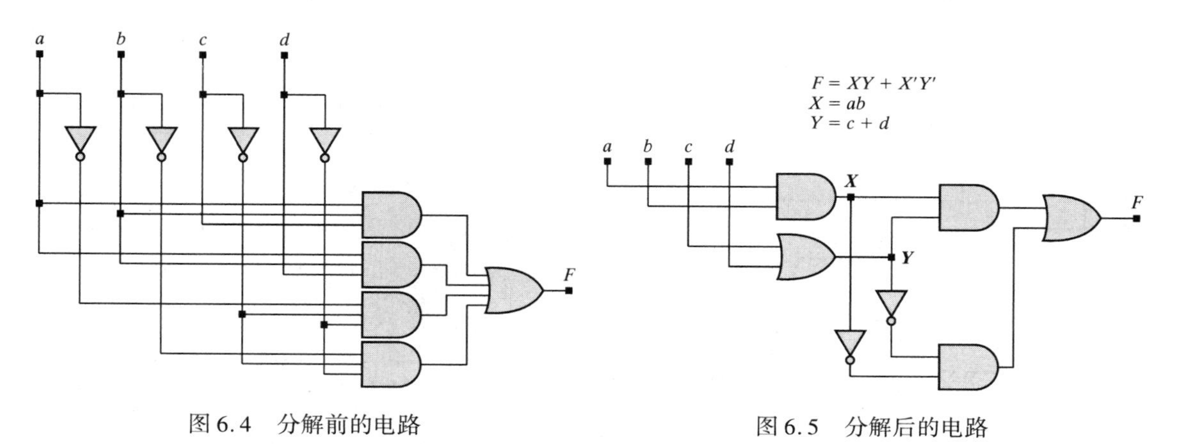

图 6.4　分解前的电路　　图 6.5　分解后的电路

分解操作使用内部节点来表达单个函数功能①，而抽取操作则将每个函数进行因式分解，并找到公共因子，然后使用内部节点来表示一组函数。

① 有向无环图的节点表示对数据的操作(如加法)。

例6.2 图6.6给出了一个由一组函数 F, G 和 H 表示的有向无环图DAG[1]，利用新节点 X, Y 可对该图进行分解。其函数组为

$$F = (a + b)cd + e$$
$$G = (a + b)e'$$
$$H = cde$$

X、Y 由下式给出：

$$X = a + b$$
$$Y = cd$$

图中的圆圈表示进入该电路的各数据的布尔操作，抽取过程找到了由因式 $(a+b)$ 和 cd 组成的函数组，从原函数中抽取这些因式，并用新的内部节点 X 和 Y 来代替，产生如图6.7所示的新的DAG。

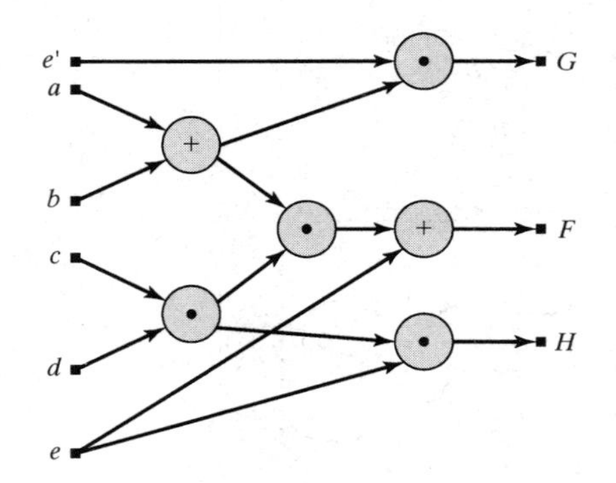

图6.6 抽取前函数组的DAG

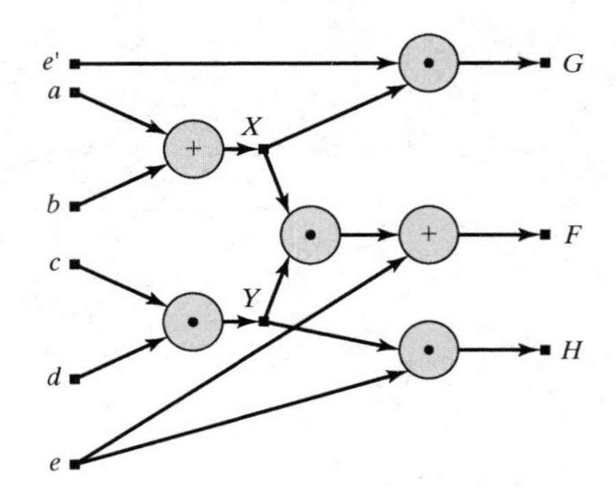

图6.7 抽取后函数组的DAG

最优化过程就是寻找一组能优化电路的延时和面积的内部节点。这些节点对应于多个布尔函数的公共因子，可以用来消除重复逻辑，因此这个过程可以大大减小硅片的总面积。在一组函数中寻找公共因子的过程称为因式分解，通过因式分解可产生一组和之积形式的函数，利用它可以将两级实现的电路转换为等效的多级实现电路，该等效实现电路使用的硅片面积较小但可能速度较慢。

例6.3 图6.8是函数 F 的DAG，F 可以通过因式分解表示为和之积的形式。该DAG所表示的函数可由如下布尔方程来描述：

$$F = ac + ad + bc + bd + e$$

F 可分解为：

$$F = (a + b)(c + d) + e$$

因式分解就是寻找能用最少的字母来表示的函数表达式。经过因式分解后的 F 的DAG如图6.9所示。

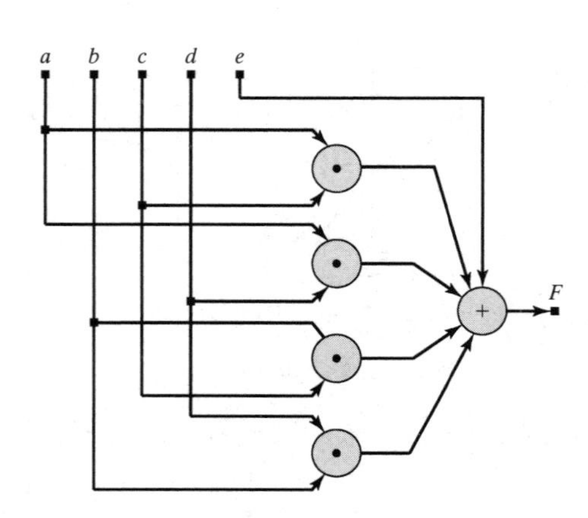

图6.8 分解前函数 F 的DAG

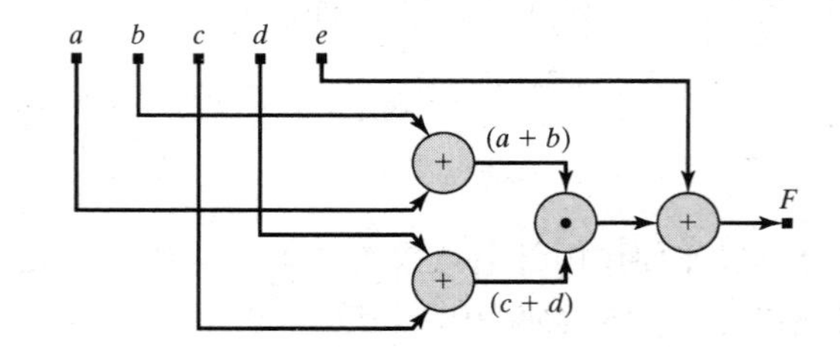

图6.9 用因式表示的函数的DAG

替代操作就是用原有输入和其他的函数表示布尔函数的过程。由于这两个函数都需要实现，这一步骤为减少重复逻辑提供了可能。

例6.4　图6.10(a)中的DAG表示了在用函数G替代之前，函数F的DAG：

$$G = a + b$$
$$F = a + b + c$$

替代之后，F变为：$F=G+c$，其DAG如图6.10(b)所示。

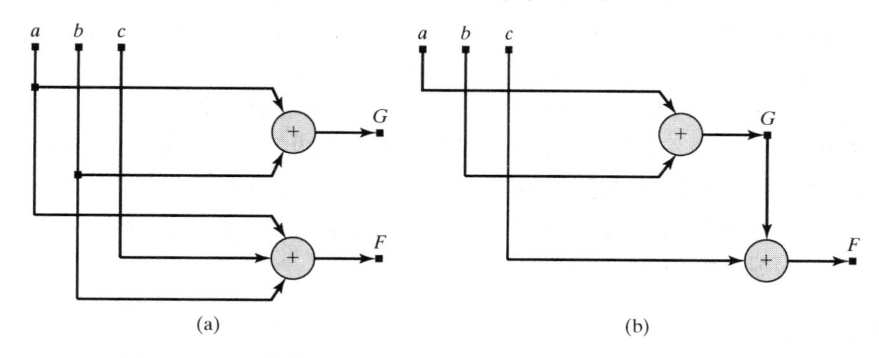

图6.10　(a)替代前函数F的DAG；(b)替代后函数F的DAG

有时在寻找最优实现时不能进行分解操作。消去过程可去除函数中的某个节点并简化电路结构，这一步也称为电路展平(flattening)。这种变换最终将会节省内部多级结构的有效面积，并创建一个更加快速的两级结构。

例6.5　图6.11(a)中的DAG表示函数G未被消去前的函数F：

$$F = Ga + G'b$$
$$G = c + d$$

消去之后变为：

$$F = ac + ad + bc'd'$$

函数F的新DAG如图6.11(b)所示。

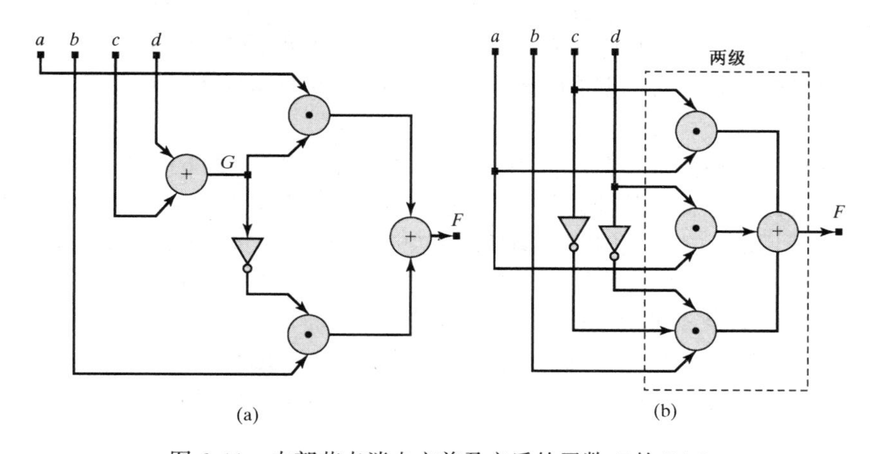

图6.11　内部节点消去之前及之后的函数F的DAG

一般来说，一个多输入-多输出的组合逻辑电路存在多种实现方式。在misII中的变换可保证电路输入-输出的等效性并生成可测试的电路。由于两级网络在实际实现中可能要求更多的扇入，所以往往需要使用多级网络。而多级电路虽然可以进行逻辑共享，但可能比二级电路速度更慢。

6.1.2 RTL 综合

RTL 综合一般从结构开始进行，把基于语言的 RTL 描述转换成可通过逻辑综合工具进行优化的一组布尔方程。这一级的综合主要是在固定架构的情况下对基于寄存器操作的逻辑级描述进行各种变换，创建等效的布尔方程，并综合出指定架构下的最优化实现。

RTL 综合在开始的时候假定硬件资源有效，资源的规划和分配已被确定①且受制于资源架构的约束。RTL 描述要么表示一个有限状态机(FSM)，要么表示在预定时钟范围内进行寄存器传输的普通时序电路。Verilog 中的 RTL 描述使用了语言操作符，并对寄存器变量进行同步并发赋值操作(如非阻塞赋值)。Verilog 语言操作符表示了一系列寄存器传输操作且易于综合。逻辑综合工具就是在这些状况下操作的(这些工具一般都缺乏对资源的编排和分配、进行分析权衡的能力，而只能直接使用设计者隐含描述的解决方案)。尽管如此，这些工具仍然有着广泛而有意义的应用范围。综合引擎必须对 RTL 描述的状态机进行最小化并进行优化编码，优化相关的组合逻辑，并把结果映射成最终的目标工艺。

6.1.3 高级综合

高级综合又称为“行为综合”或“结构综合”，其目标是寻找一个既能实现某种算法，且资源又可规划和分配的结构形式，例如一种数字信号处理(DSP)算法②。所要综合的算法仅仅描述了电路的功能，而并没有明确指明寄存器和数据通道的结构，因此可能有多种不同的电路结构实现同一功能。

高级综合是从一个不包含具体实现细节的输入-输出算法开始的。行为综合工具执行两个主要步骤：资源分配和资源调度，以产生一个包含数据通道单元、控制单元和存储器的电路结构。数据流图显示了数据之间的依赖关系，分配步骤则标识出算法中所用的运算符(如，+)，并且推断出用于保存算法顺序执行过程中产生的数据所需的存储资源。分配步骤还将操作符以及存储器资源绑定到数据通道资源中(如乘法运算符可以绑定到一个乘法器单元)。

调度阶段将行为描述中的操作分配到特定的时钟周期(隐含状态)，以实现算法设定的操作顺序。图 6.12(a)[2] 给出了在一个假象算法中，顺序执行用 Verilog 周期性行为描述的三个过程赋值。编译器将在这些过程中生成语义树，然后从这组语义树中提取数据流图。图 6.12(b)给出了一个数据流图(DFG)及其操作符的调度顺序，描述了各动作发生的顺序及为其分配的时钟周期。

调度过程将行为描述的操作分配到不同的时钟周期。图 6.12(b)所示的数据流图可用来推断利用有效资源进行存储器读/写操作以及其他行为的时钟周期。这将最终确定在一个给定时钟周期中将要使用的，以及不同时钟周期之间共享的计算单元(操作符)数量。由于多种结构可能具有同样的功能，因此行为综合工具必须在不同的结构之间进行选择，并考虑许多权衡条件和/或约束条件(如数据速率、输入/输出通道、时钟周期、流水线、数据通道宽度、延迟、吞吐率、速度、面积及功耗等)。尽管目前电子设计自动化(EDA)工具厂商已经可以提供一些高级综合工具，但对它的研究仍是一个很活跃的领域。编码风格和这些综合工具的其他细节将不在这里详述。

---

① 资源分配和规划将会在第 9 章中讨论。

② 第 9 章将详细介绍算法综合。

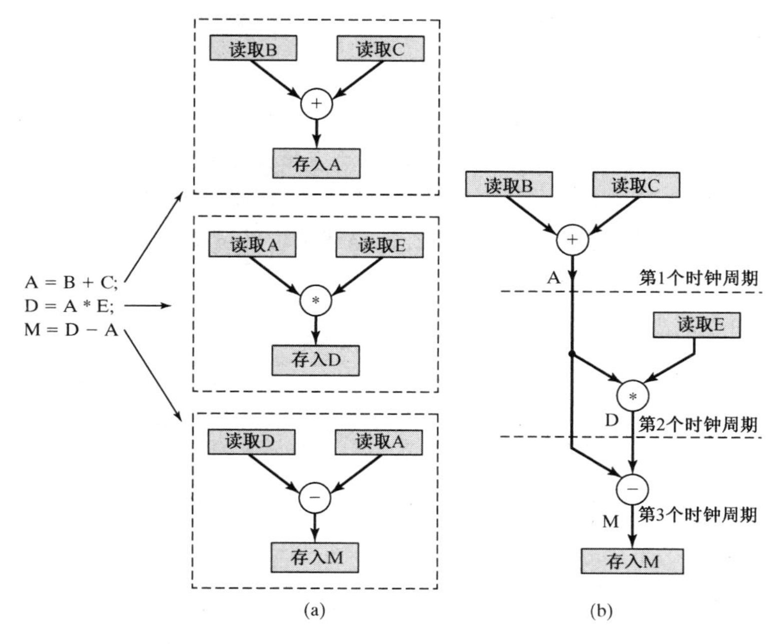

图 6.12　行为模型的表示：(a)语义树；(b)数据流图

6.2　组合逻辑的综合

用 Verilog HDL 描述组合逻辑电路的方法有许多，但是有一些是综合工具不支持的①。可综合的组合逻辑可由以下方式描述：

(1)结构化的原语网表；

(2)一系列连续赋值语句；

(3)电平敏感的周期性行为。

UDP 和 assign…deassign 过程连续赋值也可以描述组合逻辑，但大多数 EDA 厂商都不支持这种描述。

在把设计映射成工艺之前，通过综合可以去除一个使用原语网表描述的设计中的冗余逻辑。因为除了最简单的电路之外，大多数设计者很难从电路中发现和去除冗余逻辑，所以此举为设计提供了安全保障。网表综合的过程能够保证所得到的逻辑正确且最小化。

例 6.6　图 6.13(a)是 *boole_opt* 模块的原语网表所描述的优化前电路原理图。综合后的电路如图 6.13(b)所示，当原语可以用单元库中的基本门替代时，得到的电路是一种比原电路更为有效的门级实现(占用更小的面积)。

```
module boole_opt(output y_out1, y_out2, input a, b, c, d, e);
 wire   y1, y2, y3, y4, y5, y6, y7, y8;
 and    (y1, a, c);
 and    (y2, a, d);
 and    (y3, a, e);
 or     (y4, y1, y2);
 or     (y_out1, y3, y4);
 and    (y5, b, c);
 and    (y6, b, d);
```

① 有关综合工具支持的和不支持的 Verilog 结构可参见指南网站上的“Additional Features of Verilog”部分。

```
    and    (y7, b, e);
    or     (y8, y5, y6);
    or     (y_out2, y7, y8);
  endmodule
```

连续赋值语句是可综合的。在连续赋值语句中给变量赋值的表达式可通过综合转换成一个等效的布尔方程，该方程可以和模块中的其他连续赋值语句同时进行优化，并综合成实际的硬件电路①。设计者必须验证连续赋值语句是否正确地描述了设计逻辑，以及综合出的多级逻辑电路功能是否正确。

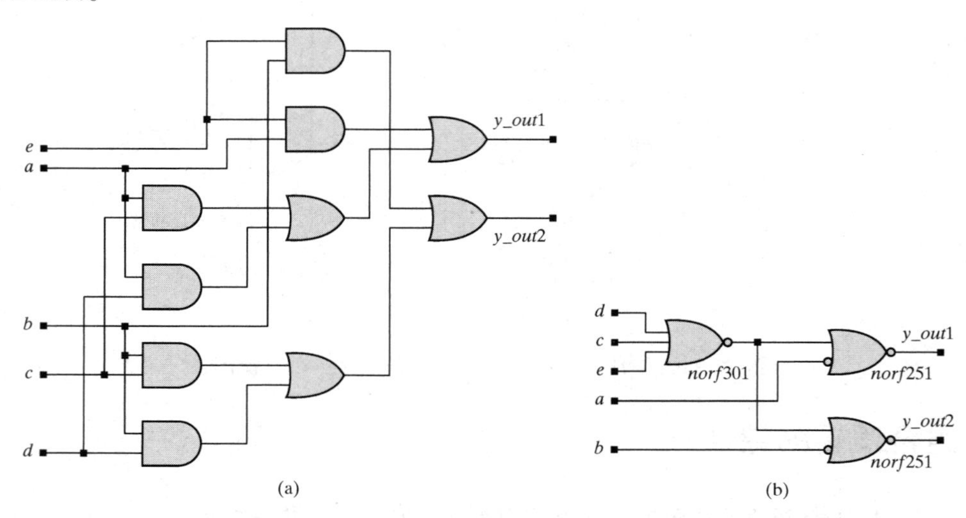

图 6.13　逻辑综合：(a)原语网表的原理图；(b)对网表综合得到的电路

例 6.7　在 *or_nand* 模块中的连续赋值语句可综合成图 6.14 所示的电路。

```
module or_nand (output y, input enable, x1, x2, x3, x4);
  assign y = ~(enable & (x1 | x2) & (x3 | x4));
endmodule
```

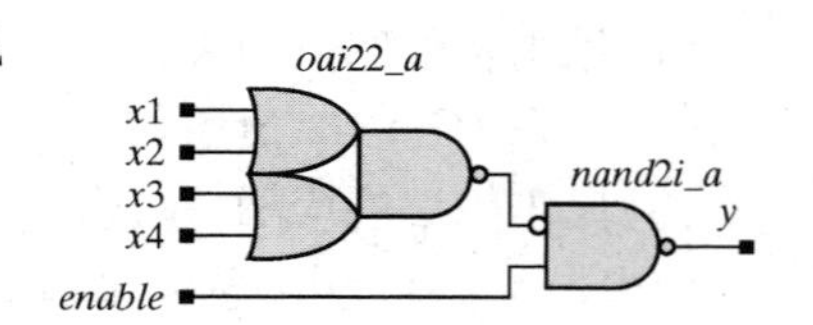

图 6.14　组合逻辑综合：由连续赋值语句得到的综合电路

如果一个电平敏感的周期性行为对于每个可能的输入值来说都能给输出赋值，那么它将可以被综合成组合逻辑结构②。也就是说，这种行为的事件控制表达式对于每个输入来说都是敏感的，而且行为流的每条通道都必须给每个输出赋值。

例 6.8　在第 4 章和第 5 章中给出了一些用布尔方程和原语网表(见例 4.4)以及一系列连续赋值语句(见例 5.6、例 5.12 和例 5.13)描述的 2 位比较器的例子。这些描述可综合成相应的电路。下面名为 comparator 的模块采用电平敏感行为方式描述了 2 位比较器的功能。它的算法是：如果输入数据的每一个对应位都相等，那么它们就是相等的；否则，就由不相等的最高位来决定它们的相对大小。这个算法没有第 4 章和第 5 章中的算法那样简单方便，但是它可以用来说明对于包含循环结构的电平敏感周期性行为的描述，综合工具能正确地将其综合成组合逻辑电路③。综合后的电路如图 6.15 所示。

① 注意，同时对多个布尔方程进行优化可以发现和使用它们中的一些共享逻辑。

② 无反馈并且无锁存器

③ 周期性行为可反复执行，次数由内嵌定时控制决定。

```
module comparator #(parameter size = 2)(                    //另一种算法
  output reg a_gt_b, a_lt_b, a_eq_b, input [size -1: 0] a, b);
  integer k;
  always @(a, b) begin: compare_loop
   for (k = size; k > 0; k = k-1) begin
    if (a[k] != b[k]) begin
     a_gt_b = a[k];
     a_lt_b = ~a[k];
     a_eq_b = 0;
     disable compare_loop;
    end                        // if 结束
   end                         // for循环
   a_gt_b = 0;
   a_lt_b = 0;
   a_eq_b = 1;
  end                          // compare_loop 结束
endmodule
```

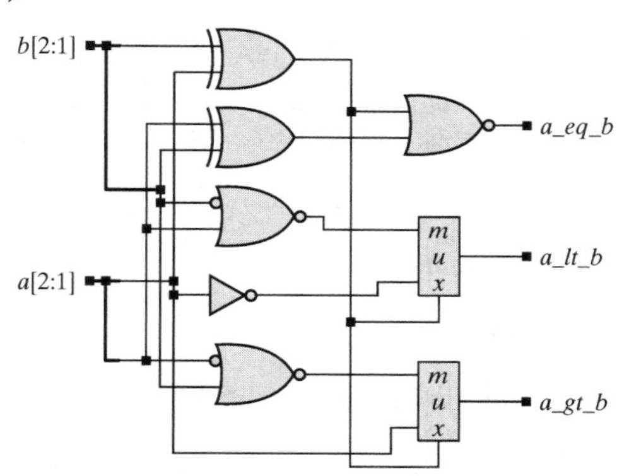

图 6.15　组合逻辑综合：带有 ***for*** 循环的电平敏感周期性行为综合出2位比较器

可综合组合逻辑的 Verilog 模型描述了电路的功能，并独立于物理实现。时序约束了电路执行的速度，但对功能没有影响。ASIC 部件的速度是与物理尺寸成比例的，速度较快的部件需要更大的面积。与工艺相关的时序结构（如门传输延迟）并不包含在功能模型之中。综合工具可能要求所需综合的逻辑是无反馈环的结构形式（如无交叉耦合的 NAND 门）。如果函数和任务中不包含条件不完备的 ***case*** 语句和条件语句（***if***），也不包含内嵌的时间控制语句（**#**, **@** 或 ***wait***），那么它们就可以综合成组合逻辑。

综合工具将 ***case*** 表达式和与条件操作符相关的表达式综合为组合逻辑。如果一个多路复用的数据通道具有控制逻辑，而不只是一个单一选择的总线，那么综合工具将会在复用器的控制线上生成附加的组合逻辑，以管理复用的行为。

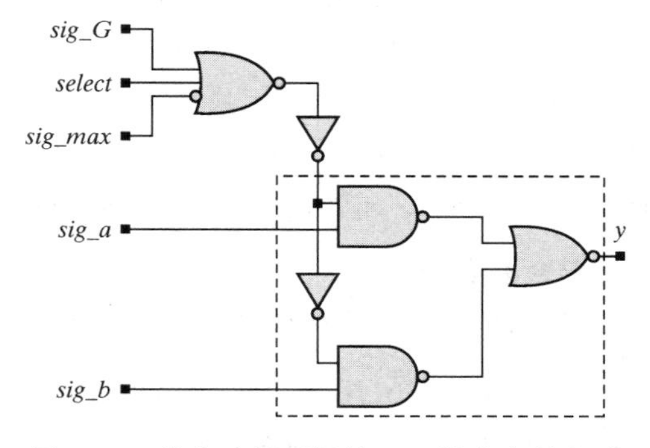

图 6.16　带有选择逻辑的 mux 综合出的电路

例 6.9　*mux_logic* 模块中连续赋值语句的功能是，决定信号 *sig_a* 还是信号 *sig_b* 被选通。该描述可综合出如图 6.16 所示的电路，该电路中 mux 的控制线上带有附加的组合逻辑。

```
module mux_logic (output y, input select, sig_G, sig_max, sig_a, sig_b);
 assign y = (select == 1) || (sig_G == 1) || (sig_max == 0) ? sig_a : sig_b;
endmodule
```

6.2.1　优先级结构的综合

case 语句通常隐含地对首先解码的选项赋予较高优先权，而 ***if*** 语句则隐含地指定第一个分支具有更高优先权。综合工具将会判别 ***case*** 语句中的分支选项是否是互斥的。如果这些选项是互斥的，那么综合工具将认为它们具有相等的优先级别，并综合为一个多路选择器而不是优先级结构。当分支选项列表不是互斥时，综合工具也允许用户决定是否以无优先级形式来处理（如 Synopsys 的 parallel_case 控制译码指令）。在实际操作中如果一次只有一个分支声明被选中，则这种方法十分有用。当 ***if*** 语句中的分支是用互斥的条件指定时，如例 6.9，该 ***if*** 语句将会综合为多路选择器结构，但在分支并不是互斥的情况下，综合工具将会生成一个优先级结构。

例 6.10　*mux_4pri* 中的选择条件不互斥。数据通道 *a* 存在隐含的优先级综合，因为 *sel_a* 的

译码与 *sel_b* 和 *sel_c* 无关，如图6.17所示。周期性行为的事件控制表达式监控着行为中涉及的所有信号。在 Verilog 2001 中提供了一个通配符“*”，它可以自动将描述行为中的敏感变量添加到敏感表中，从而确保不会意外地综合出锁存器来。

```
module mux_4pri (output reg y, input a, b, c, d, sel_a, sel_b, sel_c);
 always @ (sel_a, sel_b, sel_c, a, b, c, d)
 // always @ (*)            // 可选择作为完整敏感表的通配符
  if (sel_a == 1) y = a;
   else if (sel_b == 0)     y = b;
    else if (sel_c == 1)    y = c;
     else y = d;
endmodule
```

6.2.2 利用逻辑无关紧要条件

当组合逻辑 Verilog 的行为描述中用到 ***case*** 语句、条件分支(***if*** 语句)或条件赋值语句时，如果源代码中仅有0或1的 ***default*** 赋值语句(即 ***default*** 没有明确赋予 ***x*** 值或 ***z*** 值)，行为模型和综合网表将会得出相同的仿真结果(除了与时序相关的行为)。如果 ***default*** 或分支条件语句中有 ***x*** 或 ***z*** 的显式赋值，那么可能产生不同的仿真结果。针对将等效布尔方程进行逻辑最小化的情况，那些译码为 ***x*** 或 ***z*** 的显式赋值的 ***case*** 项将被当做无关紧要条件处理(即在此输入条件下，不关心 ***case*** 中的赋值情况)①。若 HDL 模型在仿真时传输 ***x*** 值，物理硬件则要么传输0、要么传输1。这可能导致源代码仿真所得到的结果与综合结果不匹配。

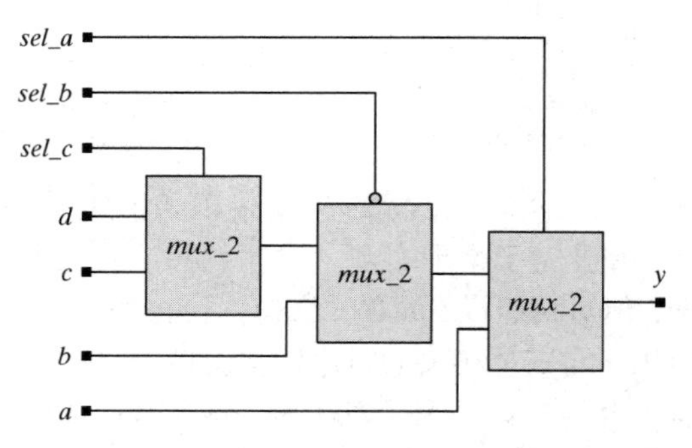

图6.17 输入条件具有解码优先级的多路复用器综合出的电路

综合要点

在综合时 ***case*** 或 ***if*** 语句中使用 ***x*** 的赋值将被处理成无关紧要条件。

例6.11 图6.18(a)所示电路为计数器和7段码显示功能，使用 Verilog 语言描述为 *Latched_Seven_Seg_Display* 模块，输出为低电平有效②。当 Enable 信号有效时，计数器开始递增计数。当 Blanking 信号有效时，七段码不显示。如果 Blanking 无效，则七段码只显示偶数，而且当 BCD 码为奇数码或一个无效数字时，显示值锁存。*Display_L* 和 *Display_R* 的波形如图6.18(b)所示，其中标示出了采用低电平有效的7段码显示值。锁存通过使用不含 ***default*** 项的 ***case*** 语句来实现。当电平敏感行为被 *count* 信号的变化激活时，*Display_L* 和 *Display_R* 的值仅在 *count* 译码为偶数时才发生变化，否则 *Display_L* 和 *Display_R* 的值将保持不变(即锁存)。

```
module Latched_Seven_Seg_Display (
  output reg [6: 0] Display_L, Display_R,
  input Blanking, Enable, clock, reset
);
  reg [3: 0] count;
  //                        abc_defg
  parameter BLANK =         7'b111_1111;
  parameter ZERO =          7'b000_0001;     // h01
  parameter ONE =           7'b100_1111;     // h4f
```

---

① 第5章例5.22(8位编码器)、例5.23(8∶3优先权编码器)和例5.24(3∶8译码器)的电路均在电平敏感周期性行为里，在 ***case*** 和 ***if*** 语句中使用了默认赋值语句。

② 在 *Latch_Seven_Seg_Display* 模块中的参数使用了下画线进行分隔，以使所表示的数字更可读。

```
  parameter TWO =       7'b001_0010;   // h12
  parameter THREE =     7'b000_0110;   // h06
  parameter FOUR =      7'b100_1100;   // h4c
  parameter FIVE =      7'b010_0100;   // h24
  parameter SIX =       7'b010_0000;   // h20
  parameter SEVEN =     7'b000_1111;   // h0f
  parameter EIGHT =     7'b000_0000;   // h00
  parameter NINE =      7'b000_0100;   // h04
  always @ (posedge clock)
   if (reset) count <= 0;
   else if (Enable) count <= count +1;

  always @ (count, Blanking)
   if (Blanking) begin Display_L = BLANK; Display_R = BLANK; end else
    case (count)
     0: begin Display_L = ZERO; Display_R = ZERO; end
     2: begin Display_L = ZERO; Display_R = TWO; end
     4: begin Display_L = ZERO; Display_R = FOUR; end
     6: begin Display_L = ZERO; Display_R = SIX; end
     8: begin Display_L = ZERO; Display_R = EIGHT; end
     10: begin Display_L = ONE; Display_R = ZERO; end
     12: begin Display_L = ONE; Display_R = TWO; end
     14: begin Display_L = ONE; Display_R = FOUR; end
     //default: begin Display_L = BLANK; Display_R = BLANK; end
    endcase
endmodule
```

在 *Latched_Seven_Seg_Display* 模块中，缺少默认赋值语句会使输出锁存，综合工具将自动生成锁存器。当对默认赋值语句没有限制时，综合工具会将它们视为无关紧要条件，以减少实现电路所需的逻辑。下个例子将说明如何利用无关紧要条件以及如何生成三态输出端口。

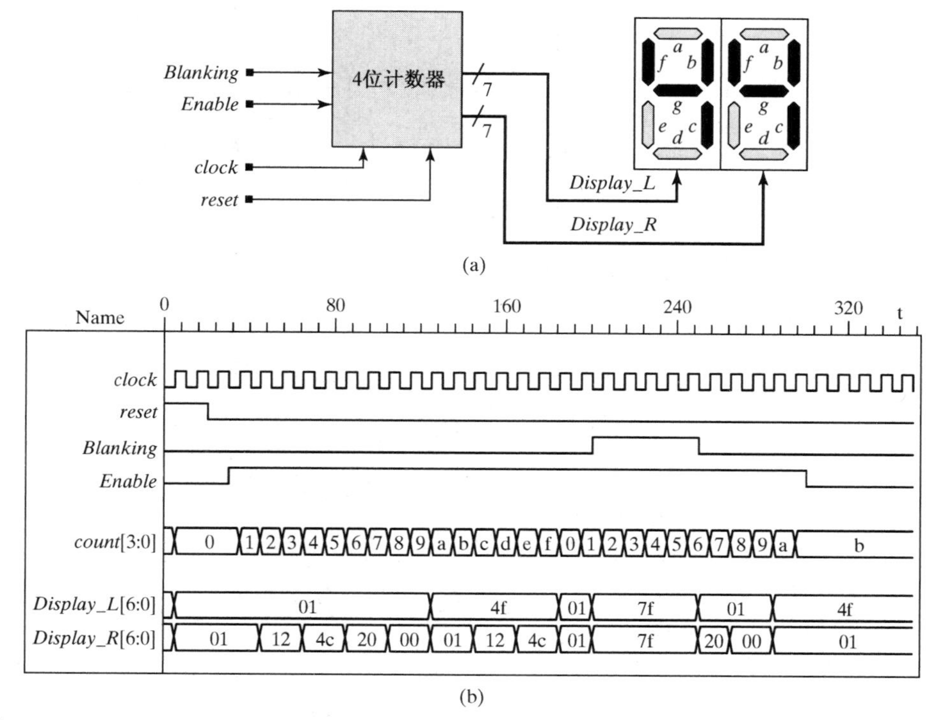

图 6.18　7 段 LED 显示器：(a)计数器和显示单元；(b)*reset*，*Blanking* 和 *Enable* 信号变化时的仿真结果。*Display_L* 和 *Display_R* 的值对应于低电平有效的7段码显示器的计数值

综合要点

如果一个条件操作符将 *z* 值放在电平敏感行为中连续赋值语句的右表达式中，那么该语句将会综合成通过组合逻辑驱动的一个三态器件。

例 6.12 在 *alu_with_z1* 模块中的电平敏感周期性行为描述了一个简单 ALU 的组合逻辑，且用一个连续赋值语句来描述一个三态输出。***case*** 语句中的 ***default*** 赋值将 ALU 的输出结果指定为 0。而另一个模块 *alu_with_z2* 使用与 *alu_with_z1* 相同的描述，仅将 ***default*** 赋值输出为 4′b0 替换为无关态(4′bx)，各自综合出的电路如图 6.19 所示。两种形式的电路均有三态输出反相器(所占面积比缓冲器小)，但 *alu_with_z2* 的实现电路更简单，因为综合工具可以消除 ***case*** 语句中由 ***default*** 赋值为 4′bx 所隐含的无关紧要条件。

```
module alu_with_z1 (
  output alu_out,
  input [3: 0] data_a, data_b,
  input [2: 0] opcode,
  input enable
);
 reg      [3: 0]      alu_reg;
 assign  alu_out = (enable == 1) ? alu_reg : 4'bz;
 always @ (opcode,  data_a,  data_b)
  case  (opcode)
   3'b001:         alu_reg = data_a | data_b;
   3'b010:         alu_reg = data_a ^ data_b;
   3'b110:         alu_reg = ~data_b;
   default:        alu_reg = 4'b0;            // alu_with_z2 has default: alu_reg = 4'bx;
  endcase
endmodule
```

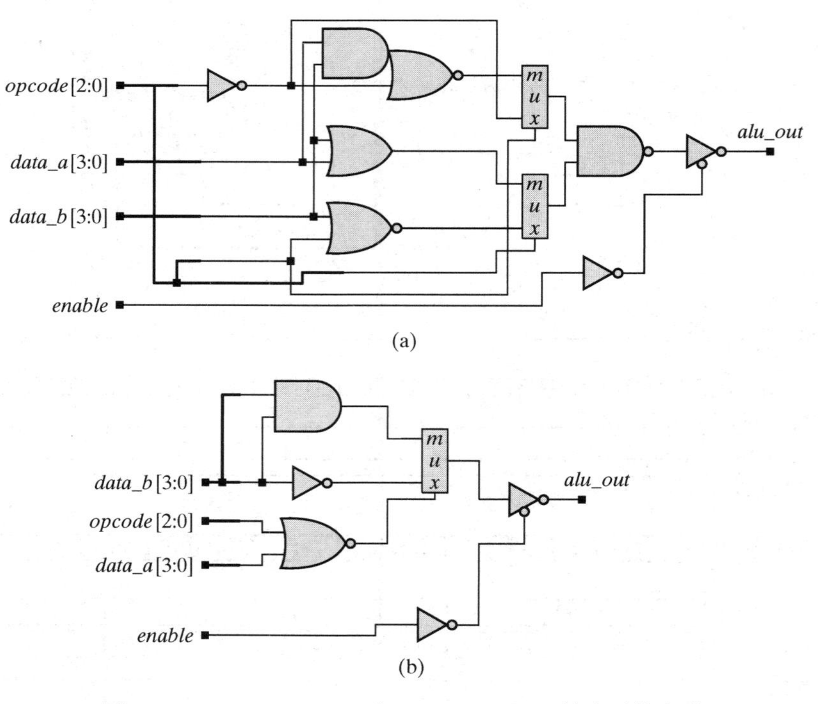

图 6.19 (a) *alu_with_z1* 和(b) *alu_with_z2* 综合后的电路

6.2.3　ASIC 单元与资源共享

ASIC 单元库通常包含有比组合原语门电路复杂得多的单元①。例如，大多数库都包含全加器的模型。不论是利用现有模型，还是利用设计者的 Verilog 描述来构建其他电路，综合工具都必须尽可能多地共享资源，以减少电路中不必要的重复。

综合要点

用括号来控制操作符分组以缩减电路尺寸。

例 6.13　综合工具将下面用 Verilog 描述的加法运算符映射成 ASIC 库的全加器，生成的电路如图 6.20(a)所示。图 6.20(b)是另一种实现，基于速度指标的设计(这里没有具体说明)，它使用了两个 5 位加法模块，而没有使用基本单元库中的电路。器件 *esdpupd* 在必要的地方提供所需的低电平信号 0(或高电平信号 1)。左边的加法器完成了 $A[3:0]+B[3:0]$，其结果是右边加法器模块的一个输入，该模块的第二个输入由 *C_in* 位和 4 个 0 组成。每个模块的进位位 *carry_in* 都通过硬连线连接到地。

```
module badd_4 (output [3: 0] Sum, output C_out, input [3: 0] A, B, C_in);
 assign {C_out, Sum} = A + B + C_in;
endmodule
```

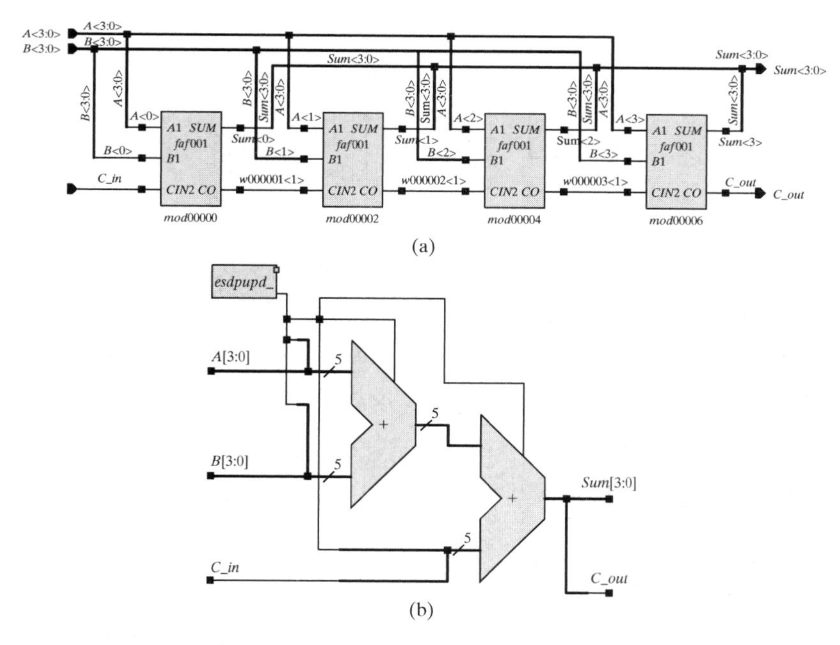

图 6.20　加法运算符“+”的综合结果：(a)采用库单元全加器综合后的电路；(b)采用5位加法器模块和硬连线结构的电路

综合工具必须确认用以实现复杂行为(大面积)的物理资源能否共用。如果行为中的数据流没有冲突，那么该资源就能在一条或者多条路径上进行共享。例如，下面连续赋值语句中的加法操作是在相互独立的数据通道上进行的，可以在硬件上进行共享。

```
assign y_out = sel ? data_a + accum : data_a + data_b;
```

① 在功能实现时，采用功能相同的复杂单元比简单单元聚合在一起更有效且更快速。

因此，这些加法操作可以使用一个加法器来实现，该加法器要求输入数据通道可以进行多路复用。该特性依赖于厂商提供的工具。如果综合工具不能自动实现资源共享，则必须通过编写相应的描述语句来强制共享。

例 6.14 在 *res_share* 模块的描述中使用的括号能够强制综合工具复用数据通道，产生如图 6.21 所示的电路。

```
module res_share (output [4: 0] y_out, input [3: 0] data_a, data_b, accum, input sel);
  assign y_out = data_a + (sel ? accum : data_b);
endmodule
```

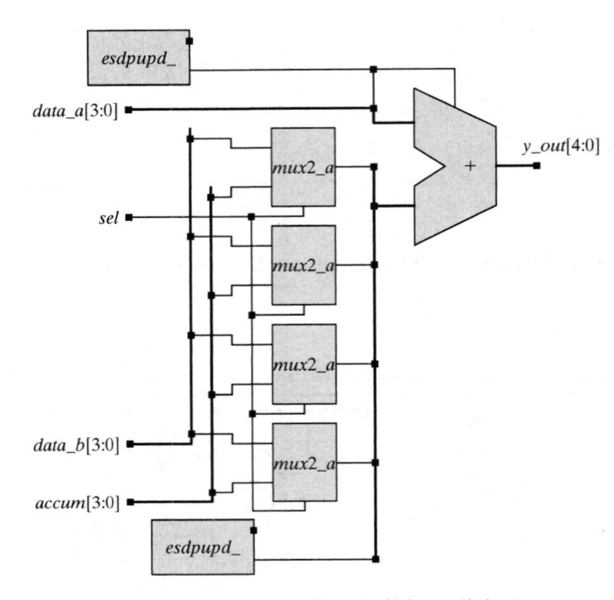

图 6.21 具有共用资源的数据通道实现

如果 *res_share* 中 *y_out* 的表达式中不包含括号，综合出的电路中将包含两个加法器。最有效的实现方式是复用数据通道，并共享它们之间的加法器，而不是生成多个加法器的输出。其中最主要的设计考虑是：多路复用器将比加法器占用更少的面积。

作为一般准则，如果算法功能可由基于语言的运算符推导得出，运算符应该在单个周期行为内尽可能多地分组，使得综合引擎可以共享用来实现该功能的硬件资源。

6.3 带锁存器的时序逻辑综合

锁存器的生成方式有两种：一种是有意的，另一种是无意或意外的。无意综合出的锁存器会浪费硅片面积，并有可能影响到电路的功能。因此，懂得什么样的 Verilog 描述会被综合工具综合出锁存器是很重要的。如果设计者不懂得这些关系，就会对期望得到组合逻辑的描述却综合出锁存逻辑的情况感到很惊讶。

前面已经讨论过三种用来描述可综合组合逻辑的方法：

(1) 原语网表；

(2) 由连续赋值语句描述的布尔方程；

(3) 电平敏感周期性行为。

是不是这些方法都会导致电路中生成锁存器呢？

综合要点

一个无反馈的组合原语网表可综合成无锁存的组合逻辑。

无反馈的组合原语网表将综合成无锁存功能的组合逻辑。综合工具可能不允许原语网表含有反馈结构(如交叉耦合的与非门)，含反馈的描述可能会被标为一个错误条件，且不可综合。

描述组合逻辑的一组连续赋值语句中一定不能有反馈存在。例如，在 5.5 节中连续赋值语句描述了一个带锁存的与非门，这种描述不能综合，因为它含有反馈①。

综合要点

一组无反馈的连续赋值语句可以综合成无锁存的组合逻辑。

一个带反馈的条件操作符(?:)的连续赋值语句(如赋值的目标变量出现在操作符表达式中)会综合出一个锁存器。这是一种有意生成锁存器的方法，如静态随机存取存储器 SRAM②，它是可综合的。

综合要点

一个带反馈的条件操作符的连续赋值语句会综合出一个锁存器。

例 6.15　SRAM 存储器单元可由如下带反馈的连续赋值语句建模：

```
assign data_out = (CS_b == 0) ? (WE_b == 0) ? data_in : data_out : 1'bz;
```

CS_b 和 *WE_b* 分别是电路的片选和写使能信号，它们均为低电平有效。如果片选有效且 *WE_b* = =0，那么 *data_out* 输出 *data_in* 的数据(透明模式)，但是当 *WE_b* 切换为 1 时，*data_out* = *data_out*(锁存模式)。综合工具将根据这条语句生成一个锁存器，因为当 *WE_b* = 1 时，*data_out* 不受 *data_in* 的影响，而会保持在 *WE_b* 切换为 1 的时刻的值；如果 *CS_b* = 1，那么电路将处于高阻状态。

6.3.1　锁存器的无意综合

例 6.16　模块 *or4_behav* 描述了一个 4 输入或门。具有周期性行为的算法将输出初始化为 0，然后依次测试输入。若输入为 1，则设置输出为 1 并终止测试。该描述被综合为组合逻辑。综合过程去掉了循环变量 k，实际中也没有相应的计数硬件。应该注意的是，输出变量 y 被声明为寄存器变量，但是并没有被综合为存储元件③。

```
module or4_behav #(parameter word_length = 4)(
  output reg y,
  input [word_length -1: 0] x_in
);
  integer k;

 always @ x_in begin: check_for_1
  y = 0;
  for (k = 0; k <= word_length -1; k = k+1)
   if (x_in[k] == 1) begin
    y = 1;
    disable check_for_1;
   end
 end
endmodule
```

① 综合工具也许不能从反馈回路结构中导出锁存器。

② 第 8 章将更详细地讨论 SRAM。

③ 对于没有认识到由过程赋值语句赋值的所有变量都是寄存器变量的 Verilog 用户，如果他们假定每个寄存器变量都能综合成触发器的话，将会被这样的综合结果搞得莫名其妙。

现在再分析一下 *or4_behav_latch* 模块的描述，它的事件控制表达式对 *x_in*[0]信号不敏感，这就会无意地综合出锁存输出——忽略 *x_in*[0]信号的变化导致隐含了一个锁存功能，电路仅在 *x_in*[3:1]信号变化时才激活周期性行为，并给输出赋值。

```
module or4_behav_latch #(parameter word_length = 4)(
  output reg y, input [word_length -1: 0] x_in
);
  integer k;
  always @ (x_in[3: 1])    begin: check_for_1          // 不完整的敏感表
   y = 0;
   for (k = 0; k <= word_length -1; k = k + 1)
    if (x_in[k] == 1) begin
     y = 1;
     disable check_for_1;
    end
  end
 endmodule
```

模块 *or4_behav* 和 *or4_behav_latch* 的实现电路如图 6.22(a,b)所示。在 *or4_behav_latch* 模块中 *x_in*[0]的值被锁存，锁存器由 *x_in*[1],*x_in*[2],*x_in*[3]的或值来控制。当三者中任何一个输入为 1 时，*x_in*[0]将传递到或门得到 *y*。如果三者的值都变为 0，则 *x_in*[0]将被锁存，*y* 不受 *x_in*[0]变化的影响。图 6.22(c)是两个模块的仿真结果，其中 *y_gate* 信号对应图 6.21(b)中的电路输出结果，*y_gate* 为 *x_in*[1],*x_in*[2],*x_in*[3]驱动的 3 输入或门的输出信号，这些波形说明了 *or4_behav_latch* 模块的锁存行为。

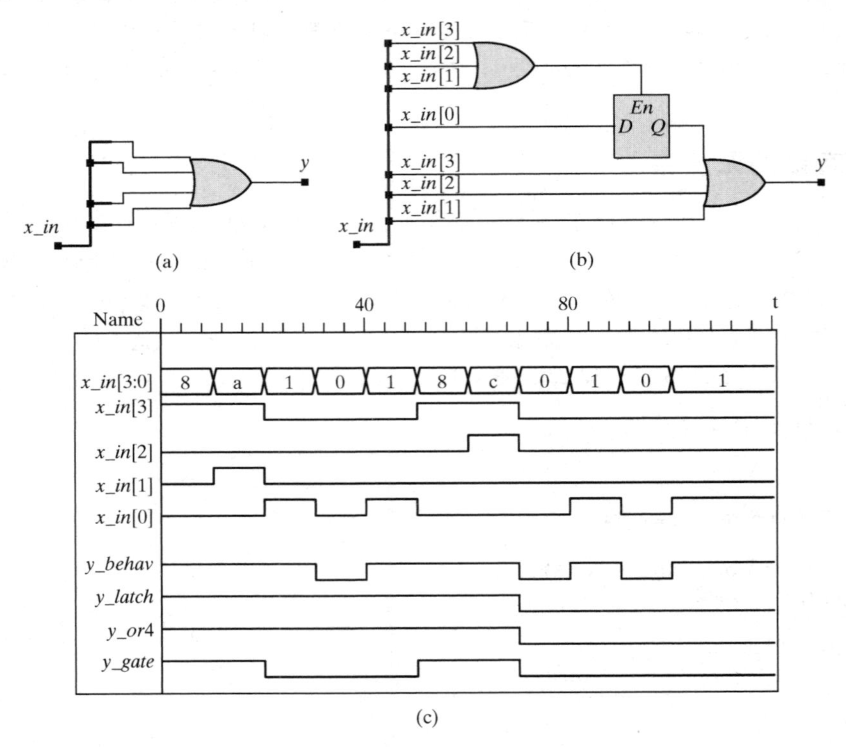

图 6.22　4 输入 OR 门：(a)由电平敏感周期性行为综合的电路；(b)由含有锁存器的模型综合的电路；(c)两种电路的仿真结果

如果描述中没有隐含对存储器结构的需求，则电平敏感周期性行为将综合为组合逻辑。如果模型中隐含了存储结构，那么实现时将会用到锁存器。Verilog 描述是如何隐含锁存器的呢？

为了避免实现的逻辑中产生锁存，在赋值表达式的右逻辑发生变化的所有情况下，都必须给行为中包含的所有变量进行赋值。如果不这么做，则会在生成的设计中产生不希望的锁存。因此，所有用以实现组合逻辑的电平敏感行为电路的输入信号，都必须包含于事件控制表达式中。行为中赋值语句右边的操作数就是输入信号。同样，在行为中其变化会影响到目标寄存器变量赋值的任何控制信号，都应被认为是该行为的输入信号。

记住：如果一个电平敏感行为的敏感表不完整，一些变量就不会在输入信号的所有状况下被赋值，也就意味着需要存储器来实现。实际上，由于不完整的敏感表带来的风险如此巨大，HDL语言增加了一个通配符“ * ”来隐含形成一个完整的敏感表。在电平敏感行为的敏感表中可以使用@ (*)和@ * 的形式，以代替设计者逐个填写敏感信号的烦琐工作。

在电平敏感周期性行为中，赋值语句的右表达式中任意信号都不再出现于其左表达式中。如果忽略这条规则，则行为中隐含了反馈并会综合出锁存器，而不再是无反馈的组合逻辑[3]。

综合要点

组合逻辑的 Verilog 描述给输出赋值时，必须考虑所有可能的输入值。

当一个 ***case*** 语句或 ***if*** 语句没有对所有可能的输入值指定输出时，即未完整定义的 ***case*** 或 ***if*** 语句，可能会生成非预期的锁存器。(例如，在未定义的输入条件下，输出将保持原值。)不管是显式地说明还是用 *default* 条件说明，必须保证 ***case*** 和条件分支(***if***)语句是完整的。如果在一个连续赋值语句中，与条件操作符相联系的表达式把目标变量(表达式的左边项)赋给它本身，该语句将综合出一个锁存器，但是不完整的条件操作符将会引发语法错误①。

例 6.17　当 ***case*** 语句不能完全译码时，综合工具将导出锁存器，用以在条件未定义时保持输出原值。在事件被显式赋值的情况下，锁存器可通过事件的或使能锁存。在这个例子中，当 {*sel_a*, *sel_b*} = = 2′*b*10 或者 {*sel_a*, *sel_b*} = = 2′*b*01 时，锁存器②使能。图 6.23(a)给出了一个使用通用单元生成的实现，图 6.23(b)给出了使用实际库单元的一种实现。后者用到了库中的双通道 MUX 和一个泄放电荷的上/下拉器件，该器件直接连接到硬件锁存器的低电平复位信号端，以避免其悬空。该器件由上拉和下拉原语例化而成，在这个例子中，上拉原语例化的输出信号与锁存器的复位输入端相连。

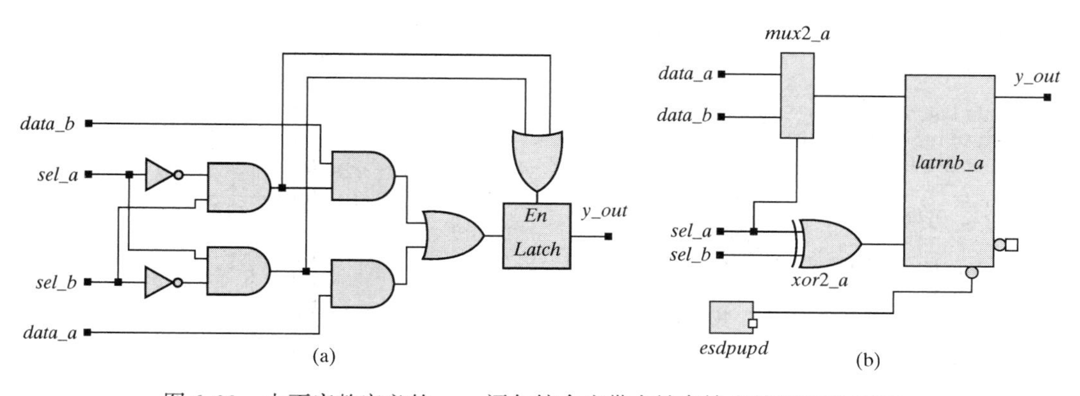

图 6.23　由不完整定义的 ***case*** 语句综合出带有锁存输出的双通道 MUX：(a)使用通用单元生成的电路；(b)使用库单元生成的电路

① 条件操作符((?... :…)的语法要求既包含逻辑真又包含逻辑假的语句。

② 附录 G 描述了在已综合电路中所示的各种锁存器和触发器。

```
module mux_latch (output reg y_out, input data_a, data_b, sel_a, sel_b);
 always @ (sel_a, sel_b, data_a, data_b)
  case ({sel_a, sel_b})
    2'b10: y_out = data_a;
    2'b01: y_out = data_b;
  endcase
endmodule
```

6.3.2 锁存器的有意综合

在一个电平敏感行为中，没有明确地给一个寄存器变量赋值的执行语句，通常意味着在行为被激活前该变量要能保持它的原值。一般来说，一个电平敏感行为可能包含多个这种变量，它们都将被综合成锁存器。综合工具必须能够识别通过这些锁存器的数据通道以及它们的控制信号。一个给定锁存器的控制信号是能控制行为流分支的信号，且不会对锁存器变量进行赋值。如果行为流在任何情况下都能给指定的寄存器变量赋值，那么仅当某通道上给变量赋予它自身的值时，才会生成锁存器(如自反馈)。否则，在没有反馈的情况下，行为不会用到锁存器。

是什么决定了硬件中能生成锁存器呢？综合时，在电平敏感周期性行为中，锁存器实现了在 ***case*** 语句和 ***if*** 语句的不完整条件下对寄存器变量的赋值。如果一个 ***case*** 语句中包含有反馈形式的 ***default*** 语句(即变量将其值显式地赋给它自身)，综合工具将形成一个带有反馈的多路复用器结构。同样，如果一个 ***if*** 语句在电平敏感行为中将一个变量赋给它自身，结果也是一个带反馈的多路复用器结构。

当条件操作符(？ …:…)以反馈形式实现时，意味着对存储功能的需求，但是其具体实现形式是由综合工具根据其上下文环境来选择的。如果在一个连续赋值语句中用到了条件操作符，其综合结果将是带有反馈的多路复用器结构。如果将它用到电平敏感周期性行为中，其结果将会是一个硬件锁存器。如果将条件操作符用于边沿敏感周期性行为中，其结果将是一个数据通道带有门控的寄存器，该寄存器与其输出配置在一起形成一个反馈结构。

例 6.18 下面的 *latch_if1* 模块是一个带有完整敏感表的电平敏感周期性行为描述，*if* 语句中具有 *data_out* 反馈的赋值过程。锁存器电路的综合结果如图 6.24 所示，它是一个带有反馈的多路复用器结构①。

```
module Latched_Seven_Seg_Display (
  output reg [6: 0] Display_L, Display_R,
  input Blanking, Enable, clock, reset
);
  reg [3: 0] count;
  //                          abc_defg
  parameter BLANK =           7'b111_1111;
  parameter ZERO =            7'b000_0001;     // h01
  parameter ONE =             7'b100_1111;     // h4f
```

综合要点

在一个电平敏感行为中的 if 过程里，如果只在部分而不是所有分支中对一个寄存器变量赋值(即条件不完整)，它将会综合出一个锁存器。

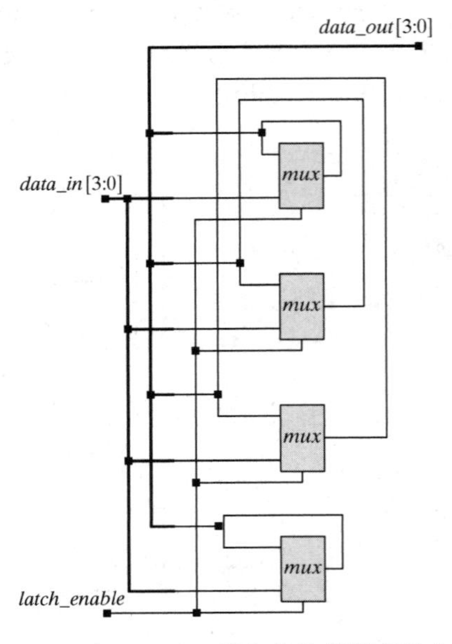

图 6.24 由 *latch_if1* 综合出的带锁存的电路

① 注意非阻塞赋值操作符(<=)的使用。一般来说，阻塞赋值(=)用在电平敏感行为中，非阻塞赋值(<=)用在边沿敏感行为中。锁存器的有意综合是一个例外，该特例满足 Verilog 寄存器传输级综合的 IEEE 1364.1 标准。

例 6.19　*latch_if2* 模块的电平敏感行为事件控制表达式对 *latch_enable* 和 *data_in* 都敏感，但是 ***if*** 语句的条件定义是不完整的。这种描述方式优先映射为如图 6.25 所示的硬件锁存器，而不是带反馈的多路复用器结构。

```
module latch_if2 (output reg [3: 0] data_out, input [3: 0] data_in, input latch_enable);
  always @ (latch_enable, data_in)
    if (latch_enable) data_out = data_in;  //条件定义不完整
endmodule
```

图 6.24 和图 6.25 中的综合结果说明了行为描述中的一个微小变化是怎样影响所综合出电路结构的。图 6.24 中的结构由一个带有反馈的完整条件分支综合而来，而图 6.25 中的描述则是由一个不完整的条件分支综合的结果。电路在仿真时是等价的，但在硬件实现时却需要权衡不同的面积和速度。用反馈实现的 ***if*** 语句等价于下面的条件赋值语句：

```
assign data_out [3: 0] =
  latch_enable ? data_in [3: 0] :
  data_out[3: 0];
```

这样的语句将会综合出相同的结构，而且通常用于描述一个锁存器。注意，条件操作符必须包含完整的两部分表达式，一个用于逻辑真的情况，另一个用于逻辑假的情况。

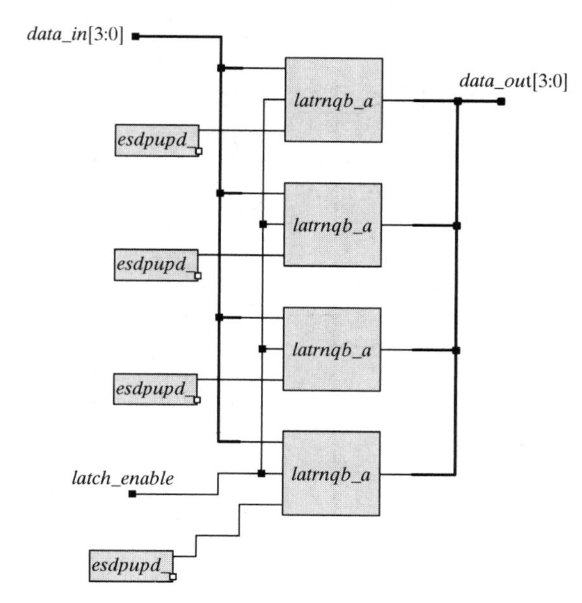

图 6.25　由一个含有不完整条件定义语句的 *latch_if2* 模块综合出的电路

例 6.20　一个 *sn*54170 寄存器文件由 4 个 4 位的字组成。两条地址总线 *wr_sel* 和 *rd_sel* 为写和读操作提供地址。两条使能信号线 *wr_enb* 和 *rd_enb* 用来控制低有效的透明锁存器。*sn*54170 中的电平敏感行为具有一个不完整分支语句。图 6.26 中的已综合电路有一个保持 *latched_data* 信号值的锁存器阵列。

```
module sn54170 (
  output [3: 0] data_out,
  input [3: 0] data_in, input [1: 0] wr_sel, rd_sel, input wr_enb, rd_enb
);
  reg [3: 0] latched_data;
  always @ (wr_enb, wr_sel, data_in) begin
    if (!wr_enb) latched_data[wr_sel] = data_in;
  end
  assign data_out = (rd_enb) ? 4'b1111 : latched_data[rd_sel];
endmodule
```

在边沿敏感行为中，不完整的 ***case*** 和 ***if*** 语句把寄存器变量综合成触发器；如果用反馈来使条件完整，那么寄存器的输出将通过其数据通道上的一个多路复用器来实现反馈。（如果单元库中有带门控数据通道的单元，则工具将会自动选择该单元。）

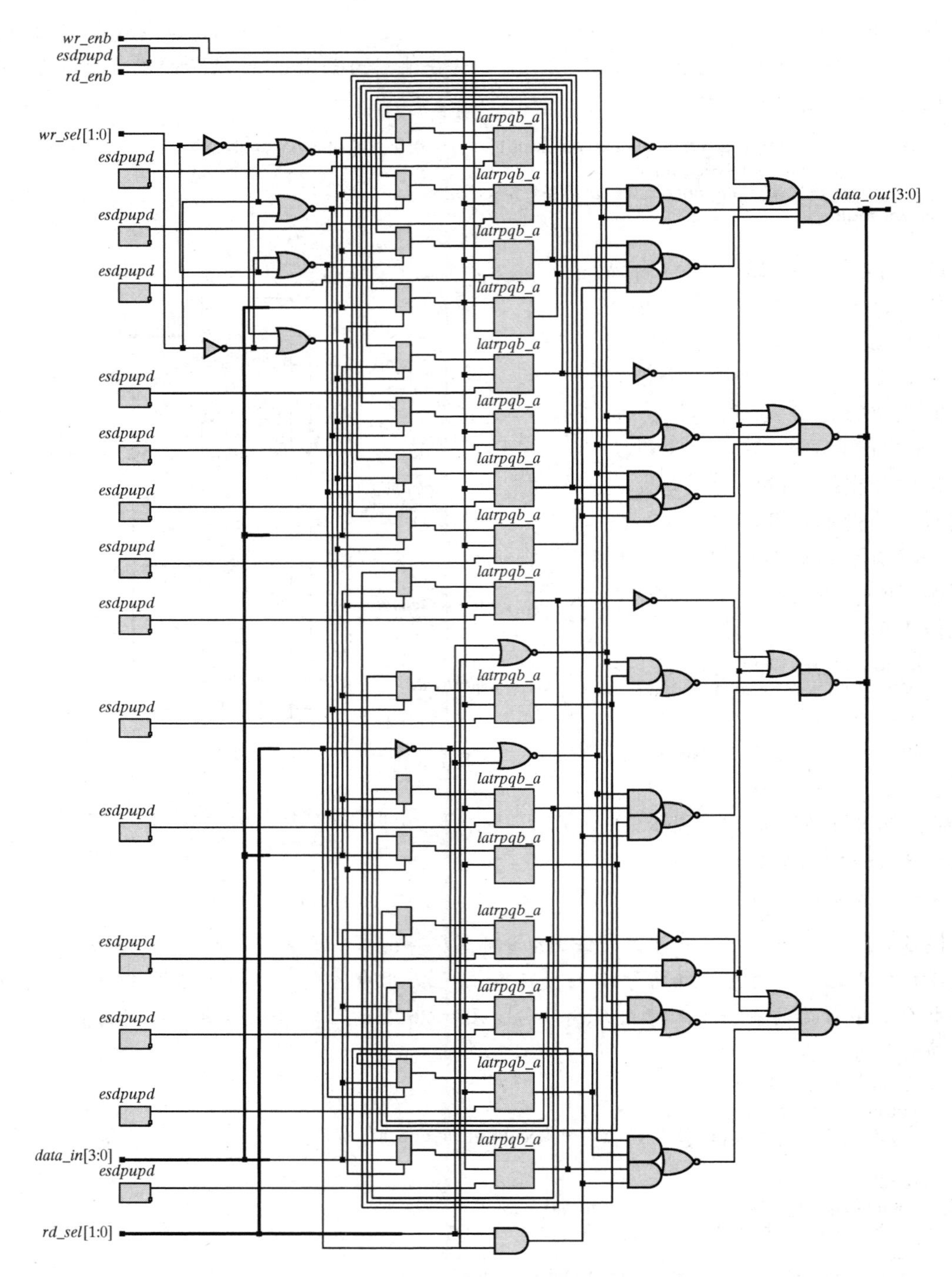

图 6.26 由 *sn*54170 寄存器文件 Verilog 模型综合出的电路

6.4 三态器件和总线接口的综合

三态器件允许在多个器件之间共享总线。描述三态总线驱动器最常用的方法，是使用一个具有高阻态 *z* 分支赋值的连续赋值语句。

例6.21　图 6.27 中的电路是一种使用三态单向接口将一些核心逻辑集成到总线上的典型方法。在 *Uni_dir_bus* 模块中，由于条件赋值语句的一个表达式将32′*bz* 赋给了信号 *data_to_bus*，因此综合工具将生成一个 32 位宽带有三态输出的接口。

```
module Uni_dir_bus (output [31: 0] data_to_bus, input bus_enabled);
 reg [31: 0]  ckt_to_bus;
 assign data_to_bus = (bus_enabled) ? ckt_to_bus : 32'bz;

// 用于驱动信号ckt_to_bus的核心电路在此描述

endmodule
```

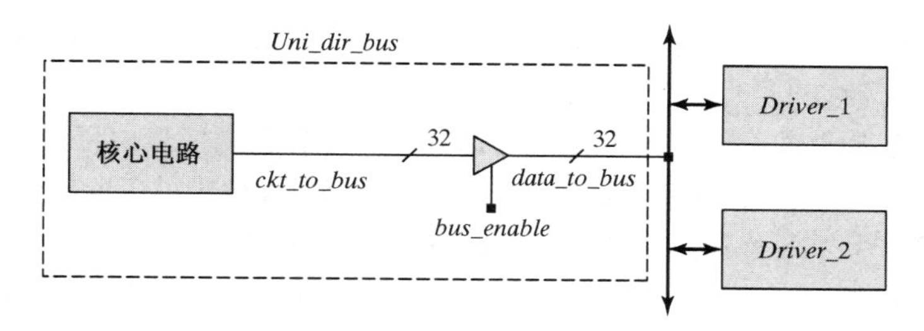

图 6.27　连接到总线上的单向接口

例6.22　图 6.28 所示电路使用一个双向接口与外部总线相连。电路端口被声明为双向的(inout)，并用一对连续赋值语句来为输入和输出接口的数据通道建模。

```
module Bi_dir_bus (inout [31: 0] data_to_from_bus, input send_data, rcv_data);
  wire [31: 0] ckt_to_bus;
  wire [31: 0] data_from_bus;
  assign data_from_bus = (rcv_data) ? data_to_from_bus : 32'bz;
  assign data_to_from_bus = (send_data) ? ckt_to_bus : data_to_from_bus;
// 使用信号 data_from_bus 和产生信号 ckt_to_bus 的行为在此描述
endmodule
```

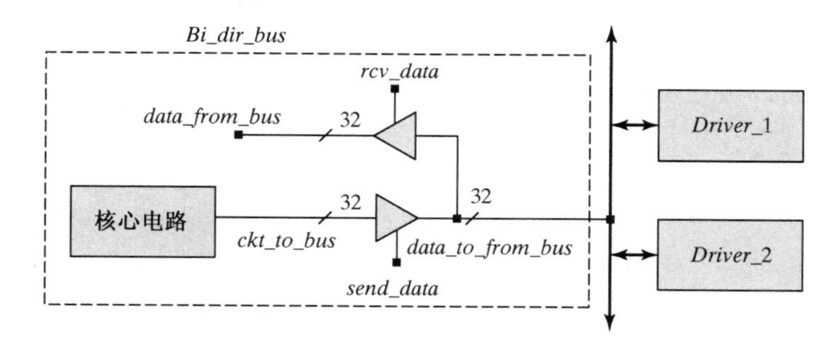

图 6.28　连接到双向总线上的双向接口

6.5　带有触发器的时序逻辑综合

触发器仅由边沿敏感的行为综合而来，但并不是在边沿敏感的行为中赋值的每一个寄存器变量都能综合成触发器。那么，是什么决定了边沿敏感行为的综合结果呢？这一节将对它及以下问题进行分析：综合工具是如何推导出对触发器的需求的？边沿敏感行为中被赋值的寄存器变量，什么时候会自动综合成一个触发器？触发器是由一个时钟信号进行同步的——综合工具如何从其他信号中区分出同步信号来，或者它必须要用一个特定的词(如“clock”)来识别吗？如果一个设计中包含多级触发器，那么应该怎样描述模型才能确保它们能够并行工作？

边沿敏感行为中的寄存器变量综合出触发器的情况如下：

(1) 如果该寄存器变量在行为描述的范围以外被使用；

(2) 如果该寄存器变量在未被赋值前就已在行为描述中被用到；

(3) 如果该寄存器变量仅在行为描述动作的某些分支上被赋值。

所有这些情况都隐含了对存储器的需求，例如要保持寄存器的原值。实际上，当这些情况出现在边沿敏感行为中时，就表示了所需的存储器是触发器而不是锁存器。

上一小节讲到，在电平敏感周期性行为中的不完全条件语句(即 ***if…else*** 和 ***case*** 语句)将综合出锁存器。然而，如果所描述的行为是边沿敏感的，这些语句不会生成锁存器，而是综合成能“时钟使能”的逻辑信号。因为在不完整的条件语句的隐含逻辑条件下，就算时钟发生变化，受影响的变量都不会发生改变。

在一个边沿敏感周期性行为的事件控制表达式中，边沿敏感信号由译码的顺序决定哪些是控制信号，哪一个是时钟信号(即同步信号)。如果事件控制表达式对多个信号都是边沿敏感的，那么在该行为描述中必须首先声明 ***if*** 条件语句。该事件控制表达式的控制信号必须在 ***if*** 条件分支中优先进行译码(例如，首先对复位条件进行译码)。同步信号不会在 ***if*** 语句条件中被明确地写出，但在默认情况下，***if*** 语句中最后一个分支的动作必须进行同步操作。

综合要点

边沿敏感行为中的变量在被赋值前将综合成一个触发器的输出。

例 6.23　在 *swap_synch* 模块中，通过对 *data_a* 和 *data_b* 非阻塞赋值，描述了一个同步数据交换机制。由于对 *data_a* 和 *data_b* 的非阻塞赋值并发地执行，因此两个变量的取值均为赋值前的值，它们都能被综合成如图 6.29 所示的触发器的输出。注意，其中 *set1* 和 *set2* 信号首先进行了明确的译码。在 ***if*** 语句的最后一个分支才对 *data_a* 和 *data_b* 进行赋值。非阻塞赋值动作与 *clk* 信号的上升沿同步，但在 ***if*** 语句的条件描述中不会明确地写出 *clk* 信号的同步动作。

```
module swap_synch (output reg data_a, data_b, input set1, set2, clk);
 always @ (posedge clk) begin
  if (set1) begin data_a <= 1; data_b <= 0; end else
  if (set2) begin data_a <= 0; data_b <= 1; end
  else begin
   data_b <= data_a;
   data_a <= data_b;
  end
 end
endmodule
```

例 6.24　*D_reg4_a* 模块描述了一个 4 位并行数据加载寄存器。*Reset* 信号的上升沿出现在事件控制表达式中，同时还出现在 *if* 语句的第一个子句中；*clock* 信号的上升沿也出现在事件控制表达式中，但不会被事件控制表达式后的语句显式译码。这就使综合工具能正确地推导出一个在 *clock* 信号上升沿工作的可复位的触发器。*Data_out* 输出的值受 *clock* 信号上升沿的控制，所以综合工具生成了一个如图 6.30 所示的 4 位触发器阵列。

```
module D_reg4_a (output reg [3: 0] Data_out, input [3: 0] Data_in, input clock, reset);
 always @ (posedge clock, posedge reset) begin
  if (reset == 1'b1) Data_out <= 4'b0;
  else Data_out <= Data_in;
 end
endmodule
```

一般来说，描述时序逻辑周期性行为的事件控制表达式，应该由单个时钟信号(同步信号)的单个边沿(上升沿或下降沿，但不能同时使用)来同步。多个行为的系统不需要使用相同的同步信号，或者不需要由同一信号的相同边沿来同步控制，但是其优化过程则要求所有的同步信号(时钟)具有相同的周期，否则，要对逻辑功能进行优化将是不可能的。

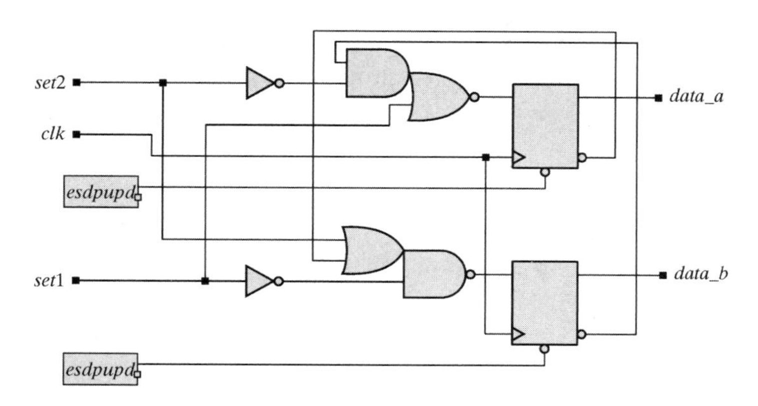

图6.29　*swap_synch* 模块所综合的电路，其中带有赋值前即被引用的变量

综合要点

当一个变量在被内部行为而不是外部行为引用前就被周期性行为赋值，综合过程将消除这个变量。

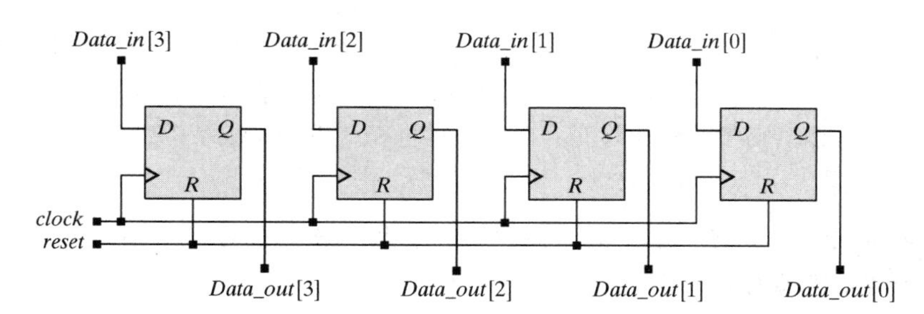

图6.30　4位并行装载数据寄存器 *D_reg4_a* 的综合电路

并不是周期性行为中被赋值的每个寄存器变量都能综合成硬件存储器件，认识到这一点非常重要。例6.16中 *or4_behav* 模块描述的4输入OR门中，有一个仅在内部使用的寄存器变量 k，在它被赋值前并未引用，那么变量 k 仅仅是用来支持算法的，而并不需要实际的硬件存储器，即它在行为构造的算法之外是无意义的，因此它将在综合时被消除。该行为可正确地综合成一个没有存储单元的硬件OR门。

综合要点

由边沿敏感行为赋值并在该行为之外会用到的变量将被综合为一个触发器的输出。

例6.25　*empty_circuit* 模块中的行为给寄存器变量 *D_out* 赋值，而在行为之外 *D_out* 并没有被引用。因此，综合工具将消除 *D_out*。如果修改电路描述，将 *D_out* 定义为输出端口，那么它将被综合为一个触发器的输出。

```
module empty_circuit (input D_in, clk);
 reg D_out;
 always @ (posedge clk) begin
  D_out <= D_in;
 end
endmodule
```

6.6 显式状态机的综合

显式状态机有一个已明确定义的状态寄存器和一个能够在输入的作用下控制状态转换的逻辑。这一节将讨论一种描述显式状态机的推荐模型，并用这种风格来编写第3章中用人工方法设计的显式状态机的 Verilog 模型，然后再综合出其硬件实现。显式状态机推荐使用两个行为来描述，一个边沿敏感行为用于同步状态转移，另一个电平敏感行为用于描述下一个状态和输出逻辑。

6.6.1 BCD 码/余 3 码转换器的综合

这个 Mealy 型的 BCD 码/余 3 码转换器已在例 3.2 中用人工方法进行了设计，该设计的基本步骤包括：

(1)绘制状态转移图 STG；

(2)定义状态表；

(3)选择状态分配方式；

(4)对下一状态和输出表进行编码；

(5)画出已编码状态位和输出的卡诺图，并对其进行最简化；

(6)创建电路实现(原理图)。

这里将再次讨论用 Verilog 描述的编码转换器的建模及其综合过程。

从状态转移图(见图 3.19)开始，首先建立其行为模型 *BCD_to_Excess_3b*，并且验证该模型具有与先前设计同样的功能。注意，现在的主要工作仅仅是在原设计基础上改变状态分配，而行为模型则只需对已声明的状态编码参数稍加改变。综合工具将在产生的门级结构中自动反映这一变化。

综合要点

用两个周期性行为来描述一个显式状态机：一个电平敏感行为用来描述下一状态和输出的组合逻辑，一个边沿敏感行为用来描述状态的同步转移。

BCD_to_Excess_3b 模型中有两个周期性行为①，一个边沿敏感行为用来描述状态转移，一个电平敏感行为用来描述下一状态和输出的逻辑。注意，边沿敏感行为中的赋值是非阻塞的，而电平敏感行为中的赋值则是阻塞的。在仿真时，Verilog 语言规定非阻塞赋值语句和阻塞赋值语句可以被安排成以某种特定次序出现在同一时段内。非阻塞赋值语句在事件开始时(在进行任何赋值操作之前)首先被采样，然后才执行阻塞赋值语句。在阻塞赋值语句执行完成之后，再给非阻塞赋值语句左边变量赋以开始时的采样值以完成非阻塞赋值操作。这种机制确保了非阻塞赋值语句能够并发执行，而且与代码顺序无关，也保证了竞争条件不会通过阻塞赋值语句传播，因而也就不会影响非阻塞赋值语句的操作。非阻塞赋值语句描述了并发的同步寄存器在硬件中的数据传输。

综合要点

在电平敏感周期性行为中，使用阻塞赋值操作符(=)来描述有限状态机的组合逻辑。

行为模型和综合电路的仿真结果一致并不能保证电路的实现是正确的。图 6.31 中的波形是通过对 *BCD_to_Excess_3b* 模块仿真得到的，与图 3.23 中人工设计的门级模型功能一致。然而，应该注意在 *BCD_to_Excess_3b* 的 ***case*** 语句中没有包含 ***default*** 语句，这导致出现了图 6.32(a)中的锁存器。另一方面，带有无关紧要状态的 *BCD_to_Excess_3c* 模块在给 *next_state* 和 *B_out* 赋值

① 有时使用连续赋值描述输出组合逻辑是很方便的。

时，可综合为不带锁存器的电路，如图 6.32(b)所示。图 6.33 给出了两个电路的仿真结果。因为测试平台对电路的测试只是在有效的输入序列上进行的，所以两个电路的时序图均与人工设计的时序(见图 3.23)一致。*BCD_to_Excess_3c* 中的无关紧要状态相比 *BCD_to_Excess_3b* 的隐含锁存器结构，可以给综合工具带来更大的灵活性，因此建议在所有的 ***case*** 语句中都包含 ***default*** 语句。另外，*BCD_to_Excess_3b* 模块中的锁存器会浪费更多的硬件资源和硅片面积。

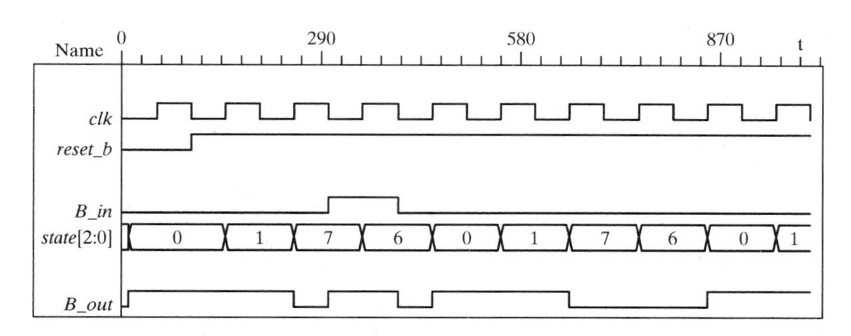

图 6.31　BCD 码/余 3 码转换器(*BCD_to_Excess_3b*)的仿真结果

综合要点

在边沿敏感周期性行为中，使用非阻塞赋值操作符(<=)来描述有限状态机的状态转移，以及时序机数据通道的寄存器传输。

```
module BCD_to_Excess_3b (output reg B_out, input B_in, clk, reset_b);
 parameter              S_0 = 3'b000,                   // 状态分配
                        S_1 = 3'b001,
                        S_2 = 3'b101,
                        S_3 = 3'b111,
                        S_4 = 3'b011,
                        S_5 = 3'b110,
                        S_6 = 3'b010,
                        dont_care_state = 3'bx,
                        dont_care_out = 1'bx;
 reg        [2: 0]      state, next_state;

 always @ (posedge clk, negedge reset_b)
  if (reset_b == 0) state <= S_0; else state <= next_state;

 always @ (state, B_in) begin
  B_out = 0;                     // Default assignment; assign by exception
  case (state)
   S_0:      if (B_in == 0) begin next_state = S_1; B_out = 1; end
             else if (B_in == 1) next_state = S_2;

   S_1:      if (B_in == 0) begin next_state = S_3; B_out = 1; end
             else if (B_in == 1) begin next_state = S_4; end

   S_2:      begin next_state = S_4; B_out = B_in; end

   S_3:      begin next_state = S_5; B_out = B_in; end

   S_4:      if (B_in == 0) begin next_state = S_5; B_out = 1; end
             else if (B_in == 1) begin next_state = S_6; end

   S_5:      begin next_state = S_0; B_out = B_in; end

   S_6:      begin next_state = S_0; B_out = 1; end

   /* Omitted for BCD_to_Excess_3b version
      Included for BCD_to_Excess_3c version
```

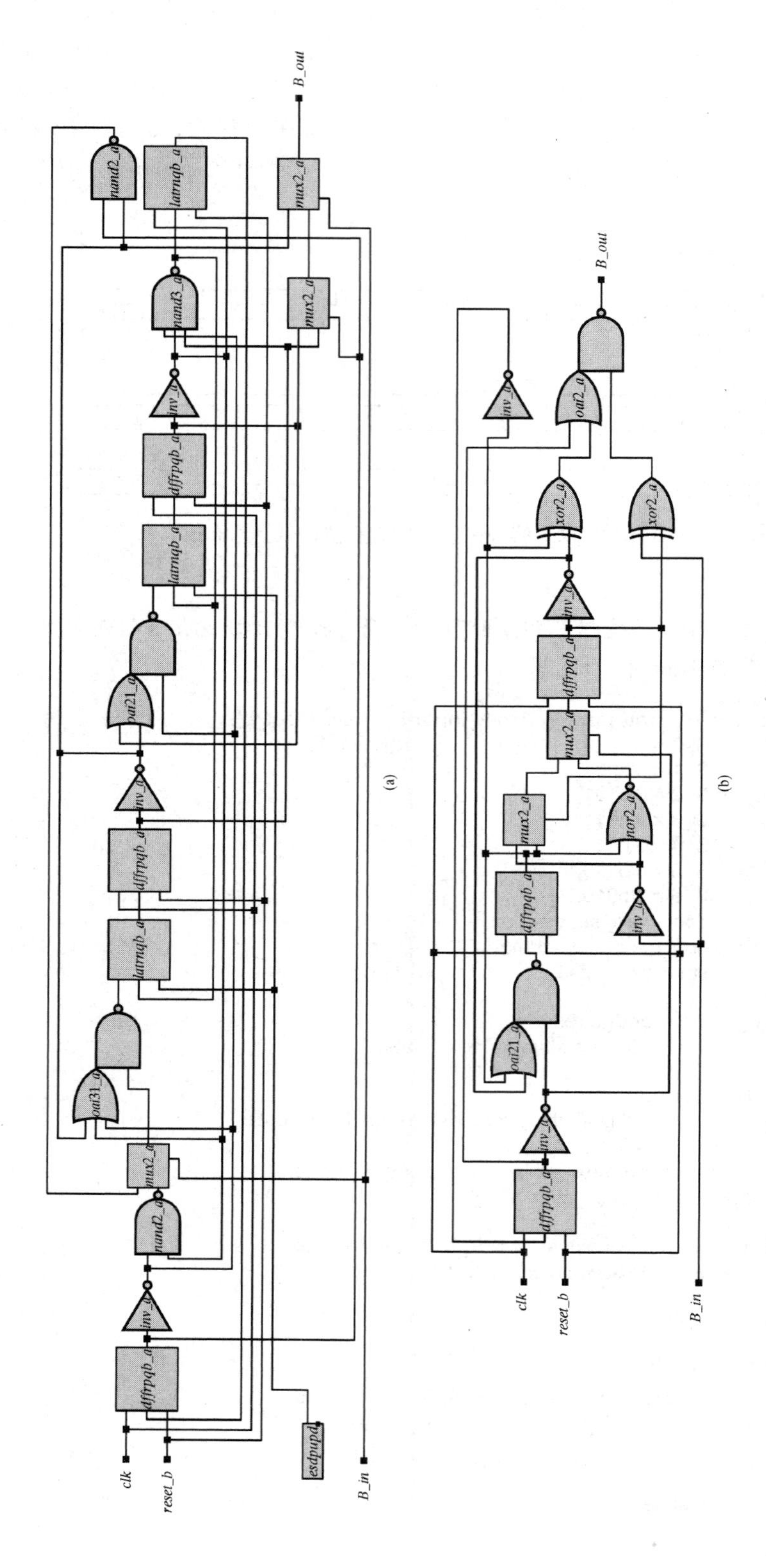

图6.32 (a) 由*BCD_to_Excess_3b*综合出的ASIC电路；(b) 由*BCD_to_Excess_3b*综合出的ASIC电路。注意，由于*BCD_to_Excess_3b*的***case***语句缺少***default***，因此所综合的电路带有锁存

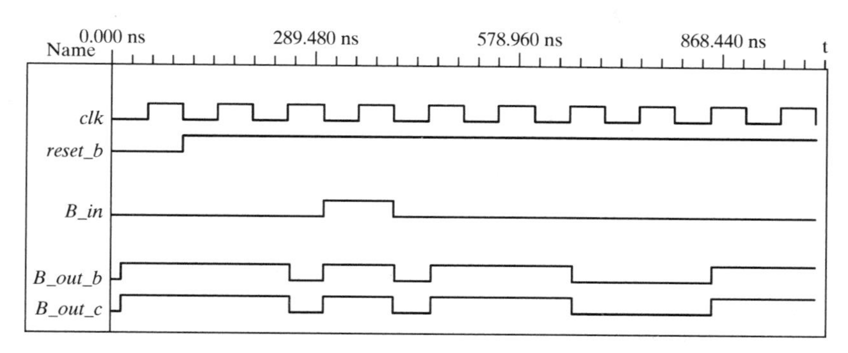

图 6.33　由 *BCD_to_Excess_3b* 和 *BCD_to_Excess_3c* 所综合的 ASIC 电路的后综合仿真结果

```
下面的default语句在BCD_to_Excess_3b中屏蔽，在BCD_to_Excess_3b中包含
  */
  endcase
 end
endmodule
```

综合要点

在描述显式状态机的下一状态和输出的组合逻辑的电平敏感行为时，要对所有可能的状态译码。

如果 ***case*** 语句的分支项不包含所有描述状态机的下一状态和输出逻辑，那么下一状态和输出的组合逻辑将被综合成带锁存器的输出，该电路包含的硬件可能比实际需要的更多，而且这个电路可能不满足所设想的功能。如要避免这种状况，可以在描述下一状态的电平敏感行为一开始的时候就给下一状态赋以默认值。同样，给一个状态机的输出赋以默认值也可以避免综合为锁存的输出。

综合工具对状态机的建模附加了一些约束条件：

(a) 显式状态机的状态寄存器必须当做一个整体进行赋值，即不允许综合工具为状态寄存器变量进行位选择和部分选择赋值；

(b) 所有寄存器都要赋值；

(c) 异步控制信号(如 *set* 和 *reset*)在事件控制表达式中必须为标量；

(d) 赋给状态寄存器的值必须为一个常数(如 *state_reg = start_state*)或者是经静态求值后可得到常数值的一个变量(即状态转移图必须指定确定的关系)。

BCD_to_Excess_3b 模块的描述能满足这些约束。

描述显式状态机同步动作的行为可能只包含一个时间同步的事件控制表达式。不论是用同一个还是另外的行为描述状态机的下一状态及输出，这一规则都适用。显式状态机的描述也包括一个明确声明的类型为 ***reg*** 的状态寄存器变量。只有这样的寄存器才可用来表示状态机，它意味着状态寄存器的每一个赋值语句必须要给整个寄存器赋值，而不是给某位或某一部分赋值。这种对寄存器过程赋值的约束确保了特定状态转移图与行为的对应。

6.6.2　设计举例：Mealy 型 NRZ 码/Manchester 线性码转换器的综合

在第 3 章中(见 3.7.1 节)使用人工方法设计了一个串行线性转换器，它用于将 NRZ 码(非归零码)比特流转换成 Manchester 码(曼切斯特码)比特流。同样的状态机也可以用 Verilog 行为模型来描述，即下面的 *NRZ_2_Manchester_Mealy* 模块。

```
module NRZ_2_Manchester_Mealy (output reg B_out, input B_in, clock, reset_b);
  reg [1: 0] state, next_state;
  parameter         S_0 = 2'd0,
                    S_1 = 2'd1,
                    S_2 = 2'd2, // 2'd3是未用到的位组合状态
                    dont_care_state = 2'bx,
                    dont_care_out = 1'bx;
  always @ (negedge clock, negedge reset_b)
   if (reset_b == 0) state <= S_0; else state <= next_state;
  always @ (state, B_in ) begin
   B_out = 0; // 默认赋值
   case (state) // 注意：状态寄存器是部分译码的
     S_0:          if (B_in == 0) next_state = S_1;
                   else if (B_in == 1) begin next_state = S_2; B_out = 1; end
     S_1:          begin next_state = S_0; B_out = 1; end
     S_2:          begin next_state = S_0; end
     default:      begin next_state = dont_care_state; B_out = dont_care_out; end
   endcase
  end
endmodule
```

仿真结果如图 6.34 所示，其结果与图 3.30 中采用门级设计的 Mealy 型编码转换器一致①。注意，图 6.34 中的 *B_in* 在 *clock_1* 的有效跳变沿发生变化，与 *clock_2* 的跳变沿重合。在这些边沿上，*B_in* 作为一个状态在相同的时间发生变化。一般来说，应避免输入的变化与状态的变化同步进行，除非输入对于跳变沿来说是无关紧要状态，如本例。由 *NRZ_2_Manchester_Mealy* 模块综合出来的网表②和电路原理图如图 6.35 所示。

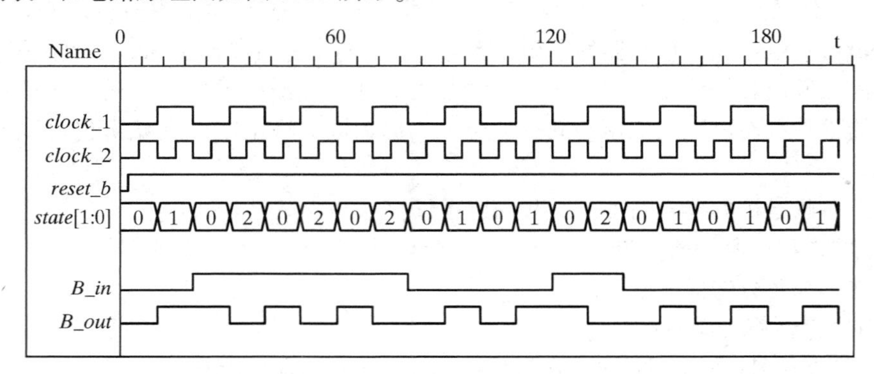

图 6.34 Mealy 型 *NRZ/Manchester* 串行线性转换器 *NRZ_2_Manchester_Mealy* 的仿真结果

6.6.3 设计举例：Moore 型 NRZ 码/Manchester 线性码转换器的综合

在第 3 章中设计了 Moore 型 NRZ/Manchester 串行线性码转换器，其显式有限状态机的 Verilog 行为描述模型如下。对 *NRZ_2_Manchester_Moore* 模块仿真产生的波形如图 6.36 所示，与图 3.35 中的门级模型的波形一致。由 *NRZ_2_Manchester_Moore* 模块综合而来的电路如图 6.37 所示③。

---

① 本章末的习题 2 是关于与行为模型功能一致的已综合电路的后综合验证问题。

② 综合工具(Synopsys)使用由 Verilog 转义字符支持的更一般的命名规则来生成网线名和模块例化名，这些标识符由反斜杠(\)开始，由空格结束，任何一个可打印的 ASCII 字符都能用于转义字符中。这里触发器的例化名与状态机的状态位相对应。

③ 本章末的习题 3 是关于与行为模型功能一致的已综合电路的后综合验证问题。

```
module NRZ_2_Manchester_Mealy (B_out, B_in, clock, reset_);
input B_in, clock, reset;
output B_out;
wire \next_state<1>, \next_state<0>, \state<1>, \state<0>, n80, n81, n82, n83;
  buff101 U26 (.A1(n81), .O(n80));
  norf201 U27 (.A1(n81), .B1(n82), .O(\next_state<1>));
  norf201 U28 (.A1(B_in), .B1(n80), .O(\next_state<0>));
  blf00101 U29 (.A1(n83), .B2(\state<1>), .(C2(n82), .O(B_out));
  nanf251 U30 (.A1(\state<1>), .B2(n83), .O(n81));
  invf101 U31 (.A1(B_in), .O(n82));
  invf101 U32 (.A1(\state<0>), .O(n83));
  dfrf301 \state_reg<1> (.DATA1(\next_state<1>), .CLK2(clock), .RST3(
      reset), .Q(\state<1>));
  dfrf301 \state_reg<0> (.DATA1(\next_state<0>), .CLK2(clock), .RST3(
      reset), .Q(\state<0>));
endmodule
```

(a)

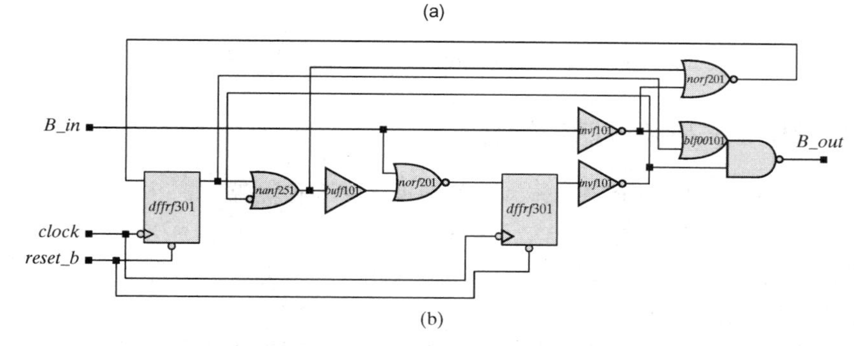

(b)

图 6.35　由 *NRZ_2_Manchester_Mealy* 综合出的 ASIC 电路：(a)网表(以实际信号名字描述的端口连接)；(b)原理图

```
module NRZ_2_Manchester_Moore (output reg B_out, input B_in, clock, reset_b);
 reg [1: 0] state, next_state;
 parameter      S_0 = 2'd0,
                S_1 = 2'd1,
                S_2 = 2'd2,
                S_3 = 2'd3;

 always @ (negedge clock, negedge reset_b)
  if (reset_b == 0) state <= S_0; else state <= next_state;

 always @ (state, B_in ) begin
  B_out = 0;                                   // 默认赋值
  case (state)                                 // 完全译码
   S_0: begin if (B_in == 0) next_state = S_1; else next_state = S_3; end
   S_1: begin next_state = S_2; end
   S_2: begin B_out = 1; if (B_in == 0) next_state = S_1; else next_state = S_3; end
   S_3: begin B_out = 1; next_state = S_0; end
  endcase
 end
endmodule
```

图 6.36　Moore 型 NRZ/Manchester 串行线性码转换器行为模型 *NRZ_2_Manchester_Moore* 的仿真结果

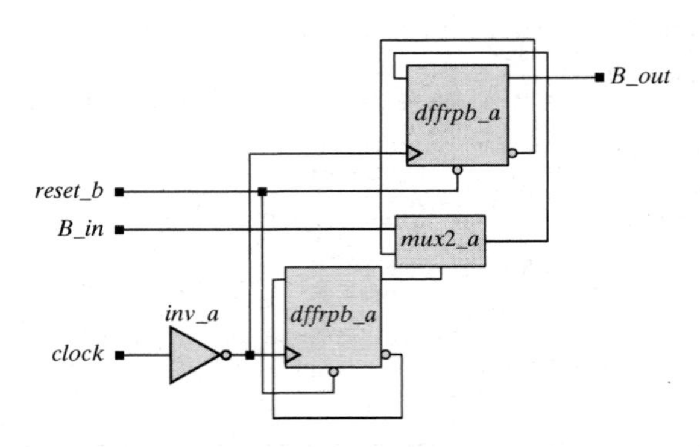

图 6.37　由 *NRZ_2_Manchester_Moore* 综合出的 ASIC 电路

6.6.4　设计举例：序列检测器的综合

当串行输入流 *D_in* 接收到给定的连续比特流时，序列检测器将产生一个输出 *D_out*[6]。该数据由状态机中控制状态转移的时钟有效沿的相反边沿同步(即反向同步)。如果状态转移发生在时钟的下降沿，那么在接下来的时钟上升沿就产生有效数据输出。序列检测器可由 Mealy 型或 Moore 型的显式有限状态机实现。

下面将从两个角度来分析序列检测器。首先主要阐述序列检测器怎样接收输入比特流。Mealy 状态机在时钟的有效沿之前就使输出有效，并在连续时钟周期下接收连续的输入值①。输出有效意味着需要立即译码。输出在时钟有效沿之前就立即生效，反映了在时钟之前确立了输入的采样值和状态机的状态。

其次，状态机分为带复位功能和不带复位功能两种。一个不带复位功能的状态机在输入位交叠时，仍然会连续为输出赋值，例如重复序列 1111_2 出现在比特流 001111110_2 中的情况。带复位功能的状态机在这种情况下，会在 $m+1$ 位到来时进行复位，再对后续的输入进行新一轮的检测。

图 6.38(a)中的序列检测器在时钟下降沿对串行输入 *D_in* 采样，当采样到连续 3 个 1 时 *D_out* 被置为有效输出。该状态机使用同步复位，并带有一个使能信号 *En*。图 6.38(b)中的 ASM 图使用 Mealy 型有限状态机描述了无复位功能的设计，图 6.38(c)中的 ASM 图使用 Moore 型有限状态机描述了该设计。

在 Mealy 状态机的描述中，reset 信号可将状态机置于 *S_idle* 态，直到使能信号 *En* 有效②。当使能有效后，状态机的状态转移完全取决于 *D_in* 的输入值。两个连续的采样值 1 将导致状态转移到 *S_2*，此时只要 *D_in* 的值持续为 *1*，*D_out* 就会被置位。由 ASM 图表明 Mealy 状态机在接收到 0 之前，会一直停留在 *S_2* 状态(即无复位操作)；与此相似，Moore 状态机会停留在 *S_3* 状态。注意，Moore 状态机有一个额外状态，因为 Moore 机的输出不需要预先考虑 *D_in* 值，而是在第 3 个有效时钟沿之后的状态中给 *D_out* 赋值(而 Mealy 状态机会预测 *D_in* 值，并在第 3 个有效时钟沿之前给 *D_out* 赋值)。

下面给出的 Verilog 模型用连续赋值语句来实现输出组合逻辑(见第 4 章)。为了说明串行线性码转换器(见 3.7 节)对两种不同格式信号的响应，测试平台包括了对两种信号输入给每个状态机的例化。每个状态机都包含输入 *D_in* 的采用 NRZ 编码和归零(RZ)编码的两种信号[7]。

---

① 在时钟有效沿之前，数据必须在 *D_in* 驱动的任何一个触发器的建立时间内是稳定的。

② 在 ASM 图中 *S_idle* 状态的结构意味着复位动作是同步的，这是由于状态机仅在时钟的有效沿上检测 *reset* 的值。为了简单起见，ASM 图中没有画出由 *reset* 导致的从任意状态到 *S_idle* 状态的转移。

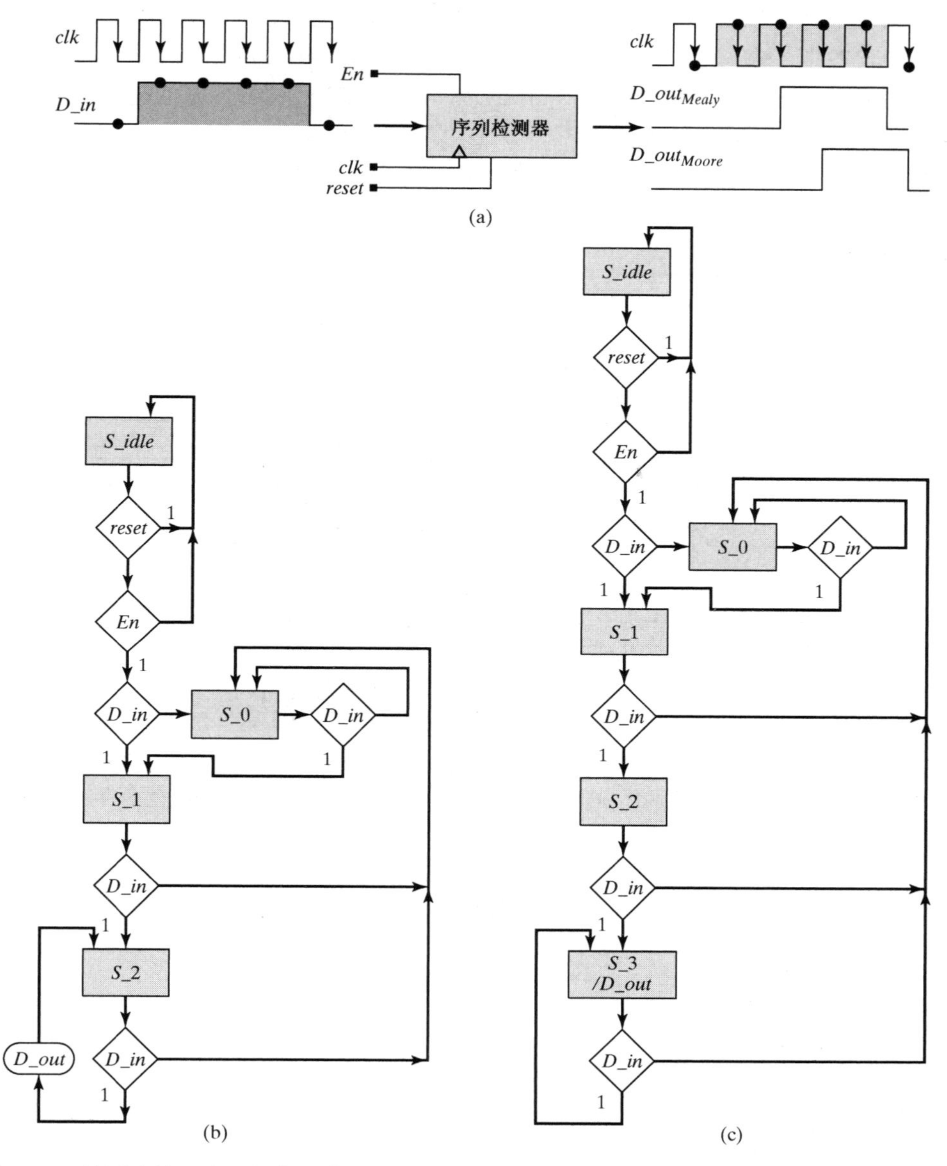

图6.38　检测连续3个1的序列检测器：(a)输入-输出框图，Mealy状态机和Moore状态机各自的输出波形；(b)Mealy型显式状态机的ASM图；(c)Moore型显式状态机的ASM图

仿真结果如图6.39所示。首先比较 *Mealy_NRZ* 和 *Moore_NRZ* 的仿真波形。注意，*Mealy_NRZ* 是在 *S_2* 状态下且 *D_in* 为1时给 *D_out* 赋值(在两个时钟之后)，并且在第3个时钟有效沿完成对序列的识别，而 *Moore_NRZ* 直到第3个时钟有效沿后才会给 *D_out* 赋值。

Mealy_RZ 的波形说明了建模习惯的重要性，即有效的输出优先取决于输入，而不是时钟有效沿。注意：当输入为 *RZ* 格式时，*Mealy* 状态机将会有一个无效的输出值，即一个明显的毛刺。这种信号会在第2个时钟后立即出现，并一直保持到 *D_in* 在下一个输入位中可能翻转为低电平时为止。在第2个时钟有效沿的前一刻 *Mealy_RZ* 的输出值为0。在第3个时钟有效沿的前一刻，*Mealy_RZ* 的值为有效的1。与状态机通信的处理器应通过检测时钟有效沿前一刻的瞬时值来正确解释 *Mealy_RZ* 的结果。

通过仿真结果还可以看到当仿真输入中包含 1'bx 值时状态机的行为。通过 Verilog 代码的编写，可以引导状态机在输入不是 0 或 1 时返回到 *S_idle* 状态。这种情况不能出现在实际的物理状态机中，但在仿真时可以使用 ***x*** 状态。由 Mealy 和 Moore 状态机综合而来的电路如图 6.40 所示。

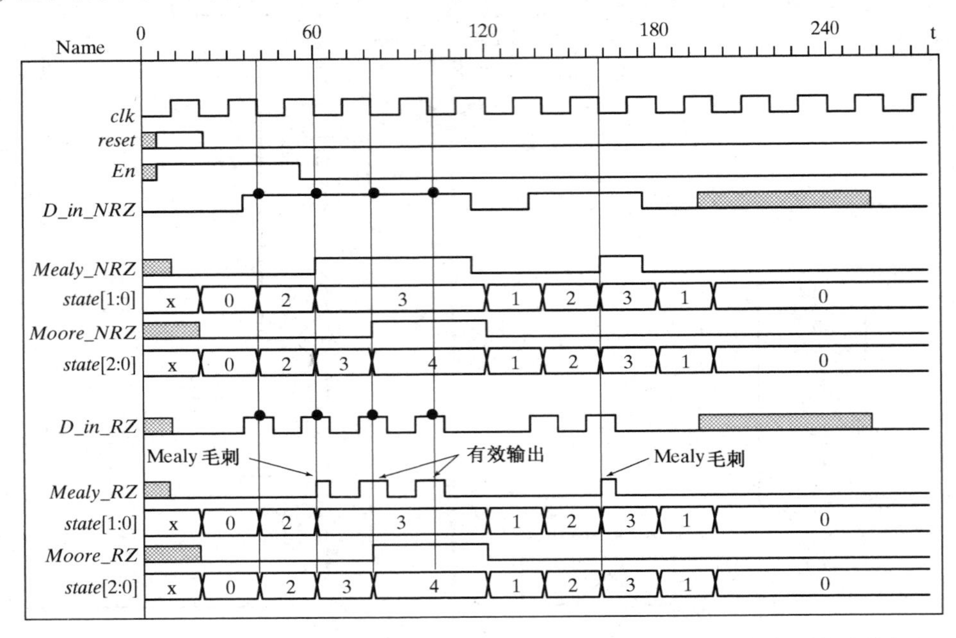

图 6.39　序列检测器：在用 NRZ 格式和 RZ 格式编码的串行比特流中，检测到连续 3 个 1值的Mealy状态机行为模型与Moore状态机行为模型的仿真结果

```
module Seq_Rec_3_1s_Mealy (output D_out, input D_in, En, clk, reset);
  parameter    S_idle = 2'd0, // 二进制码
               S_0 = 2'd1,
               S_1 = 2'd2,
               S_2 = 2'd3,
               S_3 = 2'd4;
  reg [1: 0] state, next_state;

  always @ (negedge clk)
    if (reset == 1) state <= S_idle; else state <= next_state;

  always @ (state, En, D_in) begin
    next_state = S_idle;
    case (state)
     S_idle: if ((En == 1) && (D_in == 1))          next_state = S_1;
             else if ((En == 1) && (D_in == 0))     next_state = S_0;
             else                                   next_state = S_idle;

     S_0:   if (D_in == 0)                          next_state = S_0;
             else if (D_in == 1)                    next_state = S_1;
             else                                   next_state = S_idle;

     S_1:   if (D_in == 0)                          next_state = S_0;
             else if (D_in == 1)                    next_state = S_2;
             else                                   next_state = S_idle;

     S_2:   if (D_in == 0)                          next_state = S_0;
             else if (D_in == 1)                    next_state = S_2;
             else                                   next_state = S_idle;

     default:                                       next_state = S_idle;
```

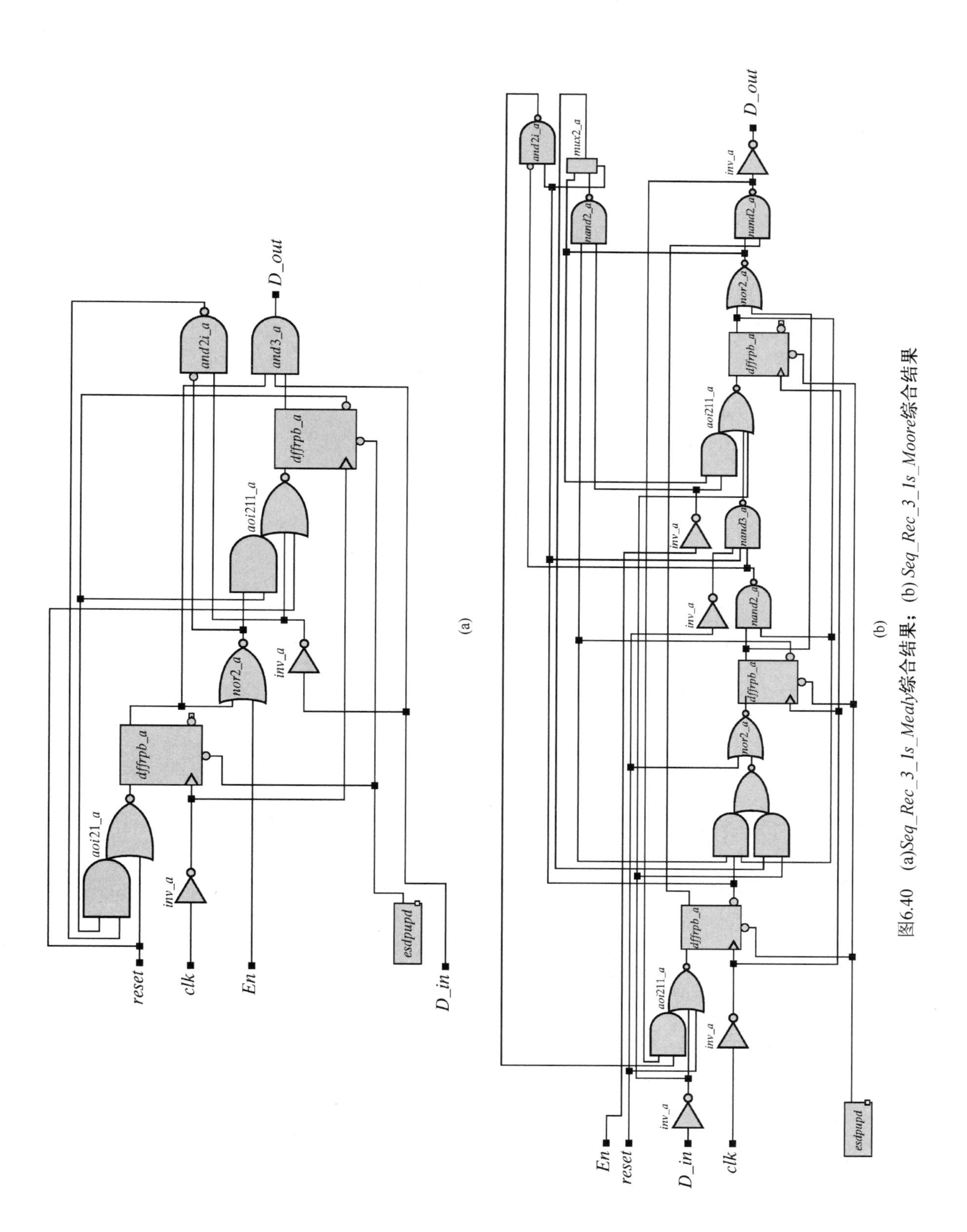

图6.40　(a)Seq_Rec_3_1s_Mealy综合结果；(b) Seq_Rec_3_1s_Moore综合结果

```
    endcase
  end
  assign D_out = ((state == S_2) && (D_in == 1 )); // Mealy 输出
endmodule

module Seq_Rec_3_1s_Moore (output D_out, input D_in, En, clk, reset);
  parameter        S_idle = 3'd0,
                   S_0 = 3'd1,
                   S_1 = 3'd2,
                   S_2 = 3'd3,
                   S_3 = 3'd4;

  reg     [2: 0]   state, next_state;

  always @ (negedge clk)
    if (reset == 1) state <= S_idle; else state <= next_state;

  always @ (state, En, D_in) begin
   case (state)
    S_idle:        if ((En == 1) && (D_in == 1))        next_state = S_1; else
                   if ((En == 1) && (D_in == 0))        next_state = S_0;
                   else     next_state = S_idle;


    S_0:           if (D_in == 0)      next_state = S_0; else
                   if (D_in == 1)      next_state = S_1;
                   else     next_state = S_idle;


    S_1:           if (D_in == 0)      next_state = S_0; else
                   if (D_in == 1)      next_state = S_2;
                   else     next_state = S_idle;


    S_2, S_3:      if (D_in == 0)      next_state = S_0; else
                   if (D_in == 1)      next_state = S_3;
                   else     next_state = S_idle;
    default:       next_state = S_idle;
    endcase
   end

   assign D_out = (state == S_3);                 // Moore 输出
 endmodule

 module t_Seq_Rec_3_1s ();
   reg D_in_NRZ, D_in_RZ, En, clk, reset;
   wire Mealy_NRZ;
   wire Mealy_RZ;
   wire Moore_NRZ;
   wire Moore_RZ;

   Seq_Rec_3_1s_Mealy M0 (Mealy_NRZ, D_in_NRZ, En, clk, reset);
   Seq_Rec_3_1s_Mealy M1 (Mealy_RZ, D_in_RZ, En, clk, reset);
   Seq_Rec_3_1s_Moore M2 (Moore_NRZ, D_in_NRZ, En, clk, reset);
   Seq_Rec_3_1s_Moore M3 (Moore_RZ, D_in_RZ, En, clk, reset);

   initial #275 $finish;
   initial begin #5 reset = 1; #22 reset = 0; end
   initial begin clk = 0; forever #10 clk = ~clk; end
   initial begin
     #5 En = 1;
     #50 En = 0;
   end
   initial fork
     begin #10 D_in_NRZ = 0; #25 D_in_NRZ = 1; #80 D_in_NRZ = 0; end
```

```
      begin #135 D_in_NRZ = 1; #40 D_in_NRZ = 0; end
      begin #195 D_in_NRZ = 1'bx; #60 D_in_NRZ = 0; end
      join
    initial fork
      #10 D_in_RZ = 0;
      #35 D_in_RZ = 1; #45 D_in_RZ = 0;
      #55 D_in_RZ = 1; #65 D_in_RZ = 0;
      #75 D_in_RZ = 1; #85 D_in_RZ = 0;
      #95 D_in_RZ = 1; #105 D_in_RZ = 0;
      #135 D_in_RZ = 1; #145 D_in_RZ = 0; #155 D_in_RZ = 1; #165 D_in_RZ = 0;
      #195 D_in_RZ = 1'bx; #250 D_in_RZ = 0;
    join
  endmodule
```

图6.38(a)中，序列检测器的数据位用来控制显式状态机。根据状态分配表，如果状态机进入了一个无用状态，包含附加逻辑的Mealy或Moore序列检测器将强制状态转移至*S_idle*。另一种等效的方法是，将序列检测器当做一个通过寄存器来实现移位输入的数据通道单元，并用简单逻辑来检测寄存器中的值是否与预设的序列匹配。这两个隐式状态机的基本核心电路如图6.41所示。这两种结构均能将数据通道门控至移位寄存器，与使用*Seq_Rec_3_1s_Mealy*和*Seq_Rec_3_1s_Moore*描述的状态机稍有不同，区别在于那两种状态机会在跳出*S_idle*状态后忽略*En*信号的影响。图6.41中的Mealy机也能对*D_in*和寄存器的内容进行门控，它有更少的状态，并且比Moore状态机少用一个触发器。

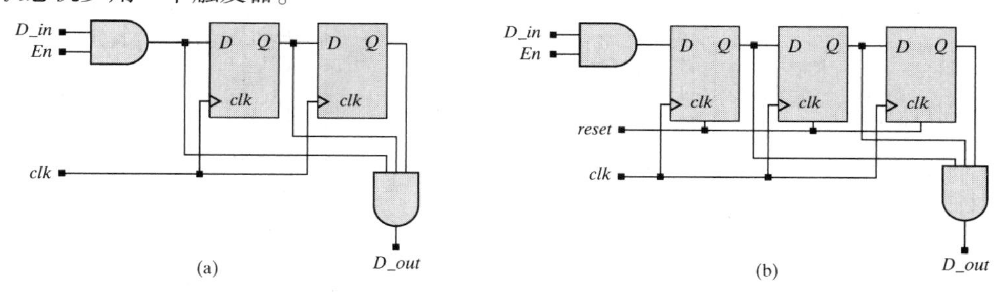

图6.41 基于移位寄存器来检测序列“111”的电路的部分实现：(a) Mealy型；(b) Moore型

图6.41所示的电路缺少当*En*无效时用以查询寄存器内容所需的逻辑。使用移位寄存器的完整Verilog模型如下所示。可综合为如图6.42所示的电路，该电路比图6.40中的电路要简单，并通过对状态机状态的解码来确定输出值。在图6.42中的数据被直接存储和解码。因此，采用显式状态机的序列检测器实现并不是必然、最有效的方法。注意，图6.42(c)的仿真结果与图6.39的仿真结果是一致的。

```
module Seq_Rec_3_1s_Mealy_Shft_Reg (output D_out, input D_in, En, clk, reset);
  parameter Empty = 2'b00;
  reg [1: 0]    Data;

  always @ (negedge clk)
    if (reset == 1) Data <= Empty; else if (En == 1) Data <= {D_in, Data[1]};
  assign D_out = ((Data == 2'b11) && (D_in == 1 )); // Mealy 输出
endmodule

module Seq_Rec_3_1s_Moore_Shft_Reg (output D_out, input D_in, En, clk, reset);
  parameter Empty = 2'b00;
  reg [2: 0]    Data;

  always @ (negedge clk)
    if (reset == 1) Data <= Empty; else if (En == 1) Data <= {D_in, Data[2: 1]};
  assign D_out = (Data == 3'b111);    // Moore 输出
endmodule
```

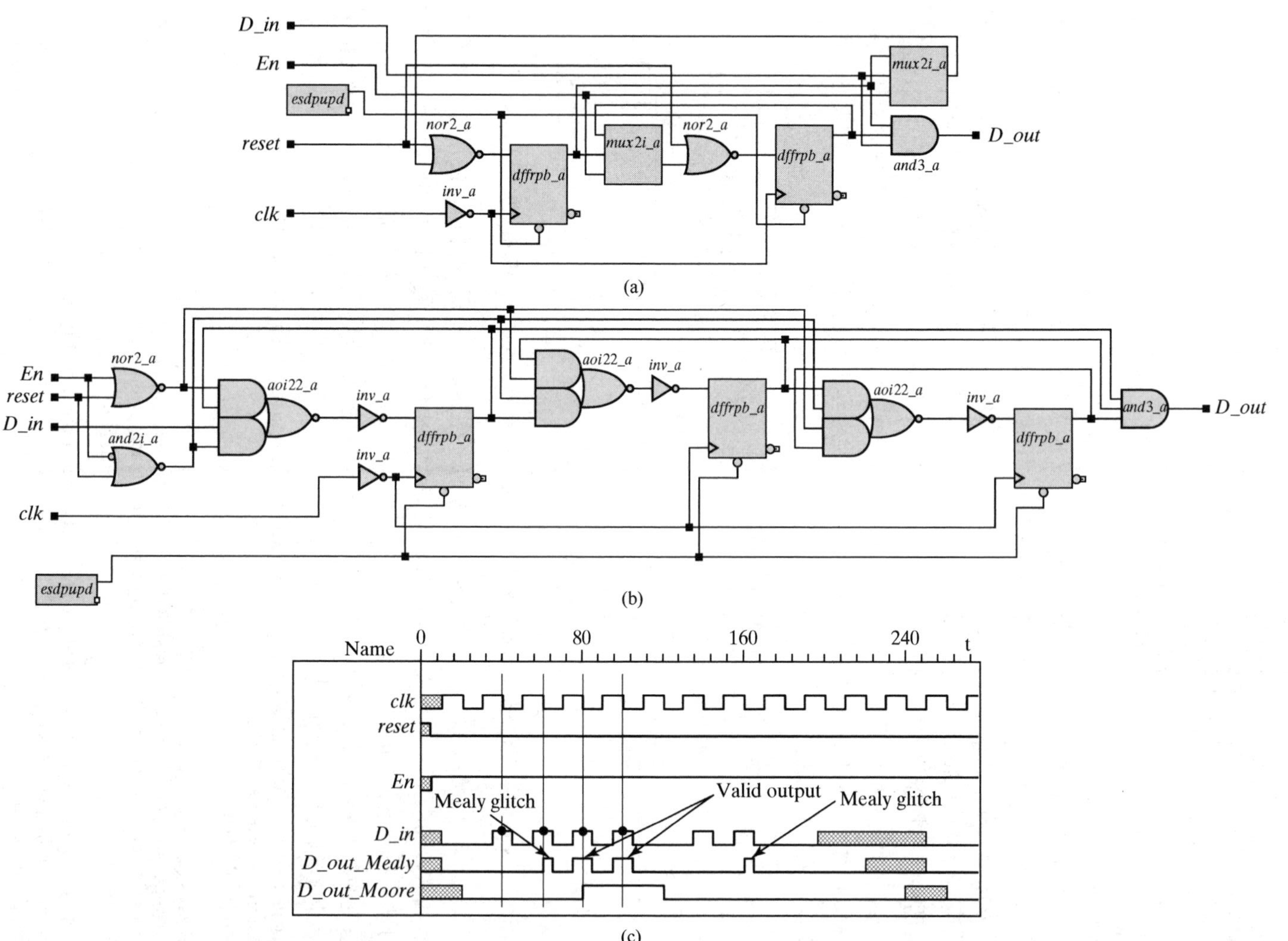

图6.42 基于移位寄存器的“111”序列检测器综合结果：(a)Mealy机；(b)Moore机；(c)仿真结果

6.7　寄存器逻辑

利用时钟进行同步赋值的变量称为寄存器类型变量。寄存器类型的信号在时钟有效沿上被更新，其他时间保持稳定(即不会产生毛刺)。Moore 状态机的输出不是寄存器类型的，但当输入端变化时它也不会产生毛刺。

例 6.26　下面 *mux_reg* 模块的输出由时钟上升沿同步。综合工具生成了一个 8 位宽的四路复用器组合逻辑结构，并用一组 D 触发器将其输出进行寄存，如图 6.43 所示。

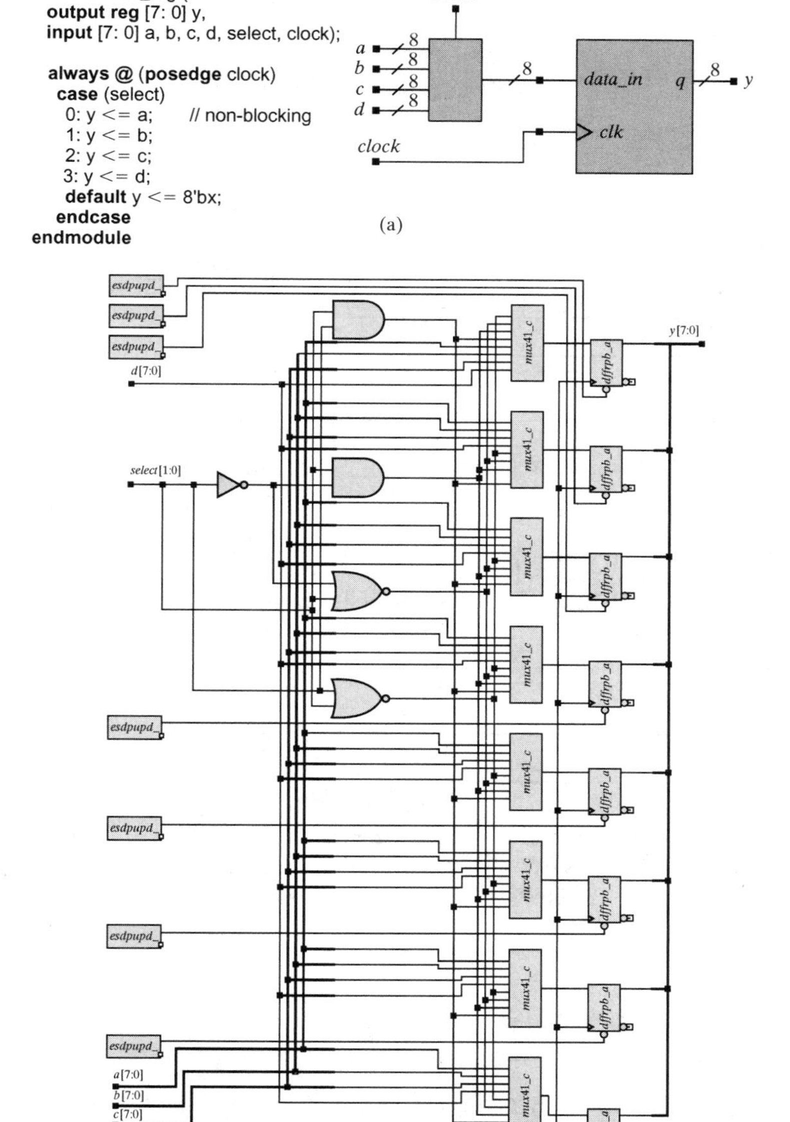
module mux_reg (
output reg [7: 0] y,
input [7: 0] a, b, c, d, select, clock);
always @ (posedge clock)
case (select)
0: y <= a;　// non-blocking
1: y <= b;
2: y <= c;
3: y <= d;
default y <= 8'bx;
endcase
endmodule
select
a
b
c
d
8
clock
data_in
q
clk
y
(a)
esdpupd_
d[7:0]
select[1:0]
mux41_c
dffrpb_a
y[7:0]
a[7:0]
b[7:0]
c[7:0]
clock
(b)

图 6.43　带有寄存输出的多路复用器：(a)结构框图；(b)综合的电路

图6.44给出了带寄存器输出的Mealy型或Moore型状态机的结构框图。图6.44(a)和图6.4(b)中的寄存输出滞后于组合逻辑值一个时钟周期(即寄存器的输出与状态机前一个时钟周期的状态相对应)。如果要求寄存的输出是在相同周期内作为状态而产生的，则可采用图6.44(c)和图6.44(d)中的结构形式。Mealy机中寄存的输出值取决于下一状态和时钟有效沿时的输入；输出寄存器的值与时钟转换时刻的状态和输入相对应。Moore机中寄存的输出值在时钟有效沿时刻的下一状态生成，输出寄存器的值与状态寄存器的状态对应，其输出是一个寄存器类型的Moore机输出。

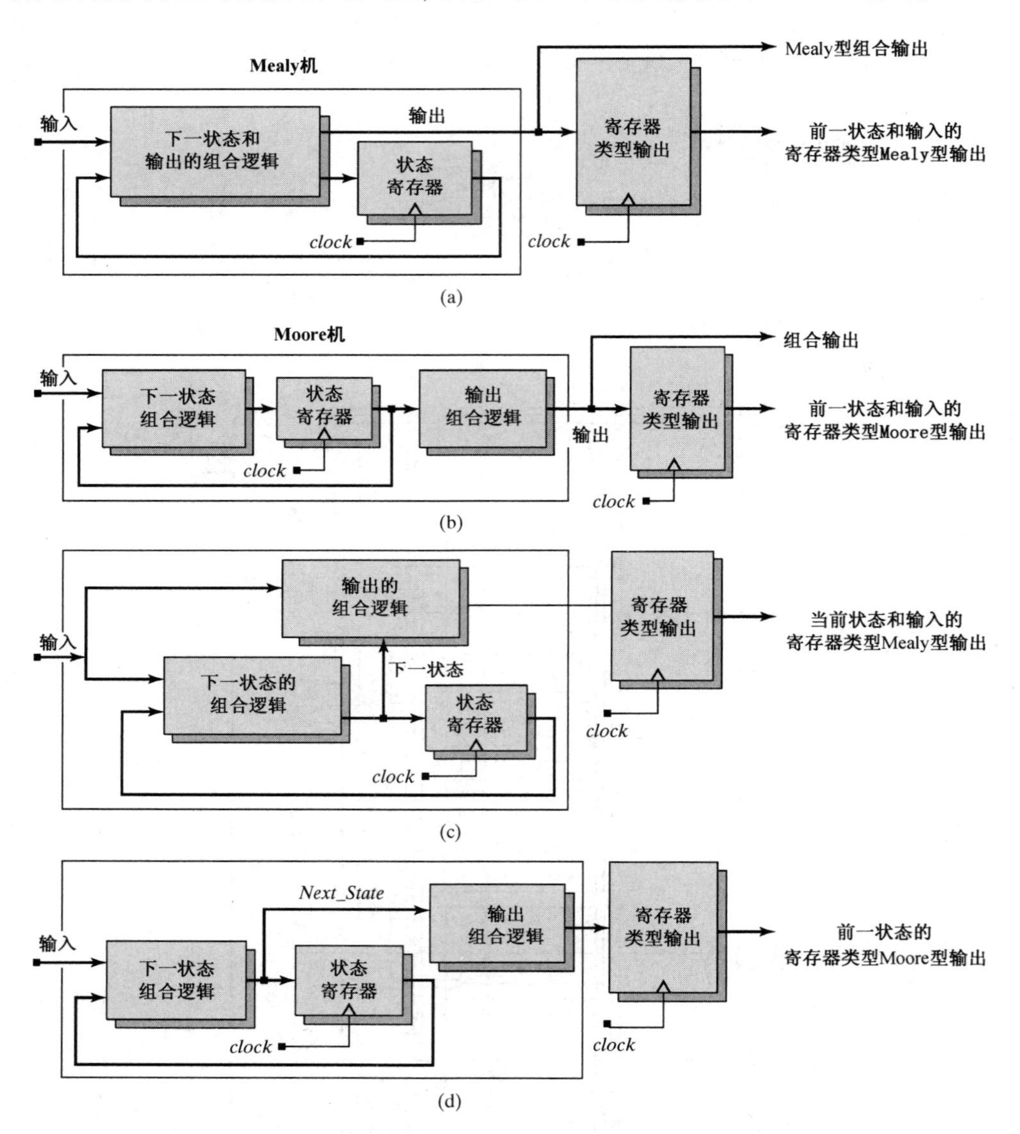

图6.44　(a)带寄存输出的Mealy机；(b)带寄存输出的Moore机；(c)在下一状态寄存的Mealy机；(d)在下一状态寄存的Moore机

例6.27　例6.26中的序列检测器不含寄存器类型的输出。图6.42中的仿真结果包括无效的输出(毛刺)。两种状态机的输出都可以是寄存的。将以下代码加入到*Seq_Rec_3_1s_Mealy*模块中[①]：

① 每种状态机的端口必须声明为带寄存的输出形式。

```
reg D_out_reg;
always @ (negedge clk)
  if (reset == 1) D_out_reg <= 0;
  else D_out_reg <= ((state == S_2) && (next_state == S_2) && (D_in == 1 ));
```

注意，其中的式子(*state* == *S_2*)是为了防止状态机在 *S_1* 时过早的对输出置位(见图6.38(b)中的ASM图)。

将以下代码加入 *Seq_Rec_3_1s_Moore* 模块中：

```
reg D_out_reg;
always @ (negedge clk)
 if (reset == 1) D_out_reg <= 0; else D_out_reg <= (next_state == S_3);
```

图6.45中的波形图给出了输入为NRZ和RZ格式时的输出情况(包括带寄存输出和非寄存输出两种)。注意，Mealy机中非寄存的输出随输入信号的变化而变化，而寄存的输出与输入信号和时钟有效沿相对应。非寄存的输出超前于时钟信号，而寄存的输出则不然。但Moore机带寄存的和非寄存的输出波形则完全相同，非寄存的输出由组合逻辑形成，而寄存的输出则来自于一个寄存器。

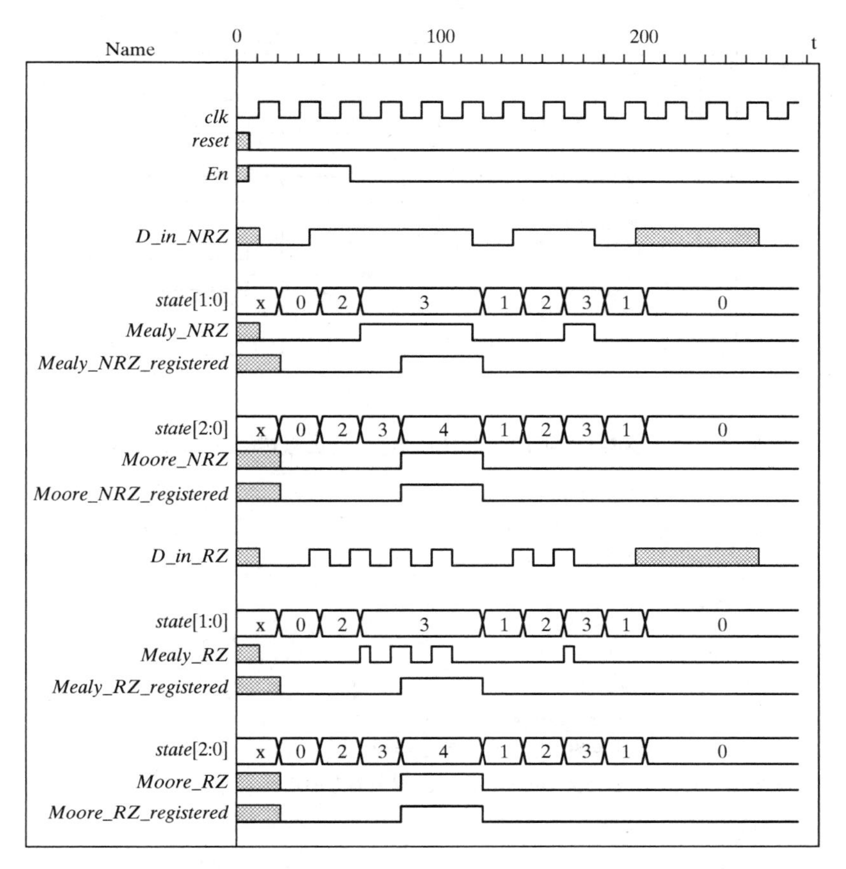

图6.45　带寄存输出和非寄存输出的Mealy型和Moore型“111”序列检测器仿真结果

例6.28　图3.24中的Mealy和Moore状态机，用于从比特流中产生NRZI波形的线性转换器。Mealy NRZI编码转换器的Verilog模型和测试平台如下所示，图6.46给出了其状态转移图和仿真结果。状态机与 *clock_2*(快时钟)同步，输出由同步线性比特流的时钟信号 *clock_1* 同步寄存。测试平台产生一个与图 3.24 中 *B_in* 匹配的比特序列。注意，图 6.46(b)中的 *B_out* 信号与图 3.24 中$NRZI_{Mealy}$的波形并不匹配。但是，在时钟 *clock_1* 上升沿到来前的时刻，图 3.24 中 *B_out* 立刻得到与 $NRZI_{Mealy}$ 相对应的值(记为点)。波形不匹配是因为图 6.46(b)中 *B_out* 显示了由于 *B_in* 值发生变化而引起的毛刺。Verilog 模型包括一个额外的输出逻辑 *B_out_reg*，它是通过在 *clock_1* 的上升沿寄存 *B_out* 信号得到的。*B_out_reg* 的波形与图 3.24 匹配，但是有延时。在给定的状态内，输出值由时钟到来前的时刻对状态和输入的采样得到(即图 6.44(a)中的前一状态和输入值)。

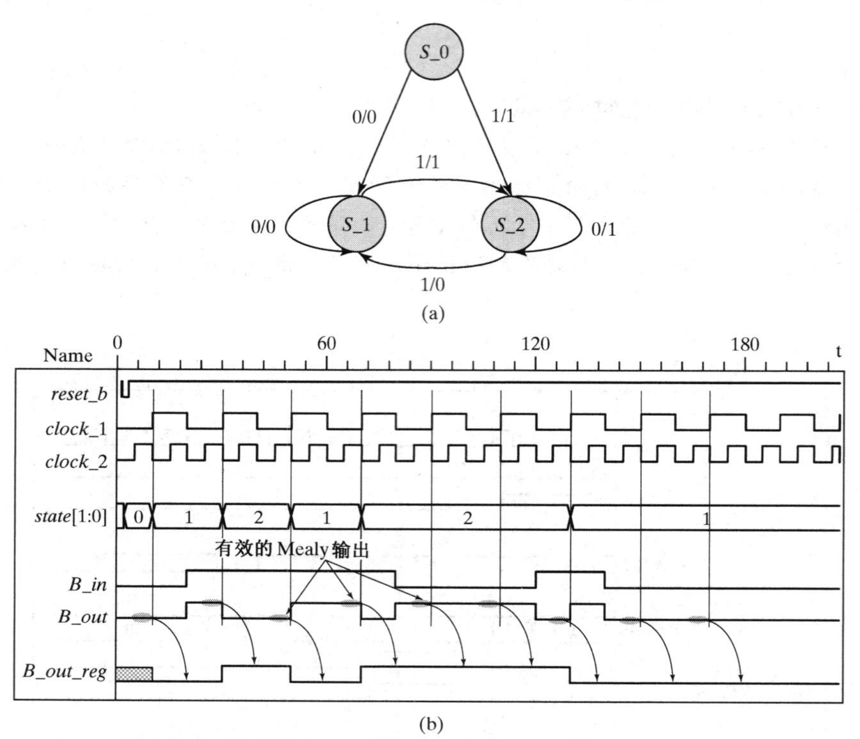

图 6.46　产生 NRZI 波形的线性转换器：(a)状态转移图；(b)仿真结果

```
module NRZI_Mealy (output reg B_out, B_out_reg,
  input B_in, clock_1, clock_2, reset_b);
  reg [1: 0]        state, next_state;
  parameter         S_0 = 0,
                    S_1 = 1,
                    S_2 = 2,
                    dont_care_state = S_0,
                    dont_care_out = 0;

  always @ (posedge clock_1 or negedge reset_b)
   if (reset_b == 0) state <= S_0; else state <= next_state;

  always @ (posedge clock_1) B_out_reg <= B_out;  // 带寄存的输出

  always @ (state or B_in ) begin
   B_out = 0;
   case (state)
    S_0:            if (B_in == 0) begin next_state = S_1; B_out = 0; end
                    else begin next_state = S_2; B_out = 1; end

    S_1:            if (B_in == 0) begin next_state = S_1; B_out = 0; end
                    else begin next_state = S_2; B_out = 1; end
```

```
    S_2:          if (B_in == 1) begin next_state = S_1; B_out = 0; end
                  else begin next_state = S_2; B_out = 1; end

    default:      begin next_state = dont_care_state; B_out = dont_care_out; end
   endcase
  end
endmodule

module t_NRZI_Mealy ();
  wire B_out, B_out_reg;
  reg B_in, clock_1, clock_2, reset_b;
   parameter half_cycle_1 = 10, half_cycle_2 = 5;
   parameter cycle_1 = 2*half_cycle_1;

  NRZI_Mealy M0 (B_out, B_out_reg, B_in, clock_1, clock_2, reset_b);

  initial #500 $finish;
  initial begin clock_1 = 0; forever #half_cycle_1 clock_1 = !clock_1; end
  initial begin clock_2 = 0; forever #half_cycle_2 clock_2 = !clock_2; end

  initial begin #1 reset_b = 1; #1 reset_b = 0; #1 reset_b = 1; end
  initial begin
     B_in = 0;
     #(cycle_1) B_in = 1;
     #(3*cycle_1) B_in = 0;
     #(2*cycle_1) B_in = 1;
     #(cycle_1) B_in = 0;
   end
 endmodule
```

6.8　状态编码

时序机需用多个触发器来表示状态，还需给每个状态分配唯一的二进制码。状态编码决定了保存状态所需的触发器数量，它会影响状态机的下一状态和输出组合逻辑的复杂度。将码值分配给状态机各状态的任务称为状态分配或状态编码。分配方案的数量随状态个数呈指数规律增长，除简单的状态机以外，要想列举所有的方案是不现实的，综合工具内嵌了各种算法以寻找优化的状态分配方案。设计者也可以采取手动方式进行状态编码的分配。

手动分配状态编码通常有以下几条原则：

(1) 如果对于某个给定的输入，两个状态会跳转到相同的下一状态，则给它们分配相邻的码字；

(2) 对相邻的状态分配相邻的码字；

(3) 对于某个给定的输入具有相同输出的状态，分配相邻的码字。

这些原则可以简化用于输出和下一状态功能的组合逻辑，但并不保证一定是最简[6]。

在一个有限状态机中，触发器的数量必须足以用二进制形式来表示状态的数量。(例如，一个具有 8 种状态的状态机至少需要三个触发器，状态使用二进制数表示。) 设计者可以选择手动方式，也可以使用综合工具来优化状态分配。当然，状态机的设计也可以不用通用的综合工具，而由专用的状态机设计工具及其配套的优化器来完成。表 6.1 列出了几种常见的状态分配编码。

如果设计者完成了状态分配，综合工具则把状态机当做一个普通的随机逻辑来对待，而不会再去寻找更优化的分配方式。一个有 N 种状态的状态机至少需要 $\log_2 N$ 个触发器来存储状态编码，但实际可能更多。例如，有 64 个状态的状态机至少需要 8 个触发器来存储状态编码。使用 BCD 码的状态机通过简单地将状态码加 1 来得到下一状态的编码。它使用的触发器最少，但用于译码下一状态和输出的组合逻辑却不一定是最优的。当状态数大于 16 时，二进制码将导致相对规模较大的状态转移逻辑，其速度也比采用其他编码的方式慢。Gray 码与二进制编码所需的位数相同，其特点是两个相邻编码仅有一个位不同，这可以减少电路中的噪声。Johnson 码也是有同样的特点，但是要用更多的位数。

表 6.1 常见的状态分配编码

#	Binary	One-Hot	Gray	Johnson	#	Binary	One-Hot	Gray	Johnson
0	0000	0000000000000001	0000	00000000	8	1000	0000000100000000	1100	11111111
1	0001	0000000000000010	0001	00000001	9	1001	0000001000000000	1101	11111110
2	0010	0000000000000100	0011	00000011	10	1010	0000010000000000	1111	11111100
3	0011	0000000000001000	0010	00000111	11	1011	0000100000000000	1110	11111000
4	0100	0000000000010000	0110	00001111	12	1100	0001000000000000	1010	11110000
5	0101	0000000000100000	0111	00011111	13	1101	0010000000000000	1011	11100000
6	0110	0000000001000000	0101	00111111	14	1110	0100000000000000	1001	11000000
7	0111	0000000010000000	0100	01111111	15	1111	1000000000000000	1000	10000000

相邻码间仅有一位不同的编码，可以减少相邻物理信号线信号同时变化的情况，从而减少电路串扰的可能。在实际硬件操作中发生状态变化时，这些编码能减少通过中间状态的过渡时间。中间过渡态的问题主要是由状态寄存器中的触发器不同步变化所引起的。当状态转移时有多位发生改变，且这些位不在同一时刻变化，则状态寄存器就会出现一个暂时的中间状态，这可能产生不希望的结果(见 9.7 节)。

One-Hot 编码(高电平有效逻辑，对应的低电平有效的逻辑称为 One-Cold 编码)是一种流行的设计方法，它使用的触发器数目相对较多，实际上每个状态都采用一个触发器来表示。在 One-Hot 状态机中，因为只需对寄存器中的单个位进行译码，而不是矢量译码，所以它的译码逻辑比较简单。

One-Hot 状态编码比其他编码方式使用了更多的触发器，但它的状态跳转和输出译码逻辑更简单(更少的级数)。当设计中加入更多的状态时，One-Hot 机的译码逻辑不会变得更加复杂。因此，状态机运行的速度不会受制于状态译码的时间。One-Hot 状态机速度更快，且额外的触发器占用的晶片面积可被译码电路节省的面积所抵消。修改 One-Hot 设计也非常容易，因为增加或去除一个状态不会影响到其余状态的编码。同样，由于不需要对状态转移表进行编码，因此设计工作量减少了，只要有状态转移图就足够了。

使用 ***case*** 语句来描述 One-Hot 编码可能与使用 ***if*** 语句来描述产生不同的结果。***case*** 语句隐含着要对所有位进行判断，而仅检测单个位的 ***if*** 语句可能生成更简单的译码逻辑。

One-Hot 编码通常不是最佳的状态编码，但它在某些应用中却很有优势。例如，可编程逻辑(如 FPGA)具有固定数量的触发器和组合逻辑资源，这时节约资源并没有必然的好处。在第 8 章将要讨论到的 Xilinx 结构中，可配置的逻辑块(CLB)使用查找表来实现组合逻辑。当译码逻辑所需的资源大于单个 CLB 时，必须使用更多的 CLB 来实现。而更好的方法是使用 One-Hot 编码来减少状态机所用的 CLB 数量，同时减少 CLB 间互连资源的使用。One-Hot 编码比二进制编码更可靠，因为它使用较少的位来实现状态转移。然而，在大型状态机中 One-Hot 编码将会有多个未用状态，需要使用比其他编码方法更多的寄存器①。对于状态数大于 32 的状态机，建议使用 Gray 编码，一方面它比 One-Hot 编码需要的触发器更少，另一方面它比二进制编码更可靠。

注意，如果一个状态编码没有覆盖所有码值，那么需要附加的逻辑来检查无效状态，并从无效状态中恢复。这种跳转是不应该发生的，而可能是由于噪声将状态机带入了无效状态。状态机应该具有从无效状态中恢复并重新运行的能力。这种附加逻辑会影响实现设计所需的总(电路)面积。

① 在寄存器资源充足的 FPGA 中这不是问题。

6.9　隐式状态机、寄存器和计数器的综合

隐式状态机在一个行为中具有一个或多个时钟同步的(即边沿敏感的)事件控制表达式。显式有限状态机的同步行为只能有一个这样的事件控制表达式，但隐式状态机却可以在同样的行为中包含多个边沿敏感事件控制表达式。隐式状态机的时钟跳变沿也就是发生状态转移的边界(即在时钟跳变沿之间不会发生状态改变)。对于隐式状态机的综合来说，将它的多级控制表达式同步到同一时钟的同一边沿(要么上升沿，要么下降沿，但两者不能同时使用)是非常必要的。

6.9.1　隐式状态机

隐式状态机不使用明确的寄存器变量(***reg***)来表示状态值，而是由周期性(***always***…)行为中动作的变化来隐性地定义状态。隐式状态机可以在相同的行为中包含多个时钟同步的事件控制表达式，这也是比显式状态机更通用的一种设计风格。这些状态机有一个限制，即每一个状态只能由其他一种状态进入，因为状态是由一个时钟周期进入下一周期时行为的进展情况所决定的，而一个时钟周期只能从它紧邻的前一个时钟周期进入。因此，图 6.38 中的序列检测器的 ASM 图就不能以隐式状态机的形式实现，但是第 5 章中所描述的计数器和寄存器都能描述成单周期隐式状态机。同样，图 6.41 中基于移位寄存器的序列检测器的 Verilog 模型就是隐式状态机。任何一个在每个时钟周期中具有相同动作流的序列机都是一个单周期隐式状态机，且其动作都能够用一个状态来描述——*S_running*。这种状态机最简单的例子就是一个 D 触发器。与对应的显式状态机相比，隐式状态机可以用更少的语句来描述，而显式状态机则必须有一个详细的、明确的 STG(状态转移图)。隐式状态机的 STG 描述是模糊的，如果有需要的话，可从行为级描述中推导出来。

当一个周期性(always)行为有不止一个内嵌的时钟同步的事件控制表达式时，综合工具可以推导出一个隐式的多周期有限状态机。隐式状态机中的多个事件控制表达式将行为动作分配到状态机的不同时钟周期。比如下面的例子，在第一个时钟周期对 *reg_a* 和 *reg_c* 赋值，在第二个时钟周期对 *reg_g* 和 *reg_m* 赋值。两个周期都必须在动作流程返回到行为的起始端之前执行。注意，嵌入到行为内部的事件控制表达式并没有同时使用 ***always*** 关键词，***always*** 定义的行为不能被嵌入。这些嵌入式事件控制表达式的作用是：暂停仿真的执行直到时钟有效沿的到来。它们在特定的时钟沿才被激活。

```
always @ (posedge clk)  //在第一个赋值语句执行之前的同步事件
 begin
   reg_a <= reg_b;          //在第一个时钟周期中执行
   reg_c <= reg_d;          //在第一个时钟周期中执行
   @ (posedge clk)          //开始第二个时钟周期
    begin
     reg_g <= reg_f;        //在第二个时钟周期中执行
     reg_m <= reg_r;        //在第二个时钟周期中执行
   end
 end
```

隐式状态机的状态不能事先列举出来。每个边沿敏感的变化决定了一次状态转移。综合工具将运用这些信息来确定综合后代表状态的物理寄存器的大小(例如，综合后的电路将包含被指定为“多等待状态”的寄存器)。综合工具也将会提取并优化在物理状态机中用来控制状态转移的组合逻辑。

6.9.2　计数器综合

仅由单个事件控制表达式描述的状态机也为隐式状态机。在每个有效时钟事件下，状态机都会执行寄存器操作，但是没有明显的状态跳转。综合工具很容易将各种计数器和移位寄存器

综合为单周期隐式状态机，在第5章中已提到一些。甚至一个行波计数器也可以被描述和综合成一组独立的隐式状态机的级联。

例6.29 一个4位行波计数器可用T触发器来实现。这种计数器在实际中应用很少，因为通过触发器级联来传递状态的变化需要花费太多时间，特别是位数很长的计数器。输出计数也会受制于转移过程中出现的毛刺。Verilog 描述的 *ripple_counter* 模块用了4个行为来对行波进位计数器建模，用计数器前一级的输出来触发紧随其后的计数器，由输入信号 *toggle* 来控制触发。由于该器件是由信号而不是由时钟触发的，所以没有 ASM 图。该电路可以正确地仿真和综合。为满足综合工具的风格要求，事件控制表达式必须为简单变量(不是比特位选择)，所以需要 wire 信号 *c*0,*c*1 和 *c*2。这种计数器的结构及其综合结果分别示于图6.47和图6.48中。

```
module ripple_counter (output reg [3: 0] count, input toggle, clock, reset);
  wire c0, c1, c2;
  assign c0 = count[0];
  assign c1 = count[1];
  assign c2 = count[2];

  always @ ( posedge reset, posedge clock)
    if (reset == 1'b1) count[0] <= 1'b0; else
    if (toggle == 1'b1) count[0] <= ~count[0];

  always @ ( posedge reset, negedge c0)
    if (reset == 1'b1) count[1] <= 1'b0; else
    if (toggle == 1'b1) count[1] <= ~count[1];

  always @ ( posedge reset, negedge c1)
    if (reset == 1'b1) count[2] <= 1'b0; else
    if (toggle == 1'b1) count[2] <= ~count[2];

  always @ ( posedge reset, negedge c2)
    if (reset == 1'b1) count[3] <= 1'b0; else
    if (toggle == 1'b1) count[3] <= ~count[3];
endmodule
```

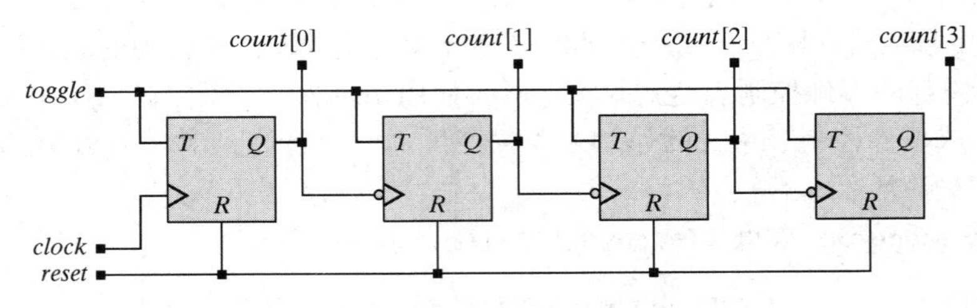

图6.47 4位行波计数器的结构

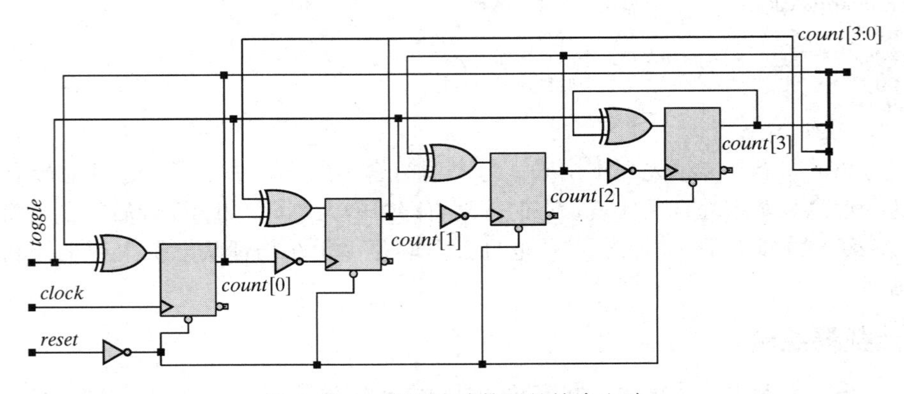

图6.48 4位行波计数器的综合电路

例 6.30 例 5.40 中提到的环形计数器也是一个单周期的隐式状态机。与一个精心设计的、采用 8 位寄存器来存储所有可能明确状态的显式状态机相比，它的描述要简洁得多。

6.9.3 寄存器综合

时序机中的存储器件由触发器还是锁存器实现，主要取决于时序机的时钟使用方案。下面用寄存器(register)术语来表示在同一公共时钟的 D 触发器组形成的一个存储结构①。

例 6.31 下面的 *shifter_1* 模块使用形成寄存器变量 *new_signal* 的组合逻辑描述了一个移位寄存器。由于 *new_signal* 在同步行为内部被赋值，又在行为之外被引用，因此它将被综合成如图 6.49 所示的触发器输出结构。

```
module shifter_1 (output reg sig_d, new_signal, input Data_in, clock, reset);
 reg sig_a, sig_b, sig_c;

 always @ (posedge reset, posedge clock) begin
   if (reset == 1'b1) begin
    sig_a <= 0;
    sig_b <= 0;
    sig_c <= 0;
    sig_d <= 0;
    new_signal <= 0;
  end
  else begin
    sig_a <= Data_in;
    sig_b <= sig_a;
    sig_c <= sig_b;
    sig_d <= sig_c;
    new_signal <= (~ sig_a) & sig_b;
  end
 end
endmodule
```

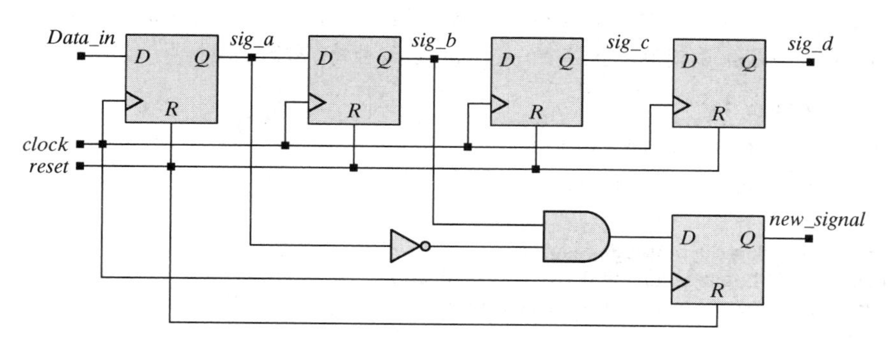

图 6.49 带有寄存器组合逻辑的移位寄存器的一般结构

例 6.32 在 *shifter_2* 模块描述中，*new_signal* 在周期性行为之外由一个连续赋值语句赋值，可综合成如图 6.50 所示的组合逻辑。

```
module shifter_2 (output reg sig_d, output new_signal, input Data_in, clock, reset);
 reg sig_a, sig_b, sig_c;

 always @ (posedge reset, posedge clock) begin
  if (reset == 1'b1) begin
```

① 使用锁存器的异步寄存器将在第 7 章中讨论。

```
      sig_a <= 0;
      sig_b <= 0;
      sig_c <= 0;
      sig_d <= 0;
    end
    else begin
      sig_a <= Data_in;
      sig_b <= sig_a;
      sig_c <= sig_b;
      sig_d <= sig_c;
    end
  end
  assign new_signal = (~ sig_a) & sig_b;
endmodule
```

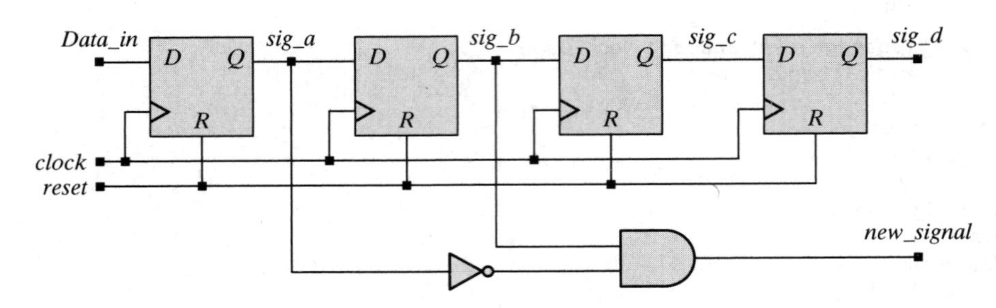

图 6.50 独立的非寄存组合逻辑的移位寄存器

例 6.33 累加器是数字机中算术逻辑单元(ALU)的重要组成部分。累加器完成对输入值的求和。下面给出了累加器的两种模型 *Add_Accum_1* 和 *Add_Accum_2*。*Add_Accum_1* 在存储溢出状态一个周期后产生 *overflow_1* 输出,其仿真结果如图 6.51 所示。*Add_Accum_2* 产生的 *overflow_2* 是非寄存的 *Mealy* 机输出。它们的综合结果如图 6.51(b)所示,*Add_Accum_1* 模块中生成的 *overflow_1* 信号是 *Add_Accum_2* 模块中生成的 *overflow_2* 信号寄存后的版本。

```
module Add_Accum_1 (
  output reg [3: 0] accum, output reg overflow,
  input [3: 0] data, input enable, clk, reset_b
);
  always @ (posedge clk, negedge reset_b)
    if (reset_b == 0) begin accum <= 0; overflow <= 0; end
    else if (enable) {overflow, accum} <= accum + data;
endmodule

module Add_Accum_2 (
  output reg [3: 0] accum, output overflow,
  input [3: 0] data, input enable, clk, reset_b
);
  wire [3: 0]  sum;
  assign {overflow, sum} = accum + data;

  always @ (posedge clk, negedge reset_b)
    if (reset_b == 0) accum <= 0;
    else if (enable) accum <= sum;
endmodule
```

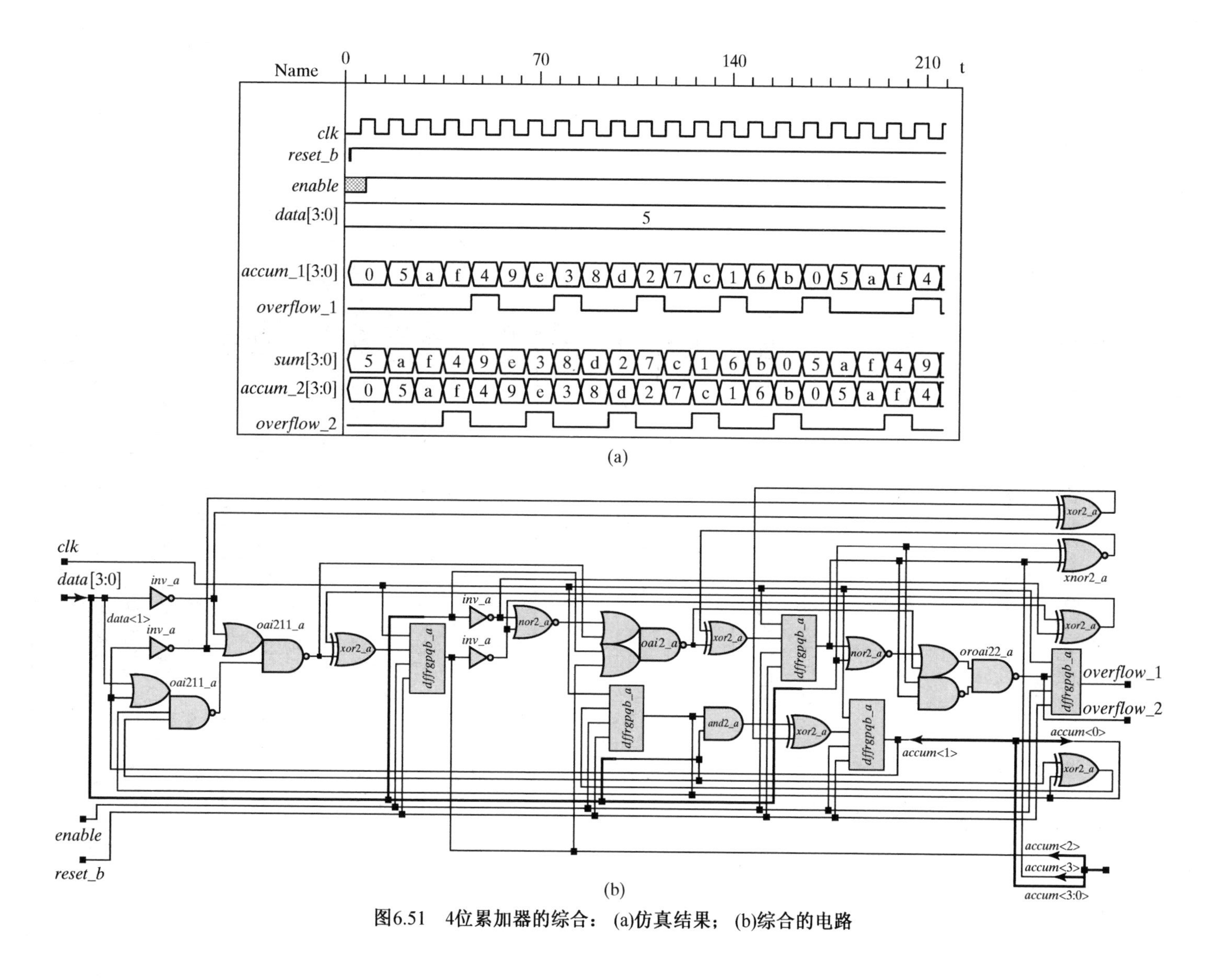

图6.51　4位累加器的综合：(a)仿真结果；(b)综合的电路

6.10 复位

每个时序模块在设计时都需要一个复位信号，否则，该时序机的初始状态将无法控制。如果状态机的初始状态不可控，那么将无法对它进行错误检测，运行过程也无法预知。在包含有多个事件控制表达式的隐式状态机中，应特别注意其复位操作的描述。这种状态机必须由外部控制来禁用。与复位信号相关的第一个条件语句，必须在复位信号有效时能够终止行为的执行。注意，***disable*** 语句必须保证在 *reset* 信号转换为无效时状态机能从行为的顶端开始执行。不完整的 *reset* 信号将综合出额外的逻辑。更糟糕的情况是，当 *reset* 信号有效时状态机会因为复位的时刻不同，而复位到不同的状态。

异步复位信号可能产生毛刺，因此建议对异步复位信号进行同步①。这可由一个单独的同步装置来完成。

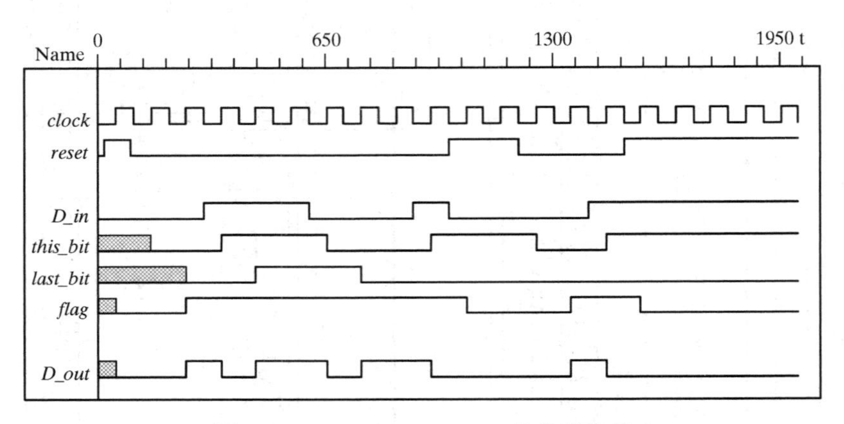

图 6.52 *Seq_Rec_Moore_imp* 的仿真结果

例 6.34 这里设计了一个 Moore 型序列检测器，它在对 *D_in* 的两个连续采样值都是 0 或者 1 时，能将 *D_out* 置位，该序列检测器可由隐式状态机来描述，并说明了对 *reset* 信号必须注意的问题。*Seq_Rec_Moore_imp* 模块使用了一个两级移位寄存器来保持输入数据流的采样值，生成的波形如图 6.52 所示。状态机必须使用附加的逻辑来避免提前置位 *D_out* 的情况(即在接收到两个采样前置位)。变量 *flag* 会在接收到两个采样值之后置位。接下来对状态机开始运行的情形和移位寄存器部分复位的结果加以说明。

如果复位信号的作用仅仅是清除移位寄存器的最后一级，这种描述可综合成如图 6.53 所示的电路。综合工具会产生一个状态寄存器 *multiple_wait_state*。在时钟的第一个有效沿处，状态机将清除 *last_bit* 或载入 *this_bit*，进行何种操作取决于 *reset* 信号。当 *reset* 信号有效时会终止状态机的操作，直到它变为无效。然后，把数据流的第一个采样值装进 *this_bit*，状态机将进入一个循环，在这个循环中数据通过流水结构不断移位。在第二个时钟有效沿处标志位 *flag* 被置为有效并保持，直到名为 *machine* 的模块被 *reset* 信号终止时为止。*flag* 信号用于给 *D_out* 进行连续赋值，以确保状态机在复位后不会提前将其置位。整个这些行为必须封装成一个模块，这里命名为 *wrapper_for_synthesis*，以确保综合工具能创建电路实现。

---

① FPGA 通常使用自动连接到所有时序器件的全局 set/reset 来节省布线资源。这些信号路径可能比用更先进的技术(如 Xilinx 的 Virtex 器件)排布的信号线更慢。

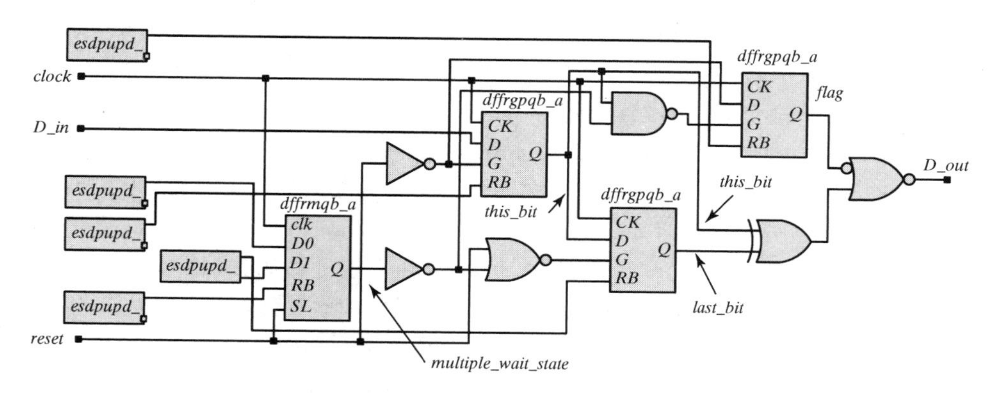

图 6.53　*Seq_Rec_Moore_imp* 模块综合出的电路

```
module Seq_Rec_Moore_imp (output D_out, input D_in, clock, reset);
 reg last_bit, this_bit, flag;
 always begin: wrapper_for_synthesis
  @ (posedge clock /* or posedge reset*/) begin: machine
   if (reset == 1) begin
    last_bit <= 0;
    // this_bit <= 0;
    // flag <= 0;
    disable machine; end
   else begin
    // last_bit <= this_bit;
    this_bit <= D_in;
    forever
     @ (posedge clock /* or posedge reset */) begin
      if (reset == 1) begin
      // last_bit <= 0;
      // this_bit <= 0;
      flag <= 0;
      disable machine; end
     else begin
      last_bit <= this_bit;
      this_bit <= D_in;
      flag <= 1; end      // 第二个边沿
     end
    end
   end // machine
  end // wrapper_for_synthesis

 assign D_out = (flag && (this_bit == last_bit));
endmodule
```

图 6.53 中两个门控输入触发器(*dffrgpqb_a*)形成 *last_bit* 和 *this_bit* 的流水线。当此类触发器的门控信号 *G* 为低电平时，输出端 *Q* 通过内部反馈电路连接到输入端 *D*，同时忽略从外部输入 *D* 端的信号；相反，当 *G* 为高电平时，外部输入 *D* 的信号会进入触发器。第三个门控输入触发器用于保存标志位 *flag* 的值，它与 *last_bit* 和 *this_bit* 的异或一起被门控，以形成 *out_bit*。所有触发器的低有效输入端 *RB* 均被 esdpupd 器件拉至无效。综合工具插入了一个带多路选择输入的 D 触发器(*dffrmpqb_a*)，以保持 *multiple_wait_state* 信号(由综合工具创建)，它用于指示两个采样值是否已被接收的状态。该触发器的低有效输入 *RB*(*reset*)信号设置为无效，而低有效的 *SL*(*set*)信号连接到 *reset* 上。输入端 *D0* 和 *D1* 通过 *esdpupd* 分别连接到电源和地线。当 *SL* 为低电平(*reset* 无效)时选择 *D0*，当 *SL* 为高电平(*reset* 有效)时选择 *D1*。

现在来分析 *reset* 的动作。当 *reset* 被置位时，其相反值将使 *last_bit* 和 *this_bit* 保持原值(通过内部反馈)；它同时驱动连至 *flag* 输入端的 NAND 门，以使其得到外部保持的输入值 0。因此，复位操作的行为描述满足了 *this_bit*，*last_bit* 和 *flag* 的要求。

在 *reset* 无效后的第一个时钟周期，*multiple_wait_state* 得到值 1，并在后续时钟建立从 *this_bit* 到 *last_bit* 的数据通道。同时，在 *reset* 无效后，*this_bit* 也得到了 *in_bit* 的值。

注意，在 *Seq_Rec_Moore_imp* 的内部循环中第一个复位语句仅将 *flag* 设置为 0，而未设置 *this_bit* 和 *last_bit*。这也就意味着复位后 *this_bit* 和 *last_bit* 保持原值不变(即流水线没有被清空)。如果将模型中的这些内容去掉，使复位动作刷新流水线，那么这种描述将综合成如图 6.54 所示的更简单的实现。当寄存器未被 *reset* 刷新时，需要附加逻辑将输出反馈给输入，以在活动时钟下保持它们的状态。这些附加逻辑可以通过在 *reset* 时将寄存器写入已知值的方法来消除。在此例中，标志寄存器消除了由未刷新的寄存器和不完全装载流水线产生的不合理的结果，但是这种风格会综合出额外无用的 MUX 逻辑和更复杂的触发器单元。

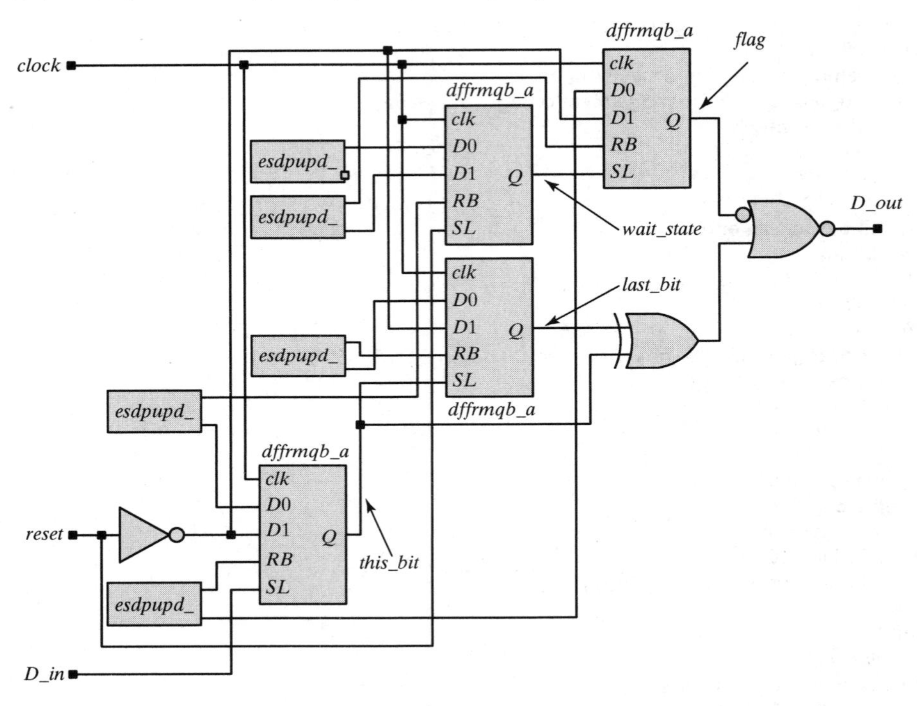

图 6.54　在复位时刷新流水线的 *Seq_Rec_moore_Imp* 模块综合出的电路

6.11　门控时钟与时钟使能的综合

设计者会有意避免使用门控时钟，因为它们能引发主电路中不可预测的时序问题。但另一方面，低功耗设计又会需要禁用时钟，以降低或者消除由晶体管的无用开关所耗费的能量。不恰当的门控时钟会增加时钟通路的抖动，导致触发器的时序违例。这里推荐一种能综合出门控时钟的 Verilog 编写方法：

```
module best_gated_clock (output reg Q, input data, data_gate, clock, reset_);
  always @ (posedge clock, negedge reset_)
    if (reset_ == 0) Q <= 0; else if (data_gate) Q <= data;          // 暗示存储器
endmodule
```

这个描述将输入数据与触发器的输出信号进行了复用。当信号 *data_gata* 有效时，数据 *data*

被送至触发器的输入端，当 *data_gata* 无效时，触发器的输出保持不变。这个描述可综合成如图 6.55 所示的电路。该电路被 *clock* 同步，但它由 *data_gata* 信号进行门控。单元库中可能包含这种封装的结构作为触发器的一个库单元。注意，综合工具根据库单元选择了一个反相器和下降沿敏感的触发器。

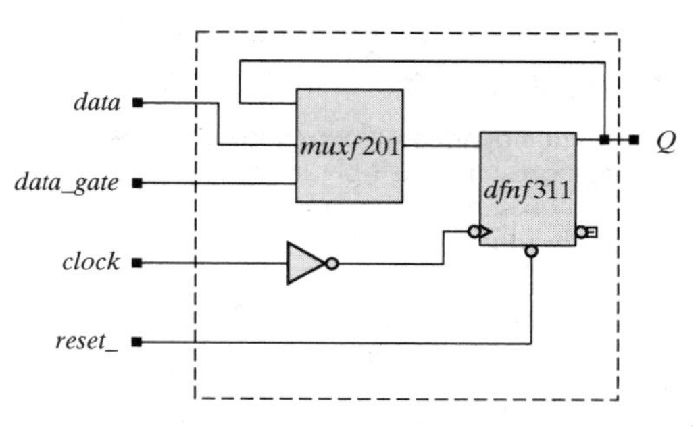

图 6.55　推荐的门控时钟结构的综合结果

综合工具能否对 Verilog 描述导出一个时钟使能电路取决于描述的代码风格。例如，在下面给出的周期性行为中，*q_out* 将根据 *enable* 信号的状况而获得赋值。这个描述可综合出使用时钟使能的电路。

```
always @ (posedge clock)
 if (enable == 1) q_out <= Data_in;
```

6.12　预测综合结果

建议首先预测综合结果，然后再检测实际综合得到的结果是否符合预期。综合的细节知识有很多，这一节只涉及能帮助设计者预测综合结果的部分基本规则，以及如何编写能够导出期望结果的 Verilog 描述[8]。每个厂商的工具操作都不尽相同，因此建议使用一种综合工具去实践，学习如何掌握编码的特定风格。

6.12.1　数据类型综合

综合工具会保留设计中的基本输入/输出线网，而内部线网则可能被消除。消除是指实际综合出的电路可能不包含 Verilog 代码中的结构连接（即 wire）。整数通常存储为 32 位的数据，所以指定位宽（如 8′*b*0110_1110）可以减少存放一个参数所需的寄存器宽度。在逻辑测试中不要使用 ***x*** 值或 *z* 值（如 *A* = =4′*bx*），因为它们没有对应的硬件。

6.12.2　运算符分组

所有预定义的 Verilog 运算符都可能在产生二进制或布尔值的表达式中用到，有些运算符可通过综合工具中的专用映射器以某种特殊的方式来处理。例如，如果单元库支持，Verilog 运算符“+”，“-”，“<”，“>”和“=”将被直接映射为某一库单元；否则，综合工具将会把这些运算符转换成等效的布尔方程组并进行优化。需要注意的是，一些 Verilog 运算符的操作数必须受一定限制以确保能综合成功。在行为描述中的移位运算符（“≪”，“≫”）在移动位数为常数时是可综合的。缩减运算符、按位运算符和逻辑运算符（见附录 D）都有等效的逻辑门实现。因此，这些运算符被转换为一组等效的布尔方程并综合为组合电路。综合引擎将对这些等式进行优化，然后将这些通用描述映射到目标工艺库。

条件运算符（? ... :）可综合为库中的多路复用器或能实现多路复用器功能的逻辑门。“?”左边的表达式用以产生多路复用器的控制逻辑。条件运算符必须是完整的，即一个表达式必须完整包含真、假两种条件。当一个表达式中包含多个运算符时，综合结果的结构将会反映出编译器的语法分析过程（即从左到右）和运算符的优先级。设计者可以使用括号来形成子表达式，以影响综合的结果。

例 6.35 在 *operator_group* 模块中对 *sum1* 的连续赋值语句与对 *sum2* 的连续赋值语句等效，但是 *sum2* 将综合为一个更快的电路。

```
module operator_group (output [4: 0] sum1, sum2, input a, b, c, d);
 assign sum1 = a + b + c + d;
 assign sum2 = (a + b) + (c + d);
endmodule
```

综合出的电路结构如图 6.56 所示。通过运算符分组实现的结构改进会引起综合结果的折中。*sum1* 的逻辑有 3 级，而 *sum2* 只有 2 级，相比之下，*sum2* 大约会快 30%。形成 *sum1* 的最长路径经过了 3 个加法器，如果考虑功耗的话，*sum1* 的 *d* 输入端可以用于变化更频繁的信号。对于较晚到达的输入信号，也可以让其由 *d* 输入以协调与其他输入的时序，因为它只需通过一个加法器。在所有这些结构中，综合工具也可以对内部的单个加法器进行优化。

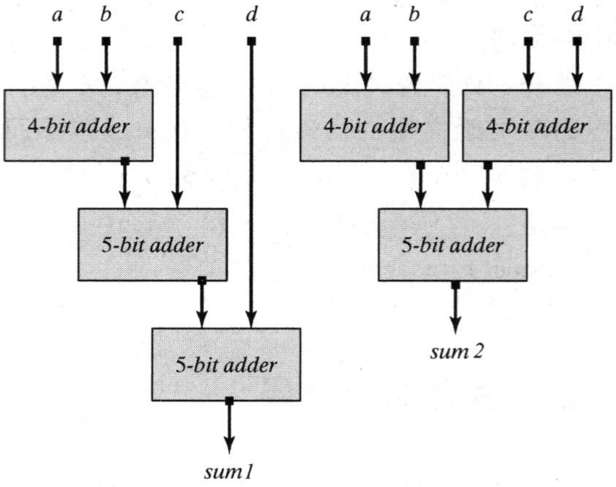

图 6.56 由运算符分组得到的结构改进

6.12.3 表达式替代

综合工具运用表达式替代，以确定行为中一系列过程(阻塞)赋值的结果。设计者常常可以对同一功能编写出替代的更易读的描述。在使用过程赋值时，注意表达式替代可能会影响结果。

例 6.36 *multiple_reg_assign* 模块中的赋值语句是顺序执行的，而且会立刻改变目标寄存器变量的值。将 *data_a* + *data_b* 代入 *data_out2* 的表达式，并对 *data_out1* 赋值。图 6.57(a)给出了此功能实现的有效数据流。*expression_sub* 的行为与 *multiple_reg_assign* 的行为等效，但前一种风格更能体现出表达式替代的影响。两种风格的描述综合成图 6.57(b)中的电路。*expression_sub_nb* 模块的描述是更值得推荐的风格，该描述用非阻塞运算符(“ <= ”)实现相同的功能。

```
module multiple_reg_assign (
  output reg [4: 0] data_out1, data_out2,
  input [3: 0] data_a, data_b, data_c, data_d, input sel, clk
);
  always @ (posedge clk) begin
    data_out1 = data_a + data_b ;
    data_out2 = data_out1 + data_c;
    if (sel == 1'b0)
      data_out1 = data_out2 + data_d;
  end
endmodule

module expression_sub (
  output reg [4: 0] data_out1, data_out2,
  input [3: 0] data_a, data_b, data_c, data_d, input sel, clk
);
  always @ (posedge clk) begin
    data_out2 = data_a + data_b + data_c;
    if (sel == 1'b0) data_out1 = data_a + data_b + data_c + data_d;
    else data_out1 = data_a + data_b;
  end
endmodule
```

```
module expression_sub_nb (output reg [4: 0] data_out1nb, data_out2nb,
  input [3: 0] data_a, data_b, data_c, data_d, input sel, clk
);
  always @ (posedge clk) begin
    data_out2nb <= data_a + data_b + data_c;
    if (sel == 1'b0) data_out1nb <= data_a + data_b + data_c + data_d;
    else data_out1nb <= data_a + data_b;
  end
endmodule
```

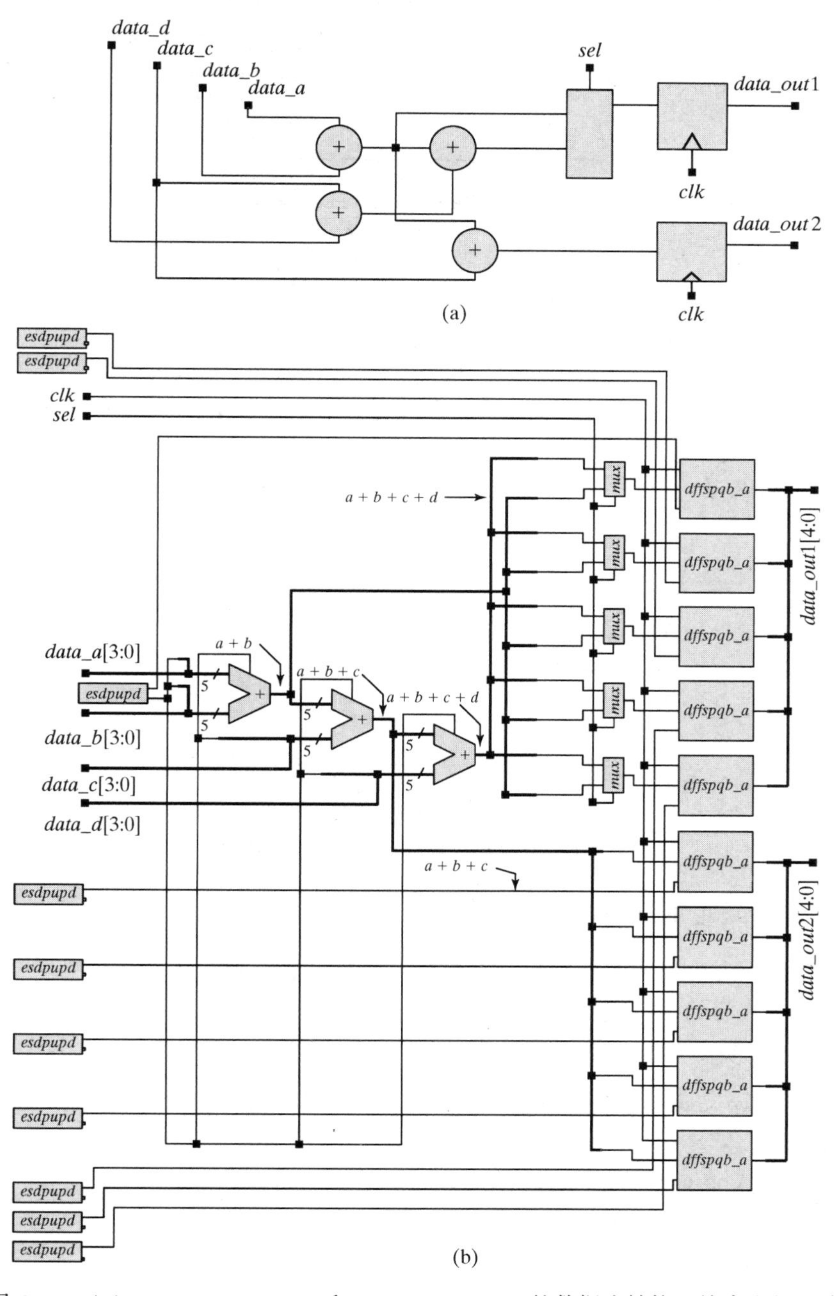

图 6.57　(a) *multiple_reg_assign* 和(b)*expression_sub* 的数据流结构和综合出的电路

6.13 循环的综合

如果周期性行为中的循环迭代次数在仿真前能由编译器确定(即迭代次数是固定的并且与数据无关),这种循环则称为静态的或是与数据独立的。如果循环的次数是由运算中的某个变量决定的,这种循环则称为与数据相关的。另外,具有数据依赖性的循环可能对内嵌的定时控制(如事件表达式)具有依赖性,图 6.58 给出了可能的循环结构。原则上说,静态循环能够用 ***repeat***, ***for***, ***while*** 和 ***forever*** 等循环结构来综合,但厂商可能选择将静态循环的描述风格限定为某个特定的描述。最适用的循环形式是 ***for*** 循环。那些没有内部定时控制的非静态循环是有问题的,它们不能被综合。

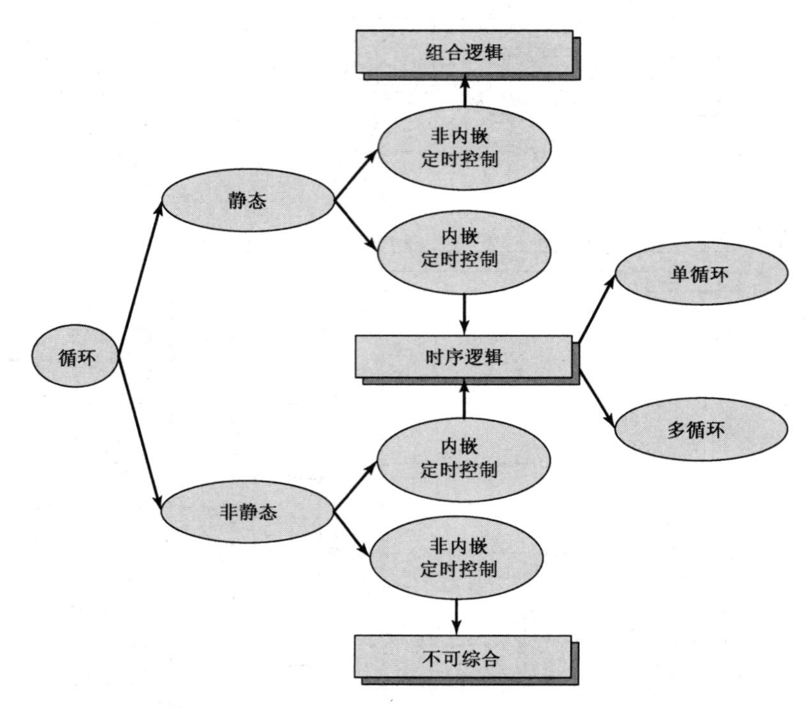

图 6.58 在周期性行为中过程赋值语句可能形成的循环结构

6.13.1 不带内嵌定时控制的静态循环

如果循环操作没有内部定时控制也没有数据依赖性,那么它的计算过程是隐式的组合逻辑。这种循环的机制是人为的——循环计算可以不用存储器且在瞬间完成。迭代的运算序列可以展开为对应的非迭代方式,展开后的循环运算可在仿真时单步完成。

例 6.37 *for_and_loop_comb* 模块中的循环不依赖于数据,也不包含内嵌的事件控制。它在迭代固定的次数后自动终止。这一描述可综合为图 6.59 所示的组合逻辑电路。

```
module for_and_loop_comb (output reg [3: 0] out, input [3: 0] a, b);
  reg [2: 0] i;

  always @ (a, b) begin
    for (i = 0; i <= 3; i = i+1)
      out[i] = a[i] & b[i];
  end
endmodule
```

其中的循环可以展开为如下等效的赋值语句：

```
out[0] = a[0] & b[0];
out[1] = a[1] & b[1];
out[2] = a[2] & b[2];
out[3] = a[3] & b[3];
```

它对应两个 4 位数据通道的按位与运算。这些赋值语句间不存在相互依赖性，所以语句执行的顺序不会影响结果。

例 6.37 支持不带内部定时控制的静态 ***repeat*** 循环的综合工具用等效的组合逻辑来代替循环。有固定范围的 ***for*** 循环的行为与同样范围的 ***repeat*** 循环是等效的，因此，一些工具只支持 ***for*** 循环。

例 6.38　假定有这样一个时序机，它的任务是并行接收数据字，并对数据字中"1"的个数进行编码输出。这种功能可用组合逻辑实现，当硬件速度足够快时，操作可在一个时钟周期内完成。下面的 Verilog 模型 *count_ones_a* 的循环不包含内部定时控制，也与数据 *data* 无关，所以它是一个静态循环。在该周期性行为中语句的执行顺序是非常重要的，该模型中的算法使用了阻塞赋值操作符（=）。

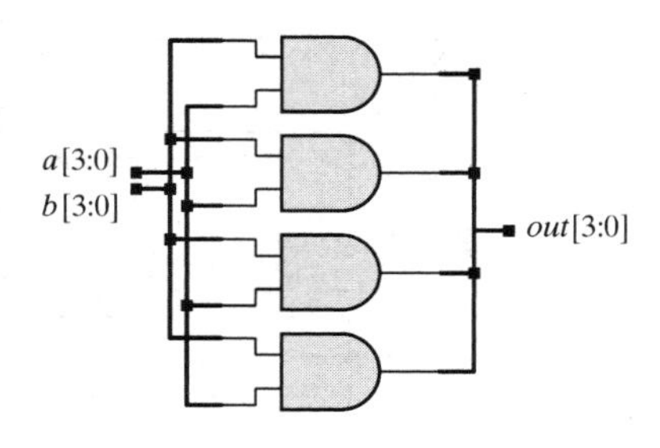

图 6.59　静态 ***for*** 循环中位与运算的综合

注意，*bit_count* 在循环执行的同一个周期被赋值。仿真结果如图 6.60(a) 所示。在理解这一结果时应注意，循环是在一个仿真时间步中执行的，事实上是瞬间完成的。因此，信号 *temp*, *count* 和 *bit_count* 显示出来的值，是在中间的仿真周期产生的值被覆盖后生成的最终值。这种版本的时序机可以综合成与时钟兼容的带寄存输出的组合逻辑（即输出在一个时钟周期内是稳定的）。

综合出的电路如图 6.60(b) 所示。寄存器变量 *index* 和 *temp* 的内容在周期性行为外部是无用的，它只在该行为内部被赋值（即在行为之外不被涉及）。这两个变量都会被综合工具消除掉，只有 *bit_count* 会被综合出寄存器。*bit_count* 信号是寄存器类型的，它在边沿敏感周期性行为内部被赋值，同时也是一个输出端口。复位动作是同步的，所选的 D 触发器的 *reset* 输入在硬件上直接连接到 1 来禁止其作用。

```
module count_ones_a #( parameter data_width = 4, count_width = 3)(
 output reg [count_width -1: 0] bit_count,

  input [data_width -1: 0] data,
  input clk, reset

);
  reg     [count_width-1: 0] count, index;
  reg     [data_width-1: 0]  temp;

  always @ (posedge clk)
    if (reset) begin count = 0; bit_count = 0; end
    else begin
      count = 0;
      bit_count = 0;
      temp = data;
      for (index = 0; index < data_width; index = index + 1) begin
        count = count + temp[0];
        temp = temp >> 1;
      end
    bit_count = count;
  end
endmodule
```

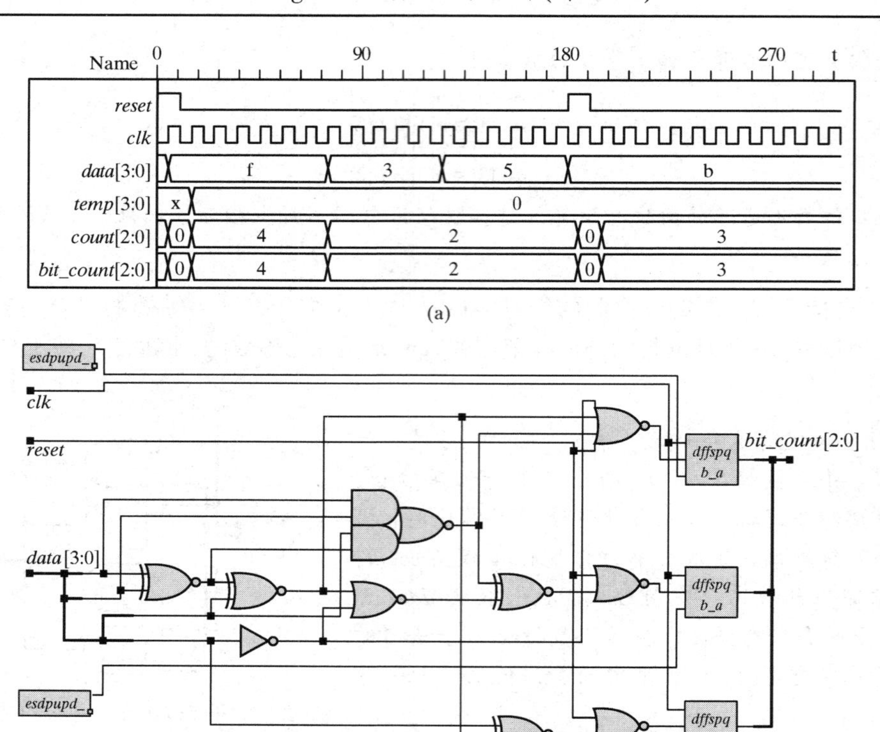

图 6.60　(a) *count_ones_a* 的仿真结果；(b) *count_ones_a* 综合的电路

6.13.2　带内嵌定时控制的静态循环

如果一个静态循环包含内嵌的边沿敏感事件控制表达式，该循环的计算行为会被同步，且分布到一个或多个时钟周期上执行。因此，该行为就是循环的每次迭代都在时钟沿之后进行的隐式状态机。这种行为可能在循环结束后紧跟的周期中增加附加的计算行为。

例 6.39　作为代替不带内嵌定时控制的静态循环，现在讨论三种等效的对数据字中“1”的个数进行计数的状态机。每种状态机都包含不同的静态循环结构，并带有内嵌的定时控制。状态机 *count_ones_b0*，*count_ones_b1* 和 *count_ones_b2* 分别使用了 ***forever***，***while*** 和 ***for*** 循环。每个循环结构都有一个由外部时钟信号同步的内嵌事件控制表达式。这些循环不依赖于数据，而占用固定数目的时钟周期。这些循环都可以展开并用一个 FSM(时序逻辑)来控制，该状态机的状态转移与循环迭代相对应。图 6.61 的仿真结果使用了 4 位宽数据通道，从中可以看出这些状态机具有相同的功能。信号 *bit_count_0*，*bit_count_1* 和 *bit_count_2* 分别是状态机 *count_ones_0*，*count_ones_1*，*count_ones_2* 的输出。只有 *count_ones_b0* 和 *count_ones_b1* 的风格是综合工具支持的①。如果用非阻塞赋值语句代替各模型中的过程赋值语句，就只有 *count_ones_b2* 才会保持功能不变(见章末习题 45)。

```
module count_ones_b0 #( parameter data_width = 4, count_width = 3)(
  output reg [count_width -1: 0]      bit_count,
  input   [data_width -1: 0]          data,
  input                               clk, reset
);
```

① Synopsys Design Compiler™是用来综合电路的工具。通常 EDA 工具只支持有限的描述风格。

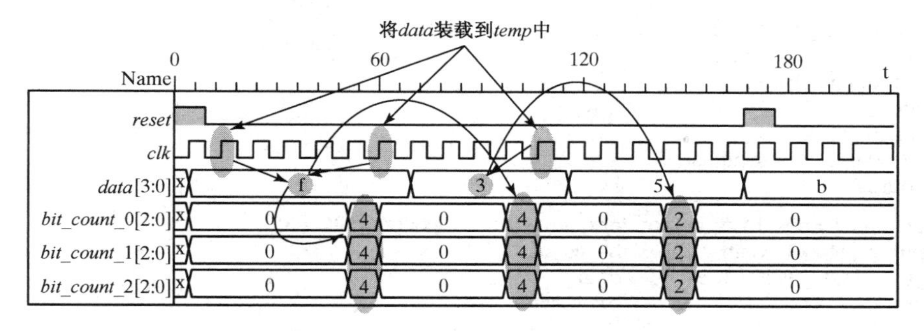

图6.61 3个版本的 *count_ones_b* 在 *reset* 启动及之后的仿真结果

```
  reg      [count_width-1: 0]         count;
  reg      [data_width-1: 0]          temp;
  integer                             index;

  always begin: wrapper_for_synthesis
   @ (posedge clk) begin: machine
     if (reset) begin bit_count = 0; disable machine; end
     else
       count = 0; bit_count = 0; index = 0; temp = data;
       forever @ (posedge clk)
         if (reset) begin bit_count = 0; disable machine; end
         else if (index < data_width-1) begin
           count = count + temp[0];
           temp = temp >> 1;
           index = index + 1;
         end
         else begin
           bit_count = count + temp[0];
           disable machine;
         end
       end // machine
     end // wrapper_for_synthesis
endmodule

 module count_ones_b1 #( parameter data_width = 4, count_width = 3)(
  output reg [count_width -1: 0]     bit_count,
  input     [data_width -1: 0]       data,
  input                              clk, reset
);
  reg [count_width-1: 0]             count;
  reg [data_width-1: 0]              temp;
  integer                            index;

  always begin: wrapper_for_synthesis
   @ (posedge clk) begin: machine
     if (reset) begin bit_count = 0; disable machine; end
     else begin
       count = 0; bit_count = 0; index = 0; temp = data;
       while (index < data_width) begin
         if (reset) begin bit_count = 0; disable machine; end
         else if ((index < data_width) && (temp[0] ))
           count = count + 1;
           temp = temp >> 1;
           index = index +1;
           @ (posedge clk);
         end
```

```
        if (reset) begin bit_count = 0; disable machine; end
        else bit_count = count;
         disable machine;
        end
      end // machine
    end // wrapper_for_synthesis
  endmodule

  module count_ones_b2 #( parameter data_width = 4, count_width = 3)(
    output reg [count_width -1: 0]      bit_count,
    input      [data_width -1: 0]       data,
    input                               clk, reset
  );
    reg [count_width-1: 0]              count;
    reg [data_width-1: 0]               temp;
    integer                             index;

    always begin: machine
     for (index = 0; index <= data_width; index = index +1) begin
       @ (posedge clk)
       if (reset) begin bit_count = 0; disable machine; end
       else if (index == 0) begin count = 0; bit_count = 0; temp = data; end
       else if (index < data_width) begin count = count + temp[0]; temp = temp >> 1; end
       else bit_count = count + temp[0];
     end
    end // machine
  endmodule
```

6.13.3 不带内嵌定时控制的非静态循环

具有数据依赖性的循环的迭代次数在仿真前不能确定。如果该循环没有内嵌定时控制，那么该行为能够被仿真但不能综合。在仿真时这种行为实际上是顺序执行的，但硬件不能在单个时钟周期中完成循环的计算。可以从下面的例子中得到证实。

例6.40 在对数据字中“1”的个数进行计数的过程中，当最后一个“1”被检测到并计数之后，再进行的计算操作就是多余的了。在 *count_ones_c* 中数据依赖性的循环使用的状态机比 *count_ones_b* 中的更有效。在复位之后的第一个时钟有效沿处，状态机将 *data* 装载到 *temp* 中，然后重复地把 *temp* 中最低位(LSB)的值加到 *count* 中，并同时进行数据字的移位操作，以实现对 *temp* 中“1”的个数的计数。只要数据字中还包含“1”，这一过程就继续进行(即直到 *temp* 的按位或结果(|*temp*)为假)。计数 0001_2 将比 1000_2 执行的迭代次数更少，因为在 *count_ones_c* 模块中由第一次右移产生的数据字的按位或(*reduction_or*)运算就得到了没有“1”的结果。因为计算动作仅在一个时钟周期中进行，所以在较长数据字的仿真中会显现出它的有效性。图6.62中的仿真结果显示了循环结束时 *index* 的值。注意，图中显示的是最后的结果(即在计算的时钟周期结束时的值)。尽管这种行为对仿真很有用，但它却是不能综合的。对数据字中的“1”进行计数的任务原则上是组合逻辑，但是组合逻辑却不能在一个时钟周期内完成循环步骤，并在同一周期内判断到数据字不再包含“1”时结束操作。这种循环不能静态地展开，因为循环的次数是依赖于输入数据的。

```
module count_ones_c #( parameter data_width = 4, count_width = 3)(
  output reg [count_width -1: 0]    bit_count,
  input [data_width -1: 0]          data,
  input                             clk, reset
);
```

```
 reg [count_width-1: 0]     count, index;
 reg [data_width-1: 0]      temp;

 always @ (posedge clk)
  if (reset) begin count = 0; bit_count = 0; end
  else begin
   count = 0;
   temp = data;
   for (index = 0; | temp; index = index + 1) begin
    if (temp[0] ) count = count + 1;
     temp = temp >> 1;
    end
    bit_count = count;
   end
endmodule
```

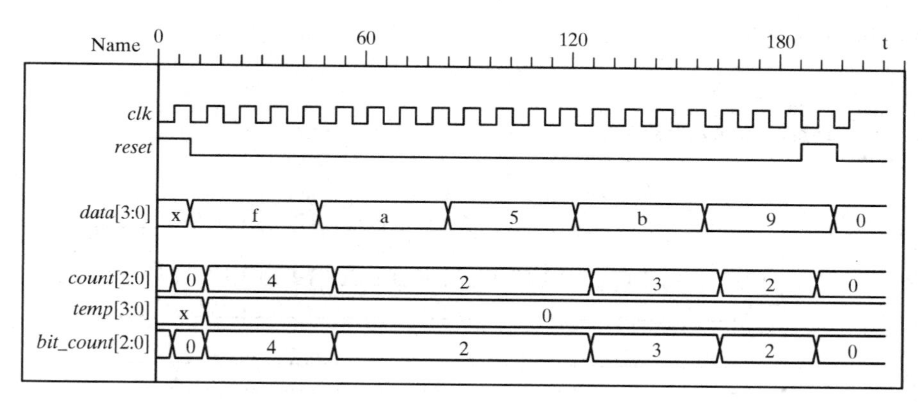

图 6.62　数据依赖性循环的 *count_ones_c* 模块的仿真结果，它不能被综合

6.13.4　带内嵌定时控制的非静态循环

非静态循环可以实现多周期操作。因为可以将循环的动作分配到多个时钟周期中去执行，所以单独的数据依赖性并不会对综合造成障碍。但是，为了综合，非静态循环的迭代操作必须通过一个同步的边沿敏感的事件控制表达式来分割。

例 6.41　*count_ones_d* 模块中的周期性行为由非静态 ***while*** 循环内部的边沿敏感定时控制。该循环的时序动作被分配到多个时钟周期上。首先，数据被装载进一个移位寄存器中。然后，在连续的时钟周期中将数据在寄存器中进行移位。在所有的数据移位完毕之后且 *bit_count* 准备好之前有一个空时钟周期。仿真结果如图 6.63 所示①。注意到当 $data = 3_H = 0011_2$ 时，循环在第二个周期后就结束了。

```
module count_ones_d #( parameter data_width = 4, count_width = 3)(
 output reg [count_width -1: 0]    bit_count,
 input [data_width -1: 0]          data,
 input                             clk, reset
);
 reg [count_width -1: 0]           count;
 reg [data_width -1: 0]            temp;

 always begin: wrapper_for_synthesis
  @ (posedge clk)
  if (reset) begin count = 0; bit_count = 0; end
  else begin: bit_counter
```

① 本章末的习题 13 是对 ***count_ones_d*** 进行综合的练习。

```
        count = 0;
        temp = data;
        while (temp)
        @ (posedge clk)
        if (reset) begin
          count = 2'b0;
          disable bit_counter;
        end
        else begin
          count = count + temp[0];
          temp = temp >> 1;
        end
        @ (posedge clk)
        if (reset) begin
          count = 0;
          disable bit_counter;
        end
        else bit_count = count;
      end // bit_counter
    end      // wrapper_for_synthesis
  endmodule
```

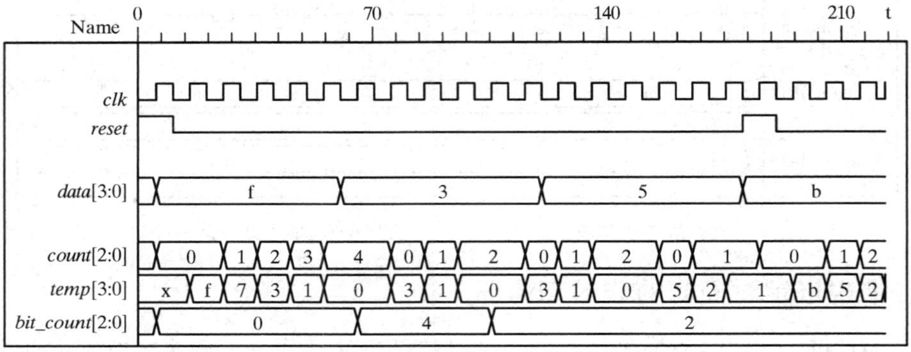

图6.63 *count_ones_d* 的仿真结果

count_ones_SD 模块是该功能的另一种实现方案，它在端口结构中增加了 *start* 和 *done* 信号，并去除了循环的数据依赖性，由 *start* 信号触发开始计数①。

```
module count_ones_SD #(parameter data_width = 4, count_width = 3)(
  output reg [count_width -1: 0]      bit_count,
  output reg                          done,
  input [data_width -1: 0]    data,
  input                       start, clk, reset
);
  reg [count_width-1: 0]      count, index;
  reg [data_width-1: 0]       temp;

  always @ (posedge clk) begin: bit_counter
    if (reset == 1'b1) begin count = 0; bit_count = 0; done = 0; end
    else if (start == 1'b1) begin
      done = 0;
      count = 0;
      bit_count = 0;
      temp = data;
      for (index = 0; index < data_width; index = index + 1)
```

① 本章末的习题14是要求在 *count_ones_SD* 中使用另一种循环结构的练习。

```
      @ (posedge clk)
      if (reset == 1'b1) begin
        count = 0;
        bit_count = 0;
        done = 0;
        disable bit_counter; end
    else begin
      count = count + temp[0];
      temp = temp >> 1;
    end
    @ (posedge clk) // 用于最后的寄存器传输
    if (reset == 1'b1) begin count = 0; bit_count = 0; done = 0;
      disable bit_counter; end
    else begin
      bit_count = count;
      done = 1; end
    end
  end
endmodule
```

注意，在图6.64的仿真结果中，信号 *start* 持续一个时钟周期的有效时间。信号 *index* 在每个时钟沿上加1，直到所有位计数完毕为止。然后 *done* 信号有效。当 *reset* 信号在计数过程中生效时，状态机将对寄存器重新初始化并重启计数序列。

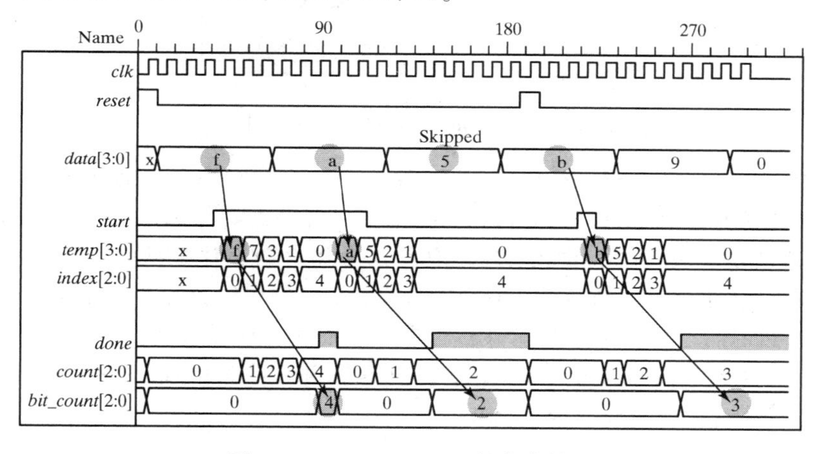

图6.64　*count_ones_SD* 的仿真结果

6.13.5　用状态机替代不可综合的循环

综合工具不支持没有内嵌定时控制的非静态循环。这样的状态机不能直接综合，但它们的循环结构可由等效的可综合时序行为来替代。替代的关键是用显式有限状态机来描述这种行为。

例6.42　图6.65中的ASMD图描述了一个对数据字中的“1”计数并尽早结束计数动作的状态机。在外部输入 *start* 信号有效之前，状态机将一直保持在复位状态 *S_idle*。这一动作使Mealy类的输出信号(*load_temp*)有效，于是当状态机在下一个时钟 *clk* 的有效沿处跳转到 *S_counting* 状态时，数据 *data* 会被装载到寄存器 *temp* 中。只要 *temp* 中包含“1”，状态机就会保持在 *S_counting* 状态。在每个后续的时钟周期中，*temp* 向LSB移位一次，并将 *temp*[0]加到 *bit_count* 中。当 *temp* 最终只在 *LSB* 有一个1时，状态机跳转到 *S_waiting* 状态，此时Moore类的输出信号 *done* 有效。状态机将一直保持在 *S_waiting* 的状态直到 *start* 信号无效。ASMD和数据通道图中的分支标出了由控制器产生的控制信号，并标注了状态机的寄存器操作。当状态在其他分支中转移时，这些寄存器必须保持不变。

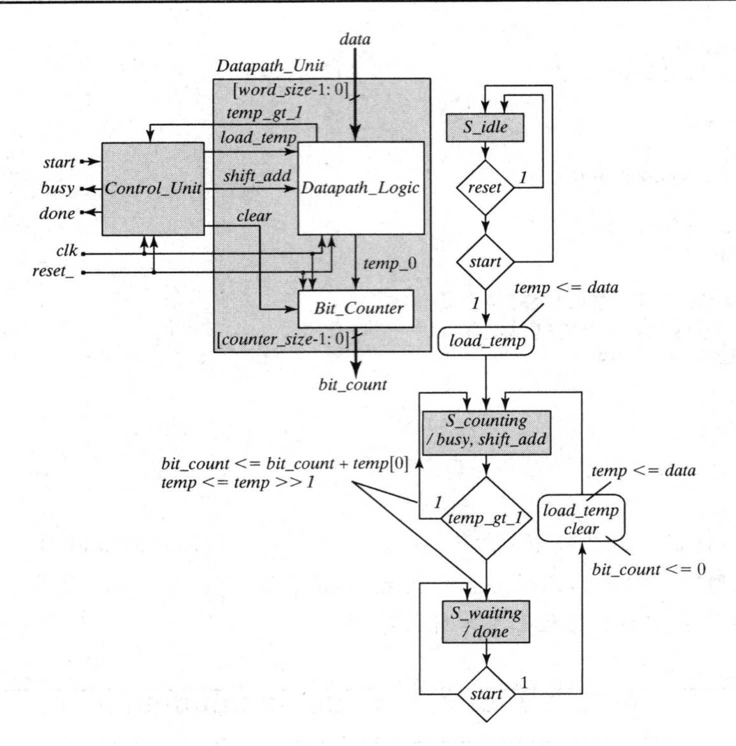

图 6.65 *count_ones_SM* 的 ASMD 图

Verilog 时序机 *count_ones_SM* 避免了不得不综合出一个非静态循环的问题。图 6.66 所示的行为模型的波形说明时序机在检测到 *temp* 中不包含"1"时会立即停止。由 *count_ones_SM* 综合出的电路如图 6.67 所示。该状态机的数据通道包括用于保存和移位数据的逻辑，以及对"1"计数的附加逻辑。图 6.67 中将数据通道的各模块分开画出，以减少绘图的复杂度。注意，*busy* 和 *shift_add* 是控制器输出的两个完全相同的信号，这是因为该 ASMD 图仅在 *S_counting* 状态中使它们有效。因为两个信号都是控制器的端口信号，所以尽管它们完全相同，在综合过程中仍被保留。该时序机可以通过去掉一个端口信号来简化。

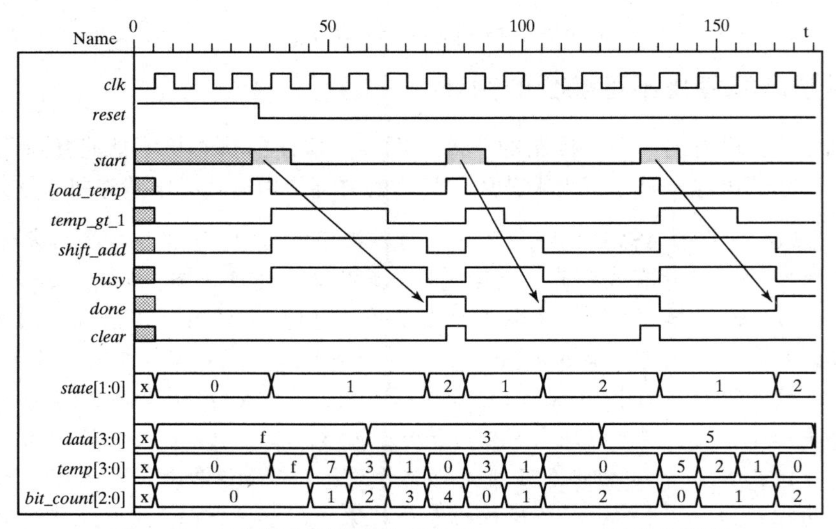

图 6.66 与非静态循环行为等效的 *count_ones_SM* 的仿真图

```
module count_ones_SM #( parameter word_size = 4, counter_size = 3)(
  output [counter_size -1: 0]          bit_count,
  output                               busy, done,
  input   [word_size -1: 0]            data,
  input                                start, clk, reset
);
  wire    load_temp, shift_add, clear;
  wire    temp_gt_1;
  Control_Unit      M0 (busy, load_temp, shift_add, clear, done, start, temp_gt_1, clk,
    reset);
  Datapath_Unit     M1 (bit_count, temp_gt_1, data, load_temp, shift_add, clear, clk,
    reset);
endmodule
module Control_Unit (
  output reg busy, load_temp, shift_add, clear, done,
  input start, temp_gt_1, clk, reset
);
  parameter state_size = 2'd2;
  parameter S_idle = 2'd0;
  parameter S_counting = 2'd1;
  parameter S_waiting = 2'd2;
  reg bit_count;
  reg [state_size-1 : 0] state, next_state;
  always @ (posedge clk) // state transitions
   if (reset) state <= S_idle; else state <= next_state;
  always @ (state, start, temp_gt_1) begin
   load_temp = 0;                                // defaults - assign by exception
   shift_add = 0;
   clear = 0;
   done = 0;
   busy = 0;
   next_state = S_idle;
   case (state)
    S_idle:         if (start) begin next_state = S_counting; load_temp = 1; end
    S_counting:     begin busy = 1;
                      if (temp_gt_1) begin
                      next_state = S_counting;
                      shift_add = 1; end
                     else begin next_state = S_waiting; shift_add = 1; end
                    end
    S_waiting:      begin
                     done = 1;
                     if (start) begin next_state = S_counting; load_temp = 1; clear = 1; end
                     else next_state = S_waiting;
                    end
    default:        begin clear = 1; next_state = S_idle; end
   endcase
  end
endmodule
module Datapath_Unit #(parameter word_size = 4, counter_size = 3)(
  output reg [counter_size -1: 0] bit_count,
  output temp_gt_1,
  input [word_size -1: 0] data,
  input load_temp, shift_add, clear, clk, reset);
  reg [word_size-1: 0]        temp;
  assign temp_gt_1 = (temp > 1);
  wire     temp_0 = temp[0];
  always @ (posedge clk) // register transfers for datapath logic
   if (reset) begin temp <= 0; end
   else begin
    if (load_temp) temp <= data;
    if (shift_add) begin temp <= temp >>1; end
   end
  always @ (posedge clk) // counter of ones
   if (reset == 1'b1 || clear == 1'b1) bit_count <= 0;
   else bit_count <= bit_count + temp_0;
endmodule
```

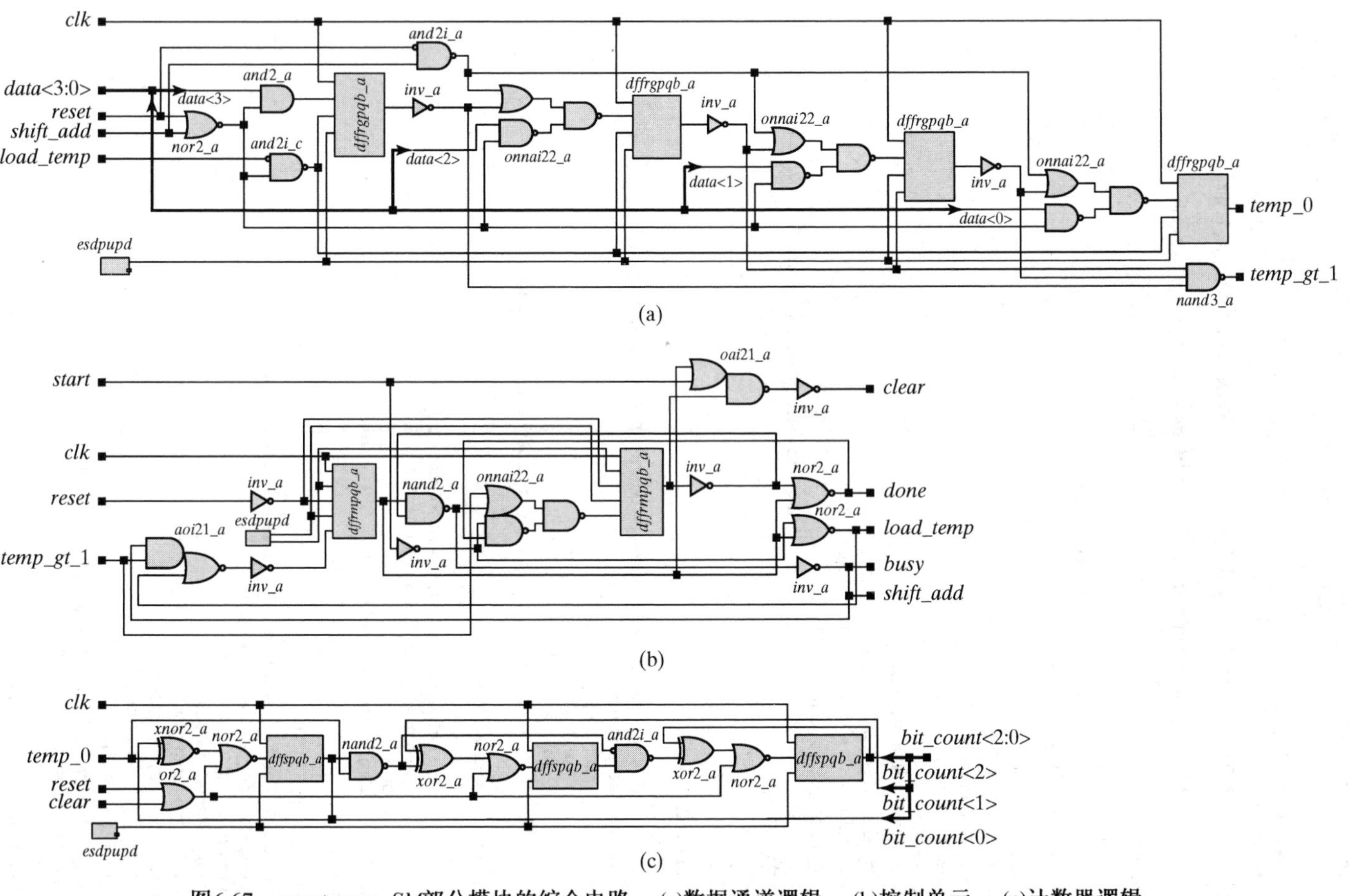

图6.67 count_ones_SM部分模块的综合电路：(a)数据通道逻辑；(b)控制单元；(c)计数器逻辑

注意，前面的例子里，电平敏感行为中所有输出都在一开始时就被赋值，然后在后续状态中才会发生变化。这种风格使得代码更具可读性，并防止了综合出非预期的锁存器。在电平敏感行为中，如果一个变量只在某些而不是所有的行为动作路径中赋值，将综合出非预期的锁存器。

例 6.43　这里给出最后一个对数据字中的“1”计数的模块，它采用了隐式状态机来描述。它的行为(见图 6.68)与一个非静态循环的行为等效，并且是可综合的(见本章末的习题 42)。

```
module count_ones_IMP #(parameter counter_size = 3, word_size = 3)(
  output reg [counter_size -1: 0] bit_count, output reg start, done,
  input [word_size -1: 0] data, input data_ready, clk, reset
);
  parameter                              state_size = 2;
  reg          [state_size-1 : 0]        state, next_state;
  reg          [word_size-1: 0]          temp;

  always @ (posedge clk)
    if (reset) begin temp<= 0; bit_count <= 0; done <= 0; start <= 0; end
    else if (data_ready && data && !temp) begin
      temp <= data; bit_count <= 0; done <= 0; start <= 1; end
    else if (data_ready && (!data) && done) begin bit_count <= 0; done <= 1; end
    else if (temp == 1)
    begin bit_count <= bit_count + temp[0]; temp <= temp >> 1; done <= 1; end
    else if (temp && !done)
    begin start <= 0; temp <= temp >> 1; bit_count <= bit_count + temp[0]; end
endmodule
```

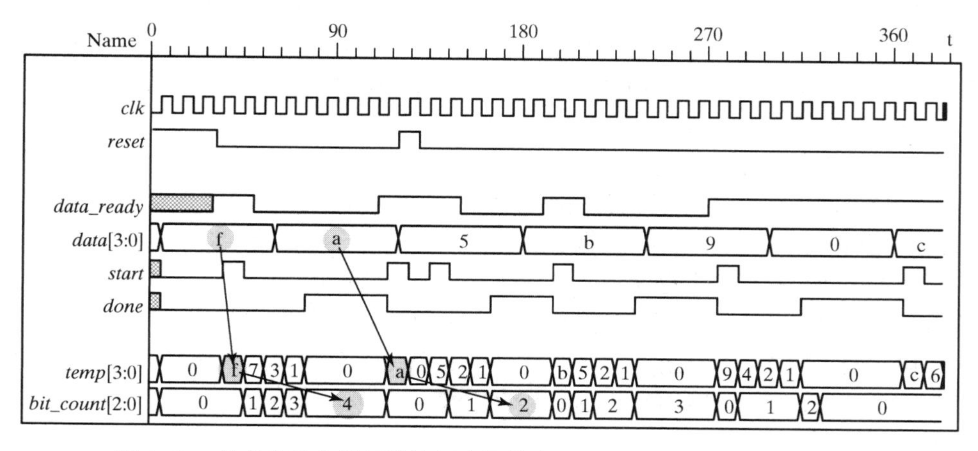

图 6.68　具有非静态循环等效行为的状态机 *count_ones_IMP* 的仿真结果

6.14　要避免的设计陷阱

一般来说，应避免在多个周期性行为(*always*)中引用同一个变量。当变量在多个行为中被引用时，软件中可能会存在竞争，并且后综合仿真的行为与前综合的行为可能不一致。因此，任何时候都不要在多个行为中对同一个变量赋值。

6.15　分割与合并：设计划分

超大规模集成(VLSI)电路所包含的门电路数量(几百万)通常比综合工具能容纳的要多得多。公认的最好实现方法是将这样一个电路按层次划分成小的、复杂度可接受的功能单元。这种划分是自顶向下、跨越一个或多个层次来进行的。综合工具通常将电路综合为 10 000 ~ 50 000

个门的规模，当大于这个规模时，运行时间增加了，但工具会返回一个缩小的设计结果。通过电路分解后，设计中最低级别的模块就能被单独地综合。较低级别的模块更易修改并适合综合，然后再去处理大的模块。

结构化模型是通过连接原语门来组建有特定功能的电路的(如加法器)，就如同在芯片或者电路板上把各部件连接起来构成电路一样。但是门级模型并不一定就是最方便或最好理解的电路模型，特别是当电路包含较多逻辑门的时候。许多现代 ASIC 芯片可以在单芯片上包含几百万个门。而且，当电路有多个输入时，真值表将变得很难处理，因此限制了 UDP 的效用。架构划分形成了一个结构化的模型，但在架构中的功能单元还是要比基本组合逻辑门复杂得多，所以通常还是以行为方式来对其建模。

不能随意地划分一个电路。设计者对分层边界的选择对综合结果的质量有着重要的影响，所以电路的分层是需要技巧和经验的。将设计划分成较小的功能单元可以增加描述的可读性，改善综合的结果，缩短优化周期，简化综合过程。

一般来说，一个设计应按功能分割成较小的功能单元，并让每个功能单元使用相同的时钟域，且能独立地进行验证。设计层次应分割时钟域，由此说明多个时钟域间的相互作用，以揭示对同步电路的需求。每个时钟域的逻辑在系统整合之前都应能独立验证。

在进行模块划分时，相关功能的逻辑应该组合在一个模块中，以使综合工具尽可能地利用逻辑共享，减少模块间连线。如果一个模块在设计中多处被用到，那么应该针对面积对其进行单独优化，然后再根据需要来具体实现。这种策略可保证总体设计在面积使用方面的有效性。

同样也建议在一个模块中只包含一个状态机。这样，综合工具在对状态机进行逻辑优化时，不会受到无关逻辑的影响。不同时钟域的逻辑(如带有互动的状态机)应当封装到不同的模块中。当不同域间进行信号传输时，应使用同步器件。

设计划分时应将寄存器及其逻辑划分在一起，以使其控制逻辑能有效实现。否则，将寄存器及其逻辑划分到不同模块，可能导致额外的/重复的控制逻辑。驱动寄存器数据通道的组合逻辑应与其目标寄存器放在同一模块中。同样，模块间的任何胶合逻辑都应包含在一个模块中。如果胶合逻辑位于模块之外，那么它就不能被任何一个模块所使用。

模块边界在综合过程中会予以保留(即每个模块中的内容会独立优化)，因此不应把组合逻辑分布到模块之间。把逻辑放置在单个模块中，可使综合工具对共有逻辑进行最大限度的利用。在将要综合的设计中，不要加入时钟树、输入/输出焊盘和测试寄存器(见第 11 章)，应在综合完成后再加入这些结构。

参考文献

1. De Micheli G. *Synthesis and Optimization of Digital Circuits.* New York: McGraw-Hill, 1994.
2. Gajski D, et al. *High-Level Synthesis.* Boston, MA: Kluwer, 1992.
3. Bartlett K, et al. "Multilevel Logic Minimization Using Implicit Don't-Cares." *IEEE Transactions on Computer Aided Design of Integrated Circuits*, *CAD*-5, 723-740, 1986.
4. Brayton RK, et al. "MIS: A Multiple-Level Interactive Logic Optimization System." *IEEE Transactions on Computer-Aided Design of Integrated Circuits and Systems*, *CAD*-6, 1062-1081, 1987.
5. Brayton RK, et al. *Logic Minimization Algorithms for VLSI Synthesis.* Boston, MA: Kluwer, 1984.
6. Katz RH., Borriello, G. *Contemporary Logic Design.* Upper Saddle River, NJ: Prentice-Hall, 2004.
7. Wakerly JF. *Digital Design Principles and Practices*, 3rd ed. Upper Saddle River, NJ: Prentice-Hall, 2000.
8. Ciletti MD. *Modeling, Synthesis and Rapid Prototyping with the Verilog HDL.* Upper Saddle River, NJ: Prentice-Hall, 1999.

习题

1. 综合例 5.45 中所描述的一般移位寄存器，并验证其所综合电路产生的波形与行为模型波形一致。
2. 综合 *NRZ_2_Manchester_Mealy*（见 6.62 节）状态机，并验证其综合后仿真结果与图 6.34 所示的行为模型仿真结果一致。注意由物理单元所引起的时间延迟。
3. 综合 *NRZ_2_Manchester_Moore*（见 6.63 节）状态机，并验证其综合后仿真结果与图 6.37 所示的行为模型仿真结果一致。注意物理单元所引起的时间延迟。
4. 图 6.38 中用 ASMD 图描述的序列检测器是无复位的——在接收到三个连续的 1 之后检测器置为有效，并一直持续到检测到一个 0 为止。设计可复位的 Mealy 状态机和 Moore 状态机的 ASMD 图，当在串行比特流中检测到三个连续 1 时使输出有效，然后在输出无效时返回到复位状态 *S_idle*。接着设计并验证两种状态机的 Verilog 模型。综合这两种状态机并验证每个已综合状态机的功能与其行为模型的功能一致。
5. 设计能在串行比特流（LSB 先到达）中检测到 10101010_2 位组合模式的 Mealy 状态机和 Moore 状态机的 ASMD 图，检测到时使输出有效，然后在输出无效时返回到复位状态 *S_idle*。接着设计并验证两种状态机的 Verilog 模型。综合这两种状态机并验证每个已综合状态机的功能与其行为模型的功能一致。
6. 设计能在 LSB 首先到达的串行比特流中检测到 0010_2 位组合模式的不带复位的 Mealy 和 Moore 状态机的 ASMD 图，检测到时使输出有效，然后在输出无效时返回到复位状态 *S_idle*。接着设计并验证两种状态机的 Verilog 模型。综合这两种状态机并验证每个已综合状态机的功能与其行为模型功能的一致性。
7. 设计一个能在 LSB 先到达的串行比特流中检测 0111_2 或 1000_2 位组合的不带复位的 Mealy 和 Moore 状态机的 ASM 图。综合这两种状态机并验证每个已综合状态机的功能与其行为模型功能的一致性。
8. 设计一个能实现多功能的不带复位时序机的 ASM 图。如果串行输入 *D_in* 的后三位中包含有两个或更多的 1，则状态机使能 *D_out* 值。综合此状态机并验证已综合状态机的功能与其行为模型功能相一致。
9. 阅读并分析如下源码：

```
module clock_Prog (clk, Pulse_Width, Latency, Offset);
  input Pulse_Width, Latency, Offset;
  output clk;
  reg clk, Pulse_Width, Latency, Offset;
  parameter Pulse_Width = 5;
  parameter Latency = 5;
  parameter Offset = 10;
  parameter a_cycle = Pulse_Width;
  //parameter max_time=1000;
  initial
   clk = 0;
  always begin
   #a_cycle clk = ~clk;
   end
   //initial
   // #max_time $finish;
endmodule
```

10. 解释如下描述的电路是综合出带锁存输出的组合逻辑还是不带锁存输出的组合逻辑：

```
module or4_something #(parameter word_length = 4)(
 output reg y,
 input [word_length - 1: 0] x_in
);
 integer k;

 always @ x_in begin
  y = 0;
  if (x_in[0] == 1) y = 1;
```

```
    else if (x_in[1] == 1) y = 1;
    else if (x_in[2] == 1) y = 1;
  end
endmodule
```

11. 例6.26中的 *Seq_Rec_3_1s_Mealy* 状态机是使用二进制码作为状态分配的。综合另一种采用 One-Hot 码的状态机。对比这两个状态机，讨论二者各自的优势。
12. 6.6.4节中的 *Seq_Rec_3_1s_Moore* 状态机能部分译码可能的状态码，并默认进行赋值 *next_state* = *S_idle*。综合一个使用默认赋值 *next_state* = 3′*bx* 的另一种状态机。对比两个状态机，分析 *next_state* = 3′*bx* 是否能真正简化综合逻辑。
13. 综合 *count_ones_b0*，*count_ones_b1* 和 *count_ones_d*(见例6.39和例6.41)，并比较这些综合结果。
14. 用 ***while*** 循环和 ***forever*** 循环来设计 *count_ones_SD*(见例6.41)。试问两者都可以综合吗?
15. 设计、验证并综合一个 *count_ones_max_string* 时序机，它的输出是数据字中最大连续为1的长度。当 *Start* 有效时开始工作；当字符串找到时 *Done* 有效。如果寻找连续1的字符串的长度超过了剩余比特的字长则可以提前结束寻找。该状态机划分成一个数据通道和一个控制器。提供一个 ASMD 图和仿真结果(前仿真和后仿真)。
16. 设计、验证并综合一个能根据输入方式来决定是用格雷码还是二进制编码计数的4位计数器 *count_gray_bin*。
17. 设计并综合一个输入为 *clk* 和 *reset*，输出为 *clk_by_6* 和 *clk_by_10*(即时钟分频输出分别为 *clk* 除以6和 *clk* 除以10)的时序机。
18. 判断综合工具是否会在图P6.18中的STG所描述的时序机中检测并去除等价状态。

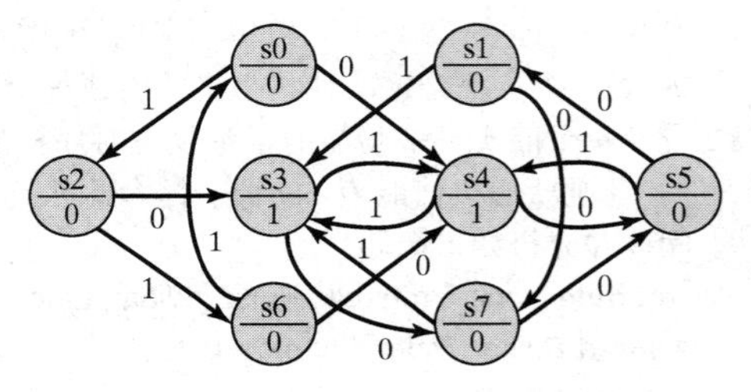

图 P6.18

19. 综合例5.39中的 ASMD 图所描述的 *pipe_2stage*。验证综合的电路是否有正确的行为。
20. 综合一个能检测非法 BCD 码字的电路。
21. 电话局常用数字交换机来对局域模拟声音信号进行采样、模数转换及多路复用，以适应在全球电话网[7]中的数字传输。图P6.21(a)给出了一个模拟信号，以每秒8000次的速率对其进行采样，且每个采样值用一个8位的字来表示。为了能节省铜线和其他电路，把32个64 kbps的声音通道复用到一个带宽为2.048 Mbps的串行信道上。采样的每个位均占用488 ns时间(*clock_488 ns*)，采样信号字交叉于一个32字节的帧中，每帧占用125 μs，如图P6.21(b)所示。帧可通过一个 *frame_synch*(帧同步)脉冲来同步，帧同步脉冲出现在帧中第一个字节间隙之前的那一个比特时间。一个8位移位寄存器按顺序由最低位到最高位接收 *Serial_in* 中的数字编码位，然后将该字节装入一个保持寄存器中以驱动解复用器。解复用器的输出有9个时钟(*clock_488 ns*)延时：8个周期用来为移位寄存器装载字节数据，1个周期用来将这些字节装载到驱动解复用器的输出寄存器中。将输出保存在寄存器中，可以使输出值保持8个周期有效。由于帧同步是125 μs，32B的总时长为124.92 μs，因此，在最后一个字节结尾和帧的结尾之间有72 μs的间隙。*frame_synch* 就是用来同步帧并且消除这个间隙的影响的。有了同步的操作后，*clock_488 ns* 的最后一个周期会延长72 μs。状态机的寄存器都使用高有效的异步复位，数据传输的每一帧都是由 *frame_synch* 的下降沿触发的。注意：*reset* 的操作会复位状态机的寄存器，但是由于有 *frame_synch* 来复位控制单元，*reset* 不进行同步操作。

    设计、验证(综合之前和综合之后)并综合一个封装有如图P6.21(a)所示功能的 Verilog 模型，其中 A/D 转换器的输出是一个交叉采样字节模块的输入。这些子模块包括独立的控制单元、MUX 单元、deMUX 单元、并串转换器和串并转换器等。完成该设计还需要定义一个附加接口信号。建立该多路复用器的模型，使其输出可被存至寄存器。请仔细阐述你的工作。
22. 综合一个由下面布尔函数描述的组合逻辑的 Verilog 模型，并将综合电路的原理图与下面两项进行比较：(a)原始电路的原理图；(b)由卡诺图得到的化简函数。

    $f(a, b, c, d) = \Sigma M(0, 2, 5, 7, 8, 10, 13, 15)$

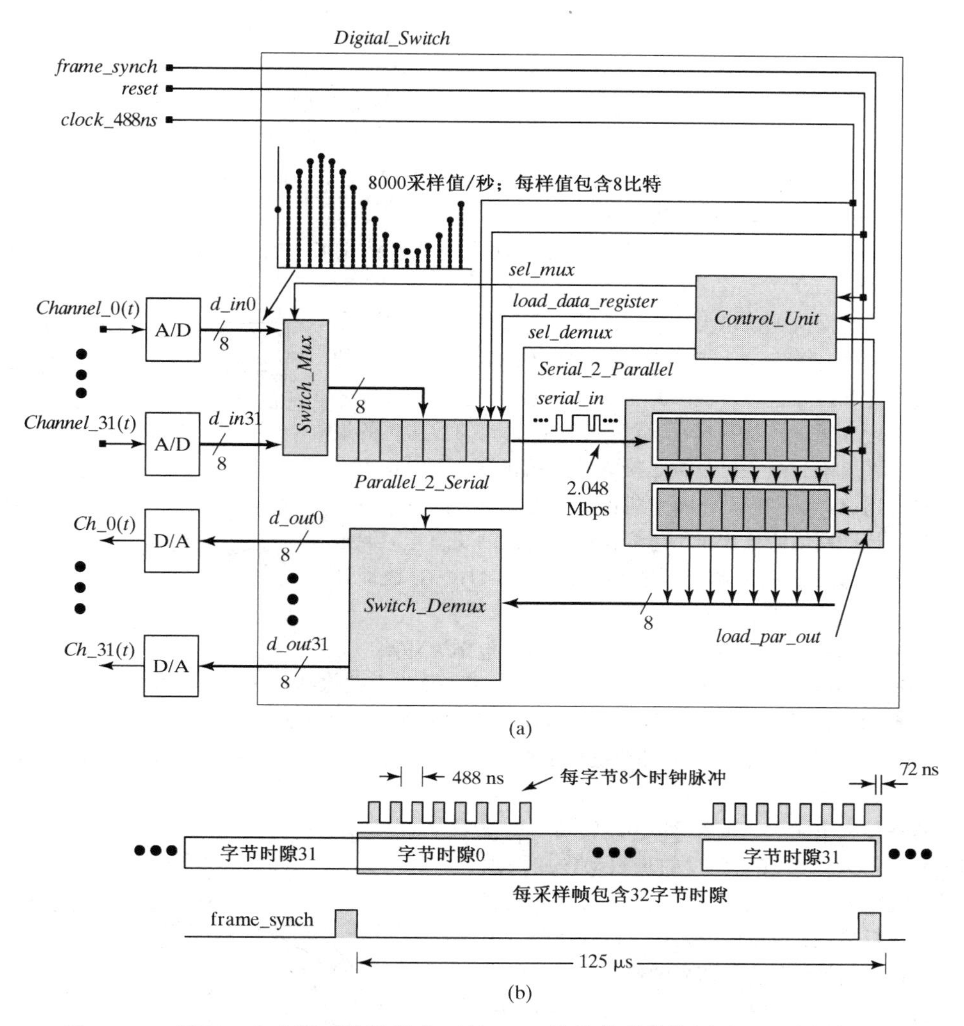

图 P6.21 用于一个电话系统的数字开关：(a)信号传递模块图；(b)同步帧格式

23. 设计一个能实现 *Divide_by_11*(见第 4 章的习题 18)所描述功能的行为模型。综合这个电路，并将结果与由图 P4.18 中给出的结构模型综合而来的电路进行比较。
24. 在什么情况下综合工具将产生组合逻辑？
25. 在什么情况下综合工具将产生一个能实现透明锁存器的电路？
26. 在什么情况下综合工具将产生一个边沿触发时序电路？
27. 讨论如何用 Verilog 描述一个同步复位条件。
28. 综合并验证由 *compare_4_32_CA*(见第 5 章中的习题 12)所描述电路的一个基于单元的实现。
29. 综合并验证由 *compare_4_32_ALGO*(见第 5 章中的习题 13)所描述电路的一个基于单元的实现。
30. 综合并验证第 5 章中习题 24(a)所描述的环形计数器的一个基于单元的实现。
31. 综合并验证第 5 章中习题 24(b)所描述的环形计数器的一个基于单元的实现。
32. 综合并验证第 5 章中习题 26 所描述的时序机的一个基于单元的实现。
33. 综合并验证第 5 章中习题 27 所描述的 8 位 ALU 的一个基于单元的实现。
34. 综合并验证第 5 章中习题 28 所描述的时序机的一个基于单元的实现。
35. 综合并验证图 5.24 的 ASMD 图描述的一个基于单元的实现。
36. 综合并验证第 5 章中习题 32 所描述的键盘扫描器的一个基于单元的实现。

37. 综合并验证第5章中习题33所描述的可编程图形发生器的一个基于单元的实现。
38. 综合并验证第5章中习题35所描述的 *Hamming_Encoder_MD3* 的一个基于单元的实现。
39. 综合并验证第5章中习题36所描述的同步电路的一个基于单元的实现。
40. 综合并验证第5章中习题37所描述的透明锁存器的一个基于单元的实现。
41. 设计、验证并综合能通过在每个时钟周期由输入信号 *enable* 决定是否执行寄存器传输操作(*count* <= *count* +1),来实现一个4位计数器的状态机 *Binary_Counter_Imp*。
42. 综合 *count_ones_IMP_gates*,并验证综合后电路的功能是否与例6.42中给出的行为模型 *count_ones_IMP* 的功能相一致。
43. 一个令牌环局域网(LAN)可由环状结构的计算机组成,并且每台机器都通过LAN适配器连接到总线上(见图P7.3)。基于LAN的机器通过发送和接收包含有编码源、目的地址和信息的位分组来实现通信。LAN适配器执行握手协议,来对接收到的数据包的地址进行译码并决定当前主机是否是接收信息的机器,或者是否需要将信息传递给局域网中的下一个机器。它也会把数据包从主机传输到目的机。网络协议规定了怎样构成数据包以及怎样对源地址和目的地址编码。适配器必须能够识别起始顺序,对地址译码,并了解接收机的具体情况。

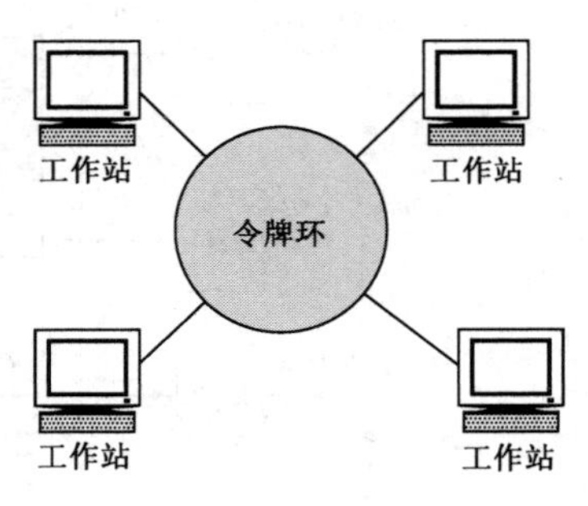

图 P6.43

图P6.43中令牌环协议以两个连续的0标志数据包作为开始。假定局域网适配器由硬件连接来识别地址1002或0102。如果数据包到达并译码为适配器地址时,适配器将会置位一个Moore型输出 *P_IN*。设计一个数据包检测和地址译码电路的ASM图。编写并验证该状态机的Verilog模型并进行综合。注意综合过程是否已经检测到和/或去除等同状态。研究不同的状态赋值的情况。

44. 普通电机在接上电源后,其转子将连续转动。步进电机的转子可以控制按照预设的步数动作或按预定的速度连续转动。步进电机在计算机数字控制中得到了广泛应用,可以用个人计算机来控制精密机床,控制软盘驱动和行打印机的给纸速度,以及其他需要准确定位而不需要反馈控制的许多应用。一个简单的步进电机有如图P6.44所示的结构,它有一组固定的定子线圈形成的、在电机组件的圆周上对称分布的电磁体。一个永磁转子将在线圈通电时所建立的磁场的作用下围绕中轴转动①。通过对线圈连续通电产生能给转子磁极施力的旋转磁场来控制转子的旋转速度。定子线圈可以连续通电来使转子转动到某个指定的位置或者以某个给定速度连续运转。还可以通过改变驱动线圈的电脉冲占空比来实现对转子角速度的控制。图P6.44中的电机只有4个定子绕组,所以转子可以在8个不同位置(状态)的任何一个上保持稳定,具有45度的角分辨率(即电机以45度的增量步进)。增加定子的数量也就会增加转子位置的分辨率②。对线圈单独供电,使转子能保持在加电定子的位置上,或以临近/对偶的形式,把转子定位在两个相邻定子的中间

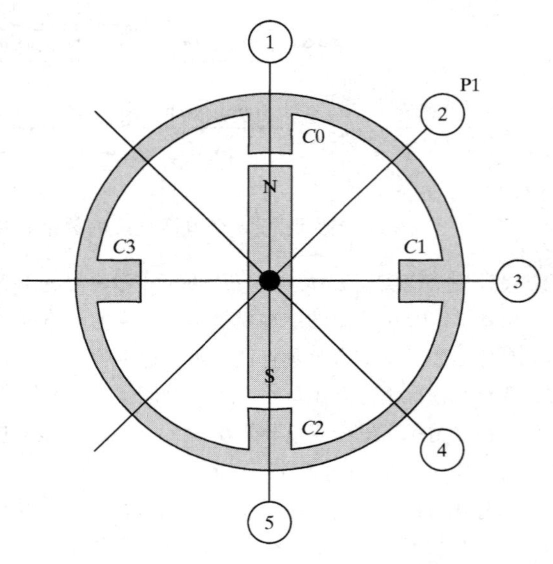

图 P6.44 4相步进电机的转子和定子结构图

① 具有可变磁阻的另一类步进电机。
② 商用电机具有由0.72度到90度的步进角分辨率。

位置上。例如，如果线圈 *C*0 和 *C*1 同时通电，转子将由 *C*0 位置移动到 *P*1。若连续给(1)*C*0，(2)*C*0 和 *C*1，(3)*C*1 和 *C*2，(5)*C*2 通电，就会将转子以顺时针方向转到 *C*2 的位置。电机转动的速度由输入时间间隔来决定。设计并综合一个能控制电机转子方向、速度和角加速度的 Moore 状态机，其编程的输入为：(1)在某个给定的方向上按照指定的步数运转；(2)以某个指定的速率旋转；(3)由静止向某个指定的角速度加速(速度逐步提高)，允许脉冲速率由每秒 1500 个变为 2500 个。

45. 图 6.44(c)中的方案是通过 *next_state* 而非状态机的状态来构成产生寄存器 Mealy 输出的。通过用两个电平敏感周期性行为来修改例 6.28 中 Verilog 模型的电平敏感周期性行为。一个是基于 *state* 和 *B_in* 来形成 *next_stae*，另一个是基于 *next_state* 和 *B_in* 来形成 *B_out*。验证改进模型的输出是被寄存的且匹配图 3.24(带延时)中 NRZI_Mealy 中的波形。给波形加注释来说明寄存器输出值和引起状态转换的当前态和输入有关。

46. 解释例 6.39 和例 6.41 中用非阻塞赋值取代过程赋值所产生的结果。

第 7 章　数据通路控制器的设计与综合

数字系统包括面向控制及面向数据两类。面向控制的系统能对外部事件做出反应；而面向数据的系统则应满足高吞吐量数据的计算和传输需求，如在远程通信和信号处理应用中那样[1]。因此，时序状态机也通常由此划分为数据通路单元(datapath unit)和控制单元(control unit)两部分。前面几章的例子已有涉及。

大多数数据通路包含算术模块，如算术逻辑单元(ALU，Arithmetic and Logic Unit)、加法器、乘法器、移位器以及数字信号处理器，但也有一些类似图形协处理器的数据通路例外。数据通路单元由计算资源(如 ALU、存储寄存器)、控制数据系统内的流动并完成计算单元和内部寄存器之间数据传送的逻辑资源，以及系统与外部环境之间完成输入/输出的数据通路组成。图 7.1 中的数据通路由协调指令执行的有限状态机(FSM，Finite-State Machine)控制，而这些指令用于完成一定的数据通路操作。数据通路的特征是能对不同的数据集执行重复操作，正如在信号处理、图像处理以及多媒体应用中那样。面向控制的数字系统中通常会包含大量的随机(不规则)逻辑，以及一些类似用于控制信号的多路复用器和比较器的规则逻辑。

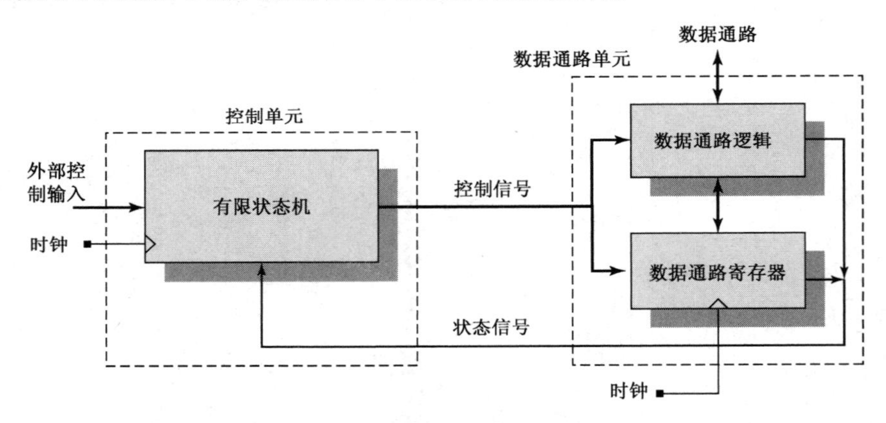

图 7.1　数据通路的状态机控制器

7.1　时序状态机的划分

将时序状态机划分为数据通路和控制器两部分可以使系统结构清晰并有利于简化设计。状态机的设计过程可以说是“应用驱动”的：在某一应用中，由数据通路完成的特定操作序列决定了其所需资源、由其执行的指令集以及最终用于控制该道路的 FSM。

“应用驱动”型设计的步骤如图 7.2 所示。首先选定支持特定应用指令集的数据通路结构，然后确认支持该指令集的操作序列(控制状态)。当指令执行时，这些控制状态可以用来产生判断信号以控制数据的移动和操作。最后设计用于产生控制信号的有限状态机。本节将讲述一些简单功能单元的数据通路控制器的设计，并为下节存储程序精简指令集计算机 RISC(Reduced Instruction-Set Computer)的设计做准备。

控制器模块组织、协调和同步数据通路单元的操作。控制单元产生各种信号：对存储寄存器内容进行加载、读取、清除和传送，从存储器中读取指令和数据，把数据送到存储器中，控制信号通过多路复用器，控制三态器件，以及控制ALU和其他一些复杂的数据通路单元的操作。简单同步状态机中有一个公共时钟信号①。令控制器和数据通路同步。注意图7.1中的控制器是用有限状态机来实现的，而它本身则由外部输入信号(主输入信号)和来自数据通路的状态信号来控制。有限状态机产生控制数据通路操作的信号。

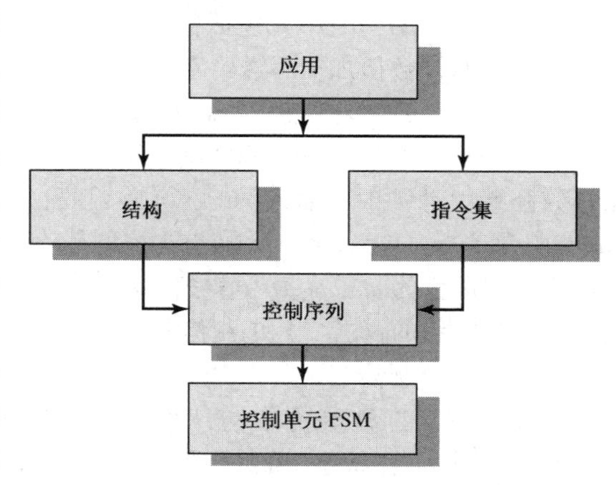

图7.2 数据通路控制器的应用驱动结构、指令集和控制序列

数据通路通单元常用数据流图(dataflow graph)来表示，控制单元则常用FSM的状态转移图(State-Transition Graph，STG)和(或)算法状态机(Algorithmic-State Machine，ASM)来建模。而时序状态机的建模则可以使用带数据通路的有限状态机(FSMD，FSM and Datapath)，即用状态转移图(STG，state-transition graph)来表示数据通路操作的组合的控制-数据流图。正如第5章所述，一般倾向于使用ASMD(ASM and Datapath)图，它把控制器的ASM图和其所控制的数据通路操作联系起来。

7.2 设计实例：二进制计数器

考虑一个4位二进制同步计数器，它在每个时钟的有效沿处计数加1，当计数值达到1111_2时返回到0。最初，可以用一个隐式状态机 *Binary_Counter_Imp* 来描述这个计数器并将其直接综合成硬件实现②：每个时钟周期根据 *enable* 信号有条件地执行寄存器传输操作(*count* <= *count* + 1)。第二种方法是把计数器划分成独立的数据通路和控制单元，如图7.3中 *Binary_Counter_Arch* 所示，它有专门的数据通路结构。

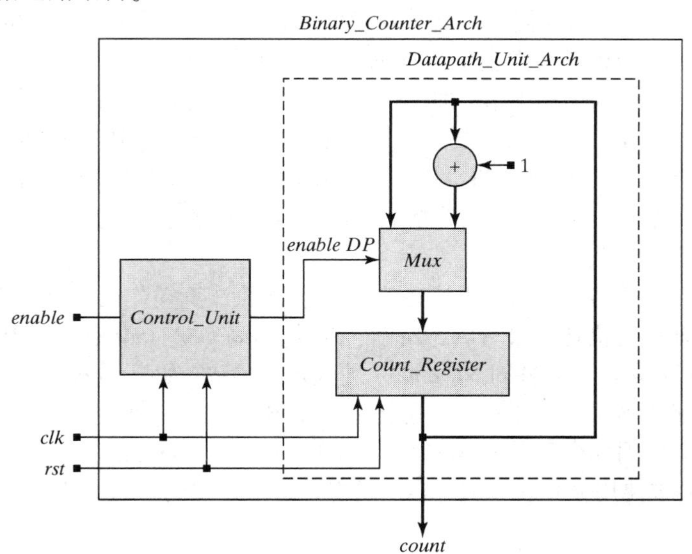

图7.3 4位二进制同步计数器的结构

① 更复杂的状态机可能使用多个时钟来同步状态机的部分行为。

② 见例5.41。

数据通路中的功能单元包括：(1)4 位寄存器用于保存计数值；(2)多路复用器用于选择将原计数值或将原计数值加 1 后送给寄存器；(3)4 位加法器用于计数值加 1。当使能信号 *enable* 有效时计数器开始计数，复位信号 *rst* 有效时则忽略其他动作并将计数值复位为0000_2。当计数器开始计数和继续计数时，输入 *rst* 必须为无效，而 *enable* 必须有效。这个简单计数器的控制器直接把输入 *enable* 作为 *enable_DP* 信号传送到数据通路。图 7.3 所示的 *clk* 信号和 *rst* 信号用于实现更通用计数器的控制器[①]。

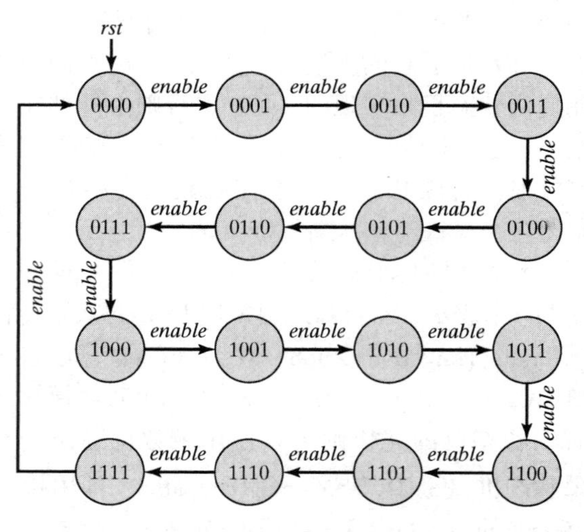

图 7.4　4 位二进制同步计数器的简化 STG 图

下面考虑第三种等价结构，该结构中计数器本身是一个含有状态 *count*(计数器内容)以及输入信号 *enable*、*clk* 和 *rst* 的显式状态机 *Binary_Counter_STG*。该状态机的简化 STG 如图 7.4 所示，*count* 作为状态标识标注在每一节点内(复位及 *enable* 无效时返回到当前状态的弧线没有画出)。STG 可以用来设计具有两个周期行为的显式状态机，一个用来定义下一状态/输出的组合逻辑，另一个用来同步状态转移。注意，这种计数器/状态机设计方法不太常用，因为状态图的大小会随数据通路宽度的增加而变大。通常，数据通路寄存器的状态数要比控制器状态数多得多。对设计进行划分可以不再考虑数据通路寄存器的状态，而只需考虑反馈到控制器的状态信号(如使用一个状态信号来表示 *count* 值)。

上述关于 4 位二进制计数器的三种设计方法说明了怎样通过将一个时序电路划分为数据通路和控制器来减少状态数，从而设计并简化状态机中的控制器。由于该状态机结构简单，其行为级模型的编写和综合也比较容易；但在处理更复杂状态机的设计时，除非将整个状态机划分成数据通路和控制器，否则将很不方便。在这个例子中，隐式状态机采用最简单的描述：它将数据通路操作表示为基于语言的算子并省去了数据通路上的具体结构细节，将其留给了综合工具。设计划分后的电路包含详细的结构细节，即简单的控制器和数据通路，并且数据通路中寄存器的状态不会影响设计。基于 STG 的方法则要求给出详细的状态转移图，因其描述的是 *count* 寄存器的状态而得到一个有 16 个状态的状态机。因为对数据通路宽度的简单调整都将导致控制器的重新设计，STG 方法并不具有吸引力。在同等功能不同结构的电路之间选择时权衡[②] Verilog 模型和综合硬件的相对复杂性。

设计 4 位二进制计数器的另一种方法是基于计数器的计算动作的。这种电路通过将 ASM 图和数据通路操作混合进行描述，如图 7.5 所示，*Binary_Counter_ASM* 有一个状态 *S-running*[③]。在每个时钟周期，检测 *enable* 信号并对 *S-running* 进行状态转移；如果 *enable* 信号有效，则执行使计数值增加的条件寄存器操作，同时发生状态转移。ASM 图描述了更为复杂的计数器和用其他方式控制寄存器操作的单周期电路的行为动作。例如，函数 *next-count* 能够描述 Johnson 计数器[④]。注意，这种描述不要求使用显式状态寄存器，因为它始终处在同一状态中。实际上，它属于上述

① 见本章末的习题 4。

② 见本章末的习题 10 和习题 11。

③ 这个状态机实际与上面提到的 *Binary_Counter_Imp* 是一样的。

④ 见第 5 章习题 17。

的隐式状态机。应该避免这种将数据通路操作和 ASM 图混合的行为，因为：(1)控制数据通路操作的信号未明确定义；(2)此行为可能因将数据通路操作视为控制器的一部分而造成混淆。控制单元与数据通路单元间应有更清晰的界定。

设计二进制计数器的第五种方法是把状态机划分成控制器和数据通路，但数据通路将设计成寄存器传输级(RTL，Register Transfer Level)行为模型而不是结构模型(如图 7.3 那种形式)。这种方法将控制器的设计和数据通路的设计(与综合)分离开，且简化了数据通路的描述。

把确定数据将会发生什么变化的单元和决定什么时候会发生变化的单元划分开来。这种风格对本计数器设计来说似乎没有必要(事实也的确如此)，但是对更复杂的状态机的成功设计和综合则非常关键，并且这种设计风格也很容易用 Verilog 实现。图 7.6 给出了 *Binary_Counter_Part_RTL* 的 ASMD 图，计数器被划分成由信号 *enable_DP* 联系的数据通路和控制器。模型中的控制器将 *enable* 信号传递到数据通路。控制器的状态机仅包含传送逻辑(通常，仅含有组合逻辑的控制器可以归入数据通路从而构成一个隐含状态机)。ASM 图明确了控制器的输入和输出，并标注由输出信号引起的寄存器操作。例如，Mealy 型输出信号 *enable_DP* 控制操作 *count <= next_count* 的执行。此操作在导致状态转移的时钟沿执行。

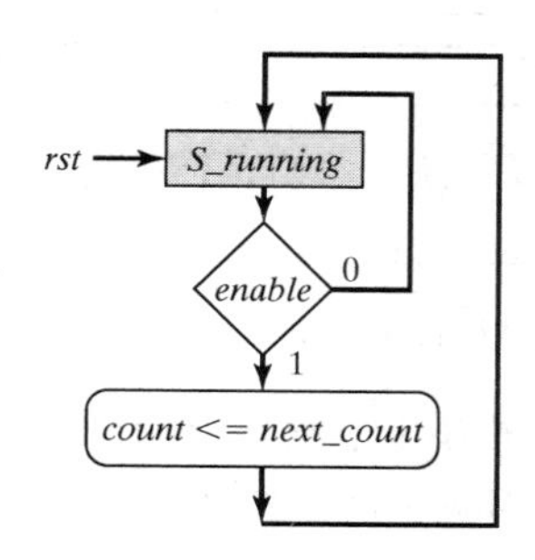

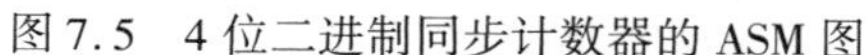
图 7.5　4 位二进制同步计数器的 ASM 图

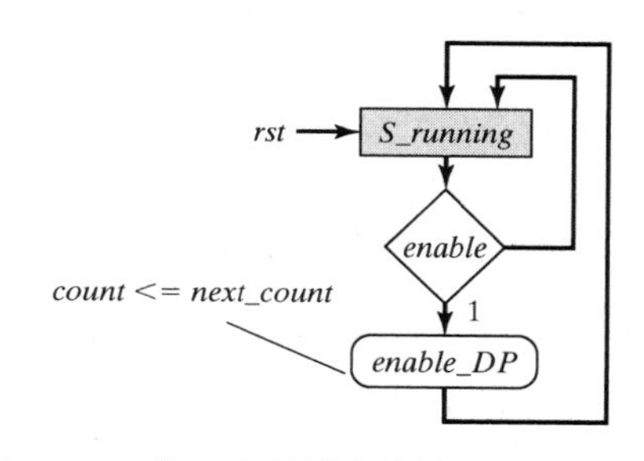

图 7.6　4 位二进制同步计数器的 ASMD 图
(由状态机控制的数据通路单元)

例 7.1　用 Verilog 描述的 *Binary_Counter_Part_RTL* 有两个嵌套模块：*Control_Unit* 和 *Datapath_Unit*。数据通路的实现代码可灵活地用于其他计数器，且独立于控制器①。

图 7.7 给出的仿真结果表明，计数器在 *enable* 有效后的第一个 *clk* 上升沿开始计数，并在 *enable* 有效期间持续计数，*enable* 赋值给 *enable_DP*。状态机在复位状态下恢复初值。

```
module Binary_Counter_Part_RTL #(parameter size =4) (
 output [size -1: 0]        count,
 input                      enable,
 input                      clk, rst
);
 wire                       enable_DP;

 Control_Unit M0_Controller (enable_DP, enable, clk, rst);
 Datapath_Unit M1_Datapath (count, enable_DP, clk, rst);
endmodule

module Control_Unit (output enable_DP, input enable, clk, rst);  // clk, reset not needed
  assign enable_DP = enable;
endmodule
```

① 这里举例说明控制器和数据通路对应的描述性模块实例名(*M0_Controller*，*M1_Datapath*)的应用。这些名称将明确地出现在仿真或综合工具显示的设计层次里，方便定位信号。然而，简单的例子中会采用较简单的名称(如 *M0* 和 *M1*)。

```
module Datapath_Unit #(parameter size = 4)(
  output reg [size-1: 0]      count,
  input                       enable,
  input                       clk, rst
);

  always @ (posedge clk)
    if (rst == 1) count <= 0;
      else if (enable == 1) count <= next_count(count);

  function        [size-1: 0]          next_count;
    input         [size-1: 0]          count;
    begin
      next_count = count + 1;
    end
  endfunction
endmodule
```

图 7.7 (状态机控制的)4 位二进制同步计数器 *Binary_Counter_RTL* 的仿真结果

下面重新设计计数器 *Binary_Counter_Part_RTL_by_3*，实现每 3 个时钟周期计 1 次数的功能。这里仅需要改变控制器设计。一种方法是用下面所示的隐式 Moore 状态机对控制器建模，其仿真结果如图 7.8 所示。

```
module Control_Unit_by_3 (output reg enable_DP, input enable, clk, rst);
  always begin: Cycle_by_3
    @ (posedge clk) enable_DP <= 0;
    if ((rst == 1) || (enable != 1)) disable Cycle_by_3; else
      @ (posedge clk)
      if ((rst == 1) || (enable != 1)) disable Cycle_by_3; else
        @ (posedge clk)
        if ((rst == 1) || (enable != 1)) disable Cycle_by_3;
        else enable_DP <= 1;
  end // Cycle_by_3
endmodule
```

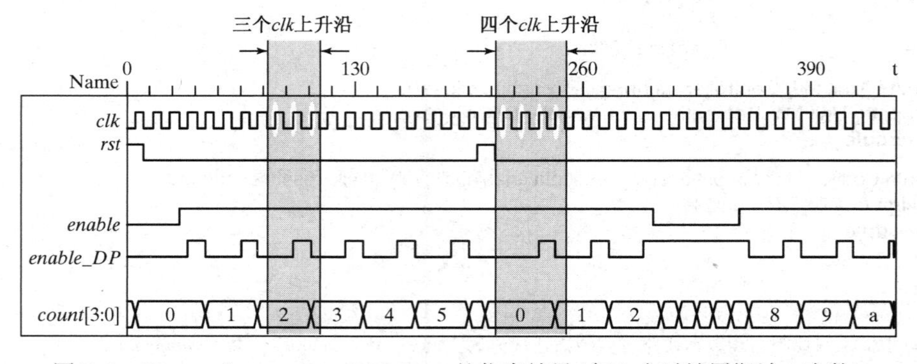

图 7.8 *Binary_Counter_Part_RTL_by_3* 的仿真结果(每 3 个时钟周期计 1 次数)

修改后的 Verilog 模块 *Binary_Counter_Part_RTL_by_3* 是可综合的。希望能用两个触发器来实现控制器的隐式状态机，因为状态是经过3个时钟周期形成的。在数据通路中可用1个触发器来寄存 *enable_DP*，而用4个触发器来实现保存 *count* 的寄存器。图7.9给出的综合结果说明了控制器中的资源使用情况。然而 *Binary_Counter_Part_RTL_by_3* 的后综合仍存在问题①。

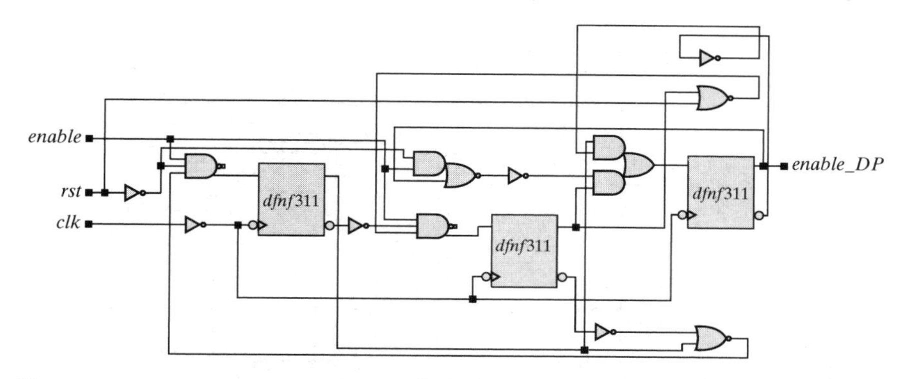

图7.9 *Binary_Counter_Part_RTL_by_3* 控制单元 *Count_Unit_by_3* 的综合结果(划分成控制器和数据通路的4位二进制计数器，每3个时钟周期计1次数)

7.3 RISC 存储程序机的设计与综合

精简指令集计算机(RISC)指令集小，时钟周期短，每条指令的执行周期数少。RISC 机优化后可以实现高效的指令流水线操作[2]。本节将构建一个简单的 RISC 机。本书相关网站(www.pearsonhighered.com/ciletti)上提供了该电路的源代码以及方便学生开发程序的编译器。也可以将该状态机作为学习各种派生架构和更健壮指令集的开发应用的起点。

设计者需要权衡选择一个适用于应用的架构。架构选定后，还需要找到一个满足指标(速度)的电路设计并进行综合实现。在这个过程中，用于系统建模并能被综合工具理解的硬件描述语言(HDL, Hardware Description Language)起了至关重要的作用。

图7.10给出了一个简单 RISC 的总体架构作为例子。*RISC_SPM* 是一个 RISC 架构的存储程序机(SPM, Stored-Program Machine)[3,4]——其指令包含在存储器中的程序里。

该电路包括三个功能单元：处理器(数据通路)、控制器和存储器。程序指令及数据存放在存储器中。程序执行时同步地进行指令读取、译码和执行：(1)对 ALU 中的数据进行操作；(2)修改寄存器的内容；(3)修改程序计数器(*PC*)；指令寄存器(*IR*)和地址寄存器(*ADD_R*)的内容；(4)修改存储单元的内容；(5)获取存储器中的数据和指令；(6)控制系统总线上的数据传送。其中，指令寄存器 *IR* 用于存放当前正在执行的指令，程序计数器 *PC* 用于存放下一条将要执行指令的存储地址，而地址寄存器 *ADD_R* 则用于保存下一个将要读/写的存储单元地址。

7.3.1 RISC SPM：处理器

处理器包括寄存器、数据通路、控制信号和 ALU，ALU 能根据指令寄存器中存放的操作码对操作数进行算术、逻辑运算。多路复用器 *Mux_1* 决定送往 *Bus_1* 的数据源，*Mux_2* 决定送往 *Bus_2* 的数据源。*Mux_1* 的输入来自四个内部通用寄存器(*R0*、*R1*、*R2*、*R3*)和程序计数器 *PC*。*Bus_1* 上的内容可以被送至 ALU、存储器或者 *Bus_2*(经由 *Mux_2*)。*Mux_2* 的输入来自 ALU、*Mux_1* 和

① 见本章末的习题10。

存储单元。这样，从存储器中取出的指令可以经由 *Bus_2* 装入指令寄存器；从存储器中取出的字数据在送入 ALU 进行操作之前可先存入；通用寄存器或操作数寄存器(*Reg_Y*)算术逻辑运算的结果可以经由 *Bus_2* 装入寄存器，再写入存储器中。专用寄存器(*Reg_Z*)用于标识 ALU 的操作结果是否为 0①。

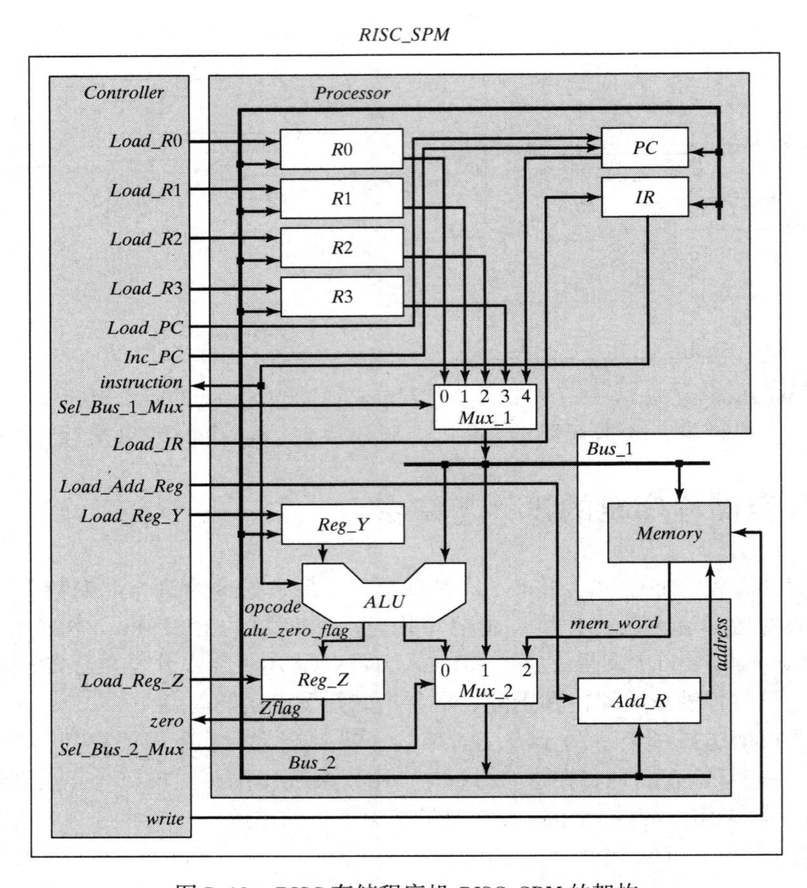

图 7.10　RISC 存储程序机 *RISC_SPM* 的架构

7.3.2　RISC SPM：ALU

本例中，ALU 有两个操作数(数据通路)——*data*_1 和 *data*_2，且指令集包含的内容如下：

指令	**操作**
ADD	两个数据相加得到 *data*_1 + *data*_2
SUB	两个数据相减得到 *data*_1 - *data*_2
AND	两个数据位与得到 *data*_1 & *data*_2
NOT	数据 *data*_1 按位求反

7.3.3　RISC SPM：控制器

RISC 机的所有动作时序都由控制器决定。控制器根据当前指令把数据送到合适的目的地。因此控制器的设计严重依赖于 ALU 性能、数据通路资源和可用时钟方案。本例将使用单时钟，

① 该功能可用于监控循环次数。

并只在时钟的某个边沿(如上升沿)开始操作。控制器监控处理器状态和执行的指令，并决定控制信号的值。控制器的输入是指令字和 ALU 的零标志。控制器的输出信号定义如下：

控制信号	操作
Load_Add_flag	加载地址寄存器
Load_PC	将 *Bus_2* 上的内容写入程序计数器 *PC*
Load_IR	将 *Bus_2* 上的内容写入指令寄存器 *IR*
Inc_PC	程序计数器 *PC* 自加 1
Sel_Bus_1_Mux	选择 *PC*、*R0*、*R1*、*R2* 或 *R3* 中的一个作为源驱动 *Bus_1*
Sel_Bus_2_Mux	选择 *Alu_out*、*Bus_1* 或存储单元中的一个作为源驱动 *Bus_2*
Load_R0	加载通用寄存器 *R0*
Load_R1	加载通用寄存器 *R1*
Load_R2	加载通用寄存器 *R2*
Load_R3	加载通用寄存器 *R3*
Load_Reg_Y	将 *Bus_2* 上的内容写入寄存器 *Reg_Y*
Load_Reg_Z	将 ALU 的输出写入寄存器 *Reg_Z*
Write	将 *Bus_1* 上的内容写入由地址寄存器指定的存储单元

控制器的作用包括：(1)决定何时装载寄存器；(2)控制多路复用器选择数据通路；(3)决定何时将数据写入存储器；(4)控制三态总线。

7.3.4 RISC SPM：指令集

RISC 机由存储器中的由指令序列组成的机器语言程序控制。因此，除了机器架构，控制器的设计还依赖于处理器指令集(即程序执行的指令)。机器语言程序由 8 位(字节)的存储序列构成。*RISC_SPM* 的指令可长可短，由可执行的操作决定。

短指令格式如图 7.11(a)所示。每条短指令需要 1 个字节存储。该字节包括 4 位操作码、2 位源寄存器地址和 2 位目的寄存器地址。而长指令需要 2 个字节存储：第 1 个字节包含 4 位操作码，余下 4 位用来指定源和目的寄存器的地址，由指令决定；第 2 个字节用于存放指令所需存储器操作数的地址。图 7.11(b)给出了 2 字节格式的长指令。

操作码				源		目的	
0	0	1	0	0	1	1	0

(a)

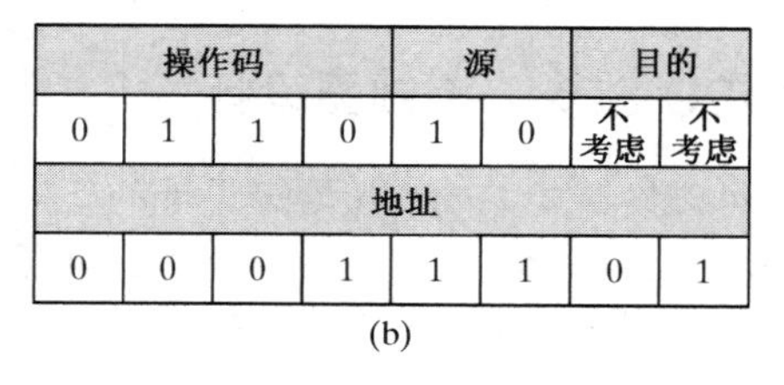

操作码				源		目的	
0	1	1	0	1	0	不考虑	不考虑
地址							
0	0	0	1	1	1	0	1

(b)

图 7.11　指令格式：(a)短指令；(b)长指令

指令助记符及其操作定义如下：

单字节指令	操作
NOP	不执行任何操作；寄存器保持原值，源及目的寄存器的地址无效。
ADD	源和目的寄存器中的内容相加，并将结果保存到目的寄存器。
AND	源和目的寄存器中的内容按位与，并将结果保存到目的寄存器。
NOT	源寄存器中的内容按位取反，并将结果保存到目的寄存器。
SUB	源和目的寄存器中的内容相减，并将结果保存到目的寄存器。

两字节指令	**操作**
RD	从第 2 字节(地址)指定的存储单元中取出操作数再存入目的寄存器。忽略源寄存器地址位(即不使用源寄存器地址位)。
WR	将源寄存器中的内容写入第 2 字节(地址)指定的存储单元中。忽略目的寄存器地址位(即不使用目的寄存器地址位)。
BR	将第 2 字节(地址)所指存储单元中的内容装入程序计数器 *PC*,实现分支跳转。忽略源和目的寄存器地址位(即不使用源和目的寄存器地址位)。
BRZ	当零标志位有效时,将第 2 字节(地址)所指存储单元中的内容装入程序计数器 *PC*,实现分支跳转。

表 7.1 对 *RISC_SPM* 指令集进行了总结。

表 7.1　*RISC_SPM* 指令集

指　　令	指令字			操　　作
	操作码	源(src)	目的(dest)	
NOP	0000	??	??	无
ADD	0001	src	dest	dest 6 = src + dest
SUB	0010	src	dest	dest 6 = dest - src
AND	0011	src	dest	dest 6 = src & dest
NOT	0100	src	dest	dest 6 = ~src
RD *	0101	??	dest	dest 6 = memory [Add_R]
WR *	0110	src	??	memory [Add_R] 6 = src
BR *	0111	??	??	PC 6 = memory [Add_R]
BRZ *	1000	??	??	PC 6 = memory [Add_R]
HALT	1111	??	??	停止执行直到复位

* 需要第二个数据字; ? 表示不考虑

程序计数器 *PC* 用于保存将要执行的下一条指令的地址。当外部复位有效时, *PC* 被清 0, 这表示第一条将要执行的指令存放在存储器底部。对单周期指令来说, 在时钟有效沿 *PC* 所指存储单元中的指令将装入 *IR* 且 *PC* 加 1。指令译码器决定了数据通路和 ALU 的最终动作。两字节长指令的执行需要一个额外的时钟周期, *PC* 所指存储单元中的第 2 个(指令)字节在第 2 个执行周期被读入后, 才能完成该指令的执行。在双周期执行过程中, ALU 中的暂存数据无意义。

7.3.5　RISC SPM: 控制器设计

控制器可以设计成 FSM, 在给定设计的架构、指令集及时钟方案后, 还必须定义状态。这可以通过确定指令执行时必须完成什么样的动作来实现。下面将使用 ASM 图来描述 *RISC_SPM* 机的动作, 并清晰地说明在指令支配下状态机怎样进行操作。

状态机有三个操作阶段: 取指、译码和执行。取指阶段负责从存储器中获取指令, 译码阶段负责解释指令、控制数据通路和加载寄存器, 执行阶段则将产生指令结果。取指阶段需要两个时钟周期, 一个时钟周期用来加载地址寄存器, 另一个时钟周期用来从存储器中得到给定地址的数据。译码阶段在一个时钟周期内完成。执行阶段根据所执行的指令的不同可能需要 0、1 或 2 个额外的时钟周期: *NOT* 指令的执行可在译码周期内同时完成; 单字节指令, 如 *ADD*, 需要用一个时钟周期来执行并将结果写入目的寄存器, 源寄存器则在译码阶段进行加载; 2 字节指令(如 *RD*)的执行需要两个时钟周期——一个时钟周期把指令的第 2 字节载入地址寄存器, 另一个时钟周期用来从该地址指定的存储器中得到数据, 并将其载入目的寄存器。*RISC_SPM* 的控制器有 11 个状态。各状态中产生的控制行为如下所列。

S_idle	复位有效时进入该状态，不执行任何操作。
*S_fet*1	将 *PC* 的内容载入地址寄存器。(注：复位操作会将 *PC* 初始化为起始地址。) 复位无效后的第一个有效时钟进入该状态；*NOP* 指令译码后也即进入该状态。
*S_fet*2	将地址寄存器指定单元的内容载入指令寄存器，并使 *PC* 加 1 后指向存储器下一个地址，以便取出下一个指令或数据。
S_dec	对 *IR* 的内容进行译码，产生控制数据通路和寄存器传输的信号。
*S_ex*1	对单字节指令，执行 ALU 操作，设置零标志，并将结果载入目的寄存器。
*S_rd*1	将 *RD* 指令的第 2 字节装入地址寄存器，并使 *PC* 加 1。
*S_rd*2	将 *S_rdl* 状态下加载地址指定的存储单元内容写入目的寄存器。
*S_wr*1	将 *WR* 指令的第 2 字节载入地址寄存器，并使 *PC* 加 1。
*S_wr*2	将源寄存器的内容写入 *S_wrl* 状态下加载地址指定的存储单元。
*S_br*1	将 *BR* 指令的第 2 字节载入地址寄存器，并使 *PC* 加 1。
*S_br*2	将 *S_brl* 状态下加载地址指定的存储单元内容写入 *PC*。
S_halt	发生指令无效异常(trap)时进入的默认状态。

RISC_SPM 控制器部分的 ASM 如图 7.12 所示，为了清楚起见，对状态进行了编号。完成 ASM 图的创建后，设计者可以根据给定架构编写整个 RISC 机的 Verilog 描述。该过程按下列步骤展开：首先根据 RISC 机划分对各功能单元进行声明；接着定义端口和变量，并进行语法检查；然后对各个单元进行描述、调试和验证；最后整合设计并进行功能验证。

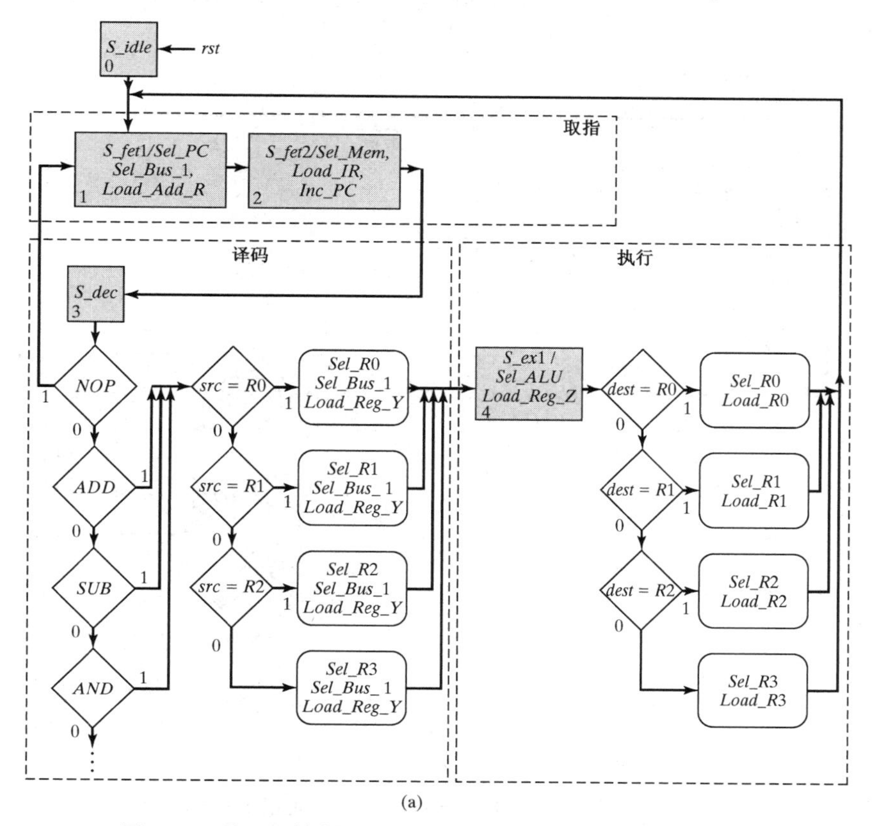

(a)

图 7.12　处理机控制器的 ASM 图，可实现指令集：(a) *NOP*, *ADD*, *SUB*, *AN*; (b) *RD*; (c) *WR*; (d) *NOT*; (e) *BR*, *BRZ*

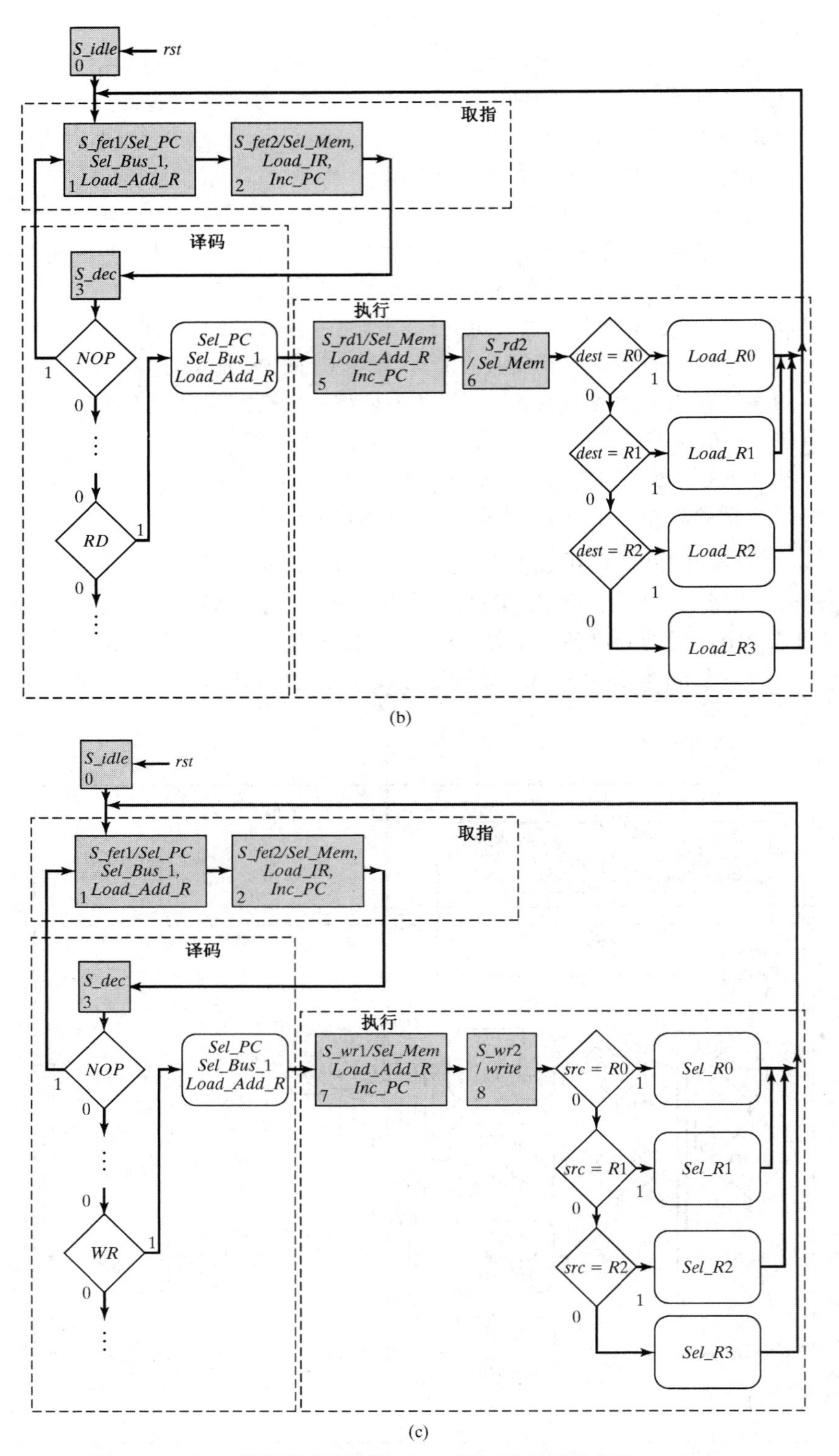

图 7.12(续) 处理机控制器的 ASM 图，可实现指令集：(a)*NOP*, *ADD*,*SUB*,*AN*;(b)*RD*;(c)*WR*;(d)*NOT*;(e)*BR*,*BRZ*

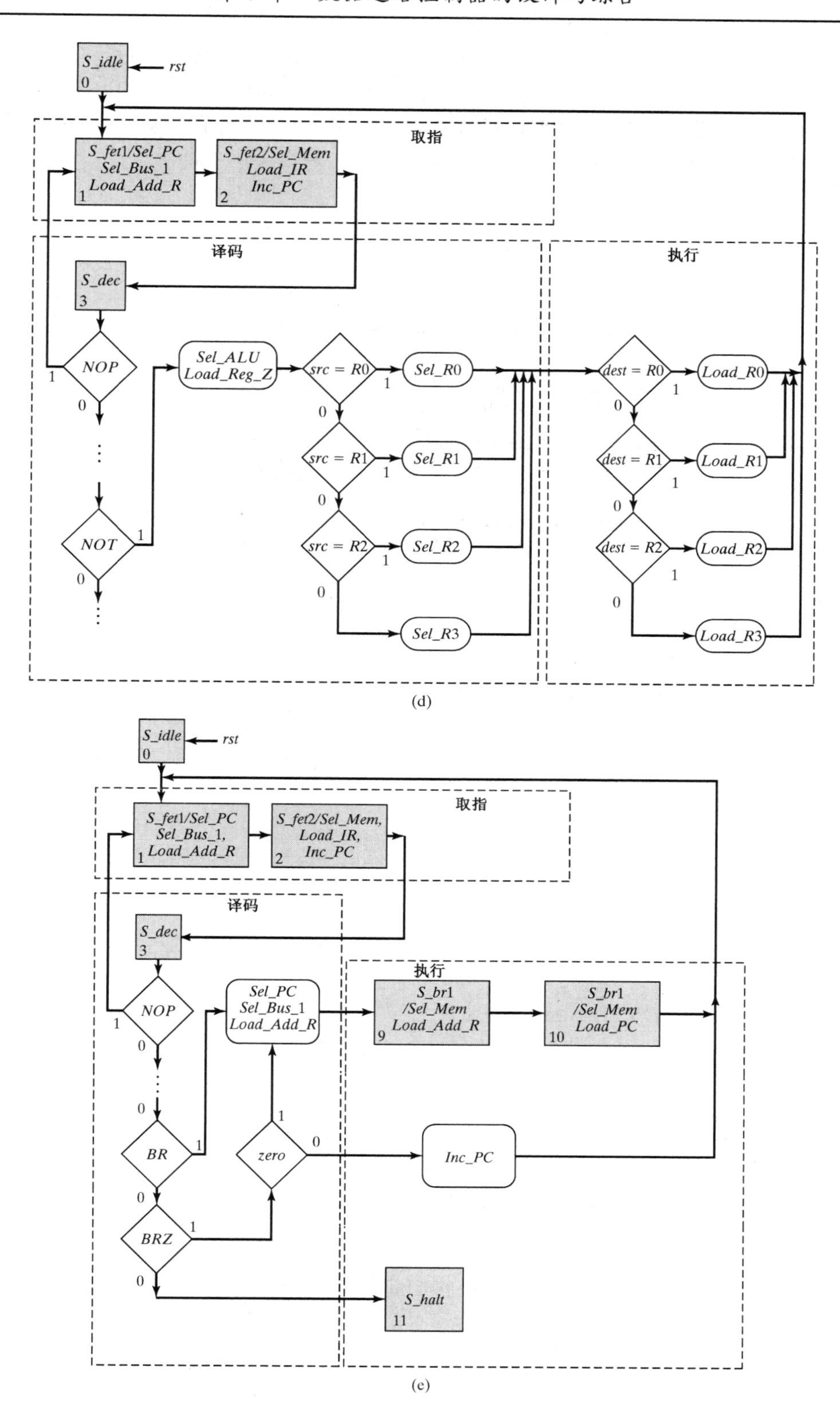

图7.12(续)　处理机控制器的ASM图，可实现指令集：(a)*NOP*, *ADD*, *SUB*, *AN*；(b)*RD*；(c)*WR*；(d)*NOT*；(e)*BR*, *BRZ*

最先给出的是 Verilog 的顶层模块 *RISC_SPM*, 对图 7.10 中的各个模块进行整合。实例化三个模块 *Processing_Unit*、*Control_Unit* 和 *Memory_Unit* 实例名分别为 *M0_Processor*、*M1_Controller* 和 *M2_Mem*, 这三个结构/功能单元之间的数据通路结构(尺寸)参数也在层次里的这个阶段进行声明。

```
module RISC_SPM #(parameter word_size = 8, Sel1_size = 3, Sel2_size = 2)(
 input clk, rst
);

 // Data Nets
 wire [Sel1_size -1: 0] Sel_Bus_1_Mux;
 wire [Sel2_size -1: 0] Sel_Bus_2_Mux;
 wire zero;
 wire [word_size -1: 0] instruction, address, Bus_1, mem_word;

// Control Nets
 wire     Load_R0, Load_R1, Load_R2, Load_R3, Load_PC, Inc_PC, Load_IR,
          Load_Add_R, Load_Reg_Y, Load_Reg_Z, write;

 Processing_Unit M0_Processor (instruction, address, Bus_1, zero, mem_word,
  Load_R0, Load_R1, Load_R2, Load_R3, Load_PC, Inc_PC, Sel_Bus_1_Mux,
   Sel_Bus_2_Mux, Load_IR, Load_Add_R, Load_Reg_Y, Load_Reg_Z, clk, rst);

 Control_Unit M1_Controller (Sel_Bus_2_Mux, Sel_Bus_1_Mux, Load_R0,
  Load_R1, Load_R2, Load_R3, Load_PC, Inc_PC, Load_IR, Load_Add_R,
   Load_Reg_Y, Load_Reg_Z, write, instruction, zero, clk, rst);

 Memory_Unit M2_MEM (
  .data_out(mem_word),
  .data_in(Bus_1),
  .address(address),
  .clk(clk),
  .write(write) );
endmodule
```

处理器的 Verilog 模型描述图 7.10 所示的功能单元的结构、寄存器操作和数据通路操作。该处理器例化的其他几个模块也必须加以声明。

```
module Processing_Unit #(parameter
  word_size = 8, op_size = 4, Sel1_size = 3, Sel2_size = 2)(
  output [word_size -1: 0]    instruction, address, Bus_1,
  output                      Zflag,
  input [word_size -1: 0]     mem_word,
  input                       Load_R0, Load_R1, Load_R2, Load_R3, Load_PC,
                               Inc_PC,
  input [Sel1_size -1: 0]     Sel_Bus_1_Mux,
  input [Sel2_size -1: 0]     Sel_Bus_2_Mux,
  input                       Load_IR, Load_Add_R, Load_Reg_Y, Load_Reg_Z,
  input                       clk, rst
 );

  wire [word_size -1: 0]      Bus_2;
  wire [word_size -1: 0]      R0_out, R1_out, R2_out, R3_out;
  wire [word_size -1: 0]      PC_count, Y_value, alu_out;
  wire                        alu_zero_flag;
  wire [op_size -1 : 0]       opcode = instruction [word_size-1: word_size-op_size];

  Register_Unit               R0        (R0_out, Bus_2, Load_R0, clk, rst);
  Register_Unit               R1        (R1_out, Bus_2, Load_R1, clk, rst);
  Register_Unit               R2        (R2_out, Bus_2, Load_R2, clk, rst);
  Register_Unit               R3        (R3_out, Bus_2, Load_R3, clk, rst);
  Register_Unit               Reg_Y     (Y_value, Bus_2, Load_Reg_Y, clk, rst);
  D_flop                      Reg_Z     (Zflag, alu_zero_flag, Load_Reg_Z,
                                          clk, rst);
  Address_Register            Add_R     (address, Bus_2, Load_Add_R, clk, rst);
  Instruction_Register        IR        (instruction, Bus_2, Load_IR, clk, rst);
  Program_Counter             PC        (PC_count, Bus_2, Load_PC, Inc_PC,
                                          clk, rst);
```

```
  Multiplexer_5ch          Mux_1       (Bus_1, R0_out, R1_out, R2_out,
                                         R3_out, PC_count,
                                       Sel_Bus_1_Mux);
  Multiplexer_3ch          Mux_2       (Bus_2, alu_out, Bus_1, mem_word,
                                       Sel_Bus_2_Mux);
  Alu_RISC                 ALU         (alu_out, alu_zero_flag, Y_value, Bus_1,
                                         opcode);
endmodule

module Register_Unit #(parameter word_size = 8) (
  output reg [word_size-1: 0]  data_out,
  input [word_size -1: 0]      data_in,
  input                        load, clk, rst
);
  always @ (posedge clk, negedge rst)
   if (rst == 1'b0) data_out <= 0; else if (load) data_out <= data_in;
endmodule

module D_flop (output reg data_out, input data_in, load, clk, rst);
  always @ (posedge clk, negedge rst)
   if (rst == 1'b0) data_out <= 0; else if (load == 1'b1) data_out <= data_in;
endmodule

module Address_Register #(parameter word_size = 8)(
  output reg     [word_size -1: 0]  data_out,
  input          [word_size -1: 0]  data_in,
  input                             load, clk, rst

);
  always @ (posedge clk, negedge rst)
   if (rst == 1'b0) data_out <= 0; else if (load == 1'b1) data_out <= data_in;
endmodule

module Instruction_Register #(parameter word_size = 8)(
  output reg     [word_size -1: 0]  data_out,
  input          [word_size -1: 0]  data_in,
  input                             load, clk, rst
);
  always @ (posedge clk, negedge rst)
   if (rst == 1'b0) data_out <= 0; else if (load == 1'b1) data_out <= data_in;
endmodule

module Program_Counter #(parameter word_size = 8)(
  output reg     [word_size -1: 0]  count,
  input          [word_size -1: 0]  data_in,
  input                             Load_PC, Inc_PC,
  input                             clk, rst
);

  always @ (posedge clk, negedge rst)
    if (rst == 1'b0) count <= 0;
      else if (Load_PC == 1'b1) count <= data_in;
        else if (Inc_PC == 1'b1) count <= count +1;
endmodule

module Multiplexer_5ch #(parameter word_size = 8)(
  output   [word_size -1: 0]          mux_out,
  input    [word_size -1: 0]          data_a, data_b, data_c, data_d, data_e,
  input    [2: 0]                     sel
);
  assign mux_out = (sel == 0)         ? data_a: (sel == 1)
                                      ? data_b : (sel == 2)
                                      ? data_c: (sel == 3)
                                      ? data_d : (sel == 4)
                                      ? data_e : 'bx;
```

```
endmodule

module Multiplexer_3ch #(parameter word_size = 8)(
 output              [word_size -1: 0]  mux_out,
 input               [word_size -1: 0]  data_a, data_b, data_c,
 input               [1: 0]             sel
);
 assign mux_out = (sel == 0) ? data_a: (sel == 1) ? data_b : (sel == 2) ? data_c: 'bx;
endmodule
```

ALU 被描述为电平敏感的组合逻辑，这个周期操作只要数据通路或选择总线发生变化就会被激活。使用参数可以增强可读性，并减少代码编写错误的可能性。

```
/*ALU Instruction         Action
ADD                       Adds the datapaths to form data_1 + data_2.
SUB                       Subtracts the datapaths to form data_1 - data_2.
AND                       Takes the bitwise-and of the datapaths, data_1 & data_2.
NOT                       Takes the bitwise Boolean complement of data_1.
*/
// Note: the carries are ignored in this model.
module Alu_RISC #(parameter word_size = 8,op_size = 4,
 // Opcodes
 NOP    = 4'b0000,
 ADD    = 4'b0001,
 SUB    = 4'b0010,
 AND    = 4'b0011,
 NOT    = 4'b0100,
 RD     = 4'b0101,
 WR     = 4'b0110,
 BR     = 4'b0111,
 BRZ    = 4'b1000
)(
 output reg  [word_size-1: 0]     alu_out,
 output                           alu_zero_flag,
 input       [word_size -1: 0]    data_1, data_2,
 input       [op_size -1: 0]      sel
);
 assign alu_zero_flag = ~|alu_out;
 always@ (sel,data_1,data_2)
  case (sel)
   NOP:         alu_out = 0;
   ADD:         alu_out = data_1 + data_2; // Reg_Y + Bus_1
   SUB:         alu_out = data_2 - data_1;
   AND:         alu_out = data_1 & data_2;
   NOT:         alu_out = ~ data_2;              // Gets data from Bus_1
   default:     alu_out = 0;
  endcase
endmodule
```

规模庞大的控制器可以根据图 7.12 所示的 ASM 图进行简单设计。首先需要声明端口和变量，然后使用由条件操作码(? …:)表示的嵌套连续赋值语句来描述多路复用器。这里使用了两种周期行为：电平敏感行为用来描述输出信号和下一状态的组合逻辑，边沿敏感行为用来同步时钟变化。

```
module Control_Unit #(parameter
 word_size = 8, op_size = 4, state_size = 4,
 src_size = 2, dest_size = 2, Sel1_size = 3, Sel2_size = 2)(
 output [Sel2_size -1: 0] Sel_Bus_2_Mux,
 output [Sel1_size-1: 0] Sel_Bus_1_Mux,
 output reg Load_R0, Load_R1, Load_R2, Load_R3,Load_PC, Inc_PC,
           Load_IR, Load_Add_R, Load_Reg_Y, Load_Reg_Z, write,
 input [word_size -1: 0] instruction,
 input zero,clk, rst
);
```

```
// State Codes
  parameter S_idle = 0, S_fet1 = 1, S_fet2 = 2, S_dec = 3,
              S_ex1 = 4, S_rd1 = 5, S_rd2 = 6,
              S_wr1 = 7, S_wr2 = 8, S_br1 = 9, S_br2 = 10, S_halt = 11;
// Opcodes
  parameter NOP = 0, ADD = 1, SUB = 2, AND = 3, NOT = 4,RD = 5, WR = 6,
    BR = 7, BRZ = 8;
// Source and Destination Codes
  parameter R0 = 0, R1 = 1, R2 = 2, R3 = 3;
  reg [state_size-1: 0] state, next_state;
  reg Sel_ALU, Sel_Bus_1, Sel_Mem;
  reg Sel_R0, Sel_R1, Sel_R2, Sel_R3, Sel_PC;
  reg err_flag;
  wire [op_size -1: 0] opcode = instruction [word_size-1: word_size - op_size];
  wire [src_size -1: 0] src = instruction [src_size + dest_size -1: dest_size];
  wire [dest_size -1: 0] dest = instruction [dest_size -1: 0];
  // Mux selectors
  assign Sel_Bus_1_Mux[Sel1_size -1: 0] = Sel_R0 ? 0:
                                   Sel_R1 ? 1:
                                   Sel_R2 ? 2:
                                   Sel_R3 ? 3:
                                   Sel_PC ? 4: 3'bx; // 3-bits, sized number
  assign Sel_Bus_2_Mux[Sel2_size-1: 0] = Sel_ALU ? 0:
                                   Sel_Bus_1 ? 1:
                                   Sel_Mem ? 2: 2'bx;
  always @ (posedge clk, negedge rst) begin: State_transitions
   if (rst == 0) state <= S_idle; else state <= next_state; end
  /* always @ (state, instruction, zero) begin: Output_and_next_state
```

说明：上述敏感列表将导致错误操作。状态转移触发语句执行，接着指令(instruction)的变化会再次触发语句执行，但此时 opcode 的值不变。这样第二次看起来 opcode 仍保持 state 变化前的值，这使得状态 3 下的 *Sel_PC* = 0，于是下一时钟会返回到状态 1。最后 opcode 发生变化，但因其不在事件控制表达式中，不会再次触发语句执行。因此注意必须保证 opcode 在敏感列表中。这样最终动作将依据状态变化后的 opcode 值，并能得到正确的 Sel_PC 值。

```
*/
   always @ (state, opcode, src, dest, zero) begin: Output_and_next-state
    Sel_R0 = 0;  Sel_R1 = 0;   Sel_R2 = 0;          Sel_R3 = 0;      Sel_PC = 0;
    Load_R0 = 0; Load_R1 = 0;  Load_R2 = 0;         Load_R3 = 0;     Load_PC = 0;
    Load_IR = 0; Load_Add_R = 0; Load_Reg_Y = 0; Load_Reg_Z = 0;
    Inc_PC = 0;
    Sel_Bus_1 = 0;
    Sel_ALU = 0;
    Sel_Mem = 0;
    write = 0;
    err_flag = 0;        // Used for de-bug in simulation
    next_state = state;
     case (state)  S_idle:          next_state = S_fet1;
                   S_fet1:          begin
                                      next_state = S_fet2;
                                      Sel_PC = 1;
                                      Sel_Bus_1 = 1;
                                      Load_Add_R = 1;
                                     end
                   S_fet2:          begin
                                      next_state = S_dec;
                                      Sel_Mem = 1;
```

```
                Load_IR = 1;
                Inc_PC = 1;
              end
S_dec:        case (opcode)
              NOP: next_state = S_fet1;
              ADD, SUB, AND: begin
                next_state = S_ex1;
                Sel_Bus_1 = 1;
                Load_Reg_Y = 1;
                case (src)
                  R0:               Sel_R0 = 1;
                  R1:               Sel_R1 = 1;
                  R2:               Sel_R2 = 1;
                  R3:               Sel_R3 = 1;
                  default           err_flag = 1;
                endcase
              end // ADD, SUB, AND
              NOT: begin
                next_state = S_fet1;
                Load_Reg_Z = 1;
                Sel_ALU = 1;
                case (src)
                  R0:               Sel_R0 = 1;
                  R1:               Sel_R1 = 1;
                  R2:               Sel_R2 = 1;
                  R3:               Sel_R3 = 1;
                  default           err_flag = 1;
                endcase
              case (dest)
                  R0:               Load_R0 = 1;
                  R1:               Load_R1 = 1;
                  R2:               Load_R2 = 1;
                  R3:               Load_R3 = 1;
                  default           err_flag = 1;
                endcase
              end// NOT
              RD: begin
                next_state = S_rd1;
                Sel_PC = 1; Sel_Bus_1 = 1; Load_Add_R = 1;
              end // RD
              WR: begin
                next_state = S_wr1;
                Sel_PC = 1; Sel_Bus_1 = 1; Load_Add_R = 1;
              end // WR
              BR: begin
                next_state = S_br1;
                Sel_PC = 1; Sel_Bus_1 = 1; Load_Add_R = 1;
              end // BR
              BRZ: if (zero == 1) begin
                next_state = S_br1;
                Sel_PC = 1; Sel_Bus_1 = 1; Load_Add_R = 1;
              end // BRZ
              else begin
                next_state = S_fet1;
                Inc_PC = 1;
              end
              default: next_state = S_halt;
              endcase // (opcode)
S_ex1:        begin
                next_state = S_fet1;
                Load_Reg_Z = 1;
```

```
                    case (dest)
                      R0: begin Sel_R0 = 1; Load_R0 = 1;
                      R1: begin Sel_R1 = 1; Load_R1 = 1;
                      R2: begin Sel_R2 = 1; Load_R2 = 1;
                      R3: begin Sel_R3 = 1; Load_R3 = 1;
                      default: err_flag = 1;
                    endcase
                  end
        S_rd1:    begin
                    next_state = S_rd2;
                    Sel_Mem = 1;
                    Load_Add_R = 1;
                    Inc_PC = 1;
                  end
        S_wr1:    begin
                    next_state = S_wr2;
                    Sel_Mem = 1;
                    Load_Add_R = 1;
                    Inc_PC = 1;
                  end
        S_rd2:    begin
                    next_state = S_fet1;
                    Sel_Mem = 1;
                    case (dest)
                      R0:            Load_R0 = 1;
                      R1:            Load_R1 = 1;
                      R2:            Load_R2 = 1;
                      R3:            Load_R3 = 1;
                      default        err_flag = 1;
                    endcase
                  end
        S_wr2:    begin
                    next_state = S_fet1;
                    write = 1;
                    case (src)
                      R0:            Sel_R0 = 1;
                      R1:            Sel_R1 = 1;
                      R2:            Sel_R2 = 1;
                      R3:            Sel_R3 = 1;
                      default       err_flag = 1;
                    endcase
                  end
        S_br1:    begin next_state = S_br2; Sel_Mem = 1;
                   Load_Add_R = 1; end
        S_br2:    begin next_state = S_fet1; Sel_Mem = 1;
                   Load_PC = 1; end
        S_halt:   next_state = S_halt;
        default:  next_state = S_idle;
  endcase
 end
endmodule
```

为了简单起见，存储器单元用 D 触发器阵列描述。另一种方法是采用外部 SRAM。

```
module Memory_Unit #(parameter word_size = 8, memory_size = 256)(
 output [word_size -1: 0] data_out,
 input [word_size -1: 0] data_in,
 input [word_size -1: 0] address,
 input clk, write
);
 reg [word_size -1: 0] memory [memory_size-1: 0];

 assign data_out = memory[address];
 always @ (posedge clk)
 if (write) memory[address] <= data_in;
endmodule
```

7.3.6 RISC SPM：程序执行

下面给出 RISC SPM 程序执行①的验证平台。*test_RISC_SPM* 定义了用来显示存储器字数据的指针，使用一次性操作(initial)刷新存储器，并将小段程序和数据加载到存储器不同区域。该程序可执行以下操作：(1)读存储器并把数据加载到处理器的寄存器中；(2)执行减法修改循环计数；(3)在循环过程中将寄存器内容相加；(4)当循环指针为0时停止(halt状态)。程序执行结果如图7.13所示。

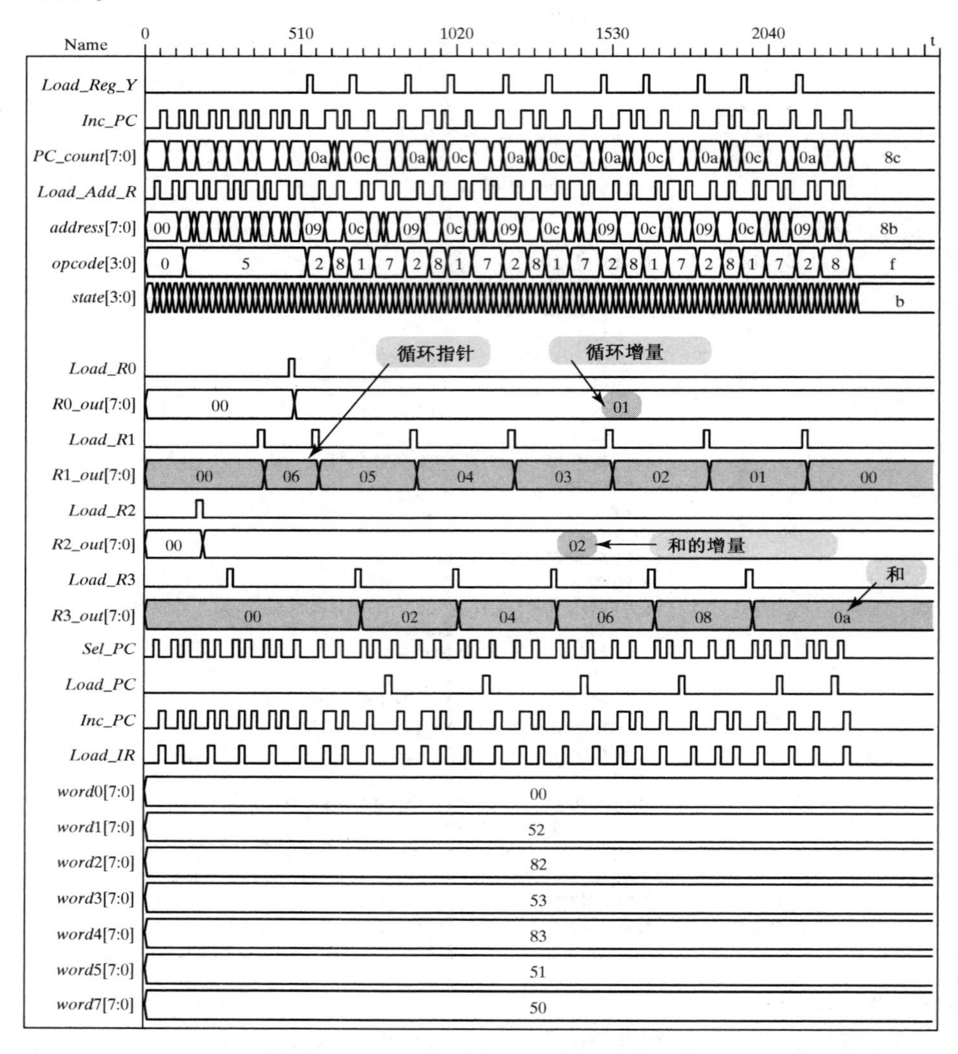

图 7.13 *RISC_SPM* 执行程序的仿真结果

```
module test_RISC_SPM #(parameter word_size = 8)();
  reg rst;
  wire clk;
  reg [8: 0] k;

  Clock_Unit M1 (clk);
  RISC_SPM M2 (clk, rst);
```

① 本书相关网站上给出的汇编器可用于处理器的嵌入式应用程序。

```
// define probes
 wire [word_size-1: 0]    word0, word1, word2, word3, word4, word5, word6,
                          word7, word8, word9, word10, word11, word12, word13,
                          word14,word128, word129, word130, word131, word132,
                          word133, word134, word135, word136, word137, word255,
                          word138, word139, word140;

 assign     word0 = M2.M2_MEM.memory[0],
            word1 = M2.M2_MEM.memory[1],
            word2 = M2.M2_MEM.memory[2],
            word3 = M2.M2_MEM.memory[3],

            word4 = M2.M2_MEM.memory[4],
            word5 = M2.M2_MEM.memory[5],
            word6 = M2.M2_MEM.memory[6],
            word7 = M2.M2_MEM.memory[7],
            word8 = M2.M2_MEM.memory[8],
            word9 = M2.M2_MEM.memory[9],
            word10 = M2.M2_MEM.memory[10],
            word11 = M2.M2_MEM.memory[11],
            word12 = M2.M2_MEM.memory[12],
            word13 = M2.M2_MEM.memory[13],
            word14 = M2.M2_MEM.memory[14],
            word128 = M2.M2_MEM.memory[128],
            word129 = M2.M2_MEM.memory[129],
            word130 = M2.M2_MEM.memory[130],
            word131 = M2.M2_MEM.memory[131],
            word132 = M2.M2_MEM.memory[132],
            word133 = M2.M2_MEM.memory[133],
            word134 = M2.M2_MEM.memory[134],
            word135 = M2.M2_MEM.memory[135],
            word136 = M2.M2_MEM.memory[136],
            word137 = M2.M2_MEM.memory[137],
            word138 = M2.M2_MEM.memory[138],
            word140 = M2.M2_MEM.memory[140],
            word255 = M2.M2_MEM.memory[255];
 initial #2800 $finish;

// Flush Memory
 initial begin: Flush_Memory
 #2 rst = 0; for (k=0; k<=255; k=k+1) M2.M2_MEM.memory[k] = 0; #10 rst = 1;
 end
 initial begin: Load_program
 #5
                                                    // opcode_src_dest
  M2.M2_MEM.memory[0] = 8'b0000_00_00;              // NOP
  M2.M2_MEM.memory[1] = 8'b0101_00_10;              // Read 130 to R2
  M2.M2_MEM.memory[2] = 130;
  M2.M2_MEM.memory[3] = 8'b0101_00_11;              // Read 131 to R3
  M2.M2_MEM.memory[4] = 131;
  M2.M2_MEM.memory[5] = 8'b0101_00_01;              // Read 128 to R1
  M2.M2_MEM.memory[6] = 128;
  M2.M2_MEM.memory[7] = 8'b0101_00_00;              // Read 129 to R0
  M2.M2_MEM.memory[8] = 129;
  M2.M2_MEM.memory[9] = 8'b0010_00_01;              // Sub R1-R0 to R1
  M2.M2_MEM.memory[10] = 8'b1000_00_00;             // BRZ
  M2.M2_MEM.memory[11] = 134;                       // Holds address for BRZ
  M2.M2_MEM.memory[12] = 8'b0001_10_11;             // Add R2+R3 to R3
  M2.M2_MEM.memory[13] = 8'b0111_00_11;             // BR
  M2.M2_MEM.memory[14] = 140;
  // Load data
  M2.M2_MEM.memory[128] = 6;
```

```
    M2.M2_MEM.memory[129] = 1;
    M2.M2_MEM.memory[130] = 2;
    M2.M2_MEM.memory[131] = 0;
    M2.M2_MEM.memory[134] = 139;
    M2.M2_MEM.memory[139] = 8'b1111_00_00;     // HALT
    M2.M2_MEM.memory[140] = 9;                 // Recycle
  end
endmodule

module Clock_Unit (output reg clock);
  parameter delay = 0;
  parameter half_cycle = 10;
  initial begin #delay clock = 0; forever #half_cycle clock = ~clock; end
endmodule
```

7.4 设计实例：UART

通过串行数据通道进行信息交换和远程交互的系统使用串行器/解串器(SerDes)接口进行数据串并格式的转换①。许多不同架构、编码和时钟方案使用了此种电路。为了简单起见，将考虑一个简单的调制解调器，如图 7.14 所示，它用作主机/设备和串行数据通路之间的接口。调制解调器让计算机连到电话线与接收计算机通信[2,5]。主机以并行字格式存储信息，以串行单比特格式发送和接收数据。调制解调器也称为通用异步收发器(UART，Universal Asynchronous Receiver and Transmitter)，这表明该设备能够接收和发送串行数据，并且发送和接收单元彼此不同步。本设计实例将着重于 UART 发射机和接收机的基本建模和综合。

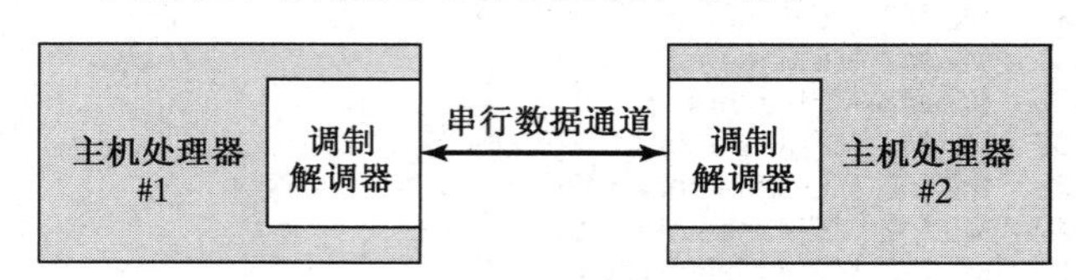

图 7.14　处理器/调制解调器之间通过串行通道进行通信

本节中，UART 以 ASCII 码(American Standard Code for Information Interchange，美国信息交换标准码)格式交换文本数据。在 ASCII 码格式中，每个字母符号采用 7 位编码以及 1 位用于错误检测的奇偶校验位。在发送方，调制解调器对 8 位数据打包时在最低位(LSB，Least Significant Bit)上增加起始位、最高位(MSB，Most Significant Bit)上增加停止位，从而得到图 7.15 所示的 10 位字格式。从起始位开始的前 9 个数据位按顺序发送，每个位持续一个调制解调器时钟周期(比特位时间)，停止位的有效时间则可能会超过一个时钟周期。

停止位	校验位	数据位6	数据位5	数据位4	数据位3	数据位2	数据位1	数据位0	起始位

图 7.15　UART 传送的 ASCII 文本数据格式

7.4.1 UART 的操作

UART 发送器通常是更大系统中的一部分，其主机以并行格式取出数据并指定 UART 以串行格式发送。接收机需检测传输情况，以串行格式接收数据，去掉起始位和停止位后以并行格式存

① 例如，见国家半导体参考资料(www.national.com)或 Google SerDes。

储数据。因为远程接收机无法得到数据发送时钟——数据异步到达，接收机会更复杂。接收机必须重新产生本地时钟而不是用发送时钟来同步数据采样。

UART 的简化结构如图 7.16 所示。图中给出了主机用于控制 UART 以及从数据总线接收或发送数据的信号，但没有给出主机的细节。

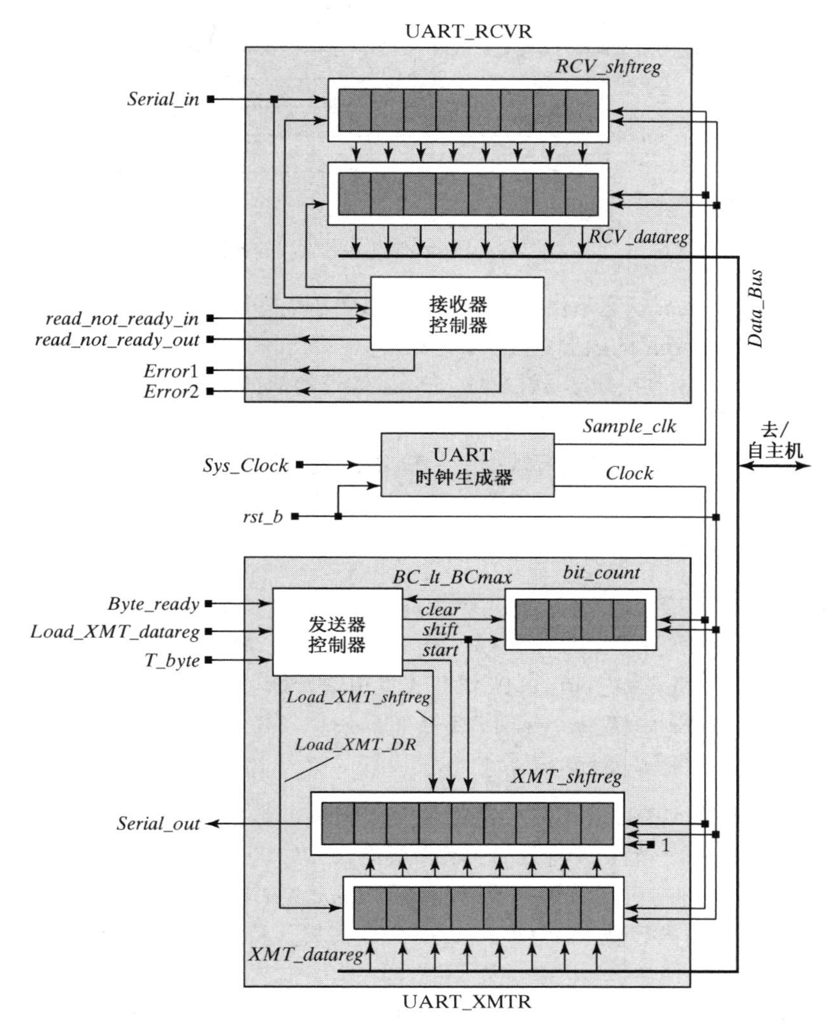

图 7.16　UART(发送器和接收器)框图

7.4.2　UART 发送器

图 7.17 中的上层框示出了发送器的输入/输出信号。输入信号由主机提供，而输出信号包括串行数据流、一个状态信号(*read_not_ready_out*)和两个错误指示信号。发送器包括控制器、数据寄存器(*XMT_datareg*)、数据移位寄存器(*XMT_shftreg*)和用于计数已发送比特数的状态寄存器(*bit_count*)。状态寄存器包含在数据通路中。

控制器的输入信号(主/外部及状态输入(来自数据通路))如下所列。注意，信号 *Load_XMT_datareg* 本可以直接送至数据通路，但这里将其送入控制器并在 *idle* 状态下根据该信号对 *Load_XMT_DR* 进行条件赋值。当已传输了多个比特位时(即，若 $Bit\_Count < word\_size + 1$)，状态信号 *BC_lt_BCmax* 有效。

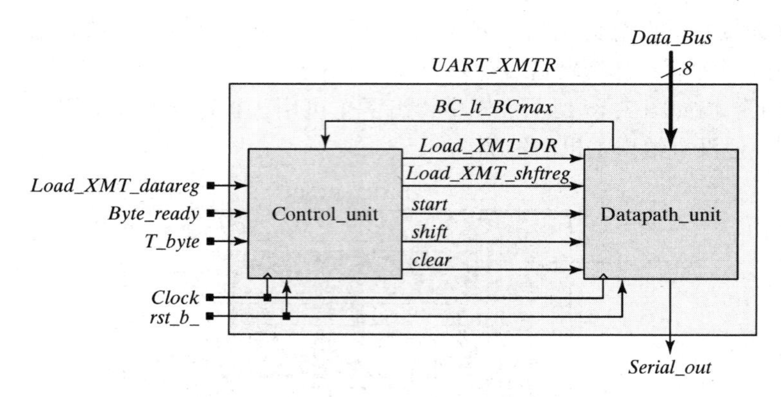

图 7.17　UART 发送器(状态机控制器)的接口信号

Load_XMT_datareg	*idle* 状态下由其决定 *Load_XMT_DR* 信号的值(用于判断是否需要将 *Data_Bus* 的内容送至 *XMT_data_reg*)
Byte_ready	由其决定 *Load_XMT_shftreg* 信号的值(用于确定是否将 *XMT_data_reg* 中的内容载入 *XMT_shftreg*
T_byte	用于确定字节数据的传输开始，包括停止位、起始位和校验位
BC_lt_BCmax	用于指示数据通路中的比特计数器的状态

控制器状态机输出下列控制发送器数据通路的信号：

Load_XMT_DR	声明将 *Data_Bus* 中的内容载入 *XMT_datareg*
Load_XMT_shftreg	声明将 *XMT_data_reg* 中的内容载入 *XMT_shftreg*
Start	将 *XMT_shftreg*[0]清0表示传输开始
Shift	将 *XMT_shftreg* 朝 *LSB* 方向移一位，并用停止位(1)回填
Clear	将 *bit_count* 清零

发送器控制状态机的 ASMD 如图 7.18 所示。该状态机包括 *idle*、*waiting* 和 *sending* 三个状态。当低有效的同步复位信号 *rst_b* 有效时，状态机进入 *idle* 状态，*bit_count* 清零，用 1 填充 *XMT_shftreg*。*idle* 状态下，外部主机在时钟有效沿处判定 *Load_XMT_datareg* 有效后，输出信号 *Load_XMT_DR* 将 *Data_Bus* 上的内容载入 *XMT_data_reg*。状态机保持 *idle* 状态直到 *start* 有效并将 *XMT_shftreg*[0]清零。

当 *Byte_ready* 为有效时(同时 *rst_b* 和 *Load_XMT_datareg* 无效)，*Load_XMT_shftreg* 为有效值，状态机进入 *waiting* 状态。*Load_XMT_shftreg* 有效表明 *XMT_datareg* 中的内容送到内部寄存器。*Load_XMT_shftreg* 有效后的下一时钟有效沿时会发生三个动作：(1)状态由 *idle* 转移到 *waiting*；(2)*XMT_datareg* 中的内容载入 *XMT_shftreg* 的最左边比特——*XMT_shftreg* 是一个(*word_size* + 1)位的移位寄存器，其 *LSB* 表示传输的起始与终止；(3)*XMT_shfreg* 的 *LSB* 重载入 1(停止位)。状态机将保持 *waiting* 状态直到外部主机声明 *T_byte* 有效。

T_byte 有效后的下一时钟有效沿，状态机进入 *sending* 状态，*XMT_shftreg* 的 *LSB* 清 0 并产生传送起始信号。同时，*shift* 置 1 并保持 *sending* 状态。在接下来的时钟有效沿，*sending* 状态下 *shift* 仍有效时，*XMT_shftreg* 中的内容向 *LSB* 移位并驱动外部串行通道。数据移位时 *XMT_shftreg* 用 1 回填，*bit_count* 计数增加。*sending* 状态下，*bit_count* 小于 9(也就是说 *BC_lt_BCmax* 有效)时 *shift* 有效。每一次数据移位后 *bit_count* 计数增加，当 *bit_count* 等于 9(*BC_lt_BCmax* 为 0)时 *clear* 有效，表明该字的所有位已串行输出。在时钟的下一个有效沿状态机返回 *idle* 状态。

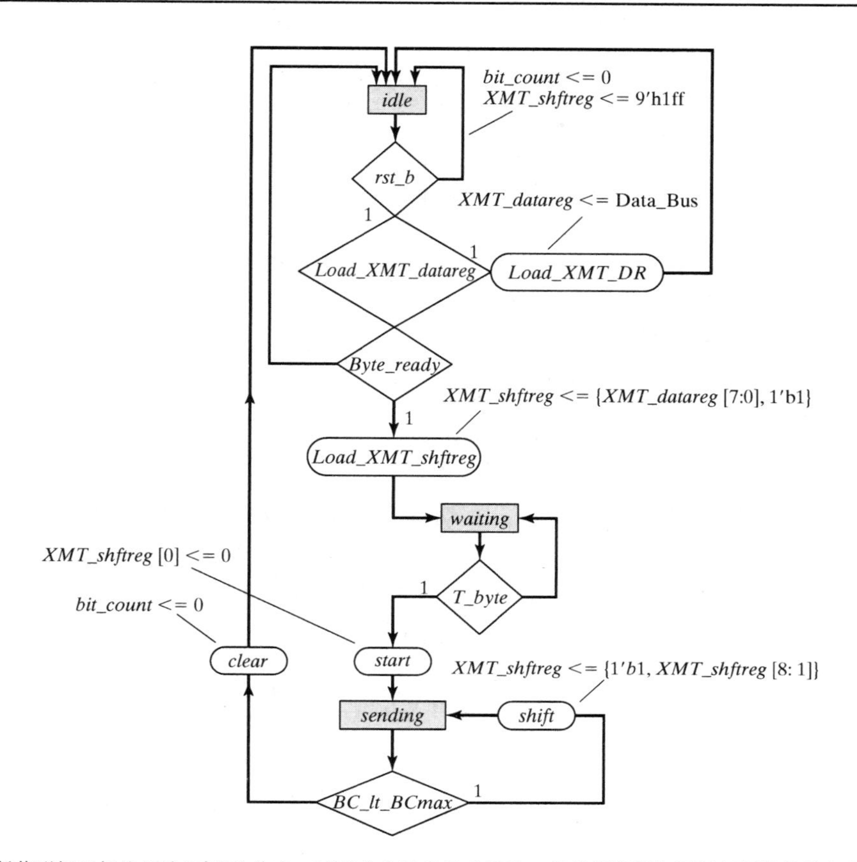

注 1：判断菱形框只标注了为“真”的分支，“假”分支没有显式标注。条件判断语句可用判断信号的名字来表示。

注 2：如果 *Bit_Count* < *word_size* + 1，则 *BC_lt_BCmax* 为真。

图 7.18　UART 发送器(状态机控制器)的 ASM 图

状态机产生的控制信号会引起数据通路中状态决定的寄存器的相应变化。图 7.19 中标示了输入信号 *Load_XMT_DR*(由主输入 *Load_XMT_datareg* 决定)、主输入信号(*Byre_ready* 和 *T_byte*)、控制器输出信号(*Load_XMT_shftreg*、*start*、*shift*、*clear*)的变化，*bit_count* 的内容，以及数据在寄存器间的传送情况。寄存器内容在连续时钟沿下的变化用图中顶部到底部的时间轴标识。时钟有效沿的跃变发生在连续两行 *XMT_datareg* 寄存器内容之间。被发送的信号位按发送次序表示，*XMT_shftreg* 最右边单元保存着每一步由串口发出的信号位。状态以及时钟上升沿发生的状态转移和寄存器变化表示在寄存器框中。图中显示了控制信号在时钟有效沿到来前刻的值，该值将会引起相关寄存器的变化。从图中还可看到输出序列，*Shift* 有效时 *XMT_shftreg* 的 MSB 用 1 回填。传输信号输出的位序列在每一步都可以看成一个字数据，该字的 LSB 是串口已发送的第一位，而 MSB 则是刚刚发送出的位。

划分好的电路 *UART_XMTR* 的 Verilog 描述包含三种周期行为：电平敏感的组合逻辑，描述控制器输出及下一状态；描述控制器同步状态转移的边沿敏感行为和描述数据通路寄存器同步传输的边沿敏感行为。

```
module UART_XMTR #(parameter word_size = 8)(  // Size of data, e.g., 8 bits
  output                         Serial_out,        // Serial output to data channel
  input  [word_size - 1 : 0]     Data_Bus,          // Host data bus containing data
                                                    //   word
  input                          Load_XMT_datareg,  // Used by host to load the data
                                                    //   register
```

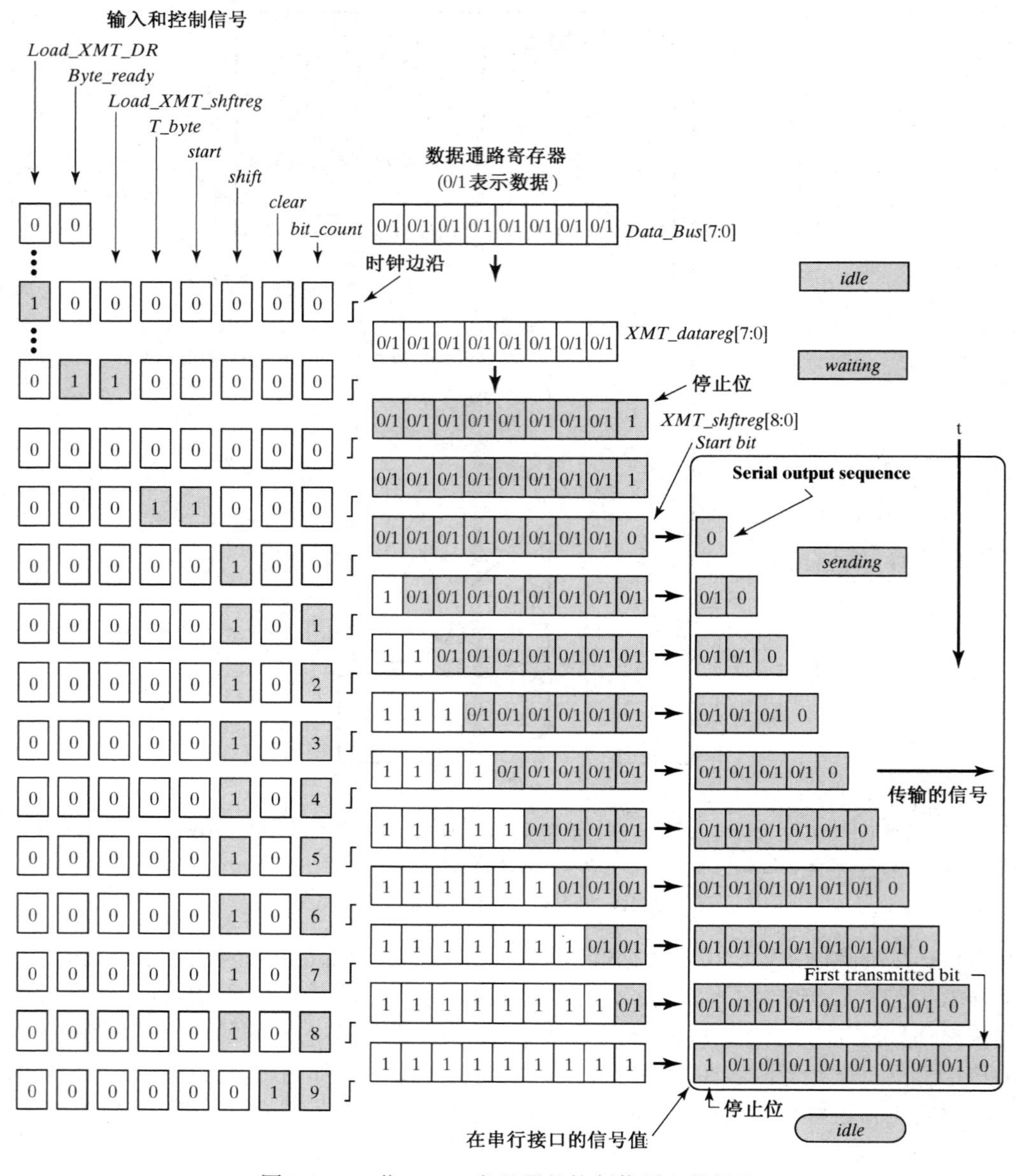

图 7.19 8 位 UART 发送器的控制信号和数据流

```
                    Byte_ready,          // Used by host to signal ready
                    T_byte,              // Used by host to signal start of
                                            transmission
                    Clock,               // Bit clock of the transmitter
                    rst_b                // Resets internal registers, loads
                                            the
);                                       // XMT_shftreg with ones,
 Control_Unit M0 (
  Load_XMT_DR, Load_XMT_shftreg, start, shift, clear, Load_XMT_datareg,
   Byte_ready, T_byte, BC_lt_BCmax, Clock, rst_b
 );
```

```
Datapath_Unit M1 (
 Serial_out, BC_lt_BCmax, Data_Bus, Load_XMT_DR, Load_XMT_shftreg, start, shift,
 clear, Clock, rst_b
);
endmodule

nodule Control_Unit #(
 parameter        one_hot_count = 3,            // Number of one-hot states
                  state_count = one_hot_count,  // Number of bits in state register
                  size_bit_count = 3,           // Size of the bit counter, e.g., 4
                                                // Must count to word_size + 1
                  idle = 3'b001,                // one-hot state encoding
                  waiting = 3'b010,
                  sending = 3'b100,
                  all_ones = 9'b1_1111_1111     // Word + 1 extra bit
)(
 output reg              Load_XMT_DR,          // Loads Data_Bus into
                                                  XMT_datareg
 output reg              Load_XMT_shftreg,     // Loads XMT_datareg into
                                                  XMT_shftreg
 output reg              start,                // Launches shifting of bits in
                                                  XMT_shftreg
 output reg              shift,                // Shifts bits in XMT_shftreg
 output reg              clear,                // Cears bit_count after last bit is
                                                  sent
 input                   Load_XMT_datareg,     // Asserts Load_XMT_DR in
                                                  state idle
 input                   Byte_ready,           // Asserts Load_XMT_shftreg in
                                                  state idle
 input                   T_byte,               // asserts start signal in state
                                                  waiting
 input                   BC_lt_BCmax,          // Indicates status of bit counter
 input                   Clock,
 input                   rst_b
);
 reg [state_count -1: 0]    state, next_state;    // State machine controller
 always @ (state, Load_XMT_datareg, Byte_ready, T_byte, BC_lt_BCmax) begin:
 Output_and_next_state
  Load_XMT_DR = 0;
  Load_XMT_shftreg = 0;
  start = 0;
  shift = 0;
  clear = 0;
  next_state = idle;
  case (state)
   idle:          if (Load_XMT_datareg == 1'b1) begin
                   Load_XMT_DR = 1;
                   next_state = idle;
                  end
                  else if (Byte_ready == 1'b1) begin
                   Load_XMT_shftreg = 1;
                   next_state = waiting;
                  end
  waiting:        if (T_byte == 1) begin
                   start = 1;
                   next_state = sending;
                  end else next_state = waiting;
  sending:        if (BC_lt_BCmax) begin
                   shift = 1;
                   next_state = sending;
                  end
```

```
                        else begin
                         clear = 1;
                         next_state = idle;
                        end
    default:            next_state = idle;
   endcase
  end
  always @ (posedge Clock, negedge rst_b) begin: State_Transitions
    if (rst_b == 1'b0) state <= idle; else state <= next_state; end
  endmodule
  module Datapath_Unit #(
   parameter                word_size = 8,
                            size_bit_count = 3,
                            all_ones = {(word_size +1){1'b1}}// 9 bits of ones
  )(
   output                   Serial_out,
                            BC_lt_BCmax,
   input [word_size -1: 0]  Data_Bus,
   input                    Load_XMT_DR,
   input                    Load_XMT_shftreg,
   input                    start,
   input                    shift,
   input                    clear,
   input                    Clock,
   input                    rst_b
  );
   reg [word_size -1: 0]    XMT_datareg;        // Transmit Data Register
   reg [word_size: 0]       XMT_shftreg;        // Transmit Shift Register:
                                                   {data, start bit}
   reg [size_bit_count: 0]  bit_count;          // Counts the bits that are
                                                   transmitted

   assign Serial_out = XMT_shftreg[0];
   assign BC_lt_BCmax = (bit_count < word_size + 1);

   always @ (posedge Clock, negedge rst_b)
    if (rst_b == 0) begin
     XMT_shftreg <= all_ones;
     bit_count <= 0;
    end
    else begin: Register_Transfers
     if (Load_XMT_DR == 1'b1) XMT_datareg <= Data_Bus;   // Get the data bus

     if (Load_XMT_shftreg == 1'b1)
       XMT_shftreg <= {XMT_datareg,1'b1};                // Load shift reg,
                                                         // insert stop bit

     if (start == 1'b1) XMT_shftreg[0] <= 0;             // Signal start of
                                                            transmission

     if (clear == 1'b1) bit_count <= 0;

     if (shift == 1'b1) begin
       XMT_shftreg <= {1'b1, XMT_shftreg[word_size:1]};  // Shift right, fill with
                                                            1's
       bit_count <= bit_count + 1;
    end
  end     // Register_Transfers
 endmodule
```

图7.20和图7.21给出了一些8位字数据的仿真结果。仿真器输出波形上的标注说明了发送器的主要行为特征。首先观察 *rst_b* 有效后的信号值，此时为 *idle* 状态，注意，*Data_Bus* 的初始值为仿真验证平台指定的 $a7_h$(1010_0111_2)。当 *Load_XMT_datareg* 有效而 *Byte_ready* 仍为无效时，

Data_Bus 上的内容被载入 *XMT_datareg*。状态机将保持 *idle* 状态直到 *Byte_ready* 变为有效。当 *Byte_ready* 有效时 *Load_XMT_shftreg* 也变为有效，状态机在下一时钟有效沿进入 *waiting* 状态，9 位的 *XMT_shftreg* 载入值 $\{a7_h, 1\} = 1\_0100\_1111_2 = 14f_h$（注意，这里 *XMT_shftreg* 的 LSB 位用 1 回填）。状态机将保持 *waiting* 状态直到 *T_byte* 变为有效。当 *T_byte* 有效时 *start* 也变为有效，状态机在 *T_byte* 有效（主机设置）后紧接着的下一个时钟有效沿处进入 *sending* 状态，并对 *XMT_shftreg* 的 LSB 填 0。*XMT_shftreg* 中的 9 位数据字变成 $1\_0100\_1111_2 = 14e_h$。LSB 位置的“0”标志着发送的开始。图 7.21 中的标注说明了数据在 *XMT_shftreg* 中的移动过程。注意是在后面填充 1，同时数据往右移动。在 *bit_count* 的值变为 9（对 8 位字而言）之后的时钟有效沿处，*clear* 变为有效，*bit_count* 被清零，状态机返回 *idle* 状态。

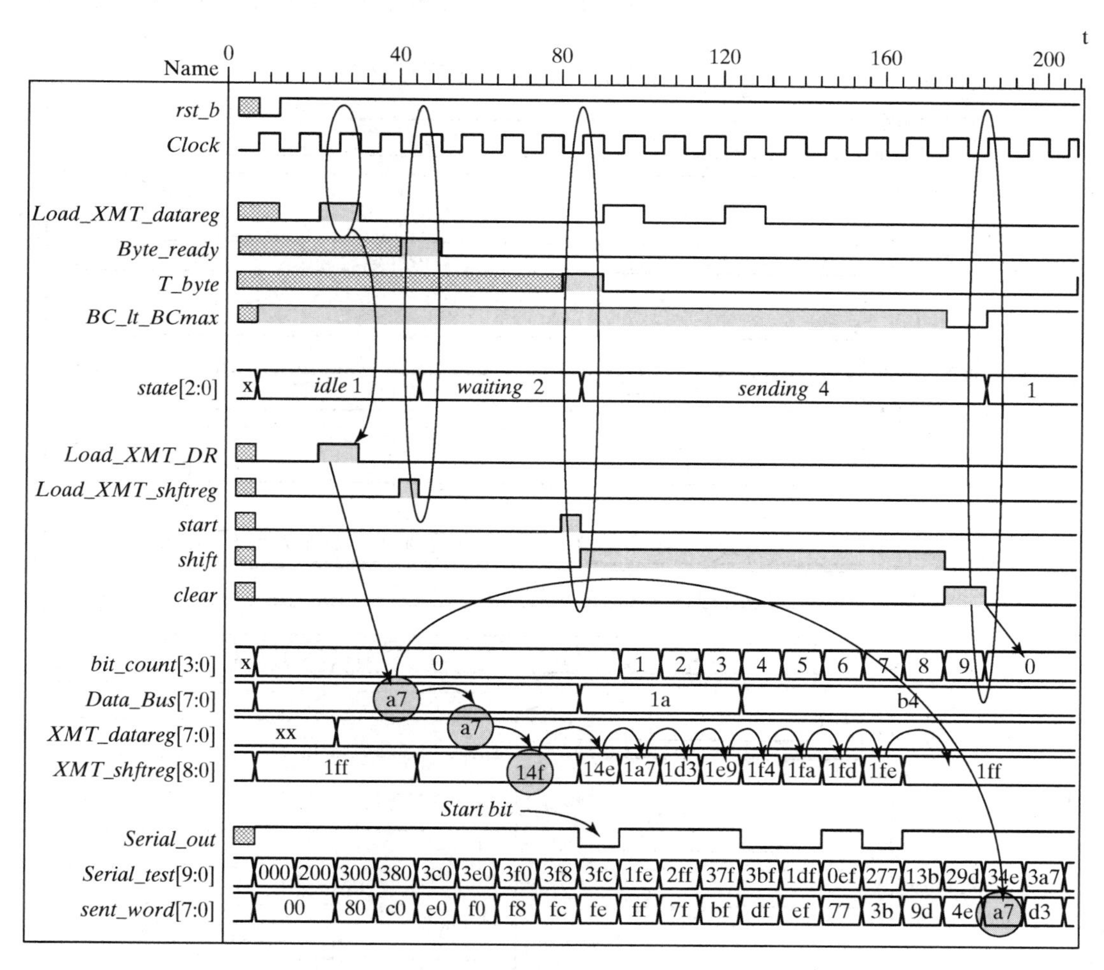

图 7.20　8 位 UART 发送器的仿真结果（带标注）

为了达到诊断的目的，验证平台定义了用于接收 *Serial_out*（通过解除分层）的 10 位移位寄存器。图 7.20 中用 *sent_word*[7:0] 表示寄存器最内部的 8 个位。注意，由于 *sent_word* 是（移位寄存器中的）寄存输出，在 *bit_count* 到达 9 后的那个时钟周期（比特时间）其值为 $a7_h$。图 7.20 和图 7.21 中的结果证明：(1) 在 *Load_XMT_DR* 的控制下，数据总线上的内容被加载到了 XMT 数据寄存器中；(2) 在 *Load_XMT_shftreg* 的控制下，8 位 XMT 数据寄存器的内容被加载到了 9 位 XMT 移位寄存器的高 8 位中；(3) 在 *start* 的控制下，开始位清零且 XMT 移位寄存器的内容被移出。

UART_XMTR 综合得到的电路如图 7.22 和图 7.23 所示。Verilog 模型可综合为一个单元，但为了便于说明和讨论，将描述综合成两个部分：一个用于描述数据通路的寄存器传输，另一个则用于描述产生下一状态和寄存器传输控制信号的组合逻辑。数据通路包含一个 8 位寄存器 *XMT_datareg*、一个 9 位移位寄存器 *XMT_shftreg* 和一个位计数器。电路使用了 D 触发器 *dffrgpqb_a*，该触发器为上升沿触发、异步低有效复位、外部数据或输出的内部门控数据，以及 *dffspb_a*，该触发器为上升沿触发，异步低有效置位。移位寄存器加亮显示在图 7.23 中。

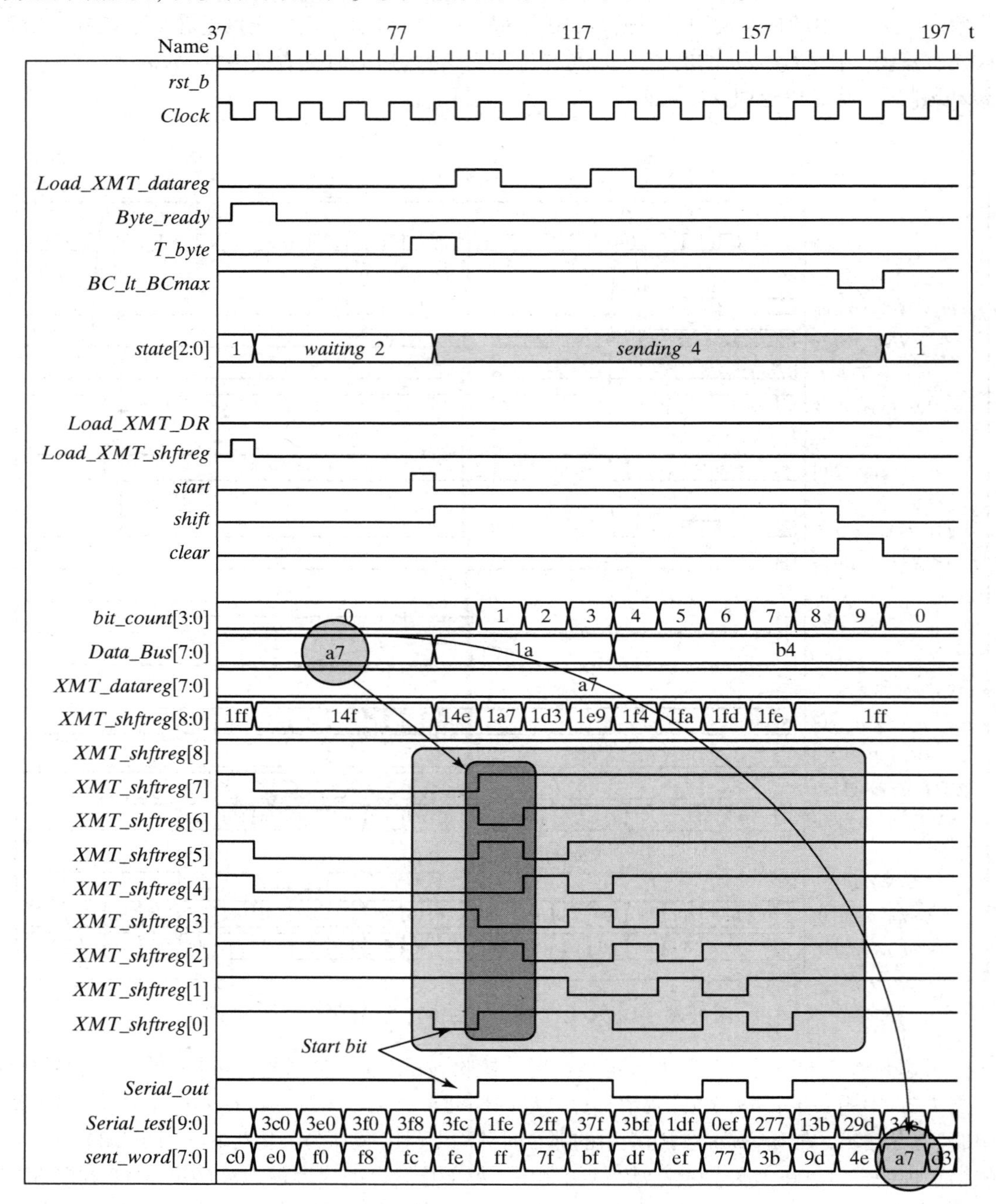

图 7.21 数据通过 *XMT_shftreg* 的移动过程

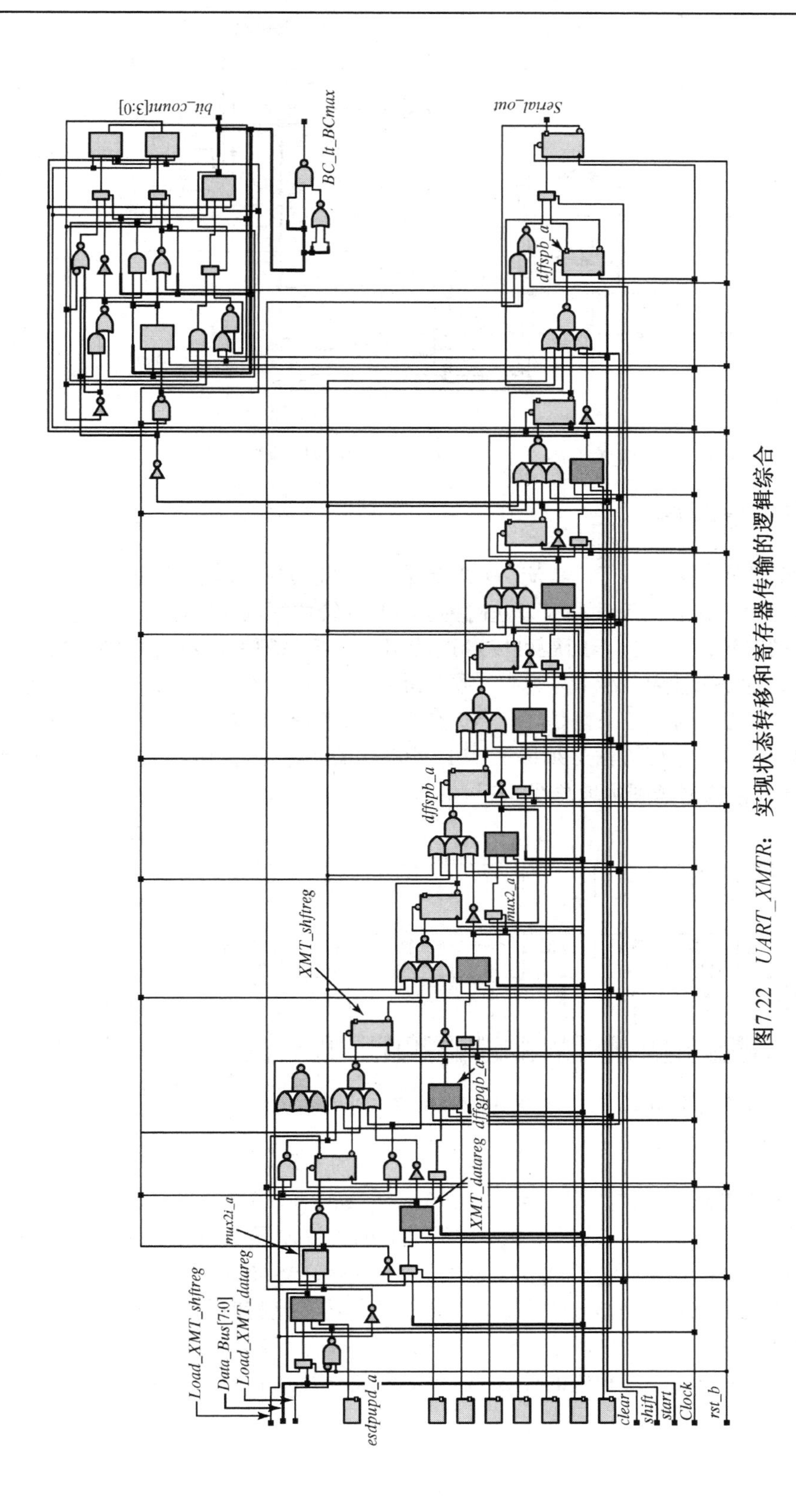

图7.22　UART_XMTR：实现状态转移和寄存器传输的逻辑综合

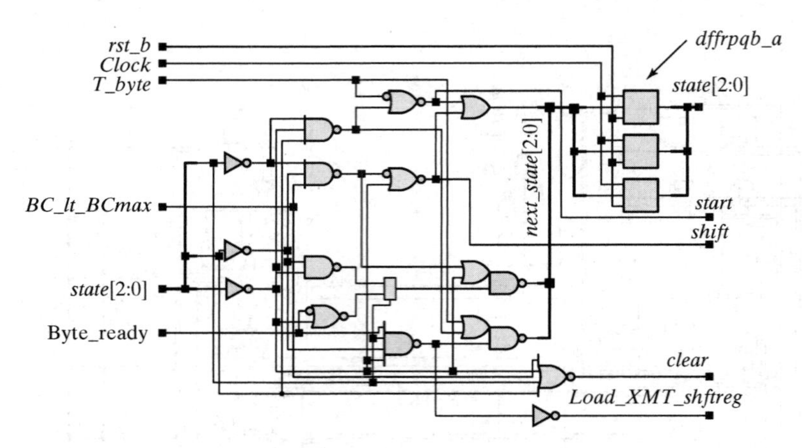

图 7.23　UART_XMTR：产生下一状态和寄存器传输控制信号的组合逻辑

7.4.3　UART 接收器

UART 接收器负责接收串行比特流，去除起始位，并以并行格式将数据保存到与主机数据总线相连的寄存器里。接收器无法获得发送时钟，因此尽管数据以标准比特率到达，但数据仍未必与接收主机内的时钟同步。同步问题可以通过使用一个更高频率的本地时钟对接收数据进行采样并保证其完整性来解决①。在本方案中，数据(假定为 10 位格式)将以接收器主机产生的 *Sample_clock* 速率被采样。为保证采样是在比特时间的中间进行，应对 *Sample_clock* 时钟周期进行计数，如图 7.24 所示②。采样方法必须保证：(1)能够检验到起始位到达；(2)能够采样到 8 个数据位；(3)能够把采样数据送到本地总线。

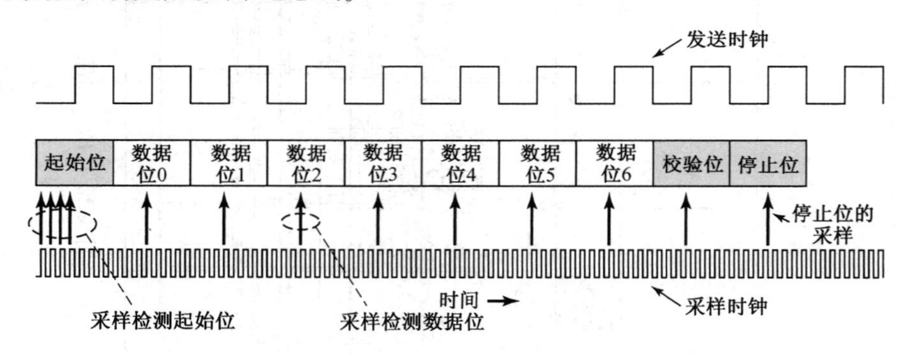

图 7.24　UART 接收器再生时钟下的采样格式

虽然可以采用更高的采样频率，但本例中 *Sample_clock* 的频率定为(已知)发送位时钟频率的 8 倍。这可以保证 *Sample_clock* 前沿与起始位沿之间的少许差异不会影响采样，因为采样仍可在发送位对应的时间间隔内进行。输入变为低电平后连续采样到 0 值表明起始位到来，而后将增加三次采样来确定起始位是否有效，此后的 8 个连续位都将在比特时间的中间附近被采样。最坏情况下，采样提前比特时间实际中间值整整一个 *Sample_clock* 周期，这种偏移是可以容忍的。为保证该方案实施，数据通路中有相应的计数器，且其状态会被送到控制单元。

① 通常用锁相环来产生本地时钟。该电路在综合工具范围之外。

② 假设到达的数据已与接收器本地时钟同步。

图 7.25 中的上层框图显示了状态机控制器的输入/输出信号，该控制器与主机接口并控制接收采样。

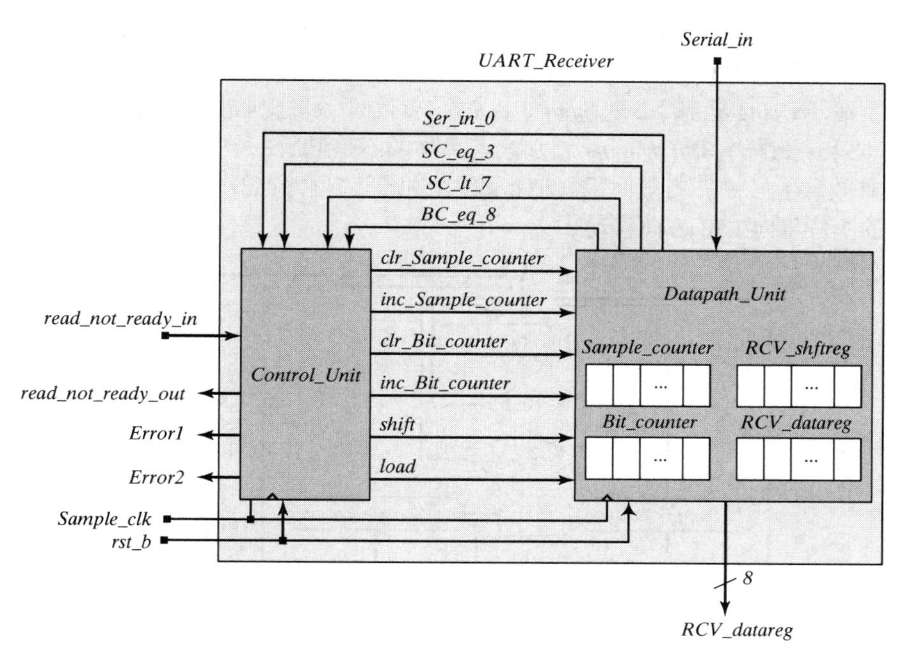

图 7.25　*UART_receiver* 的框图(包含控制器和数据通路之间的接口信号)

该状态机的主(外部)输入和状态输入如下：

read_not_ready_in	表示主机未准备好接收
Ser_in_0	当 *Serial_in* = 0 时有效
SC_eq_3	当 *Sample_counter* = 3 时有效
SC_lt_7	当 *Sample_count* < 7 时有效
BC_eq_8	当 *Bit_counter* = 8 时有效
Sample_counter	对采样按位计数
Bit_counter	计数已采样的位数

该状态机产生的输出信号如下：

read_not_ready_out	表示接收机已接收到 8 位数据
clr_Sample_counter	*Sample_counter* 清零
inc_Sample_counter	*Sample_counter* 计数值加 1
clr_Bit_counter	*Bit_counters* 清零
inc_Bit_counter	*Bit_counter* 计数值加 1
shift	*RCV_shftreg* 向 LSB 方向移位
load	*RCV_shftreg* 数据传送到 *RCV_datareg*
*Error*1	最后一个数据位采样结束后主机还没有准备好接收数据时有效
*Error*2	停止位丢失时有效

接收器状态机控制器的 ASMD 如图 7.26 所示。该状态机包括 *idle*、*starting* 和 *receiving* 三个状态。状态之间的转移由 *Sample_clk* 来同步。低有效的同步复位输入使状态机进入 *idle* 状态，直

到状态信号 *Ser_in_0* 变为低电平后状态机进入 *starting* 状态。在 *starting* 状态下，状态机重复采样 *Serial_in* 以确认第一个位是否是有效起始位(必须为 0)。在 *Sample_clock* 的下一个有效沿，*inc_Sample_counter* 和 *clr_Sample_counter* 需根据采样值确定是增加计数值还是清零：若接下来 *Serial_in* 的连续三个采样值均为 0，则认为有效起始位到达，状态机转移到 *receiving* 状态并将 *Sample_counter* 清零。在 *receiving* 状态下 *inc_Sample_counter* 有效时，状态机进行 8 次连续采样(在 *Sample_clk* 有效沿每位采一次样)，*Bit_counter* 增加。若采样的不是最后一个(校验)位，则 *inc_Bit_counter* 和 *shift* 保持有效。信号 *shift* 有效时采样值将载入接收器移位寄存器 *RCV_shftreg* 的 MSB 位，且寄存器最左边的 7 位将向 LSB 方向移动。

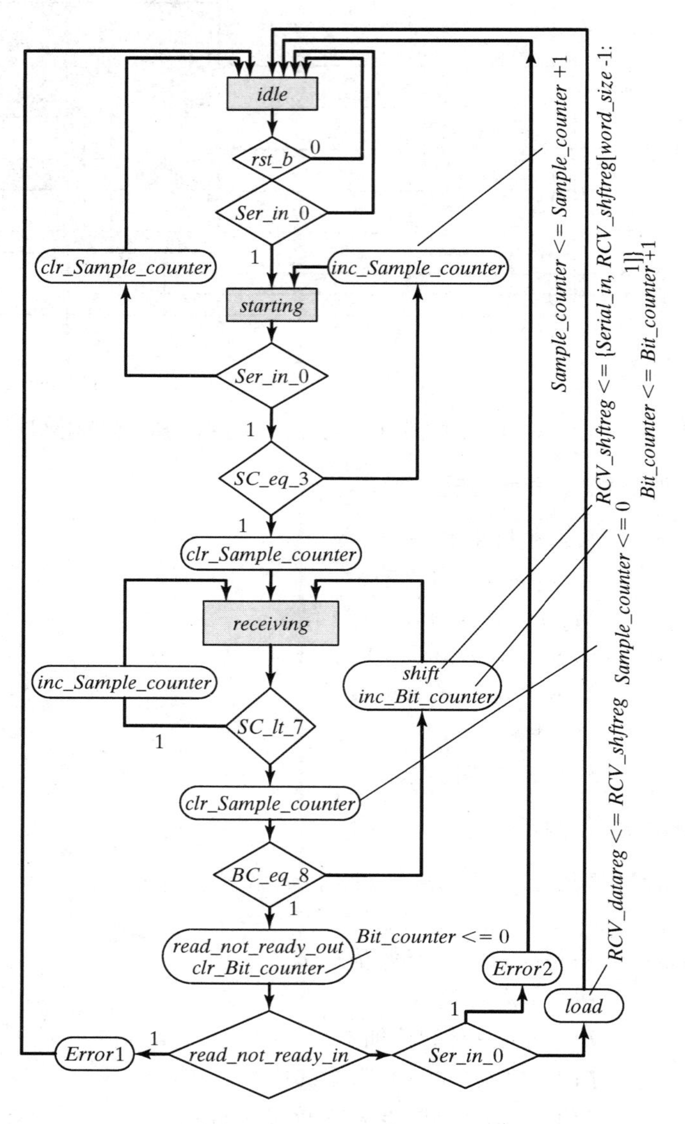

注：若 *Serial_in* = 0 则 *Ser_in_0* 有效；若 *Sample_counter* = 3 则 *SC_eq_3* 有效
若 *Sample_counter* < 7 则 *SC_lt_7* 有效；若 *Bit_counter* = 8 则 *BC_eq_8* 有效

图 7.26 *UART_receiver* 的 ASMD 图

在采样完最后一个位后，状态机将输出到主机的握手信号 *read_not_ready_out* 置为有效并清除位计数器，同时检查数据完整性以及主机状态：若 *read_not_ready_in* 有效表明主机未准备好接收数据(*Error*1)；若下一位不是停止位(*Ser_in_0* = 1)则说明接收数据格式错误(*Error*2)。另外，*load* 信号有效时移位寄存器中的内容将以并行格式发送到与 *data_bus* 直接相连的主机数据寄存器 *RCV_datareg* 中。

下面是由图 7.26 中的 ASMD 图直接得到的 8 位 UART 接收器的 Verilog 描述。注意，设计划分中父模块端口必须定义合适的大小以与子模块向量端口匹配，否则这些端口会被视为父模块内的默认标量。

```
module UART_RCVR #(parameter word_size = 8, half_word = word_size /2)(
  output [word_size -1: 0]  RCV_datareg,
  output                    read_not_ready_out,
                            Error1, Error2,
  input                     Serial_in,
                            read_not_ready_in,
                            Sample_clk,
                            rst_b
  );
    Control_Unit M0 (
      read_not_ready_out,
      Error1, Error2,
      clr_Sample_counter,
      inc_Sample_counter,
      clr_Bit_counter,
      inc_Bit_counter,
      shift,
      load,
      read_not_ready_in,
      Ser_in_0,
      SC_eq_3,
      SC_lt_7,

      BC_eq_8,
      Sample_clk,
      rst_b
  );
  Datapath_Unit M1 (
    RCV_datareg,
    Ser_in_0,
    SC_eq_3,
    SC_lt_7,
    BC_eq_8,
    Serial_in,
    clr_Sample_counter,
    inc_Sample_counter,
    clr_Bit_counter,
    inc_Bit_counter,
    shift,
    load,
    Sample_clk,
    rst_b
  );
endmodule
module Control_Unit #(parameter
  word_size = 8, half_word = word_size /2, Num_state_bits = 2,
  idle = 2'b00, starting = 2'b01, receiving = 2'b10        // one-hot assignment
)(
```

```
 output reg      read_not_ready_out,
                 Error1, Error2,
                 clr_Sample_counter,
                 inc_Sample_counter,
                 clr_Bit_counter,
                 inc_Bit_counter,
                 shift,
                 load,
 input           read_not_ready_in,
                 Ser_in_0,
                 SC_eq_3,
                 SC_lt_7,
                 BC_eq_8,
                 Sample_clk,
                 rst_b
);
 reg             [word_size-1: 0]         RCV_shftreg;
 reg             [Num_state_bits -1: 0]   state, next_state;
 always @ (posedge Sample_clk)
  if (rst_b == 1'b0) state <= idle; else state <= next_state;
 always @ (state, Ser_in_0, SC_eq_3, SC_lt_7, read_not_ready_in) begin
  read_not_ready_out = 0;
  clr_Sample_counter = 0;
  clr_Bit_counter = 0;
  inc_Sample_counter = 0;
  inc_Bit_counter = 0;
  shift = 0;
 Error1 = 0;
 Error2 = 0;
 load = 0;
 next_state = idle;
 case (state)
  idle: if (Ser_in_0 == 1'b1) next_state = starting;
              else next_state = idle;
  starting:   if (Ser_in_0 == 1'b0) begin
               next_state = idle;
               clr_Sample_counter = 1;
              end else
              if (SC_eq_3 == 1'b1) begin
               next_state = receiving;
               clr_Sample_counter = 1;
              end else begin inc_Sample_counter = 1; next_state = starting; end
  receiving:  if (SC_lt_7 == 1'b1) begin
                inc_Sample_counter = 1;
                next_state = receiving;
              end
              else begin
               clr_Sample_counter = 1;
               if (!BC_eq_8) begin
                shift = 1;
                inc_Bit_counter = 1;
                next_state = receiving;
               end
               else begin
                next_state = idle;
                read_not_ready_out = 1;
                clr_Bit_counter = 1;
```

```
                    if (read_not_ready_in == 1'b1) Error1 = 1;
                    else if (Ser_in_0 == 1'b1) Error2 = 1;
                    else load = 1;
                  end
                end
    default:      next_state = idle;
   endcase
  end
endmodule

module Datapath_Unit #(parameter
 word_size = 8, half_word = word_size /2, Num_counter_bits = 4
)(
 output reg    [word_size-1: 0]          RCV_datareg,
 output                                  Ser_in_0,
                                         SC_eq_3,
                                         SC_lt_7,
                                         BC_eq_8,
 input                                   Serial_in,
                                         clr_Sample_counter,
                                         inc_Sample_counter,
                                         clr_Bit_counter,
                                         inc_Bit_counter,
                                         shift,
                                         load,
                                         Sample_clk,
                                         rst_b
);
 reg   [word_size-1: 0]                  RCV_shftreg;
 reg   [Num_counter_bits -1: 0]          Sample_counter;
 reg   [Num_counter_bits: 0]             Bit_counter;
 assign Ser_in_0 = (Serial_in == 1'b0);
 assign BC_eq_8 = (Bit_counter == word_size);
 assign SC_lt_7 = (Sample_counter < word_size -1);
 assign SC_eq_3 = (Sample_counter == half_word -1);
 always @ (posedge Sample_clk)
 if (rst_b == 1'b0) begin                // synchronous rst_b
  Sample_counter <= 0;
  Bit_counter <= 0;
  RCV_datareg <= 0;
  RCV_shftreg <= 0;
 end
 else begin
  if (clr_Sample_counter == 1) Sample_counter <= 0;
  else if (inc_Sample_counter == 1) Sample_counter <= Sample_counter + 1;
  if (clr_Bit_counter == 1) Bit_counter <= 0;
  else if (inc_Bit_counter == 1) Bit_counter <= Bit_counter + 1;
  if (shift == 1) RCV_shftreg <= {Serial_in, RCV_shftreg[word_size-1:1]};
  if (load == 1) RCV_datareg <= RCV_shftreg;
 end
endmodule
```

图 7.27 中的仿真结果标注说明了波形功能特性。接收数据为 $b5_h = 1011\_0101_2$。接收顺序为从 LSB 到 MSB，数据从接收移位寄存器的 MSB 移到 LSB。数据的前面为起始位，后面跟停止位。*rst_b* 为 0 时控制器处于 *idle* 状态且计数器清零。在复位信号无效后的第一个 *Sample_clock* 有效沿且 *Ser_in_0* 为 1 时，控制器进入 *starting* 状态，判断是否收到起始位。在 *serial_in* 的另 3 个采样

值——总共 4 个采样值均为 0 时，*Sample_counter* 清零且控制器进入 *receiving* 状态。此后第 8 次采样后 *shift* 置为有效，其下一个时钟有效沿处的采样值被移入 *RCV_shftreg* 的 MSB 位，则 *RCV_shftreg* 的值变为$80_h = 1000_0000_2$)。下一个重复周期中采样值为 0，使得寄存器 *RCV_shftreg* 的内容变成 $0100\_0000_2 = 40_h$。

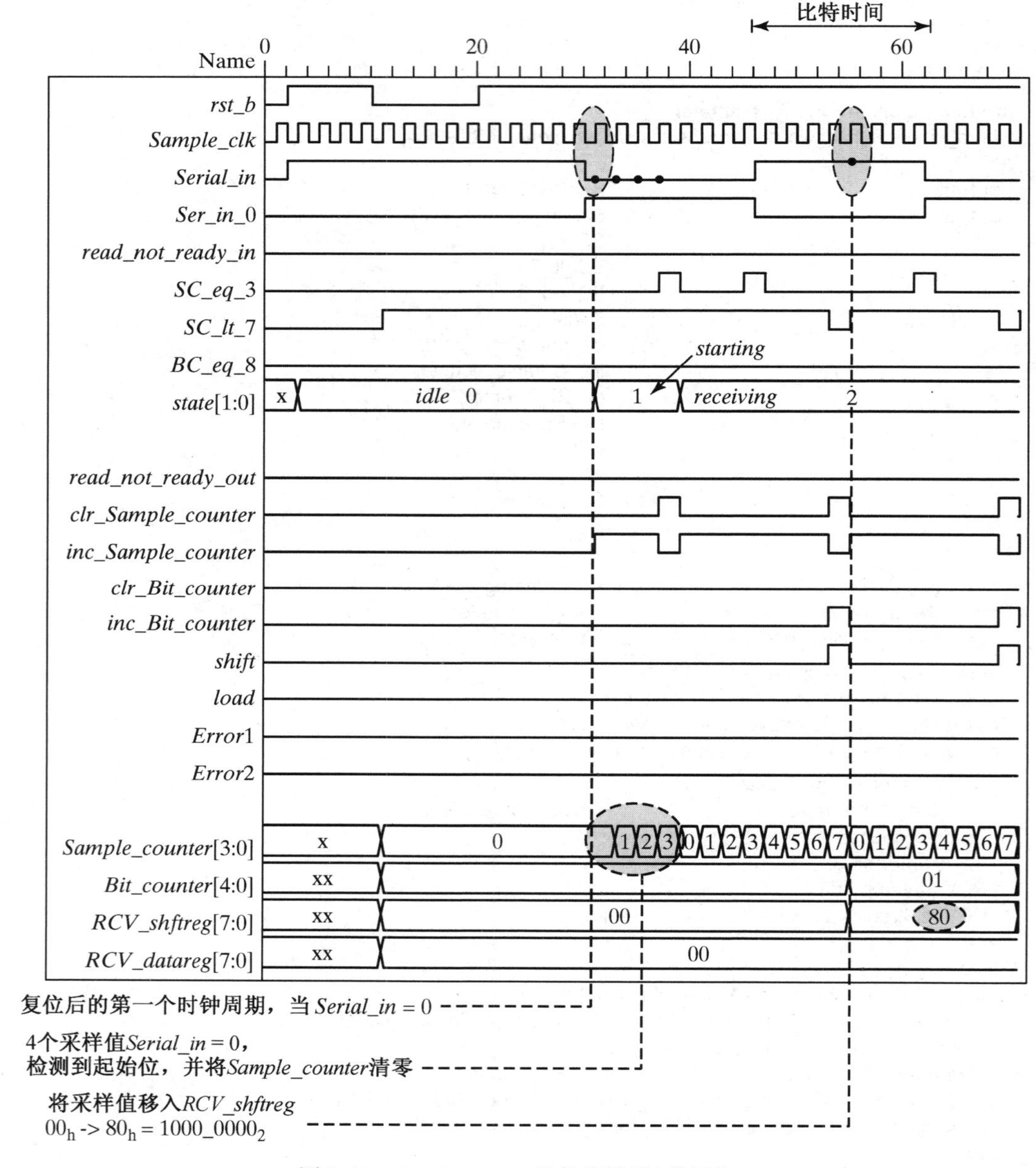

图 7.27 *UART_receiver* 的仿真结果(带标注)

图 7.28 给出了采样周期的末尾。在采样完最后一个数据位后，状态机再次采样以检测停止位。若无错误，则将 *RCV_shftreg* 中的内容载入 *RCV_datareg*。本例中，最终由 *RCV_shftreg* 载入 *RCV_datareg* 的值为 $b5_h$。为全面验证接收器功能还可做一些其他测试。

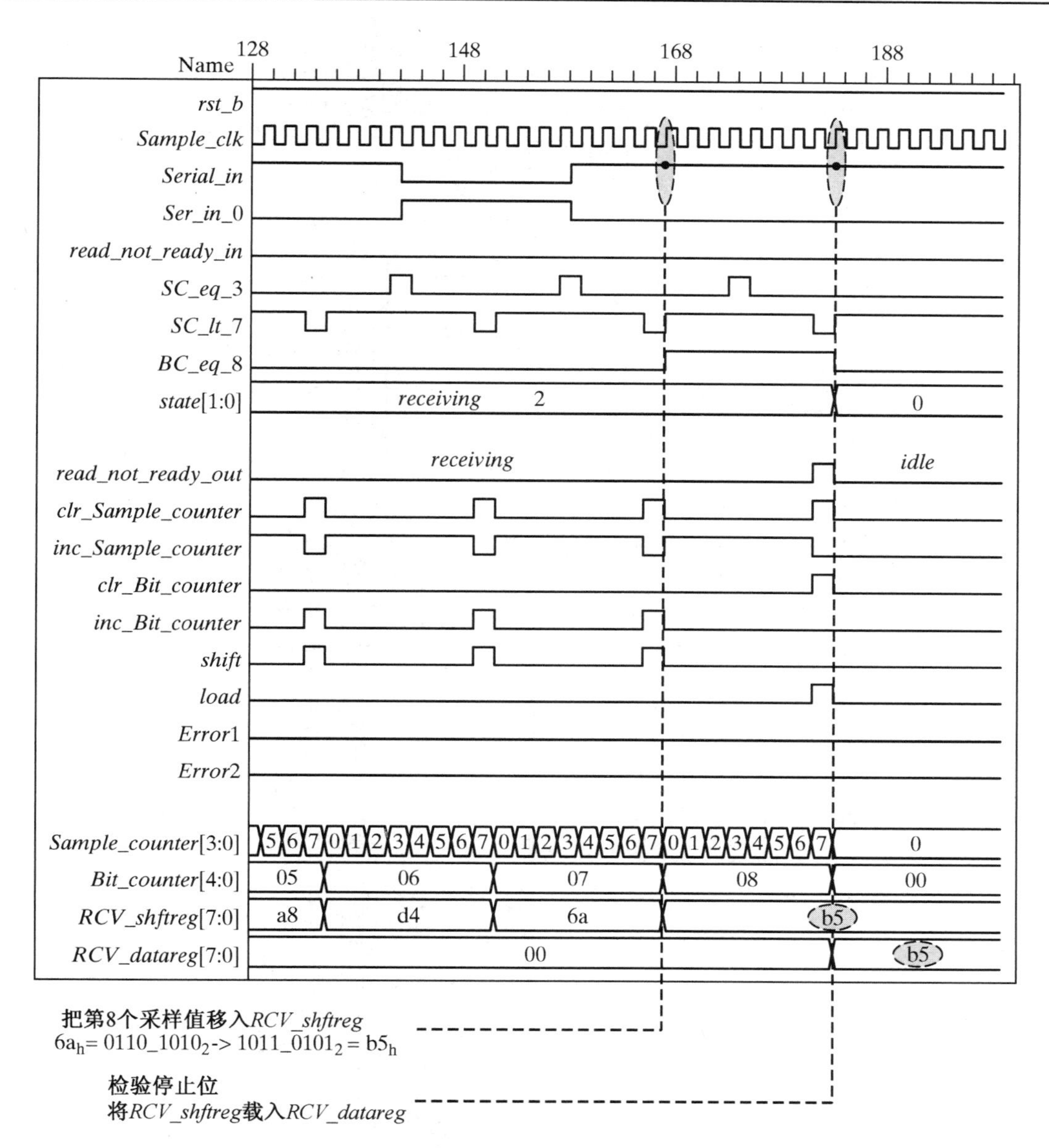

图 7.28 采样结束时数据传送到 *RCV_datareg*

接收器部分的 Verilog 描述综合得到图 7.29 中的电路。

图 7.29(a)中的控制器包含两个触发器和组合逻辑，其输出信号用于控制图 7.29(b)所示的数据通路。数据通路包含 *RCV_shftreg*(接收串行输入比特位)、*RCV_datareg*(保存 *RCV_shftreg* 中数据转换得到的并行字)、采样计数器和位计数器。少量附加的组合逻辑用于产生状态信号 *BC_eq_8*、*SC_eq_3* 和 *SC_lt_7*。

电路里有两种触发器：四输入 *dffrgpqb_a* 和三输入 *dffrpqb_a*。前者为具有外部数据通路和输出之间的内部门控数据信号、上升沿时钟信号和异步低有效复位信号的 D 触发器；后者为具有数据信号、上升沿时钟信号和异步低有效复位的 D 触发器。*dffrpqb_a* 触发器仅为状态寄存器所用。

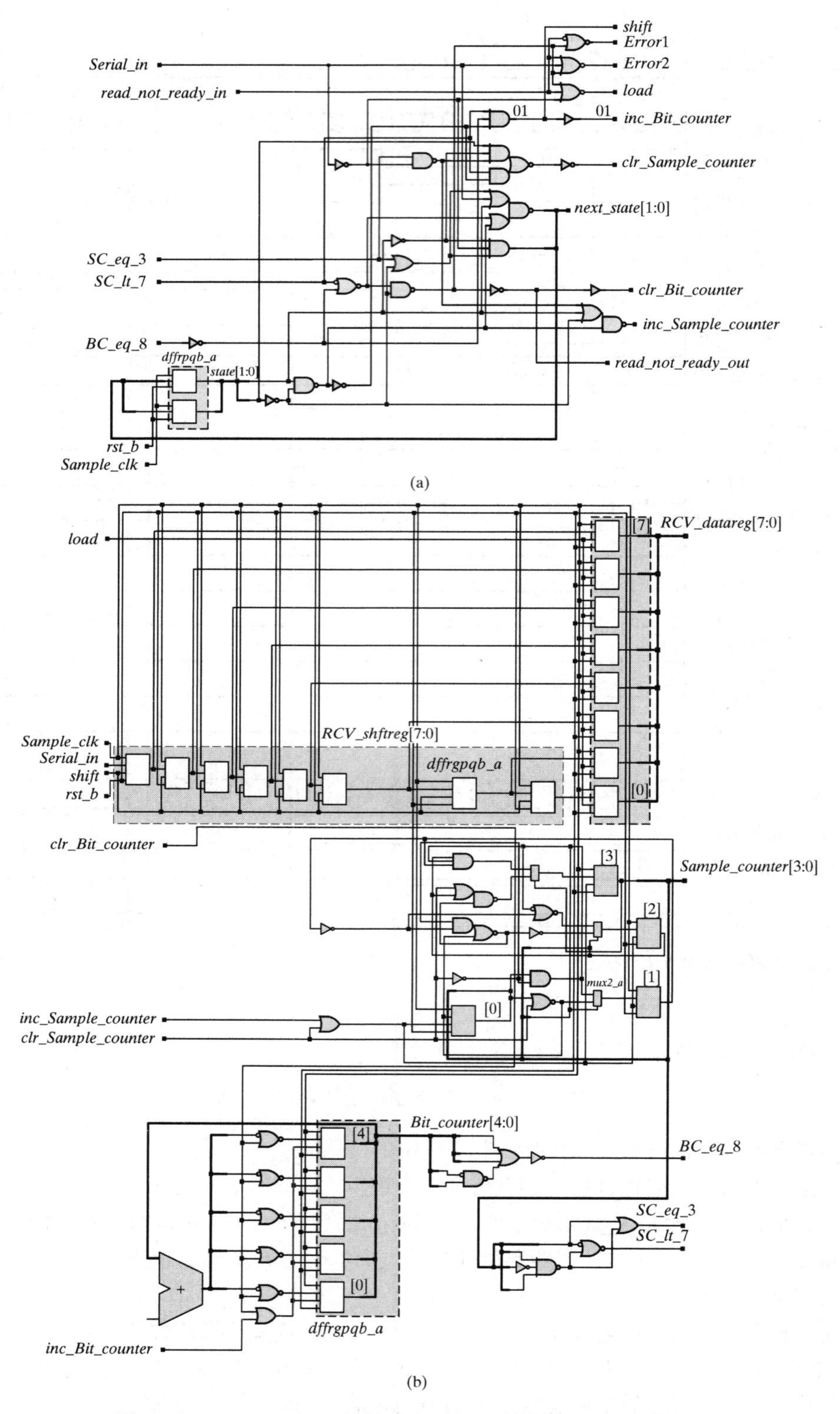

图 7.29 *UART_receiver* 的综合电路:(a)控制器;(b)数据通路(包括状态信号*BC_eq_8*、*SC_eq_3*和*SC_lt_7*的产生逻辑)

参考文献

1. Ernst R. "Target Architectures." *Hardware/Software Co-Design: Principles and Practice*. Boston, MA: Kluwer, 1997.
2. Gajski D, et al. "Essential Issues in Design," In: Staunstrup J, Wolf W, eds. *Hardware/Software Co-Design: Principles and Practice*. Boston, MA: Kluwer, 1997.
3. Hennessy JL, Patterson DA. *Computer Architecture—A Quantitative Approach*. 4th ed. San Francisco, CA: Morgan Kaufman, 2006.
4. Heuring VP, Jordan HF. *Computer Systems Design and Architecture*. Upper Saddle River, NJ: Prentice-Hall, 2004.
5. Roth CW, Jr. *Digital Systems Design Using VHDL*. Boston, MA: CL-Engineering, 1998.

习题

1. 基于图7.6 的 ASMD 图，设计、验证并综合4 位 Johnson 计数器 *Johnson_Counter_ASMD*。提示：用一个 Verilog 函数来描述 *next_count*。
2. 图 P7.2 所示的功能单元 *UART_Clock_Generator* 可产生一系列用于图 7.16 中 UART 的波特率信号对。表 P7.2给出了 *Sys_Clock* 为 8 MHz 时的信号对。题目给出了 *Divide_by_13* 的实验性代码，其中 *temp* 为一个 4 位计数器（以 *Sys_Clock* 频率的 1/13、循环地从 0 计数到 12）：*temp* 的 MSB 为 1 时将产生信号 *Sys_Clock_by_13*，该信号在最后 5 个连续周期为"真"；*temp* = 12 时将产生 *clk_1* 信号；*temp* > 6 时将产生 *clk_2* 信号，并生成比其他两种情况更对称的波形。

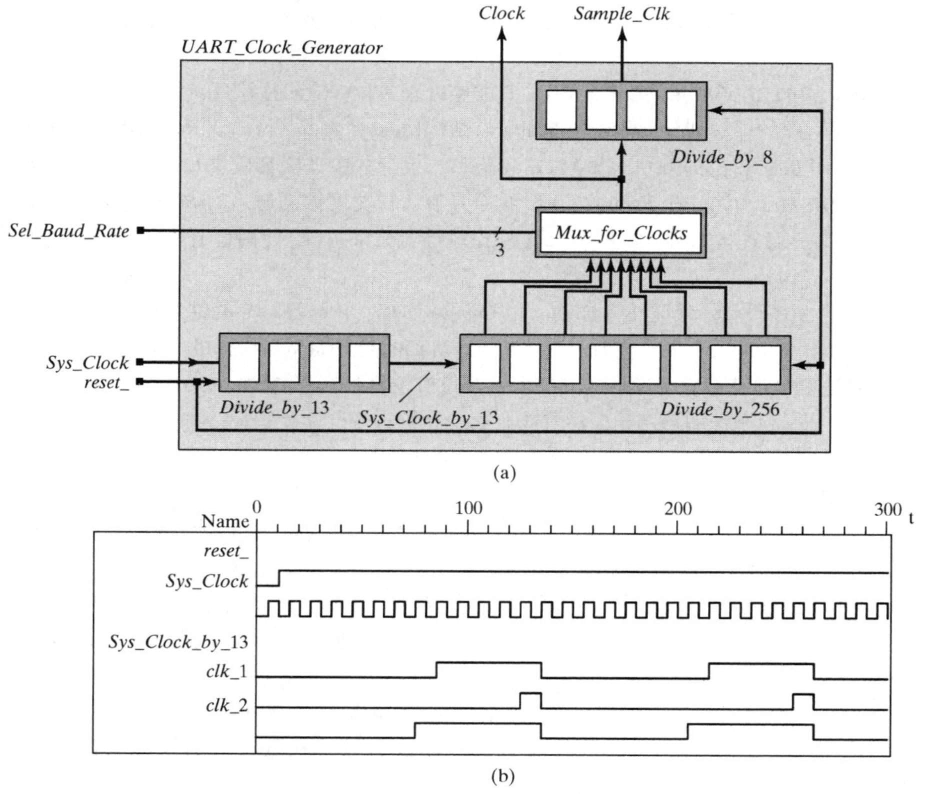

图 P7.2

(a)针对图 P7.2 所示的三种波形分别综合出三种版本的 *Divide_by_13* 电路，并进行比较。

(b)选择上述方法中的一种来生成 *Sys_Clock_by_13*，然后设计、验证并综合出完整的 *UART_Clock_Generator*。

```
module Divide_by_13 (output Sys_Clock_by_13, input Sys_Clock, reset_);
  reg     [3: 0]     temp;
assign Sys_Clock_by_13 = temp[3];
  //wire clk_1 = (temp == 12);
  //wire clk_2 = (temp > 6);
  always @ (posedge Sys_Clock,negedge reset_ )
    if (reset_ == 0) temp <= 4'b0000;
    else if (temp == 4'd12) temp <= 4'd0;
    else temp <= temp +1;
endmodule
```

表 P7.2

Sel_Baud_Rate	Clock	Sample_Clock
000	307 696	38462
001	153 838	19231
010	76 920	9615
011	38 464	4808
100	18 232	2404
101	9 616	1202
110	4 808	601
111	2 404	300.5

3. 若计数器处于下一状态函数不能明确译码的状态，则认为其进入异常状态。自校正计数器能够从异常状态中恢复，其关键是选择能确保恢复的默认赋值语句。设计并验证自校正 4 位 Johnson 计数器的 Verilog 模型，当其状态为 0 - 0(“ - ”表示无关紧要的情况时下一状态为 0001_2。证明该计数器具有自校正能力，并综合其电路。提示：考虑在验证平台中使用 Verilog 的 ***force*** … ***release*** 结构对来驱使计数器进入异常状态。
4. 修改图 7.3 中的计数器，使其在 *enable* 有效后等待三个时钟周期再令 *enable_DP* 有效。
5. 图 7.18 中 UART 发送器的寄存器传输使用独立的 ***if*** 语句对控制信号进行译码。讨论一下控制数据通路的信号是否冲突，控制信号是否应该使用优先译码器译码。采用优先译码器修改数据通路并确认综合结果是否与 *UART_Transmitter_Arch* 不同。
6. 验证 *RISC_SPM* 中的 *Processing_Unit*、*Control_Unit* 和 *Memoru_Unit*，并证明其状态机(见 7.3 节)能正确执行完整指令集。功能验证完后，综合、验证基于标准单元实现的各个子单元，并整合、验证 *RISC_SPM* 综合模型。
7. 修改 *RISC_SPM* 中的 *ALU_RISC*(见 7.3 节)使其能够处理进位，验证并综合新状态机。
8. (a)按照图 7.3 所示的层次划分、模块名称和端口结构(*count*、*enable*、*clock*、*rst*，其中 *count* 使用参数化宽度)，设计并验证 *Binary_Counter_Arch* 的 Verilog 模型。设计并验证嵌套模块 *Control_Unit* 和 *Datapath_Unit_Arch*，以及子模块 *Mux* 和 *Count_Register*。(b)综合具有 4 位宽度数据通路的 *Binary_Counter_Arc* 和 *Binary_Counter_Behav_imp*(隐式状态机行为模型)。(c)比较综合结果。(d)使用普通验证平台来比较计数器的仿真结果。
9. 根据图 7.4 中的 STG 设计、验证并综合 *Binary_Counter_STG*，并与习题 8 的结果进行比较。
10. 例 7.1 中修改 *Binary_Counter_Part_RTL_by_3* 控制器得到的隐式 Moore 状态机增加了对每 3 个时钟周期计数的功能，但是它需要花费一个额外的周期来从复位中恢复(即复位无效的第 4 个时钟沿处计数器才开始增加)。使用验证平台来证明该结论。解释为什么会这样，并设计及验证一种替代划分方案，使其能在 3 个时钟周期后从复位中恢复并在之后每第 3 个时钟沿处计数。
11. 修改例 7.1 中 *Binary_Counter_Part_RTL* 的数据通路和控制器以实现一个 Johnson 计数器 *Johnson_Counter_RTL_by_3*，使其对每 3 个外部时钟沿计一次数。对该隐含状态机(控制器)或等价显示状态机的行为模型进行综合，并验证所综合电路的功能。
12. 图 P7.12(a)中的顶层框图描述了一个时序状态机 *Gap_Finder*，其功能包括：(1)从数据总线取得 16 位的字；(2)找出该字中连续两个“1”的最大间隔；(3)输出 *Gap* 为间隔值的二进制形式。有限状态机(*Controller*)在外部驱动下控制数据通路(*Datapath*)：当 *Run* 有效时，状态机从外部数据通路获取数据，找到两个“1”之间的最大间隔，产生一个 4 位的输出 *Gap*(最大间隔值的二进制等价形式)，并使握手信号 *Done* 有效。状态机产生的数据通路控制信号以及从数据通路返回到控制器的状态信号如图 P7.12(a)所示。

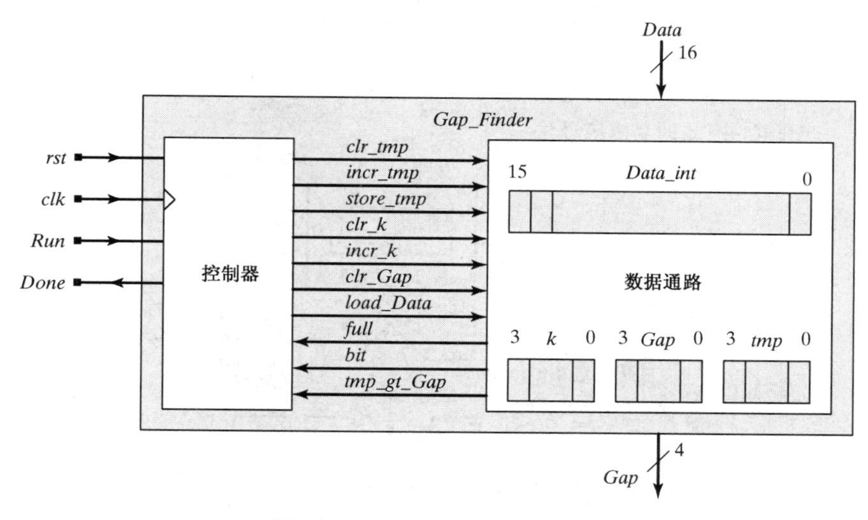

图 P7.12　(a) *Gap_Finder* 框图

当 *load_Data* 有效时，数据通路寄存器 *Data_int* 保存外部总线送来的 16 位字。该字可能包含“0”、“1”或多个间隔，4 位寄存器 *tmp* 在数据处理过程中用于保存间隔值。寄存器 *Gap* 用于保存处理过程中找到的最大间隔值，处理结束后则保持状态机的输出。4 位寄存器 *k* 用于寻址 *Data_int* 的位。

图 P7.12(b)中的部分 ASMD 图显示了数据通路寄存器操作及由此引起的并发控制器状态转移，但为了简化没有给出条件输出框(控制器用于驱动数据通路的 Mealy 型输出信号)，使用的是替代标注法：控制信号和相关动作由信号寄存器行为对表示，如 *clr_tmp*:*tmp* < =0。图中数据通路产生的状态信号由判断框标识。

图示状态机：(1)在 *rst* 作用下可以从任何状态同步地进入 *S_0* 状态；(2)初始化寄存器 *k*、*Gap* 和 *tmp*；(3)*rst* 有效时停顿在 *S_0* 状态。*Run* 有效时，状态机在 *rst* 无效后的第一个有效时钟沿进入 *S_1* 状态。进入 *S_1* 状态时外部数据通路的值加载到内部寄存器 *Data_init*，并由此释放外部数据总线。

在 *S_1* 状态，数据通路的比特计数器 *k* 搜索依次通过 *Data_init* 的比特位，并且跳过字开始处的所有“0”直到找到第一个“1”。如果 *full* 有效时还没有找到 1，则状态机进入 *S_4* 状态且 Moore 型输出信号 *Done* 有效，状态机将保持直到 *Run* 再次有效。一旦状态机在 *Data_in* 中找到第一个“1”则进入 *S_2* 状态，用类似的处理跳过连续的“1”，否则跳过接下来的一串“0”直到再找到“1”。这里算法会比较 *tmp* 和 *Gap* 的当前值：如果 *tmp* > *Gap* 则将 *tmp* 加载到 *Gap*，状态机返回 *S_2* 状态继续搜索其他间隔直到处理完 *Data_int* 的最后一个比特。注意，Moore 型输出 *Done* 在 *S_4* 状态保持有效并在 *S_0* 状态被置为无效。

控制器输出信号功能如下：

Done;　　　//算法完成后有效(如 *S_4* 状态)
clr_tmp;　　//*tmp* < =0　　寄存器 *tmp* 清零
incr_tmp;　　//*tmp* < =*tmp* +1　寄存器 *tmp* 加 1
store_tmp;　//*Gap* < =*tmp*　　将寄存器 *tmp* 的值存入寄存器 *Gap* 中
clr_k;　　　//*k* < =0　寄存器 *k* 清零
incr_k;　　　//*k* < =*k* +1　比特计数寄存器 *k* 加 1
clr_Gap;　　//*Gap* =0　寄存器 *Gap* 清零
load_Data;　//*Data_init* < =*Data*　将外部数据加载到 *Data_int*

控制器的输入定义如下：

tmp_gt_Gap;　//当 *tmp* > *Gap* 时在数据通路中置为有效
full;　　　　//当索引值 *k* =4'*b*1111 时在数据通路中置为有效

bit;　　　　//*k* 指定的 *Data_int* 中位的值
Run;　　　　//启动算法
clk;　　　　//同步时钟
rst;　　　　//高电平有效的复位信号

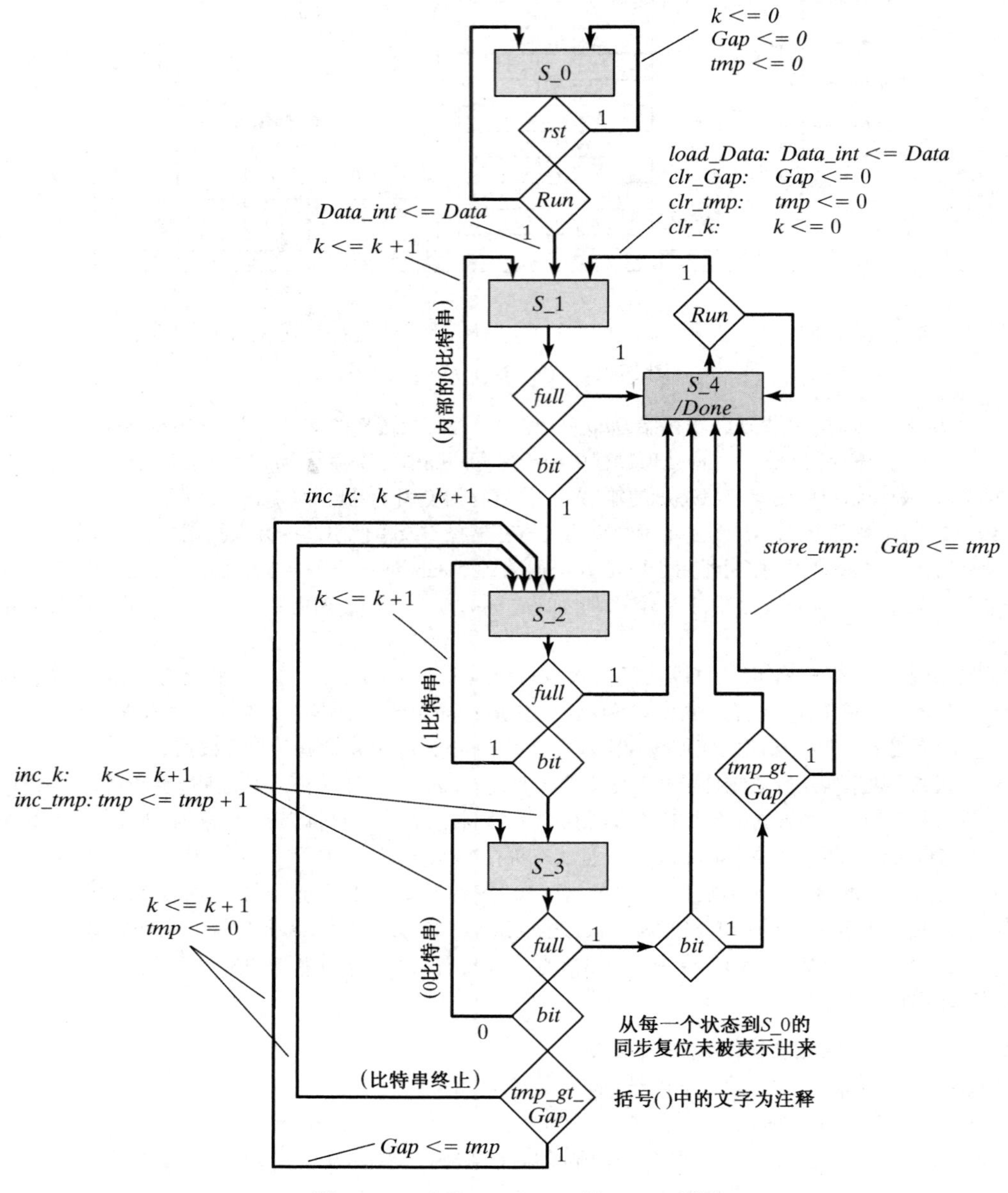

图 P7.12　(b) *Gap_Finder* 的 ASMD 图

(a)使用图 P7.12(b)及下面给出的模块 *Gap_Finder*、*Datapath* 和 *Controller* 的局部代码，设计 *Gap_Finder* 的 Verilog 模型。下列代码提供了所有所需信号及部分行为描述，包括：(1)同步状态转移；(2)产生下一状态和输出；(3)控制数据通路寄存器。

(b)使用下列验证平台(网站上也有)验证设计，按图 P7.15(c)的顺序实现信号波形。(注：数据以十六进制格式显示；*Gap*、*tmp* 和 *k* 以十进制格式显示。)

验证平台 *t_Gap_Finder* 考虑了：

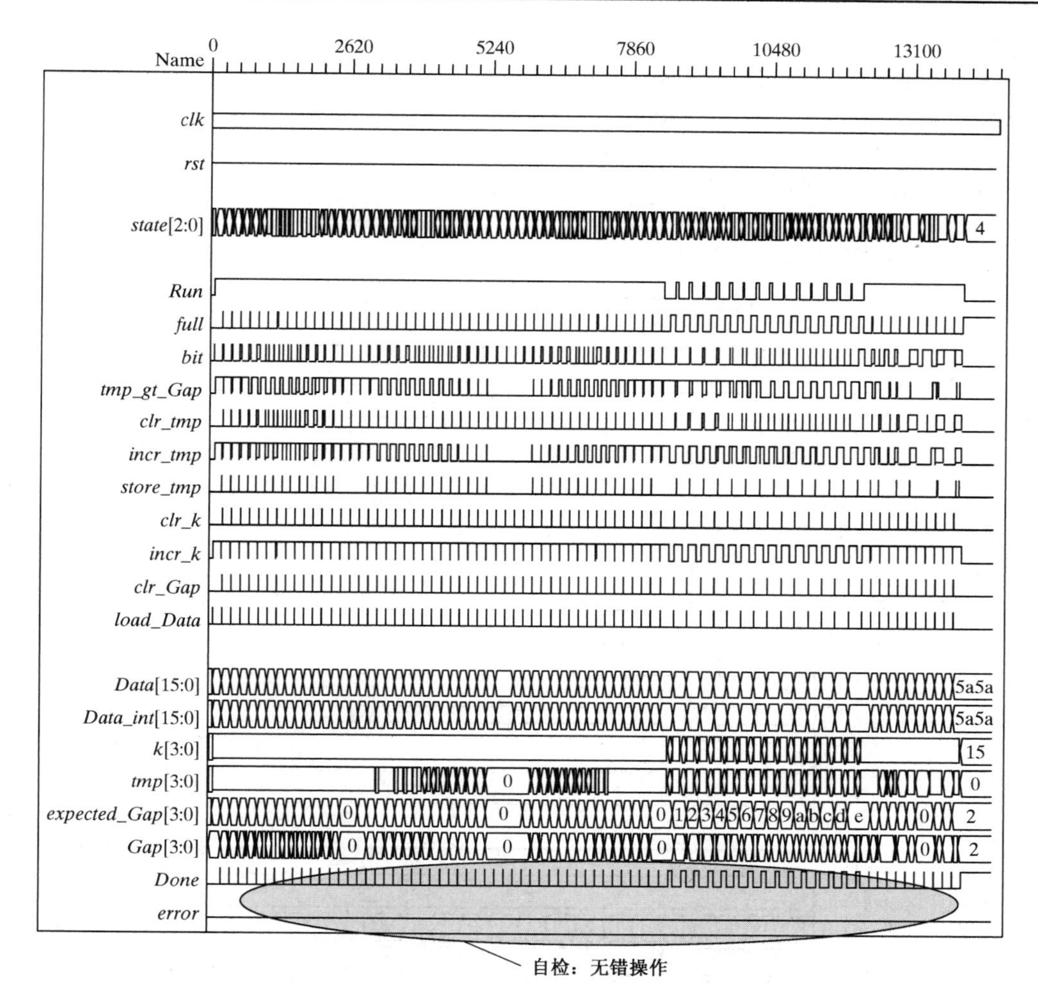

图 P7.12　(c)无错操作的仿真结果

(1)启动复位；

(2)从左至右，从最大值(14)减小到 0 的单一间隔；

(3)从右至左，从最大值(14)减小到 0 的单一间隔；

(4)从左至右，从 0 增加到最大值(14)的单一间隔；

(5)从右至左，从 0 增加到最大值(14)的单一间隔；

(6)从 *rst* 状态恢复；

(7)从周期性的 *Run* 状态恢复；

(8)多种间隔的混合形式(增加和减少)；

(9)全 1；

(10)全 0；

(11)以 0 开头，没有间隔；

(12)以 1 开头，没有间隔。

注：*Load_data* 先于加载数据的时钟信号(例如在前一个时钟周期 *load_data* 有效)。在 *load_Data* 上升沿由激励器产生的数据在与 *load_data* 下降沿对应的时钟处有效。在 *load_data* 的下降沿产生 *Gap* 的期望值。*Gap* 和 *expect_Gap* 在 *Done* 的上升沿进行比较，如不同则用 *error* 报错。

为保证期待信号与实际信号一致，在验证平台中考虑数据通路延迟是很重要的。因为 *load_data* 和 *Done*

可能在同一时刻有效(例如在 *S_4* 状态中),将 *Data* 流水后产生 *old_data* 用来消除标准输出列表中 *data* 和 *Done* 之间的竞争。因为数据在 *load_data* 的上升沿更新,*Gap* 也在同一时间更新,因此这是必要的。*Old_data* 对应 *Gap*,比较结果一致。

部分仿真结果见图 P7.12(c)、(d)、(e)。注意,尽管图 P7.12(c)中的数据显示分辨率掩盖了操作详情,*error* 信号和 *Done* 信号仍可用于快速检查并说明操作无错。

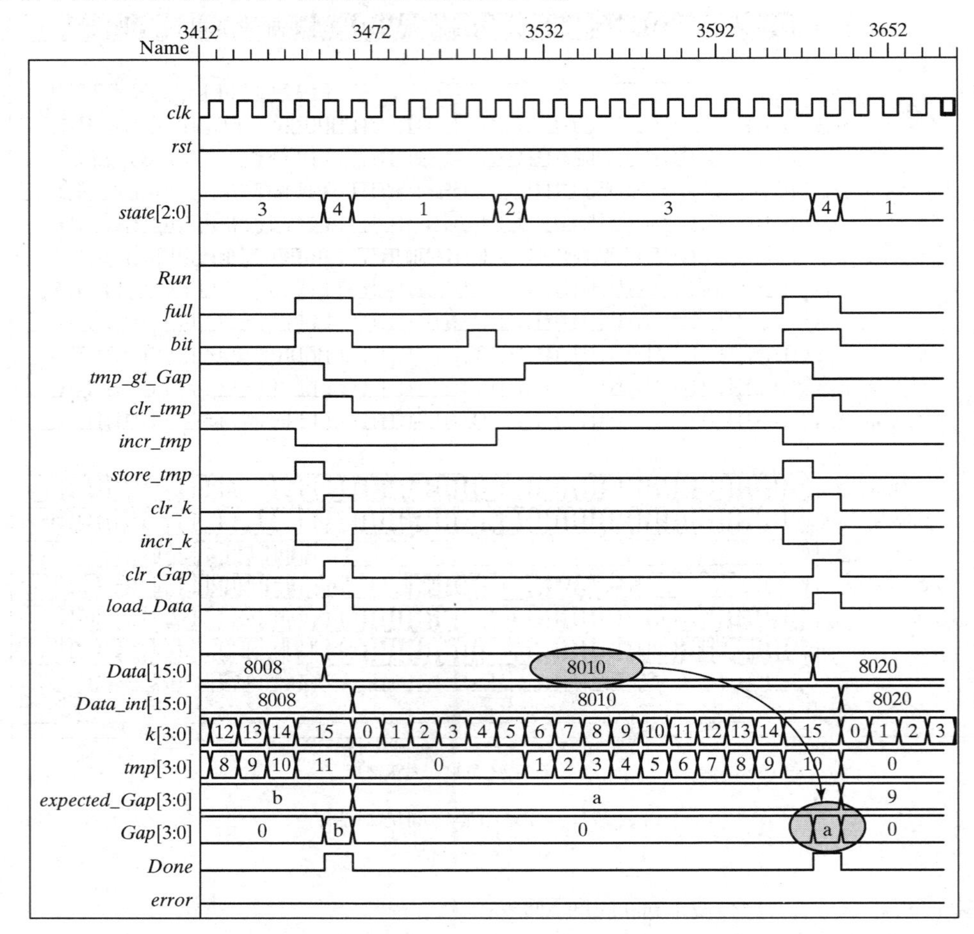

图 P7.12 (d) $Data = 8010_{16} = 1000_0000_0001_0000_2 = 10_{10} = a_{16}$时的仿真结果

(c)确认你的模型对于所有测试向量都正确,并与图 P7.12(c)、(d)、(e)所示结果吻合。产生 *Data* = 16'*h*0000、16'*hffff*、16'*ha*441 时的仿真结果,观察验证 *Gap* 和 *expect_Gap* 是否正确和吻合。

(d)删除验证平台中 *rst* 信号的内容并验证你的模型可以正确地从 *rst* 状态恢复。还原上述删除的内容,从测试平台中删除 *Run* 信号的内容并验证你的模型可以正确地从 *Run* 状态中恢复。验证状态机产生的标准输出正确(验证平台后给出了一个例子。)

(e)综合你的模型 *Gap_Finder*,说明综合后的电路是否包含锁存器,确认综合后的电路是否与行为模型的仿真结果相同。

```
module Gap_Finder (Gap, Done, Data, Run, clk, rst);
// Declarations go here

 Datapath M1
  (Gap, tmp_gt_Gap, full, bit, Data, clr_tmp, incr_tmp, store_tmp, clr_k, incr_k,
    clr_Gap, load_Data, clk, rst);
```

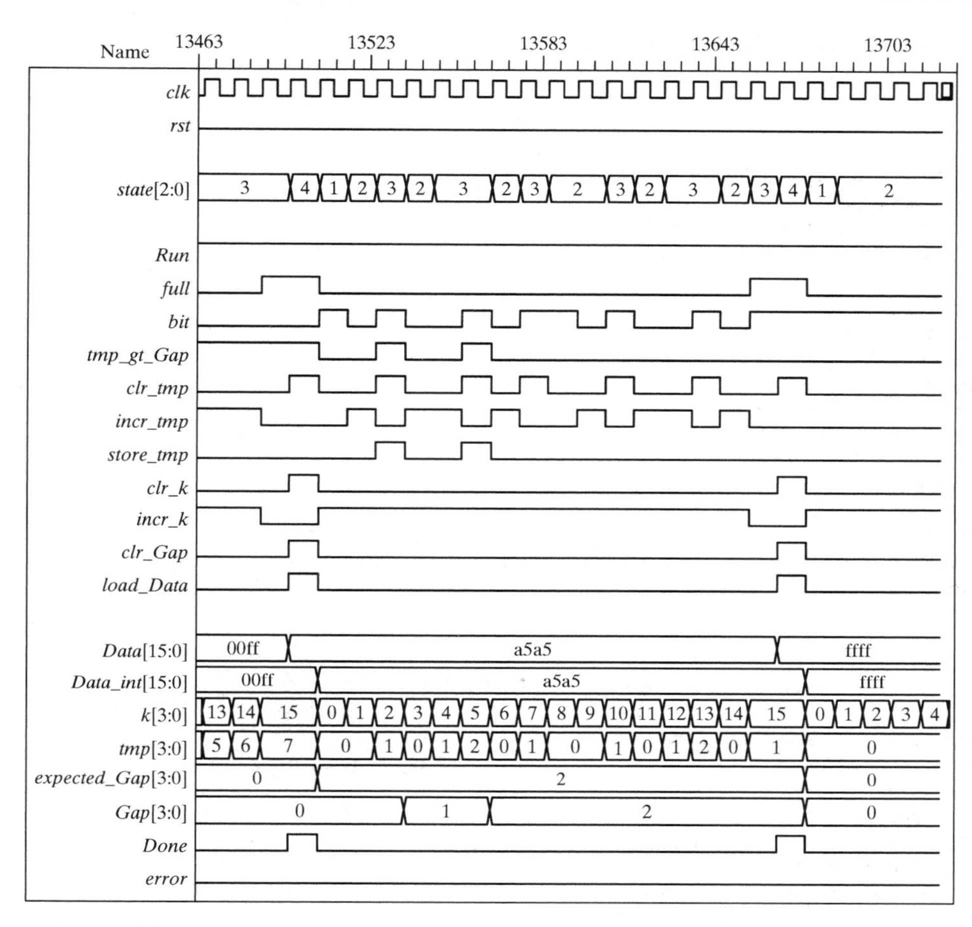

图7.12　(e) $a5a5_{16} = 1010_0101_1010_0101_2 = 2_{10} = 2_{16}$时的仿真结果

```
  Controller M2
   (Done, clr_tmp, incr_tmp, store_tmp, clr_k, incr_k, clr_Gap, load_Data,
     tmp_gt_Gap, full, bit, Run, clk, rst);
endmodule

module Datapath (/* Declare ports here */);
  // Declarations go here

  assign          bit = Data_int[k];
  assign          full = (k == 15);
  assign          tmp_gt_Gap = (tmp > Gap);

  always @ (posedge clk)
  // Your model of the Datapath operations goes here
endmodule

module Controller (Done, clr_tmp, incr_tmp, store_tmp, clr_k, incr_k, clr_Gap,
   load_Data, tmp_gt_Gap, full, bit, Run, clk, rst);
  // Declarations go here
  assign    Done = (state == S_4);

  always @ (posedge clk)
    if (rst == 1) state <= S_0;
    else state <= next_state;
```

```
  always @ (/* Your sensitivity list goes here */)
  // Your logic for state transitions and outputs goes here

endmodule

module annotate_t_Gap_Finder ();
  defparam t_Gap_Finder.M2.LATENCY = 10;
  defparam t_Gap_Finder.M2.OFFSET = 5;
  defparam t_Gap_Finder.M2.PULSE_WIDTH = 5;
endmodule

module Clock_Prog (clock);
  output clock;
  reg clock;
  parameter LATENCY = 100;
  parameter PULSE_WIDTH = 50;
  parameter OFFSET = 50;
  initial begin
    #0 clock = 0;
    #LATENCY forever
      begin #OFFSET clock = ~clock; #PULSE_WIDTH clock = ~clock; end
  end
endmodule

module t_ Gap_Finder  ();
  wire        eexpected_Gapeeexpected_Gap &and; Gap)) && (!rst);

  Gap_Finder M1 (Gap, Done, Data, Run, clk, rst);        // UUT
  Clock_Prog M2 (clk);                                   // Programmable clock unit
 initial fork
  #1 $display ("");
  #1 $display ("Start of simulation");
  #20000 $display ("");
  #20000 $display ("End of simulation");
  #20001 $stop;
join

initial fork
  #5 rst = 1;        // initial rst
  #25 rst = 0;
join

initial fork         // Test for Run action
  #5 Run = 0;
  #60 Run = 1;
  #14000 Run = 0;
join
always @(negedge M1.load_Data) old_Data = Data;

always @(posedge Done)
   #1 $display ($time,,"Data = %b expected_Gap = %d Gap = %d error = %d",
   old_Data, expected_Gap, Gap, error);

initial begin
  Data = 16'h0001;
  pointer = 18'h8000;
  expected_Gap = 15;

///////////////////////////////////////////////////////////////////////////
   #1$display ("");
   $display ("Test Patterns: shrinking Gap from left to right");
```

```
    repeat (16) begin
      @(posedge M1.load_Data)
      Data = 16'h0001 | pointer;
      @ (negedge M1.load_Data)
      expected_Gap = (pointer > 2)? expected_Gap -1: 0;
      pointer = pointer >> 1;
    end

    pointer = 16'h0001;
    @ (posedge M1.load_Data)
    Data = 16'h8000 | pointer;
    @ (negedge M1.load_Data)
    expected_Gap = 14;
    pointer = pointer << 1;

///////////////////////////////////////////////////////////////////////////
    $display ("");
    $display ("Test Patterns: shrinking Gap from right to left");
    repeat (15) begin
      @(posedge M1.load_Data)
      Data = 16'h8000 | pointer;
      @ (negedge M1.load_Data)
      expected_Gap = (pointer < 32768)? expected_Gap -1: 0;
      pointer = pointer << 1;
    end

// Crossover pattern between sets
    pointer = 16'h8000;
    @ (posedge M1.load_Data)
    Data = 16'h8000 | pointer;
    @ (negedge M1.load_Data)
    expected_Gap = 0;
    pointer = pointer >> 1;

///////////////////////////////////////////////////////////////////////////
    $display ("");
    $display ("Test Patterns: expanding Gap from left to right");
    repeat (15) begin
      @(posedge M1.load_Data)
      Data = 16'h8000 | pointer;
      @ (negedge M1.load_Data)
      expected_Gap = (pointer < 16384)? expected_Gap + 1: 0;
      pointer = pointer >> 1;
  end

// Crossover pattern between sets
    pointer = 16'h0001;
    @ (posedge M1.load_Data)
    Data = 16'h0001 | pointer;
    @ (negedge M1.load_Data)
    expected_Gap = 0;
    pointer = pointer << 1;

///////////////////////////////////////////////////////////////////////////
    $display ("");
    $display ("Test Patterns: expanding Gap from right to left");
    repeat (15) begin
      @(posedge M1.load_Data)
      Data = 16'h0001 | pointer;
    // Remove comments to include test
    //$display ("Test for recovery from rst on-the-fly");
    // Remove comments to include test
```

```
//#40 rst = 1;      // machine should park in state S_0
//#40 rst = 0;

//$display ("");
//$display ("Test for cycling of Run on-the-fly");
// Remove comments to include test
// #40 Run = 0;    // machine should park in state S_4
// #200 Run = 1;
 @ (negedge M1.load_Data)
 expected_Gap = (pointer > 2)? expected_Gap + 1: 0;
 pointer = pointer << 1;
end

@ (posedge M1.load_Data) ;
@ (negedge M1.load_Data) ;

$display ("");
$display ("Miscellaneous patterns");
@ (posedge M1.load_Data) Data = 16'b0001_0000_0000_1000;
@ (negedge M1.load_Data) expected_Gap = 8;

@ (posedge M1.load_Data) Data = 16'h0ff0;
@ (negedge M1.load_Data) expected_Gap = 0;

@ (posedge M1.load_Data) Data = 16'b0001_0000_1000_0000;
@ (negedge M1.load_Data) expected_Gap = 4;

@ (posedge M1.load_Data) Data = 16'h0000;
@ (negedge M1.load_Data) expected_Gap = 0;

@ (posedge M1.load_Data) Data = 16'haaaa;
@ (negedge M1.load_Data) expected_Gap = 1;

@ (posedge M1.load_Data) Data = 16'hff00;
@ (negedge M1.load_Data) expected_Gap = 0;

@ (posedge M1.load_Data) Data = 16'h00ff;
@ (negedge M1.load_Data) expected_Gap = 0;

@ (posedge M1.load_Data) Data = 16'ha5a5;
@ (negedge M1.load_Data) expected_Gap = 2;

@ (posedge M1.load_Data) Data = 16'hffff;
@ (negedge M1.load_Data) expected_Gap = 0;

@ (posedge M1.load_Data) Data = 16'h5a5a;
@ (negedge M1.load_Data) expected_Gap = 2;

@ (posedge M1.load_Data) Data = 16'h5a5a;
@ (negedge M1.load_Data) expected_Gap = 2;

@ (posedge M1.load_Data) Data = 16'hc225;
@ (negedge M1.load_Data) expected_Gap = 4;

@ (posedge M1.load_Data) Data = 16'ha443;
@ (negedge M1.load_Data) expected_Gap = 4;

@ (posedge M1.load_Data) Data = 16'h8121;
@ (negedge M1.load_Data) expected_Gap = 6;

 end
endmodule
```

测试平台产生的标准文本输出示例如下。

测试样值：Gap 从左向右增加

```
5666 Data = 1000000000000000 expected_Gap = 0  Gap = 0 error = 0
5836 Data = 1100000000000000 expected_Gap = 0  Gap = 0 error = 0
6006 Data = 1010000000000000 expected_Gap = 1  Gap = 0 error = 0
6176 Data = 1001000000000000 expected_Gap = 2  Gap = 0 error = 0
6346 Data = 1000100000000000 expected_Gap = 3  Gap = 0 error = 0
6516 Data = 1000010000000000 expected_Gap = 4  Gap = 0 error = 0
6686 Data = 1000001000000000 expected_Gap = 5  Gap = 0 error = 0
6856 Data = 1000000100000000 expected_Gap = 6  Gap = 0 error = 0
7026 Data = 1000000010000000 expected_Gap = 7  Gap = 0 error = 0
7196 Data = 1000000001000000 expected_Gap = 8  Gap = 0 error = 0
7366 Data = 1000000000100000 expected_Gap = 9  Gap = 0 error = 0
7536 Data = 1000000000010000 expected_Gap = 10 Gap = 0 error = 0
7706 Data = 1000000000001000 expected_Gap = 11 Gap = 0 error = 0
7876 Data = 1000000000000100 expected_Gap = 12 Gap = 0 error = 0
8046 Data = 1000000000000010 expected_Gap = 13 Gap = 0 error = 0
8216 Data = 1000000000000001 expected_Gap = 14 Gap = 0 error = 0
```

13. 设计、验证并综合一个能对基频进行可编程分频和对占空比进行可编程设置的分频器。
14. 设计、验证并综合一个译码器的 Verilog 模型，该译码器能够对 16 位地址译码，从而确定其属于 64k 存储器中 8 个 8k 段中的哪一个。
15. 说明下面两个 Verilog 周期行为综合得到的电路有什么不同。

```
always @ (a,b,c,d) y = a + b + c + d;
always @ (a,b,c,d) y = (a + b) + (c + d);
```

16. *RISC_SPM* 的指令集有限，不能很好地面向特定应用。设计 *RISC_SPM_e* 及 *RISC_SPM* 的增强版，增加指令使其成为一个自动售货机中的嵌入式处理器，能够根据顾客的选择接收现金、找零钱和分发咖啡。其支持的选择标识如图 P7.16 所示。该状态机产生的信号包括：(1)根据顾客选择控制咖啡调配单元；(2)接收现金和找零钱；(3)发送信息到显示面板。

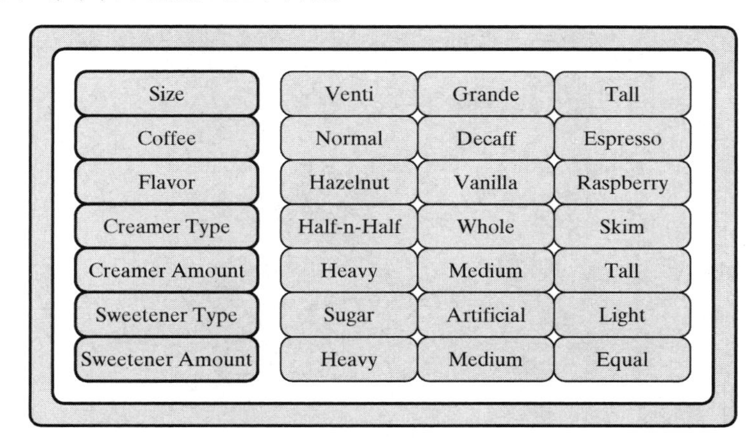

图 P7.16

17. 编写、验证并综合图 5.24 两状态(级)流水线的 Verilog 模型(划分独立的控制器和数据通路)。
18. 图 P7.18 所示状态机的数据通路和控制器可以：(a)将两个 16 位二进制有符号数以补码形式送入寄存器 *AR* 和 *BR*；(b)将 *AR* 中的数除以 2 并将结果送入寄存器 *CR*；(c)若 *AR* 中为非零正数，则将 *BR* 中的数乘以 2 再将结果送入寄存器 *CR*;(d)若 *AR* 中的数为 0,则将寄存器 *CR* 清零。画出该状态机的 ASMD,编写并验证其划分 Verilog 模型。提示:考虑使用算术右移运算符。状态机的 *reset* 为低电平有效。

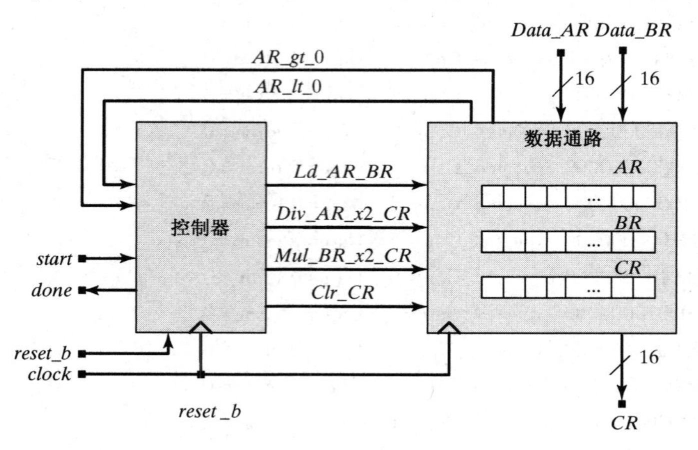

图 P7.18

第8章　可编程逻辑及存储器件

随着技术的进步，FPGA（现场可编程门阵列，Field-Programmble Gate Array）的集成度、复杂度和面积优势使其日益成为颇具吸引力的、低价格的半定制 ASIC（面向应用的集成电路，Application-Specific Integrated Circuit）替代方案。基于标准单元的 ASIC 掩膜制造费用高达几十万美元，因此不适合需求量小的场合。使用 FPGA 实现大规模电路的需求已促使基于 FPGA 应用的电路设计思想发生了变化。历史上，有经验的设计者使用原理图输入工具设计小规模电路显得高产和高效，但现在的显著趋势是采用 FPGA 设计复杂的大规模电路。由于新产品的成功机会减少，面向 ASIC 设计流程的、基于语言的设计方法对 FPGA 来说也变得必要起来。因此 FPGA 厂商都纷纷提出了支持 FPGA 的语言输入工具。设计者也开始从图形输入设计工具转向语言输入设计工具。本章将着重讨论基于 Verilog 的 FPGA 设计流程。

现有的数字电路实现技术包括：采用分离逻辑门和标准集成电路（IC，Integrated Circuit）实现低集成度/低性能的应用，以及采用标准单元库和全定制集成电路实现高集成度/高性能应用。标准集成电路的制造成本低，但只能以低集成度实现有限的基本功能。定制逻辑电路的市场小，其产量不能保证设计生产的成本，并且集成电路制造商也无法像标准集成电路那样担负多种专用电路的存储费用。在投资回收之前单纯的技术进步毫无价值。本章将重点讨论可编程逻辑器件（PLD，Programmable Logic Devices），它在集成度和性能方面（这也是标准单元、半定制、全定制电路的性能特征）有着较好的折中。

PLD 的出现源于以下两个相互矛盾的现实：

（1）大规模、高密度、高性能的电路无法使用分立器件有效、可靠地实现；

（2）无法经济有效地生产和销售复杂集成电路来应对分散的小规模应用。

上述的矛盾导致了 PLD 的诞生。

尽管只读存储器（ROM，Read-Only Memory）、可编程逻辑阵列（PLA，Programmable Logic Array）、可编程阵列逻辑（PAL，Programmable Array Logic）、复杂可编程逻辑器件（CPLD，Complex PLD）、FPGA 及可编程掩膜门阵列（MPGA，Mask-Programmable Logic Devices）都是可编程的，然而我们仍将使用术语“PLD”表示可实现两级组合逻辑的低密度结构：PLA，PAL 和类似由厂商命名的器件。PLD 具有由相同固定基本功能模块组成的规则结构。而 MPGA 由规则的晶体管阵列组成，未编程的 MPGA 具有相同的结构。通过增加金属互连层来组合和连接一定功能的宏模块可对 MPGA 进行编程。例如，在局部建立互连构成 NAND 门，在全局建立互连实现加法器功能。其基本功能模块的架构保持不变，而互连结构（如金属层）则取决于应用。与之相反，标准单元版图没有固定的、基本的功能单元架构。其版图通道结构具有规则性，但功能模块不唯一且不具有架构性的布局。单元可能是反相器或触发器，给定单元的功能和位置取决于应用。单元本身不可编程（晶体管没有互连以构建一个基本功能），而基于单元设计的整体架构在布局布线通道和单元库的约束下是完全灵活的。在基于单元的版图中单元结构无需复制。正因为如此，要对互连结构编程（基于给定固定结构的器件）和架构编程（基于固定、预定义特性的功能单元，如标准单元）加以区分。当使用术语 PLD 时，指的是前一种情况且不包含该类别下的标准单元。

ROM 等存储器件可视为 PLD，因为它们能通过将函数值存储到函数输入所指定的存储器里来实现组合逻辑。这里必然实现的是函数的全真值表。由于没有进行化简，器件资源可能没有被充分利用，因此基于存储器实现的组合逻辑效率较低。

8.1 可编程逻辑器件

PLD 具有固定架构，其功能可由厂商或最终用户根据具体应用编程实现。由厂家编程的 PLD 称为可编程掩膜逻辑器件(MPLD, Mask-Programmable Logic Devices)，而由用户编程的 PLD 则称为现场可编程逻辑器件(FPLD, Field-Programmable Logic Devices)。PLD 基本功能模块单元的架构固定且用户无法修改，因此其研发和生产费用可由大量用户分摊，应用范围非常广泛。这种情况减少了用户的单位费用，降低了厂商的生产和库存风险，同时有利于将新技术融入到不断改进的产品线中。因为预定制的 PLD 在应用之前已经历了制造、测试和库存，使用 PLD 的系统其设计周期将大大缩短。PLD 适用于快速原型的设计。

有三个基本特征用于区分 PLD：

(1) 相同基本功能单元的架构；

(2) 可编程的互连结构；

(3) 可编程技术。

ROM、PLA 和 PAL 具有图 8.1 所示的与-或(AND-OR)模块结构。它们以积之和(SOP, Sum-of-Product)的形式实现布尔表达式：AND 模块从输入中选取某些项形成乘积，OR 模块将选中乘积项的和输出。可编程结构将两个模块互连以使输出实现输入的积之和。模块是否可以，以及怎样编程决定了整个架构所实现的 PLD 的类型。

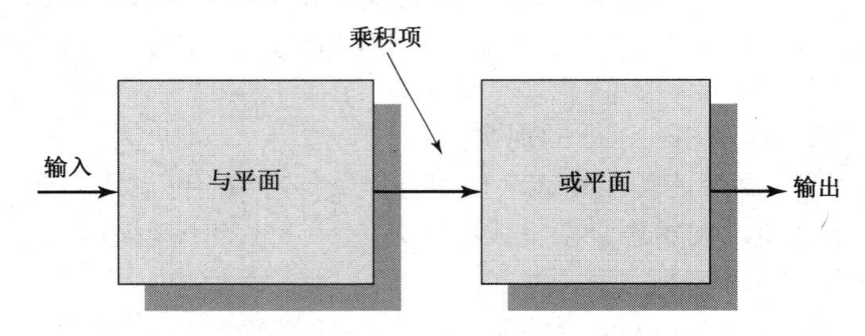

图 8.1 PLD 的 AND-OR 模块结构

8.2 存储器件

用于实现 PLD 的架构也能实现 ROM 或 RAM(Random-Access Memory, 随机存储器)，这取决于是否能在器件正常操作期间对存储单元进行写操作。ROM 的内容在操作过程中以及掉电后不会改变，而 RAM 的内容在操作期间可以改变且掉电后会消失。ROM 和 RAM 还有一个主要区别：ROM 可以在使用前通过改变其电路结构来编程，而 RAM 的电路不可编程(它是固定的)，只能在正常读写操作中动态地对其内容进行编程。

8.2.1 只读存储器

一个 $2^n \times m$ 的 ROM 包含 2^n 个字、每字 m 位的可寻址半导体存储单元阵列。该 ROM 有 n 个称为"地址线"的输入端和 m 个称为"位线"的输出端。图 8.2 中的 AND 模块作为地址译码器且不可编程。地址译码器实现 n 输入的全译码，并且每个输入向量对应唯一的、称为"字线"的译码输出。每个输入地址选中由字线决定的 2^n 个存储字中的一个，字中的每个单元存储 1 位信息。因此，每条字线对应于布尔表达式的一个最小项。

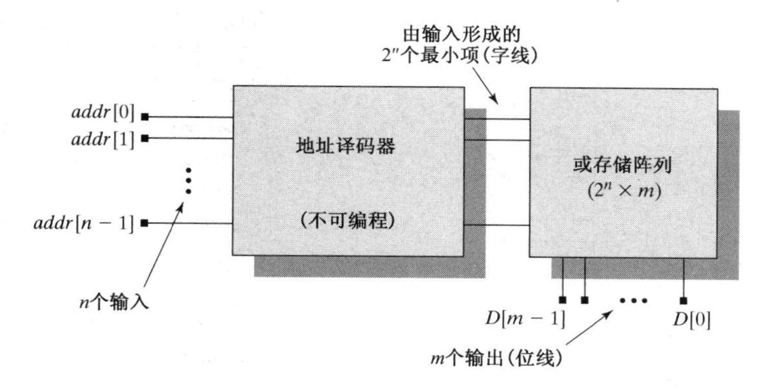

图 8.2　ROM 的 AND-OR 模块

ROM 能采用各种技术进行制造：双极型、互补型金属氧化物半导体(CMOS，Complementary Metal-Oxide Semiconductor)、n 沟道 MOS(nMOS，n-Channel MOS)和 p 沟道 MOS(pMOS，p-Channel MOS)。采用 nMOS 技术实现的可编程掩膜 ROM 的电路结构如图 8.3 所示：位线组成输出字，n 沟道链接晶体管连接字线与位线。位线通常被上拉到 V_{DD}，但当地址译码器将字线拉高后，与之相连的 n 沟道晶体管导通，从而将位线拉低。为器件编程的系列掩膜固定了与给定字相连的链接晶体管的形式，由此决定了输入地址字所对应的位线上"1"和"0"的模式。对于三态输出反相器，出现链接晶体管的位置相当于存储了"1"。存储在 ROM 中的信息可通过电路操作进行读取，但不能写入。ROM 的输出通常是三态的，因此可连接到有多个器件的共享总线。商用 ROM 附加的片选输入允许将多个器件连接到共用总线，每个器件由唯一的地址选定。当某一个 ROM 被选中时，其地址输入的 0/1 状态将确定一条唯一的字线。

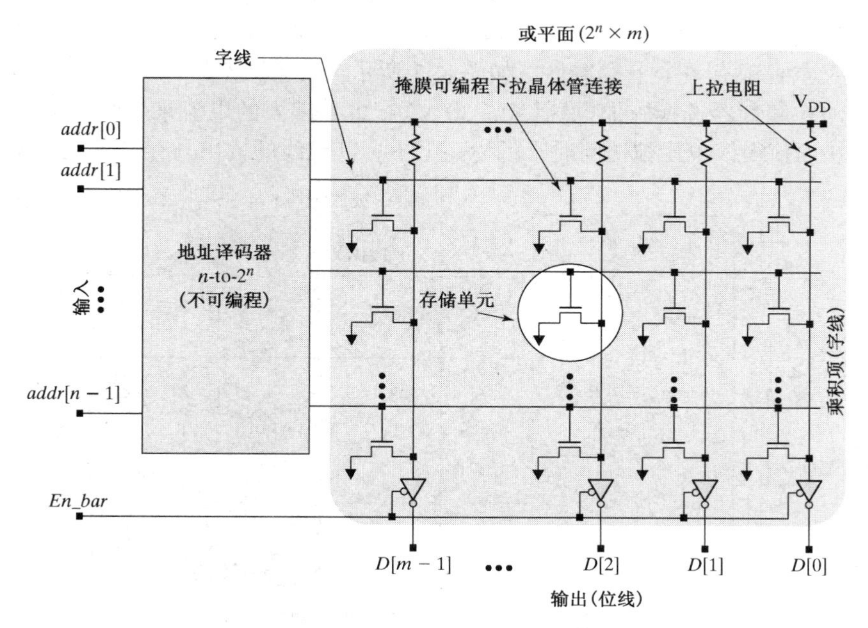

图 8.3　掩膜可编程 nMOS ROM 的电路结构

一个 $2^n \times m$ 的 ROM 能存储 m 个不同的 n 变量函数(即存储真值表)。图 8.4 给出了一个 4 位地址字的、16×8 的 ROM，它共有 16 个 8 位存储字。表 8.1 给出了商用 ROM 在规格和容量上的可选范围。

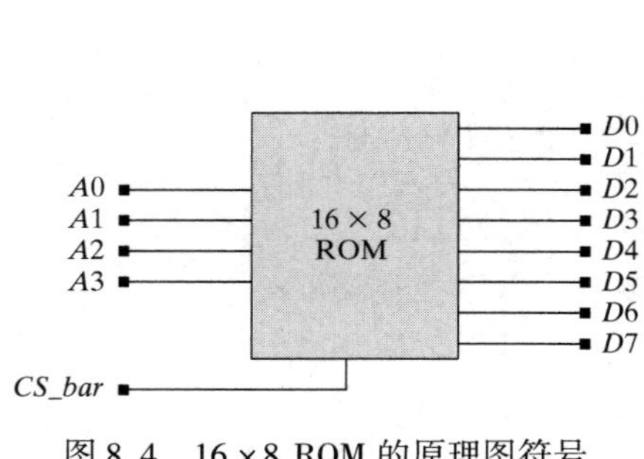

图 8.4 16 × 8 ROM 的原理图符号

表 8.1 商用 ROM 的规格和容量

规　格	容　量
32K × 8	256 Kb
64K × 8	512 Kb
128K × 8	1Mb
256K × 8	2Mb
512K × 8	4Mb
1024K × 8	8Mb
64K × 16	1Mb
…	
256K × 16	4Mb
512K × 16	8Mb

因其掉电时信息仍能保持，ROM 为非易失性存储器。可编程掩膜 ROM 采用固定的、不可擦除的存储结构制作，适合大批量应用。因为对芯片编程的掩膜系列针对特别的最终用户，其一次性工程(NRE, Non-Recurring Engineering)成本与现场可编程 ROM 相比要高一些。掩膜制作周期约为四个星期。可编程掩膜 ROM 适用于需要存储数据且常规使用中不需要改变数据的系统。例如，应用于手持设备显示器以保存字符代码的显示数据表，以及保存设备上电后立即执行的引导程序。ROM 广泛应用于零售店中的电子销售终端、仪器仪表、家用电器、工业设备、视频游戏以及许多手持设备(如数码照像机)。

8.2.2 可编程 ROM(PROM)

现场可编程 ROM(PROM)可由最终用户通过称为"PROM 编程器"的特殊设备进行编程。PROM 是非易失且不可擦除的。PROM 通常采用双极工艺制造，最初在 OR 模块中字线与内部位线的每一个交叉点处都有一个上拉器件。如图 8.5 所示，该上拉器件(二极管或晶体管)与金属熔丝相连。PROM 编程器选择施加电压(10 ~ 30 V)产生足够大的电流来熔断金属丝令上拉器件与字线断开，从而使得该单元被访问时永远为高电平。其位线的输出与存储单元的内容相反。

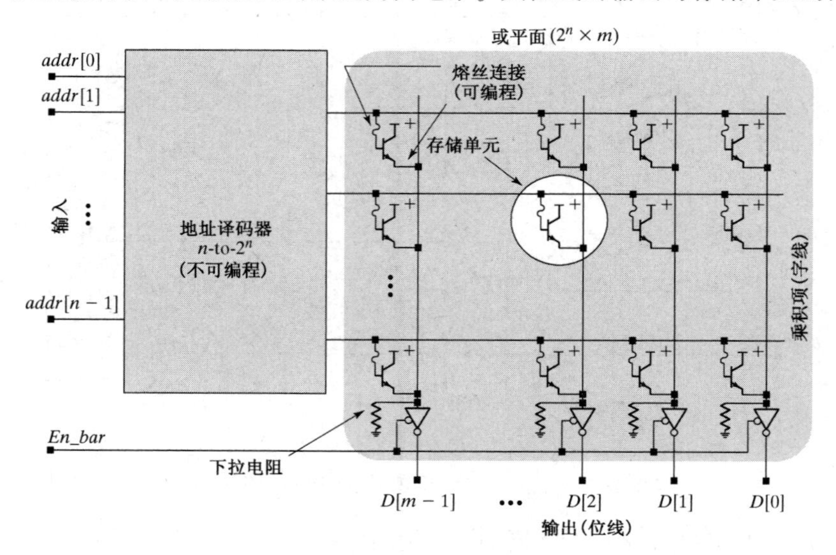

图 8.5 熔丝双极 PROM 的电路结构

PROM 的位线输出由三态反相器驱动，每一个反相器的输入通过下拉电阻连接到地，同时与内部位线相连。若没有字线信号则位线为地电平，输出为高电平。图 8.5 中使能信号低电平有效时，高电平的最小项线将位线输出拉为低电平。已熔断连接的存储单元不受最小项线的影响，而因下拉电阻的作用保持输出高电平。注意，位线可能被一个或者多个单元下拉。在图 8.5 中，字线译码后链接晶体管的存在意味着输出为低电平。编程是永久性的(即无法恢复已熔断的连接来进行不同的编程)，不过当修改只涉及未熔断连接时程序仍能被改写。

8.2.3　可擦除 ROM

可擦除 PROM 的结构与 PROM 类似，不过它使用浮栅 nMOS 晶体管来连接字线与位线(如图 8.6 所示)。浮栅晶体管在控制栅与沟道之间插入了一个附加浮栅，高阻绝缘材料将浮栅和控制栅隔离。当专用电路(未画出)对控制栅施加足够高的电压(如 21 V)时绝缘层被击穿，撤除编程电压时负电荷从沟道中流出并被浮栅捕获。捕获电荷耗尽沟道中的载流子使晶体管关断，有效提升了晶体管的阈值电压，并使位线浮高免受字线的影响，从而断开了字线与位线的连接，此时读出电平为 1。图 8.6 中，字线译码后可编程链接晶体管(捕获电荷的晶体管)的存在意味着输出为 0。

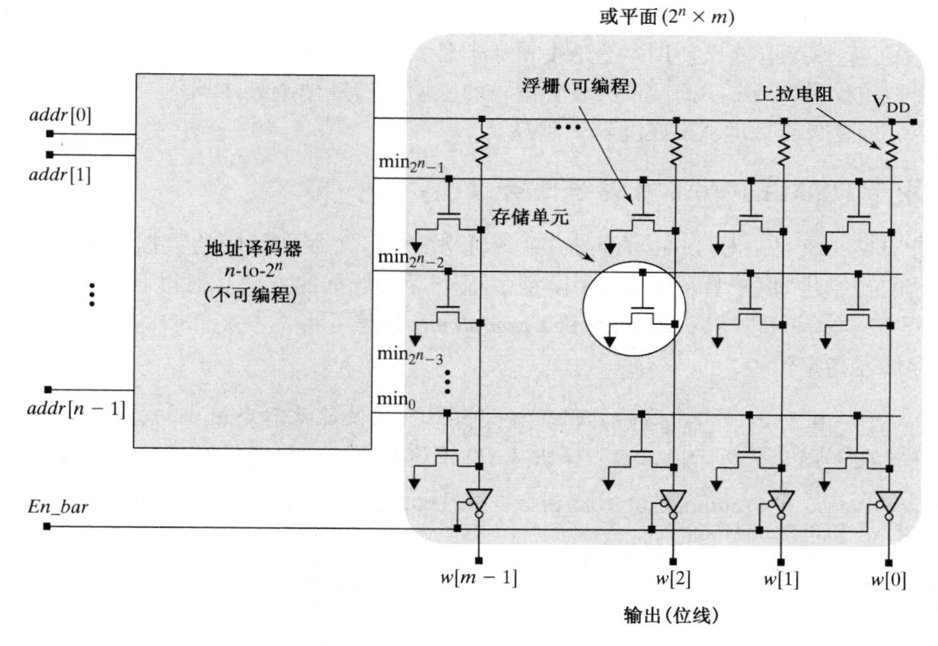

图 8.6　浮栅 EEPROM 的电路结构

可擦除 ROM 有紫外线(UV，ultraviolet)擦除与电擦除两种。前者称为 EPROM 或 UVEPROM，其封装上的“石英窗”能使特定波长的紫外线射入并短暂击穿绝缘浮栅，同时令光电流去除捕获电荷从而有效擦除存储信息。后者称为 EEPROM(Electrically Erasable PROM)，利用电脉冲击穿隔离浮栅从而擦除存储信息，而加在最小项线上的高负电压可以去除浮栅捕获电荷。紫外线擦除是不可选择性擦除(即“体擦除”)——所有存储单元的内容都会被重新置 1；而 EEPROM 的附加电路允许选择性擦除，即能选择个别字进行擦除和再编程。

EPROM 通常用于微处理器系统固件的开发调试阶段，完成一次擦除需紫外线照射 5 ~ 20 分钟。调试正确后交付产品时会使用没有“石英窗”的更便宜的 ROM 替代 EPROM。EEPROM 的吸引力在于“可在线编程”——可用小电流擦除，无需附加硬件以及 PROM 编程器和紫外线源。

ROM 技术应用中需考虑的两个重点是易失性和疲劳性。如果没有紫外线照射，EPROM 至少可以在 10 年之内保持 70% 的电荷[1]。EEPROM 中的绝缘材料比 EPROM 薄，并且可能退化，因此 EEPROM 的可擦写次数有限，通常为 $10^2 \sim 10^5$ 次。EEPROM 超过擦写极限后将无法保持浮栅电荷或捕获电荷。由于可用电擦除，EEPROM 能够比普通 EPROM 更快地擦除信息，所以适合原型代码开发。EEPROM 也用于一些寿命期内不需要大量擦写操作的应用系统，比如个人计算机中默认配置数据的存储芯片[1]。EEPROM 还可采用较低的在线编程电压(如 Atmel AT49LV1024)①。

8.2.4　基于 ROM 的组合逻辑实现

ROM 通常用于需要真值表的组合逻辑。该技术颇具吸引力，因为 ROM 可通过编程实现 2^{2^n} 个不同的 n 输入函数，且单片 ROM 可在任一位线上实现任一函数(标准逻辑可能需要新的电路结构来实现不同的函数)。基于 ROM 的设计也可通过简单更换 ROM 而无需改变外围电路来实现新功能。对于离散或积木式逻辑，实现复杂度不会影响器件的编程难度。对于中等规模的电路应用，ROM 通常比大部分 LSI/MSI(Large-and Medium-Itergrated)器件及 PLD 都要快，在类似技术下也比 FPGA 或定制 LSI 要快。但另一方面，对于中等复杂度的电路，基于 ROM 的电路价格较高、功耗更大，且速度可能比使用多个 LSI/MSI 器件及 PLD 或小规模 FPGA 的电路要慢[1]。ROM 的全地址译码电路使其不适用于超过 20 个输入的应用。与其他半导体器件一样，ROM 受益于技术的发展，价格越来越低廉，集成度越来越高。

8.2.5　用于 ROM 的 Verilog 系统任务

Verilog 有两个文件 I/O(Input/Output)系统任务(可将文本文件中的数据读入存储器以方便大型存储器的初始化)用于替代向 ROM 模型中逐个写入数据的方法。通过替换文本文件，单个 ROM 模型可有多种应用。***$ readmemb*** 和 ***$ readmemh*** 任务可将文本文件中的二进制或十六进制字写入到存储器指定位置。

例 8.1　例 4.4 中 2 位比较器的真值表和具有低有效使能及三态输出的、用于 PROM 编程的熔丝连接符号图如图 8.7 所示。注意：输出项 *D*0 没有用到，连接图说明器件输出反相。

```
module ROM_16_x_4 (output [3:0] ROM_data, input [3:0] ROM_addr);
  reg          [3:0] ROM [15:0];
  assign ROM_data = ROM [ROM_addr];
  initial $readmemb ("ROM_Data_2bit_Comparator.txt", ROM, 0, 15);
endmodule
```

2 位比较器的二进制文本文件②的内容从地址 0 到地址 15 如下所列：

```
001x
010x
010x
010x
100x
001x
010x
```

① 见 www. atmel. com。

② 一个有用的提示：仿真工具期望从工程(Project)目录(文件夹)里找到 ***$ readmemb*** 或 ***$ readmemh*** 需读取的文本文件，除非特别为其指定一个不同的路径名。

```
010x
100x
100x
001x
010x
100x
100x
100x
001x
```

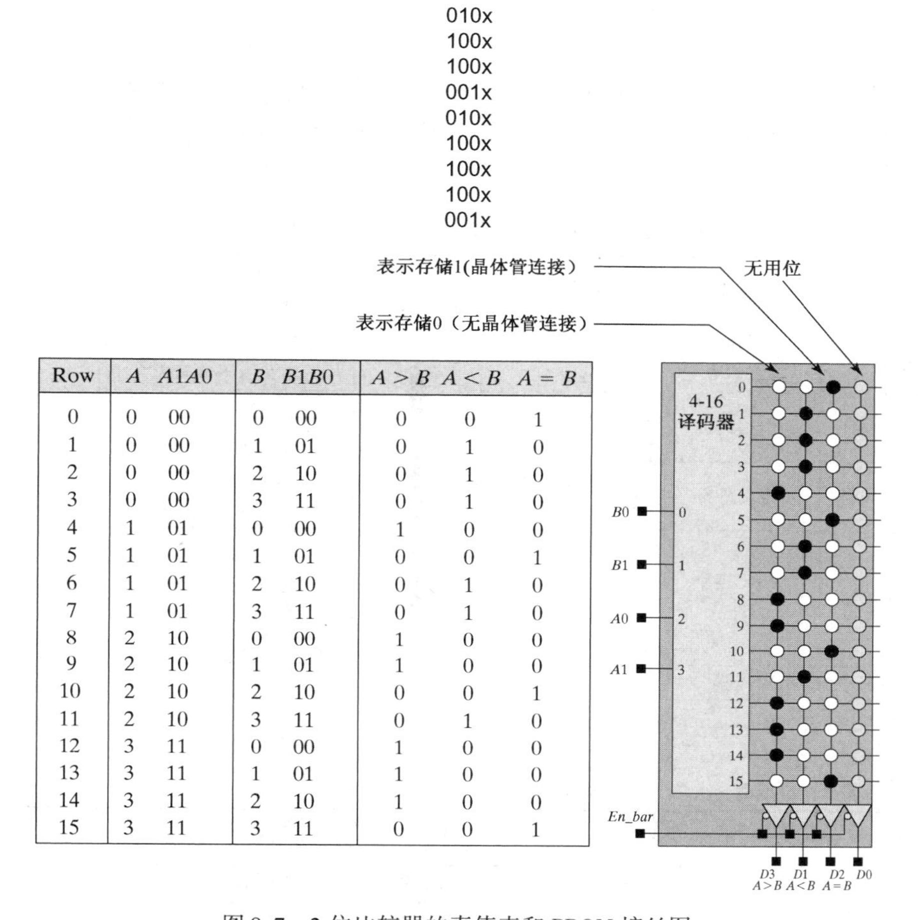

Row	A	A1A0	B	B1B0	A > B	A < B	A = B
0	0	00	0	00	0	0	1
1	0	00	1	01	0	1	0
2	0	00	2	10	0	1	0
3	0	00	3	11	0	1	0
4	1	01	0	00	1	0	0
5	1	01	1	01	0	0	1
6	1	01	2	10	0	1	0
7	1	01	3	11	0	1	0
8	2	10	0	00	1	0	0
9	2	10	1	01	1	0	0
10	2	10	2	10	0	0	1
11	2	10	3	11	0	1	0
12	3	11	0	00	1	0	0
13	3	11	1	01	1	0	0
14	3	11	2	10	1	0	0
15	3	11	3	11	0	0	1

图 8.7　2 位比较器的真值表和 PROM 熔丝图

图 8.8 所示的仿真结果以字和独立位显示了 ROM 内容。可以看出，在 Verilog 的四值逻辑中，无用位用未知(模糊)逻辑值 x 表示，而实际熔丝图中这些无用位必须指定为 1 或 0。

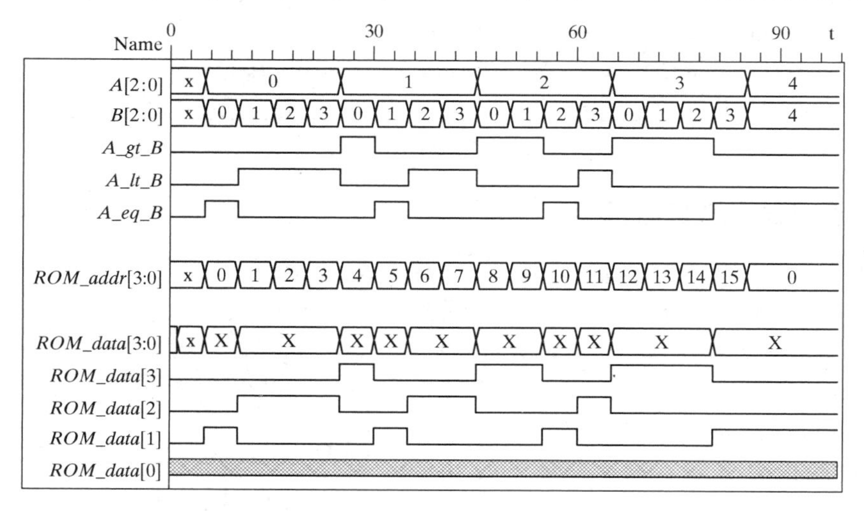

图 8.8　基于 ROM 的 2 位比较器的仿真结果

8.2.6 ROM 的比较

不同商家生产出各种类型的 ROM。表 8.2 比较了具有代表性的器件并列出了部分典型特性。产量因素使得可编程掩膜 ROM 的单价非常便宜，从而确保了 ROM 高性价比的发展趋势。技术的进步与其性能的不断提升密切相关。

表 8.2 (a) ROM 类型比较；(b) ROM 性能比较

器件	编程模式	擦除模式	复杂度与成本	实例	访问时间
EEPROM	电路内部逐字节	电路内部逐字节	↑	Intel 2864 8 K × 8 nMOS	
FLASH	电路内部	电路内部整块或区段		AT49LV1024 64 K × 16 nMOS	70 ns *
EPROM	电路外部	电路外部体擦除，紫外线		Intel 2732 4 K × 8 nMOS	45 ns
PROM	用户定制 (OTP **)	无		TMS47C256 32 K × 8 CMOS AT27BV400 256 K × 16 或 512 K × 8	150 ns
ROM ***	掩膜	无			

* 编程时间：500 ms

** 一次性可编程

*** 需要高产量抵消一次性工程(NRE)成本

(a)

类型	工艺	读周期	写周期
ROM	NMOS，CMOS	10 ~ 200 ns	4 周
ROM	双极	< 100 ns	4 周
PROM	双极	< 100 ns	10 ~ 50 μs/字节
EPROM	NMOS，CMOS	25 ~ 200 ns	10 ~ 50 ms/字节
EEPROM	NMOS	50 ~ 200 ns	10 ~ 50 μs/字节

摘自：Wakerly JF. *Digital Design—Principles and Practice*, Upper Saddle River, NJ: Prentice-Hall, 2006.

(b)

8.2.7 基于 ROM 的状态机

ROM 可以方便地用于状态机的实现，若器件特性符合应用要求，则状态机的实现会变得十分经济划算。图 8.9 给出了一个基于 ROM 的状态机，$2^n \times m$ 的 ROM 用于存储状态机的下一状态和输出函数，而状态则存储在一组 D 触发器里，因为与 J-K 型触发器相比 D 触发器需要更少的 ROM 输出。

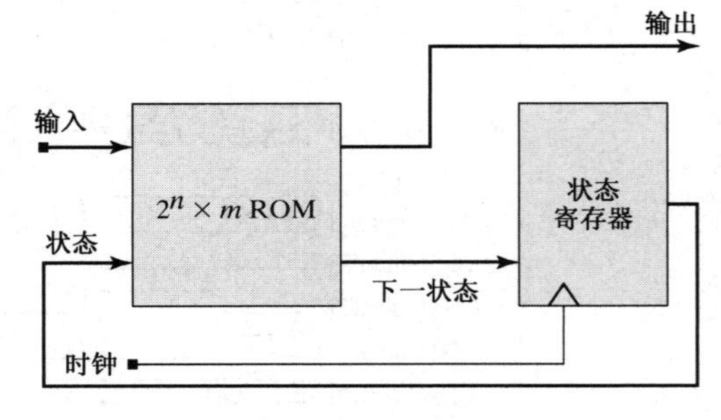

图 8.9 基于 ROM 的有限状态机框图

基于 ROM 的状态机设计方法很简单，因为真值表可以直接实现而不必最小化。存储阵列的大小依赖于输入端数目而与实现逻辑的复杂度无关。建立一个 ROM 表，其中列地址表示当前状态，而其内容对应输出及下一状态。

例 8.2　例 3.2 中 BCD 码至余 3 码转换器的 Mealy 状态机用手工方法实现，其 ROM 及状态机的 Verilog 模型如下。状态机模型在 ROM 模型内部。ROM 内容可通过仿真开始时的 ***initial*** 语句立即写入，语句给出了每一个 ROM 地址的内容。注释说明了与每一地址相关的状态，以及保存的输出信号和下一状态。为保证状态机为 Mealy 型，连续赋值语句不论状态或输入是否变化都将更新 ROM 地址(ROM_addr)。如图 8.10 所示，验证平台定义的简单输入序列用来证实状态机行为，该状态机与图 3.23 中手工设计的门级状态机一致。本例中 ROM 的内容直接在 ROM 中列出[①]，而没有放在外部文件中。

```
module ROM_BCD_to_Excess_3 (output [3: 0] ROM_data, input [3: 0] ROM_addr);
 reg [3: 0] ROM [15: 0];
 assign ROM_data = ROM[ROM_addr];

                              // input state output next_state
 initial begin
  ROM[0] = 4'b1001;           // S_00 000 1 001
  ROM[1] = 4'b1111;           // S_10 001 1 111
  ROM[2] = 4'b1000;           // S_60 010 1 000
  ROM[3] = 4'b1110;           // S_40 011 1 110
  ROM[4] = 4'bxxxx;           // not used
  ROM[5] = 4'b0011;           // S_20 101 0 011
  ROM[6] = 4'b0000;           // S_50 110 0 000
  ROM[7] = 4'b0110;           // S_30 111 0 110
  ROM[8] = 4'b0101;           // S_01 000 0 101
  ROM[9] = 4'b0011;           // S_11 001 0 011
  ROM[10] = 4'b0000;          // S_61 010 0 000
  ROM[11] = 4'b0010;          // S_41 011 0 010
  ROM[12] = 4'bxxxx;          // not used
  ROM[13] = 4'b1011;          // S_21 101 1 011
  ROM[14] = 4'b1000;          // S_51 110 1 000
  ROM[15] = 4'b1110;          // S_31 111 1 110
 end
endmodule

module BCD_to_Excess_3_ROM (output [3: 0] ROM_addr, output B_out,
 input [3: 0] ROM_data, input B_in, clk, reset
);
 reg [2: 0] state;
 wire [2: 0] next_state;

 assign next_state = ROM_data [2: 0];
 assign B_out = ROM_data[3];
 assign ROM_addr = {B_in, state};

 always @ (posedge clk, negedge reset)
  if (reset == 0) state <= 0; else state <= next_state;
endmodule

module test_BCD_to_Excess_3b_Converter ();
 wire B_out, clk;
 wire [3: 0] ROM_addr, ROM_data;
 reg B_in, reset;

 BCD_to_Excess_3_ROM M1 (ROM_addr, B_out, ROM_data, B_in, clk, reset);
 ROM_BCD_to_Excess_3 M2 (ROM_data, ROM_addr);
 clock_gen M3 (clk);
```

① 该方法对于大容量 ROM 不适用。

```
initial begin #1000 $finish; end
initial begin
  #10 reset = 0;
  #90 reset = 1;
end

initial begin
  #0 B_in = 0;
  #100 B_in = 0;
  #100 B_in = 0;
  #100 B_in = 1;
  #100 B_in = 0;
end
endmodule
```

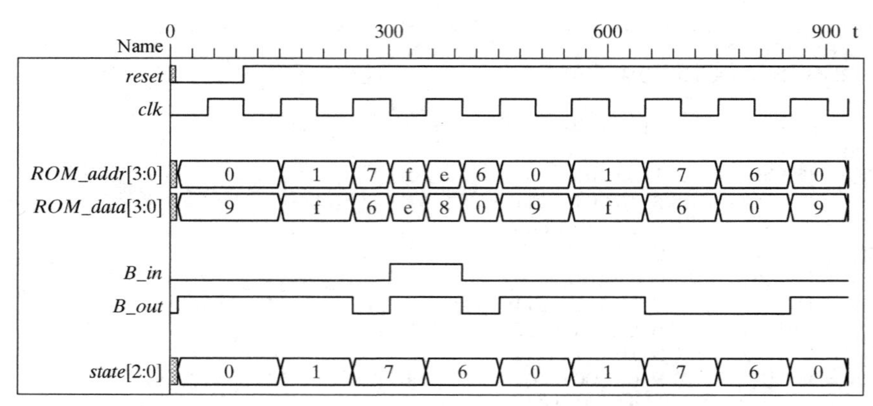

图 8.10 基于 ROM 的 BCD 至余 3 码转换器的 Verilog 模型仿真结果

8.2.8 闪存

闪存(Flash)与 EEPROM 类似, 但 Flash 不需要特殊编程器, 其附加的内嵌电路可用于选择编程和在线擦除。在现代技术中, Flash 广泛应用于移动电话、数码相机、机顶盒、数字电视、电子通信、非易失性数据存储以及微控制器等。在 5MB 容量以下, Flash 比磁盘更具价格优势, 其低功耗特性对于上网本和笔记本电脑来说很具吸引力。Flash 的内部附加电路允许同步擦除多个存储块(block)。与 EEPROM 一样, Flash 也存在疲劳现象, 一般每个块能擦写10^5 次。

8.2.9 静态随机存储器(SRAM)

ROM 在平时需要信息恢复(而不是存储)操作的应用中受限。计算机和其他数字系统常需要对数据进行恢复、处理、变换和存储操作, 因此需要一种可读可写的存储器。例如, 应用程序需要从速度相对较低的存储媒介(如 CD-ROM 或软盘)中恢复, 并将数据复制到允许处理器快速访问的存储媒介中。ROM 不适于存储大应用程序, 也不能动态地存储程序运行时产生的数据。寄存器和寄存器组支持快速随机存取, 但不能存储大量数据, 因为它们由触发器构成, 应用程序生成并存储的大量数据会占用太多的硅片面积。较小的寄存器组可能集成在 ASIC 或 FPGA 上以避免操作外部(更慢)存储设备。

与寄存器组相比, RAM 的速度更快且占用面积更小, 因此用于计算机操作中大量数据的快速存储与恢复(如视频帧缓冲)。“随机”意味着 RAM 允许从任何存储地址以任意顺序读写字数据①。大

① 相比之下, 注意磁带存储器是串行读取数据的。

多数RAM是易失性的，即掉电后存储信息会丢失，而随着新技术的发展，非易失RAM也将在本章稍后讨论。

典型的RAM包括静态和动态两类。静态RAM(SRAM，State RAM)采用晶体管－电容结构实现，它不需要刷新；而动态RAM(DRAM，Dynamic RAM)则速度较慢、晶体管较少、物理面积较小，但其需要刷新电路以保持数据。DRAM集成度高，但需要附加支持电路每隔几毫秒刷新一次。SRAM用做计算机中的高速缓存。

图8.11所示电路为SRAM单元的基本结构：一对反相器以闭环形式连接，其输出分别与连接*Bit_line*及其补码*Bit_line_bar*的传输晶体管相连。SRAM通常采用图8.12所示的6管电路①结构：每个传输晶体管的控制栅都接在电路字线上。若*Word_enable*无效则输入变为*Bit_line*=0(*Bit_line_bar*=1)，单元存储内容为*cell*=1(*cell_bar*=0)；若*Word_enable*有效则*cell*变为0(*cell_bar*为1)。反馈结构使得一个反相器的输出是另一个反相器输出的相反值。

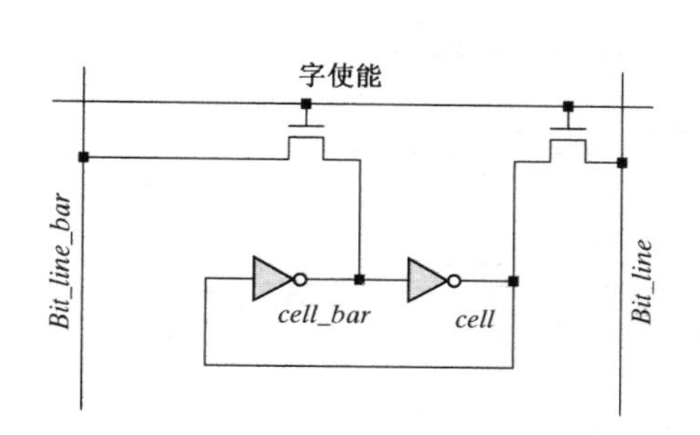

图8.11　SRAM电路结构

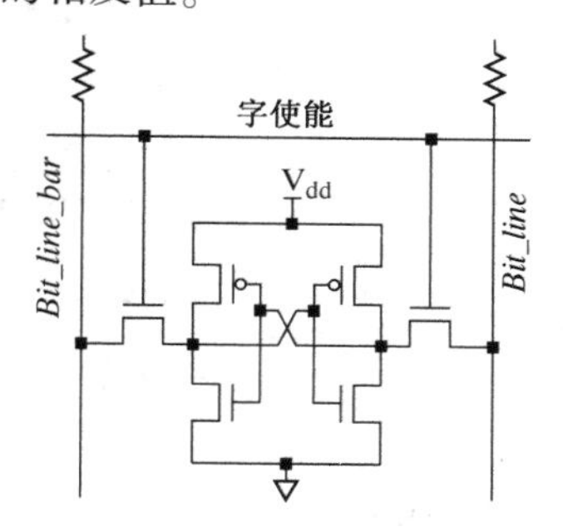

图8.12　晶体管级SRAM单元

*Bit_line*与*Bit_line_bar*的电平确定了读写操作的结果。读取放大器对存储单元阵列进行配置。*Bit_line*和*Bit_line_bar*被设置为相反电平后令*Word_enable*选通，数据被写入存储单元，迫使反相器的值与位线输入值一致。为便于理解读操作是如何进行的，先假定*Bit_line*和*Bit_line_bar*都被预置为1，当*Word_enable*选通时，电平为0的内部节点(由反相器保持)为连接到传输晶体管的位线提供n沟道下拉通路。放大器检测到*Bit_line*与*Bit_line_bar*之间的电压差并由此确定存储数据的配置[2]。读操作是非破坏性的，因为在读周期中存储数据的内部状态不受电路活动的影响。

下面的例子将逐步给出SRAM的一系列Verilog行为模型：从简单的SRAM单元模型到具有单向与双向数据端口的大型存储模块。

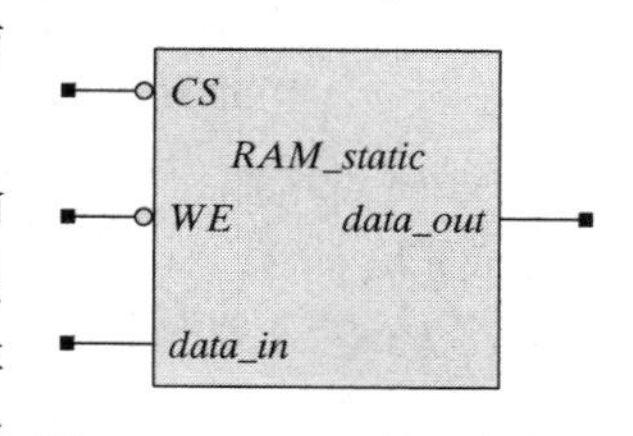

图8.13　SRAM单元方框图

图8.13给出的基本RAM单元框图符号具有低电平有效的片选输入(*CS_b*)和写使能(*WE_b*)。片选信号由译码器产生，它能对同一系统中的多个芯片进行选择。注意，这里没有时钟信号。寄存器和寄存器组由触发器实现，而RAM存储器件由锁存器实现，它支持异步存储和数据恢复并能最小化RAM向共用总线请求服务的时间。

例8.3　电平敏感的*RAM_static*模型描述了一个简单的、没有考虑传播延时的RAM单元。低电平有效信号用后缀"*_b*"标记，电平敏感行为则由一个带嵌套条件运算符(对*CS_b*和*WE_b*编码)的连续赋值语句建模：若*CS_b*无效则输出处于三态模式(Verilog逻辑值*z*)；若*CS_b*和*WE_b*有效(低电平)则该单元处于透明模式，*data_out*随*data_in*变化；若*CS_b*有效而*WE_b*无效则单元内容被锁存。单元内容随时可读，但主机只有在*WE_b*无效时才会读取*data_out*。*RAM_static*的功能原理图见图8.14(a)，图8.14(b)给出了单元行为的仿真结果。

① 另一种方案为使用四个晶体管，用具有电阻及补偿泄漏电流功能的耗尽型负载器件代替p沟道上拉晶体管。

```
module RAM_static (output data_out, input data_in, CS_b, WE_b);
// Note: chip select and write are active-low
  assign data_out = (CS_b == 0) ? (WE_b == 0) ? data_in : data_out : 1'bz;
endmodule
```

该 Verilog 描述可综合，并以 Xilinx FPGA 中的单个 4 输入查找表(LookUp Table，LUT)实现。

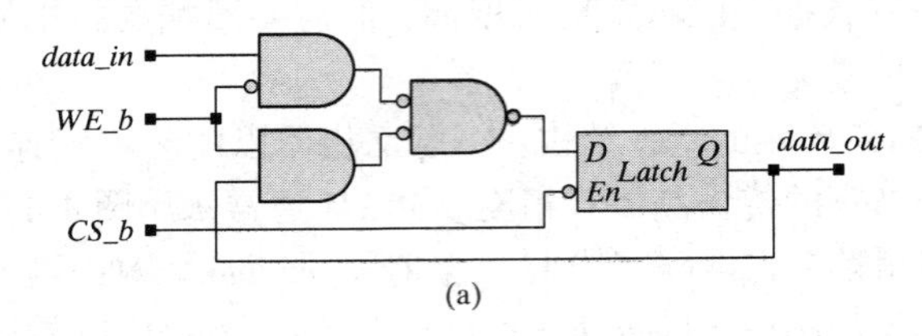

(a)

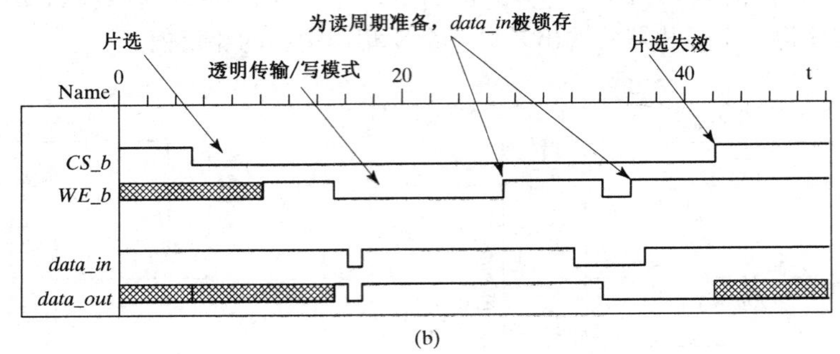

(b)

图 8.14 SRAM 单元：(a) 基于 Xilinx 的功能示意图；(b) *RAM_static* 片选、读、写操作的仿真结果

例 8.4 SRAM 单元的 Verilog 模型可修改为只包含一个双向端口以适用于共享总线结构。如图 8.15 的方框图所示，增加的低电平有效信号 *OE_b*(输出使能)能通过三态 I/O 缓冲控制数据通路，而数据通道由原来的两个信号端口减少为一个(对于较宽的数据端口来说有利于减少封装引脚和整个面积)。使用带反馈的多路复用器实现的锁存模型结构如图 8.16 所示，图中给出了写操作时的数据通道：读操作期间输出使能(*OE_b*)有效，而写操作期间写使能信号(*WE_b*)有效。若 *WE_b* 有效而 *OE_b* 无效，则 *data* 的值可透明传输到 *latch_out*，并在 *WE_b* 无效时被锁存(写入单元中)。相反，*OE_b* 有效而 *WE_b* 无效时可通过 *data* 读取单元内容，如图 8.17 的数据通道所示。

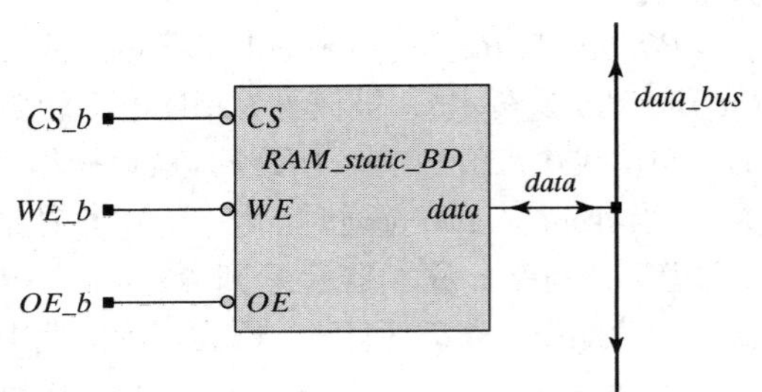

图 8.15 SRAM 单元：通过双向数据端口连接到共享总线

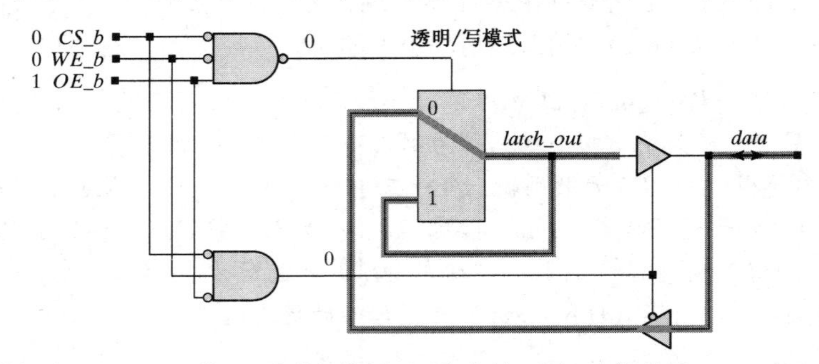

图 8.16 带双向数据端口的 SRAM 单元；将外部数据通过双向端口写入内部单元($CS\_b=0$，$WE\_b=0$，$OE\_b=1$)

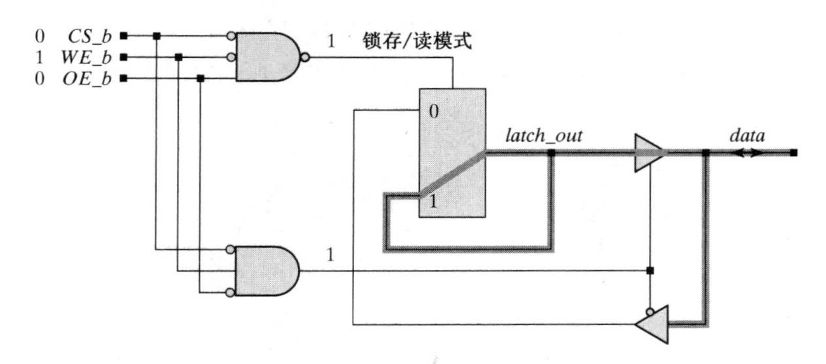

图 8.17 带双向数据端口的 SRAM 单元：通过双向数据端口读取单元内容（$CS\_b=0$，$WE\_b=1$，$OE\_b=0$）

带双向数据端口的 RAM 单元（*RAM_static_BD*）的 Verilog 模型①如下。

```
module RAM_static_BD (inout data, input CS_b, OE_b, WE_b);
 // Note: the data port is bi-directional
 // Note: chip select, output enable, and write enable are active-low

 wire latch_out = ((CS_b == 0) && (WE_b == 0) && (OE_b == 1)) ? data: latch_out;

 assign data = ((CS_b == 0) && (WE_b == 1) && (OE_b == 0)) ? latch_out : 1'bz;
endmodule
```

还有两种可能的工作模式：*CS_b* 为低电平时，控制线状态可能是 $WE\_b=0$ 且 $OE\_b=0$，或者 $WE\_b=1$ 且 $OE\_b=1$。如图 8.18 所示，这两种情况下单元内容都将被锁存，其内容不受外部数据通道的影响且 *latch_out* 也不影响 *data*，即单元内容无法从 *data* 上读写。

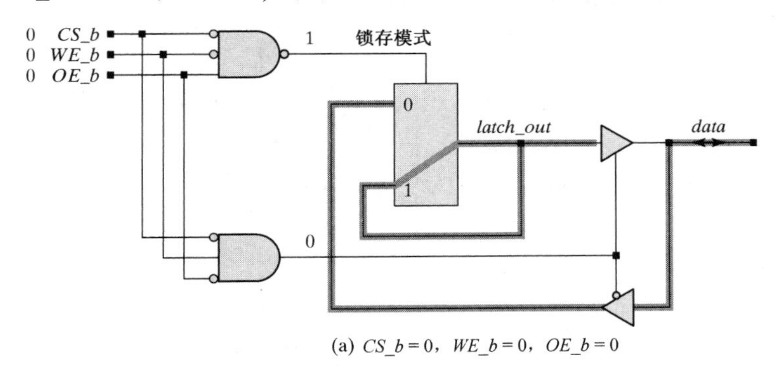

(a) $CS\_b=0$，$WE\_b=0$，$OE\_b=0$

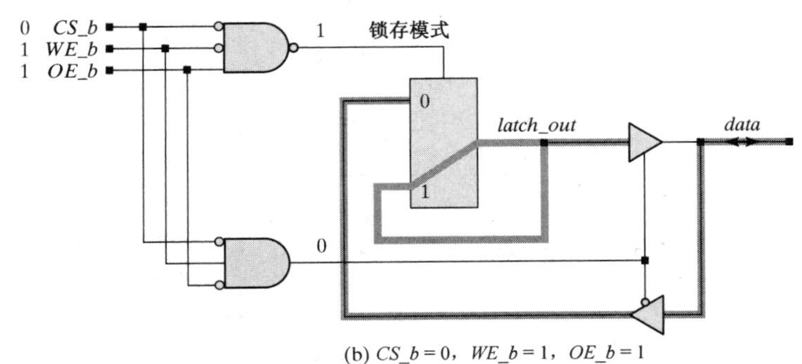

(b) $CS\_b=0$，$WE\_b=1$，$OE\_b=1$

图 8.18 带双向数据端口的 SRAM 单元：锁存数据，不读不写。(a)（$CS\_b=0$，$WE\_b=0$，$OE\_b=0$）；(b)（$CS\_b=0$，$WE\_b=1$，$OE\_b=1$）

① 这里的连续赋值是电平敏感行为模型的另一种建模方式。赋值对象的默认类型为 ***wire***（某些工具可能需要显式地说明类型）。

由 Xilinx ISE 综合工具①生成的 *RAM_static_BD* 功能原理图见图 8.19，其中锁存器的附加逻辑可通过双向数据端口控制 I/O 数据通道。综合与实现电路将 *data* 映射成配置为双向操作的I/O块(IOB，I/O Block)。

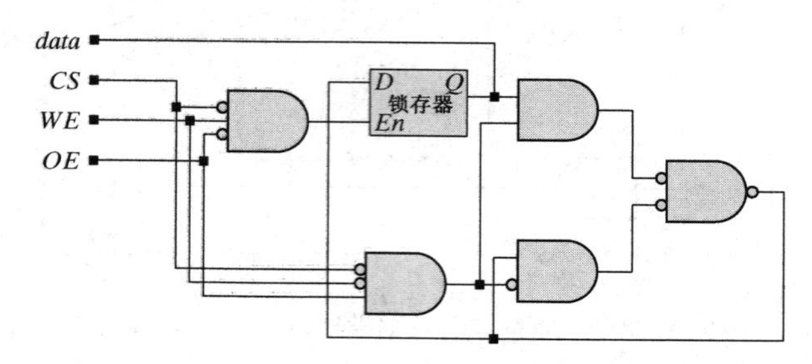

图 8.19　带双向数据端口的 SRAM 单元：由 Xilinx ISE 工具生成的预优化功能原理图

RAM_static_BD 与双向共享总线的接口如图 8.20 所示，*RAM_static_BD* 的验证平台结构见图 8.21。单独声明的寄存器变量 *bus_driver* 可驱动双向总线并将数据传送到 *RAM_static_BD*。若写操作时 *OE_b* 有效，则 Verilog 验证平台 *test_RAM_static_BD* 使用连续赋值语句将 *bus_driver* 的值赋给 *data_bus*，否则便断开与 *bus_driver* 的连接。注意，*data_bus* 有两个驱动源：一个是来自验证平台的 *bus_driver*，另一个是 *RAM_static_BD* 双向端口驱动的 *data*。从 *bus_driver* 到 *data_bus* 的赋值必须与 *WE_b* 和 *OE_b* 同步以避免总线冲突(因为同一时间总线上只能有一个驱动源)。验证平台的双向属性如图 8.21 所示，*RAM_static_BD* 在验证平台 *test_RAM_static_BD* 中例化。验证平台中信号*OE_b*、*WE_b* 和 *CS_b* 被声明为寄存器变量。

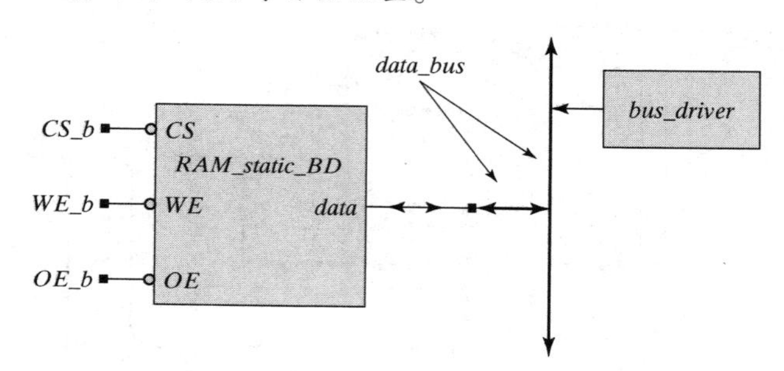

图 8.20　SRAM 的双向数据端口

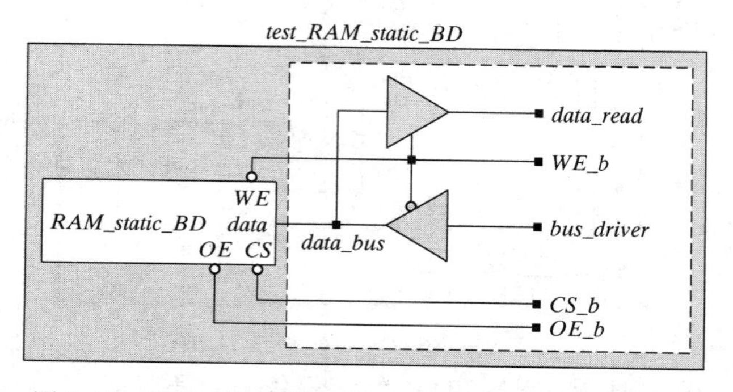

图 8.21　带双向数据端口的 SRAM 单元的验证平台结构

① ISE(Integrate Synthesis Environment)为 Xilinx 公司面向 HDL 设计的输入与综合工具。

```
module test_RAM_static_BD ();
 // Demonstrate write / read capability.
  reg bus_driver;
  reg CS_b, WE_b, OE_b;

  wire data_bus = ((WE_b == 0) && (OE_b == 1)) ? bus_driver : 1'bz;

  RAM_static_BD M1 (data_bus, CS_b, OE_b, WE_b);
 initial #4500 $finish;
 initial begin
  CS_b = 1; bus_driver = 1; OE_b = 1;
  #500 CS_b = 0;
  #500 WE_b = 0;
  #100 bus_driver = 0;
  #100 bus_driver = 1;
  #300 WE_b = 1; #200 bus_driver = 0;
  #300 OE_b = 0; #200 OE_b = 1;
  #200 OE_b = 0; #300 OE_b = 1; WE_b = 0;
  #200 WE_b = 1; #200 OE_b = 0; #200 OE_b = 1;
  #500 CS_b = 1;
  #500 bus_driver = 0;
 end

 initial begin
  #3600 WE_b = 1; OE_b = 1;
  #200 WE_b = 0; OE_b = 0;
 end
endmodule
```

图 8.22 中 *CS_b*、*WE_b* 和 *OE_b* 的系列仿真结果显示了 *RAM_static_BD* 的操作模式：透明模式下（*WE_b* =0 且 *OE_b* =1）*bus_driver* 决定了 *data* 的值，而 *latch_out* 等于 *data*；写模式下（*WE_b* =1）*data* 值将被锁存（*data* 值写入到单元中）①；读模式下（*OE_b* =0 且 *WE_b* =1）*latch_out* 的值出现在 *data* 和 *data_bus* 上；无效模式下（*WE_b* 和 *OE_b* 同时有效或无效）未被驱动的总线可被其他用户使用。

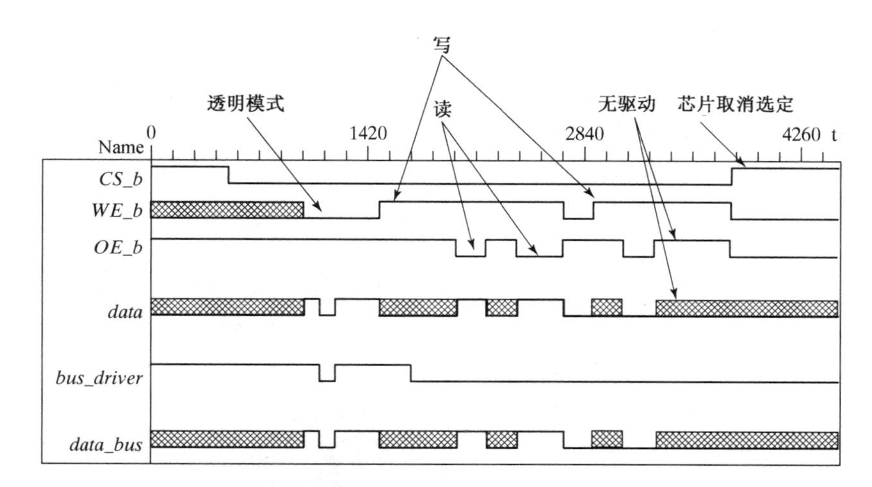

图 8.22　带双向数据端口的 SRAM 单元：仿真结果

大容量 SRAM 实际上不能由简单的阵列结构实现，原因有两点：大容量 SRAM 要求有长的输入译码，且对硅物理版图来说长方形阵列不如正方形阵列方便。大容量 SRAM 阵列可通过两级译码重新组织成近似正方形结构。

① CS 无效也可能使单元输出锁存，但这不是写周期正常的结束方法。

例8.5 一个32 K×8的SRAM可以组织为图8.23所示的结构，存储阵列分成8个512×64大小的模块。32 K的存储器需要15根地址线。其中低6位地址线连接到8个带64位输入数据通路的Mux，并从每个数据通路中选取1位以形成8位的输出字 *Data_Out*；同时这6位地址线驱动 *Data_In* 连接到每个存储模块64条输入线中的1位上面。高9位地址经组合逻辑译码后选中每个存储模块中一个64位的字。在这个重组结构中，译码器具有较少的输出且整个结构近似为方形的(高512个单元，宽512个单元)，因此地址译码器具有可实现的尺寸。

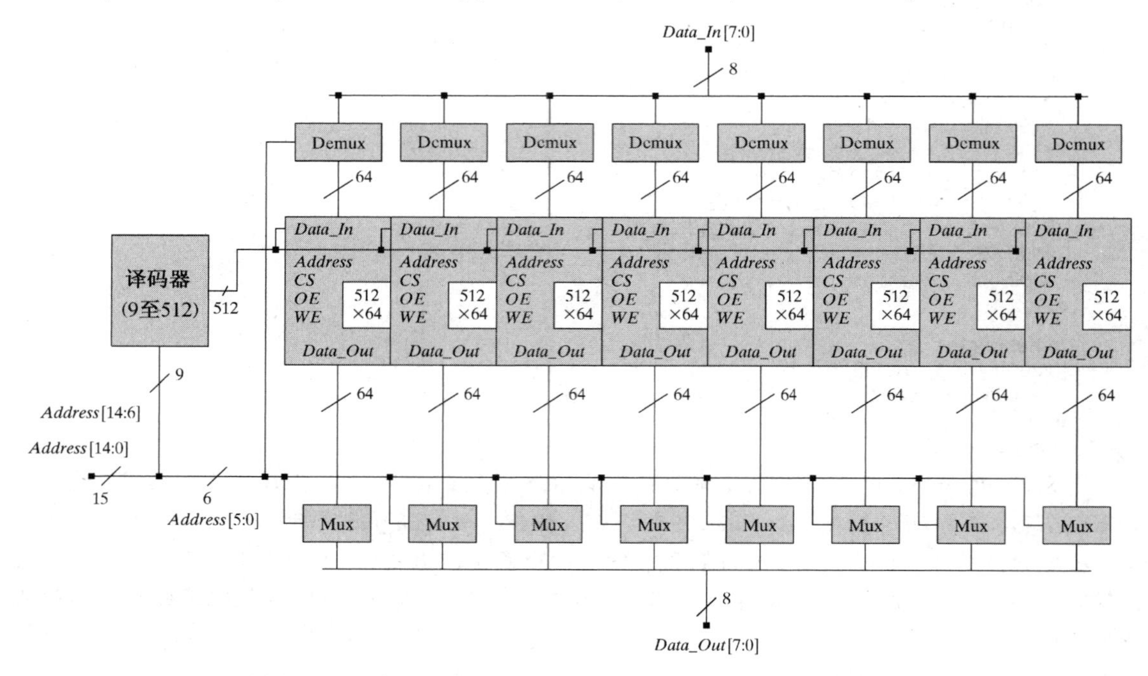

图8.23 一个32 K的SRAM用两层译码分成512×64的块结构

例8.6 双向数据端口大容量SRAM的另一种结构见图8.24，除128×128的存储单元阵列(可存储2048个8位字)外还有行译码器、列译码器以及列I/O电路等模块。地址信号的高7位对128行译码，低4位对16列译码。双向数据通路上的三态器件没有画出，但应包含在列I/O电路中。SRAM的Verilog模型 *RAM_2048_8* 基于图8.25的数据单元结构，其地址组织形式自然形成了按行顺序存取的访问顺序——从最上边的最右边开始直到最下边的最左边。该模型包含描述器件传输延时的时间参数，可用于检测仿真过程中的约束违例。

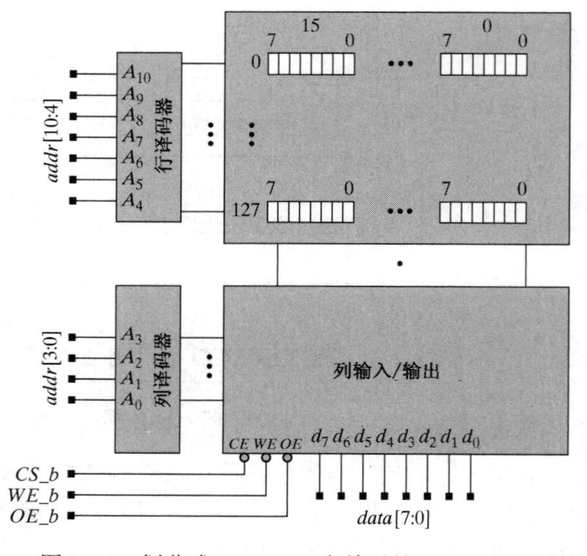

图8.24 划分成128×128个单元的16 K SRAM

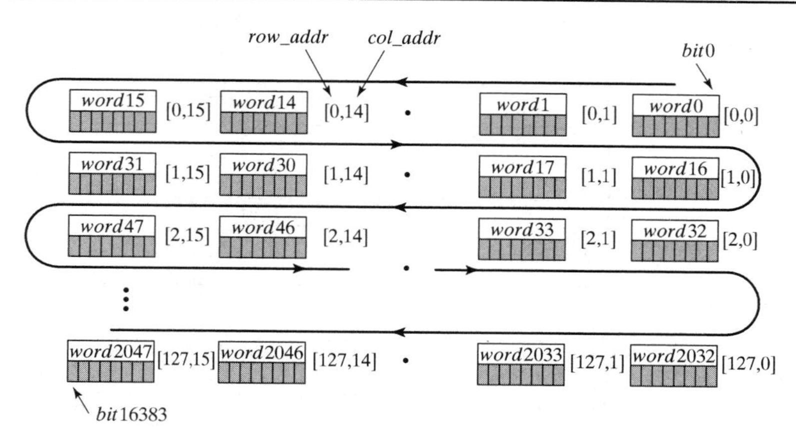

图 8.25　16 K SRAM 中数据字节的结构

模型使用参数化二维数组来表示 RAM，其验证平台 *test_RAM_2048_8* 的结构如图 8.26 所示。待测单元 *RAM_2048_8* 和验证平台均包含双向三态 I/O①。低有效写使能信号 *WE_b* 的优先级高于低有效输出使能信号 *OE_b*(例如，若 *WE_b* = 0 则输入处于高阻态，与 *OE_b* 无关)，这样可以防止同时读、写以避免总线冲突。

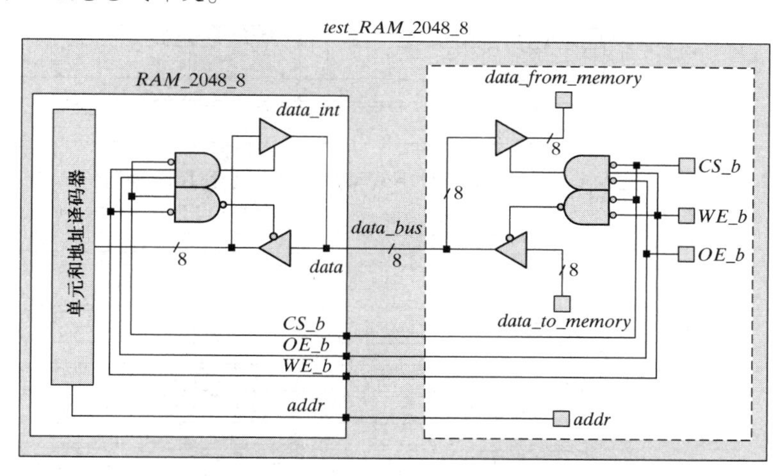

图 8.26　*test_RAM_2048*：通过共享双向总线读写移动的数据 1 的验证平台

验证平台 *t_RAM_static_2048_8* 包含的操作是：将移动的数据 1 连续写入存储器的每一列，并回读存储器。验证平台中包含的数据模式可用于有延时或无延时的仿真(代码中有包含时间参数和路径延时的 ***specify…endspecify*** 模块)②。

图 8.27 显示了无延迟仿真中从第 88 行开始写第 9 列的情形：当 *WE_b* 为 1 时，总线及双向数据通路的三态操作将导致 *data_bus* 和 *data* 显示数值为 zz_H。图 8.28 显示了从同一地址读回数据(稍后)的情形。当模型使用非零延迟时，存储器写操作的仿真结果如图 8.29 所示：验证平台令输入信号 *WE_b* 和 *OE_b* 同时为高电平时，*data_bus* 处于三态模式。图 8.30 中的波形为存储器读操作：验证平台包含的可选信号 *write_probe* 可用于报告 *WE_b* 上升沿存储的数据，并用于验证模型的锁存动作。

---

① 注意，简化原理图只显示了一个三态缓冲器，而实际结构是每条位线都有一个缓冲器。

② 其中的延时数值用于说明，并不代表最先进技术下最快器件的性能。这些数值应使用特定情况下的参数替代。

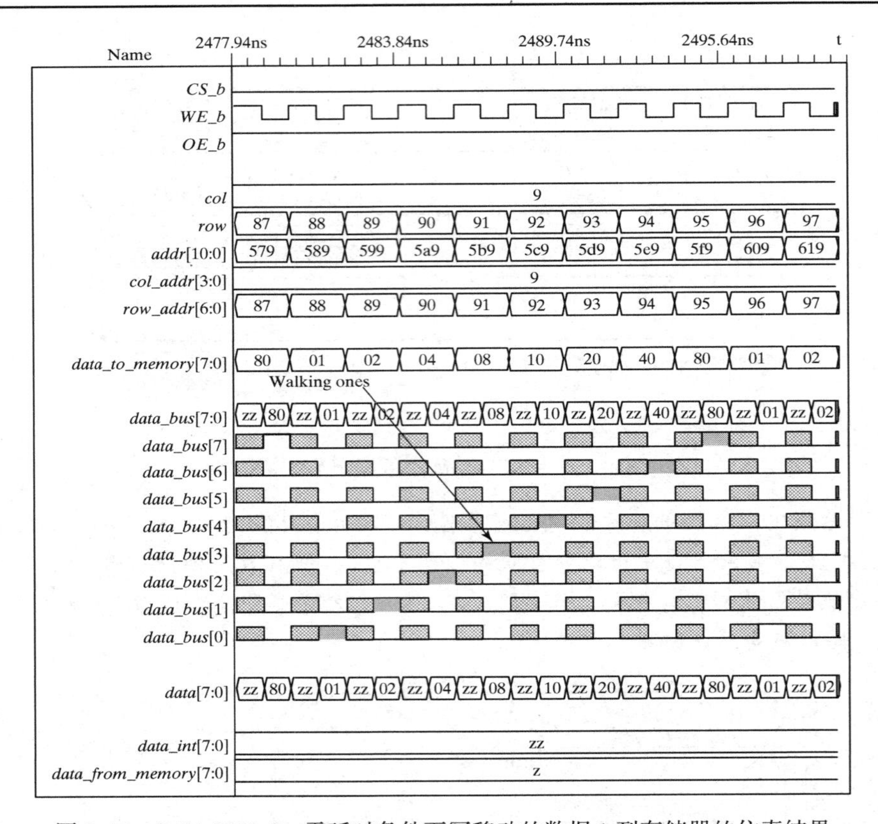

图 8.27　*RAM_2048_8*：零延时条件下写移动的数据 1 到存储器的仿真结果

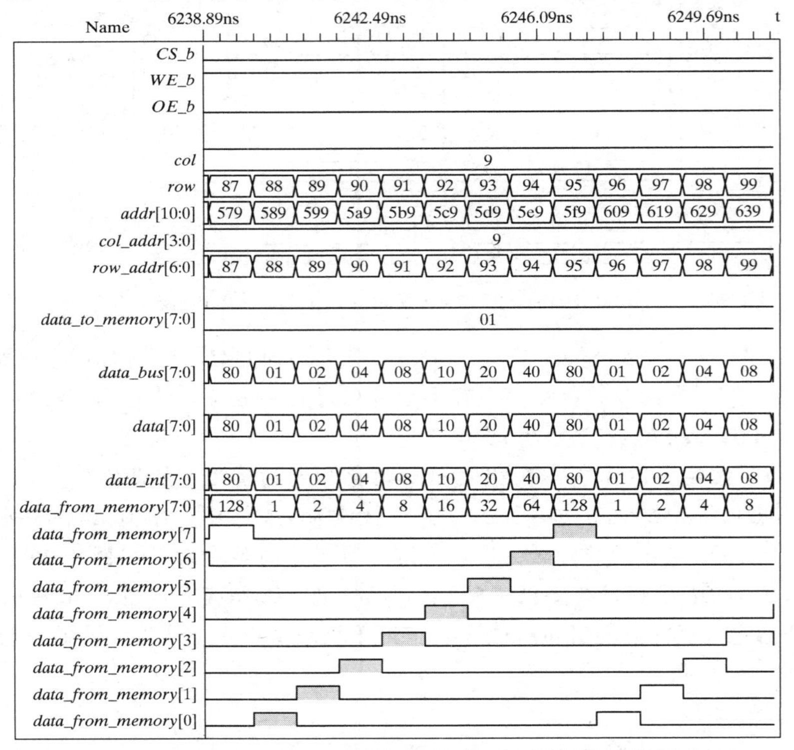

图 8.28　*RAM_2048_8*：零延时条件下回读的仿真结果

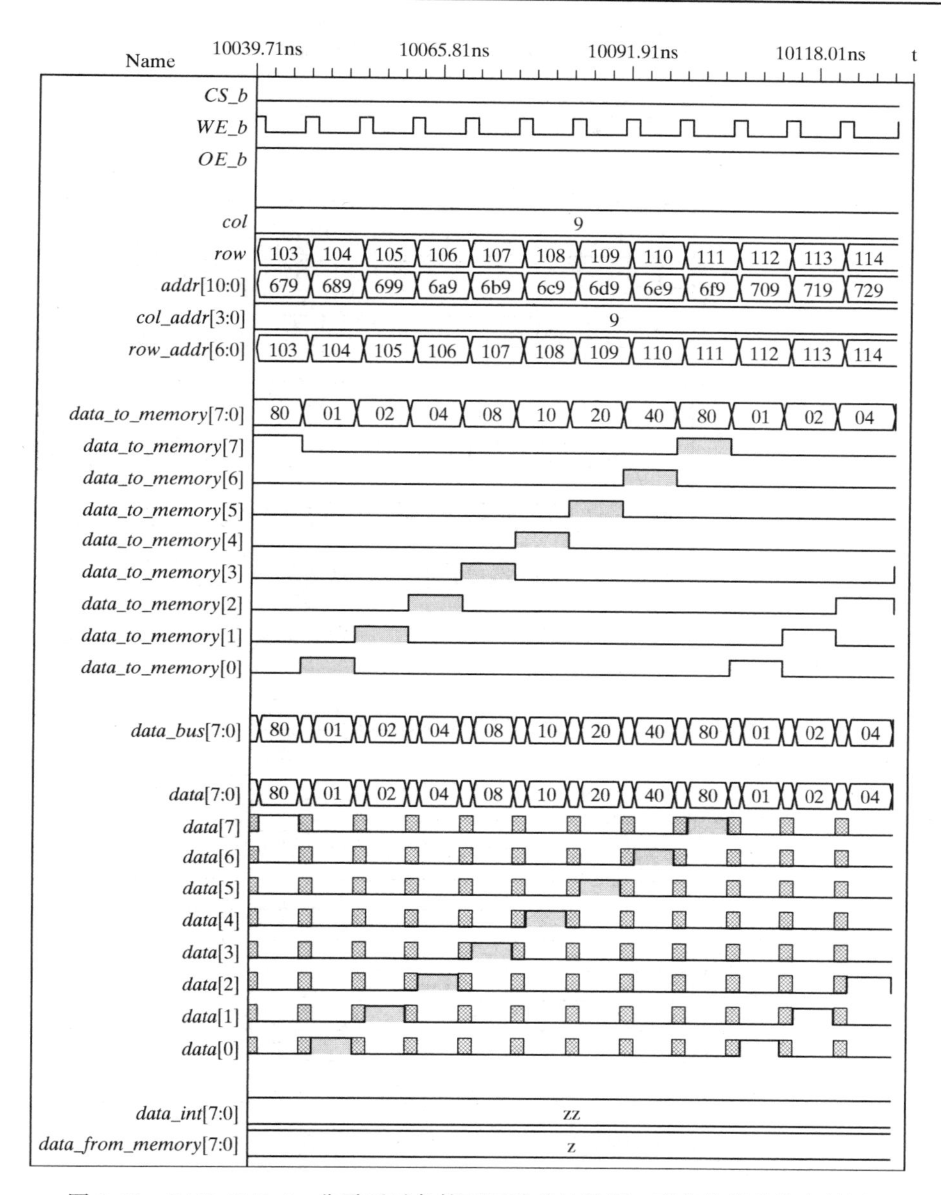

图 8.29　*RAM_2048_8*：非零延时条件下写移动的数据 1 到存储器的仿真结果

```
'timescale 1ns / 10ps
module RAM_2048_8 #(parameter
  word_size = 8,
  addr_size = 11,
  mem_depth = 128,
  mem_width = 16,
  col_addr_size = 4,
  row_addr_size = 7,
  Hi_Z_pattern = {word_size{1'bz}}
)(
  inout [word_size -1: 0] data,
  input [addr_size -1: 0] addr,
  input CS_b, WE_b, OE_b
```

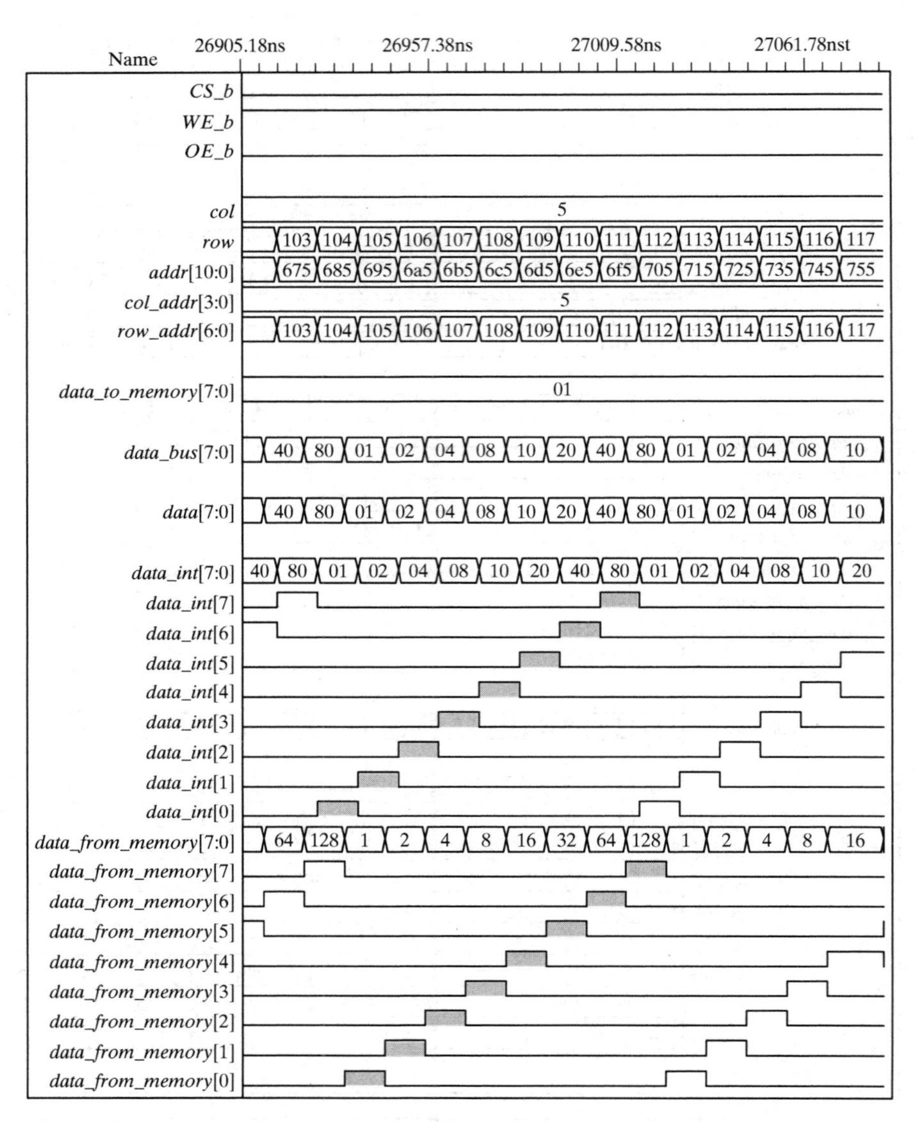

图 8.30 *RAM_2048_8*：非零延时条件下回读的仿真结果

```
);
  reg [word_size -1 : 0] data_int;
  reg [word_size -1 : 0] RAM [0: mem_depth -1] [0: mem_width -1]        // 128 rows,
                                                                         16 columns
  wire [col_addr_size -1: 0] col_addr = addr[col_addr_size -1: 0];
  wire [row_addr_size -1: 0] row_addr = addr[addr_size -1: col_addr_size];

  assign data = ((CS_b == 0) && (WE_b == 1) && (OE_b == 0))
    ? data_int: Hi_Z_pattern;

  always @ (data, col_addr, row_addr, CS_b, WE_b, OE_b)
    begin
      data_int = Hi_Z_pattern;
      if ((CS_b == 0) && (WE_b == 0)) RAM [row_addr][col_addr] = data;
      else if ((CS_b == 0) && (WE_b == 1) && (OE_b == 0))   // Read from memory
        data_int = RAM [row_addr][col_addr];
    end
```

```
/* Comment out the model for a zero delay functional test.
// Also adjust stop time in test bench
 specify
 // Parameters for the read cycle
   specparam t_RC = 10;  // Read cycle time
   specparam t_AA = 8;   // Address access time
   specparam t_ACS = 8;  // Chip select access time
   specparam t_CLZ = 2;  // Chip select to output in low-z
   specparam t_OE = 4;   // Output enable to output valid
   specparam t_OLZ = 0;  // Output enable to output in low-z
   specparam t_CHZ = 4;  // Chip de-select to output in hi-z
   specparam t_OHZ = 3.5;// Output disable to output in hi-z
   specparam t_OH = 2;   // Output hold from address change
 // Parameters for the write cycle
   specparam t_WC = 7;  // Write cycle time
   specparam t_CW = 5;  // Chip select to end of write
   specparam t_AW = 5;
   specparam t_AS = 0;  // Address setup time
   specparam t_WP = 5;  // Write pulse width
   specparam t_WR = 0;  // Write recovery time
   specparam t_WHZ = 3; // Write enable to output in hi-z
   specparam t_DW = 3.5;// Data set up time
   specparam t_DH = 0;  // Data hold time
   specparam t_OW = 10; // Output active from end of write

 //Module path timing specifications
   (addr *> data) = t_AA;
   (CS_b *> data) = (t_ACS, t_ACS, t_CHZ);
   (OE_b *> data) = (t_OE, t_OE, t_OHZ);

 // Timing checks (Note use of conditioned events for the address setup,
 // depending on whether the write is controlled by the WE_b or by CS_b.
 //Width of write/read cycle
   $width (negedge addr, t_WC);
 //Address valid to end of write
   $setup (addr, posedge WE_b &&& CS_b == 0, t_AW);
   $setup (addr, posedge CS_b &&& WE_b == 0, t_AW);
 //Address setup before write enabled
   $setup (addr, negedge WE_b &&& CS_b == 0, t_AS);
   $setup (addr, negedge CS_b &&& WE_b == 0, t_AS);
 //Width of write pulse
   $width (negedge WE_b, t_WP);
 //Data valid to end of write
   $setup (data, posedge WE_b &&& CS_b == 0, t_DW);
   $setup (data, posedge CS_b &&& WE_b == 0, t_DW);
 //Data hold from end of write
   $hold (data, posedge WE_b &&& CS_b == 0, t_DH);
   $hold (data, posedge CS_b &&& WE_b == 0, t_DH);
 //Chip sel to end of write
   $setup (CS_b, posedge WE_b &&& CS_b == 0, t_CW);
   $width (negedge CS_b &&& WE_b == 0, t_CW);
 endspecify
*/
endmodule

module test_RAM_2048_8 ();
 parameter word_size = 8;
 parameter addr_size = 11;
 parameter mem_depth = 128;
 parameter num_col = 16;
 parameter col_addr_size = 4;
 parameter row_addr_size = 7;
```

```
parameter initial_pattern = 8'b0000_0001;
parameter Hi_Z_pattern = {word_size{1'bz}};

reg [word_size -1 : 0] data_to_memory;
reg CS_b, WE_b, OE_b;

integer col, row;
wire [col_addr_size -1:0] col_addr = col;
wire [row_addr_size -1:0] row_addr = row;
wire [addr_size -1:0] addr = {row_addr, col_addr};
parameter t_WPC = 8;
parameter t_RPC = 12;
parameter latency_Zero_Delay = 5000;
parameter latency_Non_Zero_Delay = 18000;
parameter stop_time = 7200;    // For zero-delay simulation
//parameter stop_time = 45000; // For non-zero delay simulation

// Three-state, bi-directional I/O bus
wire [word_size -1: 0] data_bus = ((CS_b == 0) && (WE_b == 0) && (OE_b == 1))
  ? data_to_memory: Hi_Z_pattern;

wire [word_size -1: 0] data_from_memory = ((CS_b == 0) && (WE_b == 1) &&
  (OE_b == 0))
  ? data_bus: Hi_Z_pattern;

RAM_2048_8 M1 (data_bus, addr, CS_b, WE_b, OE_b);       // UUT

initial #stop_time $finish;
///*
// Zero delay test: Write walking ones to memory
initial begin
  CS_b = 0;
  WE_b = 0;
  OE_b = 1;
  for (col= 0; col <= num_col-1; col = col +1) begin
    data_to_memory = initial_pattern;
    for (row = 0; row <= mem_depth-1; row = row + 1) begin
      #1 WE_b = 0;
      #1 WE_b = 1;

      data_to_memory ={data_to_memory[word_size-2:0], data_to_memory
        [word_size -1]};
    end
  end
end
//*/

///* // Zero delay test: Read back walking ones from memory
initial begin
  #latency_Zero_Delay;
  CS_b = 0;
  WE_b = 1;
  OE_b = 0;
  for (col= 0; col <= num_col-1; col = col +1) begin
    for (row = 0; row <= mem_depth-1; row = row + 1) begin
      #1;
    end
  end
end
//*/
// Non-Zero delay test: Write walking ones to memory

// Writing controlled by WE_b
/*
initial begin
```

```
      CS_b = 0;
      WE_b = 1;
      OE_b = 1;
      for (col= 0; col <= num_col-1; col = col +1) begin
       data_to_memory = initial_pattern;
       for (row = 0; row <= mem_depth-1; row = row + 1) begin
        #(t_WPC/8) WE_b = 0;
        #(t_WPC/4);
        #(t_WPC/2) WE_b = 1;
        data_to_memory ={data_to_memory[word_size-2: 0], data_to_memory
          [word_size -1]};
        #(t_WPC/8);
       end
      end
    end

  // Non-Zero delay test: Read back walking ones from memory
   initial begin
    #latency_Non_Zero_Delay;
    CS_b = 0;
    WE_b = 1;
    OE_b = 0;
    for (col= 0; col <= num_col-1; col = col +1) begin
     for (row = 0; row <= mem_depth-1; row = row + 1) begin
      #t_RPC;
     end
    end
   end
  */
  // Testbench probe to monitor write activity
   reg [word_size -1: 0] write_probe;

   always @ (posedge M1.WE_b) write_probe = M1.RAM[row_addr][col_addr];
  endmodule
```

RAM_2048_8 模型中的时间参数确定了输出波形对应于输入波形变化的跳变，并建立了器件正确操作必须满足的约束。例如，若 *CS_b* 和 *WE_b* 为低电平时地址不稳定，器件处于透明/写操作模式时可能会影响到多个存储器单元。地址访问时间是一个关键参数，它表明了存储器的读速度。表 8.3 给出了 SRAM 的写周期参数，表 8.4 则描述了读周期参数。

表 8.3　静态 RAM 的写周期参数

	SRAM 的写周期参数
t_WC	写周期时间：对存储器连续写数据的最小间隔
t_CW	片选到写结束：*CS_b* 的下降沿到 *WE_b* 的最小间隔
t_AW	地址有效到写结束：地址改变和写结束（*WE_b* 的上升沿）之间的最小间隔
t_AS	在写之前地址的建立时间：在 *WE_b* 下降沿之前，地址必须提前稳定的时间间隔的宽度
t_WP	写脉冲宽度：写脉冲的最小宽度
t_WR	写恢复时间：*WE_b* 的上升沿和写周期结束之间的最小间隔
t_WHZ	写使能到输出进入高阻：*WE_b* 的下降沿和输出进入高阻之间的最小间隔
t_DW	数据建立时间：在 *WE_b* 的上升沿之前，数据必须稳定的时间间隔宽度
t_DH	在写结束后数据的保持时间：在 *WE_b* 的上升沿之后，数据必须稳定的最小时间间隔
t_OW	从写结束到输出有效：在 *WE_b* 的上升沿之后，输出有效的最短时间

写周期的时间参数如图 8.31 所示，必须考虑以下两种情况：

（1）*CS_b* = 0（器件被选中）且 *OE_b* = 1（读周期无效）时 *WE_b* 控制的操作；

（2）*WE_b* = 0（写使能）且 *OE_b* = 1 时 *CS_b* 控制的操作。

表 8.4　SRAM 的读周期参数

	SRAM 读周期参数
t_RC	读周期时间：从存储器连续读数据的最小周期
t_AA	地址存取时间：描述从存储器读取数据时，地址和可用的有效数据间的最小间隔
t_ACS	片选存取时间：在片选 *CS_b* = 0(即片选无效)之前，假定 *OE_b* = 0 和 *WE_b* = 1 时，片选和数据可有效存入存储器之间的最小间隔
t_CLZ	片选从低到高阻：描述片选有效和输出脱离高阻状态之间的最小间隔
t_OE	输出使能有效到输出有效：*OE_b* 的下降沿和从存储器读取的数据有效之间的最小间隔
t_OLZ	输出使能有效到输出脱离高阻：*OE_b* 的下降沿和输出脱离高阻状态之间的最小间隔
t_CHZ	片选无效到输出进入高阻：*CS_b* 的下降沿和输出进入高阻状态之间的最小间隔
t_OHZ	输出禁止到输出进入高阻：*OE_b* 的上升沿和输出进入高阻状态之间的最小间隔
t_OH	地址变化后输出的保持时间：在地址改变后，输出保持有效的最小时间间隔

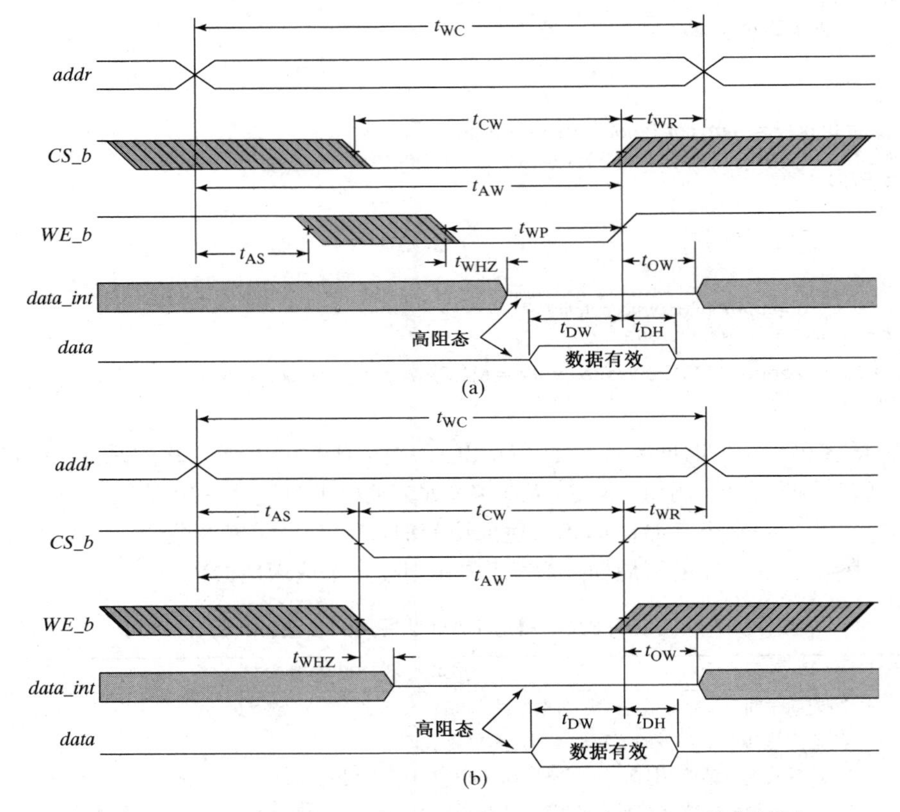

图 8.31　SRAM 时序：(a) *CS_b* = 0、*OE_b* = 1 时由 *WE_b* 控制的写周期；(b) *WE_b* = 0、*OE_b* = 1 时由 *CS_b* 控制的写周期

前一种情况下(图 8.31(a)所示)，在 *WE_b* 下降沿到来之前地址必须稳定且片选信号必须有效。写周期持续的时间间隔为 t_{WC}，该间隔包括地址变化的时间。地址建立时间 t_{AS} 指地址稳定后到 *WE_b* 下降沿之间的最短时间，该约束保证写操作前地址译码电路已稳定。透明锁存器的使能输入必须满足最小脉冲约束 t_{WP}；同样，从选中芯片(片选有效)到写周期结束(片选撤销)的时间间隔也必须满足脉宽约束 t_{CW}。*WE_b* 为低电平时器件处于透明模式，驱动 *data_int* 的三态器件处于高阻态(*WE_b* 有效后延时 t_{WHZ} 进入该状态)。写入 SRAM 的数据必须满足与 *WE_b* 上升沿相关

的建立时间条件约束(t_{DW})①和保持时间约束(t_{DH})。注意，图8.31(a)用于说明在*WE_b*上升沿之后*CS_b*上升沿才到来的情况②。*WE_b*上升沿到来之后的写恢复时间间隔(t_{WR})内地址必须稳定，而总线则在时间间隔(t_{OW})后才变为有效。从地址稳定开始到写周期结束的时间间隔由参数t_{AW}表示。

若*WE_b*在*CS_b*下降沿之前变低而在*CS_b*上升沿之后变高，则SRAM由*CS_b*控制，如图8.31(b)所示。这时总线数据的建立及保持时间约束与*CS_b*上升(锁存)沿相关。

读周期的两种模式见图8.32。图8.32(a)中，由地址(*CS_b*=0且*WE_b*=1)确定的数据在地址稳定后经t_{AA}时间间隔变为有效；图8.32(b)中，数据在*CS_b*下降沿后的t_{ACS}时间间隔之后变为有效。

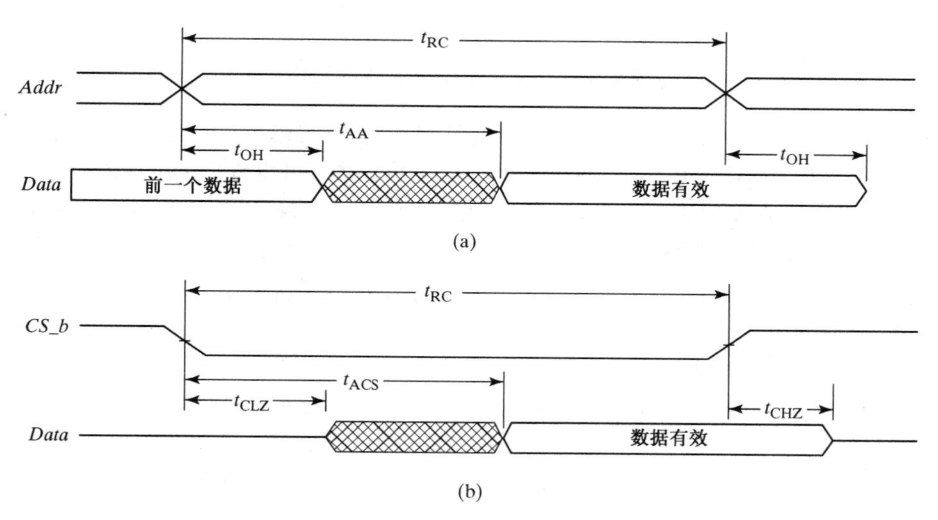

图8.32 SRAM时序：(a) *CS_b*=0、*OE_b*=0、*WE_b*=1时由地址控制的读周期；(b) *OE_b*=0、*WE_b*=1时由*CS_b*控制的读周期

8.2.10 铁电非易失性存储器

“铁电”材料的命名源于其电特性与铁磁体材料相似，不过铁电材料与铁磁体毫不相关，它们的相似之处主要在于铁电材料有很强的磁滞效应，但这不是磁性造成的。事实上，铁电的磁滞效应是由于其在电压影响下产生的所谓“自极化”。电源切断后，残留的极化行为类似于双稳存储器。铁电存储器将来有可能取代其他非易失性存储器，如在编程时间短、低功耗和低疲劳的应用中取代EEPROM。非接触智能卡、数字相机和实用仪表都是该技术的理想应用之处。EEPROM和闪存也是非易失性的且读操作时比铁电存储器的功耗更小。铁电存储器可以嵌入到其他器件中，这项技术成熟之后可能比其他技术在电路密度方面更具竞争力(参见Sheilholeslami和Gulak[3]的关于铁电技术应用电路的研究文献)。

8.3 可编程逻辑阵列(PLA)

PLA用于集成大规模两级组合逻辑电路。与ROM类似，PLA结构包括如图8.33所示的两个阵列：一个阵列执行AND操作生成乘积项(布尔立方项，可能为最小项)，另一个阵列执行OR操作生成SOP(积之和)项。PLA以积之和形式实现两级布尔函数。

① 第11章会更详细地讨论时间约束。

② 如果*CS*的上升沿发生在*WE*的上升沿之前，则时间约束必须相应地对应CS的上升沿。

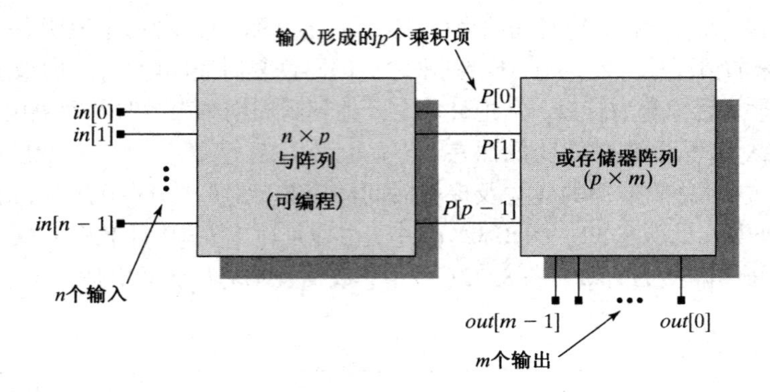

图 8.33　PLA 的 AND-OR 平面结构

与 ROM 不一样的地方是：PLA 的两个阵列都是可编程的(掩膜可编程或一次性现场可编程)。PLA 的 AND 模块不进行全译码而只形成有限个乘积项，可编程的 OR 模块则通过将乘积项(立方项)求"或"来形成表达式。一个 $n\times p\times m$ 的 PLA 有 n 个输入端、p 个乘积项(AND 模块的输出)和 m 个输出表达式(来自于 OR 模块)：一个 16 ×48 ×8 的 PLA 可以产生 48 个乘积项(而一个 16 输入的 ROM 有 2^{16} =65 536 个输入模式作为最小项译码并输出)，并由 48 个乘积项(不必是最小项)产生 8 个输出。

PLA 可实现一般的乘积项，不只是最小项或最大项。因为 AND 模块资源有限，为满足应用对乘积项的需求就必须找到最小的 SOP 形式。PLA 的最小化算法使通常应用于 ASIC 的综合算法得到了广泛应用[4]。

由 nMOS 技术实现的 PLA 电路结构如图 8.34 所示。图中 AND-OR 模块实现了 NOR-NOR 逻辑——等价于输入反相和输出三态反相的 AND-OR 逻辑。PLA 的每一个输入都提供原码和反码形式，AND 模块中的可编程连接决定相应输入(或其反码)是否与缓冲字线相连。

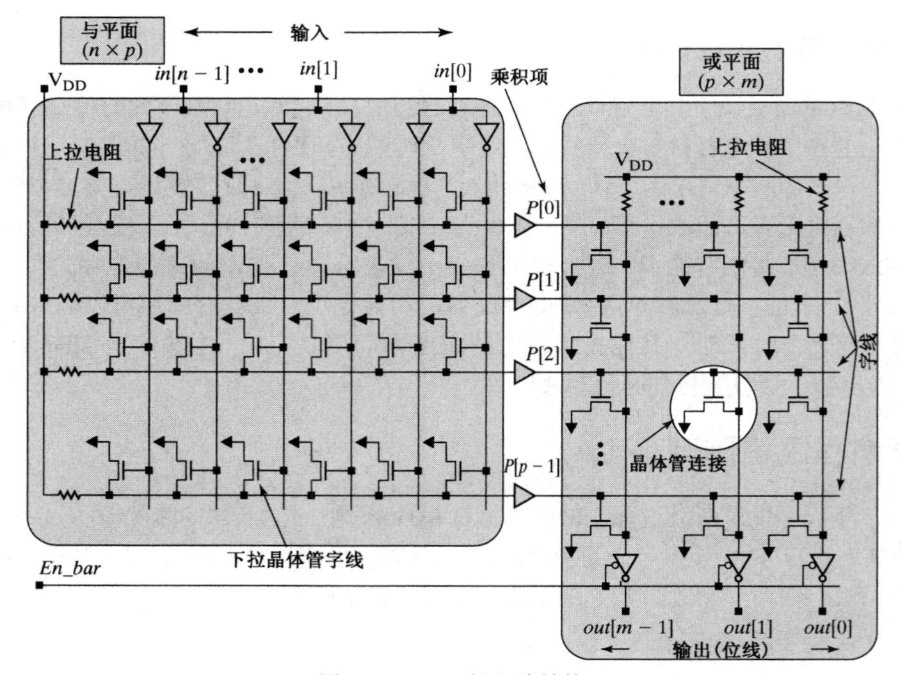

图 8.34　PLA 的电路结构

输入是否与字线相连，以及字线是否与输出相连由编程决定。字线可能连接到输入或其反码中的一个。每条字线连接到一个上拉电阻(有源器件)。相连的原始输入及反码输入集合在与字线上生成一个布尔立方项，未连接的输入对字线没有影响。如果未与有效输入(原始或反码)相连，字线电平会被上拉；如果未与高电平字线相连，则列线将被拉高。有效输入使 AND 模块内的链接晶体管导通，上拉电阻失效，字线被下拉到地电平，在所有与之相连的字线都无效(低电平)时，列线为高电平。有效字线使 OR 模块内的链接晶体管导通，导致字线电平被下拉。若任一与之相连的字线有效(高电平)则列线为低电平。若任何字线为高电平则与之相连的列线为低电平。仅当所有与之相连的字线都无效(低电平)时列线才为有效(高电平)。

图 8.35 所示电路表示了字线上的线与逻辑，注意：

$$W1 = A'B'$$
$$W1' = (A + B)'$$
$$W2 = C'D'$$
$$W2' = (C + D)'$$

同样，列线表示了线或逻辑，当 $W1$ 或 $W2$ 为高电平时 W 为低电平，否则 W 为高电平(上拉)：

$$W' = W1 + W2$$
$$W = (W1 + W2)'$$
$$Y = W' = W1 + W2 = A'B' + C'D'$$
$$Y = (A + B)' + (C + D)'$$

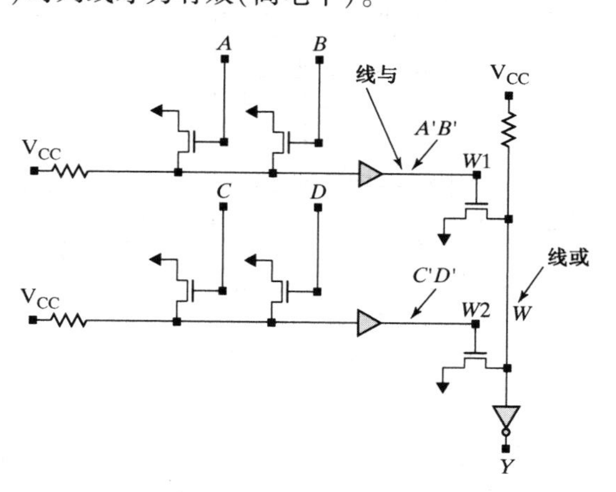

图 8.35　PLA 的线或逻辑

完整的结构是 NOR-NOR 逻辑，即：

$$Y' = \lfloor (A + B)' + (C + D)' \rfloor'$$

NOR-NOR 等效电路如图 8.36(a)所示，图 8.36(b)则给出了 OR-AND 等效结构。

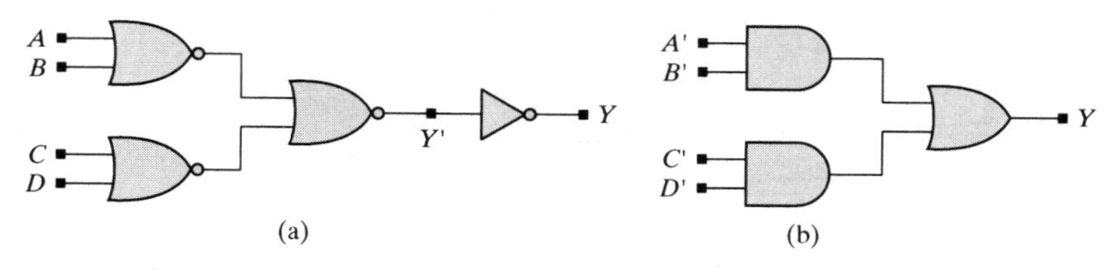

图 8.36　PLA 逻辑的等效电路结构：(a)NOR-NOR 逻辑；(b)带反相输入的 OR-AND 逻辑

8.3.1　PLA 最小化

PLA 的面积主要取决于字线(不同乘积项)数目，因此通过逻辑共享来尽可能地减少乘积项将更为有利。一种方法是通过卡诺图或其他方法来化简每一个布尔表达式，但是相互无关的单个布尔函数最小化未必能够优化整个 PLA 的实现。将一组布尔函数作为一个整体进行化简就可能采用任意项(don't care)和条件项(opportunity)进行逻辑共享，因为用于生成输出表达式的乘积项可以被用于另一个(具有相同乘积项的)输出表达式。另外，和之积形式中的公共因子也可由多个(拥有相同因子的)函数共用。

例 8.7　考虑下面 3 个布尔函数(卡诺图见图 8.37)，在化简之前需要 13 个乘积项(字线)才能实现。

$$f_1(a,b,c,d) = \sum m(1,6,7,9,13,14,15)$$
$$f_2(a,b,c,d) = \sum m(6,7,8,9,13,14,15)$$
$$f_3(a,b,c,d) = \sum m(1,2,3,9,10,11,12,13,14,15)$$

在对每个函数进行独立化简后乘积项变为8个，节省了将近40%。为将函数集合最小化(现代综合工具可以容易地做到)，需要重新观察函数，标识每2个或每3个交集的共用乘积项，如图8.38所示，最终结果仅需要5条字线(省掉了4条字线)。

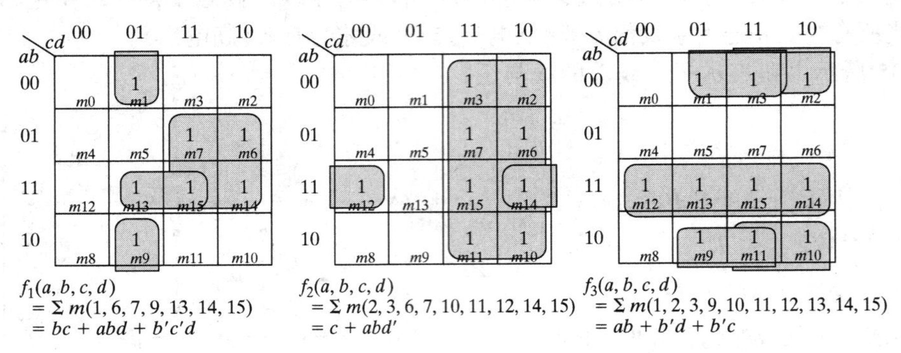

图8.37　三个布尔代数独立的卡诺图化简

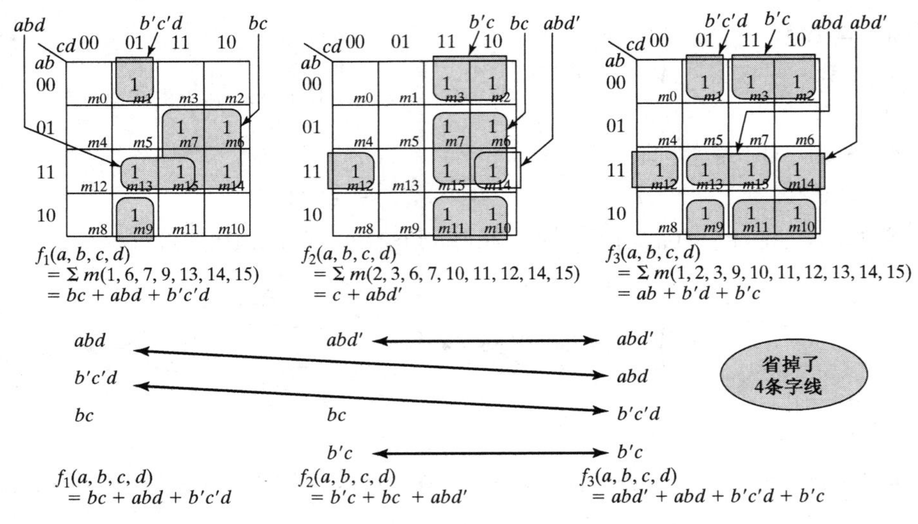

图8.38　三个布尔函数集合的卡诺图化简

多输出函数的人工化简只适用于最多4输入的3个函数[5]，否则便需要用到基于计算机的方法(如 espresso[4] 和 MIS-II[6-8])。

图8.39中的表格可用来说明PLA功能。表格行对应于PLA的行(字线)，表格列对应输入和函数并说明了输入是否在乘积项中以及乘积项是否在函数中。其中，输入用1(有效项)、0(无效项)或—(任意项)标识，输出用1(包含字线)或0(不包含字线0)标识。

	a	b	c	d	f_1	f_2	f_3
abd	1	1	—	1	1	0	1
b′c′d	—	0	0	1	1	0	1
b′c	—	0	1	—	0	1	1
bc	—	1	1	—	1	1	0
abd′	1	1	—	0	0	1	1

图8.39　说明PLA结构的表格格式

ROM需要规范的数据(如完整的真值表)，而PLA只需要积之和的最小化布尔表达式。最小化PLA表中的乘积项可能包含多个最小项，并且一个给定的输入向量可能影响多个输出函数。

对于给定的输入向量，行中的原码或反码输入经“与”操作生成乘积项，输出则由为 1 的乘积项(字线)按列求“或”得到。图 8.40 给出了一个 PLA 的简化描述：实心圆点表示原码或其反码是否在乘积项中，以及乘积项是否在表达式中。

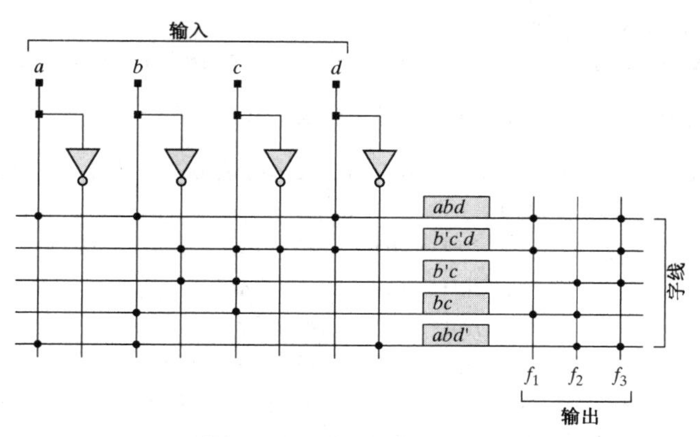

图 8.40　PLA 的简化描述

8.3.2　PLA 建模

PLA 应用必须与器件中乘积项(字线)的有限数目匹配。PLA 常用于实现控制更复杂时序机的大规模状态机的下一状态和输出逻辑，如计算机。因为可最小化且可针对应用进行定制，PLA 比 ROM 更适合于大规模状态机。

Verilog 包含一系列可用于多输入、多输出 PLA 建模的系统任务。PLA 通过 AND、NAND、OR 以及 NOR 阵列模块来实现两级组合逻辑。PLA 的特性(personality)文件或矩阵用于说明生成输入项乘积(乘积项)以及构成输出的乘积项之和的晶体管物理连接。内置系统任务描述了同步和异步阵列。仿真过程中，无论输入信号或 PLA 特性矩阵何时变化，异步阵列的输出都会随之更新，而同步阵列则只在同步动作有效时才更新。两种形式的更新输出都具有零延时。

PLA 的特性矩阵描述了输入乘积项和输出表达式。描述特性的数据存放在存储器里，该存储器的宽度与 PLA 的输入和输出相匹配，存储器的长度与输出的数目相匹配。

有两种方法可以将数据导入特性矩阵：(1)使用 ***$readmemb*** 任务从外部文件导入数据；(2)直接用过程赋值语句导入数据。这两种方法都可以在仿真过程中的任何时刻动态地重新配置 PLA。

阵列内容可以采用两种形式描述：数组和模块。使用数组形式时，在存储器里存储 1 或 0 来表示一个给定的输入是否包含在乘积项中，且一个给定的乘积项是否包含在一个输出中。

例 8.8　下面语句调用了 Verilog 内嵌 PLA 系统任务来描述同步/异步数组/模块：

```
$async$and$array    (PLA_mem, {in0, in1, in2, in3, in4, in5, in6, in7}, {out0,
                    out1, out2});
$sync$or$plane      (PLA_mem, {in0, in1, in2, in3, in4, in5, in6, in7}, {out0,
                    out1, out2});
$async$and$array    (PLA_mem, {in0, in1, in2, in3, in4, in5, in6, in7}, {out0,
                    out1, out2});
$async$and$array    (PLA_mem, {in0, in1, in2, in3, in4, in5, in6, in7}, {out0,
                    out1, out2});
```

如下的数组形式表明乘积项 *in*1&*in*2&*in*3 包含于 *out*1，而未包含于 *out*2。乘积项 *inl*&*in*3 则包含于 *out*2。

$in1$	$in2$	$in3$	$out1$	$out2$
1	1	1	1	0
1	0	1	0	1

例 8.9 假定想用 PLA 实现下面的布尔表达式:

$$out0 = in0 \ \& \ in1 \ \& \ in2 \ \& \ in3 + in4 \ \& \ in5 \ \& \ in6 \ \& \ in7 + in1 \ \& \ in3 \ \& \ in5 \ \& \ in7$$

$$out1 = in1 \ \& \ in3 \ \& \ in5 \ \& \ in7 + in4 \ \& \ in5 \ \& \ in6 \ \& \ in7$$

$$out2 = in0 \ \& \ in2 \ \& \ in4 \ \& \ in6 + in4 \ \& \ in5 \ \& \ in6 \ \& \ in7 + in1 \ \& \ in3 \ \& \ in5 \ \& \ in7$$

表达式使用了 4 个不同的乘积项:

$in0$ $in1$ $in2$ $in3$
$in0$ $in2$ $in4$ $in6$
$in4$ $in5$ $in6$ $in7$
$in1$ $in3$ $in5$ $in7$

如下所示的 PLA 特性数据存于文本文件 *PLA_data. txt* 中。数据用 1 表示存在, 用 0 表示不存在, 并按照输入的升序排列。每个乘积项对应 1 行, 每个输入对应 1 列, 最后 3 列表示行乘积项是否出现在 3 个输出函数中。

11110000 100

10101010 011

00001111 111

01010101 101

PLA_array 的 Verilog 模型描述了一个由 8 个布尔输入形成 3 个输出函数的 PLA。特性数据用字数组 *PLA_mem* 存放, 其宽度对应于特性矩阵的宽度, 长度由输出布尔表达式的数目决定, 即该字数组 11 位宽, 3 个字长。

```
module PLA_array (output reg out1, out2, out3, input in1, in2, in3, in4, in5, in6, in7);
 reg [0: 10] PLA_mem [0: 2];          // 3 functions of 8 variables
 initial begin
  $readmemb ("PLA_data.txt", PLA_mem);
  $async$and$array (PLA_mem, in0, in1, in2, in3, in4, in5, in6, in7}, {out0, out1, out2});
 end
endmodule
```

例 8.8 中的 PLA 用仿真开始时的 ***initial*** 语句进行配置。仿真器读取文件 *PLA_data. txt* 并将数据加载到声明的存储器 *PLA_mem* 中。注意, 输入和输出以升序顺序声明。当模块输入值改变时, 数组就会经仿真得到更新的数值: $out0$, $out1$, $out2$。

当需要形成乘积项时, 数组形式要求分别给出输入的反码。另一方面, 模块形式将根据表 8.5 (加州大学伯克利分校开发[4]的 Espresso 格式) 对特性矩阵编码。

例 8.10 假定 PLA 实现的逻辑如下列语句所描述:

$$out0 = in0 \ \& \ \sim in2;$$

$$out1 = in0 \ \& \ in1 \ \& \ \sim in3;$$

$$out2 = \sim in0 \ \& \ \sim in3;$$

则 PLA 特性以模块形式(Espresso)描述如下:

4′*b*1?0?
4′*b*11?0
4′*b*0??0

表 8.5 PLA 模块形式的特性矩阵符号

表输入	解释
0	采用乘积项的补形式
1	采用乘积项
x	采用输入的最差情况
z	无关紧要项, 输入没有意义
?	与 z 相同

其中行按降序对应于输出。行定义了输出有效时的输入条件：如输入 1000 和 1101 都令第一个输出有效。PLA 的 Verilog 描述如下①。

```
module PLA_plane (input in0, in1, in2, in3, in4, in5, in6, in7, output reg out0,
  out1, out2);
   reg          [0: 3] PLA_mem [0: 2];
   reg          [0: 4] a;
   reg          [0: 3] b;
   initial begin
      $async$and$array
       (PLA_mem, {in0, in1, in2, in3, in4, in5, in6, in7}, {out0, out1, out2});
      PLA_mem [0] = 4'b1?0?;
      PLA_mem [1] = 4'b11?0;
      PLA_mem [2] = 4'b0??0;
   end
endmodule
```

8.4 可编程阵列逻辑(PAL)

PAL 技术②晚于 PLA 出现，PAL 固定 OR 模块而只对 AND 模块进行编程，由此简化了双阵列结构。每个输出由特定数目的字线形成，而每条字线由少量的乘积项形成。一个 PAL16L8(更受欢迎的器件)的结构如图 8.41 所示：16 个输入端，8 个输出端，包括地和电源线在内为 20 引脚封装。每个输入可以是原码或反码形式。8 个 7 输入 OR 门通过 AND 模块连接到字线，每条字线可连接到任意一个输入或其反码。每组的第 8 条字线控制一个由 OR 门驱动的三态反相器。每个输出可实现最多 7 项的积之和表达式。器件只有 20 个引脚，所以有 6 个引脚是双向的。与每条字线相连的 AND 门(未画出)固定与一个 OR 门连接，因而不能被其他 OR 门共享，但是连接到三态反相器的 6 个输出端可以反馈到 AND 模块并与其他 AND 门共享，这使表达式中的乘积项可以超过 7 个。双向引脚使得通过组合反馈来实现一个透明锁存器成为可能。基于 PLD 的锁存器在微处理器系统中可以作为地址译码器/锁存器[1]。现代 PAL 器件具有寄存器输出和可选的输出极性。

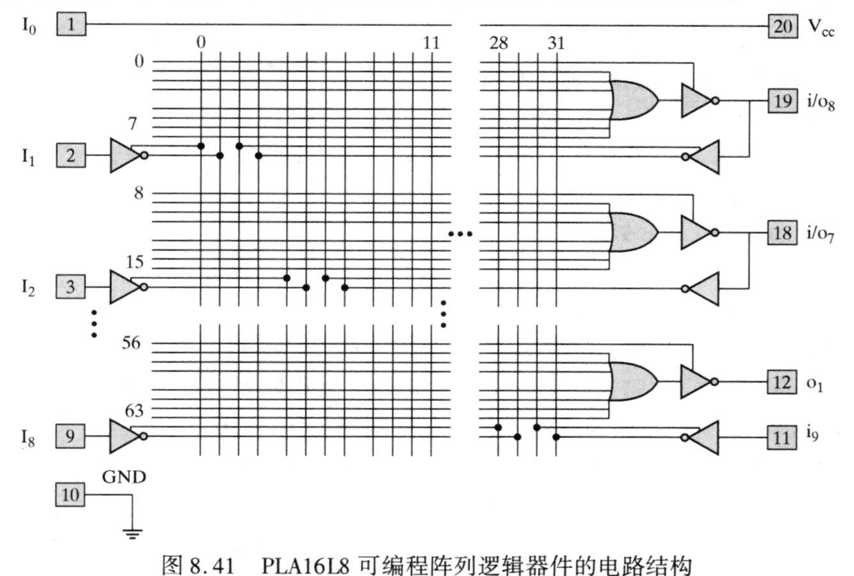

图 8.41 PLA16L8 可编程阵列逻辑器件的电路结构

① 下面的输入只应有 in0 ~ in3。——译者注

② PAL 是超微半导体 AMD(Applied Micro Devices)的商标。

早期的 PAL 器件(如 ROM)采用双极工艺制造，通过汽化金属连线实现编程。现代器件则采用有浮栅链接晶体管的 CMOS 工艺制造。

8.5　PLD 的可编程性

ROM、PLA 和 PLD 具有相似的阵列结构。表 8.6 对比了可编程器件的一些特性。PLA 提供了最大的灵活性，常用于大规模复杂组合逻辑电路。

表 8.6　各种 PLD 的可编程性

	可编程块	
	与平面	或平面
ROM	NA	P
PLA	P	P
PAL	P	NP

NA = 不可用，P = 可编程，NP = 不可编程

8.6　复杂可编程逻辑器件

随着技术的发展，用于实现大规模现场可编程组合和时序逻辑的、集成度更高更复杂(如超过 1024 个函数)的器件称为复杂 PLD(CPLD)。典型 CPLD 的上层结构(见图 8.42)包括 PLD 块阵列与可编程片内互连系统。除了能提高性能，这种结构也突破了传统 PLD 只有相对较少输入的限制。CPLD 的宽输入并不以面积的明显增加(如指数型)为代价。传统 PLD 的输入宽度以 n 倍增加时，其面积将以 2^n 倍增大。相同的互连 PLD 阵列也会随输入的增加而增大面积，但除了互连线面积外，其单元面积只以 n 倍增大。CPLD 的区别是具有宽扇入与门。大型 CPLD 并不将每个宏单元输出都连接到输出引脚，但通常宏单元之间具有 100% 的连通性。

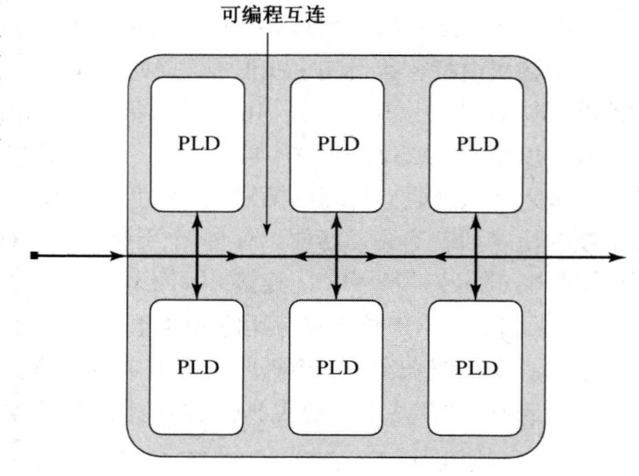

图 8.42　CPLD 的上层结构

CPLD 中每一个 PLD 块的内部都具有类似 PAL 的、构成输入组合逻辑的结构。PLD 中宏单元的输出可编程连接到其他逻辑模块的输入以形成更复杂的多级逻辑，而不受单个逻辑模块的限制。一些 CPLD 是电可擦除和可重编程的(EPLD)。CPLD 适用于多扇入 AND - OR 逻辑结构并可利用多种编程技术：SRAM/传输门、EPROM(浮栅晶体管)以及反熔丝①。

8.7　现场可编程门阵列

CPLD 的特点是以组合逻辑的类 PAL 块阵列实现宽输入 SOP 表达式。CPLD 具有可预测时序特性和交叉型内连结构，适于低、中集成度的应用。现场可编程门阵列(FPGA)拥有更复杂、更多寄存器、平铺结构的函数单元，以及灵活的基于通道的内连结构。基于 Flash 的可重配置性，CPLD 可在有限次数内重编程，而 FPGA 则几乎没有限制。FPGA 适合于中、高集成度的应用。与 CPLD 相比，FPGA 具有两个显著的区别：(1)对特定应用，其性能取决于器件内的布线情况；(2)其功能通过 LUT 实现而并非类 PAL 的宽输入与门。

可编程掩膜门阵列在工厂中进行制造，最后的金属层根据最终用户的需求定制。现场可编程门阵列作为完整制造并测试的产品出售，其功能由顾客和/或最终用户现场编程决定。FPGA

① 反熔丝为可编程的低阻电连接线。

允许设计者将设计方案在几分钟之内输入到硅片中，迅速地完成独立的原型设计并且实现嵌入式系统。

可基于以下特性对 FPGA 进行分类：结构、逻辑门数量、编程机制、程序易失性、功能/逻辑单元粒度及稳健性、物理尺寸(封装)、管脚输出、原型时间、速率、功耗、I/O、内部资源的连通性及时钟管理[9,10]。下面将关注基于 SRAM 的 FPGA(掉电时程序丢失)主流技术。

基于 SRAM 的 FPGA 具有固定的、可针对特别应用在现场进行编程的结构。图 8.43 给出的典型基本结构包括以下几部分：

(1)用于实现组合/时序逻辑的可编程功能单元(FU)阵列；

(2)用于建立信号通路的、固定但可编程的互连结构；

(3)对器件功能进行编程的配置存储器；

(4)在器件与周围环境之间提供接口的 I/O 资源。

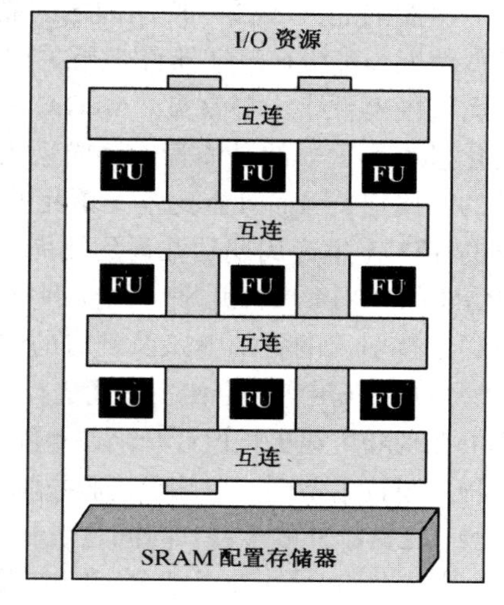

图 8.43　FPGA 结构

FPGA 的性能和集成度随着技术的发展不断提高。目前最先进的器件包括块存储器和分布式存储器，以及可靠互连结构、用于高速同步操作的全局信号和适用于各种接口标准的可编程 I/O 资源。

易失性 FPGA 可通过程序进行配置，该程序可下载并存储在称为配置存储器的静态 CMOS 存储器中。静态存储器的内容作用于静态 CMOS 传输门以及其他器件的控制线以实现：

(1)对单元功能进行编程；

(2)对可配置特性(如翻转速率)进行定制；

(3)在功能单元间建立连接；

(4)对器件的 I/O/双向端口进行配置。

配置程序可通过主机或电路板上的 PROM 下载到 FPGA 中。易失性 FPGA 掉电时存储器内的程序将丢失，再次使用前必须重新编程。

FPGA 程序的存储易失性是一把双刃剑——FPGA 一旦掉电必须重新编程，但相同的部分也可重编程用于多种应用，并可在处理器控制下在同一个电路板上重新进行配置。FPGA 可通过执行程序来测试它所在的主系统。存储程序 FPGA 易于重编程，可用于迅速建立原型，使得设计小组在成功概率很小的情况下能够有效地完成工作。在许多设计中上市时间很重要，FPGA 提供了一个更快进入市场的途径。FPGA 可通过互联网进行远程配置，允许设计者在现场进行修复、改进、升级或完全重配置器件。

8.7.1　FPGA 在 ASIC 市场中的角色

FPGA 的结构资源满足计算引擎对存储器、数据通路和处理器的基本需求。灵活的 FPGA 比不能重新编程的可编程掩膜器件的尺寸更大。同一个 FPGA 可以编程实现多种处理器。ASIC 昂贵、高风险的掩膜具有灵活性是十分重要的。另一方面，在同等功能实现上 FPGA 比可编程掩膜器件所使用的逻辑门更多，功耗也更大。

表 8.7 总结了 FPGA 技术、基于单元的可编程掩膜 ASIC 技术以及标准器件之间的关键区别。大部分 ASIC 和 FPGA 的应用都需要定制以定位市场需求。市场的差异、回报、技术发展和短暂

的生命周期所带来的无法接受的高风险，使得标准部件的生产和储存越来越不可取。个别、特定应用的少量需求使得技术开发和产品制造的回报相对较少，这些因素使得 FPGA 的单位成本比标准器件以及大量生产的可编程掩膜 ASIC 要高，但 NRE 成本要低得多。

表 8.7　标准器件、ASIC 和 FPGA 的比较

工艺	功能	相对费用
标准部件	制造商提供	低
FPGA	用户定义	高
ASIC	用户定义	低

早期的 MPGA 技术使用固定的晶体管阵列和布线通道。因为经常会出现不能充分利用晶体管的情况，布线在早期器件中至关重要。今天，可充分利用资源的多层金属布线技术(5 ~ 6 层)在大规模器件中十分常见。MPGA 需要预处理后再定制最后的金属层以满足特定应用。定制/金属化过程将独立的晶体管连接成逻辑门，再将门进行连接以实现逻辑函数。该技术只需定制最后的金属层，因而具有比基于单元的和全定制的技术更快的周转速度，但仍不如 FPGA。不同厂家的 MPGA 生产周期从几天到几周不等。另一方面，在已被安装到仿真器或目标主机中时，基于 SRAM 的 FPGA 设计几乎可以立即实现、编程和重编程。但 FPGA 与相应的 MPGA 相比，由于可编程连接引入的附加电路及延时的影响，速度更慢、集成度更低。

FPGA 在出售前会由制造商进行全面测试，因此设计者只需关注设计创新而非制造缺陷。设计者可在现场快速更正设计缺陷并重配置以实现不同的功能。FPGA 的市场定位与只能写入一次的可编程掩膜技术不同。可编程掩膜技术不支持重配置，更正代价大。MPGA 的设计缺陷需要更改最终掩膜，花费额外的金钱和时间重走制造流程，因此基于 MPGA 的设计风险与 FPGA 相比要大得多。

与基于单元的方案和全定制方案相比，MPGA 拥有广泛的用户群来分摊大多数处理步骤中的 NRE 成本。逻辑门阵列广泛地用于含有大量随机逻辑的设计中，如状态机控制器。

MPGA 需要制造商的直接支持，设计的完成依赖于制造商其他用户的优先权和进度。而 FPGA 在交付给客户之前已经进行了完整的生产和测试，因而可以立即交付。

设计者与 FPGA 技术之间的软件界面十分简单，能够在支持原理图和 HDL 输入的个人计算机和工作站上容易、廉价(如果不是免费的)地实现。可编程逻辑技术与其他技术(如 DRAM)相比其集成度以指数形式增长，而运算速度以线性形式增长，现已可支持系统级集成。

基于标准单元的技术使用预先设计并确定特性的单元(用于实现逻辑门)库。库中单元的设计属于劳动密集型工作，目的是实现集成度高、面积高效的版图设计。因此单元库的 NRE 成本较高，制造商必须在该技术的生命周期内将其成本分摊给大量客户。标准单元库的掩膜应被完整地设定特性并验证以确保其正确性。布局布线工具选择、放置并在芯片内按行连接单元以实现各种功能特性。该结构是半定制的，因为单元高度固定而宽度取决于所实现的功能。布局布线根据应用定制，而自动布局布线可以完成满足速度和面积约束条件的密集配置。基于单元的技术针对每个应用都需要一个完整的全定制掩膜系列，因此需要足够的产量以抵消较高的生产和研发费用，从而最终降低单位成本。

8.7.2　FPGA 技术

最先进的 FPGA 技术可以在单芯片上实现超过一百万个逻辑门(每个逻辑门等效于一个两输入与非门)，其高端产品(如 Xilinx Virtex5)则含有超过 200 000 个的触发器。反熔丝、EPROM 和 SRAM 是 FPGA 的三种基本类型，其容量和速度都随着晶体管特性尺寸的减小而不断得到改善。

反熔丝器件①通过在两个节点间加高电压破坏绝缘材料来实现编程。该技术不需要使用存储器来保存程序，但一次写入后便不可更改。反熔丝在器件引脚间形成永久的低阻通路。反熔丝

① 更多关于反熔丝器件的信息见 www.actel.com。

自身尺寸很小(仅过孔大小)，一个 FPGA 上可以分布上百万个。这项技术最显著的优点在于反熔丝的导通电阻和寄生电容要比传输门和传输晶体管小得多，因此具有更高的开关速度和可预测的通路延时。

基于 EPROM 和 EEPROM 的技术采用带电浮栅工艺，通过高电压实现编程。基于该技术的器件可重编程且是非易失性的，嵌入在目标系统中的器件可离线编程。

基于 SRAM 的 FPGA 使用 CMOS 传输门实现互连。逻辑门的状态由 SRAM 配置存储器决定。生产基于 SRAM 的 FPGA 的制造商很多(如 Xilinx，Altera，ATMEL 和 Lucent)。这类 FPGA 的结构与采用逻辑块和布线通道的 MPGA 类似。器件包含了双向、多驱动连线。器件根据逻辑门数量进行标识，但实际使用的逻辑门取决于布线程序利用资源实现给定设计的能力。

FPGA 功能模块内逻辑单元的复杂性取决于多种因素。若单元复杂度低(细粒度，如 Actel 的 Act-1)，则布线时所需的时间和资源就较多；另一方面，若单元复杂度高，则其面积和逻辑可能会被浪费。细粒度的一个例子是基于 2 输入与非门或复用器的结构，与基于 4 输入与非门或复用器的粗粒度结构相比，前者会使用多得多的布线资源。

考虑到工艺和器件技术的发展速度，本书仅限于讨论 Xilinx 公司的典型 FPGA 器件。建议读者参考厂家给出的网络资源(如 altera. com、atmel. com 和 Xilinx. com)。

8.7.3　Xilinx 公司 Virtex 系列 FPGA

基于 65 nm 工艺的 Virtex-5 系列代表了 Xilinx 公司的最新技术。对于复杂的系统级和 SoC 设计方案，Virtex 系列有 4 个关键特性：(1)集成度；(2)内置存储器容量；(3)时序性能；(4)子系统接口。工艺标准允许将超过 330 000 个的逻辑单元和超过 200 000 个的触发器封装到单芯片上，从而提供数百万个系统门，其容量足以支持需要高集成度、高性能、内嵌处理器和增强存储器的系统级应用。

Virtex 系列的差分可编程引脚对多种 I/O 标准(包括 LVDS、LVPECL)都能提供物理(电气)及协议支持，其数字时钟管理器为同步应用(需要多时钟域和高频 I/O)中的频率综合和相位偏移提供了支持。Virtex 系列的整体架构见图 8.44。

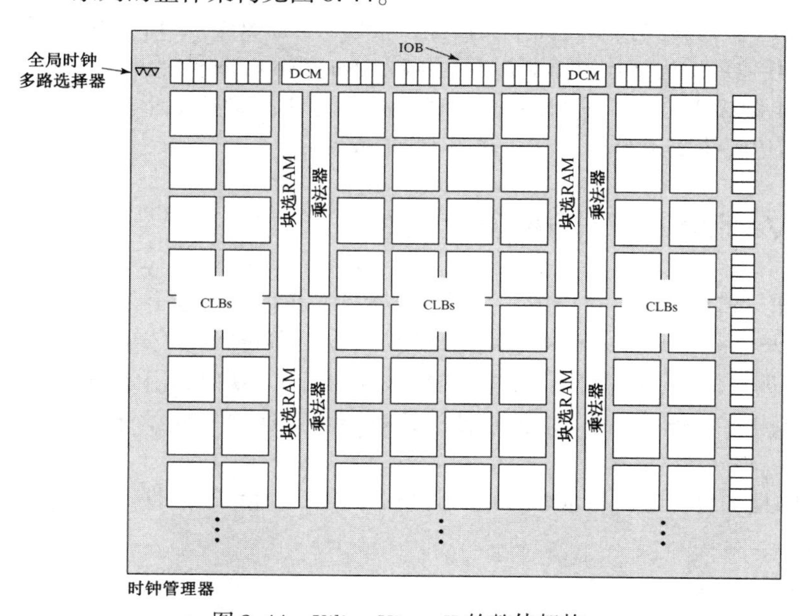

图 8.44　Xilinx Virtex-II 的整体架构

8.8　片上系统(SoC)的嵌入式可编程 IP 核

ASIC 内核指由厂家设计、验证并投入市场供其他用户重复使用的 IP(Intellectual Property，知识产权)核。IP 核可以是软核(软件模型)或硬核(掩膜集)。在 ASIC 中使用预先完成并验证过的内核能减少需研发电路的数目从而缩短新产品上市时间。这种经济方案的实现取决于内嵌逻辑的可靠性和文档的完备，以及集成和测试内嵌部件的系统级工具。

FPGA 厂商在器件和设计工具上做出了努力，并提供了多种可嵌入器件的 IP 核从而简化了设计者的工作。例如，Xilinx 公司直接或通过合作伙伴提供了基本单元(如累加器、移位寄存器)、数学函数[如乘法器、乘加器(MAC，multiply-and-accumulate)、除法器]、存储器(如同步 FIFO)、标准总线接口(如 PCI)、处理器外设(如中断控制器)、通用异步收发器(UART，universal asynchronous receiver and transmitter)、PC(如 IBM 的 PowerPC 等)以及多种网络和通信产品(如协议内核)的 IP 核。这些资源可能需要专门的设计工具，厂商也提供了说明如何使用嵌入式内核的参考设计。

ASIC 设计的特点是高性能、高 NRE 成本和高风险。高风险源于高价掩膜(如 50 万美元)。从价格和获取市场份额的角度考虑应避免掩膜错误及其导致的重复性设计。嵌入式可编程内核[①]具有灵活(设计可修改)、低 NRE 成本和低风险的特点。这类混合器件适用于标准会发生变化或 NRE 成本需要分摊到多个产品的应用，例如，为便于修改设计以适应市场变化，无线网络中完成图像处理的多处理机控制逻辑可采用可编程 IP 核实现。多个设计可共存于单个芯片上，这涉及两个方面：ASIC 和 FPGA 的制造过程兼容；IP 核最终总是将 FPGA 配置为适合特定应用。前者不断发展并为后者提供增值平台[②]。存在两个变化趋势：ASIC 中的嵌入式可编程内核(如 Actel、Adaptive Silicon 公司产品)和 FPGA 中的嵌入式复杂 ASIC 内核(如 Triscend、Xilinx、Lucent、Altera、Atmel 和 QuickLogic 公司产品)。

与 FPGA 相比，ASIC 的设计和制造费用相对较贵，它以牺牲灵活性来换取性能。一种将 FPGA 嵌入到 ASIC 中的新兴技术提高了灵活性，降低了设计风险[③]，拓宽设计的应用使其能适用于更大范围[④]。其他可编程架构也不断涌现，例如，Adaptive Silicon 公司的一种称为“Hex”的基本模块包含 64 个 4 位 ALU，Hex 块可以在局部和全局互连中排列成矩形，支持算术功能的、4 × 4 的 Hex 块阵列能达到约 25 000 个 ASIC 逻辑门的集成度。

8.9　基于 Verilog 的 FPGA 设计流程

图 8.45 给出了基于 FPGA 目标工艺的设计流程，它在很大程度上依赖于配套软件来完成设计的综合、实现与下载。ASIC 设计中起决定作用的“布局布线”环节没有显示在设计流程中，是因为它对用户透明。同样，没有显示“寄生参数提取”是因为器件的固定结构使得时序参数能预先做成实现工具内的数据库。简化的流程使设计者能够迅速地生成设计迭代及相关的设计，最终得到硬件原型。

快速建立原型的目的是尽可能快地生成工作原型以适应市场条件并支持宿主环境下更广泛

① 参见嵌入式可编程内核相关网站。

② VISA(Virtual Socket Interface Alliance)是一个促进多源 IP 混合及匹配应用技术标准的工业专家组。

③ 比较冒险或未来可能需要改变的设计部分可以放在 FPGA 中。

④ LSI Logic 和 Adaptive Silicon 公司已致力于将基于 SRAM 的 FPGA 嵌入大规模 ASIC。

的测试。最初支持 FPGA 的工具依赖于电路图输入，但现在许多厂商更加重视对硬件描述语言(HDL，Hardware Description Language)的支持。例如，Xilinx 公司的 ISE(Integrated Synthesis Environment，集成综合环境)工具允许 HDL 输入，支持预布局、仿真、自动布局布线、时序验证、下载配置数据和回读配置比特流，ISE 工具最终生成的比特流文件可下载到主板上的器件并对其进行配置。

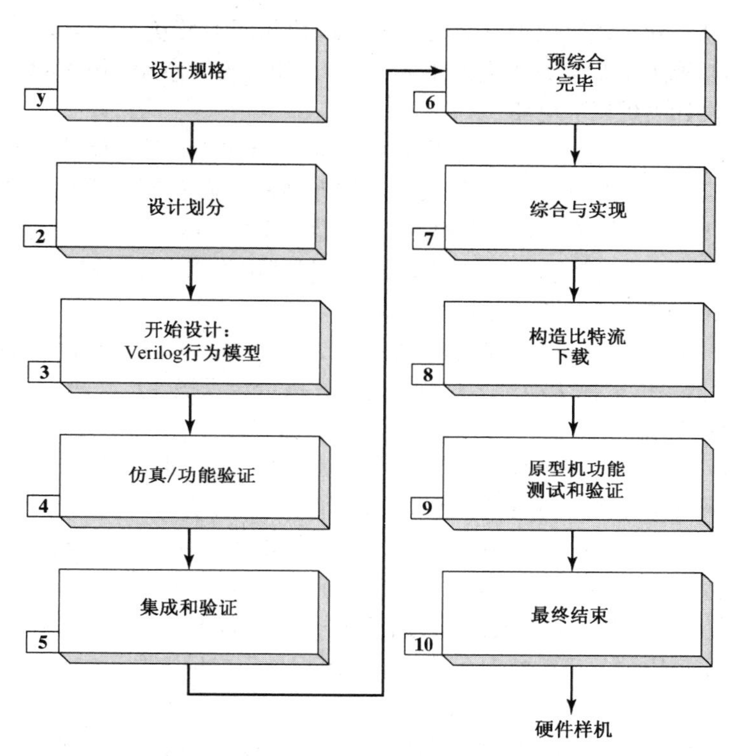

图 8.45　带 HDL 输入的 FPGA 设计流程

8.10　FPGA 综合

第 6 章讨论了易于综合的描述风格的重要性。无法综合的模型作用很有限。此外，模型还必须具有能利用目标架构独特特征的性质，如 FPGA 工具必须能够优化分布式存储器和块存储器资源之间的比例。在 DSP 应用中尤为重要的是综合工具应减少片外存储器以达到最佳性能。

FPGA 厂商提供了用于实现特殊功能的宏单元库。设计者可以选择已封装的宏单元或者由行为描述综合得到的电路。如果用到基于特定工艺的核，应将其从设计层次中独立出来。

FPGA 中有大量的寄存器，因此一般建议采用 One-Hot 形式对有限状态机进行编码，采用连续二进制编码来减少可配置逻辑块(CLB，Configurable Logic Block)数量的做法通常几乎没有效果，因为这种方案需要额外的单元来形成更复杂的组合逻辑。

FSM 的状态编码必须涵盖所有可能的状态码，否则设计可能会引入锁存器[①]。这种习惯也可避免状态机进入某个不可恢复状态。建议由设计者对默认状态给出明确赋值而不是由设计工具自动选择处理，这样做的目的是鼓励设计者对设计进行缜密考虑(在 ***case*** 语句中使用 Verilog 关

① 综合工具将生成描述器件使用的报告，其中包括实现中锁存器和寄存器的数量。

键字 ***default*** 对默认状态进行译码)。同样，正如第 6 章中所讨论的那样，建议在代码开始处对所有寄存器变量(在电平敏感周期行为中赋值)进行初始化，然后根据情况在行为中赋值，这样有助于避免综合出不需要的锁存器。

CLB 中的寄存器上电时无法进入特定状态，因此在顶层模块使用复位或置位信号驱动状态机进入某个已知状态是非常必要的。同步复位可以减小复位信号引起亚稳态的可能性。

除非打算采用优先级，译码逻辑应优先使用 ***case*** 语句而不是 ***if . . . then . . . else*** 语句。前者产生并行逻辑(速度更快)，后者则可能产生嵌套逻辑(如优先编码器)并在 LUT 的多层结构中产生级联，从而导致设计出更慢的电路。

触发器扇出到多个点的线网能导致速度较慢且难以布线，最终可能造成时序违例。这个问题可通过复制触发器、共享扇出来加以解决。这样布线环节花费时间更少，更有可能成功地完成，从而提高整体性能，其代价是芯片面积更大(需要更多的 CLB)。大规模存储器阵列的地址线和控制线、时钟使能线、输出使能线以及同步复位信号适用于该方法。如果高扇出线网的驱动信号是异步的，则应在复制之前先将信号同步①。

通过将组合逻辑系统地分割并在各部分之间插入寄存器，可以提高设计的数据吞吐率。例如，一个 16 位加法器可以分割为两个 8 位加法器，并进行流水操作以将进位链路延时减少一半。流水线缩短了给定信号在一个时钟周期内必须通过的路径长度，因此时钟频率可以更高且可以消除时序违例，其可能无法接受的代价是流水线数据通路会有延迟(取决于增加的流水线级数②，因为数据的传播需要增加一个或更多个时钟周期。第二个代价是流水线寄存器将占用 CLB，因此设计的物理实现必须足以为流水线提供附加的寄存器。软件生成的报告会显示 CLB 的使用情况，因此在使用流水线提高时钟频率或消除时序违例之前应参考这些报告。

布局布线工具完全自由时会生成优化的引脚分配，但若 FPGA 须适应预先配置好的主板接口，则其自由度将受到限制。理想情况下应在 FPGA 设计完成后才配置主板。对输出引脚的限制约束了优化过程，或许还会牺牲一些性能。如果可能，仔细分配引脚可能改善设计布线。例如，Xilinx 架构中的水平长线包含三态缓冲器以适用于数据总线，而时钟使能的纵向长线和纵向进位链路将自然而然地使寄存器和计数器按照纵向方向排列。这些结构特性使得当需要进行手动布线和引脚分配时数据通路应置于部件的左右两边，而控制线应置于部件的上下两边。没有引脚需要预先分配时工具拥有最大的灵活性，但环境条件的限制可能需要某些引脚在布线之前就要预先分配好。然而最好先对无约束的设计进行布线以验证设计是否能够达到时序指标要求，否则带约束的设计将花费大量的时间。

保持设计与外部单时钟源的同步会令时序驱动的布线工具更加有效地工作。器件包含时钟使能，因此不需要对设计中的门控时钟信号进行专门的验证。

FPGA 含有丰富的寄存器，因此在状态机中采用 One-Hot 码比较有优势，这样下一状态和输出逻辑将更为简单。One-Hot 码有时指“每个 bit(位)对应一种状态”的编码形式，因为这样每种状态只需要单个触发器就可以确定。代码风格将会影响设计描述映射到 FPGA 的结果，序列发生器就是一个值得注意的例子。如果计数器不是必须采用二进制，则线性反馈移位寄存器是更理想的方案，因为它比二进制计数器占用的空间更小，布线也更有效。设计者应该意识到，上电过程中 FPGA 的触发器趋向使输出清零，状态机应预先考虑这种情况，因为这不是明确的 One-Hot 编码。

---

① 注意，Xilinx 工具自动将具有相同数字后缀(如 *sig_1* 和 *sig_2*)的信号映射到同一个 CLB。用这样的方式命名复制信号与试图将复制信号送到芯片不同部分的意图相矛盾，因此应使用字母标记(如_*a* 和_*b*)来构成复制信号的后缀。

② 第 9 章中将更详细地讨论流水线。

参考文献

1. Wakerly KK. *Digital Design—Principles and Practices.* Upper Saddle River, NJ: Prentice-Hall, 2006.
2. Weste N, Eshraghian K. *Principles of CMOS VLSI Design. Reading*, MA: Addison-Wesley, 1993.
3. Sheilholeslami A, Gulak PG. "A Survey of Circuit Innovations in Ferroelectric Random-Access Memories," *Proceedings of the IEEE*, 88, 667-689.
4. Brayton RK, et al. *Logic Minimization Algorithms for VLSI Synthesis.* Boston, MA: Kluwer, 1984.
5. Tinder RF. *Engineering Digital Design.* 2nd ed. San Diego, CA: Academic Press, 2000.
6. Bartlett K, et al. "Synthesis of Multilevel Logic under Timing Constraints," *IEEE Transactions on Computer Aided Design of Integrated Circuits*, *CAD-7*, 582-596, 1986.
7. Bartlett K, et al. "Multilevel Logic Minimization using Implicit Don't-Cares," *IEEE Transactions on Computer Aided Design of Integrated Circuits*, *CAD-5*, 723-740, 1986.
8. Brayton RK, et al. "MIS: A multiple-level interactive logic optimization system." *IEEE Transactions on Computer-Aided Design of Integrated Circuits and Systems*, *CAD-6*, 1062-1081.
9. Chan PK, Mourad S. *Digital Design Using Field Programmable Gate Arrays.* Upper Saddle River, NJ: Prentice-Hall, 1995.

相关网站

www. accellera. org Accellera
www. actel. com Actel Corp.
www. altera. com Altera, Inc.
www. atmel. com Atmel Corp.
www. cadence. com Cadence Design Systems, Inc.
www. mentorg. com Mentor Graphics Corp.
www. opencores. org Opencores
www. synopsys. com Synopsys, Inc.
www. synplicity. com Synplicity, Inc.
www. xilinx. com Xilinx, Inc.

习题及基于 FPGA 的设计训练

注意：FPGA 设计训练适合课程同步实验、自学或期末课程设计，题目是开放的且日益具有挑战性。

1. 使用例 8.1 中给出的 ROM 模型，设计并验证一个 2 位比较器的 Verilog 模型 *comp_2_Rom*。
2. 例 8.1 中给出的 2 位比较器有 3 个输出。设计一个新模型，要求译码后输出为 2 位。建立一个验证平台接收该模型的输出并译码确定与原模型对应的 3 个输出端口中的 1 个。
3. 计算用 ROM 实现 16 位加法器所需存储器单元的数量。
4. 编写一个 256 × 8 的 ROM 的 Verilog 模型 *ROM_256_x_8*（如图 P8.4所示）。该 ROM 用于存储两个 4 位无符号二进制数的乘积，要求用乘数(mplr)和被乘数(mcnd)构成 ROM 地址。
5. 编写一个验证平台验证例 8.3 中静态 RAM 单元的 Verilog 模型 *RAM_static*。

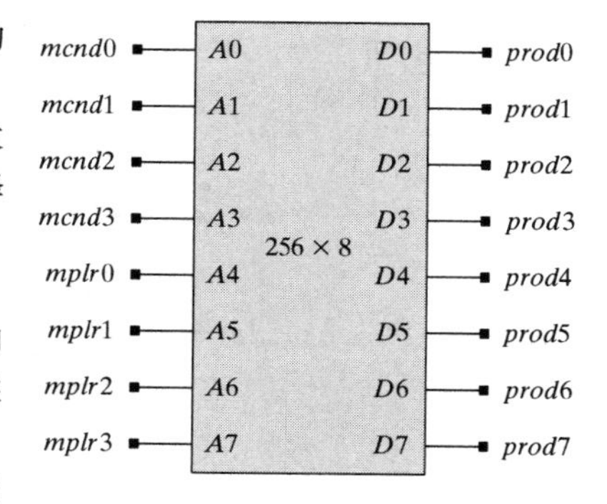

图 P8.4

6. 编写 *RAM_static* 的等价模型，要求采用电平敏感周期行为(***always***)取代例 8.3 中的连续赋值语句。
7. 基于 FPGA 的设计训练：简单 ALU①。

图 P8.7(a)给出了时序电路 *ALU_machine_4_bit* 的顶层模块和输入/输出接口。该时序机按下列步骤同步运行：

(1)*Led_idle* 表示电路处于复位状态；

(2)当 *Go* 有效时，将 *Data*[3:0]的内容装载到内部寄存器，并令 *Led_wait* 有效直到 *Go* 无效。

(3)在 *Go* 信号撤销之后，令 *Led_rdy* 信号有效。

(4)在 *Led_rdy* 信号有效期间，可使用原型开发板上的拨动开关设定 *Data*[3:0]和/或 *Opcode*[2:0]的值。*Alu_out* 能反应拨动开关的变化。

(5)在 *Led_rdy* 信号有效期间，若 *Go* 变为无效(即重新装载寄存器)则重复以上循环。

该时序机由时钟上升沿同步，同步复位为高电平有效。

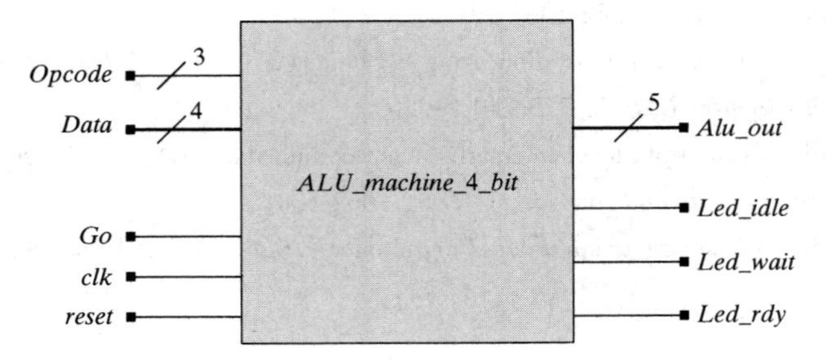

图 P8.7(a) *ALU_machine_4_bit* 的 I/O 端口

设计划分

ALU_machine_4_bit 的结构划分如图 P8.7(b)所示，其中包含 ALU、寄存器和状态机控制器三个子功能单元。ALU 用于实现下述指令集，控制器则用于控制状态机的运作。*ALU_machine_4_bit* 的一个输入数据通道与内部寄存器相连，另一个则连接到 ALU 的一个数据端口，寄存器输出连接到 ALU 的另一个数据端口。该数据通路由下述状态机 *Toggle_Button* 控制。*ALU_machine_4_bit* 的操作码和输入数据通路由原型开发板上的手动拨动开关控制。板载 LED 灯由 *Toggle_Button* 状态机驱动，用于显示系统内部状态(如 *Led_idle*、*Led_wait* 和 *Led_ready*)。

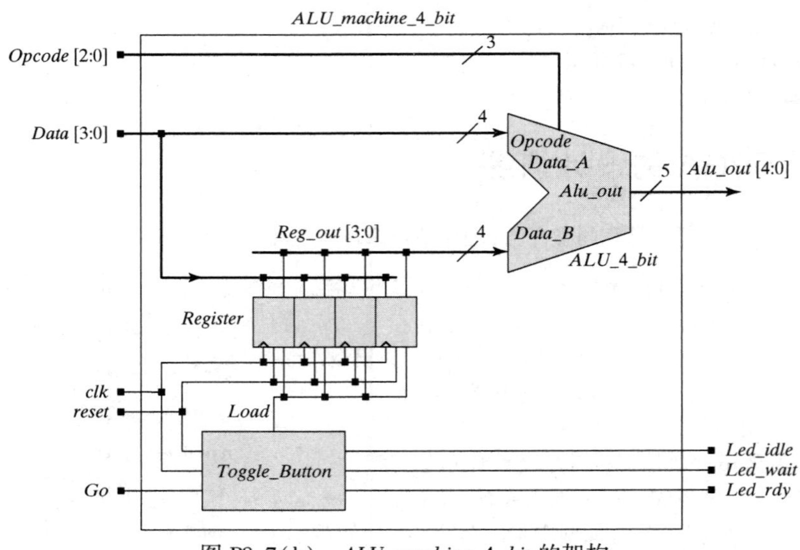

图 P8.7(b) *ALU_machine_4_bit* 的架构

① 使用入门级原型开发板(见 www.digilentinc.com)和 FPGA 厂商(如 www.Xilinux.com)提供的综合工具完成 FPGA 设计练习。

ALU_machine_4_bit 的设计过程是渐近式的：首先需分别设计并验证功能单元 *ALU_4_bit* 和 Register；之后设计状态机控制器 *Toggle_Button* 和可编程时钟信号发生器；然后整合各子功能单元(已验证过)，并验证整合后的设计是否具有正确的功能，最终得到预综合输出版本；最后综合得到基于 FPGA 仿真板的工作原型。

ALU 设计

使用下面 ***module…endmodule*** 语句给出的封装和端口定义，根据图 P8.7(c)和表 P8.7(a)编写 4 位 ALU (*ALU_4_bit*)的 Verilog 模型。

```
module ALU_4_bit (output reg [4: 0] Alu_out, input [3: 0] Data_A, Data_B,
  input [2: 0] Opcode);
⋮
endmodule
```

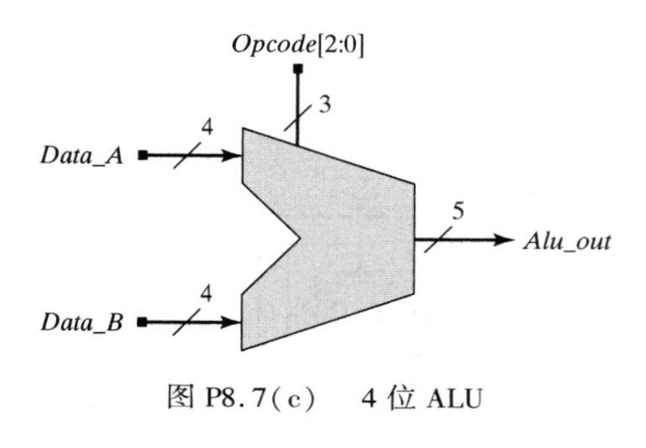

图 P8.7(c)　4 位 ALU

表 P8.7(a)　4 位 ALU 的功能说明

码	操作码	ALU 操作
000	*Add*	*Data_A* + *Data_B*
001	*Sub*	*Data_A* − *Data_B*
010	*Not_A*	~*Data_A*
011	*Not_B*	~*Data_B*
100	*A_and_B*	*Data_A* & *Data_B*
101	*A_or_B*	*Data_A* | *Data_B*
110	*Ror_A*	|*Data_A*
111	*Rand_B*	&*Data_B*

编写验证计划书，详细说明待测模块的功能特性以及如何进行验证。根据验证计划书编写 *t_ALU_4_bit* 用于验证 *ALU_4_bit* 模块的功能特性。

为了覆盖 ALU 的数据和操作码，需要足够多的验证模式。例如，针对表 P8.7(b)中的给定模式确定 *Alu_out* 以完成该表，并自行选择其他模式填入第二个表。验证平台中可以使用这些模式，也可以是其他模式。

表 P8.7(b)　用于 *ALU_4_bit* 验证的样本数据

Data_A	1010	1111	0101	0101
Data_B	0101	0101	1010	1111
Opcode	*Alu_out*	*Alu_out*	*Alu_out*	*Alu_out*
Add	0 1111			
Sub	0 0101			
Not_A				
Not_B				
A_and_B				
A_or_B				
Ror_A				
Rand_B				

Data_A				
Data_B				
Opcode	*Alu_out*	*Alu_out*	*Alu_out*	*Alu_out*
Add				
Sub				
Not_A				
Not_B				
A_and_B				
A_or_B				
Ror_A				
Rand_B				

注意：尽量在图形显示中给出能提供更多信息的波形，这样有利于减少对必要信息的解释和翻译(提示：设置波形显示的基数为十进制或十六进制)。考虑手动或通过图形编辑工具对波形加注释来解释操作码等，或者定义并显示能说明操作码助记符的文本参数。

接下来编写具有并行装载能力的 4 位寄存器的 Verilog 模型。寄存器由时钟上升沿同步，同步复位为高电平有效。请使用下面给出的封装及端口定义①。

① 可根据需要进行修改以便与模型匹配。

```
module Register (output reg [3: 0] Reg_out, input [3: 0] Data, input
  Load, clk, reset);
⋮
endmodule
```

编写验证计划书，详细说明待测模块的功能特性以及如何进行验证。根据验证计划书编写 *t_Register* 用于验证 *Register* 模块的功能特性。

可编程时钟设计

使用第5章习题33描述的可编程时钟，并将下面的“附注模块”运用到你的方案中。该模块使用针对特定应用的参数覆盖了时钟发生器中的默认参数。附注模块使用了层次型间接引用，其中M1是 *t_Clock_Prog* 中待测试单元(UUT，Unit Under Test)的例化名。验证平台必须证明这是可行的。下面的例子分别将 *Latency*、*Offset* 和 *Pulsewidth* 的默认值替换为10、5和5。

```
module annotate_Clock_Prog ();
 defparam t_Clock_Prog.M1.Latency = 10;
 defparam t_Clock_Prog.M1.Offset = 5;
 defparam t_Clock_Prog.M1.Pulse_Width = 5;
endmodule
```

用户接口设计

状态机的输入由原型开发板上的拨动开关设置。板上的开关资源有限，因此需要定义一个按钮切换机制来控制装入内部寄存器的数据驱动 *Data_B*。ALU由寄存器中的数据和输入总线送到 *Data_A* 的数据驱动。

图P8.7(d)中ASM描述的状态机具有同步复位功能，它在 *Led_idle* 有效时保持在 *S_idle* 状态，直到 *Go* 有效后进入 *S_1* 状态；*S_1* 状态下 *Load* 在一个时钟周期内保持有效，然后进入 *S_2* 状态；*S_2* 状态下 *Led_wait* 保持有效直到 *Go* 无效；*Go* 无效后进入 *S_3* 状态并令 *Led_rdy* 有效；状态机保持 *S_3* 状态，直到 *Go* 再次有效后回到 *S_1* 状态。上述状态转移允许将数据装入寄存器，在 *S_2* 状态下等待直到 *Go* 无效，然后暂停于 *S_3* 状态，这时数据通路可进行其他操作。例如，在操作码的控制下，数据可以放置到输入端口，然后检测输出端口。输出信号 *Led_idle*、*Led_wait* 和 *Led_rdy* 表示状态机的当前状态，可用于控制原型开发板上的LED灯。

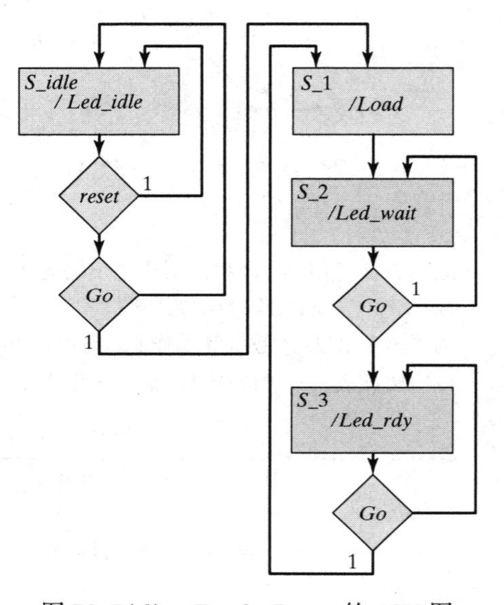

图P8.7(d) *Toggle_Button* 的ASM图

请使用下面给出的封装及端口定义编写 *Toggle_Button* 时序机的Verilog模型：

```
module Toggle_Button (output Load, Led_idle, Led_wait, Led_rdy, input
  Go, clk, reset);
reg  [1: 0]      state, next_state;
⋮
endmodule
```

编写验证计划书，详细说明待测模块的功能特性以及如何进行验证。根据验证计划书编写 *t_Toggle_Button* 用于验证 *Toggle_Button* 模块的功能特性。

设计整合与验证

现在将整合 *ALU_machine_4_bit* 的各子功能单元，验证其整体功能特性的正确性，从而得到预综合输出版本。例化 *ALU_machine_4_bit*、*Register* 和 *Toggle_Button*，并根据图P8.7(b)使用例化创建 *ALU_machine_4_bit* 的Verilog模型。请使用下面给出的模块开头和定义：

```
module ALU_machine_4_bit (
 output [4: 0]     Alu_out,
```

```
  output          Led_idle, Led_wait, Led_rdy,
  input   [3: 0]  Data,
  input   [2: 0]  Opcode,
  input           Go,
  input           clk, reset
);
  wire    [3: 0]  Reg_out;          // Note: Must size the bus connecting
                                      M1 and M2

  ALU_4_bit       M1 (Alu_out, Data, Reg_out, Opcode);
  Register        M2 (Reg_out, Data, Load, clk, reset);
  Toggle_Button   M3 (Load, Led_idle, Led_wait, Led_rdy, Go, clk, reset);
endmodule
```

编写验证计划书，详细说明待测模块的功能特性以及如何进行验证。根据验证计划书，利用下面给出的模块开头和定义，完成如下要求：(1)编写详细的验证平台 *t_ALU_machine_4_bit* 实现状态机；(2)验证 *ALU_machine_4_bit* 功能特性。注意：验证平台应包括 *UUT*(*ALU_machine_4_bit*)，可编程时钟发生器(*Clock_Prog*)，以及用于执行测试的代码。

```
module annotate_ALU_machine_4_bit ();
 defparam t_ALU_machine_4_bit.M2.Latency = 10;
 defparam t_ALU_machine_4_bit.M2.Offset = 5;
 defparam t_ALU_machine_4_bit.M2.Pulse_Width = 5;
endmodule

module t_ALU_machine_4_bit ();
  wire    [4: 0]  Alu_out;
  wire            Led_idle, Led_wait, Led_rdy;
  wire            Load;
  reg             Go, reset;
  reg     [3: 0]  Data;
  reg     [2: 0]  Opcode;

  ALU_machine_4_bit M1 (                    // Instantiate UUT
    Alu_out,
    Led_idle, Led_wait, Led_rdy,
    Data,
    Opcode,
    Go, Load,
    clk, reset);
  Clock_Prog        M2 (clk);
 ...                // Your code goes here
endmodule
```

图 P8.7(e)给出了 *ALU_machine_4_bit* 的一个简单测试结果。注意显示的组织方式。

原型机综合与实现

本练习的最后一个环节是针对原型开发板上指定的 FPGA 综合 *ALU_machine_4_bit*，下载设计，验证原型功能的正确性，并得到最终输出版本。模块端口、FPGA 引脚及板级 I/O 资源必须加以整合①。本阶段的第一步是确定哪些板级资源可以映射到设计端口，第二步是将设计端口映射到 FPGA 的 I/O 引脚。厂商的器件数据手册描述了 FPGA 的引脚配置，板级 I/O 资源在其制造商提供的文档中也有相关内容。注意：虽然综合工具能自动地将设计端口映射到引脚，但其结果可能与原型板上固定引脚的位置不一致，也可能每次的结果都不同。建议使用引脚映射约束。在本应用中，FPGA 引脚已经由硬连线接到了原型板的指定位置上，正确地将信号映射到相关应用引脚是非常重要的。

ALU_machine_4_bit 的数据通路由有限状态机 *Toggle_Button*(前面已设计并验证过)控制。信号 *Go* 触发将 *Data* 装入 *Register* 的动作。*Data* 和 *Opcode* 由手动拨动开关控制。*Toggle_Button* 处于 *S_3* 状态时会令 *Led_rdy* 有效，这时可通过拨动开关设置不同的 *Data* 和 *Opcode* 并送到 *ALU* 数据通路进行验证：*Led_rdy* 信号有效之后先将一个数值装载到 *Register*，然后改变拨动开关将另一个数值送到 *Data*。

① 根据原型开发板的数据手册确认板级资源与 FPGA 的 I/O 引脚之间的映射关系。

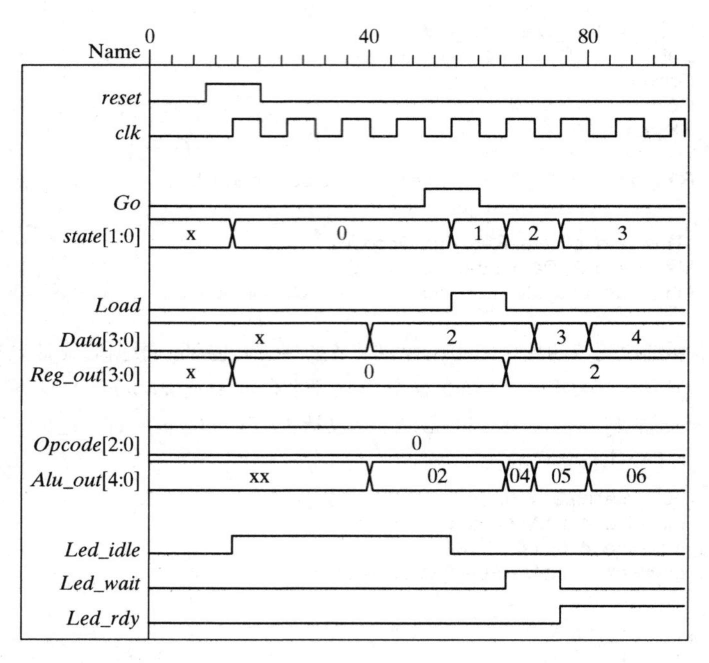

图 P8.7(e)　*ALU_machine_4_bit* 的仿真结果

ALU_machine_4_bit 的输入端口必须映射到原型板的拨动开关和按钮上，而输出端口则映射到 LED。图 P8.7(f)给出了以下用于验证 FPGA 的配置信息：(a)拨动开关；(b)按钮；(c)LED。上述资源与板上连接器的引脚相连。注意查阅数据手册以确定滑动开关的哪一侧(如靠近评估板边缘的一边)为逻辑 1。

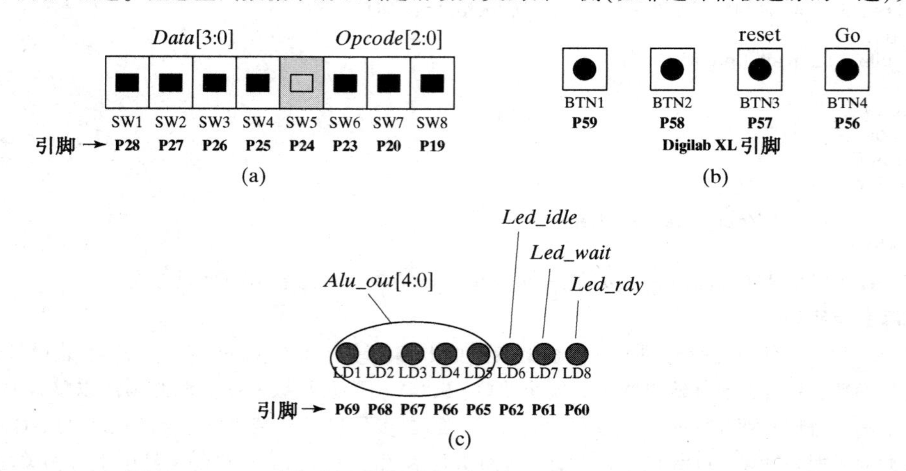

图 P8.7(f)　引脚分配示例：(a)拨动开关；(b)按钮；(c)LED

图 P8.7(f)给出了 *ALU_machine_4_bit* 确定的 LED、按钮和开关的引脚分配[如表 P8.7(c)所列]。注意：在你的练习中也应该确定与所使用的特定 FPGA 和开发板相关的类似信息。

编写验证计划，确定如何对 FPGA 原型电路进行测试，特别是确认板级资源的使用(如拨动开关结构、LED 显示以及专用仪器等)；开发验证 ALU 工作正常的测试案例；验证 Go 按钮、reset(复位)按钮和 LED 的功能是否正常。上述各步骤成功完成之后，创建比特流文件并下载到原型板。使用验证计划中的部分测试案例，通过下列操作验证状态机功能：(1) 测试 ALU 和操作码；(2) 测试 *Led_idle*、*Led_wait* 和 *Led_rdy* 有效时的情形；(3) 测试 *reset* 有效时的情形；(4)其他能证明原型机功能正确的测试。

8. 基于 FPGA 的设计训练：环形计数器。

使用下面所给的程序段编写并验证 8 位计数器 *Counter8_Prog* 的 Verilog 模型，该参数化可编程计数器可实现多种显示模式以验证原型板上的 LED。每种显示模式(如 *ring_count*)将使用一个独立的 Verilog 函数实现。编写验证计划并明确列出需测试的每个功能特性。开发详尽的验证文档，根据验证计划调试、验证模型，并生成最终的仿真波形。(注意显示格式应与图 P8.8(a)一致。)

```
module Counter8_Prog (
  output reg [7: 0] count, input [1: 0] mode, input direction, enable, clk, reset);
  parameter      start_count      = 1;      // Sets initial pattern of the
                                               display to LSB of count

  // Mode of count
  parameter            binary  = 0;
  parameter            ring1   = 1;
  parameter            ring2   = 2;
  parameter            jump2   = 3;

  // Direction of count
  parameter            left    = 0;
  parameter            right   = 1;
  parameter            up      = 0;
  parameter            down    = 1;

  always @ (posedge clk or posedge reset)
   if (reset ==1)count <= start_count;
   else if (enable ==1)
    case (mode)
     binary:     count <= binary_count     (count, direction);
     ring1:      count <= ring1_count      (count, direction);
     ring2:      count <= ring2_count      (count, direction);
     jump2:      count <= jump2_count      (count, direction);
    default:     count <= binary_count     (count, direction);
   endcase
  function        [7: 0]     binary_count;
   input          [7: 0]     count;
   input                     direction;
   begin
    if (direction == up) binary_count = count +1; else binary_count = count-1;
   end
  endfunction

 // Other functions are declared here.
 endmodule
```

在时钟有效沿处，8 位计数器会根据 *mode* 和 *direction* 的设置从 4 个不同的功能中选择一个来形成 *count* 的新值：

binary：二进制计数模式，由 *direction* 控制计数增加或减小；

*ring*1：环形计数模式，由 *direction* 控制左移(增加)或右移(减小)；

*ring*2：类似 *ring*1 的环形计数模式，但每次移动 2 个单元；

*jump*2：环形计数模式，每次跳 2 个单元。

图 P8.8(b)对 *ring*2 和 *jump*2 模式进行了描述。

原型综合与实现

原型板 13 脚的时钟信号频率为 25 + MHz。设计一个用于生成低频内部时钟信号的分频器并进行验证，要求其频率低到可以清晰地看到 LED 的变化。

设计封装在具有下述结构的 TOP 模块中：

表 P8.7(c)　原型板的引脚分配

端口	引脚
PAlu_out [4]	P69
Alu_out [3]	P68
Alu_out [2]	P67
Alu_out [1]	P66
Alu_out [0]	P65
Led_idle	P62
Led_wait	P61
Led_rdy	P60
Data [3]	P28
Data [2]	P27
Data [1]	P26
Data [0]	P25
Opcode [2]	P23
Opcode [1]	P20
Opcode [0]	P19
clk	P13
Go	P56
reset	P57

Name	t
clk	
reset	
enable	
mode[1:0]	
direction	
count[7:0]	
count[7]	
count[6]	
count[5]	
count[4]	
count[3]	
count[2]	
count[1]	
count[0]	

图 P8.8(a)　环形计数器仿真结果的显示格式

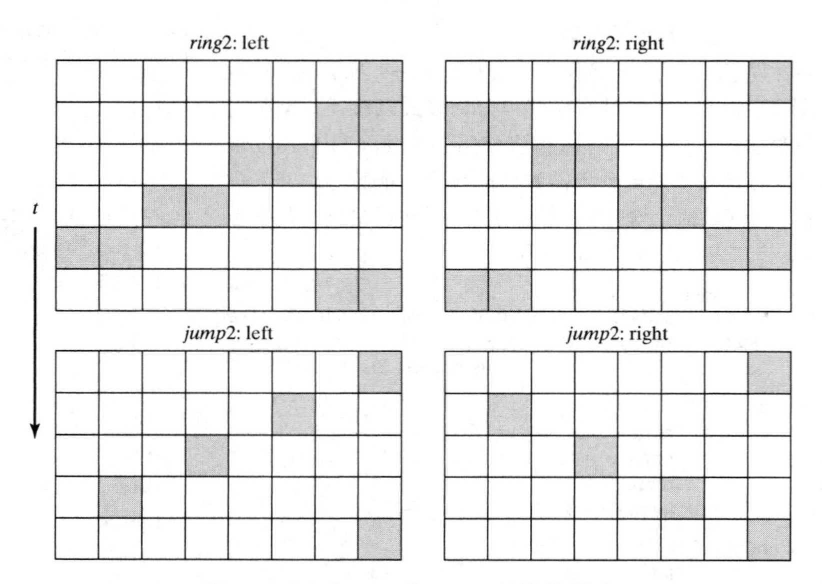

图 P8.8(b)　*ring*2 和 *jump*2 的计数模式

```
module TOP (count, mode, direction, enable, clk, reset);
input ...
output ...
Clock_Divider M0 (clk_internal, clk);
Counter8_Prog UUT (count, mode, direction, enable, clk_internal, reset);
endmodule
```

在原型板上综合和实现该设计。开发硬件验证计划书并验证原型电路。

根据图 P8.8(c)分配引脚，连接设计端口与原型板上的 FPGA 引脚。[引脚分配示例见图 P8.8(c)，如果需要，考虑使用时钟分频器使得时钟变化可见。]

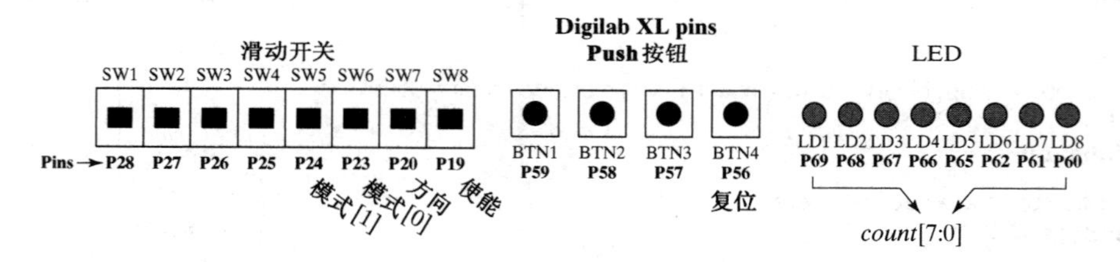

图 P8.8(c)　*Counter8_Prog* 的引脚分配

设计并验证能生成图 P8.8(d)中模式的 *Jumper* 模块的 Verilog 模型。综合并验证其硬件原型。

9. 基于 FPGA 的设计训练：带控制器的 SRAM。

静态 RAM 模型 *SRAM_2048_8*(参见例 8.5)采用异步机制。许多应用要求 SRAM 具有同步接口，如图 P8.9(a)给出的接口示例：主机为状态机 *SRAM_Con* 提供低电平有效的地址选通信号 *ADS_b*、读/写信号 *R_W*、时钟信号和复位信号；状态机 *SRAM_Con* 则产生控制 SRAM 的 *OE_b*、*CS_b* 和 *WE_b* 信号，并会在读或写结束时令 Rdy 信号维持一个时钟周期的有效状态。图 P8.9(b)中的 ASM 图对控制器进行了描述。(注意：符号“！*CS_b*”表明低有效片选信号 *CS_b* = 0，其默认值为 1。)

对 *SRAM_2048_8* 进行重命名并重用其代码，得到通用模型 SRAM。使用下面给出的程序开头和验证平台，根据图 P8.9(a)中的 ASM 图设计一个通用(参数化)控制器模型 *SRAM_Con*，然后在 *SRAM_with_Con* 中例化 SRAM 和 *SRAM_Con*。根据图 P8.9(b)组织显示仿真结果(包括总线操作)。图 P8.9(b)显示了由 *ADS_b* 发起的存储器写示例：*send* 为高电平，*recv* 为低电平，且 *R_W* 为低电平时双向总线被设置为写状态；

send 为低电平，*recv* 为高电平且 *R_W* 为低电平时总线被配置为从存储器中读数据。数据写入存储器后 *Rdy* 信号有效且维持一个时钟周期。验证平台中的 *write_probe* 信号用于监控 *col_address* 和 *row_address* 指定的内存单元内容，它显示 *data_to_memory*(04) 被成功写入存储器。图 P8.9(c) 显示了读操作时的信号活动，而图 P8.9(d) 则给出了验证平台的双向接口。

注意：验证平台包括了可能引起模型操作失败的标注语句，因为在 SRAM 锁存数据之前总线会处于高阻态。验证平台的代码中给出了补救方法——在 SRAM 的 *CS_b* 或 *WE_b* 锁存上升沿之后将总线置于高阻态。

原型综合与实现

在验证 *SRAM_2048_8* 参数模型的功能之后，选择参数以使集成模块适合原型板现有的 FPGA 实现。考虑图 P8.9(d) 所示的结构，其中输入数据和地址被映射到原型板上的拨动开关引脚，*ADS_b*、*R_W* 和 *reset* 信号被映射到按钮，*Rdy* 信号被映射到 LED，输出数据则被映射到原型板的 7 段显示器（需要译码器）或 LED。考虑下列问题：(1) 总线竞争；(2) 状态显示（考虑 LED）；(3) 时钟频率。*Toggle_Synch* 模块用于将异步输入信号 *ADS_b* 同步化，并在 *ADS_b* 信号有效后产生单个脉冲（无论按钮被按下多长时间）。

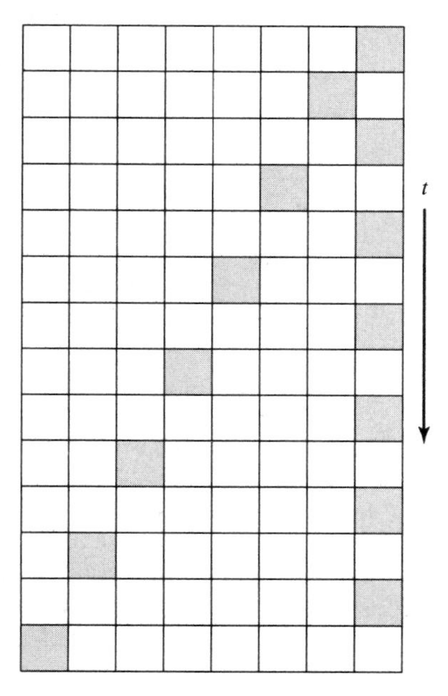

图 P8.8(d)　*Jumper* 的模式

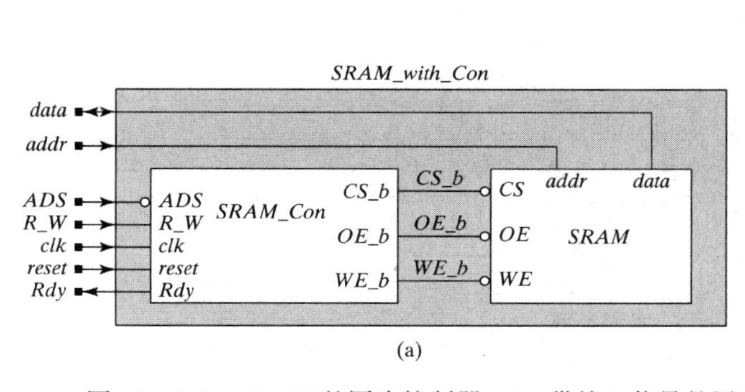

(a)

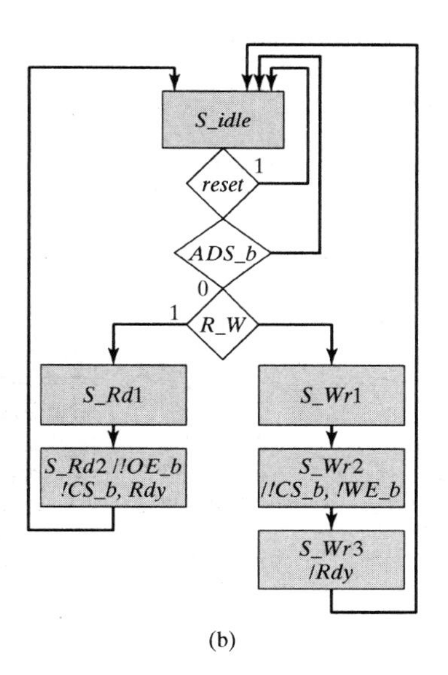

(b)

图 P8.9(a)　SRAM 的同步控制器：(a) 带接口信号的层次框图；(b) 控制器的 ASM 图

```
'timescale 1ns / 10ps

module SRAM_with_Con #(parameter word_size = 8, addr_size = 11)(
  inout   [word_size -1: 0] data,
  input   [addr_size -1: 0] addr,
  output Rdy,
  input   ADS_b, R_W,
  input   clk, reset
);

  SRAM_Con M0 (Rdy, CS_b, OE_b, WE_b, ADS_b, R_W, clk, reset);
  SRAM M1 (data, addr, CS_b, OE_b, WE_b);
endmodule
```

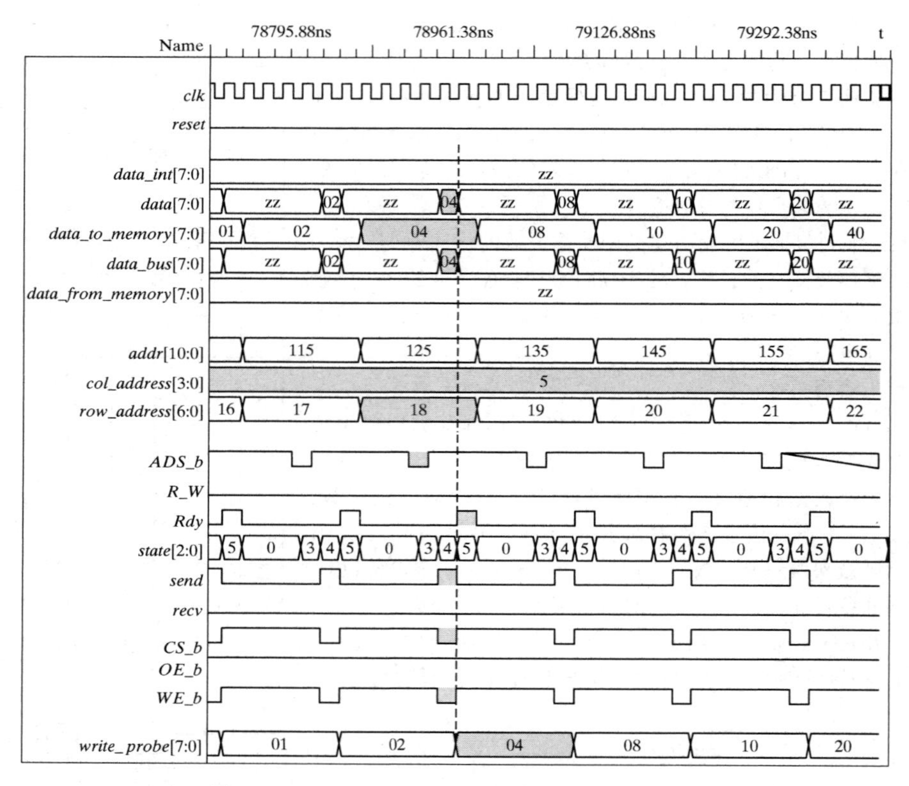

图 P8.9(b)　*SRAM_Con* 的仿真结果：写存储器

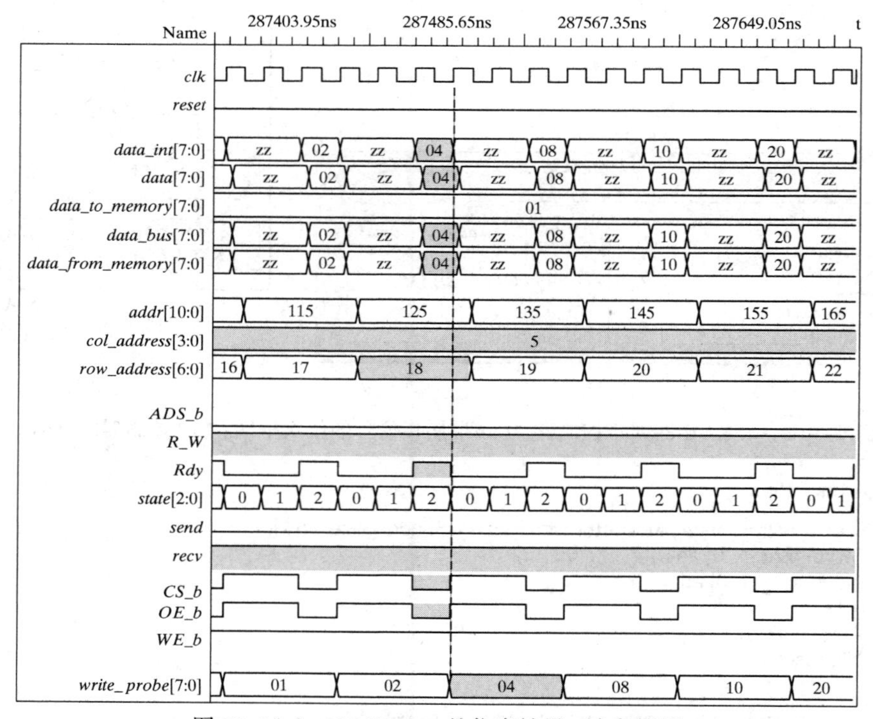

图 P8.9(c)　*SRAM_Con* 的仿真结果：读存储器

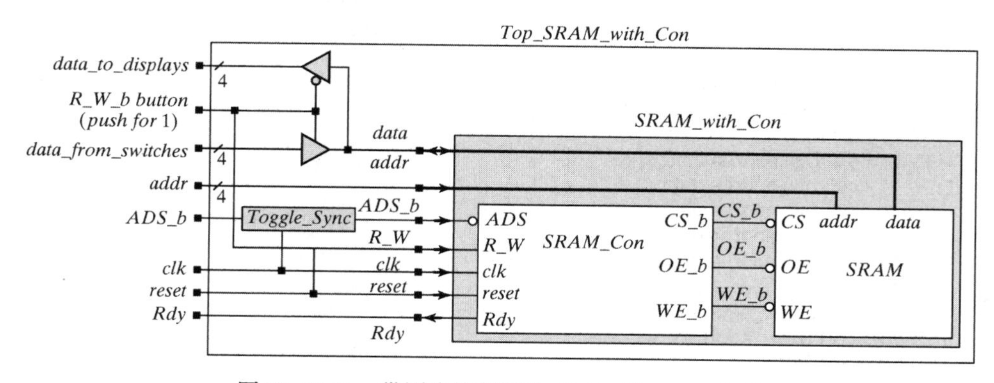

图 P8.9(d)　带同步控制器的 SRAM 的 FPGA 实现

```
module SRAM_Con (output reg Rdy, CS_b, OE_b, WE_b, input ADS_b,
  R_W, clk, reset);
  // Your code goes here
endmodule

module SRAM #(parameter
  word_size = 8,
  addr_size = 11,
  mem_depth = 128,
  col_addr_size = 4,
  row_addr_size = 7,
  Hi_Z_pattern = {word_size{1'bz}}
  )(
  inout [word_size-1: 0]      data,
  input [addr_size-1: 0]      addr,
  input                       CS_b, OE_b, WE_b
);
  reg [word_size-1: 0] data_int;
  reg [word_size-1: 0] RAM_col0 [mem_depth-1: 0];
  reg [word_size-1: 0] RAM_col1 [mem_depth-1: 0];
  reg [word_size-1: 0] RAM_col2 [mem_depth-1: 0];
  reg [word_size-1: 0] RAM_col3 [mem_depth-1: 0];
  reg [word_size-1: 0] RAM_col4 [mem_depth-1: 0];
  reg [word_size-1: 0] RAM_col5 [mem_depth-1: 0];
  reg [word_size-1: 0] RAM_col6 [mem_depth-1: 0];
  reg [word_size-1: 0] RAM_col7 [mem_depth-1: 0];
  reg [word_size-1: 0] RAM_col8 [mem_depth-1: 0];
  reg [word_size-1: 0] RAM_col9 [mem_depth-1: 0];
  reg [word_size-1: 0] RAM_col10 [mem_depth-1: 0];
  reg [word_size-1: 0] RAM_col11 [mem_depth-1: 0];
  reg [word_size-1: 0] RAM_col12 [mem_depth-1: 0];
  reg [word_size-1: 0] RAM_col13 [mem_depth-1: 0];
  reg [word_size-1: 0] RAM_col14 [mem_depth-1: 0];
  reg [word_size-1: 0] RAM_col15 [mem_depth-1: 0];

  wire [col_addr_size-1: 0]        col_addr = addr[col_addr_size-1: 0];
  wire [row_addr_size-1: 0]        row_addr = addr[addr_size-1:
                                    col_addr_size];
  assign data = ((CS_b == 0) && (WE_b == 1) && (OE_b == 0))
    ? data_int: Hi_Z_pattern;

  always @  (data, col_addr, row_addr, CS_b, OE_b, WE_b)
    begin
     data_int = Hi_Z_pattern;
     if ((CS_b == 0) && (WE_b == 0))          // Priority write to memory
```

```
case (col_addr)                                   // column address
  0: RAM_col0[row_addr] = data;
  1: RAM_col1[row_addr] = data;
  2: RAM_col2[row_addr] = data;
  3: RAM_col3[row_addr] = data;
  4: RAM_col4[row_addr] = data;
  5: RAM_col5[row_addr] = data;
  6: RAM_col6[row_addr] = data;
  7: RAM_col7[row_addr] = data;
  8: RAM_col8[row_addr] = data;
  9: RAM_col9[row_addr] = data;
  10: RAM_col10[row_addr] = data;
  11: RAM_col11[row_addr] = data;
  12: RAM_col12[row_addr] = data;
  13: RAM_col13[row_addr] = data;
  14: RAM_col14[row_addr] = data;
  15: RAM_col15[row_addr] = data;
endcase

else if ((CS_b == 0) && (WE_b == 1) && (OE_b == 0)) // Read from
 memory
 case (col_addr)
  0: data_int = RAM_col0[row_addr];
  1: data_int = RAM_col1[row_addr];
  2: data_int = RAM_col2[row_addr];
  3: data_int = RAM_col3[row_addr];
  4: data_int = RAM_col4[row_addr];
  5: data_int = RAM_col5[row_addr];
  6: data_int = RAM_col6[row_addr];
  7: data_int = RAM_col7[row_addr];
  8: data_int = RAM_col8[row_addr];
  9: data_int = RAM_col9[row_addr];
  10:data_int = RAM_col10[row_addr];
  11:data_int = RAM_col11[row_addr];
  12:data_int = RAM_col12[row_addr];
  13:data_int = RAM_col13[row_addr];
  14:data_int = RAM_col14[row_addr];
  15:data_int = RAM_col15[row_addr];
 endcase
end
///* Comment out of the model for a zero delay functional test.
specify

 // Parameters for the read cycle
 specparam t_RC = 10;        // Read cycle time
 specparam t_AA = 8;         // Address access time
 specparam t_ACS = 8;        // Chip select access time
 specparam t_CLZ = 2;        // Chip select to output in low-z
 specparam t_OE = 4;         // Output enable to output valid
 specparam t_OLZ = 0;        // Output enable to output in low-z
 specparam t_CHZ = 4;        // Chip de-select to output in hi-z
 specparam t_OHZ = 3.5;      // Output disable to output in hi-z
 specparam t_OH = 2;         // Output hold from address change

 // Parameters for the write cycle
 specparam t_WC = 7;         // Write cycle time
 specparam t_CW = 5;         // Chip select to end of write
 specparam t_AW = 5;         // Address valid to end of write
 specparam t_AS = 0;         // Address setup time
 specparam t_WP = 5;         // Write pulse width
 specparam t_WR = 0;         // Write recovery time
 specparam t_WHZ = 3;        // Write enable to output in hi-z
 specparam t_DW = 3.5;       // Data set up time
```

```
  specparam t_DH = 0;           // Data hold time
  specparam t_OW = 10;          // Output active from end of write

 //Module path timing specifications
  (addr *> data) = t_AA;                            // Verified in simulation
  (CS_b *> data) = (t_ACS, t_ACS, t_CHZ);
  (OE_b *> data) = (t_OE, t_OE, t_OHZ);            // Verified in simulation

 //Timing checks (Note use of conditioned events for the address setup,
 //depending on whether the write is controlled by the WE_b or by CS_b.

 //Width of write/read cycle
  $width (negedge addr, t_WC);

 //Address valid to end of write

  $setup (addr, posedge WE_b &&& CS_b == 0, t_AW);
  $setup (addr, posedge CS_b &&& WE_b == 0, t_AW);

 //Address setup before write enabled

  $setup (addr, negedge WE_b &&& CS_b == 0, t_AS);
  $setup (addr, negedge CS_b &&& WE_b == 0, t_AS);

 //Width of write pulse
  $width (negedge WE_b, t_WP);

 //Data valid to end of write
  $setup (data, posedge WE_b &&& CS_b == 0, t_DW);
  $setup (data, posedge CS_b &&& WE_b == 0, t_DW);

 //Data hold from end of write
  $hold (data, posedge WE_b &&& CS_b == 0, t_DH);
  $hold (data, posedge CS_b &&& WE_b == 0, t_DH);

 //Chip sel to end of write
  $setup (CS_b, posedge WE_b &&& CS_b == 0, t_CW);
  $width (negedge CS_b &&& WE_b == 0, t_CW);

 endspecify
//*/
endmodule

module test_SRAM_with_Con ();
 parameter       word_size = 8;
 parameter       addr_size = 11;
 parameter       mem_depth = 128;
 parameter       col_addr_size = 4;
 parameter       row_addr_size = 7;
 parameter       num_col = 16;
 parameter       initial_pattern = 8'b000_0001;
 parameter       Hi_Z_pattern = 8'bzzzz_zzzz;
 parameter       stop_time = 290000;
 parameter       latency = 248000;
 reg             [word_size -1: 0]         data_to_memory;
 reg             ADS_b, R_W, clk, reset;
 reg             send, recv;
 integer         col, row;
 wire            [col_addr_size -1: 0]     col_address = col;
 wire            [row_addr_size -1: 0]     row_address = row;
 wire            [addr_size -1: 0]         addr = {row_address,
                                            col_address};

// Three-state, bi-directional bus

 wire [word_size -1: 0] data_bus = send? data_to_memory: Hi_Z_pattern;

 wire [word_size -1: 0] data_from_memory = recv? data_bus: Hi_Z_pattern;

 SRAM_with_Con M1 (data_bus, addr, Rdy, ADS_b, R_W, clk, reset);  // UUT
```

```
initial #stop_time $finish;
initial begin reset = 1; #1 reset = 0; end

initial begin
 #0 clk = 0;
forever #10 clk = ~clk;
end
// Non-Zero delay test: Write walking ones to memory
initial begin
 ADS_b = 1;
 R_W = 0;
 send = 0;
 recv = 0;
 for (col= 0; col<= num_col -1; col = col +1) begin
 data_to_memory =initial_pattern;

 for (row = 0; row <= mem_depth-1; row = row + 1) begin
  @ (negedge clk);
  @ (negedge clk);
  @ (negedge clk) ADS_b = 0; R_W = 0;  // writing
  @ (negedge clk) ADS_b = 1;
  @ (posedge clk) send = 1;
  // @ (posedge clk) send = 0;      // Does not work
  @  (posedge M1.M1.WE_b or posedge M1.M1.CS_b) send = 0;
  //@ (posedge clk) #1 send = 0; //Replacing above line with this works too.
  @ (posedge clk) data_to_memory =
   {data_to_memory[word_size-2:0],data_to_memory[word_size -1]};

  end
 end
end
// Non-Zero delay test: Read back walking ones from memory
initial begin
 #latency;
 ADS_b = 1;
 R_W = 1;
 send = 0;
 recv = 1;
 ADS_b = 0;
 for (col= 0; col <= num_col-1; col = col +1) begin
  for (row = 0; row <= mem_depth-1; row = row + 1) begin
   #60;
  end
 end
end
// Testbench probe to monitor write activity
reg [word_size -1:0] write_probe;

always @ (posedge M1.M1.WE_b, posedge M1.M1.CS_b)
 case (M1.M1.col_addr)

  0: write_probe = M1.M1.RAM_col0[M1.M1.row_addr];
  1: write_probe = M1.M1.RAM_col1[M1.M1.row_addr];
  2: write_probe = M1.M1.RAM_col2[M1.M1.row_addr];
  3: write_probe = M1.M1.RAM_col3[M1.M1.row_addr];
  4: write_probe = M1.M1.RAM_col4[M1.M1.row_addr];
  5: write_probe = M1.M1.RAM_col5[M1.M1.row_addr];
  6: write_probe = M1.M1.RAM_col6[M1.M1.row_addr];
  7: write_probe = M1.M1.RAM_col7[M1.M1.row_addr];
  8: write_probe = M1.M1.RAM_col8[M1.M1.row_addr];
  9: write_probe = M1.M1.RAM_col9[M1.M1.row_addr];
  10:write_probe = M1.M1.RAM_col10[M1.M1.row_addr];
```

```
    11:write_probe = M1.M1.RAM_col11[M1.M1.row_addr];
    12:write_probe = M1.M1.RAM_col12[M1.M1.row_addr];
    13:write_probe = M1.M1.RAM_col13[M1.M1.row_addr];
    14:write_probe = M1.M1.RAM_col14[M1.M1.row_addr];
    15:write_probe = M1.M1.RAM_col15[M1.M1.row_addr];
  endcase
endmodule
```

10. 基于 FPGA 的设计训练：可编程锁。

本练习的目的是：使用原型板和十六进制键盘，设计并实现可编程数字组合锁的硬件原型。图 P8.10(a) 给出了可编程锁的顶层框图。该锁有一个由厂家设定好的 6 位密码，但允许用户重新设定密码。LED 用于显示状态机的状态并提示用户实施相应的操作。

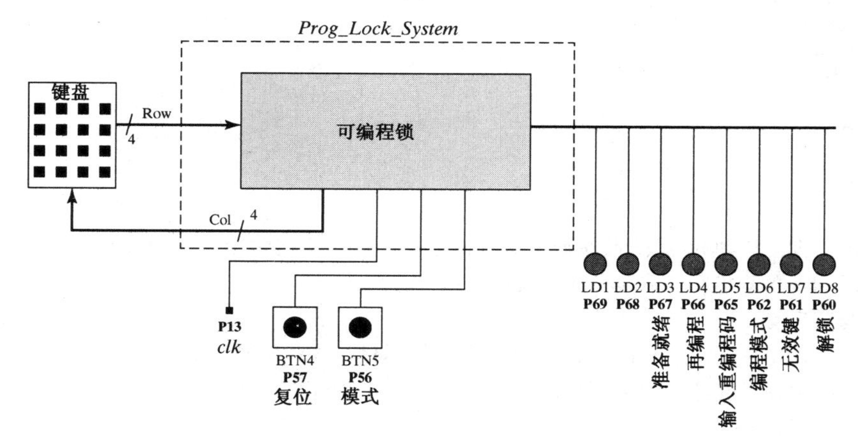

图 P8.10(a)　可编程锁的顶层框图

可编程锁有“普通”和“编程”两种工作模式。*reset* 信号使状态机进入复位状态(*S_idle*)，此时 *Ready* 和 *Enter_kst* 对应的 LED 亮；状态机处于 *S_idle* 状态时按一次 *mode* 键即可进入重设密码的编程模式(*S_prog*)，该模式下 *Prog_mode* 和 *Reprogramming* 对应的 LED 灯亮。编程模式下，状态机可接收由十六进制键盘输入的 8 位密码序列(该 8 键组合也由厂家设定且不能修改)。若输入的 8 位密码与预设的重编程码一致，状态机点亮 *Enter_kst* 和 *Reprogramming* 对应的 LED 灯，并等待键盘输入另外的 6 位编码；若输入的 8 位密码不正确，则状态机熄灭 *Prog_mode* 对应的 LED 灯，并回到复位状态点亮 *Ready* 和 *Enter_kst* 对应的 LED 灯。*Ready* 和 *Enter_kst* 对应的 LED 灯点亮后再输入的 6 位数值即为锁的重设密码。状态机在 6 位按键输入后自动回到复位状态和普通模式。

在普通模式下，用户必须输入一个 6 位的十六进制字符序列。若字符序列与密码一致，则 *Unlock* 对应的 LED 灯被点亮并保持一个时钟周期，之后状态机回到 *S_idle* 状态；若字符序列与密码不一致，则 *Invalid_key* 对应的 LED 灯被点亮并保持一个时钟周期，之后状态机回到 *S_idle* 状态。为了安全起见，状态机必须在整个密码输入完毕后才能送出 *Invalid_key* 信号。状态机必须有超时限制——如果在特定时间内密码或重设密码未被输入，则状态机中止并回到 *S_idle* 状态。状态机不支持回退(backspace)/擦除(erase)键，也不监视或阻止黑客攻击。

设计符合上述特性的可编程锁的 ASMD 图。根据 ASMD 图以及下面给出的 ***module…endmodule*** 封装和端口，设计并验证 *Prog_Lock* 的 Verilog 模型。结合第 5 章中的 *Hex_Keypad_Grayhill_*027 对键盘进行译码；使用第 5 章中的验证代码代替设计模型中的物理键盘。提示：参考下述代码。

```
module Prog_Lock_System (
  output Ready, Reprogramming, Enter_kst, Prog_mode, Invalid_key, Unlock,
  input [3: 0] Row,
  input mode, clock, reset
);
```

```
  wire [3: 0] Col;
  wire [3: 0] Code;
  wire S_Row;

  Hex_Keypad_Grayhill_072 M0 (Code, Col, Valid, Row, S_Row, clock, reset);
  Synchronizer M1(S_Row, Row, clock, reset);

  Prog_Lock M2 (
    .Ready(Ready),
    .Reprogramming(Reprogramming),
    .Enter_kst(Enter_kst),
    .Prog_mode(Prog_mode),
    .Invalid_key(Invalid_key),
    .unlock(Unlock),
    .code(Code),
    .mode(mode),
    .kst(Valid),
    .clock(clock),
    .reset(reset)
  );
endmodule
```

问题

考虑如何消除键盘抖动和/或降低原型板时钟的频率。按键连通时触点抖动为 4 ms，断开时为 10 ms。Grayhill 072 键盘的规格在 www. grayhill. com 上可以找到。

原型综合与实现

图 P8.10(b)给出了 Grayhill 072 键盘与原型板的连接示例。该示例使用了板上拨动开关的连接引脚，因此拨动开关必须置于位置 0(远离原型板的近侧边缘)，并且不可用于其他功能。

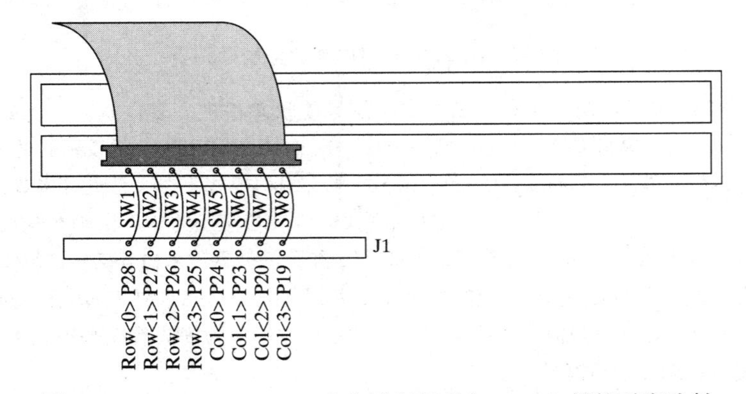

图 P8.10(b) Grayhill 072 十六进制键盘与 Digilab 板的引脚映射

11. 基于 FPGA 的设计训练：带 FIFO 存储器的键盘扫描器。

本多阶练习的目的是：系统地设计并实现一个基于 FPGA 的键盘扫描器，该键盘扫描器集成了用于数据存储和恢复的 FIFO、显示复用器以及原型板上的 7 段显示器、拨动开关和 LED。系统顶层框图及功能划分见图 P8.11(a)，Grayhill 072 十六进制键盘用于验证硬件原型。

用户界面包括以下输入：模式切换按钮、读按钮、复位按钮和十六进制键盘；输出则为两个 7 段显示器和 8 个 LED 灯。模式切换按钮 *mode_toggle* 用于切换显示状态，这样可以观察到 8 个以上的信号。当十六进制键盘的按键被按下时，系统必须对按键译码并将数据存入内部 FIFO。read 按钮用于从 FIFO 中读取数据并显示在 7 段显示器中。LED 灯用于显示 FIFO 状态及其他信息。

为适应瞬息万变的市场，客户的规格书可能发生变化，系统架构应符合未来的工程变更通知单(ECO, Engineering Change Order)。注意：规格书没有考虑到对开关去抖电路的需求，也没有论及原型板对 7 段显示器的强制约束。

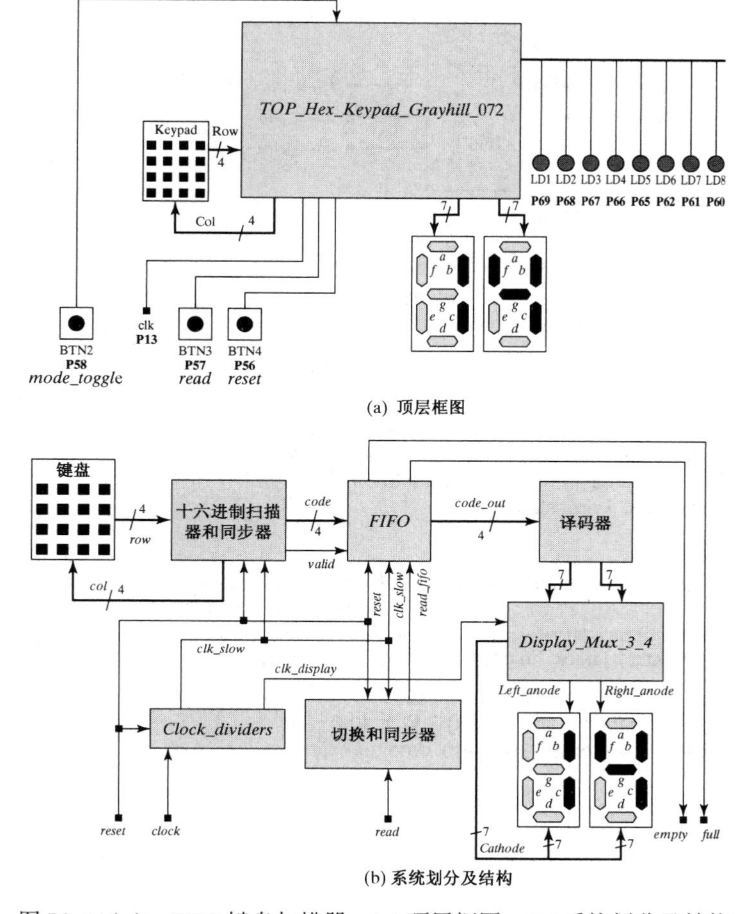

图 P8.11(a)　FIFO 键盘扫描器：(a)顶层框图；(b)系统划分及结构

FIFO 设计

本设计将采用第 5 章提到过的键盘译码器和同步器。这里将集成 FIFO① 与键盘扫描器。FIFO(First In First Out，先入先出)缓冲器指由固定寄存器阵列构成的专用存储栈。本设计中使用的 FIFO 如图 P8.11(b)所示：复位后寄存器栈的读/写操作在同一时钟作用下同步(上升沿)进行；复位操作不影响栈内容；栈有两个指针(地址)，一个指向将要写入数据的单元，另一个指向将要读取数据的单元。这里给出的实现方案中，从 FIFO 中读数据的操作比向 FIFO 中写数据的操作的优先级更高。FIFO 有输入和输出数据通路，以及两条用于指示栈状态(满或空)的标志线。

使用下面提供的 FIFO 模型和验证平台，验证 FIFO 的操作。将 FIFO 配置为由 8 个 4 位宽度寄存器组成的栈。

```
// Note: Adjust stack parameters
// Note: Model does not support simultaneous read and write.

module FIFO #(parameter
  stack_width = 4,                    // Width of stack and data paths
  stack_height = 8,                   // Height of stack (in # of words)
  stack_ptr_width = 3                 // Width of pointer to address
                                         stack
```

① 第 9 章中有关于 FIFO 的更详细的讨论。

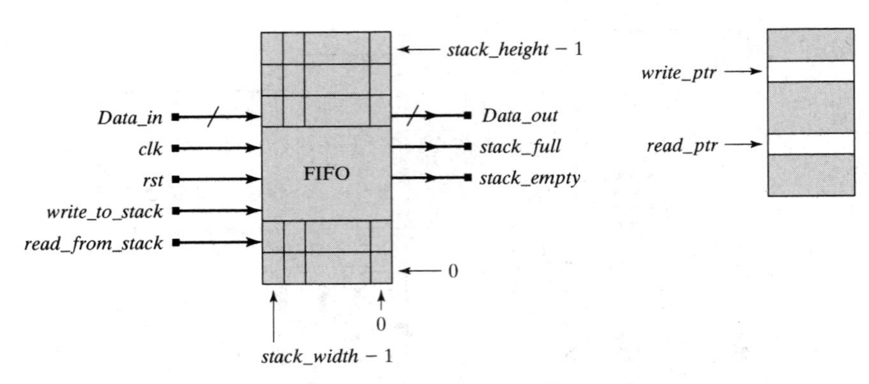

图 P8.11(b) FIFO 缓冲器：信号接口

```
)(output reg [stack_width -1: 0] Data_out,  // Data from FIFO
  output stack_empty, stack_full,           // FIFO status flags
  input [stack_width -1: 0] Data_in,        // Data to FIFO
  input write_to_stack, read_from_stack,
  input clk, rst
);
  reg [ stack_ptr_width -1: 0] read_ptr, write_ptr;   // Pointers (addresses) for
                                                      // reading and writing
  reg [ stack_ptr_width : 0] ptr_diff;                // Gap between ptrs
  reg [stack_width -1: 0] stack [stack_height -1 : 0]; // memory array

  assign stack_empty = (ptr_diff == 0) ? 1'b1 : 1'b0;
  assign stack_full = (ptr_diff == stack_height) ? 1'b1: 1'b0;
  always @ (posedge clk, posedge rst) begin: data_transfer
   if (rst) begin
     Data_out <= 0;
     read_ptr <= 0;
     write_ptr <= 0;
     ptr_diff <= 0;
   end
   else begin
     if ((read_from_stack) && (!stack_empty)) begin
       Data_out <= stack [read_ptr];
       read_ptr <= read_ptr + 1;
       ptr_diff <= ptr_diff -1;
     end
     else if ((write_to_stack) && (!stack_full)) begin
       stack [write_ptr] <= Data_in;
       write_ptr <= write_ptr + 1;                // Address for next clock edge
       ptr_diff <= ptr_diff + 1;
     end
   end
  end // data_transfer
endmodule

module t_FIFO ();
  parameter stack_width = 4;
  parameter stack_height = 8;
  parameter stack_ptr_width = 3;

  wire [stack_width -1 : 0] Data_out;
  wire stack_empty, stack_full;
  reg [stack_width -1 : 0] Data_in;
  reg clk, rst, write_to_stack, read_from_stack;
  wire    [11:0]    stack0, stack1, stack2, stack3, stack4, stack5, stack6,
                    stack7;
```

```
assign stack0 = M1.stack[0];                  // Probes of the stack
assign stack1 = M1.stack[1];
assign stack2 = M1.stack[2];
assign stack3 = M1.stack[3];
assign stack4 = M1.stack[4];
assign stack5 = M1.stack[5];
assign stack6 = M1.stack[6];
assign stack7 = M1.stack[7];

FIFO M1 (Data_out, stack_empty, stack_full, Data_in, write_to_stack,
  read_from_stack, clk, rst);

always begin clk = 0; forever #5 clk = ~clk; end
initial #1500 $stop;

initial begin
  #10 rst = 1;
  #40 rst = 0;
  #420 rst = 1;
  #460 rst = 0;
end
initial fork
  #80 Data_in = 1;
  forever #10 Data_in = Data_in + 1;
join
initial fork
  #80 write_to_stack = 1;
  #480 write_to_stack = 0;

  #250 read_from_stack = 1;
  #350 read_from_stack = 0;

  #420 write_to_stack = 1;
  #480 write_to_stack = 0;
join
endmodule
```

译码器设计

译码器必须能对 FIFO 的读出数据进行处理，产生的信号将用于驱动原型板上低电平有效的 7 段显示器。译码器必须能产生对应 Grayhill 072 键盘 16 个代码的显示信号。使用下面给出的 ***module... endmodule*** 封装和端口编写功能单元 *Decoder_L* 的 Verilog 模块，该模块用于生成左、右两个 7 段显示器的(低电平有效)编码。*Left_out* 和 *Right_out* 的最高有效位(MSB)必须映射到显示器的"a"段，而最低有效位(LSB)则映射到"abcdefg"串中的"g"段。

```
module Decoder_L (output [6: 0] Left_out, Right_out, input [3: 0]
  Code_in); // active low displays
 ⋮
endmodule
```

编写验证计划书详细说明如何测试 *Decoder_L* 模块。根据验证计划书编写验证平台 *t_Decoder_L*，验证 *Decoder_L* 的功能并执行验证计划。

显示单元设计

下一个目标是设计读取并显示(用原型板上的 7 段显示器)FIFO 内容的功能单元。Digilab 原型板上的 7 段显示器具有公共阳极，其中每个单元有 7 个阴极引脚对应于"abcdefg"的各段。希望实现如图 P8.11(c)所示的结构：对 FIFO 的输出进行译码可产生低有效的左、右显示码；多路复用器在两个显示码之间进行选择，并在相应的阳极信号有效时将显示码同时连接到各显示段；使用时钟分频器控制显示频率，显示频率高则足以消除闪烁效果(即频率应高于人眼所能分辨的范围)，低则足以利用 LED 灯进行显示。

读信号有效时，FIFO 模块将在时钟有效沿处读取数据。原型板上的时钟频率可建模为 25 MHz 或50 MHz。任何一种情况下，如果在按键能被释放之前再按一次按键，则 FIFO 的全部内容将被清空。因此，状态机应被设计为接收按键信号并令 FIFO 读信号仅保持一个时钟周期的有效状态。另一次读操作发生之前按键必须无效。

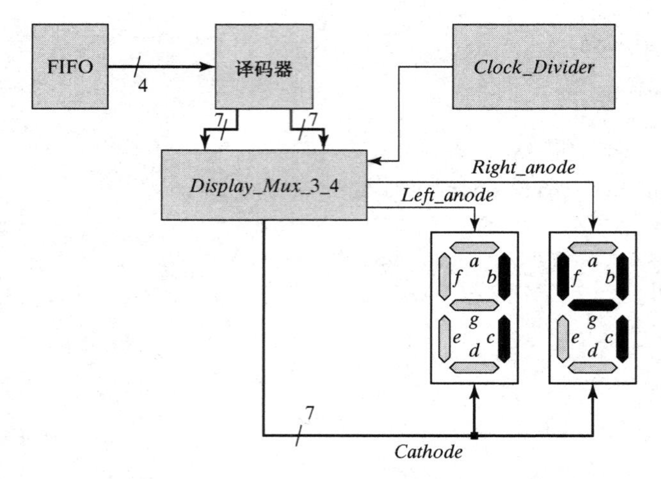

图 P8.11(c) FIFO 输出的 7 段显示器结构

时钟分频器设计

现在设计一个参数化的时钟分频器，它可以选通多路复用器来控制 7 段显示器，并令系统工作在合适的频率下。使用下面给出的 ***module ... endmodule*** 封装，设计参数化时钟分频器 *Clock_Divider* 的 Verilog 模型，其默认分频因子为 2^{24}。

```
module Clock_Divider (output clk_out, input clk_in, reset);
 ⋮
endmodule
```

异步用户接口设计

必须设计两个附加单元：(1) FIFO 读信号的同步器；(2) 只允许一次读取一个 FIFO 单元的触发模块。使用下面给出的 ***module ... endmodule*** 封装，设计 FIFO 读信号的两级同步器 *Synchro_2* 的 Verilog 模型。*Synchro_2* 的输出应与 *clk* 的下降沿同步，因为状态机在上升沿有效。

```
module Synchro_2 (output synchro_out, input synchro_in, clk, reset);
 ⋮
endmodule
```

使用下面给出的 ***module ... endmodule*** 封装，设计 *Toggle* 状态机的 Verilog 模型。该模型接收指示 FIFO 读的同步信号，并无论按键是否被按下超过一个时钟周期都仅产生读取一个 FIFO 单元的有效信号。该状态机用于保证每次按钮按下后都只读取一个 FIFO 单元。

```
module Toggle (output read_fifo, read_synch, input clk, reset);
 ⋮
endmodule
```

编写验证计划详细说明如何测试 *Toggle* 模块。根据验证计划书编写验证平台 *t_Toggle*，验证 *Toggle* 的功能及其与 FIFO 之间的操作。执行验证计划。

下面设计一个多路复用器，用于控制 *Digilab* 原型板上 7 段显示器和公共阳极。使用下面给出的 ***module ... endmodule*** 封装，编写 *Display_Mux_3_4* 的 Verilog 模型。该模块选择两个阴极码中的一个并确定其输出端，同时确定两个 7 段显示器最右边阳极引脚的电平。

```
module Display_Mux_3_4 (output [7: 0] Cathode, output Left_anode,
  Right_anode,
input [7; 0] Display_3, Display_4, sel
);
 ⋮
endmodule
```

编写并执行 *Display_Mux_3_4* 的验证计划。

接下来的目标是：(1)将上面所设计的、FIFO 键盘系统的各个功能单元加以集成；(2)综合集成后的系统并在 FPGA 上实现；(3)对工作系统进行硬件测试。

系统集成

下面将把前面设计并验证过的功能单元加以集成，并验证集成系统的功能是否正确。使用下面给出的顶层封装模块 *TOP_Keypad_FIFO* 形成集成系统。利用仿真器消除所有语法错误。要特别注意端口形式名与实际名之间的映射。

```
module TOP_Keypad_FIFO (
  output  [6: 0]   Cathode,
  output  [3: 0]   Col,
  output           Left_anode, Right_anode,
  output           empty, full,
  input   [3: 0]   Row,
  input            read,
  input            clk, reset
);
  wire    [3: 0]   Code, Code_out;
  wire             S_Row;
  wire             valid;
  wire    [6: 0]   Left_out, Right_out;
  wire             clk_slow, clk_display;
  wire             read_fifo, read_synch;

    Synchronizer M0 (
          .S_Row(S_Row),
          .Row(Row),
          .clock(clk_slow),
          .reset(reset));

    Hex_Keypad_Grayhill_072 M1(
          .Code(Code),
          .Col(Col),
          .Valid(valid),
          .Row(Row),
          .S_Row(S_Row),
          .clock(clk_slow),
          .reset(reset));

    FIFO M2 (
          .Data_out(Code_out),
          .Data_in(Code),
          .stack_empty(empty),
          .stack_full(full),
          .clk(clk_slow),
          .rst(reset),
          .write_to_stack(valid),
          .read_from_stack(read_fifo));

    Decoder_L M3 (
          .Left_out(Left_out),
          .Right_out(Right_out),
          .Code_in(Code_out));

   Display_Mux_3_4 M5 (
          .Cathode(Cathode),
          .Left_anode(Left_anode),
          .Right_anode(Right_anode),
          .Display_3(Left_out),
          .Display_4(Right_out),
          .sel(clk_display));
```

```
   Clock_Divider #(7) M6 (              // DEFAULT WIDTH = 24
         .clk_out(clk_slow),            // Use 20 for slow/visible operation
         .clk_in(clk),
         .reset(reset));

   Clock_Divider #(20) M7 (
         .clk_out(clk_display),
         .clk_in(clk),
         .reset(reset));

   Toggle M8 (
         .toggle_out (read_fifo),
         .toggle_in (read_synch),
         .clk(clk_slow),
         .reset(reset));

   Synchro_2 M9 (
         .synchro_out(read_synch),
         .synchro_in(read),
         .clk(clk_slow),
         .reset(reset));
endmodule

module Row_Signal (
 output reg       [3: 0]     Row,
 input            [15: 0]    Key,
 input            [3: 0]     Col
);

// Scan for row of the asserted key
always @ (Key, Col) begin //Asynchronous behavior for key assertion
   Row[0] = Key[0] && Col[0] || Key[1] && Col[1] || Key[2] && Col[2] ||
     Key[3] && Col[3];
   Row[1] = Key[4] && Col[0] || Key[5] && Col[1] || Key[6] && Col[2] ||
     Key[7] && Col[3];
   Row[2] = Key[8] && Col[0] || Key[9] && Col[1] || Key[10] && Col[2] ||
     Key[11] && Col[3];
   Row[3] = Key[12] && Col[0] || Key[13] && Col[1] || Key[14] && Col[2] ||
     Key[15] && Col[3];
 end
endmodule
```

使用下面给出的验证平台模块验证集成系统的功能。要特别注意图形用户界面(GUI)的结果波形的显示形式应有利于用户理解。

```
module t_TOP_keypad_FIFO ();
 wire     [6: 0]     Cathode;
 wire     [3: 0]     Col;
 wire                Left_anode, Right_anode;
 wire                valid;
 wire                empty;
 wire                full;
 wire     [3: 0]     Row;
 reg                 read;
 reg                 clock, reset;
 reg      [15: 0]    Key;
 integer             j, k;
 reg      [39: 0]    Pressed;
 parameter                  [39: 0] Key_0 = "Key_0";
 parameter                  [39: 0] Key_1 = "Key_1";
 parameter                  [39: 0] Key_2 = "Key_2";
 parameter                  [39: 0] Key_3 = "Key_3";
 parameter                  [39: 0] Key_4 = "Key_4";
 parameter                  [39: 0] Key_5 = "Key_5";
```

```
 parameter                [39: 0] Key_6 = "Key_6";
 parameter                [39: 0] Key_7 = "Key_7";
 parameter                [39: 0] Key_8 = "Key_8";
 parameter                [39: 0] Key_9 = "Key_9";
 parameter                [39: 0] Key_A = "Key_A";
 parameter                [39: 0] Key_B = "Key_B";
 parameter                [39: 0] Key_C = "Key_C";
 parameter                [39: 0] Key_D = "Key_D";
 parameter                [39: 0] Key_E = "Key_E";
 parameter                [39: 0] Key_F = "Key_F";
 parameter                [39: 0] None = "None";
/*
 wire stack0 = UUT.M2.stack[0];          // Probes of the stack
 wire stack1 = UUT.M2.stack[1];
 wire stack2 = UUT.M2.stack[2];
 wire stack3 = UUT.M2.stack[3];
 wire stack4 = UUT.M2.stack[4];
 wire stack5 = UUT.M2.stack[5];
 wire stack6 = UUT.M2.stack[6];
 wire stack7 = UUT.M2.stack[7];

*/
 always @ (Key) begin
  case (Key)
   16'h0000:   Pressed = None;
   16'h0001:   Pressed = Key_0;
   16'h0002:   Pressed = Key_1;
   16'h0004:   Pressed = Key_2;
   16'h0008:   Pressed = Key_3;
   16'h0010:   Pressed = Key_4;
   16'h0020:   Pressed = Key_5;
   16'h0040:   Pressed = Key_6;
   16'h0080:   Pressed = Key_7;
   16'h0100:   Pressed = Key_8;
   16'h0200:   Pressed = Key_9;
   16'h0400:   Pressed = Key_A;
   16'h0800:   Pressed = Key_B;
   16'h1000:   Pressed = Key_C;
   16'h2000:   Pressed = Key_D;
   16'h4000:   Pressed = Key_E;
   16'h8000:   Pressed = Key_F;
   default:    Pressed = None;
  endcase
 end
TOP_Keypad_FIFO M_UUT
 (Cathode, Col, Left_anode, Right_anode, empty, full, Row, read, clock,
   reset);
 Row_Signal M2 (Row, Key, Col);
  initial #42000 $finish;
  initial begin clock = 0; forever #5 clock = ~clock; end
  initial begin reset = 1; #10 reset = 0; end
  initial begin for (k = 0; k <= 1; k = k+1) begin Key = 0; #25 for (j = 0; j
   <= 16; j = j+1) begin
   #67Key[j] = 1; #160 Key = 0; end end end
  initial begin forever begin
     #307 read = 1;
     #20 read = 0;
   end
  end
endmodule
```

原型综合与实现

综合集成系统并针对原型板上的 FPGA 生成目标文件。将位图文件下载到 FPGA 中并验证系统功能。

12. 修改上题中的键盘扫描电路，使其包括开关抖动保护器。考虑一个开关型输入，其数值能够保持足够长的时间(如 20 ms)直到状态机接收到输入信号。编写并验证修改后的 Verilog 模型。综合修改后的电路，并在原型板上验证去抖电路的功能。

13. 基于 FPGA 的设计训练：带纠错功能的串行通信链路。

本练习的目的是：在两个 FPGA 原型电路板之间实现串行通信链路并验证其纠错单元的功能。这里将使用第 7 章中涉及的 UART 以及一个扩展的汉明编码器和一个扩展的汉明译码器。图 P8.13(a)给出了发送板和接收板的结构：在发送板上，发送方通过键盘按键与 FPGA 互连；一个包含两级同步器的键盘译码器将产生按键对应的 4 位代码①；汉明编码器接收 4 位按键代码后生成一个 8 位编码输出；为了在接收板上进行解码和纠错，有两个按钮用于故意引入代码错误；UART 将“错误引入单元”的输出发送出去。

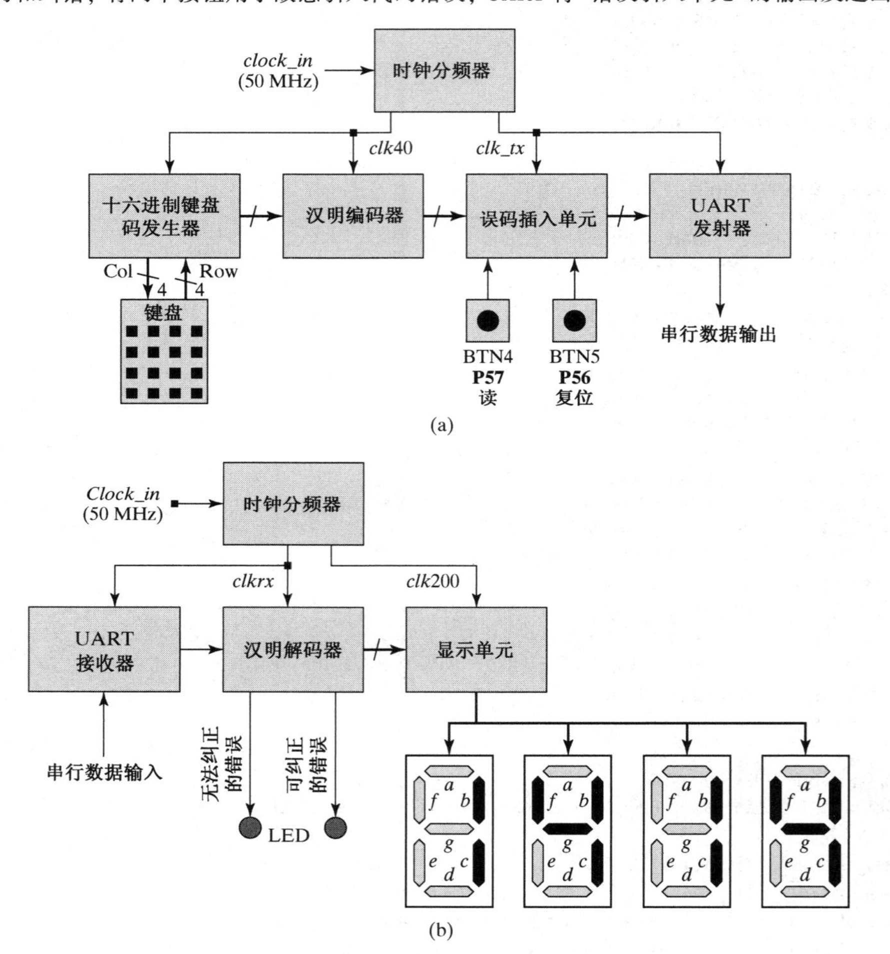

图 P8.13 两块原型板之间的串行通信链路：(1)发送单元；(2)接收单元

“错误引入单元”通过硬连线来干扰第 1 位和第 5 位，这取决于按钮开关是否被按下。数据流中的位可以与表示按钮状态的逻辑值进行异或。按钮未按下时表示为逻辑 0。这里被干扰的是一个数据位和一个奇偶校验位。

在接收板上，汉明译码器接收一个 8 位编码并形成一个 4 位输出字。该功能单元可采用组合逻辑实现，

---

① 见 5.16 节和 5.17 节。

以便在一个时钟周期内快速产生输出。译码器检测并纠正一个位的错误，然后用 7 段显示器显示纠正后的数据。若存在错误则点亮一个 LED 灯。扩展汉明码包含一个附加位以便译码器检测(但不能纠正)双位错误，这种情况将通过另一个 LED 灯来指示。

十六进制键盘为每个按键生成一个唯一的代码；时钟分频器利用 50 MHz 的板级额定时钟生产附加时钟信号；送到 7 段显示器的信息经过了时分复用。设计中用到的时钟信号如表 P8.13 所示。

表 P8.13 板间通信链路使用的时钟信号

时钟/	频率	描述
输入	50 MHz	输入时钟
clk40	3.125 NMz	键盘接口时钟
clk200	3.125 MHz	7 段码显示时钟
clk_rx	25 MHz	UART 接收时钟
clk_tx	3.125 MHz	UART 发送时钟

设计、验证并综合串行通信链路中的各功能单元。综合发送板和接收板上的顶层模块。讨论设计所需的资源。

14. 使用 FPGA 综合工具对 RISC_SPM(见 7.3 节)进行综合。讨论状态机性能及 FPGA 资源的使用情况。

第9章　数字处理器的算法和架构

算法是用来对存储的数据信息进行产生、加工或有序排列的一系列处理步骤。通用计算机或处理器可以通过一种高级语言或汇编语言编程来执行一系列的算法，但是所得到的结构可能对某一特定应用不是最佳的，也就是可能在一些应用中未被充分利用，也可能是在其应用领域上没有很好地解决处理器速度和输入-输出吞吐率之间的平衡问题[1]。与专用集成电路(ASIC)相比，通用处理器可能需要消耗更多能量，占用更大的芯片面积，具有更高的单位成本(取决于售出的数量)。而专用处理器则会有更加简单的指令集和宏代码。

ASIC设计的目的是要对一个具体应用的特定算法的执行进行优化。在特定的应用领域，ASIC采用固化的定制结构而不是设计成通用的处理器，从而使ASIC芯片的性价比得以提升。

ASIC芯片的结构是固定的，虽牺牲了灵活性，但换取了性能的提升。FPGA在理论上可以实现任何算法。就ASIC和FPGA来说，应着重考虑的是实现某种算法的电路结构。但是，ASIC特别适用于并行数据通路和并发处理过程的应用，如数字信号处理(DSP)、图像处理和数字通信。第8章已经讲过FPGA可以配置成各种应用并且可以重复配置。某种设计是选择基于FPGA实现还是基于ASIC实现，通常是由其最低成本决定的，但在某些情况下则取决于应用中二者所能提供的相对性能。

处理器可以看成是由基本功能处理器或功能单元组成的一个阵列或架构，这种阵列或架构可以作为一个网络通过协调同步方式来执行各自的任务，从而实现某一特定算法。例如，加法器、乘法器和寄存器与其他逻辑组合在一起就可以实现一个数字低通滤波器。顶层设计倾向于实现一个硬件架构，在这个固化结构中能完成在通用处理器中执行程序来实现的算法。

顶层设计要完成两个基本任务：(1)构建一个用某种行为描述的算法(例如，用给定的特性指标设计一个低通滤波器)；(2)将算法映射成能够实现其行为的硬件架构(例如，FU结构)。顶层设计的范畴是相当广泛的，因为实现相同的功能可能会有不同的算法，实现同一种算法也可能存在不同吞吐率和延时的多种结构。这一章将研究可得到一种专用结构的设计流程，而且假定顶层设计的任务已经完成(从由主机完成的计算算法开始)。重点讨论：(1)设计一个算法处理器(如实现某一给定算法的固定结构)；(2)进行结构优选(对于FU网络和FU本身细化的实现)；(3)用Verilog描述该结构；(4)综合这些结构①。

9.1　算法、循环嵌套程序和数据流图

算法处理器由功能单元组成，这些功能单元在相同数据流环境中执行。时序算法可由循环嵌套程序(NLP，Nested-Loop Program)来描述，该程序包括一系列嵌套的 ***for*** 循环(如图9.1所示)和一个由某种程序语言编写的循环体，这里的程序语言是指如C语言这样的高级语言或者是Verilog这样的硬件描述语言(HDL)②。NLP经常是可计算的，所以功能实现从哪里开始非常关键。此外，NLP还能够为可实现的机器行为提供一个明确的可执行的描述。

---

① 性能问题在第11章中讨论。

② 一个通用的 ***for*** 循环在上下限控制下重复执行，包含一个循环索引机制。Verilog中的 ***for*** 就是一个例子。

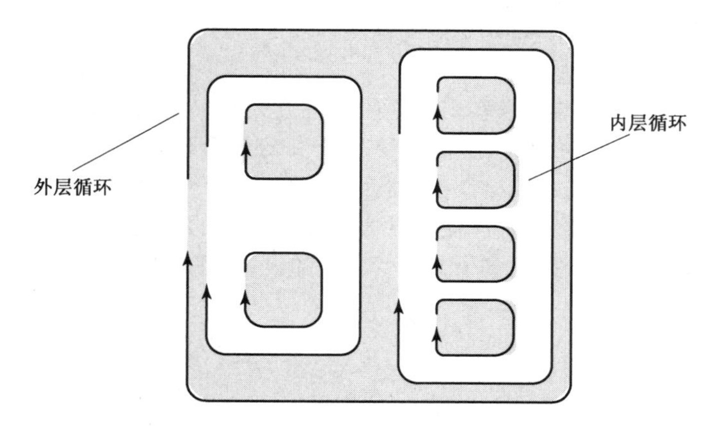

图 9.1　由一系列 *for* 循环嵌套组成的循环嵌套程序

对于一种算法，在 NLP 中运算的时间顺序和数据依赖性能够用一个数据流图(DFG)来表示。DFG 可以手动生成，语言分析器通过分析语句的执行顺序、变量的生存时间以及语言结构的语义，来从 NLP 或基于 HDL 的行为描述中抽象出 DFG。下面将会看到，DFG 在设计一个算法处理器结构和研究其他等效结构时是一种至关重要的工具。

一个 DFG 就是一个有向无环图 $G(V,E)$，这里 V 代表图中节点的集合，E 代表边的集合。每个节点 $v_i \in V$ 都表示一个功能单元(FU)，它能对其输入进行操作并生成其输出。一个 FU 可能仅包含一个操作，也可能是多个复杂操作的有序组合，在这种情况中，FU 本身也可以用一个给定的详细视图 DFG 来表示。每条有向边 $e_{ij} \in E$ 起始于节点 $v_i \in V$，终止于节点 $v_j \in V$。对于给定边 $e_{ij} \in E$，由节点 v_i 产生的数据会被节点 v_j 接收。

对于有向边 e_{ij}来说，如果功能单元 v_j 需要用到功能单元 v_i 的结果，并且在 v_i 的操作结束之前 v_j 的操作一直处于等待状态，则在对应于边 e_{ij}的一对节点($v_i \in V$，$v_j \in V$)之间存在数据依赖关系(即图的有向边隐含着执行的顺序)①。因此，DFG 揭示了数据的由来，数据的生成顺序，以及数据的去向。它还揭示了数据流的并行性，也就是揭示了并行算法的可能性以及隐含了变量(如存储器)的生存时间。在同步数据流中，在新数据接收之前，节点应处理完当前数据。一般来说，设计人员的任务是将一种算法的 DFG 转换成一个硬件结构，典型的硬件划分结构包含一个数据通路单元和一个控制单元，就像算法状态机与数据通路表(ASMD)②所示的那样。如前所述，控制单元必须要能控制数据通路，如果控制取决于 DFG 中蕴含的限制条件，那么首要的任务就是确定一个能实现该算法的数据通路单元的结构，然后就可以设计能协调控制该算法③数据流的控制单元了。

从 DFG 开始，数据通路分配的高级综合任务就是要将算法的 DFG 转换成一个由处理器、数据通路和寄存器组成的结构，然后根据这样一种结构，用 Verilog 或者 VHDL④ 语言来设计一个可综合 RTL 模型。给定 DFG⑤ 的原型结构总是由一系列功能单元(FU)组成，这些功能单元同样用于 DFG 的同构结构。此设计是硬件密集的，并且只是作为设计的一个起点。因为可实现同样算

---

① 图表的边沿标注出了时间延迟，数据必须在接收数据节点开始执行前抵达。

② 详见第 7 章。

③ 依靠 ASM、控制流数据表和控制数据流表去设计控制器。

④ 设计工具现在能自动执行这些步骤——手动翻译很容易在设计流程中发生错误，因为从 RTL 模型综合为实际电路后的行为可能与实际描述的行为不一致。更高级的分析请见 www. mentor. com。

⑤ 我非常感激 ETH 的 Hubert Kaeslin 为完成这个设计所付出的努力。

法的其他结构可以用更少的硬件①得到更好的性能。数据通路将 DFG 与数据通路资源结合起来，并对它们使用的资源进行调度。

同一种算法可以用不同的结构来实现。这些实现方式不仅可以通过它们的数据通路资源予以区分，而且还可以通过使用资源的时间调度来区分。资源分配的高级别任务主要是为 DFG 中的每一个节点分配资源和时隙。对于给定 DFG 的并行结构，存在许多的调度方案可将节点映射成为时隙(控制步骤)，因此存在多种能用硬件实现相应算法的可选结构。时间调度一定要避免冒险(即资源不能在同一时隙分配给多个 FU)。完整的设计流图如图 9.2 所示。

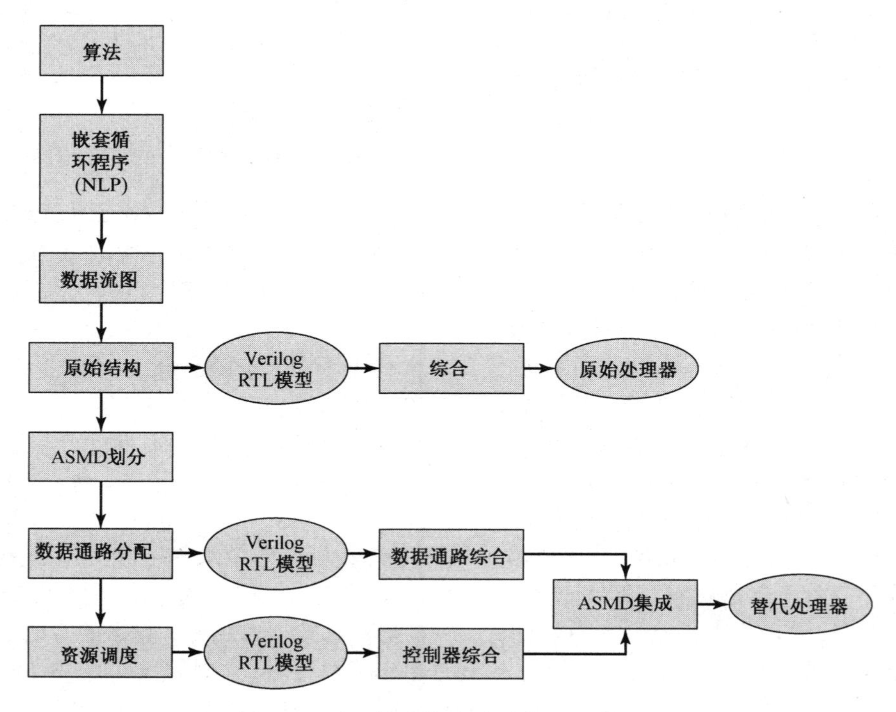

图 9.2 基于算法综合的时序机设计流程

有三种常见的方法可重构由 DFG 得到的原始结构：重组、流水线和复制。重组是将 FU 分割成一系列功能块，顺序执行这些功能块可以完成算法，也可以在空间(硬件单元)和时间上对执行顺序进行进一步细化。前一种情况会将 DFG 的节点同构映射到 FU；后一种情况下，一个单 FU 要执行多个时钟周期来完成 DFG 给定的操作，这种方法是通过在多个时间段上重复执行单一 FU 的动作来节省硬件资源，而不是用多个处理器在同一时间周期中并行执行。流水线是在数据流中插入寄存器以缩短计算路径，增加系统的吞吐率，代价就是付出增加总延时和寄存器数量。与重组相比，复制则是用多个相同的并行执行处理器来提高系统性能，但是硬件花费会很高。如果需要更深入地了解该方法，请查看参考文献[18]。

9.2 设计实例：半色调像素图像转换器

下面将讲解综合一个点染图像转换器的主要步骤，以此来说明如何将算法综合为一种结构。这个电路在其他的地方用以说明 DSP 中算法自动综合的概念，在这里将成为设计和比较图像转

① 更多用在高级分析中的调度算法的分析参见参考文献[3]和[5]。

换器结构的工作平台。首先设计一个原型机，然后再研究可使用较少硬件资源但是需要在多个时钟周期上执行的替代机。

Floyd-Steinberg 算法可将具有 $N \times M$ 个像素点（每个像素点具有 *pixel_size* 个像素值）的图像转换成仅有黑色或者白色像素点的一个阵列，同时分散人对图像质量的注意力。该算法为每个像素的邻近子集分配舍入误差，该误差由 n 位分辨率到 1 位分辨率的转换引起。对于一个给定像素，误差的分配则采用基于各选定邻近误差的加权平均值。图 9.3 标出了由某个节点(n, m)所导致的误差对邻近节点的影响。其中 n 为列下标，m 为行下标，其原点在 $N\_row * M\_col$ 阵列的左上角（即二维图像的公共参考点）。

如图 9.4 所示，一个像素点从其邻近 4 个像素点处接收误差分配。从邻近 4 个像素点分配所得的误差可用来计算在(n,m)单元处的半色调图像像素值。阵列中的每个像素点均有这种关系，这样得到如图 9.5 所示的 DFG。该阵列中的数据依赖性揭示了像素点可以按照顺序方式来转换，由左到右，由上到下，即从左上角的原点开始一直进行到右下角的终点。

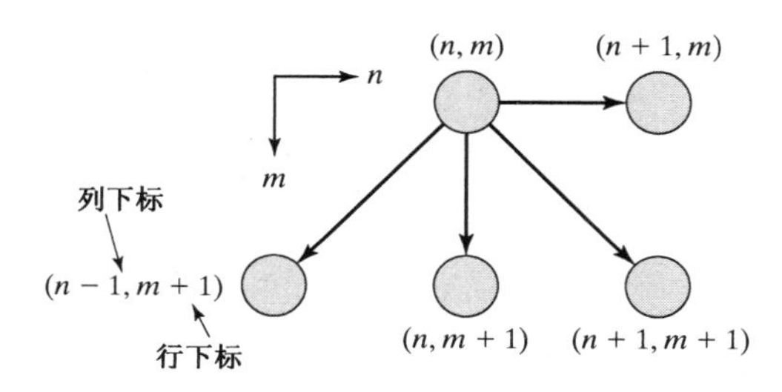

图 9.3　用 Floyd-Steinberg 算法把一个像素上的舍入误差分配到该像素邻近点的示意图

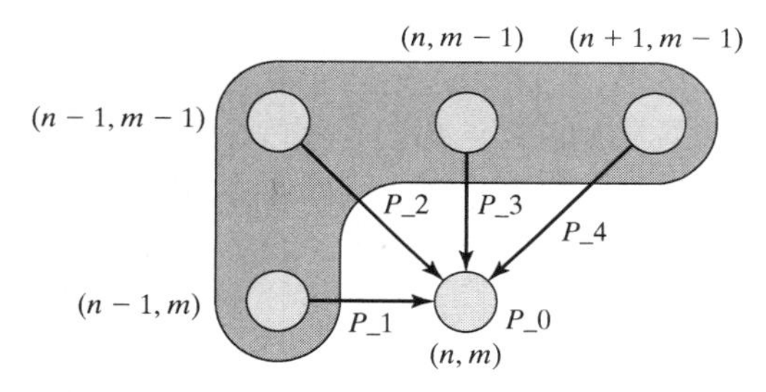

图 9.4　在基于 Floyd-Steinberg 算法的半色调图像像素转换器中被更新像素点的邻近点

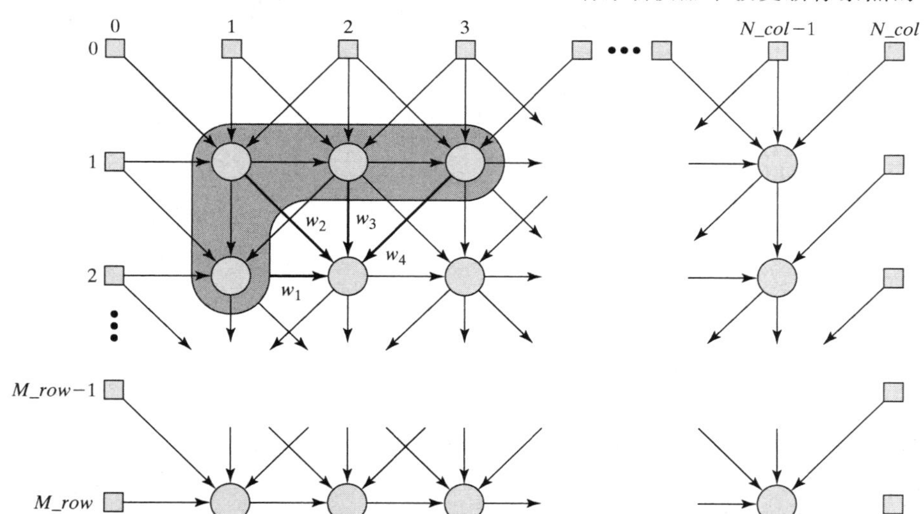

图 9.5　$N \times M$ 半色调图像像素转换器的数据流图

根据计算顺序的伪代码描述（最终可用 Verilog 的周期性行为描述），这个 DFG 中的 FU（节点）进行像素的转换。在每一个像素的位置(n,m)上，有一个加权误差均值 e（前面已经计算过），那么可根据下式来得出所要选择的邻近点：

$$E\_av = (w1 * e[n-1, m] + w2 * e[n-1, m-1] + w3 * e[n, m-1] + w4 * e[n+1, m-1])/w_T$$

其中, $w1, \cdots, w4$ 是主观非负权值, 而且 $w_T = w1 + w2 + w3 + w4$。这一加权平均值可用来计算已校正像素点的值(CPV):

$$CPV = PV[n, m] + E\_av$$

然后根据阈值 *CPV_thresh* 将 *CPV* 舍入为 0 或者 1。

$$\text{如果 } CPV < CPV\_thresh \text{, 则 } CPV\_round = 0$$
$$\text{否则 } CPV\_round = CPV\_max$$

这里对于 8 位分辨率的图像来说, $CPV\_round = 255$, $CPV\_thresh = 128$, 然后就可以得到一个半色调图像像素的值, 并保存其误差:

$$HTPV = 0 \text{ if } CPV\_round = 0, \text{otherwise } HTPV = 1;$$
$$Err[n, m] = CPV - HTPV$$

图 9.5 中节点的主阵列与像素点阵列是同构的。在图的左边和右边分别增加了一列边界节点, 并在顶部增加一行边界节点。这些附加节点除了初始化计算和给 FU 在阵列边界提供数据外, 没有其他的作用。

由如下 NLP 所给出的程序段, 包含了像素阵列的边界初始化, 可以通过顺序更新各行或者各列像素来更新像素阵列。该算法将要执行 $N \times M$ 个时间步, 并且每个时间步都包含恢复和存储数据的时间。顺序更新像素点的算法可用 C 语言表述成如下的 NLP 程序段, 其中 T 是已修正像素值的阈值(CPV)。

```
for (m = 1; m < M_row; m++) {Err [m] [0] = 0;}                          // Initialization of
                                                                         boundary
for (m = 0; m <= M_row; m++) {Err [0] [m] = 0; Err [N_col + 1] [ 0] = 0;} // Initialization of
                                                                         boundary)
  for (m = 1; m < M; ++) {                                               // Iterate over
                                                                         rows
  for (n = 1; n < N_col; n++) {                                          // Iterate over
                                                                         columns
     E_av = (7 * Err[n-1][m] + 1 * Err[n-1][m-1] + 5 * Err[n][m-1]
            + 3 * Err[n + 1][m-1]) /16;
     CPV = PV[n][m] + E_av;
     CPV_round = (if CPV < T then 0 else 255); // Threshold = 128;
     HTPV [n][m] if (CPV_round == 0 then 0 else 1);
     Err [n][m] = CPV - CPV_round;
    }
  }
```

9.2.1 半色调像素图像转换器的原型设计

对于能完成图像转换算法的 NLP 的硬件实现, 有几种可选的算法。因为每个 FU 的计算实际上都是组合的, 最简单的结构是一个与 DFG 同构的 FU 结构, 输入数据是像素值阵列, 而其输出是由每个位置上的半色调图像像素及误差值组成的。下面①给出了该 FU 的 Verilog 描述 *PPDU* (像素处理器数据通路单元)和 *Image_Converter_Baseline*。该模型是硬件密集且结构化的, 对于 DFG 的数据流来说, 它包含一个由 48 个相同处理器的硬连接构成的脉动阵列②。主处理器为像素处理器提供图像, 其周期时间(T_{Baseline})将受到通过阵列的最长路径的限制, 从阵列的左上角到

① Verilog 的 *generate* 结构用来描述、说明和连接模块的结构单元。

② 脉动矩阵由一系列具有高区域连接性和多数据流向的基本单元组成。

右下角①。该实现与组合逻辑一样是参数化的、可移植的和可综合的，并且不需要控制器。转换器的输入是像素阵列的数据组成的一个向量，从阵列的左上角到右下角。测试平台也被展示出来。它以特定的形式生成像素阵列，并且为图像转换器生成像素数据的向量。测试模板提取和显示来自转换器的 *HTPV_bits* 向量的像素行的中间值。

测试平台生成如图 9.6 所示的锐化对比图像，还有图 9.7 所示的有梯度图像。有梯度的中间色图像也如图 9.7 所示。图 9.8 所示的仿真结果显示由 *Image_Converter_Baseline* 生成的半色调像素图像与锐化图像是一致的。为了说明仿真结果，设定 *HTPV_Row_1*[1:8]，…，*HTPV_Row_3*[1:8]均为 8 'hf0，*HTPV_Row_4*[1:8]，…，*HTPV_Row_6*[1:8]在与图 9.8 对应的图 9.6 最左边的图像中的第一列，黑色为 1，白色为 0。仿真数据最后一列对应图 9.7 中有梯度图像的中间像素图。

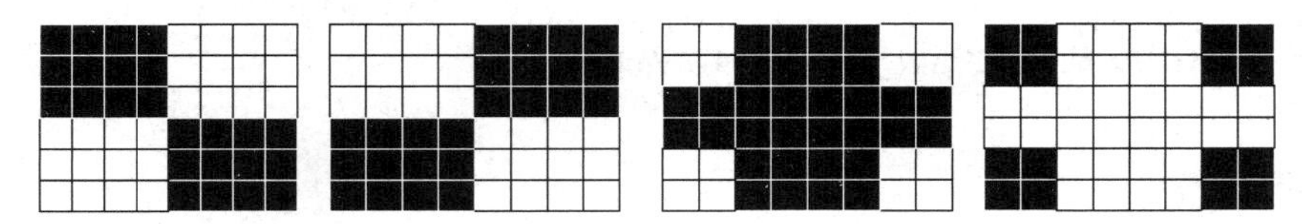

图 9.6　点染图像转换器的锐化测试图

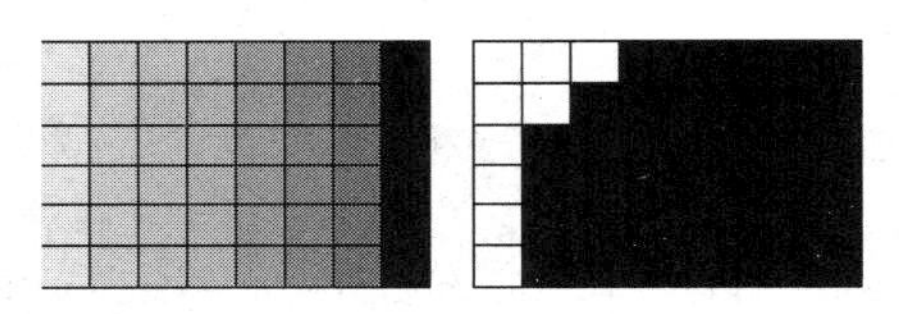

图 9.7　梯度测试图像与由带权值（*w*1，*w*2，*w*3，*w*4）=（2，8，4，2）的 *Image_Converter_Baseline* 所生成的点染图像

Name	0	500	1000	1500	2000
HTPV_Row_1[1:8]	f0	0f	3c	c3	1f
HTPV_Row_2[1:8]	f0	0f	3c	c3	3f
HTPV_Row_3[1:8]	f0	0f	ff	00	7f
HTPV_Row_4[1:8]	0f	f0	ff	00	7f
HTPV_Row_5[1:8]	0f	f0	3c	c3	7f
HTPV_Row_6[1:8]	0f	f0	3c	c3	7f

（时间轴：0　500　1000　1500　2000　2500 t）

图 9.8　带权值（*w*1，*w*2，*w*3，*w*4）=（2，8，4，2）的 *Image_Converter_Baseline* 的仿真结果

```
// Isomorphic array of processors
module Image_Converter_Baseline # (parameter pixel_size = 8, N_col = 8,
  M_row = 6)(
 output  [1: N_col*M_row] HTPV_bits,
 input [1: pixel_size * N_col * M_row] pixel_bits
);

 wire HTPV [1: N_col][1: M_row];
 wire [pixel_size-1: 0] Err [0: N_col + 1] [0: M_row];    // Core and boundary values

// Initialize boundary values (Top, left, and right are set to 0)
 genvar n, m;
 generate
  for (n = 0; n <=N_col + 1; n = n + 1) begin: top_border assign Err[n][0] = 1'b0; end
  for (m = 1; m <= M_row; m = m + 1) begin: left_border assign Err[0][m] = 1'b0; end
  for (m = 1; m <= M_row; m = m + 1) begin: right_border assign Err[N_col + 1][m] =
   1'b0; end
```

① 这个值在零延迟仿真中并不明显。

```
// Instantiate array of pixel processors
  for (m = 1; m <= M_row; m = m + 1) begin: row_loop
   for (n = 1; n <= N_col; n = n + 1) begin: column_loop

    PPDU M (Err[n][m], HTPV[n][m], Err[n-1][m], Err[n-1][m-1], Err[n][m-1],
     Err[n + 1][m-1],
     pixel_bits[(m-1)*N_col*pixel_size +(n-1)*pixel_size +1: (m-1)*
      N_col*pixel_size + n*pixel_size]);
     end
    end
  endgenerate

// Pack bits into output vector
   generate
    for (m = 1; m <=M_row; m = m + 1) begin: HTPV_row_loop
     for (n = 1; n <= N_col; n = n + 1) begin: HTPV_col_loop
      assign HTPV_bits [(m-1)*N_col + n] = HTPV[n][m];
     end
    end
   endgenerate
  endmodule

// Pixel Processor Datapath Unit
module PPDU #(parameter pixel_size = 8)(
  output [pixel_size-1: 0] Err_0,
  output HTPV,
  input  [pixel_size-1: 0]Err_1, Err_2, Err_3, Err_4, PV
);
  wire  [pixel_size + 1: 0]CPV, CPV_round, E_av;
   // Weights for the average error; choose for compatibility with divide-by-16 (>> 4)
   parameter      w1 = 2, w2 = 8, w3 = 4, w4 = 2;
   parameter      Threshold = 128;

   assign E_av =          (w1 * Err_1 + w2 * Err_2 + w3 * Err_3 + w4 * Err_4 ) >> 4;
   assign CPV =           PV + E_av;
   assign CPV_round =     (CPV < Threshold) ? 0: 255;
   assign HTPV =          (CPV_round == 0) ? 0: 1;
   assign Err_0 =         CPV-CPV_round;
  endmodule

  module t_Image_Converter_Baseline();
   parameter pixel_size = 8, N_col = 8, M_row = 6;
   wire    [1: N_col]                       HTPV_Row_1, HTPV_Row_2,
                                            HTPV_Row_3;
   wire    [1: N_col]                       HTPV_Row_4, HTPV_Row_5,
                                            HTPV_Row_6;
   reg     [1: pixel_size*N_col*M_row]      pixel_bits;
   wire    [1: N_col*M_row]                 HTPV_bits;

   // Form rows of hafltone values
   assign HTPV_Row_1 = HTPV_bits[1:8];
   assign HTPV_Row_2 = HTPV_bits[9:16];
   assign HTPV_Row_3 = HTPV_bits[17:24];
   assign HTPV_Row_4 = HTPV_bits[25:32];
   assign HTPV_Row_5 = HTPV_bits[33:40];
   assign HTPV_Row_6 = HTPV_bits[41:48];

   Image_Converter_Baseline M1 (HTPV_bits, pixel_bits);       // Instantiate image
                                                                converter
  initial fork
   begin: Image_Pattern_1
    pixel_bits = {  8'hff, 8'hff, 8'hff, 8'hff, 8'h00, 8'h00, 8'h00, 8'h00,
                    8'hff, 8'hff, 8'hff, 8'hff, 8'h00, 8'h00, 8'h00, 8'h00,
                    8'hff, 8'hff, 8'hff, 8'hff, 8'h00, 8'h00, 8'h00, 8'h00,
                    8'hff, 8'hff, 8'hff, 8'hff, 8'h00, 8'h00, 8'h00, 8'h00,
                    8'h00, 8'h00, 8'h00, 8'h00, 8'hff, 8'hff, 8'hff, 8'hff,
```

```
                    8'h00, 8'h00, 8'h00, 8'h00, 8'hff, 8'hff, 8'hff, 8'hff,
                    8'h00, 8'h00, 8'h00, 8'h00, 8'hff, 8'hff, 8'hff, 8'hff};
  end
  #500 begin: Image_Pattern_2
    pixel_bits = {  8'h00, 8'h00, 8'h00, 8'h00, 8'hff, 8'hff, 8'hff, 8'hff,
                    8'h00, 8'h00, 8'h00, 8'h00, 8'hff, 8'hff, 8'hff, 8'hff,
                    8'h00, 8'h00, 8'h00, 8'h00, 8'hff, 8'hff, 8'hff, 8'hff,
                    8'hff, 8'hff, 8'hff, 8'hff, 8'h00, 8'h00, 8'h00, 8'h00,
                    8'hff, 8'hff, 8'hff, 8'hff, 8'h00, 8'h00, 8'h00, 8'h00,
                    8'hff, 8'hff, 8'hff, 8'hff, 8'h00, 8'h00, 8'h00, 8'h00};
  end

  #1000 begin: Image_Pattern_3_Cross
    pixel_bits = {  8'h00, 8'h00, 8'hff, 8'hff, 8'hff, 8'hff, 8'h00, 8'h0,
                    8'h00, 8'h00, 8'hff, 8'hff, 8'hff, 8'hff, 8'h00, 8'h00,
                    8'hff, 8'hff, 8'hff, 8'hff, 8'hff, 8'hff, 8'hff, 8'hff,
                    8'hff, 8'hff, 8'hff, 8'hff, 8'hff, 8'hff, 8'hff, 8'hff,
                    8'h00, 8'h00, 8'hff, 8'hff, 8'hff, 8'hff, 8'h00, 8'h0,
                    8'h00, 8'h00, 8'hff, 8'hff, 8'hff, 8'hff, 8'h00, 8'h0};
  end

  #1500 begin: Image_Pattern_4_Bar_Cross
    pixel_bits = {  8'hff, 8'hff, 8'h00, 8'h00, 8'h00, 8'h00, 8'hff, 8'hff,
                    8'hff, 8'hff, 8'h00, 8'h00, 8'h00, 8'h00, 8'hff, 8'hff,
                    8'h00, 8'h00, 8'h00, 8'h00, 8'h00, 8'h00, 8'h00, 8'h00,
                    8'h00, 8'h00, 8'h00, 8'h00, 8'h00, 8'h00, 8'h00, 8'h00,
                    8'hff, 8'hff, 8'h00, 8'h00, 8'h00, 8'h00, 8'hff, 8'hff,
                    8'hff, 8'hff, 8'h00, 8'h00, 8'h00, 8'h00, 8'hff, 8'hff};
  end

  #2000 begin: Image_Pattern_5_Graduated_Left_to_Right
    pixel_bits = {  8'h1f, 8'h3f, 8'h5f, 8'h8f, 8'h9f, 8'hbf, 8'hdf, 8'hff,
                    8'h1f, 8'h3f, 8'h5f, 8'h8f, 8'h9f, 8'hbf, 8'hdf, 8'hff,
                    8'h1f, 8'h3f, 8'h5f, 8'h8f, 8'h9f, 8'hbf, 8'hdf, 8'hff,
                    8'h1f, 8'h3f, 8'h5f, 8'h8f, 8'h9f, 8'hbf, 8'hdf, 8'hff,
                    8'h1f, 8'h3f, 8'h5f, 8'h8f, 8'h9f, 8'hbf, 8'hdf, 8'hff,
                    8'h1f, 8'h3f, 8'h5f, 8'h8f, 8'h9f, 8'hbf, 8'hdf, 8'hff};
  end
 join
 initial begin #4000 $finish; end
endmodule
```

9.2.2 基于 NLP 的半色调像素图像转换器结构

半色调像素图像转换器的原型设计是一种比较极端的情况，它需要复制有相同结构并可通过组合逻辑实现的硬件单元，可以在一个长时钟(如单环 NLP)上并发执行，既不需要存储器也不需要数据通路控制器。该原型设计中处理器矩阵结构与 DFG 结构是相同的，每个像素阵列采用了专用的处理器。NLP 本身建议另外一种实现方式：一种结构自由、可执行 NLP 操作的电平敏感行为。这种风格的描述在下面的 *Image_Converter_0* 中给出。该模型①可综合成等价于 *Image_Converter_Baseline* 的组合逻辑，并能将图像在时间 T_{baseline} 内进行转换，其中 T_{baseline} 与通过该阵列的最长路径相关联。将图像发送给功能单元的系统时钟的周期比 T_{baseline} 还要长。

```
// Behavioral model of isomorphic array of processors
module Image_Converter_0 # (parameter pixel_size = 8, N_col = 8, M_row = 6)(
  output reg [1: N_col*M_row] HTPV_bits,
  input [1: pixel_size*N_col*M_row] pixel_bits
);
```

① 与位置相关的像素值是从 + : 范围限定后的 *pixel_bits* 中获取的。

```
  parameter       w1 = 2, w2 = 8, w3 = 4, w4 = 2;
  parameter       Threshold = 128;
  integer n, m;
  reg HTPV [1: N_col][1: M_row];
  reg [pixel_size -1: 0] Err [0: N_col +1] [0: M_row];        // Core and boundary values
  reg [pixel_size + 1: 0] CPV, CPV_round, E_av;

// Initialize boundary values (Top, left, and right are set to 0)
   always @ (pixel_bits) begin
    for (n = 0; n <=N_col+1; n = n + 1)        begin: top_border Err[n][0] = 1'b0; end
    for (m = 1; m <= M_row; m = m + 1)         begin: left_border Err[0][m] = 1'b0; end
    for (m = 1; m <= M_row; m = m + 1)         begin: right_border Err[N_col+1]
                                                 [m] = 1'b0; end

// Halftone calculations (Note use of blocking assignment operator (=)
    for (m = 1; m <= M_row; m = m + 1) begin: row_loop
      for (n = 1; n <= N_col; n = n + 1) begin: column_loop
        E_av = (w1*Err[n -1][m] + w2*Err[n -1][m -1] + w3*Err[n][m -1]
               + w4*Err[n + 1][m -1]) >> 4;
        CPV = pixel_bits[(m -1)*N_col*pixel_size +(n -1)*pixel_size + 1 +: pixel_size] +
          E_av;
        CPV_round = (CPV < Threshold) ? 0: 255;
        HTPV[n][m] = (CPV_round == 0) ? 0: 1;
        HTPV_bits [(m -1)*N_col + n] = HTPV[n][m];
        Err[n][m] = CPV - CPV_round;
      end            // column_loop
    end              // row_loop
  end                // always
endmodule
```

NLP 也为图像转换提出了一种同步实现的结构。这个结构将要用到存储器，但是在处理器执行的同时，释放了系统总线资源。在一种极端情况中，设计只用了一个 FU，还有存储器和控制器，在 $N \times M$ 个时钟周期完成整个图像的转换。这种图像转换的时间将受到通过单个 FU 的最长路径的限制，而不是处理整个阵列的时间。另一种方法是编写一个描述算法的 NLP 的单同步循环行为（和 *Image_Converter_0* 一样的算法），然后可通过综合工具生成结构。理想情况下是不需要设计控制器的，因为综合工具是通过展开循环的方法来综合 NLP 的，并形成一个可以完成算法的结构。机器将在一个周期为 $T_{Baseline}$ 的长时钟周期内完成对该图像的转换。下面给出了以这种风格实现该算法的电路 Verilog 模型 *Image_Converter_1* 及其测试平台描述。

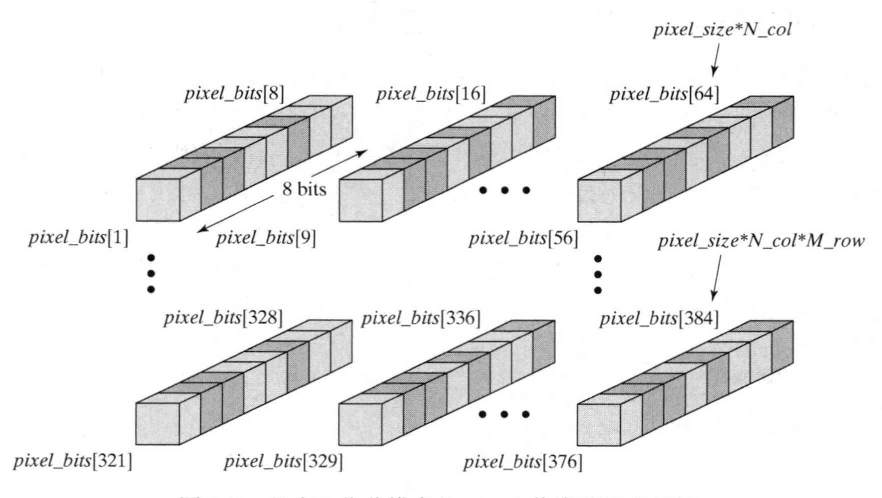

图 9.9 具有 8 位分辨率的 $N \times M$ 像素阵列的结构

Image_Converter_1 在一个时钟周期更新整个像素阵列的值。如图 9.9 所示，阵列的行是从顶至底运行，而每行的元素是从左至右运行。这些语句的顺序反映了必须由一个 FU 执行的语句中的数据依赖性。变量赋值通过过程赋值操作符(=)来执行，而不是通过拥塞控制符(<=)来执行。(=)表明了在仿真中进程运行的连续命令，在列循环前有 50 s 的延迟。循环进行中的时间延迟揭示了计算的进程，但需要在程序编译之后、进行综合之前把延迟去除掉。用更新阵列行循环的时间顺序来实现 NLP，并在一个时钟周期内完成图像的转换。输入信号 *Go* 是由外部输入的，用来激励图像转换器，并且当图像转换完成后再施加 *Done* 输出信号。信号 *reset* 用以清除存储器中的残留像素值和误差值，为下一个图像的处理做好准备。

```
// Single-cycle sequential model (Non-synthesizable)

module Image_Converter_1 # (parameter pixel_size = 8, N_col = 8, M_row = 6)(
  output reg [1: N_col*M_row] HTPV_bits,
  output reg Done,
  input [1: pixel_size*N_col*M_row] pixel_bits,
  input Go, clk, reset
);
  parameter       w1 = 2, w2 = 8, w3 = 4, w4 = 2;
  parameter       Threshold = 128;
  integer n, m;
  reg HTPV [1: N_col][1: M_row];
  reg [pixel_size -1: 0] Err [0: N_col +1] [0: M_row];        // Core and boundary values
  reg [pixel_size + 1: 0] CPV, CPV_round, E_av;

// Initialize boundary values (Top, left, and right are set to 0)
  always begin: wrapper_for_synthesis
    @ (posedge clk) begin: pixel_converter
     if (reset) begin: reset_action    // Initialize borders of the array
      Done = 0;
      for (n = 0; n <=N_col+1; n = n + 1)      begin: top_border Err[n][0] = 1'b0; end
      for (m = 1; m <= M_row; m = m + 1)      begin: left_border Err[0][m] = 1'b0; end
      for (m = 1; m <= M_row; m = m + 1)      begin: right_border Err[N_col+1][m]
       = 1'b0; end
     end
     else if (Go) begin      // Halftone calculations – preserve sequential ordering
      for (m = 1; m <= M_row; m = m + 1) begin: row_loop
       #50 for (n = 1; n <= N_col; n = n + 1) begin: column_loop      // Delay only for
                                                                        illustration
        E_av = (w1 * Err[n-1][m] + w2 * Err[n-1][m-1] + w3 * Err[n][m-1]
               + w4 * Err[n + 1][m-1]) >> 4;
        CPV = pixel_bits[(m -1)*N_col*pixel_size +(n -1)*pixel_size + 1 +:
          pixel_size] + E_av;
        CPV_round = (CPV < Threshold) ? 0: 255;
        HTPV[n][m] = (CPV_round == 0) ? 0: 1;
        HTPV_bits [(m -1)*N_col + n] = HTPV[n][m];
        Err[n][m] = CPV - CPV_round;
      end          // column_loop
      // Used for Image_Converter_Work_Around (Temporal separation of row
        computations)
      // @ (posedge clk) if (reset) disable pixel_converter;
      end                    // row_loop
      Done = 1;
     end                    // Halftone calculations
    end                    // pixel_converter
  end                    // wrapper_for_synthesis
endmodule

module t_Image_Converter_1();
 parameter pixel_size = 8, N_col = 8, M_row = 6;
```

```
  wire    [1: N_col]                    HTPV_Row_1, HTPV_Row_2,
                                          HTPV_Row_3;
  wire    [1: N_col]                    HTPV_Row_4, HTPV_Row_5,
                                          HTPV_Row_6;
  reg     [1: pixel_size*N_col*M_row]   pixel_bits;
  reg     Go, clk, reset;
  wire    [1: N_col*M_row]              HTPV_bits;
  wire    Done;

assign HTPV_Row_1 = HTPV_bits[1:8];
assign HTPV_Row_2 = HTPV_bits[9:16];
assign HTPV_Row_3 = HTPV_bits[17:24];
assign HTPV_Row_4 = HTPV_bits[25:32];
assign HTPV_Row_5 = HTPV_bits[33:40];
assign HTPV_Row_6 = HTPV_bits[41:48];

Image_Converter_1 M1 (HTPV_bits, Done, pixel_bits, Go, clk, reset); // Instantiate
                                                                       image converter

initial begin clk =0; forever #5 clk = ~clk; end

initial fork
 #0 reset= 1;
 #10 reset = 0;
join

initial fork
 #15 Go = 1;            // Image #1
 #35 Go = 0;

 #480 reset = 1;        // Image #2
 #490 reset = 0;
 #500 Go = 1;
 #520 Go = 0;

 #980 reset = 1;        // Image #3
 #990 reset = 0;
 #1000 Go = 1;
 #1020 Go = 0;

 #1480 reset = 1;       // Image #4
 #1490 reset = 0;
 #1500 Go = 1;
 #1520 Go = 0;

 #1980 reset = 1;       // Image #5
 #1990 reset = 0;
 #2000 Go = 1;
 #2020 Go = 0;
join

initial fork
 begin: Image_Pattern_1
  pixel_bits = {  8'hff, 8'hff, 8'hff, 8'hff, 8'h00, 8'h00, 8'h00, 8'h00,
                  8'hff, 8'hff, 8'hff, 8'hff, 8'h00, 8'h00, 8'h00, 8'h00,
                  8'hff, 8'hff, 8'hff, 8'hff, 8'h00, 8'h00, 8'h00, 8'h00,
                  8'h00, 8'h00, 8'h00, 8'h00, 8'hff, 8'hff, 8'hff, 8'hff,
                  8'h00, 8'h00, 8'h00, 8'h00, 8'hff, 8'hff, 8'hff, 8'hff,
                  8'h00, 8'h00, 8'h00, 8'h00, 8'hff, 8'hff, 8'hff, 8'hff};
 end
  #500 begin: Image_Pattern_2
   pixel_bits = { 8'h00, 8'h00, 8'h00, 8'h00, 8'hff, 8'hff, 8'hff, 8'hff,
                  8'h00, 8'h00, 8'h00, 8'h00, 8'hff, 8'hff, 8'hff, 8'hff,
```

```
                8'h00, 8'h00, 8'h00, 8'h00, 8'hff, 8'hff, 8'hff, 8'hff,
                8'hff, 8'hff, 8'hff, 8'hff, 8'h00, 8'h00, 8'h00, 8'h00,
                8'hff, 8'hff, 8'hff, 8'hff, 8'h00, 8'h00, 8'h00, 8'h00,
                8'hff, 8'hff, 8'hff, 8'hff, 8'h00, 8'h00, 8'h00, 8'h00};
    end

    #1000 begin: Image_Pattern_3_Cross
      pixel_bits = { 8'h00, 8'h00, 8'hff, 8'hff, 8'hff, 8'hff, 8'h00, 8'h0,
                8'h00, 8'h00, 8'hff, 8'hff, 8'hff, 8'hff, 8'h00, 8'h00,
                8'hff, 8'hff, 8'hff, 8'hff, 8'hff, 8'hff, 8'hff, 8'hff,
                8'hff, 8'hff, 8'hff, 8'hff, 8'hff, 8'hff, 8'hff, 8'hff,
                8'h00, 8'h00, 8'hff, 8'hff, 8'hff, 8'hff, 8'h00, 8'h0,
                8'h00, 8'h00, 8'hff, 8'hff, 8'hff, 8'hff, 8'h00, 8'h0};
    end

    #1500 begin: Image_Pattern_4_Bar_Cross
      pixel_bits = { 8'hff, 8'hff, 8'h00, 8'h00, 8'h00, 8'h00, 8'hff, 8'hff,
                8'hff, 8'hff, 8'h00, 8'h00, 8'h00, 8'h00, 8'hff, 8'hff,
                8'h00, 8'h00, 8'h00, 8'h00, 8'h00, 8'h00, 8'h00, 8'h00,
                8'h00, 8'h00, 8'h00, 8'h00, 8'h00, 8'h00, 8'h00, 8'h00,
                8'hff, 8'hff, 8'h00, 8'h00, 8'h00, 8'h00, 8'hff, 8'hff,
                8'hff, 8'hff, 8'h00, 8'h00, 8'h00, 8'h00, 8'hff, 8'hff};
    end

    #2000 begin: Image_Pattern_5_Graduated_Left_to_Right
      pixel_bits = { 8'h1f, 8'h3f, 8'h5f, 8'h8f, 8'h9f, 8'hbf, 8'hdf, 8'hff,
                8'h1f, 8'h3f, 8'h5f, 8'h8f, 8'h9f, 8'hbf, 8'hdf, 8'hff,
                8'h1f, 8'h3f, 8'h5f, 8'h8f, 8'h9f, 8'hbf, 8'hdf, 8'hff,
                8'h1f, 8'h3f, 8'h5f, 8'h8f, 8'h9f, 8'hbf, 8'hdf, 8'hff,
                8'h1f, 8'h3f, 8'h5f, 8'h8f, 8'h9f, 8'hbf, 8'hdf, 8'hff,
                8'h1f, 8'h3f, 8'h5f, 8'h8f, 8'h9f, 8'hbf, 8'hdf, 8'hff};
    end
  join
  initial begin #4000 $finish; end
endmodule
```

Image_Converter_1 的行之间有延迟的仿真结果如图 9.10 所示。在自顶至底的行处理中，序列演变是明显的。最终的黑白图像与 *Image_Converter_Baseline* 和 *Image_Converter_0* 产生的图像完全一致。

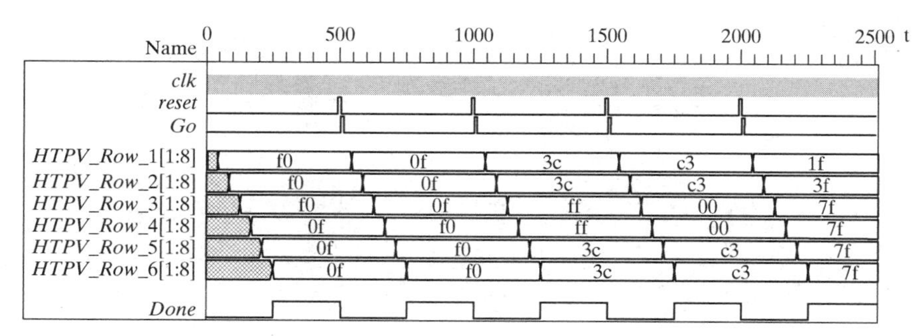

图 9.10　具有权值(*w*1,*w*2,*w*3,*w*4) = (2,8,4,2)的 *Image_Converter_1* 的仿真结果

需要重点指出的是，尽管用的是相同的算法来更新像素，*Image_Converter_Baseline* 和 *Image_Converter_0* 可综合出等同的组合逻辑，但是时序机 *Image_Converter_1* 不能被综合。当进行仿真时，在循环行为中过程赋值语句的时间顺序通过即时地改写残留数据来更新存储器中的存储值，以保证在后续步骤中使用的是新的误差数据。在 *Image_Converter_1* 中，存储 *CPV*, *CPV_round* 和 *E_av* 是在行之间共享的。实际机器必须把数据存储在存储器中，并在需要时取出。这些操作不能在单个时钟周期内完成，这也就解释了为什么这种模型不能被综合。对于一个正在执行的循

环，除了在循环内尾部(列)的内嵌式事件控制表达式有区别外，*Image_Converter_Work_Around* 与 *Image_Converter_1* 是相同的。通常来说，DFG 中的反馈循环必须区分开。这就保证了这一行用的数据在下一行用之前不会在内存上重写。*Image_Converter_Work_Around* 机器可在一个单时钟周期内更新该阵列的一行，但需要 8 个处理器(该行中的每个像素都要用一个)。该机器在行之间共享资源，但在一个给定的时钟周期内，要把所有的处理器都用来处理某个行的像素。因为 *Image_Converter_1* 不能被综合，所以计算时钟周期时不能按照这种方法，所需要的图像处理周期时间为 $T_c = 6 \times 8 \times T_{FU} = 48T_{FU}$(该机器可以节省硬件，但不能节约时间)。它还需要一个更加精巧的控制结构来控制数据读写到存储器和共享的 FU。遗憾的是，FPGA 综合工具①不支持 ***for*** 循环内部的嵌入式事件控制表达式，并且也不能实现。

9.2.3　半色调像素图像转换器的最小并行处理器结构

现在来考虑该图像转换器算法的另一种硬件实现。它可以将图像转换器分割成一个带有数据通路的算法状态机(ASMD)。这就设定了发现并行进程结构的阶段，这些结构在一个进程里处理图像时用到了最小的时间步，例如结构是最优的。它是在不浪费资源和时钟周期的条件下的最大化的并行结构。

图 9.11 中，DFG 所显现出的数据依赖性展示了一个并行结构，该结构如果增加一些存储器开销，就可以减少时钟周期的数目和更新阵列所需要的处理器数目。阴影部分定义了一个“计算波阵面”(computational wavefront)(可在给定时间步中并行执行的 DFG 节点的位置)。图 9.11 中的每个节点都可以用一个能表示所执行时间步的波阵面下标表示。节点阵列也可以在下标增长的序列中顺序地进行处理，并能并行执行有相同波阵面下标的节点(如在同一时间步中的节点)。

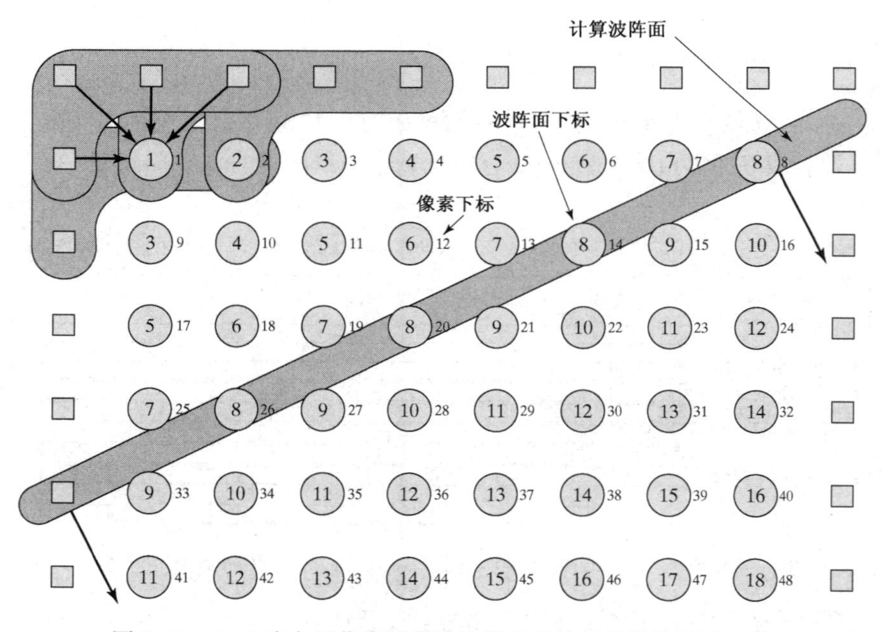

图 9.11　8×6 半色调像素图像转换器并发执行功能单元的布局

DFG 的波阵面下标分割了时间域，并确定了时钟边界。时钟边界内部的图形显示出可作为处理器并采用并行结构的同步电路所需要的资源。例如，具有图 9.11 所示波阵面下标的电路需

① 详见 Xilinx ISE 3.1。

要 4 个相同的能并行操作的 FU，每个单元都可以用更精细的逻辑来实现像素更新。该电路可以在 18 个时钟周期内更新整个图像，而且仅需要较少的 FU 资源，但需要一个比原型设计①更为复杂的控制器。

这里采用 DFG 中所示的并发行为来设计该机器的数据通路结构，然后再为数据通路设计一个控制器。下面将通过人工方法来研究行为综合工具应该完成什么，然后再仔细地将所得结果与原型设计相比较。

图 9.12 给出了另外一种结构。它有 4 个像素处理器(功能单元)、一个存储单元和一个控制器。每个处理器的输入提供了从控制器中传送的地址所指定的位置上的像素值，以及该像素点临近单元的误差值。控制器就像一个排序机，它能够产生在给定时间步内更新的像素的地址，并能在一个时钟周期内将整个像素阵列下载到存储器中。

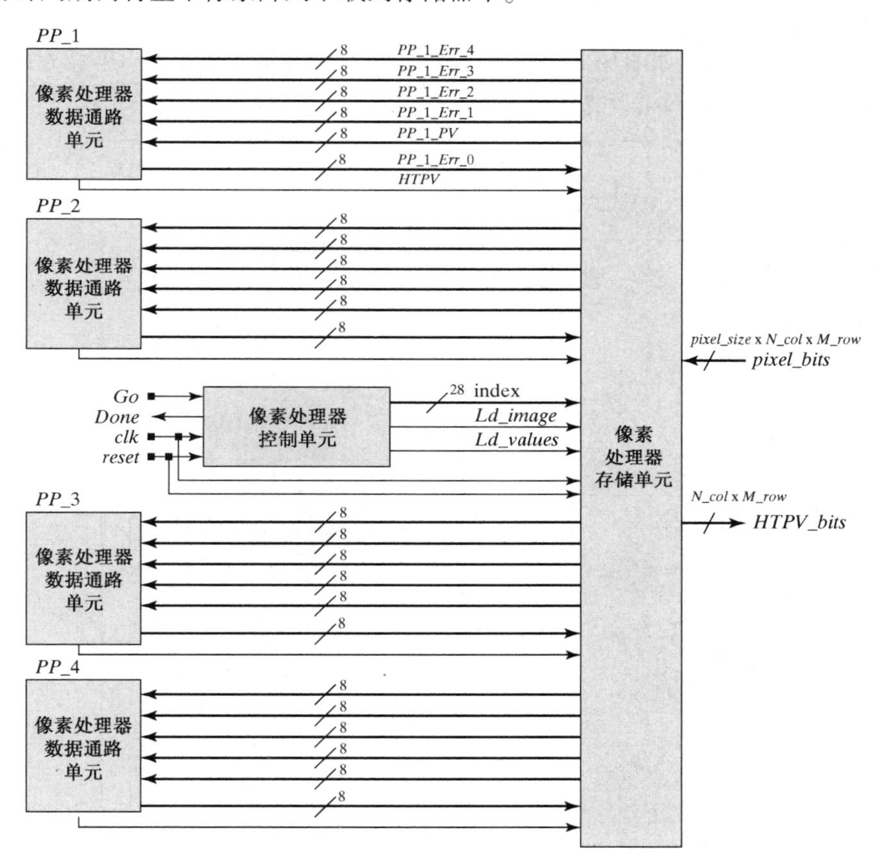

图 9.12　采用图 9.10 所示的 8×6 半色调像素图像转换器的 DFG 中并发行为的另一种结构

在确定最多需要 4 个 FU 之后，就可得到 8×6 半色调像素图像转换器 DFG 节点的映射方式的预约表，如表 9.1 所示。下面讨论将表 9.1 的任务映射到其 DFG 所给出的并发操作的 4 处理器组的资源利用问题。表中的列建立了线性运行调度时间表来具体指明在给定时间内将要执行的节点，而表中的行则建立了 DFG 节点和结构处理器之间的约束关系。此表创建了空间 - 时间划分，在这个划分中，每个节点都有唯一的处理器与时隙的对应关系。

① 这种基本设计采用 48 个时间步来更新阵列。

表 9.1　在 8×6 半色调像素图像转换器中将 DFG 节点映射到时隙的预约表

		时隙																	
		t_1	t_2	t_3	t_4	t_5	t_6	t_7	t_8	t_9	t_{10}	t_{11}	t_{12}	t_{13}	t_{14}	t_{15}	t_{16}	t_{17}	t_{18}
处理器	P_1	1	2	3	4	5	6	7	8	15	16	23	24						
	P_2			9	10	11	12	13	14	21	22	29	30	31	32				
	P_3					17	18	19	20	27	28	35	36	37	38	39	40		
	P_4							25	26	33	34	41	42	43	44	45	46	47	48

由预约表所表示的结构可在 18 个时隙中处理一幅图像，添加流水线后可以只用 12 个时隙处理一幅图像。然而该结构却不具备这种可能性，因为存储器不能有选择地去装载部分更新的内容，比如说 t_{13} 时刻访问下一个图像单元①。一般来说，一个时隙所耗费的时钟周期数会受到总线资源和存储器操作的严重影响。

该机器控制单元的 ASM 如图 9.13 所示。状态方框中列出了与表 9.1 内容相对应的下标值。这个实现没有采用表 9.1 中的流水线操作。

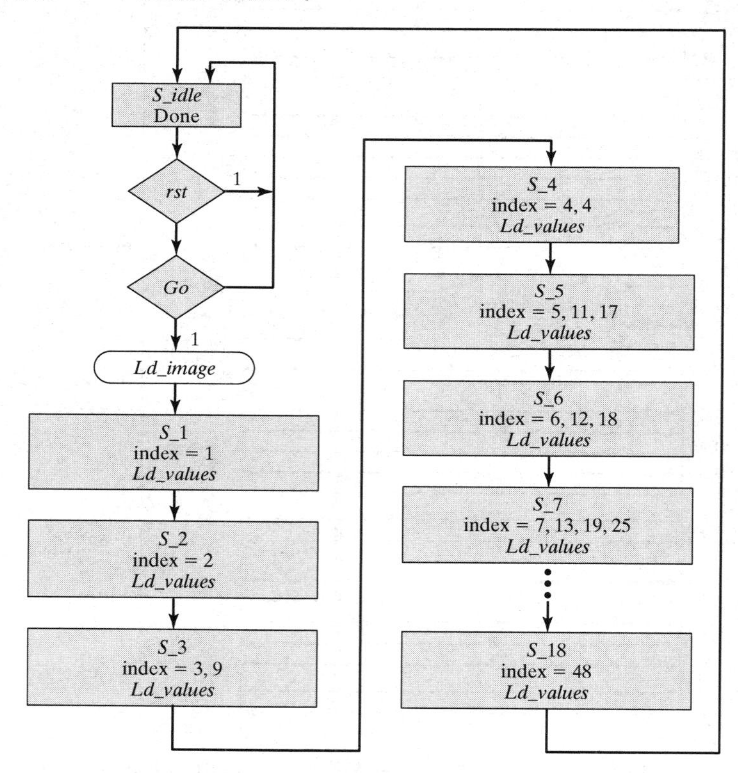

图 9.13　另一种半色调像素图像转换器的控制单元的 ASM 图

作为一种可选的图像转换器，用 Verilog 描述的 *Image_Converter_Concurrent Processors* 和测试平台一起在下面给出。信号 *L_Image* 添加到接口，以便使用命令来存储图像，这样就可以释放提供图像的外部总线。一旦图像被装入存储器中，机器将等到 *Go* 有效时才开始转换图像。

Image_Converter_Concurrent_Processors 的仿真结果如图 9.14 所示，用来测试图 9.6 所给出的图像。点染图像与 *Image_Converter_Baseline*，*Image_Converter_0* 和 *Image_Converter_1* 产生的图像相

① 详细地讲，它将缓存图像并产生低延时的数据通路。

匹配。图 9.15 给出了渐变图像(见图 9.7)的仿真动作，并给出了 4 个并发执行处理器的时间调度表。

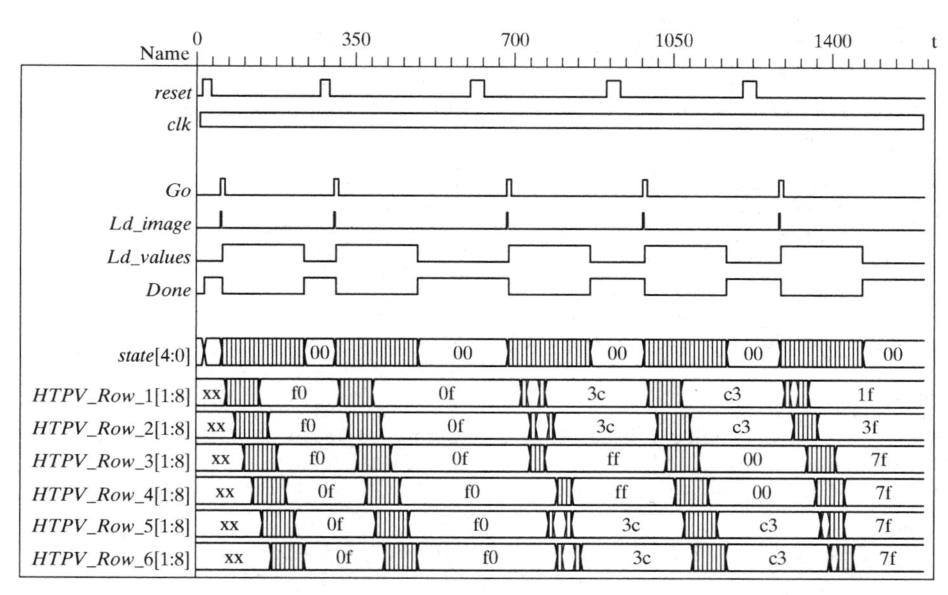

图 9.14　*Image_Converter_Concurrent_Processors* 对图 9.6 给出的图像进行转换的仿真结果

```
module Image_Converter_Concurrent_Processors # (parameter
  pixel_size = 8, N_col = 8, M_row = 6)(
  output [1: N_col*M_row] HTPV_bits,
  output Done,
  input [1: pixel_size * N_col * M_row] pixel_bits,
  input Go, clk, reset
);
  wire        [23: 0]       index;
  wire                      Ld_image, Ld_values;

  wire        [pixel_size -1: 0]
              PP_1_Err_1, PP_1_Err_2, PP_1_Err_3, PP_1_Err_4,
              PP_1_PV,
              PP_2_Err_1, PP_2_Err_2, PP_2_Err_3, PP_2_Err_4,
              PP_2_PV,
              PP_3_Err_1, PP_3_Err_2, PP_3_Err_3, PP_3_Err_4,
              PP_3_PV,
              PP_4_Err_1, PP_4_Err_2, PP_4_Err_3, PP_4_Err_4,
              PP_4_PV;

  wire        [pixel_size -1: 0]
              PP_1_Err_0, PP_2_Err_0, PP_3_Err_0, PP_4_Err_0;

  wire        PP_1_HTPV, PP_2_HTPV, PP_3_HTPV, PP_4_HTPV;

// Instantiate Pixel Processor Datapath Units Control Unit, Memory Unit

  PP_Datapath_Unit M1_Datapath
   (PP_1_Err_0, PP_1_HTPV, PP_1_Err_1, PP_1_Err_2, PP_1_Err_3, PP_1_Err_4,
     PP_1_PV);

  PP_Datapath_Unit M2_Datapath
   (PP_2_Err_0, PP_2_HTPV, PP_2_Err_1, PP_2_Err_2, PP_2_Err_3,
     PP_2_Err_4, PP_2_PV);

  PP_Datapath_Unit M3_Datapath
```

```
    (PP_3_Err_0, PP_3_HTPV, PP_3_Err_1, PP_3_Err_2, PP_3_Err_3,
      PP_3_Err_4, PP_3_PV);

  PP_Datapath_Unit M4_Datapath
    (PP_4_Err_0, PP_4_HTPV, PP_4_Err_1, PP_4_Err_2, PP_4_Err_3,
      PP_4_Err_4, PP_4_PV);

  PP_Control_Unit M0_Controller (index, Ld_image, Ld_values, Done, Go, clk, reset);
  PP_Memory_Unit M5_Memory (
    HTPV_bits,
    PP_1_Err_1, PP_1_Err_2, PP_1_Err_3, PP_1_Err_4, PP_1_PV,
    PP_2_Err_1, PP_2_Err_2, PP_2_Err_3, PP_2_Err_4, PP_2_PV,
    PP_3_Err_1, PP_3_Err_2, PP_3_Err_3, PP_3_Err_4, PP_3_PV,
    PP_4_Err_1, PP_4_Err_2, PP_4_Err_3, PP_4_Err_4, PP_4_PV,
    PP_1_Err_0, PP_2_Err_0, PP_3_Err_0, PP_4_Err_0,
    PP_1_HTPV, PP_2_HTPV, PP_3_HTPV, PP_4_HTPV,
    pixel_bits, index, Go, Ld_image, Ld_values, clk, reset
  );
endmodule

module PP_Control_Unit (output reg [23: 0] index, output reg Ld_image, Ld_values,
  Done, input Go, clk, reset);
  reg          [4: 0]          state, next_state;

  parameter
   S_idle = 5'd0, S_1 = 5'd1, S_2 = 5'd2, S_3 = 5'd3, S_4 = 5'd4, S_5 = 5'd5,
   S_6 = 5'd6, S_7 = 5'd7, S_8 = 5'd8, S_9 = 5'd9, S_10 = 5'd10, S_11 = 5'd11,
   S_12 = 5'd12, S_13 = 5'd13, S_14 = 5'd14, S_15 = 5'd15, S_16 = 5'd16,
   S_17 = 5'd17, S_18 = 5'd18;

  always @ (posedge clk) if (reset) state <= S_idle; else state <= next_state;

  always @ (state or Go) begin
   Ld_values = 0; next_state = S_idle;
   case (state)
    S_idle:  if (Go) next_state = S_1;
    S_18:    begin next_state = S_idle; Ld_values = 1; end
    default: begin next_state = state + 1; Ld_values = 1; end
   endcase
  end

  always @ (state, Go) begin
   Done = 0;
   Ld_image = 0;
   if (state == S_idle) begin Done = 1; if (Go) Ld_image = 1; end
  end

  always @ (state) begin
   index = 0;
     case (state)
      S_idle:   index = {{6'd0}, {6'd0}, {6'd0}, {6'd0}};
      S_1:                index = {{6'd1}, {6'd0}, {6'd0}, {6'd0}};
      S_2:                index = {{6'd2}, {6'd0}, {6'd0}, {6'd0}};
      S_3:                index = {{6'd3}, {6'd9}, {6'd0}, {6'd0}};
      S_4:                index = {{6'd4}, {6'd10}, {6'd0}, {6'd0}};
      S_5:                index = {{6'd5}, {6'd11}, {6'd17}, {6'd0}};
      S_6:                index = {{6'd6}, {6'd12}, {6'd18}, {6'd0}};
      S_7:                index = {{6'd7}, {6'd13}, {6'd19}, {6'd25}};
      S_8:                index = {{6'd8}, {6'd14}, {6'd20}, {6'd26}};
      S_9:                index = {{6'd15}, {6'd21}, {6'd27}, {6'd33}};
      S_10:     index = {{6'd16}, {6'd22}, {6'd28}, {6'd34}};
      S_11:     index = {{6'd23}, {6'd29}, {6'd35}, {6'd41}};
      S_12:     index = {{6'd24}, {6'd30}, {6'd36}, {6'd42}};
      S_13:     index = {{6'd0}, {6'd31}, {6'd37}, {6'd43}};
      S_14:     index = {{6'd0}, {6'd32}, {6'd38}, {6'd44}};
```

```
      S_15:    index = {{6'd0}, {6'd0}, {6'd39}, {6'd45}};
      S_16:    index = {{6'd0}, {6'd0}, {6'd40}, {6'd46}};
      S_17:    index = {{6'd0}, {6'd0}, {6'd0}, {6'd47}};
      S_18:    index = {{6'd0}, {6'd0}, {6'd0}, {6'd48}};
      default: index = 0;
    endcase
  end
endmodule

// Pixel Processor Datapath Unit
module PP_Datapath_Unit # (parameter pixel_size = 8)(
  output [pixel_size -1: 0] Err_0,
  output HTPV,
  input       [pixel_size -1: 0]   Err_1, Err_2, Err_3, Err_4, PV
);
  wire        [pixel_size + 1: 0] CPV, CPV_round, E_av;

  // Weights for the average error; choose for compatibility with divide-by-16 (>> 4)
  parameter  w1 = 2, w2 = 8, w3 = 4, w4 = 2;
  parameter  Threshold = 128;

  assign     E_av =          (w1 * Err_1 + w2 * Err_2 + w3 * Err_3 + w4 * Err_4 )
                              >> 4;
  assign     CPV =           PV + E_av;
  assign     CPV_round =     (CPV < Threshold) ? 0: 255;
  assign     HTPV =          (CPV_round == 0) ? 0: 1;
  assign     Err_0 =         CPV - CPV_round;
endmodule

module PP_Memory_Unit # (parameter pixel_size = 8, N_col = 8, M_row = 6)(
  output [1: N_col*M_row] HTPV_bits,
  output reg [pixel_size -1: 0]
   PP_1_Err_1, PP_1_Err_2, PP_1_Err_3, PP_1_Err_4, PP_1_PV,
   PP_2_Err_1, PP_2_Err_2, PP_2_Err_3, PP_2_Err_4, PP_2_PV,
   PP_3_Err_1, PP_3_Err_2, PP_3_Err_3, PP_3_Err_4, PP_3_PV,
   PP_4_Err_1, PP_4_Err_2, PP_4_Err_3, PP_4_Err_4, PP_4_PV,

  input [pixel_size -1: 0] PP_1_Err_0, PP_2_Err_0, PP_3_Err_0, PP_4_Err_0,
  input PP_1_HTPV, PP_2_HTPV, PP_3_HTPV, PP_4_HTPV,
  input [1: pixel_size * N_col * M_row] pixel_bits,
  input [23: 0] index,

  input Go, Ld_image, Ld_values, clk, reset
);

// Array of pixel data
  reg [pixel_size -1: 0] PV [1: N_col][1: M_row];

// Array of halftone pixel values
  reg HTPV [1: N_col][1: M_row];

// Array of pixel error values
  reg [pixel_size -1: 0] Err [0: N_col +1] [0: M_row];
  genvar nn, mm;
  generate

  // Form vector of output halftone values
   for (mm = 1; mm <= M_row; mm = mm + 1) begin: HTPV_row_loop
    for (nn = 1; nn <= N_col; nn = nn + 1) begin: HTPV_col_loop
     assign HTPV_bits [(mm - 1)*N_col + nn] = HTPV[nn][mm];
    end
   end
  endgenerate

  wire [5: 0]
```

```
    index_1 = index [23: 18],
    index_2 = index [17: 12],
    index_3 = index [11: 6],
    index_4 = index [5: 0];
// Retrieve data for pixel processors
  always @ (index_1) begin
    case (index_1)
      1, 2, 3, 4, 5, 6, 7, 8: begin  PP_1_Err_1 = Err [index_1 -1][1];
                                     PP_1_Err_2 = Err [index_1 -1][0];
                                     PP_1_Err_3 = Err [index_1][0];
                                     PP_1_Err_4 = Err [index_1 +1][0];
                                     PP_1_PV = PV [index_1][1];
      end
      15, 16: begin
                                     PP_1_Err_1 = Err [index_1 -1 -8][2];
                                     PP_1_Err_2 = Err [index_1 -1 -8][1];
                                     PP_1_Err_3 = Err [index_1 -8][1];
                                     PP_1_Err_4 = Err [index_1 +1 -8][1];
                                     PP_1_PV = PV [index_1 -8][2];
      end
      23, 24: begin
                                     PP_1_Err_1 = Err [index_1 -1 -16][3];
                                     PP_1_Err_2 = Err [index_1 -1 -16][3];
                                     PP_1_Err_3 = Err [index_1 -16][3];
                                     PP_1_Err_4 = Err [index_1 +1 -16][3];
                                     PP_1_PV = PV [index_1 -16][3];
      end
      default: begin
                                     PP_1_Err_1 = 8'bx; PP_1_Err_2 = 8'bx;
                                     PP_1_Err_3 = 8'bx;
                                     PP_1_Err_4 = 8'bx; PP_1_PV = 8'bx;
      end
    endcase
  end

  always @ (index_2) begin
    case (index_2)
      9, 10, 11, 12, 13, 14: begin
                                     PP_2_Err_1 = Err [index_2 -1 -8][2];
                                     PP_2_Err_2 = Err [index_2 -1 -8][1];
                                     PP_2_Err_3 = Err [index_2 -8][1];
                                     PP_2_Err_4 = Err [index_2 +1-8][1];
                                     PP_2_PV = PV [index_2 -8][2];
      end
      21, 22: begin
                                     PP_2_Err_1 = Err [index_2 -1 -16][3];
                                     PP_2_Err_2 = Err [index_2 -1 -16][2];
                                     PP_2_Err_3 = Err [index_2 -16][2];
                                     PP_2_Err_4 = Err [index_2 +1 -16][2];
                                     PP_2_PV = PV [index_2 -16][3];
      end
      29, 30, 31, 32: begin
                                     PP_2_Err_1 = Err [index_2 -1 -24][4];
                                     PP_2_Err_2 = Err [index_2 -1 -24][3];
                                     PP_2_Err_3 = Err [index_2 -24][3];
                                     PP_2_Err_4 = Err [index_2 +1 -24][3];
                                     PP_2_PV = PV [index_2 -24][4];
      end
      default: begin
                                     PP_2_Err_1 = 8'bx; PP_2_Err_2 = 8'bx;
```

```
                                        PP_2_Err_3 = 8'bx;
                                        PP_2_Err_4 = 8'bx; PP_2_PV = 8'bx;
    end
   endcase
  end

  always @ (index_3) begin
   case (index_3)
    17, 18, 19, 20: begin
                                        PP_3_Err_1 = Err [index_3 -1-16][3];
                                        PP_3_Err_2 = Err [index_3 -1-16][2];
                                        PP_3_Err_3 = Err [index_3 -16][2];
                                        PP_3_Err_4 = Err [index_3 +1 -16][2];
                                        PP_3_PV = PV [index_3 -16][3];
    end
    27, 28: begin
                                        PP_3_Err_1 = Err [index_3 -1 -24][4];
                                        PP_3_Err_2 = Err [index_3 -1 -24][3];
                                        PP_3_Err_3 = Err [index_3 -24][3];
                                        PP_3_Err_4 = Err [index_3 +1 -24][3];
                                        PP_3_PV = PV[index_3 -24][4];
    end
    35, 36, 37, 38, 39, 40: begin
                                        PP_3_Err_1 = Err [index_3 -1 -32][5];
                                        PP_3_Err_2 = Err [index_3 -1 -32][4];
                                        PP_3_Err_3 = Err [index_3 -32][4];
                                        PP_3_Err_4 = Err [index_3 + 1 -32][4];
                                        PP_3_PV = PV [index_3 -32][5];
    end
    default: begin
                                        PP_3_Err_1 = 8'bx; PP_3_Err_2 = 8'bx;
                                        PP_3_Err_3 = 8'bx;
                                        PP_3_Err_4 = 8'bx; PP_3_PV = 8'bx;
    end
   endcase
  end

  always @ (index_4) begin
   case (index_4)
    25, 26: begin
                                        PP_4_Err_1 = Err [index_4 -1 -24][4];
                                        PP_4_Err_2 = Err [index_4 -1 -24][3];
                                        PP_4_Err_3 = Err [index_4 -24][3];
                                        PP_4_Err_4 = Err [index_4 +1 -24][3];
                                        PP_4_PV = PV [index_4 -24][4];
    end
    33, 34: begin
                                        PP_4_Err_1 = Err [index_4 -1 -32][5];
                                        PP_4_Err_2 = Err [index_4 -1 -32][4];
                                        PP_4_Err_3 = Err [index_4 -32][4];
                                        PP_4_Err_4 = Err [index_4 +1 -32][4];
                                        PP_4_PV = PV [index_4 -32][5];
    end
    41, 42, 43, 44,
    45, 46,47, 48:        begin
                                        PP_4_Err_1 = Err [index_4 -1 -40][6];
                                        PP_4_Err_2 = Err [index_4 -1 -40][5];
                                        PP_4_Err_3 = Err [index_4 -40][5];
                                        PP_4_Err_4 = Err [index_4 +1 -40][5];
                                        PP_4_PV = PV [index_4 -40][6];
    end
```

```
    default: begin
                              PP_4_Err_1 = 8'bx; PP_4_Err_2 = 8'bx;
                              PP_4_Err_3 = 8'bx;
                              PP_4_Err_4 = 8'bx; PP_4_PV = 8'bx;
    end
   endcase
  end

// Synchronous Behavior
 integer n, m;

 always @ (posedge clk)
  if (reset) begin
   for (m = 0; m <= M_row; m = m + 1)
    for (n = 0; n <= N_col + 1; n = n + 1)
     Err [n][m] = 0;

   for (m = 1; m <= M_row; m = m + 1)
    for (n = 1; n <= N_col; n = n + 1)
     PV [n][m] <= 0;
 end

 else if (Ld_image) begin: Array_Initialization
  for (m = 1; m <= M_row; m = m +1) begin: row_loop
   for (n = 1; n <= N_col; n = n +1) begin: col_loop
    Err [n][m] <= 0;          // Note part-select (+:) in next line to form range
    PV [n][m] <= pixel_bits[(m -1)*N_col*pixel_size + (n -1)*pixel_size +
      1 +: pixel_size];
   end // col_loop
  end      // row_loop
 end       // Array Initialization

 else if (Ld_values) begin: Image_Conversion
  case (index_1)
   1, 2, 3, 4, 5, 6, 7, 8:          begin
            Err [index_1][1] <= PP_1_Err_0;
            HTPV [index_1] [1] <= PP_1_HTPV; end

   15, 16: begin
            Err [index_1 -8][2] <= PP_1_Err_0;
            HTPV [index_1 -8][2] <= PP_1_HTPV; end

   23, 24: begin
            Err [index_1 -16][3] <= PP_1_Err_0;
            HTPV [index_1 -16][3] <= PP_1_HTPV; end
  endcase

  case (index_2)
   9, 10, 11, 12, 13, 14: begin
            Err [index_2 -8][2] <= PP_2_Err_0;
            HTPV [index_2 -8][2] <= PP_2_HTPV; end

   21, 22: begin
            Err [index_2 -16][3] <= PP_2_Err_0;
            HTPV [index_2 -16][3] <= PP_2_HTPV; end

   29, 30, 31, 32: begin
            Err [index_2 -24][4] <= PP_2_Err_0;
            HTPV [index_2 -24][4] <= PP_2_HTPV; end
  endcase

  case (index_3)
   17, 18, 19, 20: begin
            Err [index_3 -16][3]<= PP_3_Err_0;
            HTPV [index_3 -16][3] <= PP_3_HTPV; end
```

```
    27, 28: begin Err [index_3 -24][4] <= PP_3_Err_0;
              HTPV [index_3 -24][4] <= PP_3_HTPV; end
    35, 36, 37, 38, 39, 40:      begin
              Err [index_3 -32][5] <= PP_3_Err_0;
              HTPV [index_3 -32][5] <= PP_3_HTPV; end
  endcase

  case (index_4)
    25, 26: begin
              Err [index_4 - 24][4] <= PP_4_Err_0;
              HTPV [index_4 -24][4] <= PP_4_HTPV; end
    33, 34: begin
              Err [index_4 -32][5] <= PP_4_Err_0;
              HTPV [index_4 -32][5] <= PP_4_HTPV;end
    41, 42, 43, 44, 45, 46, 47, 48: begin
              Err [index_4 -40][6] <= PP_4_Err_0;
              HTPV [index_4 -40][6] <= PP_4_HTPV; end
  endcase
  end       // Image_Conversion
endmodule

module t_Image_Converter_Concurrent_Processor();
 parameter pixel_size = 8, N_col = 8, M_row = 6;
 wire         Done;
 reg          [1: pixel_size*N_col*M_row]          pixel_bits;
 reg          Go, clk, reset;
 wire         [1: N_col*M_row]                     HTPV_bits;
 wire [1: N_col] HTPV_Row_1 = HTPV_bits[1: 8];
 wire [1: N_col] HTPV_Row_2 = HTPV_bits[9: 16];
 wire [1: N_col] HTPV_Row_3 = HTPV_bits[17: 24];
 wire [1: N_col] HTPV_Row_4 = HTPV_bits[25: 32];
 wire [1: N_col] HTPV_Row_5 = HTPV_bits[33: 40];
 wire [1: N_col] HTPV_Row_6 = HTPV_bits[41: 48];

 // Instantiate image converter
 Image_Converter_Concurrent_Processors M1 (HTPV_bits, Done, pixel_bits, Go,
  clk, reset);
 initial begin #1200 $finish; end
 initial begin clk = 0; forever #5 clk = ~clk; end
 initial fork #10 reset = 1; #30 reset = 0; join
 initial fork
  #50 Go = 1; #60 Go = 0;
  #250 Go = 1; #260 Go = 0;
  #450 Go = 1; #460 Go = 0;
  #650 Go = 1; #660 Go = 0;
  #850 Go = 1; #860 Go = 0;
 join
 initial fork begin: Image_Pattern_1
   pixel_bits = {  8'hff, 8'hff, 8'hff, 8'hff, 8'h00, 8'h00, 8'h00, 8'h00,
                8'hff, 8'hff, 8'hff, 8'hff, 8'h00, 8'h00, 8'h00, 8'h00,
                8'hff, 8'hff, 8'hff, 8'hff, 8'h00, 8'h00, 8'h00, 8'h00,
                8'h00, 8'h00, 8'h00, 8'h00, 8'hff, 8'hff, 8'hff, 8'hff,
                8'h00, 8'h00, 8'h00, 8'h00, 8'hff, 8'hff, 8'hff, 8'hff,
                8'h00, 8'h00, 8'h00, 8'h00, 8'hff, 8'hff, 8'hff, 8'hff};
  end
  #200 begin: Image_Pattern_2
   pixel_bits = {  8'h00, 8'h00, 8'h00, 8'h00, 8'hff, 8'hff, 8'hff, 8'hff,
                8'h00, 8'h00, 8'h00, 8'h00, 8'hff, 8'hff, 8'hff, 8'hff,
                8'h00, 8'h00, 8'h00, 8'h00, 8'hff, 8'hff, 8'hff, 8'hff,
                8'hff, 8'hff, 8'hff, 8'hff, 8'h00, 8'h00, 8'h00, 8'h00,
                8'hff, 8'hff, 8'hff, 8'hff, 8'h00, 8'h00, 8'h00, 8'h00,
```

```
                8'hff, 8'hff, 8'hff, 8'hff, 8'h00, 8'h00, 8'h00, 8'h00};
   end
   #400 begin: Image_Pattern_3_Cross
    pixel_bits = {  8'h00, 8'h00, 8'hff, 8'hff, 8'hff, 8'hff, 8'h00, 8'h0,
                8'h00, 8'h00, 8'hff, 8'hff, 8'hff, 8'hff, 8'h00, 8'h00,
                8'hff, 8'hff, 8'hff, 8'hff, 8'hff, 8'hff, 8'hff, 8'hff,
                8'hff, 8'hff, 8'hff, 8'hff, 8'hff, 8'hff, 8'hff, 8'hff,
                8'h00, 8'h00, 8'hff, 8'hff, 8'hff, 8'hff, 8'h00, 8'h0,
                8'h00, 8'h00, 8'hff, 8'hff, 8'hff, 8'hff, 8'h00, 8'h0};
   end
   #600 begin: Image_Pattern_4_Bar_Cross
    pixel_bits = {  8'hff, 8'hff, 8'h00, 8'h00, 8'h00, 8'h00, 8'hff, 8'hff,
                8'hff, 8'hff, 8'h00, 8'h00, 8'h00, 8'h00, 8'hff, 8'hff,
                8'h00, 8'h00, 8'h00, 8'h00, 8'h00, 8'h00, 8'h00, 8'h00,
                8'h00, 8'h00, 8'h00, 8'h00, 8'h00, 8'h00, 8'h00, 8'h00,
                8'hff, 8'hff, 8'h00, 8'h00, 8'h00, 8'h00, 8'hff, 8'hff,
                8'hff, 8'hff, 8'h00, 8'h00, 8'h00, 8'h00, 8'hff, 8'hff};
   end
   #800 begin: Image_Pattern_5_Graduated_Left_to_Right
    pixel_bits = {  8'h1f, 8'h3f, 8'h5f, 8'h8f, 8'h9f, 8'hbf, 8'hdf, 8'hff,
                8'h1f, 8'h3f, 8'h5f, 8'h8f, 8'h9f, 8'hbf, 8'hdf, 8'hff,
                8'h1f, 8'h3f, 8'h5f, 8'h8f, 8'h9f, 8'hbf, 8'hdf, 8'hff,
                8'h1f, 8'h3f, 8'h5f, 8'h8f, 8'h9f, 8'hbf, 8'hdf, 8'hff,
                8'h1f, 8'h3f, 8'h5f, 8'h8f, 8'h9f, 8'hbf, 8'hdf, 8'hff,
                8'h1f, 8'h3f, 8'h5f, 8'h8f, 8'h9f, 8'hbf, 8'hdf, 8'hff};
   end
  join
endmodule
```

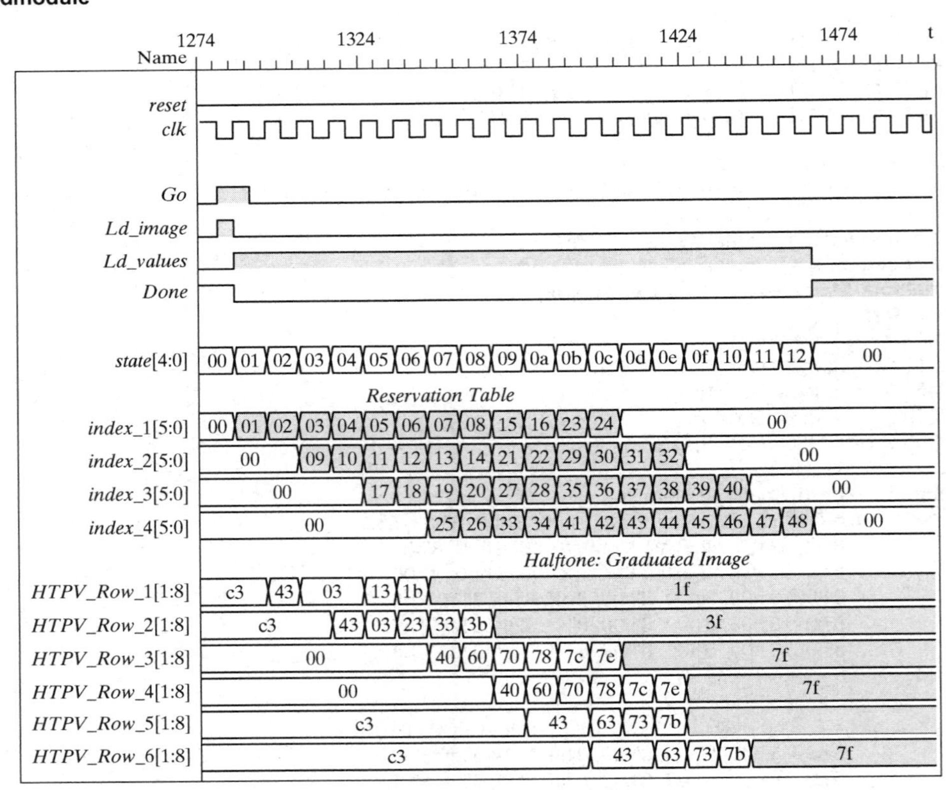

图 9.15 *Image_Converter_Concurrent_Processors* 对图 9.7 给出的图像进行转换的仿真结果，显示了4个并发执行处理器的时间调度情形

9.2.4 半色调像素图像转换器：设计权衡

半色调像素图像转换器的多个可选择设计中要考虑的关键权衡总结在表9.2中。更精确的比较需要对每个设计进行综合。这个任务留给读者完成。

表9.2 多个半色调像素图像转换器的比较

设计权衡：半色调像素图像转换器			
版本	使用的FU	使用的存储器	执行时间
Image_Converter_Baseline[1]	48	无	$T_{Baseline}$
Image_Converter_0[2]	48	无	$48 \times T_{FU}$
Image_Converter_1[3]	NA *	6 + 2 × 48 × 8 bytes	$48 \times T_{FU}$
Image_Converter_SR[4]	8	6 + 2 × 48 × 8 bytes	$48 \times T_{FU}$
Image_Converter_2[5]	4	6 + 2 × 48 × 8 bytes	$18 \times T_{FU}$ ($12 \times T_{FU}$) **

[1] 基于FU结构的NLP
[2] 基于电平敏感的周期行为的NLP
[3] 基于单周期同步的NLP
[4] 基于多周期同步的NLP
[5] 基于并行处理器的ASMD
* 不可综合的
** 图像流

9.2.5 带反馈数据流图的结构

像素处理器的数据流图没有反馈，所以最基本的处理器可用无反馈的组合逻辑来实现。如果一种算法的DFG中有反馈，那么该机器将需要存储器，并且只能用时序机来实现。

例9.1 下面给出一个以伪代码形式描述的冒泡排序算法[6]。该算法将N个无符号二进制数分为一组，并按升序排列。

```
begin
 for i=2 to N_key
 begin
  for j = N_key downto i do
   if A[j-1] > A[j] then
   begin
       temp= A[j-1];
       A[j-1]=A[j];
       A[j]=temp
   end
end
```

该机器中一个功能单元的DFG示于图9.16(a)中。其中包含的附加结构用以表示与算法控制的数据相关联的存储器单元。FU可比较存储器中所保存的两个相邻的数，并判断是否要交换存储寄存器的内容。DFG有反馈是因为存储器单元中的内容可被写回到该单元中：DFG中反馈的存在意味着对数据存储的需要，这样也通过时钟避免了竞争。如果将NLP程序的循环展开，则可得到图9.16(b)所示的DFG。嵌套循环的每次迭代必须是一个独立的时钟周期，取出数据、处理数据并通过在寄存器上的并行操作将数据回写到存储器。图9.16(b)中有阴影的节点和存储器单元表示了机器执行算法时，在给定时间步中所使用的数据通路。

对于冒泡排序算法的DFG结构，建议用一个单一的FU来构成这种机器的一个最基本实现，这个单一的FU可重复处理不同的数据，直到算法结束。用最基本结构实现的机器的ASMD图表示于图9.17中。该机器有N个保存数据的寄存器和两个计数器(内部和外部循环计数)。

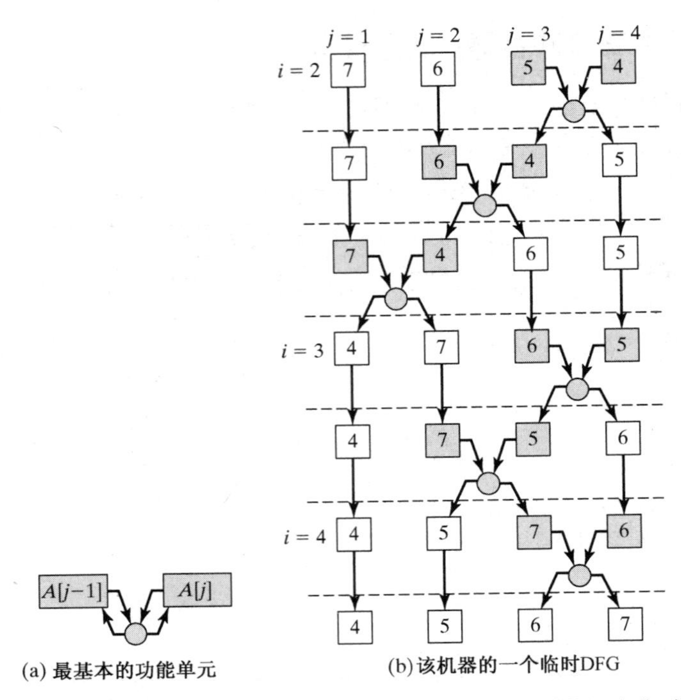

图 9.16　冒泡排序机：(a) 最基本的功能单元；(b) 该机器的一个临时 DFG

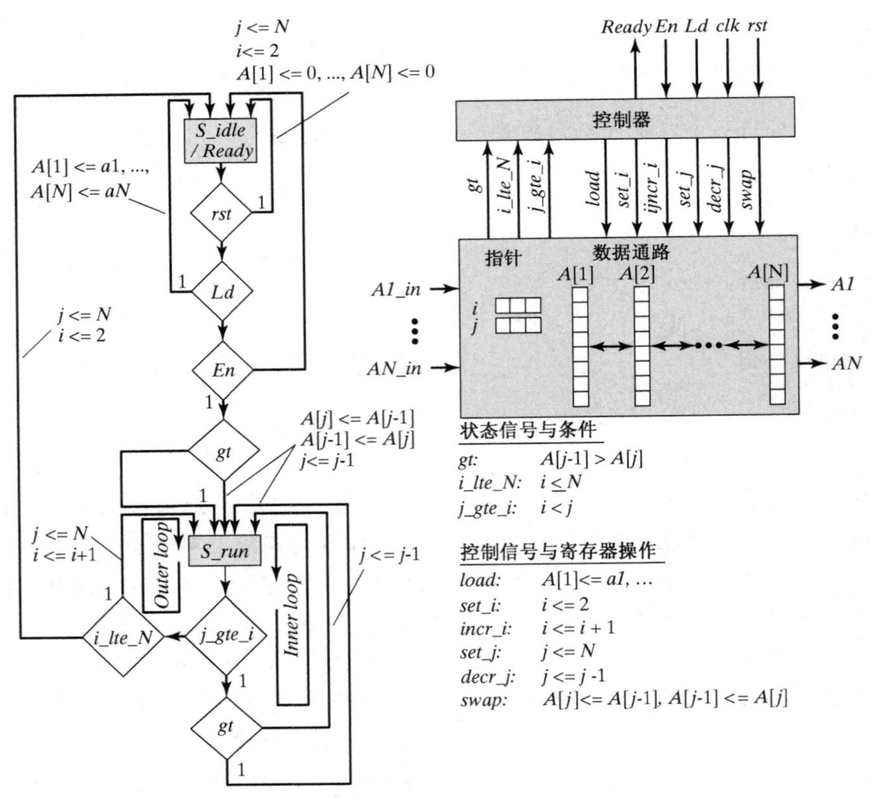

图 9.17　可执行冒泡排序算法的机器的 ASMD 图与数据通路寄存器

下面给出了这种冒泡排序机器的 Verilog 模型。为了更清楚地说明，控制器和数据通路的接口信号在下面的框图中展示。图 9.18 的仿真结果说明了该算法的执行结果，测试平台使用了两组数据(见本章习题 4)。

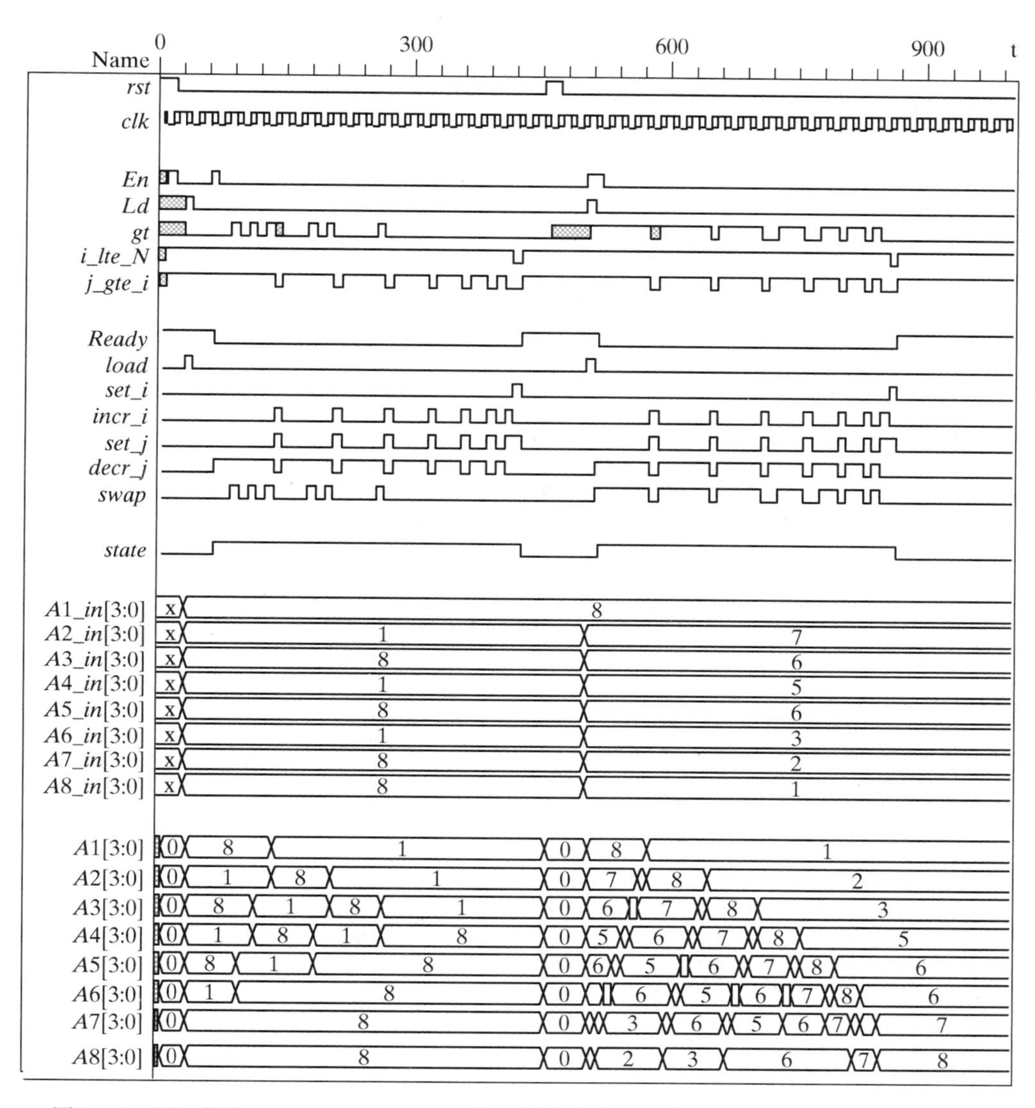

图 9.18　设初值为(8,7,6,5,4,3,2,1)，执行冒泡排序算法的机器 *Bubble_Sort* 的仿真结果

```
module Bubble_Sort # ( parameter N = 8, word_size = 4)(
 output        [word_size -1: 0]  A1, A2, A3, A4, A5, A6, A7, A8,
 output                           Ready,
 input         [word_size -1: 0]  A1_in, A2_in, A3_in, A4_in, A5_in, A6_in, A7_in,
                                   A8_in,
 input                            En, Ld, clk, rst
);

 Control_Unit M0_Controller (
  Ready, load, set_i, incr_i, set_j, decr_j, swap, En, Ld, gt, i_lte_N, j_gte_i, clk, rst);
```

```
  Datapath_Unit M1_Datapath (
   A1, A2, A3, A4, A5, A6, A7, A8, gt, i_lte_N, j_gte_i,
   A1_in, A2_in, A3_in, A4_in, A5_in, A6_in, A7_in, A8_in,
   load, set_i, incr_i, set_j, decr_j, swap, clk, rst
  );
endmodule

module Control_Unit (output Ready, output reg load, set_i, incr_i, set_j,
  decr_j, swap,
 input En, Ld, gt, i_lte_N, j_gte_i, clk, rst);

 parameter      S_idle = 0, S_sort = 1;
 reg            state, next_state;
 assign         Ready = (state == S_idle);

 always @ (posedge clk) if (rst) state <= S_idle; else state <= next_state;

 always @ (state, En, Ld, gt, i_lte_N, j_gte_i) begin
  next_state = S_idle; load = 0; decr_j = 0; incr_i = 0; set_j = 0; set_i = 0; swap = 0;
  case (state)
   S_idle:      if (Ld) begin next_state = S_idle; load = 1; end
                else if (En) begin
                 next_state = S_sort; if (gt) begin swap = 1; decr_j = 1; end
                end else next_state = S_idle;

   S_sort:      if (j_gte_i) begin next_state = S_sort; decr_j = 1; if (gt) swap = 1;
                 end
                else if (i_lte_N) begin next_state = S_sort; set_j = 1; incr_i = 1; end
                else begin next_state = S_idle; set_j = 1; set_i = 1; end
  endcase
 end
endmodule

module Datapath_Unit # (parameter word_size = 4, N = 8) (
 output [word_size -1: 0] A1, A2, A3, A4, A5, A6, A7, A8,
 output gt, i_lte_N, j_gte_i,
 input [word_size -1: 0] A1_in, A2_in, A3_in, A4_in, A5_in, A6_in, A7_in, A8_in,
 input load, set_i, incr_i, set_j, decr_j, swap, clk, rst
);
 reg     [word_size -1: 0]  A [1: N]; // Array of words
 reg     [word_size -1: 0]  i, j;
 assign A1 = A[1], A2 = A[2], A3 = A[3], A4 = A[4];
 assign A5 = A[5], A6 = A[6], A7 = A[7], A8 = A[8];

 assign gt = (A[j-1] > A[j]);          // compares words
 assign i_lte_N = (i <= N);
 assign j_gte_i = (i <= j);

 always @ (posedge clk)               // Datapath and status registers
   if (rst) begin i <= 0; j <= 0;
    A[1] <= 0; A[2] <= 0; A[3] <= 0; A[4] <= 0;
    A[5] <= 0; A[6] <= 0; A[7] <= 0; A[8] <= 0; end
   else begin
    if (load) begin i <= 2; j <= N;
     A[1] <= A1_in; A[2] <= A2_in; A[3] <= A3_in; A[4] <= A4_in;
     A[5] <= A5_in; A[6] <= A6_in; A[7] <= A7_in; A[8] <= A8_in;
   end
   if (swap) begin A[j] <= A[j-1]; A[j-1] <= A[j]; end
   if (decr_j) j <= j-1;
   if (incr_i) i <= i+1;
   if (set_j) j <= N;
```

```
    if (set_i) i <= 2;
  end
endmodule

module t_Bubble_Sort ();
 parameter word_size = 4;
 wire [word_size -1: 0]   A1, A2, A3, A4, A5, A6, A7, A8;
 wire    Ready;
 reg     En, Ld, clk, rst;
 reg [word_size -1: 0]    A1_in, A2_in, A3_in, A4_in, A5_in, A6_in, A7_in, A8_in;
 parameter                a1 = 8, a2 = 1, a3 = 8, a4 = 1, a5 = 8, a6 = 1, a7 = 8,
                           a8 = 8;
 parameter                a21 = 8, a22 = 7, a23 = 6, a24 = 5, a25 = 6, a26 = 3,
                           a27 = 2, a28 = 1;

 Bubble_Sort M0 (A1, A2, A3, A4, A5, A6, A7, A8, Ready,
  A1_in, A2_in, A3_in, A4_in, A5_in, A6_in, A7_in, A8_in,
  En, Ld, clk, rst
);

 initial #1000 $finish;
 initial begin clk = 0; forever #5 clk = ~clk; end
 initial fork
  rst = 1;
  #20 rst = 0; #450 rst = 1; #470 rst = 0;

  #30 Ld = 1; #40 Ld = 0; #500 Ld = 1; #510 Ld = 0;
  #10 En = 1; #20 En = 0; #60 En = 1; #70 En = 0; #500 En = 1; #520 En = 0;

  #30 begin A1_in = a1; A2_in = a2; A3_in = a3; A4_in = a4;
           A5_in = a5; A6_in = a6; A7_in = a7; A8_in = a8;
  end
  #500 begin A1_in = a21; A2_in = a22; A3_in = a23; A4_in = a24;
           A5_in = a25; A6_in = a26; A7_in = a27; A8_in = a28;
  end
 join
endmodule
```

例9.2　在例9.1中的*Bubble_Sort*机器对每个要排序的数据都分配一个输入端口。这个方法有两个主要的缺点：端口结构在其他应用中不易改变——这个模型必须改变以适应不同数量的端口；另外在特定的应用中，机器给定的宽数据通路会不适用。图9.19显示了*Bubble_Sort_Alternative*的ASMD框图，这种机器有两个特点：(1)可参量化的位宽；(2)与数据位宽相同的输入数据通路宽度(见本章习题5)。作为一种改进的ASMD框图，为了判断寄存器操作只作用于控制信号，而不作用于输出信号箱里的信号，新加了一个表。一个外部模块管理数据总线，并且发出一个*Load*信号，激活机器去存储由输入数据总线进入循环缓冲器的参量化的位宽，直至*Load*信号结束(环绕式处理和重复写入都可行)。当*Load*结束时产生一个*Sort*信号，激活机器采用*bubbler_sort*的算法初始化存储在循环缓冲器里的内容进行排序。排序完成之后，*Send*信号激活一个时钟周期，使机器将排序内容放置到输出数据总线。该总线应该是三态总线。然后机器激活一个输出信号——*Sending*信号。在序列的最后一个数据出现在总线时，机器将回到复位状态。此时机器将同步复位。

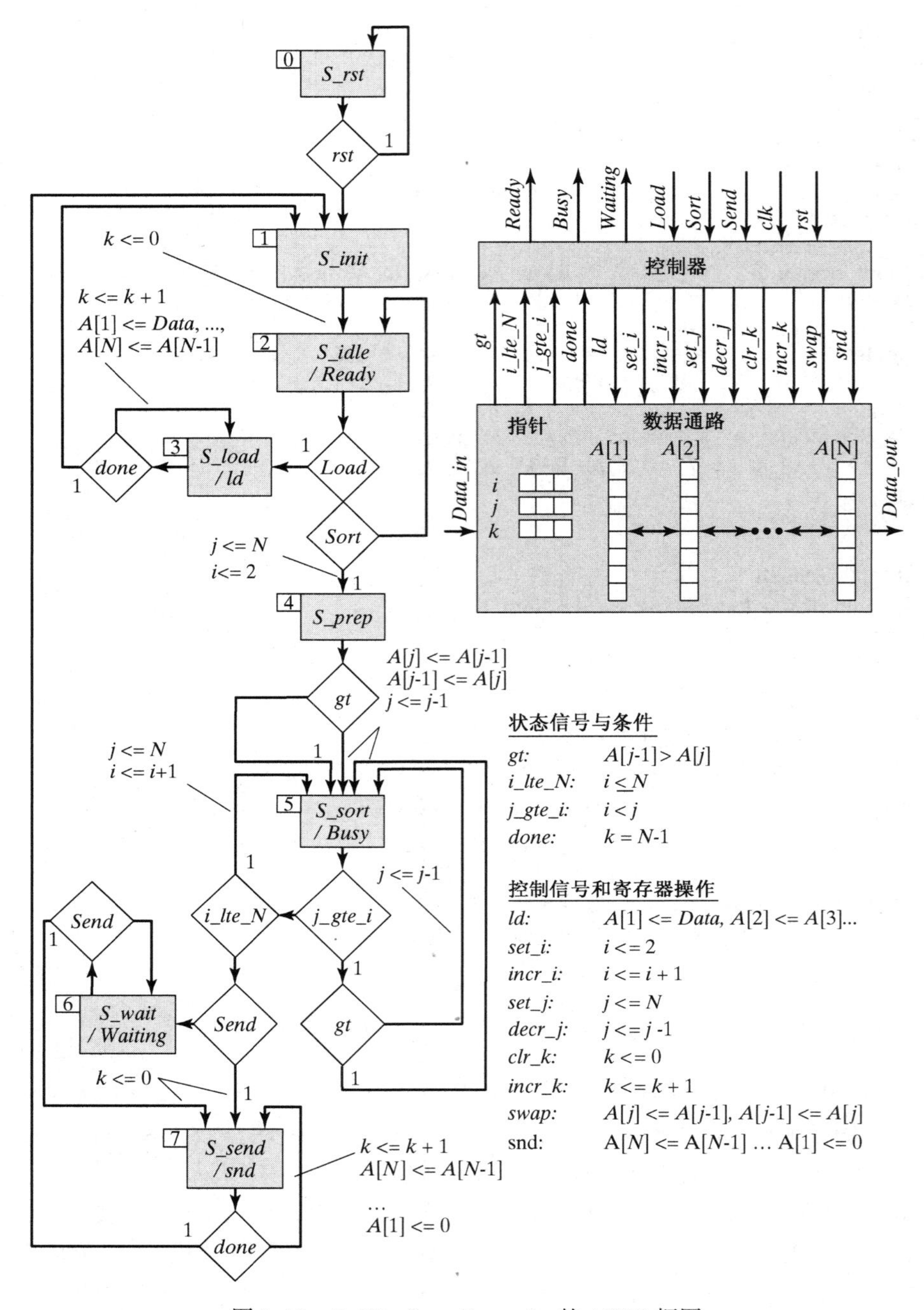

图 9.19 *Bubble_Sort_Alternative* 的 ASMD 框图

9.3 数字滤波器和信号处理器

数字信号处理器(DSP)是蜂窝式移动电话、个人数字助理、照相机、电视摄像机和录像机等设备中的“大脑”。与模拟器件相比，它们具有良好的性能、较低的成本和较低的功耗。这一节将研究如何用 Verilog 来编写解码模块、传输模块和数字信号转换模块等功能单元。

DSP 可根据应用中信号的频谱所要求的采样频率来分类。香农抽样定理指出：对于一个带限信号[①]来说，如果抽样频率 f_s 大于信号频谱中最高频率的两倍，该信号可以从它的时域抽样中得以恢复。当抽样频率低于香农抽样频率时，从其抽样信号中恢复的波形叫做伪信号，因为该波形不能与在同样抽样频率下抽样的其他信号区别开来。实际上，这个抽样周期决定了在下一个抽样信号到来之前处理器能在抽样数据上操作的最大可用时间。因此，DSP 可根据它工作的频率域的划分来分类，如表 9.3 所示。抽样频率有两个作用：(1)决定了无混叠效应恢复信号的频谱；(2)决定了能够完成数据操作的可利用的时间区间。无论是处理器执行存储器中存储的指令还是在硬件中实现一种算法，设计始终会受到抽样周期的约束。另外一个重要的约束来自于需要处理的信号的数字特征。

表 9.3　DSP 应用及 I/O 抽样率

应用	I/O 抽样率
仪器	1 Hz
控制	>0.1 kHz
语音	8 kHz
音频	44.1 kHz
视频	1 ~ 14 MHz

数字信号在机器中可用一个有限长的二进制字来表示。因此，要处理的信息在处理过程中可能会出现截断、舍入、向上溢出和向下溢出等误差。对于一个信号的给定动态范围，它的数字格式的字长决定了其值的精度。因此，常用性能、精度和功能来表征 DSP。

DSP 可以用硬件实现，还可以用软件实现，还可以用二者的组合来实现。第一种基于软件的方法是在一个通用处理器上执行 DSP 算法。设计工作的中心是软件，即为支持某一应用任务的处理器编写程序。很多软件工具对于优化机器程序都是有用的[②]。第二种方法是在专用的、硬连线的和高性能的自定义处理器上实现 DSP 算法，该处理器的目标在于有效地完成各种信号的处理任务。在这种方法中优化设计的任务是由能够生成一个结构并综合出可实现处理器逻辑的综合工具完成的。

专用信号处理器可用一个 ASIC 芯片实现，以获得最有效的设计和最优的性能，但要花费较高成本且灵活性有所降低。现场可编程门阵列(FPGA)提供了另外一种方法——可以通过对它们的配置来实现任何一种算法，但是它们的性能和密集度都不如专用 DSP 或 ASIC 芯片。然而，FPGA 提供了灵活性，减少了 NRE(一次性工程)成本，并加速了产品研发和生产的速度，既较早地占领了市场，又减少了风险。

信号处理器的特征为高吞吐率和并发操作。DSP 显然是数据流密集型的，并具有相对较小的控制单元。DSP 有多个算术逻辑单元(ALU)，用以支持高速乘法运算和加法运算、多端口寄存器，并支持并行操作的多重地址和数据总线。专用 DSP 是以数据通路为主，它的控制单元比通用的处理器简单得多。

DSP 可以对那些按规定时间间隔到达的固定字长数据样值同步地进行操作。DSP 的指令集一般包括两种基本的算术运算：乘法运算和加法运算，通常称做相乘和累加(MAC)。MAC 功能单元必须要高效实现并具有高性能。

DSP 部件的实现受其物理工艺限制，物理工艺主要是限制了操作的速度，也决定了用硬件实现这些器件所需要的芯片面积。DSP 也可能会受到数据通路数、数据通路上交换数据的速率和输入/输出字长的约束。高数据速率的外部通道在 DSP 中的复用会把内部数据速率降低从而与处理器性能一致。

驱动 DSP 的数据可以源于模拟信号，经抽样形成离散时间信号(如带下标的数列)，然后再将离散时间信号转换成能形成数字信号的二进制固定字长的形式(一个有限字长的数列)。模拟信号可能会被噪声干扰，因此需要对接收到的信号进行滤波。这样的滤波器可以在 ASIC 内部或者 FPGA 内部实现。

---

① 带限信号的频谱在有限频率范围外是为 0 的。

② 详见 Texas Instrument 的 Code Composer Studio。

数字滤波器将模拟信号变换为数字形式，目的是要去掉噪声和其他不需要的信号分量，并且形成所需的信号频谱特性。数字滤波器对信号的有限精度数字表达形式进行操作。因此，设计必须考虑有限字长效应的影响，有限字长效应由信号样值的表示、滤波器的权系数和滤波器能完成的算术操作所产生。

DSP 单元的操作可以按空间分布(在多个硬件单元上)或是按时间分布(在单个处理器上)，这主要取决于该单元执行的操作是在单个时钟周期上进行的还是在多个时钟周期上进行的。在前一种情况中，DSP 单元对整个数据字进行操作，硬件资源必须在时钟的一个周期内完成操作；在后一种情况中，电路在每个时钟周期内只对部分数据字进行操作，所以单个运算单元的负载和性能压力都可以小一些。将这些操作分配到时间轴上就容许机器以较高的吞吐量工作，但这要以到达数据和可用结果之间的等待时间为代价。在许多应用中都允许等待时间的存在，如数字通信。

数字滤波器是在时间序列域中工作的，接收一个离散的、有限长度的字序列，产生一个输出序列。输入序列 $x[n]$ 可以是一个模数转换器的输出，或者是其他功能单元的输出。图 9.20 中的框图给出了线性数字滤波器的两种常用结构。FIR 滤波器[参见图 9.20(a)]由其输入的加权和形成输出；IIR 滤波器[参见图 9.20(b)]由其输入的加权和与其输出的过去值来生成输出[7-11]。因此 IIR 滤波器的框图符号中有从输出到输入的反馈。两种滤波器的内部都有保持输入样值的存储单元，而 IIR 滤波器中还要附加一个保存输出的存储器。

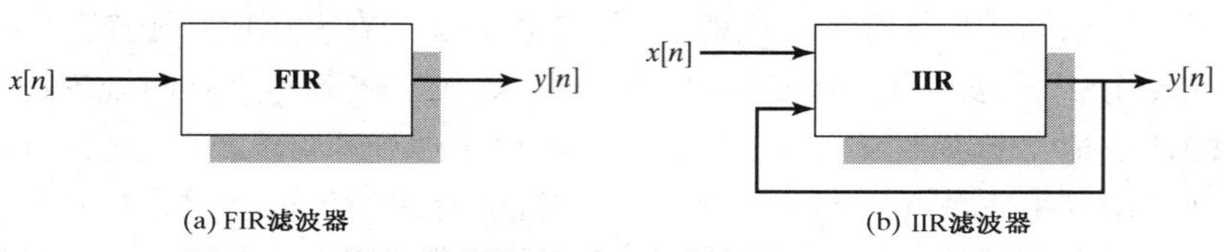

图 9.20　数字滤波器：(a) FIR 滤波器；(b) IIR 滤波器

数字滤波器的设计一般有两个重要特征：因果性和线性相位。如果一个滤波器在施加冲激信号之前，其冲激响应为 0，则该滤波器是因果的。FIR 滤波器能广泛用于实际应用之中，这是因为 FIR 滤波器能够被设计成具有线性相位特性①，从而保证滤波器的输出信号是可时移的(可延时)，而且是输入信号[9]不失真的副本②[12]。另一方面，具有线性相位特征的 IIR 滤波器却不是因果的。非因果滤波器不能用硬件来实现，可以通过软件实现，并且对数据的线性插值是十分有用的。两种滤波器之间的另一个区别是 FIR 滤波器不会对舍入误差进行累计；而 IIR 滤波器则可以累计舍入误差，因为其输出会返回滤波器。

9.3.1　FIR 滤波器

FIR 滤波器用当前和过去输入样值的加权和来形成它的输出，如下面写出的前馈差分方程所描述的一样。FIR 滤波器也称为移动均值滤波器，因为任何时间点的输出均依赖于包含有最新的 M 个输入样值的一个窗，如图 9.21 所示。由于它的响应只依赖于有限个输入记录，FIR 滤波器将对一个离散时间冲激有一个有限长的非零响应(即一个 M 阶 FIR 滤波器对一个冲激的响应在 M 个时钟周期之后是 0)。

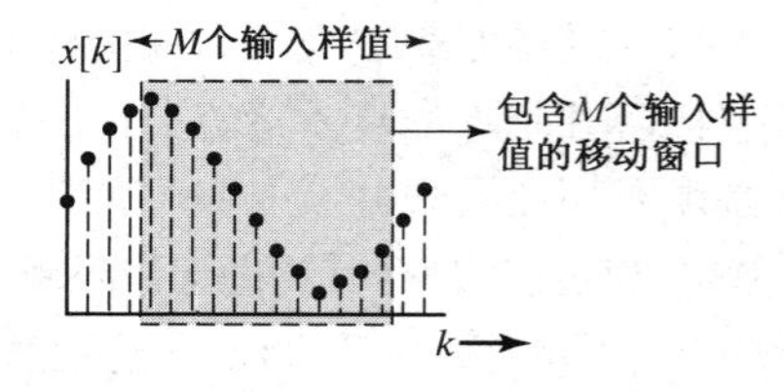

图 9.21　FIR 可移动均值滤波器的样值窗

$$y_{\mathrm{FIR}}[n] = \sum_{k=0}^{M} b_k x[n-k]$$

① 相位特性要求在滤波器响应的通带内是线性的。

② 可以设计出具有对称系数的 FIR 滤波器，以保证滤波器的相位特性是线性的。

FIR 滤波器可用图 9.22 所示的 z 域功能块图①来描述，其中每个标有 z^{-1} 的方框都代表了有一个时钟周期延时的寄存器单元。这个图中标出了数据通路和必须由滤波器完成的操作。滤波器的每一级都保存了一个已延时的输入样值，各级的输入连接和输出连接称为抽头，并且系数集合 $\{b_i\}$ 称为滤波器的抽头系数。一个 M 阶的 FIR 滤波器将有 $M+1$ 个抽头。通过移位寄存器用每个时钟边沿 n(时间下标)处的数据流采样值乘以抽头系数，并将它们加起来形成输出 $y_{\text{FIR}}\{n\}$。滤波器的加法器和乘法器的速度必须够快，以便在下一个时钟到来之前形成 $y\{n\}$，并且在每一级中都必须修改它们的位宽以适应其数据通路的宽度。在要求精度的实际应用中，网格(lattice)结构可以减少有限字长的影响，但却增加了计算成本[12]。

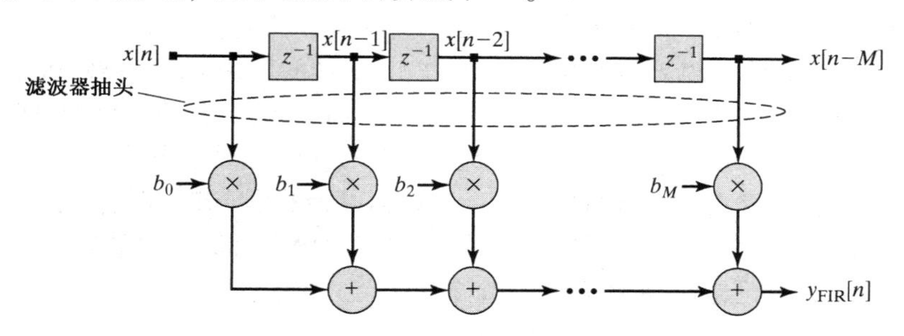

图 9.22　M 阶 FIR 数字滤波器的功能框图

在大多数应用中，实现的目标是尽可能快地滤波以达到最高采样频率[7]。通过组合逻辑的最长信号通路包括 M 级加法运算和一级乘法运算。

FIR 结构必须为机器的每一个算术单元指定有限字长，并在运算过程中管理数据流。图 9.23 所示的结构是一个由移位寄存器、乘法器和加法器组成的 M 阶 FIR。其数据通路必须要足够宽，以适应乘法器和加法器的输出。这些采样值被编码为有限字长的形式，然后通过 M 个寄存器并行移动。用一个 MAC 级联链就可以构成这种机器。

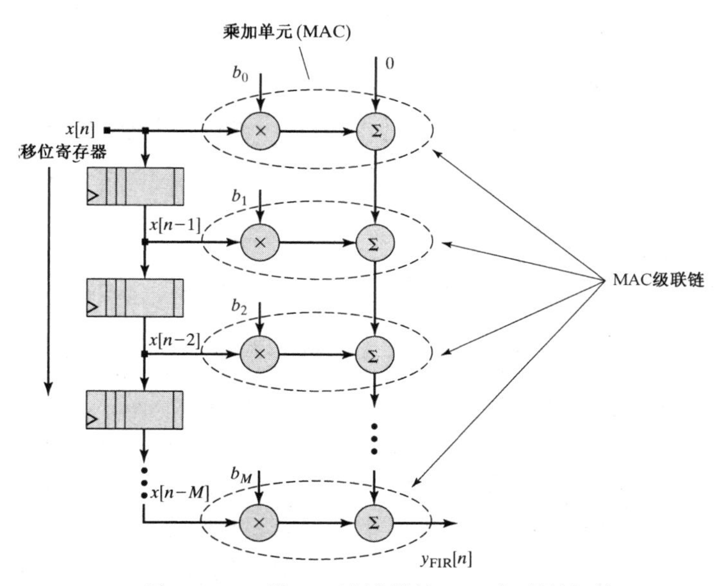

图 9.23　M 阶 FIR 滤波器的 MAC 级联链架构

① 其他的结构及其优点可以参见 Stearns 和 David 的文章[12]。

9.3.2　数字滤波器设计过程

设计一个基于 ASIC 或 FPGA 的数字滤波器的过程包括如图 9.24 所示的主要步骤。设计往往是从截止频率、过渡带限制、带内波动和最小阻带衰减等特征指标开始进行的。设计者可以用 C 语言来描述这种滤波器，而且必须能转化为可综合成能够实现算法的硬件的 Verilog RTL 模型。但是此设计流程并不是很理想，因为必须要将用 C 写出的算法描述转换成 Verilog 格式，从而产生了出现错误的可能性。在 C 语言中，变量可表示为浮点数，但 Verilog 中的参数和其他数据必须是定点、有限字长的形式。EDA 提供商正在开发新的工具，以支持能够创建一个可执行并且可直接综合的技术指标，同时可以省略翻译到 HDL① 的中间过程的设计流。有多种结构可用来实现 FIR 和 IIR 滤波器。对一个给定的结构，像 MATLAB 这样的工具可用来确定满足设计指标的滤波器系数。数字滤波器的操作对象是模拟值的有限字长的表示形式。数据的有限字长限制了滤波器所能表示的分辨率和动态范围，并将引入量化误差。同样，滤波器的系数和数值表示也是有限的字长，会形成额外的量化误差和截断误差。当数据以整数形式出现时，就会存在由算术操作产生小数部分的截断而引入的误差。由滤波器执行的算术操作可能会导致向上溢出和向下溢出的错误，这些错误必须要通过机器来检测。

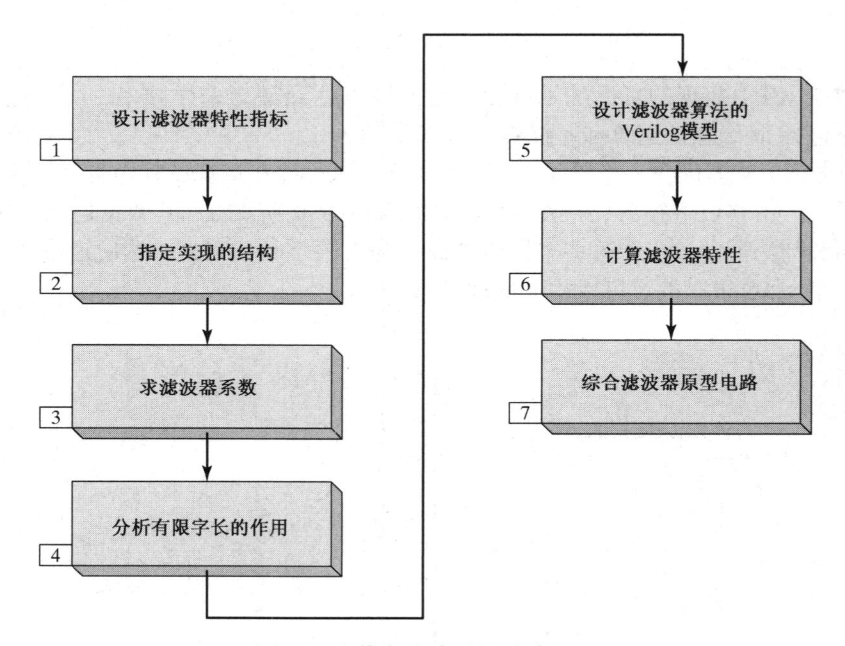

图 9.24　数字滤波器的设计流程

例 9.3　一个 8 阶高斯低通 FIR 滤波器可以用 *FIR_Gaussian_Lowpass* 来模拟。该设计为同步电路，并且有高电平同步复位功能。滤波器的系数可用 8 位无符号字来表示(与无符号整数一致)，选择偶对称是为了能保证相位特征是线性的。

有许多算法和工具可以用来设计能满足通带截止频率、阻带频率、通带增益、阻带衰减和采样率等指标要求的低通滤波器。选择 *FIR_Gaussian_Lowpass* 中的系数是为了能给出近似高斯型滤波器的冲激响应。这种选择可以简化设计，因为这些系数都是正的，并且可以按比例表示成无符

① 详见 www.synopsys.com。

号二进制值①。它们的大小通过在0~9之间的高斯分布来确定，标准差为2。由分配所得到的小数部分可根据权值和的相对大小按比例分配，然后再乘以8位字的最大值255。

FIR滤波器的冲激响应是一个值为滤波器抽头系数的采样序列，可在图9.25的*Data_out*波形中看到。*Data_in*在时钟的下降沿输入，并在上升沿时采样，因此*Data_out*的值在时钟上升沿②之前立即生效。应该注意*Data_out*是一种Mealy型输出，在时钟第一个上升沿之后的*Data_out*值受*Data_in*的值和*Data_in*的第一个存储样值的影响(即输出无效)。另外，也要注意输出是有限宽度的(等于8个采样周期)。

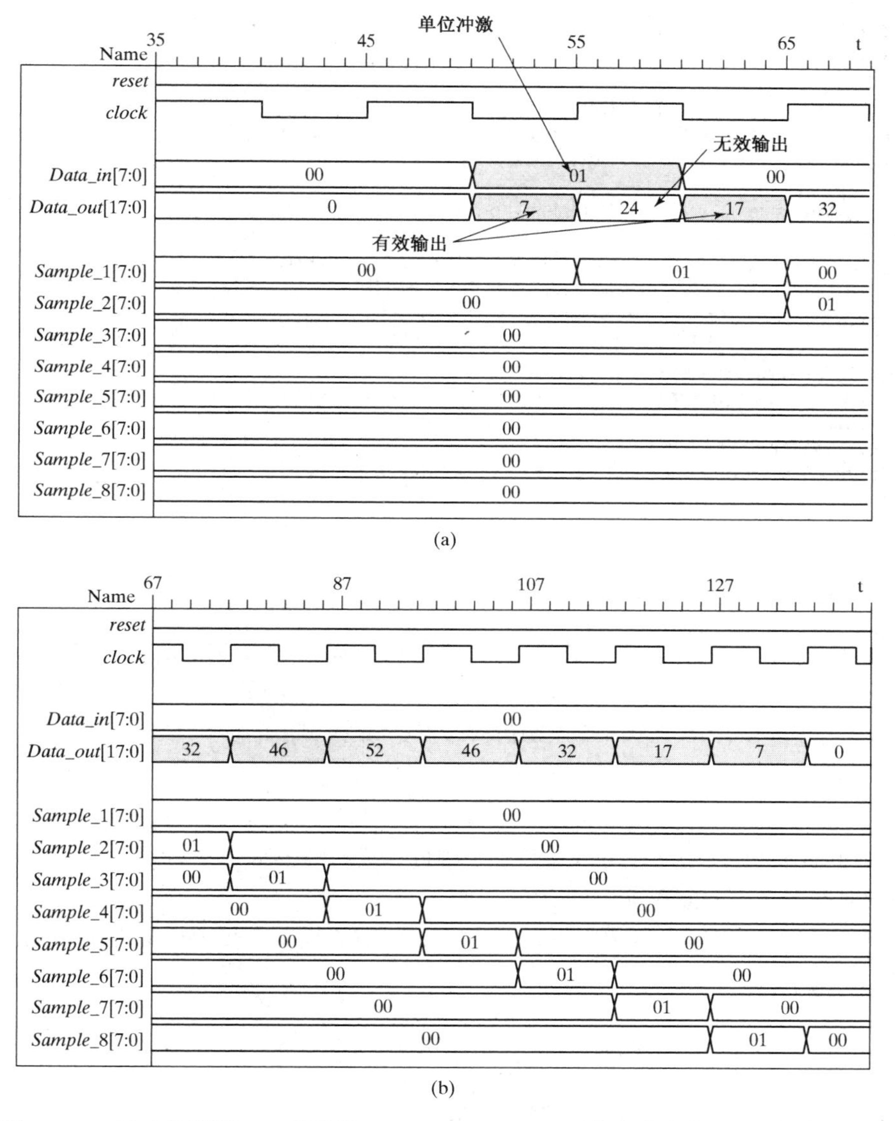

图9.25　8阶高斯低通FIR滤波器*FIR_gaussian_Lowpass*的冲激响应：(a)能说明数据有效和无效的*Data_out*的原始非零样值；(b)*Data_out*的最终非零样值

---

① 其他的方案会产生有符号小数(以补码形式表示)。

② 舍去的值会影响抽头系数的精度。

```
// Eighth-order, Gaussian Lowpass FIR
module FIR_Gaussian_Lowpass # (parameter
  order = 8,
  word_size_in = 8,
  word_size_out = 2*word_size_in + 2,
  b0 = 8'd7,          // Filter coefficients
  b1 = 8'd17,
  b2 = 8'd32,
  b3 = 8'd46,
  b4 = 8'd52,
  b5 = 8'd46,
  b6 = 8'd32,
  b7 = 8'd17,
  b8 = 8'd7)(
  output  [word_size_out -1: 0]   Data_out,
  input   [word_size_in-1: 0]     Data_in,
  input                           clock, reset
);
  reg     [word_size_in-1: 0]     Samples[1: order];
  integer                         k;
  assign Data_out = b0 * Data_in + b1 * Samples[1] + b2 * Samples[2]
                    + b3 * Samples[3] + b4 * Samples[4]
                    + b5 * Samples[5] + b6 * Samples[6]
                    + b7 * Samples[7] + b8 * Samples[8];

  always @ (posedge clock)
     if (reset == 1) begin for (k = 1; k <= order; k = k+1) Samples[k] <= 0; end
     else begin
      Samples [1] <= Data_in;
      for (k = 2; k <= order; k = k+1) Samples[k] <= Samples[k-1];
     end
endmodule
```

9.3.3 IIR 滤波器

IIR 滤波器是线性数字滤波器中最常见的一种类型。在一个给定的时间上 IIR 的输出依赖于它们的输入和先前的输出值(它们有存储器)。IIR 滤波器是递归的，而 FIR 滤波器是非递归①的。基于如下 N 阶差分方程，IIR 滤波器的输出表现为权和的形式：

$$y_{\mathrm{IIR}}[n] = \sum_{k=1}^{N} a_k y[n-k] + \sum_{k=0}^{M} b_k x[n-k]$$

IIR 滤波器是递归的，原因是差分方程有反馈，因此，该滤波器对一个冲激的响应时间可能无限长(在有限的时间内，它不会变成 0)。

IIR 滤波器可由其 z 域系统函数或传递函数在 z 域中建模。其传递函数是如下所示的多项式之比：

$$H_{\mathrm{IIR}}(z) = \sum_{k=0}^{M} b_k z^{-k} \Big/ \left(1 - \sum_{k=1}^{N} a_k z^{-k}\right)$$

输入和输出的时间序列的 z 域变换具有如下关系：

$$Y(z) = H_{\mathrm{IIR}}(z) X(z)$$

IIR 滤波器的抽头系数构成了滤波器的抽头系数 $\{a_i\}$ 和 $\{b_i\}$，分别称为反馈系数和前馈系数。参数 N 是滤波器的阶数，它指定了必须要存储的先前输出(用以形成当前输出)的采样数，它也

① 非递归滤波器是稳定的(响应是有边界的)，依赖于滤波器系数的递归滤波器是不稳定的。

确定了输出的延迟时间。参数 M 的值指定了需要多少个输入的先前采样值用于形成它的输出。$H_{\mathrm{IIR}}(z)$多项式的根确定了 z 域中滤波器的零极点的位置，并决定该滤波器对其输入响应的数据序列的形状，以及能表示该滤波器如何响应周期性输入的频域函数。

有多种结构可用来实现 IIR 滤波器，并可体现出对物理资源的不同要求，以及对由其数据或参数的有限字长所引入的数值误差的不同敏感度要求。图 9.26 所示的结构称为 I 型 IIR，它是由分开的前馈和反馈模块(由一对移位寄存器组成)组成的，一个移位寄存器用来保存输入采样 $x[n]$，另一个用来保存输出采样 $y[n]$。

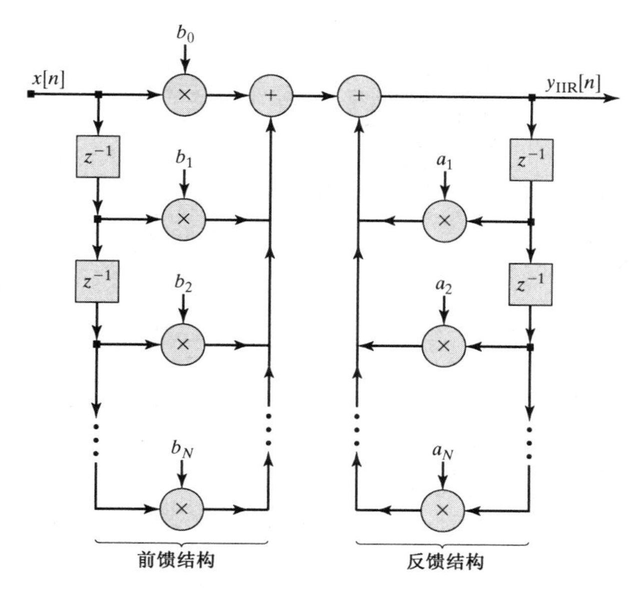

图 9.26　I 型 N 阶 IIR 滤波器的功能框图

例 9.4　Verilog 模型 *IIR_Filter_8* 可用来实现一个 8 阶 IIR 滤波器，它依赖于抽头系数的选择。

```
module IIR_Filter_8 # (parameter
// Eighth-order, Generic IIR Filter
  order = 8,
  word_size_in = 8,
  word_size_out = 2*word_size_in + 2,
  // Feedforward filter coefficients
  b0 = 8'd7, b1 = 0, b2 = 0, b3 = 0, b4 = 0, b5 = 0, b6 = 0, b7 = 0, b8 = 0,
  // Feedback filter coefficients
  a1 = 8'd46, a2 = 8'd32, a3 = 8'd17, a4 = 8'd0, a5 = 8'd17, a6 = 8'd32, a7 = 8'd46,
    a8 = 8'd52)(

  output      [word_size_out -1: 0]    Data_out,
  input       [word_size_in-1: 0]      Data_in,
  input                                clock, reset
);
  reg         [word_size_in-1: 0]      Samples_in [1: order];
  reg         [word_size_in-1: 0]      Samples_out [1: order];
  wire        [word_size_out -1: 0]    Data_feedforward;
  wire        [word_size_out -1: 0]    Data_feedback;
  integer                              k;

  assign Data_feedforward =       b0 * Data_in
```

```
                                + b1 * Samples_in[1]
                                + b2 * Samples_in[2]
                                + b3 * Samples_in[3]
                                + b4 * Samples_in[4]
                                + b5 * Samples_in[5]
                                + b6 * Samples_in[6]
                                + b7 * Samples_in[7]
                                + b8 * Samples_in[8];

  assign Data_feedback =          a1 * Samples_out [1]
                                + a2 * Samples_out [2]
                                + a3 * Samples_out [3]
                                + a4 * Samples_out [4]
                                + a5 * Samples_out [5]
                                + a6 * Samples_out [6]
                                + a7 * Samples_out [7]
                                + a8 * Samples_out [8];

  assign Data_out = Data_feedforward + Data_feedback;

  always @ (posedge clock)
   if (reset == 1) for (k = 1; k <= order; k = k+1) begin
    Samples_in [k] <= 0;
    Samples_out [k] <= 0;
   end
   else begin
    Samples_in [1] <= Data_in;
    Samples_out [1] <= Data_out;
    for (k = 2; k <= order; k = k+1) begin
     Samples_in [k] <= Samples_in [k-1];
     Samples_out [k] <= Samples_out [k-1];
    end
   end
endmodule
```

图 9.27 中给出了两个其他的 N 阶 IIR 滤波器结构，称为直接 II 型(DF_II)和转置的直接 II 型(TDF_II)。

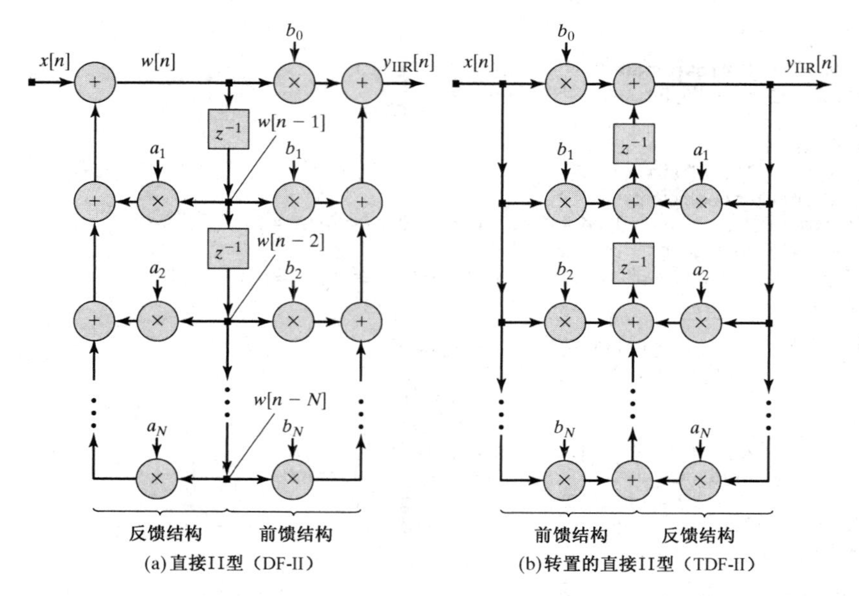

图 9.27 N 阶 IIR 滤波器的功能框图：(a)直接 II 型(DF_II)；(b)转置的直接 II 型(TDF_II)

9.4　构建信号处理器的基本运算单元模型

这一节将讨论积分、微分、抽选和插值基本运算的模型，这些模块在数字处理器数据通路单元中是很常见的。

9.4.1　积分器(累加器)

数字积分器(累加器)常用于称为Σ-Δ 调制器的通用模数转换器中。数字积分器就是采样值求和的累加。一般有两种实现方式：并行和串行。

例 9.5　下面的 *Integrator_Par* 模型描述了一个可用于并行数据通路的积分器，在每个时钟周期，机器要将 *data_in* 累加到 *data_out* 寄存器。信号 *hold* 暂时停止样值的累加，直到 *hold* 无效为止。

```
module Integrator_Par # (parameter word_length = 8)(
  output reg       [word_length-1: 0]        data_out,
  input            [word_length-1: 0]        data_in,
  input                                      hold, clock, reset
);

  always @ (posedge clock) begin
    if (reset) data_out <= 0;
    else if (hold) data_out <= data_out;
    else data_out <= data_out + data_in;
  end
endmodule
```

例 9.6　图 9.28 所示是一个字节序列积分器的结构，下面给出了该机器的 Verilog 模型 *Integrator_Seq*。处理器通常通过一个比处理器的内部数据通道还要窄的数据通路来接收数据。本例中，这个单元对 32 位宽度的数据进行累加，但顺序接收 8 位字节数据。信号 *hold* 暂停对样值的累加，直到 *hold* 撤销为止。这种结构能够完成字节位宽的加法运算，将当前数据样值加到移位寄存器 *Shft_Reg* 最左边的字节上以形成 *sum*。在下一个时钟边沿，移位寄存器中的内容向最高位 *MsByte*[①] 移动，并将前面已形成的和装进寄存器的最低位 *LSByte*。这两种动作同时发生，在时钟动作之前移位寄存器中存储的 *MSByte* 将移出寄存器。*Shft_Reg* 中字节的累加运算可用图 9.29 加以说明，这是一个由 4 个连续字节组成一个字的设计结果。输入信号 *LSB_flag* 控制进位加法运算，所以对应的字节能够正确地在字中相加。

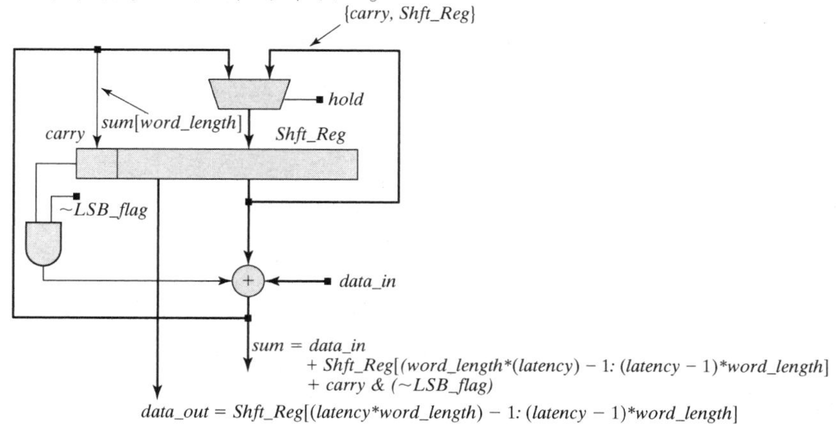

图 9.28　字节序列积分器结构

① 高字节和低字节标示出了数据字中权重最大和最小的字节。

t	*Shft_Reg*			
↓	*Byte_1*	*Byte_2*	*Byte_3*	*Byte_4*
	Byte_1 + Byte_5	*Byte_2 + Byte_6*	*Byte_3 + Byte_7*	*Byte_4 + Byte_8*
	Byte_1 + Byte_5 + Byte_9	*Byte_2 + Byte_6 + Byte_10*	*Byte_3 + Byte_7 + Byte_11*	*Byte_4 + Byte_8 + Byte_12*
	Byte_1 + Byte_5 + Byte_9 + ByteE_13	*Byte_2 + Byte_6 + Byte_10 + Byte_14*	*Byte_3 + Byte_7 + Byte_11 + Byte_15*	*Byte_4 + Byte_8 + Byte_12 + Byte_16*

图 9.29 移位寄存器 *Shft_Reg* 中的字节累加运算的 16 个周期操作①

图 9.29 说明了给出 *data_in* 的连续字节在 32 位字节中是怎样排列的，以及在 *Shft_Reg* 中是怎样累加的。图 9.30 中的仿真结果说明了 *data_in* 的样值是怎样装入 *Shft_Reg* 的，*Shft_Reg* 中最左边的字节是怎样加到 *data_in* 来形成和的，以及所得到的和又是怎样装进 *Shft_Reg* 最右边的字节中。

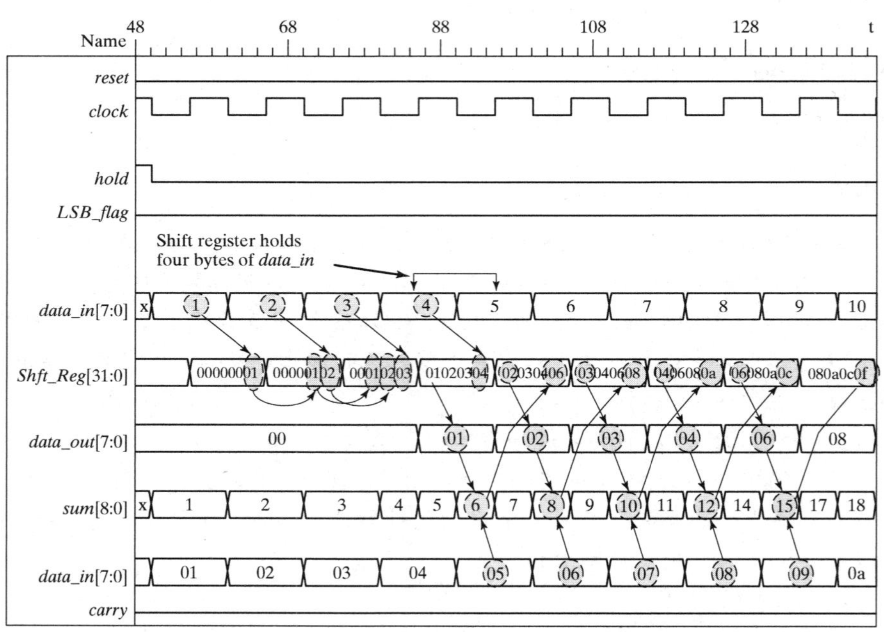

图 9.30 字节序列积分器 *Integrator_Seq* 的仿真结果

```
module Integrator_Seq (parameter word_length = 8, latency = 4)(
  output          [word_length -1: 0]              data_out;
  input           [word_length -1: 0]              data_in;
  input                                            hold, LSB_flag, clock, reset
);
  reg             [(word_length * latency) -1: 0]  Shft_Reg;
  reg                                              carry;
  wire            [word_length: 0]                 sum;

  always @ (posedge clock) begin
    if (reset) begin
      Shft_Reg <= 0;
      carry <= 0;
    end
```

① 为简单起见，字节间的进位没有表示出来。

```
    else if (hold) begin
      Shft_Reg <= Shft_Reg;
      carry <= carry;
    end
    else begin
     Shft_Reg <= {Shft_Reg[word_length*(latency -1) -1: 0], sum[word_length-1: 0]};
     carry <= sum[word_length];
    end
  end

  assign sum = data_in + Shft_Reg[(latency * word_length) -1: (latency -1)*
            word_length] + (carry & (~LSB_flag));

  assign data_out = Shft_Reg[(latency * word_length) -1: (latency -1)*
            word_length];
endmodule
```

9.4.2　微分器

微分器提供对信号中的样值－样值变化的测量方法。下面给出了一个字节位宽串行微分器。其后向微分可通过一个缓冲器和一个减法器来实现。

```
module differentiator #(parameter word_size = 8)(
  output [word_size -1: 0]    data_out,
  input  [word_size -1: 0]    data_in,
  input                       hold,
  input                       clock, reset
);
  reg    [word_size -1: 0]    buffer;
  assign                      data_out = data_in - buffer;
  always @ (posedge clock) begin
    if (reset) buffer <= 0;
    else if (hold) buffer <= buffer;
    else buffer <= data_in;
  end
endmodule
```

9.4.3　抽样和插值滤波器

抽样与插值滤波器可用来完成数字信号处理器中的抽样率变换。抽样滤波器可用来降低抽样率；插值滤波器则可用来增加抽样率。这种变换是非常重要的，因为香农抽样定理指出对带限信号采样时，当采样率高于其带限最高频率①两倍时，该信号能够从其抽样序列中得到恢复。插值滤波器会使信号过抽样，从而减少交叠的影响。如果一个信号不能正常抽样，那么也就不能得到逼真的恢复。采用抽样的方法可以减少过抽样信号的带宽，也可以达到降低抽样率的目的。

例9.7　Verilog模型*decimator_1*描述了一个并行输入、并行输出的抽样器，在*hold*无效时，抽样器用时钟速率决定的速率对其输入抽样。注意，图9.31中*data_in*样值点减少就是因为*clock*的速率要比*data_in*的数据率低。

```
module Decimator_1 # (parameter word_length = 8)(
  output reg    [word_length-1: 0     data_out,
  input         [word_length-1: 0     data_in,
  input                               hold,        // Active high
  input                               clock,       // Positive edge
  input                               reset        // Active high
);
```

① 带限信号的上限截止频率决定了信号的带宽。

```
    always @ (posedge clock)
      if (reset) data_out <= 0;
      else if (hold) data_out <= data_out;
      else data_out <= data_in;
  endmodule
```

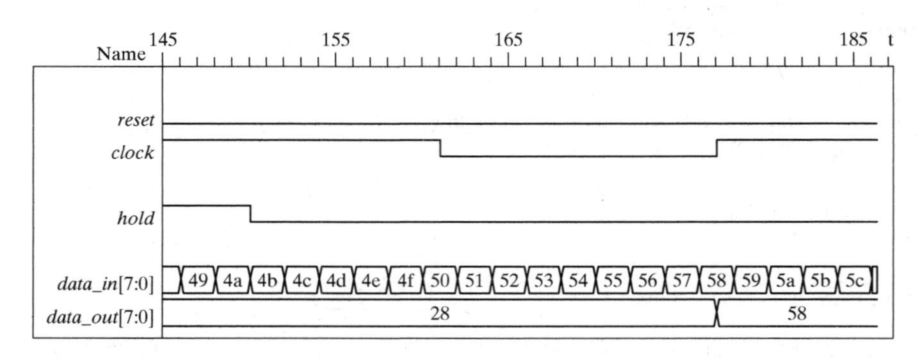

图 9.31 *decimator_1* 的仿真结果

例 9.8 Verilog 模型 *decimator_2* 对一个并行输入进行抽样，并产生一个并行输出；该模型中还包括一个选项，可在 *hold* 有效时，通过对输出字的 LSB 移位来形成一个串行输出。图 9.32 所示的波形很清楚地说明了这样一种动作。

```
module Decimator_2 # (parameter word_length = 8)(
  output reg [word_length-1: 0]   data_out,
  input   [word_length-1: 0]      data_in,
  input                           hold,          // Active high
  input                           clock,         // Positive edge
  input                           reset          // Active high
);
  always @ (posedge clock)
    if (reset) data_out <= 0;
      else if (hold) data_out <= data_out >> 1;
      else data_out <= data_in;
endmodule
```

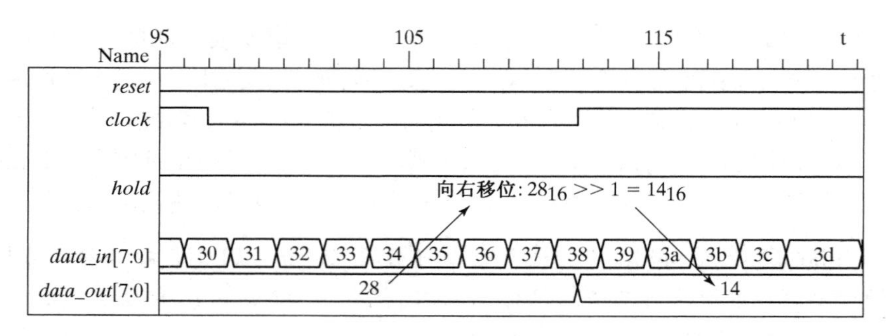

图 9.32 *decimator_2* 的仿真结果表明了在 *hold* 有效时，保存 *data_out* 的寄存器在连续的时钟边沿向右移位的情况

例 9.9 图 9.33(a)所示的抽样器设计成与一个序列积分器一起工作的结构形式。抽样器是由三个寄存器(*Shft_Reg*，*Int_Reg* 和 *Decim_Reg*)组成的。这三个寄存器可用来保存多个字节(样值)，它们的大小要由参数 *latency* 来决定。先将 *data_in* 中的样值按顺序装入 *Shft_Reg* 的最高位，并在时钟沿的控制下将其向最低位移动[见图 9.33(b)]。当 *Shft_Reg* 装满时，两个寄存器传输同时发生[见图 9.33(c)]：(1)将 *Shft_Reg* 中的内容装入一个中间保持寄存器 *Int_Reg*；(2)再将一个新

字的最低位传送至 *Shft_Reg* 的最高位。连续装载，直到 *Shft_Reg* 装满为止。当 *Shft_Reg* 装满之后，数据可以装入 *Int_Reg*，输出数据 *data_out* 是由 *Decim_Reg* 中的内容产生的[见图 9.33(d)]。

Verilog 模型 *decimator_3* 包括两个边沿敏感的行为块，一个用来描述字节缓冲动作，另一个用来描述抽样器的功能。*decimator_3* 的寄存器传输如图 9.33 所示。如果 *load* 有效[见图 9.33(a)]，两个寄存器将会同时操作：将 *data_in* 的当前样值装入到 *Shft_Reg* 的最左位，并且将 *Shft_Reg* 中的内容装入到 *Int_Reg* 中。抽样寄存器 *Decim_Reg* 在 *hold* 有效时保持其值不变；否则它将得到中间保持寄存器的值。该机器的抽样动作是参数 *latency*(即字节被序列化的速率之差)和 *data_out* 数据率引起的结果。寄存器 *Decim_Reg* 可直接连接到一个序列积分器的输入，如 *Integrator_seq*。

如图 9.33(e)所示的仿真结果，证明 *reset* 这个动作清空了寄存器，并且中止了 *load* 和 *hold* 这两个动作。图 9.33(f)的结果表明，数据 *bbccddff* 通过 4 个连续时钟周期输入到 *Shft_Reg* 中。在下一个时钟，当 *load* 有效时，*Shft_Reg* 里的内容被输入到 *Int_Seg* 中，并且 *Shft_Reg* 最小值变成 *aa*。再下一个时钟，*hold* 无效时，*Int_Seg* 的数据输入到 *Decim_Reg* 里。

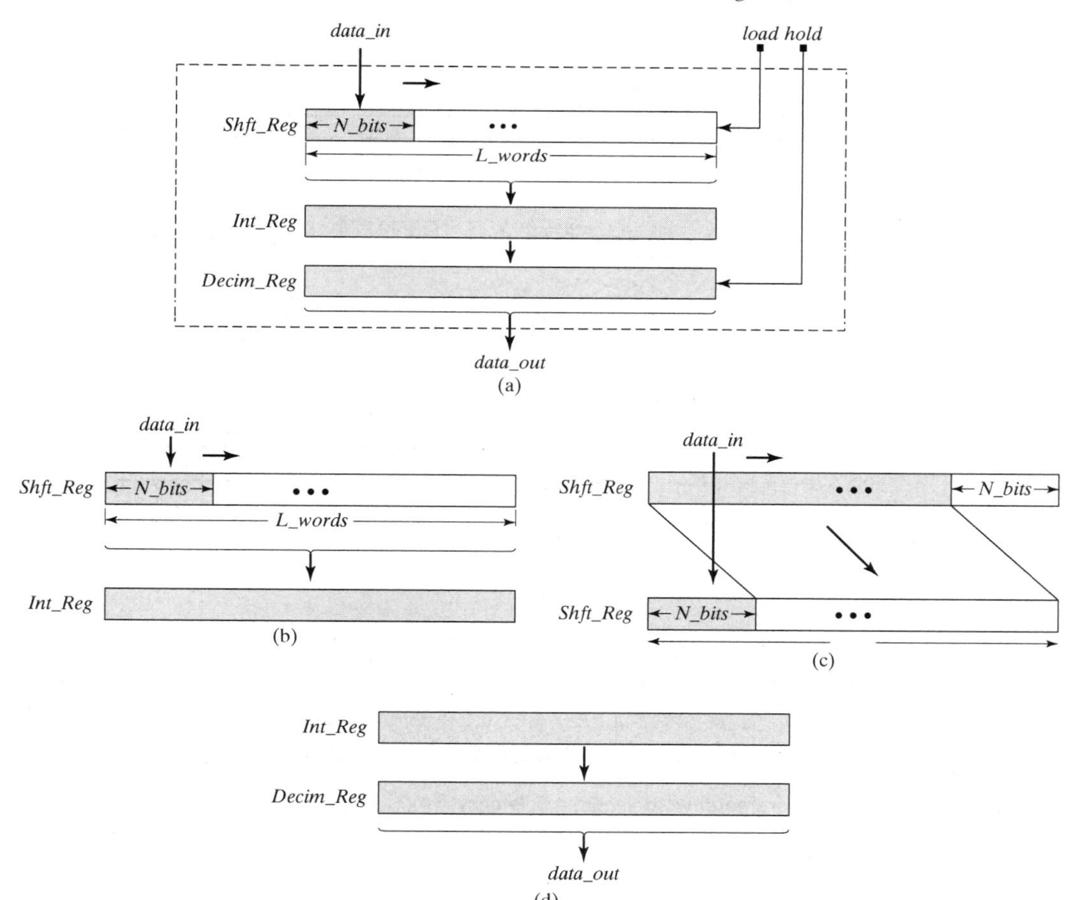

图 9.33　序列抽样器：(a)总体结构；(b)在 *load* 有效时同时发生：*data_in* 移入 *Shft_Req*，从 *Shft_Req* 传输到 *Int_Req*；(c)当 *load* 有效时将 *Shft_Req* 的内容移位，并将 *data_in* 装入 *Shft_Req* 中；(d)在 *hold* 无效时将 *Int_Reg* 的内容装入到 *Decim_Reg*；(e) *reset* 操作的仿真结果；(f) *load* 和 *hold* 动作的仿真结果

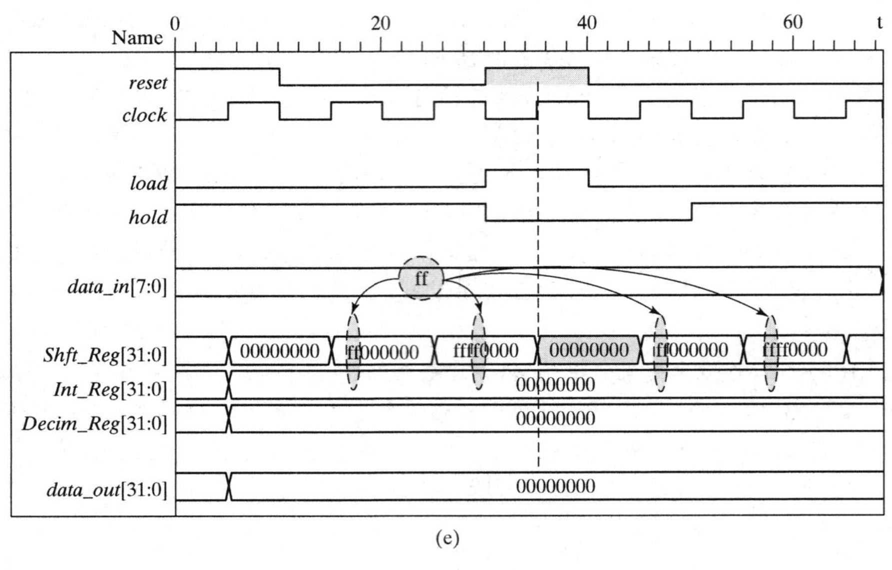

(e)

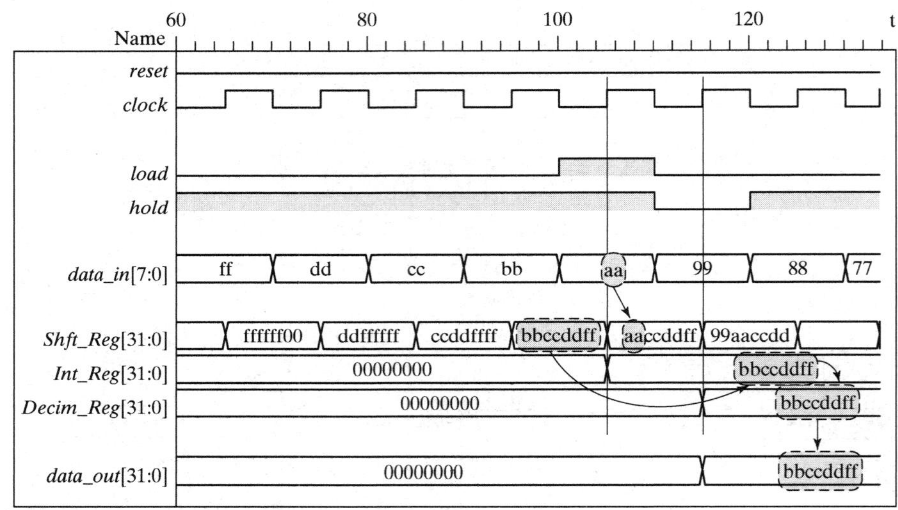

(f)

图 9.33(续) 序列抽样器：(a)总体结构；(b)在 *load* 有效时同时发生：*data_in* 移入 *Shft_Req*，从*Shft_Req* 传输到 *Int_Req*；(c)当 *load* 有效时将 *Shft_Req* 的内容移位，并将 *data_in* 装入到 *Shft_Req* 中；(d)在 *hold* 无效时将 *Int_Reg* 的内容装入 *Decim_Reg*；(e)*reset* 操作的仿真结果；(f)*load* 和 *hold* 动作的仿真结果

```
module Decimator_3 # (parameter word_length = 8, latency = 4)(
  output     [(word_length*latency) -1: 0]       data_out,
  input      [word_length-1: 0]                  data_in,
  input                                          load, hold,
  input                                          clock,
  input                                          reset
);
  reg        [(word_length*latency) -1: 0]       Shft_Reg;      // Shift reg
  reg        [(word_length*latency) -1: 0]       Int_Reg;       // Intermediate reg
  reg        [(word_length*latency) -1: 0]       Decim_Reg;     // Decimation reg
```

```
always @ (posedge clock)     // Decimation
  if (reset) begin
   Shft_Reg <= 0;
   Int_Reg <= 0;
  end
  else begin
   if (!load) begin
    Shft_Reg <= {data_in, Shft_Reg[(word_length*latency) -1: word_length]};
   end
   else begin
    Shft_Reg[(word_length * latency) -1: (word_length*(latency-1))] <= data_in;
    Int_Reg <= Shft_Reg;
   end
  end

 always @ (posedge clock)       // Byte buffering
  if (reset) Decim_Reg <= 0;
  else if (!hold) Decim_Reg <= Int_Reg;

 assign data_out = Decim_Reg;
endmodule
```

9.5 流水线结构

同步时序机的最短时钟周期是其性能的一个很重要的指标，它受组合逻辑传播延时的限制。同步机的吞吐率就是数据输入机器的速率或机器处理数据的速率。吞吐率最终受到以下几种具有最大传播延时的通路的限制：

(1) 原始输入到一个寄存器的通路；

(2) 一对寄存器间的通路；

(3) 由寄存器到原始输出间的通路；

(4) 从一个原始输入到原始输出间的通路。

每种情况下，组合逻辑都限制了机器的性能。

综合引擎能将组合逻辑的一组二级布尔函数转换成为一组拥有共享逻辑的多级布尔函数，所得到的电路没有冗余逻辑，并可利用无关状态来达到输入/输出逻辑与最初二级等式等效的最小描述。这种过程所产生的逻辑是最小的，因为它的输出函数可以尽可能多地共享那些公用的内部布尔子表达式，但是它可能没有采用更少逻辑级的等效实现的速度快。一般来说，压缩逻辑级可以产生更快速的电路，但并不总是如此。因为很多输入的逻辑门是不太实际的。

作为一种能够提高电路性能的可选方法，可以将流水线型寄存器插入到组合逻辑的关键位置上，将逻辑分割成具有更短路径的群组。这些寄存器的布局是由数据通路 DFG 的前馈割集所决定的，以保证数据依然是相关的。流水线技术减少了组合逻辑中的级数，缩短了存储元件间的数据通路，并且因为能用更高的时钟频率而提高了电路的吞吐能力。

流水线技术在高速、宽数据传输和处理中变得越来越重要。例如，图 9.34 中的组合逻辑块被流水线寄存器分割成了两个子块，得到另一种可选的电路。假定通过原多级组合逻辑最长路径的时间长度为 T_{max}，工作频率为 $f_{multilevel} = 1/T_{max}$，如果该划分可创建两个逻辑块，每个都具有最大时间长度 $T_{max}/2$，那么流水线型电路将可以工作在 $f_{pipeline} = 2/T_{max} = 2f_{multilevel}$ ① 的频率上。

提醒一句，数据通路的划分必须要保持数据的相关性——从原始输入到原始输出的所有数

① 为简单起见，忽略了时钟偏移和触发器的时序约束。

据通路必须要穿过同样数目的流水线寄存器。一般来说，一个连通图的一个割集是一组支路的集合，如果把这些支路从图中去掉，将孤立图中的某个支点。就目的而言，一个流水线型割集或者说前馈割集是一组最小的边集，也就是说，如果从图中把它们去掉，将会把图分成两个连通子图，使得输入节点和输出节点之间没有通路。因此可用割集来确定流水线寄存器的另一种布局。图 9.35 中的简单的 DFG 画出了两个割集，其中有一个是流水线型割集。虚弧线穿过的边指定了流水线寄存器的位置。前馈割集保证了在输入节点和输出节点之间的每条通路都穿过相同数目的流水线寄存器。去掉任何一个流水线寄存器都会破坏数据的相关性①。

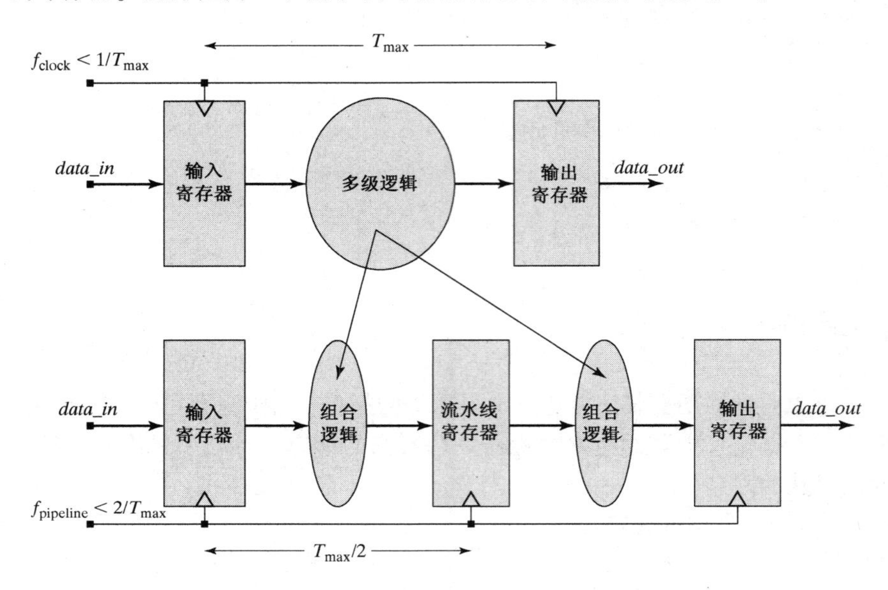

图 9.34　通过分割一个多级组合逻辑块并插入一个寄存器来产生数据流水线

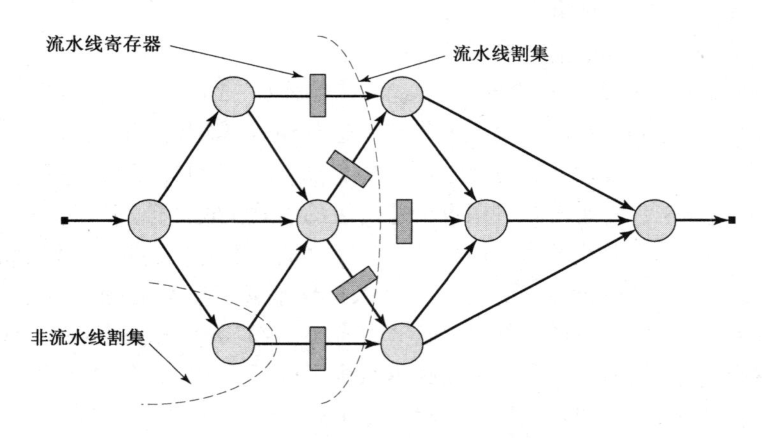

图 9.35　基于割集的流水线寄存器的布局

流水线技术是有成本前提的。流水线寄存器在 ASIC 布局中需要更多的面积，还需要对时钟资源②进行更多的布线工作。这对于 ASIC 可能是一个问题，但对于高端的 FPGA 来说，它们具有丰富的寄存器，所以很容易实现流水线结构。分割电路形成流水线结构时一定要注意，分割后各

① 无反馈的 DFG 是支持流水线的，有反馈的 DFG 则很难添加流水线。

② 此处不考虑波流水技术(基于内部信号传输的流水线寄存器形式)。

个群组间路径长度的分配要平衡。一般来说，最慢组合逻辑的延时决定了流水线型电路的性能，以及电路全局时钟能运行的速度。

流水线技术可以缩短时钟的周期并提高吞吐能力，但却产生了输入-输出延迟。流水线的每一级在得到电路第一个输出之前都要加上一个周期的延时。两级流水线中输入信号变化的效应要在两个时钟周期之后才能在输出端显现。时间延迟会通过流水线累加。时间延迟有效地在电路的输入和输出之间引入了时移(即在 N 个时间步之后的组合逻辑的输出是由在 $N-m$ 步应用的输入所引起的，其中 m 是流水线的级数)。时间延迟不会引起电路功能的变化。但流水线充满以后，其后的每个时钟周期都会产生一个输出，其最大吞吐率为 $1/T_{\text{stage}}$，其中 T_{stage} 是已分割的 DFG 中的最长路径长度。

流水线技术通过在短时间内计算更小的函数，用空间(硬件)的复杂度来换取时间(性能)的复杂度。这种技术是通过将在一个时间周期完成全部功能所需要的逻辑宽度分配到多个短时钟周期上的方法实现的。

专用硬件的流水线有如下三个主要优点：

(1) 专用硬件在每个时钟周期上都执行相同的单任务，而不需要任务调度以实现与其他任务的协调，操作是从每个时钟的有效边沿上到达的数据开始，在下一个时钟到来之前，要及时地把结果传递到流水线下一级；

(2) 执行一个单一任务的逻辑可设计成流水线型并作为一个功能单元来进行优化，以满足性能、面积和功率的要求；

(3) 流水线两个相邻级间的数据通路应短而直接，以降低其对共享数据总线、控制和存储单元的需求，而且会带来相对较低的内部互连电容效应。

具有流水线型数据通路的电路设计必须要着重解决以下几个问题：

(1) 在什么时候应该采用流水线技术；

(2) 在哪里插入流水线寄存器；

(3) 由流水线引入的延时是多少。

设计中应采用最小数目的流水线寄存器以获得最短的循环周期。在已经使用了其他方法(如改变器件尺寸和选用其他结构等)的情况下，关键路径上的时间裕度还是无法满足，应考虑使用流水线技术。不满足时间裕度会引发操作过程中的亚稳态问题。在电路的数据通路中放置寄存器存在多种选择。对这些问题都进行估算并用它们来确定设计中的总体时间延迟，时间延迟是否可以接受取决于系统性能指标是否已经满足。

9.5.1　设计实例：流水线型加法器

进行数据阵列操作的数字系统通常都包含一个具有大量加法器的阵列结构，这些加法器的处理速度是非常重要的，它们也适合采用流水线技术。

图 9.36(a) 中的 16 位加法器是将两个 8 位加法器串行连接而形成的。如果每个 8 位加法器都有 100 ns 的吞吐延迟，那么该结构的最大延迟时间将是 200 ns。在同步电路中，这种结构是为了使所有的操作都在同一时钟周期内进行。另一种流水线型结构可以通过把该处理过程分配到多个时钟周期上，以更高的吞吐速率进行操作。速度和物理资源(更多的寄存器)之间的折中保证了这种方法是可行的。图 9.36(b) 所示的 16 位加法器 DFG 说明了电路的功能单元之间通过一个单一数据通路连接的情况，有许多种流水线的可选设计方式。然而，如果用到两个 8 位加法器级之间的割集，那么就需要进行更平衡的设计，图 9.36(c) 中给出了寄存器布局的结构。

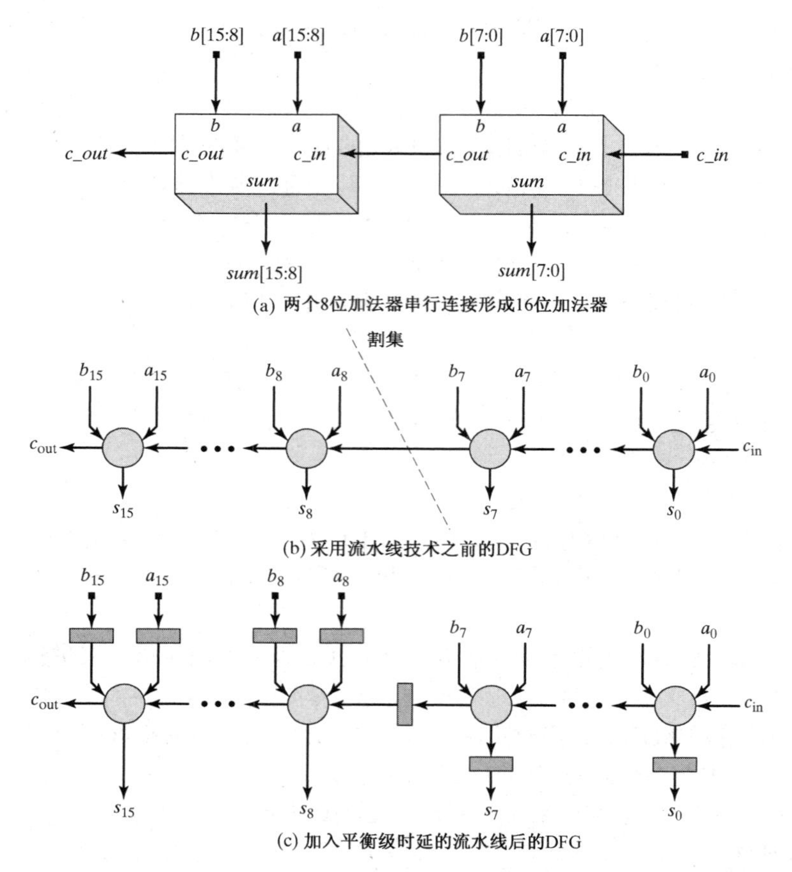

图 9.36　流水线型 16 位加法器：(a) 两个 8 位加法器串行连接形成 16 位加法器；(b) 采用流水线技术之前的DFG；(c) 加入平衡级时延的流水线后的DFG

图 9.37 中的流水线结构包含了一个位于数据输入寄存器 *IR* 和输出寄存器之间的附加寄存器 *PR*。这种结构对数据进行序列化，因此在一个给定的时钟周期内，进位只能在半个数据路径中传播。输入数据通路接口以同步方式给运算单元提供完整的输入字，但是此时仅仅形成了最右边数据字节的和。然后将那个“和”与其左面的数据一起存入一个 25 位内部寄存器中。在下一个时钟周期内，形成最左边数据字节的和，并且将其与最右字节和、前一周期的进位一起存入流水线寄存器中。利用这种内部寄存器，该流水线单元可以近似工作在原加法器频率的两倍频率上，这是因为最长路径用一个 8 位加法器代替了原来的 16 位加法器。在最初的延时周期后，每隔100 ns 就会在单元的输出端出现一个新的和。

数据通过流水线加法器的移动表示在图 9.38 中，其中，$a_La_R(1)$ 表示字 a 的左右字节的第一个样值。在图 9.39 所示的仿真结果中，注意该单元从输入数据到有效输出出现之间有两个时钟周期的延迟。第一个数据字 1122_h 和 3344_h 在 $t_{sim}=100$ ns 时形成，在 $t_{sim}=150$ ns 时进行抽样并装入寄存器 *PR* 中，在 $t_{sim}=250$ ns(参见 *RI_sum*[7:0])时进行部分加运算，并在 $t_{sim}=350$ ns 时进行全加运算。在延迟周期过后，就会对数据进行更新，吞吐率近似为串行连接的 8 位加法器的两倍(实际寄存器的建立时间可能会稍微降低吞吐能力)。

Verilog 中的非阻塞赋值语句可以对寄存器变量并行赋值，而且对于流水线结构中的并发寄存器传输(能在数据通路上获得高吞吐率)的建模，它也是关键所在。流水线型加法器的 Verilog 模型 *add_16_pipe*，利用非阻塞赋值在时钟有效沿到来之前对数据通路和寄存器进行并行抽样。

这些抽样值可用来形成在时钟沿之后将要放入寄存器中的值。该模型可以用 *size* 的值来确定加法器位数，*size* 的值可改为用户期望的值(但必须是偶数)。

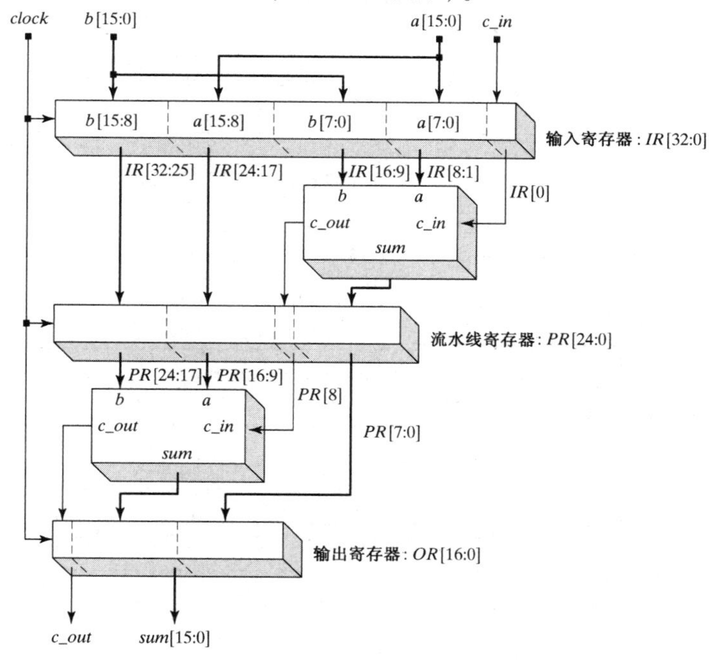

图 9.37　16 位加法器的流水线结构

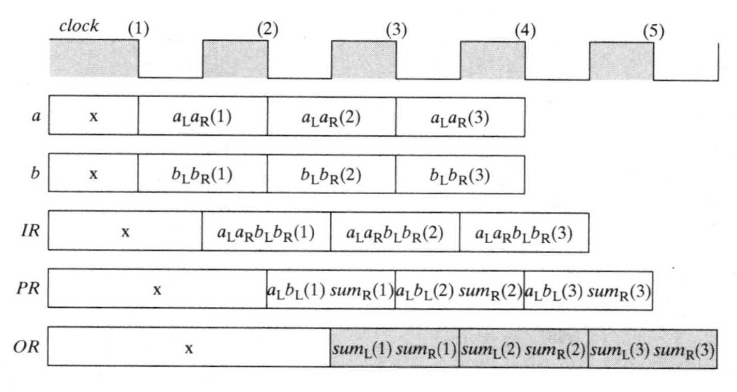

图 9.38　流水线型 16 位加法器中的数据移动

图 9.39 中给出了 *add_16_pipe* 在测试平台上仿真的结果，该测试平台采用了分层间接引用的方式显示内部寄存器的内容，这些内容显示了通过流水线的数据流。所示的输出 *IR*32_17，*IR*16_1 和 *IR*_0表示了 *IR* 的分段，而输出 *PR*24_17，*PR*16_9，*PR*8 和 *PR*7_0 为 *PR* 的分段。所标注的这些波形可用于解释寄存器的传输过程。

```
module add_16_pipe # (parameter
  size          = 16,
  half          = size / 2,
  double        = 2 * size,
  triple        = 3 * half,
  size1 = half -1,        // 7
  size2 = size -1,        // 15
  size3 = half + 1,       // 9
  R1 = 1,
```

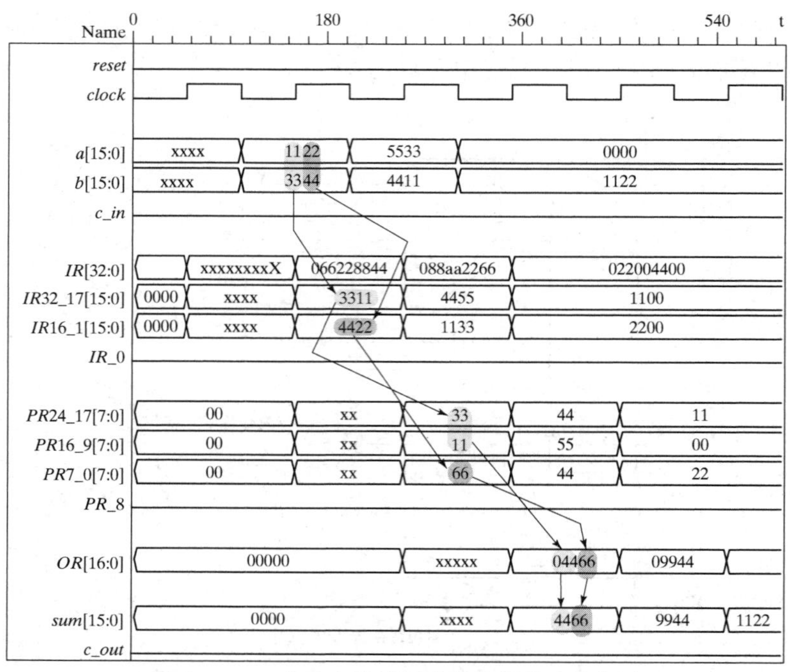

图 9.39 16 位流水线型加法器数据移动示意图

```
    L1 = half,
    R2 = size3,
    L2 = size,
    R3 = size + 1,
    L3 = size + half,
    R4 = double - half +1,
    L4 = double
  ) (
    input       [size2: 0]      a, b;
    input       c_in, clock;
    output      [size2: 0]      sum;
    output      c_out
  );
    reg         [double: 0]     IR;
    reg         [triple: 0]     PR;
    reg         [size: 0]       OR;
    assign {c_out, sum} = OR;

    always @ (posedge clock) begin
      // Load input register

      IR[0] <= c_in;
      IR[L1:R1] <= a[size1: 0];
      IR[L2:R2] <= b[size1: 0];
      IR[L3:R3] <= a[size2: half];
      IR[L4:R4] <= b[size2: half];
      // Load pipeline register
      PR[L3: R3] <=IR[L4: R4];
      PR[L2: R2] <=IR[L3: R3];
      PR[half: 0] <= IR[L2:R2] + IR[L1:R1] + IR[0];
      OR <= {{1'b0,PR[L3: R3]} + {1'b0,PR[L2: R2]} + PR[half], PR[size1: 0]};
    end
  endmodule
```

为了便于说明，图 9.40 中给出了一个具有异步复位功能的 4 位流水线型加法器 *add_4_pipe* 的综合结果。所用的 D 触发器(*dffrpqb_a*)具有低电平复位功能。

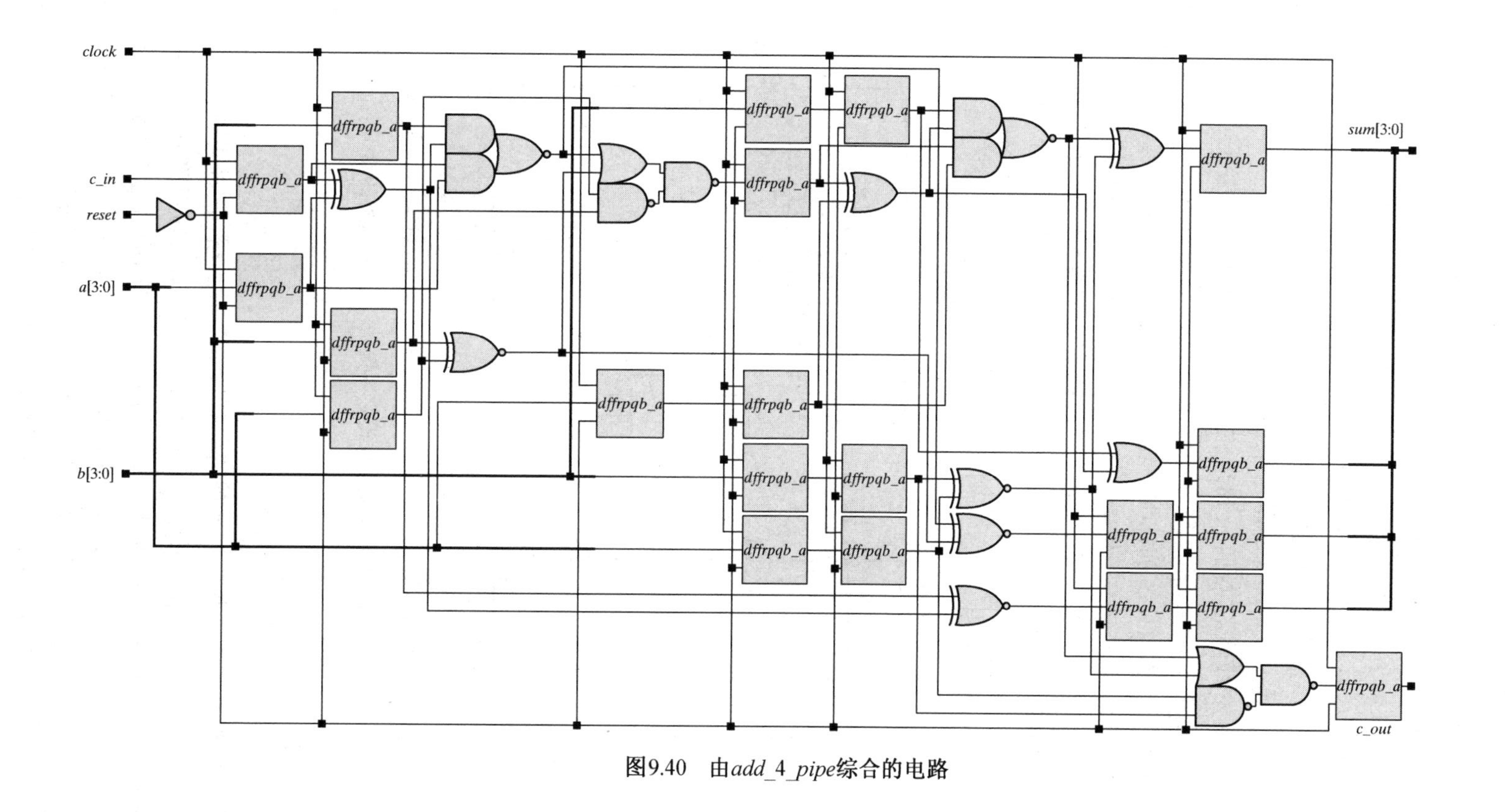

图9.40　由*add_4_pipe*综合的电路

9.5.2 设计实例：流水线型 FIR 滤波器

MAC 决定着数字信号处理器的性能。在许多应用中，MAC 的长链接必定是流水线型的，以增加该功能单元的吞吐能力。例如，图 9.22 中给出的 FIR 滤波器结构中包含一个移位寄存器和一个 MAC 单元的级联阵列。该电路中的最长路径与从输入到输出之间的 MAC 链长成正比。滤波器的性能指标要求用高速乘法器和加法器来实现 MAC 的功能。另外一种可选择的方法就是将数据通路设计成流水线型，以增加滤波器的吞吐能力。

设计中可以将流水线寄存器插入到结构中割集所确定的位置上，如图 9.41 所示。在图 9.41(a)中，根据割集线应将流水线寄存器放置在乘法器的输出端上。而图 9.41(b)中的另一种结构则是将流水线寄存器放置在加法器的输入端上，这种结构要多用两个寄存器。加入流水线寄存器前后，加法器级数明显不一样时不推荐采用这种方法，因为存储延时是不一致的。也可以有其他的实现方式，重定位减少寄存器的位置，调整寄存器数量，平衡存储延时，但这是要以降低吞吐能力为代价的。

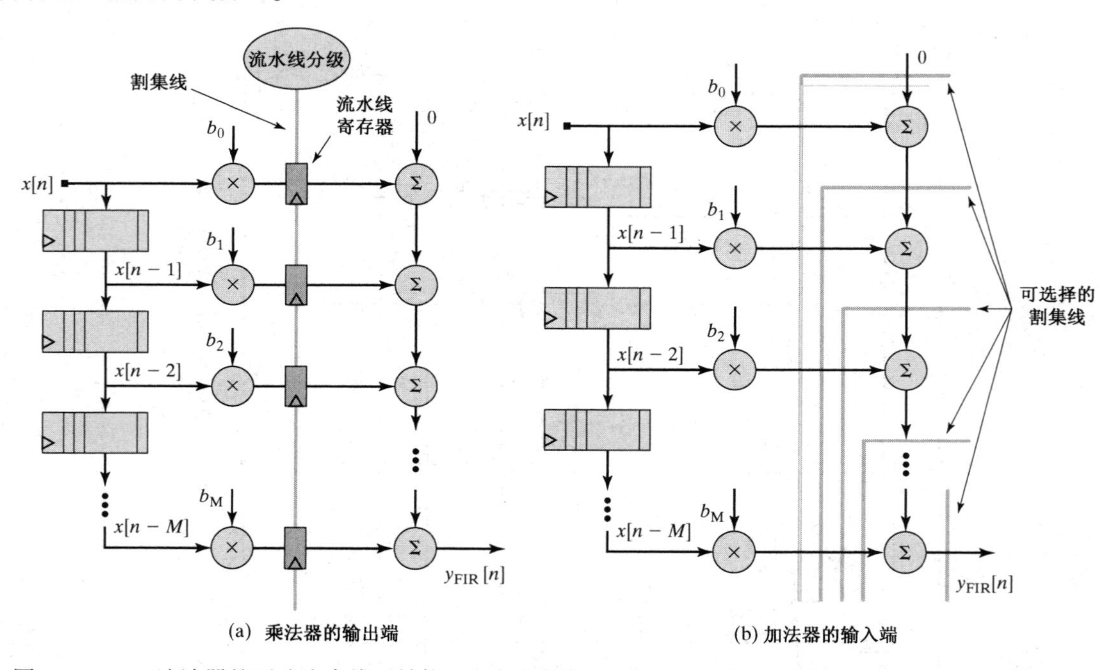

图 9.41 FIR 滤波器的可选流水线型结构，流水线寄存器置于：(a)乘法器的输出端；(b)加法器的输入端

9.6 环形缓冲器

许多数字滤波器和其他一些信号处理器的算法都要对数据(在时间序列域中通过移动窗取得)重复地进行移位和存储操作。例如，一个滤波器可用输入的当前值和与其最邻近的 $N-1$ 个样值的加权和来形成它的输出，因此在每个时间步上要用到 N 个样值。如果要用通用处理器以软件方式实现这样一种算法，那么在算法执行时，将会对这些值重复地进行存取和恢复，而且在滤波器的每个动作循环中都要耗费几个时钟周期。为了能满足硬件的效率和速度，可采用环形缓冲器代替这种直接方法，通过存储器来实现整个抽样窗的移动，这样就不需要移动所有的数据了。

环形缓冲器是用一种能移动指示寄存器单元指针的寻址方式来代替移动实际数据的方法。图9.42说明了序列$x\{k\}$中第n个样值存储在存储器中的情况。只有最近的N个样值可以保存在一个N单元环形缓冲器中，并且地址指针绕回到底部地址（开始位置）之前以升序连接环绕。当接收到第n个样值时，保存在整个寄存器阵列中的数据不能被移动，而由指示器指示的单元来接收第n个样值，以覆盖第$n-N$个样值先前所占用的位置上的已有值。相比移动所有数据来说，这种方法存储数据的周期更少。用ASIC或者FPGA也可以实现这种缓冲器，用一组专用并行装载寄存器链接在一起而形成宽字节移位寄存器。

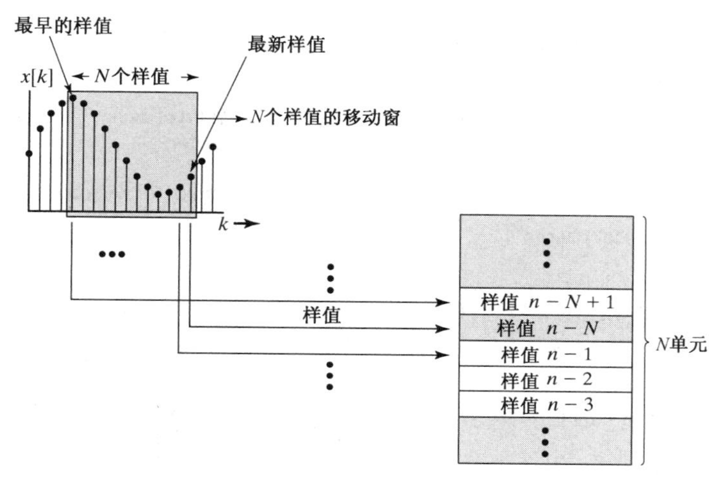

图9.42　一个能存储移动窗的N个样值数据的N单元循环缓冲器

例9.10　下面给出N个样值移动窗存储器的两个Verilog模型。第一个版本*Circular_Buffer_1*用一个并行装载移位寄存器在每个时间步上移动该缓冲器中的所有内容。另一个模型*Circular_Buffer_2*包含了*write_ptr*，其功能是指向下一个要读的单元，而寄存器的内容不移动。指针在每个时间步增1，所以指针下面的数据都是已过时的。注意在图9.43所示的仿真结果中，*Circular_Buffer_1*中的内容在每个周期都要变化，但是在*Circular_Buffer_2*中，当新数据到来时只有*write_ptr*所指的一个单元内容会改变（在时钟的下降沿上）。使用保存在*Circular_Buffer_1*中数据的数字滤波器总要释放同一位置上的原有数据，而用*Circular_Buffer_2*模型的滤波器则需要有跟踪相对于*write_ptr*①已过时数据的位置的逻辑。

```
module Circular_Buffer_1 # (parameter buff_size = 4, word_size = 8) (
 output [word_size -1: 0] cell_3, cell_2, cell_1, cell_0,
 input  [word_size -1: 0] Data_in,
 input  clock, reset
);
 reg    [buff_size -1: 0] Buff_Array [word_size -1: 0];
 wire   cell_3 = Buff_Array[3], cell_2 = Buff_Array[2];
 wire   cell_1 = Buff_Array[1], cell_0 = Buff_Array[0];
 integer k;

 always @ (posedge clock) begin
  if (reset == 1) for (k = 0; k <= buff_size -1; k = k+1)
   Buff_Array[k] <= 0;
  else for (k = 1; k <= buff_size -1; k = k+1) begin
```

① 见本章末的习题15。

```
      Buff_Array[k] <= Buff_Array[k-1];
      Buff_Array[0] <= Data_in;
    end
  end
endmodule

module Circular_Buffer_2 # (parameter buff_size = 4, word_size = 8) (
  output [word_size -1: 0] cell_3, cell_2, cell_1, cell_0,
  input  [word_size -1: 0] Data_in,
  input  clock, reset
);

  reg    [buff_size -1: 0] Buff_Array [word_size -1: 0];
  wire   cell_3 = Buff_Array[3], cell_2 = Buff_Array[2];
  wire   cell_1 = Buff_Array[1], cell_0 = Buff_Array[0];
  integer k;
  parameter                        write_ptr_width = 2;    // Width of write
                                                             pointer
  parameter                        max_write_ptr = 3;
  reg    [write_ptr_width -1 : 0]  write_ptr;               // Pointer for writing

  always @ (posedge clock) begin
    if (reset == 1 ) begin
      write_ptr <= 0;
      for (k = 0; k <= buff_size -1; k = k+1) Buff_Array[k] <= 0;
    end
    else begin
      Buff_Array[write_ptr] <= Data_in;
      if (write_ptr < max_write_ptr) write_ptr <= write_ptr + 1; else write_ptr <= 0;
    end
  end
endmodule
```

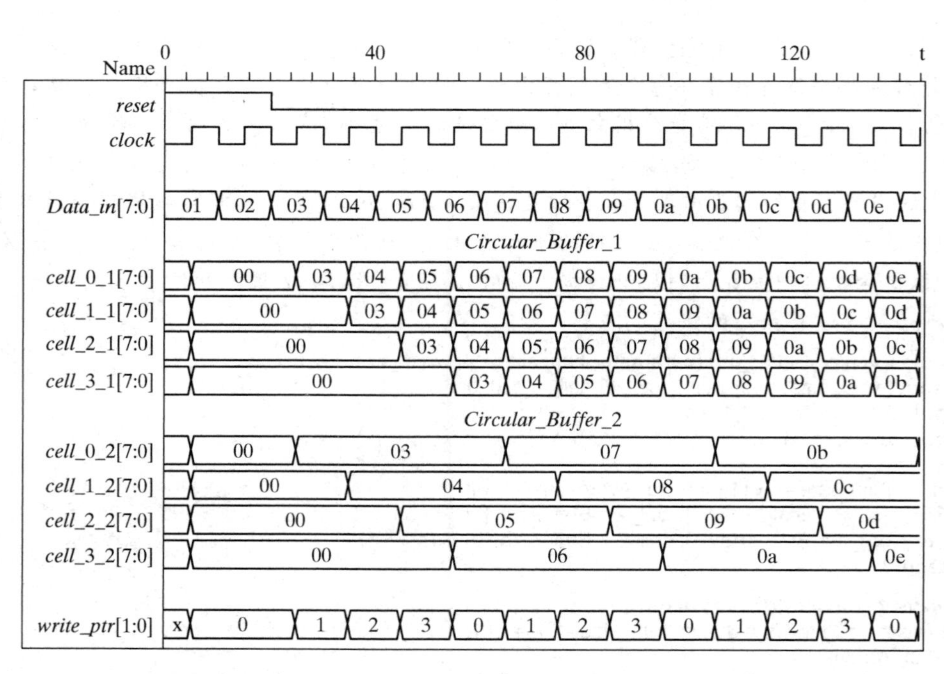

图 9.43 能保存移动窗 N 个样值的两个版本的数据缓冲器 *Circular_Buffer_1* 和 *Circular_Buffer_2* 的仿真结果

9.7　异步 FIFO——跨越时钟域的同步问题

一个 FIFO(先进先出存储器)包含一个寄存器组，该寄存器组受管理数据进出 FIFO 的外部单元控制。FIFO 的读写操作和循环缓冲器①很相似。FIFO 结构一次最多只对两个独立的寄存器提供存取操作(一个读，一个写)。但是循环缓冲器可以让所有单元同步操作。FIFO 有两个地址指针，一个用于将数据写入下一个可用单元的操作，另一个用于读下一个未读单元的操作。循环缓冲器为数据流样值提供一个固定的窗。

FIFO 的操作与环形缓冲器不同，因为 FIFO 的输出是一个根据命令读出的单个字。在收到读写命令时，读写指针会被动态地重新定位，而不是像环形缓冲器那样连续地移动(见图 9.42)。如图 9.44 所示的 FIFO 中数据通路单元的寄存器组可以一直接收数据，直到装满为止，也可以一直从 FIFO 单元中读取数据，直到空为止。*write_ptr* 和 *read_ptr* 这两个指针给下一个读写单元提供地址，然后根据相应的操作移位。最基本的一点是，FIFO 在满载时不会写入数据，而在空时不会读数据。*stk_full* 和 *stk_empte* 作为 FIFO 的控制单元，能防止 corrupt(对满栈写数据)和 duplicate(从空栈读数据)的操作。

FIFO 有分离的地址总线和用以读写数据的数据通路，以及指示堆栈状态(将满、半满等)的状态线。动态操作中，在循环路径中，*read_ptr* 追随 *write_ptr*，从底到顶或者从顶到底等。如果指针协同定位了，说明堆栈可能是满的或者空的。指针之间细微的比较在这两种情况下很难区分。如果读和写操作由一个普通时钟管理，指针之间的间隙可以由一个比指针宽 1 位的从上至下的计数器来监控。

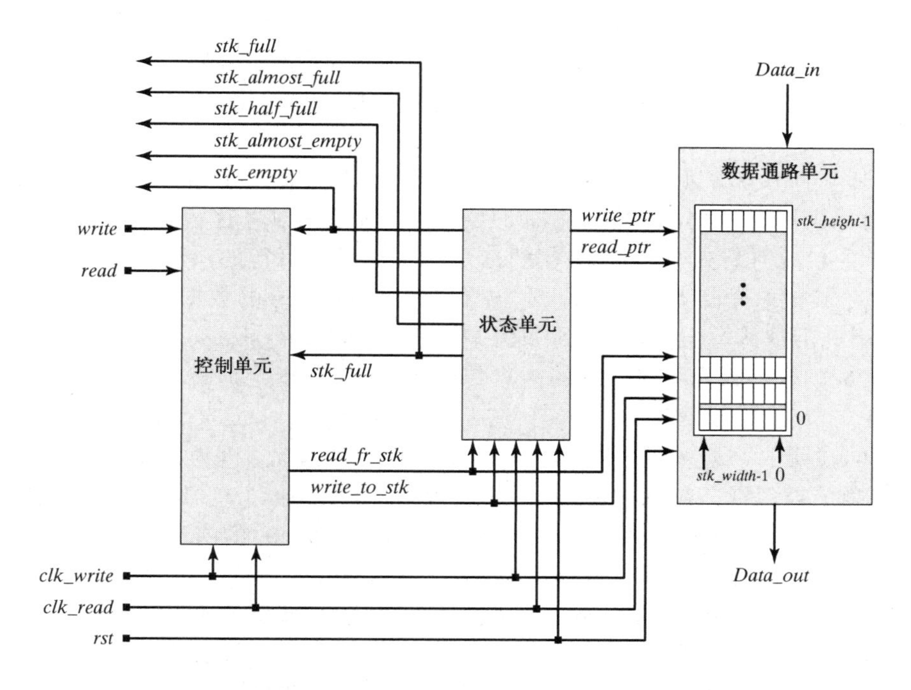

图 9.44　有状态单元且用不同时钟读写的 FIFO 的框图

① 见第 8 章的习题 11。

当指针计数器满了(例如，从 0 到 *stk_height*-1 计数，计数器值为 *stk_height*-1)，在下一个时钟返回 0，但是超大间隙的计数器不会这样。如果读写操作正确，它的计数至少为超过栈高 1 位。如果指针的值相等，并且间隙为 0，则堆栈是空的。如果指针相等，并且间隙计数器等于堆栈的高度，则堆栈是满的。图 9.44 所示的状态单元包含管理读写操作和生成状态符的计数器。

9.7.1 简化异步 FIFO

FIFO 是通过时钟来确定是同步还是异步的。同步 FIFO 的读写操作是通用一个时钟来控制的。同步 FIFO 的状态单元可以简化，因为通用时钟能控制简化的从上至下计数器来管理指针之间的间隙和检测空满状态。另一方面，两个不同频率或者不同相位的时钟来控制异步 FIFO 的读写操作。因此，只被一个简单时钟控制的从上至下计数器不能用于管理指针间的间隙。异步 FIFO 严格的状态标志要求更为精细的状态单元来生成。

第 8 章介绍的简单的 FIFO 不能连续地读和写，因为只有一个普通时钟来控制读写操作。现在首先讨论由不同时钟控制读写操作的简化的异步 FIFO[①] 而先不考虑时钟域之间数据传递需要同步的问题，然后将提出异步 FIFO 中亚稳态和同步的问题。

下面将介绍 FIFO 缓冲器的 Verilog 模型 *FIFO_Dual_Port* 和它的测试平台 *t_FIFO_Dual_Port*。在这个模型中，支持在同一地点连续进行读和写的操作。注意到这个模型的 *write_ptr* 和 *read_ptr* 指针到达堆栈边缘时会返回原始值，所以堆栈空的状态和满的状态不能通过比较指针区分开。相反，指针源于比指针宽 1 位的计数器，形成 *ptr_gap* 作为 *wr_cntr* 和 *rd_cntr* 计数之间不同的表征。*ptr_gap* 的内容会根据堆栈的状态和读写操作是否将进行而有效地增加、减少或者保持。当存储在 *ptr_gap* 中的值达到 *stk_height*(例如 8)时，FIFO 满了。如果堆栈满了，只能读取数据；如果堆栈是空的，只能写入数据。重置信号只能初始化计数器，而不能初始化 FIFO 的存储寄存器。

图 9.45 所示的仿真结果证实了 FIFO 的读写操作，并且显示了指针和状态信号伴随读写操作而产生的变化。图 9.45(a)说明了 *rst* 原始信号开始有效，之后 *write_to_stk* 有效。*rst* 信号有效引起所有的状态符有效，表明 FIFO 的读写操作都是不可行的。当 *rst* 信号无效时，除了 *stk_empty* 之外，其他信号都无效。*write_to_stk* 有效引起 *data_in* 的数据在下一个 *clk_write* 有效沿(例如，在上升沿进行写操作)传递到 *stk*0[31:0]。同时，*stk_empty* 无效。在随后的 *clk_write* 有效沿，*data_in* 的数据根据 *write_ptr* 的内容传递到 FIFO 的指定地点，并且状态符根据 FIFO 状态做出改变。

图 9.45(b)说明了 *write_to_stk* 和 *read_fr_stk* 连续有效的情况。因为堆栈已经满了，所以第一个 *clk_write* 有效沿被忽视。在 *clk_read* 第一个有效沿，随着 *read_fr_stk* 有效，引起输出寄存器 *data_in*[31:0]置为 00005555H，也就是 *read_ptr* 指定的 *stk*0[31:0]的内容。这个活动引起 *stk_full* 无效。下一个 *clk_write* 有效沿，将 *data_in*[31:0]装载入 *stk*0[31:0]中，以此类推。

图 9.45(c)说明包括运行重置在内的额外活动。注意，这些例子证明机器的操作在时钟域之间没有逻辑同步。这个模型用来探索 FIFO 的操作，但是仿真结果不能证明机器能在异步环境下正常运行，因为不同时钟域的运行之间缺乏连贯性，这就引起当从同一单元读取正在写入的数据时，可能产生亚稳态。

---

① 忽略了同步逻辑。注意到 FIFO 的输出是被寄存器寄存了的，这是不必要的。

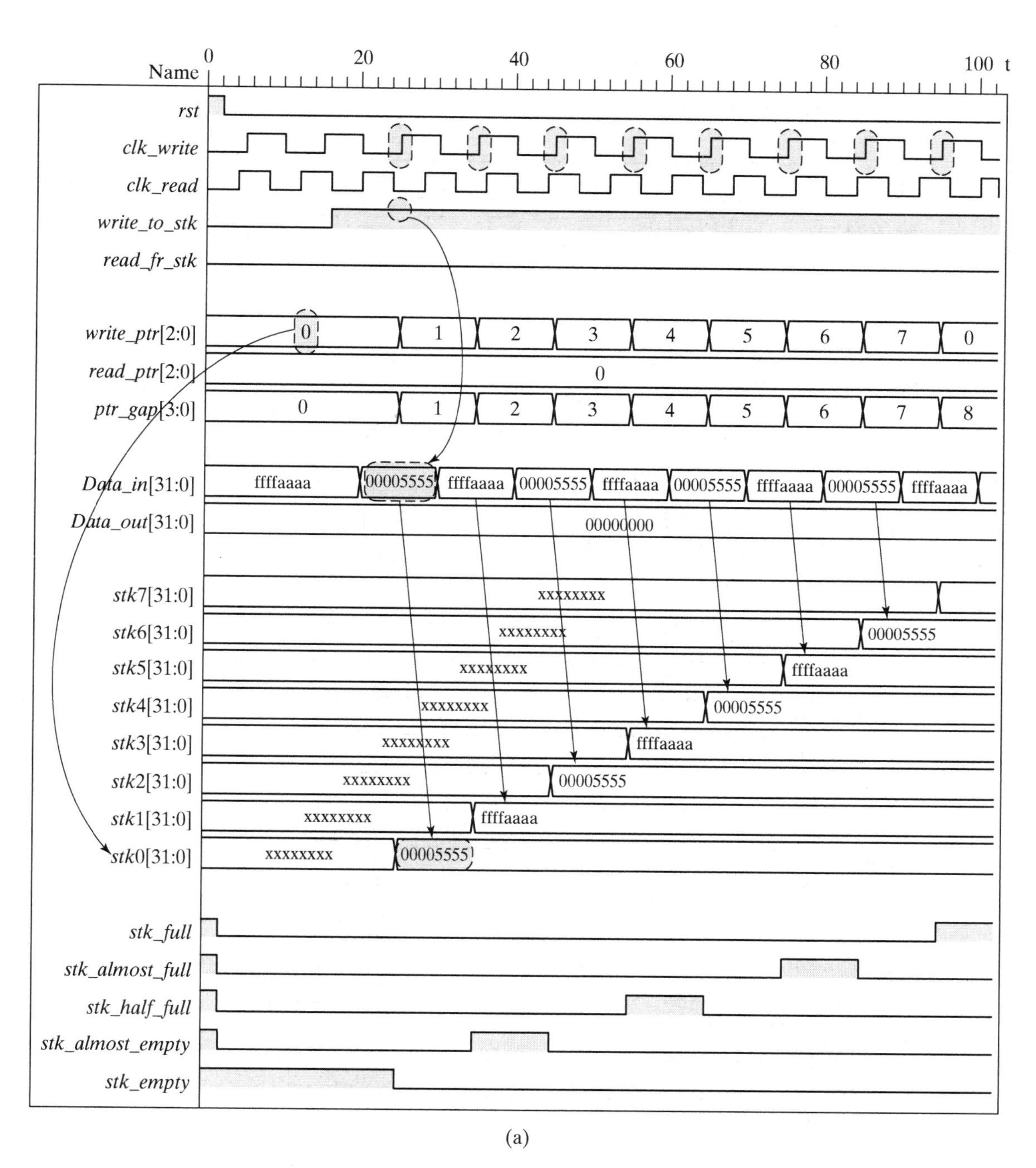

(a)

图 9.45　简化的异步 FIFO 的仿真结果：(a) *rst* 的初始化复位；(b) *write_to_stk* 和 *read_fr_stk* 的并发操作；(c) 状态符行为和复位恢复

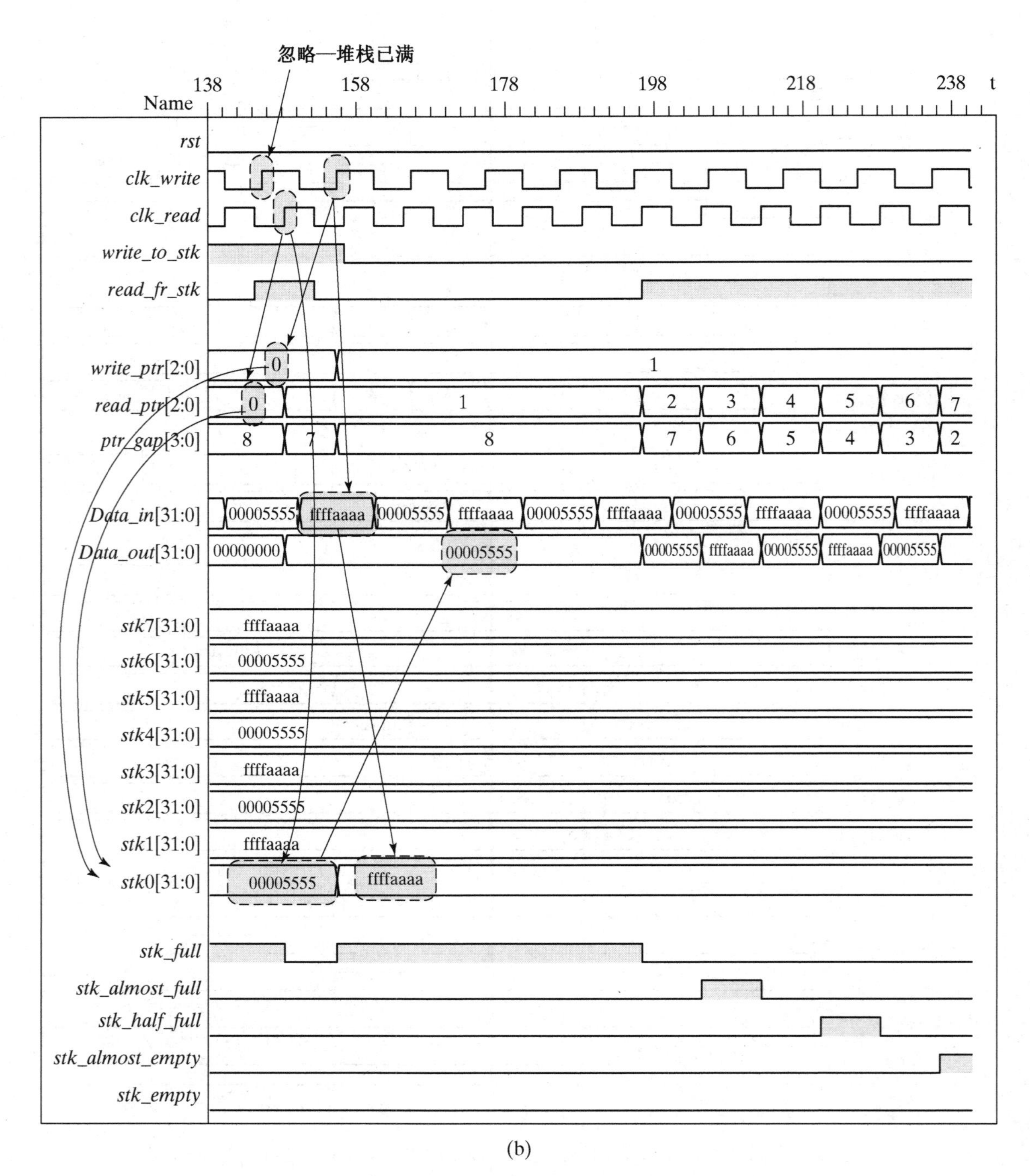

(b)

图 9.45(续) 简化的异步 FIFO 的仿真结果:(a)*rst* 的初始化复位;(b)*write_to_stk* 和 *read_fr_stk* 的并发操作;(c)状态符行为和复位恢复

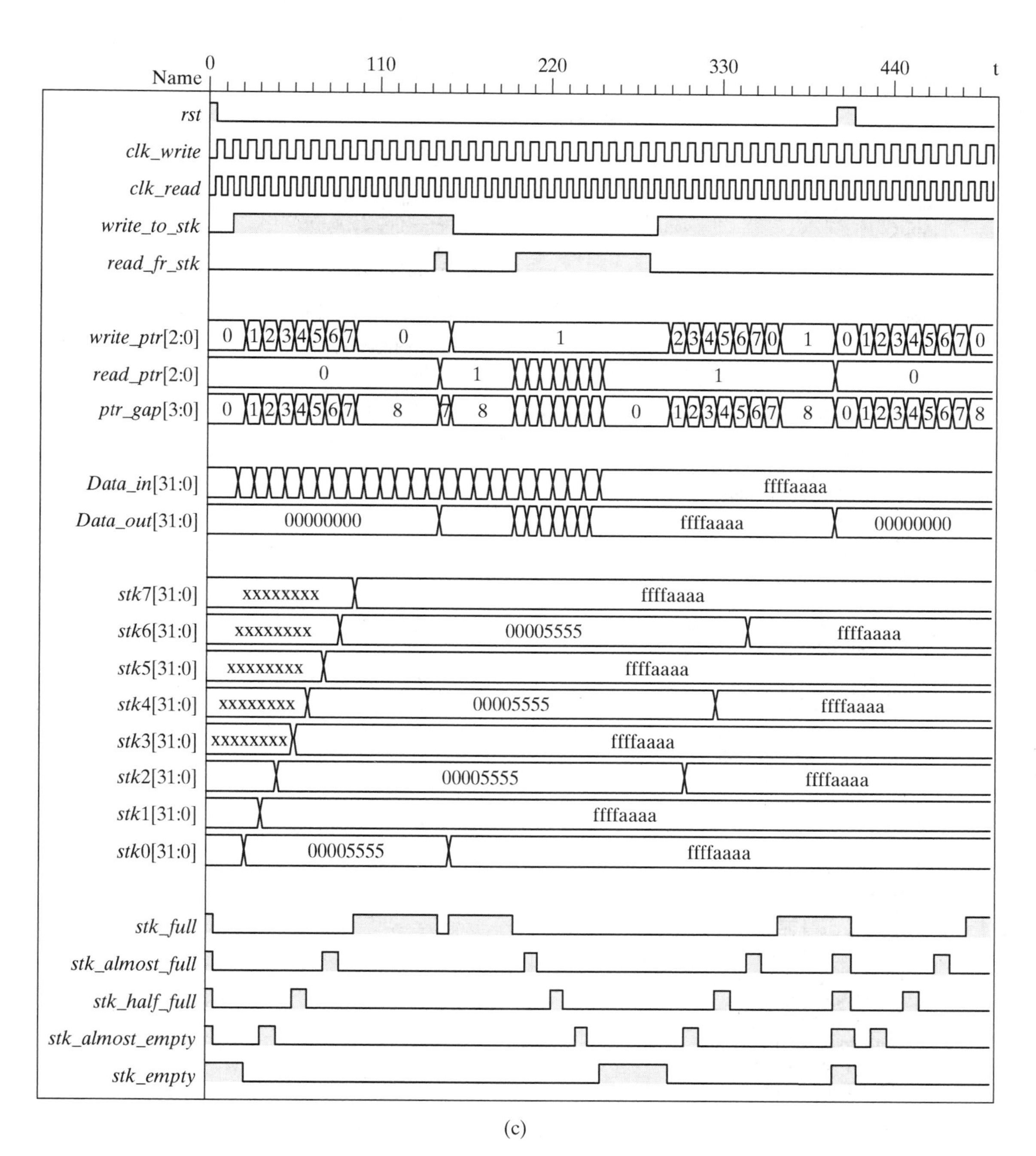

(c)

图 9.45(续)　简化的异步 FIFO 的仿真结果:(a)*rst* 的初始化复位;(b)*write_to_stk* 和 *read_fr_stk* 的并发操作;(c)状态符行为和复位恢复

```
module FIFO_Dual_Port # (parameter
 word_width = 32,                                    // Width of stack and data paths
 stk_ptr_width = 3                                   // Width of pointers into stack
)(
 output  [word_width -1: 0]    Data_out,             // Data path from FIFO
 output                        stk_full,             // Status flags
                               stk_almost_full,
                               stk_half_full,
                               stk_almost_empty,
                               stk_empty,
 input   [word_width -1: 0]    Data_in,              // Data path into FIFO
 input                         write,                // Flag controlling a write to
                                                        the stack,
                               read,                 // Flag controlling a read from
                                                        the stack
 input                         clk_write,            // Clock to synchronize writes

                               clk_read,             // clock to synchronize reads
                               rst
);
 wire     [stk_ptr_width -1: 0]  write_ptr, read_ptr;

 FIFO_Control_Unit M0_Controller (
  .write_to_stk(write_to_stk),
  .read_fr_stk(read_fr_stk),
  .write(write),
  .read(read),
  .stk_full(stk_full),
  .stk_empty(stk_empty)
 );
 FIFO_Datapath_Unit M1_Datapath(
  .Data_out(Data_out),
  .Data_in(Data_in),
  .write_ptr(write_ptr),
  .read_ptr(read_ptr),
  .write_to_stk(write_to_stk),
  .read_fr_stk(read_fr_stk),
  .clk_write(clk_write),
  .clk_read(clk_read),
  .rst(rst)
 );
  FIFO_Status_Unit M2 (
   .write_ptr(write_ptr),
   .read_ptr(read_ptr),
   .stk_full(stk_full),
   .stk_almost_full(stk_almost_full),
   .stk_half_full(stk_half_full),
   .stk_almost_empty(stk_almost_empty),
   .stk_empty(stk_empty),
   .write_to_stk(write_to_stk),
   .read_fr_stk(read_fr_stk),
   .clk_write(clk_write),
   .clk_read(clk_read),
   .rst(rst)
   );
 endmodule

 // Control Unit
 module FIFO_Control_Unit (
  output write_to_stk, read_fr_stk,
  input   write, read, stk_full, stk_empty
 );
  assign write_to_stk = write && (!stk_full);
```

```
 assign read_fr_stk = read && (!stk_empty);
endmodule

// Datapath Unit
module FIFO_Datapath_Unit # (parameter word_width = 32, stk_height = 8,
  stk_ptr_width = 3)(
 output reg      [word_width -1: 0]      Data_out,
 input           [word_width -1: 0]      Data_in,
 input           [stk_ptr_width -1: 0]   write_ptr, read_ptr,
 input                                   write_to_stk, read_fr_stk,
 input                                   clk_write, clk_read, rst
);
 reg             [word_width -1: 0]      stk [stk_height -1 : 0];     // memory
                                                                        array

 always @ (posedge clk_write) if (write_to_stk) stk [write_ptr] <= Data_in;
 always @ (posedge clk_read) if (read_fr_stk) Data_out <= stk [read_ptr];
endmodule

// Status Unit for Synchronous FIFO
module FIFO_Status_Unit # (parameter stk_ptr_width = 3, stk_height = 8,
 HF_level = stk_height >> 1,                        // Half full level, e.g., 4
 AF_level = (stk_height – HF_level) >> 1,           // Almost full level, e.g., 6
 AE_level = (HF_level) >> 1,                        // Almost empty level, e.g., 2
)(
 output [stk_ptr_width -1: 0]        write_ptr,
 output [stk_ptr_width -1: 0]        read_ptr,
 output                              stk_full, stk_almost_full, stk_half_full,
                                     stk_almost_empty, stk_empty,
 input                               write_to_stk, read_fr_stk,
 input                               clk_write, clk_read, rst
);
 wire    [stk_ptr_width: 0]          wr_cntr;
 wire    [stk_ptr_width: 0]          wr_cntr_G;
 wire    [stk_ptr_width: 0]          rd_cntr;
 wire    [stk_ptr_width: 0]          ptr_gap = wr_cntr - rd_cntr;    // 2s comp gap
                                                                       between ptrs

 // Stack status signals
 assign stk_full = (ptr_gap == stk_height) || rst;
 assign stk_almost_full = ((wr_cntr - rd_cntr) == AF_level) || rst;
 assign stk_half_full = ((wr_cntr - rd_cntr) == HF_level) || rst;
 assign stk_almost_empty = ((wr_cntr - rd_cntr) == AE_level) || rst;
 assign stk_empty = (wr_cntr == rd_cntr) || rst;

 wr_cntr_Unit M0 (wr_cntr, write_ptr, write_to_stk, clk_write, rst);
 rd_cntr_Unit M1 (rd_cntr, read_ptr, read_fr_stk, clk_read, rst);
endmodule

module wr_cntr_Unit # (parameter stk_ptr_width = 3)(
 output reg [stk_ptr_width: 0] wr_cntr,
 output [stk_ptr_width -1: 0] write_ptr,
 input write_to_stk, clk_write, rst
);
 assign write_ptr = wr_cntr [stk_ptr_width -1: 0];

 always @ (posedge clk_write, posedge rst)
  if (rst) begin wr_cntr <= 0; end
  else if (write_to_stk) begin
   wr_cntr <= wr_cntr + 1;
  end
endmodule

module rd_cntr_Unit # (parameter stk_ptr_width = 3)(
 output reg [stk_ptr_width: 0] rd_cntr,
```

```
  output [stk_ptr_width -1: 0] read_ptr,
  input read_fr_stk, clk_write, rst
);
  assign read_ptr = rd_cntr [stk_ptr_width -1: 0];

  always @ (posedge clk_write, posedge rst)
   if (rst) begin rd_cntr <= 0; end
   else if (read_fr_stk) begin
    rd_cntr <= rd_cntr + 1;
   end
endmodule

module t_FIFO_Dual_Port();            // Used to test only the FIFO, without
                                        synchronization
 parameter                            stk_width = 32;
 parameter                            stk_height = 8;
 parameter                            stk_ptr_width = 4;
 wire      [stk_width -1: 0]          Data_out;
 wire                                 write;
 wire                                 stk_full, stk_almost_full, stk_half_full;
 wire                                 stk_almost_empty, stk_empty;
 reg       [stk_width -1: 0]          Data_in;
 reg                                  write_to_stk, read_fr_stk;
 reg                                  clk_write, clk_read, rst;
 wire      [stk_width -1: 0]          stk0, stk1, stk2, stk3, stk4,
                                      stk5, stk6, stk7;

 assign stk0 = M1.M1.stk[0];          // Probes of the stk
 assign stk1 = M1.M1.stk[1];
 assign stk2 = M1.M1.stk[2];
 assign stk3 = M1.M1.stk[3];
 assign stk4 = M1.M1.stk[4];
 assign stk5 = M1.M1.stk[5];
 assign stk6 = M1.M1.stk[6];
 assign stk7 = M1.M1.stk[7];

FIFO_Dual_Port M1 (Data_out,
   stk_full, stk_almost_full, stk_half_full,
   stk_almost_empty, stk_empty,
   Data_in,
   write_to_stk, read_fr_stk,
   clk_write, clk_read, rst);

 initial #500 $finish;
 initial fork
  rst = 1; #5 rst = 0;
  #400 rst = 1; #412 rst = 0;
 join

 initial begin clk_write = 0; forever #5 clk_write = ~clk_write; end
 initial begin clk_read = 0; forever #4 clk_read = ~clk_read; end

 // Data transitions
  initial begin Data_in = 32'hFFFF_AAAA;
   @ (posedge write_to_stk);
    repeat (24) @ (negedge clk_write) Data_in = ~Data_in;
  end

 // Write to FIFO
  initial fork
   write_to_stk = 0;
   begin #16 write_to_stk = 1; #140 write_to_stk = 0; end
   begin #286 write_to_stk = 1; end
 join
```

```
// Read from FIFO
initial fork
  begin #0 read_fr_stk = 0; end
  begin #144 read_fr_stk = 1; #8 read_fr_stk = 0; end
  begin #196 read_fr_stk = 1; #86 read_fr_stk = 0; end
join
endmodule
```

9.7.2 异步 FIFO 的时钟同步

在异步 FIFO 的输入和输出数据中，操作行为是通过独立的时钟同步的，写入 FIFO 是一个时钟，读出 FIFO 是另一个时钟。读和写可以同时发生。这使得 FIFO 可以作为两个时钟域的缓存。当数据从一个时钟域传递到另一个时钟域，同时源端的时钟并没有和目的端的时钟相关的时候，两个时钟域上的寄存器操作开始异步相关。当指针没有同步协作的时候，读和写操作互不影响对方，该操作提供了在不同域之间传递数据的缓冲机制。然而，如果读和写指针同步协作了（很容易发生的事件），同步的写和读可能会导致接收数据的寄存器的亚稳定性，除非状态单元被修改用来处理协同指针和亚稳定性。

为了判断为什么当 FIFO 指针同步协作的时候亚稳定性会发生，考虑当 FIFO 满栈时的情形：本地指针 *write_ptr* 指代的存储寄存器路径会沿着输入到输出再循环一次。如果 *read_ptr* 处在与 *write_ptr* 同样的位置，同时一个读取的命令在执行，*stk_full* 可能在建立时间窗口会出现触发状态，同时数据路径会以再循环的方式允许额外的数据进入缓存。在寄存器的数据端口本应该稳定的时候没办法稳定，触发器则会进入亚稳态。这种状况必须阻止。相反，假定指针本地协作并且 *stk_empty* 宣称准备好后，触发器的输出会通过选择器进入输入端再循环，以保持其持有的数据。执行一个写命令会分离 *stk_empty*，导致进入触发器的数据路径被 *read_ptr* 记录。该行为发生在触发器的建立时间区间内，也会导致亚稳态的发生。这个亚稳态的条件可以通过两个行为来消除：第一是同步 *rd_cntr* 与 *clk_write*，并比较同步值与 *clk_read*，来决定栈是否是满的；第二是通过同步 *wr_cntr* 和 *clk_read*，然后比较同步计数器与 *rd_cntr*，来决定栈是不是空的。相应地，握手信号可以用来管理数据的交互和设法避免上述问题。但是转换数据速率要低些。在实际应用中，独立时钟域的高性能并行接口通过使用双端口的 RAM 内存，用额外的逻辑来确保同步和稳定。

一个双端口的 FIFO 的读和写计数器必须与其相对立的时钟域同步。使用二进制计数器会要求避免一次性传输多个比特通过时钟域的边界，因为这会要求同步数据的多个比特。同步二进制计数器的动态性在操作上可能得到错误的满栈或空的指示。因此可选择使用格雷码计数器，因为计数器在每个时钟只有一位发生了变化。

实际上①，像图 9.46 一样的寄存器常被用来保存格雷码。格雷码计数器通过转化二进制计数到相应的格雷码计数来产生数据。通常，这个机制比直接使用格雷码计数器更简单。图 9.46 中的额外逻辑将其转化为二进制值，并将结果累加（把产生格雷码的值写入 FIFO）。信号 *incr_binary* 决定二进制值是否累加及其累加值（通常是 1）。二进制计数器的累加结果通过一个二进制到格雷码的转换器压入触发器的输入端，形成下一个格雷码的值。格雷码通过触发器传输到目标时钟域的同步器，在那里会产生状态信号来标示 FIFO 是空的还是满的。同步器通常依赖于同步过程（基于快时钟域或慢时钟域），然后产生相应的格雷码的值来决定相应 FIFO 的状态。

图 9.47 展示了用一个双端口 FIFO，为了同步跨域时钟域传输数据的状态单元。该单元有一个内核（阴影区域），由控制 FIFO 操作的寄存器的逻辑块组成，另外还有一些为了完成 *stk_full* 和

---

① 可以参考 www.sunburst-design.com 的技术文章。

stk_empty 标识所要求的逻辑块。该内核对同步 FIFO 的状态单元很关键。为了同步 *wr_cntr* 和 *clk_read*，*wr_cntr*(比如寄存器的输入)的下一个值转变成格雷码，并且被 *B2G_reg* 所记录。记录的格雷码输出 *wr_cntr_G* 被时钟 *wr_cntr_Synchro* 所同步，之后被 *G2B_Conv* 转换回二进制数，然后传输到逻辑块中形成 *stk_empty*①。*stk_full* 的形成是相似的，而同步是不同的。状态单元的 Verilog 模型(见下面的例9.11)是很灵活的。普通时钟可以应用，只有逻辑单元的内核可综合成双端口的 FIFO，或使不同的时钟和同步状态单元。两种情况的控制单元和数据通路单元都是一样的。

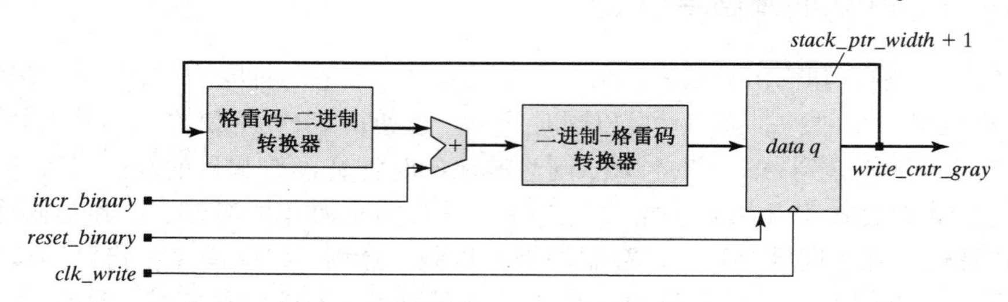

图 9.46 异步 FIFO 中的同步码转换器

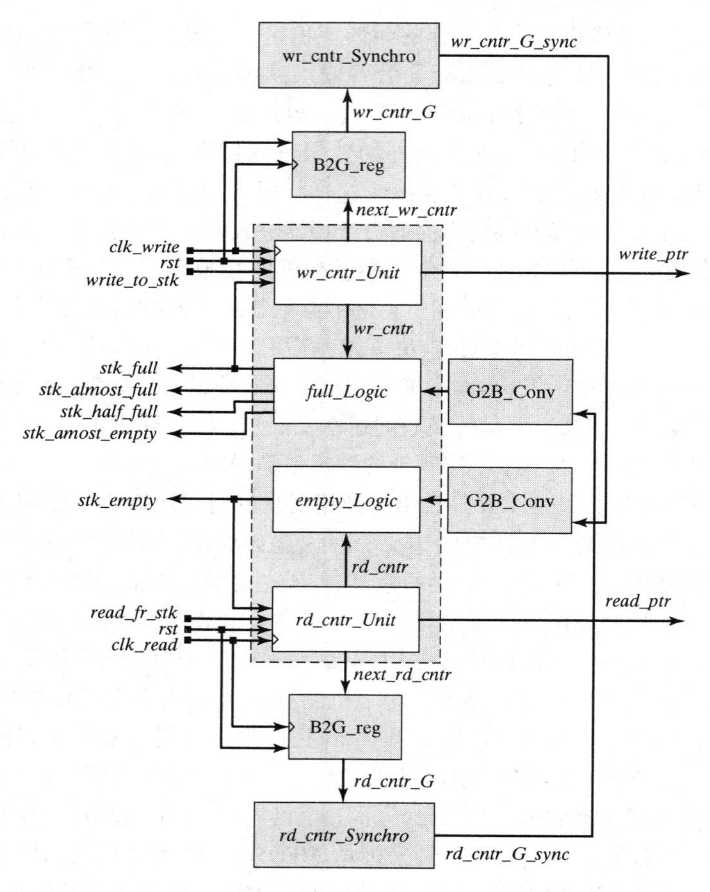

图 9.47 同步和异步 FIFO 中的状态单元

① 二进制与格雷码互相转换的转换器的模型是基于 www.sunburst-design.com 网站上的一些技术文章所提出的方法。这个网站的测试平台也适用于这个模型。

异步 FIFO 的状态可以由二进制或格雷码的值来决定。下面给出的模型用同步格雷码作为判断二进制码的中间量。例如，如果 *wr_cntr* - *rd_cntr_B_synch* = *stack_height*，则 FIFO 是满的。相似地，*wr_cntr_B_synch* - *read_cntr* = 0，则 FIFO 是空的。例如，*wr_cntr_synch* = *rd_cntr*。*re_cntr_B_synch* 是由格雷码同步而来的。

比较 *rd_cntr* 和 *wr_cntr_synch* 的值允许数据以快速时钟[①]的速率从 FIFO 读出，但是保证 *empty* 在 *clk_read* 有效沿时形成，在之前的数据预读之前延迟可读。相似地，比较 *wr_cntr_synch* 和 *rd_cntr* 的值时，允许数据以慢时钟的速率写入，确保 *stk_full* 在 *clk_write* 有效沿时形成，并且可以阻止没被读取的数据被写入。

形成 *stk_full* 和 *stk_empty* 的系统通常不太理想。*stk_full* 这个信号在 FIFO 变满时马上被插入，但是 *rd_cntr_synch* 有一个延迟(比如两个时钟)，这就导致满的信号可能比需要的时间更长。相似地，*stk_empty* 在输出域时立即形成，但是 *wr_cntr_synch* 以一个潜在状态到达。因此，*stk_empty* 会比需要的插入时间长。这种现象不是问题，因为都是以不写入一个满的 FIFO 和不从一个空的 FIFO 读取数据为目标。

例 9.11　图 9.48 中的多通道电路有 4 个在 100 MHz 时钟域中产生的串行比特流通道，每一个通道都要通过一个 32 位串并转换器，再将所得到的并行数据传送到双端口 FIFO 中。数据是以 100 MHz 速率流向串并转换器，工作在 133 MHz 时钟的处理器能够从 FIFO 读取数据并将 4 通道的数据复用到一个公用的数据通路上。到达的数据形式是一个数据的 LSB 首先到达。将数据写到 FIFO 的命令产生于 100 MHz 的时钟域，而将数据从 FIFO 中读出的命令是由处理器(没有画出)在 133 MHz 的时钟域中产生的。处理器应能防止数据的丢失，这在 FIFO 满而又接收到一个写请求的情况下有可能发生。下面考虑一个单通道教据流。

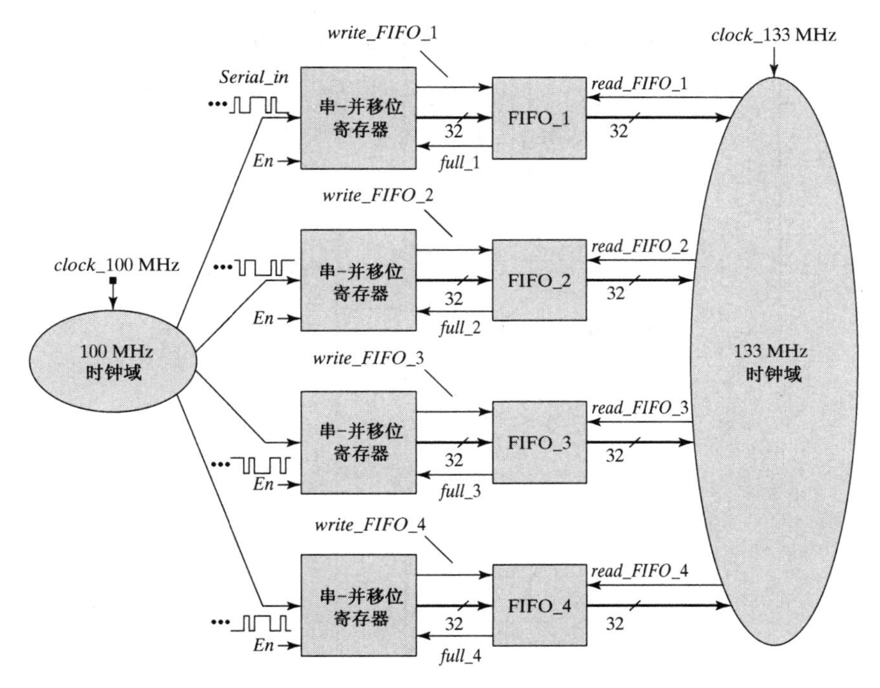

图 9.48　带缓冲的 FIFO 时钟域接口

① 从 FIFO 读数据的速率比向 FIFO 写数据的速率更快。

串并转换器能够以一个32位移位寄存器的形式来实现，并可由图9.49中的ASMD图和框图所描述的状态机来控制。该状态机的输出是*shift*和*incr*，它们分别控制着寄存器*Data_out*和计数器*cntr*。*cntr*表示进入数据通路寄存器的并行比特数。在*rst*的作用下，可将机器的状态控制到*S_idle*，并保持此状态直到通过外部单元使*En*有效为止。在*En*有效的第一个时钟周期，机器完成向*S_1*状态的转移，并一直保持在*S_1*状态直到*cntr*计数达到计数范围的上限(5位计数器的上限是31)。当*cntr*到达上限之后，最后1位数据进入移位寄存器，机器进入*S_2*状态。在*S_2*状态下，信号*write*有效，引起一个外部单元(比如一个FIFO)去读取来自*Data_out*的数据。外部环境让*En*和*full*是否有效决定了机器是进入*S_1*状态去将下一字节的数据形成数据流还是回到*S_idle*。

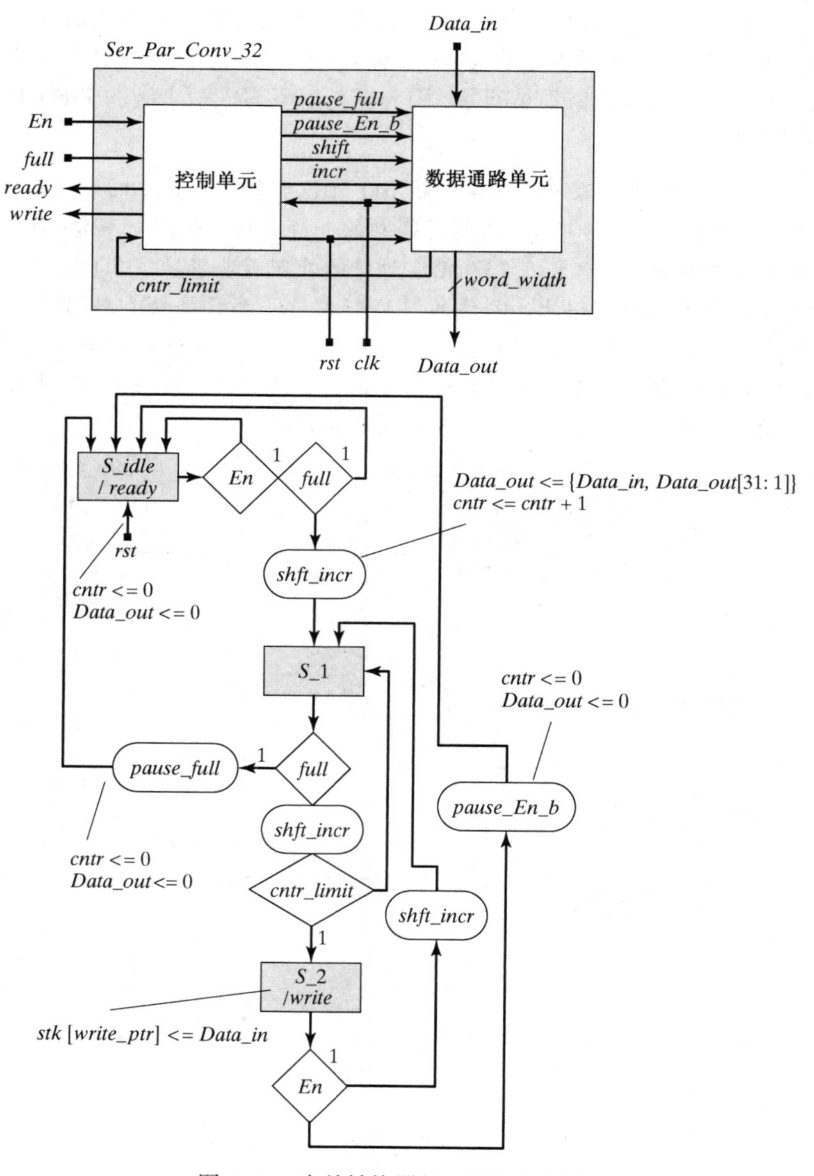

图9.49 串并转换器的ASMD和框图

输入端的串行数据流到串并转换器的转换发生在 *clock*_100 MHz 时钟的下降沿，而将数据移入寄存器中则是在上升沿上进行的，所以 *write* 信号要在 *clk*① 一个周期上保持有效。串并转换器的控制单元有两个额外的输出端——*pause_full* 和 *pause_En_b*，它们的作用是与数据通路沟通，以解决 *En* 无效或者 FIFO 满了的问题。在这个模型中，假设串并转换器在查看 *En* 是否有效前需要读取 32 位信息。如果没有，机器回到 *S_idle* 等待其有效。同样，当机器在 *S_1* 时，*full* 如果有效，机器将回到 *S_idle*。*pause_full* 和 *pause_En_b* 会引起相同的数据通路操作，即重置 *cntr* 和清空串并转换器的输出寄存器。然而，两种信号的测试平台会不同，这样是为了管理电路状态和避免跳过其中一个状态。

```
module Ser_Par_Conv_32 # (parameter word_width = 32)(
  output [word_width -1: 0] Data_out,
  output                    ready,
  output                    write,
  input                     Data_in, En, full, clk, rst
);
  wire                      pause_full, pause_En_b, shft_incr, cntr_limit;

  Control_Unit M0_Controller (ready, write, pause_full, pause_En_b, shft_incr, En,
    full, cntr_limit, clk, rst);
  Datapath_Unit M1_Datapath (Data_out, cntr_limit, Data_in, pause_full,
    pause_En_b, shft_incr, clk, rst);
endmodule

module Control_Unit (output ready, write,
  output reg      pause_full, pause_En_b, shft_incr,
  input           En, full, cntr_limit, clk, rst);
  parameter       S_idle = 0, S_1 = 1, S_2 = 2;
  reg [1: 0]      state, next_state;
  assign ready = (state == S_idle);
  assign write = (state == S_2);

  always @ (posedge clk, posedge rst)
   if (rst) begin state <= S_idle; end
   else state <= next_state;

  always @ (state, En, full, cntr_limit) begin
   pause_full = 0;
   pause_En_b = 0;
   shft_incr = 0;
   next_state = S_idle;
   case (state)
    S_idle:       if (En && (!full)) begin next_state = S_1; shft_incr = 1; end
                  else next_state = S_idle;

    S_1:          if (full) begin next_state = S_idle; pause_full = 1; end
                  else begin shft_incr = 1;
                    if (cntr_limit) next_state = S_2; else next_state = S_1;
                  end
    S_2:          if (En) begin shft_incr = 1; next_state = S_1; end
                  else begin pause_En_b = 1; next_state = S_idle; end

    default:      next_state = S_idle;
   endcase
  end
endmodule

module Datapath_Unit # (parameter word_width = 32, cntr_width = 5)(
  output reg [word_width -1: 0]     Data_out,
  output                            cntr_limit,
```

① 章末的一道习题就是进行 *Ser_Par_Conv_32* 的仿真和验证。

```
  input                           Data_in, pause_full, pause_En_b, shft_incr,
                                    clk, rst);
  reg      [cntr_width -1: 0]     cntr;

  always @ (posedge clk, posedge rst)
    if (rst) begin cntr <= 0; end
    else if (pause_full || pause_En_b) cntr <= 0;
    else if (shft_incr) cntr <= cntr +1;

  always @ (posedge clk, posedge rst)
    if (rst) Data_out <= 0;
    else if (pause_full || pause_En_b) Data_out <= 0;
    else if (shft_incr) Data_out <= {Data_in, Data_out [word_width -1: 1]};

  assign cntr_limit = (cntr == word_width -1);
endmodule
```

为了判断 FIFO 是否为空①，图 9.48 所示的每个 FIFO 都必须为写计数器生成一个同步的版本，目的是将它和读计数器在快速时钟域——*clock*_133 MHz 时钟域上进行比较。图 5.38 所示的同步机就是用来同步 FIFO 的写信号的。为了确定将要用到这两种同步器中的哪一种，应注意到写信号在 *clock*_100 MHz 的整个周期上都有效，所以该脉冲宽度为 $\Delta_{\text{write}} = 1/T_{\text{clock\_100 MHz}} = 1/(10^8) = 10$ ns。如图 9.50 所示的时钟周期为 $T_{\text{clock\_133 MHz}} = 1/(133 \times 10^6) = 7.5$ ns。由于 1 位格雷码的同步脉冲宽度比将要同步它的时钟周期还要长，所以选择了图 5.38(a) 中的两级移位寄存器同步器电路。通过相似的分析，可选择图 5.38(b) 所示的同步电路来将 *rd_cntr* 同步到 *clk*_100。

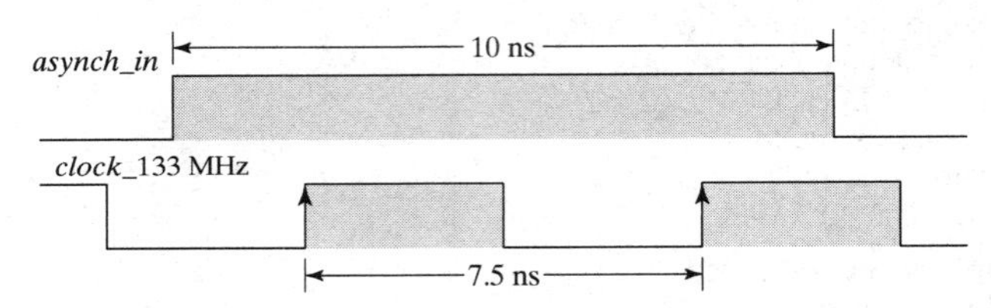

图 9.50　异步写信号覆盖了 *clock*_11 MHz 的两个上升沿

FIFO_Channel 使用了 *Ser_Par_Conv*_32 和 *FIFO_Dual_Port*，以及下面给出的状态单元。在列出 *FIFO_Channel* 仿真结果之前，提供一个警告——彻底的 FIFO 时序分析，并且一般情况下，会生成跨域二进制时域的同步伴随电路。这要求对综合出的带有反标注延迟值的门级电路进行时序分析，延迟值从实际单元的布局布线中抽取出来。如果没有这些细节分析，机器的验证就没有完成。对此这里就不再演示了。

```
module FIFO_Channel # (
  parameter                    word_width = 32)(     // Width of FIFO stack and
                                                       data paths
  output [word_width -1: 0]    Data_out_FIFO,        // Data path from FIFO
  output                       ready,
  input
    Data_in,                   // Serial 100 MHz data
    En,                        // Launches activity
    read,                      // reads data from FIFO
    clk_write,                 // Clock to synchronize writes
    clk_read,                  // clock to synchronize reads
    rst
);
  wire reg [word_width -1: 0]  Data_out_Ser_Par;     // Data path from Ser_Par
  wire                         Data_in_Ser_Par;      // Data path into Ser_Par
```

① 数据在 *wr_to_stk* 的控制下向 FIFO 写数据，这是在 *clock*_100 MHz 的同步下进行的。

```
  wire                               stk_full,              // Status flags
                                     stk_almost_full, stk_half_full, stk_almost_empty,
                                      stk_empty;

  FIFO_Dual_Port M0 (
   .Data_out(Data_out_FIFO),
   .stk_full(stk_full),
   .stk_almost_full(stk_almost_full),
   .stk_half_full(stk_half_full),
   .stk_almost_empty(stk_almost_empty),
   .stk_empty(stk_empty),
   .Data_in(Data_out_Ser_Par),
   .write(write),
   .read(read),
   .clk_write(clk_write),
   .clk_read(clk_read),
   .rst(rst));

  Ser_Par_Conv_32 M1(
   .Data_out(Data_out_Ser_Par),
   .ready(ready),
   .write(write),
   .Data_in(Data_in),
   .En(En),
   .full(stk_full),
   .clk(clk_write),
   .rst(rst));
endmodule

// Status Unit for Asynchronous FIFO
module FIFO_Status_Unit # (parameter stk_ptr_width = 3, stk_height = 8,
  HF_level = 6, //(stk_height >> 1),                 // Half full level
  AF_level = 4, //(stk_height - HF_level) >> 1,       // Almost full level
  AE_level = 2 //(HF_level) >> 1                     // Almost empty level
)(
 output [stk_ptr_width -1: 0]       write_ptr,
 output [stk_ptr_width -1: 0]       read_ptr,
 output                             stk_full, stk_almost_full, stk_half_full,
                                    stk_almost_empty, stk_empty,
 input                              write_to_stk, read_fr_stk,
 input                              clk_write, clk_read, rst
);
 wire    [stk_ptr_width: 0]         wr_cntr, next_wr_cntr;
 wire    [stk_ptr_width: 0]         wr_cntr_G;
 wire    [stk_ptr_width: 0]         rd_cntr, next_rd_cntr;
 wire    [stk_ptr_width: 0]         rd_cntr_G;
 wire    [stk_ptr_width: 0]         wr_cntr_G_sync, rd_cntr_G_sync;
 wire    [stk_ptr_width: 0]         wr_cntr_B_sync, rd_cntr_B_sync;
 // Stack status signals
 assign stk_full = ((wr_cntr - rd_cntr_B_sync) == stk_height) || rst;
 assign stk_almost_full = ((wr_cntr - rd_cntr_B_sync) == AF_level) || rst;
 assign stk_half_full = ((wr_cntr - rd_cntr_B_sync) == HF_level) || rst;
 assign stk_almost_empty = ((wr_cntr - rd_cntr_B_sync) == AE_level) || rst;
 assign stk_empty = (wr_cntr_B_sync == rd_cntr) || rst;

 wr_cntr_Unit M0_rw_cntr (next_wr_cntr, wr_cntr, write_ptr, write_to_stk,
   clk_write, rst);

 rd_cntr_Unit M1rd_cntr (next_rd_cntr, rd_cntr, read_ptr, read_fr_stk, clk_read, rst);

 B2G_Reg M2_B2G (
  .gray_out(wr_cntr_G),
  .binary_in(next_wr_cntr),
  .wr_rd(write_to_stk),
```

```
   .limit(stk_full),
   .clk(clk_write),
   .rst(rst)
  );
  G2B_Conv M3_G2B (
   .binary(wr_cntr_B_sync),
   .gray(wr_cntr_G_sync)
  );

  B2G_Reg M4_B2G (
   .gray_out(rd_cntr_G),
   .binary_in(next_rd_cntr),
   .wr_rd(read_fr_stk),
   .limit(stk_empty),
   .clk(clk_read),
   .rst(rst)
  );

  G2B_Conv M5_G2B (
   .binary(rd_cntr_B_sync),
   .gray(rd_cntr_G_sync)
  );
// Synchronizer Unit

  generate
  genvar k;
  for (k = 0; k <= stk_ptr_width; k = k+1) begin: write_cntr_synchronization
   Synchro_Long_Asynch_in_to_Short_Period_Clock M0 (
    .Synch_out(wr_cntr_G_sync[k]),
    .Asynch_in(wr_cntr_G[k]),
    .clock(clk_read),
    .reset(rst)
  );
  end

  for (k = 0; k <= stk_ptr_width; k = k+1) begin: read_cntr_synchronization
   Synchro_Short_Asynch_in_to_Long_Period_Clock M1 (
    .Synch_out(rd_cntr_G_sync[k]),
    .Asynch_in(rd_cntr_G[k]),
    .clock(clk_write),
    .reset(rst)
   );
  end
 endgenerate
endmodule

module wr_cntr_Unit # (parameter stk_ptr_width = 3)(
  output reg [stk_ptr_width: 0] next_wr_cntr, wr_cntr,
  output [stk_ptr_width -1: 0] write_ptr,
  input write_to_stk, clk_write, rst
);
  assign write_ptr = wr_cntr [stk_ptr_width -1: 0];

  always @ (posedge clk_write, posedge rst)
   if (rst) begin wr_cntr <= 0; end
   else if (write_to_stk) begin
    wr_cntr <= next_wr_cntr;
   end

  always @ (wr_cntr) next_wr_cntr = wr_cntr + 1;
endmodule

module rd_cntr_Unit # (parameter stk_ptr_width = 3)(
  output reg [stk_ptr_width: 0] next_rd_cntr, rd_cntr,
```

```
  reg Synch_meta;

  always @ (posedge clock, posedge reset)
  if (reset) begin Synch_meta <= 0; Synch_out <= 0; end
  else {Synch_out, Synch_meta} <= {Synch_meta, Asynch_in};
endmodule
```

下面给出 *FIFO_Channel* 的测试平台。该测试平台选择了一组测试向量激励，并依次输入到 *FIFO_Channel* 中。

```
module t_FIFO_Channel # (
  parameter word_width = 32, half_cycle_100_MHz = 4, half_cycle_133_MHz = 3);
  wire [word_width -1: 0]   Data_out_FIFO;
  wire                      ready;
  reg                       En, read, clk_write, clk_read, rst;

  FIFO_Channel M0 (Data_out_FIFO, ready, Data_in, En, read, clk_write,
    clk_read, rst);

  wire [word_width -1: 0]   stk0, stk1, stk2, stk3, stk4, stk5, stk6, stk7;

  assign stk0 = M0.M0.M1.stk[0];          // Probes of the stk
  assign stk1 = M0.M0.M1.stk[1];
  assign stk2 = M0.M0.M1.stk[2];
  assign stk3 = M0.M0.M1.stk[3];
  assign stk4 = M0.M0.M1.stk[4];
  assign stk5 = M0.M0.M1.stk[5];
  assign stk6 = M0.M0.M1.stk[6];
  assign stk7 = M0.M0.M1.stk[7];

  initial #8000 $finish;
  initial begin clk_write = 0; forever #half_cycle_100_
   MHz clk_write = ~clk_write; end                        // 100 MHz clock
  initial begin clk_read = 0; forever #half_cycle_133_
   MHz clk_read = ~clk_read; end                          // 133 MHz clock
  initial fork
    En = 0; #18 En = 1;
    #400 En = 0;
    #960 En = 1;
  join

  initial fork
    read = 0;
    #3500 read = 1;
    #4200 read = 0;
    #7124 read = 1;
  join

  initial fork
    #0 rst = 1;
    #2 rst = 0;
    #5050 rst = 1;
    #5075 rst = 0;
  join

  reg [word_width -1: 0        Pattern_buffer [15: 0;
  reg [3: 0                    Pattern_ptr;
  reg [word_width -1: 0]       Data_word;

  assign Data_in = Data_word [0];

  always @ (negedge clk_write, posedge rst)
   if (rst) begin Pattern_ptr <= 1; Data_word <= Pattern_buffer [0]; end
  else begin
   if (M0.M1.pause_full) begin Data_word <= Pattern_buffer [Pattern_ptr -1]; end
```

```
  if (M0.M1.pause_En_b) begin Data_word <= Pattern_buffer [Pattern_ptr]; end

  if (M0.M0.write_to_stk) begin
   Pattern_ptr <= Pattern_ptr + 1;
   Data_word <= Pattern_buffer [Pattern_ptr];
  end
 end

always @ (negedge clk_write, posedge rst)

  if (rst) Data_word <= Pattern_buffer [0];
  else if ((M0.M1.shft_incr) && (M0.M1.M0.state != M0.M1.M0.S_idle)) Data_word
   <= Data_word >> 1;

initial fork

  Pattern_buffer [0] = 32'haaaa_aaaa;
  Pattern_buffer [1] = 32'hbbbb_bbbb;
  Pattern_buffer [2] = 32'hcccc_cccc;
  Pattern_buffer [3] = 32'hdddd_dddd;
  Pattern_buffer [4] = 32'heeee_eeee;
  Pattern_buffer [5] = 32'hffff_ffff;
  Pattern_buffer [6] = 32'haaaa_ffff;
  Pattern_buffer [7] = 32'hbbbb_aaaa;
   Pattern_buffer [8] = 32'ha5a5_5a5a;
   Pattern_buffer [9] = 32'hb5b5_5b5b;
   Pattern_buffer [10] = 32'hcccc_5555;
   Pattern_buffer [11] = 32'hdddd_5555;
   Pattern_buffer [12] = 32'heeee_5555;
   Pattern_buffer [13] = 32'hffff_5555;
   Pattern_buffer [14] = 32'haaaa_5555;
   Pattern_buffer [15] = 32'hbbbb_5555;
 join
endmodule
```

为了验证 *FIFO_Channel*(将串并转换器和 FIFO 合在一起)的正确操作,图 9.51(a)显示了一系列测试向量激励下的仿真结果。*write_to_stack*、*read_fr_stack* 和其他具有重要特征的脉冲用黑色标注。注意,在第一次插入 *En* 时,*stk*0 为 $aaaaaaaa_H$;第二次插入时,*stk*1 为 $bbbbbbbb_H$。在一个长暂停之后(当 *En* 没插入时),第三种形式 *stk*2 为 $cccccccc_H$,以此类推,直到堆栈装满。然后,当测试平台将 *stk_full* 和 *read* 插入时,*stk_empty* 间歇地插入,读取伴随着写入,并且等待写入为堆栈加入一个字节之后再读取。这些测试表明 FIFO 可以完成以下动作:

(1)正确地从串并转换器中重建数据,在两个字之间无错误数据;

(2)当 *En* 无效或者 *stk_full* 有效之后重新开始写操作。

reset_on_the_fly 事件证明机器可以正确地恢复,并且在第一次写数据时能有效加载数据并写入堆栈。阴影数据表明同步、码字转换和状态的测定是正确的。

图 9.51(b)的波形图显示读操作执行正确。8 个 *clk_read* 时钟周期将堆栈的数据传输到 *Data_out_fifo* 中,从 *read_ptr* 确定的地址开始。注意到 *stk_full* 的失效对于 *clk_read* 有两个时钟的延迟,然后状态从 *S_idle*(0)转移到 *S_1*(1)。一旦机器进入 *S_1* 状态,将用额外的 31 个 *clk_write* 周期将另外的字节导入堆栈,所以(即使堆栈没满)写操作并不能立即执行。

图 9.51(c)所示为当 *En* 和 *read* 同时有效且堆栈空时的数据序列。有效的 *write_to_stk* 将 *a5a55a5aH* 导入 *stk*0 中。两个 *clk_read* 时钟沿之后,*stk_empty* 无效,反映了在比较 *rd_cntr* 和 *wr_cntr_B_sync* 时的延迟。*rd_cntr* 和 *wr_cntr_B_sync* 的比较会立即引起 *stk_empty* 的无效,但是允许堆栈的读取太靠近 *clk_write* 的有效沿会引起亚稳态的风险。图 9.51(c)显示了延迟的间隔。*stk*0 的内容在 *stk_empty* 无效之后的 *clk_read* 第一个有效沿从 *Data_out_FIFO* 读取。一旦堆栈为空,二进制跨时钟域转换速率将被数据写入堆栈的速率限制为:100 MHz/32 = 3.125 MHz。

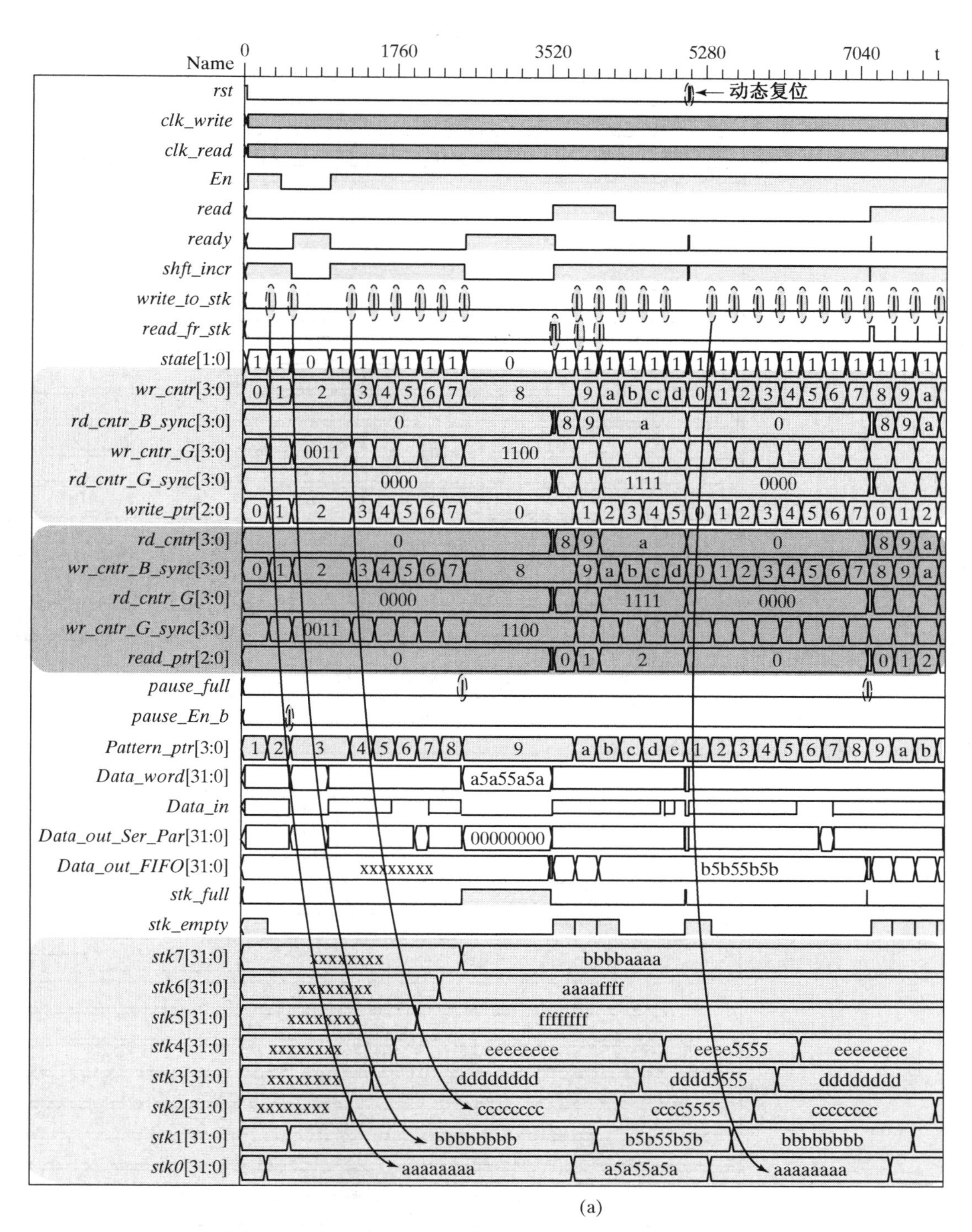

(a)

图 9.51　*FIFO_Channel* 的仿真结果：(a)正确的数据重构操作；(b)正确的读操作；(c)堆栈空且 *En* 和 *read* 有效时的操作

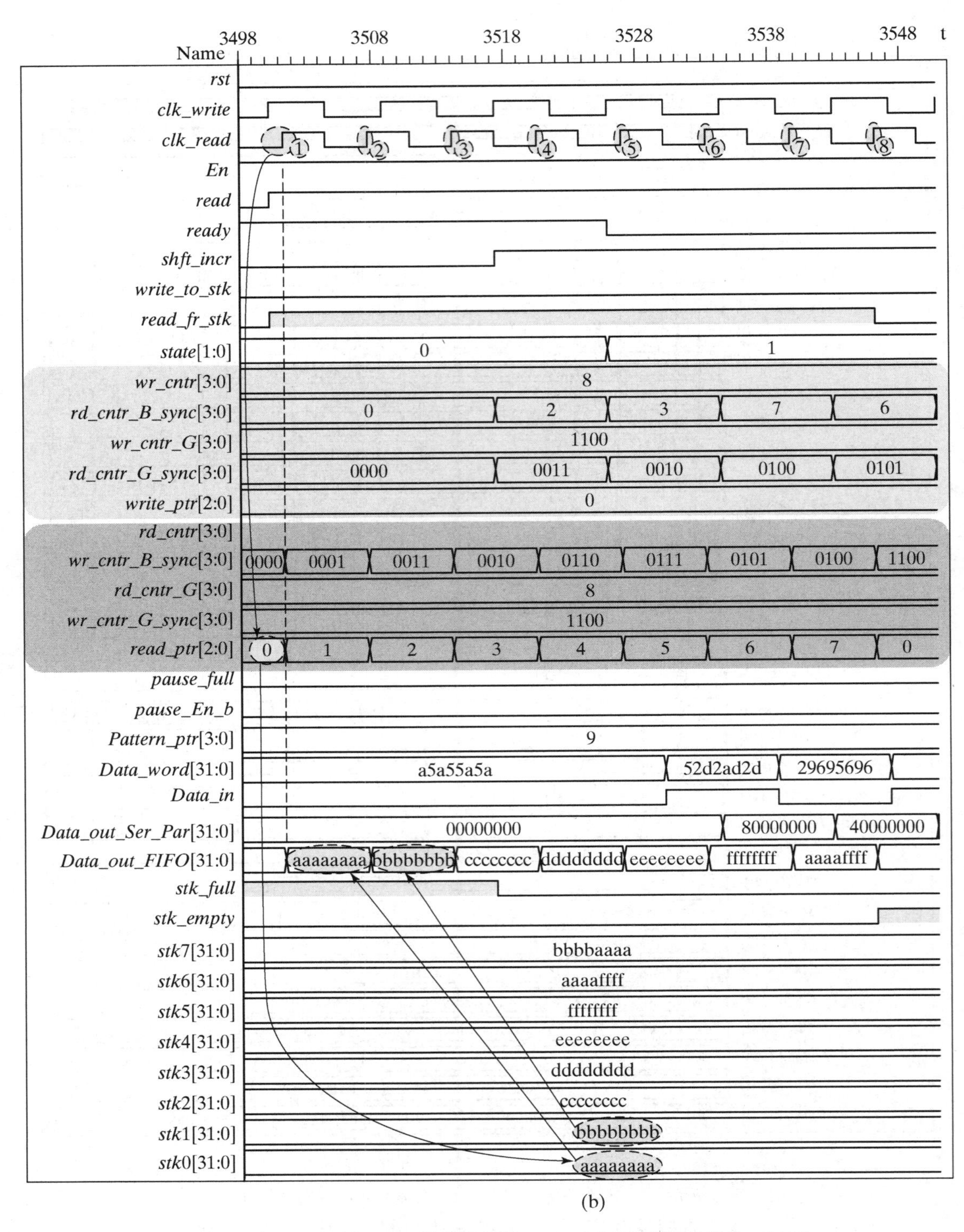

(b)

图 9.51(续) *FIFO_Channel* 的仿真结果：(a)正确的数据重构操作；(b)正确的读操作；(c)堆栈空且 *En* 和 *read* 有效时的操作

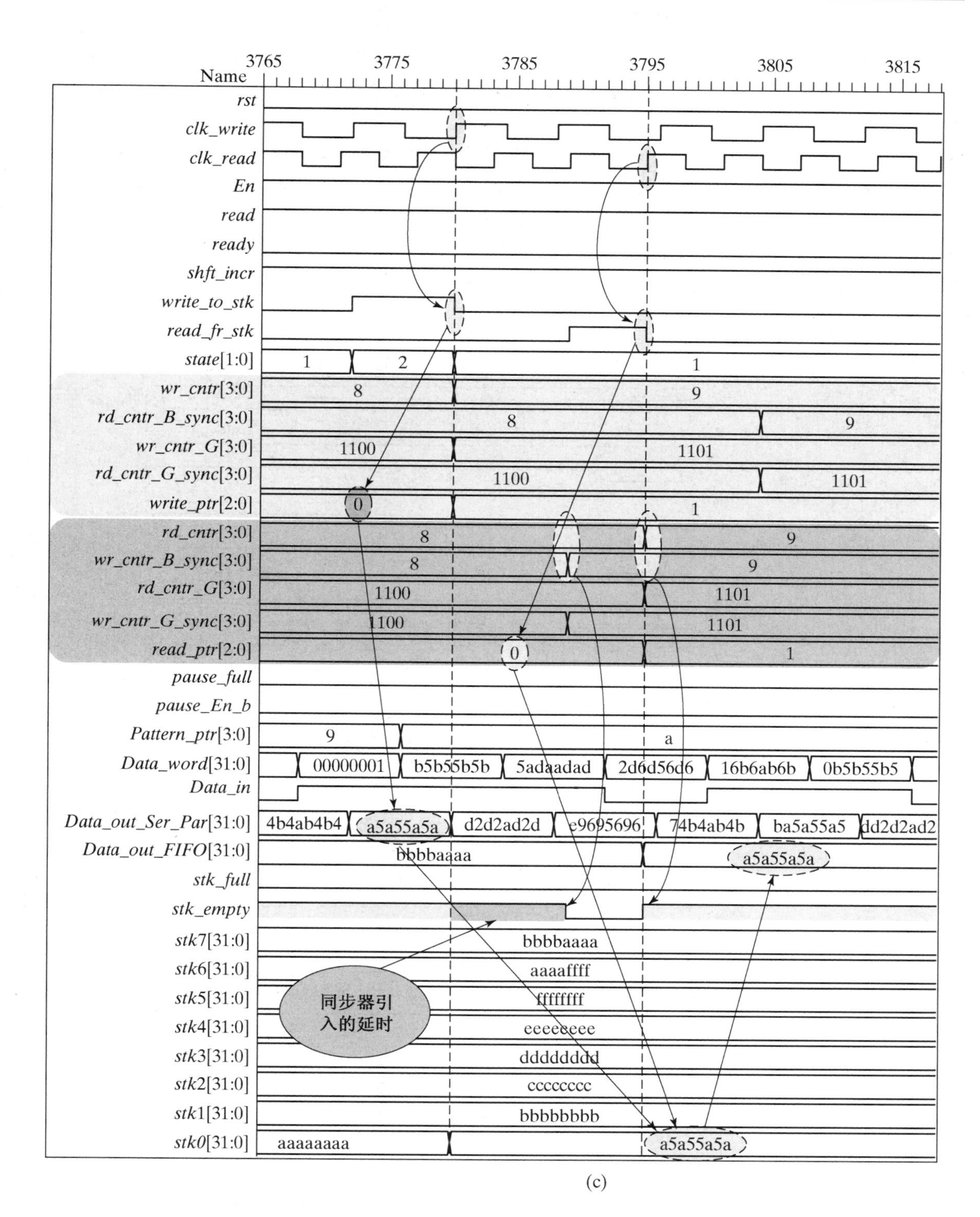

(c)

图9.51(续)　*FIFO_Channel* 的仿真结果：(a)正确的数据重构操作；(b)正确的读操作；(c)堆栈空且 *En* 和 *read* 有效时的操作

图9.52(a)给出的仿真结果表明从堆栈中读取数据是与 *clk_read* 同步的，然后 *read_ptr* 决定被导入 *Data_out_FIFO* 的数据。然后需要注意，*rd_cntr_B_sync* 的计数值是跳变的(1,4,5 和 6 没有)。这种行为在图9.52(b)中的仿真结果中给出了解释，其中 *rd_cntr_B_sync* 低2位的数据如图所示。当 *rd_count* =0 时(A)，*clk_read* 的边沿(B)引起状态转变成 *rd_cntr* =1(G)。转移的细节如图所示，非同步机(E)在 *clk_write* 的下一边沿(D)，然后转移到 *Synch_out*(F)和 *clk_write* 第二个边沿。考虑到时钟频率和时钟边沿校准的不一致，当 *clk_read* 快一些时，*clk_read* 第二个边沿(H)引起 *rd_cntr* 增加2(G)。这个值传入到它的同步机(J)，然后到达第二个边沿的输出(K)，所以 *rd_cntr_B_sycn* 的两个比特位都随着 *clk_write*(*L*)而改变。*rd_write* =1 这个中间值在 *rd_cntr_B_sycn* 模糊起来，因为 *clk_rd* 和 *clk_write* 相对校准是计数器能改变的两个值，这是数据在慢时钟域中两个同步器边沿传输时间间隔时产生的。

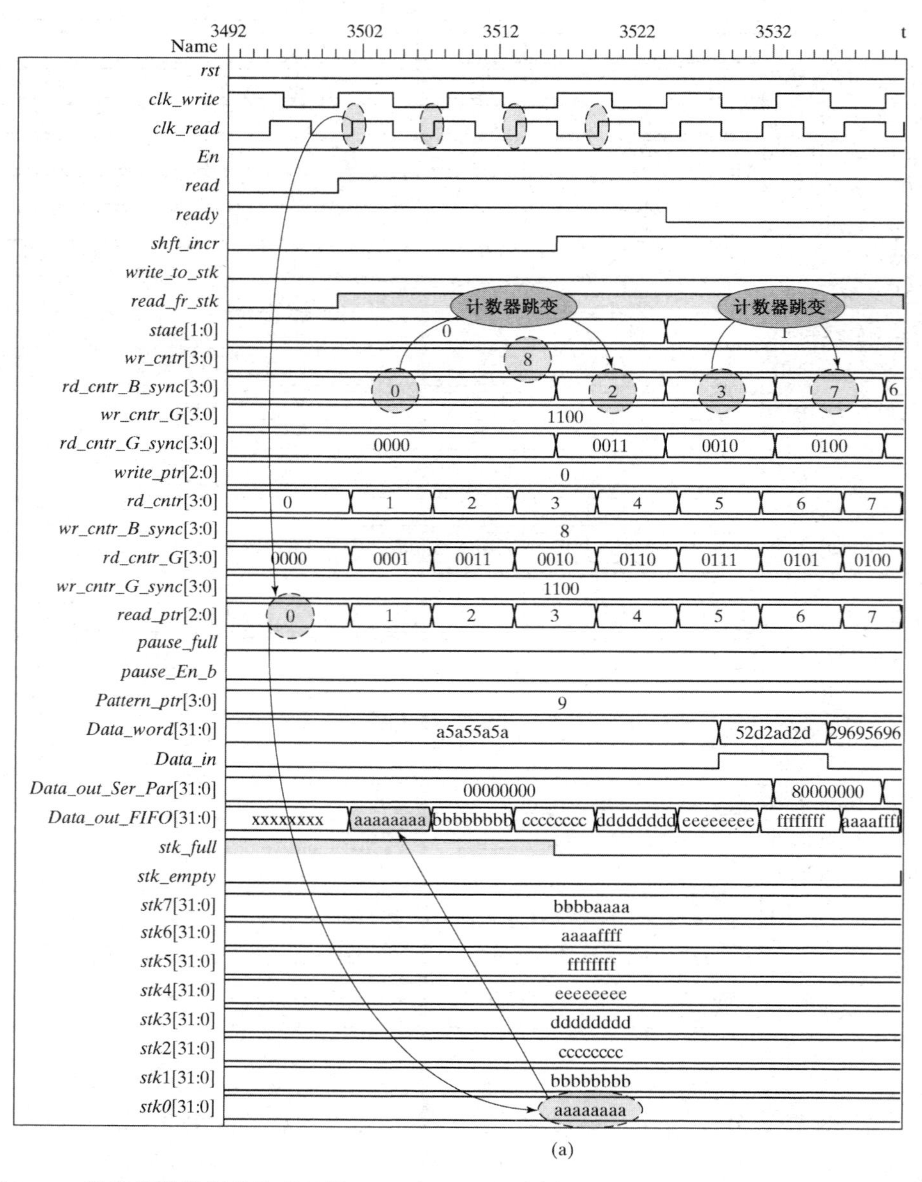

(a)

图9.52 从堆栈读数据的仿真结果：(a)由 *clk_read* 同步；(b)按 *rd_cntr_B_sync* 的跳变计数

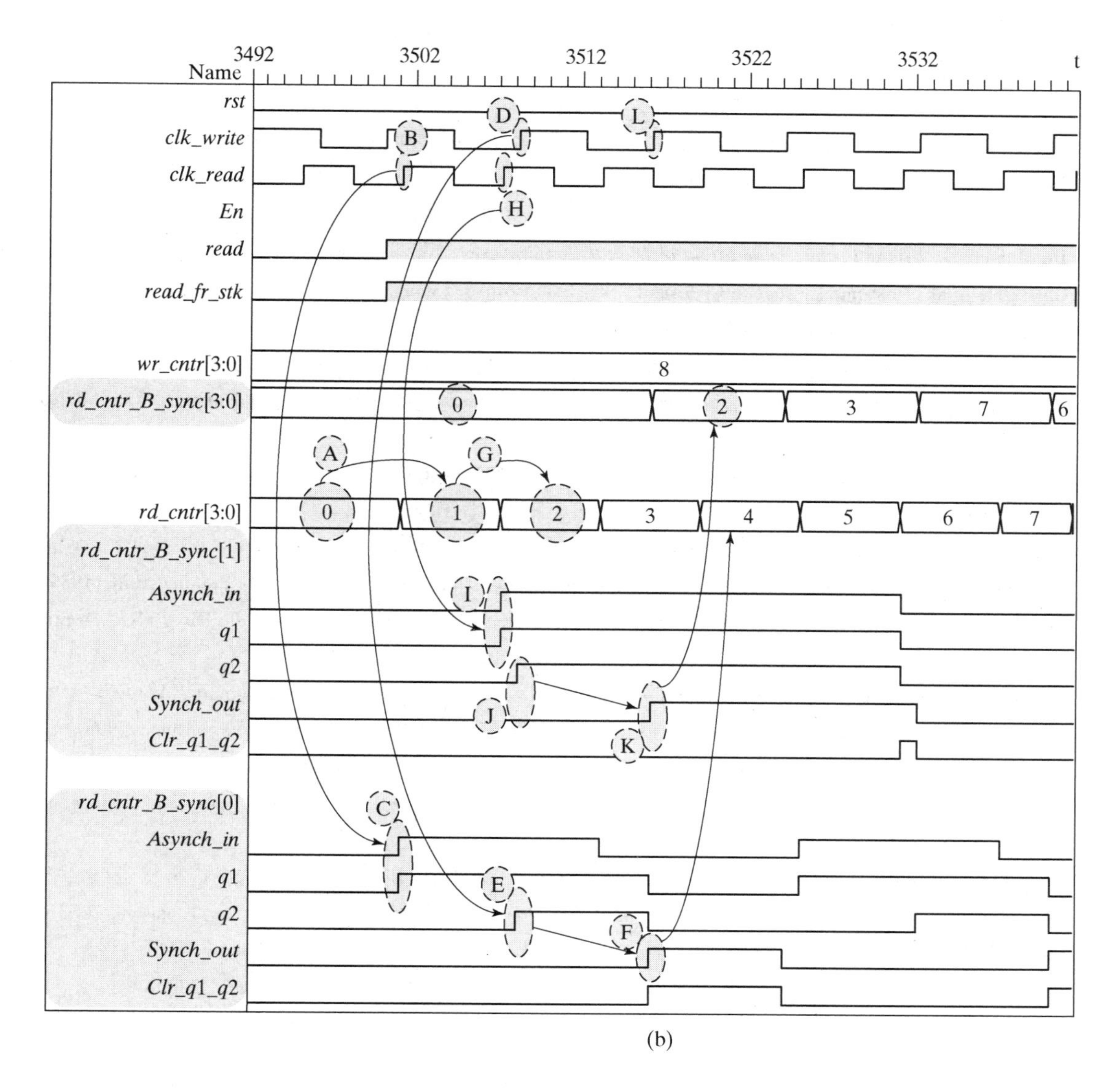

图 9.52(续)　从堆栈读数据的仿真结果：(a)由 *clk_read* 同步；(b)按 *rd_cntr_B_sync* 的跳变计数

图 9.52(b)中显示了 *rd_cntr_B_synch* 的两个低比特位。随着 *rd_counter* = 0(A)，*clk_read*(B)的边沿使其转换到 *rd_cntr* = 1(G)。该转换的细节显示：在 *rd_cntr* 的区域内异步输入的值(C)在 *clk_write*(D)的下一个边沿进入同步器的第一级(E)，然后在 *clk_write* 的第二个沿传给 *Synch_out*(F)。图 9.52(b)显示了两个时钟频率和时钟沿之间的波形关系：由于 *clk_read* 快，*clr_read*(H)的第二个沿引起 *rd_cntr* 增加到 2(G)。这个值传递给同步器(J)，完成了第二级(K)的输出，从而使得 *rd_cntr_B_synch* 的这两个比特位及时在 *clk_write* at (L)的边沿发生变化。在慢时钟域中，在数据通过两级同步器的时间间隔内，这个两比特计数器的计数值会发生变化，而 *clk_rd* 和 *clk_write* 的相对沿的对齐又与这两个比特的计数器相关，因此 *rd_cntr* = 1 的中间值是模糊的。

参考文献

1. van der Hoeven A. *Concepts and Implementation of a Design System for Digital Signal Processor Arrays.* Delft, The Netherlands: Delft University Press, 1990.
2. Bu J. *Systematic Design of Regular VLSI Processors.* Delft, The Netherlands: Delft University Press, 1990.
3. De Micheli G. *Synthesis and Optimization of Digital Circuits.* New York: McGraw-Hill, 1994.
4. Gajski D, et al. "Essential Issues in Codesign." In: Staunstrup J., Wolf W, eds. *Hardware/Software Co-Design: Principles and Practices.* Boston, MA: Kluwer, 1997.
5. Gajski D, et al. *High-Level Synthesis: Introduction to Chip Design.* Boston, MA: Kluwer, 1992.
6. Knuth DE. *The Art of Computer Programming.* Vol. 3. *Sorting and Searching. Reading*, MA: Addison-Wesley, 1973.
7. Kehtarnavaz N, Keramat M. *DSP System Design Using the TMS320C6000.* Upper Saddle River, NJ: Prentice-Hall, 2001.
8. Candy JV. *Signal Processing—The Modern Approach.* New York: McGraw-Hill, 1988.
9. Oppenheim AV, Schafer RW. *Discrete-Time Signal Processing.* Upper Saddle River, NJ: Prentice-Hall, 1989.
10. McClellan JH, Schafer RW, Yoder MA. *DSP First—A Multimedia Approach.* Upper Saddle River, NJ: Prentice-Hall, 1998.
11. Hagan CJ. *Synthesis of Cascade Integrator Comb Digital Decimation Filters.* Technical Report EAS_ECE_1988_05, Department of Electrical and Computer Engineering, University of Colorado at Colorado Springs, 1998.
12. Stearns SD, David RA. *Signal Processing Algorithms.* Upper Saddle River, NJ: Prentice-Hall, 1988.
13. McClellan JH, et al. *Computer-Based Exercises for Signal Processing Using MATLAB* 5. Upper Saddle River, NJ: Prentice-Hall, 1998.
14. Stonick VL, Bradley K. *Labs for Signals and Systems Using MATLAB.* Boston, MA: PWS, 1996.
15. Kronenburger J., *Sebeson J. Analog and Digital Signal Processing.* Clifton Park, New York: Thomson, 2008.
16. Smith MJ. *Application-Specific Integrated Circuits.* Reading, MA: Addison-Wesley Longman, 1997.
17. Andraka R. "FPGAs Cut Power With 'Pipeline'." *Electronic Engineering Times*, August 7, 2000.
18. Kaeslin, H., *Digital Integrated Circuit Design.* Cambridge: Cambridge University Press, 2008.

习题

1. 将 *Image_Converter_Baseline*(参见 9.2.1 节)综合成 Xilinx XCS40/XL FPGA(参见表 8.13),确定所能实现的最大像素处理器阵列的尺寸。
2. 设计一种能执行逐行时序算法的结构,使其可实现只有一个 8×6 阵列处理器的半色调像素图像转换器的行为。设计、验证并综合出 Verilog 模型。(提示:通过用给定的 ASIC 工艺或者是在 FPGA 中执行后综合仿真,来确定用该模型处理图像的最大速率。)
3. 将 N 个样值的数据序列 $\{x(k)\}$ 和数字滤波器的冲激响应 $\{h(k)\}$ 在 $j=\{0,1,\cdots,N-1\}$ 时进行卷积并产生该滤波器的输出,可用下式定义:

$$y[j]=\sum_{k=0}^{j}x[k]h[j-k]$$

当 $j=\{0,1,\cdots,2N-2\}$ 时:

(a) 利用 Verilog 写一个能描述卷积算法的 NLP。注意,对 NLP 可以进行如下展开:

$$y[0] = x[0]\,h[0]$$
$$y[1] = x[0]\,h[1] + x[1]\,h[0]$$
$$y[2] = x[0]\,h[2] + x[1]\,h[1] + x[2]\,h[0]$$
$$\vdots$$

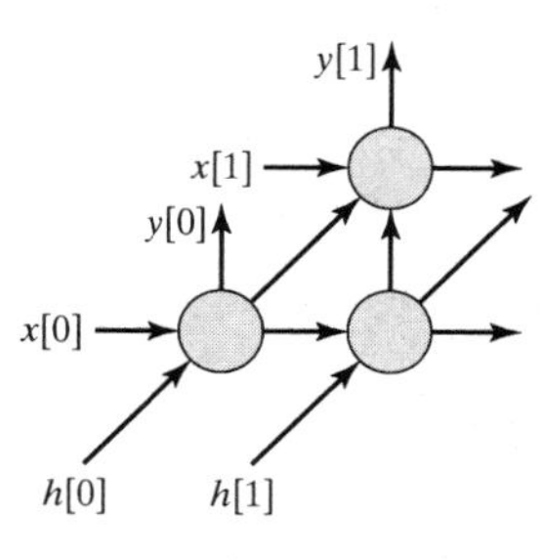

图 P9.3

对于 NLP，DFG 的一部分如图 P9.3 所示。

(b) 完成 $N=3$ 时的 DFG。

(c) 用该 NLP 和 DFG 设计，验证并综合可实现该算法的 Verilog 模型 *Convolution_Baseline*。

(d) 应用 DFG 为这个模型确定一个两级平衡流水线结构。

(e) 设计、验证并综合出(d)中已确定的流水线结构的实现 *Convolution_Pipe*，比较该算法的两种实现，试确定能实现该算法的并行处理器的最小数目。

4. 用冒泡排序算法(参见例 9.1)将 N 个无符号二进制数的阵列元素排列成升序形式。用伪代码形式设计一个 NLP，以实现：

   (1)在 N 个无符号二进制数中找出最大数；

   (2)删除最大数，然后在剩余的 $N-1$ 个数中重复上面的操作，以此类推直到完成列表排序为止。

   为该算法设计一个时序 DFG，并为其实现确定一种结构。设计、验证并综合这种结构。比较讨论两种排序机的相对优劣。

5. 写一个可执行冒泡排序算法的 Verilog 模型，该机器的 ASMD 图如图 9.19 所示。书写测试平台进行验证。

6. 用 Floyd-Steinberg 算法(参见 9.2 节)设计 *GS_Image_Converter* 的 Verilog 行为模型，使其能够实现可将一个 8 位分辨率的 8×6 的像素阵列转换成同样大小的 4 位分辨率的像素阵列的灰度转换器(gray scale conversion)。实现下面两种版本的电路：

   (1)算法 NLP 的基准电平敏感实现。

   (2)基于 ASMD 并具有最大并行处理能力的实现。

7. 设计一个能描述这样一个算法的 NLP，该算法可以在有 8 位分辨率的 8×6 像素阵列中计算 8 个平均间隔的灰度级直方图。另外，用算法的 DFG 设计、验证并综合：

   (1)实现该算法的一个最基本的机器。

   (2)使用最多并行处理器的、能实现该算法的基于 ASMD 的机器。

8. 图 P9.8 中的预约表揭示了怎样通过处理器的空闲时间并行处理两幅图像来增加 *Image_Converter_2* 的吞吐能力。设计、验证并综合一个在处理 8×6 阵列图像时吞吐率最大化的机器，并且还要包含可用于机器控制单元的 ASMD 表(参见图 9.13)。

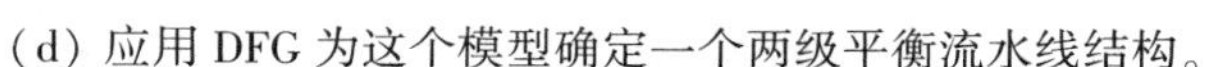

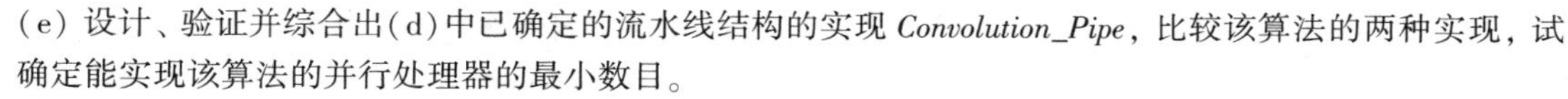

Time slots																		Time slots											
t_1	t_2	t_3	t_4	t_5	t_6	t_7	t_8	t_9	t_{10}	t_{11}	t_{12}	t_{13}	t_{14}	t_{15}	t_{16}	t_{17}	t_{18}	t_1	t_2	t_3	t_4	t_5	t_6	t_7	t_8	t_9	t_{10}	t_{11}	t_{12}
1	2	3	4	5	6	7	8	15	16	23	24	1	2	3	4	5	6	7	8	15	16	23	24						
		9	10	11	12	13	14	21	22	29	30	31	32	9	10	11	12	13	14	21	22	29	30	31	32				
				17	18	19	20	27	28	35	36	37	38	39	40	17	18	19	20	27	28	35	36	37	38	39	40		
						25	26	33	34	41	42	43	44	45	46	47	48	25	26	33	34	41	42	43	44	45	46	47	48

图 P9.8

9. 设计、验证并综合一个能将 8 位分辨率的 8×6 阵列图像换成一个 4 位分辨率图像的帧处理器。该处理器包含三个图像缓冲器，还有一个控制器，在将第二幅图像装入存储器时还能控制第一幅图像的处理，同时第三幅图像正通过 I/O 端口发送，这个过程中每次只处理一个字节。这些操作的流水形式在图 P9.9 中说明。

10. 对于半色调像素图像转换器，图 9.5 中的 DFG 可用来表示能定义最基本机器流水线结构的另一种割集。请确定一个能够平衡一对 8×6 像素阵列流水线步骤的割集，确定一种结构，设计并验证能实现由割集所指定流水线的 Verilog 模型 *Image_Converter_1_Pipe*，还要给出可用于机器控制单元的 ASMD 表(参见图 9.13)

t ↓	Buffer_1	Buffer_2	Buffer_3
	处理	装载	读取
	读取	处理	装载
	装载	读取	处理
	处理	装载	读取

⋮

图 P9.9

11. Verilog 模型 *FIR_Gaussian_Lowpass*(参见例 9.2)限定为 7 阶滤波器，设计并验证一个符合以下条件的可复用模型：

    (1)将所有滤波器抽头系数(最大 16)参数化并存储在存储器中；

    (2)对于一个符合阶数要求的滤波器，使用可形成 *Data_out* 的基于循环的算法。

    当 *reset* 有效时，滤波器的状态返回到 *S_idle*，并在该状态中保持直到信号 *Load* 有效。当机器状态在 *S_idle* 时，如果 *Load* 有效，机器顺序读取滤波器的参数。在读完这些参数以后，机器进入 *S_running* 状态。在 *S_running* 状态，机器根据输入信号 *D_in* 产生滤波输出直到 *reset* 再次有效。综合这个模型并验证其门级电路的功能。
12. 设计、验证并综合 DF-II 和 TDF-II IIR 滤波器的参数化 Verilog 模型(参见图 9.27)。这些滤波器必须要从测试平台环境中引入相应的抽头系数。
13. 比较 *Circular_Buffer_1* 和 *Circular_Buffer_2* 的综合结果(参见例 9.9)。
14. 验证当数据位连续输入到机器时(即在连续之间机器状态不能返回到 *S_idle*)，32 位串并转换器 *Ser_Par_Conv_32* 可以正确工作。
15. 修改例 9.2 中的 8 抽头高斯滤波器，使其系数用 4 位表示，但仍保持 8 位的数据通路。将修改后的滤波器与用 *FIR_Gaussian_Lowpass* 描述的滤波器进行比较。比较其各自所用的物理资源(如在 Xilinx FPGA 中的可构造逻辑块)，它们的精确度及其性能。
16. 实现并比较具有 16 位数据通路的 8 抽头 FIR 滤波器的两种不同结构。第一种使用图 9.23 所示的结构，该结构应具有能对输入序列样值进行存储和位移的移位寄存器。第二种 FIR 结构的实现应使用状态机控制的环形缓冲器。
17. 用 MATLAB 设计一个 FIR 低通滤波器，要求其通带频率为 1600 Hz，阻带频率为 2400 Hz，带内增益为 0 dB，阻带衰减为 20 dB，抽样率为 8000 Hz。该滤波器的输入数据通路为 32 位宽，抽头系数存储为 16 位字的形式。验证该滤波器对 2.5 kHz 到 3 kHz 的输入有令人满意的衰减。确定综合该滤波器所用的技术中能够达到的最高抽样率(提示：用 FPGA 实现该滤波器，并说明它的工作过程)。

表 P9.17

j, k	a_j	b_k
0	1.0000	0.1191
1	0.0179	0.0123
2	0.9409	-0.1813
3	0.0104	-0.0251
4	0.6601	-0.1815
5	0.0342	0.0307
6	0.1129	-0.1194
7	0.0058	-0.0178

18. 自适应数字滤波器一般用于：

(1)滤除来自未知或者时变统计数据的噪声；

(2)从描述其输入-输出响应的数据中提取一个未知系统的模型。

自适应数字滤波器的参数可以根据处理过程中逐渐形成的数据统计来进行自动调整。用一个反馈环路来驱动可将未知系统的输出和自适应滤波器的输出相比较的自适应进程，然后利用所得到的信息来调整滤波器的权系数。在图 P9.18 所示的结构中，这种自适应 FIR 滤波器的时序响应可用来近似未知系统的时序，该 FIR 的抽头系数也可动态地调整以减少错误信号，可用一个最小均方差算法根据下式调整系数值来动态地更新 FIR 的抽头系数：

$$b_{k\ \mathrm{new}} = b_{k\ \mathrm{old}} + \delta^* y_{\mathrm{error}}$$

选择步长调节参数 δ 可使错误序列变成 0。如果 δ 太大，LMS(最小均方差)算法可能不收敛；如果 δ 太小，LMS 可能收敛得非常慢。因此建议将 δ 值选在10^{-2}到10^{-4}之间。可以设计自适应 FIR 来过滤由一个 7 阶带通 IIR 模拟的未知系统的输出，其抽样率为 8 kHz，且 $M = N = 7$。IIR 滤波器的通带是 $\pi/3 \sim 2\pi/3$ 弧度，且阻带衰减为 20 dB。参考文献[7]中的滤波器系数在表 P9.17 中给出，并归一化为 $a_0 = 1$。

(a) 设计并比较 IIR 滤波器的两种实现。第一种实现中使用一对环形缓存器，一个用来保存输出的样值，一个用来保存输入的样值。用一个 8 单元环形缓存器保存当前输出和最后一个输出的一个窗口；用一个 7 单元环形缓存器保存输入的 7 个样值。另外一种实现是用移位寄存器来保存数据的样值。(注意：该实现需要预定标和后定标操作来支持机器有限字长条件下的数据通路的算术运算。)

(b) 设计一个测试平台验证该 IIR 滤波器可用作带通滤波器。

19. 图 P9.19 所示的 DFG 节点已经标出了传播延时，求该电路中流水线寄存器的最佳放置位置。

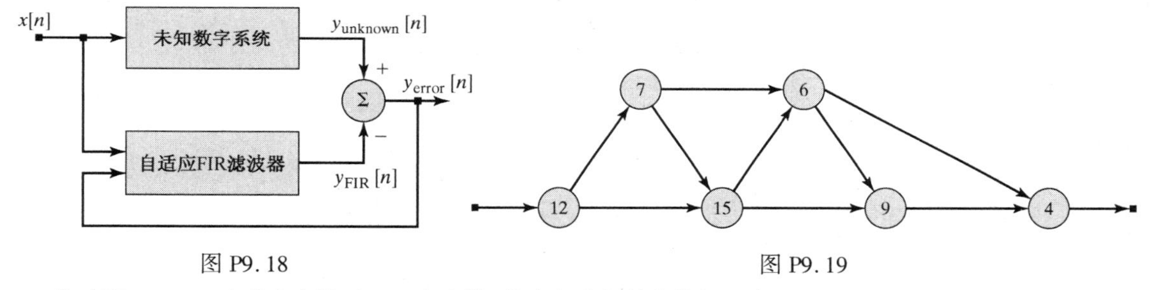

图 P9.18　　　　图 P9.19

20. 修改图 9.41(b)中的流水线型 FIR 滤波器，使之拥有相关的数据通路。

21. 图 P9.21(a)中的 DFG 描述了一个脉动阵列处理器，它可以完成矩阵相乘 $C = A \times B$，且 $c_{ij} = \sum a_{ik} b_{kj}$。处理器的完全并行实现中的每一个 FU 都需要有 8 个数据通路、4 个乘法器和 3 个加法器。当在给定行和列的单元之间给定一种共享数据分配的情况下，要实现一个 4 × 4 矩阵乘法器的完整阵列就需要有 32 个数据通路、64 个乘法器和 48 个加法器。另外一个实现是考虑可通过将功能单元连接在一起来实现阵列中数据通路流水线的连接，就像移位寄存器一样。每一个 FU 都有如图 P9.21(b)所示的结构形式，它能存储两个输入数据通路的值并将所存储的值传递给阵列中的相邻单元。注意，单元间的数据通路很短，而且要注意它的时钟必须是分配给每一个单元的。比较两种实现方式的吞吐能力(对于一组完整的数据)、延时和所用资源。设计、验证并综合每一种实现的 Verilog 模型。

22. 设计并验证一个在结构中采用对称抽头系数的 FIR 滤波器的 Verilog 模型。

23. 综合 *Integrator_Par*(参见例 9.4)，然后将描述中的子句：

```
else if (hold) data_out <= data_out;
  else data_out <= data_out + data_in;
```

替换成：

```
else if (!hold) data_out <= data_out + data_in;
```

之后再重新综合。比较这两种实现。

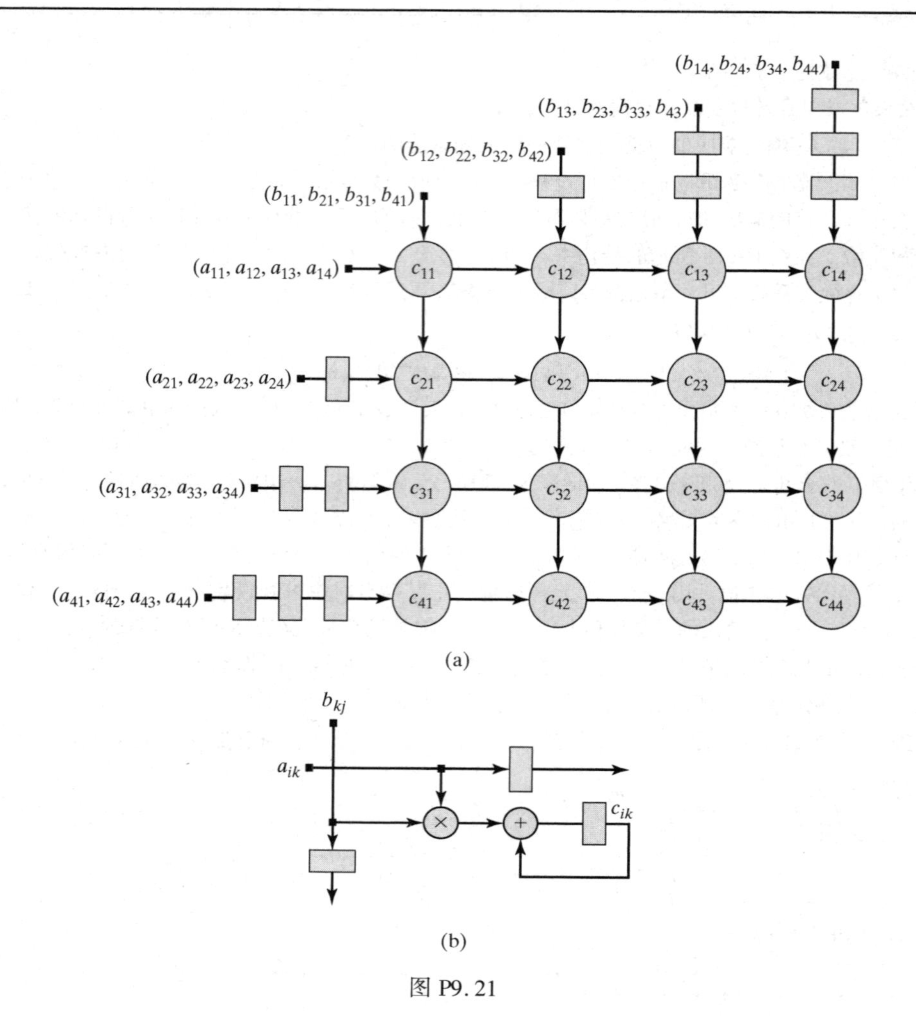

图 P9.21

24. 设计一种能控制 *decimator_3* 数据通路单元的控制器的 ASMD 图，要求：(1)将 4 个连续字移位至 *Shft_Reg*；(2) *Shft_Reg* 的内容移位至 *Int_Reg*；(3)将 *Int_Reg* 的内容移位至 *Decim_Reg* 中；(4)若 *Go* 有效，再重复该序列时等待两个时钟周期。否则，机器回到并保持 *reset* 状态直到 *Go* 无效。提示：*decimator_3* 端口不变。将数据通路和控制器嵌入 *decimator_3* 中，并且用如下测试平台验证这个模型。综合你的模型并验证综合出的功能电路和行为模型是否一致。

```
module t_decimator_3_unit # (parameter word_length = 8, latency = 4)( );
  reg [word_length -1: 0]              data_in;
  reg                                  Go;
  reg                                  clock, reset;
  wire [word_length*latency -1: 0]     data_out;

  decimator_3_unit M0 (data_out, data_in, Go, clock, reset);

  initial #1000 $finish;
  initial begin clock = 0; forever #10 clock = ~clock; end
  initial fork
   reset = 1;
   #20 reset = 0;

   #40 data_in = 8'hab;
   #160 data_in = 8'hcd;
```

```
        #280 data_in = 8'hef;
        #400 data_in = 8'hab;
        #520 data_in = 8'hcd;
        #640 data_in = 8'hef;

        #50 Go = 1;
        //#160 Go = 0;

    join
endmodule
```

25. 例 9.10 的 FIFO 实现中的缓冲寄存器可通过对两级同步器固有时延的补偿来保持数据通路间的相干性。考虑是否可以通过修改串并转换器，使其可用两个时钟周期来预先处理写信号的另一种设计方法来取消原设计中的缓冲寄存器。
26. 使用 *t_FIFO_Buffer* 设计另外一种测试平台，对 *FIFO_Buffer* 的所有堆栈条件以及读和写操作的确认条件进行验证。
27. 综合 *FIFO_Buffer*，并验证行为级和门级模型之间的仿真结果是否一致。

第10章　算术处理器架构

本章讨论了数字处理器中算术运算的多种架构及相应算法。数字信号处理中许多算法需要重复执行算术运算，因此如何高效地实现这些运算就变得十分重要。而怎样实现这些运算取决于机器中的数是如何表示的。下面将简要讨论正、负整数和小数的常用表示方法。然后再研究实现定点数加、减、乘、除运算的算法与架构。

10.1　数的表示方法

数是利用按位计数法系统中的一串字符(给定基数和系数)来表示的。二进制数系统有两个符号和一个基数2。一个n位无符号二进制数在位置计数中可表示为$B=b_{n-1}b_{n-2}\cdots b_1b_0$，且$b_i\in\{0,1\}$。所有的数字处理器都要将数按位编成字节。字节有固定的长度，而位的编排方法取决于机器所采用的编码格式。

一个n位无符号二进制数B的十进制数值B_{10}可通过2的升幂的加权和得到，其中最高位(MSB)拥有最大权值(2^{n-1})，最低位(LSB)拥有最小权值(2^0)：

$$B_{10} = b_{n-1}2^{n-1} + b_{n-2}2^{n-2} + \cdots + b_1 2^1 + b_0 2^0 = \sum_{i=0}^{i=n-1} b_i 2^i$$

一个n位字节可以表示2^n个不同的数字，但是所能实现的数的动态范围取决于编码格式。N位无符号二进制格式可以表示从0到2^n-1的十进制数。例如，一个8位无符号二进制数的十进制数范围是从$0_{10}(0000_0000_2)$到$127_{10}(1111_1111_2)$。

通常，一个二进制数可以表示为2的升幂或降幂的加权和的形式：

$$B = b_{n-1}b_{n-2}\ldots b_1 b_0 b_{-1}\, b_{-2}\ldots b_{-m+1} b_{-m}$$

则其十进制数值为

$$B_{10} = b_{n-1}2^{n-1}b_{n-2}2^{n-2} + \cdots + b_1 2^1 + b_0 2^0 + b_{-1}\, 2^{-1} + b_{-2}\, 2^{-2} + \cdots \\ + b_{-m+1}\, 2^{-m+1}\, \mathrm{b}_{-m}\, 2^{-m}$$

或

$$B_{10} = \sum_{i=-m}^{i=n-1} b_i\, 2^i$$

具有2的负幂的权值形成了数的小数部分，小数点(.)将数字的整数部分与小数部分分开。对于n位整数，小数点被安排到最低位的右侧；而对于m位小数，小数点则被安排到最高位的左侧。在一个计算机字中，定点数的小数点有固定的位置[1]。在实际的机器中，小数点是不能实现的；设计者必须留意它的位置，随着不同算术运算的进行，其位置可能会发生变化。

在数字处理器中，数的算术符号必须被编入字节的各位中。有符号数有三种常用的格式：原码、反码和补码。其中，在算术单元中反码和补码具有十分重要的地位。

10.1.1　负整数的原码表示

正数和负数的原码表示方法中，将字节中的最高位编为符号位，用0表示一个正值，用1表示一个负值。字节中其余各位表示数的量值。例如，0111_2 表示 +7，1111_2 表示 -7_{10}。8 位原码用图 10.1 所示的数轮表示。原码的动态范围为 $-(2^{n-1}-1) \sim +2^{n-1}-1$。

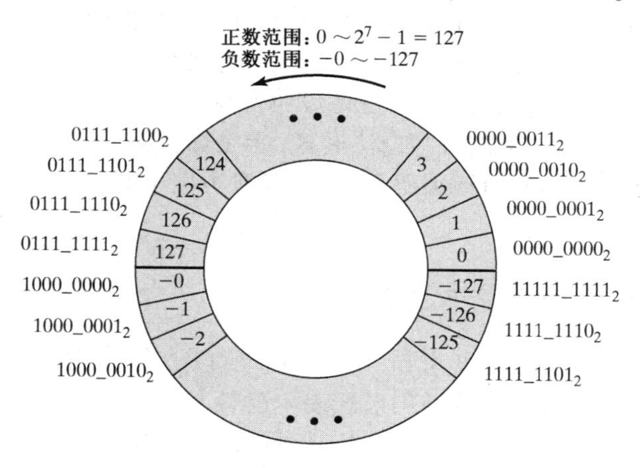

图 10.1　表示 8 位原码数的数轮

如果两个原码的符号相同，可用加法运算直接将它们的值相加（不包括符号位），结果的符号与操作数的符号相同（例如 $-2_{10}-3_{10}=1010_2+1011_2=1101_2=-5_{10}$）。如果两个原码的符号不一致，就必须根据符号及其相应的值来判断是要用加法或是减法运算，并确定结果的符号（见 Katz[2] 所举的例子）。0 有两种表示方法，这使得有符号二进制数中的算术运算变得更为复杂。硬件单元并不能直接实现带符号二进制数的加减法运算。

10.1.2　负整数的反码表示方法

正数的反码表示形式与其原码表示相同，但是负数的反码则不同。负数的反码的数轮如图 10.2 所示。请注意 0_{10} 有两种表示方法：0000_0000_2 和 1111_1111_2。在 n 位反码形式中数的动态范围为 $-(2^{n-1}-1) \sim +2^{n-1}-1$，与有符号数相同，但是负数有两种不同的编码形式。

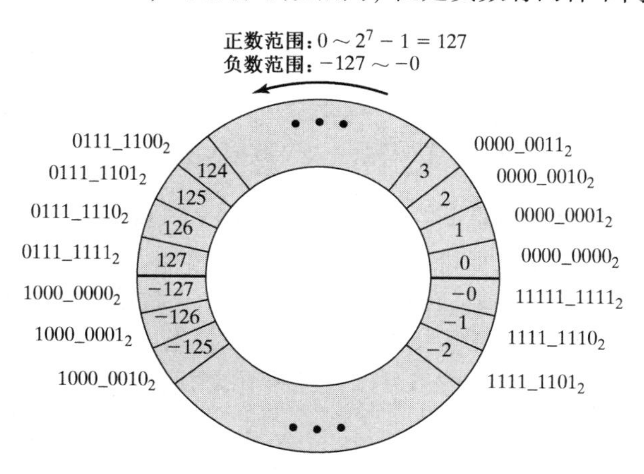

图 10.2　表示 8 位反码数的数轮

一个 n 位二进制数 B 的反码标为 $-B$，可定义为

$$B + (-B) = 2^n - 1$$

因为 2^n-1 是每位全为 1 的 n 位字，所以 B 的反码与 B 相加必须能形成一个 n 位的全 1 字。对 B 按位取反得到的字表示为 $\sim B$①，且 $-B=\sim B$。例如，如果 $B=1010_2$，B 的反码为 $\sim B=0101_2$，且 $B+(\sim B)=1010_2+0101_2=1111_2$。机器很容易通过反相器实现按位取反的运算。

在反码的形式中，每一个正数都有一个相应的负数与之对应，包括 0 在内。这些数被称为自身互补，因为一个数的补数可以通过字的各位取反而得到。当基数为 2 时，二进制数的反码可通过各位按位取反求得。反码形式容易实现减法运算，但是加法运算需要注意到 0 的两种不同表述方法②。因此，大多数数字机采用补码编码方案，在这种方案中的每一个数字，包括 0，都有唯一的表示方法[2]。

10.1.3 正数和负数的补码表示方法

一个 n 位二进制整数的补码定义为 $B^*=2^n-B$，所以 $B+(B^*)=2^n=0$，模为 n。一个字的反码加 1 就形成这个字的补码。用补码形式表示的数其范围是 $-2^{n-1}\sim+(2^{n-1}-1)$。补码可以用图 10.3 所示的数轮表示。当 $n=8$ 时，数将按逆时针方向依次加 1，从 0 到 $2^7-1=127_{10}$。在顺时针方向上，计数从 0 减到 $-2^7=-128_{10}$。图 10.4(a)说明了一个数 B 的补码的补码就是这个数本身。数轮旋转一整周之后又回到与指示符 0 在同一位置上的指示符上，计数值由 2^{n-1} 增加到 2^n。

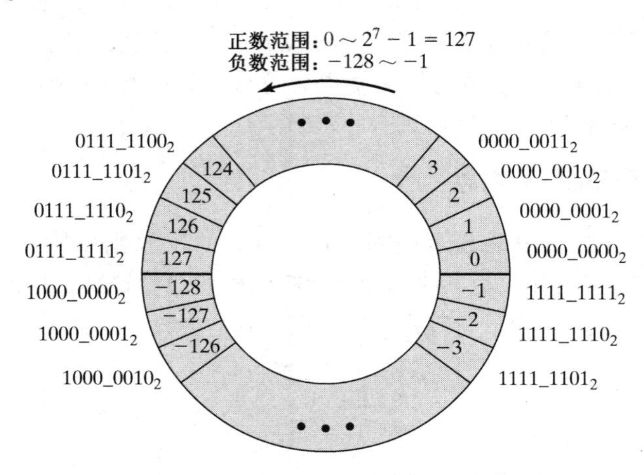

图 10.3 表示 8 位补码数的数轮

在逻辑电路设计中补码是非常重要的，因为补码数的减法可以用十分简单的硬件来实现，而且加减乘除的算术运算都可以通过能进行二进制加法和按位取反的硬件单元来实现。减法涉及按位取反和加法运算。乘法就是重复的加法运算，除法则是重复的减法运算。补码的算术运算可使用同样的加减法硬件，但与无符号二进制格式相比，其动态范围减小了。

一个补码格式的带符号十进制数的值可以直接由下式得到：

$$D(B)=-b_{n-1}2^{n-1}+b_{n-2}2^{n-2}+\cdots+b_1 2^1+b_0 2^0$$

图 10.4(b)说明了运用此表达式来求得 $D(101_{2c})$，其中角标 $2c$ 表示二进制字的补码形式。

① Verilog 语言中包含有按位取反运算符(~)以支持算术运算。

② 在原码中 0 同样有两种表示形式。

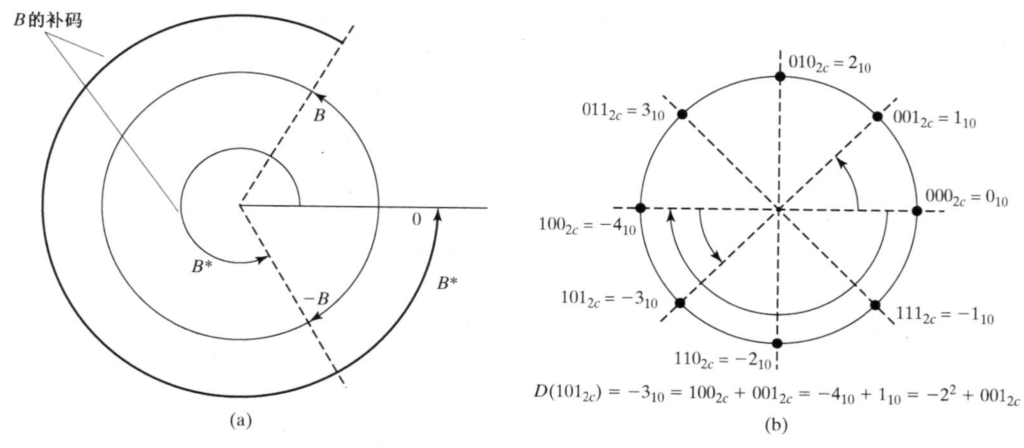

图 10.4　(a)一个数 B 的补码的补码为 B；(b)带符号的十进制数(101_{2c})的值

10.1.4　小数的表示

小数的补码定义为

$$B^* = 2 - B \quad \text{和} \quad B + B^* = 2$$

小数的补码可以从最低位开始，通过对字中最低位的 1 的左边所有数位取反而得到，这与整数的补码方法过程是相同的。补码小数 1.00000…是一个特例。它实际上代表数 -1，因为符号位为负，1.0000…的补码则为 2 - 1 = 1。整数 +1 不能用补码的小数形式表示，因为 0.111…为最大的正小数。

10.2　加减法功能单元

所有算术处理器都能完成加减法运算。有几种可在硬件成本和性能之间进行权衡的方法。

10.2.1　行波进位加法器

第 4 章中提到的行波进位加法器是受到从每个单元进位输入位到进位输出位传送信号变化所需时间的限制。如果使用加法器的处理器字长较大，则有必要使用其他结构来形成足够快速的输出以满足时间限制的需求。数据流的流水线方式是方法之一(参见第 9 章)，但它将引入等待时间并需要能实现流水线寄存器的硬件。另一种方法是考虑其他的加法算法。这些方法中用到了超前进位算法、选择进位算法和节省进位算法[3]，在这些算法中将考虑超前进位算法。

10.2.2　超前进位加法器

超前进位加法器的算法是以单元加法器任意一级中的进位值为基础的，该进位值只取决于前一级的数据位和第一级的进位输入。利用这种关系可以通过使用附加的逻辑实现进位来提高加法器的运算速度，而不必等待通过加法器单元传递的进位值。

如果指定单元的两个数据位均为 1，则称作该单元能产生进位。如果单元的一个数据位可以与该单元的进位输入相结合并将进位输出引回加法器下一级，该单元被称作是传递进位。设 a_i 和 b_i 为加法器第 i 个单元的数据位，c_i 为第 i 个单元的进位输入，s_i 为第 i 个单元的求和输出位，c_{i+1} 为该单元的进位输出。使用按位与运算符(&)①和异或运算符(^)定义生成位 g_i 和传播位 p_i：

$$g_i = a_i \& b_i$$
$$p_i = a_i \wedge b_i$$

① &和 &&在标量运算中是等价的。

图 10.5 中的维恩图说明 p_i 和 g_i 成立与否取决于 a_i 和 b_i。注意，p_i 和 g_i 是互不相容的。

形成加法器每一级的和位以及进位位的逻辑表达式可用 *Verilog* 按位运算符写成如下形式：

$$s_i = (a_i \wedge b_i) \wedge c_i = p_i \wedge c_i$$
$$c_{i+1} = ((a_i \wedge b_i) \,\&\, c_i) | (a_i \,\&\, b_i) = (p_i \,\&\, c_i) | g_i$$

请注意，由于 p_i 和 g_i 是互斥的，该算法还可以写成如下的算术表达式：

$$s_i = (a_i \wedge b_i) \wedge c_i = p_i \wedge c_i$$
$$c_{i+1} = (a_i \wedge b_i) \,\&\, c_i + a_i \,\&\, b_i = p_i \,\&\, c_i + g_i$$

进位位可以通过采用按位或运算符或者算术求和(模 2 加)来得到。能实现进位的算术表达式的子电路原理图如图 10.6 所示。显然，一个更简单的实现是用一个或门代替加法器。

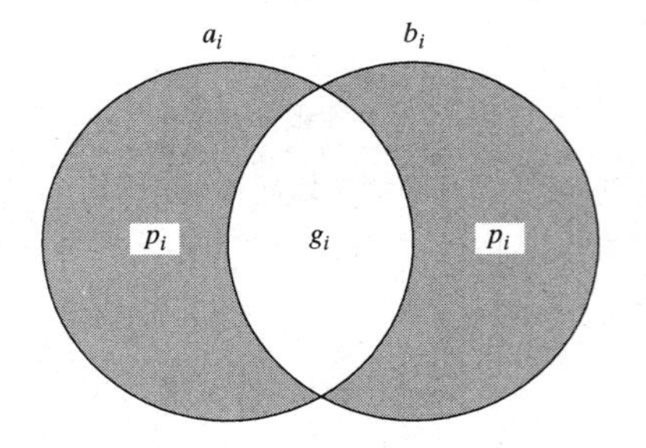

图 10.5　说明加法器单元的生成位 p_i 和传递位 g_i 的维恩图

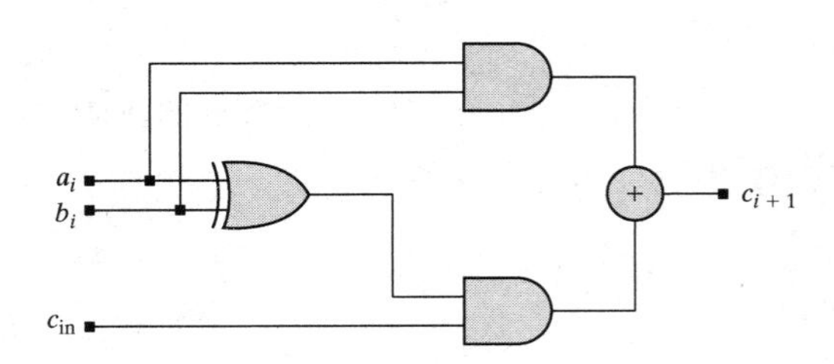

图 10.6　进位位算术实现的电路原理图

第 i 个单元的进位输出可通过将单元的传递位与生成位相加(求或)而得到。由于 p_i 和 g_i 是互斥的，所以两项中只有一个项为 1。c_{i+1} 等式的第二种形式产生与第一种形式相同的结果。

图 10.7 中的维恩图显示了 s_i 和 c_{i+1} 依从于 a_i，b_i 和 c_i 的关系，途中三个圆形区域代表加法器单元的数据输入 a_i、b_i 和 c_i；每一个子区域都表明了数据输出 s_i 和 c_{i+1} 在该区域是成立的。图中各子区域中的变量标记表明了该变量的成立是与哪些相关子区域的数据输入组合有关的。例如，和位在图表中的四个子区域中成立：$a_i=1$，$b_i=0$，$c_i=0$ 的区域；$a_i=0$，$b_i=1$，$c_i=0$ 的区域；$a_i=1$，$b_i=1$，$c_i=1$ 的区域；$a_i=0$，$b_i=0$，$c_i=1$ 的区域。

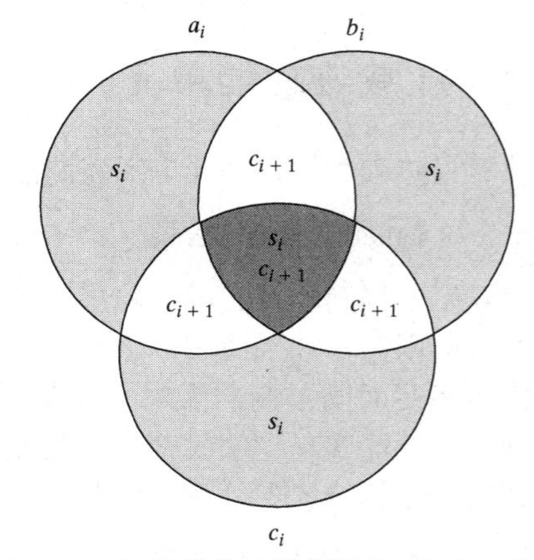

图 10.7　加法器单元数据输入-输出的关系

加法器单元中有①：

$$s_0 = p_0 \wedge c_0$$
$$c_1 = (p_0 \,\&\, c_0) + g_0$$
$$s_1 = p_1 \wedge c_1 = p_1 \wedge [(p_0 \,\&\, c_0) + g_0] = p_1 \wedge (p_0 \,\&\, c_0) + p_1 \wedge g_0$$
$$c_2 = (p_1 \,\&\, c_1) + g_1 = p_1 \,\&\, p_0 \,\&\, c_0 + p_1 \,\&\, g_0 + g_1$$
$$s_2 = p_2 \wedge c_2 = p_2 \wedge [p_1 \,\&\, p_0 \,\&\, c_0 + p_1 \,\&\, g_0 + g_1]$$
$$c_3 = p_2 \,\&\, c_2 + g_2 = p_2 \,\&\, [p_1 \,\&\, p_0 \,\&\, c_0 + p_1 \,\&\, g_0 + g_1] + g_2$$
$$= p_2 \,\&\, p_1 \,\&\, p_0 \,\&\, c_0 + g_2 = p_2 \,\&\, p_1 \,\&\, g_0 \,\&\, c_0 + p_2 \,\&\, g_1 + g_2$$

① 运算符^和 & 比 + 的优先级更高。

$$s_3 = p_3 \wedge c_3 = p_3 \wedge [p_2 \& p_1 \& p_0 \& c_0 + p_2 \& p_1 \& g_0 + p_2 \& g_1 + g_2]$$
$$c_4 = p_3 \& c_3 + g_3 = p_3 \& [p_2 \& p_1 \& p_0 \& c_0 + p_2 \& p_1 \& g_0 + p_2 \& g_1 + g_2] + g_3$$

这些表达式表明每个单元的和与进位输出位可以由该单元及前面各级单元的数据输入和加法器链路的第一级进位输入来表示。所有的这些数据都可以同时求得，因此没有必要等待一个通过加法器传送到某特定单元的进位信号，这样可以使加法器运算得更快，但是这种改进需要增加用于计算每一级的和，以及进位输出的额外逻辑。在相同的工艺条件下，超前进位加法器的门级实现需要比行波进位加法器多得多的硅片面积，并需要对由此而引起的故障进行更多的测试。（超前进位通常单独在一个字的位片上实现。）

另一个可以得出的重要结论是该加法器各个单元的和与进位输出位都可以通过递推计算得出。为表明这一点可以写出：

$$s_0 = p_0 \wedge c_0$$
$$c_1 = p_0 \& c_0 + g_0$$
$$s_1 = p_1 \wedge c_1$$
$$c_2 = p_1 \& c_1 + g_1$$
$$s_2 = p_2 \wedge c_2$$
$$c_3 = p_2 \& c_2 + g_2$$
$$\vdots$$

实现这种加法运算的算法需要进行的运算步数与加法器中应有的单元数一样多。每一步递归的计算取决于相应单元的数据位及前一步计算出的进位值。如果一个 n 位加法器的传递位可写成向量 $p = (p_{n-1}, \cdots, p_2, p_1, p_0)$，则递归运算的结果可用来形成一个 $n+1$ 维向量：$(c_n, \cdots, c_2, c_1, c_0)$，这样就可以得出输出和 *sum* 和 *c_out* 位：

$$sum = p \wedge (c_{n-1}, \cdots, c_2, c_1, c_0).$$
$$c\_out = c_n$$

实现 4 位超前进位加法器逻辑的门级电路如图 10.8(a)所示，为了便于比较，此处将实现递归算法的行波进位加法器的电路原理示于图 10.8(b)中。在两个电路中最长路径已用粗线标出。请注意，采用递归算法也可以实现一个 4 位行波进位加法器的功能。

下面给出了 4 位加法器的传递和生成递归算法[13]。

```
module Add_prop_gen (output [3: 0] sum, output c_out, input [3:0] a, b, input c_in);
  reg            [3: 0]    carrychain;
  integer                  i;
  wire           [3: 0]    g = a & b; // 进位生成，连续赋值，按位与
  wire           [3: 0]    p = a ^ b; // 进位传播，连续赋值，按位异或
  wire [4:0] shiftedcarry = {carrychain, c_in} ;             // 连接
  assign [3:0] sum = p ^ shiftedcarry;                        // 求和
  assign c_out = shiftedcarry[4];                             // 进位输出：位选择

  always @ (a, b, c_in, p, g)                                 // "or" 亦可
   begin: carry_generation                                    // 定义模块名

   integer i;                                                 // 本地变量
   carrychain[0] = g[0] + (p[0] & c_in);                      // 仿真需要

   for(i = 1; i <= 3; i = i + 1)
    begin
     carrychain[i] = g[i] | (p[i] & carrychain[i-1]);
   end
  end
endmodule
```

硬件单元通常是通过将被减数与减数的反码相加，然后再将结果加 1 来实现减法运算的。图 10.9 所示的结构可以实现这种运算。一个加法器单元在信号 *select* 的控制下可以实现加法或减法运算。

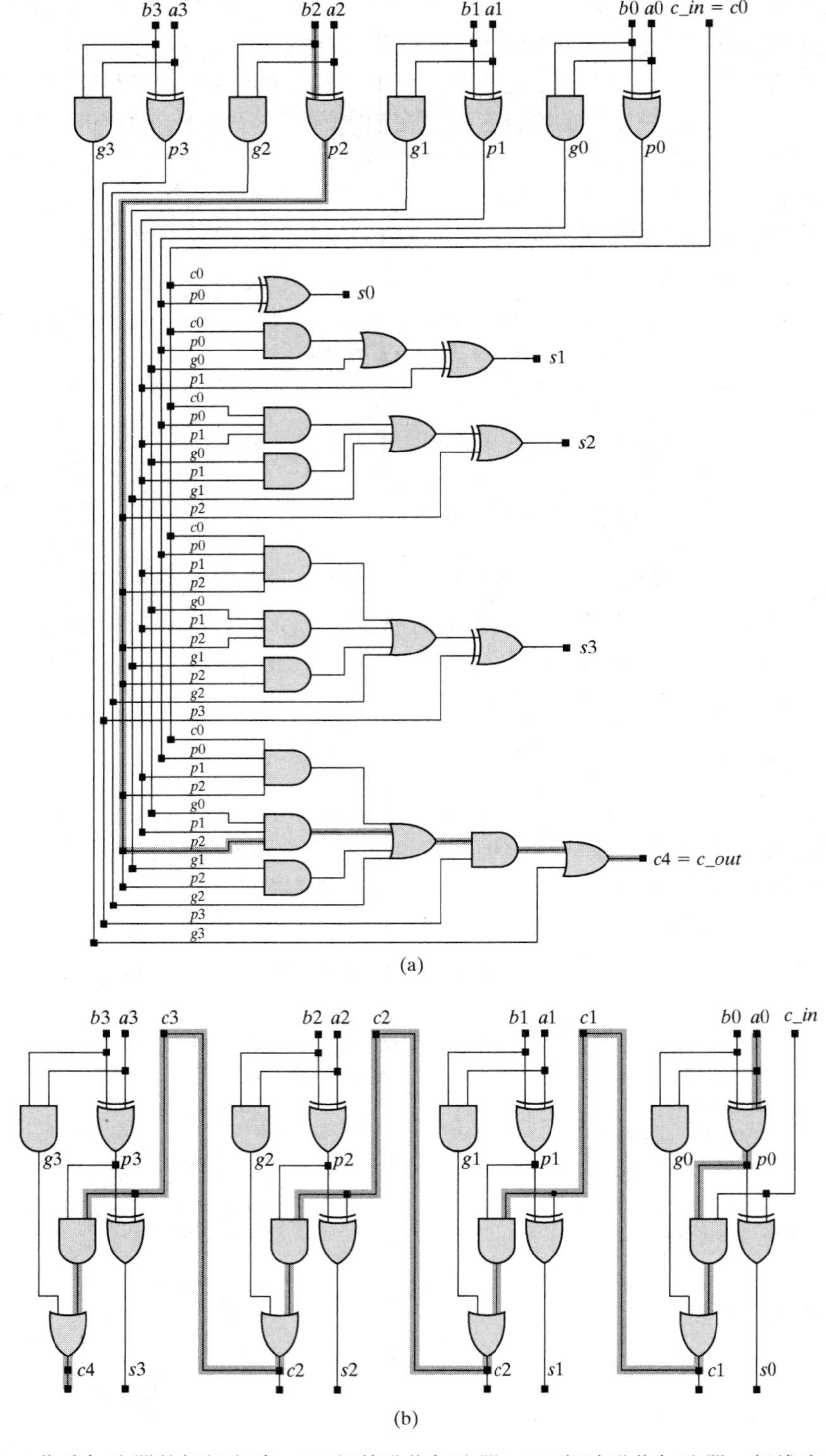

图 10.8 4 位片加法器的门级电路：(a)超前进位加法器；(b)行波进位加法器。粗线为最长路径

10.2.3 上溢出和下溢出

下面两种情况将发生上溢出：

1. 当两个正数相加所产生的和超出了单元字长所能表示的最大正数(例如结果变为负)时；
2. 当两个负数相加所产生的和为正(这个和超出了机器字长所能表示的最小负数)时。

算术单元包括用于上溢出和下溢出检测的逻辑模块。

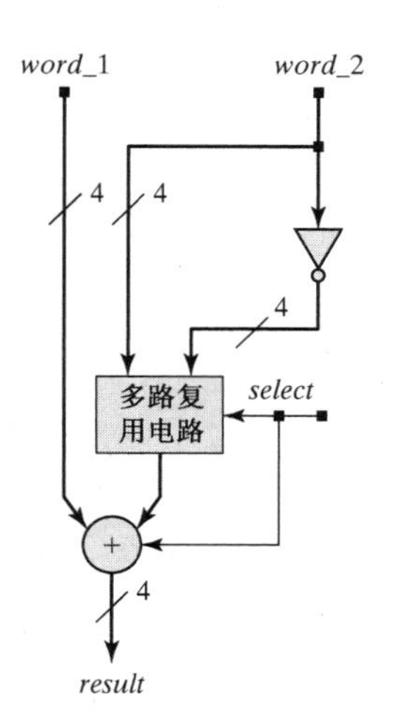

图 10.9 4 位数据通路加减法单元结构

10.3 乘法运算功能单元

乘法器是算数单元、数字信号处理器和其他进行算术运算的电路的重要功能单元。乘法运算可以利用组合电路或时序机来实现。实现两个数相乘的组合电路比时序乘法器所需要的硅片面积更大，但运算速度更快。时序乘法器的特点在于所需硅片面积较小，但完成乘法运算需要几个时钟周期才能得到乘积结果。我们将从两字节(例如，无符号数)相乘的二进制乘法器开始研究有符号和无符号数乘法器的多种设计方案。此外还要考虑能实现小数相乘的电路。因此将首先论述乘法器的基本结构，然后再讨论增强型结构。

10.3.1 组合(并行)二进制乘法器

考虑如下表示的两个二进制(无符号)数：

$$A = (A_{m-1}, A_{m-2}, \ldots, A_1, A_0)_2 = \sum_{i=0}^{m-1} A_i 2^i$$

$$B = (B_{n-1}, B_{n-2}, \ldots, B_1, B_0)_2 = \sum_{j=0}^{n-1} B_j 2^j$$

它们的积可以写为

$$A \times B = \sum_{i=0}^{m-1} A_i 2^i \sum_{j=0}^{n-1} B_j 2^j$$

$$A \times B = \sum_{i=0}^{m-1} \sum_{j=0}^{n-1} A_i B_j 2^{i+j}$$

其积为 $m \times n$ 项，而它们的和只可能多出一项，所以最终结果可写成基数为 2 的指数和的形式：

$$A \times B = \sum_{k=0}^{m+n-1} P_k 2^k$$

其中，$P_0 = A_0 B_0$，$P_1 = A_1 B_0 + A_0 B_1$，以此类推。$P_{m+n-1} 2^{m+n-1}$项能算出可能产生的进位。

图 10.10 显示了两个 8 位二进制字节相乘的基本过程(公式)。将移位复制的被乘数依次对准乘数数位的位置进行排列，然后将各列相加。如果乘数的某一数位为 0，将跳过相应的被乘数，下一个复制的被乘数的位置是由向乘数的最高方向移动时有 1 出现的位置。例如，图 10.10 中的阴影部分显示了乘数中有一个数位为 0 时的两次移位。

图 10.10 所示的过程是通过人工进行的，可以用与门搭配成组合电路来实现二进制乘法运算。然后要注意，该过程中用到了将部分积项按列相加的运算，这就需要使用多个加法器来对每

一列进行加法运算的硬件方案[2]。由于普通加法器一次只能对两个字进行操作，因此这里给出更可取的方案，即通过将被乘数移位复制，加到累加积上而形成行和序列。

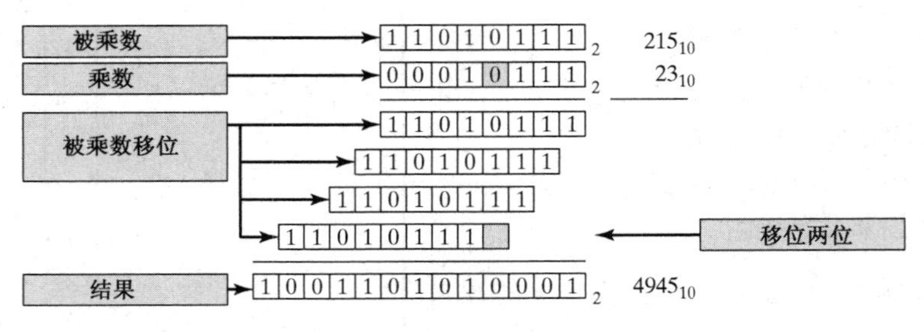

图 10.10 通过将被乘数的移位并按列相加得到乘积的过程

图 10.11 中说明了乘法运算是如何进行的。首先，将一对经过适当移位的被乘数移位复制，相加形成和，然后再与另一个移位的被乘数副本相加，以此类推，通过累加求和最终形成乘积。这个方案较为可取，因为它每次只将两个字节相加，可用相应的硬件直接实现，并且可以通过硬件描述语言(HDL)对其时序行为加以描述。

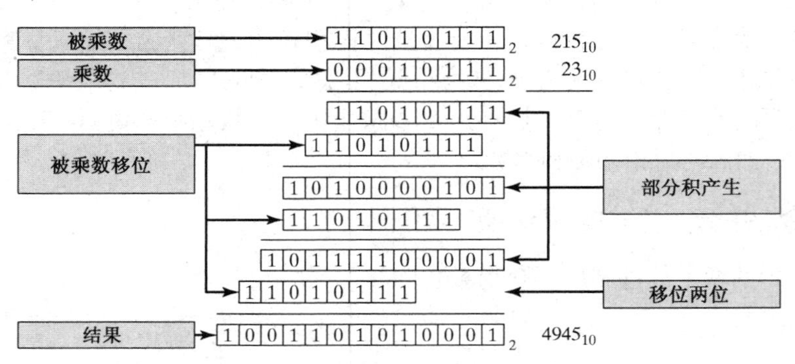

图 10.11 通过累加部分和得到两个二进制数之积的时序过程

将两个无符号二进制数(字节)相乘的组合电路结构，可以通过基数为 2 的系统中两个数相乘的人工运算过程导出。为了简便起见，考虑两个 4 位二进制数——A 和 B(分别为被乘数和乘数)，得到它们的乘积 $A \times B$，如图 10.12 所示。从乘数的最低位开始，每一位与被乘数的各位相乘形成所谓的部分积。在基数为 2 的系统中，形成部分积的乘法运算相当于将乘数的某一位和被乘数的各位相与。每一个部分积都向乘数的最高位方向移动到乘数对应的数位位置上，然后将部分积相加。正如前面所提到的，人工计算方法是将部分积按列相加，这就需要做多项加法，而通常的硬件加法器只支持两项相加。所以，当计算部分积的累加和时，需要注意有可能会产生进位。当涉及到进位时就需要采用全加器结构，否则采用半加器。通常当被乘数和乘数的字长为 *L_word* 时，最终得到的结果的有效字长应为 $2 \times L\_word$。

实现 4 位宽度数据通路的并行乘法器的组合逻辑结构，包括与门、全加器和半加器，如图 10.13 所示。由于运算过程中链接加法器的行产生了累加部分积，而这些部分积又与如图 10.11 所示的数据字节手工乘法运算有关，因此，把这种乘法运算的实现方法称作部分积累加法[2]。该阵列的大部分是由如图 10.13 所示的基本单元链接复制构成的。图 10.14 中给出了全部由基本单元构成的另一种结构形式，它通过将全加器的进位输入置为 0 来实现半加器。这种规则阵列称为脉动阵列(即对基本单元进行复制)，这种阵列非常适用于集成电路制造[5]。实际中，边界单元可以由图 10.13 中对应的元件来替代。一个 4 位组合乘法器有 16 个与门、8 个全加器和 4 个半加器。而 8 位乘法器是该阵列结构的扩展，能够提供 8 位输入数据通路，并产生用于乘积的 16 位输出数据通路。图 10.14 所示的脉动阵列的优点是因为其具有相同单元组成的规则结构，可以通过将单元直接相连来扩展字长，并可缩短单元之间的连接通路，从而提高了在硅片上排布单元的效率。由于其结构与数据流程图相同，因此可用作识别流水线操作结构的割集以得到更大的数据吞吐量（见本章末的习题 40）。

				$A3$ $B3$	$A2$ $B2$	$A1$ $B1$	$A0$ $B0$	被乘数 乘数
			A_3B_1 C_{12}	A_3B_0 A_2B_1 C_{11}	A_2B_0 A_1B_1 C_{10}	A_1B_0 A_0B_1	A_0B_0 S_{00}	部分积0 部分积1 第1行加法器
		C_{13} A_3B_2 C_{22}	S_{13} A_2B_2 C_{21}	S_{12} A_1B_2 C_{20}	S_{11} A_0B_2	S_{10}		第1行和 部分积2 第2行加法器
	C_{23} A_3B_3 C_{32}	S_{23} A_2B_3 C_{31}	S_{22} A_1B_3 C_{30}	S_{21} A_0B_3	S_{20}			第2行和 部分积3 第3行加法器
C_{33}	S_{33}	S_{32}	S_{31}	S_{30}				第3行和
P_7	P_6	P_5	P_4	P_3	P_2	P_1	P_0	最终结果
2^7	2^6	2^5	2^4	2^3	2^2	2^1	2^0	权重

图 10.12　无符号 4 位二进制数乘法运算的步骤

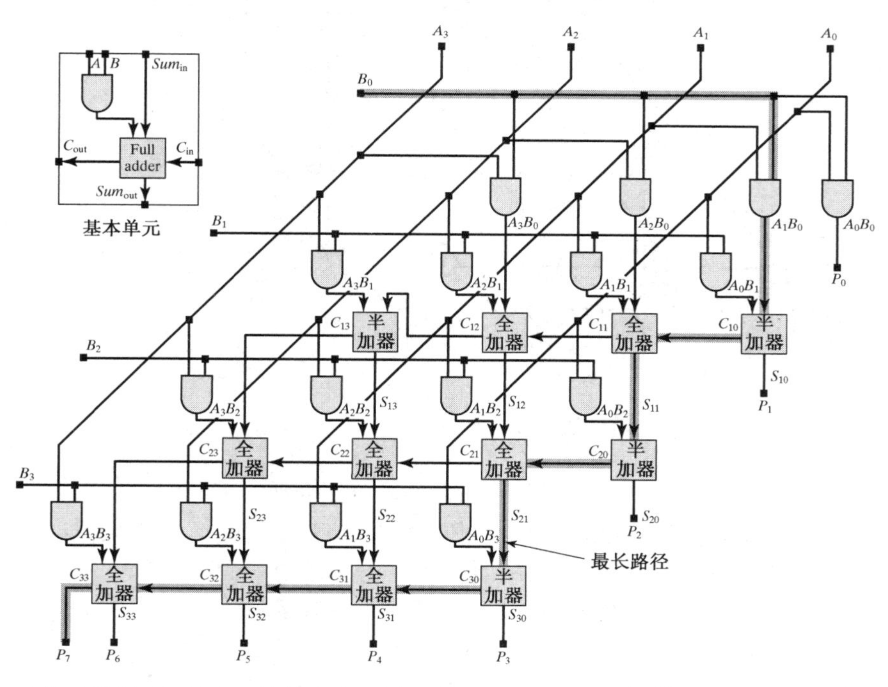

图 10.13　4 位二进制乘法器中由连接逻辑、半加器（Half Adder）和全加器（Full Adder）组成的阵列结构

在同步操作中，控制乘法器数据传输的时钟周期必须与电路中的最长路径相适应，该路径应从乘数的最低位开始，途径加法器，到达乘积的最高位（见图 10.13 中的阴影路径）。加法器的进位路径与求和路径对最长路径都有影响，应将其延时均匀分布[1]。与其他实现方法相比，例如下

面将要讨论的时序乘法器，组合乘法器的面积较大，但较大的面积可以为组合乘法器带来较好的性能。

10.3.2 时序二进制乘法器

组合(阵列)乘法器运算速度快，但需要较大的硅片面积。如果需要将面积作为重要的考虑条件，可以把乘法器的部分运算安排在连续时钟周期内执行，以性能为代价来减小面积。时序乘法器结构更为紧凑，需要更少的加法器，并且适于流水线操作。组合乘法器的硅片面积随着字节长度呈几何增长趋势，而时序乘法器的尺寸随字节长度变化并不明显，同时完成乘法运算所需的时钟周期将随字节长度呈线性变化，而不是指数变化。此外还可以看到时序乘法器的行为描述是参数化的，因而所得到的模型是可模块化的，适用于综合和重复利用。

图 10.13 中的组合电路实现了通过将被乘数移位复制后，累加形成二进制数乘积的运算序列。电路原理图提示了如何才能构成时序乘法器的行为模型，一种方法是使用存储寄存器和单个加法器，用时间消耗换取空间消耗。

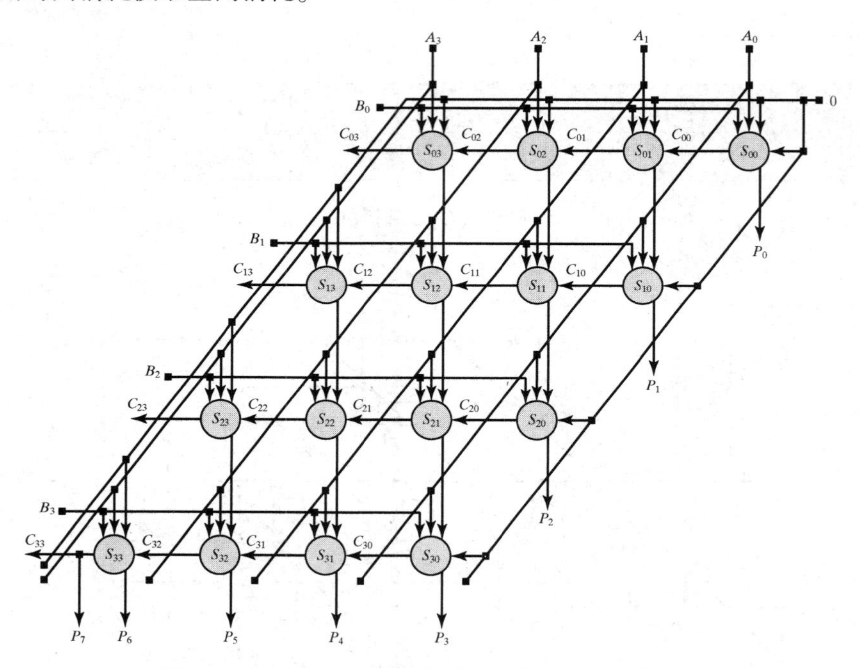

图 10.14 一个 4 比特二进制乘法器的脉动阵列结构

图 10.15 中给出了一个 4 位二进制时序乘法器的接口信号和方框图，图中，[-:0]表示数据通路的参数化范围(例如 *word*1 和 *word*2 为[*L_word*-1 : 0]，*product* 为[2 * *L_word*-1 : 0])。数据通路 *word*1，*word*2 和 *product* 分别表示被乘数、乘数和乘积。在运算单元准备好要执行乘法运算时，以及在运行到结束并已产生有效乘积结果时，输出 *Ready* 有效。当 *Ready* 有效时，*Start* 对乘法运算序列进行初始化，当得到有效乘积时，*Ready* 信号会再次有效。下面将讨论无符号数时序二进制乘法器设计的架构和方法。

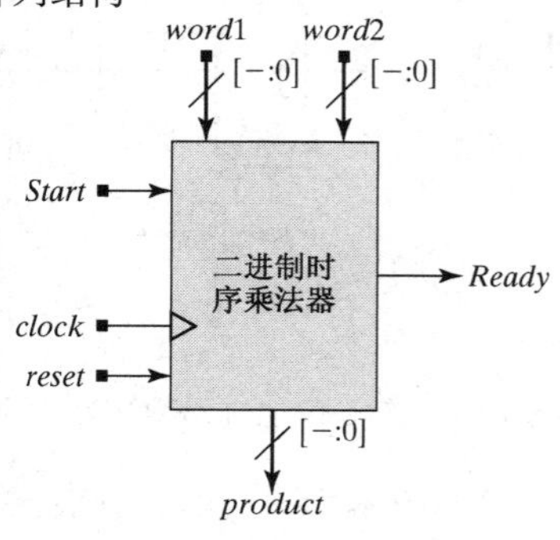

图 10.15 二进制时序乘法器的接口信号和方框图

10.3.3　时序乘法器设计：层次化分解

设计二进制时序乘法器的方法有两个主要步骤：(1)选择数据通路结构；(2)设计状态机以控制数据通路。对于给定的数据通路结构，状态机必须能生成适当的控制信号序列来控制数据的移动以产生所期望的乘积。

图 10.16 给出了将要讨论的第一种数据通路结构，即一个 8 位数据通路。除了一个单独的加法器，还有两个移位寄存器用于存储被乘数和乘数，以及一个固定的寄存器存储乘积。被乘数寄存器的长度应与乘积寄存器的长度大小相等，以满足在每个周期上进行的移位操作。控制器必须确认 *Ready* 有效，然后等待外部输入信号 *Start*。当 *Start* 信号有效时，控制器必须撤销 *Ready* 信号，将数据装入寄存器，进行移位并相加形成乘积，最后再次使信号 *Ready* 有效。乘数寄存器的各位将控制形成累加乘积的移位和相加运算。

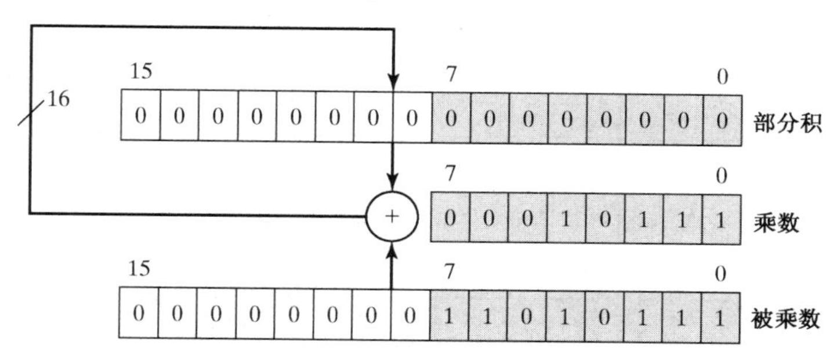

图 10.16　8 位时序二进制乘法器的数据通路结构

图 10.16 中的结构只使用了一个加法器和用来保存乘数、被乘数和乘积的寄存器。图 10.13 中的组合乘法器并没有使用存储寄存器，但它要求数据字节在外部保存直到得到乘积。这就意味着需要使用外部存储器或占用总线。相反，时序加法器在装载寄存器之后便可立即释放外部数据通路。请注意，对于长字来说，这种方法除了需要适当大小的寄存器和加法器以外，不需要增加更多的逻辑器件面积。

图 10.16 所示时序乘法器结构中的控制器将被乘数和乘数字节装入各自的寄存器，然后左移被乘数。在每一步中，乘数寄存器也进行移位，但方向是向右，而且通过 *multiplier*[0]的值决定被乘数是否要与乘积相加。图 10.17 中描述了乘积 $215_{10} \times 23_{10} = 4945_{10}$ 的数据同步移动，而且是通过将整个字节并行相加来实现其加法运算的。结构中使用一个单独的加法器，并将加法运算分配到多个时钟周期上进行。

将设计划分为数据通路和控制器所给出的 Verilog 结构分解如图 10.18 所示，其中的控制器和数据通路是已在顶层模块 *Multiplier_STG_0* 中例化的、分开封装的 Verilog 模块。在这个结构中，*m0* 为乘数的最低位，它将被传送到控制器中用来对其状态的转移进行控制。设计的完整结构方案是先写出移位寄存器、加法器和普通寄存器的结构描述并将它们链接起来，然后再设计出能控制该结构运行的状态机(根据时序图和布尔表达式)。与此相反，这里的方法是从高级结构划分开始，然后编写功能单元的行为描述，再利用综合工具来决定实际的物理结构。这种方法可通过使用 Verilog 语言和常见的综合工具，使得设计者的能动性得到最大发挥。下面将使用该方法对多种数据通路结构、控制器和设计方法进行检查，以寻求折中方案，也可以发现那些容易被粗心的设计者忽略的微小却十分严重的软缺陷。

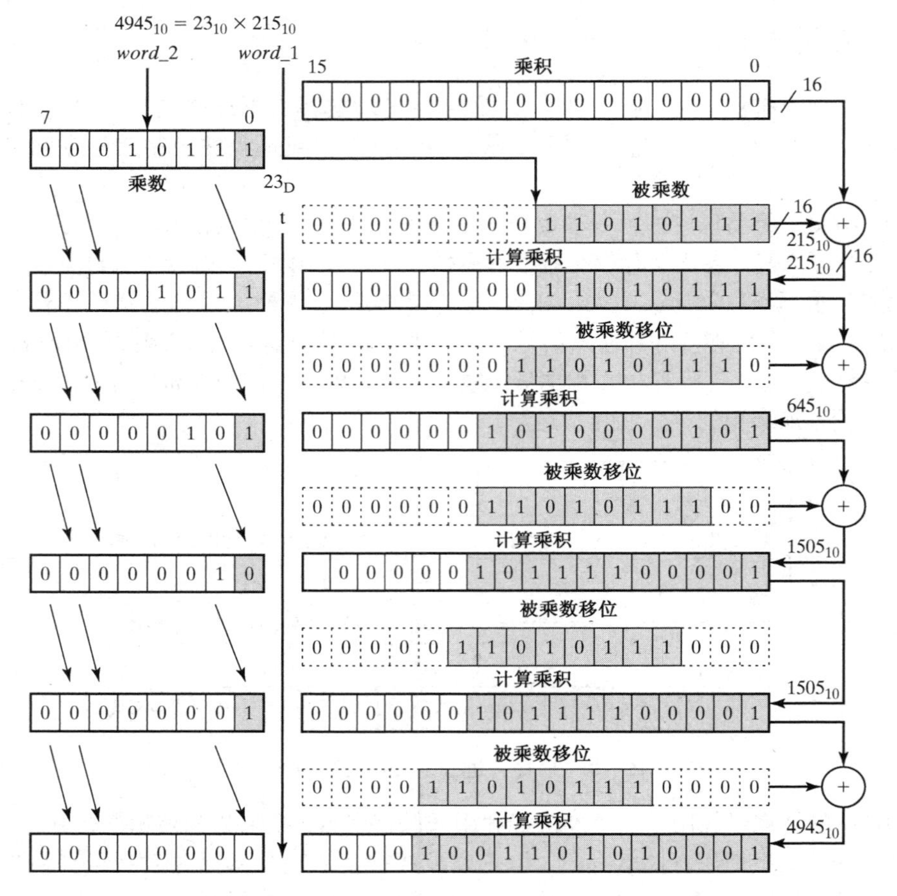

图 10.17　8 位二进制时序乘法器中的寄存器传输

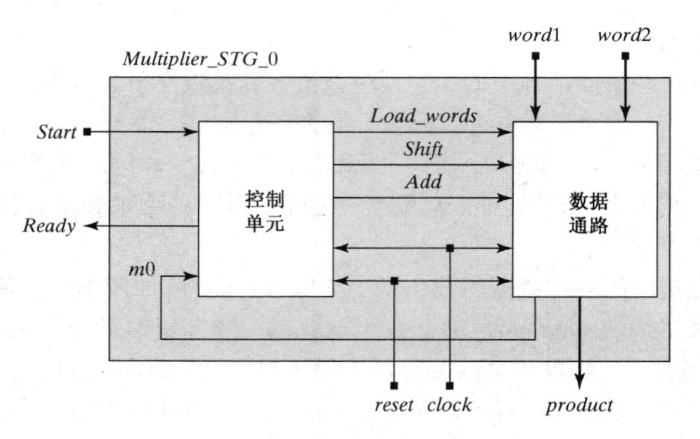

图 10.18　已划分二进制时序乘法器的结构单元

10.3.4　基于 STG 的控制器设计

第一种设计方法将使用状态转移图(STG)来指示控制器的状态转移。图 10.19 显示了由于 S_8 状态下的不同行为而产生的控制器的 STG 的两个版本。状态转移发生在时钟脉冲的有效沿，并且是由图中弧线上标注的条件控制的(即机器将保持在指定状态直到满足条件)。没有标注的线段表示无条件转移；-表示任意条件。没有明确有效的信号均为无效信号。在 *reset* 的作用下，机器可以从任意状态进入 *S_idle* 并保持在该状态，同时 *Ready* 也有效，直到 *Start* 有效并撤销 *reset*（另一种设计在 *S_idle* 状态下，仅当 *reset* 无效时，将 *Ready* 作为 *Mealy* 输出）。此后，状态的转移取决于移位乘数的最低位。如果最低位为 1，就会输出有效的 *Add* 并转移到下一个状态，此状态中，下一个时钟有效沿到达时，*Shift* 是有效的。如果乘数的最低位为 0，将输出有效的 *Shift* 信号。当进入 *S_8* 时，作为 *Moore* 型状态机输出有效 *Ready* 信号。在下一个时钟有效沿，图 10.19(a) 中的机器状态转移到 *S_idle* 并等待 *Start* 有效。图 10.19(b) 中的机器保持在状态 *S_8*，同时输出了有效 *Ready* 信号，直到 *Start* 有效。然后再转移到状态 *S_1*，而不是 *S_idle*。请注意，一旦机器进入状态 *S_1*，它将忽略输入数据通路的动作直到乘法运算完成。

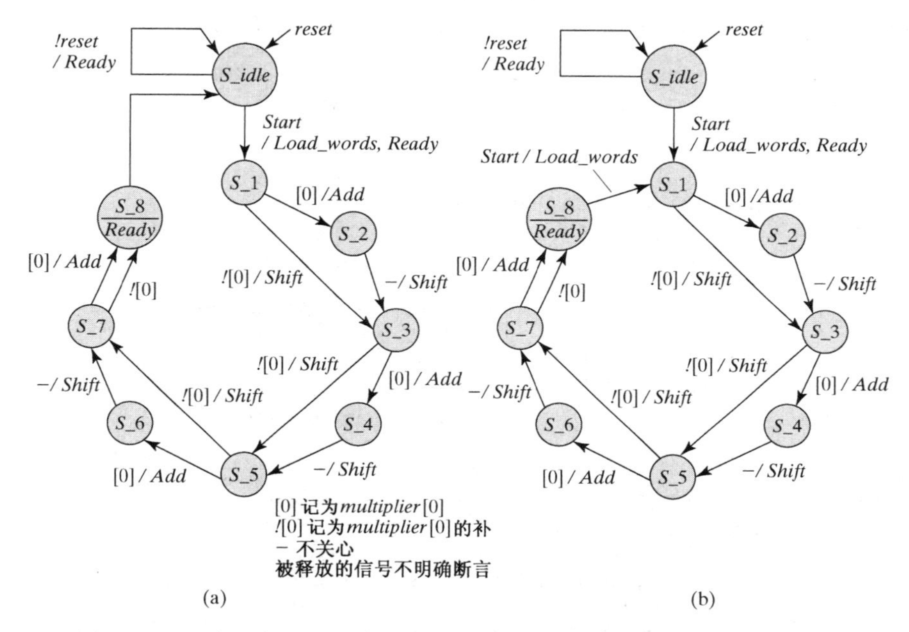

图 10.19 4 位时序二进制乘法器的两种 STG：(a) 当完成乘法运算后机器将回到 *S_idle* 状态；(b) 当完成乘法运算后机器保持 *S_8* 状态

下面给出基于图 10.19(b) 中 STG 控制器的 Verilog 描述。图 10.19(b) 中的状态机要优于图 10.19(a) 中的状态机。对于 *Ready* 有效之后的连续乘法运算，图 10.19(b) 中的状态机得到结果所经历的状态要比前者少 1 个，因为该状态机的状态不经过状态 *S_idle*。无论是哪种状态机，一个完整的乘法运算在 *Start* 有效后都需要经历最少 5 个状态，最多 8 个状态。请注意，图 10.19 中的 STG 的大小将随着数据通路字节长度的增加而线性增长。为了适应不同长度的字节，模型将不得不进行较大的改动，因此可将基于 STG 的方法应用于状态序列取决于数据通路尺寸的系统中。

在这个例子中可以讨论在控制单元和数据通路单元中使用状态信号来进行通信的好处。另外，也可以利用一个状态信号 *m0* 把乘数传送给控制单元，这就要求模拟控制单元组合逻辑的电平敏感行为的敏感量表要包含乘数。其结果是该周期行为不仅被最低位的变化所触发，还要被乘数中的所有变化所触发。这会消耗更多仿真时间，并且在硬件中会导致整个电路消耗更多的功耗。两种结果都是应该避免的。

例 10.1 中给出了 *Multiplier_STG_0* 的 Verilog 行为描述，同时包含有 *word1* 和 *word2* 的详尽图形向量生成器的 *testbench*，以及用于在 *Done* 信号有效时检查 *product* 是否与期望值相等的比较器。

例 10.1

```
module Multiplier_STG_0 #(parameter L_word = 4)(
   output        [2*L_word -1: 0]        product,
   output                                Ready,
   input         [L_word -1: 0]          word1, word2,
   input                                 Start, clock, reset
);
   wire                                  m0, Load_words, Shift;
   Control_Unit M0_Controller (Load_words, Shift, Add, Ready, m0, Start, clock, reset);

   Datapath_Unit M1_Datapath (product, m0, word1, word2, Load_words, Shift, Add,
     clock, reset);

endmodule

module Control_Unit #(parameter L_word = 4, L_state = 4)(            // 数据通路
                                                                        位宽
                                                                        状态位宽
   output reg                            Load_words, Shift, Add,
   output                                Ready,
   input                                 m0, Start, clock, reset
);
   reg           [L_state -1: 0]         state, next_state;
   parameter                             S_idle = 0, S_1 = 1, S_2 = 2,
                                         S_3 = 3, S_4 = 4, S_5 = 5, S_6 = 6,
                                         S_7 = 7, S_8 = 8;
   assign                                Ready = ((state == S_idle) && !reset)
                                          || (state == S_8);
   always @ (posedge clock, posedge reset)          // 状态转换
    if (reset == 1'b1) state <= S_idle; else state <= next_state;

   always @ (state, Start, m0) begin                // 下一状态生成和控制逻辑
    Load_words = 0; Shift = 0; Add = 0;             // 默认值
    case (state)
      S_idle:   if (Start) begin Load_words = 1; next_state = S_1; end
                else next_state = S_idle;
      S_1:      if (m0)     begin Add = 1; next_state = S_2; end
                else        begin Shift = 1; next_state = S_3; end
      S_2:                  begin Shift = 1; next_state = S_3; end
      S_3:      if (m0)     begin Add = 1; next_state = S_4; end
                else        begin Shift = 1; next_state = S_5; end
      S_4:                  begin Shift = 1; next_state = S_5; end
      S_5:      if (m0)     begin Add = 1; next_state = S_6; end
                else        begin Shift = 1; next_state = S_7; end
      S_6:                  begin Shift = 1; next_state = S_7; end
      S_7:      if (m0)     begin Add = 1; next_state = S_8; end
                else        begin next_state = S_8; end
      S_8:      if (Start) begin Load_words = 1; next_state = S_1; end
                else next_state = S_8;
      default:  next_state = S_idle;
    endcase
  end
endmodule

module Datapath_Unit (L_word = 4)(
  output reg    [2*L_word -1: 0]       product,
  output                               m0,
  input         [L_word -1: 0]         word1, word2;
  input                                Load_words, Shift, Add, clock, reset
);
  reg           [2*L_word -1: 0]       multiplicand;
  reg           [L_word -1: 0]         multiplier;
  assign                               m0 = multiplier[0];
```

```
  // Register/Datapath Operations
  always @ (posedge clock, posedge reset) begin
   if (reset == 1'b1) begin multiplier <= 0; multiplicand <= 0; product <= 0; end
   else if (Load_words == 1'b1) begin
     multiplicand <= word1;
     multiplier <= word2; product <= 0;
   end
  else if (Shift == 1'b1e== 1'b1) product <= product + multiplicand;
 end
endmodule

module test_Multiplier_STG_0 ();
  parameter                       L_word = 4;
  wire          [2*L_word -1: 0]  product;
  wire                            Ready;
  integer                         word1, word2;    // 乘数, 被乘数
  reg                             Start, clock, reset;
  Multiplier_STG_0 M1_Multiplier (product, Ready, word1, word2, Start, clock, reset);
  // 运行测试平台
  reg           [2*L_word -1: 0]  expected_value;
  reg                             code_error;
  initial #80000 finish;          // 仿真时间
  always @ (posedge clock) // 比较仿真结果与预想结果
   if (Start) begin
     #5 expected_value = 0;
     expected_value = word2 * word1;
     // expected_value = word2 * word1 + 1; // 检测是否误码
     code_error = 0;
   end
   else begin
     code_error = (M1.M2.state == M1.M2.S_8) ? |(expected_value ^ product) : 0;
  end
  initial begin clock = 0; forever #10 clock = ~clock; end
  initial begin
    #2 reset = 1;
    #15 reset = 0;
  end
  initial begin #5 Start = 1; #10 Start = 15; end          // 测试平台产生复位
  initial begin  // Exhaustive patterns
   for (word1 = 0; word1 <= 15; word1 = word1 +1) begin
   for (word2 = 0; word2 <= 15; word2 = word2 +1) begin
     Start = 0; #40 Start = 1;
     #20 Start = 0;
     #200;
   end // word2
   #140;
   end //word1
 end // initial
endmodule
```

Multiplier_STG_0 中的控制器包括两种行为，一种是同步行为(边沿敏感)，另一种是组合行为(电平敏感)。同步行为是在异步复位条件下对在时钟有效沿发生的状态转移的模拟。复位是触发器的一种边沿敏感的控制行为，而不是组合逻辑中的电平敏感。组合逻辑(电平敏感)将形成下一状态及控制数据通路的输出信号。由 STG 支路上的标注条件可以直接用 Verilog 描述写成控制器的输出。在行为的开始就要将每一个输出变量初始化为无效状态以建立默认值。这样的初始化可以减少代码量，同时保证了每次触发输出都是一个确定值，并且可以减小锁存器产生的可能性。对于一个给定状态，***case*** 分支语句中值是确定的。请注意，组合行为使用阻塞赋值运算符(=)，并且敏感变量列表里包括行为中所需要的全部变量。通过在组合逻辑动作中使用阻塞赋值运算符，并使用非阻塞赋值运算符(<=)使得所有寄存器传输都将在边沿敏感行为中进行，

从而避免已经被划分为数据通路和控制器的时序机的行为模型和综合模型之间出现不一致的情形；组合行为的电平敏感事件控制表达式的完备性可以避免综合出不必要的锁存器。同样要注意当 *Start* 为 0 时，在对状态 *S_8* 译码时，也要对 *next_state* 赋值，以避免综合出锁存器。

在控制器生成信号的作用下，数据通路单元可由能控制所有寄存器操作的边沿敏感同步行为进行模拟。Verilog 语言中的移位运算符详细描述了移位寄存器的行为。该行为中使用了非阻塞运算符——寄存器的操作是并发的，而且，时钟边沿后立即将时钟边沿前的输入值保存下来。

test_Multiplier_STG_0 是 *testbench*，它包括一个完全自检图形向量发生器和检测器，以检测模型是否正确。图 10.20 给出了 *word1* 和 *word2* 所有可能图形向量的仿真结果。虽然图中的显示分辨率使得实际数据变得模糊，但信号 *code_error* 显示出该模型是正确的(倘若 *testbench* 本身确实工作正常)。图 10.21 显示了典型情况下的仿真结果($4_{10} \times 8_{10} = 32_{10}$)，从中可以看出产生乘积的状态转移以及控制信号的时序关系。(请注意：*word1*，*word2*，*state*，*expected_value* 和 *product* 是以十进制的形式表示的，*multiplicand* 和 *multiplier* 是以十六进制表示的。)整个测试结果证明了对于所施加模板向量来说，这个乘法运算是正确的。一般情况下，有必要验证在异步输入信号作用下设计能否正常工作。例如，采用在 *Start*、*reset*、*word1* 和 *word2* 随机变化的情况下，能验证机器行为是否正确的一些更有效的测试方法。同时也应能对 *testbench* 可否正确检测出错误的能力进行验证。

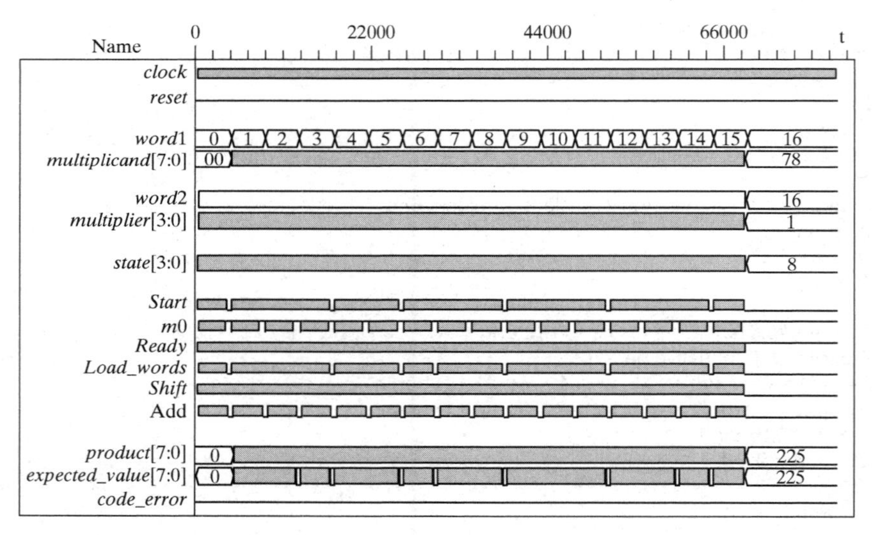

图 10.20 用自动测试平台对 *Multiplier_STG_0* 进行仿真的结果

10.3.5 基于 STG 的高效二进制时序乘法器

例 10.1 中所提出的时序乘法器 *Multiplier_STG_0* 效率较低，因为它的加法运算和移位运算操作是在几个时钟周期内完成的。如果能将乘法器的结构修改成把加法器的输出操作放到乘积寄存器的适当数位上进行的话，就可以在同一个周期内完成这些操作。

图 10.22 中的 STG 描述了修改后的控制器，其执行序列几乎缩短了一半。信号 *Add* 将被信号 *Add_shift* 所取代，可以通过移动连线位置的方法来完成在硬件上对数据通路的修改，但要把这个变化包括到行为模型中并将布线的实际操作留给综合工具去完成。同样，在这种新设计方案中包括了更智能化的控制器，也就是包括了一个在输入到乘法器的数据字为 0、不需要将 *word1* 和 *word2* 相乘时能中断此类乘法运算的逻辑模块。修改数据通路单元可以产生一个状态信号

Empty 来表示输入的数据通路全为 0 的情况。二进制乘法器的端口结构保持不变，但控制器上要加一个输入端口 *Empty*。数据通路中也要增加一个针对 *Start* 的输入端口和一个针对 *Empty* 的输出端口。

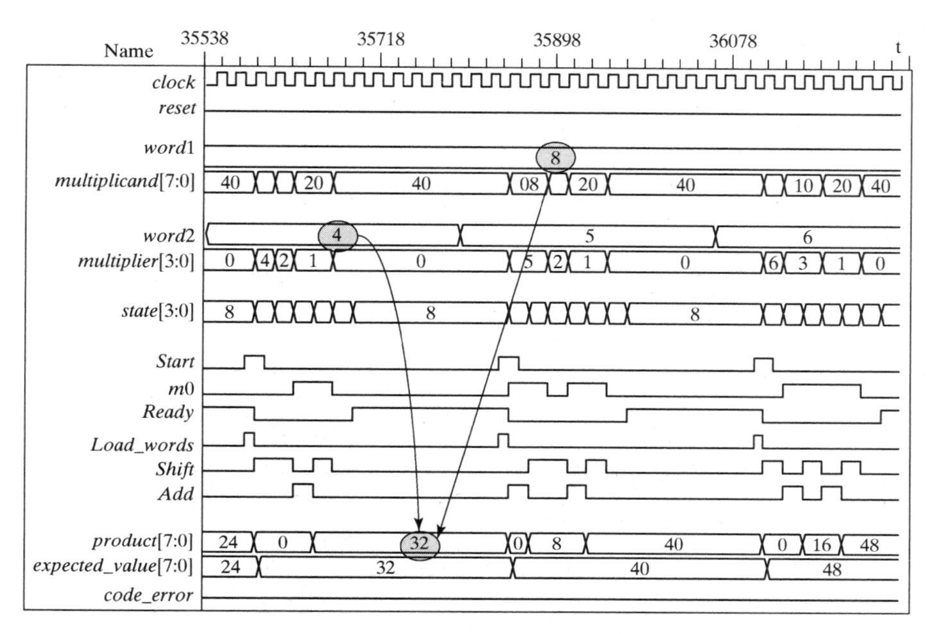

图 10.21　*Multiplier_STG_0* 的乘法运算序列样值

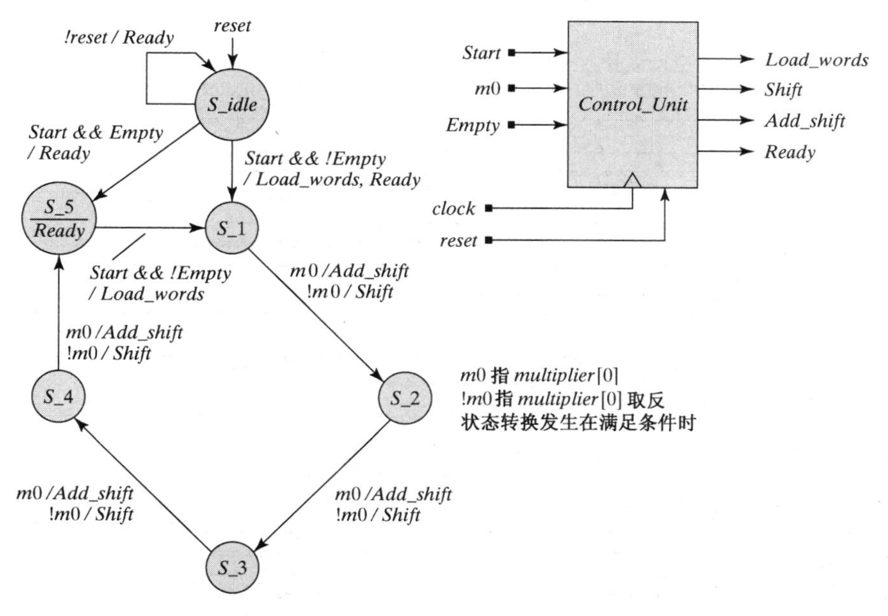

图 10.22　高效时序乘法器控制器的 STG 和方框图符号

例 10.2 中给出了 *Multiplier_STG_1* 的 Verilog 行为描述。与 *Multiplier_STG_0* 一样，如果在执行乘法运算序列时 *Start* 有效，该系统控制器将予忽略，但如果在 *Ready* 有效时，输入 *Start* 有效信号和一个空数据字，附加逻辑模块将清空 *product*。这样将会把在前一个乘法序列中得到的 *product* 中的原有值清除掉。图 10.23 给出了经过详细仿真所得到的波形，显示出在所有的情况下

code_error 为 0①；波形还显示出在 *Reset* 无效后，*Start* 有效的第一个时钟周期，*Empty* 有效，系统将从 *S_idle* 转换到 *S_5*。图 10.24 说明当任意一个数据字为 0 时，*Start* 将被忽略。图 10.25 说明了如果当 *Ready* 和 *Empty* 成立时且 *Start* 有效，则 *product* 会被清空。图 10.26 中的仿真结果给出了产生乘积 $9_{10} \times 11_{10}$时②的过程。

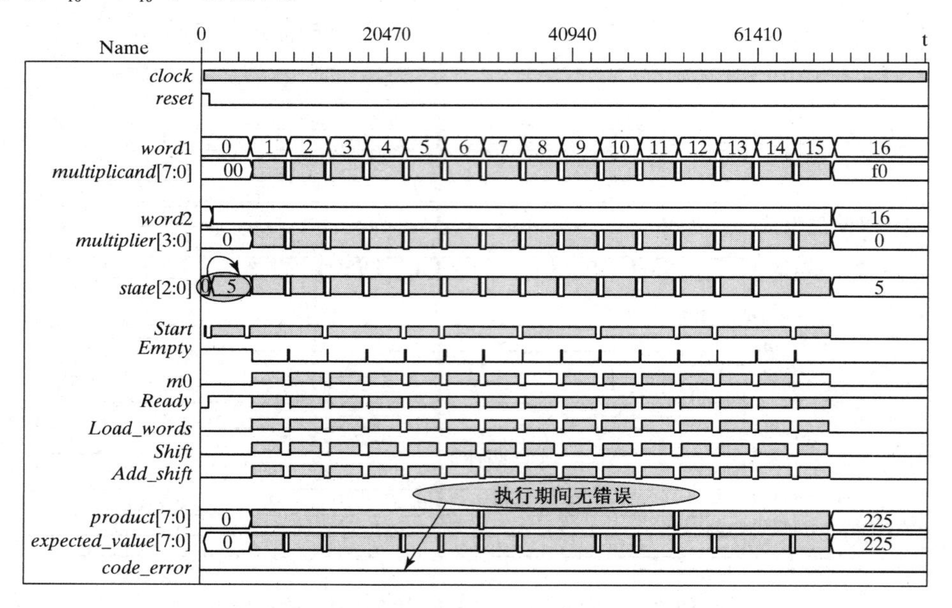

图 10.23　高效时序乘法器 *Multiplier_STG_1* 的仿真结果

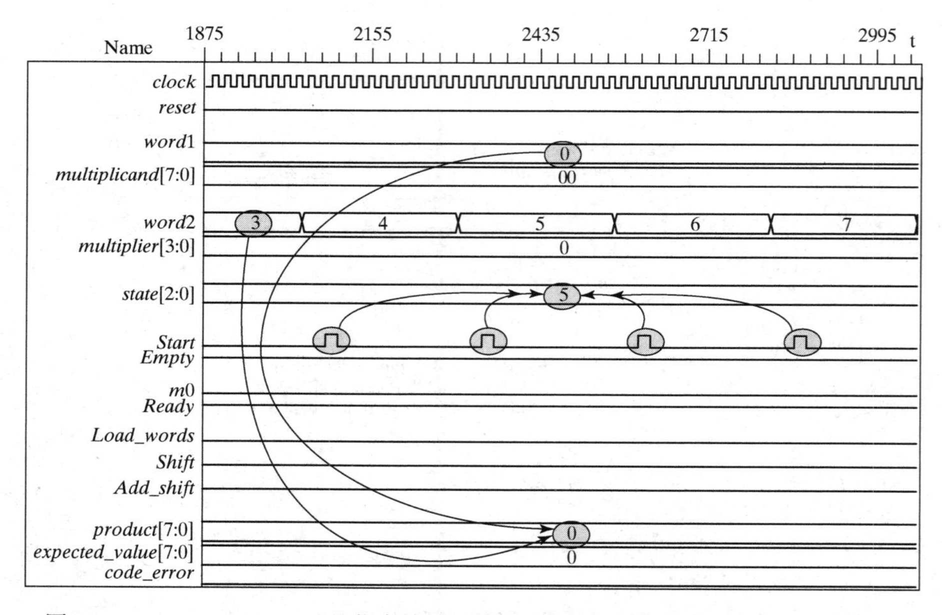

图 10.24　*Multiplier_STG_1* 的仿真结果，说明了当数据字节为 0 时运算会立即终止

① 阴影区域表明的是显示分辨率不能将结果形成图形的部分。

② 读者可以做一个练习，证明在乘法过程中 *Start* 被忽略。

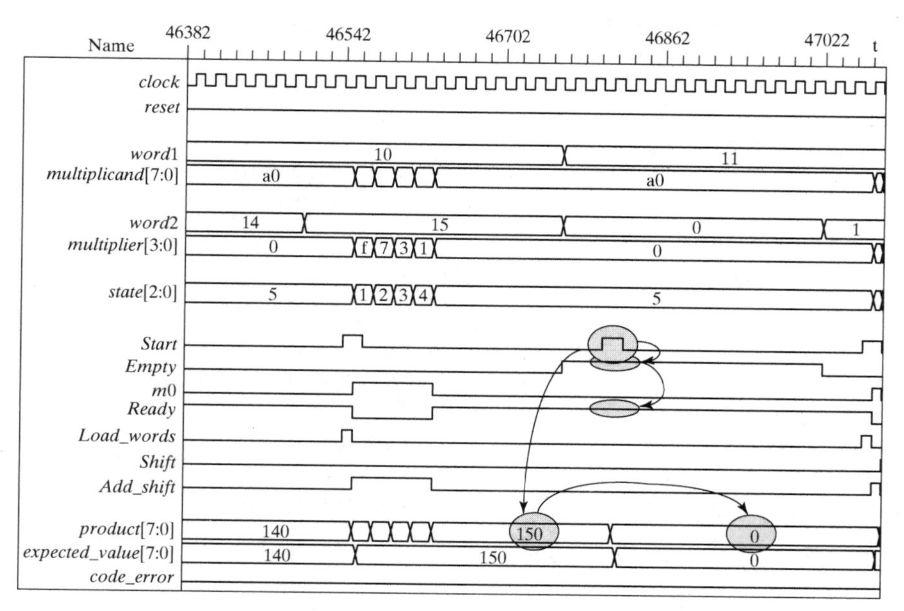

图 10.25　*Multiplier_STG_1* 的仿真结果说明了当 *Ready* 有效和 *Empty* 有效，同时 *Start* 有效时，*product* 会被刷新

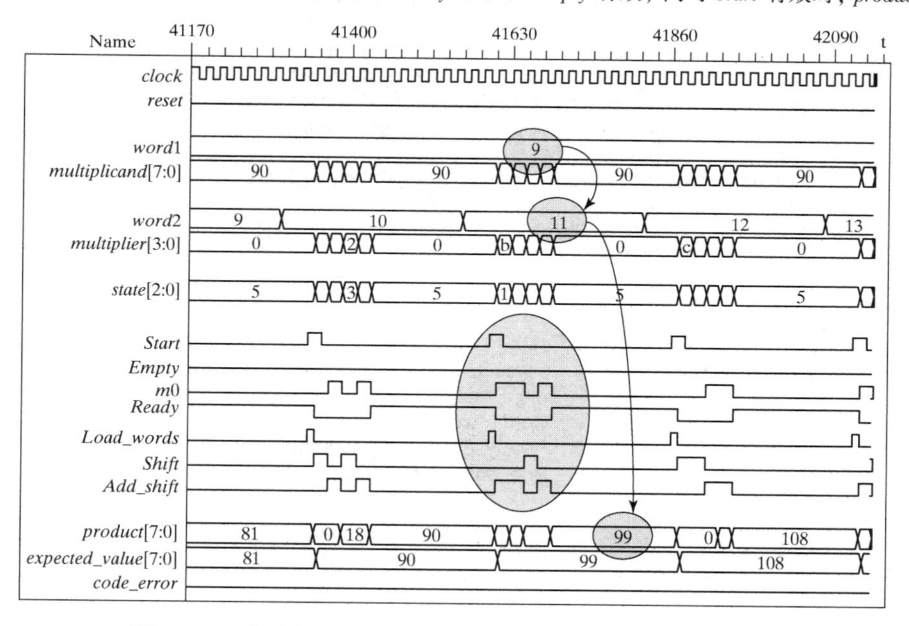

图 10.26　仿真结果给出了在做乘法 9 × 11 时信号的变化情况

例 10.2

```
module Multiplier_STG_1 #(parameter L_word = 4)(
  output     [2*L_word -1: 0]          product,
  output                               Ready,
  input      [L_word -1: 0]            word1, word2,
  input                                Start, clock, reset
   );
  wire                                 Ready, m0, Empty, Load_words, Shift,
                                         Add_shift;

  Control_Unit M0_Controller (Load_words, Shift, Add_shift, Ready, m0, Empty,
    Start, clock, reset);
```

```
    Datapath_Unit M1_Datapath
    (product, m0, Empty, word1, word2, Ready, Start, Load_words, Shift, Add_shift,
      clock, reset);

endmodule
module Controller #(parameter L_word = 4)(
    output                              Load_words, Shift, Add_shift, Ready,
    input                               m0, Empty, Start, clock, reset
);
    parameter                           L_state = 3;
    reg           [L_state -1: 0]       state, next_state;
    parameter                           S_idle = 0, S_1 = 1, S_2 = 2, S_3 = 3,
                                          S_4 = 4, S_5 = 5;
    reg                                 Load_words, Shift, Add_shift;
    assign                              Ready = ((state == S_idle) && !reset) ||
                                          (state == S_5);

    always @ (posedge clock or posedge reset)          // 状态转换
      if (reset) state <= S_idle; else state <= next_state;

    always @ (state, Start, m0, Empty) begin           // 次态逻辑和控制逻辑

      Load_words = 0; Shift = 0; Add_shift = 0;
      case (state)
        S_idle:  if (Start && Empty) next_state = S_5;
                 else if (Start) begin Load_words = 1; next_state = S_1; end
                 else next_state = S_idle;
        S_1:     begin if (m0) Add_shift = 1; else Shift = 1; next_state = S_2; end
        S_2:     begin if (m0) Add_shift = 1; else Shift = 1; next_state = S_3; end
        S_3:     begin if (m0) Add_shift = 1; else Shift = 1; next_state = S_4; end
        S_4:     begin if (m0) Add_shift = 1; else Shift = 1; next_state = S_5; end
        S_5:     if (Empty) next_state = S_5;
                 else if (Start) begin Load_words = 1; next_state = S_1; end
                 else next_state = S_5;
        default: next_state = S_idle;
      endcase
    end
endmodule

module Datapath #(parameter L_word = 4)(
   output     [2*L_word -1: 0]          product,
   output                               m0, Empty,
   input      [L_word -1: 0]            word1, word2,
   input                                Ready, Start, Load_words, Shift,
                                        Add_shift, clock, reset
);
   reg        [2*L_word -1: 0]          multiplicand;
   reg        [L_word -1: 0]            multiplier;
   assign                               m0 = multiplier[0];
   assign                               Empty = (~|word1)|| (~|word2);

   // Register/Datapath Operations
   always @ (posedge clock, posedge reset) begin
     if (reset == 1'b1) begin multiplier <= 0; multiplicand <= 0; product <= 0; end
     else if (Start && Empty && Ready) product <= 0;
     else if (Load_words) begin
       multiplicand <= word1;
       multiplier <= word2;
       product <= 0;
     end
     else if (Shift) begin
       multiplier <= multiplier >> 1;
       multiplicand <= multiplicand << 1;
     end
```

```
    else if (Add_shift) begin
      product <= product + multiplicand;
      multiplier <= multiplier >> 1;
      multiplicand <= multiplicand << 1;
    end
  end
endmodule
```

10.3.6　基于ASMD的时序二进制乘法器

对于只有少数状态的设计而言，STG是十分方便的，但当状态数较多时就比较麻烦了。例如，例10.1和例10.2中的基于STG设计的4位二进制乘法器就不能按数据通路宽度 *L_word* 进行改变。对于长字节，新增加的每个数位都需要额外的代码来处理新增位所带来的额外状态转移。代码的长度随着 *L_word* 的尺寸呈线性增长。可移植、可重复使用的HDL模型应按照无需第三方对描述进行修改的风格来编写，也可以使用可扩展的STG描述或是能找到的其他方法，例如算法状态机图标和数据通路(ASMD)。ASMD图使得设计具有可扩展、可移植和可重复使用的特性。

ASMD图表显示出在输入信号的作用下，执行一种算法时数字处理器动作的演变过程，并将数据通路连接到控制器。作为时序乘法器设计的另一种方法，将把乘法器划分为数据通路和控制器，并把它们封装在单独的Verilog模块中。数据通路的操作与图10.19中的 *Multiplier_STG_0* 一样，但是基于ASMD的机器中控制器功能有所增强。回顾一下，在 *S_idle* 状态下当 *Start* 有效时，如果 *word_1* 或 *word_2* 为0，那么 *Multiplier_STG_1* 可以避免执行不必要的操作。在这个版本的设计中，信号 *Empty* 能起到同样的作用，但机器性能有所提高，它可以避免不必要的操作，并在移位乘数的值为1的同时使输出 *Ready* 有效。(回忆在 *Multiplier_STG_0* 和 *Multiplier_STG_1* 设计中，运算要遍历整个状态链路，而与乘数的内容无关)。如果乘数的值为0，乘积 *product* 就已完全形成，所以当检测到乘数为0时，乘法运算序列即可终止。因此，算法的终止与数据相关。另一方面，前面讨论的基于STG的模型完全依赖于乘法器的各个位。图10.27所示为数据通路控制器的ASMD图。请注意，菱形判决框的顺序表明了 *Start* 有比 *Empty* 更高的优先级。

系统控制器的ASMD图表指出了在操作过程中状态转移和有效的输出信号。这些输出信号将控制数据通路单元。在这种设计中，控制器的输入信号为初始输入 *Start* 及内部状态信号 *Empty* 和 *Multiplier*，输出信号为 *Ready*、*Flush*、*Load_words*、*Shift* 和 *Add*。*Ready* 信号表明该单元已经准备好接受乘法命令的指令。并要注意当 *reset* 有效时，不能输入有效的 *Ready*，而且在 *Start* 有效之后直到系统已经产生乘积之前，也不能输入有效的 *Ready*。如果在系统处于状态 *S_idle* 或 *S_done* 且输入有效 *Start* 信号时数据字节为空，此时将输出 *Flush* 有效信号，以清空前一个乘法运算留在 *product* 中的数据。

在第5章中可以看出，在确认信号的控制下，通过设定与状态转移同时发生的数据通路操作，将控制器及其他所控制的数据通路相连接的带注释的ASM图表就是这里的ASMD图表。这些附加信息有助于验证系统功能的正确性，并能简化设计整个时序机的任务。

该系统有4个状态：*S_idle*，*S_shifting*，*S_adding* 和 *S_done*。当 *reset*(异步地)有效时，系统将进入状态 *S_idle*，*reset* 无效后且 *Ready* 信号有效时，保持该状态，直到 *Start* 信号有效时。如果 *Start* 有效且数据字节为空，此时输出 *Flush* 有效信号，系统进入状态 *S_done*。否则，系统将输出 *load_words* 有效并将在下一个时钟有效沿进入状态 *S_shifting*。在该时钟沿上施加 *load_words* 时，*multiplicand* 和 *multiplier* 寄存器将分别装载 *word1* 和 *word2*。在 *S_shifting* 状态下，如果 *multiplier* 的值为1，系统将转移到 *S_adding*。在这个转移的同时，*multiplicand* 寄存器的内容将与 *product* 寄存器的内容相加。在 *S_shifting* 状态下，如果 *multiplier* 的最低位为0，控制器将输出 *Shift* 有效信号，并将状态转移到 *S_shifting*。在输出 *Shift* 的同一个时钟边沿处，*multiplier* 的内容将向寄存器的最低位移动一位，而 *multiplicand* 的内容将向寄存器的最高位移动一位。在 *S_adding* 状态下 *Shift* 有效时，在下一个时钟边沿系统将转移回 *S_shifting*。有 *Shift* 引入的寄存器操作在 ASMD 图表中表示为带有 Verilog 运算符标记的非阻塞赋值①。请注意，如果数据字节为 0，系统立即进入状态 *S_done*，而乘数值为 1 时立即结束运算操作。该增强功能可以以很小的物理硬件(硅片面积)代价得以实现。

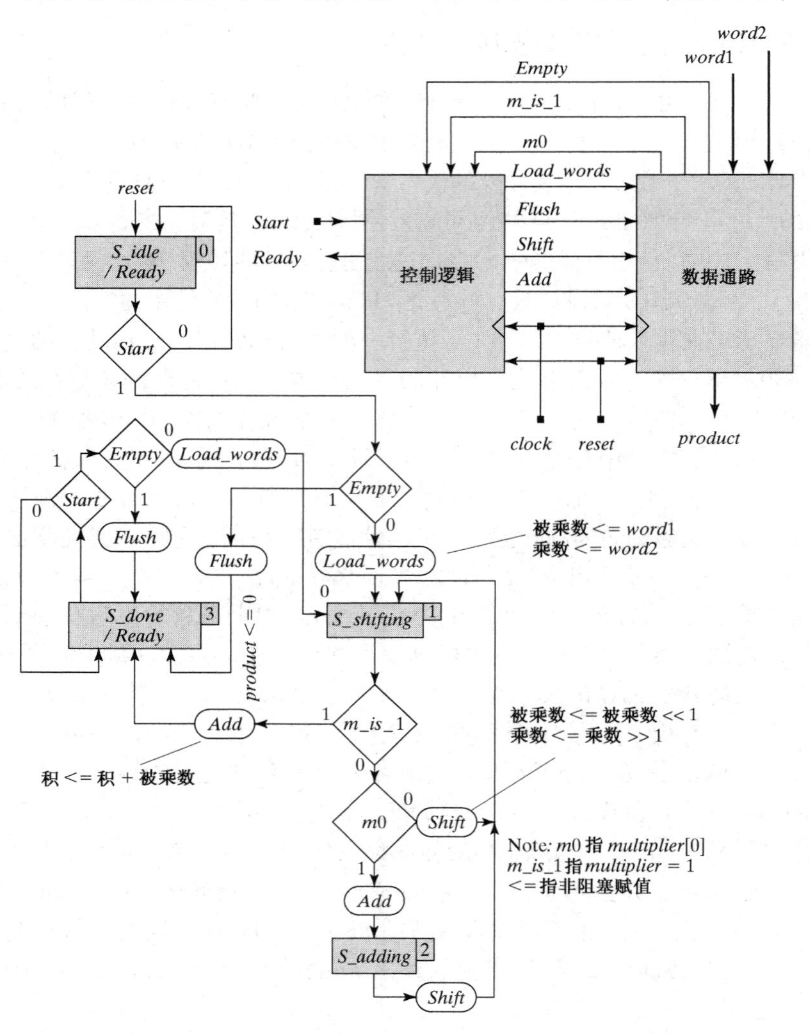

图 10.27 标有数据通路操作的二进制时序乘法器 *Multiplier_ASM_0* 的控制器方框图和标注的 ASMD 图

例 10.3 中给出了 *Multiplier_ASM_0* 的 Verilog 编码。*Control_Unit* 模块是控制器，*Datapath_Unit* 是数据通路。通常出现在 ASM 图表菱形判决框中的所有信号必须包括在描述数据通路的下一状态和输出逻辑的组合行为事件控制表达式中。行为模型中所赋值的所有变量初始值(默认值)均设为 0，以避免综合出不必要的锁存器。*S_idle* 和 *S_3* 的译码可用于数据字为 0 的乘法运算。

Multiplier_ASM_0 的描述是可参数化的。改变参数 *L_word* 以实现任意的字长，并且不对模型进行其他修改。

① ASMD 中弧线上与数据通路操作相关的标注与计算机系统结构教科书中所用的寄存器传输的标注类似。

例 10.3

```
module Multiplier_ASM_0 #(parameter L_word = 4) (
  output [2*L_word -1: 0]        product,
  output                         Ready,
  input                          [L_word -1: 0] word1, word2
  );
                                  wire Empty, Load_words, Flush, Add, Shift;

  Control_Unit
   M0_Controller (Ready, Load_words, Flush, Add, Shift, Start, Empty, m0,
     m_is_1, clock, reset);

  Datapath_Unit
   M1_Datapath (product, Empty, m0, m_is_1, word1, word2, Load_words, Flush,
     Add, Shift, clock, reset);

endmodule
module Control_Unit #(parameter _word = 4) (
  output            Ready,
  output reg        Load_words, Flush, Add, Shift,
  input             Start, Empty, m0, m_is_1, clock, reset
);

  reg [1: 0]        state, next_state;
  parameter         S_idle = 0, S_shifting = 1, S_adding = 2, S_done = 3;
  assign            Ready = ((state == S_idle) && !reset) || (state == S_done);

  always @ (posedge clock, posedge reset)
   if (reset == 1'b1) state <= S_idle; else state <= next_state;

  always @ (state, Start, Empty, m_is_1, m0) begin
   Load_words = 0; Flush = 0; Add = 0; Shift = 0;
   case (state)
    S_idle:        if (!Start) next_state = S_idle;
                   else if (Start && !Empty) begin Load_words = 1; next_state
                    = S_shifting; end
                   else if (Start && Empty) begin Flush = 1; next_state =
                    S_done; end

    S_shifting:    if (m_is_1) begin Add = 1; next_state = S_done; end
                   else if (m0) begin Add = 1; next_state = S_adding; end
                   else begin Shift = 1; next_state = S_shifting; end

    S_adding:      begin Shift = 1; next_state = S_shifting; end

    S_done:        if (Start == 0) next_state = S_done;
                   else if (Empty) begin Flush = 1; next_state = S_done; end
                   else begin Load_words = 1; next_state = S_shifting; end

    default:       next_state = S_idle;
   endcase
  end
endmodule

module Datapath_Unit #(parameter L_word = 4) (
  output reg [2*L_word -1: 0]  product,
  output                       Empty, m0, m_is_1,
  input        [L_word -1: 0]  word1, word2,
  input                        Load_words, Flush, Add, Shift,
                               clock, reset
);

  reg       [2*L_word -1: 0]         multiplicand;
  reg       [L_word -1: 0]           multiplier;
  assign assignEmpty = ((word1 == 0) || (word2 == 0));
  assign m_is_1 = (multiplier == 1'b1);
  assign m0 = multiplier [0];
```

```
    always @ (posedge clock, posedge reset) begin
      if (reset == 1'b1) begin multiplier <= 0; multiplicand <= 0; product <= 0; end
      else if (Flush)
      product <= 0;
    else if (Load_words == 1) begin
      multiplicand <= word1;
      multiplier <= word2;
      product <= 0;
    end
    else if (Shift) begin
      multiplicand <= multiplicand << 1;
      multiplier <= multiplier >> 1;
    end
    else if (Add) product <= product + multiplicand;
  end
endmodule
```

图 10.28 ~ 图 10.30 的仿真结果表明了 ASMD 图表所制定的状态转移。图 10.28 显示了有效的 *reset* 信号将状态转移到 *S_idle* 并且刷新 *product*。当 *multiplicand* 的值为 0 时，有效的 *Start* 信号将状态转移到 *S_done*。即使 *multiplier* 不为 0，在随后 *Start* 信号有效时，状态依然保持为 *S_done*，这是因为 *multiplicand* 为 0。在 *reset* 无效后，在 *S_idle* 状态中，*Ready* 信号有效，并且在 *S_done* 时保持有效。图 10.29 显示，当 *word2* = 0 时，由 5 和 15 的乘积①使得 *product* 的原始值为 75_{10}，在这个仿真活动中，有效的 *Start* 信号使得 *Flush* 有效，造成 *product* 变为 0。这个情况与数据字变为 0 的情况是一致的。在这里，如果 *Start* 有效，*product* 被刷新，*state* 将保持 *S_idle*，并且 *Ready* 信号无效。然后，当 *word2* = 1 并且 *word1* = 6 时，乘积就变成 6，依此类推。图中标注的高亮部分是状态的转移。请注意，*Shift* 和 *Add* 是怎么根据 *S_shifting* 和 *S_adding* 而变化的，并且直到乘法运算完成以后，*Ready* 信号才能无效。图 10.30 显示了 4 个周期的乘法运算操作的仿真过程。波形的阴影部分说明了 *Ready*，*Load_words*，*Shift* 和 *Add* 的变化情况。

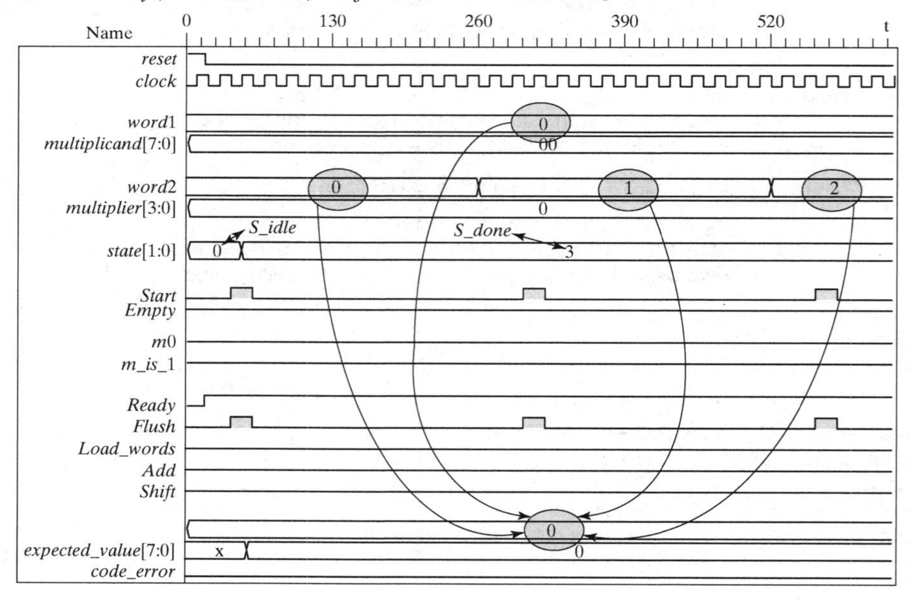

图 10.28 *Multiplier_ASM_0* 的仿真结果说明了初始复位后数据字节为 0 的动作

① *word2* = 16 的显示值在 ***for*** 循环的最后显示出来了，它在 *testbench* 中以一个整数的形式产生，乘法器的输入端口只传递了最低 4 位。*word2* = 16 的值并没有被乘法器处理，这是因为在测试平台中，直到 *word2* 开始一个新的序列 (*word2* = 0…) 时，*Start* 才有效。

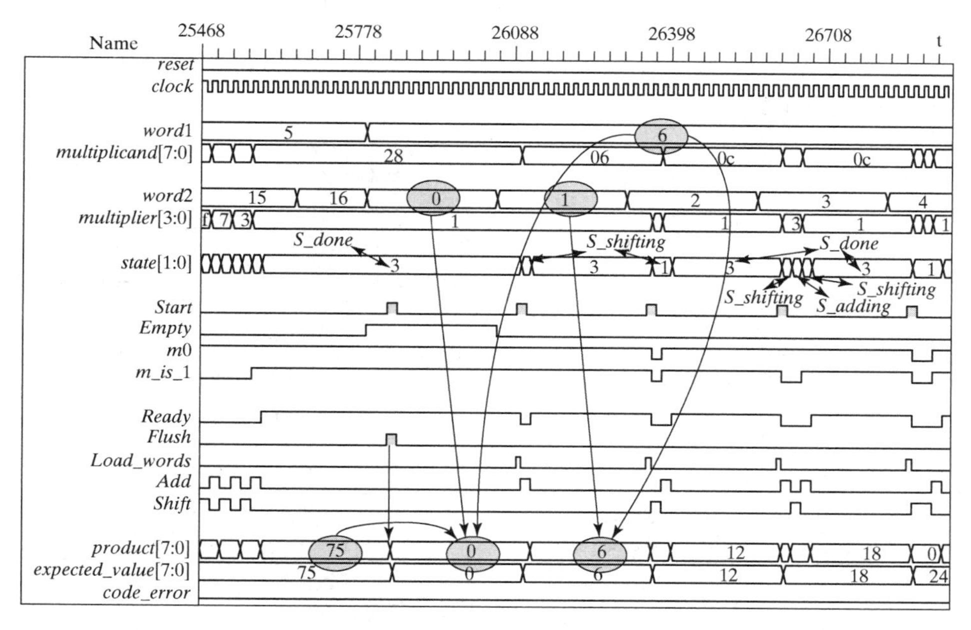

图 10.29　*Multiplier_ASM_0* 的仿真结果说明了对空字节的正确处理方法

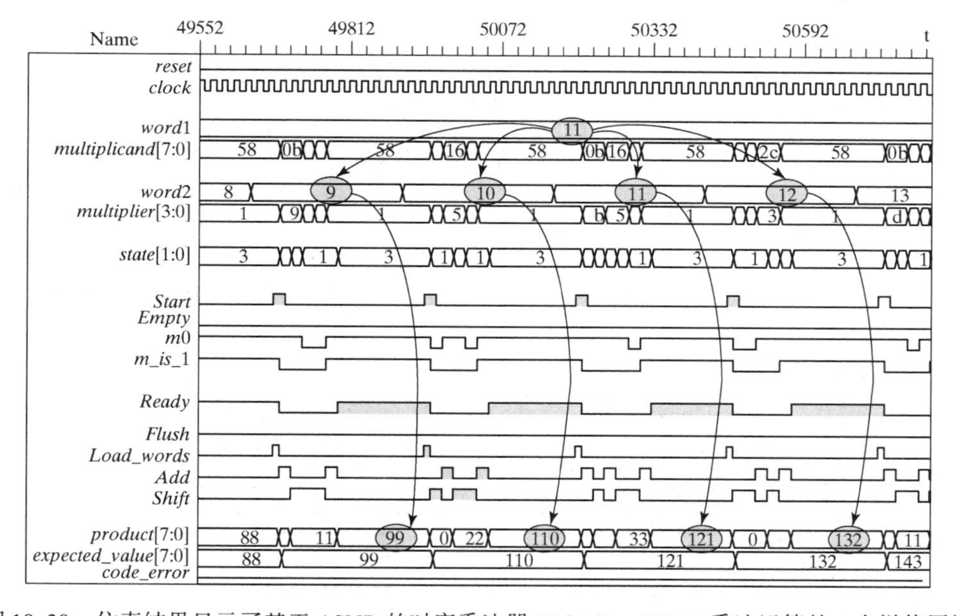

图 10.30　仿真结果显示了基于 ASMD 的时序乘法器 *Multiplier_ASM_0* 乘法运算的 4 个样值周期

10.3.7　基于 ASMD 的高效二进制时序乘法器

Multiplier_ASM_1 所描述的乘法器效率较低，因为其移位和加法运算在不同的时钟周期内执行。同样，*Multiplier_ASM_0* 运行需要比形成乘积必需的周期更多的周期。图 10.31 给出了一个更高效系统的 ASMD 图表，该图表中只有两个状态，其数据通路是靠 *Add_shift* 信号在同一个周期内进行加法和移位操作的。例 10.4 给出了 *Multiplier_ASM_1* 的 Verilog 描述，图 10.32 ~ 图 10.34 给出了它的仿真结果。请注意，*Multiplier_ASM_1* 需要较少的时钟周期来计算乘积，且当乘数 *Multiplier* 为空时才能输出有效的 *Ready* 信号。

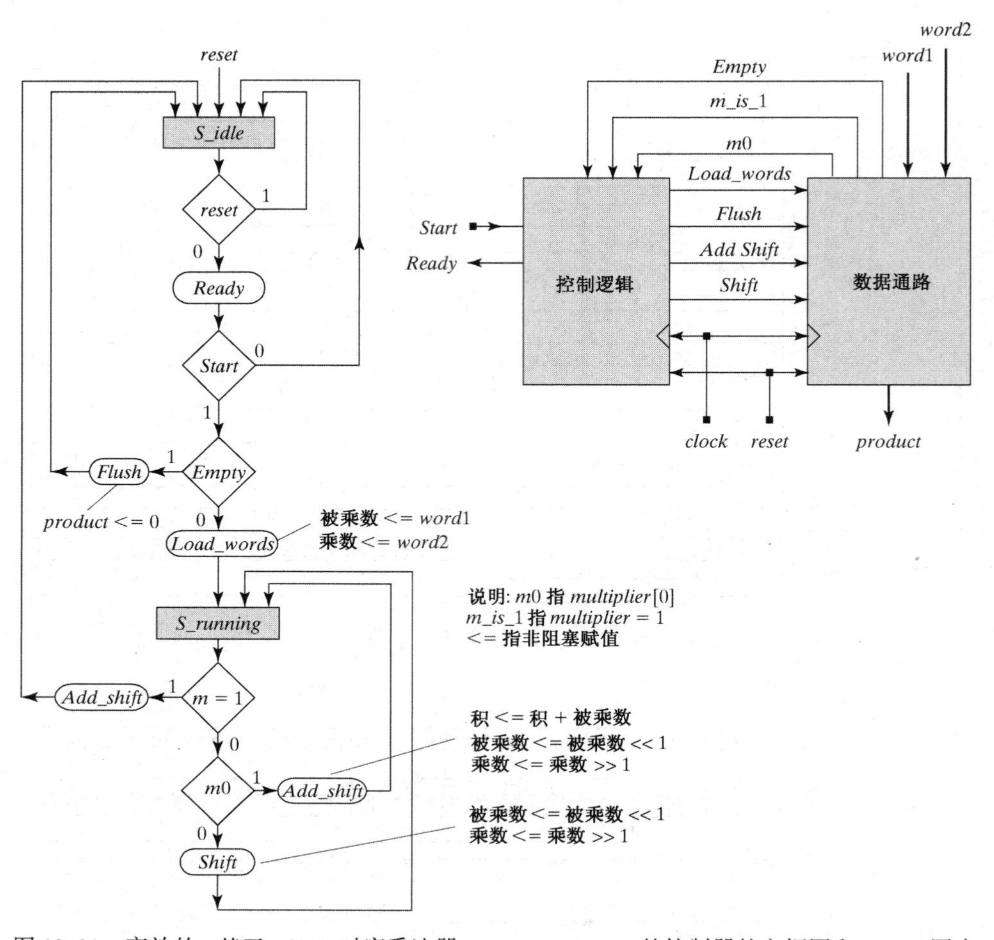

图 10.31　高效的、基于 ASMD 时序乘法器 *Multiplier_ASM_1* 的控制器的方框图和 ASMD 图表

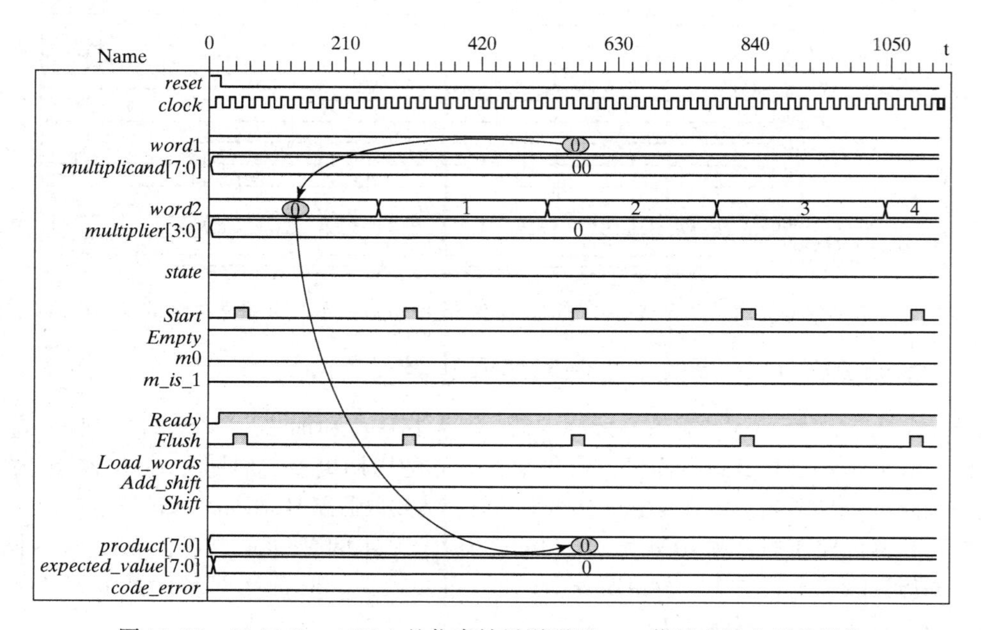

图 10.32　*Multiplier_ASM_1* 的仿真结果说明了 *reset* 信号有效之后的操作

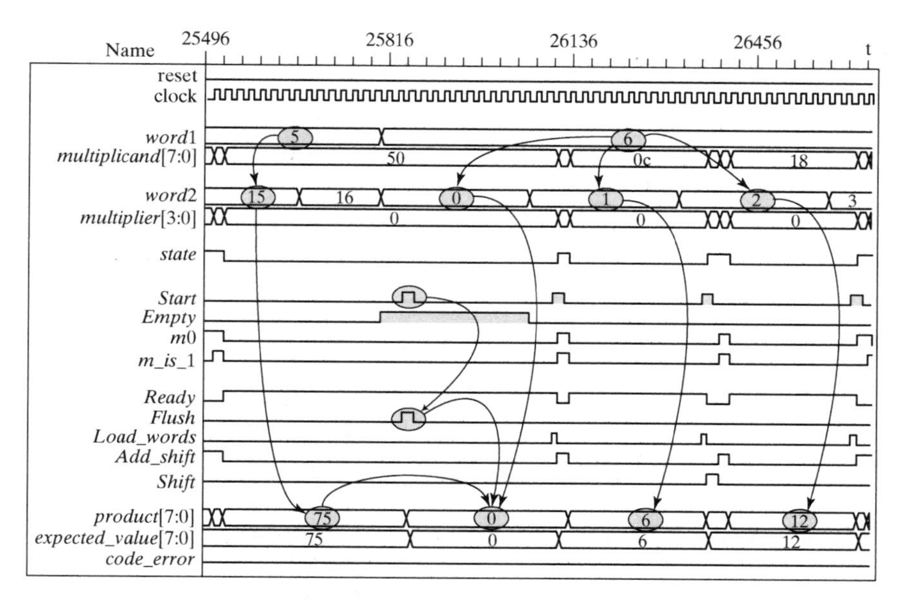

图 10.33　*Multiplier_ASM_1* 的仿真结果说明了当数据字节为空时进行乘法运算时正确的刷新操作

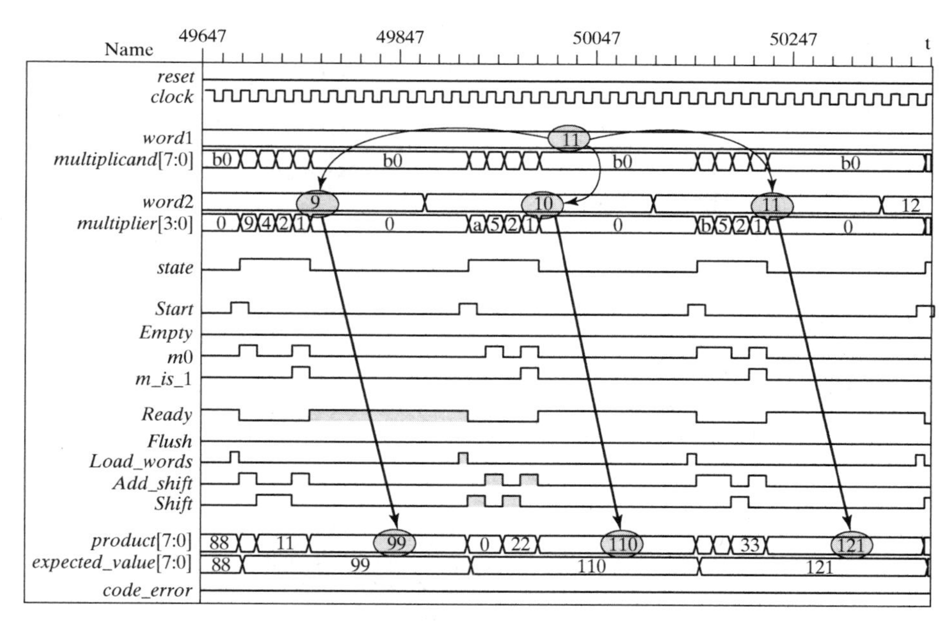

图 10.34　*Multiplier_ASM_1* 的仿真结果，展示了三次不同的乘法结果

例 10.4

```
module Multiplier_ASM_1 #(parameter L_word = 4)(
   output      [2*L_word -1: 0]      product,
   output                            Ready,
   input       [L_word -1: 0]        word1, word2,
   input                             Start, clock, reset
);

   wire                              Empty, Load_words, Flush,
                                       Add_shift, Shift;
```

```
    Control_Unit M0_Controller
     (Ready, Load_words, Flush, Add_shift, Shift, Start, Empty, m0, m_is_1, clock,
       reset);

    Datapath_Unit M1_Datapath
     (product, Empty, m0, m_is_1, word1, word2, Load_words, Flush, Add_shift,
       Shift, clock, reset);
  endmodule
  module Control_Unit (
    output Ready, output reg Load_words, Flush, Add_shift, Shift,
    input Start, Empty, p0, c_is_ws, clock, reset
  );
    reg                                   state, next_state;
    parameter                             S_idle = 0, S_running = 1;
    assign                                Ready = (state == S_idle) &&
                                            (!reset);

    always @ (posedge clock, posedge reset)            // 状态转换
     if (reset == 1'b1) state <= S_idle; else state <= next_state;

    always @ (state, Start, Empty, p0, c_is_ws) begin  // 基于ASM的控制器
                                                          组合逻辑

      next_state = S_idle; Flush = 0; Load_words = 0; Shift = 0; Add_shift = 0;
      case (state)
        S_idle:         if (!Start) next_state = S_idle;
                        else if (Empty) begin next_state = S_idle; Flush = 1; end
                        else begin Load_words = 1; next_state = S_running; end

        S_running:      if (c_is_ws) begin next_state = S_idle; Add_shift = 1; end
                        else if (p0) begin Add_shift = 1; next_state = S_running; end
                        else begin Shift = 1; next_state = S_running; end
        default:        next_state = S_idle;
      endcase
    end
  endmodule

  module Datapath_Unit #( parameter L_word = 4)(
    output reg [2*L_word -1: 0] product,
    output Empty, m0, m_is_1,
    input [L_word -1: 0]  word1, word2,
    input Load_words, Flush, Add_shift, Shift, clock, reset
  );

    reg           [2*L_word -1: 0]        multiplicand;
    reg           [L_word -1: 0]          multiplier;
    assign                                Empty = (word1 == 0) ||
                                            (word2 == 0);
    assign                                m0 = multiplier[0];
    assign                                m_is_1 = (multiplier == 1);

    always @ (posedge clock, posedge reset)
      if (reset) begin multiplier <= 0; multiplicand <= 0; product <= 0; end
      else begin
      if (Flush) product <= 0;
      else if (Load_words == 1) begin
        multiplicand <= word1;
        multiplier <= word2;
        product <= 0;
      end
      else if (Shift) begin
```

```
        multiplicand <= multiplicand << 1;
        multiplier <= multiplier >> 1; end
      else if (Add_shift) begin product <= product + multiplicand;
        multiplicand <= multiplicand << 1;
        multiplier <= multiplier >> 1;
      end
    end
endmodule
```

10.3.8　基于 ASMD 数据通路和控制器设计的总结

前面的例子说明了如何用 STG 和 ASMD 以及 HDL 来描述和设计能控制数据通路的状态机。由于在设计中很自然地会涉及到行为描述的可移植性问题，因此有必要对基于 ASMD 的数据通路及其控制器的设计方法加以总结。

1. 设计需要划分为：(a)控制状态转移的(边沿敏感)同步行为；(b)指定控制器的下一状态和输出逻辑的一个或多个电平敏感组合行为与/或连续赋值；(c)用(边沿敏感)同步行为描述由(b)中所设计的逻辑控制的数据通路。
2. 在描述控制器的电平敏感的组合逻辑中，为了确保不能综合出不必要的锁存器，可通过：(a)将所有输出变量初始化为 0；(b)为下一状态赋默认值。
3. 将阻塞赋值用于描述电平敏感的数据通路控制器的下一状态和输出的组合逻辑。
4. 在边沿敏感行为中描述机器的复位动作，而不要在电平敏感的组合逻辑中描述。
5. 不要将数据通路的操作与下一状态和输出的逻辑混在一起。写出支持该结构的、能描述数据通路操作的专用同步(边沿敏感)行为。
6. 在描述数据通路操作的行为中，使用非阻塞赋值，以满足数据通路控制器所产生的输出信号的动作流程。
7. 需要保证为下一状态和输出描述电平敏感的组合逻辑的敏感量列表是完整的，或者采用通配符@ * 或@ (*)。

10.3.9　精简寄存器时序乘法器

前面所讨论的二进制乘法器结构用不同的寄存器来保存 *multiplicand*，*multiplier* 和 *product*。字长为 *L_word2 * L_word* 的移位寄存器最初是用来保存 *multiplicand* 的，并处理发生在乘法运算序列中每一步的移位操作。图 10.35 给出了一种更为有效的结构，该结构把 *multiplicand* 寄存器通过硬件连线与加法器相连，并作为 *product* 的最左边的(*L_word* + 1)个位。*multiplier* 的值最初存储在 *product* 的最右边①的 *L_word* 个位。所求得的行和被放在 *product* 的最左边，并将 *product* 的内容向右移(即 *product* 将相对于 *multiplicand* 的固定寄存器移动)。在每一步中，由 *product* 的最低位决定是否要将 *multiplicand* 与 *product* 相加。该操作步持续进行到 *multiplier* 的所有数位均被移出 *product* 为止，最后留在 *product* 中的内容就是乘法运算的结果。这个方案节省了一个乘数寄存器，并将被乘数寄存器长度减小了一半。同时 *multiplicand* 寄存器是固定的(不是移位寄存器)。产生累加和所需的加法器的尺寸也减小了一半，这样一来，既节省了硅片面积又提高了速度。图 10.35 中还给出了形成乘积 $215_{10} \times 23_{10} = 4945_{10}$ 的数据移动过程。

该数据通路结构的接口信号和控制器均是以图 10.36 中的 ASMD 表为基础的。与 *Multiplier_*

---

① 原文为最左边，疑有误。——译者注

ASM_1 一样，该系统只有两个状态 *S_idle* 和 *S_running*，因此效率较高。假定乘数最初存储在乘积寄存器中，并随着运算步骤的展开逐渐移出该寄存器，并用一个计数器来决定运算何时完成(本章末的习题6中给出了一个设计方案，即当移位乘数的剩余部分为全0时乘法运算将结束)。控制器产生控制计数器的信号 *Increment*。

例10.5给出了 *Multiplier_RR_ASM* 的 Verilog 编码。请注意，保存 *product* 的寄存器比前面的模型多1位，这是因为由 *add_shift* 引发的加法和一系列操作是在移位操作之前发生的，并且可能会产生进位信号(如不加考虑将会遗漏)，而最后的结果还是与 *L_word* 位寄存器的长度相一致。前面的设计方案中不会发生这种情况，因为它们的被乘数将从右向左进行求和，而寄存器的大小足够容纳任何中间的进位信号。这里如果乘积寄存器的长度仅为 2 * *L_word*，中间的进位信号将会溢出并丢失。这种情况在随机的测试方案中不会被检测到，但是可以通过穷举 *testbench* 的错误检测信号发现。

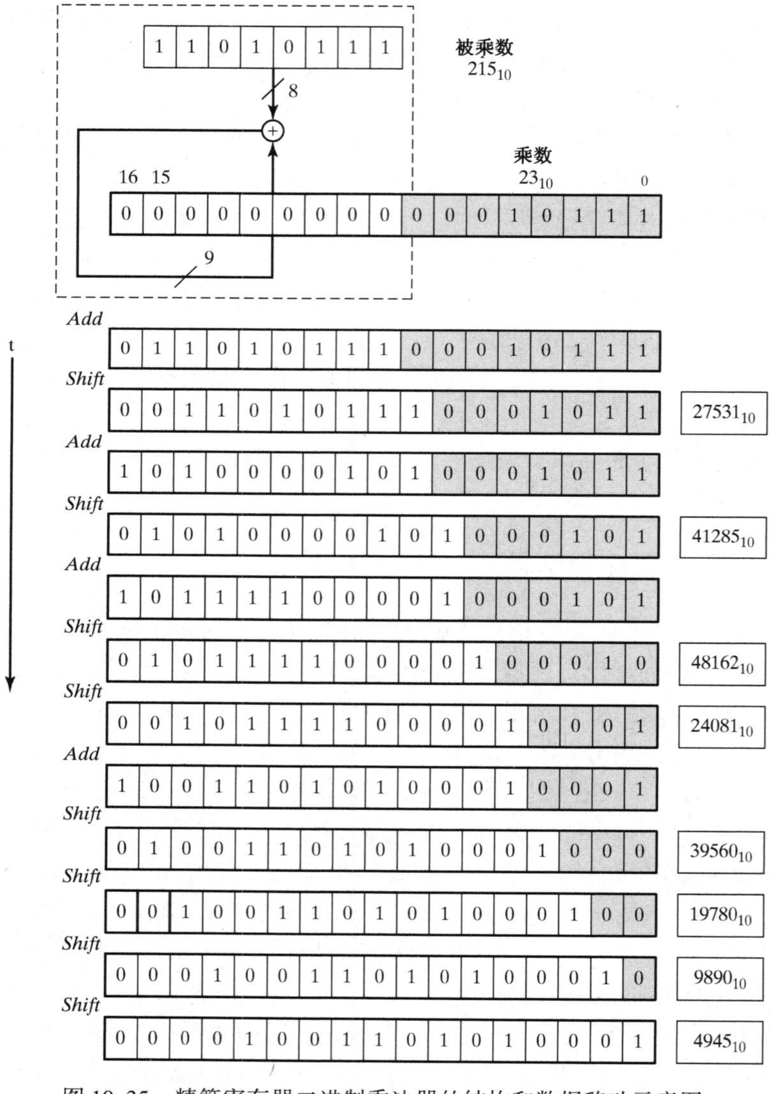

图10.35 精简寄存器二进制乘法器的结构和数据移动示意图

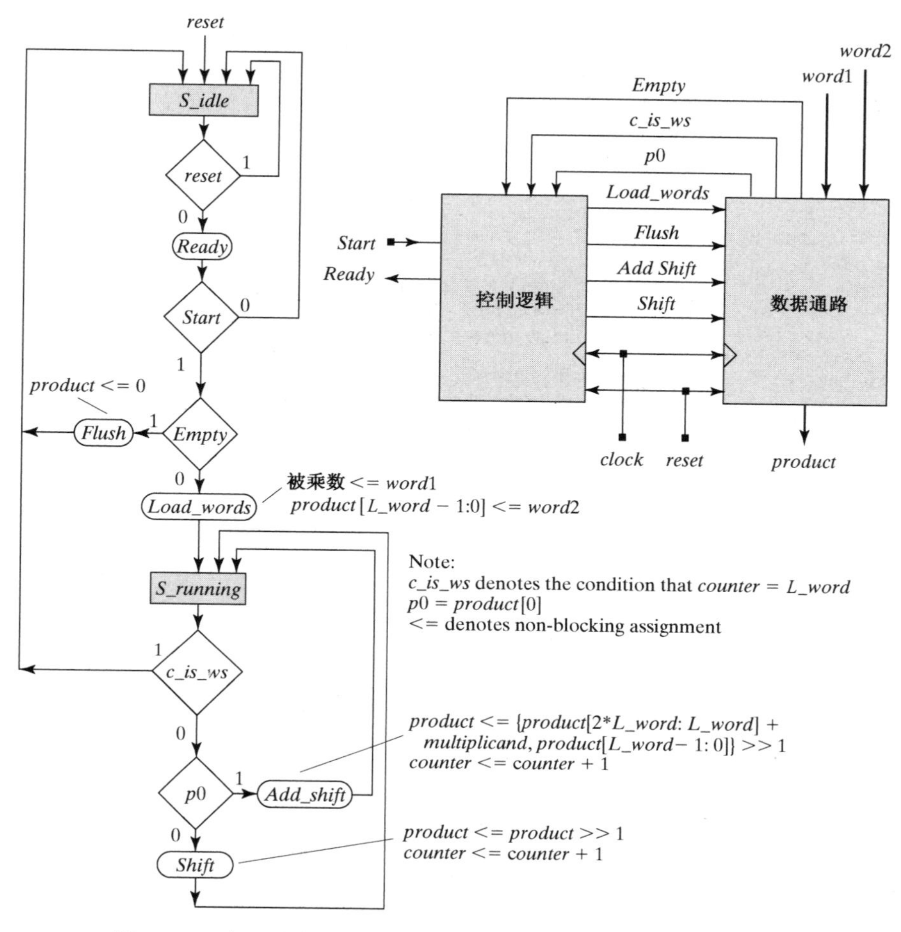

图 10.36　标注有数据通路操作的、基于 ASM 的精简寄存器时序乘法器 *Multiplier_RR_ASM* 的控制器的 ASMD 图表

例 10.5

```
module Multiplier_RR_ASM #(parameter L_word = 4)(
  output      [2*L_word: 0]     product,
  output                        Ready,
  input       [L_word -1: 0]    word1, word2,
  input                         Start, clock, reset
);
  Control_Unit M0_Controller (
   .Ready(Ready), .Load_words(Load_words), .Flush(Flush), .Add_shift(Add_shift),
    .Shift(Shift),
   .Start(Start), .Empty(Empty), .p0(p0), .c_is_ws(c_is_ws), .clock(clock),
    .reset(reset));

   Datapath_Unit M1_Datapath (
    .product(product), .Empty(Empty), .p0(p0), .c_is_ws(c_is_ws), .word1(word1),
     .word2(word2),
    .Load_words(Load_words), .Flush(Flush), .Add_shift(Add_shift), .Shift(Shift),
    .clock(clock), .reset(reset));

endmodule

module Control_Unit (
 output Ready, output reg Load_words, Flush, Add_shift, Shift,
 input Start, Empty, p0, c_is_ws, clock, reset
```

```
);
  reg                  state, next_state;
  parameter            S_idle = 0, S_running = 1;
  assign               Ready = (state == S_idle) && (!reset );
  always @ (posedge clock, posedge reset)            // State transitions
    if (reset == 1'b1) state <= S_idle; else state <= next_state;

    always @ (state, Start, Empty, p0, c_is_ws) begin   // Comb logic for next state
                                                          and outputs
      Flush = 0; Load_words = 0; Shift = 0; Add_shift = 0;
      case (state)
        S_idle:            if (!Start) next_state = S_idle;
                           else if (Empty) begin next_state = S_idle; Flush = 1; end
                           else begin Load_words = 1; next_state = S_running; end

        S_running:         if (c_is_ws) next_state = S_idle;
                           else if (p0) begin Add_shift = 1; next_state = S_running;
                             end
                           else begin Shift = 1; next_state = S_running; end

        default:           next_state = S_idle;
      endcase
  end
endmodule

module Datapath_Unit #(parameter L_word = 4, L_count = 3)(
    output reg [2*L_word: 0] product,
    input [L_word -1: 0] word1, word2,
    input Load_words, Flush, Add_shift, Shift, clock, reset
);

    reg              [L_word -1: 0]      multiplicand;
    reg              [L_count -1 : 0]    counter;
    assign                               Empty = (word1 == 0) || (word2 == 0);
    assign                               p0 = product[0];
    assign                               c_is_ws = (counter == L_word);
   always @ (posedge clock, posedge reset)
    if (reset == 1'b1) begin multiplicand <= 0; product <= 0; counter <= 0; end
    else begin
      if (Flush) product <= 0;
      if (Load_words == 1)
        begin multiplicand <= word1; product <= word2; counter <= 0; end
      if (Shift) begin product <= product >> 1; counter <= counter + 1; end
      if (Add_shift) begin
        product <= {product[2*L_word: L_word] + multiplicand, product[L_word -1: 0]}
          >> 1;
        counter <= counter + 1;
     end
   end
endmodule
```

图 10.37 中给出了 *Multiplier_RR_ASM* 所产生的波形图。(*multiplier* 信号是 *testbench* 中的 *word*2,而不是系统的一部分。)图 10.38 中的仿真结果说明了在 *S_idle* 状态下 *Start* 信号有效时,如果有一个数据字为 0,系统将立即停止运行,并再次输出有效的 *Ready* 信号的情形。

基于图 10.36 中 ASMD 图表的设计表明:在最终形成乘积之后,并在返回 *S_idle*、输出有效的 *Ready* 信号之前,系统的状态回到 *S_running*。这样就浪费了一个执行周期。图 10.39 中的 ASMD 图表给出了另一种设计方案,可将计数器的测试移到数据通路信号形成之后进行,然后控制系统状态直接进入 *S_idle* 而不需要返回 *S_running*,从而完成乘法运算。此举消除了被浪费的周期,而且在 *product* 形成的同时使输出 *Ready* 有效。图 10.40 给出了修改后的代码。

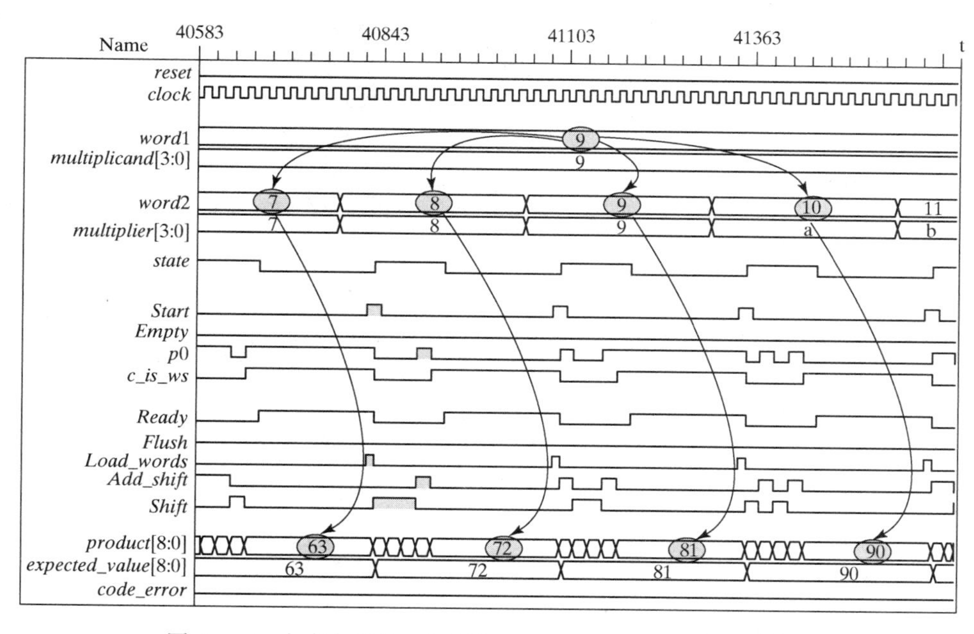

图 10.37　在多个周期中进行的 *Multiplier_RR_ASM* 寄存器传输

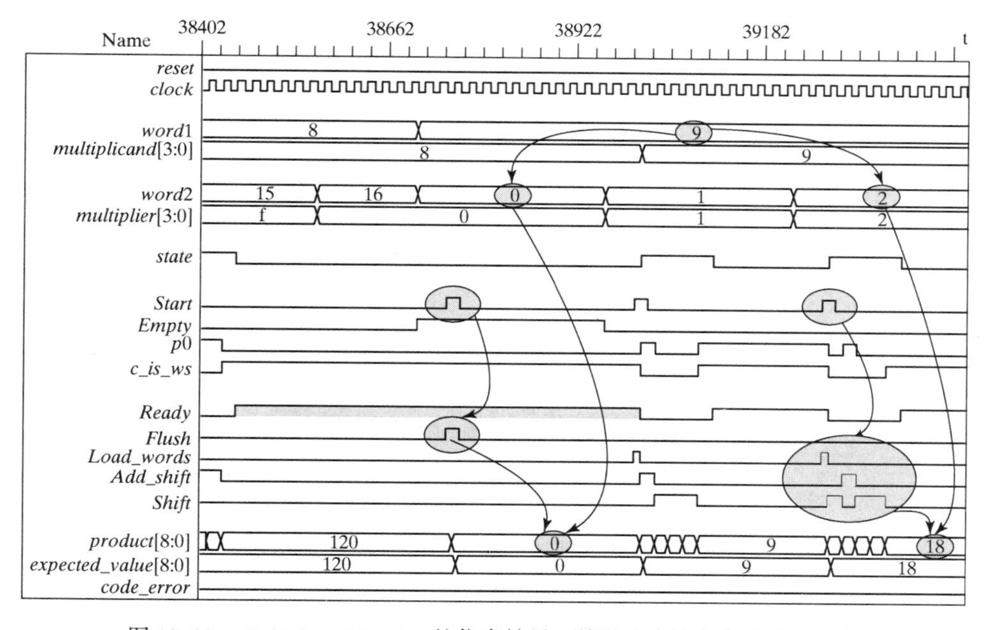

图 10.38　*Multiplier_RR_ASM* 的仿真结果，说明正确的寄存器清空操作

10.3.10　隐式状态机二进制乘法器

隐式状态机[6-8]中包括一个单周期行为的、多重嵌入的、边沿敏感的事件控制表达式，该表达式制定了时钟周期的变化，并间接地定义了机器的状态（参见第 6 章）。与前面例子中给出的系统不同，隐式状态机没有明确定义的状态，也没有明显的状态转移行为。一些设计者比较喜欢隐式状态机的简明清晰的描述风格，但是要知道用 STG 或 ASM 图表表示的隐式状态机是有限制条件的，即只能从另一个唯一的状态进入指定状态，并不是所有系统都能满足这个条件。用 Verilog 描述隐式状态机需要对复位信号加以认真考虑，要求所输入的复位信号必须能够使系统状态返回到时钟周期序列的开始，而不必考虑施加复位信号的那个时钟周期。为了综合的目的，隐式状态机的同步信号(时钟)有效沿必须和状态跳转相同的极性(例如上升沿)。

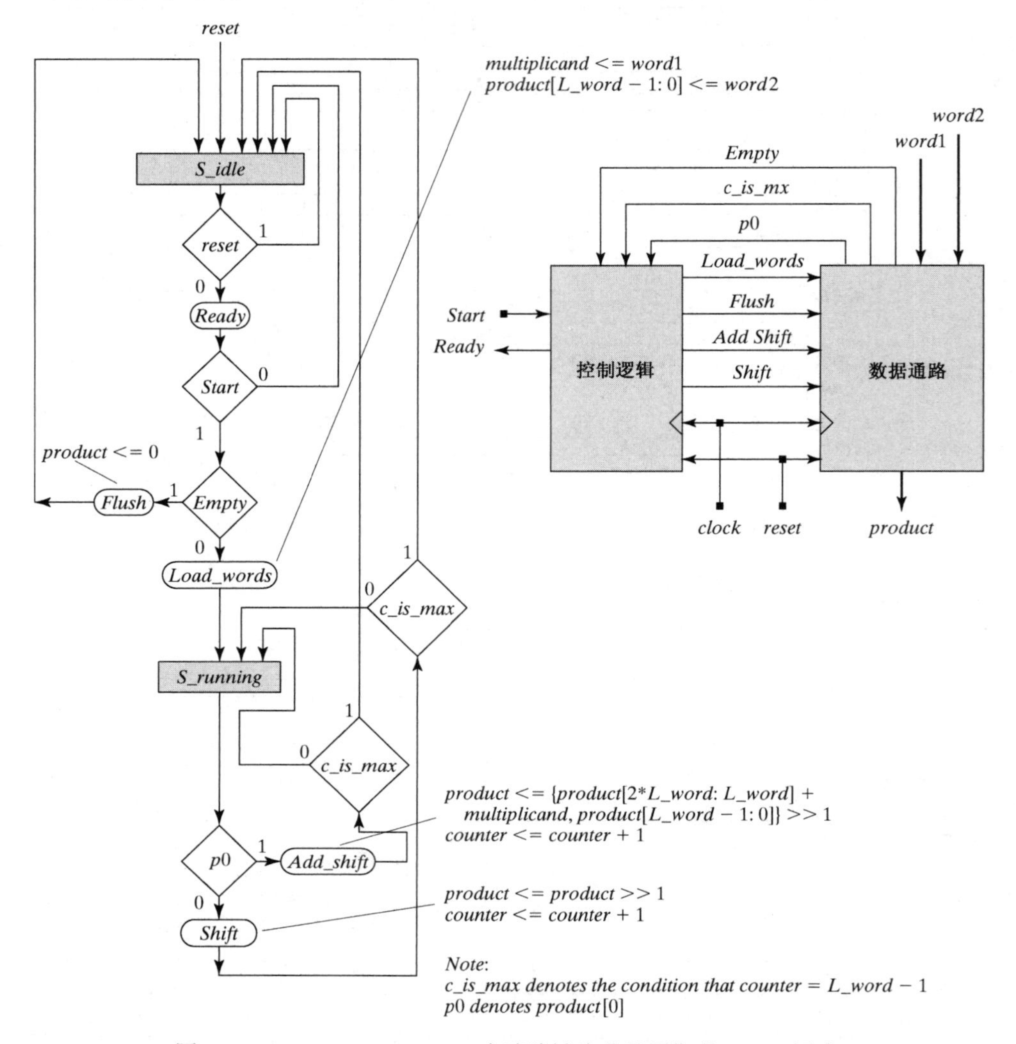

图 10.39　*Multiplier_RR_ASM* 中消除被浪费的周期的 ASMD 图表

```
/*Modified version to recover final cycle*/
 S_running:      begin
                  if (p0) Add_shift = 1; else Shift = 1;
                  if (c_is_max) next_state = S_idle; else next_state = S_running;
                 end

// Note: p0 = product[0], c_is_max asserts if counter = L_ word −1.
```

图 10.40　消除 *Multiplier_RR_ASM* 中所浪费周期的代码

例 10.6 中给出了图 10.35 所示同步二进制乘法器结构的隐式状态机控制器。所设计的 *Multiplier_IMP_1* 控制器应满足下列要求：

1. 当信号 *reset* 经有效及撤销的运行周期后，在其后的第一个时钟的有效沿传输出 *Ready* 信号有效。*Ready* 信号表示在 *reset* 信号之后，乘法器已准备好对信号 *Start* 做出响应。当 *reset*

信号有效时应输出无效 *Ready* 信号，而且在 *Ready* 信号有效之后应保持该信号，直到 *Start* 信号有效后的第一个时钟有效沿。

2. 在 *Start* 信号和 *Ready* 信号都有效的第一个时钟有效沿，系统必须开始执行乘法运算序列。
3. 一旦乘法运算序列开始执行，系统应在 *multiplier* 为 0 时的第一个时钟有效沿输出 *Ready* 有效信号。在形成 *product* 值的同时应施加输出 *Ready* 有效信号。*Ready* 表示允许外部处理器读取 *product*。
4. 一旦乘法运算序列开始执行，将忽略 *Start* 信号直到 *Ready* 信号有效。
5. 在被乘数和乘数寄存器已被装载之后，数据通路 *word1* 和 *word2* 将被忽略(即当乘法运算序列执行时外部数据通路是空闲的)。
6. 一旦 *Ready* 信号有效，就要保持它，直到 *Start* 信号再次有效(或 *reset*)。
7. 在乘法运算序列执行过程中，任何时候 *reset* 信号都可以将系统复原到起始状态(即必须靠 *reset* 信号复原)。
8. 任何时候的 *Start* 信号，或者维持多个时钟周期的 *Start* 信号都可以使系统正常运行。

Multiplier_IMP_1 中的控制器是满足上述特性的隐式有限状态机。本例中通过使用任务 *Clear_Regs*，能够使隐式状态机在任何时钟周期内根据 *reset* 信号正确复原，并且复位所有的寄存器。请注意数据通路操作相对简单，但控制器的结构更为精密复杂。

Controller_IMP_1 具有如下线程的单周期性行为：

(1) *Start* 信号有效之前，系统处于空闲的单周期线程；

(2) 一个检测数据字节是否为 0，如果为 0 则立即终止操作的两周期线程；

(3) 一个装载了数据，然后根据 *multiplier*[0] 的内容执行的多周期线程(根据 *Add_shift* 或是 *Shift* 是否有效)。

每个周期都要从时钟的上升沿开始。如果 *reset* 信号有效，机器将终止命名为 *Main_Block* 的过程块，并返回到显示第一个事件控制表达式的位置。

为了方便和明了起见，*Main_Block* 中的三个线程可用命名的模块加以标注。在 *Idling* 线程中，系统等待 *Start* 信号(*Ready* 信号已经有效)，并且输出 *Flush* 有效信号，以清除 *product* 的原有值。*Early_Terminate* 线程终止与 0 相乘的操作。在 *Load_and_Multiply* 线程中，控制器在第一个周期输出 *Load_ words* 有效信号，然后在后续时钟周期内发出进行移位或移位并相加操作的命令，直到乘法运算过程完毕。这里所给出的模型中，控制器中用了一个附加的信号 *Done* 来显示系统操作的关键细节。在计算 *product* 的循环末尾输出有效的 *Done* 信号。循环不受数据影响，而是将按照 *multiplier* 的各位执行操作。如果在 *Ready* 有效之后，外部指令使用 *Ready* 来初始化乘法运算序列，则当系统正在执行该循环时就会忽略 *Start* 信号。这将导致由 *word1* 和 *word2* 产生 *product* 的过程中的模糊操作。为了避免模糊操作，在 *Done* 信号有效之前不能再次输入有效的 *Start* 信号。

例 10.6

```
module Multiplier_IMP_1 #(parameter L_word = 4)(
   output [2*L_word -1: 0]                product,
   output                                 Ready, Done,
   input [L_word -1: 0] word1, word2,
   input                                  Start, clock, reset
);
   wire                                   Empty, w2_0, m_is_1, m1;   // status
                                                                        signals
   wire                                   Flush, Load_words, Shift, Add_shift;
```

```
  Control_Unit M0_Controller
   (Ready, Flush, Load_words, Shift, Add_shift, Done, Empty, w2_0, m_is_1, m1
     Start, clock, reset);

  Datapath_Unit M1_Datapath
   (product, Empty, w2_0, m_is_1, m1, word1, word2, Flush, Load_words, Shift,
     Add_shift, clock, reset);

endmodule
module Control_Unit #(parameter L_word = 4)(
  output reg          Ready, Flush, Load_words, Shift, Add_shift, Done,
  input               Empty, w2_0, m_is_1, m1,
  input               Start, clock, reset
);
  reg [L_word: 0]     k;

  always
    @ (posedge clock, posedge reset) begin: Main_Block
    if (reset == 1'b1) begin Clear_and_Set_Regs; disable Main_Block; end
    else if (Start != 1) begin: Idling
     Flush <= 0; Ready <= 1;
    end // Idling
    else if (Start && Empty) begin: Early_Terminate
     Flush <= 1; Ready <= 0; Done <= 0;
    @ (posedge clock or posedge reset)
    if (reset == 1'b1) begin Clear_and_Set_Regs; disable Main_Block; end
    else begin
     Flush <= 0; Ready <= 1; Done <= 1;
    end
  end // Early_Terminate

  else if (Start) begin: Load_and_Multiply
   Ready <= 0; Flush <= 0; Load_words <= 1; Done <= 0;Shift <= 0;
   Add_shift <= 0;
   @ (posedge clock, posedge reset)
   if (reset == 1'b1) begin Clear_and_Set_Regs; disable Main_Block; end
   else begin // not reset
     Load_words <= 0;
     if (w2_0) Add_shift <= 1; else Shift <= 1;
     for (k = 0; k <= L_word -1; k = k +1)
       @ (posedge clock, posedge reset)
       if (reset == 1'b1) begin Clear_and_Set_Regs; disable Main_Block; end
       else begin // multiple cycles
         Shift <= 0;
         Add_shift <= 0;
         if (m_is_1) Ready <= 1;
         else if (m1) Add_shift <= 1;
         else Shift <= 1; // Notice use of multiplier[1]
       end // multiple cycles
        Done <=1;
     end // not reset
   end // Load_and_Multiply
  end // Main_Block

  task Clear_and_Set_Regs;
   begin
    Ready <= 1; Flush <= 0; Load_words <= 0; Done <= 1; Shift <= 0; Add_shift <= 0;
   end
   endtask
 endmodule

 module Datapath_Unit #(parameter L_word = 4)(
   output reg        [2*L_word -1: 0]        product,
   output                                    Empty, w2_0, m_is_1, m1,
   input             [L_word -1: 0]          word1, word2,
```

```
    input                                    Flush, Load_words, Shift,
                                               Add_shift, clock, reset
  );
    reg         [2*L_word -1: 0]             multiplicand;
    reg         [L_word -1: 0]               multiplier;
    assign                                   Empty = (word1 == 0) ||
                                               (word2 == 0);
    assign                                   w2_0 = (word2[0] == 1);
    assign                                   m_is_1 = (multiplier == 1);
    assign                                   m1 = (multiplier[1] == 1);

  always @ (posedge clock, posedge reset)
    if (reset == 1'b1) begin multiplier <= 0; multiplicand <= 0; product <= 0; end
    else begin
      if (Flush) product <= 0;
      else if (Load_words == 1) begin
        multiplicand <= word1;
        multiplier <= word2;
        product <= 0; end
      else if (Shift) begin
        multiplier <= multiplier >> 1;
        multiplicand <= multiplicand << 1; end
      else if (Add_shift) begin
        multiplier <= multiplier >> 1;
        multiplicand <= multiplicand << 1;
        product <= product + multiplicand; end
    end
endmodule
```

图 10.41 所示 *Multiplier_IMP_1* 的仿真结果说明控制器能够：

(1)在最初 *reset* 有效后正确地“唤醒”并立即清空 *product*；

(2)当 *reset* 有效时应忽略 *Start*；

(3)相应的第二次 *Start* 信号有效时，正确处理为零的被乘数，乘积的原始值还是 0。

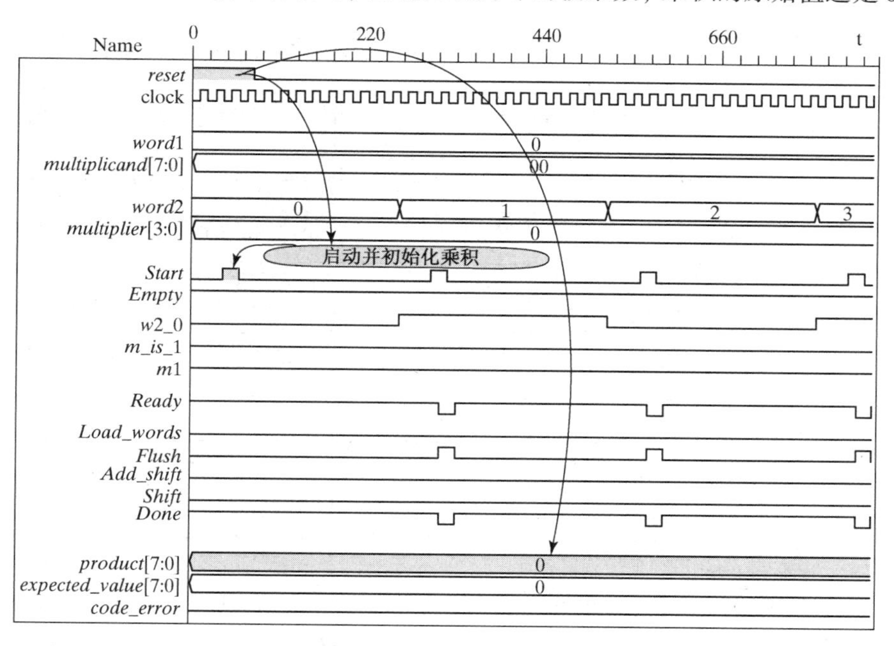

图 10.41 由隐式状态机控制的二进制乘法器 *Multiplier_IMP_1* 的仿真结果表示了 *reset* 之后的启动序列

图 10.42 所示的波形显示出系统能正确处理乘数为零的情况，即乘法运算过程被中断并且

product 的原始值(6_{10})被刷新。而图 10.43 所示的波形显示出在乘法运算进行过程中 *reset* 信号有效时机器能够正确复位(对于隐式状态机应重点考虑)。当 *reset* 有效时，系统正在进行 6_{10} 乘以 12_{10} 的运算。系统将清空 *product*，并空闲以等待下一次 *Start* 信号有效，用以产生乘积 6_{10} 乘以 12_{10}，然后再使 *Ready* 和 *Done* 有效。图 10.44 中的波形说明该系统能正确地得到数据字节相乘的结果。该系统经过详细的验证，适用于 4 位和 8 位字节的数据。

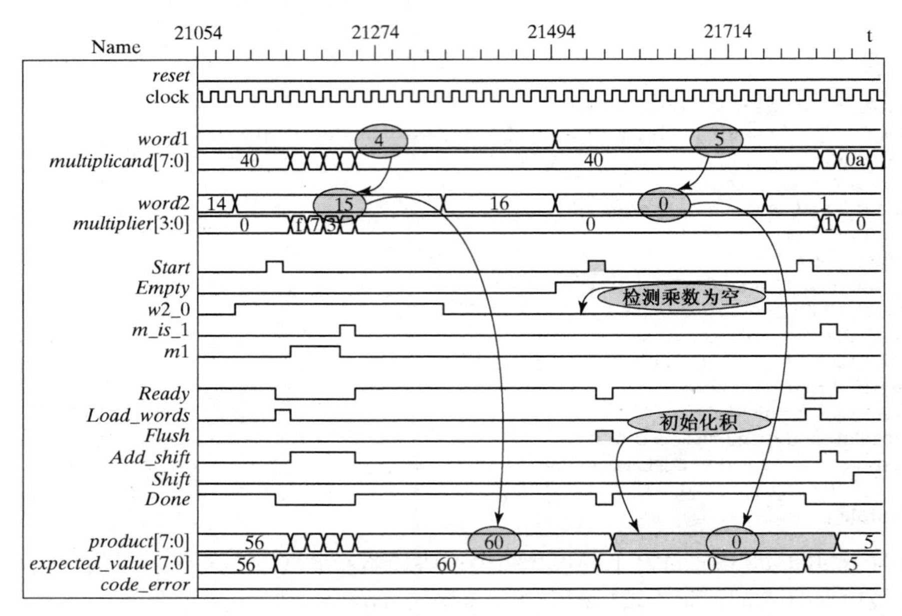

图 10.42 验证 *Multiplier_IMP_1* 的仿真结果表明乘数字节为空(*word2* = 0)时能正确进行乘法运算

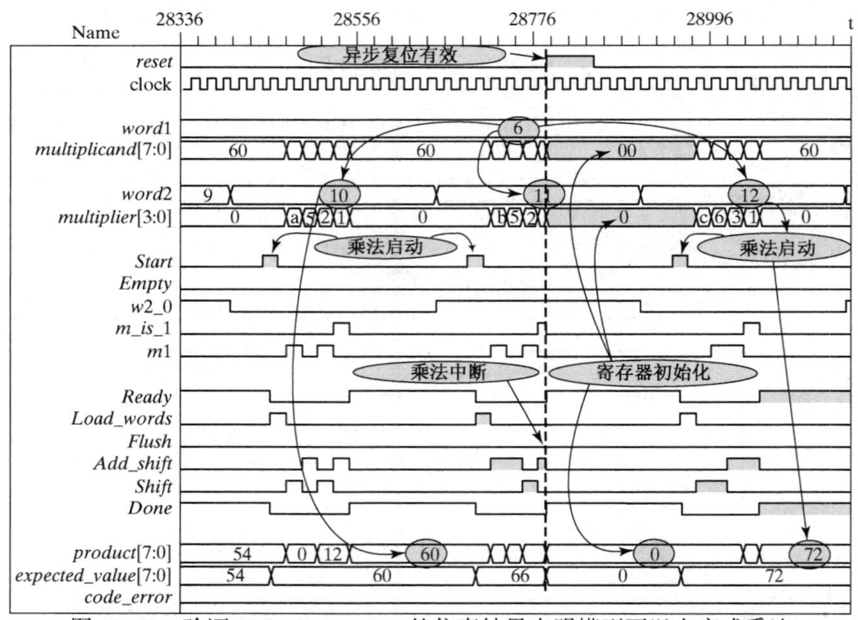

图 10.43 验证 *Multiplier_IMP_1* 的仿真结果表明模型可以在完成乘法运算之前，由于*reset*信号有效而恢复过来(复位信号有效)①

① 注意，在部分乘法序列完成之前不能输出有效的 *Done* 信号。

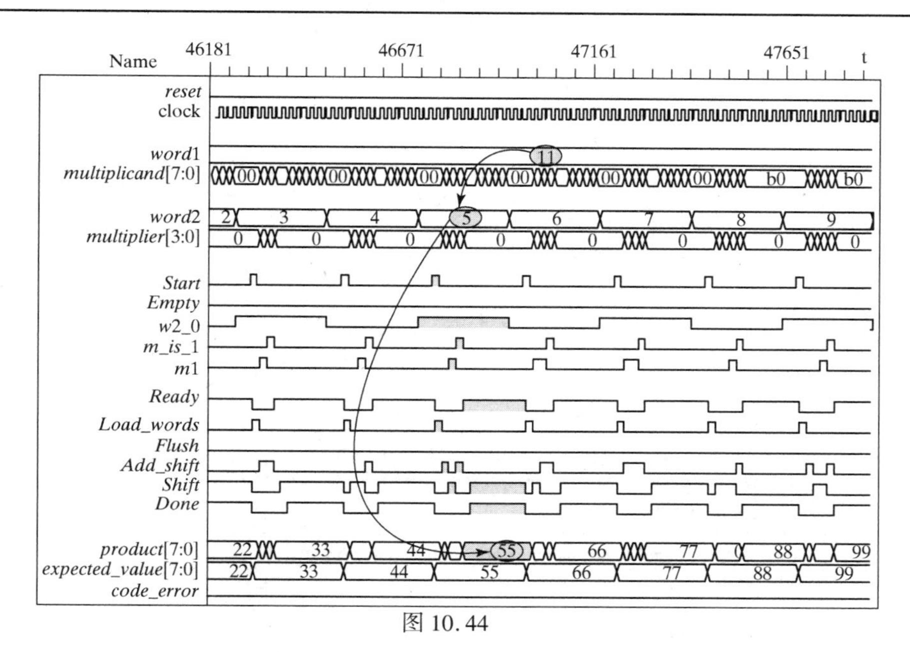

图 10.44

Multiplier_IMP_1 中的控制器运行要周期性地通过乘数的所有位，甚至在 *Ready* 有效之后依然如此，因而造成执行周期的浪费。例 10.7① 中给出了更为有效的设计方案，在这个方案中当 *Ready* 有效时 *Controller_2* 会立即停止运行。当控制器确定乘数寄存器的内容为 1 时，就会在下一个周期跳出乘法运算循环。该系统中还包含一个更为有效的控制器以检测被乘数或乘数的值是否为 1，并向数据通路发出指令，将 *word2* 或 *word1* 直接装到保存 *product* 的寄存器中。

例 10.7

```
'define                                          word_size        4
module Multiplier_IMP_2 #(parameter L_word = 'word_size)(
  output          [2*L_word -1: 0]      product,
  output                                Ready, Done,
  input           [L_word -1: 0]        word1, word2,
  input                                 Start, clock, reset
);
  wire                                  Flush, Load_words,
                                          Load_multiplier;
  wire                                  Load_multiplicand;
  wire                                  Shift, Add_shift;

  Control_Unit M0_Controller
  (
   .Ready(Ready), .Flush(Flush), .Load_words(Load_words),
   .Load_multiplier(Load_multiplier), .Load_multiplicand(Load_multiplicand),
   .Shift(Shift), .Add_shift(Add_shift), .Done(Done),
   .Start(Start), .Empty(Empty), .w1_is_1(w1_is_1), .w2_is_1(w2_is_1),
   .w2_bit0(w2_bit0), .mp_is_1(mp_is_1), .mp_bit1(mp_bit1), .clock(clock),
   .reset(reset)
  );

 Datapath_Unit M1_Datapath
  (
  .product(product), .Empty(Empty), .w1_is_1(w1_is_1), .w2_is_1(w2_is_1),
    .w2_bit0(w2_bit0),
  .mp_is_1(mp_is_1), .mp_bit1(mp_bit1), .word1(word1), .word2(word2),
     .Flush(Flush),
```

① 在代码的开头加一个编译指令，用来定义 *word_size*，这样就可以简单地通过修改这个值来定制整个代码中的 *L_word* 值，而不用在内部模块中一一修改。

```
    .Load_words(Load_words), .Load_multiplier(Load_multiplier),
    .Load_multiplicand(Load_multiplicand),
    .Shift(Shift), .Add_shift(Add_shift), .clock(clock), .reset(reset)
    );
  endmodule

module Control_Unit #(parameter L_word = 'word_size)(
  output reg                Ready, Flush,
                            Load_words, Load_multiplier,
                            Load_multiplicand,
                            Shift, Add_shift, Done,
  input                     Start, Empty, w1_is_1, w2_is_1, w2_bit0, mp_is_1,
                            mp_bit1, clock, reset
);

  integer                   k;

  always @ (posedge clock, posedge reset) begin: Main_Block
   if (reset == 1'b1) begin Clear_and_Set_Regs; disable Main_Block; end
   else if (Start != 1) begin: Idling
    Flush <= 0; Ready <= 1;
    Load_words <= 0; Load_multiplier <= 0; Load_multiplicand <= 0;
    Shift <= 0; Add_shift <= 0;
   end // Idling
else if (Start && Empty) begin: Early_Terminate
 Flush <= 1; Ready <= 0; Done <= 0;
 @ (posedge clock, posedge reset)
 if (reset == 1'b1) begin Clear_and_Set_Regs; disable Main_Block; end
 else begin
  Flush <= 0; Ready <= 1; Done <= 1;
 end
 end // Early_Terminate
else if (Start && w1_is_1) begin: Load_Multiplier_Direct
 Ready <= 0; Done <= 0;
 Load_multiplier <= 1;
 @ (posedge clock, posedge reset)
 if (reset == 1'b1) begin Clear_and_Set_Regs; disable Main_Block; end
     else begin Ready <= 1; Done <= 1; end
   end     // Load_Multiplier_Direct
   else if (Start && w2_is_1) begin: Load_Multiplicand_Direct
    Ready <= 0; Done <= 0;
    Load_multiplicand <= 1;
    @ (posedge clock, posedge reset)
    if (reset == 1'b1) begin Clear_and_Set_Regs; disable Main_Block; end
    else begin Ready <= 1; Done <= 1; end
   end     // Load_Multiplicand_Direct
   else if (Start ) begin: Load_and_Multiply
    Ready <= 0; Done <= 0; Flush <= 0; Load_words <= 1;
    @ (posedge clock, posedge reset)
    if (reset == 1'b1eClear_and_Set_Regs; disable Main_Block; end
    else begin: Not_Reset
     Load_words <= 0;
     if (w2_bit0) Add_shift <= 1; else Shift <= 1;
     begin: Wrapper
      forever begin: Multiplier_Loop
       @ (posedge clock, posedge reset)
       if (reset == 1'b1) begin Clear_and_Set_Regs; disable Main_Block; end
       else begin: Multiple_Cycles
        Shift <= 0;
        Add_shift <= 0;
        if (mp_is_1) begin Done <= 1;
         @ (posedge clock, posedge reset)
         if (reset == 1'b1) begin Clear_and_Set_Regs; disable Main_Block; end
```

```
            else disable Wrapper;
          end           // Done <= 1
          else if (mp_bit1) Add_shift <= 1;
          else Shift <= 1; // Notice use of multiplier[1]
        end // multiple cycles
      end // Multiplier_Loop
    end // Wrapper
    Ready <= 1;
   end // Not_Reset
  end // Load_and_Multiply
 end // Main_Block
 task Clear_and_Set_Regs;
 begin
  Flush <= 0; Ready <= 1; Done <= 1;
  Load_words <= 0; Load_multiplier <= 0; Load_multiplicand <= 0;
  Shift <= 0; Add_shift <= 0;
 end
 endtask
endmodule

module Datapath_Unit #(parameter L_word = 'word_size)(
  output reg        [2*L_word -1: 0]    product,
  output                                Empty, w1_is_1, w2_is_1, w2_bit0,
                                          mp_is_1, mp_bit1,
  input             [L_word -1: 0]      word1, word2,
  input                                 Flush, Load_words, Load_multiplier,
  input                                 Load_multiplicand, Shift, Add_shift,
                                          clock, reset
);
  reg               [2*L_word -1: 0]    multiplicand;
  reg               [L_word -1: 0]      multiplier;

  assign    Empty = (word1 == 0) || (word2 == 0);
  assign    w1_is_1 = (word1 == 1'b1);
  assign    w2_is_1 = (word2 == 1'b1);
  assign    w2_bit0 = (word2[0] == 1'b1);
  assign    mp_is_1 = (multiplier == 1'b1);
  assign    mp_bit1 = multiplier[1];

  always @ (posedge clock, posedge reset)
   if (reset == 1'b1) begin multiplier <= 0; multiplicand <= 0; product <= 0; end
   else begin
    if (Flush) product <= 0;
    else if (Load_words == 1) begin
      multiplicand <= word1;
      multiplier <= word2;
      product <= 0; end
    else if (Load_multiplicand) begin
      product <= word1; end
    else if (Load_multiplier) begin
      product <= word2; end
    else if (Shift) begin
      multiplier <= multiplier >> 1;
      multiplicand <= multiplicand << 1; end
    else if (Add_shift) begin
      multiplier <= multiplier >> 1;
      multiplicand <= multiplicand << 1;
      product <= product + multiplicand; end
  end
endmodule
```

图 10.45 给出了仿真情况的几个周期。请注意，当 *product* 形成时应立即输出有效的 *Done* 信号，而且在系统准备好开始下一个乘法运算循环时再输出有效的 *Ready* 信号。在图 10.46 中信号 *Start* 启动了 10_{10}乘以 2_{10}的乘法运算，并在运算完成之前 *Start* 信号再次有效。系统忽略了再次有效的

Start 信号，继续完成乘法运算，然后输出有效的 *Done* 信号，并在下一个时钟周期输出有效的 *Ready* 信号。然后，当 *Start* 和 *Ready* 都有效时，系统进行 10 乘以 9 的乘法运算。图 10.47 中的仿真结果显示出该系统能够依靠 *reset* 信号复位。乘法运算过程将从 *reset* 无效之后的第一个时钟有效沿开始进行。

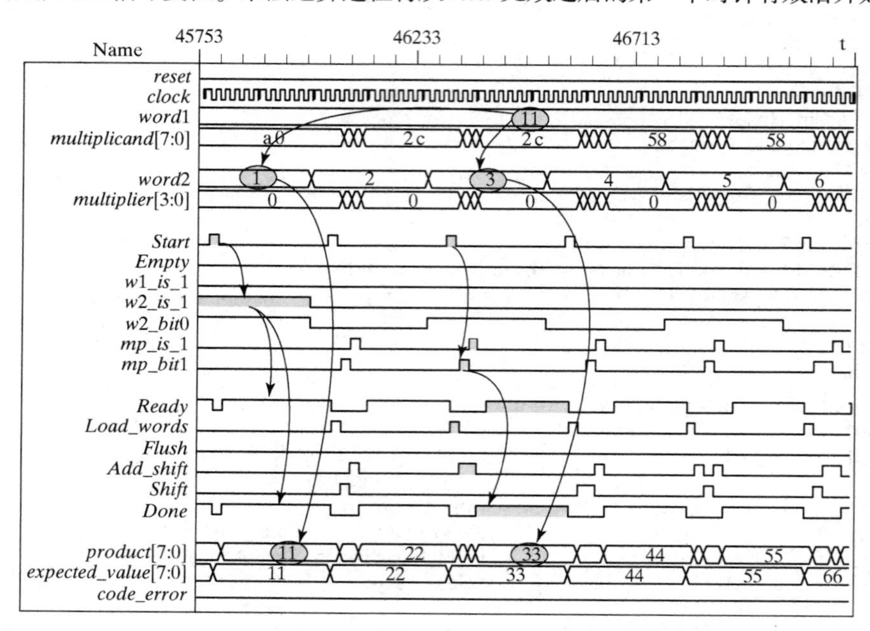

图 10.45 由隐式状态机控制的高效乘法器 *Multiplier_IMP_2* 的仿真结果，验证了乘法运算过程

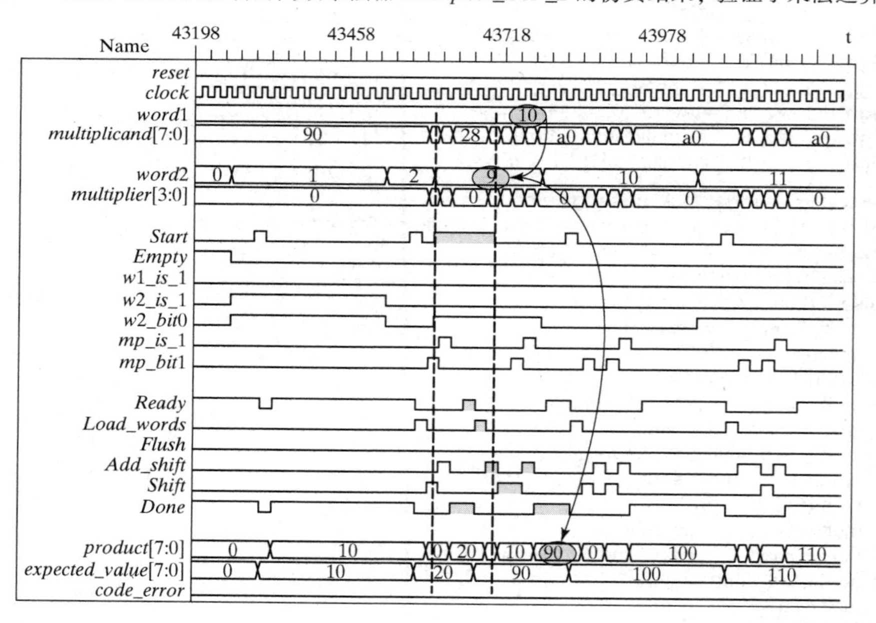

图 10.46 *Multiplier_IMP_2* 的仿真结果说明了 *Start* 和 *Done* 同时有效时的仿真情况

10.3.11 Booth 算法时序乘法器

用于改进时序乘法器的性能并简化其电路的算法有很多。Booth 重编码算法因为其硬件实现方法简单，所需硅片面积较小，能够显著地提高时序乘法运算的速度，从而被广泛采用[1,3-5,9-11]。

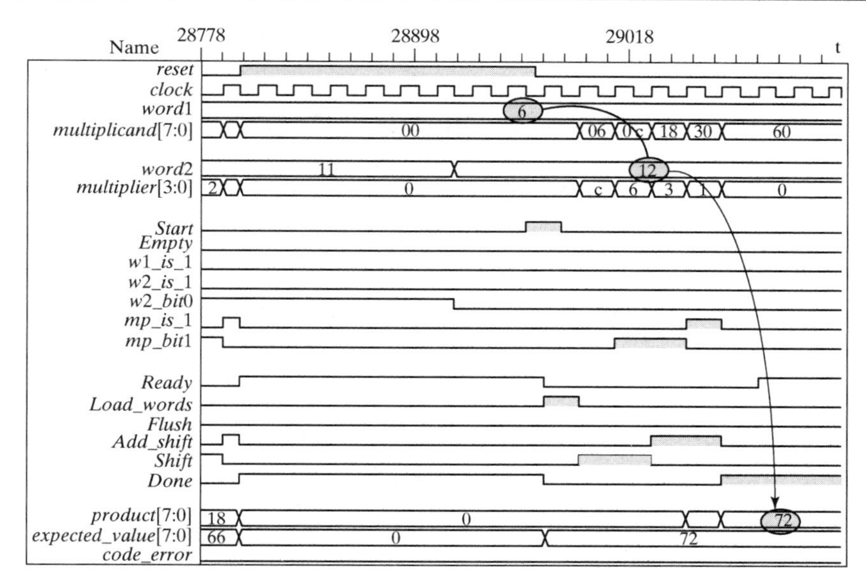

图 10.47　*Multiplier_IMP_2* 的仿真结果表明了机器能靠 *reset* 信号复位

使用 Booth 算法的乘法器将对乘数的位重新编码以减少完成乘法运算周期所需的加法运算次数。注意，它仅对乘数重新编码，而被乘数保持不变。得到的形式称为基 4 重新编码或比特对编码，它可以将部分积的数量减少一半[3]（参见 10.3.12 节）。

Booth 算法可应用于以补码表达式表示的正数和负数(即有符号数和无符号数)。因此，使用 Booth 重编码的硬件乘法器不需要修改就可以适用于负数运算。与 Booth 乘法器相比，使用有符号数形式的乘法器必须考虑到输入的大小，检查数据字的符号，然后尽可能地将结果转化为补码表示形式(即基 2 补码形式)。使用 Booth 重编码的乘法器可以将两个补码数直接相乘。这里给出的设计可以在两个正数、两个负数和正负数之间进行乘法运算(以补码的形式)。

为了深刻地了解 Booth 算法，通过下列步骤可以得到 n 位补码形式的数的十进制值：

(1)将最左边的位乘以 -2^{n-1}；

(2)将其余位与 2^i 相乘，其中 i 为位的位置；

(3)将这些结果相加[12]。

例如，-7 的补码表示为$\underline{1}001$。图 10.48 给出了 $n=4$ 时得到的十进制值。

在有符号数字标注法[4]中将最左边一位的负权表示成下画线形式。例如，-7 的有符号数字形式为$\underline{1}001$。一般二进制数的各位只有正权，但是在 Booth 重编码算法中数的各位能够使用有符号数字标注法表示的正权或负权。

Booth 算法的关键在于它跳过了乘数中全 1 的字符串，而将一系列的加法运算用一次加法和一次减法来替代。例如，字节 1111_0000 等于 $2^8-1-(2^4-1)=2^8-2^4=256-16=240$。只有可以进行负数相乘的算术单元才能利用这种关系尽可能减少两个数相乘所需的加法运算次数。Booth 编码方法将检测乘数的全 1 字符串，并用加减法运算得到的十进制数值的有符号数字来取代它们，从而对乘数重新进行编码。

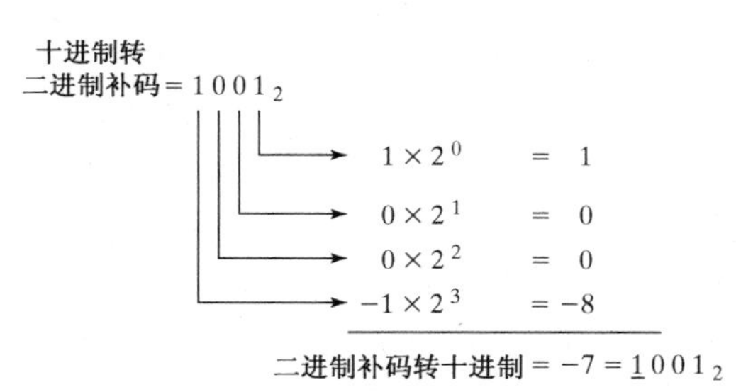

图 10.48　由一个补码数得到十进制值

表 10.1 补码数的 Booth 重编码规则

m_i	m_{i-1}	BRC_i	值	状态
0	0	0	0	全 0 字符串
0	1	1	+1	末尾为 1 的字符串
1	0	1	-1	开始为 1 的字符串
1	1	0	0	中间全 1 字符串

表 10.1 总结了编码规则。该算法从最低位到最高位依次读取，两个相邻位(m_i, m_{i-1})的值确定了 Booth 重编码乘数的各个位：BRC_i。当算法读取两个相邻位，即当前位和刚读过的位时，可形成 BRC_i，并使用$\underline{1}$ 来判断在跳到下一个位之前是进行加法运算还是减法运算。这种运算的第一步就放置一个 0 值到字的最低位的右边。当遇到有符号数字 1 时，则应进行减法运算(即将被乘数的补码适当移位后与乘积相加)。处理过程将遇到的第一个 1 编为$\underline{1}$，跳过任何连续的 1 直到出现 0，该 0 可被编为 1，以表示全 1 字符串的结束，然后继续下一步的处理。该算法适用于全部范围的补码数(包括最高位为 0 和最高位为 1 的情况[4])。

作为 Booth 编码的一个例子，图 10.49 给出了 $-65_{10} = 1011\_1111_2$ 的编码。请注意，该数的普通乘法运算需要进行 7 次加法运算，但 Booth 重编码乘法器只需要一次加法运算和两次减法运算。

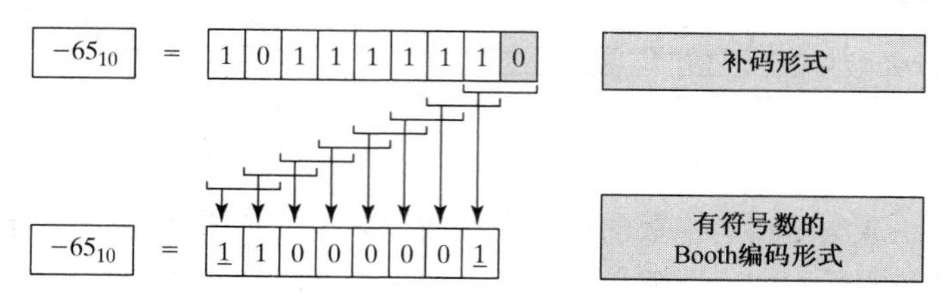

图 10.49 -65_{10}的 Booth 编码

图 10.50 中给出了 Booth 乘法器的 STG。图中支路上的标注表示 Booth 重编码位(标为 *BRC*)控制状态的转移。*Multiplier_Booth_STG_0* 的结构单元示于图 10.51 中，而 *Multiplier_Booth_STG_0* 的 Verilog 源代码在例 10.8 中列出。

Multiplier_Booth_STG_0 中的控制器产生信号 *Add* 和 *Sub* 来控制 *Booth* 算法中使用的加减法运算。另一种设计方法使用信号 *Add_sub* 来控制这些运算，但还需要生成一个 *Done* 信号并在数据通路单元中使用，以确保当 *Done* 信号有效时加减法运算将被暂时挂起。否则，乘积 *product* 的最终值将在处于状态 *S_8* 时被覆盖掉。请注意，数据通路单元使用优先译码方法，将 *Shift* 设置在 *Add* 和 *Sub* 前边。该控制器需要一个触发器来存储乘数的最低位，以供形成 *Booth* 重编码位(*BRC*[1:0])之用，数据通路操作也需要一个加法器/减法器单元。同样要注意，当被乘数为负时，其补码表达式是如何形成的。被乘数的左半部分必须用 1 来填充，以正确地得到其补码表达形式(符号扩展)。在 *testbench* 中使用类似的方法可以得到正确的乘积值。为了简便起见，用两个嵌套 ***for*** 循环语句就能形成 *word*1 和 *word*2 的整数值。其他代码可将该模板转换成可参数化系统的字节长度。同时给出了 *Multiplier_STG_0* 的 *testbench*，因为它具有一些重要特性，这些重要特性在模板向量生成器和比较器对负数的补码进行符号扩展时会用到。

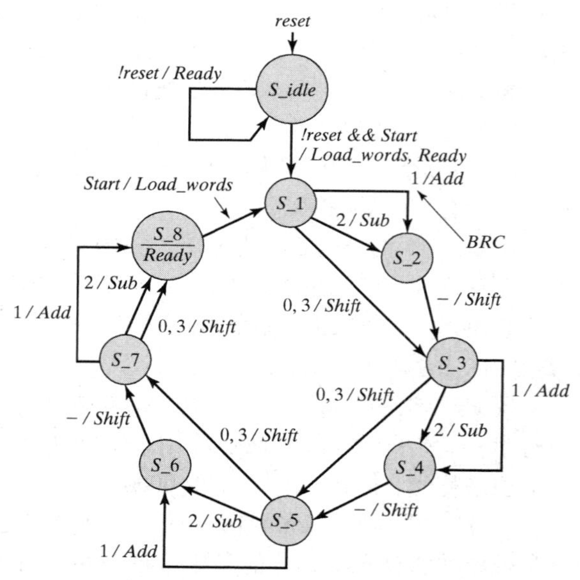

图 10.50 4 位 Booth 时序乘法器的 STG

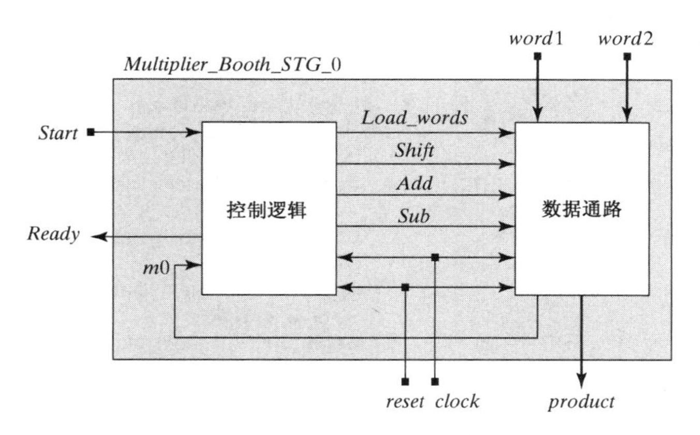

图 10.51　带有 Booth 重编码的乘法器结构

例 10.8

```
module Multiplier_Booth_STG_0 #(parameter
   L_word = 4,
   L_BRC = 2,
   All_Ones = 4'b1111,
   All_Zeros = 4'b0000)(
   output          [2*L_word -1: 0]          product,
   output                                    Ready,
   input           [L_word -1: 0]            word1, word2,
   input                                     Start, clock, reset
);
   wire                                      m0, Load_words, Shift, Add,
                                               Sub, Ready;
   Controller_Booth_STG_0 M0_Controller
    (.Load_words(Load_words), .Shift(Shift), .Add(Add), .Sub(Sub), .Ready(Read),
     .m0(m0),
    .Start(Start), .clock(clock), .reset(reset));

   Datapath_Booth_STG_0 M1_Datapath
    (.product(product), .m0(m0), .word1(word1), .word2(word2),
     .Load_words(Load_words),
    .Shift(Shift), .Add(Add), .Sub(Sub), .clock(clock), .reset(reset));
endmodule

module Controller_Booth_STG_0 #(parameter L_word = 4, L_state = 4, L_BRC = 2)(
   output reg                       Load_words, Shift, Add, Sub,
   output                           Ready,
   input                            m0, Start, clock, reset
);
   reg          [L_state -1: 0]     state, next_state;
   parameter                        S_idle = 0, S_1 = 1, S_2 = 2, S_3 = 3,
                                    S_4 = 4, S_5 = 5, S_6 = 6, S_7 = 7, S_8 = 8;
   assign                           Ready = ((state == S_idle ) && !reset) ||
                                      (state == S_8);
   reg                              m0_del;
   wire         [L_BRC -1: 0]       BRC = {m0, m0_del};          // Booth
                                                                   recoding bits

   // Necessary to reset m0_del when Load_words is asserted, otherwise it would
     start with residual value

   always @ (posedge clock, posedge reset)
    if (reset) m0_del <= 0; else if (Load_words) m0_del <= 0; else m0_del <= m0;

   always @ (posedge clock, posedge reset)
    if (reset) state <= S_idle; else state <= next_state;
```

```
always @ (state, Start, BRC) begin                // Next state and control logic
  Load_words = 0; Shift = 0; Add = 0; Sub = 0;
 case (state)
  S_idle:if (Start)                               begin Load_words = 1;
                                                    next_state = S_1; end
         else                                     next_state = S_idle;
  S_1:   if ((BRC == 0) || (BRC == 3))            begin Shift = 1; next_state
                                                   = S_3; end
         else if (BRC == 1)                       begin Add = 1; next_state
                                                   = S_2; end
         else if (BRC == 2)                       begin Sub = 1; next_state
                                                   = S_2; end
  S_3:   if ((BRC == 0) || (BRC == 3))            begin Shift = 1; next_state
                                                   = S_5; end
         else if (BRC == 1)                       begin Add = 1; next_state
                                                   = S_4; end
         else if (BRC == 2)                       begin Sub = 1; next_state
                                                   = S_4; end
  S_5:   if ((BRC == 0) || (BRC == 3))            begin Shift = 1; next_state
                                                   = S_7; end
         else if (BRC == 1)                       begin Add = 1; next_state
                                                   = S_6; end
         else if (BRC == 2)                       begin Sub = 1; next_state
                                                   = S_6; end
  S_7:   if ((BRC == 0) || (BRC == 3))            begin Shift = 1; next_state
                                                   = S_8; end
         else if (BRC == 1)                       begin Add = 1; next_state
                                                   = S_8; end
         else if (BRC == 2)                       begin Sub = 1; next_state
                                                   = S_8; end
  S_2:                                            begin Shift = 1; next_state
                                                   = S_3; end
  S_4:                                            begin Shift = 1; next_state
                                                   = S_5; end
  S_6:                                            begin Shift = 1; next_state
                                                   = S_7; end
  S_8:   if (Start)                               begin Load_words = 1;
                                                   next_state = S_1; end
         else                                     next_state = S_8;
 default:                                         next_state = S_idle;
 endcase
 end
endmodule

module Datapath_Booth_STG_0 #(parameter L_word = 4)(
  output reg        [2*L_word -1: 0]    product,
  output                                m0,
  input             [L_word -1: 0]      word1, word2,
  input                                 Load_words, Shift, Add, Sub,
                                         clock, reset
);
  reg               [2*L_word -1: 0]    multiplicand;
  reg               [L_word -1: 0]      multiplier;
  assign                                m0 = multiplier[0];
  parameter                             All_Ones = 4'b1111;
  parameter                             All_Zeros = 4'b0000;

  // Register/Datapath Operations
  always @ (posedge clock, posedge reset) begin
   if (reset) begin multiplier <= 0; multiplicand <= 0; product <= 0; end
   else if (Load_words) begin
   if (word1[L_word -1] == 0) multiplicand <= word1;
   else multiplicand <= {All_Ones, word1[L_word -1: 0]};
```

```
    multiplier <= word2;
    product <= 0;
  end
  else if (Shift) begin
   multiplier <= multiplier >> 1;
   multiplicand <= multiplicand << 1;
  end
  else if (Add) begin product <= product + multiplicand; end
  else if (Sub) begin product <= product - multiplicand; end
 end
endmodule

module test_Multiplier_STG_0 ();
  parameter                              L_word = 4;
  wire      [2*L_word -1: 0]             product;
  wire                                   Ready;
  integer                                word1, word2; // multiplicand,
                                           multiplier
  reg                                    Start, clock, reset;
  reg       [3: 0]                       mag_1, mag_2;

  Multiplier_Booth_STG_0 M1 (.product(product), .Ready(Ready), .word1(word1),
  .word2(word2), .Start(Start), .clock(clock), .reset(reset));
  // Exhaustive Testbench
  reg       [2*L_word -1: 0]             expected_value, expected_mag;
  reg                                    code_error;
  parameter                              All_Ones = 4'b1111;
  parameter                              All_Zeros = 4'b0000;
  initial #80000 $finish;                // Timeout
// Error detection
 always @ (posedge clock) // Compare product with expected value
  if (Start) begin
    expected_value = 0;
    case({word1[L_word -1], word2[L_word -1]})
      0: begin       expected_value = word1 * word2;
                     expected_mag = expected_value; end
      1: begin       expected_value = word1* {All_Ones,word2[L_word -1: 0]};
                     expected_mag = 1+ ~(expected_value); end
      2: begin       expected_value = {All_Ones,word1[L_word -1: 0]} *word2;
                     expected_mag = 1+ ~(expected_value); end
      3: begin       expected_value = ({All_Zeros, ~word2[L_word -1: 0]}+1)
                      * ({All_Zeros, ~word1[L_word -1: 0]}+1);
                     expected_mag = expected_value; end
    endcase
   code_error = 0;
   end
 else begin
   code_error = Ready ? |(expected_value ^ product) : 0;
 end
initial begin clock = 0; forever #10 clock = ~clock; end
initial begin

   #2 reset = 1;
   #15 reset = 0;
  end
  initial begin         // Exhaustive patterns
   #100
   for (word1 = All_Zeros; word1 <= 15; word1 = word1 +1) begin
     if (word1[L_word -1] == 0) mag_1 = word1;
     else begin mag_1 = word1[L_word -1: 0];
       mag_1 = 1+ ~mag_1; end
```

```
      for (word2 = All_Zeros; word2 <= 15; word2 = word2 +1) begin
        if (word2[L_word -1] == 0) mag_2 = word2;
        else begin mag_2 = word2[L_word -1: 0]; mag_2 = 1+ ~mag_2; end
        Start = 0; #40 Start = 1;
        #20 Start = 0;
        #200;
      end // word2
      #140;
      end // word1
    end
  endmodule
```

图 10.52 显示了计算 $7_{10} \times 7_{10}$ 的 *Multiplier_Booth_STG_0* 和 *Multiplier_STG_0* 的仿真结果。对于这些数据，使用 *Booth* 重新编码的乘法器在 5 个周期内得到乘积 *product*，而不使用 *Booth* 重编码的则需要 7 个周期。乘积 *prouct* 的波形以十进制形式(作为补码值)给出，*expected_value* 和 *expected_mag* 的波形同样以十进制的形式给出。在较宽的数据通路中，Booth 重编码的计算有更高的效率。

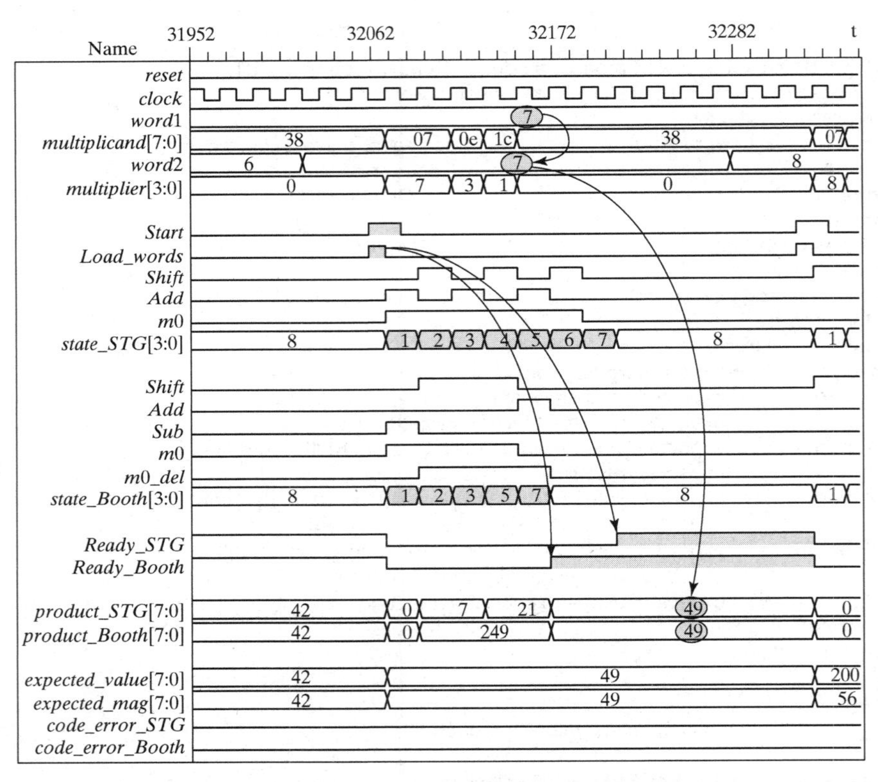

图 10.52 使用和不使用 Booth 重编码方案的乘法器状态转移的比较

在图 10.50 中显示的基于 STG 的 Booth 算法实现是比较简单的，但是受 4 位乘数的限制。图 10.53 给出了一种更加高效和更灵活的控制器的方框图和 ASMD 图表。该系统提供了一个参数化的字长，使其更加高效，这是因为它不会浪费时间做一些无用操作，比如乘以 0 或者乘数中最后的 1 被找到后再去做乘法。这里给出了一个参考模型，它仅和基于 STG 的模型有细微不同。当乘数寄存器的值为 1_{10} 时，系统的行为取决于在 *word2* 中最后位的 1 是否对负数进行了补码操作(*word2* 的最高位为 1)。此外，当 *m_is_1* 有效时，*BRC* 只能有两种值：2_{10} 和 3_{10}。在前一个情况中，必须进行减法操作：*Sub* 置为有效，状态从 *S_running* 转移到 *S_shift1*，这里 *BRC* 为 2_{10} 和 3_{10}。

如果 *word*2 为负，就不需要再做任何动作；否则在最后会做一次加法操作。在 *S_shift*1 中使 *Shift* 有效，使被乘数进行最后的加法，然后状态转移到 *S_shift*2，*Add* 有效。在后一种情况中，必须进行不同的处理，这是因为当 *m_is_*1 有效时在 *S_running* 状态中 *BRC* 为 11_2 的情况可能会由在 *word*2 的反码的中间串 1 或最后一个 1 决定。反码的最后一个 1 与负的乘数的补码形式相一致，在 *S_shift*2 中 *Add* 没有置为有效。要区分两种情况，就只能在数据通路中设置一个标志位 *flag* 来表明 *word*2 为负，并将结果作为状态信号传给控制器。该系统在数据通路中使用标志寄存器，构造了一个额外的状态信息 *w2_neg*，用来指示 *word*2 的数据值为负。例如，在一个 4 位的乘法器中 *word*2 = 11110_2。图 10.53 的高亮路径给出了这个特殊情况的状态序列。

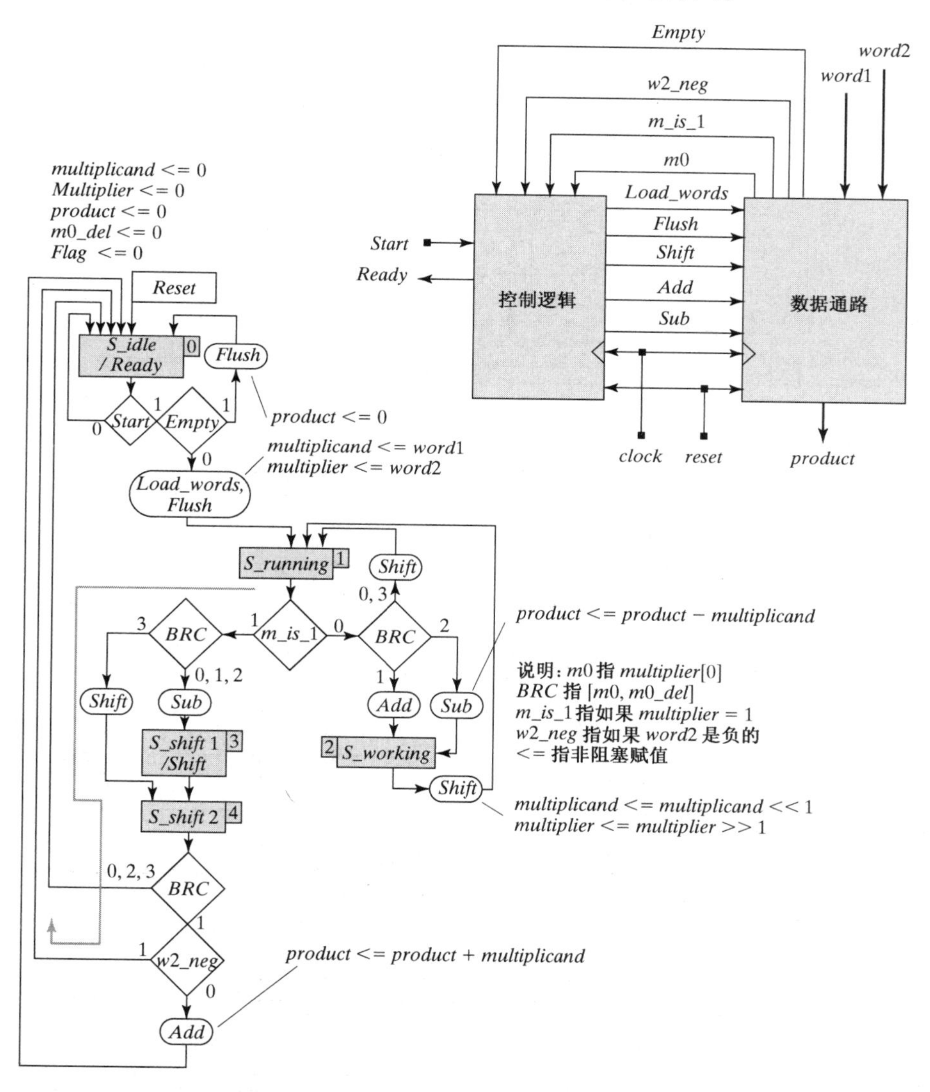

图 10.53　灵活字长的 Booth 时序乘法器的方框图和 ASMD 表

图 10.54 表明了 −8(4 位补码形式编码为 $8_{10} = 1000_2$)分别与 $+7_{10}$ 和 -8_{10} 相乘，产生乘积 200(大小为 56)和 64。图 10.55 表明检测出 *word*2 的值为 0，用 1 来更正 -5_{10}(4 位补码形式编码为 $11_{10} = 1011_2$)的乘法，得到 -5_{10} 的乘积。

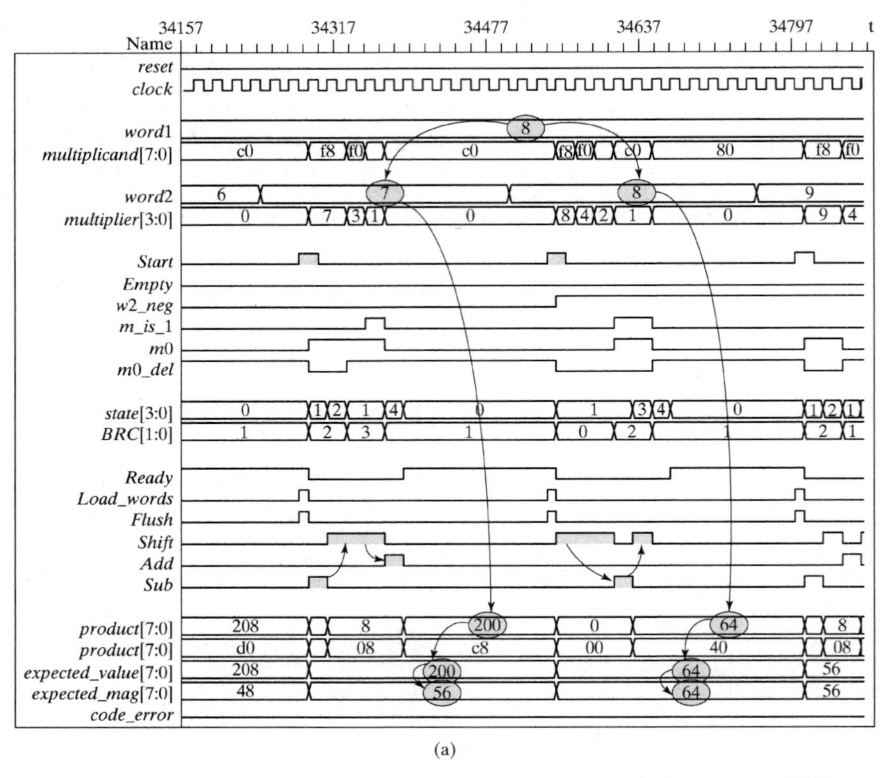

(a)

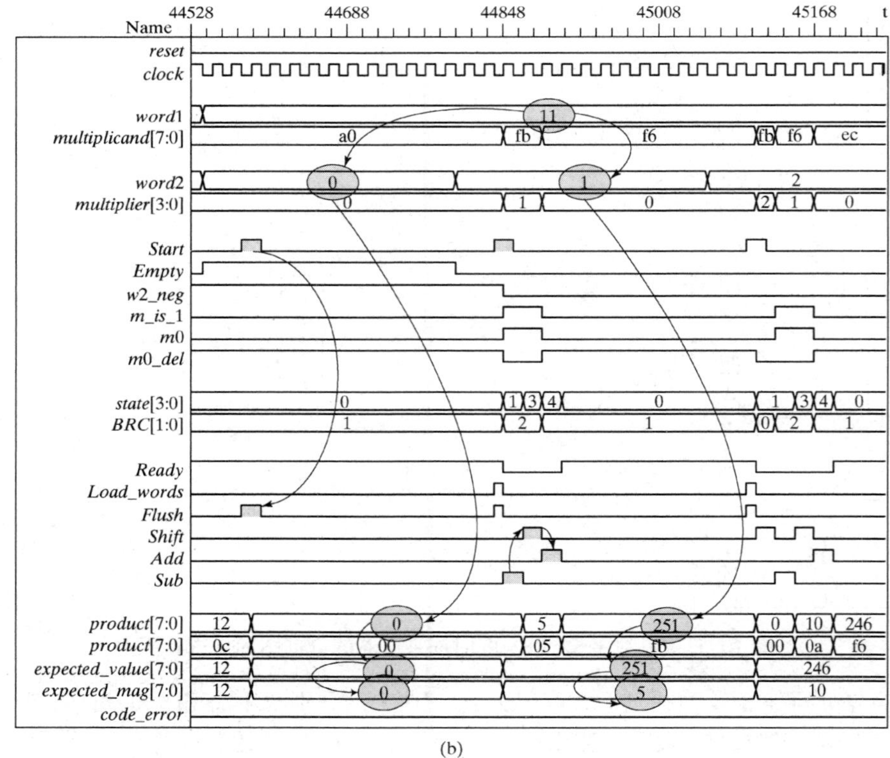

(b)

图 10.54 仿真结果表明了灵活字长的 Booth 时序乘法器的两种情况:(a)被乘数为 -8,乘数为 +7和 -8;(b)被乘数为 -5,乘数为0和1

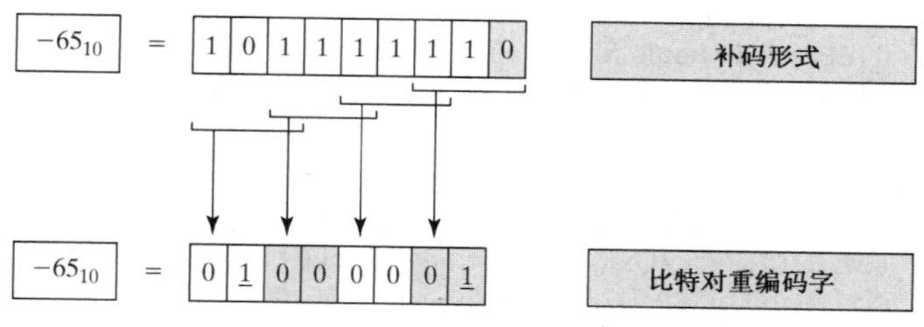

图 10.55　-65_{10}的比特对(基 4)编码

例 10.9

```
module Multiplier_Booth_ASMD #(parameter L_word = 4)(
  output [2*L_word - 1: 0]  product,
  output                    Ready,
  input  [L_word - 1: 0]    word1, word2,
  input                     Start, clock, reset
);

  wire Empty, w2_neg, m_is_1, m0, Flush, Load_words, Shift, Add, Sub;

  Control_Unit M0_Controller (.Load_words(Load_words), .Flush(Flush), .Shift(Shift),
    .Add(Add), .Sub(Sub), .Ready(Ready), .Empty(empty), .w2_neg(w2_neg),
    .m_is_1(m_is_1), .m0(m0), .Start(Start), .clock(clock), .reset(reset));
  Datapath_Unit M1_Datapath (.product(product), .Empty(Empty), .w2_neg(w2_neg),
    .m_is_1(m_is_1), .m0(m0), .word1(word1), .word2(word2),
    .Load_words(Load_words), .Flush(Flush), .Shift(Shift), .Add(Add), .Sub(Sub),
    .clock(clock), .reset(reset));

endmodule

module Control_Unit #(parameter L_word = 4, L_state = 3, L_BRC = 2)(
  output reg    Load_words, Flush, Shift, Add, Sub,
  output        Ready,
  input         Empty, w2_neg, m_is_1, m0, Start, clock, reset
);
  parameter     S_idle = 0, S_running = 1, S_working = 2, S_shift1 = 3, S_shift2
                 = 4;

  reg    [L_state - 1: 0]    state, next_state;
  reg                        m0_del;
  wire   [L_BRC - 1: 0]      BRC = {m0, m0_del};        // Booth recoding bits
  assign Ready = (state == S_idle) || (state == S_idle);

// Necessary to reset m0_del when Load_words is asserted, otherwise it would
  start with residual value

  always @ (posedge clock, posedge reset)
   if (reset) m0_del <= 0; else if (Load_words) m0_del <= 0; else if (Shift) m0_del
    <= m0;

  always @ (posedge clock, posedge reset)
   if (reset) state <= S_idle; else state <= next_state;

  always @ (state, Start, BRC, Empty, w2_neg, m_is_1, m0) begin    // Next state
                                                                    and control
                                                                    logic
   Load_words = 0; Flush =0; Shift = 0; Add = 0; Sub = 0;
   next_state = S_idle;
   case (state)
    S_idle:        if (!Start) next_state = S_idle;
                   else if (Empty) begin Flush = 1; next_state = S_idle; end
                   else begin Load_words = 1; Flush = 1; next_state = S_running; end
```

```
    S_running:    if (m_is_1) begin
                    if (BRC == 3) begin Shift = 1; next_state = S_shift2; end
                    else begin Sub = 1; next_state = S_shift1; end  // Only BRC =
                                                                      2 is possible
                  end
                  else begin
                    if (BRC == 1) begin Add = 1; next_state = S_working; end
                    else if (BRC == 2) begin Sub = 1; next_state = S_working; end
                    else begin Shift = 1; next_state = S_running; end
                  end
    S_shift1:     begin Shift = 1; next_state = S_shift2; end
    S_shift2:     begin
                    next_state = S_idle;
                    if ((BRC == 1) && (!w2_neg)) Add = 1;
                  end
    S_working:    begin Shift = 1; next_state = S_running; end
    default:      next_state = S_idle;
  endcase
  end
endmodule
module Datapath_Unit #(parameter L_word = 4)(
  output reg         [2*L_word - 1: 0]   product,
  output Empty, w2_neg, m_is_1, m0,
  input    [L_word - 1: 0]     word1,  word2,
  input    Load_words, Flush, Shift, Add, Sub, clock, reset
);
  reg      [2*L_word - 1: 0]   multiplicand;
  reg      [L_word - 1: 0]     multiplier;
  reg                          Flag;
  assign Empty = ((word1 == 0) || (word2 == 0));
  assign w2_neg = Flag;
  assign m_is_1 = (multiplier == 1);
  assign m0 = multiplier[0];
  parameter      All_Ones = {L_word{1'b1}};
  parameter      All_Zeros = {L_word{1'b0}};
// Register/Datapath Operations
  always @ (posedge clock, posedge reset)
    if (reset) begin multiplier <= 0; multiplicand <= 0; product <= 0; Flag <= 0; end
    else begin
      if (Load_words) begin
        Flag = word2[L_word -1];
        if (word1[L_word - 1] == 0) multiplicand <= word1;
        else multiplicand <= {All_Ones, word1[L_word -1: 0]};
          multiplier <= word2;
      end // Load_words
      if (Flush) product <= 0;
      if (Shift) begin
        multiplier <= multiplier >> 1; multiplicand <= multiplicand << 1;
      end
      if (Add) begin product <= product + multiplicand; end
      if (Sub) begin product <= product - multiplicand; end
    end
endmodule
```

10.3.12 比特对编码

在将乘法器的 STG 修改成可在同一周期内进行移位操作(*Add_sub*)时，Booth 重编码并不总是可以得到使乘法运算所需的时钟周期数减少的结果。这主要取决于数据的构成方式，Booth 重编码实际上也有可能会增加所使用的时钟周期。因此，Booth 重编码算法的有效性取决于数据。另一种方案称为比特对编码(BPE)，消除了要将数字编为有符号基 4 数字(也称为比特对编码)的限制[4, 10]。比特对编码(重编码)确保了加法运算的次数不会增加。实际上，加法运算的次数会由 n 减少到 $n/2$。

乘法器的 BPE 一次检查三个位，并决定是否进行如下操作：

(1) 与被乘数相加；

(2) 将被乘数移动一位，然后相加；

(3) 减去被乘数(将被乘数的补码与乘积相加)；

(4) 将被乘数的补码向左移动一位然后相加；

(5) 只将被乘数移到下一个比特对的对应位置上(在当前位置不进行加法或减法)。

与 Booth 重编码一样，BPE 算法的第一步是在乘数字节的最低位右侧寄存器单元中填一个 0 值。后续的动作取决于已重新编码的比特对的值。指针 i 依次加 2 直到把字节的所有位都编完。如果字节的位数为奇数，它的符号位将扩展一位以满足编码方法的要求。编码后的比特数是乘数比特数的 1/2，因此，加法运算次数被减少了一半。表 10.2 中总结了比特对编码规则。

表 10.2 补码数比特对(基 4)编码规则

m_{i+1}	m_i	m_{i-1}	Code	BRC_{i+1}	BRC_i	值	状况	效果
0	0	0	0	0	0	0	全 0 字串	移两位
0	0	1	1	0	1	+1	末尾为 1 的字串	相加
0	1	0	2	0	1	+1	单个 1 的字串	相加
0	1	1	3	1	0	+2	末尾为 1 的字串	移一位，相加，移一位
1	0	0	4	$\underline{1}$	0	−2	开始为 1 的字串	移一位，相减，移一位
1	0	1	5	0	$\underline{1}$	−1	单个 0 的字串	相减
1	1	0	6	0	$\underline{1}$	−1	开始为 1 的字串	相减
1	1	1	7	0	0	0	全 1 字串	移两位

例 10.10 参见图 10.55 给出的 $-65_{10} = 1011\_1111_2$ 的比特对重编码。

例 10.11 图 10.56 说明了将 -65_{10} 进行比特对编码后，与被乘数 5_{10} 相乘的乘积的补码形式。第一个比特对(阴影覆盖的)表示减法，所得出的 5_{10} 的补码将排列成与被乘数的最低位对准。接下来两次移位的结果可由下两个位对得出。最后一个比特对(阴影覆盖的)指定了要进行减法运算，这样将 5_{10} 的补码放到适当的位置。将移位的被乘数相加得到了乘积的补码，同时也给出了乘积的大小。请注意，将被乘数移位后要进行符号扩展以满足乘积寄存器的字长，这是十分必要的。

例 10.12 图 10.57 给出了将 -128_{10} 进行比特对编码，再与乘数 -128_{10} 相乘所得到的乘积的补码。乘数的前 3 个比特对(从最低位开始)将被乘数复制并向最高位移动 6 位；最后一个比特对是一个开始和末尾为 1 的字符串，因此，被乘数被移动一位并与乘积寄存器相加。图中同样也给出了乘积的大小。请注意，乘积寄存器的长度(16 位)应是数据字节长度(8 位)的两倍，而且应该将被乘数进行符号扩展以满足乘积寄存器的字节长度。

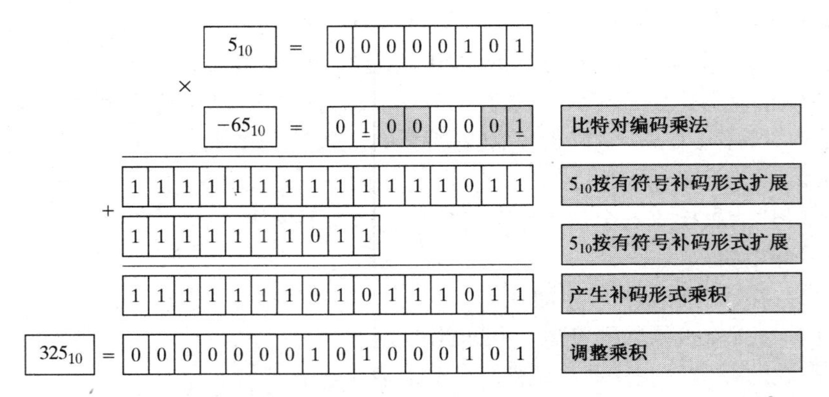

图 10.56　用 5_{10}的比特对(基 4)编码乘以 -65_{10}的乘法运算

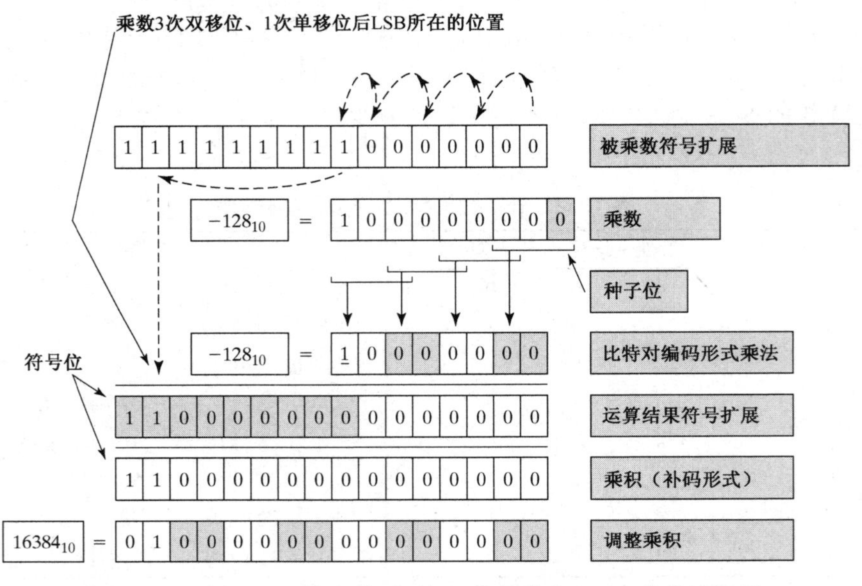

图 10.57　用 -128_{10}的比特对(基 4)编码乘以 -128_{10}的乘法运算

例 10.13　图 10.58 给出了 8 位基 4 乘法器的控制器 STG。其移位、加法、减法在不同的时钟周期上进行。图中也给出了它的编码方法。通过列举出正负数据字的所有组合，对乘法器的功能进行了验证。该控制器用来处理 BPE 所必需的状态，并扩展数据通路单元以便能处理 1 位和 2 位的移位。

```
module Multiplier_Radix_4_STG_0 #(parameter L_word = 8) (
  output        [2*L_word -1: 0]   product,
  output                           Ready,
  input         [L_word -1: 0]     word1, word2,
  input                            Start, clock, reset
);
  wire                             Load_words, Shift_1, Shift_2, Add, Sub;
  wire          [2: 0]             BPEB;

  Controller_Radix_4_STG_0 M0
    (.Load_words(Load_words), .Shift_1(Shift_1), .Shift_2(Shift_2), .Add(Add),
    .Sub(Sub), .Ready(Ready), .BPEB(BPEB), .Start(Start), .clock(clock),
    .reset(reset));
```

```
Datapath_Radix_4_STG_0 M1
  (.product(product), .BPEB(BPEB), .word1(word1), .word2(word2),
  .Load_words(Load_words), .Shift_1(Shift_1), .Shift_2(Shift_2), .Add(Add),
  .Sub(Sub), .clock(clock), .reset(reset));

endmodule

module Controller_Radix_4_STG_0 #(parameter L_word = 8)(
 output reg                  Load_words, Shift_1, Shift_2, Add, Sub,
 output                      Ready,
 input          [2: 0]       BPEB,
 input                       Start, clock, reset

 reg            [4: 0]       state, next_state;
 parameter                   S_idle = 0, S_1 = 1, S_2 = 2, S_3 = 3;
 parameter                   S_4 = 4, S_5 = 5, S_6 = 6, S_7 = 7, S_8 = 8;
 parameter                   S_9 = 9, S_10 = 10, S_11 = 11, S_12 = 12;
 parameter                   S_13 = 13, S_14 = 14, S_15 = 15;
 parameter                   S_16 = 16, S_17 = 17;
 assign                      Ready = ((state == S_idle) && !reset) ||
                               (next_state == S_17);

 always @ (posedge clock, posedge reset)
   if (reset) state <= S_idle; else state <= next_state;

 always @ (state, Start, BPEB) begin              // Next state and control logic

 Load_words = 0; Shift_1 = 0; Shift_2 = 0; Add = 0; Sub = 0;
 case (state)
  S_idle:     if (Start) begin Load_words = 1;     next_state = S_1; end
              else                                 next_state = S_idle;
  S_1:        case (BPEB)
               0:       begin Shift_2 = 1;         next_state = S_5; end
               2:       begin Add = 1;             next_state = S_2; end
               4:       begin Shift_1 = 1;         next_state = S_3; end
               6:       begin Sub = 1;             next_state = S_2; end
               default:                            next_state = S_idle;
              endcase
  S_2:        begin     Shift_2 = 1;               next_state = S_5; end
  S_3:        begin     Sub = 1;                   next_state = S_4; end
  S_4:        begin     Shift_1 = 1;               next_state = S_5; end
  S_5:        case (BPEB)
               0, 7:    begin Shift_2 = 1;         next_state = S_9; end
               1, 2:    begin Add = 1;             next_state = S_6; end
               3, 4:    begin Shift_1 = 1;         next_state = S_7; end
               5, 6:    begin Sub = 1;             next_state = S_6; end
              endcase
  S_6:        begin    Shift_2 = 1;                next_state = S_9; end
  S_7:        begin    if (BPEB[1: 0] == 2'b01) Add = 1;
                       else Sub = 1;               next_state = S_8; end
  S_8:        begin    Shift_1 = 1;                next_state = S_9; end
  S_9:        case (BPEB)
               0, 7:   begin Shift_2 = 1;          next_state = S_13; end
               1, 2:   begin Add = 1;              next_state = S_10; end
               3, 4:   begin Shift_1 = 1;          next_state = S_11; end
               5, 6:   begin Sub = 1;              next_state = S_10; end
              endcase
  S_10:       begin    Shift_2 = 1;                next_state = S_13; end
  S_11:       begin    if (BPEB[1: 0] == 2'b01) Add = 1;
                       else Sub = 1;               next_state = S_12; end
```

```
      S_12:         begin     Shift_1 = 1;                  next_state = S_13; end
      S_13:         case (BPEB)
                      0, 7:     begin Shift_2 = 1;          next_state = S_17; end
                      1, 2:     begin Add = 1;              next_state = S_14; end
                      3, 4:     begin Shift_1 = 1;          next_state = S_15; end
                      5, 6:     begin Sub = 1;              next_state = S_14; end
                    endcase
      S_14:         begin     Shift_2 = 1;                  next_state = S_17; end
      S_15:         begin     if (BPEB[1: 0] == 2'b01) Add = 1;
                    else Sub = 1;                           next_state = S_16; end
      S_16:         begin     Shift_1 = 1;                  next_state = S_17; end
      S_17:         if        (Start) begin Load_words = 1; next_state = S_1; end
                                    else                    next_state = S_17;
      default:                                              next_state = S_idle;
    endcase
  end
endmodule


module Datapath_Radix_4_STG_0 #(parameter L_word = 8)(
  output reg        [2*L_word -1: 0]        product,
  output            [2: 0]                  BPEB,
  input             [L_word -1: 0]          word1, word2,
  input                                     Load_words, Shift_1, Shift_2,
                                            Add, Sub, clock, reset
);
  reg               [2*L_word -1: 0]        multiplicand;
  reg               [L_word -1: 0]          multiplier;
  reg                                       m0_del;
  parameter                                 All_Ones = {L_word{1'b1}};

  assign                                    BPEB = {multiplier[1: 0], m0_del};

 // Register/Datapath Operations
 always @ (posedge clock, posedge reset)
   if (reset) begin
     multiplier <= 0; m0_del <= 0; multiplicand <= 0; product <= 0;
   end
   else begin
     if (Load_words) begin
       m0_del <= 0;
       if (word1[L_word -1] == 0) multiplicand <= word1;
       else multiplicand <= {'All_Ones, word1[L_word -1: 0]};
       multiplier <= word2; product <= 0;
     end
     if (Shift_1) begin
       {multiplier, m0_del} <= {multiplier, m0_del} >> 1;
       multiplicand <= multiplicand << 1;
     end
     if (Shift_2) begin
       {multiplier, m0_del} <= {multiplier, m0_del} >> 2;
       multiplicand <= multiplicand << 2;
     end
     if (Add) begin product <= product + multiplicand; end
     if (Sub) begin product <= product - multiplicand; end
   end
endmodule
```

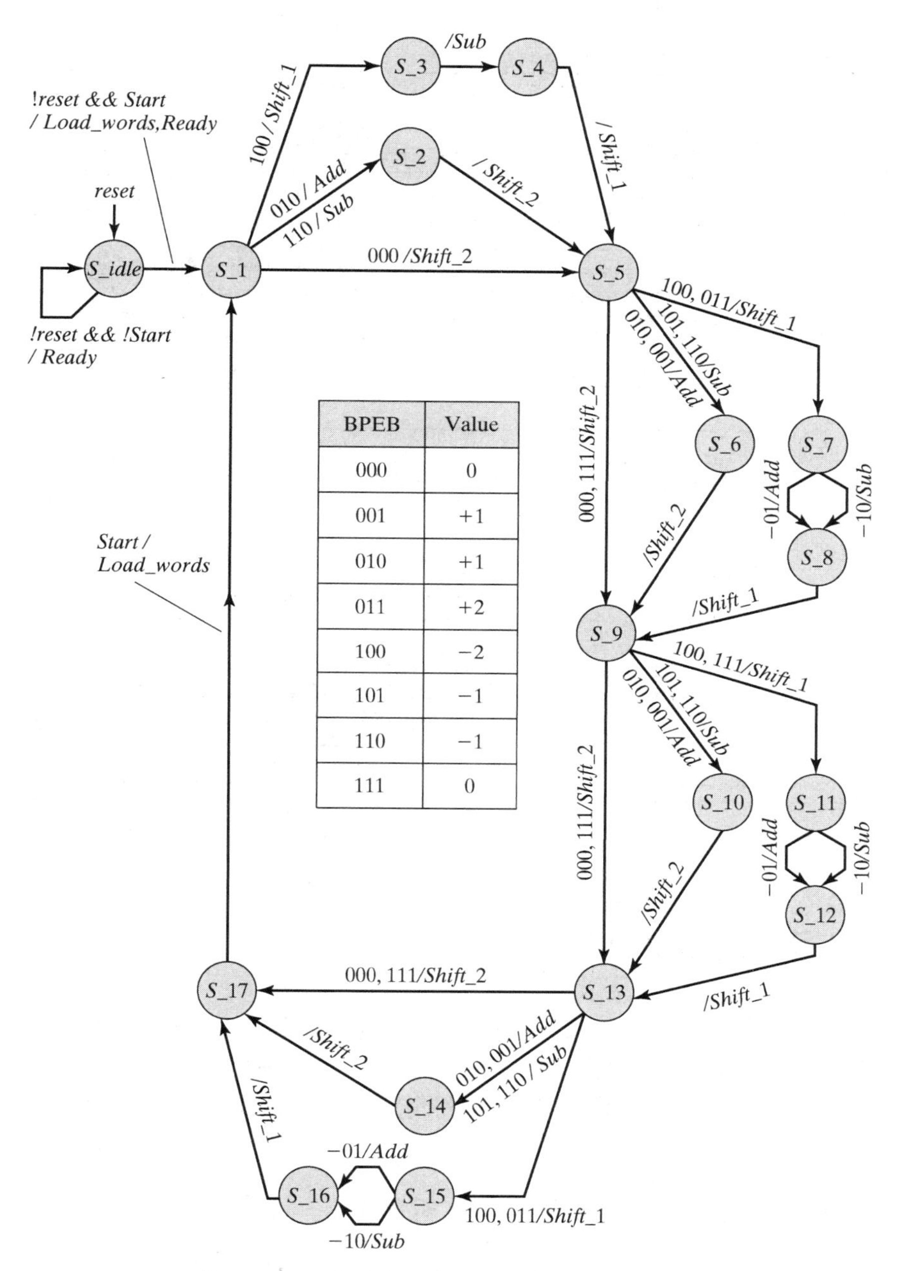

BPEB	Value
000	0
001	+1
010	+1
011	+2
100	−2
101	−1
110	−1
111	0

图 10.58　8 位乘数比特对编码乘法运算的 STG

图 10.59 给出了验证 -45_{10} 和 -38_{10} 乘法运算的十六进制和十进制形式的波形，并以十六进制和十进制的形式表示 *word*1 和 *word*2 的值(*mag_1* 和 *mag_2*)，*word*1 和 *word*2 的大小也以十进制的形式给出。*multiplicand* 和 *multiplier* 的值以十六进制和十进制的形式给出，用以验证 -45_{10} 和 -38_{10} 的乘积。*word*1 和 *word*2 的大小也以十进制的形式给出。*multiplicand* 和 *multiplier* 的值是以十六进制的形式给出的，而 *product* 的值也是以十六进制和十进制的形式给出的，并以两种形式给出了其正确的值(由 *testbench* 得到)。

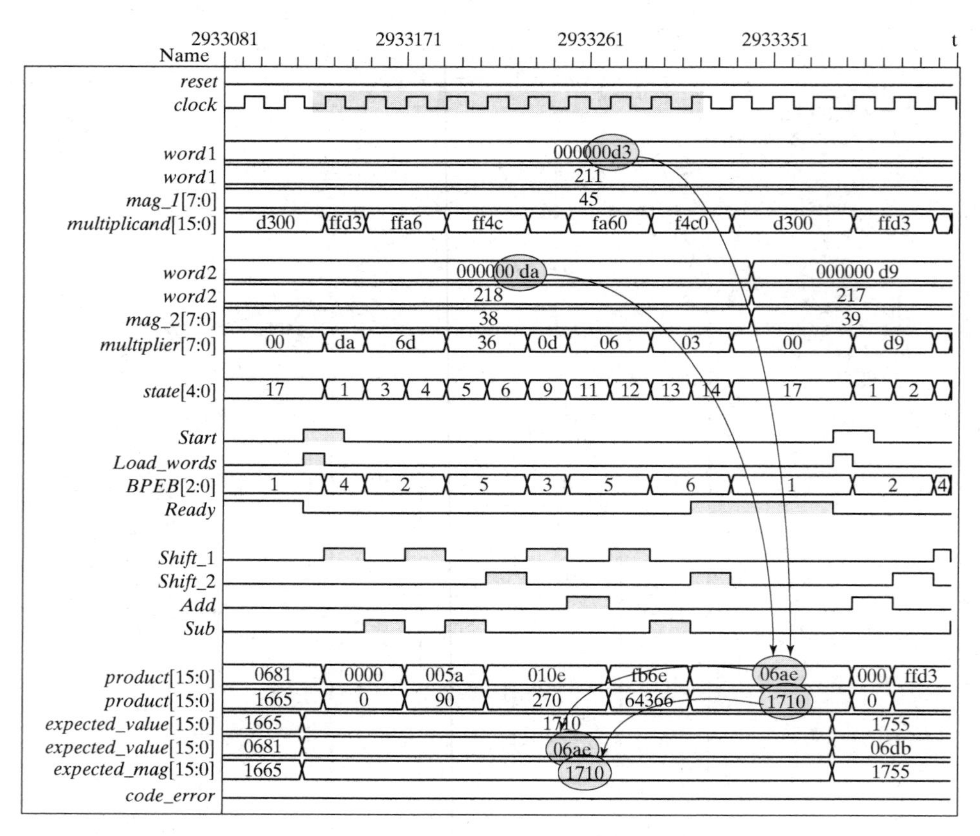

图 10.59 *Multiplier_Radix_4_STG_0* 计算 -45_{10} 和 -38_{10} 相乘的仿真结果

10.4 有符号二进制数乘法

虽然有符号二进制数的补码形式可以通过 Booth 算法得到乘积，但这里仍要再次讨论它们的乘法计算，以便为小数乘法做准备。根据被乘数和乘数的符号，补码形式的有符号数的乘法有 4 种情况。前面已经知道通过将移位的被乘数相加可以得到无符号二进制数的乘积。下面将考虑其余 3 种情况，其中一个或两个字为负。

10.4.1 有符号数的乘积：被乘数为负，乘数为正

负的被乘数与正的乘数相乘的步骤与无符号数相乘的步骤是一样的，但是在对补码数操作之前需要将被乘数的符号位扩展到最终乘积的字长。当求得部分积与累加和的时候要用到已扩展符号位的被乘数。乘法运算的结果是积的补码，而且乘积的大小可由结果的补码得到。-30_{10} 和 6_{10} 的乘积如图 10.60 所示，图中也给出了符号扩展的被乘数和按列相加时产生的进位。

10.4.2 有符号数的乘积：被乘数为正，乘数为负

为了得到正的被乘数与负的乘数的乘积，将乘数的符号进行扩展以适合乘法器的字节长度。然后将移位的被乘数相加，但并不是将乘数扩展符号位相应位置上的被乘数相加，而是将被乘数的补码相加，此处最后一步是通过观察得到的，对 n 位乘数的补码可以写成：$-B_{n-1}2^{n-1}+$

$B_{n-2}2^{n-2}+\cdots+B_1 2^1+B_0 2^0$。与 $B_{n-2},\cdots B_1,B_0$ 相联系的操作就是通常将移位的被乘数相加的操作。与 $-B_{n-1}\times 2^{n-1}$ 有关的操作相当于将移位的被乘数的补码与前面累加部分的和再相加。图 10.61 给出了 3_{10} 和 -6_{10} 的乘积。

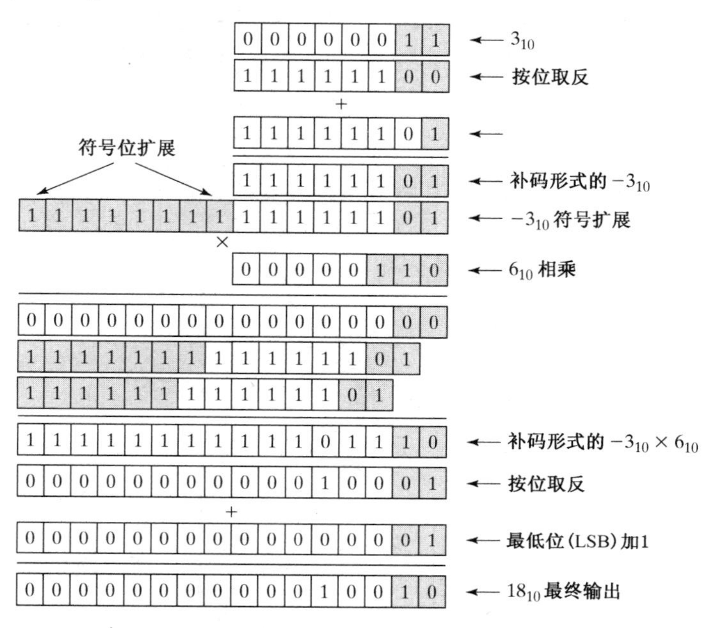

图 10.60　符号扩展的负被乘数(-30_{10})的补码与正乘数 6_{10} 相乘得到乘积 -18_{10}

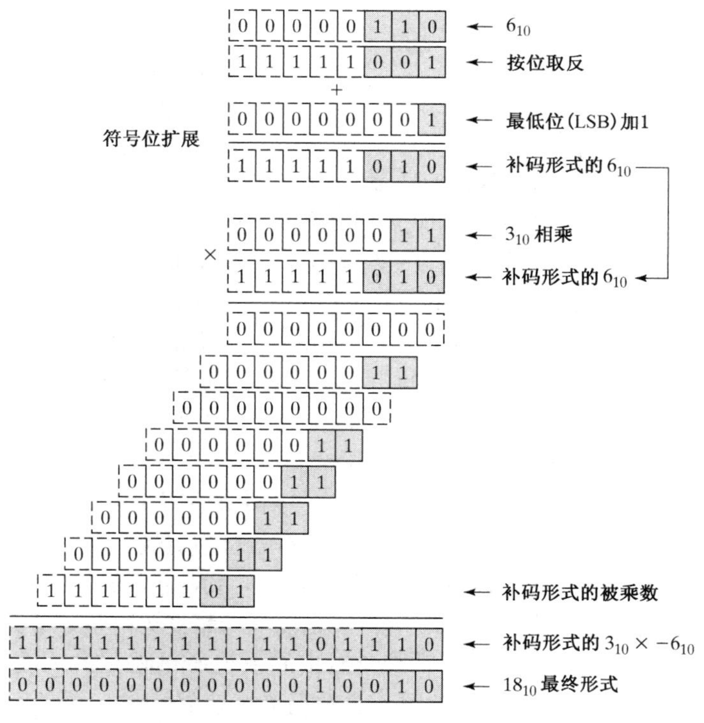

图 10.61　正被乘数(3_{10})与符号扩展的乘数的补码 -6_{10} 相乘得到乘积 -18_{10}

10.4.3 有符号数的乘积：被乘数、乘数均为负

当被乘数和乘数均为补码形式表示的负数时，最后的结果是将被乘数的补码与累加的部分和相加形成的，而累加的部分和是通过将符号扩展的被乘数移位相加而得到的，而不是直接由被乘数相加而成的。为了清楚起见，图 10.62 给出了在计算 -3_{10} 和 -6_{10} 的乘积时所生成的列进位。

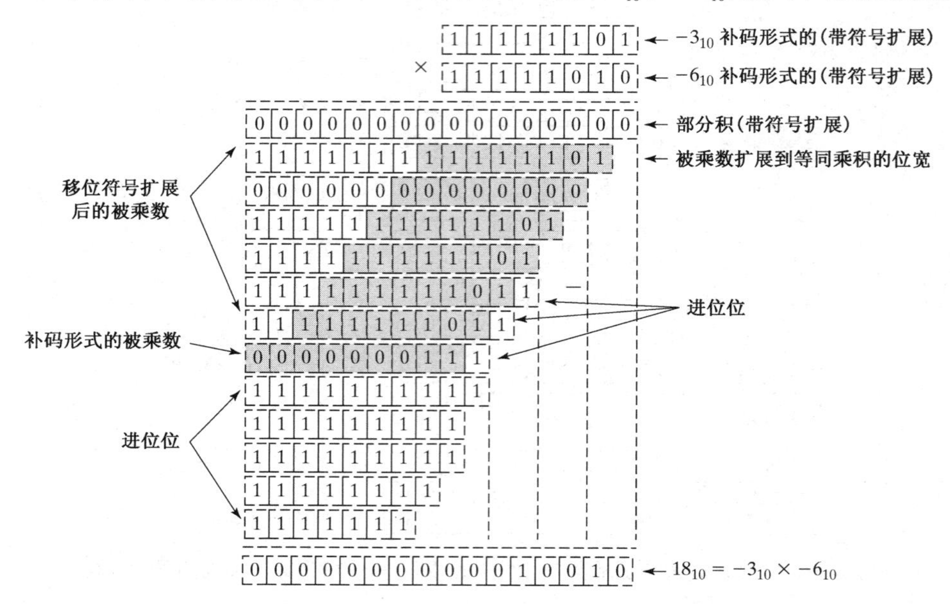

图 10.62 负被乘数(-3_{10})与负乘数 -6_{10} 相乘得到乘积 18_{10}

10.5 小数乘法

当两个数的乘积超过机器字长所提供的动态范围时，将导致溢出，因此在数字信号处理中应将数字归一化以避免溢出[12]。由 N 位补码形式所表示的数的动态范围为 $-2^{N-1} \leqslant D(B) \leqslant 2^{N-1}-1$。例如，4 位字的补码有 $N=4$，其动态范围为 $-8 \sim +7$。任何超过该范围的乘积都将导致溢出，因为该乘积不能够精确地存储为 4 位值。例如，7×3 的乘积超过了 4 位字格式所提供的动态范围。

归一化过程是将一个 N 位补码字除以 2^{N-1}，从而将一个值的定点整数表示转化为定点小数表示。小数值的动态范围介于 -1 和 $+1$ 之间。归一化过程相当于把字向最低位移动 $N-1$ 个位置，并将其位权与小数联系起来。如果补码字 B 的十进制值为 $D(B) = -b_{N-1}2^{N-1} + b_{N-2}2^{N-2} \cdots + b_1 2^1 + b_0 2^0$，它的归一化值可由 $F(B) = -b_{N-1}2^0 + b_{N-2}2^{-1} + \cdots + b_1 2^{-(N-2)} + b_0 2^{-(N-1)}$ 给出，称为数的 Q 格式[12]。例如 Q-5 格式包括符号位共 5 个位。两个 Q-5 格式的数的乘积有 10 位，包括一个扩展符号位和一个符号位。Q 格式数的小数点位于符号位的右侧。

在乘法运算中整数的归一化可以避免溢出的发生，因为两个小数的乘积仍然是小数。在给定字节长度的情况下，相乘的数其动态范围的扩展是以降低精度为代价的。两个归一化数相乘，结果精度比用一个能够提供足够的字长以避免溢出的系统所得乘积的精度要低。例如，$8_{10} = 1000_2$ 与 $7_{10} = 0011_2$ 的乘积为 56_{10}，不能按照 4 位补码形式存储。归一化过程将会产生如下 Q-5 格式的小数：$F(8_{10}) = 2^{-4} = 0.1000_2$ 和 $F(7_{10}) = 0.0111_2$。它们的 Q-10 格式的乘积是 $F(8_{10} \times 7_{10}) = 0.0011$。将该乘积按照 Q-5 格式存储为 00.0011_1000_2。其反归一化的十进制值为 $F(8_{10} \times$

7_{10}) = 0.0011，这个结果可由 Q-5 值乘以 $F(8_{10}\times 7_{10})\approx 48_{10}$得到，或将字节左移 8 位也可得到。

n 位数 M 的补码表示为 M^*，满足 $M+M^*=2^n$。二进制小数 M 的补码可由 $M^*=2-M$ 得到，所以满足 $M+M^*=2$。m 位小数 F 可由下式表示：$F=b_{-1}2^{-1}+b_{-2}2^{-2}+b_{-3}2^{-3}+\cdots+b_{-m}2^{-m}$。小数的补码可以通过将从符号位到最低位的 1 按位取反，并在最低位的 1 的位置上加 1 得到。这就相当于将字节中最右边的 1 的左边各位按位取反。图 10.63 给出了这两种方法。

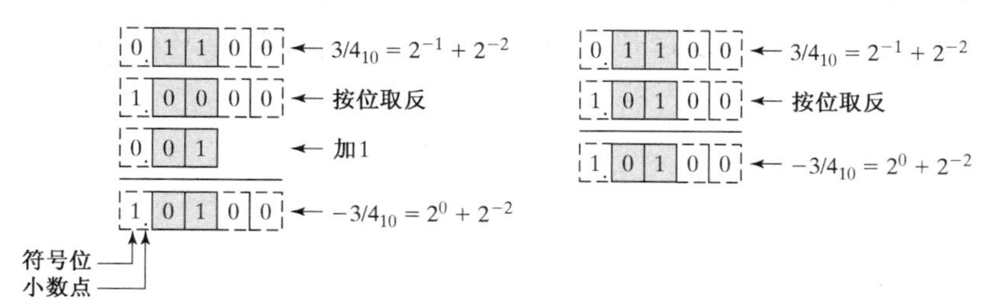

图 10.63　得到小数($3/4_{10}$)的补码的两种等价方法

小数可以像整数一样相乘，但不会发生溢出，因为两个小数的乘积一定是小数。一定要注意调整小数相乘结果中的小数点位置。在定点格式中 4 位小数由 5 个位表示，最高位保存补码数的符号。定点小数的小数点将位于符号位和 4 位小数的最高位之间。两个 5 位字的乘积将会得到一个 10 位的结果。最高位为扩展符号位，次高位为符号位。

10.5.1　有符号小数：被乘数、乘数均为正

两个正小数的乘法运算可以看作是无符号整数的运算。例如，两个 4 位小数的乘积，小数点被确定在第 8 位的左边。图 10.64 给出了 $3/4_{10}$乘以 $1/2_{10}$的乘积。

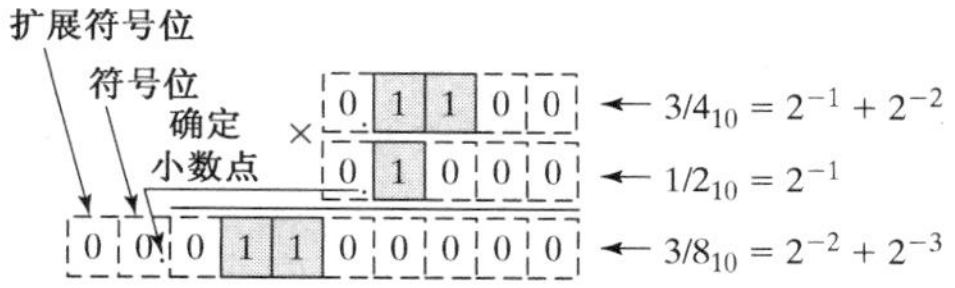

扩展符号位
符号位
确定小数点
$3/4_{10}=2^{-1}+2^{-2}$
$1/2_{10}=2^{-1}$
$3/8_{10}=2^{-2}+2^{-3}$

图 10.64　正小数($3/4_{10}$)与正小数($1/2_{10}$)的乘法运算

10.5.2　有符号小数：被乘数为负，乘数为正

负的被乘数与正的乘数的乘积可以通过将符号扩展的被乘数移位相加，并调整乘积中的小数点来得到。图 10.65 中的例子给出了 $-3/4_{10}$乘以 $3/8_{10}$的乘积。

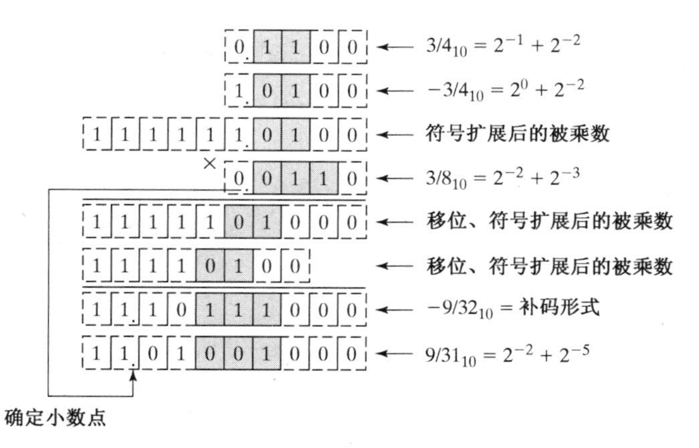

图 10.65　负小数($3/4_{10}$)与正小数($3/8_{10}$)的乘法运算

10.5.3 有符号小数：被乘数为正，乘数为负

如果被乘数为正而乘数为负，则将被乘数扩展符号位，并按照除乘数符号位之外的各位移位相加，然后在乘数符号位的对应位置上再加上被乘数的补码，便可得到它们的乘积。在这种情况下可以很方便地定义小数 A 的补码为 $A^* = 2 - A$，$10_2 - A_2$，从而可将被乘数的表示限定为在小数点的左边只有 2 位，因此减少了进行相加求和的部分积的数目，如图 10.66 所示。

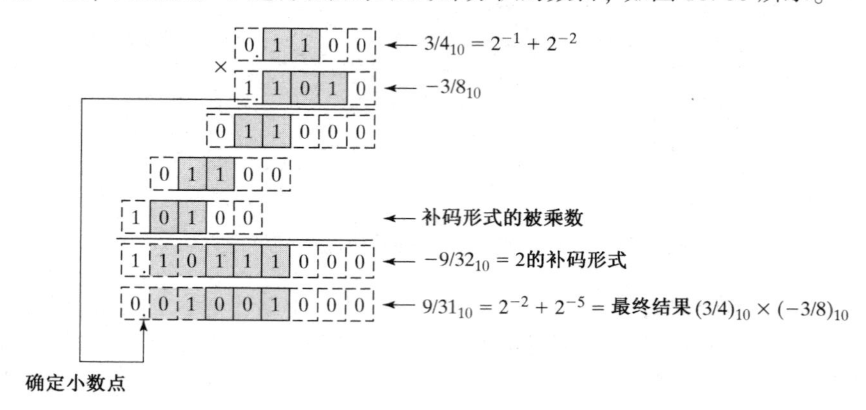

图 10.66 正的被乘数($3/4_{10}$)与负的乘数($-3/8_{10}$)的乘法运算

10.5.4 有符号小数：被乘数、乘数均为负

为了得到两个负小数的乘积，应将符号扩展的被乘数移位相加得到累加和，然后再将累加和与被乘数的补码相加便可得到如图 10.67 所示的乘积。

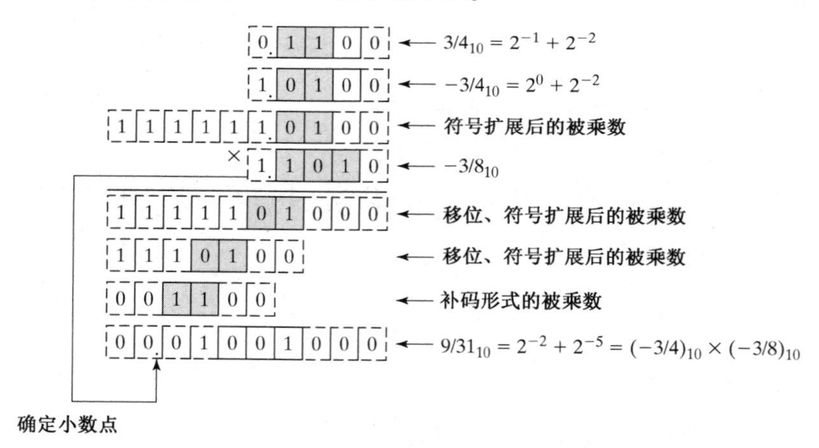

图 10.67 负的被乘数($3/4_{10}$)与负的乘数($3/8_{10}$)的乘法运算

10.6 除法功能单元

时序乘法器使 add-and-shift(加并移位)算法得到两个数据字的乘积。现在讨论用 subtract-and-shift(减并移位)算法的时序除法器的多种结构来得到两个数的商。

10.6.1　无符号二进制数的除法

两个无符号二进制数(如正整数)相除的时序算法是要从被除数中重复地减去除数，直到已检测到余数小于除数。可以通过累计减法运算的次数而得到商；余数的最终值是减法运算序列结束时被除数中的剩余值。能实现减并移位算法的其他结构可能会更有效，但这里仍要先讨论它的基本结构。

例 10.14　图 10.68 给出了 *Divider_STG_0* 的结构，它通过从被除数寄存器的内容中不断减去除数寄存器的内容直到余数小于除数的方法，来得到无符号二进制数的商。该结构是可行的，但效率较低。该结构中使用了太多的寄存器，当除数与被除数相比很小时，将需要运行一个很长的执行序列才能得到商。

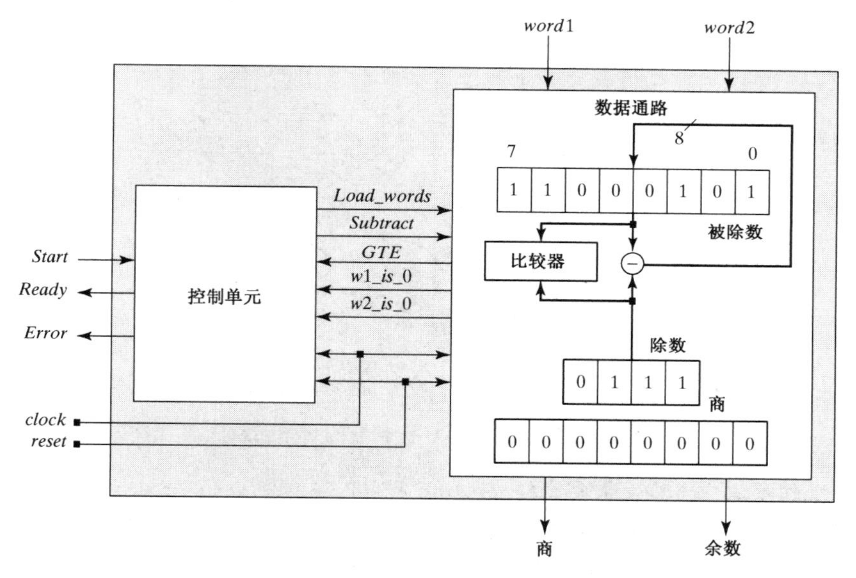

图 10.68　简单低效二进制除法单元 *Divider_STG_0* 的结构

Divider_STG_0 可以为更复杂的系统提供一些有用的特性，包括检测出除数为 0 时的情况，并且当数据通路输入的被除数为 0 时能够终止不必要的计算。当系统处于除法运算过程中时，应能忽略 *Start* 信号。在一个除法运算序列完成以后应该输出有效的 *Ready* 信号，并保持 *Ready* 信号有效直到重新开始一个新的序列；当机器处于空闲状态而输入无效的 *reset* 时，也应输出有效的 *Ready* 信号。如果除数为 0，就应输出 *Error* 信号并保持，直到 *reset* 信号有效为止。异步复位信号应该能把系统从其他任何状态复位到空闲状态。

Divider_STG_0 中已对字节长度进行了参数化处理，这里所示的被除数数据通路长度为 8 位，除数数据通路长度为 4 位。这个设计还假定了除数的长度不会超过被除数的长度。图 10.68 中被除数和商存储在 8 位寄存器中，而除数存储在 4 位寄存器中。为了实现被除数与除数的减法运算，应将除数转化为补码形式，并使用 4 个 1 同时扩展除数的 4 位补码。比较器用来确定是否需要进行减法运算。对于一个 8 位长的被除数，最坏的情况是要进行 255 次减法运算(被除数 = 255，除数 = 1)。图 10.69 所示系统的 STG 中，用 Verilog 运算符标注控制逻辑。与 ASMD 图表不同，通常不使用数据通路单元的寄存器操作对 STG 进行标注。沿着支路所指方向的状态转移在 *reset* 无效时，是以输入某些确定的信号为条件的。

控制器在异步信号 *reset* 的作用下进入状态 *S_idle*，并保持该状态直到 *Start* 信号有效(同时 *reset* 无效)。如果 *word2*(除数的数据通路值)为 0 且 *Start* 有效，系统将进入到一个错误状态 *S_Err*，并保持该状态直到 *reset* 再次有效。在状态 *S_Err* 中，信号 *Error* 作为 *Moore* 型信号有效输出(当机器的状态不是 STG 所指定的状态时，为了保障保护的需要，机器状态也将进入 *S_Err* 状态，但在 STG 中没有给出相关细节)。如果 *word2* 不为 0，就会检查 *word1*(被除数的数据通路值)①。*word1* 如果为 0，状态立刻转移到 *S_3*，在此状态下 *Ready* 作为 *Moore* 型信号有效输出。如果不为 0，*Load_words* 信号有效且机器进入状态 *S_1*。同时，当进行连续的减法运算时，还将输出有效的 *Subtract*。在状态 *S_idle* 下，*Load_words* 和 *Ready* 为 *Mealy* 型输出。

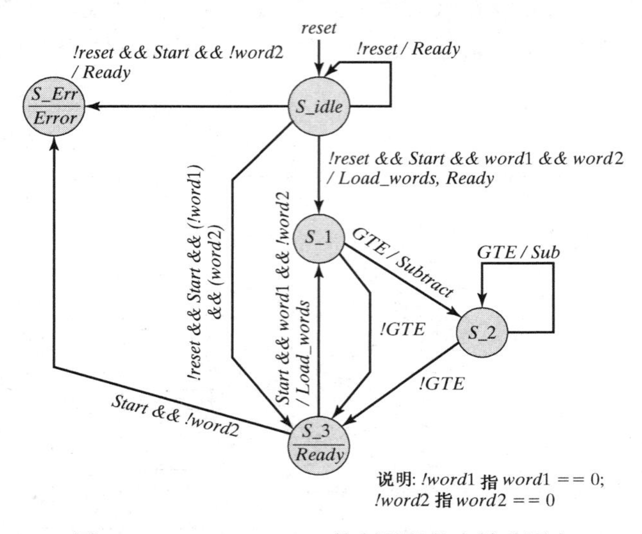

图 10.69 *Divider_STG_0* 控制器的状态转移图表

在每一个操作步骤中，算法都要比较 *dividend* 和 *divisor*。当 *dividend* 小于 *divisor* 时，状态进入到 *S_3*，并保持该状态到下一个 *Start* 和 *Ready* 有效时。因此，控制机器的外部电路要知道在机器进入到状态 *S_idle* 或 *S_3* 之前 *Start* 将被忽略。所以，在 *Ready* 信号有效之前 *Start* 信号必须无效。否则 *quotient* 和 *remainder* 的内容将会与 *word1* 和 *word2* 的新值错误地联系在一起，而不是导致 *Ready* 输出的除法运算被初始化时 *word1* 和 *word2* 所具有的值。

图 10.68 中的结构显示，在数据通路单元中生成三种状态信号：*GTE*, *w1_is0*, *w2_is_0*，分别用来指示被除数是否比除数大，将被装载到被除数中的数据通路字是否为 0，以及将被装载到除数中的数据通路字是否为 0。这些信号用来实现这样的逻辑功能，即当将被装载到被除数中的字为 0 时，跳过除法运算，并且将状态转移到 *S_Err*，用以防止除以 0。

例 10.15 下面给出了 8 位被除数和 4 位除数的 *Divider_STG_0* 的 Verilog 描述。有两种实现减法运算的方法。第一种是对应于支持数据字补码的减法运算的实际硬件，并需要对 *divisor* 进行符号扩展。另一种方法就是使用 *dividend* <= *dividend* - *divisor* 语句。这种方法利用 Verilog 的内建补码算术运算，并能自动适应操作数的不同字节长度。*Divider_STG_0* 的 *testbench*(参见本书支持网站)提供了一个触发激励发生器。请注意，形成商所需要的周期数取决于数据，因此，可以通过除法运算序列的完成来触发激励向量。该系统是可综合的，这是因为它采用了控制器来处理数据依赖性，而不是由数据的循环来控制。

① Verilog 中，当且仅当 *word2* 的值为正整数时 *word2* 的布尔值为真。

```
module Divider_STG_0 #(parameter L_divn = 8, L_divr = 4)(
  output [L_divn -1: 0]     quotient,
  output [L_divn -1: 0]     remainder,
  output Ready, Error,
  input  [L_divn -1: 0]     word1,   // Datapath for dividend
  input  [L_divr -1: 0]     word2,   // Datapath for divisor
  input  Start, clock, reset
);

/* Includes checks for a divide by zero, subtracts the divisor from the dividend until the
dividend is less than the divisor, and counts the number of subtractions performed.
The length of divisor must not exceed the length of dividend .
*/

  Control_Unit M0_Controller
   (.Ready(Ready), .Error(Error), .Load_words(Load_words),
   .Subtract(Subtract), .Start(Start), .GTE(GTE), .w1_is_0(w1_is_0), .w2_is_0(w2_is_0),
   .clock(clock), .reset(reset));

  Datapath_Unit M1_Datapath
  (.quotient(quotient), .remainder(remainder), .GTE(GTE), .w1_is_0(w1_is_0),
   .w2_is_0(w2_is_0), .word1(word1), .word2(word2), .Load_words(Load_words),
   .Subtract(Subtract), .clock(clock), .reset(reset)
  );
endmodule

module Control_Unit (output Ready, Error, output reg Load_words, Subtract,
  input Start, GTE, w1_is_0, w2_is_0, clock, reset
);
  parameter                   S_idle = 0, S_1 = 1, S_2 = 2, S_3 = 3, S_Err = 4;
  parameter                   L_state = 3;
  reg     [L_state -1: 0]     state, next_state;

  assign Ready = ((state == S_idle) && !reset) || (state == S_3);
  assign Error = (state == S_Err);

  always @ (posedge clock, posedge reset)
   if (reset) state <= S_idle; else state <= next_state;

  always @ (state, Start, GTE, w1_is_0, w2_is_0) begin
   Load_words = 0; Subtract = 0; next_state = S_Err; // Default values
   case (state)
    S_idle:        case (Start)
                    0:      next_state = S_idle;
                    1:      if (w2_is_0) next_state = S_Err;
                            else if (!w1_is_0) begin next_state = S_1; Load_words
                              = 1; end
                            else next_state = S_3;
                   endcase

    S_1:           if (GTE) begin next_state = S_2; Subtract = 1; end
                   else next_state = S_3;

    S_2:           if (GTE) begin next_state = S_2; Subtract = 1; end
                   else next_state = S_3;

    S_3:           case (Start)
                    0:      next_state = S_3;
                    1:      if (w2_is_0) next_state = S_Err;
                            else if (w1_is_0) next_state = S_3;
                            else begin next_state = S_1; Load_words = 1; end
                   endcase
    S_Err:         next_state = S_Err;
    default:       next_state = S_Err;
   endcase
  end
endmodule
```

```
module Datapath_Unit #(parameter L_divn = 8, L_divr = 4)(
  output reg      [L_divn -1: 0]      quotient,
  output          [L_divn -1: 0]      remainder,
  output                              GTE, w1_is_0, w2_is_0,
  input   [L_divn -1: 0]      word1,   // Datapath for dividend
  input   [L_divr -1: 0]      word2,   // Datapath for divisor
  input                       Load_words, Subtract, clock, reset
);
  reg     [L_divn -1: 0]      dividend;
  reg     [L_divr -1: 0]      divisor;

  assign GTE = (dividend >= divisor);          // Comparator
  assign w1_is_0 = (word1 == 0);
  assign w2_is_0 = (word2 == 0);
  assign remainder = dividend;

  always @(posedge clock, posedge reset) begin    // Register/Datapath Operations
    if (reset) begin divisor <= 0; dividend <= 0; quotient <= 0; end
    else if (Load_words == 1) begin
      dividend <= word1;
      divisor <= word2;
      quotient <= 0;
    end
    else if (Subtract) begin                   // Note sign extension below
      dividend <= dividend[L_divn -1: 0] + 1'b1 + {{(L_divn -L_divr){1'b1}},
        ~divisor[L_divr -1: 0]};
      // dividend <= dividend - divisor;       // alternative using built-in
                                               2's complement arithmetic
      quotient <= quotient + 1;
    end                                        // Use quotient +2 to test error detection
  end
endmodule
```

图 10.70 中给出的是 *Divider_STG_0* 的仿真波形，通过计算 100_{10}除以 13_{10}得到商 8_{10}和余数 3_{10}，其中 *word1*,*word2*, *dividend*, *divisor*, *quotient* 和 *remainder* 的值都是以十进制的格式给出的。信号 *code_error* 是由正在检测 *quotient* 或 *remainder* 中错误的 *testbench* 产生的。这些波形并不能验证设计的所有特性，本书支持网站中的 *testbench* 可以用来做进一步的验证，包括从除以 0 的错误状态中恢复。

虽然编写一个 Verilog 行为描述不需要考虑实现的细节问题，可以把这些问题交给综合工具来完成，但应该清楚地认识到综合工具可能找不到效率最高的实现方法，它不能判断结构是否实用。例如，*Divider_STG_0* 的结构中用了一个比较器(参见图 10.68)来判断是否应该将除数从被除数中减去，并使用减法器完成减法运算。另一种设计方法可通过对补码数的减法运算中的进位位指示出数的相对大小，从而省去比较器。而减法器是通过使用一个带进位输入的加法器和一个反向器实现的，该反相器将除数反相(按位取反)。该加法器的进位输出产生能控制数据通路的符号位。图 10.71 中给出了使用这种方法的系统：*Divider_STG_0_sub* 的结构，例 10.16 中列出了该系统的 Verilog 描述。注意，通过将 *dividend* 和 *divisor* 的补码相加，用一个连续赋值就可形成这种相连结构{*carry*,*difference*}。

例 10.16 *Divider_STG_0_sub* 的 Verilog 描述[①]使用补码减法运算中的进位位，以取代比较器并控制机器的数据通路。*Divider_STG_0* 中的控制单元是可复用的，数据通路单元做了如下的小小修改。它增加了形成相连结构{*carry*,*difference*}的代码。在接口处，信号 *carry* 为控制单元和数据通路单元之间提供了 *GTE*。仿真结果(这里没有给出)说明了 *Divider_STG_0* 和 *Divider_STG_0_sub* 是相同的。

① *Divider_STG_0_sub* 完整的资料和测试程序可以查阅网站 www.pearsonhighered.com/celetti。

```
module Datapath_Unit #(parameter L_divn = 8, L_divr = 4)(
  output reg      [L_divn -1: 0]    quotient,
  output          [L_divn -1: 0]    remainder,
  output                            carry, w1_is_0, w2_is_0,
  input    [L_divn -1: 0]    word1,   // 被除数
  input    [L_divr -1: 0]    word2,   // 除数
  input                      Load_words, Subtract, clock, reset
);
  reg    [L_divn -1: 0]    dividend;
  reg    [L_divr -1: 0]    divisor;
  wire   [L_divn -1: 0]    difference;

  assign {carry, difference} = dividend[L_divn-1: 0] + {{(L_divn -L_divr){1'b1}},
   ~divisor[L_divr -1: 0]} + 1'b1;
  assign w1_is_0 = (word1 == 0);
  assign w2_is_0 = (word2 == 0);
  assign remainder = dividend;

  always @(posedge clock, posedge reset) begin   // 寄存器/数据通路操作

   if (reset) begin divisor <= 0; dividend <= 0; quotient <= 0; end
   else if (Load_words == 1) begin
    dividend <= word1;
    divisor <= word2;
    quotient <= 0; end
   else if (Subtract) begin                     // 符号扩展
    dividend <= dividend[L_divn -1: 0] + 1'b1 + {{(L_divn -L_divr){1'b1}},
     ~divisor[L_divr -1: 0]};
    // dividend <= dividend - divisor;          // 采用内建补码运算

    quotient <= quotient + 1; end               //用商 +2 来测试错误检测
  end
endmodule
```

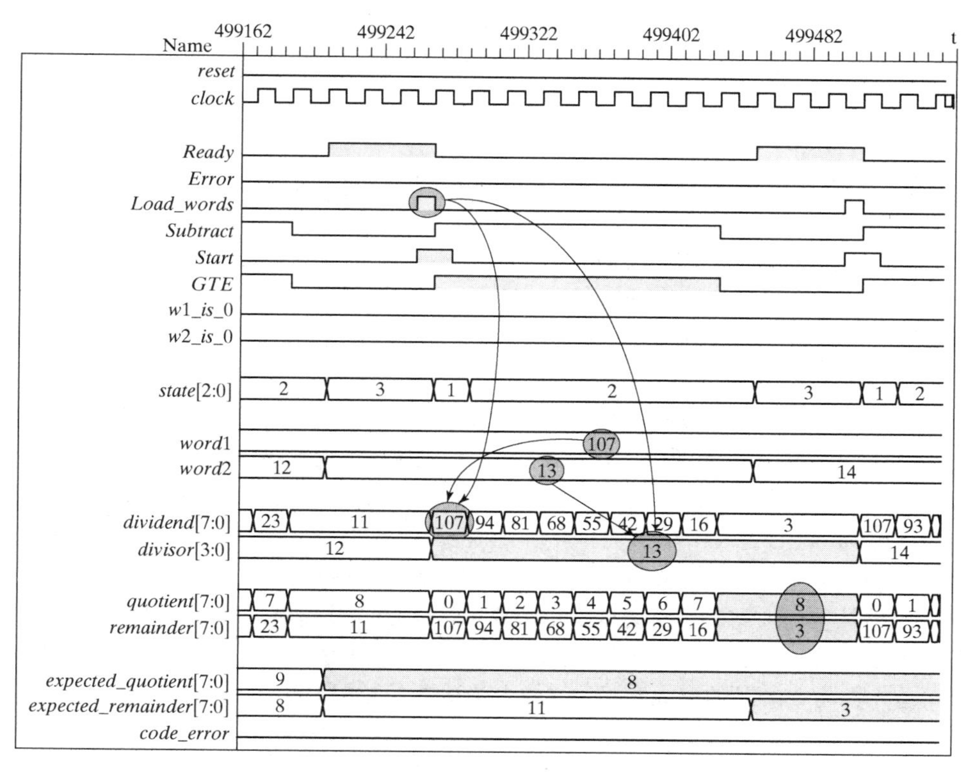

图 10.70　简单二进制除法器 *Divider_STG_0* 的仿真结果

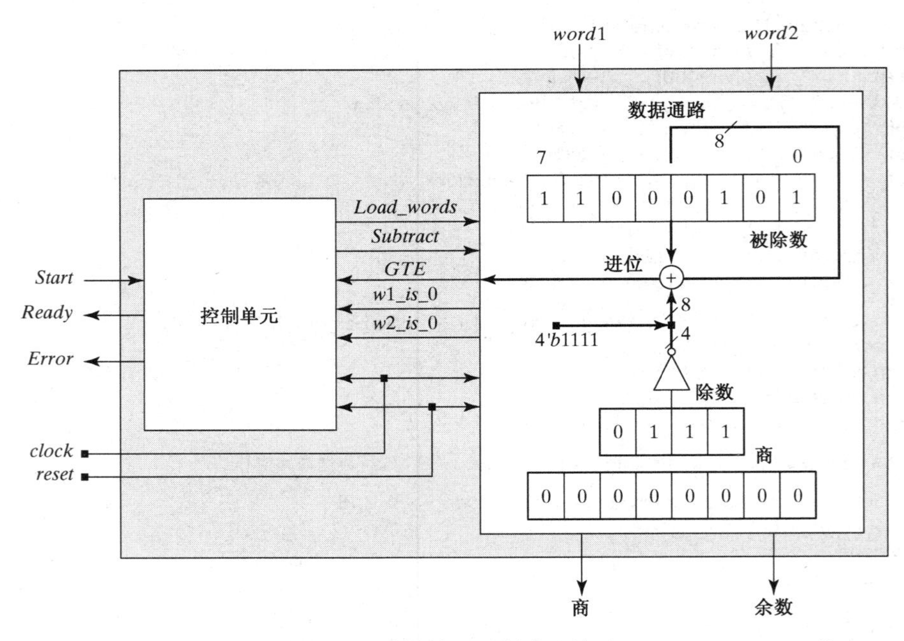

图 10.71 具有 8 位被除数的简单低效二进制除法单元 *Divider_STG_0_sub* 的改进结构。用补码减法形成的进位位替代了*Divider_STG_0*中的比较器

10.6.2 无符号二进制数的高效除法

在上一节中，除法器是通过从被除数中反复减去除数来进行无符号二进制数的除法运算的。当除数较小时，两种电路的效率都不高，因为它们都必须进行多次减法。图 10.72 给出了一种更高效的除法器的基本结构，它通常用人工进行并行计算，其步骤如下：

(1)调整除数与被除数使其最高位相对齐；

(2)然后从被除数中反复减去除数；

(3)将除数向被除数的最低位移动。但在硬件实现中，被除数寄存器的内容会不断地向除数的最高位移动。

在设计除法器结构的过程中应特别小心。在前一节提到的除法器中，保存除数和被除数的寄存器在物理上是相互对齐的，所以它们的最低位也应该是相互对齐的。在图示结构的减法运算步骤中，必须要将除数和被除数对齐，这取决于它们的相应大小和每个字的最高一位 1 的相对位置。同样，被除数寄存器也应向左扩展一位，以适应已对齐的除数寄存器的初始值超过被除数寄存器中相应 4 位值的情况。在这种情况下，在进行减法操作之前，应从被除数的最高位移出一个 1。例如，1001_2 与 1010_2 相除，应首先将被除数向左移，为下一步减法运算做好准备。因此，该系统的控制器会变得更加复杂，而且要包括能使除数和被除数移动的控制信号，如图 10.72 所示。

系统的物理结构将除数字与被除数的 8 位数据通路中的最左边 4 位调整为对齐。在操作中，被除数字不断地从右向左移动，而且每一步都要从已调整的被除数的相应位中减去除数，这种操作取决于除数是否比被除数选定部分的对应值小。然而，应调整系统使得从被除数中减去的不是除数，而是除数与 2 的幂的最大乘积，这样在当除数较小时就可以消去一些需重复进行的减法运算了。

这种系统被称为是自调整的，因为它在一个除法运算序列的开始就能自动判断是否需要对齐除数或被除数，这取决于它们最左非 0 位的相对位置。在除法运算中经常性地对两个字进行调整，使得其最高位为 1 的方法效率较低，因为这可能会需要更多的移位。所采用的方法是在一开始就将除数移到被除数的最左非 0 位（而不是被除数的最低位）。

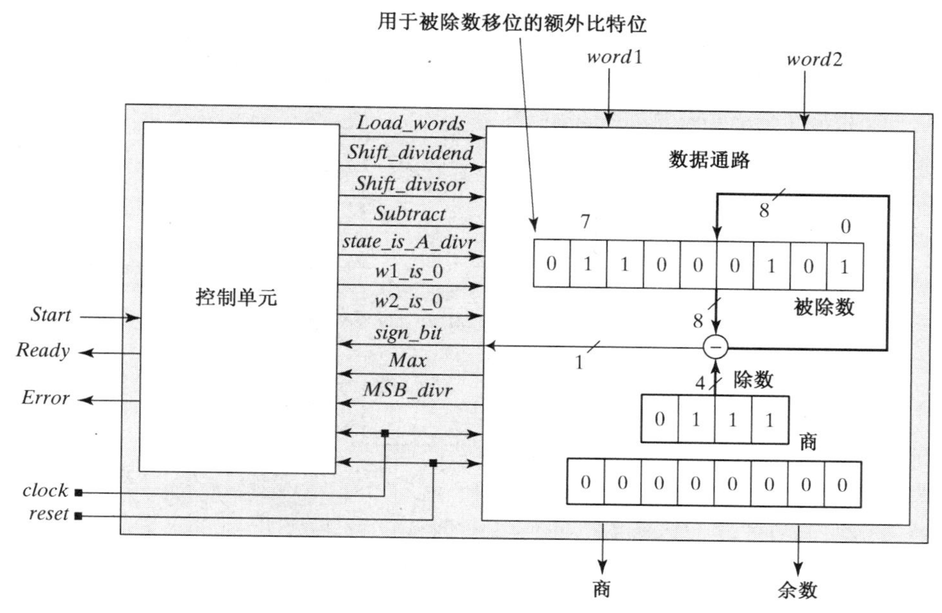

图 10.72　8 位被除数、4 位除数的无符号二进制字自调整除法器 *Divider_STG_1* 的结构

有两种需要对数据通路字进行初始调整的情况：

（1）被除数最左 4 位的值小于除数的值（例如，1100_2 除以 1110_2）；

（2）除数的最低位为 0，同时除数字节可以向左移动，而且仍然可以去除被除数（例如，1100_2 除以 0101_2）。

对于第一种情况，应将被除数依次向左移动 1 位，直到扩展 1 位的被除数的最左 5 位等于或大于除数的对应位，或者直到不能再移位为止；而在第二种情况中，则应将除数向左移，直到再移动所得到的字节不能去除被除数字节的最左 4 位为止（不包括扩展位）。余数位在除法运算序列结束时的物理位置取决于被除数是否进行了移位调整。因此，可将调整移位的次数记录下来，并用来控制状态机，以及调整在执行序列结束后的余数值。

图 10.73 中给出了自调整除法器 *Divider_STG_1* 的 STG 图。在一个给定状态下，从一个状态节点出发的支路中所使用的控制标记仅适于该支路，而在其他没有明确使用该标记的支路中被视为是无效的。在任何离开一个状态节点的支路中都没有出现的标记被认为是无关紧要的。只有 *S_idle* 状态下才会给出复位信号，而在其他所有状态上的复位信号均被视为是异步操作。

在 *S_Adivr* 状态下，*Shift_divisor* 的操作是将除数调整到被除数的最高非 0 位；在 *S_Adivr* 状态下，*Shift_dividend* 的操作是调整被除数寄存器以进行减法运算；在 *S_div* 状态下，同时进行实际的减法运算和许多移位操作。在状态 *S_Adivr* 和 *S_Adivr* 下，变量 *Max* 将检测所允许的最大移位何时发生。

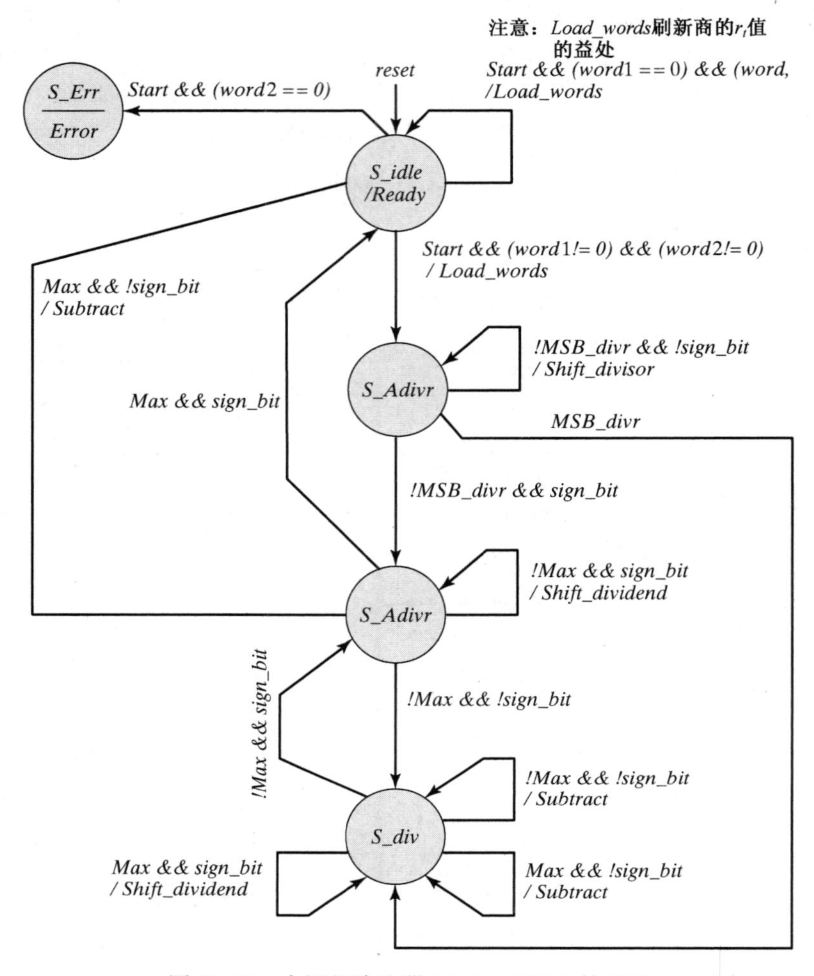

图 10.73　自调整除法器 *Divider_STG_1* 的 STG

例 10.17　下面给出了自调整除法器 *Divider_STG_1* 的 *testbench* 和 Verilog 描述，图 10.73 中给出了被除数为 8 位、除数为 4 位的除法器所对应的 STG 图。请注意 *Divider_STG_1* 的两个特征：

(1) 用减法器产生的符号位控制数据通路(另一种设计方法依靠综合工具综合出能用减法器符号位来代替比较器逻辑的电路)；

(2) 其减法器的数据通路是多路传输的。为了判断移动 1 位的除数是否可以去除被除数的 4 位字，利用上述这个特性可以避免使用独立的比较器。在这种情况下，*comparison* 的值取决于在被除数与除数之间的差形成之前除数是否已被移位。*comparison* 的符号位决定了 *sign_bit*。被除数针对除数的调整发生于 *S_Adivr* 状态。数据通路的减法和移位操作是在 *S_div* 状态下进行的①。由该 *testbench* 产生的测试向量可通过无效的 *Ready* 来触发。这个特性被包含进来是因为完成除法运算序列所需要的周期数取决于数据。固定周期向量生成器必须能适应除法运算序列的最坏情况，并将最坏情况的延时应用于所有向量，使得测试时间变得更长。为该模块设计的 *testbench* 包括了用作详细验证的错误检测。

① 参见本章末尾的习题 28，该题目给出了对于 *Divider_STG_1* 进行修改以减少除法运算所需的周期。

```
module Divider_STG_1 #(parameter L_divn = 8, L_divr = 4)( // Choose L_divr <=
  L_divn
 output         [L_divn -1: 0]      quotient,
 output         [L_divn -1: 0]      remainder,
 output         Ready, Error,
 input          [L_divn -1: 0]      word1,    // Datapath for dividend
 input          [L_divr -1: 0]      word2,    // Datapath for divisor
 input          Start, clock, reset
);
 wire    Load_words, Shift_dividend, Shift_divisor, Subtract, state_is_S_Adivr;
 wire    w1_is_0, w2_is_0, sign_bit, Max, MSB_divr;

 Control_Unit M0_Controller (
  .Ready(Ready), .Error(Error), .Load_words(Load_words),
  .Shift_dividend(Shift_dividend), .Shift_divisor(Shift_divisor),
  .Subtract(Subtract), .state_is_S_Adivr(state_is_Adivr),
  .Start(Start), .w1_is_0(w1_is_0), .w2_is_0(w2_is_0), .sign_bit(sign_bit),
  .Max(Max), .MSB_divr(MSB_divr), .clock(clock), .reset(reset)
 );
 Datapath_Unit M1_Datapath (
  .quotient(quotient), .remainder(remainder), .w1_is_0(w1_is_0), .w2_is_0(w2_is_0),
  .sign_bit(sign_bit), .Max(Max), .MSB_divr(MSB_divr),
  .word1(word1), // Datapath for dividend
  .word2(word2), // Datapath for divisor
  .Load_words(Load_words), .Shift_dividend(Shift_dividend),
  .Shift_divisor(Shift_divisor), .Subtract(Subtract), .state_is_S_Adivr(state_is_Adivr),
  .clock(clock), .reset(reset)
 );
endmodule
module Control_Unit (output Ready, Error,
 output reg Load_words, Shift_dividend, Shift_divisor, Subtract,
 output state_is_S_Adivr,
 input Start, w1_is_0, w2_is_0, sign_bit, Max, MSB_divr, clock, reset
);
parameter S_idle = 0, S_Adivr = 1, S_Adivn = 2, S_div = 3, S_Err = 4, L_state = 3;
 reg     [L_state -1: 0]     state, next_state;
 assign Ready =((state == S_idle) && !reset);
 assign Error = (state == S_Err);
 assign state_is_S_Adivr = (state == S_Adivr);

 always @ (posedge clock, posedge reset)
  if (reset) state <= S_idle; else state <= next_state;

 always @ (state, Start, w1_is_0, w2_is_0, sign_bit, Max, MSB_divr) begin
  Load_words = 0; Shift_dividend = 0; Shift_divisor = 0; Subtract = 0; next_state
   = S_idle;

  case (state)
   S_idle:      case (Start)
                 0:     next_state = S_idle;
                 1:     if (w2_is_0) next_state = S_Err;
                        else if (!w1_is_0) begin next_state = S_Adivr;
                         Load_words = 1; end
                        else next_state = S_idle;
                endcase

   S_Adivr:     case (MSB_divr)
                 0: if (!sign_bit) begin next_state = S_Adivr; Shift_divisor = 1;
                    end // can shift divisor
                    else if (sign_bit) begin next_state = S_Adivn; end  // cannot
                                                                          shift
                                                                          divisor
                 1: next_state = S_div;
                endcase

   S_Adivn:     case ({Max, sign_bit})
                 2'b00:  next_state = S_div;
                 2'b01:  begin next_state = S_Adivn; Shift_dividend = 1; end
```

```
                2'b10:  begin next_state = S_idle; Subtract = 1; end
                2'b11:  next_state = S_idle;
              endcase

   S_div:     case ({Max, sign_bit})
                2'b00:  begin next_state = S_div; Subtract = 1; end
                2'b01:  next_state = S_Adivn;
                2'b10:  begin next_state = S_div; Subtract = 1; end
                2'b11:  begin next_state = S_div; Shift_dividend = 1; end
              endcase

   default:   next_state = S_Err;
  endcase
 end
endmodule
module Datapath_Unit #(parameter L_divn = 8, L_divr = 4, L_cnt = 4)(
// Choose L_divr <= L_divn
 output reg [L_divn -1: 0] quotient,
 output [L_divn -1: 0]      remainder,
 output                     w1_is_0, w2_is_0, sign_bit, Max, MSB_divr,
 input  [L_divn -1: 0]              word1,    // Datapath for dividend
 input  [L_divr -1: 0]              word2,    // Datapath for divisor
 input                              Load_words, Shift_dividend, Shift_divisor,
                                      Subtract, state_is_S_Adivr,
 input                              clock, reset
);
 parameter Max_cnt = L_divn-L_divr;
 reg    [L_divn: 0]         dividend;          // Extended dividend
 reg    [L_divr -1: 0]      divisor;
 reg    [L_cnt -1: 0]       num_shift_dividend, num_shift_divisor;
 // Logic for status signals
 assign MSB_divr = divisor[L_divr -1];
 assign w1_is_0 = !(|word1);
 assign w2_is_0 = !(|word2);
 assign Max = (num_shift_dividend == Max_cnt + num_shift_divisor );
 // Shift the remainder to compensate for alignment shifts:
 assign remainder = (dividend[L_divn -1: L_divn -L_divr] ) >> num_shift_divisor;

 wire  [L_divr: 0]  comparison = ((MSB_divr == 0) && (state_is_S_Adivr))?
                    dividend[L_divn: L_divn - L_divr] + {1'b1, ~(divisor << 1)} + 1'b1:
                    dividend[L_divn: L_divn - L_divr] + {1'b1, ~divisor[L_divr -1: 0]}
                      + 1'b1;

 assign sign_bit = comparison[L_divr];

 always @ (posedge clock, posedge reset)          // Register/Datapath operations
   if (reset) begin
     divisor <= 0; dividend <= 0; quotient <= 0; num_shift_dividend <= 0;
       num_shift_divisor <= 0;
   end
  else begin
   if (Load_words) begin
     dividend <= word1;
     divisor <= word2;
     quotient <= 0;
     num_shift_dividend <= 0;
     num_shift_divisor <= 0;
  end
  if (Shift_divisor) begin
    divisor <= divisor << 1;
    num_shift_divisor <= num_shift_divisor + 1;
  end
  if (Shift_dividend) begin
    dividend <= dividend << 1;
    quotient <= quotient << 1;
    num_shift_dividend <= num_shift_dividend +1;
  end
```

```
    if (Subtract) begin
      dividend [L_divn: L_divn -L_divr] <= comparison;
      quotient[0] <= 1;
    end
  end
endmodule

module test_Divider_STG_1 ();
  parameter L_divn = 8;
  parameter L_divr = 4;
  parameter word_1_max = 255;
  parameter word_1_min = 1;
  parameter word_2_max = 15;
  parameter word_2_min = 1;
  parameter max_time = 850000;
  parameter half_cycle = 10;
  parameter start_duration = 20;
  parameter start_offset = 30;
  parameter delay_for_exhaustive_patterns = 490;
  parameter reset_offset = 50;
  parameter reset_toggle = 5;
  parameter reset_duration = 20;

  parameter word_2_delay = 20;
  wire [L_divn -1: 0] quotient;
  wire [L_divn-1: 0] remainder;
  wire Ready, Div_zero;
  integer word1;  // dividend
  integer word2;  // divisor
  reg Start, clock, reset;
  reg [L_divn-1: 0] expected_quotient;
  reg [L_divn-1: 0] expected_remainder;
  wire quotient_error, rem_error;
  integer k, m;
  // probes
  wire [L_divr-1: 0] Left_bits = M0.M1.dividend[L_divn-1: L_divn -L_divr];
  Divider_STG_1 M0 (
   .quotient(quotient), .remainder(remainder), .Ready(Ready), .Error(Error),
   .word1(word1), .word2(word2), .Start(Start), .clock(clock), .reset(reset));

  initial #max_time $finish;
  initial begin clock = 0; forever #half_cycle clock = ~clock; end
  initial begin expected_quotient = 0; expected_remainder
   forever @ (negedge Ready) begin        // Form expected values
    #2 if (word2 != 0) begin expected_quotient = word1 / word2; expected_remainder
      = word1 % word2; end
   end
  end

  assign quotient_error = (!reset && Ready) ? |(expected_quotient ^ quotient): 0;
  assign rem_error = (!reset && Ready) ? |(expected_remainder ^ remainder): 0;

  initial begin     // Test for divide by zero detection
   #2 reset = 1;
   #15 reset = 0; Start = 0;
   #10 Start = 1; #5 Start = 0;
  end

  initial begin     // Test for recovery from error state on reset and running reset
   #reset_offset reset = 1; #reset_toggle Start = 1; #reset_toggle reset = 0;
   word1 = 0;
   word2 = 1;
   while (word2 <= word_2_max) #20 word2 = word2 +1;
   #start_duration Start = 0;
  end
```

```
initial begin    // Exhaustive patterns
 #delay_for_exhaustive_patterns
 word1 = word_1_min; while (word1 <= word_1_max) begin
 word2 = 1; while (word2 <= 15) begin
  #0 Start = 0;
  #start_offset Start = 1;
  #start_duration Start = 0;
  @ (posedge Ready) #0;
  word2 = word2 + 1; end                // divisor pattern
  word1 = word1 + 1; end                // dividend pattern
end
endmodule
```

图 10.74 中给出了 *Divider_STG_1* 的仿真结果，显示出 *Shift_dividend* 的操作下被除数的初始调整。基于图 10.73 中的 STG，该系统能正确地得到 $28_{10}=0001\_1011_2$ 除以 $8_{10}=1000_2$ 的商，并给出商为 3_{10}，余数为 4_{10}。当 *Start* 信号有效时，系统装载被除数和除数并进入 *S_Adivr* 状态，在此状态下要比较被除数和除数的最左边的字节，来判断是否需要进行调整。该系统会检测到对被除数进行调整的需求，在 *sign_bit* 有效时，将在下一时钟进入到 *S_Adivr* 状态，开始调整被除数。若在后面 3 个时钟周期内 *shift_dividend* 有效，将被除数($28_{10}=0001\_1100_2$)左移 3 个位置使其最高位与除数($8_{10}=1000_2$)的最高位对准，使得 *dividend* 的值为 $1110\_0000_2=224_{10}$。这些仿真结果展示了该设计的一个特性：在调整被除数之前和之后均浪费了一个时钟周期。对于该设计的进一步修改留作本章末的一个习题。

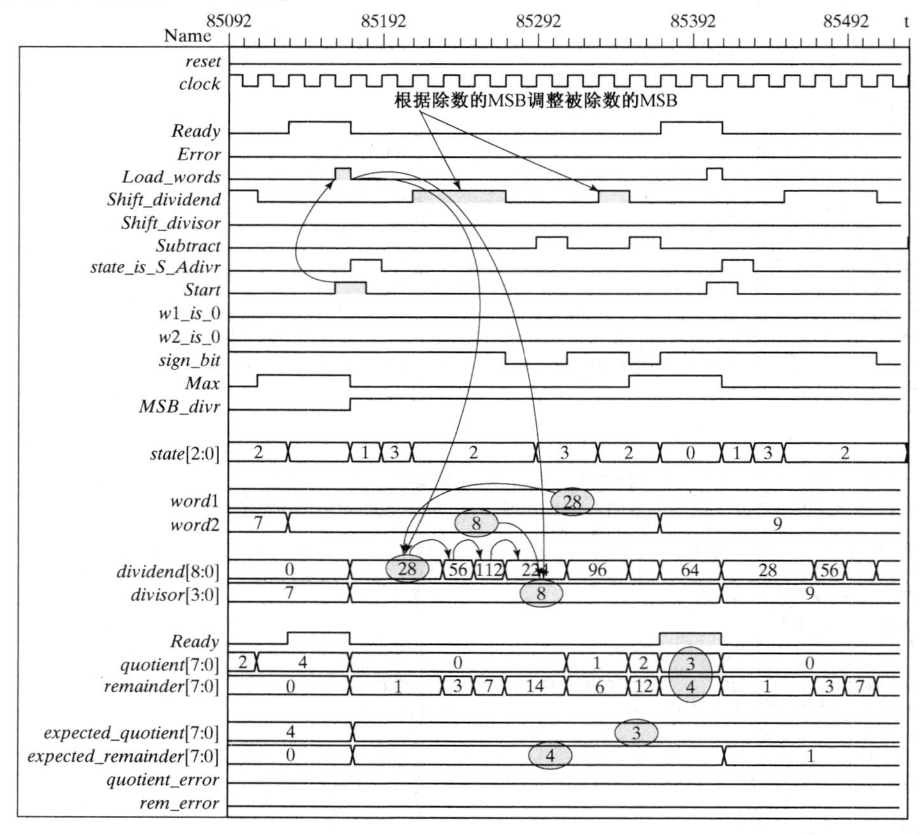

图 10.74 在 *Shift_dividend* 的作用下调整 *dividend*，计算 28_{10}除以 8_{10}的商的 *Divider_STG_1* 的仿真结果

图 10.75 显示了 $193_{10} = 1100\_0001_2$ 除以 $1_{10} = 0001_2$ 的除法运算，并且显示了在 3 个时钟周期内将调整除数使其与被除数对准的 *Shift_divisor* 的作用。图中所标出的波形说明了移位操作发生的周期。请注意，*Divider_STG_1* 系统在控制器单元和数据通路单元之间的通信要比 *Divider_STG_0* 多，但是 *quotient* 和 *reminder* 只需要 18 个周期来形成，而不是 193 个周期。

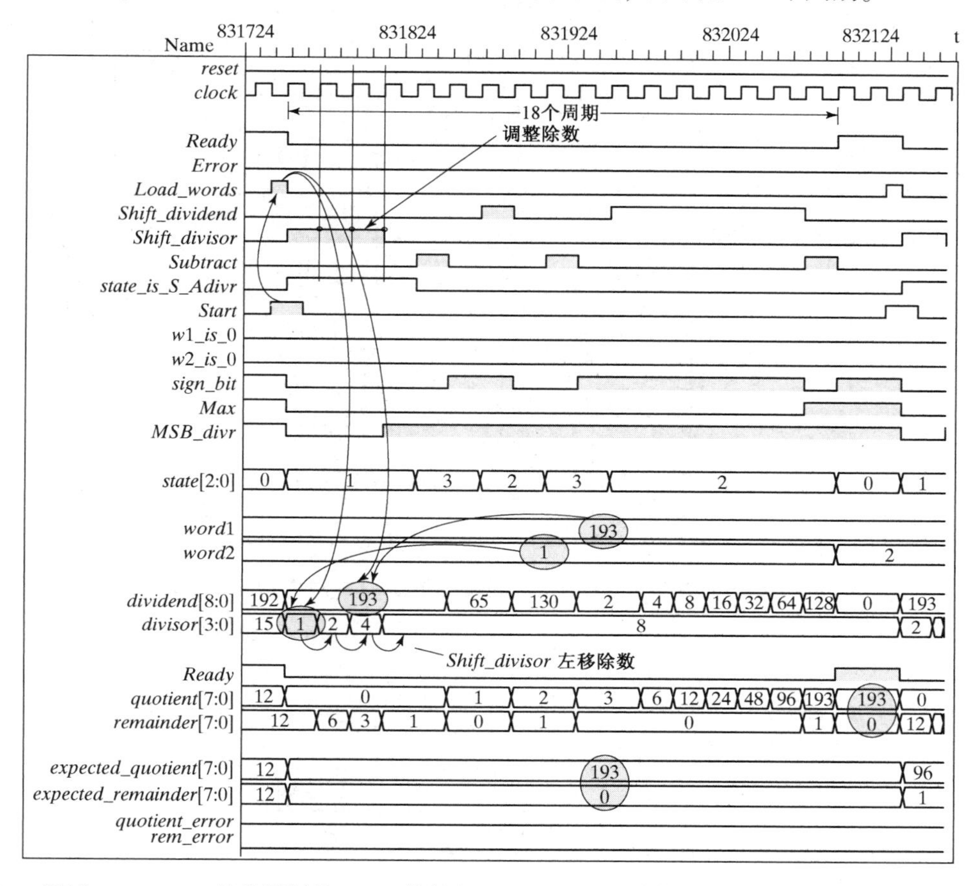

图 10.75　通过 *Shift_divisor* 的作用调整 *divisor* 使其与 *dividend* 对准，计算 193_{10}除以 2_{10}的除法运算的仿真结果

10.6.3　精简寄存器时序除法器

这里给出了一个更有效的除法器结构，它基于在除法运算序列开始执行时，被除数寄存器的内容就要向最高位移动，同时为商的位留出存储空间。这种结构在物理资源利用方面更为有效，因为它不再使用单独的寄存器保存商，如图 10.76 所示。该方法还有下列特性：

(1) 移位和减法操作数在同一时钟周期内进行，而不是在不同的周期内进行；

(2) 调整余数，以对其在寄存器中的最后位置进行修正；

(3) 使用溢出位检测不正确的结果。

由被除数和商共同使用的寄存器的结构如图 10.77 所示。寄存器包括一个扩展位用来调整被除数和除数所需的初始移位，并用来保存从被除数中减去除数所形成的符号位。该寄存器需在右边扩展一位以保存求商所形成的第一位。我们使用数据通路单元中的计数器来产生状态信号，并传送给控制单元。图 10.78 给出了该系统的 ASMD 图表①。

① 数据通路中的状态信号的逻辑产生不包含在 ASMD 图表中。

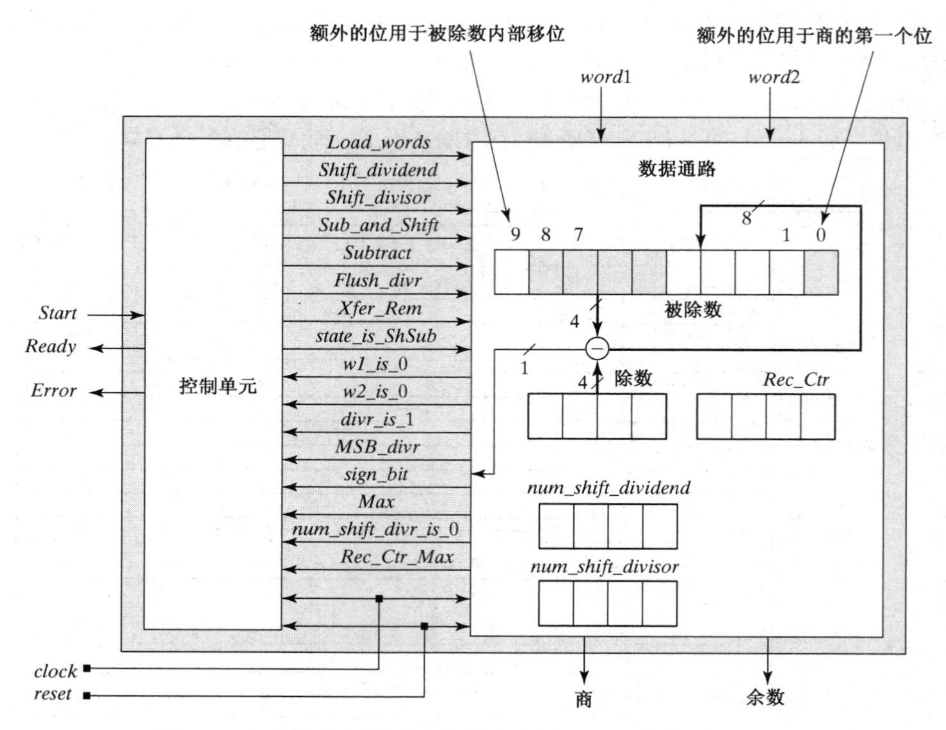

图 10.76 精简寄存器的二进制除法器 *Divider_STG_RR* 的结构

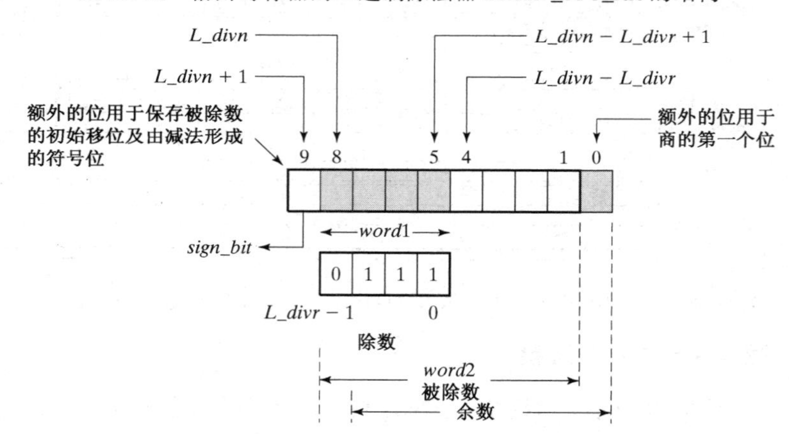

图 10.77 精简寄存器的二进制除法器 *Divider_STG_RR* 的寄存器结构

例 10.18

```
module Divider_RR_STG #(parameter L_divn = 8, L_divr = 4 )(
 // Choose L_divr <= L_divn
 output [L_divn -1: 0]          quotient,
 output [L_divr -1: 0]          remainder,
 output                    Ready, Error,
 input [L_divn -1: 0]           word1, // Datapath for dividend
 input [L_divr -1: 0]           word2, // Datapath for divisor
 input                          Start, clock, reset
);

 Control_Unit M0_Controller (
  .Ready(Ready), .Error(Error), .Load_words(Load_words),
```

```
  .Shift_dividend(Shift_dividend), .Shift_divisor, (Shift_divisor),
  .Sub_and_Shift(Sub_and_Shift), .Subtract(Subtract),
  .Flush_divr(Flush_divr), .Xfer_Rem(Xfer_Rem), .state_is_ShSub(state_is_ShSub),
  .Start(Start), w1_is_0(w1_is_0), .w2_is_0(w2_is_0), .divr_is_1(divr_is_1),
  .MSB_divr(MSB_divr), .sign_bit(sign_bit), .Max(Max),
  .num_shift_divr_is_0(num_shift_divr_is_0), .Rec_Ctr_Max(Rec_Ctr_Max),
  .clock(clock), .reset(reset));
 Datapath_Unit M1_Datapath (
  .quotient, .remainder, .w1_is_0(w1_is_0), .w2_is_0(w2_is_0), .divr_is_1(divr_is_1),
  .MSB_divr(MSB_divr), .sign_bit(sign_bit), .Max(Max),
  .num_shift_divr_is_0(num_shift_divr_is_0),
  .Rec_Ctr_Max(Rec_Ctr_Max), .word1(word1), .word2(word2),
  .Load_words(Load_words),
  .Shift_dividend(Shift_dividend), .Shift_divisor(Shift_divisor),
  .Sub_and_Shift(Sub_and_Shift),
  .Subtract(Subtract), .Flush_divr(Flush_divr), .Xfer_Rem(Xfer_Rem),
  .state_is_ShSub(state_is_ShSub), .clock(clock), .reset(reset));
endmodule

module Control_Unit (
 output          Ready, Error,
 output reg      Load_words, Shift_dividend, Shift_divisor, Sub_and_Shift, Subtract,
                 Flush_divr, Xfer_Rem,
output   state_is_ShSub,
input               Start, w1_is_0, w2_is_0, divr_is_1, MSB_divr, sign_bit, Max,
                    num_shift_divr_is_0, Rec_Ctr_Max, clock, reset
);
parameter L_state = 3;
parameter S_idle = 0, S_Adivr = 1, S_ShSub = 2, S_Rec = 3, S_Err = 4;
reg [L_state -1: 0] state, next_state;

 assign          Ready =((state == S_idle) && !reset) ;
 assign          Error = (state == S_Err);
 assign          state_is_ShSub = (state == S_ShSub);

 always @ (posedge clock, posedge reset) if (reset) state <= S_idle; else state
  <= next_state;

 always @ (state, Start, w1_is_0, w2_is_0, divr_is_1, MSB_divr, sign_bit, Max,
  num_shift_divr_is_0, Rec_Ctr_Max)
  begin
   Load_words = 0; Shift_dividend = 0; Shift_divisor = 0;
   Sub_and_Shift = 0; Subtract = 0; Flush_divr = 0; Xfer_Rem = 0;
   case (state)
    S_idle:      case (Start)
                  0:      next_state = S_idle;
                  1:      if (w2_is_0) next_state = S_Err;
                          else if (!w1_is_0) begin next_state = S_Adivr;
                           Load_words = 1; end
                          else if (sign_bit) next_state = S_ShSub;
                          else next_state = S_idle;
                  default: next_state = S_Err;
                 endcase
    S_Adivr:    if (divr_is_1) begin next_state = S_idle; end else
                 case ({MSB_divr, sign_bit})
                  2'b00: begin next_state = S_Adivr; Shift_divisor = 1; end // can
                                                                              shift
                                                                              divisor
                  2'b01:next_state = S_ShSub;                               // cannot
                                                                             shift
                                                                             divisor
                  2'b10:next_state = S_ShSub;
                  2'b11:next_state = S_ShSub;
                 endcase
```

```
      S_ShSub:   case ({Max, sign_bit})
                   2'b00:  begin next_state = S_ShSub; Sub_and_Shift = 1; end
                   2'b01:  begin next_state = S_ShSub; Shift_dividend = 1; end
                   2'b10:  begin Subtract = 1; if ( num_shift_divr_is_0) next_state
                             = S_idle;
                           else next_state = S_ShSub; end
                   2'b11:  if ( num_shift_divr_is_0) next_state = S_idle;
                           else begin next_state = S_Rec; Flush_divr = 1; end
                 endcase

      S_Rec:     if (Rec_Ctr_Max) begin next_state = S_idle; end
                 else  begin next_state = S_Rec; Xfer_Rem = 1; end

     default :   next_state = S_Err;
   endcase
  end
endmodule

module Datapath_Unit #( parameter L_divn = 8, L_divr = 4,
 L_Rec_Ctr = 3, L_cnt = 4, Max_cnt = L_divn - L_divr)(
 output  [L_divn -1: 0]      quotient,
 output  [L_divr -1: 0]      remainder,
 output                      w1_is_0, w2_is_0, divr_is_1, MSB_divr, sign_bit, Max,
 output                      num_shift_divr_is_0,
 output                      Rec_Ctr_Max,
 input   [L_divn -1: 0]      word1,              // Datapath for dividend
 input   [L_divr -1: 0]      word2,              // Datapath for divisor
 input                       Load_words, Shift_dividend, Shift_divisor,
                               Sub_and_Shift, Subtract,
                             Flush_divr, Xfer_Rem, state_is_ShSub, clock, reset
);
 reg     [L_divn +1: 0]      dividend;           // Doubly extended dividend
 reg     [L_divr -1: 0]      divisor;
 reg     [L_cnt -1: 0]       num_shift_dividend, num_shift_divisor;
 reg     [L_Rec_Ctr -1: 0]   Rec_Ctr;            // Recovery counter
 wire    [L_divr: 0]         comparison;         // includes sign_bit

 assign MSB_divr = divisor[L_divr -1];
 assign w1_is_0 = !(|word1);
 assignw2_is_0 = !(|word2);
 assign num_shift_divr_is_0 = !(|num_shift_divisor);
 assign quotient = ((divisor == 1) && ( num_shift_divr_is_0))? dividend[L_divn: 1]:
   (num_shift_divr_is_0) ? dividend[L_divn - L_divr : 0]: dividend[L_divn +1: 0];
 assign remainder = num_shift_divr_is_0 ? (divisor == 1) ? 0:
   (dividend[L_divn: L_divn - L_divr +1] ): divisor;
 assign divr_is_1 = (divisor == 1);
 assign Rec_Ctr_Max = (Rec_Ctr == L_divr - num_shift_divisor);
 assign Max = (num_shift_dividend == Max_cnt + num_shift_divisor);
 assign comparison =
   (state_is_ShSub) ? dividend[L_divn + 1: L_divn - L_divr + 1] + {1'b1,
     ~divisor[L_divr -1: 0]} + 1'b1:
  MSB_divr ? dividend[L_divn + 1: L_divn - L_divr + 1] + {1'b1, ~(divisor << 1)} + 1'b1:
   dividend[L_divn + 1: L_divn - L_divr + 1] + {1'b1, ~divisor[L_divr -1: 0]} + 1'b1;

 assign sign_bit = comparison[L_divr];

  always @(posedge clock, posedge reset)          // Register/Datapath operations
  if (reset) begin
   dividend <= 0;
   divisor <= 0;
   num_shift_dividend <= 0;
   num_shift_divisor <= 0;                        // use to down-cnt
   Rec_Ctr <= 0;
```

```
        end
        else begin
         if (Load_words == 1) begin
          dividend <= {1'b0, word1[L_divn -1: 0], 1'b0};
          divisor <= word2;
          num_shift_dividend <= 0;
            num_shift_divisor <= 0;
          Rec_Ctr <= 0;
         end
         if (Shift_divisor) begin
          divisor <= divisor << 1;
          num_shift_divisor <=   num_shift_divisor + 1;
         end
         if (Shift_dividend) begin
          dividend <= dividend << 1;
          num_shift_dividend <= num_shift_dividend + 1;
         end
         if (Sub_and_Shift) begin
          dividend <= {comparison[L_divr -1: 0], dividend [L_divn -L_divr: 1], 2'b10} ;
          num_shift_dividend <= num_shift_dividend + 1;
         end
         if  (Subtract) begin
          dividend[L_divn + 1: 1] <= {comparison[L_divr: 0], dividend [L_divn -L_divr: 1]} ;
          dividend[0] <= 1;
         end
         if  (Flush_divr) begin
          Rec_Ctr <= 0;
          divisor <= 0;
         end
         if  (Xfer_Rem) begin
           dividend[ L_divn - L_divr + num_shift_divisor + 1 + Rec_Ctr] <= 0;
           divisor[Rec_Ctr] <= dividend[ L_divn - L_divr + num_shift_divisor + 1 + Rec_Ctr];
            Rec_Ctr <= Rec_Ctr + 1;
          end
       end
     endmodule
```

图 10.79 所示的 *Divider_RR_STG* 的仿真结果说明了 17710177_{10}除以 5105_{10}的除法运算，得到的商为 35_{10}，余数为 2_{10}。所显示的波形包括数据通路产生的状态信号。

10.6.4 有符号二进制数(补码)的除法

得到两个有符号数的商的最简单方法是将其数值相除，然后，如果需要则调整结果的符号。当然，存在其他更为复杂的算法，但这里不予讨论[1]。

10.6.5 带符号的计算

通常，Verilog 对 32 位的整数进行有符号的计算操作，并且只有在每个操作数是有符号的情况下，才会用有符号的计算来求表达式的值。如果一个操作数为无符号的，运算就是无符号的。在 Verilog 1995 中，只有 32 位的整数是有符号的。Verilog 2001/2005 新加了一些有符号数据类型、端口、函数的选项[14]，它使用了预留关键字 ***signed*** 来声明一个 ***reg*** 或一个线网型的变量是有符号的，并且支持对任意大小的整数和任意大小的向量进行有符号的计算，而不仅仅是支持 32 位的值。模块端口可以被声明为有符号的，使得端口的数据类型被当作有符号的变量。同样，函数的返回值也可以被声明为有符号的。Verilog 2001/2005 也支持类型定义操作符$ *signed* 和$ *unsigned*。在操作和代码综合的结果中，必须要注意有符号的扩展[15]。

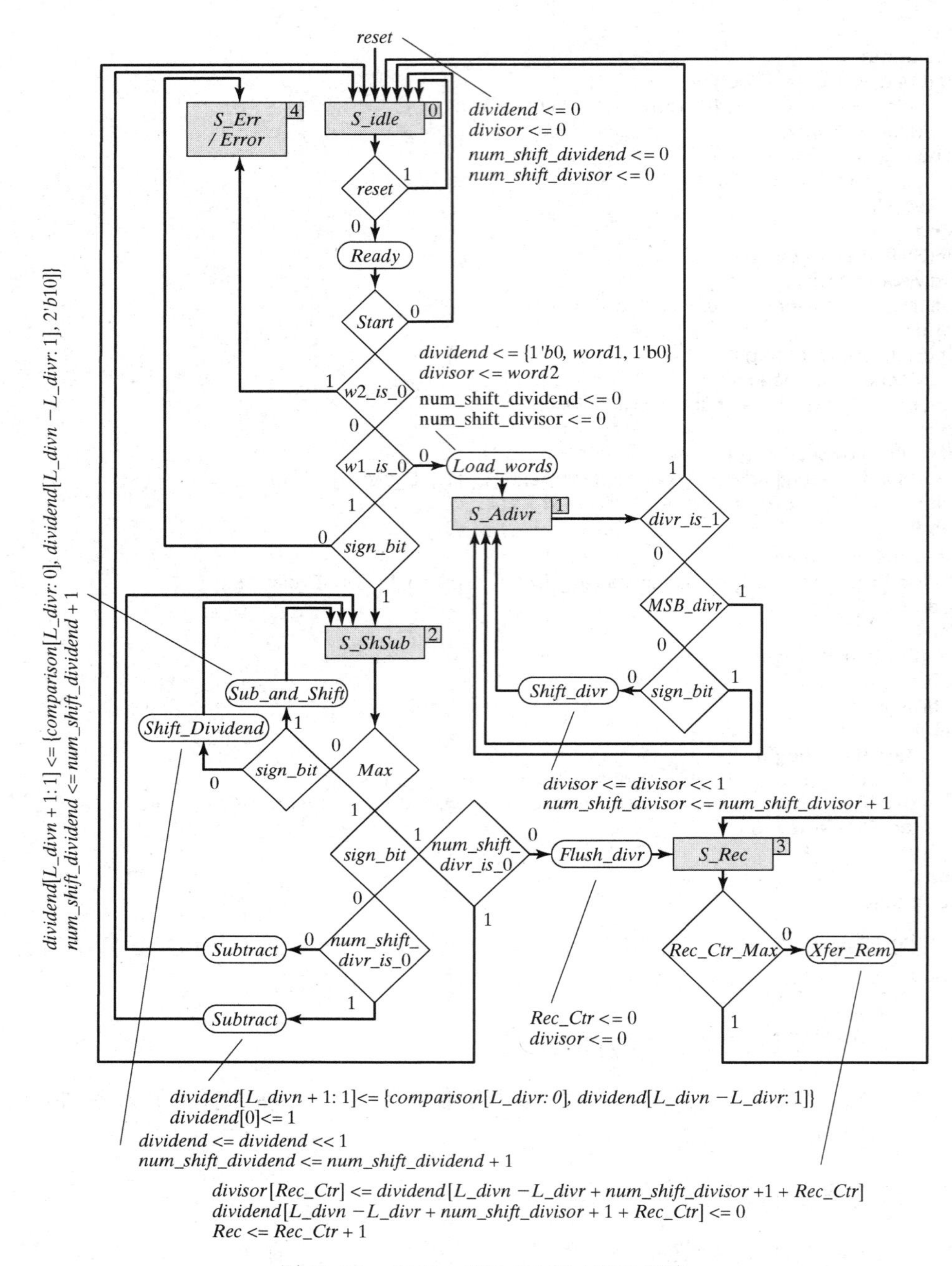

图 10.78 *Divider_STG_RR* 的 ASMD 图表

例 10.19

```
module Add_Sub (
  output signed [63: 0] sum_diff;
  input signed [63: 0] a, b;
  ⋮
  function signed [64: 0] sum;
 ⋮
endmodule
```

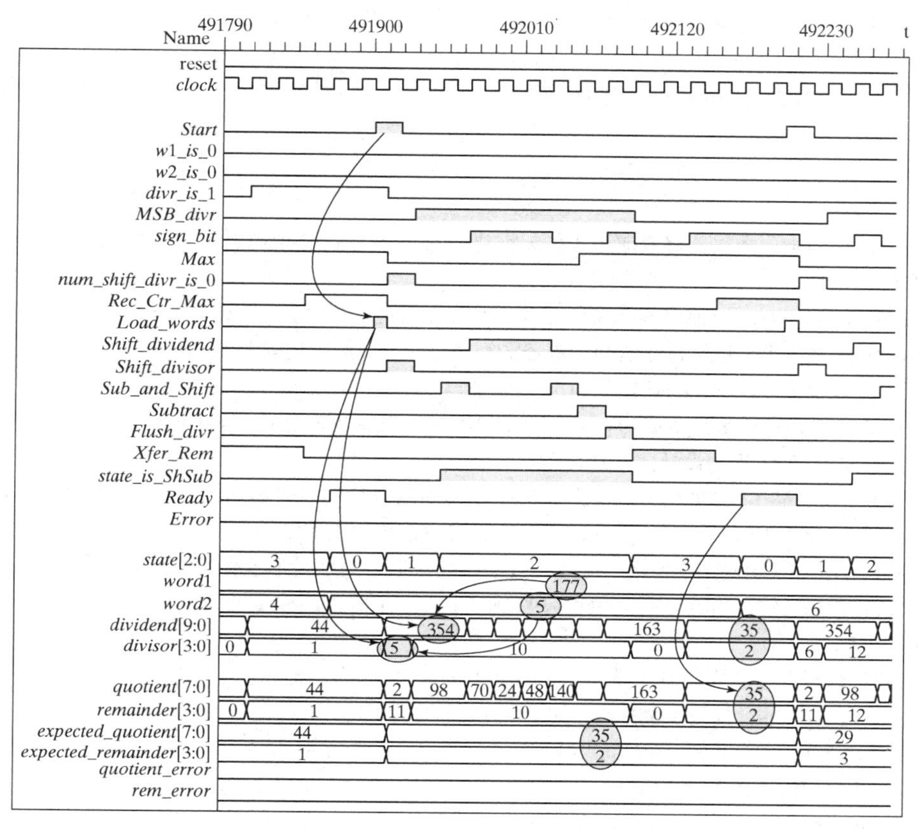

图 10.79　采用精简寄存器二进制除法器 *Divider_STG_RR* 的仿真结果。该模型在硬件使用和执行时间上效率较高

参考文献

1. Weste NHE, Eshraghian K. *Principles of CMOS VLSI Design.* Reading, MA:Addison-Wesley, 1993.
2. Katz RH. *Contemporary Logic Design.* Redwood City,CA: Benjamin/Cummings, 1994.
3. Smith MJS. *Application-Specific Integrated Circuits.* Reading, MA: Addison-Wesley, 1997.
4. Heuring V, Jordan H. *Computer Systems Design and Architecture.* Reading, MA:Addison-Wesley 1997.
5. Johnson EL, Karim MA. *Digital Design—A Pragmatic Approach.* Boston, MA: PWS, 1987.
6. Arnold MG. *Verilog Digital Computer Design.* Upper Saddle River,NJ: Prentice-Hall, 1999.
7. Ciletti MD. *Modeling, Synthesis, and Rapid Prototyping with the Verilog HDL.* Upper Saddle River, NJ: Prentice-Hall, 1999.
8. Thomas DE, Moorby PR. *The Verilog Hardware Description Language*, 3rd ed. Boston, MA: Kluwer, 1996.
9. Booth AD. "A Signed Binary Multiplication Technique." *Quarterly Journal of Mechanics and Applied Mathematics*, *4*, 1951
10. Patterson DA, Hennessy JL. *Computer Organization and Design—The Hardware/Software Interface.* San Francisco, CA: Morgan Kaufman, 1994.
11. Cavanaugh JJF. *Digital Computer Arithmetic.* New York: McGraw-Hill, 1984.
12. Kehtarnavaz N, Keramat M. *DSP System Design Using the TMS320C6000.* Upper Saddle River, NJ: Prentice-Hall, 2001.

13. Sternheim, E. et al., *Digital Design and Synthesis with Verilog HDL*. San Jose, CA: Automaton Pub. Co., 1993.
14. Ciletti, MD, *Starters Guide to Verilog 2001*, Upper Saddle River, NJ: Prentice-Hall, 2004.
15. Tumbusch, G., "Signed Arithmetic in Verilog 2001—Opportunities and Hazards", DVCon 2005, San Jose, 2005.

习题

1. 将图 10.13 所示的 4 位乘法器修改成用 4 位超前进位加法器取代其中的行波进位加法器。比较两个模型的性能和使用的硅片面积。
2. 修改模型 *Multiplier_STG_0*，使之能在乘数和被乘数为 0 时终止运算操作(参见例 10.2)。
3. 编写图 10.66 中触发器、移位寄存器和加法器的行为级模型，然后构建图 10.16 所示的数据通路的结构模型。设计其控制器的基于 STG 的模型，并加以验证。
4. 修改 *Multiplier_STG_0* 和 *Multiplier_STG_1*(参见例 10.1)，当乘数为空时，终止任何中间状态的操作。综合并比较新设计与基于线程的设计的硅片面积。
5. *Multiplier_ASM_0* 的描述(参见例 10.3)是在 *Done* 信号有效之后的一个周期中输出有效的 *Ready* 信号的，并且当乘数的数据字为 1 时很高效，但是并没有处理当被乘数的数据字为 1 的这种特殊情况。修改 *Multiplier_ASM_0* 的 ASMD 图，生成一个系统，使其在被乘数的数据字为 1 时不浪费时钟周期。
6. 设计一个数字逻辑，实现当移位乘数中相应的子字中没有 1 时能尽快终止 *Multiplier_RR_ASM* 中的乘法运算操作(参见例 10.5)。
7. 设计并验证将数据通路操作内置于能实现控制器的隐式状态机的行为之中的时序乘法器 *Multiplier_IMP_Alternative*。可使用 *Multiplier_1*(参见例 10.6)作为设计的基础。
8. 仿照 *Multiplier_STG_1*(参见例 10.2)，设计并验证一个 Booth 乘法器 *Multiplier_Booth_STG_1*。
9. 仿照 *Multiplier_ASM_0*(参见例 10.3)，设计并验证一个 Booth 乘法器 *Multiplier_Booth_ASM_0*。
10. 仿照 *Multiplier_ASM_1*(参见例 10.4)，设计并验证一个 Booth 乘法器 *Multiplier_Booth_ASM_1*，且具有可参数化的字节长度。
11. 仿照 *Multiplier_RR_ASM*(参见例 10.5)，设计并验证一个 Booth 乘法器 *Multiplier_Booth_RR_ASM*。(提示：考虑算术移位操作对符号扩展所起的作用。选择一组数据以证明 16 位字节相乘所需的时钟周期大大减少了。)
12. 仿照 *Multiplier_IMP_1*(参见例 10.6)，设计并验证一个 Booth 乘法器 *Multiplier_Booth_IMP_1*。验证设计可从任何中间状态正确复位。
13. 写出图 P10.13 所示的乘数字节的 Booth 编码。
14. 仿照 *Multiplier_STG_1*(参见例 10.2)，设计并验证一个采用基 4 编码的改进 Booth 乘法器 *Multiplier_Radix_4_STG_1*。使用本书支持网站给出的 *testbench* 进行详细的验证。
15. 仿照 *Multiplier_ASM_0*(参见例 10.3)，设计并验证一个采用基 4 编码的改进 Booth 乘法器 Multiplier_Radix_4_ASM_0。使用本书支持网站给出的 *testbench* 进行详细的验证。
16. 仿照 *Multiplier_ASM_1*(参见例 10.4)，设计并验证一个采用基 4 编码的改进 Booth 乘法器 *Multiplier_Radix_4_ASM_1*。使用本书支持网站给出的 *testbench* 进行详细的验证。

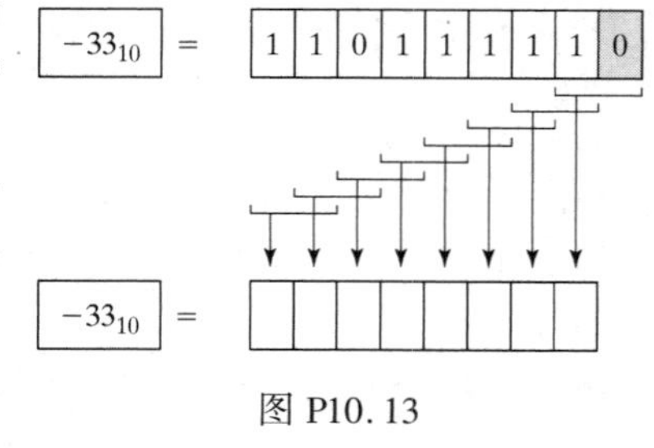

图 P10.13

17. 仿照 *Multiplier_RR_ASM*(参见例 10.5)，设计并验证一个采用基 4 编码的改进 Booth 乘法器 *Multiplier_Radix_4_RR_ASM*。(提示：考虑算术移位操作对符号扩展所起的作用。使用本书支持网站给出的 *testbench* 进行详细的验证。)
18. 仿照 *Multiplier_IMP_1*(参见例 10.6)，设计并验证一个采用基 4 编码的改进 Booth 乘法器 *Multiplier_Radix_4_IMP_1*。使用本书支持网站给出的 *testbench* 进行详细的验证。验证机器可从任何中间状态正确复位。

19. 机器 *Multiplier_Radix_4_STG_0* 在遇到任何未指定状态时，有一个将状态指向 *S_idle* 的默认状态，参见例 10.12）。这可能会导致 *Ready* 的错误解释。设计并验证具有故障保护功能的改进型机器。
20. 机器 *Multiplier_Radix_4_STG_0* 具有控制器状态的简单二进制编码（参见例 10.12）。设计并验证一个采用独热码改进的机器，并比较两者综合后的结果。
21. 对书中描述的 *Multiplier_Radix_4_STG_0* 比特对编码乘法器进行修改，设计一个使用附加逻辑，以省去当 *word1* 或 *word2* 为 0 或 1 时的不必要计算的更为有效的乘法器 *Multiplier_Radix_4_STG_1*，并加以验证（参见例 10.12）。
22. 写出能够检验图 10.56 中 *Divider_STG_0* 全部状态转移的测试平台。
23. 利用 *testbench test_Divider_STG_0*（本书支持网站上有），验证例 10.13 中给出的 *Divider_STG_0* 的特征。
24. 在例 10.14 中，*Divider_STG_0* 通过连续赋值语句得到组合输出 *reminder*（余数），*Error*，*Done*。这将导致比必需的信号操作更为复杂的操作，因为在 *quotient*（商）形成的过程中，*reminder* 将存在一些不必要的中间变化。同样，因为在状态每次发生转移时都要将连续赋语句激活，因而 *Error* 和 *Done* 需要多余的仿真动作，设计并验证能将 *quotient*，*Error* 和 *Done* 作为已寄存输出以减少信号和仿真动作的改进型系统。
25. 例 10.14 的 *Divider_STG_0* 中，如果除数为 0，它将状态驱动到 *S_err* 并保持该状态直到 *reset* 信号有效。设计一个当 *Start* 有效时能使状态从 *S_4* 恢复的系统的 *STG*。编写并验证该设计的 Verilog 描述。
26. 例 10.14 中描述的除法器 *Divider_STG_0* 在系统进入 *S_3* 时输出有效的 *Ready*。外部代理工具使用 *Ready* 来判断 *quotient* 是否已形成，并且必须等到下一个时钟周期才能读取 *quotient*（即外部代理工具在 *quotient* 形成后的第二个时钟周期读取 *quotient*）。但是也存在 *quotient* 更早形成的条件。修改图 10.67 所示的 STG，以便在输出有效的 *Ready* 时尽早地得到 *quotient*，同时也修改 *Divider_STG_0* 以形成可实现 STG 的另一种系统（即允许外部工具在 *quotient* 形成后的第一个周期就能读取 *quotient*）。
27. 由例 10.16 中的 *Divider_STG_1* 描述的系统由于 *remainder* 使用动态判决（即在仿真过程中）移位操作而不能被综合。通过下述方法设计一个可综合的实现：(1) 修改系统的 STG 以适应可调整余数的附加状态；(2) 设计并验证系统的 Verilog 模型；(3) 验证已综合系统的性能是否与行为描述的特性一致。
28. 例 10.16 中描述的自调整除法器（*Divider_STG_1*）可以通过将移位和减法操作放在同一时钟周期内完成而得到一种更为有效的设计方案（快速方法）。设计可将这些操作组合到一个状态中的系统的 STG，编写并验证该设计的 Verilog 描述，检查并讨论该结构是否存在溢出条件。
29. 例 10.16 中描述的自调整除法器（*Divider_STG_1*）可以在被除数移位时通过将商的位装进保存被除数的寄存器的末尾单元，而得到更为有效的设计方案（快存方法）。请注意，*Divider_STG_1* 中移位与加法操作在不同的时钟周期内进行。应该清楚地知道如果移位操作和减法运算不能组合在同一时钟周期进行，那么数据结构可能会导致溢出条件出现，在这个条件下，在被除数的移位操作腾出存储单元之前，由减法运算所形成的商的位就要占据保存被除数寄存器的最右边单元。设计这样一种系统的 STG 图，其中包括能给出溢出信号的附加输出，然后编写并验证该设计的 Verilog 描述。
30. 比较可综合的 4×4 阵列乘法器和时序乘法器的运算速度及硅片使用面积。
31. *Divider_STG_0* 的 Verilog 描述（参见例 10.14）给出了减法运算的另一种实现。将各种模型加以综合并比较其结果。
32. 综合并比较 *Divider_STG_0* 和 *Divider_STG_0_sub*（参见例 10.14），以判断是否从该结构中去除比较器就能得到一个更高效的实现方案。
33. 通过对图 10.72 中的仿真结果进行仔细检查可以发现，*Divider_STG_1* 在被除数调整之前和之后均浪费了一个时钟周期。设计并验证可以避免浪费时钟周期的另一种系统。
34. *Divider_STG_0* 中的减法运算（参见例 10.14）可以直接写成 *Dividend-Divisor* 以便采用 Verilog 的内建补码运算。进行一个实验以判断你的综合工具是否能够综合出更为有效的另一种实现。
35. 修改系统 *Divider_STG_1*（参见例 10.16），使其能够检测除以 1 的除法运算，并使系统有更大的吞吐量。
36. 系统 *Divider_STG_RR*（参见例 10.17）在完成除法运算之后，当状态返回到 *S_idle* 时才输出有效的 *Ready*。探讨更早输出有效 *Ready* 信号的可能性，并考虑能否使系统有更大的吞吐量。

37. 系统 *Divider_STG_RR*(参见例 10.17)在状态 *S_Adivr* 下检测除以 1 的除法运算。探讨在状态 *S_idle* 时检测除以 1 的除法运算的可能性，并考虑能否使系统有更大的吞吐量。
38. 判断 *Divider_STG_0*，*Divider_STG_0_sub*，*Divider_STG_1* 和 *Divider_STG_RR* 给出的描述是否为可综合模型。如有不可综合的系统，加以修改使其能够综合。
39. 对于图 10.14 所示的 4 ×4 二进制乘法器使用的前馈割集，设计并验证该电路的平衡单级流水线实现。
40. 对于图 P10.40 所示的 8 ×4 二进制乘法器使用的前馈割集，设计并验证该电路的平衡单级流水线实现。

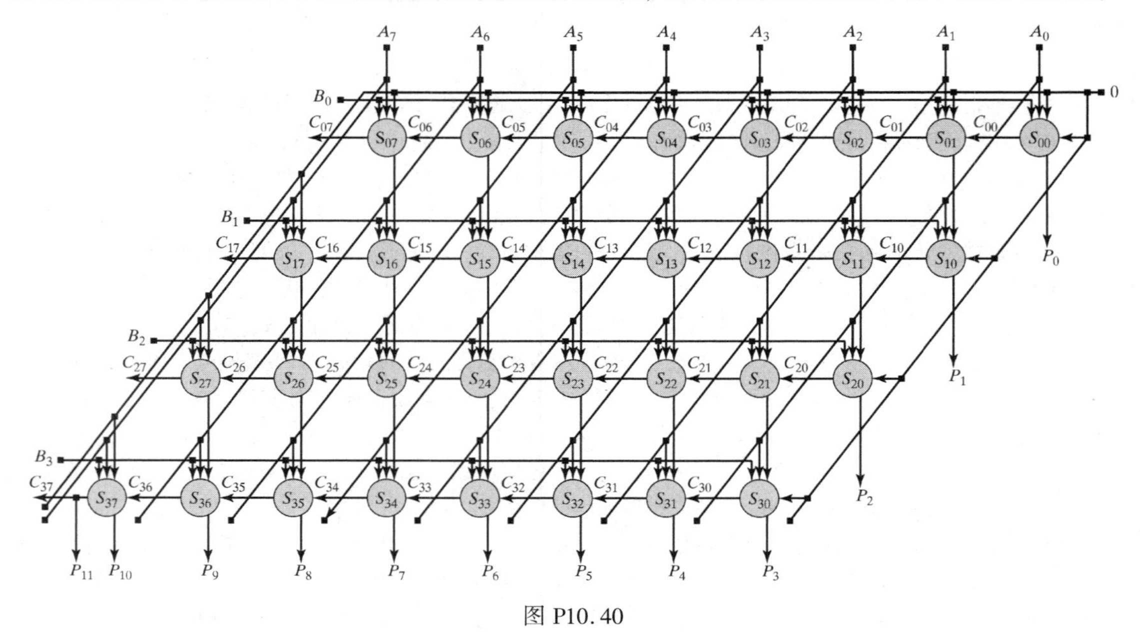

图 P10.40

41. 对于图中的脉动阵列的计算波阵面，设计能应用最大数量可并行执行处理器的预约表(参见表 9.1)，从而在具有存储器的同步环境中形成 4 ×4 乘积。
42. 识别图 P10.40 中的脉动阵列的计算波阵面设计能应用最大数量可并行执行处理器的预约表(参见表 9.1)，从而在具有存储器的同步环境中形成 8 ×4 乘积。
43. 进位-选择(条件求和)加法器可用来改善需要加法器电路的运算单元的性能。加法器是由加法器和 2:1 配置方式的多路复用器组成的，在这种配置中，多路复用器的数据通路来自于两个具有相同输入数据位的全加器。某些全加器单元要有硬连接的进位位。对于一个给定的数据向量，由前一级的实际进位位来选择适当的单元。每一个单元为下一级产生一个进位输出位。这种结构可以提高运算速度，因为加法器内部的并行加法运算是在那些单元得到进位并传递到复用器的同时进行的，而不是在进位到达之后才发生的。
    a. 实现适当低级别单元(具有预期的传播延时)延迟或使用标准单元库(有实际延时)中的单元，并写出图 P10.43 所示的进位选择-加法器的 Verilog 描述。使用 ***supply0*** 和 ***supply1*** 线网来实现硬连接进位。思考硬连线进位是应该由内部信号驱动还是由通过端口传送的信号驱动。
    b. 用非完备集 *testbench* 设计并验证该电路，以增加所设计功能特性的可靠性级别。认真选择一个较小但效率较高的测试向量集，讨论你所使用的测试策略。
    c. 设计一个包括 6 位行为加法器并能将其输出与进位-选择加法器输出相比较(在适当的时间)的自动 *testbench*。使用异或电路产生能判断电路是否正常工作的 *test_results_messagelai* 信号。(请注意：不必生成可详尽仿真的硬件电路。)该电路应能使用系统任务 ***$ display*** 来观察每一个测试向量在某个时间输入到两个加法器后加法器的输出。(请注意：***$ display*** 任务提供了信息显示的动态控制。它只显示在行为内部执行语句时的结果。当某个变量上有事件发生时将执行任务 ***$ monitor***。如果用任务 ***$ monitor*** 取代 ***$ display***，则两个响应的比较结果将报告错误直到门级加法器的输出变得稳定。)

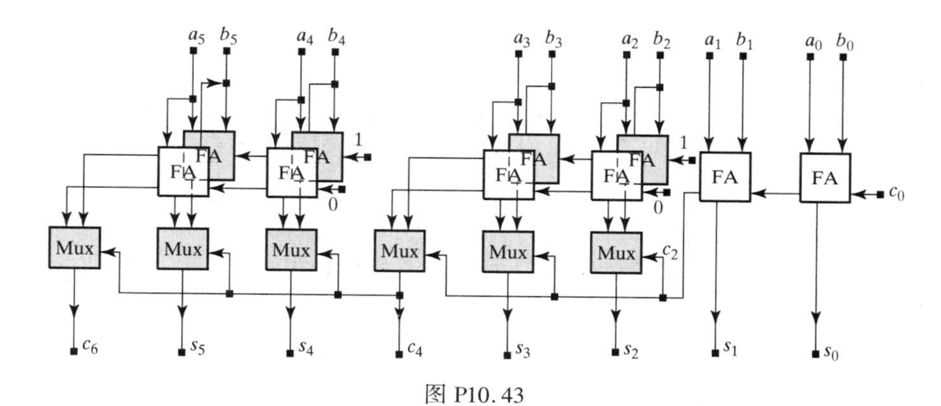

图 P10.43

44. 设计一个具有下列特征、基于 FPGA 的计算器：数据通过一个十六进制键盘输入，在这个键盘中有 10 个按键用来输入十进制数字，其余的键用来实现下列功能：输入数据、加法、减法、乘法、除法和小数点。计算器有十位显示数字。
45. 设计、验证并综合一个具有补码形式 16 位数据通路的 8 级有限宽度冲激响应(FIR)滤波器(参见图 9.23)。每个乘加单元(MAC)将使用 Booth 时序乘法器和两级流水线加法器。确定给电路提供数据序列的最高时钟频率和使 FIR 的操作保持同步的内部时钟频率。比较综合后的 FIR 和使用组合阵列乘法器及行波进位加法器实现 MAC 的 FIR 的硅片面积和速度。
46. 设计、验证并综合一个具有 8 级 16 位补码形式数据通路的平衡单级流水线式 FIR(参见图 9.23)。每个 MAC 单元将使用组合乘法器和组合加法器。确定流水线电路的最大吞吐量。
47. 分别采用有符号和无符号运算仿真并综合如下的模型，比较它们的结果(例如，比较功能和面积)：

```
module adder_1 (output [3: 0] sum, input [2: 0] a, b);
  assign sum = {a[2], a} + {b[2], b};
endmodule

module adder_2 (output signed [3: 0] sum, input signed [2: 0] a, b);
  assign sum = a + b;
endmodule

module adder_3 (output [3: 0]  sum, input [2: 0] a, b, input c_in);
  assign sum = {a[2], a} + {b[2], b} + c_in;
endmodule

module adder_4 (output signed [3: 0] sum, input signed [2: 0] a, b, input
   c_in);
  assign sum = a + b + c_in;
endmodule

module adder_5 (output signed [3: 0] sum, input signed [2: 0] a, b, input
   c_in);
  assign sum = a + b + $signed(c_in);
endmodule

module adder_6 (output signed [3: 0] sum, input signed [2: 0] a, b, input
   c_in);
  assign sum = a + b + $signed({1'b0,c_in});
endmodule
```

第 11 章　后综合设计任务

在专用集成电路(ASIC)的设计流程中，后综合任务包括：后设计验证、时序验证、测试生成及故障模拟①。设计验证确保综合后网表的功能与 RTL 模型的功能相一致；时序验证检查设计的物理实现是否满足时序规范，并且确定同步电路可工作的最高频率；测试生成用于生成激励模板，以便检查电路制造过程中产生的故障；故障模拟则决定利用激励查找电路故障的优劣程度。

11.1　后综合设计验证

后综合设计验证的目的不是验证功能的正确与否。因为在后综合之前，用 RTL 模型进行的功能验证比用门级模型更加有效。

设计验证有两种方法：形式验证和仿真。形式验证不在本书的讨论范围，本书只考虑在 ASIC 行业中广泛应用的仿真。这里的目的是希望通过后综合的设计验证，检查出 RTL 模型和门级网表之间在功能上是否相同，否则可能导致实际电路无法正常工作。通过对 RTL 模型和门级模型施加相同的激励进行仿真，用 Verilog 的系统任务记录各自的响应并将二者的响应进行对比。

一些潜在的因素导致 RTL 模型与门级模型的仿真结果不一致。门级模型使用的是标准单元，它们被嵌入了器件的描述工艺参数的传输延时，而 RTL 模型则无此延迟。因此，当工作时钟频率足够高时，门级模型中将出现时序违约错误，而 RTL 模型则无此问题。由于门级模型和 RTL 模型处理时序违约的描述方式的区别，使门级电路和 RTL 电路的信号传输可能有所不同。若时钟频率已给定，则 RTL 模型必须要重新建模及同步设计，以便实现这两种电路模型之间的时序匹配。

如果状态机的描述中存在软竞争，也可能发生两种电路模型仿真结果不一致的情况。通常，如果在 Verilog 的多个周期行为模型描述中对同一变量同时进行赋值操作，则会导致软竞争现象的出现。由于仿真器所执行的多个并发周期行为描述的执行顺序是不确定的，而且也没有一种办法不依赖仿真器就能确定对多个周期行为模型描述中的同一变量同时赋值的操作顺序，所以要特别当心某个变量在一个行为描述中被赋值而在另一个行为描述中该变量同时被引用的情形发生。在无锁存时序电路中，为了避免由软竞争所产生的模糊结果，可把所有进程赋值语句放在单独一个周期行为描述中，并按照正确的赋值顺序将语句排序。

如果从数据通道到控制数据通道的状态机之间存在反馈，则该时序电路就可能产生竞争。利用第 7 章中讨论的方法可以实现无冒险逻辑电路，即：在边沿敏感的行为描述中使用非阻塞赋值(<=)，在电平敏感的行为描述中使用阻塞赋值(=)，而且在多个阻塞赋值语句②中没有某个变量被同时赋值和引用。

带锁存器的电路设计风格也可能产生竞争条件。如果锁存器处在一个重汇聚扇出节点，电路将存在竞争条件③。例如，当锁存器的使能信号线和数据通道是一个相同的变量时，则使能信

---

① 见图 1.1。

② 参见 Howe[1] 有关在设计验证中仿真结果不一致的详细论述。

③ 如果存在多条通路从另外的节点到达某节点，则称该节点为重汇聚扇出节点。

号和数据可能同时改变，从而发生竞争。由于竞争结果的不确定性，因此要避免采用这种设计风格。

例 11.1　图 11.1(a) 中锁存器的输出和电平敏感(高电平锁存，低电平使能)事件控制表达式(敏感列表)都是以数据通道为启动条件的。RTL 模型 *Latch_Race_1* 和 *Latch_Race_2* 只是在周期行为描述代码的循环动作(always)中的顺序不同。代码的注释解释了要关注的事件执行顺序和输出波形①。图 11.1(b) 中的仿真结果显示了 *D_out_1* 和 *D_out_2* 的不同之处。这些模型可综合成相同的电路结构，它是一个将 *D_in* 输入到数据端和使能输入端的硬件锁存器。这些例子说明了在数据通道和锁存器的使能信号间存在竞争的危险性。为了便于阐述，假设在 *Latch_Race_3* 和 *Latch_Race_4* 中是有延时的。这些模型也可综合成将 *D_in* 连接到数据端和使能输入端的一个锁存器。实际电路中存在的传输延时即为从输入到输出的相对延迟，实际电路的输出波形如 *D_out_3* 和 *D_out_4* 所示，从该波形可明显看出仿真结果的不一致。

```
module  Latch_Race_1 (output reg D_out, input D_in);
  reg      En;
  always @ (D_in) En = D_in;
  always @ (D_in, En) if (En == 0) D_out <= D_in;

// D_in triggers second behavior, with residual En (Enabled-low)
// D_out is scheduled to get D_in (1)
// First behavior is triggered by D_in
// En is updated (1)
// Second behavior is triggered by En
// D_out is latched, so no change is scheduled
// Scheduled value of D_out is assigned (1)
endmodule

module  Latch_Race_2 (output reg D_out, input D_in);
  reg      En;
  always @ (D_in, En) if (En == 0) D_out <= D_in;
  always @ (D_in) En = D_in;

// Second behavior is triggered by D_in changing (0 to 1)
// En is updated (1)
// Second behavior is also triggered by D_in, with updated En value (1)
// D_out is latched, so no change
// Waveform of D_out_2 is consistent with this assumption
endmodule

module Latch_Race_3 (output reg D_out, input D_in);
  wire    En;
  buf #1 (En, D_in);
  always @ (D_in, En)
  if (En == 0) D_out <= D_in;
endmodule

// Change in D_in schedules delayed change in En
// Change in D_in schedules change in D_out
// D_out is updated
// Delayed change in En triggers cyclic behavior, but En has
// D_out latched.
// D_out_3 should exhibit change of D_out_3 coincident with D_in

module  Latch_Race_4 (output reg D_out, input D_in);
  wire    En, D_in_del;
  buf #2 (D_in_del, D_in);
```

① 仿真器在第一个循环行为之前执行第二个循环行为。

```
  buf (En, D_in);
  always @ (D_in_del, En)
  if (En == 0) D_out <= D_in;
endmodule
```

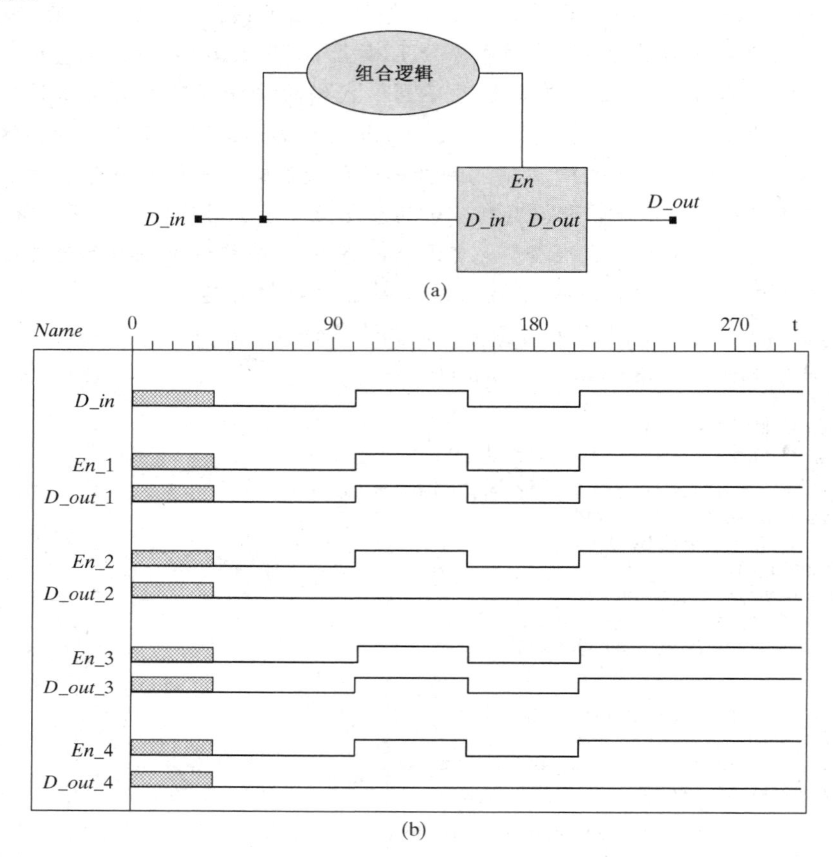

图 11.1　锁存电路:(a)在数据通道和使能输入之间有竞争;(b)在 RTL 模型中被锁存的值取决于在代码中赋值语句的执行顺序;实际电路中存在的传输延时取决于该器件输入到输出的相对延迟,应避免采用这种风格的设计

11.2　后综合时序验证

后综合时序验证是十分必要的,因为 RTL 模型的功能验证并没有考虑传输延时,因而不能验证该模型是否满足硬件时序的约束和输入/输出(I/O)时序的性能指标。综合工具将 RTL 设计映射成具体的物理实现并进行时序分析。由于综合工具仅考虑了设计中的线网互连和网线的负载电阻及寄生电容特性所带来的延时,并据此对预布局布线(如线负载模型)进行了数据估计,因此综合工具所进行的时序分析的精度有一定的局限性。由于映射工具中并没有获取到在布局布线步骤中所产生的实际延时,因此综合工具所产生的网表并不能准确描述所需的延时,此时的延时仅是实际延时的估计而已。线网互连的电阻和寄生电容的实际数值要从版图中提取,并对门电路的延时模型进行反标注,才能得到布局布线后准确的时序分析结果①。

① 有关 EDA 工具(通过给综合引擎提供布线信息来改善时序收敛)的更多的最新发展,参见 www.cadence.com。

电路能否正常工作，其本质上是受称为关键路径的最长逻辑通路的限制，以及受芯片中存储器件的物理约束或工作环境的影响。为了确保电路能够满足设计规定的时序规格及器件的约束条件，必须验证关键路径以及与关键路径延时相近的通路是否满足时序要求，这就必须要考虑逻辑门的传输延时、门之间的互连、时钟偏移、I/O 时序裕度以及器件约束(如建立时间、保持时间和触发器的时钟脉冲宽度)。如果边沿触发器的建立或保持时间这个约束条件被违反了，则触发器将进入亚稳态(参见第 5 章)。

时序验证利用电路的器件和互连模型来分析电路时序，以此来判断物理设计(版图设计前/后)是否能达到硬件的时序约束条件和输入/输出的时序规范。时序验证可直接仿真电路的行为，以此判断是否达到硬件约束和性能指标，或者不直接仿真电路的行为而是通过分析电路中所有可能的信号通路来间接判定是否满足时序约束条件。时序验证的这两种方法分别称为动态时序分析(DTA)和静态时序分析(STA)[2,3]。表 11.1 比较了动态时序分析和静态时序分析的特点。

表 11.1　时序验证方法的比较

	时序验证方法	
	动态分析	静态分析
方法	仿真	路径分析
对测试模板的要求	需要	不需要
覆盖率	取决于测试模板	与测试模板无关
风险	警告丢失	警告错误
最大最小分析	不可行	可行
与综合配合	不可行	可行
CPU 运行时间	数日/数周	数小时
内存使用	大量	少量

DTA 利用电路的行为级、门级及开关级模型来仿真并分析该电路的功能通路，用模拟电路级仿真器①来仿真晶体管级模型。STA 使用与 DTA 相同的模型，但 STA 系统在全面详尽地提取电路的门级描述的拓扑结构的基础上，计算所有通路上的传输延时，从而生成一个有向无环图(DAG)。如果电路的所有可能信号通路都符合时序约束和性能指标，那么对所有的输入激励而言该电路就都能满足实际工作时的设计需求。

DTA 和 STA 存在不同的风险及各自的代价。由于 DTA 依赖激励源的设计，因此若使用的激励源不完备，就可能漏掉电路中的最长延时通路(即关键路径)，导致 DTA 漏报时序违约风险警告。但是对复杂电路而言，要设计一系列完备稳定的激励元组合来检查复杂电路的时序验证且不漏报，则是十分困难和不现实的。与之相比，STA 能全面详尽地考虑电路所有可能的拓扑路径，甚至可以检查并报告无效信号路径(即在运行中不可能用到的通路)上的时序违约，从而生成错误虚假的违约警告。此外，由于大规模电路的 DTA 事件驱动仿真需要很大的存储器空间，与 STA 相比，在分析设计和检查时序违约时，DTA 相对较慢。

时序收敛是指在一个设计中，其逻辑单元的布局布线、信号通路和时钟树是否满足时序规范的要求。由于综合工具中并未包含有关布局布线后的延时信息，当时序收敛不能满足时，就需要重新综合或者重新对电路进行布局布线，由此将产生额外的设计成本。因此一些综合工具通过

① 模拟仿真是很费时的，通常仅用来验证高性能电路的关键路径。

对包含物理综合的整个设计流程①进行综合考虑，以此设置更为准确的内部互连负载模型，从而解决时序收敛的难题。

DTA 分析百万逻辑门规模以上电路的能力是有限的。在如图 11.2 所示的 SoC(片上系统)芯片中集成了多家公司的 IP(知识产权)核，此时 DTA 的应用则十分有限。由于把多个不同的 IP 核的测试模板整合在一起非常困难，因此就限制了仿真的覆盖能力。与此相比，STA 不受激励源和测试模板的限制，仅花费更少的仿真时间且具有更广的应用范围，是进行 SoC 设计时序分析和验证的十分适用的方法。由于 STA 适用于将一个复杂电路划分为多个子电路模块的设计应用，因此 STA 同样适用于数百万门规模的多核 SoC 设计。

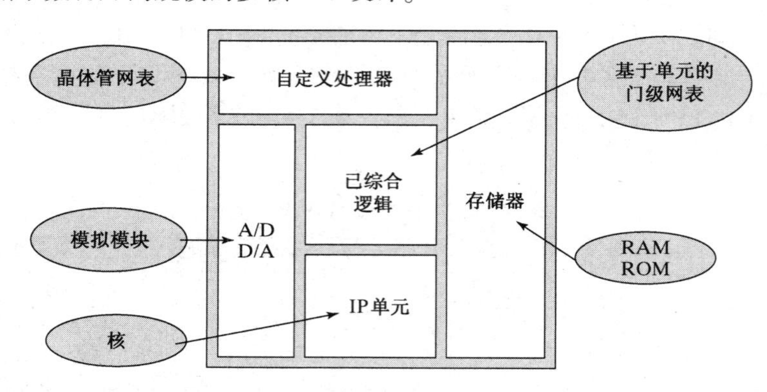

图 11.2　将多个 IP 集成在一个芯片内的 SoC 设计方法

11.2.1　静态时序分析

这里主要关注在同步电路设计时，整个芯片的门级静态时序分析。STA 由电路的网表形成一个 DAG。DAG 的节点代表逻辑门，DAG 的边代表信号通路。DAG 的拓扑通路包含电路的时序通路(即把激励模板信号加到电路的输入端所生成的信号传输通路)。DAG 的每条边上标注了每个通路的传输延时。DAG 必须是无环的，即无反馈通路。

例 11.2　图 11.3(a)中电路的时序 DAG 如图 11.3(b)所示。为简便起见，假设本例中该 DAG 的逻辑门的上升和下降延时均为对称的。

一个电路可能会有四种时序通路：

(1)从电路的原始输入端到存储单元的数据输入端的通路；

(2)从一个存储单元的输出端到另一个存储单元的输入端的通路；

(3)从存储单元的数据输出端到电路的原始输出端的通路；

(4)从电路的原始输入端到原始输出端的通路。

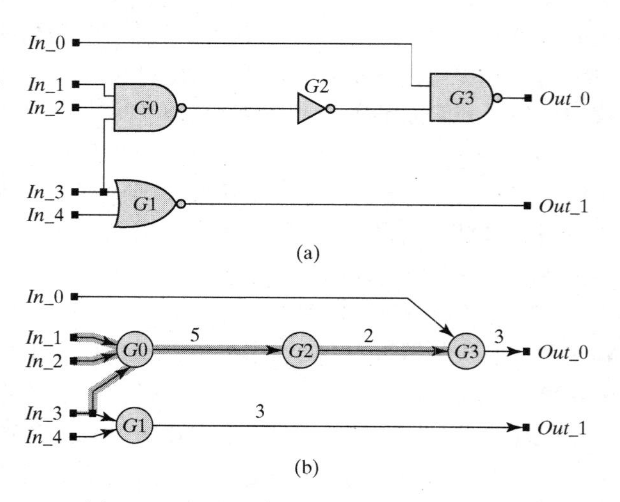

图 11.3　一个组合逻辑电路及其时序 DAG

① 参见 www.magma.com 网站。

每一类通路都要经过组合逻辑部分。STA 检查从源到目标(通常称为起点和终点)之间的时序通路,如图 11.4 所示。

电路的时序通路的起点是原始输入端(即封装的输入引脚)和时序电路中存储单元的时钟引脚。在时序电路器件中的物理通路被连接到该器件的输出端,由于时钟是对沿着物理通路的信号传输进行初始化的,因而时序通路的起点是时钟引脚。电路的时序通路的终点是原始输出端(即封装引脚)和存储单元的数据输入端。并不是 DAG 的所有拓扑通路都是时序通路,在给定的起点和终点之间也可能存在不同的时序通路,这主要取决于信号的上升和下降是否有对称的传输延时。

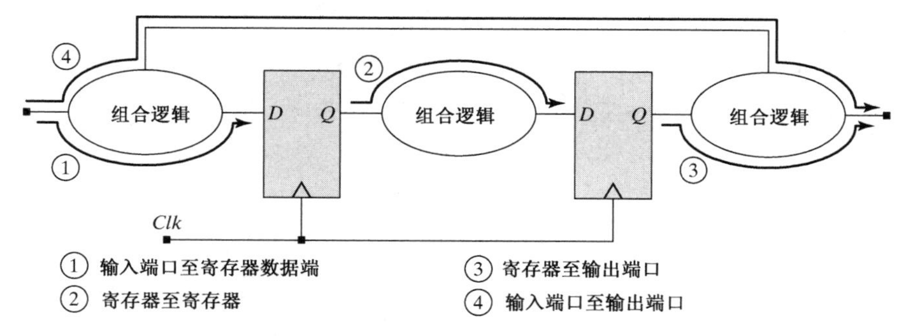

图 11.4 对同步电路进行时序分析时,信号通路的起点和终点

11.2.2 时序规范

性能规范可能约束与外接电路接口处的信号偏移以及内部通路的延时①。输入延时(偏移)约束适用于从原始输入端(输入引脚)到电路中存储单元的信号时序通路,它规定了相对于触发信号的时钟有效沿,以及输入信号到达的最迟时间。在一个完全同步系统中,到达电路输入引脚的信号可通过与电路输入相连的时钟沿来触发。时序分析器使用规定的输入约束 t_{input_delay} 来确定到达信号和下一个时钟有效沿之间的时序裕度 t_{input_margin},如图 11.5 所示。t_{input_margin} 确定了输入信号通过电路内部组合逻辑到达通路终点的可用的时间裕度,以此满足触发器的建立时间要求。

输出延时(offset)约束适用于从存储单元的输出到原始输出的时序通路。输出约束指定了相对于起点处的时钟有效沿,从起点到终点信号传播的最长时间,如图 11.6 所示。时序分析器用 t_{output_delay} 来计算 t_{output_margin},从而使得输出信号在下一个时钟有效沿之前有足够的时间到达目的地。

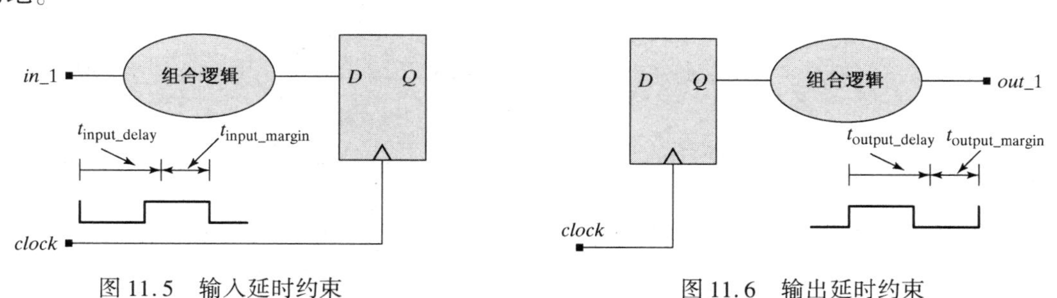

图 11.5 输入延时约束

图 11.6 输出延时约束

① 通路约束条件影响着综合工具综合出满足约束条件的实现所需要的时间,同时也影响着 FPGA 内部逻辑单元的布局。FPGA 设计初期应该不包括时序约束和引脚分配,以确定该设计能否与所选择的部件相适应。

输入–输出(I/O,引脚到引脚)约束适用于从原始输入端到原始输出端的通路。I/O 延时约束了从原始输入端到原始输出端之间组合逻辑通路的最大时序长度。

周期时间(时钟)约束规定了同步电路的最大时钟周期，它适用于寄存器之间的通路。该约束指定了一个指定的时钟信号的周期。时序分析器也认可关于时钟波形的占空比和偏移量的有关约束。如图 11.7 所示，如果一个电路有多个独立的时钟域[①]，则可以按照时钟域中被时钟同步的存储单元来对通路进行分组。终点不是存储单元的数据输入端的通路分在默认组中。

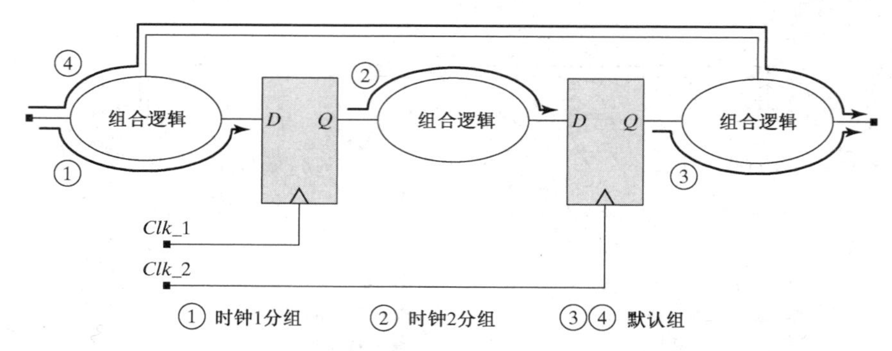

图 11.7　具有多时钟域的同步电路信号通路分组

时序分析用来确定电路中通路的时序约束是否已得到满足。在电路中不允许有任何组合形式的反馈环路存在，而且所有寄存器的反馈通路都在各自的时钟域内。对所有通过组合逻辑模块的四类通路，根据上升和下降沿的传输都可计算出每条通路上的延时，把从终点到起点的逆向通路上的所有延时累加，得到该通路上的总传输延时。通路按照其延时的长度进行分类，并验证通路的输入/输出时序约束是否满足。如果给定的器件传输延时是一个时间范围(即 min : max)，那么这个通路的延时也将表示为一个时间范围。

输入约束的验证要考虑到通路终点处时序器件的建立时间。同样，输出约束的验证也要考虑到时钟信号的时钟至输出的延时，此处的时钟将激励信号传输至原始输出。周期时间约束的验证必须考虑在通路终点器件的时钟至输出的延时、通路中组合逻辑的传输延时、通路终点器件的建立时间以及时钟的偏移。时钟的最小周期由存储单元之间的组合逻辑模块的最大延时通路决定。

上面的时序分析是基于电路中的通路是静态敏感的(statically sensitized)，即通路中逻辑门的其他输入都是固定的，并且不会阻塞信号通过该逻辑门的传输。例如，在图 11.8 中 NAND 门的其余输入必须是 1。

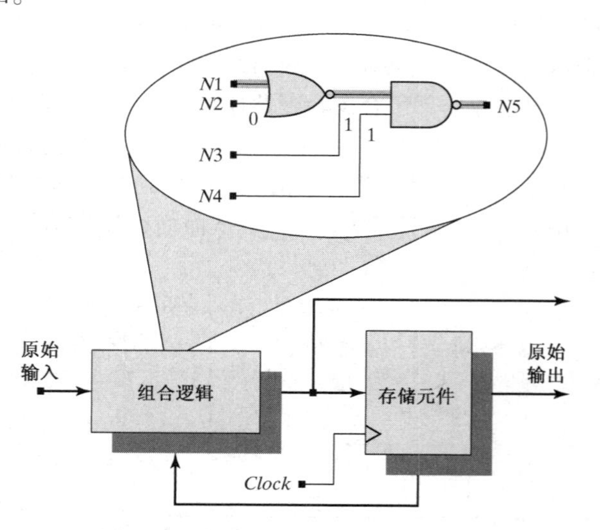

图 11.8　静态敏感电路上其余的门输入不会阻塞信号通过逻辑门

① 时序分析器可能认为时钟信号是由同一个源(非独立时钟)得到的，但这里不予考虑。

11.2.3　影响时序的因素

如图 11.9 所示，典型同步电路中的信号通过组合逻辑从源寄存器向目的寄存器传输。通路传输延时包含信号从 *clk* 至传输信号的寄存器输出端之间的延时和信号通过该通路上的逻辑门的传输延时两部分。逻辑门的传输延时受到其驱动的输入引脚电容(即通路上的扇出负载)和由通路的电阻和分布电容产生的负载的影响。

连接到输出端的逻辑门和线网增加了其固有电容，从而输入端的逻辑门发生变化并在输出端反映出来时，使得传输延时进一步增加。同时，驱动逻辑门信号的斜率也会影响逻辑门的传输延时，因为如果输入信号有较长的上升时间，那么在 RC 网络中电容的充电过程相比于输入信号为阶跃信号的情况慢得多。在电路的给定时钟域中，寄存器应通过一个公共时钟来同步，但是由于时钟信号沿着不同的物理通路传输，所以实际的芯片中到达各寄存器的时钟脉冲的边沿不可能绝对一致(未对准)。在同步电路中时钟沿的未对准称为时钟偏移(clock skew)。时钟偏移减少了目的寄存器中数据和时钟信号之间的时序裕度。

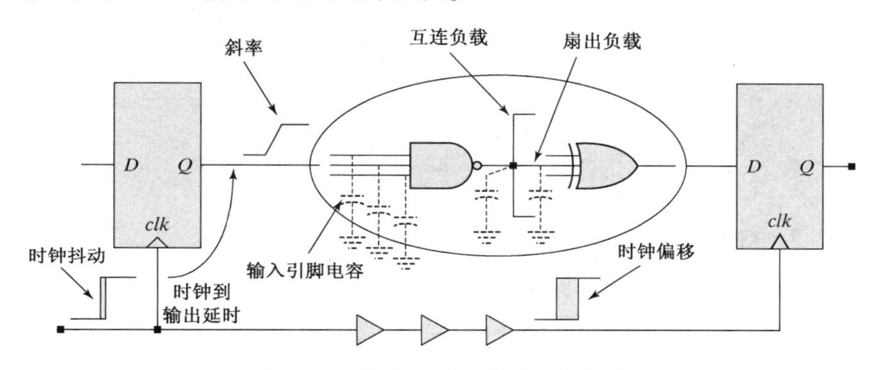

图 11.9　影响同步电路时序的因素

电路中通路的最大延时由以下几部分组成：通路上的逻辑门和存储单元的内部传播延时①，通路上逻辑门的扇出负载，信号通路上的互连负载以及信号的斜率。时钟周期必须与电路中寄存器之间的最大延时通路的延时相适应。

如果满足以下条件，则该通路为最大延时通路：

(1)通过最大延时通路上所有逻辑门的功能延时之和不能小于其他任何组合逻辑通路上的总延时；

(2)必须存在一个原始输入和存储单元逻辑值的向量模板，使输出的逻辑值依赖该通路上每个节点的逻辑值，即：由起点到终点的通路是敏感的，如果通路的终点是存储单元，则时钟信号的跳变对该器件使能。

以下术语和标记将用于描述影响同步电路最小时钟周期的因素：

$t_{clk\_to\_Q}$	时钟有效沿与被该时钟同步的触发器的有效输出之间的延时。
t_{comb_max}	通过组合逻辑的最长通路延时。
t_{setup}	由组合逻辑驱动的触发器的建立时间。
t_{skew}	时钟偏移。

t_{comb_max}延时取决于固有的逻辑门延时、信号的转换速度、与扇出及与路径相关的互连所产生

① 逻辑门的固有延时独立于扇出负载。

的负载。在深亚微米设计中(即实际尺寸≤0.18 μm),互连延时起主要作用。时钟周期必须足够长,使得信号能够满足目的寄存器的建立时间裕度,即在寄存器建立时间内,信号必须及时稳定地到达寄存器数据输入端。换言之,最长通路必须满足下列约束:$t_{comb\_max} < T_{clock} - t_{clk\_to\_output} - t_{setup} - t_{skew}$,或 $t_{setup\_time\_margin} > 0$。此处:$t_{setup\_time\_margin} = T_{clock} - t_{clk\_to\_Q} - t_{setup} - t_{skew} - t_{comb\_max}$ 时,如果 $t_{setup\_time\_margin} \leqslant 0$,则电路违反了周期时间约束。

寄存器的保持时间裕度是对通过逻辑模块的最短通路的约束。最短通路必须满足下列约束:$t_{comb\_min} > t_{hold} - t_{clk\_to\_output} + t_{skew}$,或 $t_{hold\_time\_margin} > 0$。此处:$t_{hold\_margin} = t_{comb\_min} - t_{hold} + t_{clk\_output} - t_{skew}$。这个约束避免了通路中起点寄存器的输出与通路中终点寄存器①数据输入之间的竞争。通路中起点的信号值的变化不能太快地到达终点寄存器。

图 11.10 显示了时钟周期 T_{clock} 与信号通路延时之间的关系,图中忽略了时钟偏移。时钟周期必须大于以下三种延时之和:时钟至输出的延时、组合通路的最大延时、终点器件(假定为触发器)的建立时间。通路的时间裕度 t_{slack} 是时钟周期与通路延时的差值。对于任何电路的通路,若 $t_{slack} \leqslant 0$,当激励施加于电路时,电路会发生建立时间的时序违约。

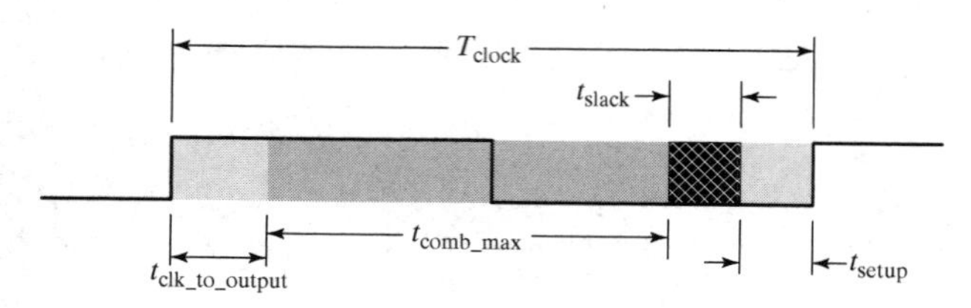

图 11.10 无时钟偏移的电路中时钟周期必须满足以下条件:$T_{clock} > t_{clk\_to\_output} + t_{comb\_max} + t_{setup}$

电路的同步运行要求所有的存储器单元都要在相同的时钟沿进行同步。时钟偏移是到达目的地的时钟沿相对于时钟信号源的边沿的变化(延迟)。时钟偏移的产生是由于时钟本身固有的抖动或由于受时钟信号驱动的单元在布线时引入的不同传输延时所引起的。布线所引入的时钟偏移不仅与负载(电阻电容的金属互连线及存储单元)有关,还与时钟分配通路上的缓冲器链路有关。金属互连线引入了与其线长成正比的传输延时。通路所产生的时钟偏移是不可避免的,必须予以考虑[4]。

图 11.11 解释了一个被偏移的时钟其边沿的模糊和不确定性。抖动在时钟边沿的正常位置产生了一个模糊区域。时钟的实际跳变发生在阴影区域,但具体位置却是不确定的。图 11.12 给出了可以确定出具有时钟偏移的最高频率时钟的依据。与没有时钟偏移的时钟相比,时钟偏移使得时钟的最小周期增大。当存在时钟偏移时,时钟周期必须满足如下约束:$T_{clock} > t_{clk\_to\_output} + t_{comb\_max} + t_{skew}$。

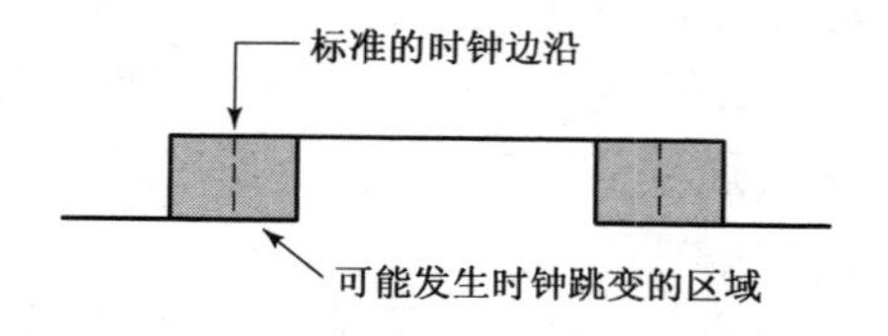

图 11.11 时钟偏移导致的时钟边沿模糊

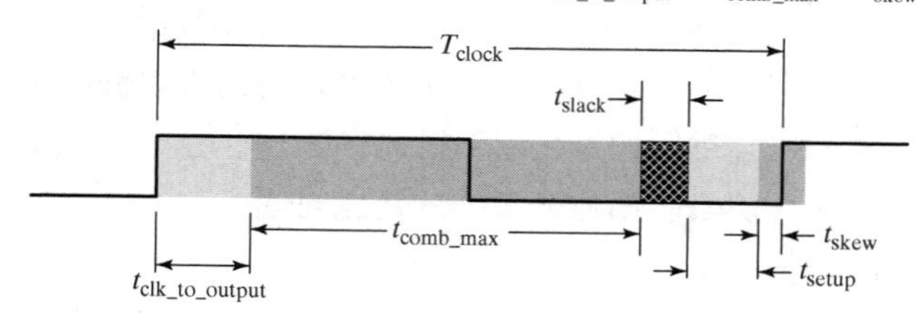

图 11.12 时钟周期必须增大以补偿时钟偏移,并应满足条件:$T_{clock} > t_{clk\_to\_output} + t_{comb\_max} + t_{skew}$

① 注意,最小通路延时能够用于保持时间约束。

时钟信号通路上的缓冲器和其他逻辑引入了时钟偏移。在图 11.13 中，由于时钟边沿在每个寄存器处出现的时间不同，因此时钟边沿处的模糊区会沿着通路逐渐累加。对于给定的时钟周期，允许的时钟偏移的边界为：$T_{\text{clock}} > t_{\text{clk\_to\_output}} + t_{\text{comb\_max}} + t_{\text{setup}}$。

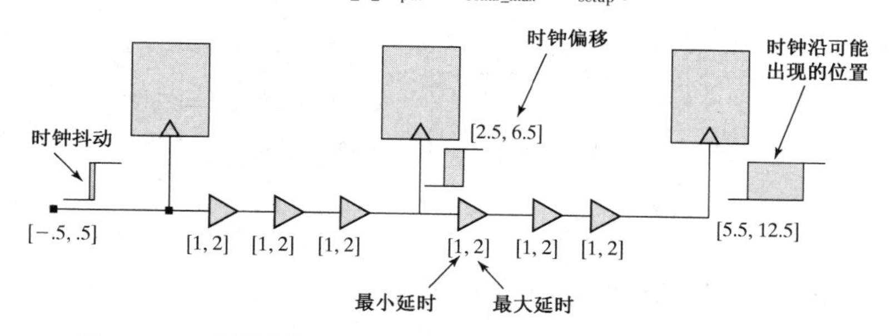

图 11.13　时钟通路上的缓冲器递增了目的寄存器处的时钟偏移

例 11.3　图 11.14(a) 中的移位寄存器在时钟分配线网中是非均衡的(即具有不同的缓冲延时)。图 11.14(b) 中的仿真结果比较了均衡延时和非均衡延时下寄存器的输出。在非均衡延时的寄存器中，*D_in* 通过带有时钟偏移的寄存器时经历了 3 个时钟周期，而非 4 个时钟周期。

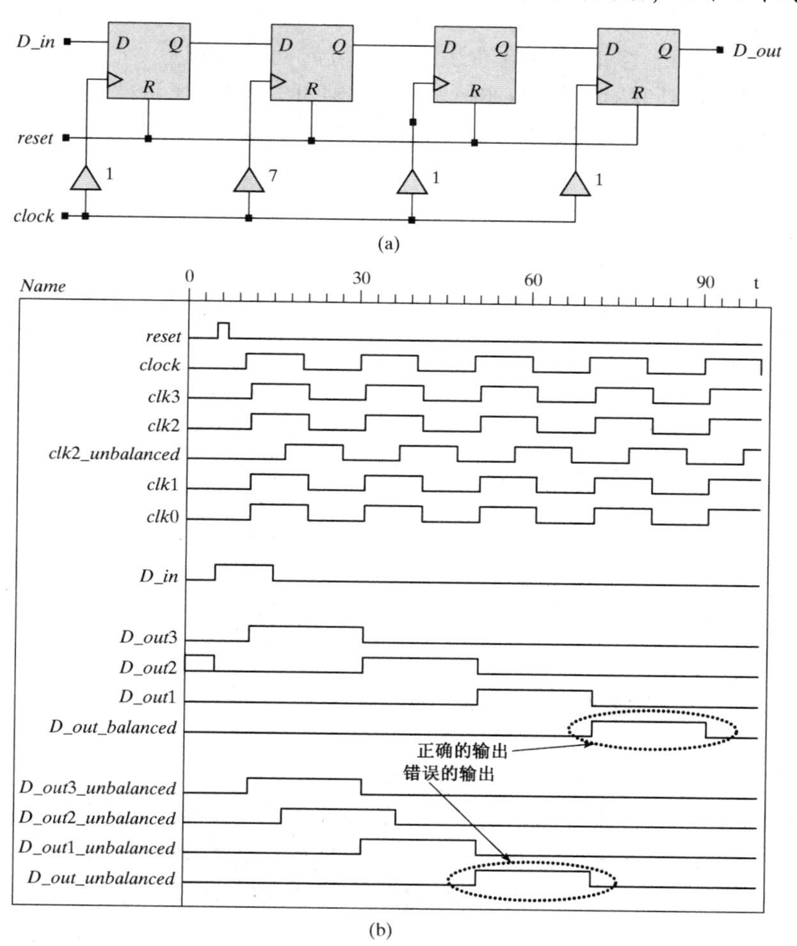

图 11.14　时钟偏移的作用：(a)非均衡时钟分配条件下的移位寄存器；(b)错误的寄存器输出波形

例 11.4　图 11.15(a)的时钟分频器中由 *clock* 产生了 *clock_by_2*，但缓冲器的延时使 *clock_by_2*滞后 *clock*。图 11.15(b)所示的推荐电路[5]为触发器分配了一个共用的时钟，还省掉了一个缓冲器。

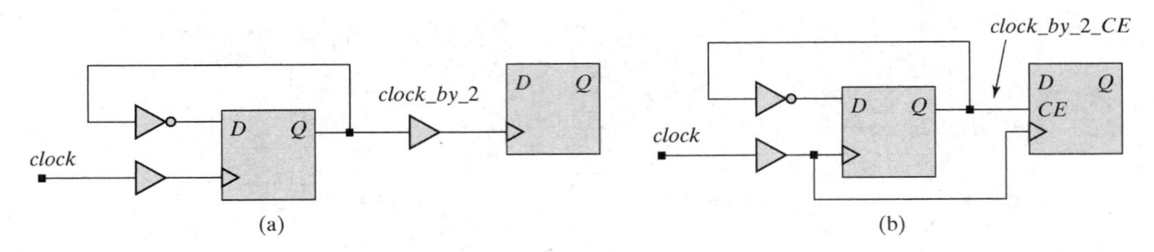

图 11.15　两种时钟分频电路：(a)有时钟偏移的 *clock_by_2*；(b)两个触发器共用一个时钟同步，无时钟偏移

对于 ASIC 的时钟分频网络，必须仔细设计，实现用尽可能短的过渡延时来使时钟偏移的影响最小化之目的。如图 11.16 所示，使时钟引脚到所有存储单元的延迟相等，以便将时钟偏移降到最小。在对时钟树进行布局布线设计时应使用专用的编译器。平衡的时钟树设计可以实现对称的物理和时序的拓扑结构，从而达到时钟边沿同步之目的。否则距离时钟源最远的时钟边沿要比最近的时钟边沿出现的晚一些。时钟树(也称 H 树)应该使经过树的延时都相等，并且能够减小负载端的峰值电流[4]。多时钟树的布线应该尽可能使负载相等，以减小时钟相位的偏移。每一个时钟分支应该有相同的负载。Testbench 可监测如图 11.17 所示的信号，以确认信号没有偏离得太远；用静态时序分析软件可以确定时钟信号到达时钟树所有终点的时间，以确保时序的同步。

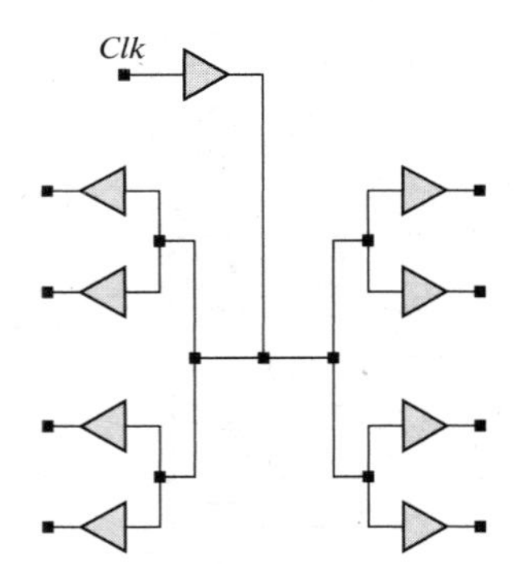

图 11.16　时钟树使时钟信号从时钟源到目的地的延时保持均衡

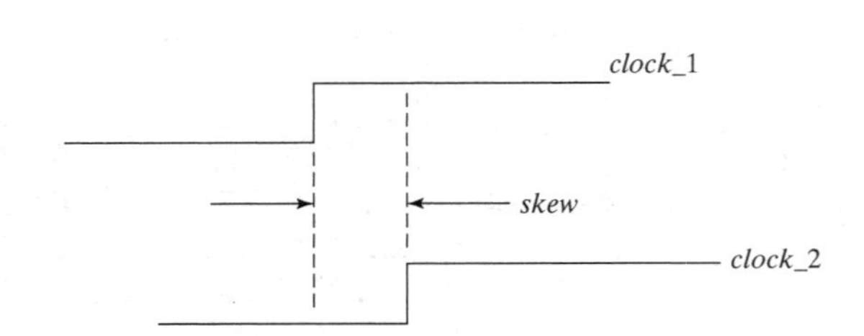

图 11.17　测试平台检测是否违反最大时钟偏移约束以监测设计中的两个时钟信号之间的偏移

11.3　ASIC 中时序违约的消除

表 11.2 总结了能够消除 ASIC 中时序违约的可选方案。最简单的方案就是延长时钟周期。如果最大时钟周期没有加以限制，此方案即可消除时序违约。否则，一种可选方案是对电路的关键路径重新布线，以减少线网延时。也可以通过调整通路上的器件尺寸来减小通路延时，并在元件库所提供的器件范围内选择建立和保持时间较短的触发器。除了表 11.2 中提到的方案，还可以通过对行为模型的重新检查，看是否能通过对模型的改进综合出更快的逻辑。例如，用 ***case*** 语句代替 ***if…else*** 语句可能综合出并行逻辑；也可以改变状态编码(如使用 one-hot(独热)编码)，以便综合出速度更快的电路。

表 11.2　设计 ASIC 中消除时序违约的可选方案

ASIC 中时序违约的消除	
方案	作用
延长时钟周期	在性能指标约束内，消除时序违约
调整关键路径	减小线网延时
调整器件尺寸或更换器件	减小器件延时，改善建立和保持裕度
重新设计时钟树	减小时钟偏移
更换算法	减小通路延时(如用超前进位代替行波进位)
更改系统结构	减小通路延时(如流水线操作)
改变工艺	减小器件及通路的延时

由于 FPGA 的体系结构是固定的，因此消除 FPGA 时序违约的构架方案很少。然而，FPGA 包含快速进位逻辑(改善时序裕度)、专用时钟缓冲器网络和延迟锁定环(减小设计中的时钟偏移)。在 FPGA 中含有大量的寄存器，因此一种行之有效的方案就是用流水线来增加多级组合逻辑的吞吐量。由于 FPGA 中的 I/O 触发器具有可编程的输入延时和输出偏移的功能，因此保障了其规定的建立时间、保持时间以及时钟至输出时间。例如，Xilinx 器件的可编程输入延时保证了器件具有零保持时间和延长的建立时间。软件工具会把一个设计综合为适合 FPGA 的文件，使其满足 FPGA 中的 I/O 和内部的时序约束。对于一个给定器件，如果时序约束不能满足，可行的方法就只有延长时钟周期或者更换成具有较高的时钟频率的器件了。

没有错误的同步运行是时序验证的关键。设计中所用到的物理存储器件必须满足电路要求的建立时间约束、保持时间约束和脉冲宽度约束。建立时间约束、最长通路延时、实际布图和电路中时钟分配四者的相互影响决定了时钟偏移约束。例如，STA 可以确定电路是否有足够的裕度来满足建立条件。Testbench 也可以监视其他约束条件，如一些毛刺和信号之间的相关偏移(如存储器控制线之间的偏移)。STA 可以对通路长度的分配进行分析，决定在不违反时序约束的情况下是否可以减小器件的尺寸。

第 6 章讨论了具有优先权的功能 ***if…else*** 嵌套语句，并可综合成优先编码器。如果不可避免地要用到这个结构，就要把关键的时序信号放到语句的第一个条件下，因为它要驱动最后一级的逻辑模块，并且到达输出端的通路最短。***case*** 语句综合可得到更小更快的电路，但是 ***if…else*** 语句更加灵活且可实现优先级逻辑，可以用来调整最后到达的信号。嵌套的 ***if…else*** 语句和嵌套的 ***case*** 语句可综合出多级逻辑，但其性能上将有所折中。

11.4　虚假路径

电路中所有的物理通路并不一定能被全部运行。如果静态通路分析软件不顾通路的实际功能，工具软件可能会发出虚假警告。

例 11.5　在图 11.8 所示的电路中，若通路 *In_1* - *w*0 - *w*1 被激活，则 *in_0* 和 *in_2* 必须为 1，此时将使电路中的反相器输出为 0，从而阻塞了驱动 *w*2 通路的逻辑门，使其不可能被激活。因此图 11.8 中的 *In_1* - *w*0 - *w*1 - *w*2 - *Out_0* 是一个不可能被激活的通路。注意到 *In_2* 可通过两条不同的通路到达 *w*2，此时称其为再汇聚扇出状态。当电路存在再汇聚扇出时，由于信号通过再汇聚逻辑门时，该逻辑门的其他输入值要视在通路中传播的信号值来决定，故再汇聚的逻辑门不可能被独立地激活，因此经过那些信号再汇聚的逻辑门的通路不可能是静态激活通路，如果不考虑信号在通路中传输的极性，拓扑路径延时的报告可能是不正确的。若只是把通路上的逻辑门的最大或最小延时加起来，得到的最大或最小通路延时值效果是不准确的，并且会使得在消除时序违约时浪费很多的精力。因此在计算通路延时时，必须恰当地选择器件的上升延迟或下降延迟进行分析和计算。

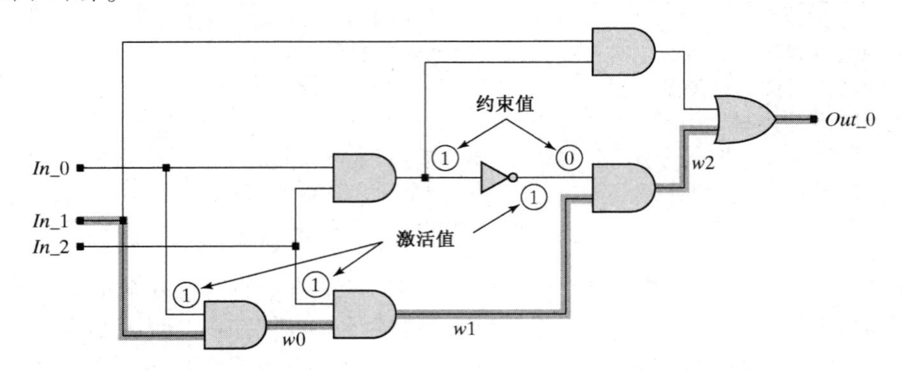

图 11.18　通路 $In\_1 - w0 - w1 - w2 - Out\_0$ 不是静态激活通路

例 11.6　对图 11.19 所示的通路进行延时分析，若将通路上逻辑门延时的最大值简单相加，可得到通路最大上升延时 $t_{delay\_rising} = 15$。但是考虑到传输信号的极性，则得到 $t_{delay\_rising} = 5 + 3 + 5 = 13$。

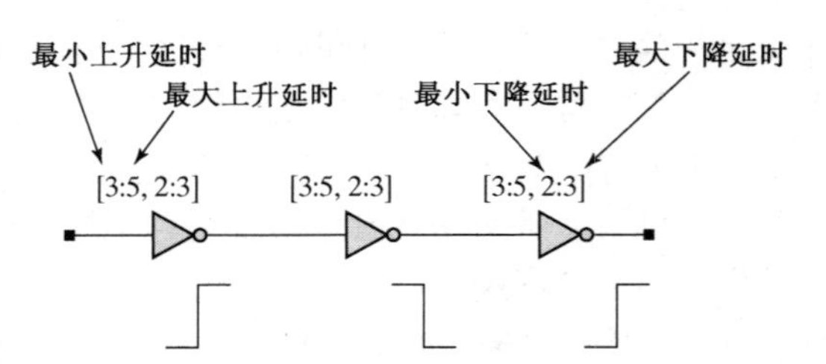

图 11.19　反相器通路上的上升沿跳变的最大延时必须考虑通路上信号跳变的极性

如果在原始输入作用下，一条拓扑通路没有任何逻辑功能，则称该通路为虚假路径。例如，若互相排斥的条件控制数据通道时，此时时序分析器的通路报告将是虚假路径。因此，软件中的控制逻辑将消除某些不应该报告的通路。

例 11.7　图 11.20 中引导数据通道的两个多路复用器的控制信号彼此相互依赖，有两条虚假路径是不会被运行的。电路中最大拓扑延时 $t_{topological} = 30 + 30 = 60$，而最大功能延时 $t_{max} = 15 + 30 = 45$。

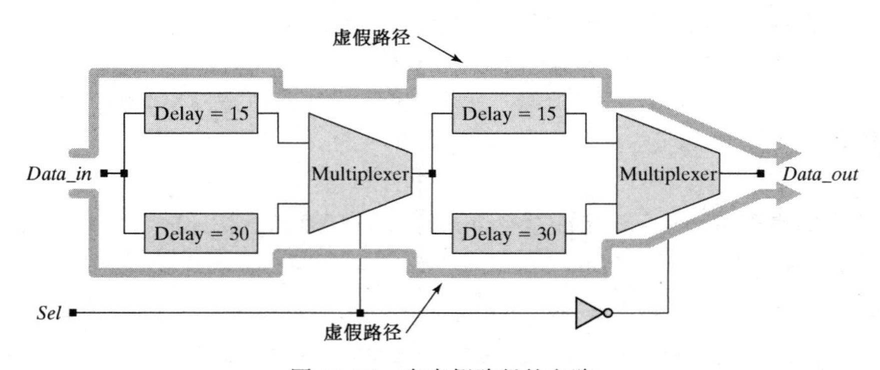

图 11.20　有虚假路径的电路

为了减少通路延时在设计中加入冗余逻辑，时序分析器可能报告虚假路径延时。如果时序分析器没有考虑到冗余逻辑所带来的延时减小，则该报告的延时结果是不准确的。同样，时序分析器若不能识别出多周期循环路径，则也可能引发错误警告。

11.5　用于时序验证的系统任务

在仿真过程中 Verilog 有一些可以进行时序检查的内置任务，其中有些任务可以包含在模块中完成以下功能：

(1) 自动监测仿真行为；

(2) 检测时序违约；

(3) 报告时序违约①。

11.5.1　时序检查：建立时间条件

如果在时钟触发的前后边沿，输入端的数据在足够的时间内不能保持稳定，则边沿触发器不能正常工作。建立和保持时间是对存储单元正确运行的逻辑约束。如果违反了存储单元的建立和保持时间约束，存储单元的不确定行为将导致系统错误。图 11.21 显示了在每个时钟的有效沿之前的建立时间间隔。检查器件建立时间违约的系统任务的语法结构为：***$ setup***(*data_event*, *reference_event*, *limit*)。

在与 *reference_event* 相关的 *limit* 范围内，*data_event*若不稳定，就会发生建立时间违约。实际电路中，在触发器的时钟有效沿之前，数据必须保持稳定。

建立时间违约的原因是通路延时相对于时钟周期过长。为了消除建立时间的违约，必须减小最后到达的数据的延时，或者延长时钟周期(参见表 11.2)。

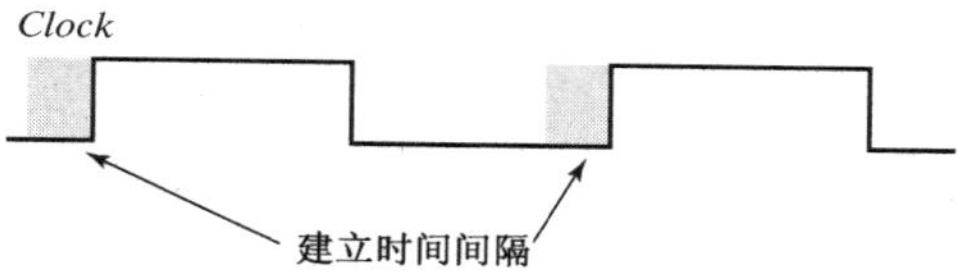

图 11.21　在时钟有效沿之前的建立时间间隔内，触发器的数据必须保持稳定

例 11.8　图 11.22 显示了 *sys_clk*, *sig_a* 和 *sig_b* 的波形。应该注意 *sig_a* 满足建立时间约束，但是 *sig_b* 不满足。时序检查通过任务 ***$ setup***(*sig_a*, *posedge sys_clk*, 5) 和 ***$ setup***(*sig_b*, *posedge sys_clk*, 5) 来激活；后一个检查会报告有时序违约。

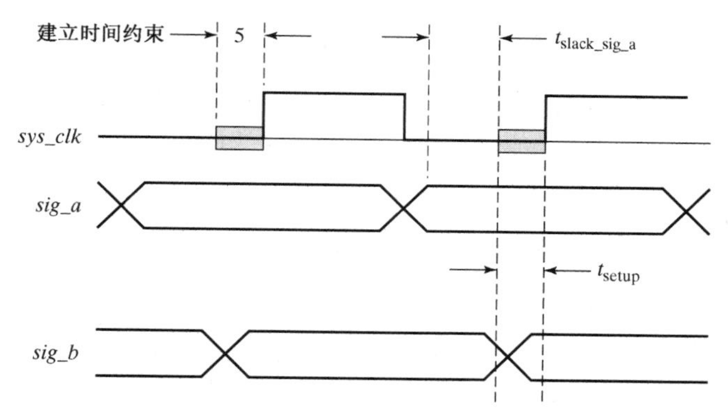

图 11.22　在时钟有效沿之前的建立时间间隔内，*sys_clk* 的建立时间约束要求*sig_a*和*sig_b*保持稳定，而*sig_b*违反了建立时间约束

① 器件的时序检查通常是通过模块中的 ***specify…endspecify*** 块被包含在该器件的标准单元库模块中。

11.5.2　时序检查：保持时间约束

为了使触发器能正常工作，触发器输入端的数据必须在时钟有效沿之后足够长的时间内保持稳定。如果触发器的数据通道太短，导致通路中起始点触发器输出的数据传输到通路终点触发器输入端的数据变化速度太快，就会引起保持时间违约。图 11.23 显示了触发器的数据在保持时间间隔内必须稳定。

经过组合逻辑的较短通路由综合工具自动延长，以减小时间裕度并满足时序约束。设计中最理想的情况是能达到某种平衡，使得信号在通路中的传输不快不慢，刚好达到要求。不必要的快速通路会浪费硅片面积。

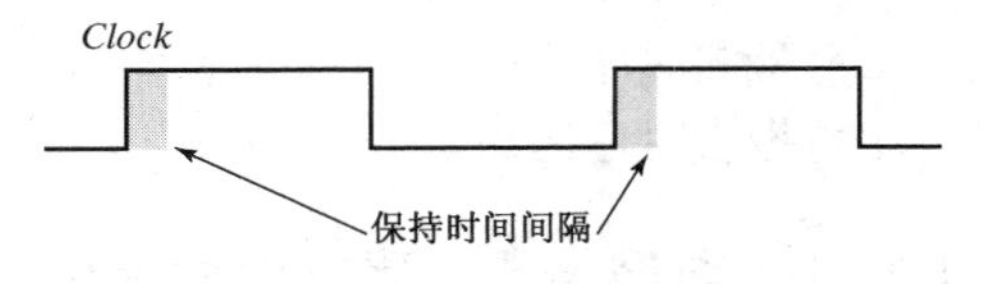

图 11.23　在时钟有效沿之后的保持时间间隔内，触发器的数据必须保持稳定

检查器件保持时间违约的系统任务的语法结构为：**$ hold**(*reference_event*, *data_event*, *limit*)。在相对于 *reference_event* 这个参考事件的 *limit* 特定时间范围内，*data_event* 若不稳定，就会发生保持时间违约。

例 11.9　图 11.24 的波形中，由于 *sig_a* 在 *sys_clock* 的保持时间间隔内不稳定，任务 **$ hold**(*posedge sys_clock*, *sig_a*, 5)报告了时序的违约。

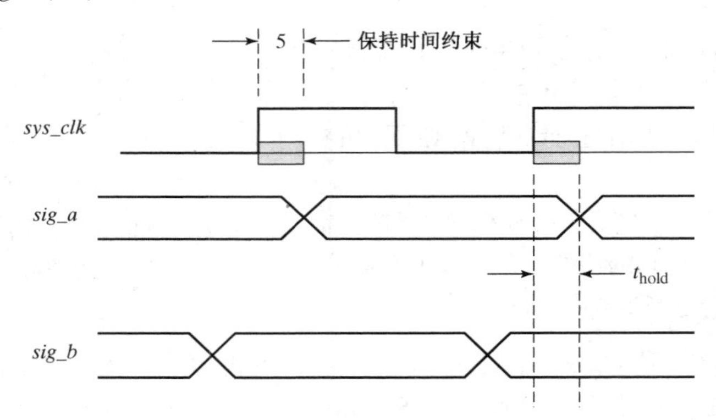

图 11.24　*sig_a* 不满足 *sys_clock* 的保持时间约束

11.5.3　时序检查：建立时间和保持时间约束

若用于同步某个器件的跳变边沿为 *reference_event*，按照 **$ setuphold** 的语句规则，任务 **$ setuphold**(*reference_event*, *data_event*, *setup_limit*, *hold_limit*)能监测 *reference_event* 和 *data_event* 之间是否有建立时间和保持时间的违约。

例 11.10　图 11.25 中 *sig_a* 和 *sig_b* 均满足建立和保持时间约束。

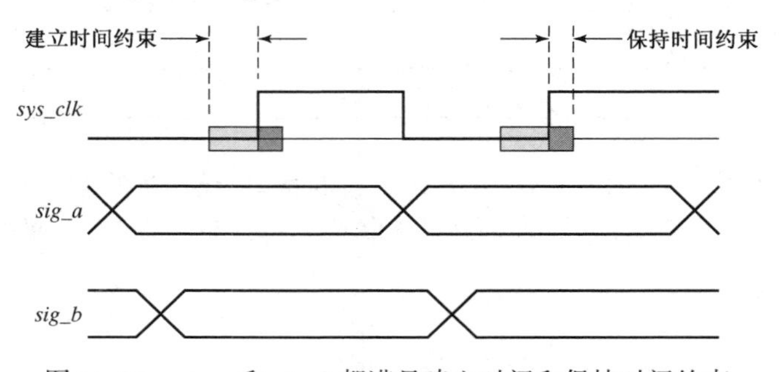

图 11.25　*sig_a* 和 *sig_b* 都满足建立时间和保持时间约束

11.5.4　时钟检查：脉冲宽度约束

时序器件的最小时钟脉度是有限制的。边沿触发器的时钟必须持续足够的时间来对内部信号节点充电。任务 ***$ width***(*reference_event*, *limit*)检查最小脉冲宽度是否违约。例如，***$ width***(*posedge clk*, 4)对时钟脉冲进行违约检查，如果 *clk* 的上升沿与紧随其后的下降沿之间的间隔小于4，则会出现违约。在仿真中该任务也可检查潜在的毛刺和被退化(过窄的)时钟脉冲。

例 11.11　图 11.26 说明 *clock_a* 满足最小脉冲宽度约束，*clock_b* 不满足。

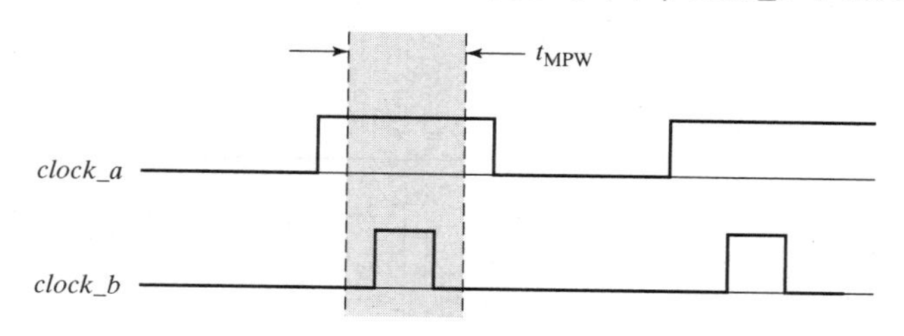

图 11.26　任务 ***$ pulsewidth*** 利用 *clock_b* 来检查脉冲宽度违约

11.5.5　时序检查：信号偏移约束

在系统性能指标中，时钟偏移是一个很关键的问题。它是由不对称的时钟树以及建立和保持时间裕度的衰减造成的。两个信号间的时钟偏移可通过任务 ***$ skew***(*reference_event*, *data_event*, *limit*)进行监测。如果 *reference_event* 和 *data_event* 之间的间隔超过了 *limit* 规定的值，任务会报告有违约情况。

例 11.12　在图 11.27 中，***$ skew***(***posedge*** *clk*1, ***posedge*** *clk*2, 3)对两时钟进行违约检查，如果 *clk*1 和 *clk*2 之间的间隔超过了 3，就会出现违约。

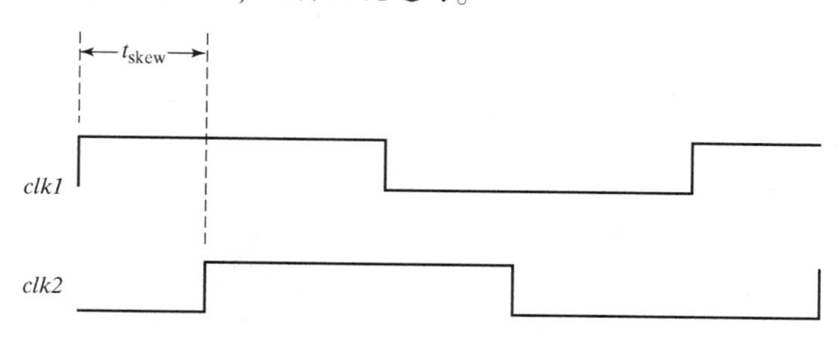

图 11.27　系统任务 ***$ skew*** 检查时钟信号边沿之间的偏移

11.5.6　时序检查：时钟周期

时钟周期由波形的连续有效沿之间的间隔决定。任务 ***$ period***(*reference_event*, *limit*)监测边沿触发器的 *reference_event* 的连续有效边沿，当连续有效边沿之间的间隔小于 *limit* 的规定值时，将报告有时序违约情况。在 SoC 的环境下可重复使用的设计中，这种时序检查将验证一个核心单元能否在指定的时钟周期下安全运行。如果满足时序验证的要求，则说明时钟周期至少和该核心单元需要的最小周期一样长。

例 11.13　图 11.28 中任务 ***$ period***(***posedge*** *clock_a*, 25)检查出 *clock_a* 没有时序违约。

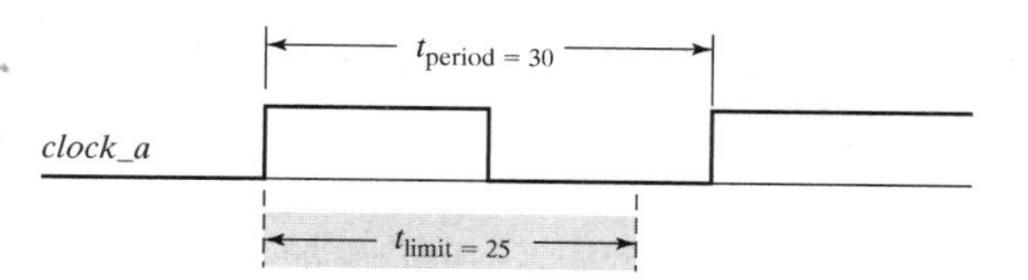

图 11.28　*clock_a* 满足其最小周期约束

11.5.7 时序检查：恢复时间

任务 ***$ recovery***(*reference_event*, *data_event*, *limit*)将检查在复位(异步)或清零条件失效以后同步动作重新恢复所需要的时间。任务指定了异步输入在时钟有效沿之前必须稳定的最短时间。参量 *limit* 给出了 *reference_event* 的失效沿和 *data_event* 下一个有效沿之间的时间。

例 11.14 如图 11.29 中，任务 ***$ recovery***(**negedge** *set*, **posedge** *clock_a*, 3)检查 *set* 的无效沿是否超前 *clock_a* 的上升沿 3 个时间单位。

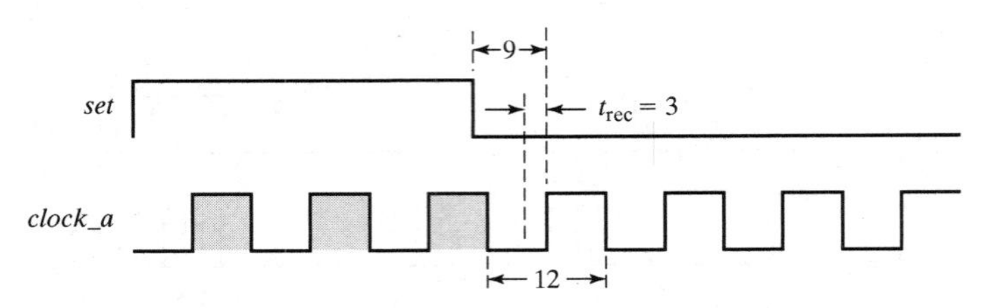

图 11.29 *set* 的下降沿(失效沿)与 *clock_a* 下一个上升沿之间的时间间隔满足恢复时间的约束

11.6 故障模拟及制造测试

若一个设计正确的电路在实际运行中仍然可能出现故障，此时对这些故障的诊断和修复的代价是高昂的。电路的故障可能是永久的、间歇的或暂时的。永久的故障意味着电路一直不能正常工作。间歇的故障则会随机出现，并且只持续一段有限的时间。暂时的故障一般发生在某些环境下，在该环境下器件的性能可能会发生变化。例如，高温或放射性环境。以下几种条件可能导致故障的发生：

(1) 晶片缺陷；

(2) 净室受到污染(如周围的尘埃)；

(3) 制造过程中融入了气体、水和化学杂质；

(4) 光掩膜位置偏差。

制造过程引入的产品缺陷可能导致节点漏电流变高，接触电阻变大，开路，短路，或超出规定的门限电压。我们所关注的是那些在运行中会引起功能性错误的缺陷。

净室环境的污染会给制造出来的电路带来缺陷。净室中的空气可能包括尘埃颗粒、烟雾、挥发的清洗液或其他气态物质。晶片可能会受到没有被清洗掉的残留物和化学物质的影响。净室需要非常洁净的空气，然而设备操作人员和技术人员在室内的活动不可避免会形成污染。净室的地板是特制的，以尽可能减小因震动而使光掩膜对不准的概率，如果光掩膜没有对准，会造成器件的非正常曝光，违反版图设计的空间约束。

鉴于器件故障的代价是昂贵的，半导体厂商必须在产品上市前对器件进行全面测试。由于设计的错误应该在生成用于加工的掩膜文件之前，在设计流程中的验证步骤中就被发现，因此这种测试并不是重新验证功能特性或者检查最初设计是否有错。事实上，用于验证器件功能的激励模板只能检查出被制造出的电路中一小部分缺陷。对制造的故障分析可以指出设计上的错误，但这并不是目的。

在产品测试过程中，给电路施加测试信号并监测电路的响应，来判断电路是否有缺陷出现。施加到电路的测试模板集必须能够测试出芯片的已知故障模型，并能够检查出其中的所有缺陷。利用测试模板(功能验证的)对产品进行测试是制造测试的第一步，但是当测试模板不能反映某些电路的故障状态时，该测试模板就不适用了。对具有嵌入式处理器、存储器或许还包含一个内嵌 DSP 的电路，具有 500 000 ~ 1 000 000 个逻辑门的较复杂电路时，此时设计验证用的测试模板集对复杂电路就不可能有足够的覆盖率。

产品测试的主要目的是发现因制造工艺缺陷造成的永久性故障。它包括两个主要步骤：测试生成和故障模拟。在决定如何测试之前首先要弄清楚应测试什么。在产品测试中的测试就是试图检查电路内部故障的模型（称之为故障）。测试模板的生成要与故障模拟相结合，故障模拟就是确定一个测试能否检测出电路中某个特定位置的故障。故障覆盖率可以反映测试模板集的优劣。

11.6.1　电路缺陷和故障

电路的故障状态模型要考虑因实际的物理故障造成的逻辑错误。基于 Smith 的著作[4]中的有关讨论，把主要的物理故障总结于表 11.3 中。假定物理故障和由其导致的逻辑错误在硅片上的分布是均匀的。

表 11.3　集成电路中的物理故障及电路级影响

物理故障	衰变故障*	开路故障	短路故障
芯片级故障			
封装引线间的泄漏和短接	X		X
断裂，未对准，虚焊		X	
表面污染，潮湿	X		
金属离子迁移，应力，剥落		X	X
金属化（开路或短路）		X	X
门级故障			
触点断开		X	
栅极与源/漏极短接	X		X
场效应氧化无源器件	X		X
栅氧化裂缝、毛刺	X		X
掩膜未对准	X		X

* 参量故障（门限电压偏移）或延时故障

当电路不能正常工作时，电路实现的逻辑就会与设计所要求的逻辑不同。有各种故障模型来检测数字电路的故障，其中一种最常见的故障模型就是信号线与电源线或地线短接，这种故障模型称为粘接（stuck）故障，粘接的位置为故障点。CMOS 电路中，如果一个晶体管的栅极始终是导通的，就会出现粘接故障。这样的缺陷可能出现在光刻掩膜时，由于物理震动导致掩膜未对准，进而引起信号通路的导线发生偏移并与相邻的信号通路的导线挨得太近。也可能出现在蚀刻光刻胶时改变了导线的物理位置。为了降低故障发生率，业界统计制定了制造工艺的技术操作规范和流程，若违反了该规范就会导致此种缺陷。

逻辑单元内部晶体管互连线的短路故障称为桥接（bridging）故障。桥接故障可以通过检测电路的静态电流 I_{DDQ}。测试静态电流要比测试粘接故障花费更多的时间。桥接故障的检测必须要测试静态电流 I_{DDQ}，因为粘接故障的测试往往并不能检测出桥接故障，相比于错误的逻辑值，桥接故障会表现为一个很大的静态电流。

例 11.15　图 11.30(a) 说明了两输入（CMOS）或非门由于两个上拉晶体管的栅极相连导致的桥接故障。正常情况下，在器件输出端发生跳变的那段极短的时间内，CMOS 器件的电源和地线是短路的。经过电路的静态电流 I_{DDQ} 为 0，但是，当 $x1=0$ 且 $x2=1$ 时，电路的上拉逻辑会出现桥接故障，导致电源和地之间流过一个很大的电流，造成热损耗和器件寿命缩短。通过监测静态电流，可以检查出桥接故障[6]。

图 11.30(b) 中，$x1$ 的下拉晶体管为 1，即有粘接故障，导致此或非门有缺陷。由于施加到上拉电路栅极 $x1$ 的信号与施加到下拉电路栅极 $x1$ 的信号不能独立激活，这种情况下是不能通过检查电路的逻辑功能从外部检测的。而且注意，当 $x1=0$ 且 $x2=0$ 时 $y=1$，但有粘接故障的下拉晶体管栅极把 y 拉到 0。粘接故障会引起器件的输出节点连续放电，使得上拉动作变得比无故障时缓慢。另外，经过下拉晶体管的大电流将导致热损耗并缩短电路寿命。

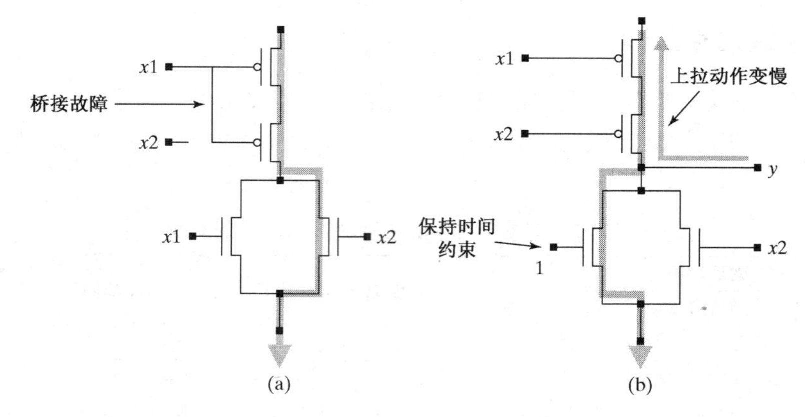

图 11.30 两输入或非门：(a)桥接故障；(b)粘接故障

与电源短路引起的故障称粘接 1 故障，与地线短路引起的故障称粘接 0 故障。电路中一个给定节点固定在逻辑 1 上，记为 *s-a*-1，固定在 0 上记为 *s-a*-0。存在 *s-a*-1 和 *s-a*-0 就足以危害电路的逻辑功能的实现了。

例 11.16 对图 11.31 所示的三输入与非门，(a) 中为无故障，(b) 中的一个输入有 *s-a*-0 故障，(c) 中的一个输入有 *s-a*-1 故障。无故障电路的组合门逻辑为 $y_{good}=(x1\ x2\ x3)'$，但是当 $x1$ 有 *s-a*-0 故障时，$y_{x1\ s\text{-}a\text{-}0}=1$，电路的输出也粘接在逻辑 1 上。当 $x1$ 有 *s-a*-1 故障时，$y_{good}=(x1\ s\text{-}a\text{-}1)=(x2\ x3)'$(即实现了两输入与非逻辑)。故障电路与无故障电路实现的逻辑是不同的①。

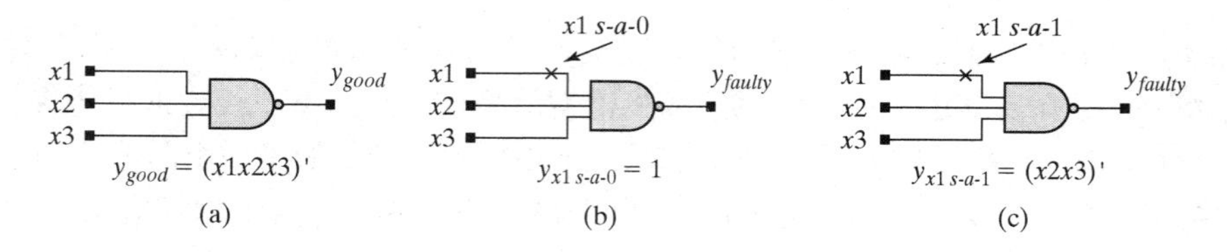

图 11.31 三输入与非门：(a)无故障；(b)$x1$ 有 *s-a*-0 故障；(c)$x1$ 有 *s-a*-1 故障

逻辑电路中所有与逻辑门的输入和输出相连的线网都有可能发生 *s-a*-0 和 *s-a*-1 故障。粘接故障使已实现逻辑中的变量或者蕴含项消失，或者使该逻辑功能限于某个固定值。因此，测试应该能够检查出无故障电路与有 *s-a*-0 或 *s-a*-1 故障电路在逻辑功能上的不同。图 11.31(b) 中，$x1=1$，$x2=1$，$x3=1$ 时可检测出 *s-a*-0 故障，如果 $y_{x1=1,\ x2=1,\ x3=1}=1$，将检查出有故障，因为

① 注意，图 11.31(b) 中的内部桥接故障影响了由 $x1$ 驱动的下拉晶体管，而对于相应的上拉晶体管没有影响。在 $x1$ 处的粘接故障则对上拉、下拉两个晶体管电路均有影响。

$y_{x1=1,\,x2=1,\,x3=1}=1$ 与 $y_{good}=0$ 不一致。同样，若图 11.31(c)中，$x1=0$，$x2=1$，$x3=1$ 时可检测出 *s-a*-1 故障，也是因为当有故障存在时，$y_{x1=0,\,x2=1,\,x3=1}=0$ 与 $y_{good}=1$ 不一致。

图 11.31 中，在逻辑门输入端加激励信号并在输出端进行监测，三输入与非门的故障可以容易地被检测到。这种测试方案并不具有代表性，因为电路中的绝大多数逻辑门的输入和输出并不能直接从芯片的引脚处测得。另外，一个芯片最多有几百个引脚，而内部可能存在数百万个故障点。尽管如此，测试单个器件所用的原理同样也可用来研究如何测试芯片内嵌的故障点。以下两点同时满足时，可以检查内嵌故障：

(1)原始输入能够断言(确定)故障点的逻辑值；

(2)该输入与那些能把故障传输到原始输出端的输入是兼容的。

11.6.2　故障检测与测试

如果在组合逻辑电路中，*s-a*-1 和 *s-a*-0 故障是可测的，则可给输入端施加一系列已知的测试模板，并观察有故障的电路和无故障的电路的输出是否有所不同。图 11.32 给出了测试电路粘接故障的基本原理图。给无故障电路和在特定位置注入故障的电路施加同样的输入信号，将这些电路的输出结果进行比较，可以判断是否存在差别。如果有错误的信号出现，则该施加的输入信号可以作为注入故障电路的测试模板；如果没有差别，则该模板不能区别有故障和无故障电路。

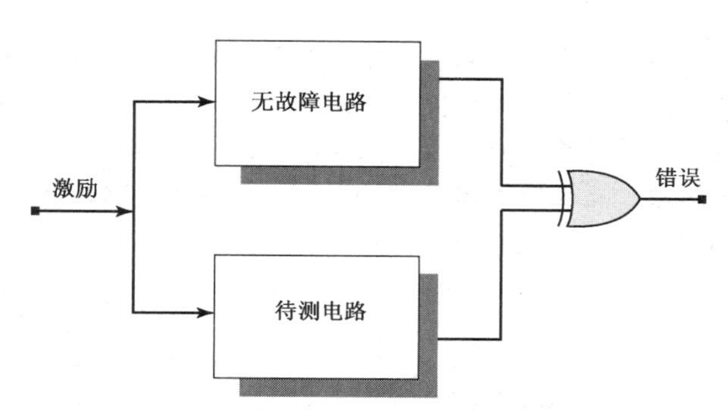

图 11.32　对无故障电路和有故障电路的响应进行比较的故障模拟框图

例 11.17　图 11.33(a)所示电路中，*x*1 的 *s-a*-0 故障的测试模板列于图 11.33(b)中。当测试模板加到电路的输入端时，故障电路和无故障电路的输出不同，因此测试模板(*x*1 *x*2 *x*3) = (1 1 1)能够检测到故障，是对 *x*1 的 *s-a*-0 故障的测试。

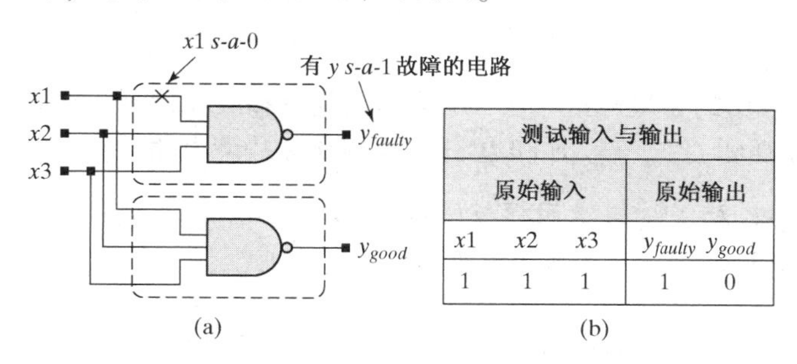

测试输入与输出				
原始输入			原始输出	
x1	x2	x3	y_{faulty}	y_{good}
1	1	1	1	0

图 11.33　对 *x*1 的 *s-a*-0 故障的测试显示出有故障和无故障电路的输出不同

注意到，如果 *x*1 粘接到逻辑 0，图 11.33 中电路的输出会是 1，输出将与输入无关。通常用一个能判断故障点(无粘接时)的激励源来对某一故障进行测试，并将故障电路和无故障电路的输出进行比较。如果输出不一致，该激励模板将检测出制造的电路中的此类故障。

组合逻辑电路中的 *s-a*-0 和 *s-a*-1 的故障测试需要一个信号输入模板，该测试可按如下四步进行：

(a)在电路中注入一个故障。

(b)验证该故障(即加入激励，在故障点得到逻辑值)。

(c)激活一条或多条通路将故障的影响传输到输出。

(d)将激活的输出与无故障电路的输出进行比较。

为了测试组合逻辑电路的故障，电路的原始输入必须选择为：

(1)能够确定(断言)故障点的假定值；

(2)故障的影响可以传输到基本输出端(即故障可以激活输出)。

如果该测试想要检测某个节点是否粘接在逻辑 1 的情形，则应设计一个原始输入能使无故障电路中与故障节点相对应节点的值为 0。同时，这个原始输入还能将故障点的信号值传输到原始输出端。当激活的输出与无故障电路输出不同时，则该测试就检测出有故障存在。因为一种测试可能会检测出不止一个故障，因此能测出故障的测试不一定要将故障的位置隔离在某一特定点。

例 11.18 图 11.35 所示的两个相同电路，其中一个电路 $x1$ 有 s-a-0 故障，被称为故障电路。为了检测故障，激励模板将 $x1$ 的值置为 1 来调整故障。与非门的其余输入($x2$, $x3$)全置为 1，使得与非门的输出对 $x1$ 敏感。将或门的另外输入($x0$)置为 0，来激活传输 $x1$ 的值到电路原始输出的通路。无故障电路 $y_{good}=0$，$x1$ 有 s-a-0 故障的电路 $y_{faulty}=1$。激励模板($x0$ $x1$ $x2$ $x3$) = (0 1 1 1)是对 $x1$ 的 s-a-0 故障的一种测试。

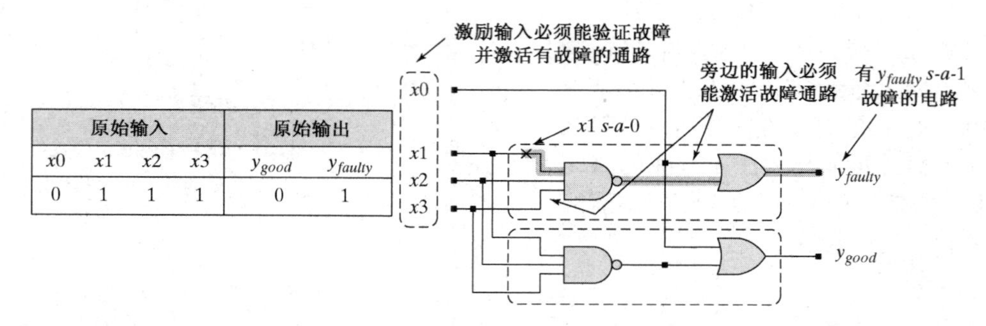

原始输入				原始输出	
$x0$	$x1$	$x2$	$x3$	y_{good}	y_{faulty}
0	1	1	1	0	1

图 11.34 测试模板($x0$ $x1$ $x2$ $x3$) = (0 1 1 1)通过验证故障和激活故障传输通路来检测 $x1$ 的 s-a-0 故障

11.6.3 *D* 标记法

D 标记法是一种专用的符号标记方法，用于测试生成和故障检测。在 *D* 标记法中，电路中信号的逻辑值被标记为 D 和 D'。符号 D 和 D' 分别代表在无故障电路中信号值为 1 和 0 的情况。

例 11.19 在图 11.35 中，当激励模板($x1$ $x2$ $x3$) = (1 1 1)时，信号 $x1$ 的值为 D，表示在无故障电路中 $x1=1$，有 $x1$ s-a-0 故障电路中 $x1=0$。同样，无故障电路的输出为 $y_{good}=D'$，故障电路的输出为 $y_{faulty}=D$。

当多个故障能被同样的测试模板检测出来并且要减少必须施加于电路的测试模板的数量时，*D* 标记法对故障检测是十分有用的。在需要用少量的测试模板检测大量的故障时的应用场合。*D* 标记法是适合的。

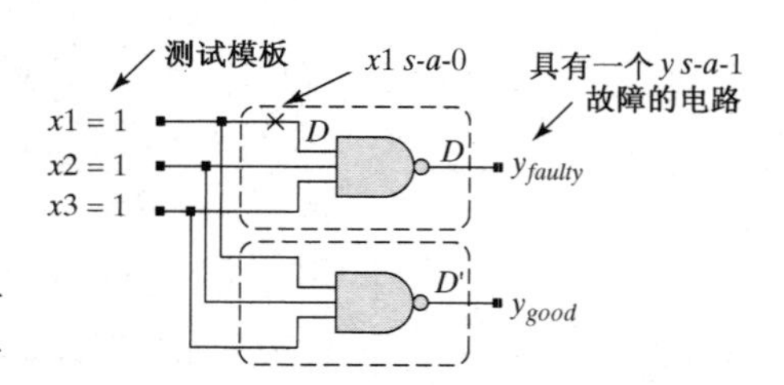

图 11.35 *D* 标记法表示在无故障电路中线网值为1，在故障电路中值为0

例 11.20 图 11.36(a)中的两级电路在其 9 个基本输入端、3 个内部线网和 1 个原始输出上有故障点。图 11.36(b)和(c)中的表格用 D 标记法标出了测试模板①指定的情况下内部线网和原始输出线网的值。表格已进行了注释以便于识别由测试模板检测出来的故障。测试是在假定电路中只有一个故障的情况下进行的(所谓单粘接故障模型[6])，但是给定的激励模板可能会检测到多个故障。在这个电路中分别只需 3 个测试就能检测出所有可能的 *s-a*-1 故障，而另外的 3 个测试能检测出所有可能的 *s-a*-0 故障。

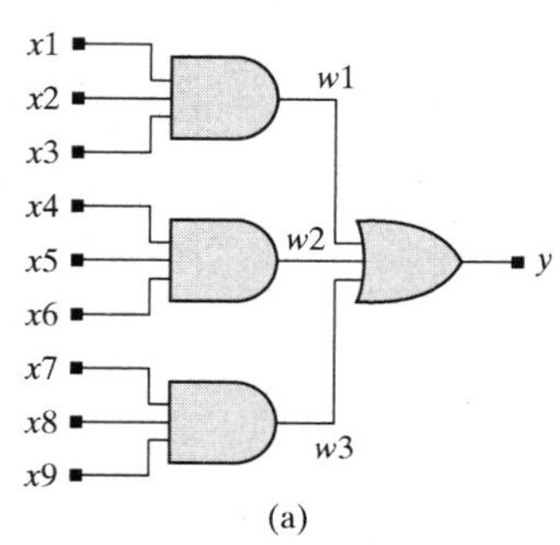

(a)

	s-a-1故障测试					
	#1	site	#2	site	#3	site
x1	0	x1	1		1	
x2	1		0	x2	1	
x3	1		1		0	x3
x4	0	x4	1		1	
x5	1		0	x5	1	
x6	1		1		0	x6
x7	0	x7	1		1	
x8	1		0	x8	1	
x9	1		1		0	x9
w1	D'	w1	D'	w1	D'	w1
w2	D'	w2	D'	w2	D'	w2
w3	D'	w3	D'	w3	D'	w3
y	D'	y	D'	y	D'	y

(b)

	s-a-0故障测试					
	#1	site	#2	site	#3	site
x1	1	x1	0		x	
x2	1	x2	x		x	
x3	1	x3	x		0	
x4	0		1	x4	x	
x5	x		1	x5	x	
x6	x		1	x6	0	
x7	0		0		1	x7
x8	x		x		1	x8
x9	x		x		1	x9
w1	D	w1	D'		D'	
w2	D'		D	w2	D'	
w3	D'		D'		D	w3
y	D	y	D	y	D	y

(c)

图 11.36　激励模板(b)和(c)可以检测出电路(a)中所有的 *s-a*-1 故障和 *s-a*-0 故障

例 11.21　当用一种测试来检测图 11.37(a)所示的多级组合逻辑电路中的 $w2$ 的 *s-a*-0 时，用 D 标记法标记的信号值列于图 11.37(b)的表格中。在所有的故障测试模板中，其中一个为 $(x1\ x2\ x3\ x4\ x5) = (1\ x\ 1\ x\ x)$，这里的 x 为任意值。只要激活故障的原始输入值不与验证故障的值发生冲突，该测试模板就可以检测到故障。无故障电路的输出为 $y = 1$。

多级网络中的故障激活可以通过追踪从故障点到基本输出端的前向通路来完成，并将通路上所有逻辑门的其余输入值置为其激活值(例如，与非门的其余输入端置为 1)。然后通过追踪从其他输入到基本输入的反向通路，来建立从故障点到原始输出端的可以激活通路的原始输入值。这一步称为线性辨识。通常还必须考虑多通路激活问题，因为单通路的激活可能无法产生对某一可测故障的测试。

① 在本书中，符号 x 表示任意信号值。

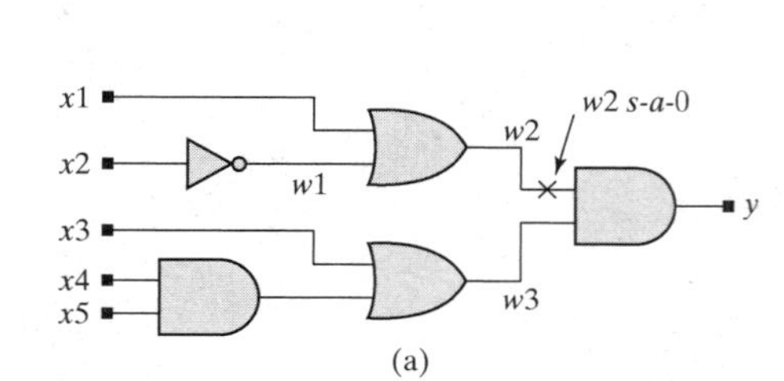

	调整	敏化	测试
x1	1	x	1
x2	x	x	x
x3	x	1	1
x4	x	x	x
x5	x	x	x
w1	x	x	
w2	D	x	
w3	x	1	
y	D	D	

(b)

图 11.37　故障检测：(a)组合逻辑电路；(b)为了验证和激活 $w2$ s-a-0 故障的 D 标记法的信号值

例 11.22　图 11.38 中的电路(称为 Schneider 电路[6])可以通过设定 $x2=1$ 和 $x3=1$ 来检测 $G2$ 的 s-a-1 故障。为了激活从故障点到 y_out 的通路，设定 $x1=1$，以驱动 $G5$ 的输出为 1。前面对 $x1$，$x2$ 和 $x3$ 的选择与形成 y_out 的与非门的其他输入置为 1 是一致的，但是将 $G6$ 置为 1 则要求将 $x4$ 置为 0，因为 $G2$ 的值是未知的。当 $x3=1$，$x4=0$ 时，$G7$ 的值又变为 0，从而阻塞了故障通路。如果选择通过 $G6$ 的单一通路来传输故障，相同条件仍将阻塞故障向输出端传输。因此，只激活从故障点到电路输出的单一通路不能检测到 $G2$ 的 s-a-1 故障。只有用激励模板($x1$ $x2$ $x3$ $x4$) = (1 1 1 1)，同时激活通过 $G5$ 和 $G6$ 的通路时才能检测到该故障。

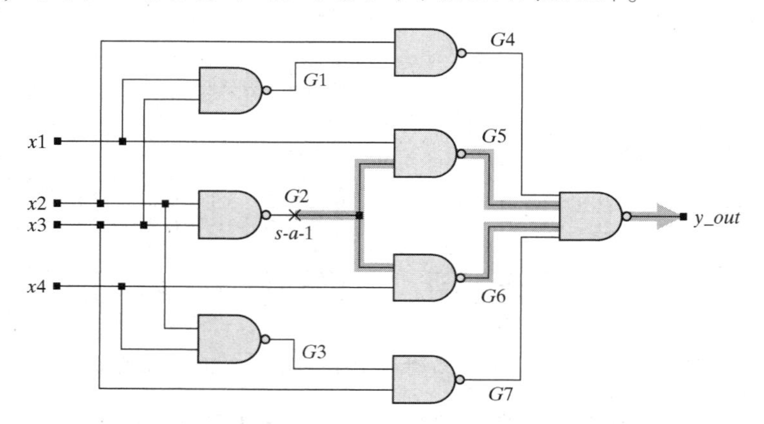

图 11.38　故障 $G2$ s-a-1 不能通过一个通路激活

11.6.4　组合电路的自动测试模板生成

依靠人工方法进行大规模组合电路的测试是很不可取的。图 11.37 中的故障 $w2$ s-a-0 测试之所以能够通过人工方法进行，是因为该电路比较简单。测试组合逻辑电路的另外一种方法是给电路施加所有可能的输入，并且观察电路的输出是否与无故障电路输出相同。虽然枚举所有测试模板的方法比较简单，但当电路中有大量的输入时就变得不适合且无益处了。在例 11.2 中可以看到只需要 6 组测试模板就能检测到全部的故障，枚举所有测试模板会产生 512 组测试模板。

有这样一些算法，它们能够自动、高效地找到或构建少量的测试模板，这些少量的测试模板能够检测大部分组合逻辑电路的故障。用于生成测试模板的商用工具包含多种算法不同的特性。前面提到的 D 标记法的 D 算法[7]应用比较广泛。它用于测试内嵌在组合电路内部所有信号线的粘接故障。D 算法已经被集成在自动生成测试模板(ATPG)的软件中，它采用多路径激活方法，并且保证在发现组合电路逻辑故障的测试模板存在的情况下，能够找到这个测试模板，但是当电路中存在大量的异或门时，寻找测试模板的效率将显著降低。

还有两种可选择的算法，一种是面向通路判决法 PODEM（path-oriented decision making）[8]，另一种是面向扇出的测试模板生成算法 FAN（fanout-oriented test-generation algorithm）[9]，这两种算法要比 *D* 算法效率更高。PODEM 算法从电路的基本输入向前推算，取代 *D* 算法中的交替追踪和向前传输的步骤。FAN 算法采用附加策略来减少反复追踪并且比 PODEM 算法更有效。关于这些算法请参见 Abramovici et al.[6]，fujiwara 与 shimono[10]的相关讨论。

ATPG 能找到一个检测给定故障的测试模板但却不能对存在再汇聚扇出的组合电路进行测试。有些故障是不可测的，不可测的原因有以下几点：

（1）冗余逻辑（见本章习题 14）①；

（2）不可控的线网；

（3）不规则的线网。

当故障所在的线网不可控，或者没有输出通路能够被激活用来观察故障时，这种故障是不能被检测的。

例 11.23　图 11.39 中对故障 *w*2 *s-a*-0 的测试就不存在。信号 *x*5 在 *y* 处存在扇出重汇聚，所以由 *x*5 所影响的其余输入不能独立设置。*w*3 的激活需要将 *x*5 置为 1，但是 *y* 的激活则需要将 *x*5 置为 0。表 11.4 列出了使用 *D* 标记法的信号值，而且也列出了激活 *w*3 和 *y* 所需要的基本输入值之间的冲突，*x*5 的扇出重汇聚迫使 *y* 为 0，而与故障 *w*2 *s-a*-0 无关。这种测试无法区分故障电路和无故障电路。

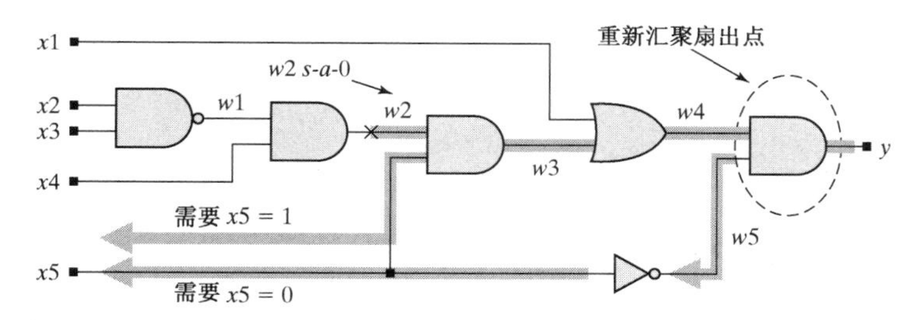

图 11.39　对于故障 *w*2 *s-a*-0 的测试不存在。*x*5 的扇出重汇聚使测试故障 *w*2 *s-a*-0 的条件处于矛盾状态

表 11.4　扇出重汇聚使激活故障 *w*2 *s-a*-0 所需的 *x*5 的值之间产生冲突

	调　整	激　活	测　试
*x*1	*x*	0	0
*x*2	0	*x*	0
*x*3	*x*	*x*	*x*
*x*4	1	*x*	1
*x*5	*x*	*w*3 为 1 *y* 为 0	冲突
*w*1	1	*x*	
*w*2	*D*	*D*	
*w*3	*x*	*D*	
*w*4	*x*	*D*	
*w*5	*x*	冲突	
y	*x*	0	

① 虽然综合工具能够消除冗余逻辑，但综合后的电路可以通过增加冗余逻辑来提高电路的速度或消除竞争。这种修改对测试模板生成是有影响的，因为它会导致测试模板生成的效率下降。

11.6.5　故障覆盖和缺陷级别

故障测试确保了交付给客户的产品质量。交付有缺陷器件的概率 W 与测试覆盖 T 和相对制造成品率 Y 的关系式为：

$$W = 1 - Y^{(1-T)}$$

此处，Y 表示生产芯片的 ASIC 制造过程中的相对成品率(例如 $Y = 0.75$)，T 表示故障测试覆盖率[10,11]。高的相对成品率和故障测试覆盖率是人们所期待的。表 11.5 和图 11.40 说明了在给定的成品率范围内，平均缺陷率是如何由故障覆盖率决定的。为了达到提高覆盖率的目的，该曲线给出了一个定量的估测。对于半导体厂商来说，保证电路中故障覆盖率要超过 99% 是很平常的事。

表 11.5　未检测的有缺陷部件的质量取决于制造工艺的成熟程度和测试模板覆盖率，不成熟的工艺明显地需要非常高的故障覆盖率以降低平均缺陷级别

	生产成品率	测试模板覆盖率		
		70%	90%	99%
		未测试缺陷的百分比		
先进工艺	10%	50%	21%	2%
正在完备中的工艺	50%	19%	7%	0.7%
完备工艺	90%	3%	1%	0.1%

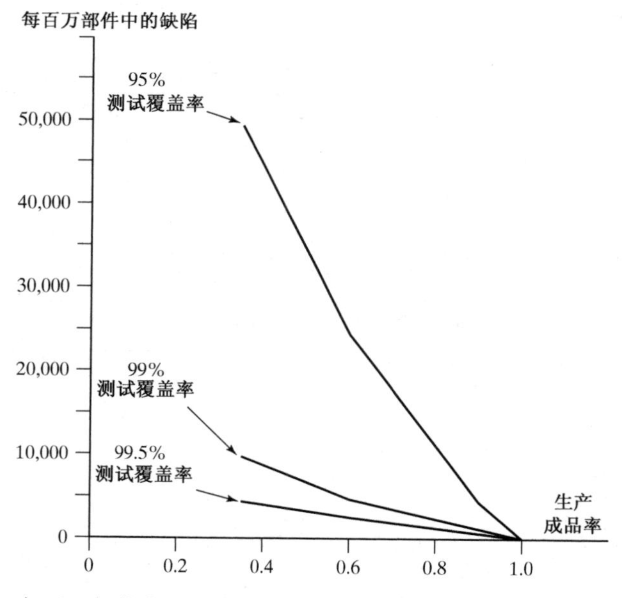

图 11.40　每百万部件中的缺陷率相对于测试覆盖率和生产成品率的关系曲线

11.6.6　时序电路的测试生成

对时序电路进行直接生成是很困难的，其原因是该测试需要很长的输入信号序列来驱动内部时序器件达到一个已知状态，这个已知的状态能够验证故障点或激活一条通路。想要验证两个时序电路具有同样的功能(即通过施加输入序列并观察输出序列说明两个电路是等同的)是不切实际的，一种可选的方法是将时序电路视为迭代网络。

例 11.24　图 11.41 中的电路需要三个激励模板组成的序列来检测故障 $w1$ s-a-1。生成测试模板是按照相反的顺序进行的，先从周期 3 中必须有的线网的值开始，并从 y 处可以观测故障的影响，然后逆向推导确定周期 2 中必须存在的值，依次类推，让故障的影响可以在最后一个周期中被观测到。表 11.6 显示了测试的每一个周期中的信号值。

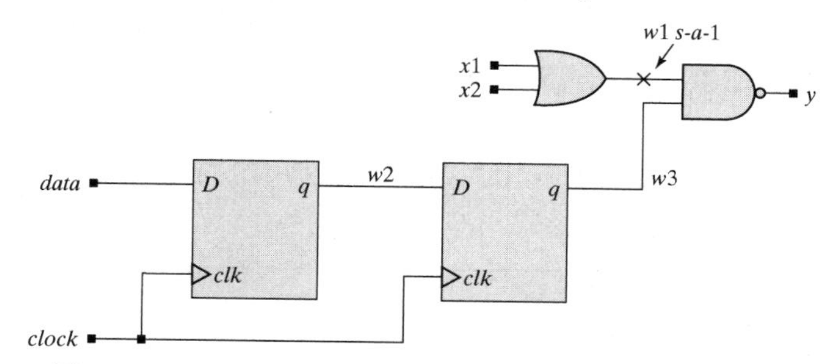

图 11.41　三组测试模板组成的序列可检测到故障 $w1$ s-a-1

表 11.6　用于测试图 11.41 中的故障 $w1$ s-a-1 的测试模板序列。该测试序列必须传输一个1信号经由移位寄存器(以激活输出y)到达故障处

		验证	激活	测试
周期 3	$w1$	D'	D'	
	$w2$	x	x	
	$w3$	x	1	
	$x1$	0	x	0
	$x2$	0	x	0
	$data$	x	x	x
	y	D	D	D
周期 2	$w1$	x	x	
	$w2$	x	1	
	$w3$	x	x	
	$x1$	x	x	x
	$x2$	x	x	x
	$data$	x	x	x
	y	x	x	x
周期 1	$w1$	x	x	
	$w2$	x	x	
	$w3$	x	x	
	$x1$	x	x	x
	$x2$	x	x	x
	$data$	x	1	1
	y	x	x	x

由于为时序电路直接生成测试模板是十分困难的，因此通常考虑采用路径扫描的方法。电子行业中经常用扫描的方法验证电路，将用于组合电路的测试方法用于时序电路，实现其可测性。

路径扫描有多种方法，方法的取舍取决于电路的寄存器在扫描链路中的连接状况。ASIC 使用的是部分或者完全扫描方法，取决于在其内部的部分或者全部触发器是否都可以用扫描单元替代，并且连接起来形成一个或多个可由外部测试器控制的移位寄存器。而采用部分扫描方法其实是一种折中，它平衡了扫描链路所提供的故障覆盖率和形成扫描链路所需要的附加逻辑之间的关系。

扫描设计是用扫描触发器替代普通的触发器来构成一个双端口寄存器，即所谓的扫描寄存器，它使电路更加可控和/或可观测。扫描寄存器可以通过串行端口使数据移位，并通过并行端口装载数据。在测试模式中，测试模板的逻辑值移入触发器中。已装入触发器的逻辑值在一个时钟周期内驱动组合逻辑通路，并在下一个时钟周期内能并行捕获到该通路的目的端口的值。捕获的输出数据可以从寄存器移出并加以分析，来检测逻辑通路的内部故障。

图 11.42 给出了用一组双端口扫描单元连接起来构成一个四比特的扫描寄存器。正常工作情况下，$T=0$ 时数据经由 $D[3:0]$ 并行装入。在测试模式 $T=1$ 周期内，数据通过寄存器从 *x_in3_scan_in* 移位到 *y3_scan_out*。根据具体应用和扫描单元使用的程度，通过串行扫描通路，逻辑电路的内部节点可做到 100% 的可控与观测。

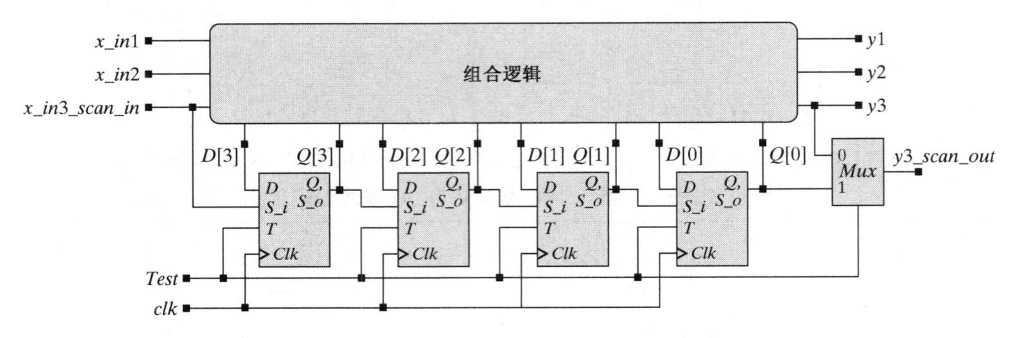

图 11.42 由双端口寄存器构成的扫描寄存器

完全扫描是用扫描单元替代设计中的全部触发器。边界扫描是将扫描单元放在 ASIC 的 I/O 端口处，并把它们连接起来构成一个边界扫描链路用于板级测试。由于具有完全扫描特性的 ASIC 核的重构电路具有如图 11.43 所示的结构，其测试模板与用来测试其组合逻辑电路的测试模板一样。使用完全扫描的电路测试过程是先测试扫描通路，然后再测试组合逻辑。扫描通路的测试是将电路置于测试模式($T=1$)并触发时钟 $n+1$ 次，以通过链路传输测试序列。使电路处于测试模式，将测试模板的逻辑值移入扫描寄存器，并施加原始输入信号，为测试组合逻辑电路做好准备。把测试模板施加到扫描寄存器后，模式被置为正常状态($T=0$)，并在基本输出端和扫描寄存器的输入端观察到电路的响应。时钟再次触发，将并行输入锁存到扫描寄存器中。然后电路又将置于测试模式下，并将已捕获的样本从寄存器中移出用于分析。与此同时，另一组模板被移入寄存器。

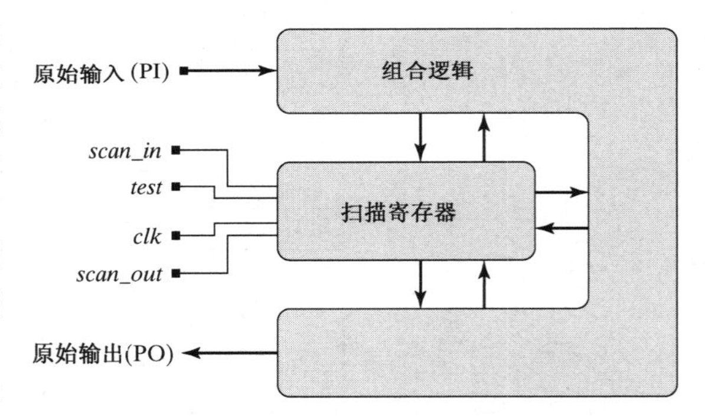

图 11.43 完全扫描测试的电路结构

11.7 故障模拟

故障模拟是将故障电路的运行状态与无故障电路的运行状态进行比较。如果施加相同的激励模板，两电路的输出不同，该激励模板称为故障检测的测试模板。故障模拟决定了给定激励模板(测试模板)能检测故障的程度。故障模拟现在已经集成在 ATPG① 的工具中。不过，这里将讨论一些主要的概念，它对理解整个设计流程中的重要方面将有所帮助。

下面只考虑测试组合逻辑中的单粘接故障。故障覆盖率，即一组激励模板能够检查电路中可能存在的故障的程度，可由以下表达式定义：

故障覆盖率 = 检测到的故障数/故障总数

为了确保交付给用户的器件没有缺陷，提供的测试模板必须有很高的故障覆盖率，这一点很重要。故障等级②通过检查故障是否可测、是否能够找到该故障的一个测试模板来确定测试覆盖范围。大多数应用中对于电路包含的单粘接故障，故障测试的范围必须大于 99.5%。

故障模拟器可通过搜集故障点、注入故障、施加激励模板，并将该电路与无故障电路的输出比较来检测电路故障。不能检测故障的激励模板是不可用的。在具有高覆盖率的激励模板测试模板生成的配合下，故障模拟器进行故障检测。有多种方法来减少测试生成所需要的时间和精力。

11.7.1 故障解析

测试的效率会影响昂贵的测试仪器的折旧摊销。不必要的测试会浪费测试仪器的资源和寿命，因此只测试那些需要测试的故障，并能尽快找出能检测尽可能多的故障的测试模板是很重要的。高效的故障模拟器使用故障分类形成等价故障类，等价故障类可用相同的测试模板检测。通过相同测试模板检测到的故障是没有区别的，其称为等价故障。故障模拟器只在一个等价故障类中测试一个故障，避免了对其他同类故障进行不必要的仿真。一类等价故障可用相同的测试模板测试，所以等价故障类只需检测其中的一个故障即可。

例 11.25 图 11.44 中故障 $x1$ $s\text{-}a\text{-}0$ 与故障 y $s\text{-}a\text{-}1$ 是无法区分开的，所以检测 $x1$ $s\text{-}a\text{-}0$ 的测试模板同样能够检测 y $s\text{-}a\text{-}1$。两个故障属于等价故障。

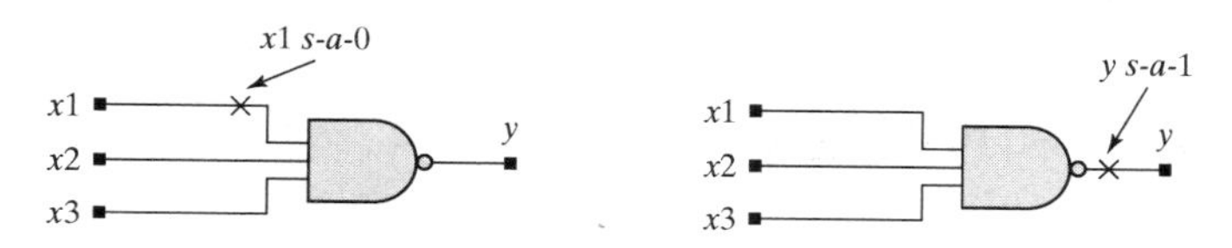

图 11.44 故障 $x1$ $s\text{-}a\text{-}0$ 与故障 y $s\text{-}a\text{-}1$ 为等价故障

有三种主要的故障仿真方法：串行故障模拟、并行故障模拟和并发性故障模拟[5]。串行故障模拟是三种方法中最慢的一种，但也是最容易理解和实现的一种方法。

11.7.2 串行故障模拟

串行故障模拟一次只考虑一个电路故障，并按照下列步骤确定所采用的激励源是否能够发现故障：

(1)创建故障点列表；
(2)将一个故障引入到电路中并将其从列表中去除；
(3)While(故障列表不为空)；
{
施加激励模板并对无故障电路和引入故障的电路进行仿真；
比较两个电路的输出；

① 参见 www.synopsys.com 网站的 TetraMAX ATPG 工具。
② 也称故障覆盖率分析。

```
    if(输出存在差异)
      该模板检测出故障;
    else
      该模板没有检测到故障;
    引入另一个故障并将它从列表中去除;
}
```

11.7.3 并行故障模拟

并行故障模拟同时对多个副本电路进行仿真，每一个副本电路都引入不同的故障，并将其响应与无故障电路的响应加以比较。虽然它比串行故障模拟要快，但需要更多的存储空间和高效的存储管理技术来处理多个电路。

11.7.4 并发性故障模拟

并发性故障模拟是使用最广泛的算法。它将故障模拟的范围限制在部分电路中，从故障点后向验证(扇入)和从故障点前向激活(扇出)。并发性故障模拟要求对电路进行完善的拓扑分析来限制用于验证和激活故障的搜索范围。其结果是并发性故障模拟要比串行故障模拟和并行故障模拟的速度更快。

11.7.5 概率性故障模拟

还有另外一种故障模拟的方法，称为概率性故障模拟，它可以识别具有高触发覆盖率的测试模板，并将它们作为检测故障的测试模板的基础。触发电路中大量节点的测试模板与能检测大量故障的测试模板之间具有很高的相关性[4]。触发测试比其他故障检测方法更简单，运行速度也更快。

11.8 JTAG 端口①和可测性设计

可测性设计(Design For Testability, DFT)确保对已制造的电路能够进行缺陷测试。DFT 通常要求设计的电路能够支持测试，因为一般芯片上可用的 I/O 引脚是相当少的，要测试内部的大量节点，这些引脚是不够的。通过衡量控制和观察内部节点的难易程度来评价一个芯片的可测性，这样的方法有很多[12]。虽然也有一些能改善电路可测性的方法[6]，但这里只关注基于扫描的方法，这种方法扩展了 11.7.6 节中所介绍的测试时序电路的概念。这样做是因为基于扫描的方法已经被广泛地应用并且十分重要，它们不仅支持对电路缺陷的测试，而且支持在软件开发中对嵌入式处理器的调试，以及支持 CPLD 和 FPGA 的现场编程。

在芯片和板级测试中存在一些实际的问题：

(1)时序电路难以进行测试，因为测试需要一组测试模板序列；

(2)大规模电路的内部节点不能在输出引脚处观测，也不容易通过可用的输入引脚对它们进行控制；

(3)印制电路板的制作过程使用铜线作为信号通路，如果这些铜线被短接或开路，电路就会存在缺陷；

(4)电路板与 ASIC 芯片引脚之间或引脚与核心逻辑之间可能会接触不良；

① JTAG 端口是以制定 IEEE 1149.1 和 IEEE 1149.1a 标准的行业专家组 Joint Test Action Group 命名的。

(5)安装到电路板上的芯片的核心逻辑只能现场测试，而不能将其从电路板上拿下来单独测试；

(6)有必要将故障位置与特定的 ASIC 或模块隔离，以减小维修成本。

通过采用一种基于扫描链的标准的电路接口对板级和芯片级电路进行测试，电子行业界已经解决了这些问题。

11.8.1 边界扫描和 JTAG 端口

边界扫描是为了测试时序电路而对 11.7.6 节中所讨论的扫描寄存器概念进行的扩展。通过在 ASIC① 的 I/O 引脚处插入边界扫描单元(Boundary Scan Cells，BSC)，并在芯片周围将它们连接成移位寄存器，从而将扫描链路加入到 ASIC 的网表(netlists)中。同样的单元也可以用来替代核心逻辑电路中的触发器，以构成内部扫描路径，这条内部的扫描路径由一个或多个测试数据的寄存器(test-data register)级联而成。当在内部使用时，这些单元被称为数据寄存器(Data Register, DR)单元。

一个典型的 BSC 或 DR 单元如图 11.45 所示。这些单元允许在不影响芯片正常工作的情况下扫描数据(例如在线监测芯片的工作)。两个多路选择器控制了单元的数据通路。输入多路选择器决定了捕获/扫描触发器是连接到 *data_in* 还是连接到串行输入 *scan_in*。输出多路选择器决定了是把 *data_in* 还是输出触发器连接到 *data_out*。

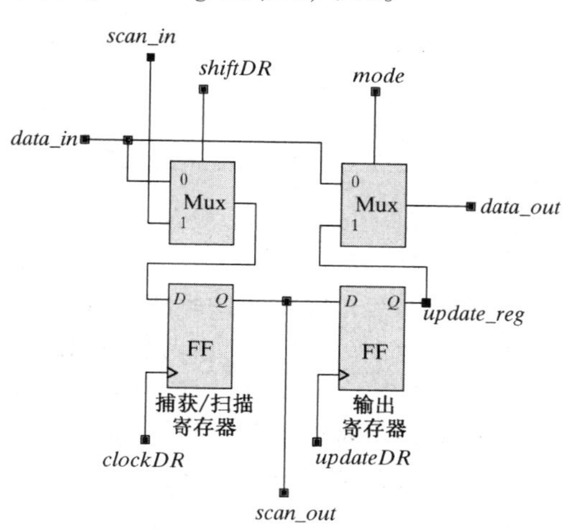

图 11.45　用来实现边界扫描测试寄存器和测试数据寄存器的DR单元包括一个捕获/扫描触发器和一个输出触发器

mode =0 时单元处于正常模式，*data_in* 通过多路选择器传输到 *data_out* 和捕获/扫描触发器，由 *clockDR* 脉冲处加载数据。捕获/扫描触发器支持边界扫描链路；当新数据被扫描进入捕获/扫描触发器时，输出寄存器的数据保持不变。BSC 的 *data_in* 和 *data_out* 分别连接到 ASIC 核心逻辑的输入和输出。在测试模式下，测试模板在 *clockDR* 的控制下被移入捕获/扫描触发器。若扫描链路处在正常状态，通过 *updateDR* 信号触发，捕获/扫描触发器中的数据可以并行装入，以更新输出寄存器。

如果 BSC 寄存器单元连接到芯片的输入引脚，则 *data_in* 连接到芯片的输入引脚，*data_out* 连接到 ASIC 核心逻辑的输入引脚。如果 BSC 寄存器单元作为输出，则 ASIC 核心逻辑与 *data_in* 相连，并且 *data_out* 连接到 ASIC 的输出引脚。BSC 单元的 Verilog 模型如下：

```
module BSC_Cell (output data_out, output reg scan_out,
  input data_in, mode, scan_in, shiftDR, updateDR, clockDR
);
  reg update_reg;

  always @ (posedge clockDR) begin
    scan_out <= shiftDR ? scan_in : data_in;
  end

  always @ (posedge updateDR) update_reg <= scan_out;
  assign data_out = mode ? update_reg : data_in;
endmodule
```

① 这里将讨论 ASIC 中的扫描链路，但是它们也可用于 FPGA 和其他器件中。

11.8.2 JTAG 操作模式

表 11.7 中总结了边界扫描单元(数据寄存器单元)的操作方式。在正常模式下(*mode* =0)数据直接通过单元从 *data_in* 传输到 *data_out*。驱动 *data_out* 的多路选择器在信号通路上增加了可忽略的传输延时。在测试模式下，*mode* =1，输出寄存器(*update_reg*)驱动单元的 *data_out*。

在扫描模式下，把一个单元的 *scan_out* 与链路中下一个单元的 *scan_in* 相连，边界扫描单元便连接成移位寄存器。测试模板能够移入寄存器中，随后装载进输出寄存器，在 *data_out* 处建立逻辑值，这些逻辑值是用来测试核心逻辑的。当 *shiftDR* =1 时，数据在 *clockDR* 的上升沿经过捕获/扫描寄存器，从 *scan_in* 移到 *scan_out*。

表 11.7 BSC 的操作模式

模式	操作
通常	当 *mode* =0，*data_in* 直接连到 *data_out*，扫描链不影响 ASIC 工作
扫描	当 *shiftDR* =1，数据在 *clockDR* 的有效沿通过 *scan_in*，并通过 *data_out* 输出
捕获	当 *shiftDR* =1，在 *clockDR* 的有效沿，数据波载入捕获寄存器
更新	当 *mode* =1，在 *updateDR* 的有效沿捕获寄存器的输出被移入更新寄存器

单元的捕获模式可以从 ASIC 中获取数据而不打断它的操作。当芯片正在工作时，数据可以在稍后被扫描出来。该模式要求工作在 *shiftDR* =0 的条件下，此时扫描通路与捕获/扫描寄存器相连。下一个 *clockDR* 的时钟脉冲期间将 *data_in* 装入到扫描寄存器。在这种模式下，*data_out* 可以由 *data_in* 驱动(*mode* =0)或者由输出触发器驱动(*mode* =1)。

更新模式下，*mode* =1 时，由输出寄存器的内容来驱动 *data_out*。施加 *updateDR* 脉冲，将扫描寄存器的内容加载到输出寄存器。如果 *data_out* 与 ASIC 的输入引脚相连接，这个激励模板可以作为该芯片的一个测试模板。当 *shiftDR* =0 时，芯片的响应可通过 *clockDR* 脉冲获取。

边界扫描方法可以测试 PC 板上的多片芯片、芯片间的板上布线、芯片引脚和核心逻辑之间的连接等。测试器可以将内嵌有边界扫描电路和专用测试存取端口(TAP，也称为 JTAG 端口)的 ASIC 核心逻辑模块分离出来，并对其加以测试。TAP 允许将同一块电路板上的器件连接在一起，并在原位置上进行测试。TAP 控制器是一种有限状态机，它能控制 TAP。JTAG 标准 IEEE 1149.1 [13]和 IEEE1149.1a 中规定了 TAP 的实现方法。芯片的 JTAG 端口可以与另一个芯片的 JTAG 端口串行连接，这样扫描链路可以把板上的所有芯片都连接起来。如果板上的芯片集成了 JTAG 端口和边界扫描链路，测试器就可以测试电路板布线的开路和短路故障，这些布线包括芯片的 I/O 引脚和电路板之间的布线，以及 ASIC 的核心逻辑和引脚间的布线。外部测试器可以利用 JTAG 端口检测 ASIC 的内部故障。

JTAG 端口除了可以测试 ASIC 和印制电路板(PC)的制造缺陷之外，还有很多其他用途。JTAG 端口可用来对可配置的 PLD[14]和 FPGA 器件编程①，还可以通过控制处理器和访问内部寄存器②，对嵌入式处理器的软件进行开发和调试。

11.8.3 JTAG 寄存器

每一个应用 JTAG 方法的芯片必须包括边界扫描寄存器(由连接 BSC 构成)、旁路寄存器

① 参见 www.altera.com 和 www.xilinx.com。

② 参见 www.agilent.com。

和指令寄存器，这些命名的寄存器如图 11.46 所示。旁路寄存器保存一个比特。指令寄存器和其他数据寄存器的大小可以根据应用设定。可以使用一个可选的 32 位宽的器件识别寄存器来存储数据，存储的数据包括器件的序号、制造厂商名和其他可由外部测试器读取的信息。指令寄存器的当前指令决定了哪个寄存器是连接在测试数据输入(TDI)与测试数据输出(TDO)之间的。实际的寄存器可以由内部扫描链路上的一个或多个测试数据寄存器(TDR)连接而成。

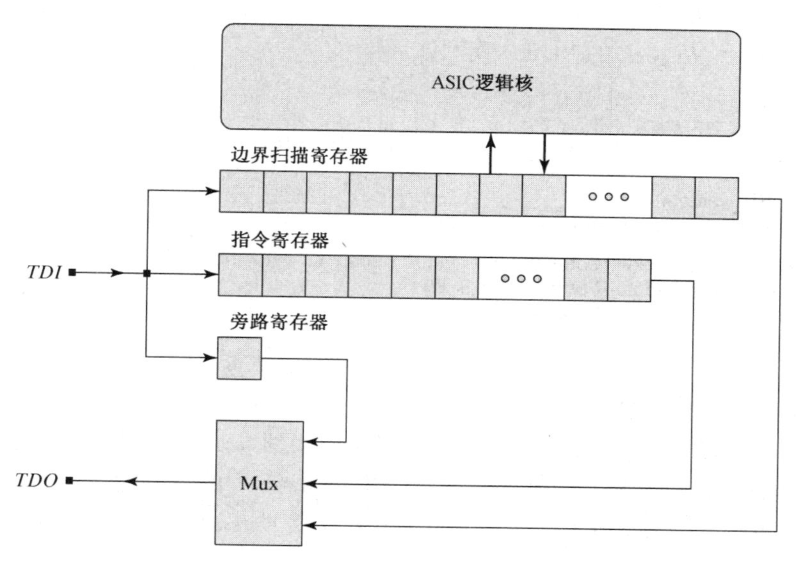

图 11.46　JTAG 规定的寄存器结构

单比特旁路寄存器是具有图 11.47 所示结构的单元。指令寄存器的单元结构如图 11.48 所示。在激励模板加到给定的扫描寄存器之前，旁路寄存器可以绕过 PC 板上扫描链路中的一个 ASIC，通过减少移位的次数来减少测试的长度。

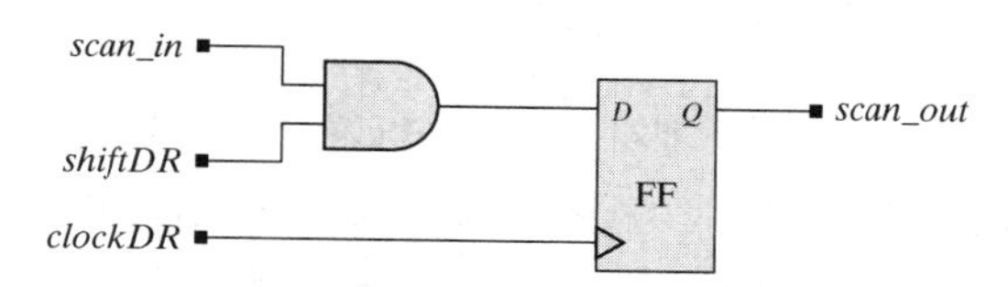

图 11.47　边界扫描的旁路寄存器(BR)单元

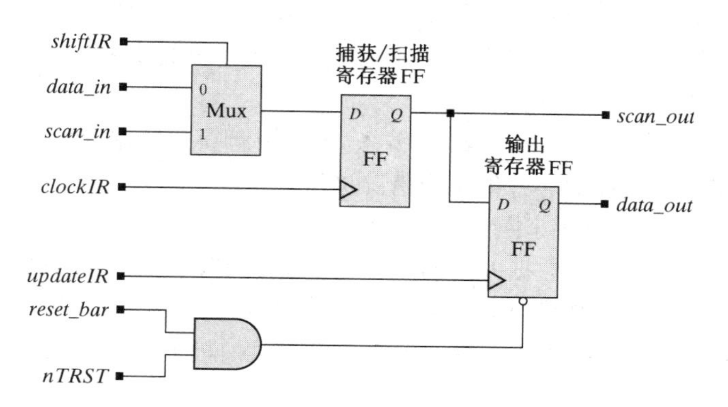

图 11.48　边界扫描的指令寄存器(IR)单元

旁路寄存器的 Verilog 模型由下面给出的 *BR_Cell* 模块来描述。其中，信号 *shiftDR* 门控扫描通路，*clockDR* 为单元提供同步脉冲。

```
module BR_Cell (output reg scan_out, input scan_in, shiftDR, clockDR);
  always @ (posedge clockDR) scan_out <= scan_in & shiftDR;
endmodule
```

指令寄存器指定了 TAP 内部指令和控制 TAP 的数据通路。指令定义了扫描操作过程中在 *TDI* 和 *TDO* 之间连接的一系列测试数据寄存器通路。指令寄存器单元具有异步置位/复位功能，根据当 TAP 状态机进入复位状态时保持的指令，可以通过参数 *SR_value* 进行编程来确定在输出端是 0 还是 1。指令寄存器具有通过 *scan_in/scan_out* 的串行输入/输出，以及通过 *data_in/data_out* 的并行输入/输出。*IR_Cell* 的 Verilog 模型如下：

```
module IR_Cell (
  output reg data_out, scan_out,
  input data_in, scan_in, shiftIR, reset_bar, nTRST, clockIR, updateIR
);
  parameter SR_value = 0;
  wire              S_R = reset_bar & nTRST;

  always @ (posedge clockIR) scan_out  <= shiftIR ? scan_in: data_in;
  always @ (posedge updateIR or negedge S_R)
   if (S_R == 0) data_out <= SR_value;
   else data_out <= scan_out;
endmodule
```

请注意，当输出寄存器中存储了一个指令时，则可将一个新的指令移送到扫描寄存器。信号 *shiftIR* 选择了该单元的输入数据通路，该通路可以是连接到 *scan_in* 的串行通路，或者是连接到 *data_in* 的并行通路。后者提供了一种能够在指令中包含 ASIC 的数据(如：状态位)的方法。当 TAP 控制器进入复位状态时，由 TAP 控制器同步地产生信号 *reset_bar*。nTRST 是可选的第 5 个异步输入端口，其低电平有效。

11.8.4 JTAG 指令

表 11.8 中列举了 JTAG 标准所规定的指令。BYPASS 指令扫描从 *TDI* 到 *TDO* 的数据，此处是指通过 1 比特旁路寄存器的而不是通过整个边界扫描链路的数据。这样就绕过了还没有被测试的芯片，并缩短了测试其他部件所必需的扫描链。

EXTEST(外部测试)指令可用来测试芯片外部的互连。将测试模板扫描进获取/扫描寄存器，然后再将该数据并行装入到边界扫描链路的输出寄存器。当芯片置于测试模式时，测试模板就出现在芯片的输出引脚，并驱动测试信号与其他芯片互连。其他芯片上的信号值被获取并扫描出来用以进行互连结构的完整性分析。

SAMPLE/PRELOAD 指令可以从 ASIC 的输入/输出引脚获取数据，而不影响其正常操作。已读取的数据可以扫描出来用以对芯片的工作情况进行分析。

INTEST(内部测试)指令可用来隔离并测试电路板上每个元件的内部电路。该指令把测试模板扫描进捕获寄存器，然后再将数据并行装入边界扫描链路的输出寄存器。当芯片处于测试模式时，连接到 ASIC 的输入端口的输出寄存器单元将对芯片的逻辑进行激活，芯片输出可从捕获/扫描寄存器单元获取，将其扫描出来并进行分析。在测试模板被扫描出来的同时，另一组测试模板扫描进寄存器。

由 TAP 所实现的指令代码的一部分由 JTAG 标准规定。BYPASS 指令的代码要求全为 1，EXTEST 指令的代码则全为 0。TAP 也可以包含可选的测试数据寄存器以进行内部扫描和其他测试。每一个测试数据扫描寄存器对应一个内部扫描链路，这条链路在 TAP 和指令寄存器的控制下可由外部测试器对其激活。

表 11.8　IEEE 标准 1149.1 所规定的指令

指令	行为方式
BYPASS	通过单一单元旁路寄存器传输数据，绕过 ASIC 的边界扫描链路，缩短了测试其他元件所必需的扫描链路
EXTEST	将已知值驱动到 ASIC 的输出引脚，测试电路板级连接和 ASIC 的外部逻辑模块
SAMPLE/PRELOAD	SAMPLE 获取系统引脚的数据值，将数据并行装入捕获寄存器。PRELOAD 将测试数据放入输出寄存器
INTEST *	对 ASIC 逻辑模块应用测试模板，并从逻辑模块获取响应。仅在 *TDI* 和 *TDO* 之间连接扫描寄存器
RUNBIST *	当 TAP 控制器处于 *S_Run_Idle* 时，主 ASIC 进行自检。
IDCODE *	将 IDCODE 寄存器（器件识别寄存器）中的数据移出，给测试器提供制造厂商名、部件序列号和其他数据。如果在 TAP 中不存在 IDCODE 寄存器，指令将默认送到 BYPASS 寄存器

* 表示可选指令。

11.8.5　TAP 结构

TAP 的结构如图 11.49 所示。为了符合 JTAG 的要求，*TDI*，*TMS* 和 *nTRST* 输入端口具有上拉电路，比如 *TDI* 输入端悬空，则未被驱动的输入将产生与输入逻辑 1 相同的响应，这也隐含着 TAP 控制状态机的运行状态，我们将在后面讨论。

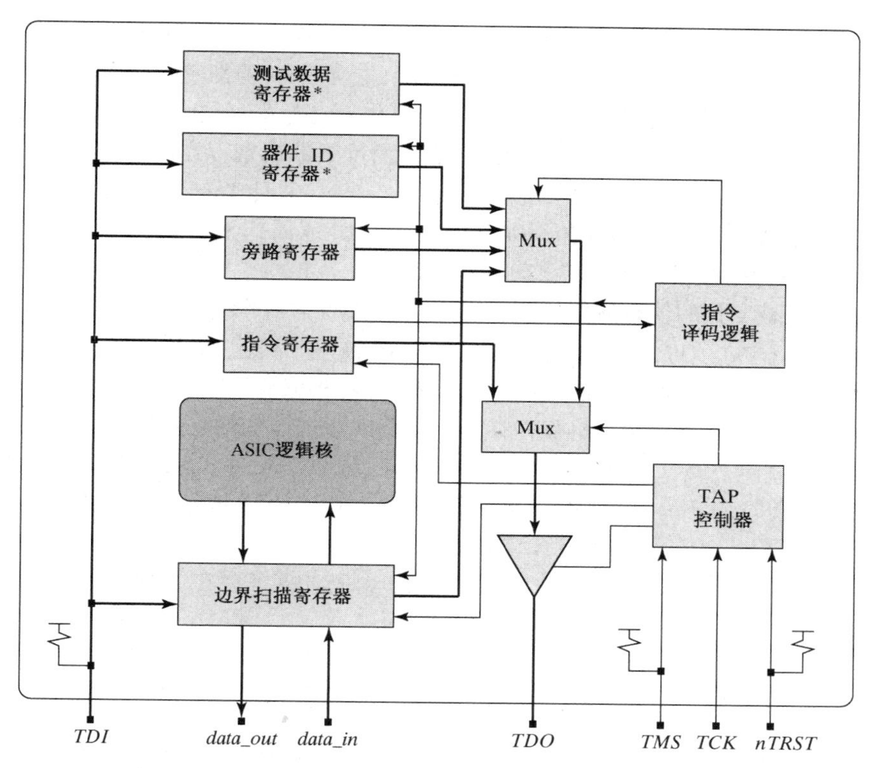

图 11.49　带有 JTAG 测试接入端口的芯片结构（* 表示可选寄存器。低电平有效输入 *nTRST* 也是可选的）

具有 JTAG 端口的 ASIC 或其他器件需要一条由 4 个专用引脚(*TDI*,*TDO*,*TMS* 和 *TCK*)组成的测试总线,来支持边界扫描和内部测试①。TAP 的 *TDI* 和 *TDO* 引脚分别连接到边界扫描寄存器链路中的第一个和最后一个单元,用作芯片的接口。测试数据输入(*TDI*)引脚作为输入将测试模板以串行方式施加于端口,测试数据输出(*TDO*)引脚用做串行输出端口。TAP 的工作模式可通过测试模式选择(*TMS*)的输入端来控制。测试用的主时钟信号应加到测试时钟(*TCK*)输入引脚。能够实现 JTAG 结构的 PC 板需要 4 个附加的引脚,用来提供 *TDI*、*TDO*、*TMS* 和 *TCK* 信号,或许还需要给 *nTRST* 提供另外一个引脚,如图 11.49 所示。每一个 ASIC 作为总线从设备,每一个外部代理作为总线主设备,并利用 *TMS* 和 *TCK* 来控制从属设备。

PC 板上每一片 ASIC 的 TAP 包括了一个 TAP 控制器和一个状态机(其有 4 个引脚专门与 JTAG 连接)。*TMS* 的输入能够控制 TAP 控制器的状态转移,而且每一次转移都发生在 *TCK*② 上升沿。由 TAP 控制器产生的信号驱动寄存器单元的输入 *shiftDR*, *mode*, *clockDR*, *updateDR*, *shift-DR*, *clockIR* 和 *updateIR*。图 11.50(a)所示的一块 PC 板由两片配有扫描链路的 ASIC 环形相连构成[6]。为简便起见,TAP 控制信号没有标出。在环形结构中,每个芯片都由相同的 TAP 信号驱动。在更为常见的星形结构中(见图 11.50(b)),芯片的串行端口是串行连接的,而链路中的每个芯片都有它自己的 *TMS* 信号。总线主设备通过控制各自的 *TMS* 信号控制 TAP,因此允许各自的 TAP 控制器单独受控。

11.8.6　TAP 控制器状态机

指令寄存器和 TAP 控制器状态机控制了 TAP 的数据通道。图 11.51 所示为该状态机的算法状态机(ASM),图中采用十进制标注来表示状态码③所有状态转移都发生在 *TCK* 的上升沿;ASIC 中测试逻辑的行为或者发生在控制器每个状态的上升沿,或者发生在每个状态的下降沿。

TAP 控制器的 ASM 图基本上是对称的,一条路径控制数据寄存器的行为,另一条路径控制 TAP 指令寄存器的行为。如果机器的状态处在 *S_Run_Idle*,并且 TMS 已被激活,如果 *TMS* 保持激活两个时钟周期,状态将经由 *S_Select_DR* 和 *S_Select_IR* 返回到 *S_Reset*,然后它将停留在 *S_Re-set* 状态直到 *TMS* 被撤销激活,才能使状态转移到 *S_Run_Idle*。

请注意 *TMS* 交替变化的值是如何控制 TAP 控制器的行为流程的,即那些能使状态转移到 *S_Reset*, *S_Run_Idle*, *S_shift_DR*, *S_Pause_DR*, *S_shift_IR* 或 *S_Pause_IR* 的 *TMS* 值将使机器保持在原有状态,直到 *TMS* 的值改变。状态 *S_Capture_DR*, *S_Exit*1_*DR*, *S_Exit* 2_*DR*, *S_Capture_IR*, *S_Exit*1_*IR*, *S_Exit* 2_*IR* 为临时状态,机器将在一个周期内通过这些状态。当对应的捕获/扫描寄存器被装载的时候,将进入 *S_Capture_DR* 和 *S_Capture_IR* 状态,并占用一个周期的时间。注意到所谓的退出状态(如 *S_Exit_2*)使得一个单控制信号 *TMS* 有效地控制着状态机的行为流程。例如,从 *S_Pause_DR* 开始的流程有 3 个最终目的地(如 *S_Pause_DR*, *S_Update_DR* 或 *S_shift_DR*)。单比特控制信号通过在两个时钟周期内有次序地判断将会在 3 种可能情况中做出转移目标的选择。

---

① 可选的第 5 个引脚可以用作异步低电平有效地测试复位输入信号(*nTRST*),对 TAP 控制器进行复位。与 *TMS* 和 *TDI* 一样,*Ntrst* 必须要与上拉器件相连接。

② JTAG 标准要求的。

③ JTAG 标准并没有规定 TAP 的状态码。为了清楚起见,图 11.51 所示的 TAP 控制器的状态名前增加了前缀 S_。为了简化 JTAG 标准中规定的状态 *Test-Logic-Reset*, *Run-Test-Idle*, *Select-DR-Scan* 和 *Select-IR-Scan*,图 11.51 和 TAP 控制器的模型中把它们分别命名为 *S_Reset*, *S_Run_Idle*, *S_Select_DR* 和 *S_Select_IR*。

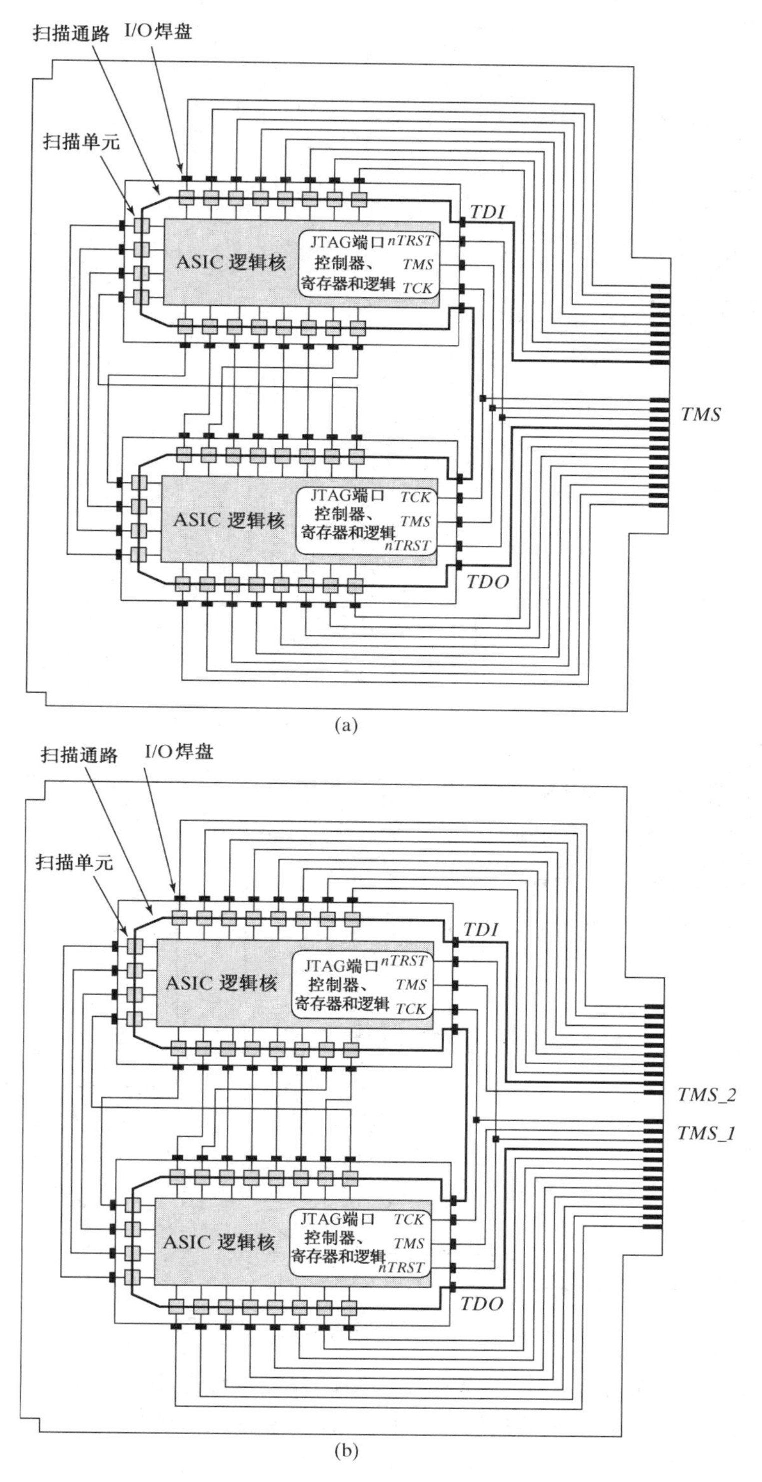

图 11.50　配有边界扫描单元电路和 JTAG 端口的 ASIC 构成的 PC 板：
(a)在测试模式下板上芯片连接成环形结构的菊花链以用作TMS；
(b)在测试模式下板上芯片串行连接成星形结构以用作TMS

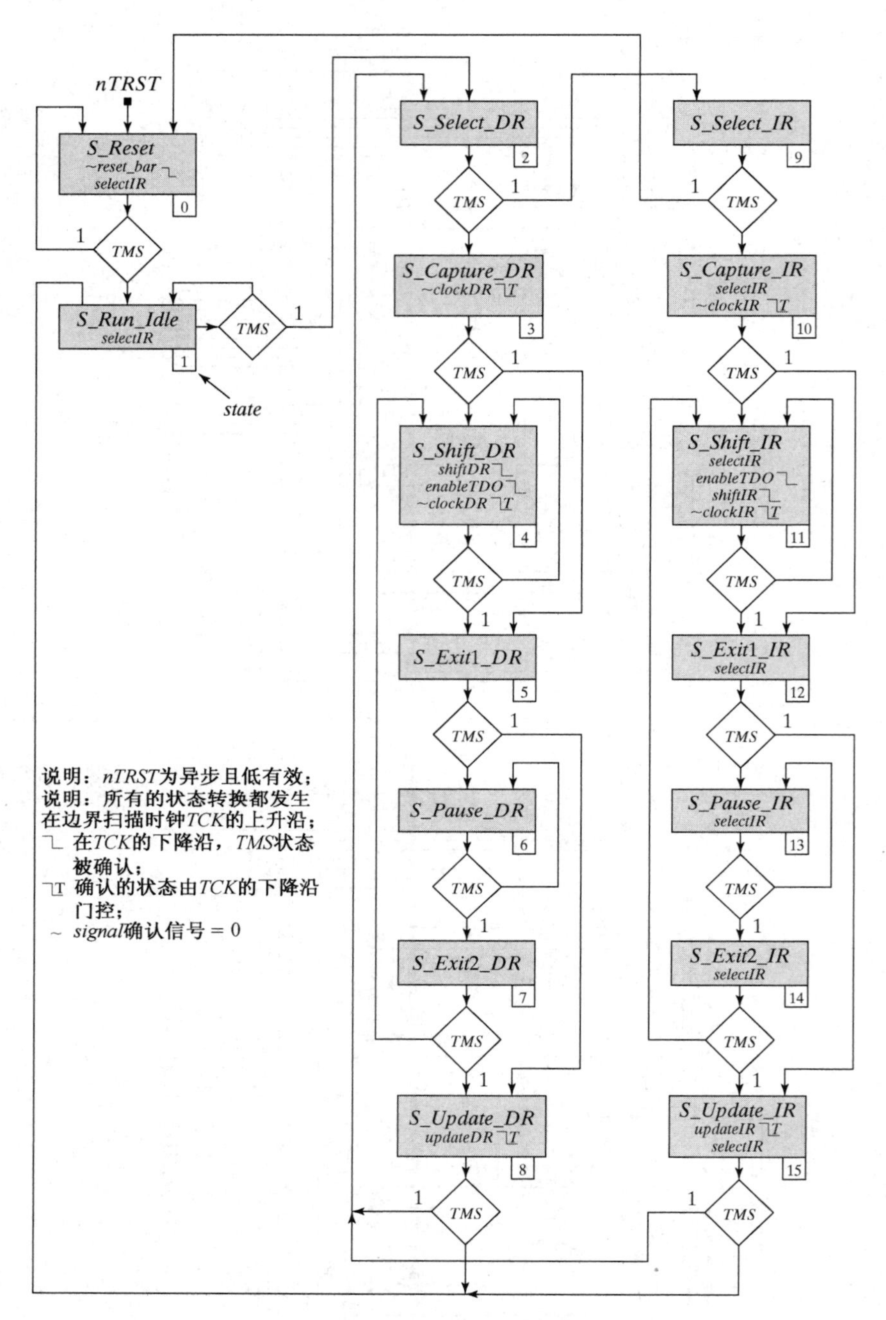

图 11.51　TAP 控制器状态机的 ASM 图

指令寄存器的内容决定了边界扫描寄存器或测试数据寄存器中的一个是否会因控制器的操作受到影响。也要注意，TAP 控制器的输入 *nTRST* 是可选的，因为通过确认 *TMS*，至多需要5 个时钟周期，就可以从其他任何状态到达 *S_Reset* 状态。在综合后仿真中可能就需要用 *nTRST* 来驱动 TAP 控制器的门级模型进入到一个已知的初始状态。

影响数据寄存器的控制状态描述见表 11.13，影响指令寄存器的控制状态的描述与之类似。

表 11.9　TAP 控制器的状态机的控制状态

状态	行为事件
S_Reset	TAP 控制器的复位状态。TAP 的测试逻辑被禁止，主 ASIC 正常工作。如果机器中有一个器件识别寄存器，则将 IDCODE 指令装入指令寄存器；否则将装入 BYPASS 指令
S_Run_Idle	当主 ASIC 执行内部测试(如 BIST)期间，TAP 控制器保持在 *S_Run_Idle* 状态。指令寄存器必须提前装入支持测试的信息
S_Select_DR	在控制器处于 *S_Run_Idle* 状态时，TMS 的激活值将驱动状态进入到 *S_Select_DR* 状态，并驻留一个时钟周期，之后过渡到 *S_Capture_DR* 来启动一个扫描数据序列，或进入到 *S_Select_IR* 状态启动运行序列以更新指令寄存器或终止运行
S_Capture_DR	当状态驻留在 *S_Capture_DR* 时，由现有指令指定的边界扫描寄存器或测试数据寄存器中的捕获/扫描寄存器可以被并行加载(通过 *data_in*)，并在 *clockDR* 脉冲和 *shift_DR* 低电平的作用下开始捕获数据
S_Shift_DR	由指令寄存器所选定的测试数据寄存器在每个 *TCK* 的有效沿处向串行输出端口移动一个单元。一个数据位从 *TDI* 端口读入并从 *TDO* 端口读出。驱动 *TDO* 的缓冲器只有在移位时才有效
S_Exit1_DR	由 *S_Shift_DR* 状态(在移动序列之后)或 *S_Capture_DR* 状态(跳过初始移动序列)进入的暂时状态。一个周期后状态转移到 *S_Pause_DR* 并暂停，直到 *TMS* 被再次确认，或转移到 *S_Update_DR* 状态，在此状态下捕获的数据应被装入输出寄存器
S_Pause_DR	状态停留在 *S_Pause_DR*，在 *TMS* = 0 时暂时停止扫描过程，直到 *TMS* 再次被激活，而捕获/扫描寄存器将保存其状态
S_Exit2_DR	暂时状态。在转移到 *S_Shift_DR* 开始扫描序列之前，或者转移到 *S_Update_DR* 终止扫描并将已捕获的数据装入输出寄存器之前，状态会停留在 *S_Exit2_DR* 一个周期
S_Update_DR	在状态转移到 *S_Select_DR*，开始扫描序列或指令序列之前，或者在状态转移到 *S_Run_Idle*，且在 ASIC 执行操作期间并保持该状态之前，而且在从捕获/扫描寄存器向输出寄存器装载数据的时钟周期之后，状态停留在 *S_Update_DR* 一个时钟周期。在测试模式下，输出寄存器的值驱动到并行输出

TAP 控制器状态机所产生的输出信号示于表 11.10 中，用它们可以控制扫描寄存器的工作状态。

表 11.10　由 TAP 控制状态机所产生的 Moore 型输出

输出	功能
reset_bar	将指令寄存器(IR)复位到 IDCODE 或 BYPASS
shiftIR	为指令寄存器中的捕获/扫描触发器选择串行输入
clockIR	在 IR 的输入端获取数据，或者将 IR 的内容移至测试数据输出端。该动作可由 *TCK* 的下降沿控制
updateIR	将 IR 中捕获触发器的内容装入输出寄存器。该动作可由 *TCK* 下降沿控制
shiftDR	为 TDR 单元中的捕获/扫描触发器选择串行输入
clockDR	在 IR 输入端获取数据或者将 TDR 的内容移至测试数据输出端。该动作可由 *TCK* 的下降沿控制
updateDR	将 TDR 捕获/扫描触发器的内容装入输出寄存器。该动作可由 *TCK* 的上升沿控制
selectIR	在 TAP 的 *TDI* 和 *TDO* 引脚间，选择连接指令寄存器还是测试数据寄存器
enableTDO	使能驱动测试数据输出(*TDO*)的三态缓冲器

11.8.7　设计实例：JTAG 测试

这里的例子说明了 JTAG 如何对一个带有边界扫描链路和 TAP 控制器的 ASIC 进行扩充，接着说明 BYPASS 和 INTEST 指令。本章末的练习将涉及控制器的附加特性。这里的 ASIC 为一个简单的 4 位加法器，但这里的方法对于更加复杂的 ASIC 也适用。此处主要考虑其结构上和操作上的某些细节。

使用 JTAG 测试 ASIC 需要几个步骤。例如，要测试一个包含组合逻辑的 ASIC 核，状态机的状态必须指向 *S_Shift_DR*，并保持该状态多个时钟周期，直至测试模板被移入边界扫描寄存器。在移入操作结束时，测试输入将保存在驱动芯片输入的捕获/扫描寄存器单元中。触发信号 *update_DR* 将把捕获/扫描寄存器的内容传输到输出寄存器。在测试模式下，输出寄存器的测试模板将驱动 ASIC 的输入引脚。ASIC 的响应将呈现在与 ASIC 输出引脚相连的捕获/扫描寄存器单元的 *data_in* 引脚上。随着 *shiftDR* 的撤销，触发信号 *clockDR* 便会从输入引脚获得数据，并且把电路对测试模板的响应装载到捕获/扫描寄存器中。然后，在 *shiftDR* 有效时，连续触发 *clockDR* 便会从扫描链路中扫出数据。在前一个模板被扫描出去的同时，将另一个模板扫入 IR。

图 11.52 中给出了经过修改的包含 TAP 的 ASIC 的完整结构。为了简便起见，ASIC 为一个内嵌的 4 位加法器。TAP 控制器和 TAP 的控制信号在本例中被忽略，但被包含在增强 JTAG 的 ASIC 模型中。

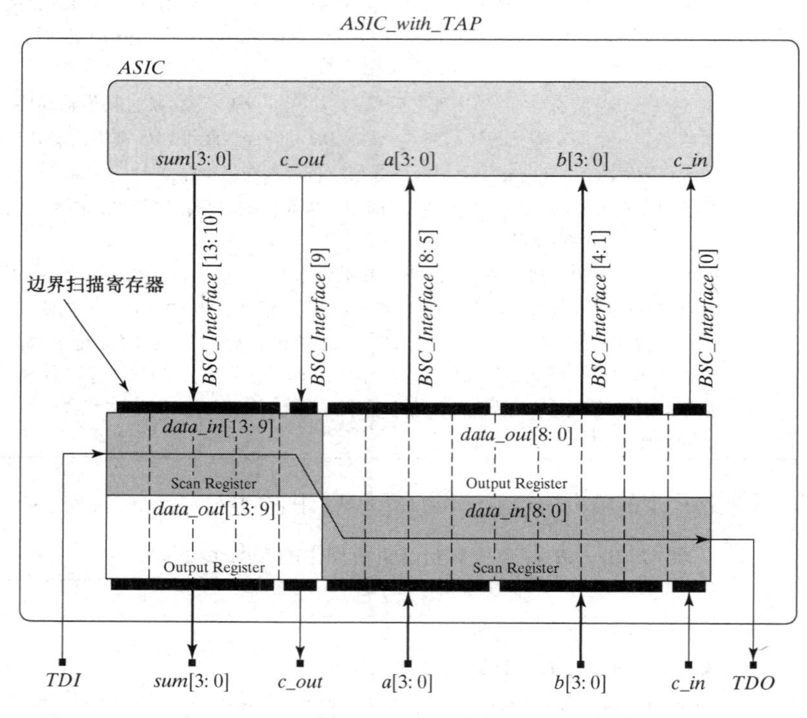

图 11.52 边界扫描寄存器和端口接口结构

在实现时最关键的一步是在 ASIC 和它的工作平台之间创建接口。请注意，ASIC 保留了它的端口结构，但直接通过总线 *BSC_Interface*[13:0]连接到扫描寄存器，从而完成了 ASIC、边界扫描寄存器、工作平台之间的端口接口匹配。ASIC 的端口模式决定了 *BSC_Interface* 的连线是连接到边界扫描器的输入端口还是输出端口。ASIC 的输出连接到边界扫描寄存器的输入引脚，边界扫描寄存器又通过 *data_in*[13:9]连接到捕获/扫描寄存器。对应的输出寄存器单元被连接到 *ASIC_with_TAP* 的输出端(原始输出端)。同样，在 *data_out*[8:0]处的输出寄存器将驱动 ASIC 的输入，而相应的捕获/扫描寄存器将通过 *data_in*[8:0]由芯片的外部(原始)输入驱动。

边界扫描寄存器单元的捕获/扫描寄存器和输出寄存器被单独表示出来，并由一条通过它们的数据通路来表示扫描链路。扫描寄存器(阴影部分)被连接到 ASIC 的输出端和芯片的原始输入引脚，输出寄存器被连接到基本输出引脚和 ASIC 输入端。例如，ASIC 的 *Sum*[3:0]和 *c_out* 端口

被连接到 *data_in*[13:9]端口，而 *data_out*[13:9]被连接到 *ASIC_with_TAP* 和主机环境的接口{*sum*[3:0],*c_out*}。

图 11.52 所示的结构是灵活的，而且接口信号的顺序也是任意的。有几点值得注意：

(1)可以对端口结构进行修改以适合不同 ASIC 端口的要求；

(2)边界扫描寄存器的大小也可以重新调整；

(3)*BSC_Interface* 可以与 ASIC 的输入/输出端口匹配。

作为 *ASIC_with_TAP* 总体设计和验证过程中的第一步，给出下面的指令寄存器和 8 位边界扫描寄存器的模型以及仿真结果，展示了边界扫描寄存器的并行和串行 I/O 模式。在这个例子中，*shiftDR*，*clockDR*，*updateDR* 和 *mode* 都可以由测试平台控制。图 11.53 中的仿真结果被标成高亮以显示操作的正常工作模式、测试模式和寄存器动作的形式。*clockDR* 的第一个脉冲期间，将在 *data_in*(8′*haa*)处获取并行数据并将其装入 *BSC_Scan_Register*。当 *shiftDR* 撤销后，*updateDR* 的第一个脉冲表示了扫描寄存器(8′*haa*)的数据被装入输出寄存器中，而没有影响到正常操作(*data_in* 和 *data_out* 没有影响)。当 *shiftDR* 激活时，*clockDR* 脉冲将 1 读进扫描寄存器，而数据通过 *scan_out* 退出。*updateDR* 的第二个脉冲将捕获/扫描寄存器(8′*hff*)的值装入输出寄存器。当进入测试模式后，输出寄存器的值驱动总线 *data_out*。当测试模式撤销后，*data_out* 返回 *data_in* 的值到 8′*haa*。*clockDR* 的最后一个脉冲读取 *data_in* 的数据，并将值 8′*haa* 再次装入扫描寄存器中。

```
module Boundary_Scan_Register #(parameter size = 14)(
  output    [size -1: 0]        data_out,
  output                        scan_out,
  input     [size -1: 0]        data_in,
  input                         scan_in,
  input                         shiftDR, mode, clockDR, updateDR
);

  reg       [size -1: 0]        BSC_Scan_Register, BSC_Output_Register;

  always @ (posedge clockDR)
   BSC_Scan_Register <= shiftDR ? {scan_in, BSC_Scan_Register [ size -1: 1]} :
    data_in;

  always @ (posedge updateDR) BSC_Output_Register <= BSC_Scan_Register;

  assign scan_out = BSC_Scan_Register [0];
  assign data_out = mode ? BSC_Output_Register : data_in;
endmodule

module Instruction_Register #(parameter IR_size = 3)(
  output    [IR_size -1: 0]     data_out,
  output                        scan_out,
  input     [IR_size -1: 0]     data_in,
  input                         scan_in,shiftIR, clockIR, updateIR, reset_bar
);
  reg       [IR_size -1: 0]     IR_Scan_Register, IR_Output_Register;

  assign                        data_out = IR_Output_Register;
  assign                        scan_out = IR_Scan_Register [0];

  always @ (posedge clockIR)
   IR_Scan_Register <= shiftIR ? {scan_in, IR_Scan_Register [IR_size - 1: 1]} : data_in;
  always @ ( posedge updateIR, negedge reset_bar)     // Asynchronous per
                                                        1140.1a.
   if (reset_bar == 0) IR_Output_Register <= ~(0);    // Fills IR with 1s
                                                      // for BYPASS instruction
   else IR_Output_Register <= IR_Scan_Register;
endmodule
```

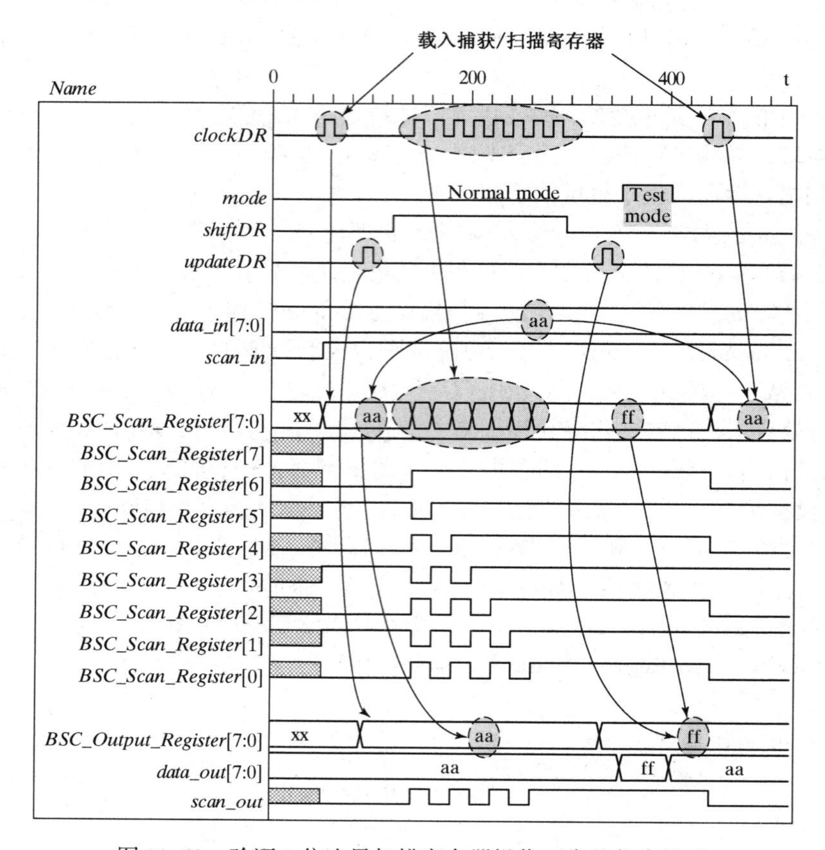

图 11.53 验证 8 位边界扫描寄存器操作正常的仿真结果

以下是 *TAP_Controller* 状态机的模块。状态机的状态为二进制编码。同样为了简便起见，门控时钟信号由 *clcokDR*，*updateDR*，*clcokIR* 和 *updateIR* 产生。为了能够真正实现，信号连接到具有一个多路复用的专用触发器的时钟输入引脚(参见 6.11 节)。

```
module TAP_Controller (
  output reg  reset_bar, selectIR, shiftIR,
  output reg  shiftDR, enableTDO,
  output      clockDR, updateDR, clockIR, updateIR,
  input       TMS, TCK
);
  parameter S_Reset          = 0,
            S_Run_Idle       = 1,
            S_Select_DR      = 2,
            S_Capture_DR     = 3,
            S_Shift_DR       = 4,
            S_Exit1_DR       = 5,
            S_Pause_DR       = 6,
            S_Exit2_DR       = 7,
            S_Update_DR      = 8,
            S_Select_IR      = 9,
            S_Capture_IR     = 10,
            S_Shift_IR       = 11,
            S_Exit1_IR       = 12,
            S_Pause_IR       = 13,
            S_Exit2_IR       = 14,
            S_Update_IR      = 15;
```

```
reg [3:0]     state, next_state;

pullup (TMS);     // Required by IEEE 1149.1a; ensures that an undriven input
pullup (TDI);     // produces a response identical to the application of a logic 1."
           // Program for Xilinx implementation

always @ (negedge TCK) reset_bar <= (state == S_Reset) ? 0 : 1; // Registered
                                                                  active low

always @ (negedge TCK) begin
  shiftDR <= (state == S_Shift_DR) ? 1 : 0;        // Registered select for scan mode
  shiftIR <= (state == S_Shift_IR) ? 1: 0;

                                                    // Registered output enable
  enableTDO <=  ((state == S_Shift_DR) || (state == S_Shift_IR)) ? 1 : 0;
end

// Gated clocks for capture registers
assign clockDR = !(((state == S_Capture_DR) || (state == S_Shift_DR)) &&
 (TCK == 0));
assign clockIR =   !(((state == S_Capture_IR) || (state == S_Shift_IR)) &&
 (TCK == 0));

// Gated clocks for output registers
assign updateDR = (state == S_Update_DR)  && (TCK == 0);
assign updateIR =  (state == S_Update_IR)  && (TCK == 0);

always @ (posedge TCK ) state <= next_state;

always @ (state, TMS) begin
 selectIR = 0;
 next_state = state;

 case (state)
  S_Reset:         begin
                     selectIR = 1;
                     if (TMS == 0) next_state = S_Run_Idle;
                   end
  S_Run_Idle:      begin selectIR = 1; if (TMS)  next_state = S_Select_DR; end
  S_Select_DR:     next_state = TMS ? S_Select_IR: S_Capture_DR;
  S_Capture_DR:    begin next_state = TMS ? S_Exit1_DR: S_Shift_DR; end
  S_Shift_DR:      if (TMS) next_state = S_Exit1_DR;
  S_Exit1_DR:      next_state = TMS ? S_Update_DR: S_Pause_DR;
  S_Pause_DR:      if (TMS) next_state = S_Exit2_DR;
  S_Exit2_DR:              next_state = TMS ? S_Update_DR: S_Shift_DR;
  S_Update_DR:     begin next_state = TMS ? S_Select_DR: S_Run_Idle; end
  S_Select_IR:     begin
                     next_state = TMS ? S_Reset: S_Capture_IR;
                   end
  S_Capture_IR:    begin
                     selectIR = 1;
                     next_state = TMS ? S_Exit1_IR: S_Shift_IR;
                   end
  S_Shift_IR:      begin selectIR = 1; if (TMS) next_state = S_Exit1_IR;end
  S_Exit1_IR:      begin
                     selectIR = 1;
                     next_state = TMS ? S_Update_IR: S_Pause_IR;
                   end
  S_Pause_IR:      begin selectIR = 1; if (TMS) next_state = S_Exit2_IR; end
  S_Exit2_IR:      begin
                     selectIR = 1;
                     next_state = TMS ? S_Update_IR: S_Shift_IR;
                   end
  S_Update_IR:     begin
                     selectIR = 1;
                     next_state = TMS ? S_Select_DR: S_Run_Idle;
                   end
```

```
    default          next_state = S_Reset;
   endcase
  end
endmodule
```

下面列出的参数化模块 *ASIC_with_TAP* 例化了如下模块：*ASIC*，*TAP_Controller*，*Boundary_Scan_Register*，*Instruction_Register* 和 *Instruction_Decoder*。通常情况下，TAP 的指令寄存器在 *S_Capture_IR* 状态下从并行数据通道(*data_in*)中读取数据，在此状态下由主控部件[①]产生的具体设计信息提供给 TAP。在这个例子中，通过 *data_in* 端口传输 *Dummy_data* = 3′*b*001。

```
module ASIC_with_TAP #(parameter size = 4)(
 output          [size -1: 0]      sum,       // ASIC interface I/O
 output                            c_out,
 input           [size -1: 0]      a, b,
 input                             c_in,
 output                            TDO,                // TAP interface signals
 input                             TDI, TMS, TCK
);

 parameter       BSR_size = 14;

 parameter       IR_size = 3;
 wire            [BSR_size -1: 0]  BSC_Interface;  // Declarations for bound-
                                                     ary scan register I/O
 wire                              reset_bar,          // TAP controller outputs
                                   selectIR, enableTDO,
                                   shiftIR, clockIR, updateIR,
                                   shiftDR, clockDR, updateDR;

 wire                              test_mode, select_BR;
 wire                              TDR_out;              // Test data
                                                           register serial
                                                           datapath
 wire            [IR_size -1: 0]   Dummy_data = 3'b001;  // Captured in
                                                           S_Capture_IR
 wire            [IR_size -1: 0]   instruction;
 wire                              IR_scan_out;          // Instruction
                                                           register
 wire                              BSR_scan_out;         // Boundary scan
                                                           register
 wire                              BR_scan_out;          // Bypass register

 assign     TDO = enableTDO ? selectIR ? IR_scan_out : TDR_out : 1'bz;
 assign     TDR_out = select_BR ? BR_scan_out : BSR_scan_out;

 ASIC M0 (
  .sum (BSC_Interface [13: 10]),
  .c_out (BSC_Interface [9]),
  .a (BSC_Interface [8: 5]),
  .b (BSC_Interface [4: 1]),
  .c_in (BSC_Interface [0]));
 Bypass_Register M1(
  .scan_out (BR_scan_out),
  .scan_in (TDI),
  .shiftDR (shift_BR),
  .clockDR (clock_BR));
```

---

① JTAG 标准要求在 *S_Capture_IR* 状态时，指令寄存器中的两个最低单元应该装入模板 2′*b*01。剩下的位固定为 0 或 1，这取决于有关的应用值。

```
  Boundary_Scan_Register M2(
    .data_out ({sum, c_out, BSC_Interface [8: 5], BSC_Interface [4: 1],
      BSC_Interface [0]}),
    .data_in ({BSC_Interface [13: 10], BSC_Interface [9], a, b, c_in}),
    .scan_out (BSR_scan_out),
    .scan_in (TDI),
    .shiftDR (shiftDR),
    .mode (test_mode),
    .clockDR (clock_BSC_Reg),
    .updateDR (update_BSC_Reg));

  Instruction_Register M3 (
    .data_out (instruction),
    .data_in (Dummy_data),
    .scan_out (IR_scan_out),
    .scan_in (TDI),
    .shiftIR (shiftIR),
    .clockIR (clockIR),
    .updateIR (updateIR),
    .reset_bar (reset_bar));

  Instruction_Decoder M4 (
    .mode (test_mode),
    .select_BR (select_BR),
    .shift_BR (shift_BR),
    .clock_BR (clock_BR),
    .shift_BSC_Reg (shift_BSC_Reg),
    .clock_BSC_Reg (clock_BSC_Reg),
    .update_BSC_Reg (update_BSC_Reg),
    .instruction (instruction),
    .shiftDR (shiftDR),
    .clockDR (clockDR),
    .updateDR (updateDR));

  TAP_Controller M5 (
    .reset_bar(reset_bar),
    .selectIR (selectIR),
    .shiftIR (shiftIR),
    .clockIR (clockIR),
    .updateIR (updateIR),
    .shiftDR (shiftDR),
    .clockDR (clockDR),
    .updateDR (updateDR),
    .enableTDO (enableTDO),
    .TMS (TMS),
    .TCK (TCK));
endmodule

module ASIC #(parameter size = 4) (
  output    [size -1: 0]    sum,
  output                    c_out,
  input     [size -1: 0]    a, b,
  input                     c_in
);

  assign {c_out, sum} = a + b + c_in;
endmodule

module Bypass_Register (
  output reg scan_out,
  input      scan_in, shiftDR, clockDR
);
```

```
  always @ (posedge clockDR) scan_out <= scan_in & shiftDR;
endmodule

module Instruction_Decoder #(parameter IR_size = 3) (
  output reg              mode, select_BR, clock_BR, clock_BSC_Reg,
                            update_BSC_Reg,
  output                  shift_BR, shift_BSC_Reg,
  input [IR_size -1: 0]   instruction,
  input                   shiftDR, clockDR, updateDR
);
  parameter BYPASS           = 3'b111;      // Required by 1149.1a
  parameter EXTEST           = 3'b000;      // Required by 1149.1a
  parameter SAMPLE_PRELOAD   = 3'b010;
  parameter INTEST           = 3'b011;
  parameter RUNBIST          = 3'b100;
  parameter IDCODE           = 3'b101;

  assign     shift_BR = shiftDR;
  assign     shift_BSC_Reg = shiftDR;

  always @ (instruction, clockDR, updateDR) begin
   mode = 0; select_BR = 0;               // default is test-data register
   clock_BR = 1; clock_BSC_Reg = 1;
   update_BSC_Reg = 0;

   case (instruction)
    EXTEST:                begin mode = 1; clock_BSC_Reg = clockDR;
                           update_BSC_Reg = updateDR; end
    INTEST:                begin mode = 1; clock_BSC_Reg = clockDR;
                           update_BSC_Reg = updateDR; end
    SAMPLE_PRELOAD:        begin  clock_BSC_Reg = clockDR;

                           update_BSC_Reg = updateDR; end
    RUNBIST:               begin  end
    IDCODE:                begin select_BR = 1; clock_BR = clockDR;  end
    BYPASS:                begin select_BR = 1; clock_BR = clockDR; end
    default:               begin select_BR = 1; end

   endcase
  end
 endmodule
```

图 11.54 中给出了用于 *ASIC_with_TAP* 的测试平台(*t_ASIC_with_TAP*)结构。两个 *Array_of_TAP_Instructions* 和 *Array_of_ASIC_Test_Patterns* 数组把扫描指令模板和测试模板存入边界扫描寄存器中。测试序列将从这些寄存器中选择一个模板并装入 *Pattern_Register*。当测试序列确认一个读取信号成立时，存储在 *Pattern_Register* 中的值被装入 *TDI_Generator* 中的寄存器 *TDI_Reg* 中。同时 TAP 控制器将把该模板从 *TDI_Reg* 扫描到 TAP 的 *TDI* 端口和 *Pattern_Buffer_1*。TAP 的 *TDO* 端口中的值被扫描进 *TDO_Monitor* 中的 *TDO_Reg*，同时，*Pattern_Buffer_1* 中的值被扫描进 *Pattern_Buffer_2*。当扫描完成后，将对 *TDO_Reg* 和 *Pattern_Buffer_2* 的内容加以比较来检测错误。

以下是 *t_ASIC_with_TAP* 的测试平台，以及一些对需要进行验证的功能特性的注解。

```
module t_ASIC_with_TAP ();                              // Testbench
  parameter                       size = 4;
  parameter                       BSC_Reg_size = 14;
  parameter                       IR_Reg_size = 3;
  parameter                       N_ASIC_Patterns = 8;
  parameter                       N_TAP_Instructions = 8;
  parameter                       Pause_Time = 40;
  parameter                       End_of_Test = 1500;
  parameter                       time_1 = 350, time_2 = 550;

  wire         [size -1: 0]       sum;
  wire         [size -1: 0]       sum_fr_ASIC = M0.BSC_Interface [13: 10];
```

```
wire                          c_out;
wire                          c_out_fr_ASIC = M0.BSC_Interface [9];
reg     [size -1: 0]          a, b;
reg                           c_in;
wire    [size -1: 0]          a_to_ASIC = M0.BSC_Interface [8: 5];
wire    [size -1: 0]          b_to_ASIC = M0.BSC_Interface [4: 1];
wire                          c_in_to_ASIC = M0.BSC_Interface [0];

reg      TMS, TCK;
wire     TDI;
wire     TDO;
reg      load_TDI_Generator;
reg      Error, strobe;
integer  pattern_ptr;
reg      [BSC_Reg_size -1: 0]   Array_of_ASIC_Test_Patterns
                                 [0: N_ASIC_Patterns -1];
reg      [IR_Reg_size -1: 0]    Array_of_TAP_Instructions
                                 [0: N_TAP_Instructions -1];
reg      [BSC_Reg_size -1: 0]   Pattern_Register;      // Size to maximum
                                                          TDR
reg       enable_bypass_pattern;

ASIC_with_TAP M0 (sum, c_out, a, b, c_in, TDO, TDI, TMS, TCK);

TDI_Generator M1(
 .to_TDI (TDI),
 .scan_pattern (Pattern_Register),
 .load (load_TDI_Generator),
 .enable_bypass_pattern (enable_bypass_pattern),
 .TCK (TCK));
TDO_Monitor M3 (
 .to_TDI (TDI),
 .from_TDO (TDO),
 .strobe (strobe),
 .TCK (TCK));

initial #End_of_Test $finish;

initial begin TCK = 0; forever #5 TCK = ~TCK; end

/* Summary of  a basic test plan for ASIC_with TAP

Verify default to bypass instruction
Verify bypass register action: Scan 10 cycles, with pause before exiting
Verify pull up action on TMS and TDI
Reset  to S_Reset after five assertions of TMS
Boundary scan in, pause, update, return to S_Run_Idle
Boundary scan in, pause, resume scan in, pause, update, return to S_Run_Idle
Instruction scan in, pause, update, return to S_Run_Idle
Instruction scan in, pause, resume scan in, pause, update, return to S_Run_Idle
*/
// TEST PATTERNS
// External I/O for normal operation

 initial fork
 // {a, b, c_in} = 9'b0;
 {a, b, c_in} = 9'b_1010_0101_0;  // sum = F, c_out = 0, a = A, b = 5, c_in = 0
 join

/* Option to force error to test fault detection

 initial begin :Force_Error
 force M0.BSC_Interface [13: 10] = 4'b0;
 end
*/
initial begin                    // Test sequence: Scan, pause, return to S_Run_Idle
 strobe  = 0;
```

```
    Declare_Array_of_TAP_Instructions;
    Declare_Array_of_ASIC_Test_Patterns;
    Wait_to_enter_S_Reset;

// Test for power-up and default to BYPASS instruction (all 1s in IR), with default path
// through the Bypass Register, with BSC register remaining in wakeup state (all x).
// ASIC test pattern is scanned serially, entering at TDI, passing through the
   bypass register,
// and exiting at TDO.  The BSC register and the IR are not changed.

    pattern_ptr = 0;
    Load_ASIC_Test_Pattern;
    Go_to_S_Run_Idle;
    Go_to_S_Select_DR;
    Go_to_S_Capture_DR;
    Go_to_S_Shift_DR;
    enable_bypass_pattern = 1;
    Scan_Ten_Cycles;
    enable_bypass_pattern = 0;
    Go_to_S_Exit1_DR;
    Go_to_S_Pause_DR;
    Pause;
    Go_to_S_Exit2_DR;
    /*
    Go_to_S_Shift_DR;
    Load_ASIC_Test_Pattern;         // option to re-load same pattern and scan again
    enable_bypass_pattern = 1;
    Scan_Ten_Cycles;
    enable_bypass_pattern = 0;
    Go_to_S_Exit1_DR;
    Go_to_S_Pause_DR;
    Pause;
    Go_to_S_Exit2_DR;
    */
    Go_to_S_Update_DR;
    Go_to_S_Run_Idle;
  end

// Test to load instruction register with INTEST instruction

  initial #time_1 begin
    pattern_ptr = 3;
    strobe = 0;
    Load_TAP_Instruction;
    Go_to_S_Run_Idle;
    Go_to_S_Select_DR;
    Go_to_S_Select_IR;
    Go_to_S_Capture_IR;                        // Capture dummy data (3'b011)
     repeat (IR_Reg_size) Go_to_S_Shift_IR;
    Go_to_S_Exit1_IR;
    Go_to_S_Pause_IR;
    Pause;
    Go_to_S_Exit2_IR;
    Go_to_S_Update_IR;
    Go_to_S_Run_Idle;
  end

// Load ASIC test pattern
  initial #time_2 begin
    pattern_ptr = 0;
    Load_ASIC_Test_Pattern;
    Go_to_S_Run_Idle;
    Go_to_S_Select_DR;
    Go_to_S_Capture_DR;
    repeat (BSC_Reg_size) Go_to_S_Shift_DR;
```

```
    Go_to_S_Exit1_DR;
    Go_to_S_Pause_DR;
    Pause;
    Go_to_S_Exit2_DR;
    Go_to_S_Update_DR;
    Go_to_S_Run_Idle;

// Capture data and scan out while scanning in another pattern
    pattern_ptr = 2;
    Load_ASIC_Test_Pattern;
    Go_to_S_Select_DR;
    Go_to_S_Capture_DR;
    strobe = 1;
    repeat (BSC_Reg_size) Go_to_S_Shift_DR;

    Go_to_S_Exit1_DR;

    Go_to_S_Pause_DR;
    Go_to_S_Exit2_DR;
    Go_to_S_Update_DR;
    strobe = 0;
    Go_to_S_Run_Idle;
  end

/****************************** TAP CONTROLLER TASKS ******************************/
  task Wait_to_enter_S_Reset;
   begin
   @ (negedge TCK) TMS = 1;
  end
  endtask

  task Reset_TAP;
   begin
    TMS = 1;
    repeat (5) @ (negedge TCK);
   end
  endtask

task Pause;                  begin #Pause_Time;                    end endtask

task Go_to_S_Reset;          begin @ (negedge TCK) TMS = 1; end endtask
task Go_to_S_Run_Idle;       begin @ (negedge TCK) TMS = 0; end endtask

task Go_to_S_Select_DR;      begin @ (negedge TCK) TMS = 1; end endtask
task Go_to_S_Capture_DR;     begin @ (negedge TCK) TMS = 0; end endtask
task Go_to_S_Shift_DR;       begin @ (negedge TCK) TMS = 0; end endtask
task Go_to_S_Exit1_DR;       begin @ (negedge TCK) TMS = 1; end endtask
task Go_to_S_Pause_DR;       begin @ (negedge TCK) TMS = 0; end endtask
task Go_to_S_Exit2_DR;       begin @ (negedge TCK) TMS = 1; end endtask
task Go_to_S_Update_DR;      begin @ (negedge TCK) TMS = 1; end endtask

task Go_to_S_Select_IR;      begin @ (negedge TCK) TMS = 1; end endtask
task Go_to_S_Capture_IR;     begin @ (negedge TCK) TMS = 0; end endtask

task Go_to_S_Shift_IR;       begin @ (negedge TCK) TMS = 0; end endtask
task Go_to_S_Exit1_IR;       begin @ (negedge TCK) TMS = 1; end endtask
task Go_to_S_Pause_IR;       begin @ (negedge TCK) TMS = 0; end endtask
task Go_to_S_Exit2_IR;       begin @ (negedge TCK) TMS = 1; end endtask
task Go_to_S_Update_IR;      begin @ (negedge TCK) TMS = 1; end endtask
task Scan_Ten_Cycles;        begin repeat (10) begin @ (negedge TCK)
                               TMS = 0;
                             @ (posedge TCK) TMS = 1; end end endtask

/******************************** ASIC TEST PATTERNS ********************************/
task Load_ASIC_Test_Pattern;
 begin
   Pattern_Register = Array_of_ASIC_Test_Patterns [pattern_ptr];
   @ (negedge TCK ) load_TDI_Generator = 1;
   @ (negedge TCK) load_TDI_Generator = 0;
```

```
    end
  endtask

  task Declare_Array_of_ASIC_Test_Patterns;
    begin
    //s3 s2 s1 s0_ c0_a3 a2 a1 a0_b3 b2 b1 b0_c_in;

    Array_of_ASIC_Test_Patterns [0] = 14'b0100_1_1010_1010_0;
    Array_of_ASIC_Test_Patterns [1] = 14'b0000_0_0000_0000_0;
    Array_of_ASIC_Test_Patterns [2] = 14'b1111_1_1111_1111_1;
    Array_of_ASIC_Test_Patterns [3] = 14'b0100_1_0101_0101_0;
  end endtask

  /****************************** INSTRUCTION PATTERNS ******************************/
    parameterBYPASS= 3'b111;// pattern_ptr = 0
    parameterEXTEST= 3'b001;// pattern_ptr = 1
    parameterSAMPLE_PRELOAD= 3'b010;// pattern_ptr = 2
    parameterINTEST= 3'b011;// pattern_ptr = 3
    parameterRUNBIST= 4'b100;// pattern_ptr = 4
    parameterIDCODE= 5'b101;// pattern_ptr = 5

  task Load_TAP_Instruction;
    begin
      Pattern_Register = Array_of_TAP_Instructions [pattern_ptr];
      @ (negedge TCK ) load_TDI_Generator = 1;
      @ (negedge TCK) load_TDI_Generator = 0;
    end
  endtask

  task Declare_Array_of_TAP_Instructions;
    begin
      Array_of_TAP_Instructions [0] = BYPASS;
      Array_of_TAP_Instructions [1] = EXTEST;
      Array_of_TAP_Instructions [2] = SAMPLE_PRELOAD;
      Array_of_TAP_Instructions [3] = INTEST;
      Array_of_TAP_Instructions [4] = RUNBIST;
      Array_of_TAP_Instructions [5] = IDCODE;
    end
    endtask
endmodule

module TDI_Generator #(parameter BSC_Reg_size = 14)(
  output                                to_TDI,
  input     [BSC_Reg_size -1: 0]        scan_pattern,
  input                                 load, enable_bypass_pattern, TCK
);
  reg       [BSC_Reg_size -1: 0]        TDI_Reg;
  wire                                  enableTDO = t_ASIC_with_TAP.M0.enable
                                          TDO;
  assign to_TDI = TDI_Reg [0];

  always @ (posedge TCK) if (load) TDI_Reg <= scan_pattern;
    else if (enableTDO || enable_bypass_pattern)
      TDI_Reg <= TDI_Reg >> 1;
endmodule

module TDO_Monitor #(parameter BSC_Reg_size = 14)(
  input                                 to_TDI,
  input                                 from_TDO, strobe, TCK
);
  reg       [BSC_Reg_size -1: 0]        TDI_Reg, Pattern_Buffer_1,
                                          Pattern_Buffer_2,
                                        Captured_Pattern, TDO_Reg;
  reg                                   Error;
  parameter                             test_width = 5;
  wire                                  enableTDO = t_ASIC_with_TAP.M0.enable
                                          TDO;
```

```
wire        [test_width -1: 0]        Expected_out =
                                      Pattern_Buffer_2 [BSC_Reg_size -1
                                      : BSC_Reg_size - test_width];
wire        [test_width -1: 0]        ASIC_out =
                                      TDO_Reg [BSC_Reg_size - 1:
                                        BSC_Reg_size - test_width];
initial                               Error = 0;
always @ (negedge enableTDO) if (strobe == 1) Error = |(Expected_out ^
  ASIC_out);
always @ (posedge TCK) if (enableTDO) begin
  Pattern_Buffer_1 <= {to_TDI, Pattern_Buffer_1 [BSC_Reg_size -1: 1]};
  Pattern_Buffer_2 <= {Pattern_Buffer_1 [0], Pattern_Buffer_2 [BSC_Reg_size -1: 1]};
  TDO_Reg <= {from_TDO, TDO_Reg [BSC_Reg_size -1: 1]};
end
endmodule
```

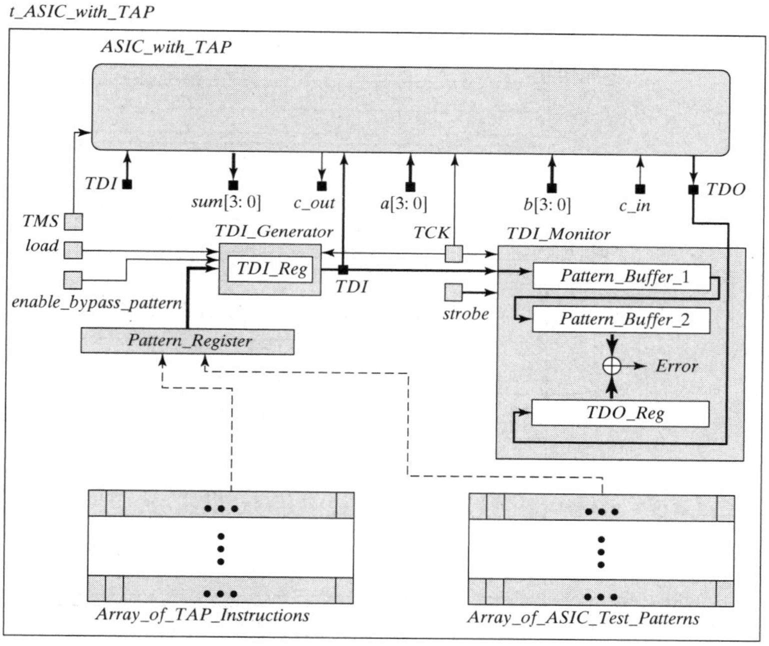

图 11.54　*ASIC_with_TAP* 的测试平台的结构

请注意 TAP 控制器(见图 11.51)的 ASM 图具有的特性，即 *TMS* 值(该值使现态进入状态转移图中的一个状态)对于进入该状态的所有通路都是一样的。通过观察写出了一组测试平台任务，来指定一串输入序列，使其能够控制流程沿着 ASM 图执行。该测试平台的测试模板与图 11.54 所示的端口结构相适应。该模板说明了 *ASIC_with_TAP* 中的数据流程，并说明了测试平台检测到一个已被引入到电路中的错误。该指令模板与在 *Instruction_Decoder* 模型中的指令代码相一致。下面给出了由 *TDI_Generator* 产生并由 *TDO_Monitor* 显示的测试序列。任务 *Load_ASIC_Test_Pattern* 执行一个测试序列，以选择扫描值并将其装入 *TDI_Generator* 的 *TDI_Reg* 寄存器。当 *enableTDO* 或 *enable_bypass_pattern* 激活时，这个值可从 *TDI_Generator* 中扫描出来。*TDO_Monitor* 包括一个两级流水线缓冲器，其输入级接收要移入 ASIC 中的模板。第一级保存 *ASIC_with_TAP* 边界扫描寄存器中的现有值，第二级存储由 *ASIC_with_TAP* 所保存的前一个值，使得从 *ASIC_with_TAP* 中扫描到的实际值与期望值能够进行比较。将与 ASIC 对应的输出边界扫描寄存器单元中得到的数据和测试模板数据加以比较，若两者不一致则表明有错误存在。测试平台包括一段可选部分的代码，在这段代码内插入一些误差，使得它能够与加法器产生的和相对应，并且检查 *TDO_Monitor* 是否能检测出这个错误。

图 11.55 所示的仿真结果表明默认指令就是 BYPASS 指令。信号 *c_in*, *b*, *a*, *c_out* 和 sum 是 *ASIC_with_TAP* 的外部端口；*c_in_to_ASIC*, *b_to_ASIC* 和 *a_to_ASIC* 是 ASIC 的输入端口，*c_out_fr_ASIC* 和 *sum_fr_ASIC* 是 ASIC 的输出端口。当仿真从 $t=0$ 开始时，系统处于未知状态。在 *TCK* 的第一个有效沿，状态机进入到 *S_Reset*(0)态①，并保持该状态(见图 11.55(a))直到 *TMS* 的输入序列通过 TAP(见图 11.55(b))②扫描了 *Pattern_Register*(1354_H)中的 10 个比特。在测试平台中 *Pattern_Register* 保存了 *pattern_ptr* 选取的模板。*Load_TDI_Generator* 脉冲将该模板装入 *TDI_Reg*(*TDI_Generator* 中)。*TDI_Reg* 的 LSB 驱动 *TDI*。在状态机进入 *S_Shift_DR*(4)之后，*shiftDR* 成立的同时，*TCK* 的 10 个周期通过旁路寄存器扫描了模板中的 10 个位。请注意，图 11.55(a)中，状态的转移发生在 *TCK* 的上升沿，而当 *enableTDO* 激活时，*TDO* 的波形是 *TDI* 波形延迟一个周期的副本。同样应注意，*clock_BSC_Reg* 是固定的(即边界扫描寄存器处于空闲)。

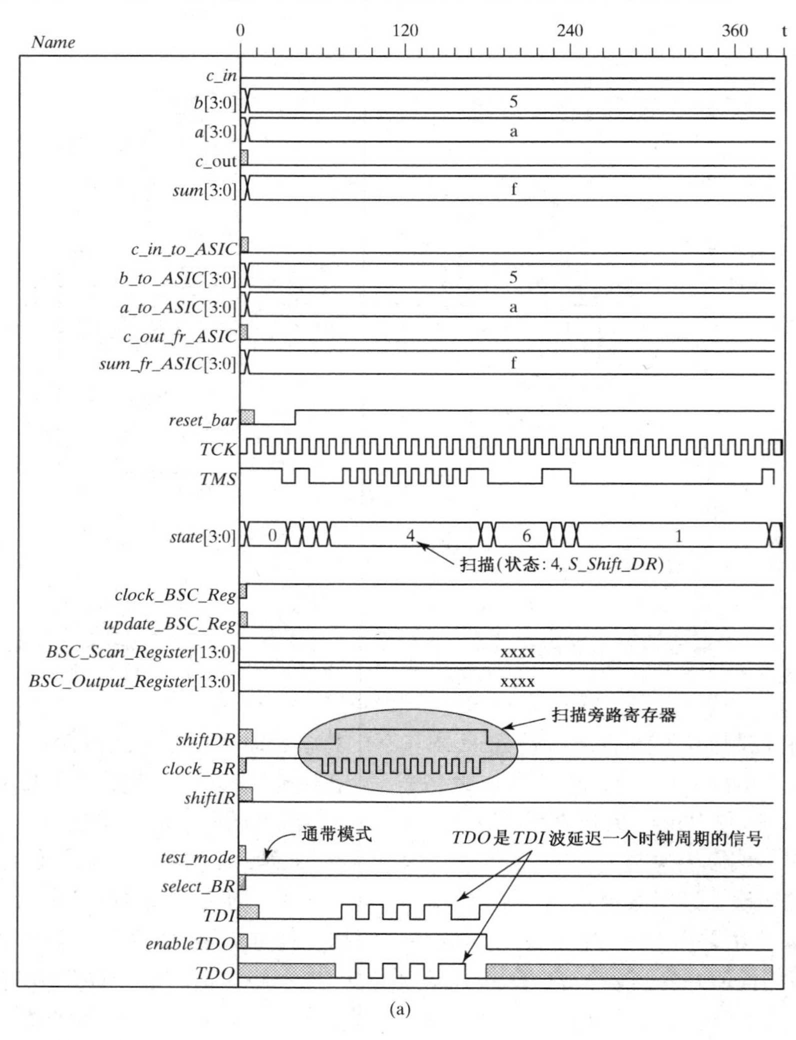

图 11.55 加电后通过 *ASIC_with_TAP* 的旁路寄存器扫描模板的仿真结果：(a)模板扫描通过芯片且延时一个时钟周期；(b)控制信号、TAP寄存器和测试平台寄存器

① 参见本章末的习题21。

② 数据模板和测试序列间隔已在 TAP 的工作描述中予以说明。

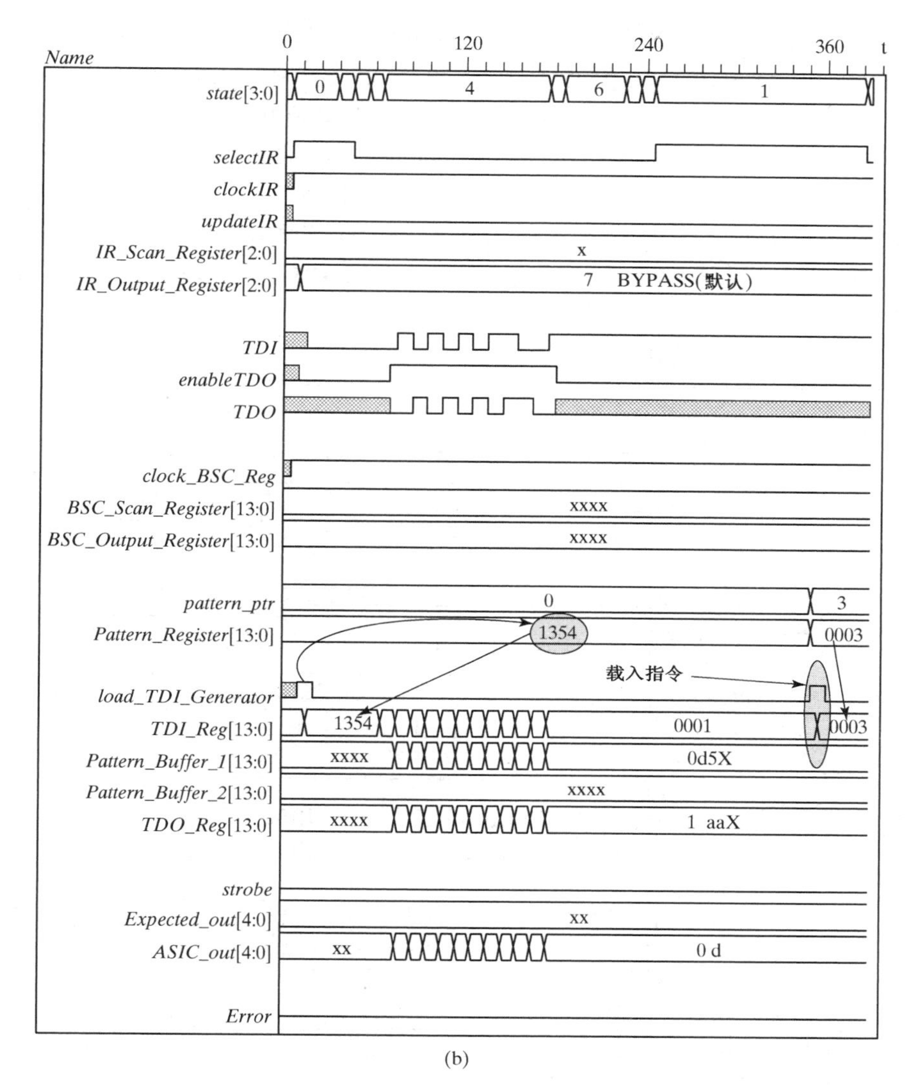

(b)

图 11.55(续)　加电后通过 *ASIC_with_TAP* 的旁路寄存器扫描模板的仿真结果：(a)模板扫描通过芯片且延时一个时钟周期；(b)控制信号、TAP寄存器和测试平台寄存器

旁路寄存器的 JTAG 规定要求寄存器的输出在进入 TAP 控制器状态 *S_Capture_DR* 之后的第一个 *TCK* 的上升沿时置为逻辑 0。注意，图 11.56(a)中这个边沿发生在 *S_Capture_DR* 和 *S_Shift_DR* 状态转换的时刻，而且旁路寄存器的输出为 0。寄存器的输出是在 *TDO_enable* 激活之后的下一个 *TCK* 上升沿时从 *TDO* 中扫描出的值。

扫描过程不会影响 ASIC 端口的信号值。*clockBR* 信号在 *S_Capture_DR*(3)状态下一个周期内有效，而在 *S_Shift_DR*(4)状态下 10 个周期内有效。*selectBR* 将旁路寄存器连接到 *TDO* 和 *TDI*。*BSC_Scan_Register* 和 *BSC_output_Register* 在没有接收数据时保持为 14′*Hx*。*reset_bar* 有效时(低电平有效)且在 *S_Reset*(0)状态将 3 位指令寄存器置位为全 1(BYPASS 指令)。*TDO* 的后续位将会对 *TDI* 的波形进行复制。

图 11.57(a)所示的仿真结果表明：当机器处于状态 *S_Shift_IR*(11)，且 *shiftIR* 和 *enableTDO* 有效时，BYPASS 指令被移出 TAP，同时将 INTEST 指令装入 TAP。测试平台将 *Pattern_Register* 装载到 INTEST，然后激活 *Load_TDI_Generator*，将 *TDI_Reg* 装载到 INTEST。在状态 *S_Shift_IR*(11)下，当 BYPASS 通过 *TDO* 将寄存器内容扫描出来的同时，指令将扫描进寄存器 *IR_SCAN_Register*(见图 11.57(b))。当 TAP 控制器进入状态 *S_Update_IR* 时，指令 INTEST 被装入 *IR_Output_Register*。图 11.57(b)所示的波形同样显示了测试平台将 1354_H 重新读入 *Pattern_Register*，将该模板传送到 *TDI_Reg*，并在状态处于 *S_Shift_IR* 时将模板扫描进 *BSC_Scan_Register*。同样要注意 *TDO* 的三态行为与 JTAG 标准相符合。

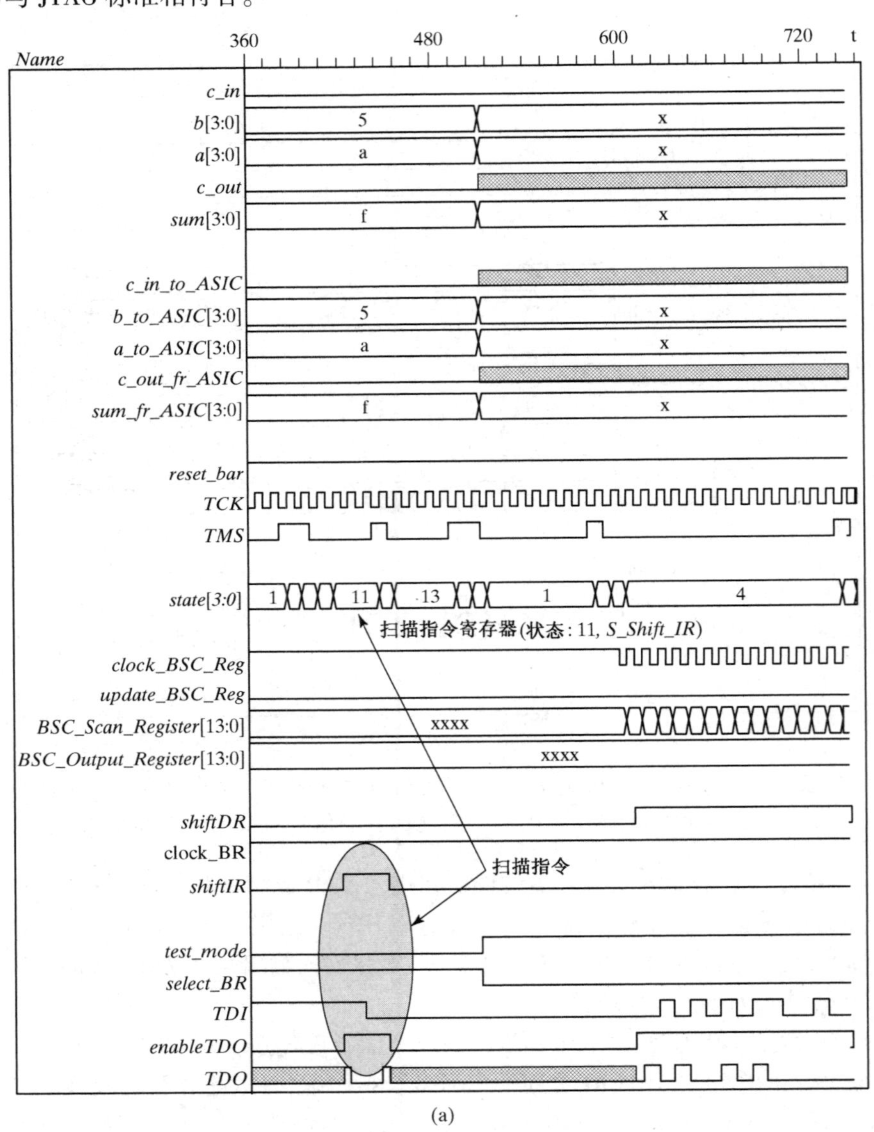

(a)

图 11.56　将指令 INTEST 装入指令寄存器的仿真结果：(a) *enableTDO* 只在扫描时有效(否则 *TDO* 处于高阻态)；(b) 指令 INTEST 被装入，然后再装入数据模板，经由 *TDI* 从 *TDI_Generator* 扫描到 *ASIC_with_TAP*

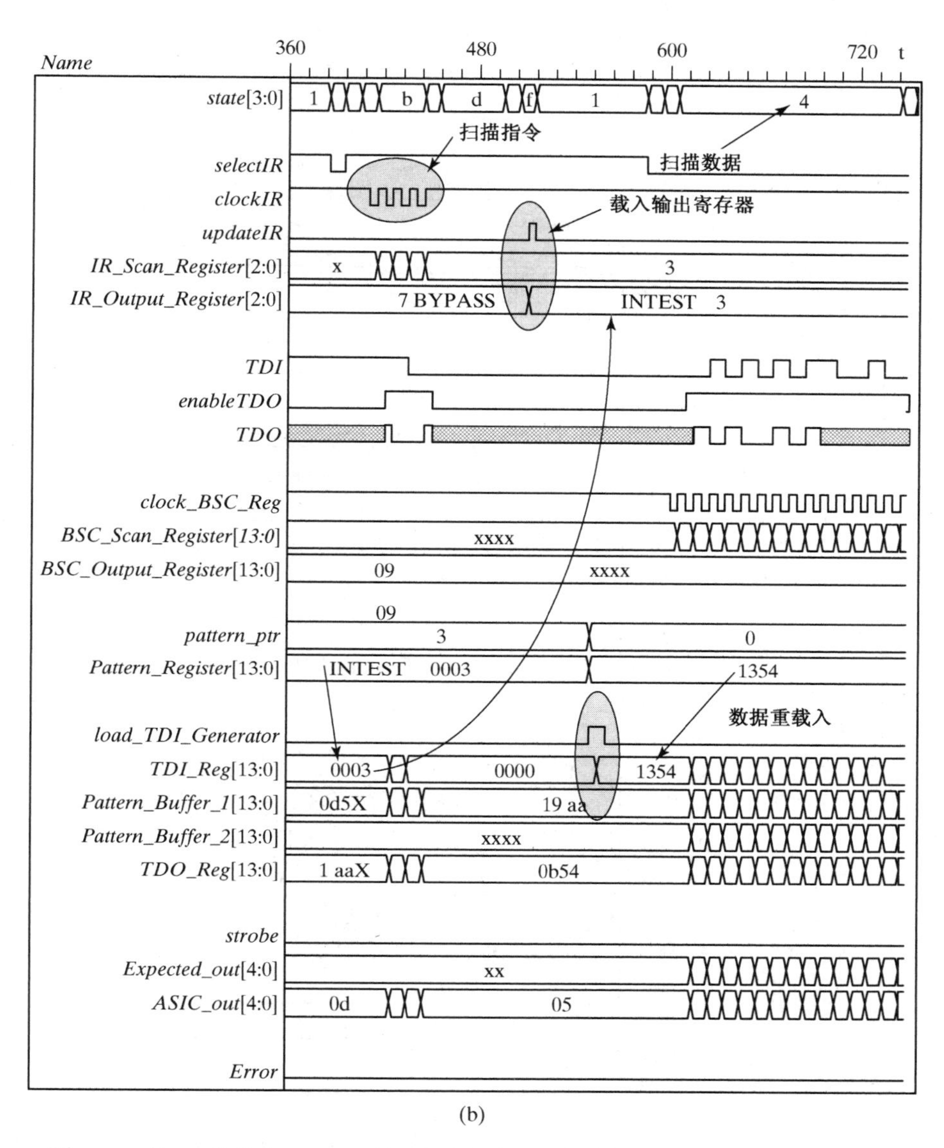

(b)

图 11.56(续)　将指令 INTEST 装入指令寄存器的仿真结果：(a) *enableTDO* 只在扫描时有效(否则 *TDO* 处于高阻态)；(b) 指令 INTEST 被装入，然后再装入数据模板，经由 *TDI* 从 *TDI_Generator* 扫描到 *ASIC_with_TAP*

随着 *IR_Output_Register* 保存 INTEST 指令，模板(1354_H)被装入图 11.56(b)中的 *BSC_Scan_Register*，并被送入图 11.57(a)所示的 *BSC_Update_Register*，用以对 ASIC 进行内部测试。请注意，*c_in_to_ASIC*，*b_to_ASIC*，*a_to_ASIC* 的值会变成应用测试模板所指定的值，*c_out_fr_ASIC* 和 *sum_fr_ASIC* 由 ASIC① 中的加法器产生。下一个测试模板(1354_H)被装入 *TDI_Reg*(见图 11.57(b))，并在前一个测试模板的结果被扫描出去后移入 *BSC_Scan_Register*。

① 本例中的加法器延时为 0。

测试过程在图 11.58 中完成。新的测试模板装入 *BSC_Output_Register*(见图 11.58(a)),然后将 *Expected_out* 与图 11.58(b)中的 *ASIC_out* 进行比较。两个模板相一致,不存在 *Error*①。

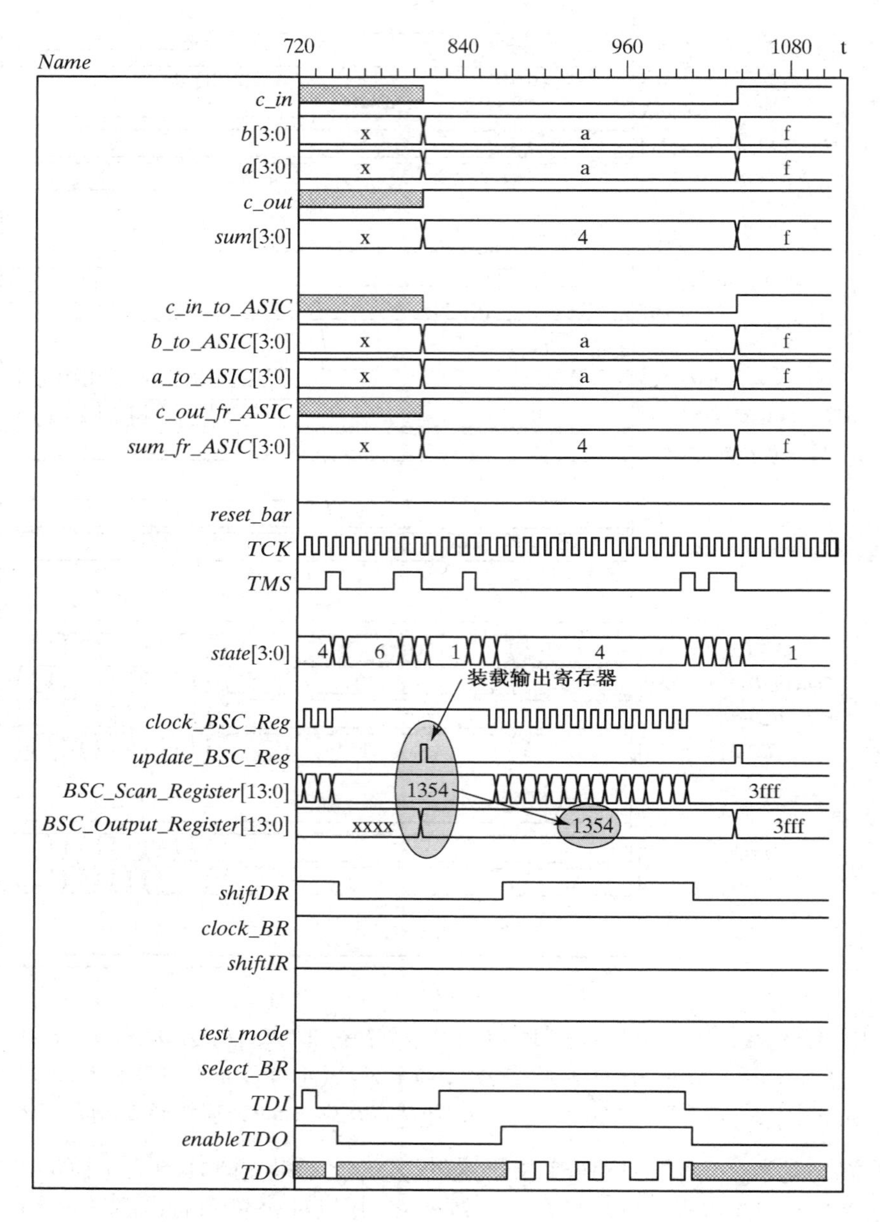

图 11.57　仿真结果:(a)在测试模板 1354_H 扫描进捕获/扫描寄存器后,载入边界扫描输出寄存器,并将测试施加到ASIC;(b)经由 *TDO*,ASIC的输出被捕获并扫描输出,再移入*TDO_Reg*用于与*Pattern_Buffer_2*进行比较(见图11.66)

① 测试平台包括一个将故障引入 ASIC 并通过施加测试模板将其检测出来的实例。

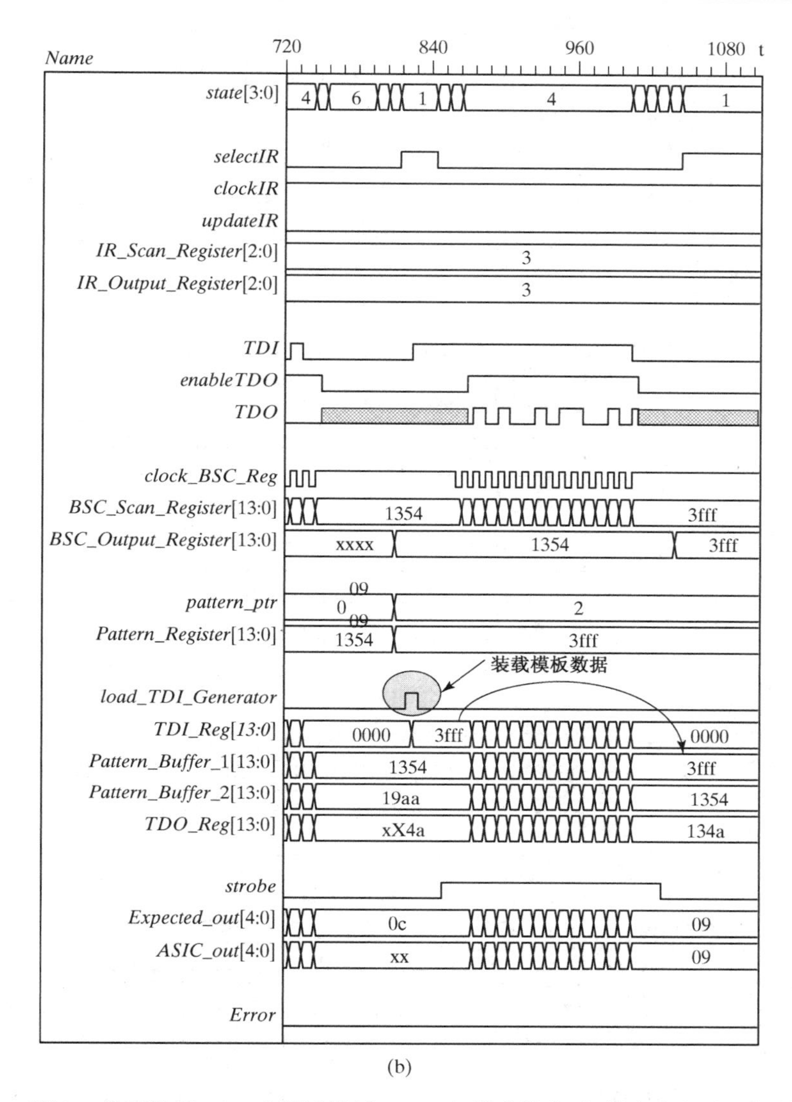

(b)

图 11.57(续)　仿真结果：(a)在测试模板 1354_H 扫描进捕获/扫描寄存器后，载入边界扫描输出寄存器，并将测试施加到ASIC；(b)经由*TDO*，ASIC的输出被捕获并扫描输出，再移入*TDO_Reg*用于与*Pattern_Buffer_2*进行比较(见图11.66)

11.8.8　设计实例：内建自测试

内建自测试(BIST)逻辑使得 ASIC 可以进行自测试。当用外部测试器对 ASIC 进行测试显得不可行时，可以使用 BIST 电路。在每次主系统重启时，必须对一些电路进行现场测试，其他部分必须作为主电路板的外设进行测试。例如，计算机和其他时序系统在启动时要用 BIST 检测 RAM 模块。

具有 BIST 硬件的结构如图 11.59 所示。在正常模式下待测试单元(UUT)由外部(原始)输入驱动，但在测试模式下，由内置电路产生测试模板并应用于该电路。电路的响应由附加硬件监测，并与输入模板的期望响应进行比较。期望响应与实际响应之间的差别表明了存在内部故障。控制器(状态机)控制着施加激励和观察响应的全部过程。

将激励模板存入存储器中，在测试模式下将其取出，这样可以得到 BIST 的激励生成器。这种方法和其他方法相比，需要相当大的存储量。下面将考虑采用线性反馈移位寄存器(LFSR)① 作为伪随机模板生成器(PRPG)，并采用一个多输入特征寄存器(MISR)来监视模板。采用 LFSR 作为 PRPG，是因为它们只需要很少的硬件就可生成大量的测试模板。

n 位自主 LFSR 的系数可以进行选择，用于产生重复周期为 2^n-1 的 n 位的伪随机序列模板(即模板序列是循环的)。这种生成模板的方法较为可取，因为生成模板序列所需要的硬件明显少于将相同模板存储于存储器中所需要的硬件。具有一个最简基本特性多项式的 LFSR 能够产生最大长度的模板序列[16]。

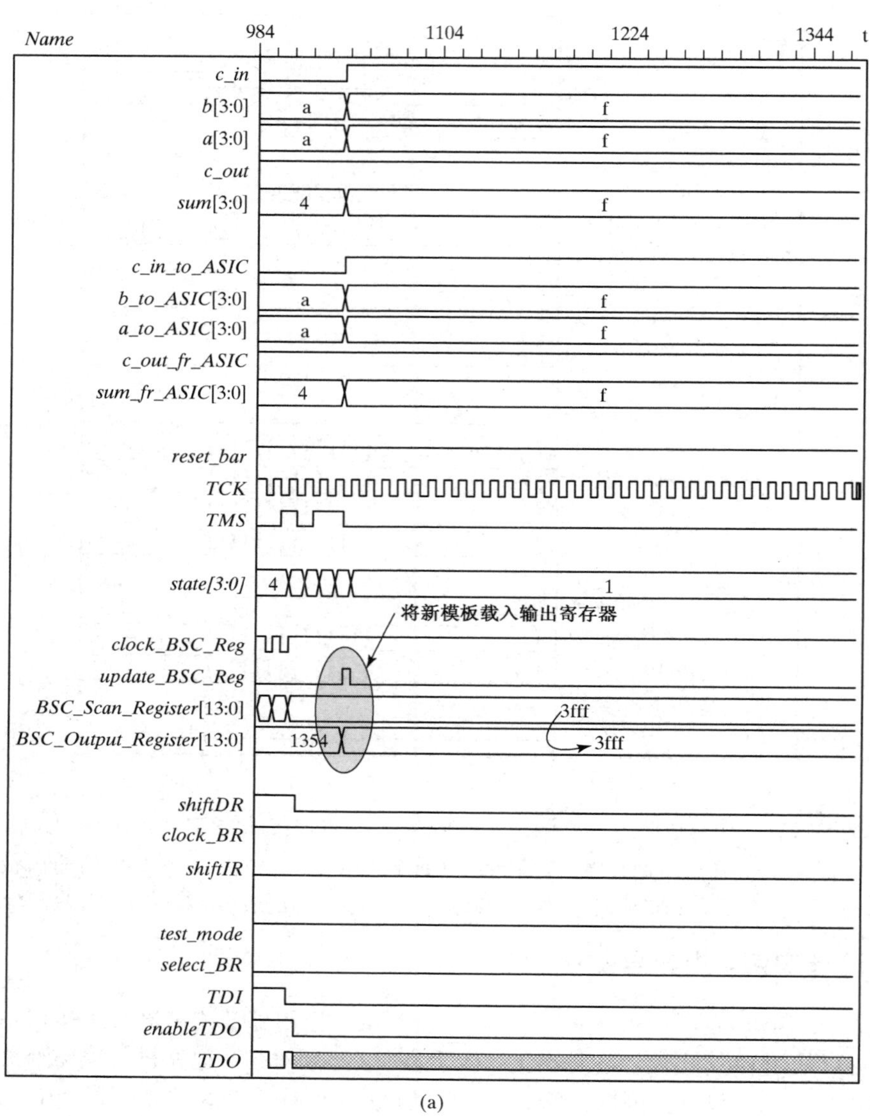

图 11.58　将第二个数据扫描进 *ASIC_with_TAP* 之后的仿真结果：(a)将模板($3fff_H$)装入*BSC_Output_Regiter*；(b)ASIC的期望输出与实际输出相一致

① 见第5章。

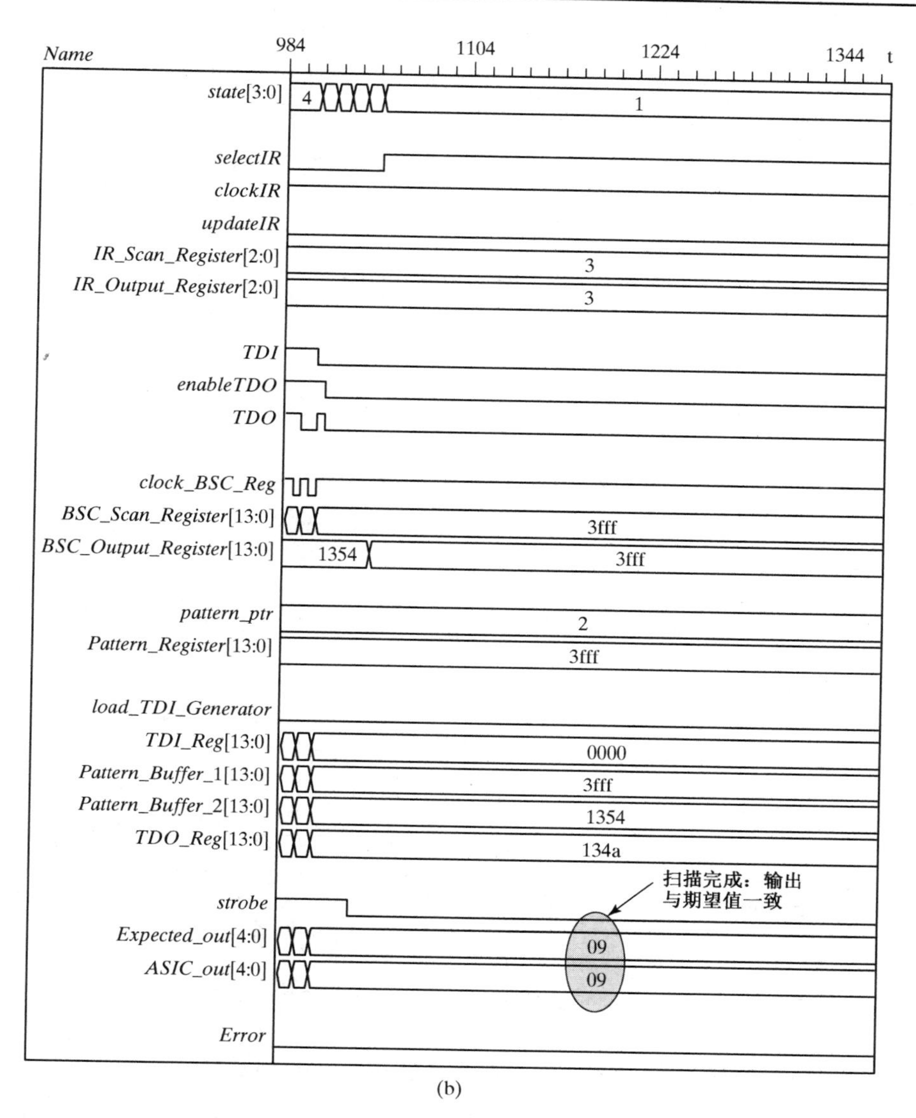

(b)

图 11.58(续)　将第二个数据扫描进 *ASIC_with_TAP* 之后的仿真结果：(a)将模板($3fff_H$)装入*BSC_Output_Regiter*；(b)ASIC的期望输出与实际输出相一致

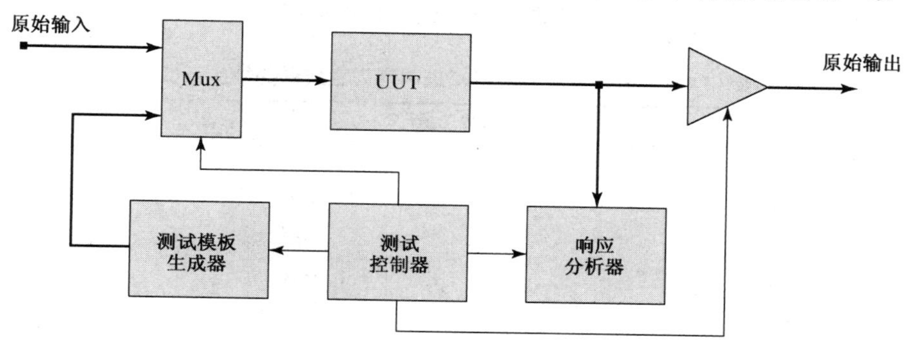

图 11.59　BIST 逻辑的结构图

图 11.60 给出了两种类型的 LFSR。类型 1 的 LFSR 是使用“外部”异或门对通用移位寄存器扩展得到的，这个类型的 LFSR 能够将同样的寄存器用于普通操作。图 11.60(a)中类型 1 的移位寄存器分出一条通路将单元的输出反馈到链路中的第一个单元(最左边)。图 11.60(b)所示类型 2 的结构在抽头系数为 1 的位置上的移位寄存器通路上有异或门。两种结构都能产生最大长度的伪随机二进制序列，具体取决于抽头系数。

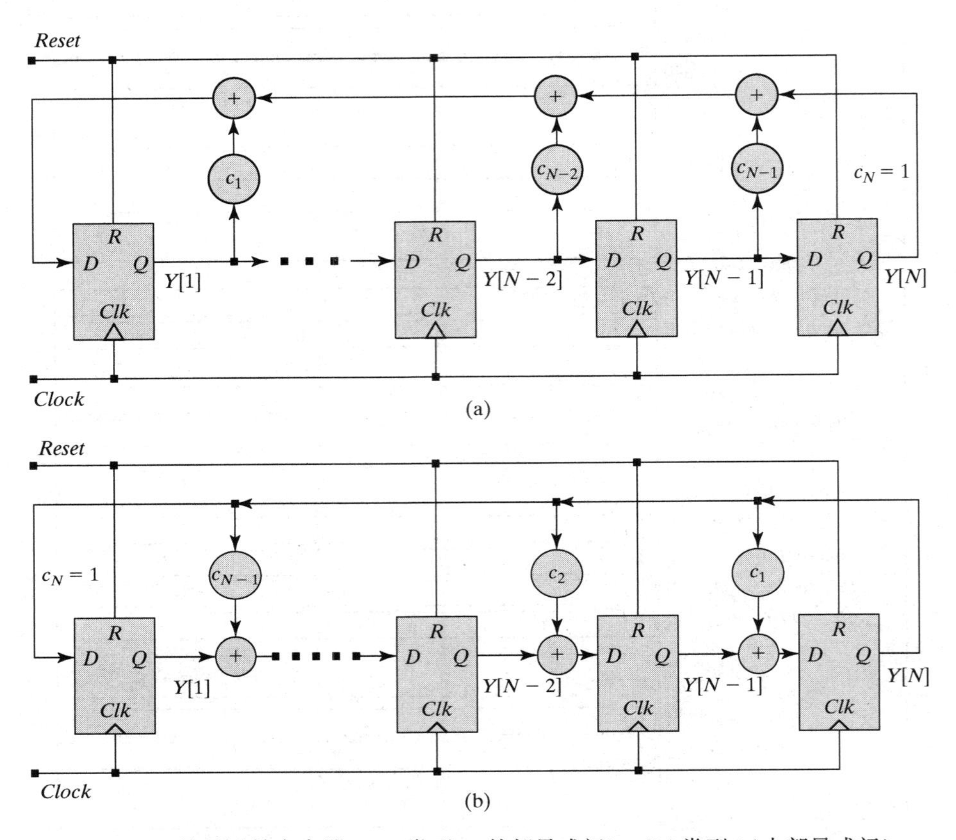

图 11.60 线性反馈寄存器：(a)类型 1(外部异或门)；(b)类型 2(内部异或门)

在测试中可首选类型 2 LFSR，因为它产生的模板比类型 1 的 LFSR 所产生的模板更加随机(相关性小)[4]。生成的最大长度伪随机二进制序列的移位寄存器抽头系数由表 11.11 给出。请注意，图 11.60 中两种类型 LFSR 的抽头系数按照递增顺序标出，其顺序与表 11.11 相反。

表 11.11 最大长度伪随机二进制序列生成器的抽头系数

n	系数向量($C_n \cdots C_2\ C_1$)	系数
2	11	C2C1
3	101	C3C1
4	1001	C4C1
5	1_0010	C5C2
6	10_0001	C6C1
7	100_0100	C7C3

（续表）

n	系数向量（$C_n \cdots C_2\ C_1$）	系数
8	1000_1110	C8C4C3C2
9	1_0000_1000	C9C4
10	10_0000_0100	C10C3
11	100_0000_0010	C11C2
12	1000_0010_1001	C12C6C4C1
13	1_0000_0000_1101	C13C4C3C1
14	10_0010_0010_0001	C14C10C6C1
15	100_0000_0000_0001	C15C1
16	1000_1000_0000_0101	C16C12C3C1
32	1000_0000_0010_0000_0000_0000_0000_0011	C32C22C2C1

将基于 BIST 驱动的电路的响应与期望响应比较来判断该电路的工作是否正常。不必存储所期望的响应模板，而是可以用 MISR 将该电路产生的多个模板压缩而形成一个特征信号[6]。将正确电路的响应所产生的特征信号存储起来用以与实际响应进行比较。因此，采用 MISR 电路和该特征信号就不再需要对各个不同测试模板的响应进行监控和比较了。图 11.61 中的 MISR 可通过该电路的响应模板来驱动。施加一个激励模板以后，电路的状态 Y 就是电路的特征信号。

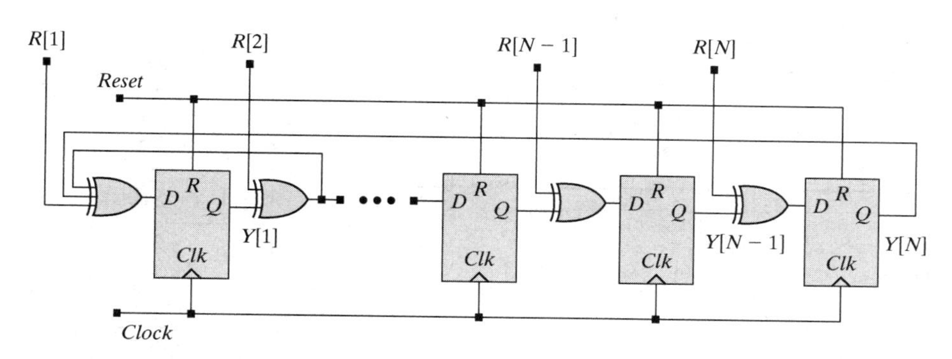

图 11.61　多输入线性反馈移位寄存器（MISR）

ASIC_with_BIST 电路显示了 ASIC 如何与其他硬件结合起来形成内建自测试电路。为了简便起见，其中的 ASIC 为一个 4 位带进位输入和输出的加法器。图 11.62 给出了 *ASIC_with_BIST* 的结构，其中包括加法器数据通路端口、*test_mode* 信号（能控制 *ASIC_with_BIST* 是测试模式还是普通模式）和一个能驱动内部状态机到复位状态的 *reset* 信号。*done* 信号在一个时钟周期内有效，表示 BIST 测试序列已经完成；*error* 表示 *response_Analyzer* 所产生的特征信号与存储中期望的特征信号不一致，因为测试模板序列是由 BIST 电路产生的。

ASIC_with_BIST 模型包括的 Verilog 模块有：*ASIC*，*Pattern_Generator*，*Response_Analyzer* 和 *BIST_Control_Unit*。BIST 的实现不会对 ASIC 做任何修正，ASIC 电路用 BIST 硬件进行测试。*Pattern_Generator* 是一个自定义的 LFSR，参数 *size* 用以指定 ASIC 中加法器的数据通路的大小；参数 *Length* 指定移位寄存器的长度，参数 *initial_state* 指定当外部复位信号有效时 LFSR 所处的状态。*Pattern_Generator* 中的最长 LFSR 将产生激励序列模板，*Response_Analyzer* 中的 MISR 将产生一个特征信号。在测试序列的末尾，*BIST_Control_Unit* 将比较该特征信号与所存储的模板，并在两者

不一致时激活 *error* 信号。图 11.62 中的复用器和三态输出缓冲器可通过 *ASIC_with_BIST* 的 Verilog 连续赋值语句来建模。

图 11.63 中的 ASM 图描述了 *ASIC_with_BIST* 的状态机控制器。*clock*，*reset* 和 *test_mode* 信号由主控平台驱动。BIST 电路包括一个可以决定测试序列长度的计数器。当施加测试模板时状态保持在 *S_test*，然后转移到 *S_compare*，在该状态把 *Response_Analyzer* 产生的特征信号与 *stored_pattern* 进行比较，如果两者结果一致，状态将转移到 *S_done*，在一个时钟周期内激活 Moore 型输出信号 *done*，然后再回到 *S_idle*；如果两者不一致，状态将转移到 *S_error*，并保持该状态直到 *reset* 重新有效。

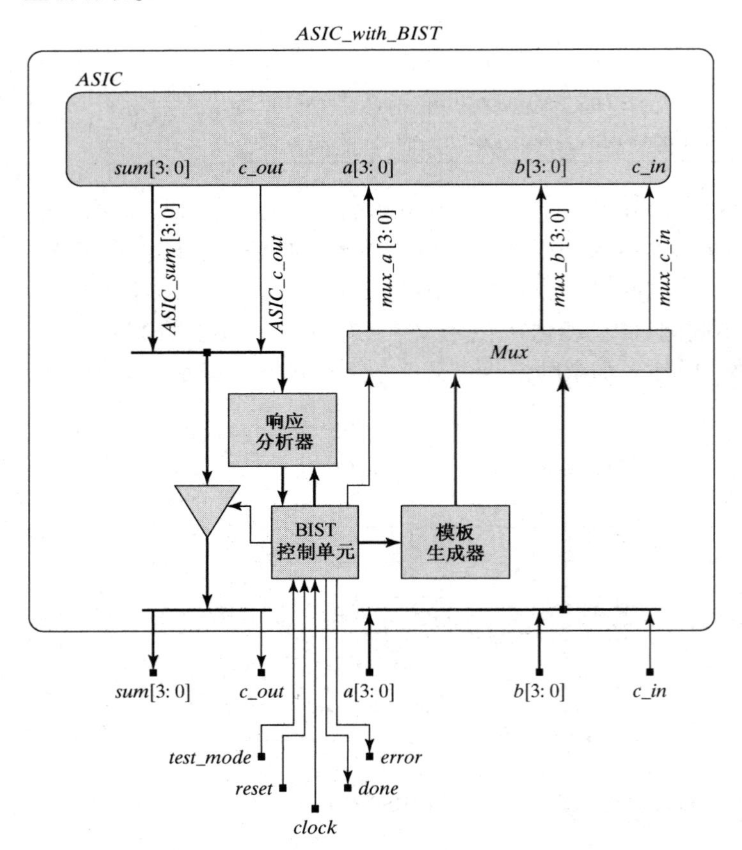

图 11.62　*ASIC_with_BIST* 的结构

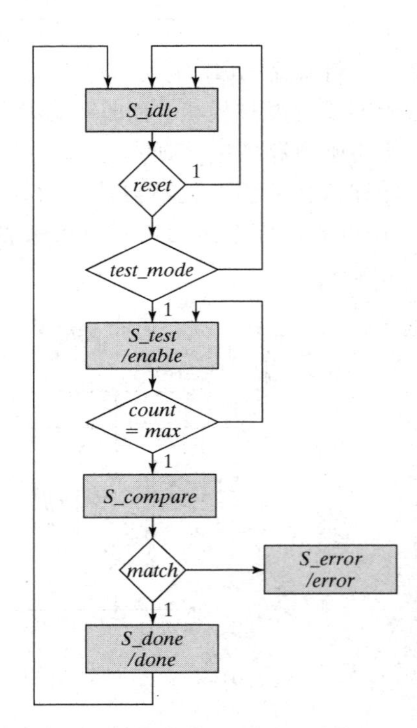

图 11.63　*ASIC_with_BIST* 中控制器的 ASM 图

```
module ASIC_with_BIST #(parameter size = 4)(
 output      [size -1: 0]      sum,      // ASIC interface I/O
 output                        c_out,
 input       [size -1: 0]      a, b,
 input                         c_in,
 output                        done, error,
 input                         test_mode, clock, reset
);
 wire        [size -1: 0]      ASIC_sum;
 wire                          ASIC_c_out;
 wire        [size -1: 0]      LFSR_a, LFSR_b;
```

```
    wire                                LFSR_c_in;
    wire        [size -1: 0]            mux_a, mux_b;
    wire                                mux_c_in;
    wire                                enable;
    wire        [1: size +1]            signature;
    assign      {sum, c_out} = (test_mode) ? 'bz : {ASIC_sum, ASIC_c_out};
    assign      {mux_a, mux_b, mux_c_in} = (enable == 0) ? {a, b, c_in} :
                 {LFSR_a, LFSR_b, LFSR_c_in};
    ASIC M0 (
     .sum (ASIC_sum),
     .c_out (ASIC_c_out),
     .a (mux_a),
     .b (mux_b),
     .c_in (mux_c_in));
   Pattern_Generator M1 (
     .a (LFSR_a),
     .b (LFSR_b),
     .c_in (LFSR_c_in),
     .enable (enable),
     .clock (clock),
     .reset (reset)
   );
   Response_Analyzer M2 (
     .MISR_Y (signature),
     .R_in ({ASIC_sum, ASIC_c_out}),
     .enable (enable),
     .clock (clock),
     .reset (reset));
   BIST_Control_Unit  M3 (done, error, enable, signature, test_mode, clock, reset);
 endmodule

 module ASIC #(parameter size = 4)(
  output       [size -1: 0]          sum,
  output                             c_out,
  input        [size -1: 0]          a, b,
  input                              c_in
 );
  assign {c_out, sum} = a + b + c_in;
 endmodule

 module Response_Analyzer #(parameter size = 5)(
  input                   [1: size] R_in,
  input                             enable, clock, reset
 );
  always @  (posedge clock)
   if (reset == 0) MISR_Y <= 0;
   end
 endmodule

 module Pattern_Generator #(parameter size = 4, Length = 9)(
  output      [size -1: 0]          a, b,
  output                            c_in,
  input                             enable, clock, reset
 );
  reg          [1: Length]          LFSR_Y;
  parameter [1: Length]             initial_state = 9'b1_1111_1111;
  parameter [Length: 1]             Tap_Coefficient = 9'b1_0000_1000;
  integer                           k;
  assign a = LFSR_Y[2: size + 1];
  assign b = LFSR_Y[size + 2: Length];
  assign c_in = LFSR_Y[1];
```

```
    always @  (posedge clock)
     if (reset == 1'b0) LFSR_Y <= initial_state;
     else if (enable) begin
       for (k = 2; k <= Length; k = k + 1)
         LFSR_Y[k] <= Tap_Coefficient[Length -k +1]
         ? LFSR_Y[k -1] ^ LFSR_Y[Length] : LFSR_Y[k -1];
       LFSR_Y[1] <= LFSR_Y[Length];
     end
  endmodule

  module BIST_Control_Unit  #( parameter sig_size = 5, c_size = 10, size = 3,
     c_max = 510)(
    output reg              done, error, enable,
    input          [1: sig_size]        signature,
    input                               test_mode, clock, reset
  );
    parameter  stored_pattern = 5'h1a;  //  signature if fault-free
    parameter  S_idle = 0,
               S_test = 1,
               S_compare = 2,
               S_done = 3,
               S_error = 4;
reg          [size -1: 0]          state, next_state;
reg          [c_size -1: 0]        count;
wire         match = (signature == stored_pattern);

always @ (posedge clock) if (reset == 0) count <= 0;
  else if (count == c_max) count <= 0;
  else if (enable) count <= count + 1;

always @ (posedge clock) if (reset == 0) state <= S_idle;
  else state <= next_state;

always @ (state,  test_mode, count, match) begin
  done = 0;
  error = 0;
  enable = 0;
  next_state = S_error;
  case (state)
    S_idle:        if (test_mode) next_state = S_test; else next_state = S_idle;
    S_test:        begin enable = 1; if (count == c_max -1) next_state = S_compare;
                  else next_state = S_test; end
    S_compare:   if (match) next_state = S_done;
                  else next_state = S_error;
    S_done:        begin done = 1; next_state = S_idle; end
    S_error:        begin done = 1; error = 1; end
  endcase
 end
endmodule
```

ASIC_with_BIST 的测试平台的操作如下：

(1)上电复位；

(2)热复位；

(3)*sum* 和 *c_out* 的三态动作及 *test_mode* 有效时，选通输入数据通路；

(4)当 *enable* 通过 *BIST_Control_Unit* 得到激活时 LFSR 模板生成器和 MISR 动作的初始化；

(5)对 ASIC 的一个输入引脚引入的故障进行检测。

```
module t_ASIC_with_BIST #(parameter size = 4, End_of_Test = 11000);
  wire        [size -1: 0]        sum;     // ASIC interface I/O
  wire        c_out;
  reg         c_in;
  wire        done, error;
  reg         test_mode, clock, reset;
  reg         Error_flag = 1;
  ASIC_with_BIST M0 (sum, c_out, a, b, c_in, done, error, test_mode, clock, reset);
  initial begin Error_flag = 0; forever @ (negedge clock) if ( M0.error)
   Error_flag = 1; end
  initial #End_of_Test $finish;

 initial begin clock = 0; forever #5 clock = ~clock; end
 // Declare external inputs
  initial fork
   a = 4'h5;
   b = 4'hA;
   c_in = 0;
   #500 c_in = 1;
  join
 // Test power-up reset and launch of test mode
  initial fork
   #2 reset = 0;
   #10 reset = 1;
   #30 test_mode = 0;
   #60 test_mode = 1;
  join
 // Test action of reset on-the-fly
  initial fork
   #150 reset = 0;
   #160 test_mode = 0;
  join

 // Generate signature of fault-free circuit
  initial fork
   #180 test_mode = 1;
   #200 reset = 1;
  join
 // Test for an injected fault
  initial fork
   #5350 release M0.mux_b [2] ;
   #5360 force M0.mux_b[0] = 0;
   #5360 begin reset = 0;  test_mode = 1; end
   #5370 reset = 1;
  join
endmodule
```

图 11.64 的仿真结果表明上电复位将 *BIST_Control_Unit* 的状态驱动到 *S_idle*(0)，并将 LFSR 的状态复位为 1ffH。当 *test_mode* 有效后，*enable* 有效，该状态转移到 *S_test*(1)。*enable* 的激活连通了 LFSR(参见 *mux_a*，*mux_b* 和 *mux_c_in*)到 ASIC 的端口的数据通路，并将 *ASIC_with_BIST* 的输出数据通路(参见 *sum* 和 *c_out*)置为高阻态。在 *enable* 有效时，LFSR 可产生驱动 *ASIC_sum* 和 *ASIC_c_out* 内部数据通路的模板，*Response_Analyzer* 中的 MISR 生成初始特征信号。*reset* 的第二次激活表明机器在进行热复位。

(1) 上电复位；

(2) 热复位；

(3) *sum* 和 *c_out* 的三态动作及 *test_mode* 有效时，选通输入数据通路；

(4) 当 *test_mode* 有效时 LFSR 和 MISR 行为的初始化。

图 11.65 的仿真结果表明无故障电路的特征信号与所存模板相一致。在 510 个时钟周期之后，机器状态进入 *S_compare*(2)，检测到结果是匹配的，然后状态又进入到 *S_done*(3)并在该状态保持一个周期后返回到 *S_idle*。当施加多测试序列来检测引入的故障时，测试平台包括用来检测该故障的 *Error_flag*。在 ASIC 的一个输入引脚引入的故障，其仿真结果如图 11.66 所示。当电路引入故障后，仿真结果表明：无故障电路的 *storde_pattern* 与 MISR 产生的特征信号之间不一致。

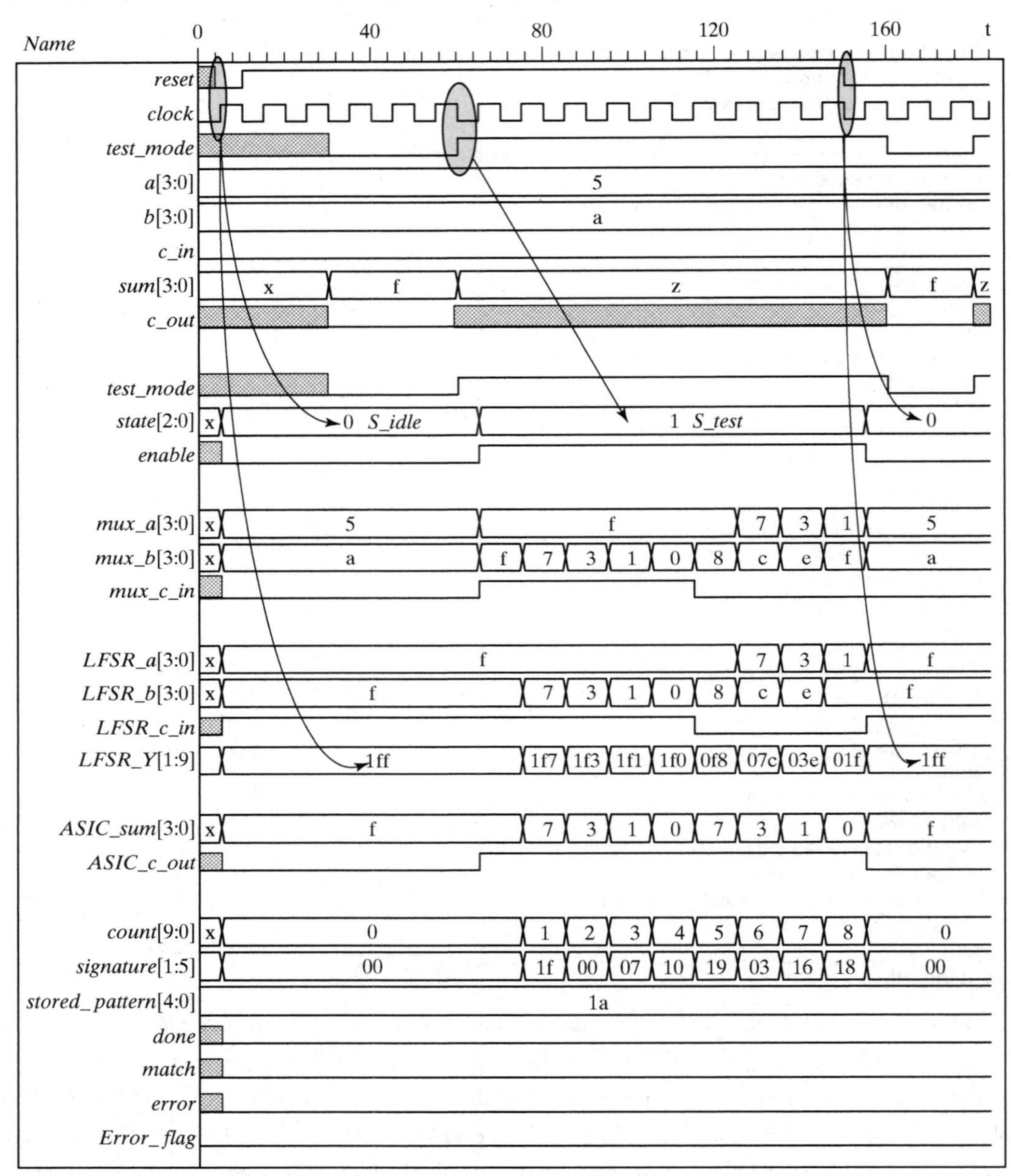

图 11.64　仿真结果表明：(1)上电复位；(2)热复位；(3)当 *text_mode* 有效时，*sum* 和 *c_out* 进入三态，选择输入数据通路；(4)当 *test_mode* 有效时，LFSR 和 MISR 初始化

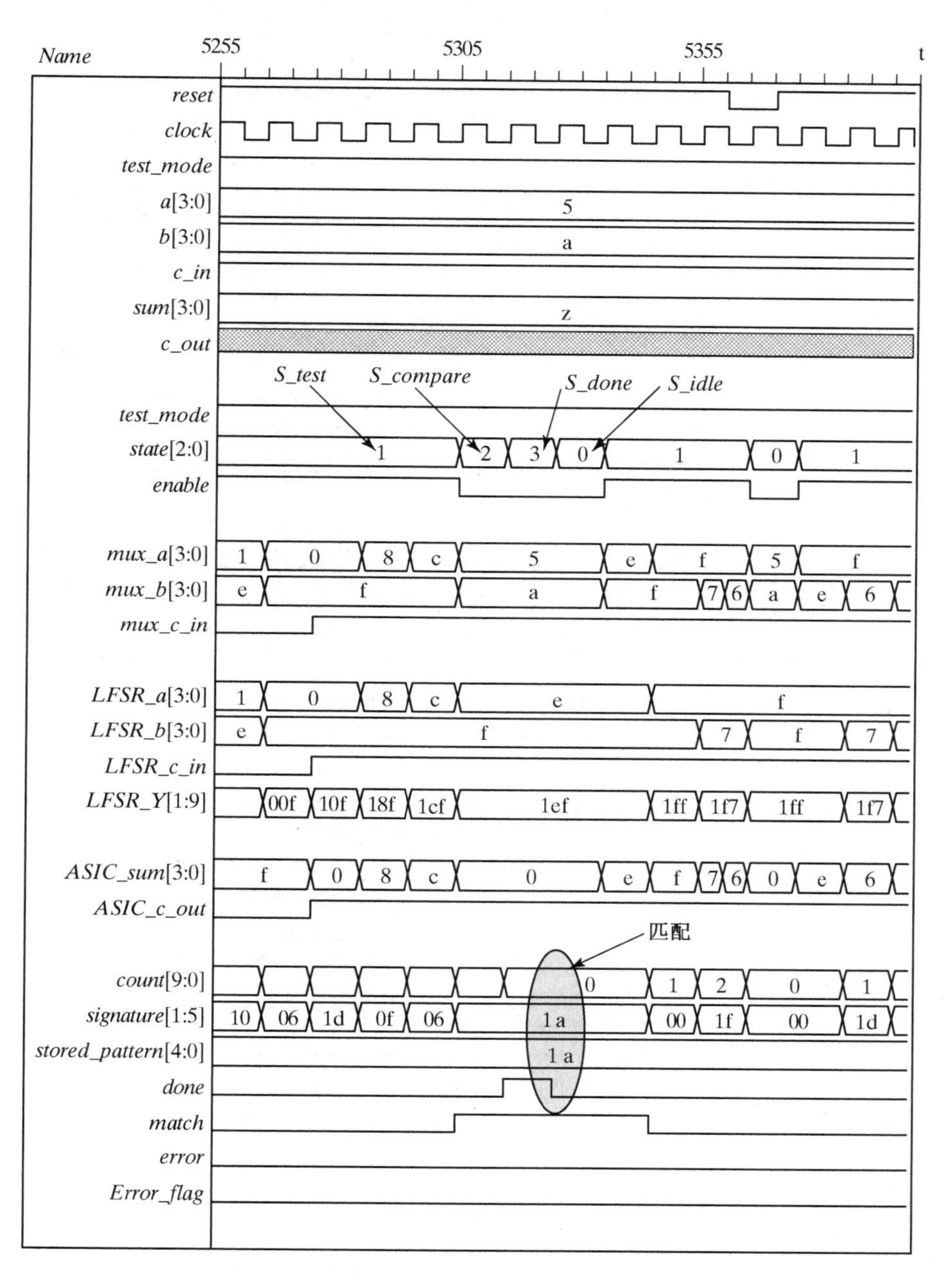

图 11.65　仿真结果表明 *storde_pattern* 和无故障电路的特征信号匹配

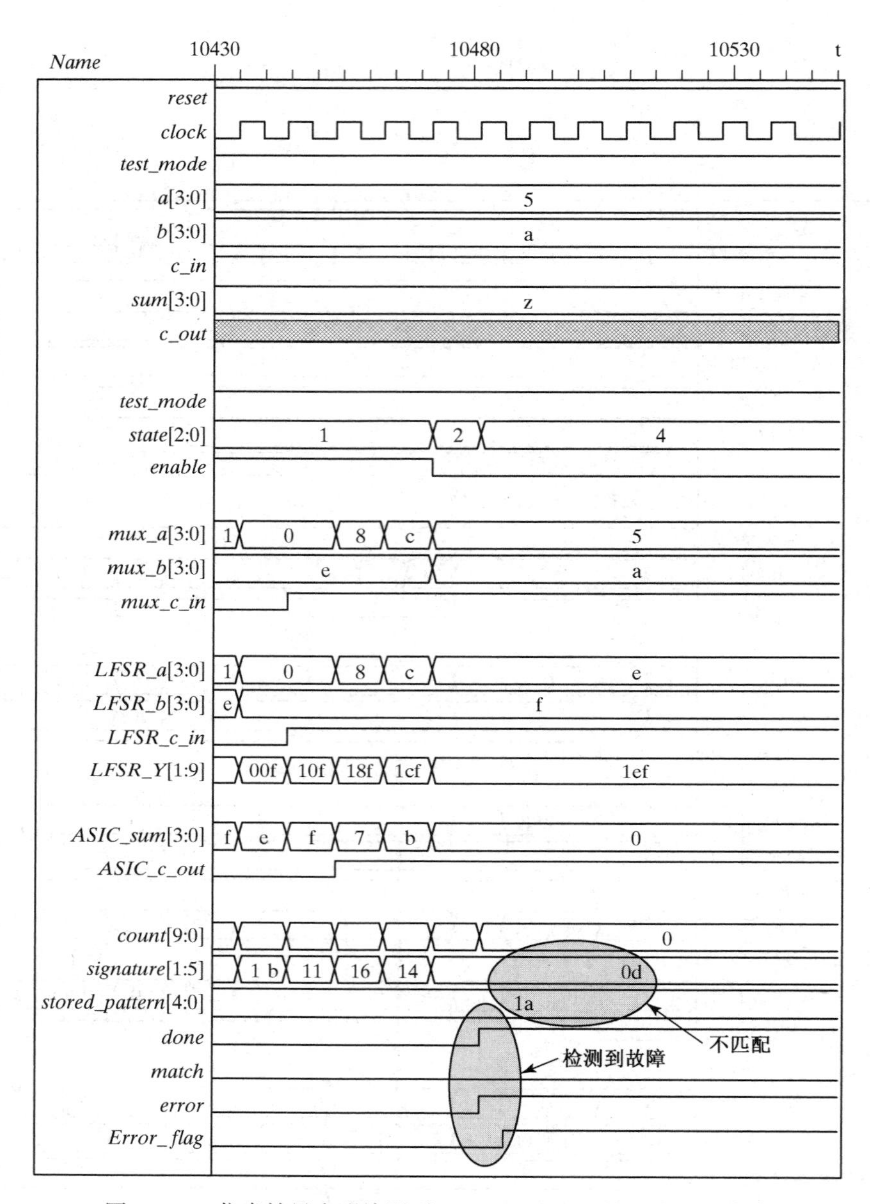

图 11.66 仿真结果表明检测到 *ASIC_with_BIST* 的一个引入故障

参考文献

1. Howe H. "Pre-and Postsynthesis Simulation Mismatches." Proceedings of the Sixth International Verilog HDL Conference, March 31-April 3, 1997, Santa Clara, CA.
2. McWilliams TM. "Verification of Timing Constraints on Large Digital Systems." Ph. D. Thesis, Stanford University, 1980.
3. Osterhout JK. "Crystal: A Timing Analyzer for nMOS VLSI Circuits." In: Bryant R, ed. *Proceedings of the Third Caltech Conference on VLSI.* Rockville, MD: Computer Science Press, 1983, 57-69.

4. Smith MJS. *Application-Specific Integrated Circuits*. Reading, MA: Addison-Wesley, 1997.
5. Xilinx University Program Workshop Notes—ISE 3. 1i, Spring 2001.
6. Abramovici M, et al. *Digital Systems Testing and Testable Design*. New York: Computer Science Press, 1994.
7. Roth JP. "Diagnosis of Automatic Failures: A Calculus and a Method." *IBM Journal of Research and Development*, 10, 1966, 278-281.
8. Goel P. "An Implicit Enumeration Algorithm to Generate Tests for Combinational Logic Circuits." *IEEE Transactions on Computers*, C-30, 215-222, 1983.
9. Fujiwara H. *Logic Testing and Design for Testability*. Cambridge, MA: MIT Press, 1985.
10. Fujiwara H, Shimono T. "On the Acceleration of Test Generation Algorithms." *IEEE Transactions on Computers*, C-32, 1983, 1137-1144.
11. Williams TW, Brown NC. "Defect Level as a Function of Fault Coverage." *IEEE Transactions on Computers*, C-30, 987-988, 1981.
12. Goldstein LH. "Controllability/Observability Analysis of Digital Circuits." *IEEE Transactions on Circuits and Systems*, CAS-26, 685-603, 1979.
13. *IEEE 1149. 1-1990*, *IEEE Test Access Port and Boundary-Scan Architecture*. Piscataway, NJ: Institute of Electrical and Electronics Engineers, 1990.
14. Wakerly JF. *Digital Design Principles and Practices*. 4th ed. Upper Saddle River, NJ: Prentice-Hall, 2006.

习题

1. 图 P11.1 中的逻辑门标注了上升与下降输出变化的时延范围(min : max)。设计电路的 DAG，并列举经由电路中的通路到达输出后，其上升沿和下降沿的延时范围。

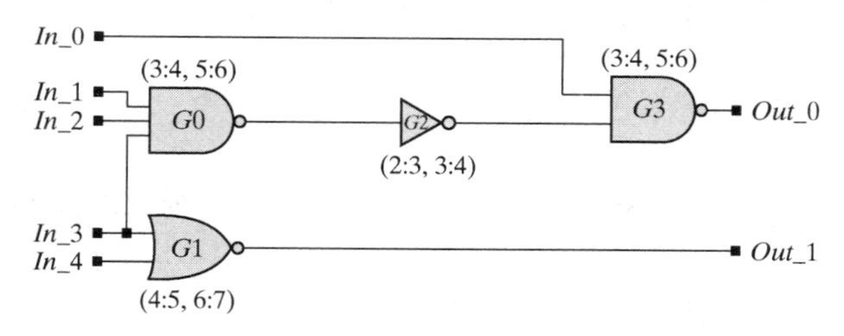

图 P11.1

2. 利用静态时序分析器，在 *ALU_machine_4_bi* 可综合实现、能正常工作且不违反时序约束的条件下，确定其最大时钟频率(参见第 8 章习题 7)。
3. 利用静态时序分析器，确定 *UART_Transmitter_Arch* 在不违反时序约束的情况下能正常工作且可综合实现的最大时钟频率(参见第 7 章)。
4. 利用静态时序分析器，确定 *UART_8_Receiver* 在不违反时序约束的情况下能正常工作、可综合实现的最大时钟频率(参见第 7 章)。
5. 在 ASIC 和 FPGA 中，门控时钟出现问题。请比较图 P11.5 中的电路，哪一个能够用来在二进制计数器到达指定数值时产生时钟脉冲。
6. 对 4 位行波进位加法器和 4 位超前进位加法器进行时序分析。这些加法器均可用 CMOS 标准元件库(包括加法器模型的源代码)中的单元来实现。请将你的设计中所使用的单元以及它们的传输延时(指出物理单位)列于表 P11.6。

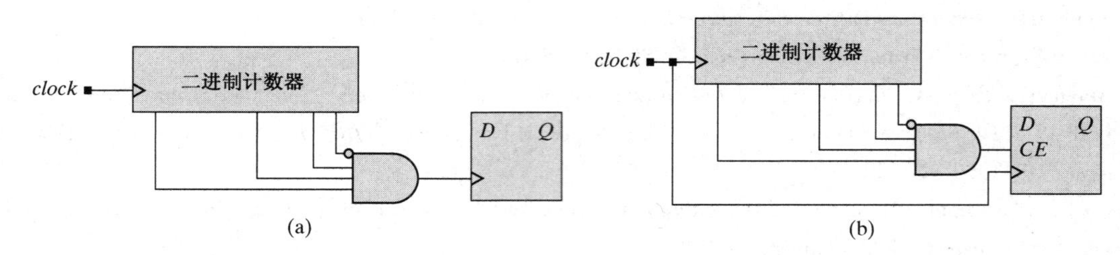

图 P11.5

表 P11.6

单 元 名	传输延时(上升)	传输延时(下降)

(a)使用静态时序分析器(如 Synopsys Prime Time)

i. 创建行波进位加法器的时序分析报告并说明其通路长度的分布。找到最长通路，在下面标出并指出它的延时。

最长通路起点：________

最长通路终点：________

最长通路延时：________

ii. 找到最短通路，在下面标出并指明它的延时。

最短通路起点：________

最短通路终点：________

最短通路延时：________

iii. 创建超前进位加法器的时序分析报告并说明其通路长度的分布。找到最长通路，在下面标出并指出它的延时。

最长通路起点：________

最长通路终点：________

最长通路延时：________

iv. 找到最短通路，在下面标出并指明它的延时。

最短通路起点：________

最短通路终点：________

最短通路延时：________

b. 使用单元面积数据，比较两种实现的面积。

面积(行波进位)：________

面积(超前进位)：________

给出计算面积的数据。

c. 建立设计的测试平台，在下面标出能测试最长和最短通路的输入模板，以及在仿真中用这些测试模板所能观察到的延时，并给出这些结果的波形(在结果中标出延时)。

最长通路测试模板：________

仿真中观察到的延时：________

最短通路测试模板：________

仿真中观察到的时延：________

d. 对用 4 位加法器实现的 16 位行波进位加法器(RCA)和 16 位超前进位加法器(CLA)，使用单元库中的触发器，要求：先从寄存器中取出数据，相加后，再将结果存入寄存器中。利用上述两种加法器，分别找出能实现该功能所需的最短时钟周期(见图 11.7)。(注意：寄存器不包括在加法器内。)给出能说明上述过程中延时的仿真结果。

最短时钟周期：RCA：________

最短时钟周期：CLA：________

e. 讨论两种加法器的最大不同。

7. 图 P11.7 所示的全加器电路的逻辑门级模型中，求能覆盖所有 *s-a*-0 和 *s-a*-1 故障的最小测试模板集。

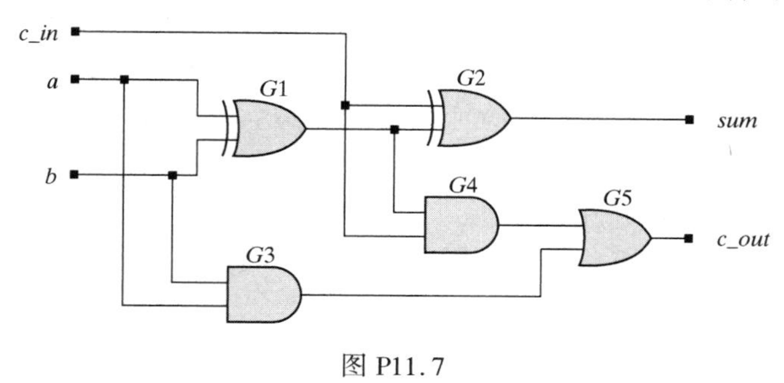

图 P11.7

8. 图 P11.8 中的电路在例 2.34 中曾经设计过，其中驱动 *F*2 的与门的冗余逻辑是为消除冒险而加到电路中的。判断该与门输入端的 *s-a*-0 故障是否可测。

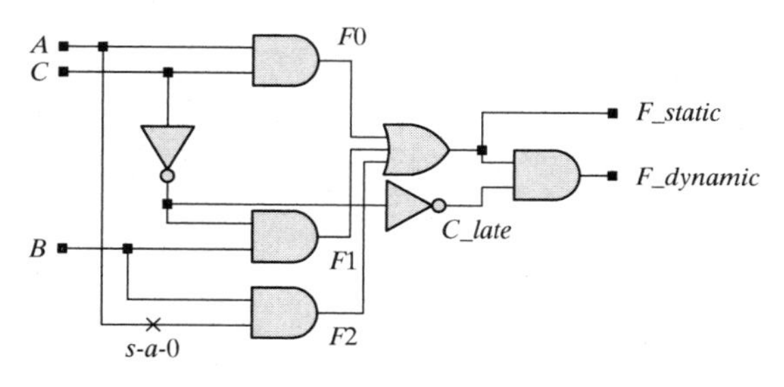

图 P11.8

9. 对图 P11.7 中的故障 *G*4 *s-a*-0 和故障 *G*4 *s-a*-1 设计测试模板。

10. 验证 *ASIC_with_TAP*(参见 11.8.7 节)是可综合的。检查已综合电路网表中的锁存器。

11. 在缺少外部异步复位信号 *nTRST*(可选、低电平有效)的情况下，JTAG TAP 控制器(见图 11.51)的何种特性能使电路在加电后的第一个时钟有效沿就进入到 *S_Reset* 状态？

12. *ASIC_with_TAP* 模型(参见 11.8.7 节)能产生 *Instruction_Decoder* 中需要的门控时钟信号。设计、验证并综合一个没有门控时钟信号的 *ASIC_with_TAP_NGC* 模型。

13. 在 *ASIC_with_TAP*(参见 11.8.7 节)模型的几个模块中有许多参数。因此每一个模块必须重新编辑并调整设计。使用 *defparam* 结构来定义 *ASIC_with_TAP* 的所有参数，在测试平台 *t_ASIC_with_TAP* 中开发一个带注释的模块确定设计中的参数。

14. *ASIC_with_TAP* 模型(参见 11.8.6 节)包含 *TMS*，*TDI* 和 *nTRST* 的上拉电路。设计一个测试平台验证这些模块符合 JTAG 规范。

15. 上电时 JTAG 中 TAP 控制器的状态进入 *S_Reset*，并保持该状态直到 *TMS* 变为低电平。用图 11.63 中的 ASM 图解释主控系统如何免受 *TMS* 上毛刺的影响(*TMS* 在返回到 1 之前的一个时钟周期内偶尔会变到 0)。

16. 设计 *ALU_4_bit* 的 JTAG 增强版 *ALU_4_bit_with_JTAG*(参见第 8 章表 P8.7a 中对 *ALU_4_bit* 的功能指标)，和一个测试平台 *t_ALU_4_bit_with_JTAG*，该测试平台应包括可以详细验证操作码 *A_and_B* 功能的扫描模

板、在输出端能检测到任何 *s-a-*1 和 *s-a-*0 故障的测试模板，以及检测 *ALU_4_bit* 输出引脚处引入故障的测试说明。

17. 解释在 TAP 控制器的 ASM 图中为什么需要状态 *S_Exit*1 *_DR*。
18. 设计一个 *Board_with_Four_ASIC*(见图 11.50)模型，将 4 个 *ASIC_with_TAP*(参见 11.8.7 节)连接成环形结构。这些 ASIC 能够被连接起来形成一个端口结构为(*sum*[15:0]*c_out*, *a*[15:0], *b*[15:0], *c_in*)的 16 位行波进位加法器。设计一个测试平台 *t_Board_with_Four_ASIC* 和下列情形中的测试序列：(1)绕过所有 4 个芯片；(2)绕过除了能产生电路板输出的最重要的位片(bit-slice)以外的所有芯片；(3)测试能够产生机器低 8 位 ASIC 之间的互连线；(4)测试能产生 *sum*[7:4]的 ASIC 的内部故障(将门级模型用于位片(bit-slice)加法器)。使用 ***force…release*** 结构，设计一个能检测引入故障的测试平台来说明故障是可测的。
19. 重复习题 18，但是 4 个 *ASIC_with_TAP* 连接成星形结构。
20. 图 11.60 中类型 I 和类型 II 的 LFSR 不能进入状态 $Y = 0$，因为它们不能从该状态退出。解释如图 P11.20 所示的改进的类型 I 的 LFSR 电路如何进入状态 $Y = 0000$ 并从中退出。

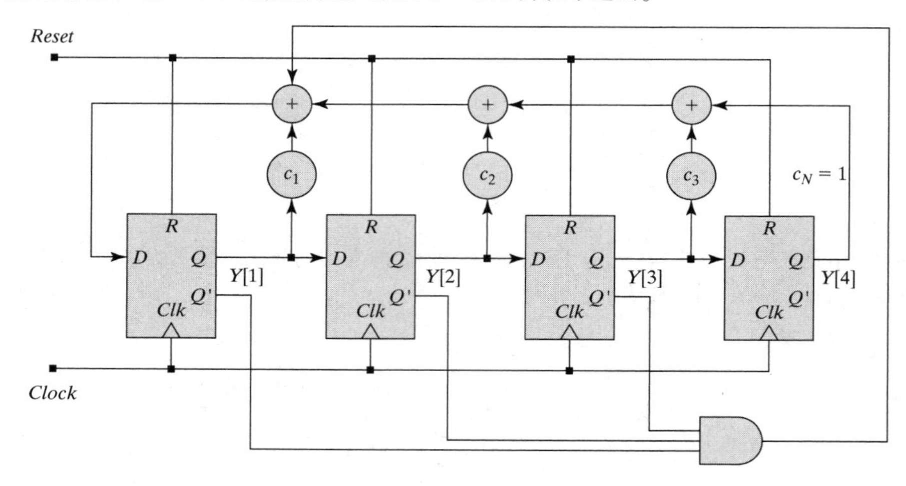

图 P11.20

附录 A　Verilog 原语

Verilog 有 26 个原语描述，可用来模拟组合和开关级逻辑。例化原语的输出端列在原语终端表的最前面，输入端列在输出端的后面。***buf*** 和 ***not*** 原语通常为单输入，但可能有多个标量输出。其他原语可能有多个标量输入，但只有一个输出。对于三态原语(***bufif1***，***bufif0***，***notif1***，***notif0***，***tranif1***，***tranif0***，***rtranif1***，***rtranif0***)，控制输入是终端列表的最后一个输入端。当一个原语向量被例化时，端口可以是向量形式。如果一个原语的输入与输出均为向量，那么输出向量则是由输入向量按位运算形成的。

原语的例化可以是带传播延时的，而且可以给它们的输出指定强度。在 Verilog 4 值逻辑系统中，输入–输出功能是由如下的真值表定义的，在这个表格中符号 *L* 表示 0 或 *z*，而符号 *H* 代表 1 或 *z*。这些附加的符号可以分别处理模拟结果中的 0 或 *z* 值，或者是 1 或 *z* 值。

A.1　多输入组合逻辑门

一个二输入 Verilog 的组合逻辑门的真值表如图所示，但是这些逻辑门都可以被例化成任意多个标量输入。

and	0	1	*x*	*z*
0	0	0	0	0
1	0	1	*x*	*x*
x	0	*x*	*x*	*x*
z	0	*x*	*x*	*x*

图 A.1　按位与(***and***)门的真值表，其端口顺序为：*out*，*in_1*，*in_2*

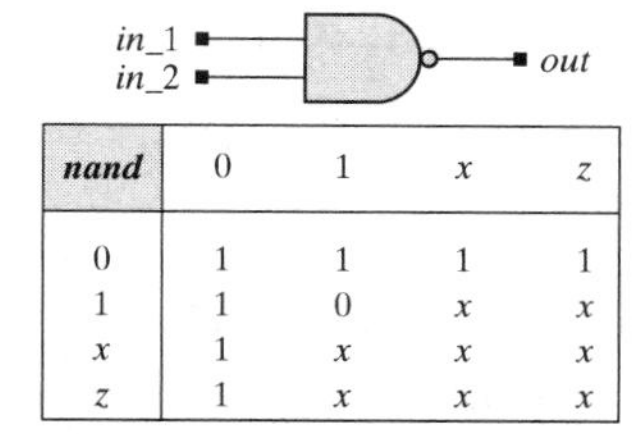

nand	0	1	*x*	*z*
0	1	1	1	1
1	1	0	*x*	*x*
x	1	*x*	*x*	*x*
z	1	*x*	*x*	*x*

图 A.2　按位与非(***nand***)门的真值表，其端口顺序为：*out*，*in_1*，*in_2*

or	0	1	*x*	*z*
0	0	1	*x*	*x*
1	1	1	1	1
x	*x*	1	*x*	*x*
z	*x*	1	*x*	*x*

图 A.3　按位或(***or***)门的真值表，其端口顺序为：*out*，*in_1*，*in_2*

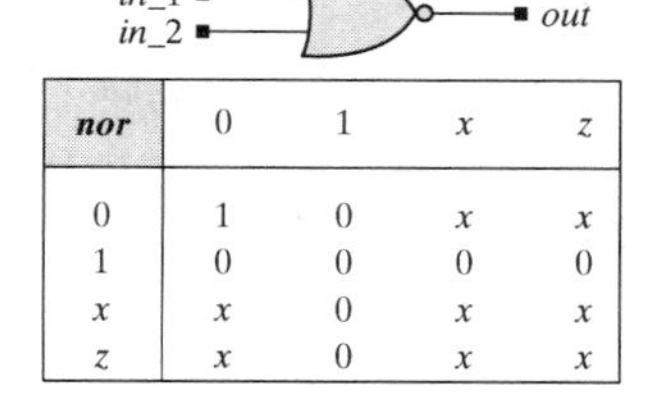

nor	0	1	*x*	*z*
0	1	0	*x*	*x*
1	0	0	0	0
x	*x*	0	*x*	*x*
z	*x*	0	*x*	*x*

图 A.4　按位或非(***nor***)门的真值表，其端口顺序为：*out*，*in_1*，*in_2*

xor	0	1	*x*	*z*
0	0	1	*x*	*x*
1	1	0	*x*	*x*
x	*x*	*x*	*x*	*x*
z	*x*	*x*	*x*	*x*

图 A.5　按位异或(***xor***)门的真值表，其端口顺序为：*out*，*in_1*，*in_2*

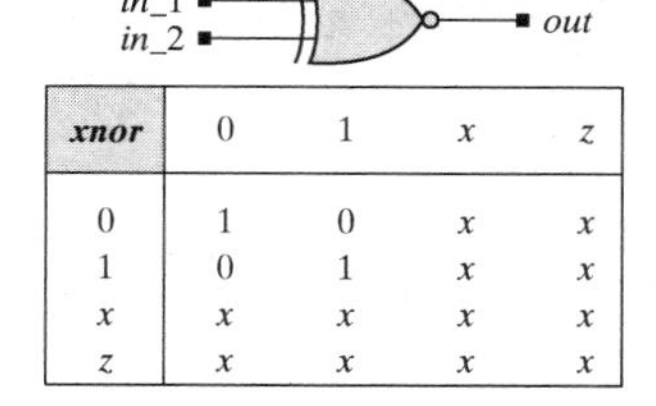

xnor	0	1	*x*	*z*
0	1	0	*x*	*x*
1	0	1	*x*	*x*
x	*x*	*x*	*x*	*x*
z	*x*	*x*	*x*	*x*

图 A.6　按位异或非(***xnor***)门的真值表，其端口顺序为：*out*，*in_1*，*in_2*

A.2 多输出组合门

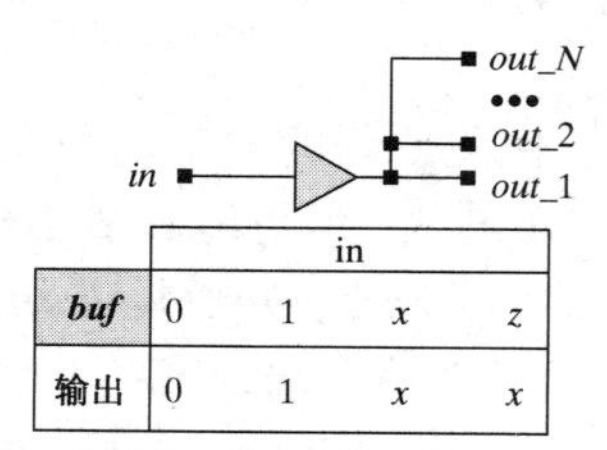

	in			
buf	0	1	x	z
输出	0	1	x	x

图 A.7 按位缓冲器(***buf***)的真值表，其端口顺序为：*out*_1，*out*_2，…，*out*_*N*，*in*

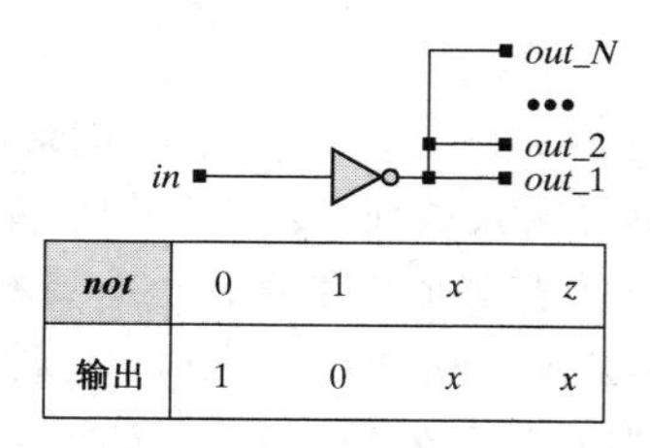

not	0	1	x	z
输出	1	0	x	x

图 A.8 按位反相器(***not***)的真值表，其端口顺序为：*out*_1，*out*_2，…，*out*_*N*，*in*

A.3 三态逻辑门

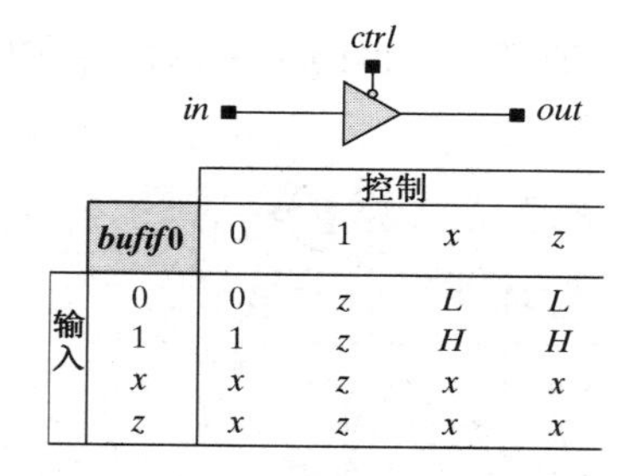

		控制			
	bufif0	0	1	x	z
输入	0	0	z	L	L
	1	1	z	H	H
	x	x	z	x	x
	z	x	z	x	x

图 A.9 具有低有效使能的三态缓冲器(***bufif0***)的真值表，其端口顺序为：*out*_1，*out*_2，…，*out*_*N*，*in*，*ctrl*

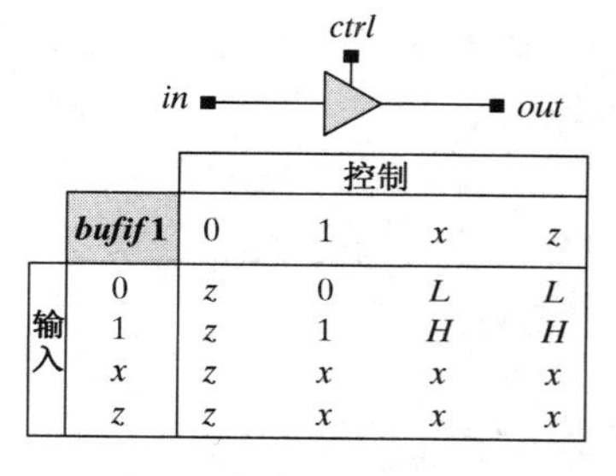

		控制			
	bufif1	0	1	x	z
输入	0	z	0	L	L
	1	z	1	H	H
	x	z	x	x	x
	z	z	x	x	x

图 A.10 三态缓冲器(***buffif1***)的真值表，其端口顺序为：*out*_1，*out*_2，…，*out*_*N*，*in*，*ctrl*

ctrl
in
out

		控制			
	notif0	0	1	x	z
输入	0	1	z	H	H
	1	0	z	L	L
	x	x	z	x	x
	z	x	z	x	x

图 A.11 具有低有效使能的三态反相器(***notif0***)的真值表，其端口顺序为：*out*_1，*out*_2，…，*out*_*N*，*in*，*ctrl*

ctrl
in
out

		控制			
	notif1	0	1	x	z
输入	0	z	1	H	H
	1	z	0	L	L
	x	z	x	x	x
	z	z	x	x	x

图 A.12 三态反相器(***notif1***)的真值表，其端口顺序为：*out*_1，*out*_2，…，*out*_*N*，*in*，*ctrl*

A.4 MOS 晶体管开关

cmos，**rcmos**，**nmos**，**rnmos**，**pmos** 和 **rpmos** 逻辑门是以具有 1、2 或 3 个值的延时指标为特征的。用一个单值来指定其输出的上升、下降和关断延时(即 *z* 态)；用一对值来指定上升和下降延时，而且两值中更小的一个用来决定跳变到 x 和 z 的延时；3 个值用以指定上升、下降和关断延时，而且 3 个值中最小的一个决定了跳变到 x 的延时时间。跳变到 L 和 H 的延时与跳变到 x 的延时相同①。

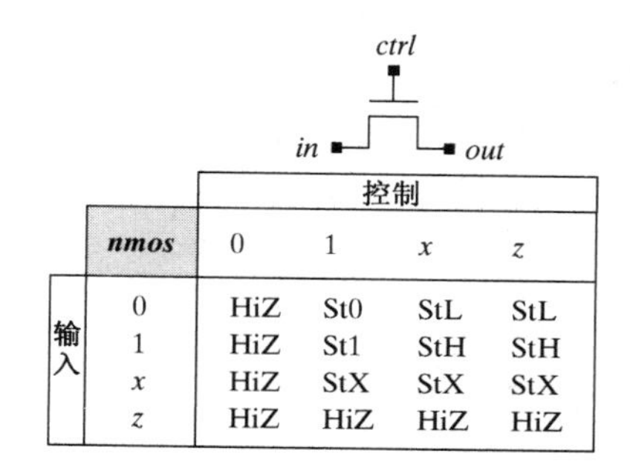

nmos		控制 0	1	x	z
输入	0	HiZ	St0	StL	StL
	1	HiZ	St1	StH	StH
	x	HiZ	StX	StX	StX
	z	HiZ	HiZ	HiZ	HiZ

图 A.13　nmos 传输晶体管开关（***nmos***），其端口顺序为：*out*，*in*，*ctrl*

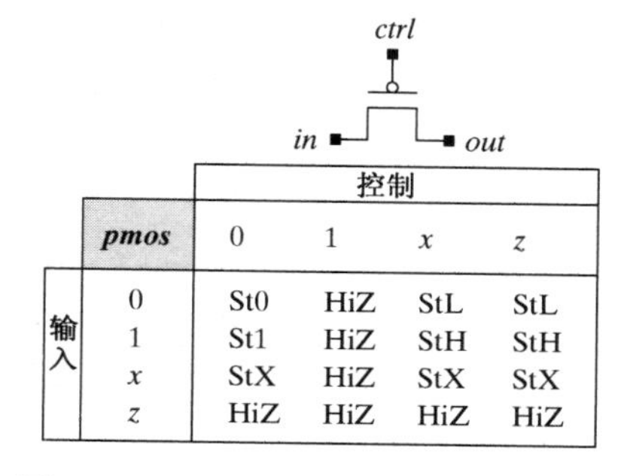

pmos		控制 0	1	x	z
输入	0	St0	HiZ	StL	StL
	1	St1	HiZ	StH	StH
	x	StX	HiZ	StX	StX
	z	HiZ	HiZ	HiZ	HiZ

图 A.14　pmos 传输晶体管开关（***pmos***），其端口顺序为：*out*，*in*，*ctrl*

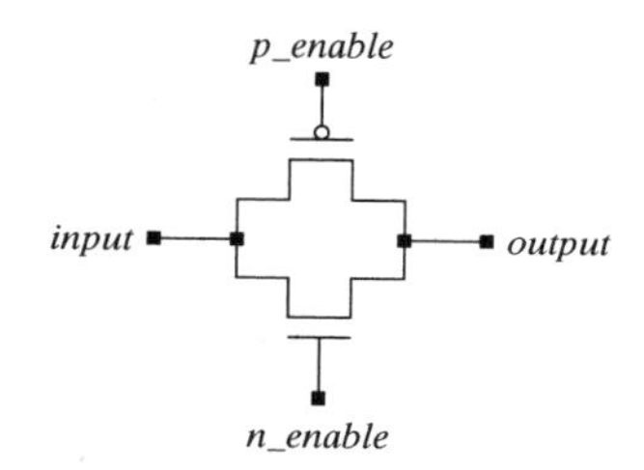

cmos	控制	输入			
n_enable	p_enable	0	1	x	z
0	0	St0	St1	StX	HiZ
0	1	HiZ	HiZ	HiZ	HiZ
0	x	StL	StH	StX	HiZ
0	z	StL	StH	StX	HiZ
1	0	St0	St1	StX	HiZ
1	1	St0	St1	StX	HiZ
1	x	St0	St1	StX	HiZ
1	z	St0	St1	StX	HiZ
x	0	St0	St1	StX	HiZ
x	1	StL	StH	StX	HiZ
x	x	StL	StH	StX	HiZ
x	z	StL	StH	StX	HiZ
z	0	St0	St1	StX	HiZ
z	1	StL	StH	StX	HiZ
z	x	StL	StH	StX	HiZ
z	z	StL	StH	StX	HiZ

图 A.15　cmos 传输门（***cmos***），其端口顺序为：*output*，*input*，*n_enable*，*p_enable*

① 有关开关级原语驱动的线网强度的管理规则，请参考 Ciletti MD 的“Modeling Synthesis and Rapid Prototyping with the Verilog HDL”（Prentice - Hall，Upper Saddle River，NJ：1999。

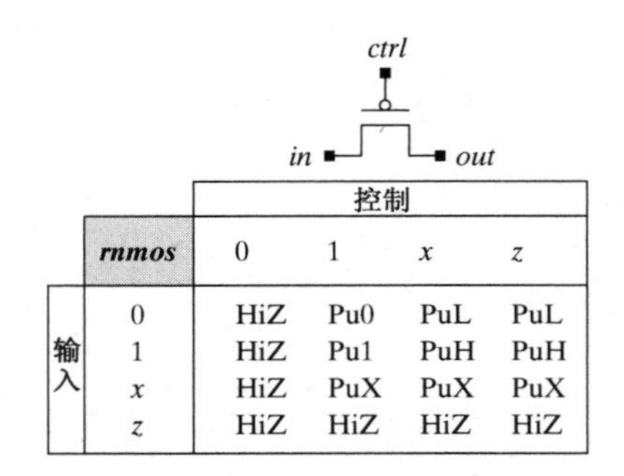

	rnmos	控制 0	1	x	z
输入	0	HiZ	Pu0	PuL	PuL
	1	HiZ	Pu1	PuH	PuH
	x	HiZ	PuX	PuX	PuX
	z	HiZ	HiZ	HiZ	HiZ

图 A.16　高阻 nmos 传输晶体管开关(***rnmos***),其端口顺序为:*out*,*in*,*ctrl*

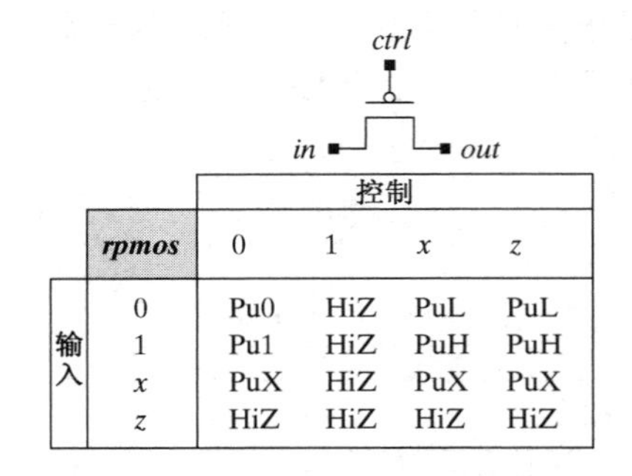

	rpmos	控制 0	1	x	z
输入	0	Pu0	HiZ	PuL	PuL
	1	Pu1	HiZ	PuH	PuH
	x	PuX	HiZ	PuX	PuX
	z	HiZ	HiZ	HiZ	HiZ

图 A.17　高阻 pmos 传输晶体管开关(***rpmos***),其端口顺序为:*out*,*in*,*ctrl*

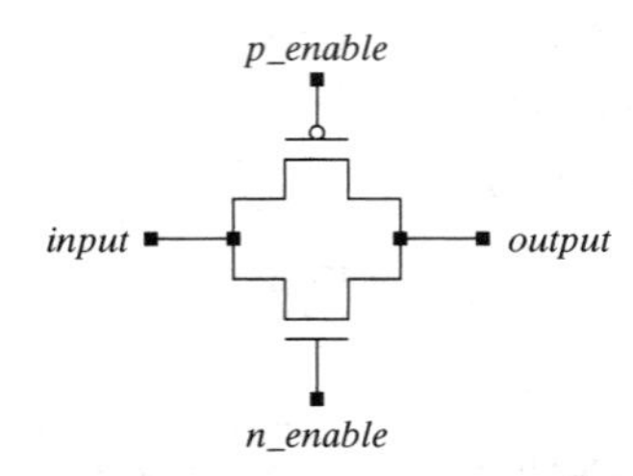

rcmos	控制	输入			
n_enable	*p_enable*	0	1	*x*	*z*
0	0	Pu0	Pu1	PuX	HiZ
0	1	HiZ	HiZ	HiZ	HiZ
0	*x*	PuL	PuH	PuX	HiZ
0	*z*	PuL	PuH	PuX	HiZ
1	0	Pu0	Pu1	PuX	HiZ
1	1	Pu0	Pu1	PuX	HiZ
1	*x*	Pu0	Pu1	PuX	HiZ
1	*z*	Pu0	Pu1	PuX	HiZ
x	0	Pu0	Pu1	PuX	HiZ
x	1	PuL	PuH	PuX	HiZ
x	*x*	PuL	PuH	PuX	HiZ
x	*z*	PuL	PuH	PuX	HiZ
z	0	Pu0	Pu1	PuX	HiZ
z	1	PuL	PuH	PuX	HiZ
z	*x*	PuL	PuH	PuX	HiZ
z	*z*	PuL	PuH	PuX	HiZ

图 A.18　高阻 cmos 传输门(***rcmos***), 其端口顺序为: *output*, *input*, *n_enable*, *p_enable*

A.5　MOS 上拉/下拉门电路

上拉(***pullup***)与下拉(***pulldown***)分别以强度 *pull* 在其输出上放置一个常数值 1 或 0。这个值在仿真过程中是固定不变的, 所以对这些门来说不需要指定任何延时值。这些门的默认强度是 *pull*。注意: 切不可把 ***pulldown*** 和 ***pullup*** 门误认为是 ***tri0*** 和 ***tri1*** 线网。后者是能提供连接特性的线网, 它可以有多个驱动源, 前者是设计中的功能单元。***tri0*** 和 ***tri1*** 可能有多个驱动源, 而由 ***pul-***

lup 或 ***pulldown*** 门驱动的线网也可以有多个驱动器。Verilog 的 ***pullup*** 和 ***pulldown*** 原语可用来模拟上拉和下拉器件，这些器件是触发器上未使用的输入端口的静电放电电路的。

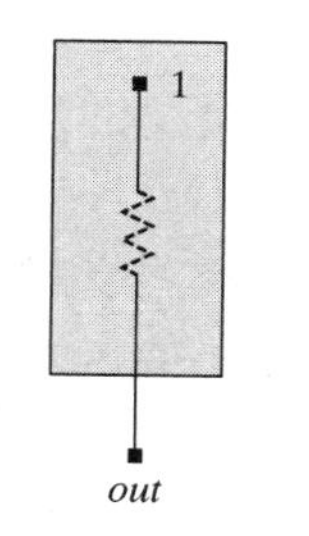

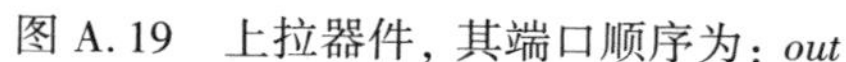

图 A.19　上拉器件，其端口顺序为：*out*

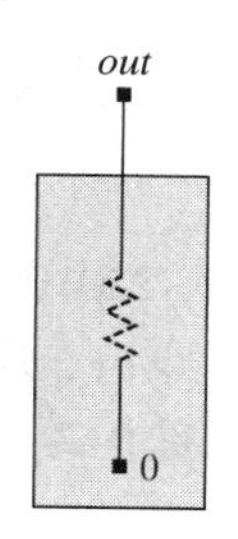

图 A.20　下拉器件，其端口顺序为：*out*

A.6　MOS 双向开关

Verilog 包括 6 个预定义的双向开关原语：***tran***，***rtran***，***tranif0***，***rtranif0***，***tranif1*** 和 ***rtranif1***。双向开关提供了一个在电路之间双向信号通道上的缓冲层。通过双向开关传递的信号不会被延时（即输出变化紧跟着输入变化，没有延时）。

注意：***tran*** 和 ***rtran*** 原语对双向传输门进行建模，并且不涉及延时指标。这些双向开关传输信号时没有延时。***tranif0***，***rtranif0***，***tranif1*** 和 ***rtranif1*** 开关带有开关开启和关断延时的延时指标；信号通过开关传输并没有延时。一个单值可以指定两种延时，一对值（开启，关断）也可以指定两种延时，第一项为开启延时，第二项为关断延时。默认延时为 0。

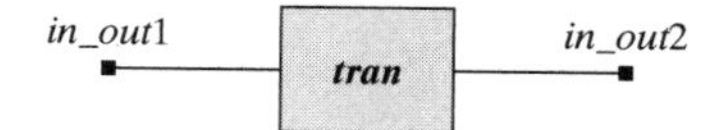

图 A.21　双向开关（***tran***），其端口顺序为：*in_out*1，*in_out*2

图 A.22　电阻性双向开关（***rtran***），其端口顺序为：*in_out*1，*in_out*2

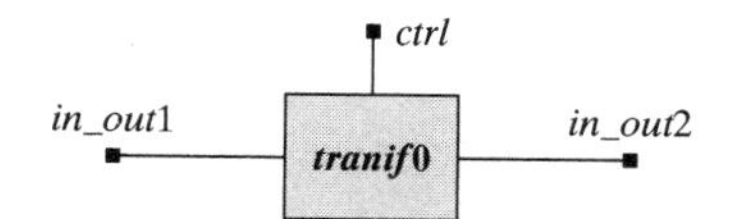

图 A.23　三态双向开关（***tranif0***），其端口顺序为：*in_out*1，*in_out*2，*ctrl*

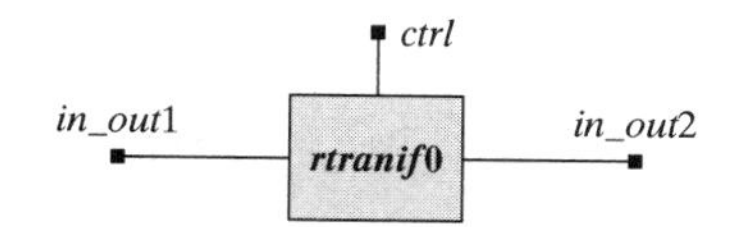

图 A.24　电阻性三态双向开关（***rtranif0***），其端口顺序为：*in_out*1，*in_out*2，*ctrl*

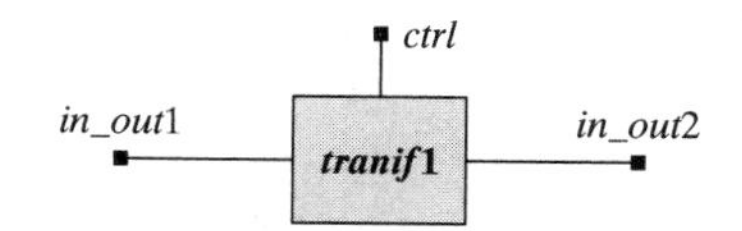

图 A.25　三态双向开关（***tranif1***），其端口顺序为：*in_out*1，*in_out*2，*ctrl*

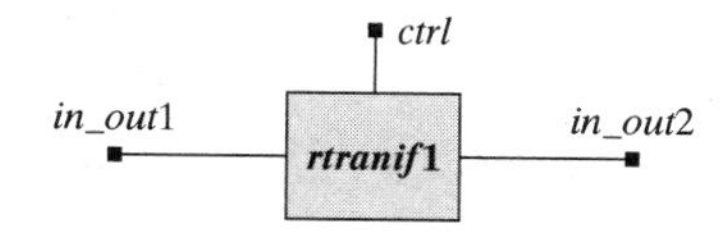

图 A.26　电阻性三态双向开关（***rtranif1***），其端口顺序为：*in_out*1，*in_out*2，*ctrl*

附录 B　Verilog 关键词

在 Verilog 1364(1995，2001 和 2005)中预先定义了 Verilog 关键词，这些关键字是小写的、定义了语言构造的非转义标识符，标识符可能不是关键词，转义标识符也不能作为关键词处理。在本书的正文中，Verilog 关键词为黑体。

always
and
assign
automatic
begin
buf
bufif0
bufif1
case
casex
casez
cell
cmos
config
deassign
default
defparam
design
disable
edge
else
end
endcase
endconfig
endfunction
endgenerate
endmodule
endprimitive
endspecify
endtable
endtask
event
for
force
forever
fork
function
generate
genvar
highz0
highz1
if
ifnone
incdir
include
initial
inout
input
instance
integer
join
large
liblist
library
localparam
macromodule
medium
module
nand
negedge
nmos
nor
noshowcancelled
not
notif0
notif1
or
output
parameter
pmos
posedge
primitive
pull0
pull1
pulldown
pullup
pulsestyle_onevent
pulsestyle_ondetect
rcmos
real
realtime
reg
release
repeat
rnmos
rpmos
rtran
rtranif0
rtranif1
scalared
showcancelled
signed
small
specify
specparam
strong0
strong1
supply0
supply1
table
task
time
tran
tranif0
tranif1
tri
tri0
tri1
triand
trior
trireg
unsigned
use
uwire
vectored
wait
wand
weak0
weak1
while
wire
wor
xnor
xor

附录 C　Verilog 数据类型

Verilog 有两个系列的固定数据类型：线网型与寄存器型。线网是建立结构化连接的，寄存器则是存储信息的。

C.1　线网

线网类型的描述如表 C.1 所示。

表 C.1　Verilog 中的数据类型

	线 网 类 型
wire	建立连接，而没有逻辑行为或功能
tri	建立连接，而没有逻辑行为或功能。这种线网与 **wire** 功能相同，但区别是它在硬件中的指定数据类型为三态的标识
wand	连接到多个原语的输出端的线网，它能建模线与(wired-AND)的硬件实现(如集电极开路技术)
wor	连接到多个原语的输出端的线网，它能建模线或(wired-OR)的硬件实现(如发射极耦合逻辑)
triand	连接到多个原语的输出端的线网，它能建模线与(同 wand)的硬件实现(如集电极开路技术)。实际的线网应该是三态的
trior	连接到多个原语的输出端的线网，它能建模线或(同 wor)的硬件实现(如发射极耦合逻辑)。实际的线网应该是三态的
supply0	能够连接到参考地的全局线网
supply1	能够连接到电源的全局线网
tri0	能够电阻性下拉连接到参考地的线网
tri1	能够电阻性上拉连接到电源的线网
trireg	能建模一个存储电荷的线网

在 $t_{sim} = 0$ 时刻，由一个原语、模块或连续赋值驱动的线网，它的值由驱动它的器件确定，这个驱动的默认逻辑值为 *x*(模糊值)。该仿真器将默认值 *z*(高阻)分配到所有未驱动的线网上。这些初始分配值保持不变，直到它们被仿真过程中所引发的事件改变为止。

C.2　寄存器变量

always 或者 ***initial*** 块中的过程赋值语句能够给寄存器变量赋值。在赋值语句给它们赋予新值之前，寄存器变量将保存各自的值，下面是预定义的寄存器类型：***reg***，***integer***，***real***，***realtime*** 和 ***time***。

C.2.1　数据类型：*reg*

数据类型 ***reg*** 是硬件存储元件的一种抽象，但它并不直接与物理存储器相对应。一个 ***reg*** 变量有一个默认初始值 *x*。寄存器变量的默认大小是一个比特。Verilog 运算符所创建的 ***reg*** 变量是无符号值。一个寄存器变量可以只通过一个过程语句、一个用户定义的时序原语、一个任务或一个函数来赋值。***reg*** 变量任何时候都不会是一个预定义原语门的输出，也不会是一个模块的 **input** 或 **inout** 端口，或者一个连续赋值语句的目的变量。

C.2.2 数据类型：*integer*

数据类型 ***integer*** 支持过程赋值语句中的数值计算。整数可用来表示主机的字长(至少 32 位)。负整数是用补码的形式存储，而且 ***integer*** 变量有默认初值 0。

Verilog 运算符是以补码算术形式在整数上进行运算，并且用最高位表示值的符号。例如，负整数 -4_{10} 存储成 1111_1111_1111_1111_1111_1111_1111_1100。当一个整数数值的大小小于用来存储一个整数的机器的字长时，就要给这个数值的左边各位用 0 来填充。填充的内容必须是数(不允许填 *x* 和 *z*)。因为整数有固定的字长，也就没有必要再声明它的范围了。下面给出了一个有效声明整数和整数数组的例子。

例：

```
integer A1, K, Size_of_Memory;
integer Array_of_Ints [1:100];
```

如果给一个整数赋予一个没有基数指标符(base specifier)的值(如 $A = -24$)，那么这个整数就会被看成是补码形式的有符号值。如果所赋的值有一个指定的基数，这个整数被看成无符号值。例如，如果 *A* 是一个整数，$A = -12/3$ 的结果是 -4；$A = -'d12/3$ 的结果是 1431655761。两个字有相同的位结构，但前者被看成是补码形式的负值。

C.2.3 数据类型：*real*

real 变量是用双精度形式存储，其典型值为一个 64 位值。***real*** 变量有默认初始值 0.0。***real*** 变量可以用十进制和指数表示。不能把 ***real*** 类型的变量连接到模块的端口上，也不能连接到原语的端口上。Verilog 包含有两种系统任务 ***$ realtobits*** 和 ***$ bitstoreal***，它们可以对数据类型进行转换，使 ***real*** 数据在层次化结构中能够穿过端口边界。语言参考手册(LRM)描述了关于实操作数的运算符使用方面的限制。

C.2.4 数据类型：*realtime*

realtime 类型的变量是以实数形式存储的，***realtime*** 变量有默认的初始值 0.0。

C.2.5 数据类型：*time*

数据类型 ***time*** 支持 Verilog 模型程序编码中有关时间的计算，***time*** 变量存储为无符号 64 位的量值。***time*** 类型的变量不能用于模块的端口，也不能是一个原语的输入和输出。***time*** 变量有默认值 0。

C.2.6 常见错误：未声明的寄存器变量

Verilog 没有处理未声明寄存器变量的机制，所以一个未声明的标识符被参考为默认类型线网(如 ***wire***)。对未声明变量的过程赋值将会引起编译器错误。

C.2.7 线网型和寄存器型变量的寻址

线网和寄存器的节选(part-select)的最高有效位指的是最左边的数组下标，最低有效位是最右边的数组下标。一个常量或变量的表达式可以是一个节选的下标。如果一个节选(part-select)的下标超出了其界限范围，那么该变量的引用值返回一个值 *x*。

例： 如果一个 8 位字 *vect_word* 存有一个十进制值 4，那么 *vect_word*[2]的值为 1，*vect_word*[3 : 0]的值为 4，*vect_word*[5 : 1]的值为 2，即 *vect_word*[7:0] = 0000_0100_2，而 *vect_word*[5:1] = 0_0010_2。

C.2.8　常见错误：通过端口传递变量

表 C.2 总结了在 Verilog 模块端口上应用的线网型和寄存器型变量的规定。例如，寄存器型变量就不能在 ***inout*** 端口上定义。

表 C.2　线网和寄存器的端口模式规定

	端口模式		
变量类型	***input***	***output***	***inout***
线网型变量	Yes	Yes	Yes
寄存器型变量	No	Yes	No

一个定义为模块 ***input*** 端口的变量意味着它也是模块域内的一个线网型变量，但是 ***output*** 端口上定义的变量可以是一个线网型变量或者寄存器变量。在模块的 ***input*** 端口上定义的变量不能被声明成寄存器型变量。模块的 ***inout*** 端口也不是寄存器类型的。寄存器变量不可能放置在原语的输出端口上，而且也不可能作为连续赋值语句的 LHS + 变量 + 被赋值对象。

C.2.9　数组

reg 类型的一维数组称为存储器，并代表字的数组。这种构造是寄存器变量声明的扩展，用来提供存储器，如相同字长的多个可寻址单元。下面给出一个寄存器变量存储器的语法举例。位选择和节选(part-select)对一个存储器是无效的。对存储器进行缓存的最小单位是字。节选(part-select)的 MSB 是最左边数组元素的下标，LSB 在最右边。如果一个下标超出了它的边界，其结果应为逻辑值 x。可以用一个常数表达式来表示数组定义中的 LSB 和 MSB。

例： 下面的代码段表示怎样用简化形式的 *reg word_size array_name memory_size* 来定义一个 1024 个 32 位 ***reg*** 类型存储器变量的数组。

也可以通过给声明(它提供类型、大小和名称)增加一个或多个地址范围来构造多维数组。

例：

```
reg [15: 0] data    [0: 127][0: 127];
```

如果节选的范围是连续范围，Verilog 1995 则允许从向量的连续比特中部分地选择。Verilog 2001，2005 提供了两个附加的节选操作，可提供一个指示性可变的固定宽度的节选，+ : 和 - : ，其语法分别为[<*start_bit*> + : <*width*>]和[<*start_bit*> - : <*width*>]。参数 *width* 指定了节选的大小，*start_bit* 指定了作节选的向量的最右边或者最左边的比特位，至于是最右还是最左，这取决于 + 或者 - 的选择。

C.2.10　变量的工作域

一个变量的工作域是声明它的模块、任务、功能或命名的程序块(***begin***…***end***)的内部。在图 C.1中，子模块 *child_module* 中输入端口的一个线网能够由一个封装在父模块 *parent_module* 中的线网和寄存器来驱动，而在 *child_module* 中输出端口上的线网或寄存器能够驱动 *parent_module* 中的线网。

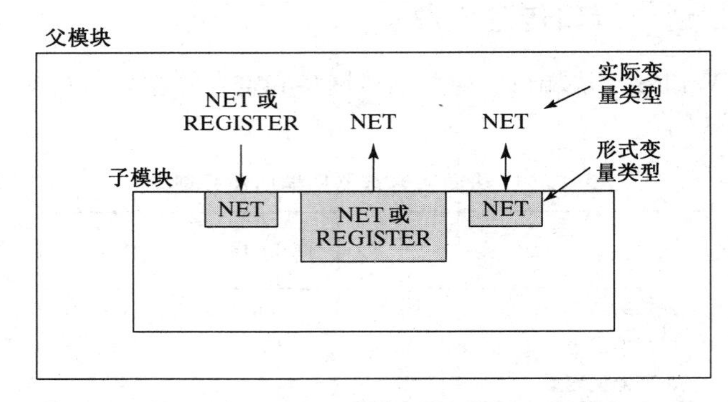

图 C.1　线网与寄存器的工作域

C.2.11　字符串

对于字符串，Verilog 没有单独的数据类型。一个字符串必须通过一条过程赋值语句存入一个大小合适的寄存器中。一个大小合适的 ***reg***(数组)为要保存的字符串的每个字符留有 8 比特的存储空间。

例：一个 ***reg*** 声明，*string_holder*，用 *num_char* 来调整字符串的大小：

```
reg [8*num_char-1: 0] string_holder;
```

这个例子中的声明表明 *num_char* 个字符中的每一个字符都用 8 比特来编码。如果字符串“Hello World”被赋给 *string_holder*，那么 *num_char* 至少为 11 以保证最少有 88 个比特能够保存。如果给一个数组的赋值比将要处理的数组的字符数少，那么从最高位开始在未使用的位置上自动填 0(例如，最左边的位置)。

C.3　常量

Verilog 中的常量可以用关键词 **parameter** 来声明，它在声明的同时还可以给常量赋值。一个常量的值在仿真过程中是不变的。常量表达式可以用于对一个常量值进行声明。

例：

```
parameter high_index = 31;                          // integer
parameter width = 32, depth = 1024;                 // integers
parameter byte_size = 8, byte_max = byte_size-1;    // integer
parameter a_real_value = 6.22;                      // real
parameter av_delay = (min_delay + max_delay)/2;     // real
parameter initial_state = 8'b1001_0110;             // reg
```

C.4　线网型和寄存器型的引用数组

一个线网或寄存器可被其标识符引用。一个向量的引用可以包括单独的比特(例如，一个比特或元素)或者由方括号圈定的节选的连续比特(如[7:0])。一个表达式可以是节选的下标。如果一个已声明的向量标识符有从 LSB 到 MSB 的升(降)序，那么该标识符所引用的节选必须有从 LSB 到 MSB 的相同的升(降)序。

附录 D　Verilog 运算符

Verilog HDL 内建的运算符能对该语言所实现的各种数据类型进行操作，产生线网型和寄存器型的值。有些运算符用于连续赋值语句和过程语句的右边，还有些用于条件语句或条件运算符的布尔表达式中。Verilog 提供的各类运算符列于表 D. 1 中。Verilog 运算符的含义是固定的，不能重载使用一个运算符。运算符和操作数的编译是自动的，对于用户来说是透明的。Verilog 完全支持这些运算符的算法，可以进行标量和向量、线网型和寄存器型的运算，以及补码运算。

表 D.1　Verilog 运算符

运　算　符	内　　容	结　　果
算术运算符	双操作数	二进制字
按位运算符	双操作数	二进制字
缩位运算符	单操作数	位
逻辑运算符	双操作数	布尔值
关系运算符	双操作数	布尔值
移位运算符	单操作数	二进制字
条件运算符	三操作数	表达式

D. 1　Verilog 算术运算符

算术运算符通过在两个操作数上的操作来产生一个数值，这些操作数的数值可以表示成二进制、十进制、八进制、十六进制的形式。表 D. 2 列出了 Verilog 支持的各种算术运算符。

表 D. 2　Verilog 算术运算符

符　　号	运　算　符
+	加法运算
-	减法运算
*	乘法运算
/	除法运算
%	取模运算

当算术运算是在向量(线网型和寄存器型)上进行时，运算的结果就能由模 2^n 算法来确定，这里的 n 为向量的长度。保存在寄存器中的位模板被认为是无符号值。负值是以补码形式保存的，当这个负值用在一个算术表达式中的时候，它被译为一个无符号量。比如，-1 保存在 2 位寄存器中，它的补码形式为 $11_2 = 3_d$，如果 -1 保存在 3 位寄存器中时，其值为 $111_2 = 7_d$。

例：下面所示的仿真结果说明了加法运算、减法运算和取负运算的模 2^n 算法

```
module arith1 ();
  reg     [3:0]     A, B;
  wire    [4:0]     sum, diff1, diff2, neg;
  assign sum = A + B;
  assign diff1 = A – B;
  assign diff2 = B – A;
  assign neg = –A;

  initial
   begin
```

```
     #5 A = 5; B = 2;
     $display ("            t_sim A  B  A+B  A-B  B-A  -A");
     $monitor ($time,"%d   %d  %d   %d   %d    %d", A, B, sum, diff1, diff2, neg);
     #10 $monitoroff;
     $monitor ($time,,"%b %b %b %b %b %b", A, B, sum, diff1, diff2, neg);
  end
endmodule
```

t_sim	A	B	A + B	A − B	B − A	− A
5	5	2	7	3	29	27
15	0101	0010	00111	00011	11101	11011

注意，$A+B$ 和 $A-B$ 得到了期望的结果，而 $B-A$ 却没有返回十进制的 $2-5=-3$。$B-A$ 的实际结果是在字长为 5 的情况下将 $A=-5$ 补码(11011_2)加到 B(00010_2)上得到的。在涉及线网型和寄存器型运算的 Verilog 描述时，变量最好采用补码表示，或者其他表示方式(如原码)。注意，$B-A$的值是正确结果的补码形式，但却没有正确的符号位。MSB 中 1 的存在意味着该结果被译为一个补码形式表示的负值。

D.2　Verilog 按位运算符

按位取反运算符就是要对一个字的每一个求反。其他按位运算符则是在一对操作数上进行按位操作来产生一个二进制字的结果。这种操作数可以是标量或者向量。表 D.3 列出了 Verilog 按位运算符。

例： 若 $y1$ 表示二进制字 1011_0001，$y2$ 表示二进制字 0010_1001，则按位运算 $y1\&y2$ 产生的结果为 0010_0001。当两个操作数的同一位置均为 1 时，在结果的相应位置上就有一个 1 产生。

表 D.3　Verilog 按位运算

符号	运算符
~	按位取反
&	按位与
|	按位或
^	按位异或
~^, ^~	按位异或非

D.3　缩减运算符

缩减运算符是单目运算符。通过在一个单数据字上运算可以得到单个位的结果值。缩减运算符列于表 D.4 中。

例： 如果 y 是 8 位二进制字 1011_0001，则在 y 上的“缩减与”运算产生的结果为 $\&y=0$。缩减与的运算是对操作数的位之间进行“与”。当操作数的所有位为 1 时，返回值为 1。

表 D.4　Verilog 缩减运算符

符号	运算符
&	缩减与
~&	缩减与非
|	缩减或
~|	缩减或非
^	缩减异或
~^, ^~	缩减异或非

例： 下面给出缩减运算符的实例。

表达式	结果	运算符
&(010101)	0	缩减与
|(010101)	1	缩减或
&(010×10)	0	缩减与
|(010×10)	1	缩减或

D.4　逻辑运算符

Verilog 逻辑运算符作为逻辑连接，对布尔操作数进行运算得到布尔结果。该操作数可以是线网型、寄存器型或是一个可以得到布尔结果的表达式。表 D.5 列出了一系列逻辑运算符。逻辑运算符通常和条件赋值运算符一起用于行为、函数、任务中的条件(*if*)语句中。

表 D.5　Verilog 逻辑运算符

符号	运算符
!	逻辑非
&&	逻辑与
||	逻辑或
==	逻辑相等
!=	逻辑不等
===	情形相等
!==	情形不等

例：下面给出一个使用逻辑运算符的例子。

a. **if**((a < size - 1))&&(b!) = c&&(index!　= last - one)...

b. **if**(!　inword)...

c. **if**(!　inword = =0)...

case 相等运算符(===)用来确定两个操作数的对应位上是否完全一致，其中也包括了值为 *x* 和 *z* 的比较。逻辑相等运算符(==)则没有那么严格，它只比较两个字是否相等，当测试不明确时就产生一个 *x* 的结果。比较是逐位进行的，必要时可在适当位置填 0。当比较为真时，测试结果为 1；比较为假时，测试结果为 0。如果操作数是线网型或寄存器型，则值按无符号字对待。如果存在位置不明确或者关系为未知的情况，则所返回的结果是一个模糊值 *x*。如果操作数是整数或实数，它们可能是有符号的，则在比较时也看作无符号数。

逻辑与和逻辑或运算符在一个逻辑表达式中起到连接的作用。Verilog 的输入是无限制的，所以逻辑运算符有可能被误用。比如 *A&&B* 将返回一个布尔标量。如果 *A* 和 *B* 都是标量，则所得的结果和使用 *A&B* 运算的结果一样。如果 *A* 和 *B* 都是向量，且两个字均为正整数，则 *A&&B* 的返回值为真；而如果按位运算形成的字是一个正整数，则 *A&B* 的返回值为真。比如，设 *A* = 3′*b*110，*B* = 3′*b*11*x*，那么 *A&&B* = 0，有假的布尔值，因为 *B* 为假。*A&B* = 110，有真的布尔值。

D.5　关系运算符

Verilog 关系运算符用来比较两个操作数，并得到一个布尔值(真或假)。如果操作数是线网型或寄存器型的，其值可按无符号字对待。如果任何一个位是未知的，或者关系不明确，则所返回的结果为模糊值 *x*。如果操作数是整数或实数，其结果可能是有符号的。表 D.6 中列出了 Verilog 关系运算符。

表 D.6　Verilog 关系运算符

符号	运算符
<	小于
<=	小于等于
>	大于
>=	大于等于

D.6　移位运算符

Verilog 逻辑移位运算符(Verilog 1364 - 1995, 2001, 2005)根据一个指定的数字对单操作数的位进行左移或右移，然后在空缺的位置上补 0。Verilog 算术移位运算符(Verilog 1364 - 2001, 2005)根据一个指定的数字对单操作数的位进行左移或右移。如果右移，则在空出来的位用字的 MSB 来填补；如果左移，空出来的位用 0 填补。

注意：逻辑左移和算术左移的效果是一样的。表 D.7 列出了移位运算符。

例：如果字 A 的位模板为 1011_0011，则 A = A << 1 和 A <<< 1 产生的位模板为 A = 0110_0110。A = A >> 2 产生的位模板为 0010_1100。A = A >>> 3 产生的位模板为 1111_0110。

表 D.7　Verilog 移位运算符

符号	运算符
<<	逻辑左移
>>	逻辑右移
<<<	算术左移
>>>	算术右移

D.7　条件运算符

Verilog 条件赋值运算符根据一个 *conditional_expression* 的值选择一个表达式用于求值。条件赋值运算符具有的语法格式为：*conditional_expression*？*true_expression*：*false_expression*。如果 *conditional_expression* 为真，那么结果为 *true_expression*；如果为假，结果为 *false_expression*。

例：下列语句表示当 $A = B$ 时，Y 的值为 A，否则为 B。

$$Y = (A == B) ? A : B;$$

例：下面的 Verilog 语句用条件运算符对 *bus_a* 赋值。

```
wire [15:0] bus_a = drive_bus_a ? data : 16'bz;
```

赋值结果总结如下：

drive_bus_a = 1 时，*bus_a* = *data*

drive_bus_a = 0 时，*bus_a* 为高阻

drive_bus_a = *x* 时，*bus_a* 为 *x*

条件运算符可以任意嵌套。

条件运算符还可以用来控制 Verilog 行为中过程语句的动作。下列规则决定了由使用条件赋值语句产生的值：(1) 条件表达式中不允许出现逻辑值 *z*；(2) 如果操作数长度不同，则自动补 0，(3) 如果 *conditional_expression* 是模糊值，那么 *true_expression* 和 *false_expression* 都要进行求值，并且按位计算的结果根据表 D.8 来确定。

表 D.8　条件赋值运算真值表

		true_expression		
	?:	0	1	*x*
false_expression	0	0	*x*	*x*
	1	*x*	1	*x*
	x	*x*	*x*	*x*

注意，这个真值表仅当 *true_expression* 和 *false_expression* 同时为 0 或者 1 时，才对表达式赋值 0 或者 1。在这些情况下，计算结果就不依赖于 *conditional_expression* 了。使用拼接运算符时，每个操作数的长度都必须是确定的。

D.8　拼接运算符

连接运算符可将两个或更多的操作数形成一个单字。这个运算符在形成逻辑总线时特别有用。拼接的结果仍然按照所给字的顺序排列。拼接运算可以用于循环和任意程度的嵌套中。

例:

a. 如果操作数 A 为 1011, B 为 0001, 则{A, B}的结果为 1011_0001

b. {4{a}} = {a, a, a, a}

c. {0011, {{01}, {10}}} =0011_0110

D.9 表达式与操作数

Verilog 表达式将操作数和运算符结合起来产生一个结果。一个 Verilog 操作数可以是线网型、寄存器型、常数、数值、位选择(bit - select)线网型、位选择寄存器型、节选线网型、节选寄存器型、存储器元件、功能调用或者以上形式的连接组合。表达式的结果可以用来给线网或寄存器型变量赋值,或者用来从中选择。表达式的值通过对操作数进行计算得到。一个表达式可以由单个标识符(操作数)组成,或者由符合 Verilog 语法的操作数和运算符的某种组合组成。表达式的计算总可以产生一个由一位或多位表示的值。

例: 下面给出一个表达式的实例。

a. **assign** THIS_SIG = A_SIG ^ B_SIG;

b. **assign** y_out = (select) ? input_a : input_b;

D.10 运算符的优先级

Verilog 是从左向右计算表达式的。布尔表达式的计算过程中,如果可以判断最终值为真或假,则马上结束运算。表达式中 Verilog 运算符的优先级如表 D.9 所示。同一行中的运算符优先级相同,上一行的优先级高于下一行的优先级。

由编译器产生的结果可以不与表达式中表示的内容相对应。作为一个保护措施,建议在表达式中使用括号以消除模糊的表达关系。

表 D.9 Verilog 运算符及其优先级

<table>
<tr><th>运算符号</th><th>功能</th><th>优先级</th></tr>
<tr><td>+ - ! ~(单目)</td><td>符号,取反</td><td>最高</td></tr>
<tr><td>**</td><td>Exp...</td><td rowspan="11">↓</td></tr>
<tr><td>* / %</td><td>乘法,除法,取模</td></tr>
<tr><td>+ -</td><td>加法,减法</td></tr>
<tr><td>≪ ≫ ⋘ ⋙</td><td>移位</td></tr>
<tr><td>< <= > >=</td><td rowspan="2">关系</td></tr>
<tr><td>== != === !==</td></tr>
<tr><td>& ~&</td><td rowspan="3">缩减</td></tr>
<tr><td>^ ^~ ~^</td></tr>
<tr><td>| ~|</td></tr>
<tr><td>&&</td><td rowspan="2">逻辑</td></tr>
<tr><td>||</td></tr>
<tr><td>?:</td><td>条件</td><td>最低</td></tr>
</table>

D.11　有符号数据类型的算法

Verilog 1995 的有符号算法(signed arithmetic)限制在 32 位整数。***reg*** 和线网的数据类型是无符号的，并且只有在表达式中的每一个操作数都是一个有符号的变量(如 ***integer*** 类型)时，才用有符号算法进行计算。是表达式中变量的数据类型而非操作数决定了是用有符号算法还是用无符号算法。Verilog 2001,2005 用预留的关键字 ***signed*** 来声明一个 ***reg*** 或线网型变量是有符号的，并且支持任何大小的向量(不只是 32 位)使用有符号算法。

例：有符号变量的算法。

图 D.1 在 Verilog 2001 中声明了有符号变量并且展示了在 Verilog 1995，2001，2005 中使用算法运行后得到的结果。

Verilog 1995	Verilog 2001, 2005

integer m, n;
reg [63: 0] v;
 	
... // value stored
m = 12; // 0000_..._0000_1100
n = –4; // 1111_..._1111_1100
v = 8; // 0000_..._0000_1000
 	
m = m / n; // result: –3
 	
v = v / n; // result: 0
	integer m, n;
	reg signed [63: 0] v;
	
	... // value stored
	m = 12; // 0000_..._0000_1100
	n = –4; // 1111_..._1111_1100
	v = 8; // 0000_..._0000_1000
	
	m = m / n; // result: –3
	
	v = v / n; // result: –2

图 D.1　有符号数据类型的运算

D.12　有符号整数

Verilog 1995 有三种方式表示一个整数：数字(如 -10)，不定长且基数指定的数字(如'*hA*)，定长且基数指定的数字(如 64'*hF*)。如果基数被指定，则这个数被看成无符号值。如果基数被省略，这个数被看成有符号值。在 Verilog 2001 中，一个规定大小的整数被声明为有符号的。符号 ***s*** 是一个加在基本指示符上的前缀，用来指明一个整数有符号。

例：有符号变量和整数的声明。

以下语句显示了一个有符号变量的声明，以及有符号变量和整数运算的结果。

```
reg     signed    [63: 0]    v;        // Signed variable
 ⋮
v = 12;                                // Literal integer
 ⋮
v = v / -64'd2;                        // Stored as 0
v = v / -64'sd2;                       // Stored as -6
```

D.13　符号转换的系统函数

Verilog 2001 为有符号数和无符号数之间的转换提供了两个新的系统函数。函数 ***$ signed*** 返回一个有符号值，函数 ***$ unsigned*** 返回一个无符号值。这两个函数很有用，因为一个表达式只有当它的操作数的所有位都为有符号变量时，才会返回一个有符号值。符号转换打破了 Verilog 1995 的限制，没有必要再对额外变量进行声明和赋值。

例：符号转换函数的算法。

函数 ***$ signed*** 从 *sum_diff* 中返回一个有符号值，并将它保存在 *signed_sum_diff* 中。

```
integer           v;
reg     [63: 0]   sum_diff;
 ⋮
v = -16;
sum_diff = 48;
sum_diff = sum_diff/v;                        // Returns 0
signed_sum_diff = $signed (sum_diff)/v;       // Returns -3
```

D.14 赋值的宽度扩展

当赋值语句的右边部分(RHS)的表达式的宽度小于表达式的左边部分(LHS)时，Verilog 1995 有两条规则来扩展字的位数。如果 RHS 的表达式为有符号的，则用符号位填充 LHS；如果 RHS 的表达式为无符号的(即 ***reg***, ***time*** 和所有线网型)，则用0 填充。当 LHS 超过32 位时，会导致不合适的扩展。

Verilog 2001 有其他更好的规则来对超过32 位的字进行扩展，现总结于图 D.2 中。这些规则不同于 Verilog 1995，所以遵守 Verilog 1995 规则的模块在 Verilog 2001 中不会同样地工作。

	扩展值	
RHS 表达式的最左位	无符号 RHS 表达式	有符号 RHS 表达式
0	0	0
1	0	1
x	*x*	*x*
z	*z*	*z*

图 D.2 在 Verilog 2001,2005 中的宽度扩展

附录 E　Verilog 语言形式化语法(I)

Verilog 语言的语法遵从如下的 Back-Naur 形式(BNF)。

1. 可以用空格将词法标记分开。
2. Name∷= 表示开始一个语法结构的定义。该语法结构(Name)本身可以带下画线“_”。同时，符号“∷ =”可以写在下一行。
3. 竖线(|)引入另一种语法定义，除非它使用黑体。
4. 使用黑体来表示预留的关键字、运算符和语法中需要用到的标号。
5. [item]为可选项，它可以出现一次或根本不出现。
6. {item}为可选项，它可以出现一次、多次或根本不出现。如果花括号使用黑体，则说明它也是语法的一部分。
7. *Name*1_*name*2 等同于 *name*2 的语法结构。*name*1(斜体)将一些额外的语义信息赋给 *name*2，然而，它还是通过 *name*2 的定义来定义的。
8. 符号|…用在非附录的文本中，表示有另外的含义，然而限于篇幅考虑没有列出。

附录 F　Verilog 语言形式化语法(II)

形式化语法说明是以 BNF 形式提供的。下文源于 IEEE 1364-2001,2005 标准。IEEE 对下文的使用不承担任何责任和义务。这些内容的使用已获 IEEE 许可。

Verilog 语言的语法遵从以下形式化语法的 BNF。

F.1　源文本

F.1.1　Library 源文本

```
library_text ::= { library_descriptions }
library_descriptions ::=
          library_declaration
        | include_statement
        | config_declaration
library_declaration ::=
          library library_identifier file_path_spec [ { , file_path_spec } ]
          [ -incdir file_path_spec [ { , file_path_spec } ] ;
file_path_spec ::= file_path
include_statement ::= include < file_path_spec > ;
```

F.1.2　配置源文本

```
config_declaration ::=
          config config_identifier ;
          design_statement
          { config_rule_statement }
          endconfig
design_statement ::= design { [library_identifier. ] cell_identifier } ;
config_rule_statement ::=
          default_clause liblist_clause
        | inst_clause liblist_clause
        | inst_clause use_clause
        | cell_clause liblist_clause
        | cell_clause use_clause
default_clause ::= default
inst_clause ::= instance inst_name
inst_name ::= topmodule_identifier{ .instance_identifier }
cell_clause ::= cell [ library_identifier. ] cell_identifier
liblist_clause ::= liblist [ { library_identifier } ]
use_clause ::= use [ library_identifier . ] cell_identifier [ : config ]
```

F.1.3　模块和原语源文本

```
source_text ::= { description }
description ::=
          module declaration
        | udp_declaration
module_declaration ::=
          { attribute_instance } module_keyword module_identifier
                [ module_parameter_port_list ]
                [ list_of_ports ] ; { module_item }
                endmodule
```

| { attribute_instance } module_keyword module_identifier
[module_parameter_port_list]
[list_of_port_declarations] ; { non_port_module_item }
endmodule
module_keyword ::= **module** | **macromodule**

F.1.4　模块参数和端口

module_parameter_port_list ::= # (parameter_declaration { , parameter_declaration })
list_of_ports ::= (port { , port })
list_of_port_declarations ::=
(port_declaration { , port_declaration})
| ( )
port ::=
[port_expression]
| . port_identifier ([port_expression])
port_expression ::=
port_reference
| { port_reference { , port_reference } }
port_reference ::=
port_identifier
| port_identifier [constant_expression]
| port_identifier [range_expression]
port_declaration ::=
{attribute_instance } inout_declaration
| {attribute_instance } input_declaration
| {attribute_instance } output_declaration

F.1.5　模块

module_item ::=
module_or_generate_item
| port_declaration;
| { attribute_instance } generated_instantiation
| { attribute_instance } local_parameter_declaration
| { attribute_instance } parameter_declaration
| { attribute_instance } specify_block
| { attribute_instance } specparam_declaration
module_or_generate_item ::=
{ attribute_instance } module_or_generate_item_declaration
| { attribute_instance } parameter_override
| { attribute_instance } continuous_assign
| { attribute_instance } gate_instantiation
| { attribute_instance } udp_instantiation
| { attribute_instance } module_instantiation
| { attribute_instance } initial_construct
| { attribute_instance } always_construct
module_or_generate_item_declaration ::=
net_declaration
| reg_declaration
| **integer**_declaration
| real_declaration
| time_declaration
| realtime_declaration
| event_declaration
| genvar_declaration
| task_declaration
| function_declaration
non_port_module_item ::=

{ attribute_instance } generated_instantiation
| { attribute_instance } local_parameter_instantiation
| { attribute_instance } module_or_generate_item
| { attribute_instance } parameter_declaration
| { attribute_instance } specify_block
| { attribute_instance } specparam_declaration
parameter_override ::= **defparam** list_of_param_assignments ;

F.2 声明

F.2.1 声明类型

F.2.1.1 模块参数声明

local_parameter_declaration ::=
localparam [**signed**] [range] list_of_param_assignments ;
| **localparam integer** list_of_param_assignments ;
| **localparam real** list_of_param_assignments ;
| **localparam realtime** list_of_param_assignments ;
| **localparam time** list_of_param_assignments ;
parameter_declaration ::=
parameter [**signed**] [rang e] list_of_param_assignments ;
| **parameter integer** list_of_param_assignments ;
| **parameter real** list_of_param_assignments ;
| **parameter realtime** list_of_param_assignments ;
| **parameter time** list_of_param_assignments ;
specparam_declaration ::= **specparam** [range] list_of_specparam_assignments ;

F.2.1.2 端口声明

inout_declaration ::= **inout** [net_type] [**signed**] [range]
list_of_port_identifiers
input_declaration ::= **input** [net_type] [**signed**] [range]
list_of_port_identifiers
output_declaration ::=
output [net_type] [**signed**] [range] list_of_port_identifiers
| output [**reg**] [**signed**] [range] list_of_port_identifiers
| **output reg** [**signed**] [range] list_of_variable_port_identifiers
| **output** [output_variable_type] list_of_port_identifiers
| **output** output_variable_type list_of_variable_port_identifiers

F.2.1.3 类型声明

event_declaration ::= **event** list_of_event_identifiers ;
genvar_declaration ::= **genvar** list_of_genvar_identifiers ;
integer_declaration ::= **integer** list_of_variable_identifiers ;
net_declaration ::=
net_type [**signed**]
[delay3] list_of_net_identifiers ;
| net_type [drive_strength] [**signed**]
[delay3] list_of_net_decl_assignments ;
| net_type [**vectored** | **scalared**] [**signed**]
range [delay3] list_of_net_identifiers ;
| net_type [drive_strength] [**vectored** | **scalared**] [**signed**]
range [delay3] list_of_net_decl_assignments ;
| **trireg** [charge_strength] [**signed**]
[delay3] list_of_net_identifiers ;
| **trireg** [drive_strength] [**signed**]
[delay3] list_of_net_decl_assignments ;
| **trireg** [charge_strength] [**vectored** | **scalared**] [**signed**]
range [delay3] list_of_net_identifiers ;

| **trireg** [drive_strength] [**vectored** | **scalared**] [**signed**]
range [delay3] list_of_net_decl_assignments ;
real_declaration ::= **real** list_of_real_identifiers ;
realtime_declaration ::= **realtime** list_of_real_identifiers ;
reg_declaration ::= **reg** [signed] [range]
list_of_variable_identifiers ;
time_declaration ::= time list_of_variable_identifiers ;

F.2.2 数据类型声明

F.2.2.1 线网和变量类型

net_type ::=
supply0 | **supply1**
| **tri** | **triand** | **trior** | **tri0** | **tri1**
| **wire** | **wand** | **wor**
output_variable_type ::= **integer** | **time**
real_type ::=
real_identifier [= constant_expression]
| real_identifier dimension { dimension }
variable_type ::=
variable_identifier [= constant_expression]
| variable_identifier dimension { dimension }

F.2.2.2 强度

drive_strength ::=
(strength0 , strengthl)
| (strength1 , strength0)
| (strength0 , **highz1**)
| (strength1 , **highz0**)
| (**highz0** , strength1)
| (**highz1** , strength0)
strength0 ::= **supply0** | **strong0** | **pull0** | **weak0**
strength1 ::= **supply1** | **strong1** | **pull1** | **weak1**
charge_strength ::= (**small**) | (**medium**) | (**large**)

F.2.2.3 延时

delay3 ::= # delay_value | # (delay_value [, delay_value [, delay_value]])
delay2 ::= # delay_value | # (delay_value [, delay_value])
delay_value ::=
unsigned_number
| parameter_identifier
| specparam_identifier
| mintypmax_expression

F.2.3 声明列表

list_of_event_identifiers ::= event_identifier [dimension { dimension }]
{ , event_identifier [dimension { dimension }] }
list_of_genvar_identifiers ::= genvar_identifier { , genvar_identifier }
list_of_net_decl_assignments ::= net_decl_assignment { , net_decl_assignment }
list_of_net_identifiers ::= net_identifier [dimension { dimension }]
{ , net_identifier [dimension { dimension }] }
list_of_param_assignments ::= param_assignment { , param_assignment }
list_of_port_identifiers ::= port_identifier { , port_identifier }

list_of_real_identifiers ::= real_type { , real_type }
list_of_specparam_assignments ::= specparam_assignment { , specparam_assignment }
list_of_variable_identifiers ::= variable_type { , variable_type }
list_of_variable_port_identifiers ::= port_identifier [= constant_expression]
{ , port_identifier [= constant_expression] }

F.2.4 声明赋值

net_decl_assignment ::= net_identifier = expression
param_assignment ::= parameter_identifier = constant_expression
specparam_assignment ::=
    specparam_identifier = constant_mintypmax_expression
    | pulse_control_specparam
pulse_control_specparam ::=
    PATHPULSE$ = (reject_limit_value [, error_limit_value]) ;
    | PATHPULSE$specify_input_terminal_descriptor$specify
        output_terminal_descriptor
        = (reject_limit_value [, error_limit_value]) ;
error_limit_value ::= limit_value
reject_limit_value ::= limit_value
limit_value ::= constant_mintypmax_expression

F.2.5 声明范围

dimension ::= [dimension_constant_expression : dimension_constant_expression]
range ::= [msb_constant_expression : lsb_constant_expression]

F.2.6 函数声明

function_declaration ::=
    function [**automatic**] [**signed**] [range_of_type] function_identifier;
    function_item_declaration { function_item_declaration }
    function_statement
    endfunction
    | **function** [**automatic**] [**signed**] [range_of_type]
    function_identifier (function_port_list) ;
    block_item_declaration { block_item_declaration }
    function_statement
    endfunction
function_item_declaration ::=
    block_item_declaration
    | tf_input_declaration ;
function_port_list ::= { attribute_instance } tf_input_declaration { , { attribute_instance }
    tf_input_declaration }
range_or_type ::= range | **integer** | **real** | **realtime** | **time**

F.2.7 任务声明

task_declaration ::=
    task [**automatic**] task_identifier;
    { task_item_declaration }
    statement
    endtask
    | **task** [**automatic**] task_identifier (task_port_list) ;
    { block_item_declaration }
    statement
    endtask
task_item_declaration ::=
    block_item_declaration
    | { attribute_instance } tf_input_declaration ;
    | { attribute_instance } tf_output_declaration ;
    | { attribute_instance } tf_inout_declaration ;
task_port_list ::= task_port_item { ,task_port_item }
task_port_item ::=

{ attribute_instance } tf_input_declaration
| { attribute_instance } tf_outpur_declaration
| { attribute_instance } tf_inout_declaration
tf_input_declaration ::=
input [**reg**] [**signed**] [range] list_of_port_identifiers
| **input** [task_port_type] list_of_port_identifiers
tf_output_declaration ::=
output [**reg**] [**signed**] [range] list_of_port_identifiers
| **output** [task_port_type] list_of_port_identifiers
tf_inout_declaration ::=
inout [**reg**] [**signed**] [range] list_of_port_identifiers
| **inout** [task_port_type] list_of_port_identifiers
task_port_type ::=
time | **real** | **realtime** | **integer**

F.2.8　块声明

block_item_declaration ::=
{ attribute_instance } block_reg_Ldeclaration
| { attribute_instance } event_declaration
| { attribute_instance } integer_declaration
| { attribute_instance } local_parameter_declaration
| { attribute_instance } parameter_declaration
| { attribute_instance } real_declaration
| { attribute_instance } realtime_declaration
| { attribute_instance } time_declaration
block_reg_declaration ::= **reg** [**signed**] [range]
list_of_block_variable_identifiers ;
list_of_block_variable_identifiers ::=
block_variable_type { , block_variable_type }
block_variable_type ::=
variable_identifier
| variable_identifier dimension { dimension }

F.3　原语例化

F.3.1　原语的例化

gate_instantiation ::=
cmos_switchtype [delay3]
cmos_switch_instance { " cmos_switch_instance } ;
| enable gatetype [drive_strength] [delay3]
enable gate_instance { , enable gate_instance } ;
| mos_switchtype [delay3]
mos_switch_instance { , mos_switch_instance } ;
| n_input_gatetype [drive_strength] [delay2]
n_input gate_instance { , n_input_gate_instance } ;
| n_output_gatetype [drive_strength] [delay2]
n_output_gate_instance { , n_output_gate_instance } ;
| pass_en_switchtype [delay2]
pass_enable_switch_instance { , pass_enable_switch_instance } ;
| pass_switchtype
pass_switch_instance { , pass_switch_instance } ;
| pulldown [pulldown_strength]
pull_gate_instance { , pull_gate_instance } ;
| pullup [pull up_strength]
pull_gate_instance { , pull_gtate_instance } ;
cmos_switch_instance ::= [name_of_gate_instance] (output_terminal , input_terminal ,
ncontrol_terminal , pcontrol_terminal)

```
enable_gate_instance ::= [ name_of_gate_instance ] ( output_terminal , input_terminal ,
                 enable_terminal )
mos_switch_instance ::= [ name_of_gate_instance ]
                 ( output_terminal, input_terminal , enable_terminal)
n_input_gate_instance ::= [ name_of_gate_instance ]
                 ( output_terminal , input_terminal { , input_terminal } )
n_output_gate_instance ::= [ name_of_gate_instance ]
                 ( output_terminal { , output_terminal } , input_terminal )
pass_switch_instance ::= [ name_of_gate_instance ] ( inout_terminal , inout_terminal )
pass_enable_switch_instance ::= [ name_of_gate_instance ]
                 ( inout_terminal , inout_terminal , enable_terminal )
pull_gate_instance ::= [ name_of_gate_instance ] ( output_terminal )
name_of_gate_instance ::= gate_instance_identifier [ range ]
```

F.3.2 原语的强度

```
pulldown_strength ::=
        ( strength0 , strength1 )
       | ( strength1 , strength0 )
       l ( strength0 )
pullup_strength ::=
        ( strength0 , strength1 )
       | ( strengthl , strength0 )
       | ( strength1 )
```

F.3.3 原语的终端

```
enable_terminal ::= expression
inou_terminal ::= net_lvalue
input_terminal ::= expression
ncontrol_terminal ::= expression
output_terminal ::= net_lvalue
pcontrol_terminal ::= expression
```

F.3.4 原语的门和开关类型

cmos_switch type ::= **cmos** l **rcmos**
enable_gatetype ::= **bufif0** l **bufifl** | **notif0** | **notif1**
mos_switchtype ::= **nmos** l **pmos** l **rnmos** l **rpmos**
n_input_gatetype ::= **and** l **nand** l **or** l **nor** l **xor** l **xnor**
n_output_gatetype ::= **buf** l **not**
pass_en_switchtype ::= **tranif0** l **tranifll rtranif1** | **rtranif0**
pass_switchtype ::= **tran | rtran**

F.4 模块和生成例化

F.4.1 模块例化

```
module_instantiation ::=
        module_identifier [parameter_value_assignment ]
              module_instance { , module_instance } ;
parameter _value_assignment ::= # ( list_of_parameter_assignments )
list_of_parameter_assignments ::=
        ordered_parameter_assignment { , ordered_parameter_assignment } |
        named_parameter_assignment { , named_parameter_assignment }
ordered_parameter_assignment ::= expression
named_parameter_assignment ::= . parameter_identifier ( [ expression ] )
module_instance ::= name_of_instance ( [ list_of_port_connections ] )
```

name_of_instance ::= module_instance_identifier [range]
list_of_port_connections ::=
    ordered_port_connection { , ordered_port_connection }
    | named_poet_connection { , named_port_connection })
ordered_port_connection ::= (attribute_instance) [expression]
named_port_connection ::= (attribute_instance) .port_identifier ([expression])

F.4.2 生成例化

generated_instantiation ::= **generate** { generate_item } **endgenerate**
generate_item_or_null ::= generate_item | ;
generate_item ::=
    generate_conditional_statement
    | generate_case_statement
    | generate_loop_statement
    | generate_block
    | module_or_generate_item
generate_conditional_statement ::=
    if (constant_expression) generate_item_or_null [**else** generate_item_or_null]
generate_case_statement ::= **case** (constant_expression)
        genvar_case_item { genvar_case_item } **endcase**
genvar_case_item ::= constant_expression { , constant_expression } :
        generate_item_or_null | **default** [:] generate_item_or_null
generate_loop_statement ::= **for** (genvar_assignment ; constant_expression ;
 genvar_assignment)
      begin: generate_block_identifier { generate_item } **end**
genvar_assignment ::= genvar_identifier = constant_expression
generate_block ::= **begin** [: generate_block_identifier] { generate_item } **end**

F.5 UDP 声明和例化

F.5.1 UDP 声明

udp_declaration ::=
    { attribute_instance } **primitive** udp_identifier (udp_port_list) ;
    udp_port_declaration { udp_port_declaration }
    udp_body
    endprimitive
    | { attribute_instance } **primitive** udp_identifier (udp_declaration_port_list) ;
    udp_body
    endprimitive

F.5.2 UDP 端口

udp_port_list ::= output_identifier , input_identifier { , input_identifier }
udp_declaration_port_list ::=
    udp_output_declaration , udp_input_declaration { , udp_input_ddeclaration }
udp_port_declaration ::=
    udp_output_declaration ;
    | udp_input_declaration ;
    | udp_reg_declaration ;
udp_output_declaration ::=
    { attribute_instance } **output** port_identifier
    | { attribute_instance } **output reg** port_identifier [= constant_expression]
udp_input_declaration ::= { attribute_instance } **input** list_of_port_identifiers
udp_reg_declaration ::= { attribute_instance } **reg** variable_identifier

F.5.3 UDP 实体

udp_body ::= combinational_body | sequential_body
combinational_body ::= **table** combinational_entry { combinational_entry} **endtable**
combinational_entry ::= level_input_list : output_symbol ;
sequential_body ::= [udp_initial_statement] **table** sequential_entry { sequential_entry} **endtable**
udp_initial_statement ::= **initial** output_port_identifier = init_val;
init_val::= **1'b0** | **1'b1** | **1'bx** | **1'bX** | **1'B0** | **1'B1** | **1'Bx** | **1'BX** | **1** | **0**
sequential_entry ::= seq_input_list: current_state: next_state;
seq_input_list ::= level_input_list | edge_input_list
level_input_list ::= level_symbol { level_symbol }
edge_input_list ::= { level_symbol } edge_indicator { level_symbol }
edge_indicator ::= (level_symbol | level_symbol) | edge_symbol
current_state ::= level_symbol
next_state ::= output_symbol | **-**
output_symbol ::= **0** | **1** | **x** | **X**
level_symbol ::= **0** | **1** | **x** | **X** | **?** | **b** | **B**
edge_symbol ::=**r** | **R** | **f** | **F** | **p** | **P** | **n** | **N** | *****

F.5.4 UDP 例化

udp_instantiation ::= udp_identifier [drive_strength] [delay2]
udp_instance { , udp_instance } ;
udp_instance ::= [name_of_udp_instance] (output_terminal , input_terminal
{ , input_terminal })
name_of_udp_instance ::= udp_instance_identifier [range]

F.6 行为语句

F.6.1 连续赋值语句

continuous_assign ::= **assign** [drive_strength] [delay3] list_of_net_assignments ;
list_of_net_assignments ::= net_assignment { , net_assignment }
net_assignment ::= net_lvalue = expression

F.6.2 过程块和赋值

initial_construct ::= **initial** statement
always_construct ::= **always** statement
blocking_assignment ::= variable_lvalue **=** [delay_or_event_control] expression
nonblocking_assignment ::= variable_lvalue **<=** [delay_or_event_control] expression
procedural_continuous_assignments ::=
assign variable_assignment
| **deassign** variable_lvalue
| **force** variable_assignment
| **force** net_assignment
| **release** variable_lvalue
| **release** net_lvalue
function_blocking_assignment ::= variable_lvalue = expression
function_statement_or_null ::= function_statement | { attribute_instance } ;

F.6.3 并行和串行模块

function_seq_block ::= **begin** [**:** block_identifier
{ block_item_declaration }] { function_statement } **end**
variable_assignment ::= variable_lvalue = expression
par_block ::= **fork** [**:** block_identifier { block_item_declaration }] { statement } **join**
seq_block ::= **begin** [**:** block_identifier { block_item_declaration }] { statement } **end**

F.6.4 语句

```
statement ::=
      { attribute_instance } blocking_assignment ;
    | { attribute_instance } case_statement
    | { attribute_instance } conditional_statement
    | { attribute_instance } disable_statement
    | { attribute_instance } event_trigger
    | { attribute_instance } loop_statement
    | { attribute_instance } nonblocking_assignment ;
    | { attribute_instance } par_block
    | { attribute_instance } procedural_continuous_assignments ;
    | { attribute_instance } procedural_timing_control_statement
    | { attribute_instance } seq_block
    | { attribute_instance } system_task_enable
    | { attribute_instance } task_enable
    | { attribute_instance } wait_statement
statement_or_null ::=
      statement
    | { attribute_instance } ;
function_statement ::=
      { attribute_instance } function_blocking_assignment ;
    | { attribute_instance } function_case_statement
    | { attribute_instance } function_conditional_statement
    | { attribute_instance } function_loop_statement
    | { attribute_instance } function_seq_block
    | { attribute_instance } disable_statement
    | { attribute_instance } system_task_enable
```

F.6.5 时序控制语句

```
delay_control ::=
      # delay_value
    | # ( mintypmax_expression )
delay_or_event_control ::=
      delay_control
    | event_control
    | repeat ( expression ) event_control
disable_statement ::=
      disable hierarchical_task_identifier ;
    | disable hierarchical_block_identifier;
event_control ::=
      @ event_identifier
    | @ ( event_expression )
    | @*
    | @ ( * )
event_trigger ::=
    -> hierarchical_event_identifier ;
event_expression ::=
      expression
    | hierarchical_identifier
    | posedge expression
    | negedge expression
    | event_expression or event_expression
    | event_expression , event_expression
procedural_timing_control_statement ::=
    delay_or_event_control statement_or_null
wait_statement ::=
    wait ( expression ) statement_or_null
```

F.6.6 条件语句

```
conditional_statement ::=
          if ( expression )
                  statement_or_null [ else statement_or_null ]
        | if_else_if_statement
if_else_if_statement ::=
          if ( expression ) statement_or_null
          { else if ( expression ) statement_or_null }
                  [ else statement_or_null ]
function_conditional_statement ::=
          if ( expression ) function_statement_or_null
          [ else function_statement_or_null ]
        | function_if_else_if_statement
function_if_else_if_statement ::=
          if ( expression ) function_statement_or_null
          { else if ( expression ) function_statement_or_null }
          [ else function_statement_or_null ]
```

F.6.7 case 语句

```
case_statement ::=
          case ( expression )
                  case_item { case_item } endcase
        | casez ( expression )
                  case_item { case_item } endcase
        | casex ( expression )
                  case_item { case_item } endcase
case_item ::=
          expression { , expression } : statement_or_null
        | default [ : ] statement_or_null
function_case_statement ::=
          case ( expression )
        function_case_item ( function_case_item } endcase
        | casez ( expression )
          function_case_item { function_case_item } endcase
        | casex ( expression )
          function_case_item { function_case_item } endcase
function_case_item ::=
          expression {, expression } : function_statement_or_null
        | default [ : ] function_statement_or_null
```

F.6.8 循环语句

```
function_loop_statement ::=
          forever function_statement
        | repeat ( expression ) function_statement
        | while ( expression ) function_statement
        | for ( variable_assignment; expression; variable_assignment)
                function_statement
loop_statement ::=
          forever statement
        | repeat ( expression ) statement
        | while ( expression ) statement
        | for ( variable_assignment; expression; variable_assignment ) statement
```

F.6.9 任务使能语句

```
system_task_enable ::= system_task_identifier [ ( expression { , expression } ) ] ;
task_enable ::= hierarchical_task_identifier [ ( expression { , expression } ) ] ;
```

F.7　Specify 部分

F.7.1　Specify 块声明

specify_block ::= **specify** { specify_item } **endspecify**
specify_item ::=
　　specparam_declaration
　　| pulsestyle_declaration
　　| showcancelled_declaration
　　| path_declaration
　　| system_timing_check
pulsestyle_declaration ::=
　　pulsestyle_onevent list_of_path_outputs ;
　　| **pulsestyle_ondetect** list_of_path_outputs ;
showcancelled_declaration ::=
　　showcancelled list_of_path_outputs ;
　　| **noshowcancelled** list_of_path_outputs ;

F.7.2　Specify 路径声明

path_declaration ::=
　　simple_path_declaration ;
　　| edge_sensitive_path_declaration ;
　　| state_dependent_path_declaration ;
simple_path_declaration ::=
　　parallel_path_description = path_delay _value
　　| full_path_description = path_delay_value
parallel_path_description ::=
　　(specify _input_terminal_descriptor [polarity_operator] => specify
　　_output_terminal_descriptor)
full_path_description ::=
　　(list_of_path_inputs [polarity_operator] *> list_of_path_outputs)
list_of_path_inputs ::=
　　specify_input_terminal_descriptor { , specify_input_terminal_descriptor }
list_of_path_outputs ::=
　　specify_output_terminal_descriptor { , specify_output_terminal_descriptor }

F.7.3　Specify 块终端

specify_input_terminaLdescriptor ::=
　　input_dentifier
　　| input_identifier [constant_expression]
　　| input_dentifier [range_expression]
specify_output_terminal_descriptor ::=
　　output_identifier
　　| output_identifier [constant_expression]
　　| output_identifier [range_expression]
input_identifier ::= input_port_identifier | inout_port_identifier
output_dentifier ::= output_port_identifier | inout_port_identifier

F.7.4　Specify 路径延时

path_delay_value ::=
　　list_of_path_delay _expressions
　　| (list_of_path_delay_expressions)
list_of_path_delay _expressions ::=
　　t_path_delay _expression

```
        | trise_path_delay_expression , tfall_path_delay _expression
        | trise_path_delay_expression , tfall_path_delay_expression ,
         tz_path_delay_expression
        | t01_path_delay_expression , t10_path_delay_expression ,
         t0z_path_delay_expression, tz1_path_delay_expression ,
         t1z_path_delay_expression , tz0_path_delay_expression
        | t01_path_delay_expression , t10_path_delay_expression ,
         t0z_path_delay_expression,
         tz1_path_delay_expression , t1z_path_delay_expression ,
         tz0_path_delay_expression
         t0x_path_delay_expression , tx1_path_delay_expression ,
         t1x_path_delay_expression,
         tx0_path_delay_expression , txz_path_delay_expression ,
         tzx_path_delay_expression
t_path_delay_expression ::= path_delay_expression
trise_path_delay_expression ::= path_delay_expression
tfall_path_delay_expression ::= path_delay_expression
tz_path_delay_expression ::= path_delay_expression
t01_path_delay_expression ::= path_delay_expression
t10_path_delay_expression ::= path_delay_expression
t0z_path_delay _expression ::= path_delay_expression
tz1_path_delay_expression ::= path_delay_expression
t1z_path_delay_expression ::= path_delay_expression
tz0_path_delay_expression ::= path_delay_expression
t0x_path_delay_expression ::= path_delay_expression
tx1_path_delay_expression ::= path_delay_expression
t1x_path_delay_expression ::= path_delay_expression
tx0_path_delay_expression ::= path_delay_expression
txz_path_delay_expression ::= path_delay_expression
tzx_path_delay_expression ::= path_delay_expression
path_delay_expression ::= constant_mintypmax_expression
edge_sensitive_path_declaration ::=
         parallel_edge_sensitive_path_description = path_delay_value
        | full_edge_sensitive_path_description = path_delay _value
parallel_edge_sensitive_path_description ::=
         ( [ edge_identifier ] specify_input_terminal_descriptor =>
        specify_output_terminal_descriptor [ polarity_operator ] :
         data_source_expression )
full_edge_sensitive_path_description ::=
         ( [ edge_identifier ] list_of_path_inputs *>
         list_of_path_outputs [ polarity_operator ] : data_source_expression )
data_source_expression ::= expression
edge_identifier ::= posedge | negedge
state_dependent_path_declaration ::=
         if ( module_path_expression ) simple_path_declaration
        | if ( module_path_expression ) edge_sensitive_path_declaration
        | ifnone simple_path_declaration
polarity_operator ::= + | -
```

F.7.5 系统时序检查

F.7.5.1 系统时序检查命令

```
system_timing_check ::=
         $setup_timing_check
        | $hold _timing_check
        | $setuphold_timing_check
        | $recovery_timing_check
        | $removal_timing_check
        | $recrem_timing_check
        | $skew timing_check
```

```
        | $timeskew_timing_check
        | $fullskew_timing_check
        | $period_timing_check
        | $width_timing_check
        | $nochange_timing_check
$setup_timing_check ::=
        $setup (data_event , reference_event , timing_check_limit [ , [ notify_reg ] ] ) ;
$hold _timing_check ::=
        $hold ( reference_event , data_event , timing_check_limit [ , [ notify_reg] ] ) ;
$setuphold_timing_check ::=
        $setuphold ( reference_event , data_event, timing_check_limit ,
         timing_check_limit
              [ , [ notify_reg ] [ , [ stamptime_condition] [, [ checktime_condition]
              [ , [ delayed_reference] [ , [ delayed_data ] ] ] ] ] ] ) ;
$recovery_timin_check ::=
        $recovery ( reference_event , data_event, timing_check_limit [ ,
         [ notify_reg ] ] ) ;
$removal_timing_check ::=
        $removal ( reference_event , data_event , timing_check_limit [ , [
         notify_reg ] ] ) ;
$recrem_timing_check ::=
        $recrem ( reference_event , data_event , timing_check_limit ,
         timing_check_limit
              [ , [ notify_reg] [ , [ stamptime_condition ] [ , [ checktime_condition ]
              [ , [ delayed_reference ] [ , [ delayed_data] ] ] ] ] ] ) ;
$skew_timing_check ::=
        $skew ( reference_event , data_event , timing_check_limit [ , [ notify_reg ] ] ) ;
$timeskew_timing_check ::=
        $timeskew ( reference_event , data_event , timing_check_limit
              [ , [ notify_reg ] [ , [ event_based_flag ] [ , [ remain_active_flag ] ] ] ] ) ;
$fullskew_timing_check ::=
        $fullskew ( reference_event, data_event , timing_check_limit ,
         timing_check_limit
              [ , [ notify_reg ] [ , [ event_based_flag ] [ , [ remain_active_flag ] ] ] ] ) ;
$period_timing_check ::=
        $period (controlled_reference_event , timing_check_limit [ , [ notify_reg ] ] ) ;
$width_timing_check ::=
        $width ( controlled_reference_event , timing_check_limit , threshold [ , [
         notify_reg ] ] ) ;
$nochange_timing_check ::=
        $nochange ( reference_event , data_event , start_edge_offset ,
                end_edge_offset [ , [ notify_reg ] ] ) ;
```

F.7.5.2 系统时序检查命令参数

```
checktime_condition ::= mintypmax_expression
controlled_reference_event ::= controlled_timing_check_event
data_event ::= timing_check_event
delayed_data ::=
        terminal_identifier
        | terminal_identifier [ constant_mintypmax_expression ]
delayed_reference ::=
        terminal_identifier
        | terminal_identifier [ constant_mintypmax_expression ]
end_edge_offset ::= mintypmax_expression
event_based_flag ::= constant_expression
notify_reg ::= variable_identifier
reference_event ::= timing_check_event
remain_active_flag ::= constant_mintypmax_expression
stamptime_condition ::= mintypmax_expression
start_edge_offset ::= mintypmax_expression
threshold ::=constant_expression
timing_check_limit ::= expression
```

F.7.5.3 系统时序检查事件定义

timing_check_event ::=
    [timing_check_event_control] specify_terminal_descriptor [**&&&** timing_check_condition]
controlled_timing_check_event ::=
    [timing_check_event_control specify_terminal_descriptor [**&&&** timing_check_condition]
timing_check_event_control ::=
    posedge
    | **negedge**
    | edge_control_specifier
specify_terminal_descriptor ::=
    specify_input_terminal_descriptor
    | specify _output_terminal_descriptor
edge_control_specifier ::= **edge** [edge_descriptor [, edge_descriptor]]
edge_descriptor ::=
    01
    | **10**
    | z_or_x zero_or_one
    | zero_or_one z_or_x
zero_or_one ::= **0** | **1**
z_or_x ::= **x** | **X** | **z** | **Z**
timing_check_condition ::=
    scalar_timing_check_condition
    | (scalar_timing_check_condition)
scalar_timing_check_condition ::=
    expression
    | ~expression
    | expression == scalar_constant
    | expression === scalar_constant
    | expression != scalar_constant
    | expression !== scalar_constant
scalar_constant ::=
    1'b0 | 1'b1 | 1'B0 | 1'B1 | 'b0 | 'b1 | 'B0 | 'B1 | 1 | 0

F.8 表达式

F.8.1 并置

concatenation ::= { expression { , expression } }
constant_concatenation ::= { constant_expression { , constant_expression } }
constant_multiple_concatenation ::= { constant_expression constant_concatenation }
module_path_concatenation ::= { module_path_expression { , module_path_expression } }
  module_path_multiple_concatenation ::= { constant_expression module_path_concatenation }
  multiple_concatenation ::= { constant_expression concatenation }
net_concatenation ::= { net_concatenation_value { , net_concatenation_value } }
net_concatenation_value ::=
    hierarchical_net_identifier
    | hierarchical_net_identifier [expression] { [expression] }
    | hierarchical_net_dentifier [expression] { [expression] } [range_expression]
    | hierarchical_net_identifier [range_expression]
    | net_concatenation
variable_concatenation ::= { variable_concatenation_value { , variable_concatenation_value } }
variable_concatenation- value ::=
    hierarchical_variable_identifier

| hierarchical_variable_identifier [expression] { [expression] }
| hierarchical_variable_identifier [expression] { [expression] } [range_expression]
| hierarchical_variable_identifier [range_expression]
| variable_concatenation

F.8.2 函数调用

constant_function_call ::= function_identifier { attribute_instance }
    (constant_expression { , constant_expression })
function_call ::= hierarchical_function_identifier { attribute_instance }
    (expression { , expression })
genvar_function_call ::= genvar_function_identifier { attribute_instance }
    (constant_expression { , constant_expression })
system_function_call ::= system_function_identifier
    [(expression { , expression })]

F.8.3 表达式

base_expression ::= expression
conditional_expression ::= expression1 **?** { attribute_instance } expression2 **:** expression3
constant_base_expression ::= constant_expression
constant_expression ::=
    constant_primary
    | unary_operator { attribute_instance } constant_primary
    | constant_expression binary_operator (attribute_instance } constant_expression
    | constant_expression **?** (attribute_instance } constant_expression **:** constant_expression | string
constant_mintypmax_expression ::=
    constant_expression
    | constant_expression **:** constant_expression **:** constant_expression
constant_range_expression ::=
    constant_expression
    | msb_constant_expression : lsb_constant_expression
    | constant_base_expression **+:** width_constant_expression
    | constant_base_expression **-:** width_constant_expression
dimension_constant_expression ::= constant_expression
expression1 ::= expression
expression2 ::= expression
expression3 ::= expression
expression ::=
    primary
    | unary_operator { attribute_instance } primary
    | expression binary_operator { attribute_instance } expression
    | conditional_expression
    | string
lsb_constant_expression ::= constant_expression
mintypmax...expression ::=
    expression
    | expression: expression: expression
    module_path_conditional_expression ::= module_path_expression **?** { attribute_instance }
        module_path_expression **:** module_path_expression
module_path_expression ::=
    module_path_primary
    | unary_module_path_operator { attribute_instance } module_path_primary
    | module_path_expression binary_module_path_operator { attribute_instance } module_path_expression
    | module_path_conditional_expression

```
module_path_mintypmax_expression ::=
        module_path_expression
      | module_path_expression : module_path_expression :
        module_path_expression
msb_constant_expression ::= constant_expression
range_expression ::=
        expression
      | msb_constant_expression : lsb_constant_expression
      | base_expression +: width_constant_expression
      | base_expression -: width_constant_expression
width_constant_expression ::= constant_expression
```

F.8.4 基础单元

```
constant_primary ::=
        constant_concatenation
      | constant_function_call
      | ( constant_mintypmax_expression )
      | constant_multiple_concatenation
      | genvar_identifier
      | number
      | parameter_identifier
      | specparam_identifier
module_path_primary ::=
        number
      | identifier
      | module_path_concatenation
      | module_path_multiple_concatenation
      | function_call
      | system_function_call
      | constant_function_call
      | ( module_path_mintypmax_expression )
primary ::=
        number
      | hierarchical_identifier
      | hierarchical_identifier [ expression ] { [ expression ] }
      | hierarchical_identifier [ expression ] { [expression ] } [ range_expression ]
      | concatenation
      | multiple_concatenation
      | function_call
      | system_function_call
      | constant function_call
      | ( mintypmax_expression )
```

F.8.5 表达式左边的值

```
net_lvalue ::=
        hierarchical_net_identifier
      | hierarchical_net_identifier [ constant_expression ] { [constant_expression ] }
      | hierarchical_net_identifier [ constant_expression ] { [ constant_expression ] } [
            constant_range_expression ]
      | hierarchical_net_identifier [ constant_range_expression ]
      | net_concatenation
variable_lvalue ::=
        hierarchical_variable_identifier
      | hierarchical_variable_identifier [ expression ] { [ expression ] }
      | hierarchical_variable_identifier [ expression ] { [expression ] }
        [range_expression ]
      | hierarchical_variable_identifier [ range_expression ]
      | variable_concatenation
```

F.8.6　运算符

```
unary_operator ::=
        +| - | ! | ~ | & | ~& | | | ~| | ^ | ~^ | ^~
binary_operator ::=
        + | - | * | / | % | == | != | === | !== | && | || | **
        | < | <= | > | >= | & | | | ^ | ^~ | ~^ | >> | << | <<< | >>>
unary _module_path_operator ::=
        ! | ~ | & | ~& | | | ~| | ^ | ~^ | ^~
binary _module_path_operator ::=
        == | != | && | || | & | | | ^ | ^~| ~^
```

F.8.7　数字

```
number ::=
        decimal_number
       | octal_number
       | binary_number
       | hex_number
       | real_number
real_number ::= unsigned_number . unsigned_number
       | unsigned_number [ . unsigned_number] exp [ sign]
unsigned_number exp ::= e | E
decimal_number: :=
        unsigned_number
       | [ size ] decimal_base unsigned_number
       | [ size ] decimal_base x_digit { _ }
       | [ size ] decimal_base z_digit { _ }
binary_number ::= [ size ] binary_base binary_value
octal_number ::= [ size ] octal_base octal_value
hex_number ::= [ size ] hex_base hex_value
sign ::= + | -
size ::= non_zero_unsigned_number
non_zero_unsigned_number ::= non_zero_decimaLdigit { -| decimal_digit }
unsigned_number ::= decimal_digit { _ | decimal_digit }
binary_value ::= binary_digit { _ | binary_digit }
octal_value ::= octaLdigit { _ | octal_digit }
hex_value ::= hex_digit { _ | hex_digit }
decimal_base ::= '[s|S]d 1'[s|S]D
binary_base ::= '[s|S]b 1'[s|S]B
octal_base ::= '[s|S]o 1'[s|S]O
hex_base ::= '[s|S]h 1'[s|S]H
non_zero_decimal_digit ::= 1 | 2 | 3 | 4 | 5 | 6| 7| 8 | 9
decimal_digit::= 0 | 1 | 2 | 3 | 4 | 5 | 6 | 7 | 8 | 9
binary_digit ::= x_digit | z_digit | 0 | 1
octal_digit ::= x_digit | z_digit | 0 | 1 | 2 1 3 1 4 | 5 | 6 | 7
hex_digit ::=
        x_digit | z_digit | 0 | 1 | 2 | 3 | 4 | 5 | 6 | 7 | 8 | 9
       | a | b | c | d | e | f | A | B | C | D | E | F
x_digit ::= x | X
z_digit ::= z | Z | ?
```

F.8.8　字符串

```
string ::= " { Any_ASCII_Characters_except_new_line } "
```

F.9 通用格式

F.9.1 属性

```
attribute_instance ::= ( * attr_spec { , attr_spec} * )
attr_spec ::=
          attr_name = constant_expression
        | attr_name
attr_name ::= identifier
```

F.9.2 批注

```
comment ::=
          one_line_comment
        | block_comment
one_line_comment ::= // comment_text \n
block_comment ::= /* comment_text */
comment_text ::= { Any_ASCII_character }
```

F.9.3 标识符

```
arrayed_identifier ::=
          simple _arrayed _identifier
        | escaped_arrayed_identifier
block_identifier ::= identifier
cell_identifier ::= identifier
config_identifier ::= identifier
escaped_arrayed_identifier ::= escaped_identifier [ range ]
escaped_hierarchical_identifier ::=
          escaped_hierarchical_branch
                  { . simple_hierarchical_branch | . escaped_hierarchical_branch }
escaped_identifier ::= \ {Any_ASCII_character_except_white_space} white_space
event_identifier ::= identifier
function_identifier ::= identifier
gate_instance_identifier ::= arrayed_identifier
generate_block_identifier ::= identifier
genvar_function_identifier ::= identifier /* Hierarchy disallowed */
genvar_identifier ::= identifier
hierarchical_block_identifier ::= hierarchical_identifier
hierarchical_event_identifier ::= hierarchical_identifier
hierarchical_function_identifier ::= hierarchical_identifier
hierarchical_identifier ::=
          simple hierarchical_identifier
        | escaped_hierarchical_identifier
hierarchical_net_identifier ::= hierarchical_identifier
hierarchical_variable_identifier ::= hierarchical_identifier
hierarchical_task_identifier ::= hierarchical_identifier
identifier ::=
          simple_identifier
        | escaped_identifier
inout_port_identifier ::= identifier
input_port_identifier ::= identifier
instance_identifier ::= identifier
library_identifier ::= identifier
memory_identifier ::= identifier
module_identifier ::= identifier
module_instance_identifier ::= arrayed_identifier
net_identifier ::= identifier
```

output_port_identifier ::= identifier
parameter_identifier ::= identifier
port_identifier ::= identifier
real_identifier ::= identifier
simple_arrayed_identifier ::= simple_identifier [range]
simple_hierarchical_identifier ::=
    simple_hierarchical_branch [.escaped_identifier]
simple_identifier ::= [**a-zA-Z_**] { [**a-zA-Z0-9_$**] }
specparam_identifier ::= identifier
system_function_identifier ::= **$[a-zA-Z0-9_$**]{ [**a-zA-Z0-9_$**] }
system_task_identifier ::= **$[a-zA-Z0-9_$**]{ [**a-zA-Z0-9_$**] }
task_identifier ::= identifier
terminal_identifier ::= identifier
text_macro_identifier ::= simple_identifier
topmodule_identifier ::= identifier
udp_identifier ::= identifier
udp_instance_identifier ::= arrayed_identifier
variable_identifier ::= identifier

F.9.4　标识符分支

simple_hierarchical_branch ::=
    simple_identifier [[unsigned_number]]
        [{ .simple_identifier [[unsigned_number]] }]
escaped_hierarchical_branch ::=
    escaped_identifier [[unsigned_number]]
        [{ .escaped_identifier [[unsigned_number]] }]

F.9.5　空格

white_space ::= space | tab | newline | eof

说明：

1. 嵌入式空格是非法的。
2. simple_identifier 和 arrayed_reference 由字母或下画线符号开始，至少还有一个字母，不能有空格。
3. 在 simple_hierarchical_identifier 和 simple_hierarchical_branch 中小圆点(.)不能在前或后跟空格。
4. 在 escaped_hierarchical_identifier 和 escaped _hierarchical_branch 中小圆点(.)不能后跟空格，空格必须在前。
5. 在 system_function_identifier 或 system_task_identifier 中的符号$不能后跟空格。system_function_identifier 或 system_task_identifier 不能被忘掉。
6. 文件结束。

附录 G　Verilog 语言的附加特性

G.1　原语数组

通过声明原语的关键字与端口之间的范围可以形成一个原语例化数组。

例：下面的模块 *array_of_nor* 的描述包含一个 8 位的输入及输出数据通道的声明。所声明的 ***nor*** 原语例化有一个 8 位的范围指标，这样就形成了包含 8 个 ***nor*** 门的结构。数据通道的每个位将按顺序自动连接到对应门的输入端，形成的结构如图 G.1 所示。

```
module array_of_nor (output [0: 7] y, input [0: 7] a, b,);
   nor [0:7] M0 (y, a, b);
endmodule
```

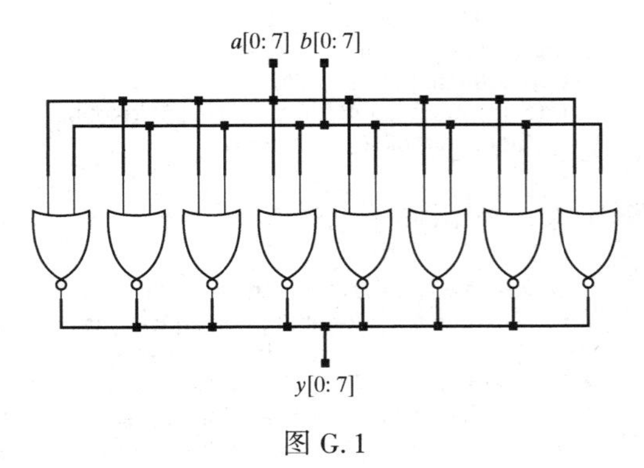

图 G.1

G.2　模块数组

通过声明模块例化名和模块端口之间的范围可以形成一个模块例化数组（注意：在例化数组中的端口列表必须与所例化的结构协调一致。如果所例化对象的端口是一个数组，那么在例化对象的已例化数组中，端口的数目必须足够大，以便处理该对象的全部副本）。

例：一个全加器阵列连接成一个 4 位行波进位加法器的描述为 *array_of_adders*。

```
module array_of_adders (output [3: 0] sum, output c_out, input [3: 0] a, b,
   input c_in);
   wire [3:1] carry;
   Add_full M[3:0] (sum, {c_out, carry[3:1]}, a, b, {carry[3:1], c_in});
endmodule
```

G.3　层次化分解

一个标识符在一个作用域中只能对应一个对象，该标识符在这个范围中有它的特定意义（如在一个模块中已命名的过程块、任务和函数）。因此，通过标识符可以在已声明的范围内直接引用变量。Verilog 也支持通过变量的层次化路径名来进行的层次化分解。这种特性允许测试平台利用被测试单元的层次化分解监控任何位置上变量的动作情况。如果所引用的变量没有在局部声明，Verilog 会通过已命名的块、任务和函数的边界向上搜索，来解决标识符问题，但它的搜索不会超越模块的边界。

G.4　参数替代

Verilog 1995 支持两种方法来改变模块中的参数值，即直接替代法和间接引用法。直接替代法就是在模块例化的基础上直接取代参数值。Verilog 2001，2005 的增强型参数替代可参见附录 I。

例：在 *modXnor* 的 *G2* 例化中所声明的参数被模块例化中包含的#(4,5)所替代。该例化中所给的参数值替换了 *modXnor* 声明中已给的 *size* 和 *delay* 的值。这种替代是按照这些参数初始定义的顺序来进行的。如果需要删改的值处在一个长列表末尾的附近，那个直接替代法将是笨重的。

```
module modXnor #(parameter size = 8, delay = 15) (output [size-1:0]y_out, input
  [size-1:0]a, b);
  assign #delay y_out = a ~^b;            //bitwise xnor
endmodule

module Param (output [7: 0] y1_out, output [3: 0] y2_out, input [7: 0] a1, b1,
  input [3: 0] a2, b2);
  modXnor G1 (y1_out, a1, b1);                  //Uses default parameters
  modXnor #(4, 5) G2 (y2_out, a2, b2);          //Overrides default parameters
endmodule
```

间接替换利用层次化分解的方法来替换模块中的参数值。最好是声明一个单独的模块，声明中可以采用 ***defparam*** 语句和所要改写的参数的层次化路径名(注意：这种特点可能会在标注设计层的某个地方时误用)。

例：在 *hdref_param* 中 *modXnor* 例化中的 *G2* 的 *size* 和 *delay* 的值被模块 *annotate* 中的一些语句所替代。

```
module hdref_Param (output [7:0] y1_out, output [3: 0] y2_out, input [7:0] a1, b1,
  input [3:0] a2, b2);
  modXnor            G1 (y1_out, a1, b1),
                     G2 (y2_out, a2, b2);              //instantiation
endmodule

module annotate:                                        //a separate "annotation"
                                                          module
  defparam
  hdref_Param.G2.size = 4.                              //parameter
                                                          assignment by
  hdref_Param.G2.delay = 5;                             //hierarchical reference
                                                          name
endmodule
module modXnor #(parameter size = 8, delay = 15) (output [size -1: 0] y_out,
  input [size -1: 0] a, b);
  assign #delay y_out = a ~^b;                          //bitwise xnor
endmodule
```

G.5　过程连续赋值语句

过程连续赋值语句(PCA)有两种结构，它可以声明模块中对线网和寄存器所建立的动态连接。一般情况下，过程连续赋值语句在整个模拟过程中保持有效。过程连续赋值语句由 ***assign…deassign*** 引出，并通过能建立另一种连接的过程语句来完成(比如动态地替换右边表达式)。使用关键字 ***assign*** 的 PCA 可用来仿真组合逻辑、透明锁存器以及电路的异步控制等的电平敏感行为。这种联系一直保持到当关键字 ***deassign*** 出现时撤销这种连接，或者另一个过程连续赋值语句开始执行时。

例：下面的 4 通道选择器 MUX 使用过程连续赋值语句 ***assign…deassign*** 将其输出与所选择的数据通道相连接。

```
module mux4_PCA (input a, b, c, d, input [1: 0] select, output reg y_out);
 always @ (select)
   if (select == 0) assign y_out = a; else
   if (select == 1) assign y_out = b; else
   if (select == 2) assign y_out = c; else
   if (select == 3) assign y_out = d; else assign y_out = 1'bx;
endmodule
```

另一种过程赋值语句，即 ***force…release*** 形式，可用于寄存器型变量以及线网型变量，也可用来改写由 ***assign…deassign*** 定义的过程连续赋值语句。***force…release*** 结构主要应用于测试平台中，以便将逻辑值或者逻辑加入到一个设计中。详见 11.10.6 节的模块 *t_ASIC_with_JTAG*。

例：在同步操作中，D 触发器的输入 *data* 在时钟的同步沿时刻(如同步信号的上升沿或下降沿)被传送到 *q* 输出端。一旦 *preset* 或者 *clear* 信号到来，同步时钟信号的作用就会被忽略，输出值保持为一个常数值。下面给出了这种行为的 *Verilog* 描述，其中 *preset* 和 *clear* 信号是低电平有效的。过程连续赋值语句一旦执行立即生效，当出现 *preset* 和 *clear* 信号时就会忽略正常的同步行为。如果 *preset* 和 *clear* 信号都被撤销，在撤销执行后的下一个同步时钟沿到来时，同步动作将继续进行。

```
module FLOP_PCA (output reg q, output qbar, input data, preset, clear, clock);
 assign          qbar = ~q;
 always @ (negedge clock) q <= data;
  always @ (clear, preset) begin
 if (!clear) assign q = 0;
   else if (!preset) assign q = 1;
   else deassign q;
 end
endmodule
```

G.6 内部分配延时

当定时控制运算符(**#或@**)出现在行为模型的过程语句之前时，该延时称为“阻塞型”延时。运算符后面的语句称为“被阻塞”。阻塞语句后面的语句要一直等到阻塞语句执行完以后才可以继续执行。Verilog 还支持另外一种延时控制，即时间控制符被放置在赋值语句中赋值运算符的右边，称为“内部分配延时”。这种方式计算赋值语句的右表达式，然后根据时间控制的要求来设计在以后要发生的赋值行为。普通的延时方法推迟语句的执行时间，内部时间控制延时方法推迟了执行一条语句所得到结果的赋值行为的发生时间(例如，使用“ = ”运算符必须在执行这条语句之前计算出结果)。

例：当执行下面时序动作流程中的第一条语句时，*B* 的值被抽取出来，并在 5 个时间单位后赋值给 *A*。只有在赋值结束后这条语句的执行才结束，即等到给 *A* 赋值的过程结束后，才能执行下一条语句。因此，从遇到第一条语句的时间算起的 5 个时间单位以后，*D* 的值才能赋给 *C*。

```
⋮
A = #5 B;
C = D;
⋮
```

当遇到动作流程中的过程赋值语句时，内部分配延时(**#**)的作用是立即计算赋值语句的右表达式。然而，计算结果的赋值要等到规定的延时以后再进行。这样，操作数的计算和目标寄存器变量的实际赋值在时间上就被分开进行了。

内部分配延时也可以用事件控制运算符和一个事件控制表达式来实现，对于这种情况要在表达式中的指定事件发生时才能执行语句。

例：在下面的描述中，当 *A_BUS* 的值改变时，*G* 才能得到 *ACCUM* 的值。由于采用了内部分配延时，在 *A_BUS* 发生变化之前，没有完成各 *G* 赋值的执行过程，因此语句 *C = D* 在 *G* 被赋值之前一直被阻塞，而 *G* 所得到的值就是这条语句执行时 *ACCUM* 的值，这个值可能与 *A_BUS* 最终有所改变时 *ACCUM* 的值不同。

```
⋮
G = @(A_BUS) ACCUM;
C = D;
⋮
```

G.7 不确定赋值和竞争条件

多个并发行为(如 ***always*** 和 ***initial*** 块结构)可以在同一个时间步对同一寄存器变量赋值。所以仿真器必须能确定这些多重赋值的结果，并能正确区分阻塞型(=)和非阻塞型(< =)赋值。仿真器的行为是由事件触发的(如线网型或寄存器型变量值的改变，或者是一个抽象事件的触发行为)，参见G.10节。可以将仿真器的处理过程组织起来建立一个事件队列，来决定在仿真中变量赋值动作发生的顺序。因此在当非阻塞和阻塞赋值同时对同一个目标变量赋值时(比如在同一个时间步中)，就会通过这个序列来处理对寄存器的赋值问题。在给定的时间步内，仿真器将会执行：(1)计算该时间步上所遇到的所有寄存器变量赋值语句的右边表达式的值；(2)执行对寄存器的阻塞型赋值；(3)执行不含内部时间控制的非阻塞型赋值语句(如果它们在当前时间步执行)；(4)执行以前过程赋值语句的时序控制为当前时间步安排的赋值语句；(5)进入下一个时间步。Verilog语法参考手册(LRM)把这种仿真动作结构称为"层级事件队列"，也就是说，可以将待处理的仿真事件队列分成5个不同的区域，如表G.1所示。

表G.1

事件分类	执行时间	执行顺序优先级
激活事件 计算非阻塞赋值语句的右表达式 计算原语的输入并更新其输出 执行过程(阻塞)赋值语句并对寄存器变量赋值 计算连续赋值语句中的RHS，并更新左表达式(LHS) 计算过程连续赋值语句中的RHS，并且更新LHS	当前仿真时间 t_{sim}	最高优先级
未激活事件	带#0阻塞赋值的当前仿真时间 t_{sim}	第二优先级
非阻塞赋值更新	在先前或现在的 t_{sim} 期间为 t_{sim} 时刻的赋值进行的计算	第三优先级
监控	当前仿真时间 t_{sim}	第四优行级
将激活事件与非阻塞赋值更新	将来的仿真时间	

第一个区域——激活区，是由在当前仿真时间上安排的将要发生的事件组成，在执行过程中享有最高优先权。这些事件包括：(1)计算非阻塞赋值语句的右表达式(RHS)；(2)计算原语的输入并更新其输出；(3)执行过程(阻塞)赋值语句并对寄存器变量赋值；(4)计算连续赋值语句中的RHS，并更新左表达式(LHS)；(5)计算过程连续赋值语句中的RHS，并且更新LHS；(6)计算并执行 ***$ display*** 和 ***$ write*** 系统任务。任何用#0延时控制阻塞过程赋值的语句应被放置在未激活区队列中，并且要在仿真器的当前时间步上激活队列为空时才能在下一个仿真周期内执行未激活队列。激活队列的动作是动态的。当激活队列为空时，未激活队列的内容就会补充进激活队列，使处理过程继续进行。

激活队列中事件的处理顺序不是由语言参考手册LRM规定的，而是与所使用的工具相关。例如，如果设计最高层模块的一个输入端在当前仿真时间有一个事件发生，这个事件会驻留在队列的激活区中，正如由测试平台所指示的一样。现在，假设这个模块的输入连接到一个零传输延时的基本门上，而输入端口上的事件能够改变该模块的输出，这个事件也能被安排在当前仿真时间步上发生，而且也可以放在队列的激活区中。如果一个行为是通过模块输入来激活的，而且如果该行为可通过非阻塞赋值产生一个事件，那么就可以将事件安排在队列的非阻塞赋值更新区。已被安排在当前仿真时间发生、而不是在先前仿真时间上的非阻塞赋值中发生的事件，也可以放在非阻塞赋值更新区中。监控区包含那些在激活、未激活和非阻塞赋值更新事件之后的事件，比如 ***$ monitor*** 任务。已分层事件队列的最后一个区域包括将来要执行的那些事件。正如事件队列所描述的，仿真器在单个仿真周期内执行所有的激活事件。在执行过程中，可以向队列中的任何区域添加事件，但却只能从激活区删除事件。在激活区为空后，未激活区中的事件才被激活(即，将未激活区的事件加到激活区中，同时开始一个新的仿真周期)；在激活区和未激活区都为空后，队列非阻塞赋值更新区中的事件就会被激活，同时开始一个新的仿真周期。当监控区的事件执行完后，仿真器进入下一个安排有时间发生的时间步。任何时候只要行为中遇到显式的#0延时控制，与其相关的进程将被挂起并且当作未激活事件添加到当前仿真时间的未激活区中，该进程将在当前时间的下一个仿真周期重新开始。

除了由分级事件队列组成的结构以外，排除阻塞型赋值(由非阻塞型赋值触发)要安排在非阻塞型赋值(已安排的)的后面，仿真器还必须遵守以下规则，即在同一仿真时间的阻塞型和非阻塞型赋值的相对顺序，应该是将非阻塞型赋值排在阻塞型赋值的后面。(注意：当在行为的时序动作流程中遇到 ***$ display*** 任务时，它会立即执行)。 ***$ monitor*** 任务应该在当前仿真周期的末尾执行(即非阻塞赋值更新之后)。因此，在下面的 *execute_display* 代码中，先给 *a*，*b* 赋值，抽取当前 *a*，*b* 的右边表达式，并显示 *a*，*b* 的当前值，然后再更新 *a*，*b* 的值。最后在行为结束时的 *a*，*b* 值不是所显示的值(***$ display*** 在非阻塞赋值之前就执行了)。另一方面，*execute_monitor* 先给 *c*，*d* 赋值，对 *c*，*d* 的值进行抽取，更新 *c*，*d* 值，之后再打印当前的 *c*，*d* 的值。当行为结束时，*c*，*d* 的值与打印的结果相同。其标准输出为：

display: $a = 1 \quad b = 0$

monitor: $c = 0 \quad d = 1$

```
initial begin: execute_display
  a = 1;
  b = 0;
  a <= b;
  b <= a;
  $display ("display: a = %b b = %b", a, b);
end
```

```
initial begin: execute_monitor
  c = 1;
  d = 0;
  c <= d;
  d <= c;
  $monitor ("monitor: c = %b d = %b", c, d);
end
```

G.8　wait 语句

用 wait 结构可以延迟行为内部单线程动作流程的执行，直到表达式计算为真时。

例：在下面的描述中 *register_b* 赋给 *register_a* 的赋值操作会被延迟，直到施加的 *enable* 为真时才能执行。该赋值操作完成后，将 *register_d* 赋给 *register_c* 的赋值操作需要延迟 10 个时间单位后才能执行。

```
wait (enable) register_a = register_b;
#10 register_c = register_d;
```

G.9　fork…join 语句

行为描述中的 ***fork…join*** 结构能够把一个动作流程分解到多线程并行结构中，每一个线程可以是一个 ***begin…end*** 块结构。***begin…end*** 块结构内的语句以正常方式进行（比如顺序进行）。***fork…join*** 语句对在测试平台上仿真复杂波形是非常有用的，而且能够仿真行为的抽象（以及不可综合）模型。***fork…join*** 语句在其内部所有语句全部执行完后，也就完成了它本身的执行。

例：在下面的 ***fork…join*** 块中，对 *A* 的赋值是在 $t_{sim} = 5$ 时完成的，而对 *C* 的赋值是在 $t_{sim} = 10$ 时完成的。

```
fork
 #5 A = B;
 #10 C = D;
join
```

G.10　事件（抽象）命名

Verilog 的事件命名功能提供了模块内部和模块之间通信和同步的高级别机制。被命名的事件有时称为抽象事件，它可以提供进程间的通信而不需要知道其内部物理实现的细节，从而在设计工作前期就为设计解除了必须通过端口在模块间显式传递信号的顾虑。事件命名仅需要在一个模块中加以声明，然后就可以在这个模块中直接引用，或者在其他模块中分层间接引用。该事件的发生是由使用事件触发操作符 -> 的过程语句所决定的。

例：在下面的描述中，抽象事件 *up_edge* 在时钟出现正态跳变时被触发，随后的行为就是检查 *up_edge* 中的事件，并在异步 *reset* 信号的作用下给触发器的输出赋值。层次化引用将允许模块在某个设计层次的任意位置上进行通信，而不需要了解结构的细节[1]。

```
module Flop_event (input clock, reset, data, output reg q, output q_bar);
  event               up_edge;
  assign q_bar = ~q;
  always @ (posedge clock) -> up_edge;
  always @ (up_edge, negedge reset)
     begin
     if (reset == 0) q <= 0; else q <= data;
     end
endmodule
```

G.11　综合工具支持的结构

综合工具仅支持 Verilog 语言的有限子集。模型只能用于那些所支持的结构，这一点是最基本的。否则综合工具将报告错误，而且电路会综合失败。表 G.2 列出了综合工具通常支持的语言结构，表 G.3 列出了应避免使用的语言结构。不是所有这些结构都是根本不能综合的(如 ***repeat*** 循环)，由于存在其他结构能够描述等效的功能而使得这些结构不被经销商支持。Verilog 有针对原语的惯性延时、线网间的传输延时以及模块间引脚对引脚的延时(参见附录 F)的稳定的延时结构。但是，某些与工艺相关的特性，如传输延时，却没有包含在应该综合的模式中。该规则仅用来模拟电路的功能特性，而不是时序特性。综合工具实现设计时需要考虑面积及时序约束，同时还要考虑所使用的部件能否在单元库中找到，或者 FPGA 的速度级别等，更多细节参见参考文献[1]。

表 G.2

Module 声明
端口型：**input**，**output**，**inout**
通过名称进行端口连接
通过位置进行端口连接
参数声明
可连接的线网：**wire**，**tri**，**wand**，**wor**，**supply0**，**supply1**
寄存器变量：**reg**，**integer**
二进制、十进制、八进制、十六进制格式的整数类型
标量与向量线网
语句右表达式中的向量线网的节选边界
模块和宏模型例化
原语例化
连续赋值
移位运算符
条件运算符
拼接运算符
算术、比特、缩位、逻辑和关系运算符
过程块语句(**begin ... end**)
case，**casex**，**casez**，**default**
分支：**if**，**if ... else**，**if ... else ... if**
disable（of procedural block）
for 循环
任务：**task ... endtask**（无时序和事件控制）
函数：**function ... endfunction**

表 G.3

对 LHS 中的位选择变量进行赋值
全局变量
情形相等，情形不等(=== ，!==)
defparam
event
fork ... join
forever
while
wait
initial
pulldown，**pullup**
force ... release
repeat
cmos，**rcmos**，**nmos**，**rnmos**，**pmos**，**rpmos**
tran，**tranif0**，**tranif1**，**rtran**，**rtranif0**，**rtranif1**
primitive ... endprimitive
table ... endtable
内部分配延时控制
延时说明
scalared，**vectored**
small，**medium**，**large**
specify，**endspecify**
$ time
weak0，**weak1**，**strong0**，**strong1**，**pull0**，**pull1**
$ keyword

参考文献

1. Ciletti MD. *Modeling*, *Synthesis*, *and Rapid Prototyping with the Verilog* HDL. Upper Saddle River, NJ: Prentice-Hall, 1999.

附录 H 触发器和锁存器类型

本书中的部分实例用到了各种触发器和锁存器，这些器件是从标准库中提取出来的。表 H.1 列出了这些触发器和锁存器的主要功能。

表 H.1

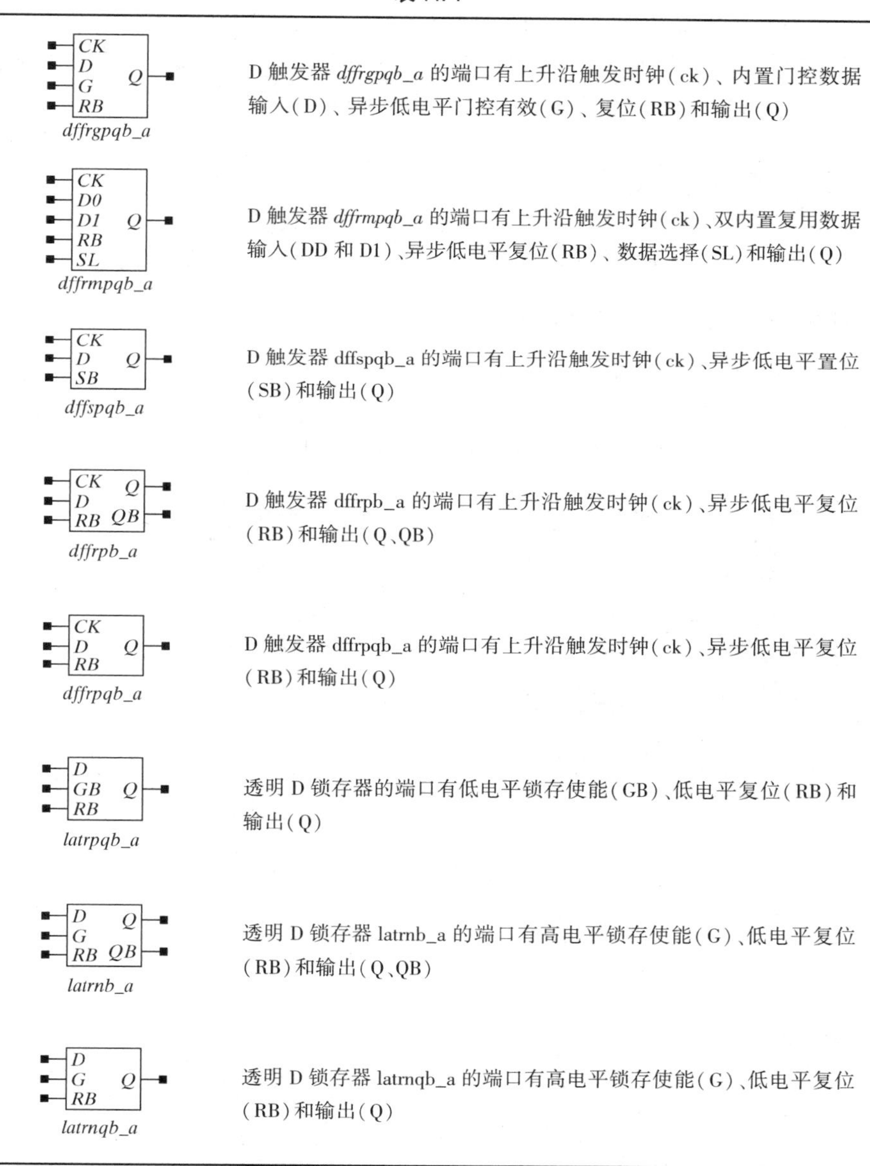

器件	端口	说明
dffrgpqb_a	CK, D, G, RB; Q	D 触发器 *dffrgpqb_a* 的端口有上升沿触发时钟(ck)、内置门控数据输入(D)、异步低电平门控有效(G)、复位(RB)和输出(Q)
dffrmpqb_a	CK, D0, D1, RB, SL; Q	D 触发器 *dffrmpqb_a* 的端口有上升沿触发时钟(ck)、双内置复用数据输入(DD 和 D1)、异步低电平复位(RB)、数据选择(SL)和输出(Q)
dffspqb_a	CK, D, SB; Q	D 触发器 dffspqb_a 的端口有上升沿触发时钟(ck)、异步低电平置位(SB)和输出(Q)
dffrpb_a	CK, D, RB; Q, QB	D 触发器 dffrpb_a 的端口有上升沿触发时钟(ck)、异步低电平复位(RB)和输出(Q、QB)
dffrpqb_a	CK, D, RB; Q	D 触发器 dffrpqb_a 的端口有上升沿触发时钟(ck)、异步低电平复位(RB)和输出(Q)
latrpqb_a	D, GB, RB; Q	透明 D 锁存器的端口有低电平锁存使能(GB)、低电平复位(RB)和输出(Q)
latrnb_a	D, G, RB; Q, QB	透明 D 锁存器 latrnb_a 的端口有高电平锁存使能(G)、低电平复位(RB)和输出(Q、QB)
latrnqb_a	D, G, RB; Q	透明 D 锁存器 latrnqb_a 的端口有高电平锁存使能(G)、低电平复位(RB)和输出(Q)

附录 I　Verilog 2001，2005

Verilog HDL 对其 2000 年的第一个版本进行了修订，合并成为 IEEE 标准 1364-2001，也称为 Verilog 2001，该标准在简洁性和可读性上有了较大改进。Verilog HDL 标准化委员会明确了 IEEE Std. 1364-1995① 标准中语法语义不明确的地方，并修正了 LRM 中的错误。这次修订增强了 Verilog 对更高层次的建模和抽象化建模的支持，同时也保持了对 IEEE 1364-1995 的兼容性。在 2005 中对一些小的地方再次进行了修正和说明。这里有选择地讨论一些变化，更多的话题参见参考文献[1,2]。在此附录中指定修订的语言将是 Verilog 2001，2005。

I.1　ANSI C 描述格式的增加

IEEE 1364-2001 标准为模块和 UDP 的声明引入了类似 ANSI C 风格的语句。

I.1.1　模块的端口模式和类型声明

Verilog 2001 允许将端口模式和类型结合在一个声明语句中，如图 I.1 所示。输入端口默认为 ***wire*** 类型，所以输入端口的 ***wire*** 类型声明可以省略，以进一步简化描述。图 I.2 中选中的描述是把端口模式、端口类型和端口信号向量范围放在一起声明。

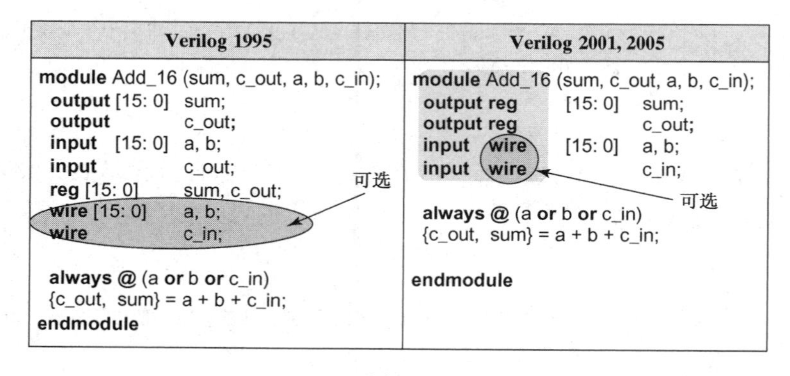

图 I.1

I.1.2　模块声明

参见图 I.2。

I.1.3　模块端口参数列表

在 Verilog-IEEE 1364 标准中，端口参数是要作为模块描述的一项加以声明的(即在模块声明的主体中)。在 Verilog 2001，2005 中，端口参数的声明可以包含在模块名和端口列表之间，如图 I.3 所示。

---

① 指的是 Verilog 1995。

Verilog 1995	Verilog 2001, 2005
module Add_16 (sum, c_out, a, b, c_in); output [15: 0] sum; output c_out; input [15: 0] a, b; input c_in; reg [15: 0] sum; reg c_out; wire [15: 0] a, b; wire c_in; always @ (a or b or c_in) {c_out, sum} = a + b + c_in; endmodule	module Add_16 (output reg [15: 0] sum, output reg c_out, input [15: 0] a, b, input c_in); always @ (a or b or c_in) {c_out, sum} = a + b + c_in; endmodule

图 I.2

Verilog 1995	Verilog 2001, 2005
module Add (sum, c_out, a, b, c_in); parameter size = 16; output [size –1: 0] sum; output c_out; input [size –1: 0] a, b; input c_in; reg [size –1: 0] sum; reg c_out; always @ (a or b or c_in) {c_out, sum} = a + b + c_in; endmodule	module Add #(parameter size = 16) (output reg [size –1: 0] sum, output reg c_out, input [size –1: 0] a, b, input c_in); always @ (a or b or c_in) {c_out, sum} = a + b + c_in; endmodule

图 I.3

I.1.4 UDP 声明

Verilog 2001，2005 允许 ANSI 格式的声明，它把端口模式和/或端口元素数据类型与端口列表结合起来进行声明(参见图 I.4)。

Verilog 1995	Verilog 2001, 2005
primitive latch (q_out, enable, data); output q_out; input enable, data; reg q_out; table ... endtable endprimitive	primitive latch (output reg q_out, input enable, input data); table ... endtable endprimitive

图 I.4

I.1.5 函数和任务的声明

在 Verilog 1995 中，对函数和任务的声明是把函数自变量和函数名分开来的，并将输入和输出都与声明的顺序联系起来。Verilog 2001，2005 采用 ANSI C 格式，把自变量和函数名相结合。对模块声明也采用同样的语法格式。新语法中关于函数和任务的例子参见图 I.5。

任务或函数的输入/输出类型除非有特别指定声明，一般默认为 ***reg***。Verilog 2001，2005 允许在函数和任务的端口描述中进行类型声明，如图 I.6 所示。

Verilog 1995	Verilog 2001, 2005
function [16: 0] sum_FA; **input** [15: 0] a, b; **input** c_in; sum = a + b + c_in; **endfunction**	**function** [16: 0] sum_FA (**input** [15:0] a, b, **input** c_in); sum = a + b + c_in; **endfunction**

(a)

Verilog 1995	Verilog 2001, 2005
task sum_FA; **output** [16: 0] sum_FA; **input** [15: 0] a, b; **input** c_in; sum = a + b + c_in; **endtask**	**task** sum_FA (**output** [16: 0] sum, **input** [15:0] a, b, **input** c_in); sum = a + b + c_in; **endtask**

(b)

图 I.5

Verilog 1995	Verilog 2001, 2005
function real sum_Real; **input real** a, b; sum = a + b; **endfunction**	**function real** sum_Real (**input real** a, b); sum = a + b; **endfunction**

(a)

Verilog 1995	Verilog 2001, 2005
task sum_Real; **output real** sum; **input real** a, b; sum = a + b; **endtask**	**task** sum_Real (**output real** sum, **input real** a, b); sum = a + b; **endtask**

(b)

图 I.6

I.1.6 变量初始化

wire, ***reg***, ***integer*** 和 ***time*** 类型的变量在仿真的第一个周期被初始化为默认值 ***x***[①]。***real***, ***realtime*** 类型的变量被初始化为默认值0。在 Verilog 1995 中, 对于 ***reg***, ***integer*** 和 ***time*** 类型的变量可以用一个单独的声明语句来初始化其各自的值。而在 Verilog 2001, 2005 中, 可以在模块级上的变量 ***reg***, ***integer***, ***time***, ***real*** 和 ***realtime*** 的类型声明时, 对其进行初始化(即在别处, 比如任务中, 只需声明变量, 不用再进行初始化了)。***wire*** 的值保持其默认值, 除非在仿真时 ***wire*** 被驱动为其他值。图 I.7 是一个变量初始化的例子。***wire*** 变量可以从一个连续赋值中继承初始值。

正如端口声明部分中的 ANSI C 格式一样, 可以将一个初始值赋给一个变量, 如图 I.8 所示。

① 默认线网类型可以由编译器指令来覆盖。

Verilog 1995	Verilog 2001, 2005

module Clk_gen (clock);
parameter delay = 5;
output clock;
reg clock;
 	
initial begin
clock = 0;
forever #delay clock = ~clock;
end
 	
endmodule
	module Clk_Gen #(parameter delay = 5) (output clock);
	reg clock = 0;
	
	initial forever #delay clock = ~clock;
	
	endmodule

图 I.7

Verilog 1995	Verilog 2001, 2005

module Clk_gen (clock);
parameter delay = 5;
output clock;
reg clock;
 	
initial begin
clock = 0;
forever #delay clock = ~clock;
end
 	
endmodule
	module Clk_Gen #(parameter delay = 5) (output reg clock = 0);
	
	initial forever #delay clock = ~clock;
	
	endmodule

图 I.8

I.2　代码管理

Verilog 2001,2005 扩展了任务和递归功能的兼容性，使其包括了可重入(re-entrant)任务和递归功能。

I.2.1　可重入任务

Verilog 1995 中给任务分配了可在整个仿真过程持续工作的静态存储器。该存储空间由所有对此任务的调用所共享。在这些调用之间任务变量保持它们的值不变。任务可以在多路并发行为中被调用，在对任务的一个给定调用完成之前，就要估计数据可能被重写和修正的可能性。设计者们解决该问题的方法是，把同一个任务放在多个模块中并孤立它们的存储空间，但是这样会带来资源的浪费，并使得代码的维护更复杂[1,2]。

Verilog 2001，2005 支持在仿真中调用任务的每个时刻，执行存储器空间动态分配和撤销分配的可重入任务。关键字 ***automatic*** 指定一个执行动态存储器分配的任务。这种任务不是静态的，而且所分配的存储器不能共享，因为分配给这种任务的存储器在任务执行完成之后将被释放。在这种任务退出之后，使用该任务的模型不能再引用该任务所产生的数据。这就会给使用自动任务的代码格式带来一定的限制条件[1,2]。

I.2.2　递归函数

Verilog 1995 中的函数也是静态的，并且不包括延时结构(如 ***#***，***@***，***wait***)。函数可以有效地实现与一个表达式等效的组合逻辑结构。因为函数执行是在瞬间完成的，所以不会出现同时调用同一函数的情况。但是，后面的调用将会重写它的存储空间。如果函数递归地调用它自己，则每次调用都会改写前面调用的存储结果。在 Verilog 2001, 2005 中, 函数可以用 ***automatic*** 来声明, 这就使得每次调用都能分配不同的存储空间。当函数退出时存储器才会被释放。图 I.9 是将 Verilog 2001, 2005 中的递归实现与 Verilog 1995 的不合法描述相比较的递归函数经典实例。

Verilog 1995	Verilog 2001, 2005
function [63: 0] Bogus **input** [31: 0] N; **if** (N == 1) Bogus = 1; **else** Bogus = N*Bogus (N–1); **endfunction**	**function automatic** [63: 0] factorial **input** [31: 0] N; **if** (N == 1) factorial = 1; **else** factorial = N*factorial (N–1); **endfunction**

图 I.9

I.2.3　常量函数

只能在 Verilog 1995 中使用的函数用于在非常量表达式的情况下。例如, 一个数组的宽度和深度可通过常数参量定义的固定数进行硬连接。虽然参数可以用其他参数来定义, 但是用这种方式来标度一个设计是很麻烦的。

Verilog 2001, 2005 支持常量函数, 当需要一个常量时它随时随地都可以被调用。常量函数可以在一个确定的时间上计算, 而且不依赖于在仿真运行时间上变量的值。只有常量表达式能传递到常量函数, 而不是线网或寄存器变量的值。因此, 常量函数只可以引用参数、局部参数、局部声明的变量和其他的常量函数。由函数使用的参数必须在函数被调用之前声明, 由函数使用的存储器也必须在函数完成执行之后才能被释放。

要避免使用 ***defparam*** 语句来重新定义函数内部的参数, 因为在不同仿真器上的返回值可能是不同的。在模块例化中的参数可以明确地用#结构来重新定义。常量函数不能调用系统函数和任务, 也不能使用层次路径的引用。

I.3　支持逻辑建模

I.3.1　隐含线网

在 Verilog 1995 中, 如下情况中未声明的标识符会被理解为是一个隐含线网型数据类型: (1)出现在例化模块的端口中; (2)被连接到一个基本门原语的例化上; (3)出现在连续赋值语句左表达式中, 同时又被声明为包含该赋值语句模块的一个端口。如果一个隐含线网连接到一个向量端口上, 它将继承这个端口的尺寸; 否则, 它就会成为一个标量线网。隐含线网的默认数据类型是 ***wire***, 它也可以由编译器直接修改。如果连续赋值语句的左边表达式没有明确的声明, 或者没有通过上述规则确定, 这时就会出现错误。在 Verilog 2001, 2005 中非模块端口的未声明标识符会被作为隐含标量线网引用。图 I.10 给出了一个可以用 Verilog 2001, 2005 编译的模块, 但该模块却不能用 Verilog 1995 编译。

I.3.2　被禁止的隐含线网

隐含声明线网的机制可以通过引用***'default_nettype*** 编译指令的新参数 ***none*** 来禁用。该参数要求所有线网都必须明确声明。禁用标识符的默认类型可以发现由标识符拼写错误所产生的编译错误, 而这些错误是用其他方法无法检测到的。

Verilog 1995	Verilog 2001, 2005

module Adder (sum, c_out, a, b, c_in);
  output [15:0] sum;
  output c_out;
  input [15:0] a, b;
  input c_in;
 	
  always @ (a **or** b **or** c_in)
   {c_out, sum} = a + b + c_in;
  assign match = a & b; // Invalid
 	
endmodule
	module Adder (
	  output [15: 0] sum,
	  output c_out,
	  input [15: 0] a, b,
	  input c_in);
	
	  always @ (a **or** b **or** c_in)
	   {c_out, sum} = a + b + c_in;
	  assign match = a & b // Valid
	
	endmodule

图 I. 10

I.3.3　变量节选(part-select)

Verilog 1995 允许在节选范围的索引为常数时从一个向量中节选连续的比特。Verilog 2001，2005 提供了两个新的节选运算符来支持固定宽度的变量节选，+:和 -:，其语法分别为：<starting_bit> +:<width>]和[<starting_bit> -:<width>，参数 width 指的是节选部分的长度，start_bit 则指明了向量中被选部分是取最左边位还是取最右边位，这取决于向量的节选是按递增位索引进行，还是按递减位索引进行。参见图 I. 11 的例子。

Verilog 1995	Verilog 2001, 2005

reg [15: 0] sum;
reg [2: 0] K;
 	
// Valid;
wire [7: 0] a_byte = sum [15: 8];
 	
// Error:
wire [3: 0] b_byte = sum[K + 3: K];
	reg [15: 0] sum;
	reg [2: 0] K;
	
	// Valid;
	wire [7: 0] a_byte = sum[15: 8];
	
	// Valid:
	wire [3: 0] b_byte = sum[K +: 3];

图 I. 11

I.3.4　数组

Verilog 1995 仅支持 ***reg***，***integer***，***time*** 类型的一维数组。Verilog 2001，2005 支持 ***real*** 和 ***realtime*** 变量类型的数组，仍然支持 ***reg***，***integer*** 和 ***time*** 类型的数组。Verilog 2001，2005 中数组的维数可以是任意的。一个数组维数索引范围的说明紧跟在数组定义之后，如图 I. 12 所示。

Verilog 1995 不支持对数组的单比特或部分比特的直接选择，但是 Verilog 2001，2005 支持从任意维数的数组中进行位或任意部分的选择。选择一个字，就要引用每一个维的数组索引。而选择一个位或部分位就要引用每一个维的数组下标及位或范围的说明。参见图 I. 13。

Verilog 2001, 2005

wire [31: 0] d_paths [15: 0]; // 1-dimensional array of words
reg [15: 0] data [0: 127] [0: 127]; // 2-dimensional array
of words
real time_array [0: 15] [0: 15] [0: 15]; // 3-dimensional array

图 I. 12

Verilog 1995

```
reg    [15: 0]   data        [0: 127][0: 127];          // 2-dimensional array of words
real   time_array            [0: 15][0: 15][0: 15];     // 3-dimensional array
wire   [31: 0] d_paths       [15: 0];                   // 1-dimensional array of words

wire   [15: 0] a_data_word = data [4][21];              // references a word
wire   a_time_sample = time_array [7][7][7];            // references a word
wire   [7: 0] a_byte = data [64][32][12: 5];            // references a byte
wire   a_bit = data [31][8][3];                         // references a bit
```

图 I. 13

I.4　算法支持

I.4.1　有符号数据类型

Verilog 1995 把有符号算术运算限制在 32 位整数上进行。***reg***, ***time*** 和所有的线网型数据类型都是无符号型的，而表达式的计算也按照无符号数进行，除非每个操作数都是有符号变量(如 ***integer*** 型的)。确定在计算中完成的是有符号运算还是无符号运算，要看表达式中变量的数据类型，而不是看运算符。Verilog 2001, 2005 利用预留的关键字 ***signed*** 来声明一个 ***reg*** 或线网变量是有符号的，并且支持任意长度向量的有符号算术运算，而不仅仅是 32 位值的运算。参见图 I. 14 的例子。

Verilog 1995	Verilog 2001, 2005
integer m, n;	integer m, n;
reg [63: 0] v;	reg signed [63: 0] v;
... // value stored	... // value stored
m = 12; // 0000_..._0000_1100	m = 12; // 0000_..._0000_1100
n = –4; // 1111_..._1111_1100	n = –4; // 1111_..._1111_1100
v = 8; // 0000_..._0000_1000	v = 8; // 0000_..._0000_1000
m = m / n; // result –3	m = m / n; // result –3
v = v / n; // result 0	v = v / n; // result –2

图 I. 14

I.4.2　有符号端口

有两种方法可以定义有符号端口：端口模式声明和相关端口变量类型声明。图 I. 15 中给出了使用和不使用 ANSI C 语法格式时有符号变量声明的例子。

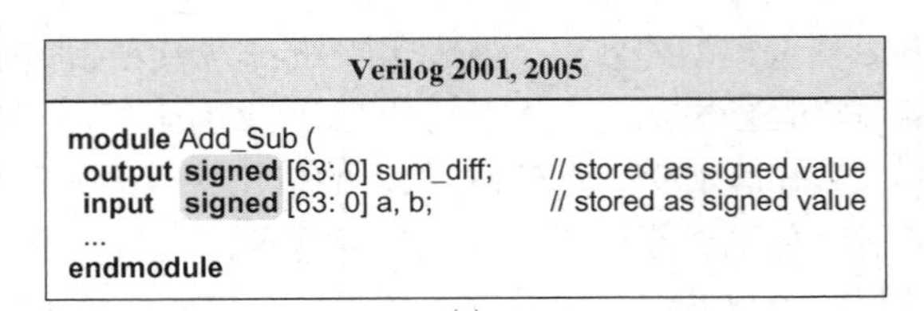

Verilog 2001, 2005

```
module Add_Sub (
  output signed [63: 0] sum_diff;     // stored as signed value
  input  signed [63: 0] a, b;         // stored as signed value
  ...
endmodule
```

(a)

Verilog 2001, 2005

```
module Add_Sub (
  output reg signed      [63: 0] sum_diff,
  input wire signed      [63: 0] a, b
);
  ...
endmodule
```

(b)

图 I. 15

I.4.3　有符号整数

Verilog 1995 有三种方法表示有符号整数：数字(如 – 10)，不定长且基数指定的数字(如' hA)，定长且基数指定的数字(如 64' hF)。如果基数被指定，则这个数被看成无符号值。如果基数被省略了，这个数被看成有符号值。在 Verilog 2001, 2005 中一个定长的字面值整数可以声明为一个整数。符号 ***s*** 用来指定一个定长或不定长整数是有符号的，如图 I.16 所说明的一样。

```
Verilog 2001, 2005

reg signed [63: 0] v;          // signed variable
...
v = 12;                        // literal integer
...
v = v / –64'd2;                // stored as 0

v = v / –64'sd2;               // stored as –6
```

图 I.16

I.4.4　有符号函数

Verilog 1995 中的函数可以在任何使用表达式的地方被调用。当且仅当函数被声明为整型的时候，函数的返回值才是有符号的。由于使用了预留关键字 ***signed***，Verilog 2001，2005 允许在向量字长的返回值上进行有符号算术运算。图 I.17 标出了 Verilog 1995 和 Verilog 2001，2005 中的可能函数类型。要记住，确定在计算中完成的是有符号运算还是无符号运算，要看表达式中变量的数据类型，而不是看运算符，只有当所有的操作数都是有符号变量时，完成的运算才是有符号的。

示例	返回值	Verilog 1995	Verilog 2001, 2005
function sum	1位数值	x	x
function [31: 0] sum	32位的无符号向量	x	x
function integer sum	32位的有符号向量	x	x
function real sum	64位双精度数	x	x
function time sum	64位的无符号向量	x	x
function signed [63: 0] sum	64位的有符号向量		x

图 I.17

I.4.5　符号转换的系统函数

Verilog 2001，2005 提供了两种新的系统函数，可以把数值转换为有符号值或无符号值。函数 ***$ signed*** 根据传入的值返回一个有符号值，函数 ***$ unsigned*** 则根据传入的值返回一个无符号值。这些函数十分有用，因为当且仅当表达式中所有的操作数都是有符号变量时该表达式才返回一个有符号值。这种符号转换避免了要对附加变量声明并赋值的要求，绕过了 Verilog 1995 那些限制条件。参见图 I.18。

```
Verilog 2001,2005

integer           v;

reg [63: 0]       sum_diff, signed_sum_diff;

v = –16;
sum_diff = 48;

sum_diff = sum_diff / v;                            // returns 0
signed_sum_diff = $signed (sum_diff) / v;           // returns –3
```

图 I.18

I.4.6　算术移位运算符

Verilog 1995 支持逻辑移位运算符（ <<， >> ），这类运算符有两个操作数：将被移位的表达式（操作数）和确定移动位数的表达式（操作数）。逻辑移位运算符需要在移位后的空处补 0。Verilog 2001，2005 支持使用运算符 >>> 向右算术移位， <<< 向左算术移位。在 Verilog 2001，2005 中，如果要移位的表达式是有符号的，那么算术右移（ >>> ）还需要把 MSB 插回到移位后的 MSB 中；

如果是无符号的，则直接补0。形成第二个移位操作数的表达式可以是有符号的或无符号的；其他的表达式则在当且仅当所有的操作数都为有符号数时才会被理解为是有符号的。算术左移运算符(<<<)在功能上等同于逻辑左移运算符(<<)。图 I.19 的例子说明了算术移位运算符和逻辑移位运算符的不同[①]。

Verilog 2001, 2005

```
integer data_value, data_value_1995, data_value_2001;  // signed datatype
...
data_value = –9;                                         // stored as 1111..._1111_0111
...
data_value_1995 = data_value >> 3;                       // stored as 0001..._1111_1110
data_value_2001 = data_value >>> 3;                      // stored as 1111..._1111_1110
data_value_1995 = data_value << 3;                       // stored as 1111..._1011_1000
data_value_2001 = data_value <<< 3;                      // stored as 1111..._1011_1000
```

图 I.19

I.4.7 赋值的宽度扩展

当赋值语句右边部分(RHS)的表达式的宽度小于表达式的左边部分(LHS)时，Verilog 1995 有两条规则来扩展字的位数。如果 RHS 的表达式为有符号的，则用符号位去填充 LHS。如果 RHS 的表达式为无符号的(即 ***reg***, ***time*** 和所有线网型)，则用0去填充。当 LHS 超过 32 位时，会导致不合适的扩展。

Verilog 2001, 2005 有其他更好的规则来对超过 32 位的字进行扩展，现总结于图 I.20 中。这些规则不同于 Verilog 1995，所以遵守 Verilog 1995 规则的模块在 Verilog 2001, 2005 中的工作是不一样的。

	扩展值	
RHS 表达式的最左位	无符号 RHS 表达式	有符号 RHS 表达式
0	0	0
1	0	1
x	*x*	*x*
z	*z*	*z*

图 I.20

I.4.8 指数

Verilog 1995 在处理指数运算时极为不方便——它需要在 loop 循环中重复执行乘法运算。Verilog 2001, 2005 引入了新的运算符 **，可以直接实现指数运算。该运算有两个操作数：基数(base)和指数(exponent)，其返回值的类型由操作数决定，如图 I.21 所示。图 I.22 的例子说明了 ** 运算的用法(注意，指数运算具有比乘法运算更高的优先级)。

Verilog 2001, 2005		
返回值	基数	指数
双精度浮点数	实数、整数、有符号数	实数、整数、有符号数
不定	0	非正数
不定	负数	非整数

图 I.21

Verilog 2001, 2005

```
reg [7: 0] base;
reg [2: 0] exponent;
reg [15: 0] value;

value = base ** exponent;
```

图 I.22

① Verilog 2001 中所完成的左移操作需要填0，它与乘法运算中作为乘数的 2 的幂相对应。而用 LSB 填充的算术左移操作则会产生不同的结果。

I.5 事件控制敏感列表

Verilog 1995 的事件控制表达式用 ***or*** 运算符来构成一个对多变量敏感的表达式。Verilog 2001，2005 则允许使用逗号分隔列表[1]，如图 I.23 所示。

Verilog 1995	Verilog 2001, 2005
module Adder (sum, c_out, a, b, c_in); **output** [15: 0] sum; **output** c_out; **input** [15: 0] a, b; **input** c_in; **always @** (a **or** b **or** c_in) {c_out, sum} = a + b + c_in; **endmodule**	**module** Adder (sum, c_out, a, b, c_in); **output** [15: 0] sum; **output** c_out; **input** [15: 0] a, b; **input** c_in; **always @**(a, b, c_in) {c_out, sum} = a + b + c_in; **endmodule**

图 I.23

I.6 组合逻辑敏感列表

电平敏感的周期性行为(***always***)在事件控制表达式完整时(即包含该行为中明确和不明确引用的全部信号)可以仿真和综合组合逻辑电路。如果事件控制表达式不完整，综合工具会推导出一个锁存逻辑，而不是组合逻辑。事件控制表达式中无意间忽略了某信号会出现的问题，因此 Verilog 2001，2005 使用了一个通配符(*)来表示对该行为中所引用的每个变量都敏感，这样就省去了明确指出每一个变量的麻烦，避免了事件控制表达式不完整所产生的后果。参见图 I.24。

Verilog 1995	Verilog 2001, 2005
module Adder (sum, c_out, a, b, c_in); **output** [15: 0] sum; **output** c_out; **input** [15: 0] a, b; **input** c_in; **reg** [15: 0] sum; **reg** c_out; **always @** (a **or** b **or** c_in) {c_out, sum} = a + b + c_in; **endmodule**	**module** Adder (**output reg** [15: 0] sum; **output reg** c_out; **input** [15: 0] a, b; **input** c_in); **always @** (*) // alternative: **always @** * {c_out, sum} = a + b + c_in; **endmodule**

图 I.24

注意：运算符@ 仅对紧随其后的单个语句或 ***begin…end*** 语句块起作用。该运算符使用不当会导致不能表示组合逻辑功能，也不能综合成组合逻辑模型。在图 I.25 中 *Bogus* 模块中的周期性行为由于没有正确使用事件控制运算符@，使得该行为仅对 *a* 和 *b* 敏感，而不对 *c_in* 敏感。

---

① 新的语法允许将 ***or*** 分隔和用逗号分隔混合使用。这种习惯用法会使代码的可读性降低。

Verilog 1995	Verilog 2001, 2005
module Adder (sum, diff, c_out, a, b, c_in); output [15: 0] sum, diff; output c_out input [15: 0] a, b; input c_in; reg [15: 0] sum, diff; reg c_out; always @ (a or b or c_in) begin {c_out, sum} = a + b + c_in; diff = a – b; end endmodule	module Adder (output reg [15: 0] sum, diff, output reg c_out input [15: 0] a, b, input c_in); 仅对a和b敏感 always begin @ diff = a – b; {c_out, sum} = a + b + c_in; end endmodule

图 I.25

I.7 参数

参数使得模型变得更具结构性、可读性、可扩充性和可移植性。参数由关键字 ***parameter*** 声明，在 Verilog 1995 中参数在程序运行时是常数，其值可以在仿真前或者产生的过程中被改变。有两种方法可以重新定义参数值：使用关键字 ***defparam*** 的远程定义，以及隐含地使用内联重定义(in-line redefinition)。使用关键字 ***dafparam*** 重定义参数的声明可以放在设计层次的任何地方，通过路径名的层次非关联化，可以在设计层次的任何地方重新定义参数值。由于参数不是固定不变的常数，因此就存在设计中任何位置的参数都可能被不当改写的危险。内联重定义需要遵守如下的语法形式：即将#(*value_1*，*value_2*，…，*value_m*)插入到模块例化名后，来重新定义该模块内声明的参数。其中，*value_1*，*value_2*，…，*value_m* 的序列顺序必须和模块内参数定义的序列顺序相对应，这在不需要修改该模块的所有参数时显得很麻烦。由于这种重定义语法中没有明确写明参数名，因此这种方法不仅容易出错，而且可读性也很差。Verilog 1995 同样也支持 ***specparam***(*specify parameter*，指定参数)，它仅能在模块的 ***specify…endspecify*** 块中声明和使用①。***specparam*** 在定义它的块中是局部的，并且只能在块内使用。标准延时格式(SDF)文件可以重新定义 ***specparam*** 的值，同样存在 ***specparam*** 可能被错误定义的危险。

参数能够保持仿真前最后一次被赋值的大小和类型，当它在其父模块中被声明时，就没有必要再对该参数进行相同类型的定义。一个参数可以是不定长的整数(至少 32 位)、定长无符号整数、实数(浮点)或字符串。其他参数也能以操作数的形式作用于参数值的表达式中。因此，Verilog 1995 中参数的长度和类型在它重定义时可以被随意改变，这将产生意想不到的边界效应，因为在表达式中完成的运算与操作数的长度和类型有关。图 1.26 给出了 Verilog 1995 中用来决定表达式中的操作数所进行算术运算的规则。

Verilog 1995	
操作数	运算操作
所有操作数都是有符号整数	有符号运算
一个操作数为无符号数	无符号整型运算
至少有一个操作数是实数	浮点运算

图 I.26

① 指定块可以用来声明贯穿一个模块的输入/输出通道，给这些通道分配延时，而且声明在模块输入端信号的时序校验等。

I.7.1　参数型常数

Verilog 2001，2005 对参数的长度和数据类型给出了明确的定义。图 I.27 给出了 Verilog 2001，2005 如何通过有算术运算符的表达式来重定义参数的长度和类型的规则。一旦参数的符号、长度和类型被明确定义，就不会被后来的重定义所改变。

Verilog 2001, 2005					
定义声明			是否可重定义	重定义规则	
符号	值域	类型			
否	否	否	是	与Verilog 1995[1]相同	
是	是	否	否	有符号参数	由值域决定大小
是	否	否	数值大小可继承	有符号参数	数值大小由最后一次重定义决定
否	是	否	否	无符号参数	数值大小由参数值域固定
		是	是	保持参数类型不变	

在 Verilog 1995 中，参数继承了最后一次重定义中的向量长度和类型。

图 I.27

I.7.2　参数的重新定义

Verilog 2001，2005 提供了以模块例化为基础的显式参数内联重定义。下面是重定义例化模块参数的语法：

```
module_name instance_name #(.parameter_name (parameter_value), ...)
  (port_connections);
```

Verilog 2001，2005 的这一特点能明确标识被重定义的参数，重定义不依赖于相关模块中参数初始定义时的顺序。因此相对于 Verilog 1995 中的代码，自归档性（self-documenting）和可读性更好。

I.7.3　局部参数

Verilog 2001，2005 还引入了局部参数（关键字为 ***localparam***），其值不能在它们被定义的模块外部直接重定义①。图 I.28 比较了参数、指定参数和局部参数的异同。尽管 ***localparam*** 不能被直接重定义，但可以通过赋给它一个 ***parameter*** 值来间接定义，即可以通过上面描述的方法来改变它的值。

① 这可能需要保护。例如，可根据偶然发生的变化来进行状态编码赋值。

		Verilog 2001, 2005		
		Verilog 1995		
		parameter	specparam	localparam
声明的位置	模块项	是	否	是
	任务项	是	否	是
	函数项	是	否	是
	指定块	否	是	否
直接重定义的方法	通过defparam	是	否	否
	内联重定义	是	否	否
	SDF文件	否	是	否
通过值的分配间接重定义的方法	根据另一个参数	是	是	是
	根据一个局部参数	是	是	否
	根据一个指定参数	否	是	否
允许的引用	在模块内	是	否	是
	在指定的块内	否	是	否

图 I.28

I.8　例化生成

Verilog 1995 支持包含原语和模块例化阵列声明的结构化建模。Verilog 2001，2005 中的 ***generate…endgenerate*** 结构扩张了这一特性，可以复制线网声明、寄存器变量声明、参数重定义、连续赋值、***always*** 行为、***initial*** 行为、任务和函数的各种副本[1]。Verilog 2001，2005 还引入了一种新变量，用关键字 ***genvar*** 定义，用来声明一个非负整数[2]，这个非负整数用作与 ***generate…endgenerate*** 块相关的重复性 ***for*** 循环的索引。这个索引必须是 ***genvar*** 变量，而且循环的初始赋值语句和更新语句必须向同一个 ***genvar*** 变量赋值。***generate…endgenerate*** 块中 ***for*** 循环的内容必须在一个已命名的 ***begin…end*** 块内。注意：要用这个块的名字为每一个生成块创建一个唯一的名字。

图 I.29 中的模块通过复制 8 位加法器得到了一个 32 位加法器，其例化名分别是 *M*[0].*ADD*，*M*[1].*ADD*，*M*[2].*ADD* 和 *M*[3].*ADD*，通过一个单独的生成语句所产生的连续赋值将加法器的内部进位连接起来。要注意整个模型是参数化的，所以将长度值重定义为 64 就会生成 8 个 8 位加法器副本并把它们连接起来，构成一个 ***Add_cla_8*** 模块。这比例化 8 个独立的 8 位加法器的方案更为紧凑。然而结构的人工复制不会导出参数化模型，这最终将限制该模型的应用。

---

① ***generate…endgenerate*** 块中不能含有端口声明、常数声明和块指定。

② ***genvar*** 型的变量可以在模块内或 ***generate…endgenerate*** 块中声明，而且不能赋给它一个负值、*x* 值或 *z* 值。

Verilog 2001, 2005

```
module Adder_CLA (parameter size = 32)(
 output [size – 1: 0]        sum,
 output                      c_out,
 input [size – 1: 0]         a, b,
 input                       c_in);

 wire    [size/8 – 1: 0]     c_o, c_i;
 assign                      c_i[0] = c_in;
 assign                      c_out = c_o[size/8 – 1];

 generate
  genvar j;
  for (j = 1; j <= 3; j = j + 1) begin: j
   assign c_i[j] = c_o[j – 1];
  end
 endgenerate

 generate
  genvar k;
  for (k = 0; k <= size/8 – 1; k = k + 1) begin: M
    Add_cla_8 ADD (sum[((k+1)*8 – 1) –: 8], c_o[k], a[((k+1)*8 – 1) –:8], b[((k+1)*8 – 1) –:8], c_i[k]);
  end
 endgenerate
endmodule
```

图 I.29

在图 I.30 中，***generate*** 语句用来产生一个字的参数化流水线。

可以用 ***if*** 语句和 ***case*** 语句对生成块的复制过程进行控制。图 I.31 使用一条 ***if*** 语句来确定是对行波进位加法器还是对超前进位加法器进行例化，这主要取决于数据通道的宽度。图 I.32 使用了一个 ***case*** 语句来解决例化问题。

Verilog 2001, 2005

```
module generated array_pipeline #(parameter width = 8, length = 16)(
  output [width – 1: 0] data_out,
  input [width – 1: 0] data_in,
  inputclk, reset);

  reg[width – 1: 0] pipe[0: length – 1];
  wire [width – 1: 0] d_in[0: length – 1];

  assign d_in [0] = data_in;
  assign data_out = pipe[size – 1];

  generate
   genvar k;
   for (k = 1; k <= length – 1; k = k + 1) begin: W
    assign d_in[k] = pipe[k – 1];
   end
  endgenerate

  generate
   genvar j;
   for (j = 0; j <= length – 1; j = j + 1) begin: stage
    always @ (posedge clk, negedge reset)
    if (reset == 0) pipe[j] <= 0; else pipe[j] <= d_in[j];
   end
  endgenerate
endmodule
```

图 I.30

Verilog 2001, 2005

```
module Add_RCA_or_CLA#(parameter size = 8)(
  output [size – 1: 0]      sum;
  output                    c_out,
  input  [size – 1: 0]      a, b,
  input                     c_in);

  generate
    if (size < 9) Add_rca #(size) M1 (sum, c_out, a, b, c_in);
    else Add_cla #(size) M1 (sum, c_out, a, b, c_in);
  endgenerate
endmodule
```

图 I.31

Verilog 2001, 2005

```
module Add_RCA_or_CLA (parameter size = 8)(
  output [size – 1: 0]      sum,
  output                    c_out,
  input  [size – 1: 0]      a, b,
  input                     c_in);

  generate
    case (1)
      size < 9:    Add_rca #(size) M1 (sum, c_out, a, b, c_in);
     default:      Add_cla #(size) M1 (sum, c_out, a, b, c_in);
    endcase
  endgenerate
endmodule
```

图 I.32

参考文献

1. Sutherland S. *Verilog 2001*. Boston, MA: Kluwer, 2002.
2. *IEEE Standard for Verilog Hardware Description Language 2001*, IEEE Std. 1364-2005. Piscataway, NJ: Institute of Electrical and Electronics Engineers, 2005.

附录 J　编程语言接口

Verilog HDL 具有内置编程语言接口(PLI)，用户可以利用 C 编程语言中的自定义系统任务来创建自己的“超级 Verilog”语言。这些自定义系统任务在语言环境中全程有效，而不是仅仅局限于某一个模块。这使得 Verilog 语言的应用更为广泛。

仿真器在编译 Verilog 语言描述时，会产生一系列的数据结构。这些数据结构包含电路设计的拓扑结构和其他一些信息。PLI 包含一个 C 语言函数库，它可以直接访问设计中的数据结构，这样用户就可以从中得到大量的信息来支持其他的应用开发。比如，一个结构化连接描述的数据结构允许用一种时序分析算法来列举从输入端口到一个给定触发器的数据输入的所有通道。Verilog 语言参考手册列出了一些具有 PLI 的应用：

- 动态地扫描设计的数据结构，并标注模型例化中的延时(在布图后进行延时的返回标注，这样可以保证时序验证中所有的模型精确地考虑由金属连接和扇出所引入的、布图所特有的寄生延时)。
- 动态地从文件中读出检测向量，并把这些信息传送到另一个软件工具中。
- 为用户界面和显示创建用户图形环境。
- 创建用户调试环境。
- 反编译源代码来得到数据结构中描述的 Verilog 源代码。
- 在仿真过程中将一个 C 语言仿真模型连接到该设计中。
- 在仿真过程中把一个硬件单元接入到设计中。

以上只是 PLI 应用中的小部分。有兴趣的读者可以参考 Verilog 语言参考手册，其中有超过一半的内容讨论 PLI。另外，Sutherland 的文献[1]提供了 PLI 的高级处理方法。

参考文献

1. Sutherland S. *The Verilog PLI Handbook*. Boston：Kluwer，1999.

附录K　相关网站

更多的资料可以从以下网站获得。其他网站也可在支持网站上找到。

工业组织

www. accellera. org	Accellera
www. opencores. org	Opencores
www. systemc. org	System C

FPGA 和半导体产商

www. actel. com	Actel corp.
www. altera. com	Altera, Inc.
www. atmel. com	Atmel Corp.
www. latticesemiconductor. com	Lattice Semiconductor Corporation:
www. xilinx. com	Xilinx, Inc.

媒体和存档文件

www. eetimes. com	EE Times
www. isdmag. com	*Integrated System Design* magazine
hhttp://xup. msu. edu	Xilinx University Resource Center
http://www. mrc. uidaho. edu/vlsi/	See this site for additional links

EDA 工具、资源和培训教程

www. cadence. com	Cadence Design Systems, Inc
www. co-design. com	Co-Design Automation, Inc
www. mentorg. com	Mentor Graphics corp
www. model. com/verilog	Model Technology
www. simucad. com	Simucad, Inc.
www. silvaco. com	Silvaco, Inc.
www. synopsys. com	Synopsys, Inc.
www. synplicity. com	Synplicity, Inc.
www. tm-associates. com	TM Associates.

咨询网站

www. sunburst-design. com	Sunburst Design, Inc.
www. sutherland. com	Sutherland HDL, Inc.
www. whdl. com	Willamette HDL, Inc.

中英文术语对照表

2-bit binary comparator　比特二进制比较器
　hierarchical structure of　层次结构
2s complement　补码
　division　除法
3∶8 decoder　译码器
3-bit-down counter　3 比特减法计数器
4-bit comparator　4 比特比较器
　block diagram symbol of　框图符号
　hierarchical structure of　层次结构
　simulation results for　仿真结果
4-bit serial shift register　4 比特串行移位寄存器
　incorrect model of　错误模型
4-bit shift register　4 比特移位寄存器
　with parallel load　并行装载
4-bit universal shift register　4 比特通用移位寄存器
8∶3 priority encoder　8∶3 优先编码器
　block diagram and circuit synthesized for　框图和综合后的电路
8-bit adder　8 比特加法器
8-bit barrel shifter　8 比特桶形移位器
8-bit boundary scan register　8 比特边界扫描寄存器
8-bit ring counter　8 比特环形计数器
8-bit UART transmitter　8 比特 UART(通用异步收发器)发送端
16-bit, ripple-carry　16 比特行波进位
　design hierarchy　设计层次
　hierarchical decomposition of　层次分解
32-bit adder　32 比特加法器
32-bit comparator　32 比特比较器
　block diagram symbol for　框图符号
32-word register file　32 字的寄存器文件

A

accumulator　累加器
add-and-shift algorithm　移位累加法
adder　加法器
　carry look-ahead　超前进位
　ripple-carry　行波进位
adder cell　加法单元
　data input-output relationships　数据输入–输出关系
address lines　地址线
algorithm　算法
algorithmic state machine (ASM)　算法状态机
algorithmic state machine (ASM) charts　算法状态机图
　halftone image converter　半色调图像转换器
　up-down counter　加减计数器
　vehicle speed controller　车速控制器
algorithmic state machine and datapath (ASMD)　算法状态机与数据通路
　based sequential binary multiplier　二进制时序乘法器
　HDL models　HDL 模型
　STG　状态转移图
　Verilog modules　Verilog 模块
algorithmic state machine and datapath (ASMD) charts　算法状态机与数据通路图
　4-bit binary counter　4 比特二进制计数器
　sequential binary multiplier　二进制时序乘法器
　serial-to-parallel converter　串/并转换器
　up-down counter　加减计数器
algorithms　算法
always (keyword)
American Standard Code for Information Interchange (ASCII)　美国信息交换标准码
analog-to-digital converter　模/数转换器
AND gate　与门
and-or-invert (AOI) circuit　与或非电路
　equivalent circuit modelled by　等效电路模型
ANSI C style syntax　ANSI C 风格的语法
AOI circuit　与或非电路
application-specific integrated circuits (ASICs)　专用集成电路
　based implementation　基于实现
　chip　芯片
　library cells　库单元
　market, role of FPGAS　FPGA 的市场与角色
　timing violations, elimination of　消除时序违例
architectural synthesis　结构综合
archives　文档
　Web sites　网站
arithmetic and logic unit (ALU)　算术逻辑单元
　RISC stored-program machine　RSIC(精简指令集)程序存储式计算机
arithmetic operators　算术操作符
arithmetic processors, architectures for　算术处理器架构

addition, functional units for 加法功能单元
division, functional units for 除法功能单元
fractions, multiplication of 分数乘法
multiplication 乘法
ASMD-based sequential binary multiplier 基于 ASMD 的二进制时序乘法器
bit-pair encoding 比特对编码
Booth's algorithmsequential multiplier Booth 算法时序乘法器
combinational binary multiplier 二进制组合逻辑乘法器
efficient STG based sequential binary multiplier 基于 STG 的高效二进制时序乘法器
hierarchical decomposition 层次分解
implicit-state-machine binary multiplier 隐式状态机二进制乘法器
reduced-registersequential multiplier 精简寄存器时序乘法器
sequential binary multiplier 二进制时序乘法器
STG-based controller design 基于 STG 的控制器设计
number representation 数值表示
signed binary numbers, multiplication of 有符号二进制数乘法
subtraction, functional units for 减法功能单元
arithmetic shift operator 算术移位操作
arrays 阵列
modules 模块
primitives 原语
assign (keyword) (Verilog 关键字)
assign deassign (keywords) (Verilog 关键字)
assignment width extension 位扩展表达式
asynchronous arrays 异步阵列
asynchronous input 异步输入
asynchronous reset signals 异步复位信号
asynchronous signals 异步信号
metastability for 亚稳态
switch debounce for 开关去抖
synchronizers for 同步化
automatic test pattern generation (ATPG) 测试向量自动生成

B

Backus-Naur form (BNF) 巴科斯范式
barrel shifter 桶形移位器
BCD-to-excess-3 code converter BCD 码-余 3 码转换器
synthesis of 综合
behavioral algorithms 行为级算法
behavioral description 行为描述
4-bit shift register synthesis 4 比特移位寄存器综合
ring counter synthesis 环形计数器综合
behavioral modeling 行为级模型
algorithmic state machine (ASM) charts 算法状态机图
combinational logic, Boolean equation based 基于布尔表达式的组合逻辑
data types 数据类型
decoders 解码器
encoders 编码器
multiplexers 乘法器
styles comparison 风格比较
a matter of style 风格问题
algorithm-based models 基于算法的模型
continuous assignment models 连续赋值语句模型
dataflow/RTL models 数据流/RTL 模型
simulation with behavioral models 行为模型仿真
behavioral synthesis 行为综合
parse trees 解析树
bidirectional switch 双向开关
binary counter 二进制计数器
ASM chart ASM 图
ASMD chart ASMD 图
UART_receiver UART(通用异步收发器)接收端
binary-coded decimal (BCD) 二进制编码的十进制
excess-3 code converter 余 3 码转换器
binary decision diagram (BDD) 二元决策图
binary decoder 二进制译码器
binary divider 二进制除法
simulation 仿真
binary multiplier 二进制乘法
bit lines 位线
bit-pair encoding (BPE) 比特对编码
rules for 规则
bitwise-and gate 按位与门
bitwise buffer 按位缓冲器
bitwise exclusive-nor gate 按位同或门
bitwise exclusive-or gate 按位异或门
bitwise inverter 按位取反
bitwise-nand gate 按位与非门
bitwise-nor gate 按位或非门
bitwise-or gate 按位或门
block statement 阻塞语句
Boolean algebra 布尔代数
canonic SOP 规范的积之和
cube 立方体
DeMorgan's laws 狄摩根定律

essential prime implicant　主质蕴涵项
exclusive-or, with　异或
implicant　蕴涵项
irredundant expression　化简后的表达式
laws of　定律
minimal cover　最小覆盖
minimization theorems　最小化定理
prime implicant　主蕴涵项
simplification　简化
SOP representation　SOP(积之和)表示
Boolean equation　布尔等式
Boolean function　布尔函数
Boolean logic　布尔逻辑
Booth recoding　Booth 重编码
Booth's algorithm sequential multiplier　Booth 算法时序乘法器
ASMD chart　ASMD 图
block diagram　框图
Booth's algorithm　Booth 算法
boundary scan　边界扫描
bypass register (BR) cell　寄存器旁路单元
instruction register (IR) cell　指令寄存器单元
boundary scan cells(BSCs)　边界扫描单元
bridging faults　桥接故障
bubble sort machine　冒泡排序机
ASMD chart　算法状态机和数据通路图
block diagram　框图
built-in self-test　内建自测试
architecture　架构
built-in Verilog operators　Verilog 内建操作符
bus　总线
unidirectional interface to　单向接口
bypass register (BR)　旁路寄存器
boundary scan　边界扫描
BYPASS　旁路
byte-sequential integrator　串行积分器

C

canonical form　规范形式
carry look-ahead adder　超前进位加法器
arithmetic implementation of carry bit　进位算法的实现
carry-in bit　进位输入
carry-out bit　进位输出
case (keyword)
case-sensitive language　大小写敏感的语言
casex statement　casex 语句
child module　子模块
circuit's input-output algorithm　电路的输入-输出算法
circular buffers　循环缓冲区
N-cell　N 单元
classical design methods　经典的设计方法
clock enable　时钟使能
clock generator　时钟生成
clock period　时钟周期
clock skew　时钟倾斜
effect of　影响
clock tree　时钟树
code　编码
code converters　编码转换器
combinational circuit　组合电路
automatic test pattern generation　测试向量自动生成
combinational logic　组合逻辑
common descriptions of　共同描述
ROM based implementation　基于 ROM 实现
sensitivity List for　敏感列表
structural models of　结构化模型
design encapsulation　设计封装
designhierarchy　设计层次
module ports　模块端口
nested modules　模块嵌套
some language rules　一些语法规则
source-code organization　源代码组织
structural connectivity　结构连接
top-down design　自顶而下设计
vectors in Verilog　Verilog 矢量
verilog primitives　Verilog 原语
truth table models with Verilog　基于 Verilog 的真值表模型
combinational logic circuit　组合逻辑电路
automatic test pattern generation　测试向量自动生成
combinational logic design　组合逻辑设计
ASIC library cells　ASIC 库单元
block diagram symbol　框图符号
Boolean algebra　布尔表达式
decoder　解码器
DeMorgan's laws　狄摩根定理
demultiplexer　解复用器
encoders　编码器
Glitches　毛刺
Hazards　冒险
multiplexer　复用器
NAND-NOR structures　与非/或非结构
priority decoder　优先解码器
priority encoder　优先编码器
product-of-sums　和之积
representation of　表示

sum-of-products　积之和
combinational logic, synthesis of　组合逻辑综合
2-bit comparator circuit　2 比特比较器电路
ASIC cells　ASIC 单元
resource sharing　资源共享
continuous assignment, from a　连续赋值语句
logical don't-care conditions, exploiting　逻辑无关项
priority structures, of　优先级结构
combinational (parallel) binary multiplier　组合(并行)二进制乘法器
comparator　比较器
complementary metal-oxide semiconductor (CMOS)　互补金属氧化物半导体
inverter　反相器
doping regions　掺杂区
master-slave circuit of a D-type flip-flop　主从式 D 触发器电路
signal paths　信号通路
NAND gate　与非门
transistor-level schematics　晶体管级原理图
transmission gate　传输门
complexprogrammable logic devices (CPLDs)　复杂可编程逻辑器件
high-level architecture　高层架构
computational algorithm　计算算法
computational wavefront　计算波形
concatenation operator　连接操作符
concurrent fault simulation　波形故障模拟
conditional box　条件框
conditional operator　条件操作符
configurable logic blocks (CLBs)　可配置逻辑块
conjunction operator　并置操作符
consensus theorem　共识定理
constant functions　常数函数
constants　常数
continuous assignment models　连续赋值模型
continuous assignment statement　连续赋值语句
controller design　控制器设计
controller　控制器
counters　计数器
counters synthesis　计数器综合
critical path　关键路径
cutset　割集
cycle time (period) constraint　周期时间(周期)约束
cyclic behavior　周期性行为
cyclic-redundancy check(CRC)　循环冗余校验

D

D-notation　标记法
data buffer　数据缓冲器
dataflow graph　数据流图
feedback, with　反馈
architectures for　架构
dataflow/RTL models　数据流/RTL 模型
datapath allocation　数据通路分配
datapath controllers　数据通路控制器
binary counter　二进制计数器
RISC stored-program machine　RSIC 程序存储式计算机
sequential machines, partitioned　时序机划分
state-machine controller　状态机控制器
UART　通用异步收发器
datapath multiplexer　数据通路复用器
data registercells　数据寄存器单元
data type　数据类型
common error　常见错误
passing variables through ports　通过端口传递变量
undeclared register variables　未声明寄存器变量
constants　常数
nets　线网
register variables　寄存器型变量
decimation　抽取
decimation filter　抽取滤波器
decision box　决定盒
declarations　声明
assignments　赋值
block item　块项目
data types　数据类型
delays　延迟
net　线网
strengths　强度
variable　变量
function　函数
lists　列表
ranges　范围
task　任务
types　类型
module parameter　模块参数
port　端口
UDP　用户自定义原语
decoder　解码器
binary　二进制
block diagram symbols　框图符号
eight-client　8 输出
priority　优先
decomposition　分解
circuit after　……后电路
circuit before　……前电路

default (keyword)　(Verilog 关键字)
default assignments　默认赋值
delay　延迟
　inertial　惯性
　transport　传输
delay control operator (#)　延迟控制操作符(#)
DeMorgan's laws　狄摩根定理
　Venn diagram　维恩图
demultiplexer　解复用器
dereferencing, hierarchical　解引用，层次
design documentation　设计文档
　functions　函数
　tasks　任务
design entry　设计入口
design for testability (DFT)　可测性设计
design tradeoffs　设计权衡
differentiators　微分
digital design methodology　数字化设计方法
　design entry　设计入口
　design integration and verification　设计集成与验证
　design partition　设计划分
　design sign-off　设计签收
　design specification　设计规格
　electrical design rule checks　电气设计规格检查
　fault simulation　故障模拟
　gate-level synthesis　门级综合
　IC technology options　集成电路技术的选择
　parasitic extraction　寄生参数提取
　physical design rule checks　物理设计规则检查
　placement　布局
　postsynthesis design validation　综合后设计验证
　postsynthesis timing verification　综合后时序验证
　presynthesis sign-off　综合后签收
　routing　布线
　simulation and functional verification　仿真与功能验证
　　model verification　模块验证
　　test execution　测试执行
　　test plan development　测试计划制定
　　testbench development　测试平台开发
　technology mapping　工艺映射
　test generation　测试生成
digital filters　数字滤波器
design flow　设计流程
design process　设计过程
　finite impulse response　有限冲激响应
　infinite impulse response　无限冲激响应
digital integrators　数字集成
digital processors　数字处理器
　algorithms　算法
　asynchronous FIFO　异步 FIFO
　circular buffers　循环缓冲器
　data flow graphs　数据流图
　digital filters　数字滤波器
　halftone pixel image converter　色调像素图像转换器
　nested-loop programs　循环嵌套程序
　pipelined architectures　流水线结构
　　adder　加法器
　　FIR filter　FIR 滤波器
　signal processors　信号处理器
　　digital filter design process　数字滤波器设计流程
　　finite-duration impulse response filter　有限冲激响应滤波器
　　infinite-duration impulse response filter　无限冲激响应滤波器
　signal processors, building blocks for　信号处理器组成模块
digital signal processing (DSP)　数字信号处理
　applications　应用
　characteristics　特征
　constraints　限制
　FIR filter　FIR 滤波器
　I/O sample rates　I/O 采样率
　implementation　实现
　instruction sets　指令设置
diminished radix complement
direct form II (DF-II)　直接 II 型
directed acyclic graph (DAG)　有向无圈图
　after extraction　提取后
　after substitution　替换后
　before extraction　提取前
　before factoring　分解前
　before substitution　替换前
direct substitution　直接替换
disable (keyword)　使无效(Verilog 关键字)
disabled implicit nets　取消隐含线网
discrete-time signal　离散时间信号
disjunction operator　并置运算
division　除法
　reduced-register sequential　简化寄存器时序
　signed(2s complement) binary numbers　有符号(补码)二进制数
　signed arithmetic　有符号算术运算
　STG based　基于 STG
　unsigned binary numbers　无符号二进制数
　efficient division of　高效划分
don't-care　不管
don't-care-set　不管设置
D-type flip-flop　D 触发器

negative-edge-triggered 下降沿触发
positive-edge-triggered 上升沿触发
dynamic hazard 动态冒险
effects of 影响
dynamic random access memories (DRAMs) 动态随机存储器
dynamic timing analysis (DTA) 动态时序分析

E

edge detection 边沿检测
edge-sensitive behavior 边沿敏感行为
edge-sensitive storage elements 边沿敏感存储器件
edge-sensitive synchronous 边沿敏感同步
eight-client decoder 3-8 译码器
eight-client priority decoder 3-8 优先译码器
electronic design automation (EDA) 电子设计自动化
synthesis tools, 综合工具
electronic systems 电子系统
electrostatic-discharge circuitry 静电保护电路
elimination 消除
embeddable IP core 嵌入式 IP 核
embedded fault 嵌入式故障
embedded timing controls 嵌入式时间控制
encapsulation 封装
encoder 编码器
priority 优先
schematic symbols 原理图符号
endpoint 端点
endprimitive 原语结束(Verilog 关键字)
equivalent faults 等效故障
erasable ROMs 可擦写 ROM
floating-gate EEPROM 浮栅 EEPROM
floating-gate transistor 浮栅晶体管
escaped identifier 退出标识符
espresso 一款软件的名称
event (keyword) 事件(Verilog 关键字)
event control 事件控制
operator @ 操作符 @
sensitivity list for 敏感列表
event-driven simulation 事件驱动的仿真
excess-3 code 余 3 码
exclusive-or 异或
expand 扩展
explicit state machines 明确的状态机
BCD-to-excess-3 code converter, synthesis of BCD 到余 3 码转化器综合
exponentiation 幂
expressions 表达式
expression substitution 表达式置换
extended Karnaugh maps 扩展卡诺图
EXTEST (external test) 扩展测试
extraction 提取

F

factoring 因子
factorization 分解
false path 虚假路径
FAN 基于扇出的测试向量自动生成算法
fatigue 疲劳
fault 失效
collapsing 倒塌
coverage 覆盖范围
defect levels 缺陷水平
detection 检测
embedded 嵌入式
equivalent 等效
grading 分级
simulation 仿真
site 设置
fault-free circuit 无故障电路
fault simulation 故障仿真
automatic test pattern generation 自动生成测试向量
concurrent 并发
manufacturing tests 制造后测试
circuit defects 电路缺陷
detection 检测
D-notation *D* 标记法
parallel 并行
probabilistic 概率
serial 串行
feedback coefficients 反馈系数
feedback-free netlists 无反馈网表
feed-forward coefficients 前馈系数
feed-forward difference equation 前馈差分方程
ferroelectric nonvolatile memory 非易失性铁电存储器
field-programmable gate array (FPGA) 现场可编程门阵列
role in ASIC market 在 ASIC 市场的角色
synthesis with 综合
technologies 技术
Verilog based design flow 基于 Verilog 的设计流程
volatile 挥发性
XILINX Virtex
field programmable logic devices(FPLDs) 现场可编程逻辑器件
Filter 滤波器
causal 因果
FIR 有限冲激响应滤波器
IIR 无限冲激响应滤波器

linear phase 线性相位
finite-duration impulse response(FIR) filter 有限冲激响应(FIR)滤波器
*M*th-order digital filter *M* 阶数字滤波器
finite-state machine (FSM) 有限状态机
finite-state machine datapath paradigm (FSMD) 有限状态机数据通路模式
first-in, first-out memory (FIFO) 先入先出存储器
asynchronous 同步
clock domains synchronization 时钟域同步
code converters for 编码转换器
simplified 简化
status units 状态单位
block diagram of 框图
buffer 缓冲器
buffered clock domain interface 缓冲的时钟域接口
flash memory 闪存
cell phones 移动电话
digital cameras 数字摄像机
digital TV 数字电视
microcontrollers 微控制器
nonvolatile data storage 非易失性数据存储器
set-top boxes 机顶盒
telecommunications 电信
flattening, circuit 扁平化电路
flip-flop 触发器
cyclic behavioral models 循环行为模型
D-type D 型
J-K J-K 型
master-slave 主从式
sequential logic synthesis 时序逻辑综合
T type T 型
types of 类型
Floyd-Steinberg algorithm 弗洛伊德-斯坦伯格算法
halftone image converter 半色调图像转换器
nearest neighbors 最邻近
pixel image converter 图像像素转换器
pixel's roundoff error 像素的舍入误差
for (keyword) (Verilog 关键字)
forever (keyword) (Verilog 关键字)
fork join (Verilog 关键字)
four-channel 32-bit multiplexer 四通道 32 比特多路复用器
four-input OR gate 四输入或门
four-value logic system 四值逻辑系统
fractions 分数
full adder 全加器
Venn diagram 维恩图
functional units 功能单元
addition 加法
division 除法
multiplication 乘法
subtraction 减法
functions 函数
constant 变量
declarations of 声明
recursive 递归
signed 有符号

G

gated clocks 门控时钟
gate-level circuits 门级电路
gate-level models 门级模型
gate-level synthesis 门级综合
general-purpose machine 通用计算机
generate bit 进位
generated instantiation 生成实例
glitches 故障
glue logic 连接逻辑
gray-code 格雷码

H

half adder 半加器
halftone pixel image converter 半色调图像转换器
baseline design 基准线设计
dataflow graphs with feedback, architectures for 带反馈数据流图结构
design tradeoffs 设计权衡
minimum concurrent processor architecture 最低并行处理器架构
NLP-based architectures 基于 NLP 的架构
pixel updation using Floyd-Steinberg algorithm 使用弗洛伊德-斯坦伯格算法的像素转换
hardware description language (HDL) 硬件描述语言(HDL)
design flow 设计流程
model 模型
hardware-performance spectrum 硬件性能范围
hazard cover 故障覆盖
hazards 故障
dynamic 动态
static 静态
hexadecimal scanner 十六进制扫描器
hierarchical decomposition 层次分解
hierarchical dereferencing 分层解引用
hierarchical design 层次化设计
high-level synthesis 高层综合
high-resistance 高阻
cmos transmission gate CMOS 传输门
nmos pass transistor switch nmos 导通晶体管开关

pmos pass transistor switch　pmos 导通晶体管开关
hold time　保持时间
H-trees　H 树，一种时钟的布局布线方式
hysteresis effect　滞后效应

I

identifier　标识符
IEEE standard 1149.1　IEEE 标准 1149.1
IEEE standard 1364-2001　927 IEEE 标准 1364-2001
if (keyword)　(Verilog 关键字)
implicant　隐含
implicit combinational logic　隐式组合逻辑
implicit nets　隐含线网
implicit-state-machine binary multiplier　二进制隐式状态机乘法器
implicit state machine synthesis　隐式状态机综合
indeterminate assignment　不确定赋值
indirect substitution　间接替代
industry organization　产业组织
inertial delay　惯性延迟
infinite-duration impulse response filter　无限冲激响应滤波器
direct form II (DF-II)　直接 II 型
Nth-order filter　*N* 阶滤波器
transposed direct form II (TDF-II)　反转直接 II 型
type-1　类型 1
initial (keyword)　(Verilog 关键字)
in-line redefinition　内联定义
inout　(Verilog 关键字)
input　(Verilog 关键字)
input delay constraint　输入延迟约束
input-output (pad to pad) constraint　输入-输出(pad 到 pad)约束
input-output latency　输入-输出延迟
instance generation　实例生成
instruction register (IR)　指令寄存器
boundary scan　边界扫描
instruction set　指令集
integrated circuits (ICs)　集成电路
integrators　集成
intellectual property (IP)　知识产权
reuse　重用
interpolation filters　插值滤波器
INTEST (internal test)　内部测试
intra-assignment delay　内部分配延迟
irredundant　非冗余

J

J-K flip-flop　J-K 触发器
Johnson code　约翰逊编码
Johnson counter　约翰逊计数器
JTAG port　JTAG 端口
boundary scan　边界扫描
built-in self-test　内建自测试
design for testability　可测性设计
instructions　指令
modes of operation　操作模式
registers　寄存器
TAP architecture　TAP 架构
testing with　测试

K

Karnaugh map　卡诺图
don't-cares　不关心
extended Karnaugh maps　扩展卡诺图
POS form　POS 式
SOS form　SOS 式
Keypad scanner　键盘扫描仪
ASM chart of　ASM 图
grayhill
hexadecimal keypad　十六进制键盘
hexadecimal　十六进制
keyword　关键词

L

language formal syntax　语言的语法形式
behavioral statements　行为语句
case　(Verilog 关键字)
conditional　条件
continuous assignment　条件赋值
looping　循环
parallel　并行
procedural blocks　过程块
sequential blocks　时序块
statements　语句
task enable　任务启动
timing control　时序控制
declarations　声明
assignments　赋值
block item　项目块
data types　数据类型
function　函数
lists　列表
ranges　范围
task　任务
types　类型
expressions　表达式
concatenations　串接
function calls　功能单元
left-side values　左侧值

numbers 数
operators 操作数
primaries 初选
strings 字符串
general 通用
attributes 属性
comments 评论
identifier branches 标识符分行
identifiers 标识符
white space 空格
generated instantiation 生成实例
module instantiation 模块例化
primitive instances 原语例化
gate 门
strengths 强度
switch types 转换类型
terminals 终端
source text 源文本
configuration 配置
library 库
module items 模块名
module parameters 模块参数
module 模块
ports 端口
primitive 原语
specify section 指定节
block declaration 声明块
block terminals 终端块
path declarations 通路声明
path delays 通路延迟
system timing checks 系统时序检查
UDP
body 体
declaration 声明
instantiation 例化
ports 端口
language reference manual (LRM) 语言参考手册
language rules 语言规则
latch 锁存器
cyclic behavioral models 周期行为模型
feedback circuit structures implementing 反馈电路结构的实现
sequential logic synthesis 时序逻辑综合
accidental synthesis 随机综合
intentional synthesis 约束综合
S-R (set-reset) (置位-复位)
transparent 透明
types 类型
leading-edge devices 先进器件
least significant bit (LSB) 最低有效位
level-sensitive behavior 电平敏感行为
level-sensitive cyclic behavior 电平敏感周期行为
level-sensitive storage elements 电平敏感存储器
light-emitting diode (LED) display 发光二极管(LED)显示
seven-segment 七段
linear feedback shift register (LFSR) 线性反馈移位寄存器
data movement in 数据移动
with modulo-2 addition 模2加
line converter 线性转换器
line justification 线性辨识
local parameter 本地参数
logical adjacency theorem 逻辑邻接定理
logic design 逻辑设计
ASM charts ASM图
ASMD charts ASMD图
asynchronous signals 异步信号
metastability 亚稳态
switch debounce 开关去抖
synchronizers 同步化
behavioral modeling 行为级建模
behavioral models 行为级模型
arrays of registers 寄存器阵列
counters 计数器
register files 寄存器文件
shift registers 移位寄存器
continuous assignments 连续赋值
cyclic behavior 周期行为
decoders 译码器
design documentation 设计文档
functions 函数
edge detection 边沿检测
encoders 编码器
flip-flops, cyclic behavioral models 触发器，周期行为模型
keypad scanner 键盘扫描器
latches, cyclic behavioral models 锁存器，周期行为模型
linear-feedback shift register, dataflow models 线性反馈移位寄存器，数据流模型
modeling digital machines, with repetitive algorithms 用重复方式建模数字系统
clock generators 时钟生成
intellectual property reuse 知识产权重用
parameterized models 参数化模块
multicycle operations, machines with 多周期操作机器
multiplexers 多路复用器
propagation delay 传输延迟

logic modeling 逻辑建模
logic synthesis 逻辑综合
logic system 逻辑系统
design verification 设计验证
event-driven simulation 事件驱动仿真
four-value logic 四值逻辑
signal generators for testbenches 测试平台的信号生成
signal resolution 信号分辨率
sized numbers 数值大小
test methodology 测试方法
testbench template 测试平台模板
logic value 0,1, x, z 逻辑值 0, 1, x, z
lookup table (LUT) 查找表
loops, synthesis of 循环综合
nonstatic loops 非静态循环
with embedded timing controls 带内嵌时序控制的
without embedded timing controls 不带内嵌时序控制
static loops 静态循环
of bitwise-and operations 按位与操作
with embedded timing controls 带内嵌时序控制
without embedded timing controls 不带内嵌时序控制
unsynthesizable loops, state-machine replacements for 状态机替代不可综合循环

M

machine language 机器语言
Manchester encoders 曼彻斯特编码器
Manchester line code converter 曼彻斯特线性码转换器
Mealy-type NRZ-to 米利型 NRZ
Moore-type NRZ-to 摩尔型 NRZ
mask programmable gate array (MPGA) 掩模可编程门阵列
mask-programmable logic device(MPLD) 掩模可编程逻辑器件
master-slave flip-flop 主从式触发器
maxterm 最大项
Mealy machine 米利机
registered output 寄存器输出
Mealy sequence recognizer 弥勒序列识别
Mealy-type NRZ 米利型 NRZ
Manchester line code converter 曼彻斯特线性码转换器
synthesis 综合
memory allocation 内存分配
metastability 亚稳态
minimal cover 最小覆盖
minimum concurrent processor architecture 最低并行处理器架构
minterm 最小项
misII 与 Espresso 类似的程序,用于寻求最优的数字电路描述
modeling tips 建模技巧
modem 调制解调器
modem clock 调制解调器时钟
module 模块
arrays of 阵列
control unit 控制单元
declarations 声明
instantiation 实例
memory unit 存储单元
parameters 参数
port mode 端口模式
port parameter list 端口参数列表
ports 端口
processing unit 处理单元
monitoring mechanism 监督机制
Moore machine 摩尔机
registered output 输出寄存器化
Moore sequence recognizer 摩尔序列识别
Moore-type NRZ 摩尔型 NRZ
Manchester line code converter 曼彻斯特线性码转换器
synthesis 综合
MOS bidirectional switches MOS 双向开关
MOS pull-down gates MOS 上拉门
MOS pull-up gates MOS 下拉门
MOS transistor switches MOS 晶体管开关
most significant bit (MSB) 最高有效位
multicycle operations 多周期操作
multiinput combinational logic gates 多输出组合逻辑门
multilevel combinational logic 多层次组合逻辑
multiple-input signature register (MISR) 多输入特征寄存器
multiplexer 多路复用器
behavioral modeling 行为建模
n-channel n 沟道
registered output 寄存器输出
two-channel circuit 两通道电路
multiplicand 被乘数
multiplicand register 被乘数寄存器
multiplication 乘数
fractions 分数
negative multiplicand 负被乘数
positive multiplicand 正被乘数
negative multiplier 负乘数

positive multiplier　正乘数
signed binary numbers　有符号二进制数
multiplier　乘法器
multiply and accumulate（MAC）　乘累加

N

named（abstract）events　用户自定义事件
NAND　与非
circuit transformations for　电路转换为
latch configuration　配置锁存器
NOR structures　或非结构
n-channel MOS（nMOS）　n 沟道 MOS
negative integers　负整数
ones complement　反码
signed magnitude　原码
twos complement　补码
negative multiplicand　负被乘数
negative multiplier　负乘数
negedge（keyword）　（Verilog 关键字）
nested-loop program（NLP）　循环嵌套程序
equivalent combinational logic　等价组合逻辑
halftone pixel image converter，architectures for　半色调像素转换器架构
nested modules　模块嵌套
nets　线网
addressing　地址
referencing arrays of　引用数组
scope of　范围
net variables　线网型变量
next state（NS）　下一状态
n-input primitives　*n* 输入原语
nmos pass transistor switch　NMOS 导通晶体管开关
nonblocking assignment　非阻塞语句
nonrecurring engineering（NRE）　一次性工程
non-return-to-zero（NRZ）code　非归零(NRZ)码
non-return-to-zero invert-on-ones（NRZI）code　非归零转置(NRZI)码
nonstatic loop　非静态循环
NOR　或非
circuit transformations for　电路转换
NAND structures，and　与非结构
n-output primitives　*n* 输出原语
number representation　数字表示
fractions　分数
negative integers　负整数
positive integers　正整数
number wheel　数轮
1s complement numbers　反码
2s complement numbers　补码
signed-magnitude numbers　原码

O

off-set　抵消
one-hot encoding　独热码
on-set　基上
operator　操作符
#
?
@
< =
=
arithmetic　算术
assignment width extension　位宽扩展赋值
bitwise　按位
built-in Verilog operators　Verilog 内建操作符
conditional　条件
delaycontrol operator　延迟控制操作
event-control operator　时间控制操作
expressions　表达式
logical　逻辑
operands　操作数
precedence　优先
reduction　减少
relational　相关
shift　移位
sign conversion，system functions for　符号转换系统函数
signed data types，arithmetic with　有符号数据运算
signed literal integers　有符号整数
operator grouping　分组操作
oscilloscope　示波器
output delay constraint　输出延迟约束
overflow　溢出

P

PAL，*See* programmable array logic（PAL）　可编程阵列逻辑
parallel fault simulation　并行故障模拟
parallelism　并行化
parameter　参数
constants　常数
keyword　关键字
local　本地
redefinition　重定义
substitution　替代
parameterized models　参数化模块
parasitic capacitance　寄生电容
parent module　父模块
parse trees　解析树
partial product accumulation　部分积累加

partitioned sequential machine 分区时序机
path-oriented decision making algorithm (PODEM) 路径为导向的决策算法
p-channel MOS (pMOS) p 沟道 MOS
phase lock loop (PLL) 锁相环
pipelined adder 流水线加法器
16-bit adder structure 16 比特加法器结构
data movement 数据移动
pipelined architectures 流水线结构
pipelined finite impulse response filter 流水线有限冲激响应滤波器
pipeline registers 流水线寄存器
benefits 优点
cutset-based placement of 割集的位置
disadvantage 缺陷
pipelining 流水线
pixel array 像素阵列
pixel converter 像素转换器
pixel processor datapath unit (PPDU) 像素处理器的数据通路
place-and-route engine 布局布线
placement 布局
pmos pass transistor switch PMOS 导通晶体管开关
port 端口
posedge (keyword) (Verilog 关键字)
positive integers 正整数
twos complement 补码
positive multiplicand 正被乘数
positive multiplier 正乘数
postsynthesis design tasks 综合后设计任务
ASIC timing violations, elimination of 消除 ASIC 的时序违例
options for 选项
false paths 虚假路径
fault simulation 故障模拟
JTAG ports JTAG 端口
manufacturing tests 制造后测试
timing verification 时序验证
factors that affect 影响因素
methods comparison 方法比较
static timing analysis 静态时序分析
timing specifications 时序规范
timing verification, system tasks for 时序验证,系统任务
validation 验证
present state (PS) 现态
primary input 基本输入
primary output 基本输出
prime implicant 主蕴涵项
primitive 原语
arrays of 阵列
instances 实例
modeling combinational logic gates for 组合逻辑门建模
priority decoder 优先译码器
priority encoder 优先编码器
probabilistic fault simulation 概率故障模拟
product operator 乘法运算
product-of-sums (POS) 和之积
NOR/inverter realization 或非门/反相器的实现
programmable array logic (PAL) 可编程逻辑
applied micro devices (AMD) 微器件应用
dual-array structure 双阵列结构
floating-gate link transistors 浮栅连接晶体管
microprocessor systems 微处理理器系统
PLD-based latches 基于 PLD 的锁存器
Readmembtask Readmemb 任务
programmable IP core 可编程 IP 核
programmable logic array (PLA) 可编程逻辑阵列
minimization 最小化
modeling 建模
NOR-NO Rlogic 或非-或非逻辑
OR-AND logic 与或逻辑
wired-OR logic 线或逻辑
programmable logic devices 可编程逻辑器件
complex 复杂
field-programmable gate arrays 现场可编程门阵列
synthesis with 综合
Verilog -based design flows 基于 Verilog 的设计流程
programmability of 可编程的
programmable array logic (PAL) 可编程阵列逻辑
programmable logic array (PLA) 可编程逻辑阵列
PLA minimization PLA 最小化
PLA modeling PLA 建模
system-on-a-chip (SoC) 片上系统
embeddable IP cores for 嵌入式 IP 核
programmable IP cores for 可编程 IP 核
programmable ROM (PROM) 可编程 ROM
fusible-link bipolar PROM 熔接双极 PROM
OR-plane 或平面
pull-down device 下拉器件
pull-up device 上拉器件
programming language interface 编程语言接口
applications 应用
propagate bit 传输位
propagation delay 传输延迟
inertial delay 惯性延迟
transport delay 传输延迟
pseudo-random pattern generator (PRPG) 伪随机码发生器

Pull-down device 下拉器件
Pull-down resistor 下拉电阻
Pull-up device 上拉器件
Pulsewidth constraint 脉宽约束
Push-button input device 按钮输入设备

Q

Q-format Q 格式
Quine-McCluskey minimization algorithm 奎因-麦克拉斯基最小化算法

R

race conditions 竞争条件
radix 基数
radix-4 recoding 基 4 重新编码
random-access memory (RAM) 随机存取存储器(RAM)
read-only memory (ROM) 只读存储器
comparison of ROMs 比较 ROM
erasable ROMs 可擦写 ROM
implementation of combinational logic 组合逻辑实现
programmable ROM (PROM) 可编程 ROM
state machines 状态机
Verilog system tasks Verilog 系统任务
recomposition 重组
reconvergent fanout 重收敛扇出
recovery time 恢复时间
recursive function 递归函数
reduced-register sequential divider 精简寄存器时序除法器
reduced-registersequential multiplier 精简寄存器时序乘法器
redundant cube 多余的立方体
re-entrant task 重入任务
reg (data type) (Verilog 关键字)
register bank 寄存器组
registered logic 逻辑寄存器化
register file 寄存器文件
registers synthesis 寄存器综合
register transfer level (RTL) 寄存器传输级
synthesis 综合
register transfer notation (RTN) 寄存器传输标记
register variables 寄存器型变量
arrays 阵列
data type 数据类型
referencing arrays of 参考阵列
scope of a variable 变量范围
strings 强度
undeclared 未声明
repeat (keyword) (Verilog 关键字)
replication 复制
reservation table 预约表
resets 复位
resistive bidirectional switch 电阻双向开关
resistive three-state bidirectional switch 电阻三态双向开关
resistor-capacitor lowpass filter 电阻电容低通滤波器
resourceallocation 资源分配
resource scheduling 资源调度
resource sharing 资源共享
datapath with, implementation of 数据通路实现
return-to-zero (RZ) code 归零码
ring counter 环形计数器
ripple-carry adder 行波进位加法器
ripple counter 行波计数器
RISC stored-program machine RSIC 程序存储式计算机
design 设计
synthesis 综合
ALU 算术逻辑单元
controller design 控制器设计
controller 控制器
instruction set 指令集
processor 处理器
program execution 程序执行
routing 布线

S

SAMPLE/PRELOAD 采样/加载
scalar 标量
scan path 扫描路径
scan register 扫描寄存器
Schneider's circuit 施奈德电路
self-aligning divider 自校准分频器
semiconductor manufacturers 半导体制造商
sensitivity list 敏感列表
combinational logic 组合逻辑
event control 事件控制
sequence recognizer 序列识别
for detecting three successive 1s 检测“111”序列
Mealy-type 米利型
Moore-type 摩尔型
synthesis of 综合
sequential binary multiplier 二进制时序乘法器
ASMD-Based 基于 ASMD
hierarchical decomposition 层次分解
register transfers in 寄存器传输
state-transition graphs (STGs) based 基于状态转移图的
structural units of 结构单元
sequential circuits 时序电路

test generation for 测试生成
sequential decimator 序列抽样器
sequential logic 时序逻辑
flip-flops, synthesis with 触发器综合
latches, synthesis with 锁存器综合
truth table models with verilog 基于 Verilog 的真值表建模
sequential logic design 时序逻辑设计
BCD to excess-3 code converter BCD 码-余 3 码转换器
busses 总线
data transmission, serial-line code converter for 数据传输，串行转换器代码
Mealy-type FSM for 米利型 FSM
Moore-type FSM 摩尔型 FSM
flip-flops 触发器
D-type D 型
J-K J-K 型
master-slave 主-从
T type T 型
state reduction 状态化简
equivalent states 等效状态
state-transition graphs 状态转移图
storage elements 存储器件
latches 锁存器
transparent latches 透明锁存器
three-state devices 三态器件
sequential machine 时序机
algorithm-based synthesis of 基于算法的综合
design of 设计
partitioned 划分
sequential multiplier 时序乘法器
Booth's algorithm Booth 算法
reduced-register 寄存器缩减
serial fault simulation 串行故障模拟
serializer deserializer (SerDes) 串行解串器
serial-line code converter 串行转换器代码
Mealy-type FSM 米利型 FSM
Moore-type FSM 摩尔型 FSM
serial-to-parallel converter 串并转换器
setup and hold constraint 建立和保持时间约束
setup constraint 建立时间约束
setup time 建立时间
seven-segment LED display 七段 LED 显示
Shannon expansion 香农扩展
Shannon's sampling theorem 香农采样定理
shift operator 移位操作
shift register 移位寄存器
with registered combinational logic 寄存器化的组合逻辑
with separate, unregistered combinational logic 分离的组合逻辑
sigma-delta modulator Σ-Δ 调制器
signal resolution 信号分辨率
signal processors 信号处理器
building blocks for 建立模块
decimation filters 抽取滤波器
differentiators 微分
integrators 集成
interpolation filters 插值滤波器
signal skew constraint 信号偏差约束
sign conversion 符号转换
signed binary numbers, multiplication of 有符号数乘法
negative multiplicand 负被乘数
negative multiplier 负乘数
positive multiplier 正乘数
positive multiplicand 正乘数
negative multiplier 负乘数
signed data type 有符号数据类型
signed function 有符号功能
signed literal integer 有符号整数
signed port 有符号端口
sign-extended multiplicand 符号扩展被乘数
sign-extended multiplier 符号扩展乘数
sign-off 签收
simulation cycle 仿真周期
simulator 仿真器
single pass behavior 单次行为
single stuck fault model 单粘接故障模型
sized radix-specified number 固定位宽且基数固定的数
skew 偏移
skew-free circuit 无时钟偏移电路
skew-free clock 无偏移时钟
effect of 影响
Spice 通用模拟电路仿真器
S-R (set-reset) latch SR 锁存器
with an enabling input signal 使能输入信号
standard-cell library 标准单元库
standard delay format (SDF) 标准延迟格式
standard sum-of-product (SSOP) 标准积之和式
startpoint 起点
state assignment 状态赋值
commonly used codes 常用编码
state box 状态盒
state encoding 状态编码
assignment guidelines 赋值指导方针
state machine 状态机
explicit 明确

implicit 隐含
ROM-based 基于 ROM 的
state-per-bit encoding 每位状态编码
state reduction 状态化简
state transition graph (STG) 状态转移图
controller design 控制器设计
multiplication with bit-pair recoding 位对重新编码的乘法
sequential binary multiplier 二进制时序乘法器
synchronous 4-bit binary counter 4 比特二进制计数器综合
static 0-hazard 静态 0 冒险
static 1-hazard 静态 1 冒险
static hazard 静态冒险
effects of 影响
elimination of(SOP Form) 消除
modified circuit 修改后的电路
multilevel circuits 多级电路
static loop 静态循环
static random access memory (SRAM) 静态随机访问存储器
block diagram symbol 框图符号
circuit structure 电路结构
read cycle, parameters for 读周期参数
transistor-level SRAM cell 晶体管级 SRAM 单元
Verilog functional models Verilog 功能级模型
with bidirectional data port 双向数据端口
static timing analysis (STA) 静态时序分析
storage devices 存储器件
ferroelectric nonvolatile memory 非易失性铁电存储器
flash memory 闪存
programmable ROM (PROM) 可编程 ROM
read-only memory (ROM) 只读 ROM
static random access memory (SRAM) 静态随机存储器
storage elements 存储器件
stored-program machine 程序存储式计算机
strings 字符串
structural model 结构模型
structural modeling 结构化建模
stuck at 0 faults 粘 0 故障
stuck at 1faults 粘 1 故障
stuck faults 粘接故障
substitution 替代
subtract-and-shift algorithm 移位减算法
sum-of-products (SOP) 积之和
NOR/inverter realization 或非门/非门实现
static hazard,elimination of 消除静态冒险
sum operator 和操作
Superlog 一种 HDL 语言
switch debounce 开关去抖
synchronized gray code 格雷码综合
synchronizer 同步器
across clock domains 跨时钟域
for asynchronous input signals 异步输入信号
synchronous circuit 同步电路
path groups for 路径组
timing of, factors affecting 时序影响因素
synchronous implementation 同步实现
synchronous machine 同步机
throughput 吞吐量
syntax (Verilog) 语法
synthesis 综合
bus interfaces 总线接口
clock enables 时钟使能
combinational logic 组合逻辑
counters 计数器
design traps to avoid 避免设计陷阱
explicit state machines 明确的状态机
gated clocks 门控时钟
high-level synthesis 高层综合
implicit state machines 隐式状态机
logic 逻辑
loops 循环
Mealy-type NRZ-to-Manchester line code converter 米利型 NRZ-曼切斯特线性码转换器
Moore-Type NRZ-to-Manchester line code converter 摩尔型 NRZ-曼切斯特线性码转换器
partitioning a design 划分一个设计
registered logic 逻辑寄存器化
registers 寄存器
registers 寄存器
resets 复位
results of, anticipating the 所期待的结果
data types 数据类型
expression substitution 表达式转换
operator grouping 分组操作
RTL
sequence recognizer 序列识别
sequential logic with latches, flip-flops 带锁存器/触发器的时序逻辑
state encoding 状态编码
three-state devices 三态器件
synthesis-tool organization 综合流程
system timing checks 时序检查
commands 命令
arguments 参数
event definitions 事件定义
system-on-chip (SoC) 片上系统

systolic array　脉动阵列

T

tabular format　表格格式
task (keyword)　(Verilog 关键字)
Tasks　任务
technology options　技术选择
test access port (TAP)　测试接入端口
　architecture　架构
　coefficients　系数
　controller state machine　控制状态机
testbench　测试平台
testbench template　测试平台模板
test clock (TCK)　测试时钟
test-data input (TDI)　测试数据输入
test-data output (TDO)　测试数据输出
test-data registers (TDRs)　测试数据寄存器
testing　时序
　fault simulation　故障模拟
　test execution　测试执行
　test plan　测试计划
　testbench development　测试平台开发
test mode select(TMS)　测试模式选择
T flip-flop　T 触发器
three-state bidirectional switch　三态双向开关
three-state buffer　三态缓冲器
three-state devices, synthess of　三态器件综合
three-state inverter　三态反相器
three-state logic gates　三态逻辑门
timing analysis　时序分析
　dynamic　动态
　signal paths for　信号路径
　static　静态
timing check　时序检查
　clock period　时钟周期
　hold condition　保持条件
　pulsewidth constraint　脉冲宽度约束
　recovery time　恢复时间
　setup condition　建立条件
　signal skew constraint　信号偏移约束
timing closure　时序收敛
timing constraint　时序约束
　cycle time　周期时间
　input delay　输入延迟
　input-output　输入输出
　output delay　输出延迟
　skew　偏移
timing diagram　时序图
timing margin　时序保证
timing parameter　时序参数
timing verification　时序验证
Top-down design　自顶而下设计
transistor-capacitor storage　晶体管-电容存储
translation engine　转换引擎
transparent latches　透明锁存
transparent latch model　透明锁存模型
　with active-high enable　高电平使能有效
　with active-lowreset　低电平复位
　continuous assignment statement　连续赋值语句
transport delay　传输延迟
transposed direct form II (TDF-II)　直接 II 型转换
two-channel mux　两信道 MUX
two-stage pipeline register　两级流水线寄存器

U

ultraviolet (UV)　紫外线
undeclared register variables　未声明寄存器变量
underflow　下溢
unit under test (UUT)　被测单元
universal asynchronous receiver and transmitter (UART)　通用异步收发器
　ASCII text transmitted by　ASCII 文本转换
　block diagram of　框图
　communication　通信
　operation　操作
　receiver　接收
　　ASMD chart for　ASMD 图
　　block diagram of　框图
　　circuits synthesized from　电路综合
　　　for clock regeneration, sampling format for　时钟生成，采样格式
　transmitter　发送器
unsized radix-specified number　固定位宽且基数固定的数
Untestable faults　不可测试故障
user-defined primitive (UDP)　用户定义原语
　declaration　声明
　instantiation　实例
　ports　端口

V

variable part selects　变量端口选择
vector　矢量
Venn diagram　维恩图
　adder cell　加法单元
　consensus　共识
　DeMorgan's laws　狄摩根定律
　full adder　全加器
　logical adjacency　逻辑邻接
　ANSI C style changes　ANSI C 风格改变

functions, declarations of 函数声明
module declarations 模块声明
module port mode 模块端口模式
module port parameter list 模块端口参数列表
tasks 任务
type declarations 类型声明
UDP declarations UDP 声明
variables, initialization of 变量实例化
arithmetic, support for 支持算术运算
arithmetic shift operator 算术左移操作
assignment width extension 带位扩展的赋值语句
exponentiation 幂
sign conversion, system functions for 符号转换的系统函数
signed data types 有符号数据类型
signed functions 有符号函数
signed literal integers 有符号文字整数
signed ports 有符号端口
code management 编码管理
constant functions 常数函数
recursive functions 递归函数
re-entrant tasks 重入任务
combinational logic, sensitivity list for 组合逻辑敏感列表
event control, sensitivity list for 事件控制列表
instance generation 实例生成
logic modeling 逻辑建模
arrays 阵列
disabled implicit nets 未使能的隐线网
implicit nets 隐线网
variable part selects 变量端口选择
parameters 参数
local parameters 本地参数
parameter constants 参数常量
parameter redefinition 参数重定义
Verilog, additional features of 附加功能
constructs supported by synthesis tools 被综合工具支持的结构
fork join statement fork join 语句
hierarchical dereferencing 分层解引用
indeterminate assignment 不确定赋值
intra-assignment delay 赋值内部延迟
named (abstract) events 事件命名
parameter substitution 参数替换
primitives, arrays of 参数阵列
procedural continuous assignment 过程连续赋值语句
race conditions 竞争条件
wait statement 等待语句
Verilog standards committee Verilog 标准委员会
vertex 顶点
very large-scale integrated (VLSI) 超大规模集成
volatility 波动

W

wait (keyword) (Verilog 关键字)
wait construct 等待结构
wavefront index wavefront 索引
web-based resources 网上资源
Web sites 网页
EDA tools EDA 工具
FPGA
industry organization 工业组织
media archives 媒体档案
resources and training 资源和培训
semiconductor manufacturers 半导体制造商
wire 连线
word line 字线
worst-case delay 最坏情况延迟

译 者 后 记

集成电路是现代信息社会的基础以及电子系统的核心，对经济建设、社会发展和国家安全具有至关重要的战略地位和不可替代的关键作用。但是，作为全球最大的集成电路市场，目前中国核心半导体芯片(计算机、通信、存储芯片等)大部分仍依赖于进口，中国半导体芯片进口额已超过了石油的进口。

随着中国集成电路产业的重要性和规模持续且迅速地提升，对集成电路人才的需求持续增长。如今的集成电路设计是系统导向、IP 导向，集成电路设计工程已成为渗透多个学科的、战略性与高技术产业相结合的综合性的工程领域。

本书的特点是把数字 IC 前后端设计的全流程均贯穿于书中的各个章节，包括应用于计算机系统、数字信号处理、跨时钟域的数据传输、内置自测试(BIST)等重要的设计实例。书中以大量设计实例叙述了集成电路系统工程开发中的遵循原则、基本方法、实用技术、设计经验与技巧。

作者依据数字集成电路系统工程开发的要求与特点，利用 Verilog HDL 对数字系统进行建模、设计与验证，对 ASIC/FPGA 系统芯片工程设计开发的关键技术与流程做了深入讲解，包括：集成电路的建模、电路结构权衡、流水技术、逻辑综合、功能验证、时序分析、测试平台、故障模拟、可测性设计、后综合验证等集成电路系统的前后端工程设计与实现中的关键技术及设计案例。

作者科罗拉多大学电气与计算机工程系教授 Michael D. Ciletti 博士曾在惠普(Hewlett-Packard)、福特(Ford)微电子和 Prisma 等公司进行 VLSI 电路设计的研发工作，在数字集成电路系统和嵌入式系统研究、设计等领域具有丰富的研发和教学经历。他深知一个数字 IC 设计工程师最迫切需要了解和掌握什么，如何具有在最短的时间里承担、完成实际 IC 工程设计任务的能力。

本书对希望从事数字 IC 前后端设计和对于从事 FPGA 开发的读者来说都是一本很好的教材，适合电子与通信工程、计算机工程、计算机科学和自动控制等专业的高年级本科生和低年级研究生，也适合学习过逻辑设计课程的电子与通信等领域的专业工程师使用。

本书由李广军、林水生、阎波、黄乐天、陈亦欧、郭志勇、郑植、周亮翻译，电子科技大学通信集成电路与系统工程中心的研究生对本书的部分习题和设计案例进行了仿真和验证。电子工业出版社的马岚编辑为本书的出版全过程做了大量的工作。在此，对所有为本书出版提供帮助的人士表示诚挚的谢意!

由于译审者水平有限，加之时间仓促，译文中难免有不妥之处，敬请读者不吝指正。